電力電子學

Power Electronics : Converters, Applications, and Design, 3rd ed.

Mohan, Undeland, Robbins　原著

江炫樟　編譯

WILEY

全華圖書股份有限公司　印行

POWER ELECTRONICS

Converters, Applications, and Design

THIRD EDITION

NED MOHAN
Department of Electrical Engineering
University of Minnesota
Minneapolis, Minnesota

TORE M. UNDELAND
Department of Electrical Power Engineering
Norwegian University of Science and Technology, NTNU
Trondheim, Norway

WILLIAM P. ROBBINS
Department of Electrical Engineering
University of Minnesota
Minneapolis, Minnesota

JOHN WILEY & SONS, INC.

我們的宗旨

提供技術新知
帶動工業升級
為科技中文化
再創新猷

資訊蓬勃發展的今日
全華本著「全是精華」的出版理念
以專業化精神
提供優良科技圖書
滿足您求知的權利
更期以精益求精的完美品質
爲科技領域更奉獻一份心力

爲保護您的眼睛，本公司特別採用不反光的米色印書紙!!

作者序

第三版-媒體加強版

本書分別於1989年及1995年發行首版及第二版。本版之基本內容與前兩版相同，即介紹500KW以下電力電子系統之設計及應用的基本知識，因為那裡存在廣大之市場及極需眾多之電力電子工程師的投入。本書被世界上許多大學所採用當成教科書，也正因為如此本版之內容並未作任何修改。然而多增加一光碟片，其對於學生學習及教師上課均相當有助益。光碟片包括以下內容：

- 附上許多新的且更具挑戰性之習題，提供教師之作業指定及學生之自我學習。
- 附上本書範例之PSpice模擬程式以供本書基本觀念之顯示及協助轉換器之設計。Pspice為電力電子學教學之理想工具。
- 包含一新近發展之磁性元件設計程式，此程式對於設計折衝(design trade-off)之考量相當有幫助，例如切換頻率對於電感及變壓器體積之影響。
- 附上本書之所有章節之Power-Point的簡報資料，方便教師整理其教材，以及讓學生可以在課堂上相關內容之教學時作筆記，並方便其考前之複習。

本書之安排

本書分成七部份。第一部份為電力電子簡介，內容包含了功率半導體元件、電路及磁路之概念，以及說明電腦模擬在電力電子中所扮演之角色。

第二部份中討論了常用之轉換器架構，所有半導體元件均被視為理想，使焦點可集中於轉換器之拓樸以及其應用。

第三部份則討論了切換式直流電源供應器，以及不斷電電源供應器，此一部份乃電力電于之主要用途。

第四部份則為各式馬達驅動器，其為電力電子另一主要之應用。

第五部份則包含了各式工業及商業用途。此部份之末章討論了諧波及電磁干擾之問題以及一些防制對策。

第六部份則討論電力電子轉換器所使用之功率半導體元件如二極體、雙極接面電晶體(BJT)、金氧半場效電晶體(MOSFET)、閘關閘流體(GTO)、閘極絕緣雙極性電晶體(lGBT)及金氧半控制閘流體(MCT)等。

第七部份則討論了電力電子轉換器設計之實務，包括緩衝電路、驅動電路、電路之佈線(Layout)以及散熱之設計等。此外並額外增加一高頻電感及變壓器設計之章節。

習題解答

與前一版相同，本書備有習題解答(包括在光碟上之習題)，可以由Wiley網站：http://www.wiley.com/college/mohan申請下載。

致　謝

在此感謝所有指導本書出版的人，特別是Wiley之執行編輯Bill Zobrist對於本書出版時程之協助。

Ned Mohan

Tore M. Undeland

William P. Robbins

譯者序

近年來，隨著功率半導體元件、控制IC及計算機等技術的進步，電力電子技術及其應用領域亦迅速擴張，不僅已成為目前工業界用電、製造、自動化所必需，更逐漸深入一般人的日常生活中。此背後所穩含的不僅是電能轉換技術之變革，更是龐大產值及能源(省能)之所在。因此，電力電子成為目前國內外電力領域發展之重點，國內研究機構及各大學電機相關系(所)均有不少專家及學者從事此方面之研究。此外，為作好人才培育，亦有不少大專院校將之列為大學部(或專科部)之必修或選修課程。

本書之原文是近年來學習電力電子者所必閱之經典作品，其內容安排之特色為：⑴以深入淺出且詳細之方式介紹各式電力轉換器、馬達驅動器等之原理，可以引導初學者入門；⑵內容豐富，包含各式功率元件、轉換器、電源供應器、馬達驅動器等之特性及原理、各類工業及家庭之應用、諧波及EMI等之形成與防制、在電力系統之應用等等，幾乎含蓋所有電力電子領域，可以說是一本工具書；⑶採用目前工業界正在使用之電力電子技術，尤其是中低功率應用方面，非常契合目前國內產業界生產及學術研究之需求，此為其它類似書籍所不能及者；⑷包含目前學術研究之新式電力電子技術，從模擬、分析至設計均涉及，在各章末並列出相關之研究文獻，對於從事研究者非常具有參考價值。

為使好書能惠及更廣大之讀者，並吸引更多人才投入電力電子之發展，特將此書譯成中文。誠如前述，由於本書內容豐富，對於列為必修學習，譯者之建議為：第一至第三部份可以作為「電力電子學」一學期之學習課程；第四部份可當成「電動機控制」之學習課程；其餘部份則作為開授電力電子應用等選修課之內容。

其餘要說明的是，本書前一版限於篇幅僅包含原書之第一至第五部份，原文書第七部份包含了緩衝電路、驅動電路、散熱設計及磁路設計等電力電子電路製作相當務實之內容，將之遺漏實有遺憾！此外，此次原文書第三版以光碟片提供了教材之簡報資料及電路之模擬程式，更重要的是包含了電感與變壓器設計之程式。為兼顧光碟片之使用與本書內容之完整，本版將原文書之第七部份含入並改為本書之第六部份，期望本書此版之補強能提供讀者更深入之學習內容。

譯者才疏學淺，疏漏之處在所難免，祈讀者能隨時惠予指正。最後，僅以此對參與本書出版之全華圖書人員致上最深之謝意。

江炫樟　謹識

編輯部序

「系統編輯」是我們的編輯方針，我們所提供給您的，絕不只是一本書，而是關於這門學問的所有知識，它們由淺入深，循序漸進。

本書內容包含各式半導體功率元件、電力轉換器、電源供給器(含UPS)、馬達驅動器、工業及家庭之應用、諧波及EMI之產生與防制、電力系統之應用等。整個架構從原理、分析、模擬、設計至發展，由淺入深，深入淺出，循序漸進，滿足各階層之需求。本書適合科大電機系「電力電子學」及「電動機控制」課程使用。

同時，爲了使您能有系統且循序漸進研習相關方面的叢書，我們以流程圖方式，列出各有關圖書的閱讀順序，以減少您研習此門學問的摸索時間，並能對這門學問有完整的知識。若您在這方面有任何問題，歡迎來函連繫，我們將竭誠爲您服務。

相關叢書介紹

書號：02066
書名：工業電子學
編著：歐文雄.歐家駿

書號：05193
書名：配線設計
編譯：胡崇頃

書號：10520
書名：電力系統
編著：卓胡誼

書號：02466
書名：交換式電源供給器之理論與實務設計
編著：梁適安

書號：03142
書名：工業配電
編著：羅欽煌

書號：02637
書名：高頻交換式電源供應器原理與設計
編譯：梁適安

書號：10510
書名：混合式數位與全數位電源控制實戰
編著：李政道

流程圖

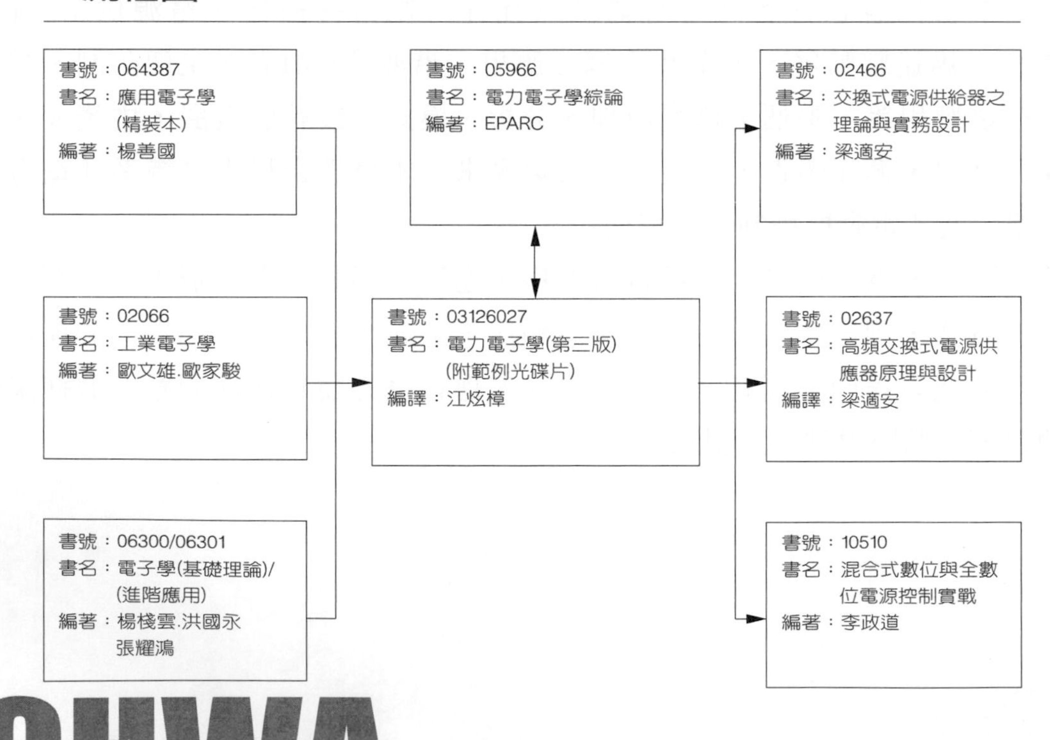

CHWA TECHNOLOGY

目　錄

第一部份　簡　介　1-1

第一章　電力電子系統　1-3

1-1　簡　介　1-3
1-2　電力電子與線性電子　1-4
1-3　電力電子之範圍及用途　1-8
1-4　電力處理器與轉換器之分類　1-10
1-5　關於本書　1-13
1-6　電力電子與各學門之關聯性　1-14
1-7　符號的表示方式　1-15
習　題　1-15
參考文獻　1-16

第二章　功率半導體開關概論　2-1

2-1　簡　介　2-1

2-2 二極體 2-2
2-3 閘流體 2-3
2-4 可控式開關之特性要求 2-6
2-5 雙極性接面電晶體(BJTs)及單晶達靈頓 (Monolithic Darlington，MD) 2-9
2-6 金氧半場效電晶體(MOSFETs) 2-10
2-7 閘關閘流體(GTO thyristors) 2-11
2-8 閘極絕緣雙極性電晶體(IGBTs) 2-12
2-9 金氧半控制閘流體(MCTs) 2-13
2-10 可控式開關之比較 2-14
2-11 驅動與緩衝電路 2-15
2-12 合理地使用理想電路元件 2-16
結 論 2-17
習 題 2-17
參考文獻 2-17

第三章 電路與磁路概論 3-1

3-1 簡 介 3-1
3-2 基本電路學 3-1
3-3 磁 路 3-14
結 論 3-26
習 題 3-26
參考文獻 3-30

第四章 電力電子轉換器與系統之模擬 4-1

4-1 簡 介 4-1
4-2 電腦模擬的挑戰性 4-2
4-3 模擬程序 4-2

4-4 模擬之機構[1] 4-4
4-5 時域分析之求解技巧 4-6
4-6 最常被使用之電路導向模擬器 4-9
4-7 方程式求解器 4-12
結 論 4-14
習 題 4-14
參考文獻 4-16

第二部份 通用之電力電子轉換器 5-1

第五章 二極體整流器：線頻ac→無控制dc 5-3

5-1 簡 介 5-3
5-2 整流器的基本概念 5-4
5-3 單相二極體橋式整流器 5-7
5-4 單相倍壓整流器 5-26
5-5 單相整流器對三相四線式中性線電流之影響 5-27
5-6 三相全橋式整流器 5-29
5-7 單相與三相整流器之比較 5-39
5-8 湧浪電流及過電壓 5-40
結 論 5-41
習 題 5-41
參考文獻 5-45
附 錄 5-46

第六章　線頻相位控制整流器及變流器：
線頻ac↔控制dc　6-1

6-1　簡　介　6-1
6-2　閘流體電路及其控制　6-2
6-3　單相轉換器　6-6
6-4　三相轉換器　6-19
6-5　其它三相轉換器　6-37
結　論　6-37
習　題　6-38
參考文獻　6-42
附　錄　6-43

第七章　直流至直流切換式轉換器　7-1

7-1　簡　介　7-1
7-2　DC-DC轉換器之控制　7-2
7-3　降壓式轉換器　7-4
7-4　升壓式轉換器　7-13
7-5　昇降壓式轉換器　7-19
7-6　邱克直流至直流轉換器　7-26
7-7　全橋式直流至直流轉換器　7-30
7-8　直流至直流轉換器之比較　7-37
結　論　7-38
習　題　7-39
參考文獻　7-42

第八章　切換式直流至交流變流器：dc↔正弦式ac　8-1

8-1　簡　介　8-1

8-2　切換式變流器之基本觀念　8-3

8-3　單相變流器　8-11

8-4　三相變流器　8-27

8-5　空白時間對PWM變流器電壓之影響　8-39

8-6　變流器之其它切換技術　8-42

8-7　整流操作模式　8-46

結　論　8-47

習　題　8-49

參考文獻　8-51

第九章　共振式轉換器：零電壓及／或零電流切換　9-1

9-1　簡　介　9-1

9-2　共振式轉換器之分類　9-5

9-3　共振電路之基本概念　9-6

9-4　負載共振式轉換器　9-11

9-5　開關共振式轉換器　9-27

9-6　零電壓切換、箝壓式轉換器　9-35

9-7　具零電壓切換之共振式直流鏈變流器　9-42

9-8　高頻鏈整半週轉換器　9-44

結　論　9-46

習　題　9-46

參考文獻　9-50

第三部份　電源供應器之應用　10-1

第十章　切換式直流電源供應器　10-3

10-1　簡　介　10-3
10-2　線性電源供應器　10-3
10-3　切換式電源供應器概論　10-5
10-4　具有隔離之直流至直流轉換器　10-7
10-5　切換式直流電源供應器之控制　10-26
10-6　電源供應器之保護　10-46
10-7　迴授迴路之隔離　10-49
10-8　符合電源供應器規格之設計　10-52
結　論　10-54
習　題　10-54
參考文獻　10-58

第十一章　電力調節器與不斷電電源供應器　11-1

11-1　簡　介　11-1
11-2　電力線之擾動　11-1
11-3　電力調節器　11-4
11-4　不斷電電源供應器(UPSs)　11-5
結　論　11-11
習　題　11-11
參考文獻　11-12

第四部份　馬達驅動器之應用　12-1

第十二章　馬達驅動器之簡介　12-3

12-1　簡　介　12-3
12-2　選擇驅動元件之法則　12-4
結　論　12-12
習　題　12-12
參考文獻　12-14

第十三章　直流馬達驅動器　13-1

13-1　簡　介　13-1
13-2　直流馬達之等效電路　13-1
13-3　永磁式直流馬達　13-4
13-4　分激式直流馬達　13-5
13-5　電樞電流波形之效應　13-7
13-6　直流伺服驅動器　13-7
13-7　可調速直流馬達驅動器　13-16
結　論　13-21
習　題　13-21
參考文獻　13-23

第十四章　感應馬達驅動器　14-1

14-1　簡　介　14-1
14-2　感應馬達動作之基本原理　14-2
14-3　在額定(線)頻率及電壓下感應馬達的特性　14-7
14-4　改變轉子頻率及電壓之轉速控制方式　14-9
14-5　非正弦式激磁對感應馬達之影響　14-17

14-6 變頻式轉換器之分類 14-20
14-7 變頻式PWM-VSI驅動器 14-22
14-8 變頻式方塊波VSI驅動器 14-27
14-9 變頻式CSI驅動器 14-29
14-10 變頻式驅動器之比較 14-30
14-11 線頻變壓式驅動器 14-31
14-12 感應馬達之降壓啟動(軟式啟動) 14-32
14-13 利用靜態轉差功率回復之轉速控制方式 14-33
結 論 14-34
習 題 14-35
參考文獻 14-37

第十五章 同步馬達驅動器 15-1

15-1 簡 介 15-1
15-2 同步馬達動作之基本原理 15-2
15-3 正弦式波形驅動之同步伺服馬達 15-5
15-4 梯形式波形驅動之同步伺服馬達 15-7
15-5 採用負載換向變流器(LCI) 15-8
15-6 變週器 15-10
結 論 15-12
習 題 15-13
參考文獻 15-13

第五部分 其它應用 16-1

第十六章 家庭及工業之應用 16-3

16-1 簡 介 16-3
16-2 家庭之應用 16-3

16-3　工業之應用　16-7
結　論　16-11
習　題　16-11
參考資料　16-12

第十七章　公用電力之應用　**17-1**

17-1　簡　介　17-1
17-2　高壓直流傳輸　17-1
17-3　靜態乏補償器　17-12
17-4　可再生能源及儲能系統與公用電力系統之連接　17-16
17-5　主動式濾波器　17-20
結　論　17-21
習　題　17-21
參考文獻　17-22

第十八章　使公用電力介面最佳化之電力電子系統　**18-1**

18-1　簡　介　18-1
18-3　電流諧波與功率因數　18-3
18-4　諧波標準及使用建議　18-3
18-5　改善公用電力介面之必要性　18-5
18-6　單相公用電力介界之改善　18-6
18-7　三相公用電力介面之改善　18-15
18-8　電磁干擾(EMI)　18-16
結　論　18-19
習　題　18-20
參考文獻　18-20

第六部份　轉換器設計實作上之考量　19-1

第十九章　緩衝電路(Snubber Circuits)　19-3

19-1　緩衝電路之功能與形式　19-3
19-2　二極體緩衝電路　19-4
19-3　閘流體之緩衝電路　19-13
19-4　電晶體之緩衝電路　19-16
19-5　截止之緩衝電路　19-17
19-6　過電壓之緩衝電路　19-22
19-7　導通之緩衝電路　19-24
19-8　橋式電路之緩衝電路　19-27
19-9　GTO所使用緩衝電路之考量　19-29
結　論　19-30
習　題　19-30
參考文獻　19-32

第二十章　閘極與基極之驅動電路　20-1

20-1　設計之前的考量　20-1
20-2　直流耦合(dc-coupled)之驅動電路　20-2
20-3　驅動電路之隔離　20-9
20-4　串接(Cascoded-Connected)之驅動電路　20-14
20-5　閘流體之驅動電路　20-18
20-6　驅動電路之功率元件保護功能　20-23
20-7　電路佈局之考量　20-29
結　論　20-35
習　題　20-36
參考文獻　20-37

第二十一章　元件溫度之控制與散熱片(Heat Sinks)　21-1

21-1　功率半導體元件溫度之控制　21-1
21-2　藉由傳導之熱轉移　21-3
21-3　散熱片　21-9
21-4　幅射及對流之熱轉移方式　21-11
結　論　21-15
習　題　21-15
參考文獻　21-16

第二十二章　磁性元件之設計　22-1

22-1　磁性材料與鐵心　22-1
22-2　銅線繞組(copper windings)　22-9
22-3　熱之考量　22-12
22-4　特定電感設計之分析　22-13
22-5　電感之設計步驟　22-17
22-6　變壓器設計之分析　22-25
22-7　渦流　22-29
22-8　變壓器之漏感　22-37
22-9　變壓器之設計步驟　22-39
22-10　變壓器與電感尺寸之比較　22-48
結　論　22-48
習　題　22-49
參考文獻　22-52

習題解答　習-1

第一部份
簡　　介

第一章　電力電子系統

1-1　簡　介

廣義來說，電力電子系統的功能為：處理與控制電能的流向以提供負載所需形式之電壓與電流。此功能可以圖1-1之方塊圖來加以說明，其中電力處理器(power processor)之輸入電源通常(但不完全)為電力公司所提供之單相或三相交流電源，輸入電流與電壓之相角則由電力處理器之電路拓撲(topology)與控制方法來決定；電力處理器之輸出(電壓、電流、頻率與相數)則視負載之需求而定。通常控制器之控制方式為使處理器輸出之設定值(或稱參考值)與其量測值之誤差達到最小。此外系統電力之流通可以是雙向的，亦即也可以從輸出傳送至輸入。

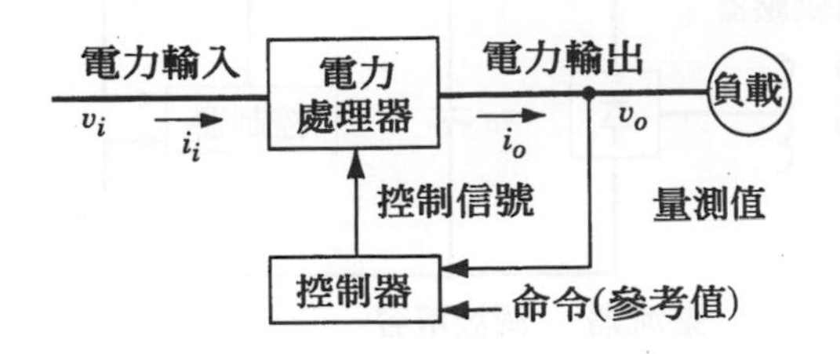

圖 1-1　電力電子系統之方塊圖

近年來由於許多因素的匯集，促成了電力電子領域的高度發展。首先，微電子技術革命性的進展，使得控制器使用之積體電路及信號處理器的功能得以更加增進；半導體的製造技術也大幅提高了電力處理器所採用之功率半導體元件(power semiconductor devices) 的容量以及切換速度；同時電力電子的市場亦大量且迅速的擴張，估計到公元2000年，全美有超過半數之負載是由電力電子系統來供電，此市場之占有率甚至在其它能源價格高於美國之國家會更高。這些市場上各式電力電子之應用將於第1-3節中介紹。

1-2　電力電子與線性電子(linear electronics)

圖1-1之電力轉換方式由於：(1)未能被利用之電能的價格及其散熱之處理；(2)體積、重量及價格等因素之考量，低功率損失亦即高效率成爲一重要課題。以上考量在以線性電子所製作之系統是無法達成的，此可以圖1-2(a)之線性直流電源供應器爲例來說明。其輸入通常爲線電壓(line voltage，AC 110或220V)，輸出爲與輸入隔離之直流電壓(例如：DC 5V)，因此需使用一低頻變壓器來隔離及降壓。降壓後之交流電壓經整流子整流後再以電容濾波以降低整流電壓v_d上之漣波(ripple)大小。v_d波形如圖1-2(b)所示，其與輸入電壓的振幅有關(通常振幅變動範圍低於10%)。變壓器匝數之選擇必須使v_d之最小值仍高於所需之輸出電壓V_o，然後藉電晶體吸收v_d與V_o的電壓差以提供平穩的輸出V_o。由於電晶體乃操作於主動區，其作用如同一可變電阻將消耗功率而降低電能轉換之效率。此外，低頻變壓器較大之體積與重量亦是一大缺點。

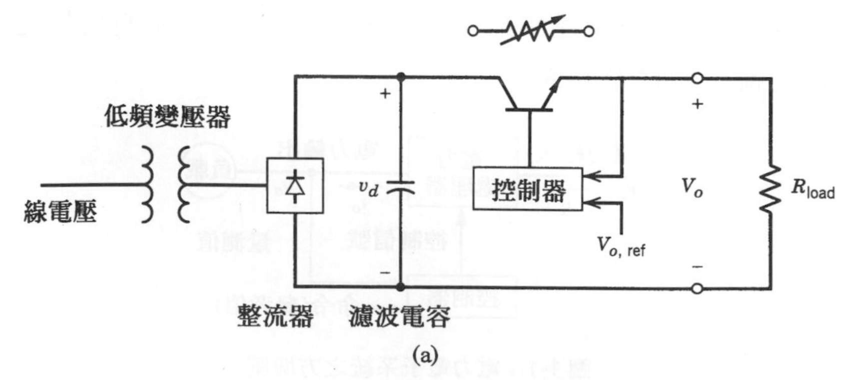

(a)

圖 1-2　線性直流電源供應器

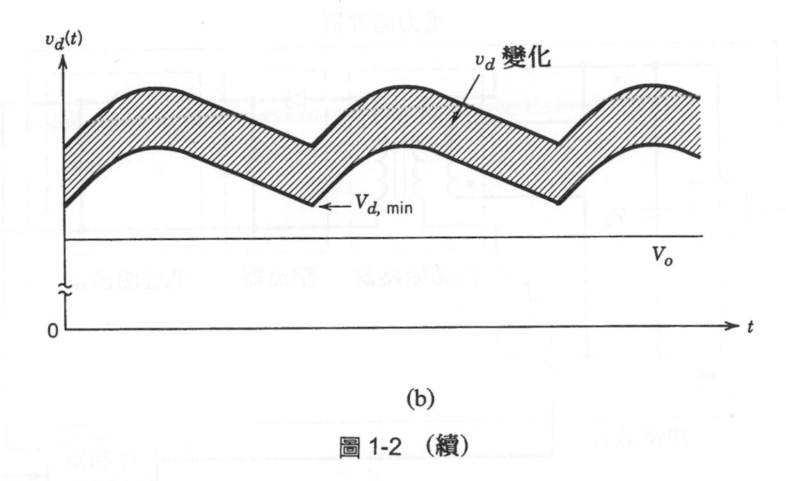

(b)

圖 1-2 （續）

若採用電力電子則可改善上述線性電子之缺失，此處以圖1-3(a)之切換式直流電源供應器來加以說明。圖中交流電壓不使用低頻變壓器而是先經整流及濾波成一直流電壓V_d後，藉助切換頻率f_s之電晶體的切換，將直流電壓轉換成頻率爲f_s之交流電壓，由於f_s爲高頻(例如300kHz)，因此可利用高頻變壓器來提供隔離與降壓。爲了簡化分析起見，省略圖1-3(a)中之整流濾波電路與變壓器以圖1-3(b)來說明。根據電晶體及二極體的導通狀態，只要$i_L(t) > 0$，圖1-3(b)可以再表示成圖1-4(a)。當t_{on}時電晶體導通，開關位置位於a；當t_{off}時電晶體截止，二極體導通開關位置位於b，因此如圖1-4(b)所示，t_{on}時$v_{oi} = V_d$，t_{off}時$v_{oi} = 0$。定義：

$$v_{oi}(t) = V_{oi} + v_{\text{ripple}}(t) \tag{1-1}$$

其中V_{oi}爲v_{oi}之平均值，$v_{\text{ripple}}(t)$爲電壓漣波，其波形如圖1-4(c)所示，平均值爲0。L−C形成一低通濾波器，用以降低輸出電壓之漣波使得

$$V_o = V_{oi} \tag{1-2}$$

V_o爲輸出電壓之平均值。由圖1-4(b)之波形可得：

$$V_o = \frac{1}{T_s}\int_0^{T_s} v_{oi}dt = \frac{t_{\text{on}}}{T_s} v_d \tag{1-3}$$

當輸入電壓或負載隨時間變化時，可以控制t_{on} / T_s使得V_o可以維持在所設定之值。t_{on} / T_s稱爲電晶體開關之任務週期D，控制方式通常爲固定$T_s(=1/f_s)$而調整t_{on}。

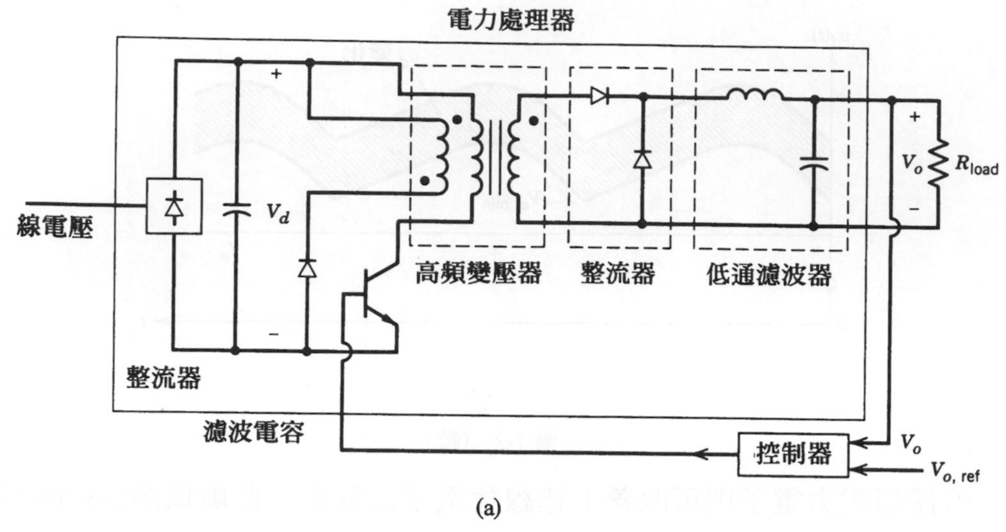

(a)

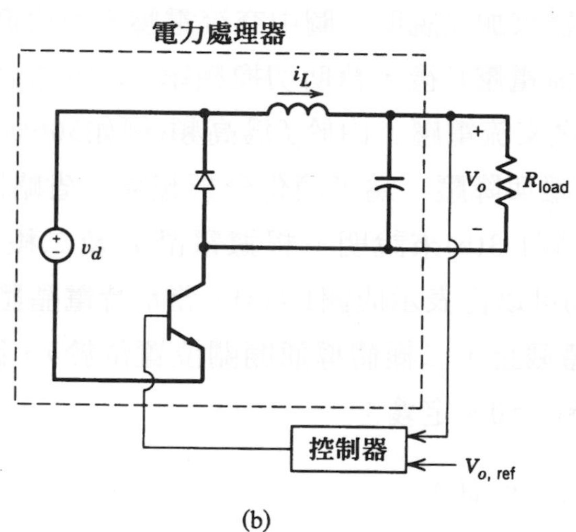

(b)

圖 1-3　切換式直流電源供應器

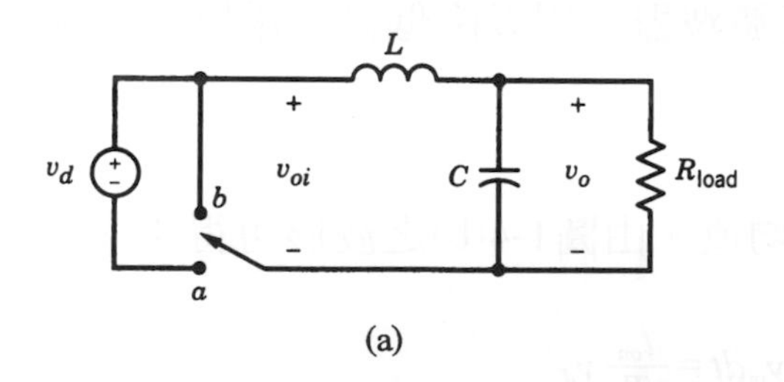

(a)

圖 1-4　圖1-3之等效電路、波形及頻譜

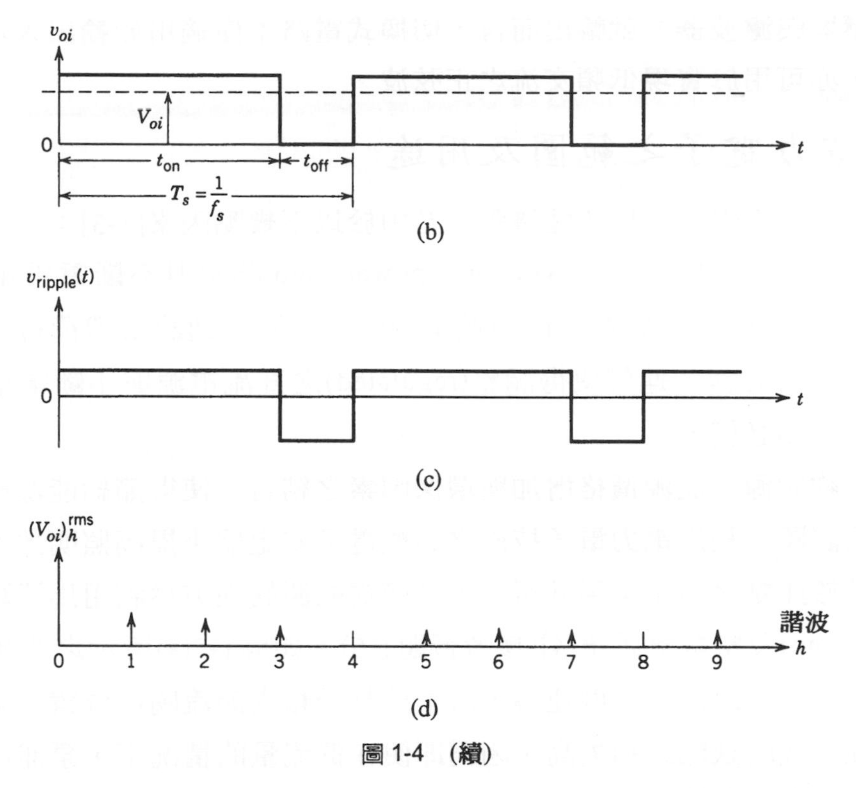

圖 1-4　(續)

由於電晶體開關之操作方式，不是完全導通就是完全截止，因此功率損失可以降至最低。當然，當開關在導通與截止二狀態作切換時必須經過主動區(將於第二章討論)會造成切換損失，因此切換損失大小與切換頻率成正比。然而與線性電源供應器之損失相較，切換損失要小得多。

此外，高頻切換所需之變壓器與濾波元件的體積及重量要較線頻(line frequency)操作之線性電源供應器所需之低頻變壓器要小的多。為了顯示切換頻率之影響，此處以v_{oi}波形之諧波(harmonics)含量來說明，其可利用傅立葉分析(Fourier analysis)求得並繪於圖1-4(d)(參考習題1-3，更詳細的說明將在第三章中討論)。其中v_{oi}除包含直流值外尚包括切換頻率整倍數之諧波成份，因此如果切換頻率很高，這些諧波成份可以利用很小的濾波器來濾除，以得到所需的直流成份。切換頻率的選擇需在切換損失大小與變壓器、濾波器價格之間作折衝，因為切換損失隨切換頻率之增加而增加，而變壓器與濾波器之價格則隨切換頻率之增加而減少。故如有新式切換速度較高之元件可以使用，則切換頻率可以在維持同樣切換損失的條件下加以提高，以減小所需之變壓器與濾波器。就輸出而言，切換式電路不僅適用於輸出入均為直流之用途，亦可用於實現低頻交流之正弦波。

1-3 電力電子之範圍及用途

電力電子市場之所以快速擴張，乃由於以下幾點因素[1-3]：

1. 切換式電源供應器(switching power supplies)與不斷電電壓供應器(UPS)：微電子製作技術的進步帶動了電腦、通訊及消費電子等產品之蓬勃發展，連帶使得調整(regulated)之直流電源與不斷電電源供應器成為必備。
2. 節約能源：能源價格增加與環保因素之結合，使得節約能源成為一重要課題。利用電力電子技術之高頻電子安定器來提高照明效率，即是基於此點之考量；另外可以大量節約能源的地方為利用馬達驅動泵浦(pump)及壓縮機系統[4](參考習題1-6)。如圖1-5(a)所示之傳統泵浦系統，泵浦以固定速度運轉，流量控制乃藉由節流閥之位置來調整。這種方式的缺點為損失高，因為即使在低流量的情況下，泵浦仍需從電源汲取與全流量時同樣大小之功率。此缺點可以利用圖1-5(b)藉由調整馬達之轉速以控制其流量的方式來改善，因為馬達轉速之調整可以利用電力電子的方式以非常高地效率來達成(將於本書之第八章與第十四章中說明)。

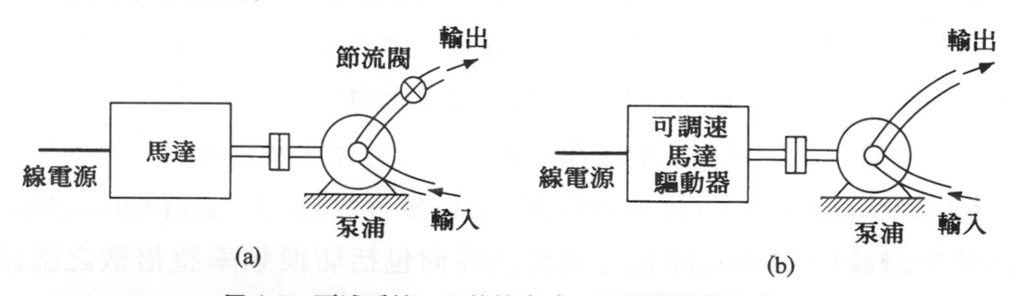

圖 1-5 泵浦系統：(a)傳統方式；(b)調速驅動方式

3. 程序控制與工廠自動化：近年來以調速馬達來驅動機具以增進程序控制性能的需求日益增加，例如：工廠自動化中之機械手臂(robots)即是利用伺服馬達(可調速或定位)驅動。
4. 運輸：電聯車在許多國家中早已使用多年；近年來為降低空氣污染，

在大都會中使用電動車亦將成爲趨勢。此外，電動車之充電器亦是電力電子的應用。

5. 電極技術之應用(Electro-technical applications)：此包括焊接、電鍍以及感應加熱之設備。

6. 電力事業相關之應用：其中之一爲利用高壓直流(HVDC)方式傳送電力的應用，其在傳送端利用電力轉換器(power converter)先將交流電源轉換爲直流，在接收端再將直流轉換爲交流。其次，電力電子在既有電力網路容量之擴充上亦扮演重要的角色。此外，將太陽能及風力發電與公用電力結合亦是電力電子的潛在應用範疇。

表1-1列出電力電子從幾十瓦到幾百萬瓦的各式用途。無庸置疑的，隨著功率半導體元件的性能與價格的改進，電力電子將有更廣泛的用途。

表 1-1　電力電子之應用

<table>
<tr><td>(1)家庭
　冰箱
　電熱器
　空調設備
　炊煮
　照明
　消費性電子(如電腦、娛樂設備等)
(2)商業
　加熱、通風及空調
　冷凍
　照明
　電腦及辦公用設備
　不斷電系統
　電梯
(3)工業
　泵浦
　壓縮機
　吹風機及風扇
　工具機(機器手臂)
　電弧爐、感應爐
　照明
　工業用雷射
　感應加熱
　焊接</td><td>(4)運輸
　電動車之牽引控制
　電動車之電池充電器
　電動機關車
　街車
　地鐵
　汽車電子(含引擎控制)
(5)公用電力
　高壓直流傳輸(HVDC)
　靜態乏補償器(SVC)
　替代性能源(風力、太陽能)、
　燃料電池
　儲能系統
(6)航空及太空
　太空梭之電源供應系統
　衛星之電力系統
　飛機之電力系統
(7)通訊
　電池充電器
　電源供應器(直流及UPS)</td></tr>
</table>

1-4 電力處理器與轉換器之分類

1-4-1 電力處理器

爲了系統化地學習電力電子，將圖1-1之電力處理器以其輸入與輸出的形式或頻率來加以歸類。對於大部份電力電子系統而言，其輸入通常爲公用之線頻電壓，而其輸出則視應用而定，可能有以下幾種方式：

1. 直 流

⑴ 大小是經調整(固定)的。

⑵ 大小是可調的。

2. 交 流

⑴ 頻率固定而大小可調。

⑵ 頻率及大小均爲可調。

輸入之交流電源與輸出之負載均可爲單相或三相，電力之流向通常是由輸入送至輸出，但有例外，例如與公用電源相連之太陽能系統，其電力之流向乃由太陽能電池(直流電源)送至公用之交流電源(當成負載)。另外，有許多系統其電力之流通是可以雙向的。

1-4-2 電力轉換器

電力處理器中所包含的功率轉換級數通常如圖1-6所示，可能不只一級，各級間由一些電感及電容等儲能元件所區隔，因此瞬時輸入功率可能不等於瞬時輸出功率。這些功率轉換級稱爲轉換器，爲電力電子系統中之基本模組。轉換器的構造包含由IC所控制之功率半導體元件及一些電感、電容等儲能元件。根據其輸入/出形式來分類，轉換器可以分成：

1. 交流至直流。

2. 直流至交流。

3. 直流至直流。

4. 交流至交流。

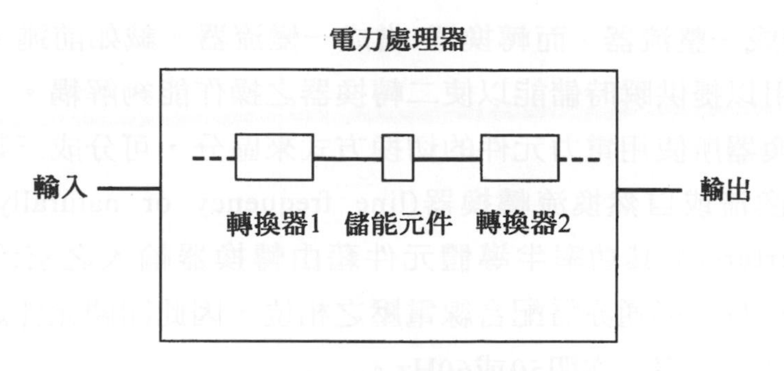

圖 1-6　電力處理器構造

更進一步的說，交流至直流轉換器稱爲整流器(rectifier)，其平均功率爲從交流側送至直流側；直流至交流轉換器稱爲變流器(inverter)，其平均功率爲從直流側送至交流側，若轉換器功率流通是雙向的，則如圖1-7所示其可同時操作於整流模式或變流模式。

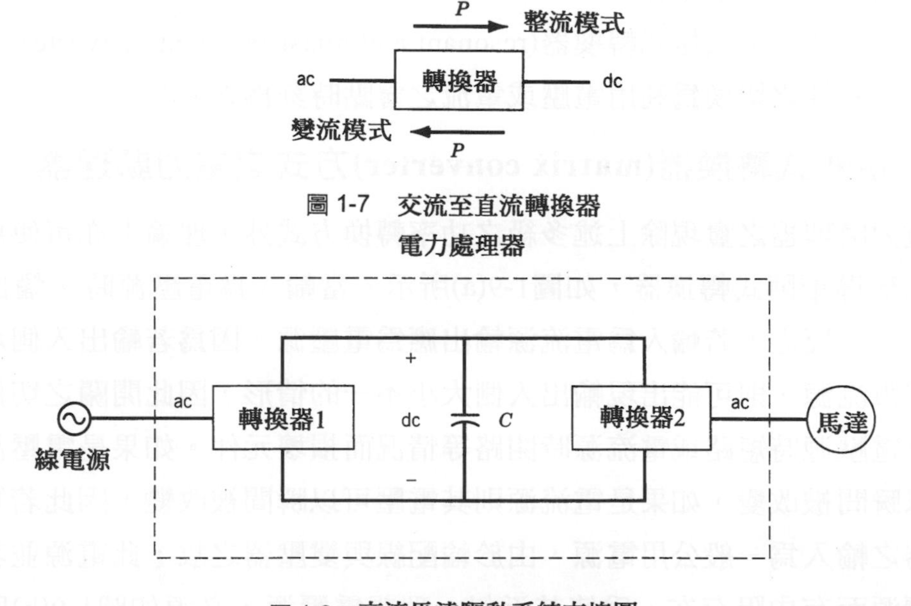

圖 1-7　交流至直流轉換器

圖 1-8　交流馬達驅動系統方塊圖

舉例來說，圖1-8之可調速交流馬達驅動器(將於第十四章中討論)，其電力處理器包含二轉換器，轉換器1爲一整流器，將交流電源轉換成直流；轉換器2爲一變流器，將直流電源轉換成大小及頻率均爲可調之交流電源。在電動機工作模式下，電力由交流電源側送至馬達側；在再生制動(re-generative braking)模式下，功率之流向爲反向(即由馬達側送至交流電源側)，此時轉換器2變成一整流器，而轉換器1當成一變流器。誠如前述，位於此直流鏈上之電容用以提供瞬時儲能以使二轉換器之操作能夠解耦。

若以轉換器所使用電力元件的切換方式來區分，可分成三類：

1. 線頻換流或自然換流轉換器(line frequency or naturally commutated converters)：其功率半導體元件藉由轉換器輸入之交流線電壓來截止，同時其導通亦需配合線電壓之相位，因此開關元件之切換頻率爲線電壓之頻率，亦即50或60Hz。

2. 切換式或強迫換流轉換器(switching or forced-commutated converters)：開關元件之導通與截止均爲可控制的，切換頻率要較線電壓頻率高出甚多，其輸出可以是直流亦可以是與線電壓頻率相當之交流，通常若輸入爲一電壓源則輸出爲一電流源，反之，若輸入爲一電流源則輸出爲一電壓源。

3. 共振式及半共振式轉換器(resonant and quasi-resonant converter)：其開關元件之切換爲利用電壓或電流之零點時刻爲之。

1-4-3 矩陣式轉換器(matrix converter)方式之電力處理器

電力處理器之實現除上述多級之功率轉換方式外，理論上亦可使用單級之方式稱爲矩陣式轉換器，如圖1-9(a)所示。當輸入爲電壓源時，輸出必須爲電流源；反之，若輸入爲電流源輸出應爲電壓源。因爲若輸出入側均爲電壓源或電流源，則可能出現輸出入側大小不一的情形，因此開關之切換必須避免於電壓源時短路或電流源時開路等情況而損壞元件。如果是電壓源其電流可以瞬間被改變，如果是電流源則其電壓可以瞬間被改變，因此若矩振式轉換器之輸入爲一般公用電源，由於輸配線與變壓器之故，此電源並非一理想電壓源而有內阻存在，爲使其近似一理想電壓源，必須如圖1-9(b)所示並聯一小電容以克服此內阻。

矩陣式轉換器中之開關必須是雙向的才能承受雙極性電壓及流通雙向電流，雙向開關可由單向性之開關與二極體組合而成。此外矩陣式轉換器所能轉換之輸入與輸出大小之比例是有限制的。

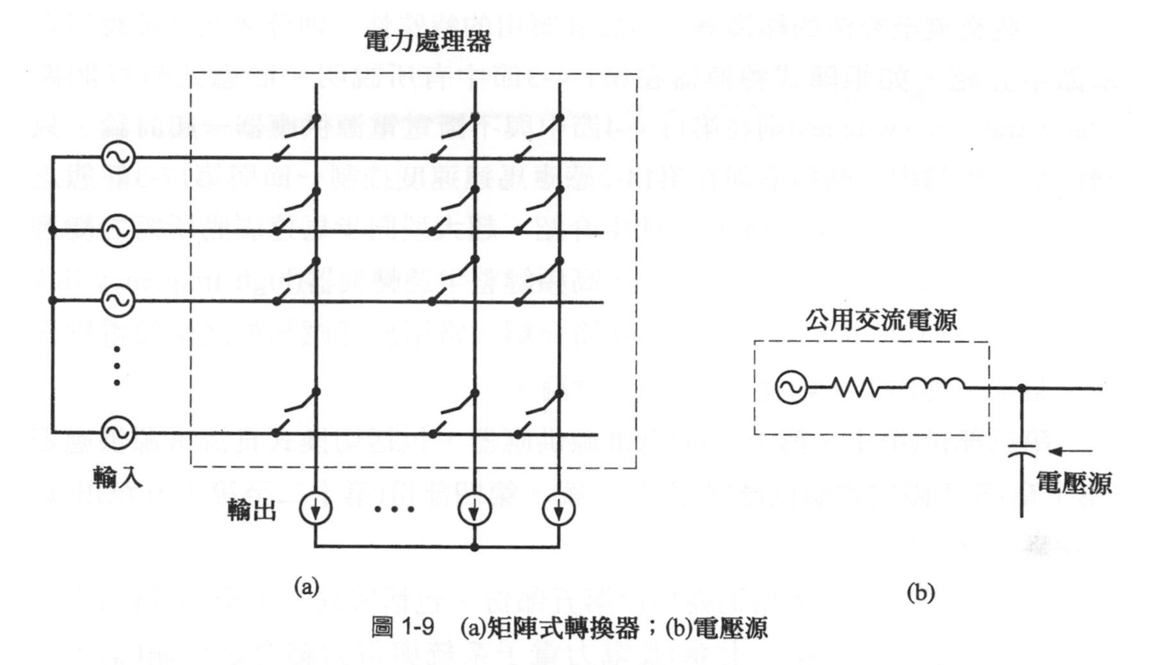

圖 1-9　(a)矩陣式轉換器；(b)電壓源

雖然已有不少矩陣式轉換器的研究報告被提出，但至今其實用性仍然不如傳統的轉換器，因此本書將不再對其作更進一步的討論。

1-5　關於本書

本書共分成六個部份，第一部份(第一至第四章)爲簡介，簡要地介紹電力電子的基本概念、功率半導體元件及電力電子系統之電腦模擬。各式功率半導體元件之概論及其當成理想開關之假設將在第二章中說明；電力電子所需之電路與磁路的觀念，則在第三章中加以介紹；第四章則說明電腦模擬在電力電子系統設計與分析中所扮演的角色，對於一些常用之模擬軟體亦有所討論。

第二部份(第五至第九章)，則廣泛的介紹各式電力轉換器，其電路分析均基於第二章中理想開關元件之假設。在第五章中，首先介紹交流至直流轉換所需之線頻二極體整流器；第六章則更進一步介紹利用線頻換流(自然換流)閘流體實現可操作於整流及變流模式之交流至直流轉換器；以切換式轉換器實現之直流至直流及直流至正弦式交流等方式，則分別在第七章及第八章中討論；第九章則介紹共振式轉換器。

一些交流至交流的轉換器，由於其應用的特殊性，則分散在其被應用之章節中介紹。如矩陣式轉換器在第1-4-3節中有所說明。靜態式轉換開關(static transfer switches)則在第11-4-4節中與不斷電電源供應器一起討論。只變電壓不變頻率之轉換器則在第14-2感應馬達速度控制一節與第17-3靜態乏補償器(static var compensator)一節中介紹。超大型同步馬達驅動所需之變週器(cycloconverters)在第15-6節介紹。高頻鏈整半週轉換器(high-freqnency-link integral-half-cycle converters)在第9-8節介紹。常用於感應加熱之線頻電壓操作之整半週轉換器，則在第16-3-3中討論。

第三部份(第十、第十一章)爲電源供應器，包括切換式直流電源供應器(第十章)及不斷電電源供應器(第十一章)。第四部份(第十二至第十五章)則爲馬達驅動之應用。

電力電子之其它應用則總括於第五部份，包括家庭及工業用途(第十六章)、公用電力用途(第十七章)及電力電子系統與電力結合之用途(第十八章)。

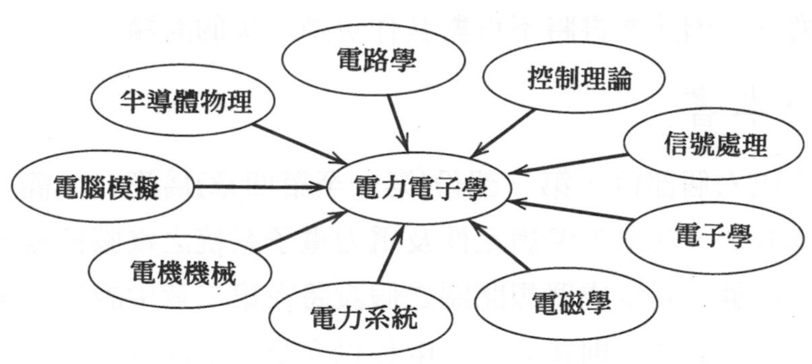

圖 1-10　電力電子與各學門之關聯性

1-6　電力電子與各學門之關聯性

電力電子學實際上是電機領域中諸多學門之綜合體，如圖1-10所示，其包含了電子電路、電力系統、半導體物理、電機機械、控制系統、信號處理、電磁學等等，這使得電力電子成爲一門富挑戰性且有趣之領域，各學門之進展也連帶帶動了電力電子的發展。

1-7　符號的表示方式

本書中，對於以時間爲函數之瞬時值如電壓、電流、功率等乃分別以小寫字母v、i及p來表示，而對於時間或非時間函數同時存在之瞬時值乃以$v(t)$及v之方式來區分。大寫字母V及I在直流電路中用以表示平均值，在交流電路中則用以表示均方根值，有時爲避免混淆，以下標avg或rms附加於後來表示。此外，尖峰值則以"^"附加於大寫字母之上，平均功率通常以P來表示。

習　題

1-1　有一如圖1-1所示之電力處理器，其效率爲95%，輸出爲三相線電壓200V(rms)，52Hz，10A(每相)，功率因數0.8(落後)；其輸入爲單相230V，60Hz且功率因數爲一，試計算輸入電流與輸出功率。

1-2　圖1-2(a)之線性直流電源供應器，其波形如圖1-2(b)所示，若$V_{d,\min}=20$V，$V_{d,\max}=30$V，$V_o=15$V且輸出負載爲固定，試以三角波來近似此一輸入電壓變化，求出開關之功率損失及電源供應器之效率。

1-3　圖1-4(a)之切換式直流電源供應器，輸入電壓$V_d=20$V，開關之任務週期$D=0.75$。試以第三章之傅立葉(Fourier)分析計算v_{oi}之傅立葉表式。

1-4　同習題1-3，若切換頻率$f_s=300$kHz，負載電阻消耗240W，濾波元件$L=1.3\mu$H，$C=50\mu$F，計算在各諧波頻率下漣波電壓v_{oi}之值，並以分貝(dB)來表示。(提示：計算負載電阻值時，假設輸出電壓爲無漣波之定值)

1-5　同習題1-4，假設輸出電壓爲純直流，$V_o=15$V，計算並繪出濾波電感L之電壓與電流，以及電容C之電流，並以電容電流計算一開始假設爲零之輸出電壓漣波值。(提示：穩態下電容電流之平均值爲零)

1-6　同習題1-3及1-4，計算由v_{oi}之諧波成份所貢獻之輸出電壓漣波值，並與習題1-5作比較。

1-7　根據參考文獻4中美國能源部門所提之估計，若泵浦驅動系統均能採用本章所提之節約能源方式，則全美一年可節省1000億kWh之用電，試計算：(a)可以省下幾座100MW之電廠；(b)如果1度電(1kWh)為0.1美元的話，一年共可節省多少錢。

參考文獻

1. B. K. Bose, "Power Electronics — A Technology Review," *Proceedings of the IEEE*, Vol. 80, No. 8, August 1992, pp. 1303-1334.
2. E. Ohno, "The Semiconductor Evolution in Japan — A Four Decade Long Maturity Thriving to an Indispensable Social Standing, " *Proceedings of the International Power Electronics Conference* (*Tokyo*), 1990, Vol. 1, pp. 1-10.
3. M. Nishihara, "Power Electronics Diversity," *Proceedings of the International Power Electronics Conference* (*Tokyo*), 1990, Vol. 1, pp. 21-28.
4. N. Mohan and R. J. Ferraro, "Techniques for Energy Conversion in AC Motor Driven Systems," Electric Power Research Institute Final Report EM-2037, Project 1201-1213, September, 1981.
5. N. G. Hingorani, "Flexible ac Transmission," *IEEE Spectrum*, April 1993, pp. 40- 45.
6. N. Mohan, "Power Electronic Circuits: An Overview," *IEEE/IECON Conference Proceedings*, 1988, Vol. 3, pp. 522-527.

第二章　功率半導體開關概論

2-1　簡　介

與僅僅幾年前之功率半導體開關元件相較，新式元件在容量、控制性及價格上均有長足之進步，不僅使電力轉換器應用之範圍更加廣泛，亦導致新的轉換器電路拓僕的產生。在尚未介紹這些新式轉換器、電路拓僕及應用之前，有必要先就目前使用之功率元件的特性包括電壓、電流、切換速度等等特性作一介紹。

如果所有元件都是理想的，則轉換器電路之分析與特性之探討將會較單純且清楚得多，然而元件特性之探討可使我們知道其與理想元件之差距，以作為實際設計考量的依據。目前所使用的功率半導體元件，根據其可控性來區分，可分成三類：

1.　二極體(Diodes)：導通及截止由電力電路來決定。

2.　閘流體(Thyristors)：導通由控制信號觸發，截止則需藉助電力電路。

3.　可控式開關：導通及截止由控制信號決定。

可控式開關本身亦有許多類型，包括雙接面電晶體(bipolar junction transistors，BJTs)、金氧半場效電晶體(metal-oxide-semiconductor field effect transistors，MOSFETs)、閘關(gate turn off，GTO)閘流體以及閘極絕緣雙接面電晶體(insulated gate bipolar transistors，IGBTs)等。

2-2 二極體

二極體之電路符號及穩態電流-電壓(i–v)特性如圖2-1(a)及圖2-1(b)所示，二極體導通需加順向偏壓，導通壓降V_{FI}約1V左右，當為反向偏壓且小於其反向崩潰電壓(break-down voltage)V_{rated}時，二極體截止，僅僅有非常小之漏電流(leakage current)流通。在正常的情況下，反向偏壓不應大於其反向崩潰電壓。若反向漏電流及導通壓降與實際電路操作之電流及電壓相較後可忽略，則二極體特性可以圖2-1(c)所示之理想特性來取代，以簡化轉換器電路分析之複雜性。然而在實際電路設計上，例如散熱設計時，必須列入。

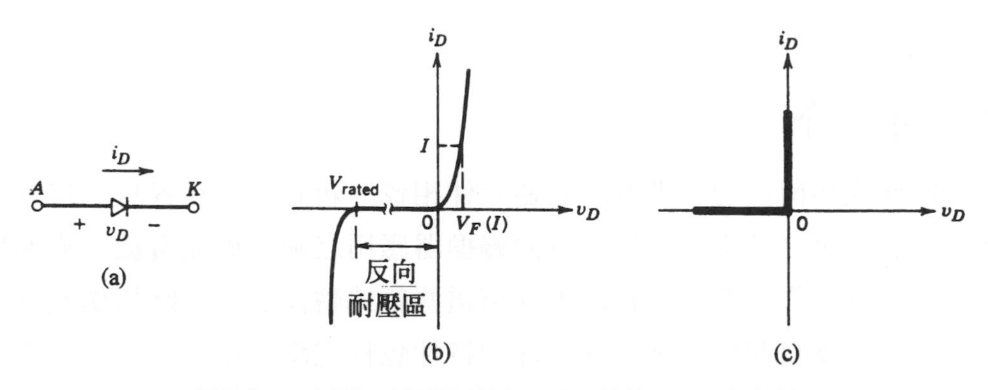

圖2-1 二極體：(a)電路符號；(b)i-v特性；(c)理想特性

二極體之導通速度很快，通常可以被視為一理想開關，然而其截止時的反向電流回復時間t_{rr}(如圖2-2所示)必須考慮。此反向電流乃用以移去二極體中之多餘載子(excess carriers)使其能夠承受反向偏壓，另外，其會造成電感性電路瞬間之高壓。雖然如此，對大多數電路而言，此反向電流並不影響其輸出／入特性，因此二極體之截止瞬間亦可視為理想元件。

以用途區分，二極體有多種類型：

1. 蕭基二極體(Schottky diodes)：其導通壓降很低(典型為0.3V)，適用於低壓輸出之電路，其反向耐壓能力約為50～100V。

2. 快速回復二極體(Fast-recovery diodes)：其反向電流回復時間很短，

以在高頻切換電路中與可控式開關配合使用。其容量最大約爲數百伏及數百安培，t_{rr}小於幾個微秒(μs)。

3. 線頻二極體(Line-frequency diodes)：由於其設計是儘量降低導通壓降，因此t_{rr}較大，但對於以線頻操作之應用而言是可以接受的。其耐壓可達幾千伏特，耐流爲幾仟安培，可以串聯或並聯方式增加其電壓與電流之容量。

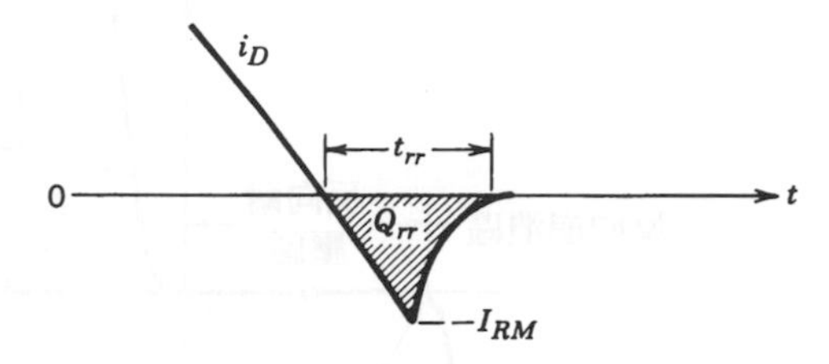

圖 2-2　二極體截止波形

2-3　閘流體

閘流體的電路符號與i–v特性如圖2-3(a)及2-3(b)所示。導通電流的方向爲由陽極(A)到陰極(K)。導通時導通壓降通常只有幾伏特(視其耐壓容量而定，典型爲1-3V)。當閘流體一導通，即使移去閘極電流，亦可繼續保持導通，特性如同一二極體，其截止無法藉由閘極控制，只能利用閘流體所連接之電路使流經閘流體之電流降爲零，才能使其截止。

當反向偏壓且小於其反向崩潰電壓時，只有很小之漏電流會通過，通常其正向與反向之崩潰電壓大小相同。閘流體電流之額定是以其可導通之最大均方根值與平均值來表示。其理想特性則如圖2-3(c)所示。

閘流體的操作可以圖2-4(a)的簡單電路來加以說明。其中閘流體之觸發導通只能於輸入電壓之正半週進行，當輸入電壓進入負半週後，由於純電阻性負載，電流與電壓同相，因此理想之閘流體會在$t = T/2$時截止，其波形如圖2-4(b)所示。然而對實際之閘流體而言，其電流如圖2-4(c)所示，在成爲零之前必須反向，與二極體不同的是截止時間並非以t_{rr}來計算，而是以從電流經過零點到電壓經過零點的時間t_q來計算。在此t_q時期，閘流體的跨壓必須維持負值直到t_q結束，才有能力承受順向偏壓而不會導通，如果在t_q未結束之前即加順向偏壓，閘流體甚至電路將因其不完全導通而損壞，因此t_q又稱為閘流體之換向回復時間。閘流體技術手冊中對於t_q的標示方式是標明此時期之負值電壓及電壓之上昇率。除了電壓、電流額定，t_q值及順向導通壓降外，閘流體導通時電流之上昇率(di/dt)及截止時電壓之上昇率(dv/dt)亦是在元件選擇時必須考量的因素。

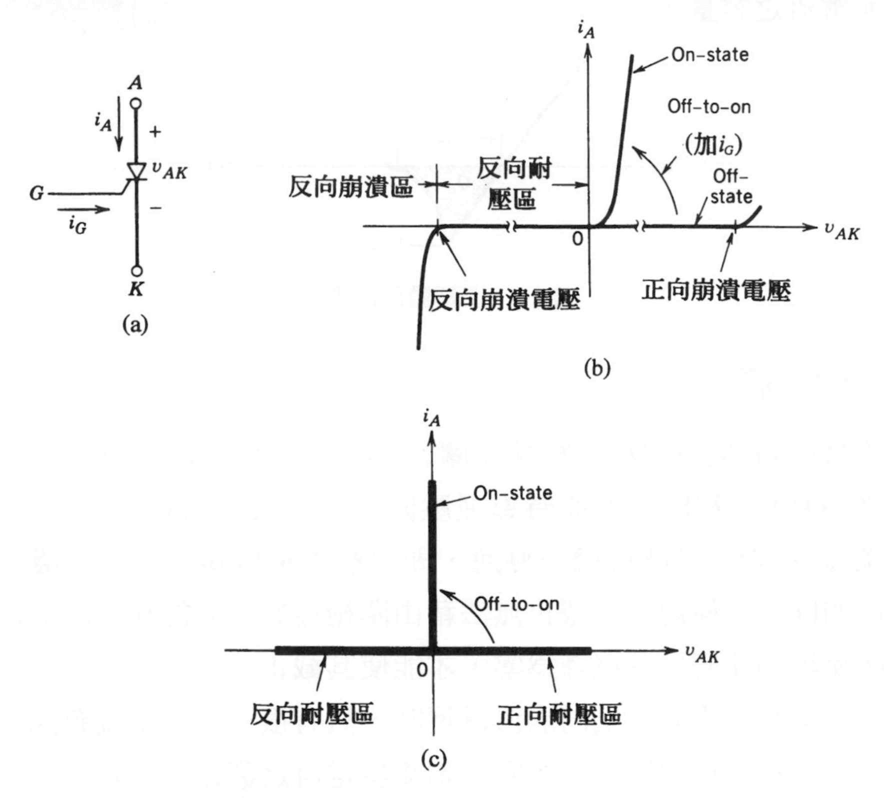

圖 2-3 閘流體：(a)電路符號；(b)i–v特性；(c)理想特性

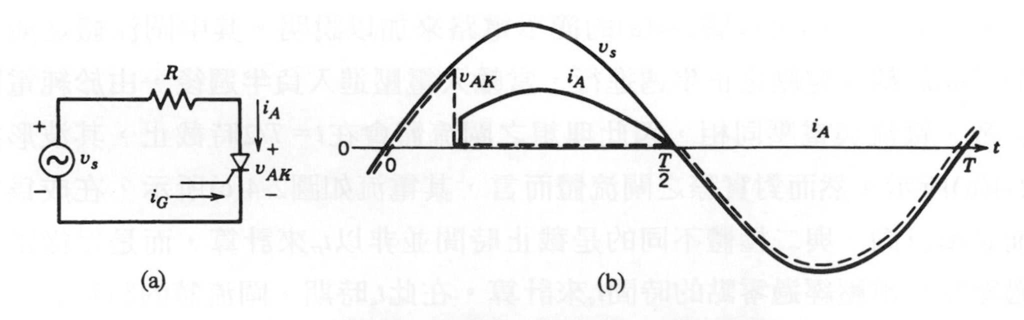

圖 2-4 閘流體：(a)電路；(b)波形；(c)截止時間t_q

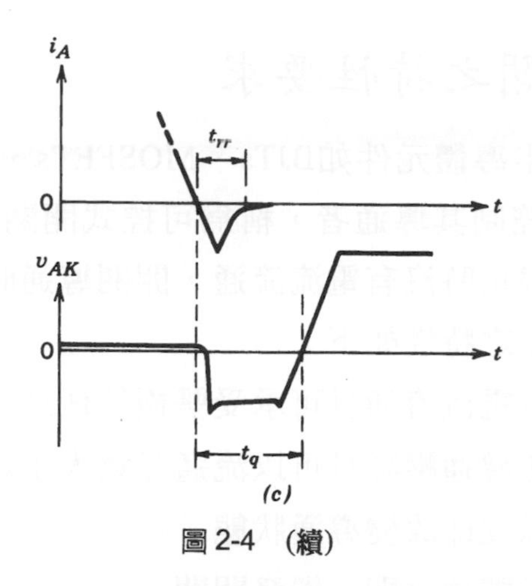

圖2-4　(續)

閘流體依其應用區分，可以分為：

1. 相控閘流體(Phase-controlled thyristors)：主要用途為交/直流馬達驅動及高壓直流傳輸(HVDC)所需之線頻電壓整流，其特點為高電壓電流容量及低導通壓降，目前產品之平均電流可達4000A ，耐壓5～7kV，導通壓降為1000V者0.5V及5～7kV者3.0V。
2. 變頻器用閘流體(Inverter-grade thyristors)：其特點為低t_q及低導通壓降。目前容量可達2500V/1500A，截止時間從幾μs到100μs不等，視其耐壓與導通壓降而定。
3. 光驅動閘流體(Light-activated thyristors)：閘流體之觸發脈衝由光纖所導引，主要用途為高壓直流傳輸，用以解決許多閘流體串接形成一轉換閥門時，由於各閘流體對地電位之不同使觸發脈衝之提供困難。光驅動閘流體的容量現可達4kV及3kA，導通壓降約2V，觸發功率為5mW。

其它不同應用形式的閘流體尚有：閘輔助截止閘流體(gate-assisted turn-off thyristors，GATTs)，非對稱型矽控整流子(asymmetrical silicon-controlled rectifiers，ASCRs)，以及反向導通閘流體(reverse-conducting thyristors，RCTs)等。

2-4 可控式開關之特性要求

如前所述，功率半導體元件如BJTs、MOSFETs、GTOs、及IGBTs等利用加於端點之信號來控制其導通者，稱為可控式開關，其可以圖2-5之符號來概括表示。當開關截止時沒有電流流通，開關導通時電流方向只能如箭頭所指。理想可控式開關之特性如下：

1. 當開關截止時無電流流通且可承受雙極性任意大小之電壓。
2. 當開關導通時無導通壓降且可以流通任意大小之電流。
3. 當受觸發時可以立即改變導通狀態。
4. 無限小之控制信號功率即可觸發開關。

實際之元件並非理想，因此必定會消耗功率，如消耗太多的功率，不僅會燒毀元件本身甚至會損毀系統中其它元件。功率損耗(power dissipation)是功率半導體元件先天存在的問題，因此在設計轉換器時必須掌握這些因素，才能將其功率損耗降至最低。

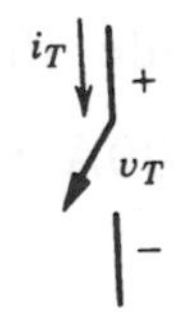

圖 2-5 可控式開關之概括表示

以下以圖2-6(a)這個典型的電感性切換式電路，來說明功率半導體元件之功率損耗，其中電流源用以代表流經電感之電流。雖然二極體的反向回復電流會影響開關所承受之電壓應力(stress)，為簡化起見，在此假設其為理想。

當開關導通時，I_o流經開關，二極體為反向偏壓；當開關截止時，I_o流經二極體，開關上所承受之電壓等於輸入電壓V_d。圖2-6(b)所示為開關以$f_s = 1/T_s$的頻率切換時，開關上所承受之電壓與電流大小，為簡化分析，切換波形以線性方式來趨近其實際波形。如圖2-6(b)之波形所示，當開關欲由截止至導通時，首先控制信號必須由負變正，導通之建立包含幾個程序：首先，有一短暫延遲$t_{d(on)}$，接著開關電流由零上升至I_o，其時間為t_{ri}，之後二極體成為反向偏壓，開關電壓乃由V_d降至導通電壓$V_{c(on)}$，其時間爲t_{fv}，在此之後開關才能稱爲導通。由圖2-6(b)可以看出在$t_{c(on)}$期間，開關之電壓及電流均不爲零

$$t_{c(\text{on})} = t_{ri} + t_{fv} \tag{2-1}$$

因此開關由截止至導通的切換過程，元件上的損耗能量可由圖2-6(c)之瞬時開關損失波形求得：

$$W_{c(\text{on})} = 1/2\, V_d I_o t_{c(\text{on})} \tag{2-2}$$

當開關完全導通後，其導通壓降與導通電流亦會在開關上造成功率損耗，若導通期間爲t_{on}，損耗之能量爲：

$$W_{\text{on}} = V_{\text{on}} I_o t_{\text{on}} \tag{2-3}$$

通常$t_{on} \gg t_{c(on)}$及$t_{c(off)}$。

當開關欲由導通至截止時，首先控制信號必須由正變負，截止過程首先包含一延遲時間$t_{d(off)}$，及一電壓上升時間t_{rv}。當電壓上升至V_d，二極體變成順向偏壓開始導通電流後，I_o逐漸由開關轉移至二極體，達到零後開關正式截止，此段時間爲t_{fi}

$$t_{c(\text{off})} = t_{rv} + t_{fi} \tag{2-4}$$

在$t_{c(off)}$期間，開關上之電壓電流均不爲零，其能量損耗爲：

$$W_{c(\text{off})} = 1/2\, V_d\, I_o\, t_{c(\text{off})} \tag{2-5}$$

由圖2-6(c)之瞬時功率$p_T(t) = v_T i_T$可以清楚觀察開關在切換及導通時期均有功率損耗。開關平均之切換損可由(2-2)及(2-5)求得：

$$P_s = 1/2\, V_d I_o f_s \left(t_{c(\text{on})} + t_{c(\text{off})}\right) \tag{2-6}$$

(2-6)指出開關之切換損失與切換頻率及切換時間成正比，因此在提高切換頻率以降低濾波要求的同時，亦需考量所換得之切換損失是否值得。

開關之導通損可由(2-3)求得：

$$P_{(\text{on})} = V_{(\text{on})} I_o \frac{t_{(\text{on})}}{T_s} \tag{2-7}$$

(2-7)指出導通損與導通壓降成正比。

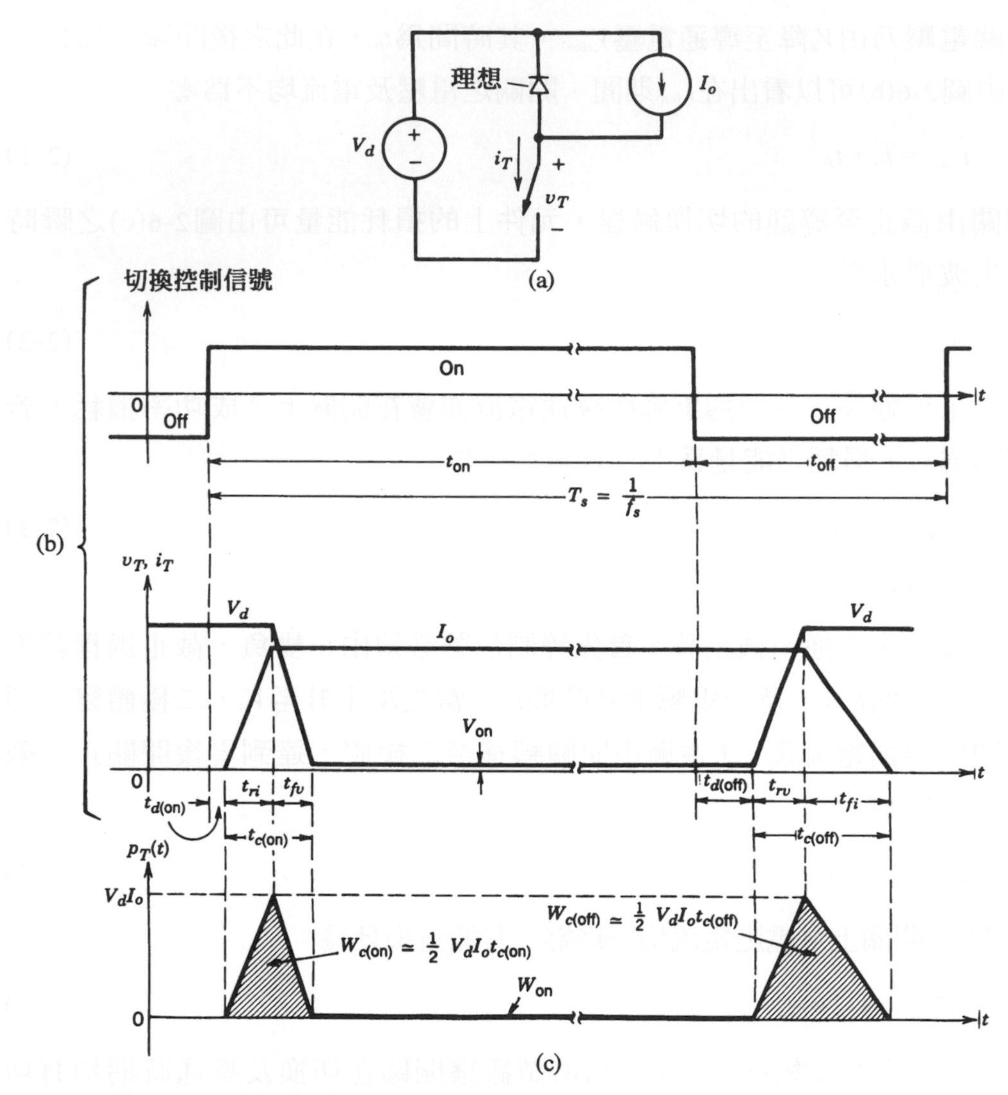

圖 2-6　一般開關切換之特性(線性化)：(a)電感性負載之切換電路；(b)切換波形；(c)瞬時開關損失波形

由於開關截止時之漏電流大小可忽略不計，開關沒有截止時期的損失，因此開關之總平均損失P_T等於P_s與$P_{(on)}$之和。

由以上之討論可歸納出可控式開關的特性要求如下：

1. 截止狀態下具有很小的漏電流。

2. 低導壓降以降低導通損失。

3. 極短之導通與截止時間，使元件之切換頻率可以提高。

4. 很高的正向與反向耐壓能力，以避免使用元件串接方式徒增加控制及保護之複雜性及增加導通損。若可控式開關具有反並接之二極體，因其允許電流反向流通，故開關是否具反向耐壓能力則不重要。
5. 高電流額定，可避免元件並聯之情況而不須考慮分流的問題。
6. 導通電阻具有正的溫度係數，使並聯元件之分流可以平均。
7. 小的控制信號功率以使控制電路之設計較易。
8. 切換時可以同時承受額定電壓及電流以免除其它外加元件保護電路。
9. 高的dv/dt及di/dt額定，以免除外加限制dv/dt及di/dt之電路。

特別要說明的是，圖2-6(b)之電感性電路與習題2-2(圖P2-2)的電阻性電路相較，電感性電路將有較高的切換損及開關所需承受的應力。

以下將進一步討論各式可控式開關元件的特性：

2-5 雙極性接面電晶體(BJTs)及單晶達靈頓(Monolithic Darlington，MD)

NPN型BJT的電路符號及穩態i–v特性如圖2-7(a)及圖2-7(b)所示。若欲電晶體完全導通，必須加滿足下列條件之基極電流：

$$I_B > \frac{I_C}{h_{FE}} \tag{2-8}$$

其中h_{FE}為元件之直流電流增益。BJT 的導通電壓$V_{CE(sat)}$大約只有1～2V，因此具有較低之導通損。理想之BJT的i–v特性如圖2-7(c)所示。

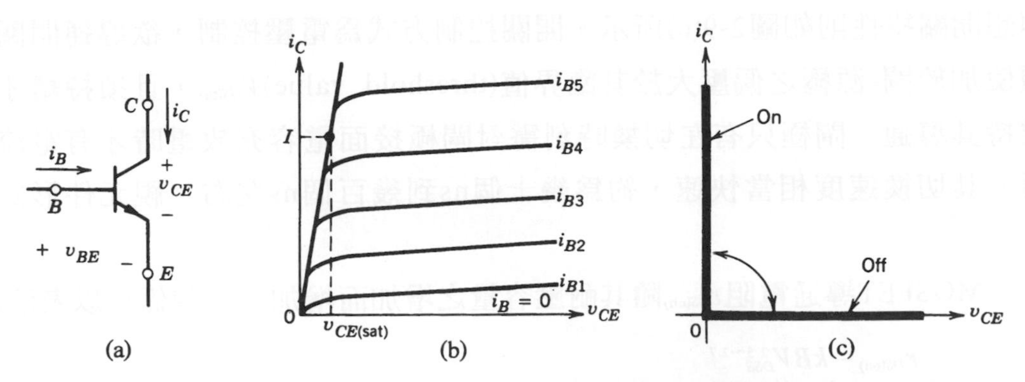

圖 2-7 BJT：(a)電路符號；(b)i–v特性；(c)理想特性

BJT爲電流控制元件，其基極電流必須持續加著才能使開關維持導通。對於高功率之BJT，其h_{FE}通常只有5～10，因此有時會將其連接成圖2-8所示之二電晶體達靈頓或三電晶體達靈頓架構以獲得較高之電流增益。然而此種方式具有較高的$V_{CE(sat)}$及較慢的切換速度等缺點。

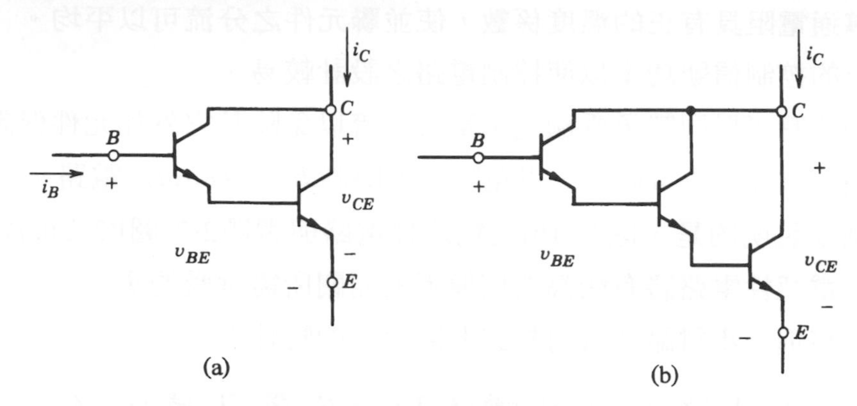

圖 2-8 達靈頓電路架構：(a)二電晶體達靈頓；(b)三電晶體達靈頓

無論是單一電晶體或單一晶片包裝之達靈頓(MD)，BJT 有較長之截止時間，典型之切換速度大約在幾百ns到幾μs。

BJT及MD之電壓額定約可達1400V，電流額定約爲幾百安培，雖然其溫度係數爲負，但只要在電路佈線及所選取之BJT的電流邊界大一點的話，理論上四個以內BJTs之並聯操作仍然可以得到良好之分流效果。

2-6 金氧半場效電晶體(MOSFETs)

一N通道之MOSFET的電路符號及i–v特性如圖2-9(a)及圖2-9(b)所示，其理想開關特性則如圖2-9(c)所示。開關控制方式爲電壓控制，欲導通開關必須使加於閘-源極之偏壓大於其臨界值(threshold value)$V_{GS(th)}$，且須持續才能維持其導通。閘極只有在切換時刻需對閘極接面電容充放電時才有電流流通。其切換速度相當快速，約爲幾十個ns到幾百個ns左右，視元件形式而定。

MOSFET導通電阻$r_{DS(on)}$隨其耐壓容量之增加而增加，其關係可以表示爲

$$r_{DS(on)} = kBV_{DSS}^{2.5\sim 2.7} \tag{2-9}$$

其中BV_{DSS}為耐壓容量，k為一常數與元件之幾何形狀有關，因此耐壓較小之元件導通損較小，反之則較大。然而由於MOSFET之切換速度很快，由(2-6)可知其切換損很小，以一300～400V的MOSFET與BJT相較，MOEFET切換頻率較BJT高出30～100kHz時才會得到相當的切換損。MOSFET的電壓容量最高可達1000V，但電流容量在低電壓額定時，約只能達到100A左右。雖然其可以5V信號驅動，但閘源極電壓最高可達±20V，此外，由於MOS-FET具有正溫度係數，因此非常適合並聯。

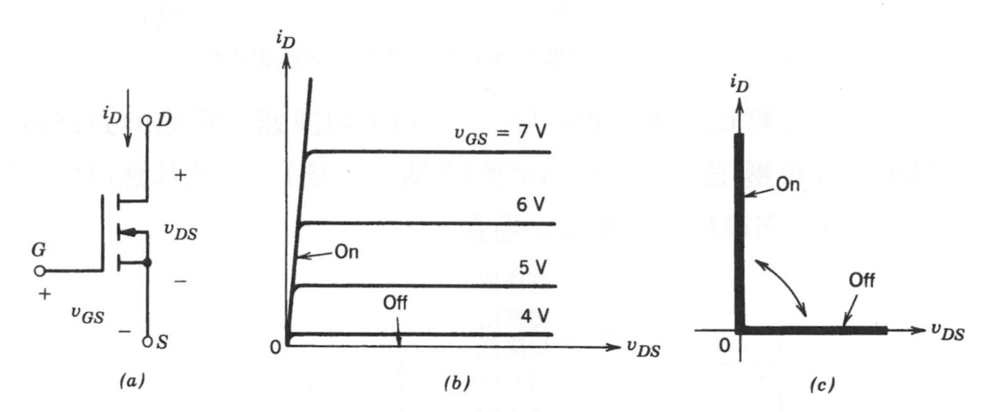

圖 2-9　N通道MOSFET：(a)電路符號；(b)i–v特性；(c)理想特性

2-7　閘關閘流體(GTO thyristors)

GTO的電路符號及穩態i–v特性如圖2-10(a)及圖2-10(b)所示。其導通方式與閘流體相似，只要一短暫閘極脈衝電流即能使其導通並持續，而不需一直維持觸發電流；但截止方式則與閘流體不同，可以藉由負的閘-陰極電壓使閘極產生一非常大之負電流而強迫其截止。此負閘極電流流通之時間雖短(其截止時間)，但電流極大可達其導通電流的三分之一。GTO可承受之反向電壓與元件之設計有關，理想元件之特性如圖2-10(c)所示。

雖然GTO被歸類成與MOSFET及BJT相同之可控式開關元件，它的截止暫態特性與圖2-6(b)不同。因為目前之GTO無法承受電感性電路開關截止時不可避免之dv/dt，因此必須外加如圖2-11(a)所示由R、C及D構成之緩衝(snubber)電路以減低其dv/dt值保護GTO。加了緩衝電路後GTO之截止特性如圖2-11(b)所示，dv/dt被減緩許多。

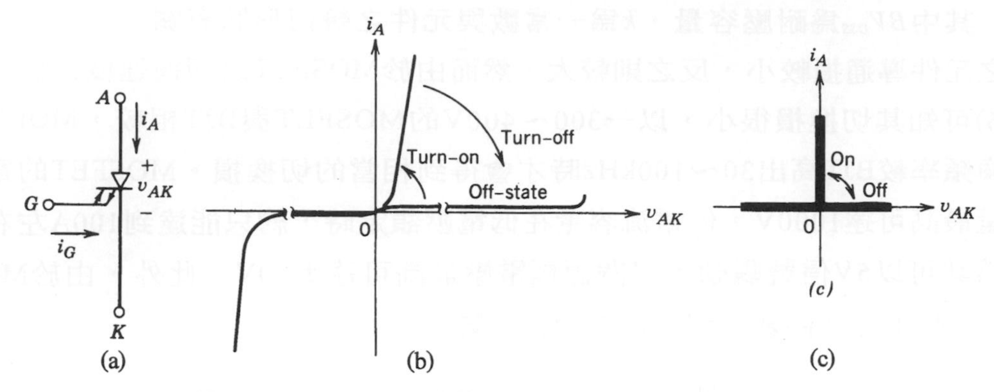

圖 2-10　GTO：(a)電路符號；(b)i–v特性；(c)理想特性

GTO之導通電壓比閘流體稍高(約2～3V)，切換速度為幾μs到25μs，由於其可以承受高電壓(達4.5kV)及高電流(達幾千安培)，因此其應用為切換頻率幾百到10kHz之高電壓與高電流之場合。

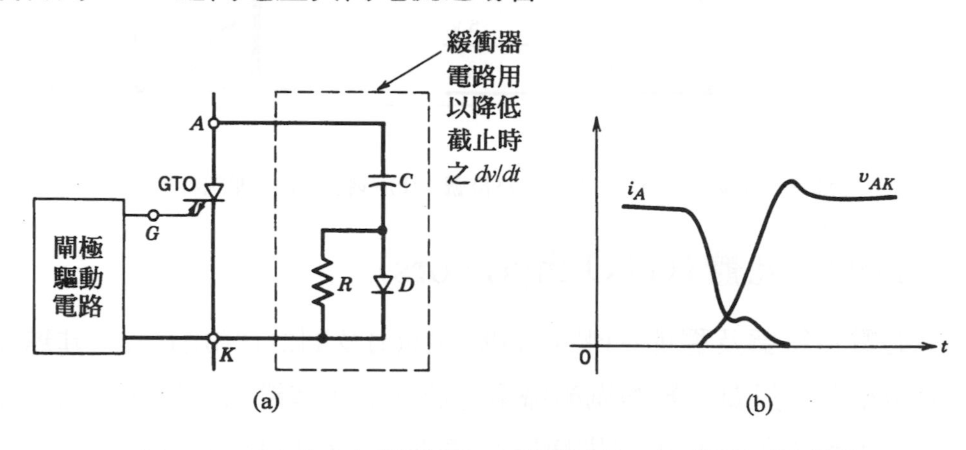

圖 2-11　GTO截止之暫態特性：(a)緩衝電路；(b)電壓及電流響應

2-8　閘極絕緣雙極性電晶體(IGBTs)

IGBT的電路符號及i–v特性如圖2-12(a)及圖2-12(b)所示。與MOSFET相同的是，IGBT具有閘極之高抗阻，只需要微小能量即能觸發開關；與BJT相同的是，IGBT具有即使在高電壓額定下導通電阻亦低的特性；與GTO相同的是，IGBT具有反向電壓耐壓能力，因此IGBT集MOSFET、BJT及GTO之優點於一身，其理想之元件特性如圖2-12(c)所示。

IGBT的切換速度約為1μs，容量可達1700V及1200A，目前之發展目標為達2～3kV。

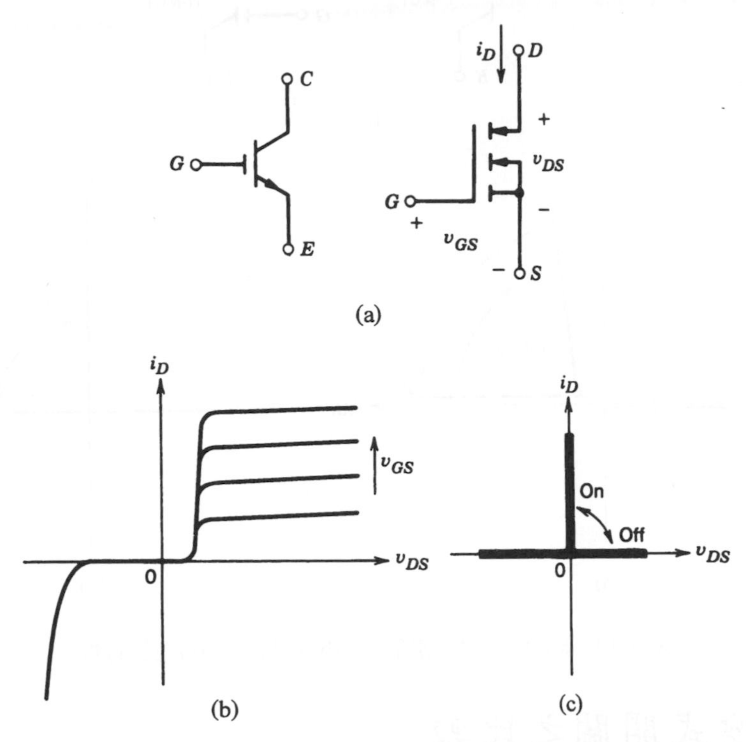

圖 2-12　IGBT：(a)電路符號；(b)*i*–*v*特性；(c)理想特性

2-9　金氧半控制閘流體(MCTs)

MCT為一新上市之元件，它的電路符號與*i*–*v*特性如圖2-13(a)及圖2-13(b)所示。根據其控制端點的位置來區分，MCT可分成如圖2-13(a)所示之P-MCT與N-MCT兩種元件。從*i*–*v*特性可以看出，MCT有許多特性與GTO相似，包括觸發導通特性(即當閘極驅動信號移去亦能保持導通)及高電流時仍具低導通壓降。MCT之閘極觸發特性則與IGBT及MOSFET相同，為一電壓控制開關只需極小之觸發能量。

與GTO相較，MCT有兩個優點，一為驅動要求較少(截止時不需極大之閘極電流)，一為切換速度較快(幾個μs)；與IGBT相較，MCT有較小之導通壓降(對同樣額定而言)。其容量現可達1500V及50至幾百安培。

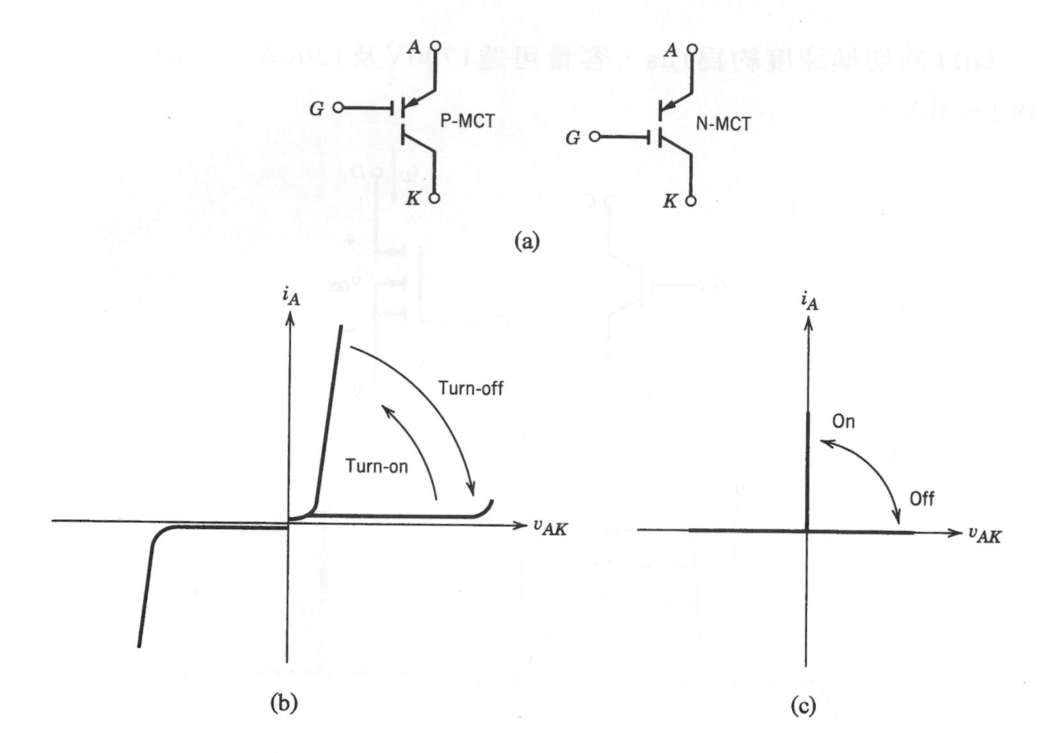

圖 2-13　MCT：(a)電路符號；(b)i–v特性；(c)理想特性

2-10 可控式開關之比較

由於可控式開關元件之比較必須同時考慮多種特性，且各式元件正快速地發展中，實難對其作一明確之比較結論，不過表2-1之比較是明確的。值得一提的是，雖然現有元件之改良正在進行中，但亦有不少新式元件正在開發，無論如何，高容量，快速率及低價格是大家追求之一致目標。圖2-14則以圖形方式呈現各式元件之功率處理能力。

表 2-1　可控式開關特性比較

元 件	功率處理能力	切換速度
BJT/MD	中　等	中　等
MOSFET	低	快
GTO	高	慢
IGBT	中　等	中　等
MCT	中　等	中　等

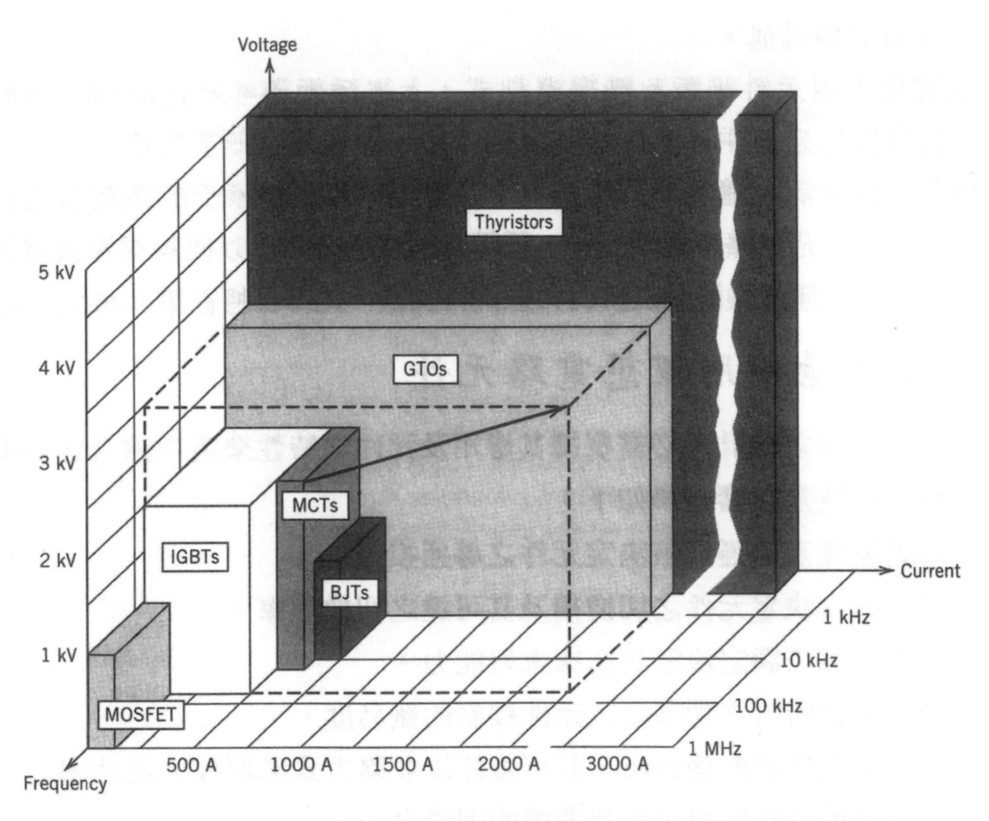

圖 2-14　功率半導體元件功率處理能力之比較圖。其中除MCT外均爲成熟之產品，然而MCT技術正在迅速發展，預計可達箭頭所指的位置

2-11 驅動與緩衝電路(Drive and snubber circuits)

可控式開關其切換速度與導通損深受其開關驅動控制之影響，轉換器之良好與否，與BJT之基極，MOSFET、GTO及IGBT等之閘極驅動電路的設計有關。未來之驅勢爲結合功率開關及其驅動電路於一包裝，由一邏輯信號便可直接控制。由於本書轉換器電路之分析均將開關元件視爲理想，因此並不考慮此驅動電路。

緩衝電路如同在 GTO介紹時所示，爲改變切換波形保護元件之電路。緩衝電路大致可分爲三類：

1. 導通緩衝電路，用以降低元件導通瞬間之過流。
2. 截止緩衝電路，用以降低元件截止瞬間之過壓。
3. 應力緩衝電路，用以修飾切換波形，使加於元件上之電壓及電流不會

同時出現高值。

在實用上視元件種類及轉換器型式，上述緩衝器可結合使用，由於第5-18章轉換器的分析中，元件均被視為理想，緩衝器便不予考慮。

雖然元件設計的趨勢為同時提高切換時期開關所能承受的電壓及電流應力，另一方面緩充電路亦提供了另一種轉換器電路拓僕，以使高電壓及電流不會同時發生，這種轉換器拓僕稱為共振式轉換器，此部份將在第九章中討論。

2-12 合理地使用理想電路元件

電力轉換器之設計，必需根據其應用及元件之特性來選取適合之功率元件，元件之特性及影響列舉如下：

1. 導通壓降及導通電阻決定元件之導通損。
2. 切換速度決定元件之切換損及其可達之切換頻率。
3. 電壓及電流額定決定其功率處理能力。
4. 驅動電路所需之功率決定元件控制的難易度。
5. 導通電阻的溫度係數決定其可否能以並聯方式處理較大之功率。
6. 元件之價格為選取元件時考慮的因素之一。

如果從系統的觀點來看，電壓及電流需求、功率、轉換效率，切換頻率、濾波元件大小、價格等均須考慮，因此元件之選擇除元件本身之考量外，亦需配合轉換器及系統之需求。

如果元件之選取能依據上述來考量，則以理想元件來作電路分析時，以下幾點假設是合理的：

1. 若轉換器之效率很高，導通壓降與操作電壓相較必定非常低，因此導通壓降可以被忽略。
2. 若元件的切換時間與操作頻率之週期相較非常短，切換時間可以被忽略。
3. 以同樣的方式，其它元件的特性也可以被理想化。

元件特性之理想化，在不影響準確性太多的情形下，大大簡化了轉換器電路的分析。然而在實際設計時，不僅元件實際特性必須考量，轉換器的電路拓僕亦需根據可利用的元件特性及其應用來加以考慮。

結　論

本章討論了功率半導體元件之特性及其功率處理能力，另外亦提出各元件之理想化特性及其合理性之假設，此理想化之元件將大大簡化第5-18章中之轉換器電路分析，使轉換器的特性可以更清楚地呈現。

習　題

2-1　某元件資料手冊標明之規格如下：

$t_{ri} = 100\text{ns}$　　$t_{fv} = 50\text{ns}$　　$t_{rv} = 100\text{ns}$　　$t_{fi} = 200\text{ns}$

假設圖2-6(a)中電路之參數值為$V_d = 300\text{V}$，$I_O = 4\text{A}$，根據圖2-6(b)以切換頻率範圍25～100kHz為參數，計算並繪出其切換損之值。

2-2　圖P2-2為電阻性切換電路，其$V_d = 300\text{V}$，$f_s = 100\text{kHz}$，$R = 75\Omega$，因此其導通電流大小與習題2-1相同。假設習題2-1中開關導通的時間為t_{ri}與t_{fv}之和，開關截止時間為t_{rv}與t_{fi}之和，並假設開關切換時的電壓及電流波形為線性，繪出切換電壓、電流及切換損之波形，計算其平均功率損失並與習題2-1作比較。

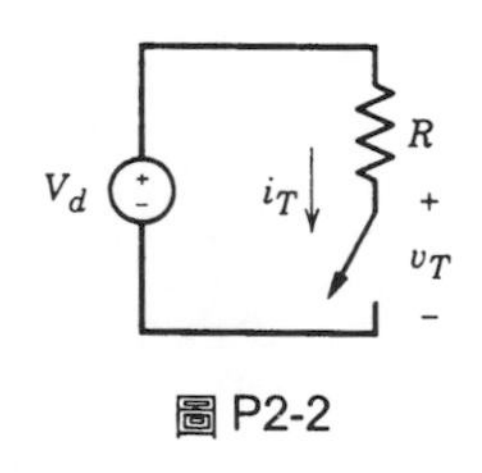

圖 P2-2

參考文獻

1. R. Sittig and P. Roggwiller (Eds.), *Semiconductor Devices for Power Conditioning*, Plenum, New York, 1982.
2. M. S. Adler, S. W. Westbrook, and A. J. Yerman, "Power Semiconductor Devices - An Assessment," IEEE Industry Applications Society Conference Record, 1980, pp. 723-728.
3. David L. Blackburn, "Status and Trends in Power Semiconductor Devi-

ces," EPE'93, 5th European Conference on Power Electronics and Applications, Conference Record, 1993, Vol. 2, pp. 619-625.

4. B. Jayant Baliga, *Modern Power Devices*, John Wiley & Sons, Inc., New York, 1987.
5. User's Guide to MOS Controlled Thyristers, Harris Semiconductor, 1993.

第三章　電路與磁路概論

3-1　簡　介

本章之目的有二：⑴簡要介紹學習電力電子所必需的基本定義與概念；⑵介紹一些簡化之基本假設，以簡化電力電子之電路分析。

3-2　基本電路學

儘量以國際電機與電子工程協會(IEEE)使用之標準文字與圖形符號來表示，且以國際單位系統(SI)來表示單位。以小寫字母來表示時間函數之瞬時值；以大寫字母來表示平均值或均方根值。例如：圖1-4b中v_{oi}為瞬時值，V_{oi}為平

電路中正電流方向為箭頭所指方向，節點電壓為節點與接地點之相對電壓，例如：v_a為節點a與接地點之相對電壓。枝電壓v_{ab}則表示節點a與節點b之相對電壓，$v_{ab}=v_a-v_b$。

3-2-1　穩態之定義

由於電力電子電路中，二極體與半導體開關元件可能隨時在改變其導通狀態，因此穩態之定義乃電路之波形以週期方式重覆出現時稱之，至於此週

期T之大小則由電路之自然特性決定。

3-3-2 平均功率與均方根(rms)電流

如圖3-1所示之電路，其瞬時功率之流向爲由次電路1至次電路2，大小爲：

$$p(t) = vi \tag{3-1}$$

其中v及i均爲時間的函數，如果v及i的波形在穩態下之週期爲T，則平均功率爲

$$P_{av} = \frac{1}{T}\int_0^T p(t)dt = \frac{1}{T}\int_0^T vi\, dt \tag{3-2}$$

如果次電路2爲純電阻性負載，$v = Ri$，則(3-2)可簡化爲

$$P_{av} = R\frac{1}{T}\int_0^T i^2\, dt \tag{3-3}$$

若以均方根值I來表示平均功率可得

$$P_{av} = RI^2 \tag{3-4}$$

比較(3-3)和(3-4)亦可知電流之均方根值定義爲：

$$I = \sqrt{\frac{1}{T}\int_0^T i^2 \cdot dt} \tag{3-5}$$

如果i是一直流電源，則(3-4)和(3-5)仍然成立，因爲對直流而言，平均值與均方根值是相等的。

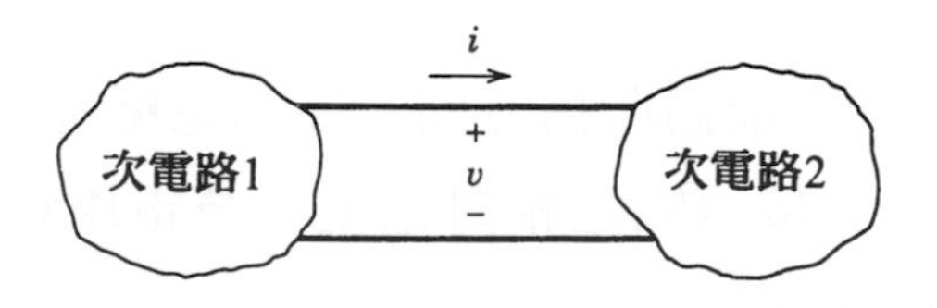

圖 3-1 瞬時功率之流通

3-2-3 正弦式電壓及電流之穩態波形

如圖3-2a所示之交流電路，所供應爲一電感性負載，因此在穩態下，

$$v=\sqrt{2}V\cos\omega t \quad i=\sqrt{2}I\cos(\omega t-\phi) \tag{3-6}$$

其中V及I爲均方根值。v與i之波形如圖3-2b所示。

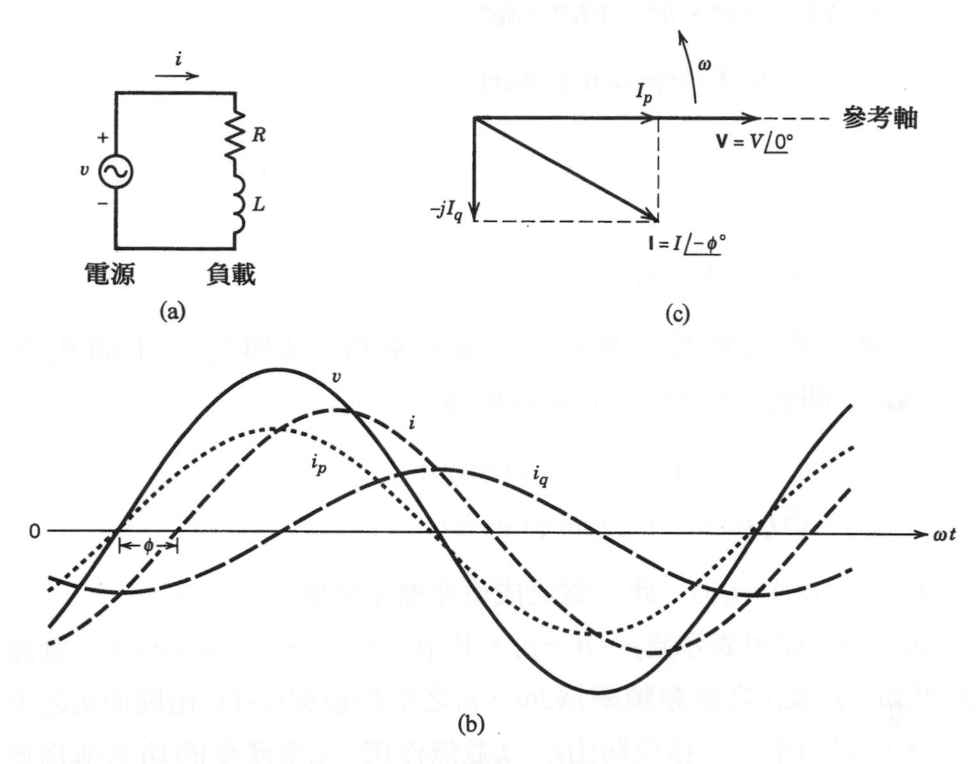

圖 3-2　正弦式之穩態

3-2-3-1　相量表示法

由於v與i均爲正弦量且頻率相同，因此它們可以圖3-2c之相量圖來表示。各相量在圖中是以頻率ω逆時方向旋轉，相量之大小是以其均方根值來表示：

$$\mathbf{V}=Ve^{jo} \quad \mathbf{I}=Ie^{-j\phi} \tag{3-7}$$

根據(3-7)，在頻率ω時，負載大小可以$\mathbf{Z}=R+j\omega L=Ze^{j\phi}$ 來表示，因爲：

$$\mathbf{I}=\frac{\mathbf{V}}{\mathbf{Z}}=\frac{Ve^{jo}}{Ze^{j\phi}}=\frac{V}{Z}e^{-j\phi}=Ie^{-j\phi} \tag{3-8}$$

其中$I=V/Z$。

3-2-3-2 實功率、無效功率(虛功率)及功率因數

複數功率S之定義為：

$$\mathbf{S} = \mathbf{VI}^* = Ve^{j0} \cdot Ie^{j\phi} = VIe^{j\phi} = Se^{j\phi} \tag{3-9}$$

S之大小稱為視在功率(apperent power)：

$$S = VI \tag{3-10}$$

平均之實功率P為

$$P = \text{Re}[\mathbf{S}] = VI\cos\phi \tag{3-11}$$

為V與電壓同相之電流分量$I_p = I\cos\phi$之乘積。I_p與另一不同相之分量$I_q = I\sin\phi$可參閱圖3-2c所標，其瞬時值為

$$i_p(t) = \sqrt{2}I_p\cos\omega t = (\sqrt{2}I\cos\phi)\cos\omega t \tag{3-12}$$

$$i_q(t) = \sqrt{2}I_p\sin\omega t = (\sqrt{2}I\sin\phi)\sin\omega t \tag{3-13}$$

因此電流$i(t) = i_p(t) + i_q(t)$，此二電流成份亦標示於圖3-2b上。

瞬時功率p亦可表示為$p = p_1 + p_2$，其中，$p_1 = v \cdot i_p$，$p_2 = v \cdot i_q$。實際計算p_1及p_2可知：p_1及p_2之脈動頻率為2ω，p_1之平均值與(3-11)相同而p_2之平均值為零。因此實功率之轉移只藉由I_p，I_q並無作用。I_q所產生的功率稱為無效功率Q，其單位為乏 (vars) 。由以上的說明可定義：$\mathbf{S} = P + jQ$，由(3-9)及(3-10)可得

$$Q = VI\sin\phi = VI_q = (S^2 - P^2)^{1/2} \tag{3-14}$$

對於圖3-2a之電感性負載φ為正，亦即電流落後電壓。根據(3-14)，電感性負載汲取正乏，也稱落後性乏，反之電容性負載汲取負乏(亦即提供乏至電路)，也稱領先性乏。一般而言，電力設備如發電機、變壓器及傳輸線的成本與$S = VI$成正比，因其絕緣準位及鐵心大小與V有關，而導線大小與I有關。

功率因數PF之定義為

$$\text{PF} = \frac{P}{S} = \frac{P}{VI} = \cos\phi \tag{3-15}$$

理想的功率因數爲1.0(亦即Q爲0)，即在相同實功的情形下，其所需的電流爲最小，線路的損失當然最小。

【例題3-1】

一電感性負載連接120V、60Hz之交流電源，其功率爲1kW，功率因數0.8。若欲改善功率因數至0.95(落後)。試問需並聯多大之電容？

解： 對於負載：

$$P_L = 1000\text{W}$$

$$S_L = \frac{1000}{0.8} = 1250\text{VA}$$

$$Q_L = \sqrt{S_L^2 - P_L^2} = 750\text{VA(落後)}$$

故　$$S_L = P_L + jQ_L = 1000 + j750\text{VA}$$

設電容汲取之無效功率爲$-jQ$，所以電容加入後由電源所視之

$$S = (P_L + jQ_L) - jQ_C = P_L + j(Q_L - Q_C)$$

所欲之功率因數爲0.95，故

$$S = \sqrt{P_L^2 + (Q_L - Q_C)^2} = \frac{P_L}{0.95}$$

$$(Q_L - Q_C) = P_L\sqrt{\left(\frac{1}{0.95^2} - 1\right)} = 328.7\text{VA}$$

$$Q_C = 750 - 328.7 = 421.3\text{VA}$$

$$Q_C = \frac{V^2}{X_C} = \frac{V^2}{(1/\omega C)} = V^2\omega C$$

$$C = \frac{421.3 \times 10^6}{2\pi \times 60 \times 120^2} = 77.6\mu\text{F}$$

■

3-2-3-2　三相電路

圖3-3a所示爲一平衡的三相電路，相序通常以a–b–c之順序(正相序)來表示，其相量圖如圖3-3b所示。其中

$$\mathbf{I}_a = \frac{\mathbf{V}_a}{\mathbf{Z}} = \frac{Ve^{j0}}{Ze^{j\phi}} = \frac{V}{Z}e^{-j\phi} = Ie^{-j\phi} \tag{3-16}$$

$$\mathbf{I}_b = \mathbf{I}_a e^{-j2\pi/3} = Ie^{-j(\phi + 2\pi/3)}$$

$$\mathbf{I}_c = \mathbf{I}_a e^{j2\pi 3} = Ie^{-j(\phi - 2\pi/3)}$$

$I = V/Z$，Z為一電感性負載則ϕ為正。

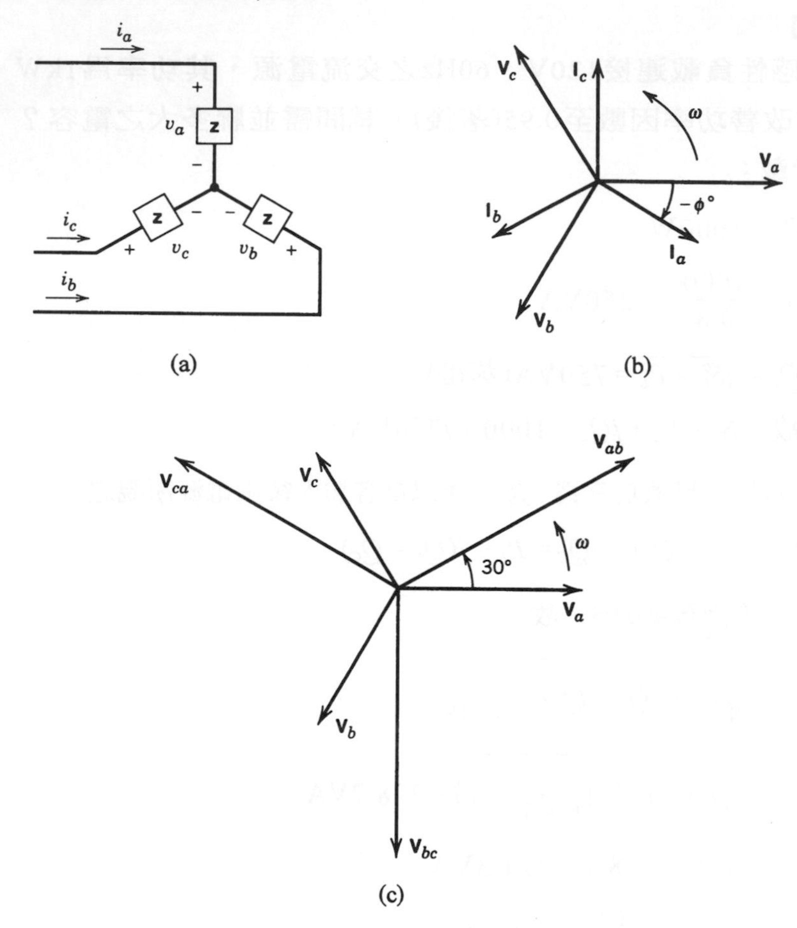

圖 3-3　三相電路

線電壓可由相電壓求得，如$v_{ab} = v_a - v_b$。線電壓之相量圖如圖3-3c所示，其中$\mathbf{V}_{ab} = V_{LL}e^{j\pi/6}$領先$\mathbf{V}_a 30°$，且線壓大小

$$V_{LL} = \sqrt{3}V \tag{3-17}$$

三相之功率可以由其單相系統之功率求得：

$$S_{\text{phase}} = VI，P_{\text{phase}} = VI\cos\phi \tag{3-18}$$

$$S_{\text{3-phase}} = 3S_{\text{phase}} = 3VI = \sqrt{3}V_{LL}I \tag{3-19}$$

$$P_{\text{3-phase}} = 3P_{\text{phase}} = 3VI\cos\phi = \sqrt{3}V_{LL}I\cos\phi \tag{3-20}$$

值得一提的是，即使三相電路之電壓與電流並非正弦，只要穩態下三相是平衡的，三相功率仍可以利用單相系統來計算。

電力電子電路中，直流或低頻交流之實現通常藉由開關之切換，因此輸出波形並非正弦。以交流馬達驅動器爲例，其由變流器產生之馬達端壓如圖3-4a所示，而變流器由公用電源所汲取之電流波形如圖3-4b所示，可能嚴重失真。穩態下這些波形之週期爲T，頻率$f=\omega/2\pi=\frac{1}{T}$之成份稱爲基本波，以下標1表示。除基本波外，這些波形其它頻率成份稱爲諧波，其頻率爲基本波的倍數。這些成份無論是基本波或諧波，均可由傅立葉分析計算獲得。

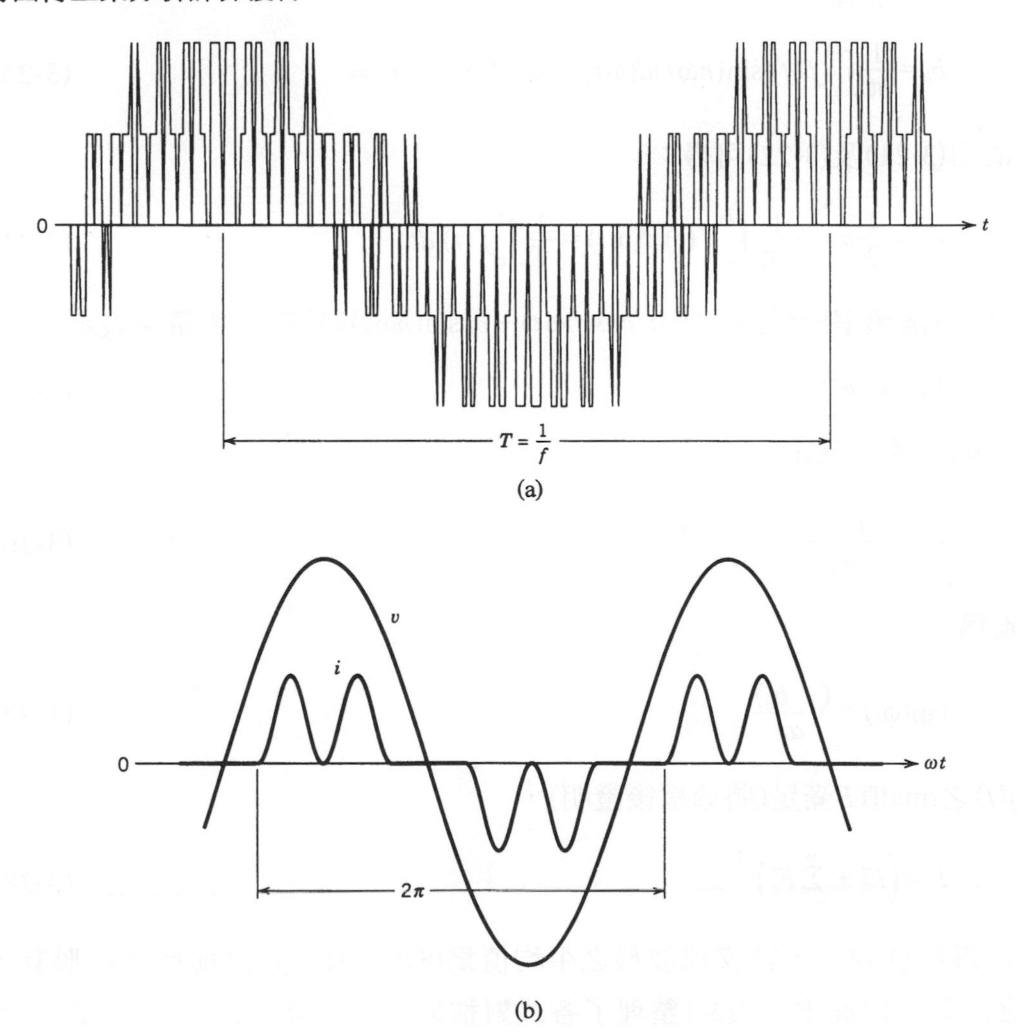

圖 3-4　非正弦式波形之穩態

3-2-4-1　週期波之傅立葉分析

一非正弦式頻率ω之週期波，可以表示為

$$f(t)=F_0+\sum_{h=1}^{\infty}f_h(t)=\frac{1}{2}a_0+\sum_{h=1}^{\infty}\{a_h\cos(h\omega t)+b_h\sin(h\omega t)\} \tag{3-21}$$

其中$F_0=\frac{1}{2}a_0$為平均值，且

$$a_h=\frac{1}{\pi}\int_0^{2\pi}f(t)\cos(h\omega t)(d(\omega t)\quad h=0，\ldots\infty \tag{3-22}$$

$$b_h=\frac{1}{\pi}\int_0^{2\pi}f(t)\sin(h\omega t)d(\omega t)\quad h=1，\ldots，\infty \tag{3-23}$$

平均值由(3-21)及(3-22)可得：

$$F_0=\frac{1}{2}a_0=\frac{1}{2\pi}\int_0^{2\pi}f(t)\,d(\omega t)=\frac{1}{T}\int_0^{T}f(t)\,dt \tag{3-24}$$

(3-21)中每個頻率成份[$f_h(t)=a_h\,cos(h\omega t)+b_h\sin(h\omega t)$]均可以相量來表示，

$$\mathbf{F}_h=F_h\,e^{j\phi_h} \tag{3-25}$$

其中振幅F_h為一rms值，

$$F_h=\frac{\sqrt{a_h^2+b_h^2}}{\sqrt{2}} \tag{3-26}$$

相位ϕ_h為

$$\tan(\phi_h)=\frac{(-b_n)}{a_h} \tag{3-27}$$

此外$f(t)$之rms值F滿足(將於稍後證明)，

$$F=\left(F_0^2+\sum_{h=1}^{\infty}F_h^2\right)^{1/2} \tag{3-28}$$

值得注意的是，純交流波形之平均值為0($F_0=0$)，具對稱性之波形其a_h及b_h之計算可以簡化，表3-1整理了各式對稱情況之判斷條件及a_h與b_h之計算方式。

表 3-1　對稱性於傅立葉分析之使用

對稱性	條　　件	a_h 及 b_h
偶	$f(-t)=f(t)$	$b_h=0 \quad a_h=\frac{2}{\pi}\int_0^{\pi} f(t)\cos(h\omega t)d(\omega t)$
奇	$f(-t)=-f(t)$	$a_h=0 \quad b_h=\frac{2}{\pi}\int_0^{\pi} f(t)\sin(h\omega t)d(\omega t)$
半　波	$f(t)=-f\left(t+\frac{1}{2}T\right)$	$a_h=b_h=0$對偶數h $a_h=\frac{2}{\pi}\int_0^{\pi} f(t)\cos(h\omega t)d(\omega t)$對奇數$h$ $b_h=\frac{2}{\pi}\int_0^{\pi} f(t)\sin(h\omega t)d(\omega t)$對奇數$h$
1/4 偶波	偶且半波對稱	$b_h=0$對所有h $a_h=\begin{cases}\frac{4}{\pi}\int_0^{\pi/2} f(t)\cos(h\omega t)d(\omega t) & \text{對奇數}h \\ 0 & \text{對偶數}h\end{cases}$
1/4 奇波	奇且半波對稱	$a_h=0$ $b_h=\begin{cases}\frac{4}{\pi}\int_0^{\pi/2} f(t)\sin(h\omega t)d(\omega t) & \text{對奇數}h \\ 0 & \text{對偶數}h\end{cases}$

3-2-4-2　線電流之失真

圖3-5所示爲一失真之線電流，其會造成線電壓的失真。不過此電壓失真通常很小，爲了簡化分析起見，在此假設輸入電壓爲無失真之基本波

$$v_s=\sqrt{2}V_s\sin\omega_1 t \tag{3-29}$$

線電流可表示爲(假設無直流成份)

$$i_s(t)=i_{s1}(t)+\sum_{h\neq 1} i_{sh}(t) \tag{3-30}$$

其中i_{s1}爲基本波，i_{sh}爲第h次諧波($f_h=hf_1$)。(3-30)可進一步表示爲

$$i_s(t)=\sqrt{2}I_{s1}\sin(\omega_1 t-\phi_1)+\sum_{h\neq 1}\sqrt{2}I_{sh}\sin(\omega_h t-\phi_h) \tag{3-31}$$

其中ϕ_1爲v_s與i_{s1}之相位差，i_s之rms值I_s可由(3-5)式列出

$$I_s=\left(\frac{1}{T_1}\int_0^{T_1} i_s^2(t)\mathrm{d}t\right)^{1/2} \tag{3-32}$$

將(3-31)代入(3-32)，利用不同頻率之乘積項的積分為零之關係可得

$$I_s = \left(I_{s1}^2 + \sum_{h \neq 1} I_{sh}^2\right)^{1/2} \tag{3-33}$$

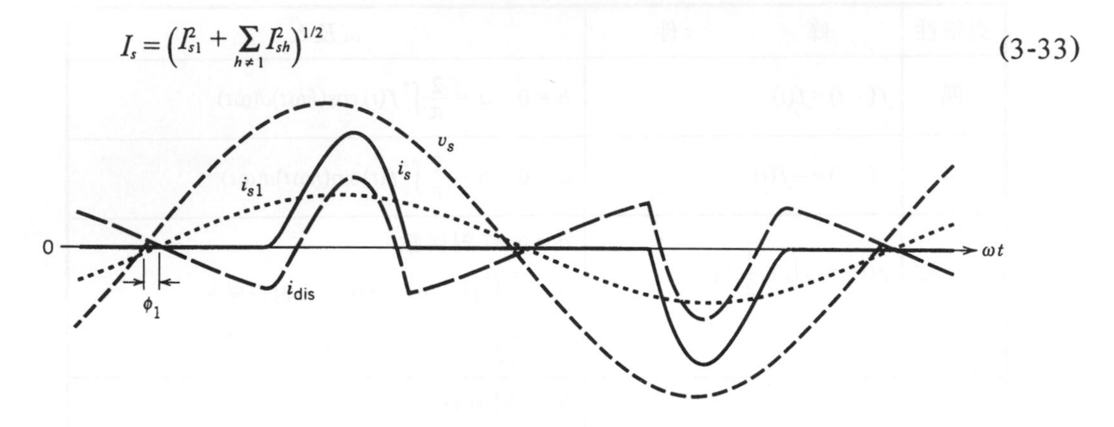

圖 3-5　線電流失真

一波形之失真量乃利用總諧波失真(THD)來表示。(3-30)中失真電流成份為

$$i_{\text{dis}}(t) = i_s(t) - i_{s1}(t) = \sum_{h \neq 1} i_{sh}(t) \tag{3-34}$$

$i_{\text{dis}}(t)$電流波形如圖3-5所示，其rms值為

$$I_{\text{dis}} = \left[I_s^2 - I_{s1}^2 \right]^{1/2} = \left(\sum_{h \neq 1} I_{sh}^2\right)^{1/2} \tag{3-35}$$

THD之定義為

$$\begin{aligned} \%\text{THD}_i &= 100 \times \frac{I_{\text{dis}}}{I_{s1}} \\ &= 100 \times \frac{\sqrt{I_s^2 - I_{s1}^2}}{I_{s1}} \\ &= 100 \times \sqrt{\sum_{h \neq 1} \left(\frac{I_{sh}}{I_{s1}}\right)^2} \end{aligned} \tag{3-36}$$

其中下標i用以表示電流，同理THD$_v$用以表示電壓之總失真度。

另外$i_s(t)$之尖峰值$I_{s,\text{peak}}$與rms值I_s之比值亦非常重要，稱之為峰值因數CF (crest factor)

$$\text{CF} = \frac{I_{s,\text{peak}}}{I_s} \tag{3-37}$$

3-2-4-3　功率與功率因數

圖3-5中，平均功率

$$P=\frac{1}{T_1}\int_0^{T_1}p(t)dt=\frac{1}{T_1}\int_0^{T_1}v_s(t)i_s(t)dt \tag{3-38}$$

將(3-29)及(3-31)代入(3-38)可得

$$P=\frac{1}{T_1}\int_0^{T_1}\sqrt{2}V_s\sin\omega_1 t\cdot\sqrt{2}I_{s1}\sin(\omega_1 t-\phi_1)dt=V_sI_{s1}\cos\phi_1 \tag{3-39}$$

注意，電流之諧波成份對於平均功率並無貢獻。視在功率S爲

$$S=V_sI_s \tag{3-40}$$

功率因數：

$$PF=\frac{P}{S} \tag{3-41}$$

利用(3-39)至(3-41)可得

$$\mathrm{PF}=\frac{V_sI_{s1}\cos\phi_1}{V_sI_s}=\frac{I_{s1}}{I_s}\cos\phi_1 \tag{3-42}$$

位移因數(displace power factor，DPF)之定義爲

$$\mathrm{DPF}=cos\,\phi_1 \tag{3-43}$$

因此非正弦式電流之功率因數爲

$$\mathrm{PF}=\frac{I_{s1}}{I_s}\mathrm{DFP} \tag{3-44}$$

由(3-35)可知，高失真電流之I_{s1}/I_s比值很小，因此功率因數較差，功率因數的另 一種表示方法可由 (3-36)及(3-44)推得：

$$\mathrm{PF}=\frac{1}{\sqrt{1+\mathrm{THD}_1^2}}\mathrm{DPF} \tag{3-45}$$

3-2-5　電感與電容之響應

在交流穩態下，電感電流落後其電壓90°，而電容電流則領先其電壓

90°　，其相量圖如圖3-6所示。各電流與電壓之關係式爲

$$\mathbf{I}_L=\frac{\mathbf{V}_L}{j\omega L}=\left(\frac{\mathbf{V}_L}{\omega L}\right)e^{-j\pi/2}(\text{電感}) \tag{3-46}$$

$$\mathbf{I}_c=j\omega C\mathbf{V}_C=(\omega C\mathbf{V}_c)e^{j\pi/2}(\text{電容}) \tag{3-47}$$

由於電感之$L(di_L/dt)=v_L(t)$，因此

$$i_L(t)=i_L(t_1)+\frac{1}{L}\int_{t_1}^{t}v_L\,d\xi \qquad t>t_1 \tag{3-48}$$

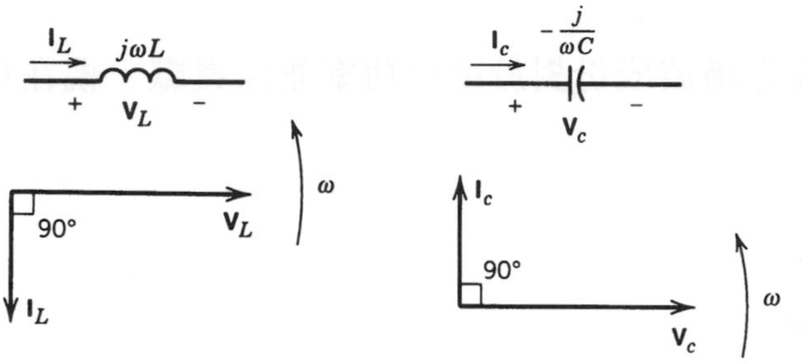

圖 3-6　相量圖

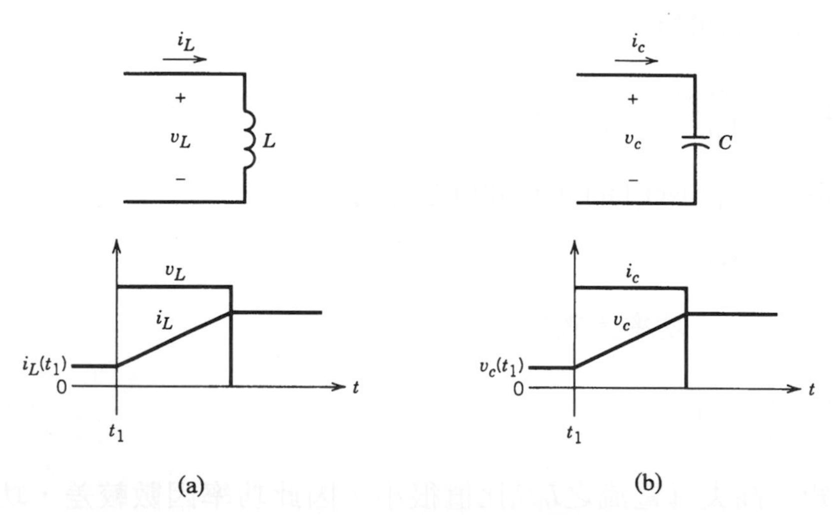

圖 3-7　電感及電容之響應

其中ξ爲積分變數，$i_L(t_1)$爲t_1時之電感電流值，圖3-7a所示爲電感在$t=t_1$加一電壓脈衝變化時之電流響應，由響應波形可知，即使電感電壓瞬時變化，其電流亦不能瞬間變化。

同理亦適用於電容電壓，當有一電流脈衝流入電容時，由於$C(dv_c/dt)=i_c$，

$$v_c(t) = v_c(t_1) + \frac{1}{C}\int_{t_1}^{t} i_c \, d\xi \quad t > t_1 \tag{3-49}$$

電容電壓之響應如上述電感電流一樣，不會瞬間改變。

3-2-5-1　V_L與I_C在穩態下之平均值

考慮圖3-8a及3-9a之電路，穩態下電壓及電流必須滿足：

$$v(t+T) = v(t) \text{及} i(t+T) = i(t) \tag{3-50}$$

其中T為波形重覆出現之週期時間，對電感而言，將$t = t_1 + T$代入(3-48)，並利用(3−50)之$i_L(t_1+T) = i_L(t_1)$可得

$$\frac{1}{T}\int_{t_1}^{t_1+T} v_L \, d\xi = 0 \tag{3-51}$$

(3-51)指出，在穩態下電感之平均電壓為0 ，此現象可由圖3-8b面積$A = B$來說明。若以物理觀點來解釋，由於電感電壓等於其磁通的變化量，平均電壓為0亦即每週期磁通量的變化淨值為0。

對電容而言，在穩態下，以$t = t_1 + T$代入(3-49)，並利用(3-50)之$v_c(t_1+T) = v_c(t_1)$可得，

$$\frac{1}{T}\int_{t_1}^{t_1+T} i_c \, d\xi = 0 \tag{3-52}$$

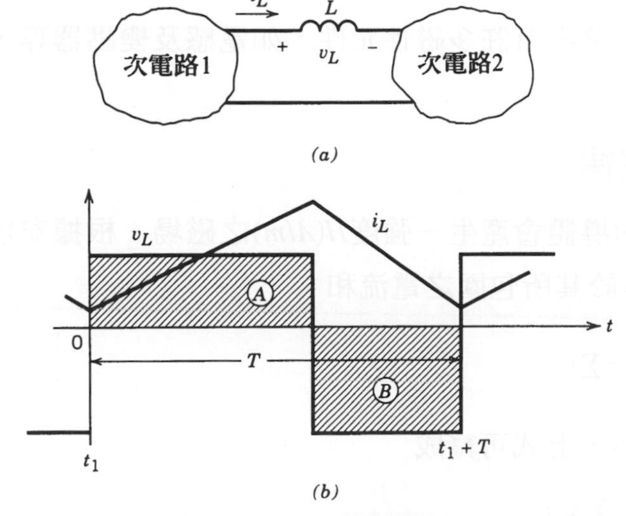

圖 3-8　電感之穩態響應

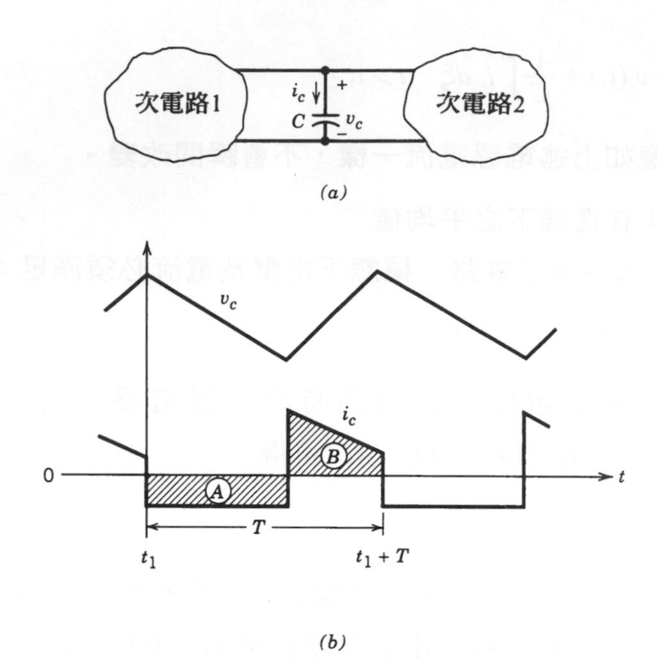

圖 3-9 電容之穩態響應

亦即，穩態下電容的平均電流爲零，此亦可由圖3-9b面積$A=B$來說明。由於電容電流之積分相當於流入電容電荷量之改變，(3-52)之物理意義爲穩態下每週期流入電容電荷量之淨值爲零。

3-3 磁 路

電力電子電路中有許多磁性元件，如電感及變壓器等，本節中將介紹一些磁路之觀念。

3-3-1 安培定律

一帶電流的導體會產生一強度$H(A/m)$之磁場。根據安培定律(圖3-10a)，H之線性積分等於其所包圍之電流和：

$$\oint H\,dl=\sum i \tag{3-53}$$

對於大部份電路，上式可寫成

$$\sum_k H_k l_k=\sum_m N_m i_m \tag{3-54}$$

例如圖3-10b之例子，(3-54)可寫成$H_1 l_1+H_g\,l_g=N_1 i_1$。

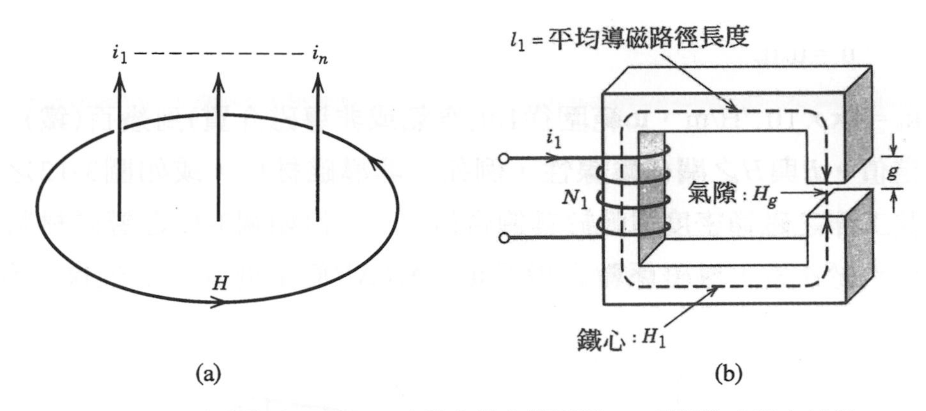

圖 3-10　(a)安培定律表示圖；(b)安培定律之應用例：一具氣隙之鐵心繞組

3-3-2 右手定則

磁場強度H之方向和電流之關係可由右手定則決定之。如圖3-11(a)所示之帶電流導線，當右手拇指指向電流方向，手掌所環繞的方向即爲H之方向；如圖3-11(b)所示導線繞於鐵心之情況，H之方向乃由電流之方向與其繞於鐵心的方式依右手定則決定之。

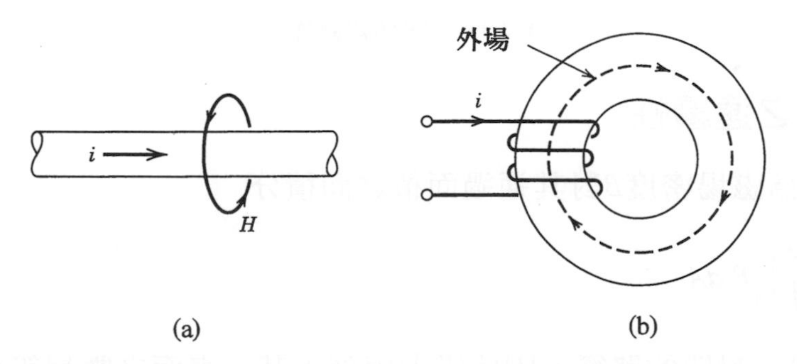

圖 3-11　利用右手定則決定磁場方向之二例：(a)帶電流之導線；(b)繞於環形鐵心上之帶電流線圈

3-3-3 磁通密度B

磁場強度H與磁通密度B之關係爲，

$$B = \mu H \tag{3-55}$$

其中B之單位爲Wb/m^2或稱特士拉(T)，μ爲介質之導磁係數，單位爲H/m，導磁係數μ之定義爲空氣之導磁係數μ_0與相對導磁係數μ_r之乘積

$$\mu = \mu_0 \mu_r \tag{3-56}$$

其中$\mu_0 = 4\pi \times 10^{-7}$H/m，$\mu_r$範圍從1.0(空氣或非導磁介質)到幾百(鐵)。只要μ維持定值，B與H之關係為線性，例如一非導磁材料，或如圖3-12之導磁材料當其工作之磁通密度遠低於其飽合值B_s時。但如圖3-12之導磁材料工作磁通密度大於B_s後，導磁係數之增量$\mu_\Delta = \Delta B/\Delta H$便遠低其在線性區工作時之μ值。

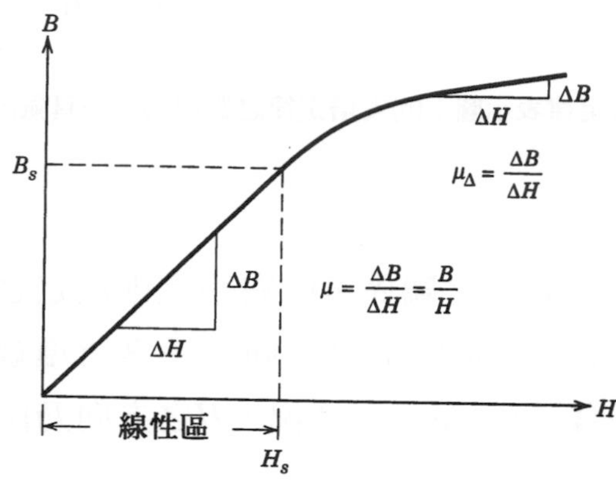

圖 3-12　B與H之關係

3-3-4 磁通之連續性

磁通量φ為磁場密度B對其通過面積之面積分

$$\phi = \iint_A B\, dA \tag{3-57}$$

由於磁力線為一封閉的路徑，因此磁力線進入某一表面之數目等於其離開之數目，此特性稱為磁通之連續性，可以下式表示：

$$\phi = \iint_{A(\text{封閉表面})} B\, dA = 0 \tag{3-58}$$

例如圖3-13之磁路：由(3-57)及(3-58)可得：

$$B_1A_1 + B_2A_2 + B_3A_3 = 0 \quad \text{或} \quad \phi_1 + \phi_2 + \phi_3 = 0$$

以通式來表示，即

$$\sum_k \phi_k = 0 \tag{3-59}$$

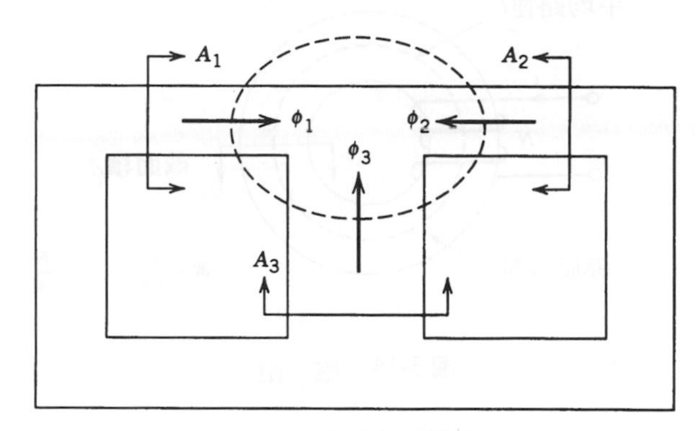

圖 3-13　磁通之連續性

3-3-5 磁阻與磁導

通常如圖3-10b之磁路，根據安培定律可知：

$$\sum_k H_k l_k = \sum_k H_k(\mu_k A_k)\frac{l_k}{\mu_k A_k} = \sum_k (B_k A_k)\frac{l_k}{\mu_k A_k} = \sum_k \phi_k \frac{l_k}{\mu_k A_k} = \phi \sum_k \frac{l_k}{\mu_k A_k}$$

由(3-54)及上式可得

$$\phi \sum_k \frac{l_k}{\mu_k A_k} = \sum_m N_m i_m \tag{3-60}$$

定義磁阻(第k段)：

$$\mathcal{R}_k = \frac{l_k}{\mu_k A_k} \tag{3-61}$$

則

$$\phi \sum_k \mathcal{R}_k = \sum_m N_m i_m \tag{3-62}$$

例如圖3-14之磁路滿足

$$\phi \mathcal{R} = \text{Ni} \tag{3-63}$$

由(3-61)知磁阻大小與導磁係數μ及材料之幾何形狀l與A有關。

(3-62)中若已知$\mathcal{R}_k$及i_m，則磁通量

$$\phi = \frac{\sum_m N_m i_m}{\sum_k \mathcal{R}_k} \tag{3-64}$$

磁路之磁導定義爲磁阻之倒數，即

$$\mathcal{P} = \frac{1}{\mathcal{R}} \tag{3-65}$$

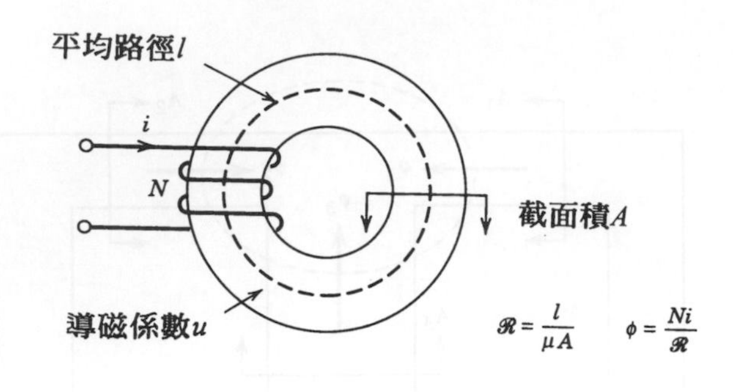

圖 3-14 磁 阻

3-3-6 磁路分析

磁路與電路具有如表3-2所示的對偶性，因此電路中各定律亦可引用於磁路(如表3-3所列)，這使得磁路之分析相當方便。圖3-15所示爲一磁路與電路對照的例子。

表 3-2 電與磁之對偶關係

磁 路	電 路
磁動勢Ni	v
磁通量ϕ	i
磁阻$\mathcal{R}$	R
導磁係數μ	$1/\rho$，ρ爲電阻係數

表 3-3 電路與磁路方程式之對偶關係

磁 路	電路(直流)
$\frac{Ni}{\phi}=\mathcal{R}=\frac{l}{\mu A}$	歐姆定律：$\frac{v}{i}=R=\frac{l}{A/\rho}$
$\phi\sum_k \mathcal{R}_k=\sum_m N_m i_m$	克希荷夫電壓定律：$i\sum_k R_k=\sum_m v_m$
$\sum\phi_k=0$	克希荷夫電流定律：$\sum_k i_k=0$

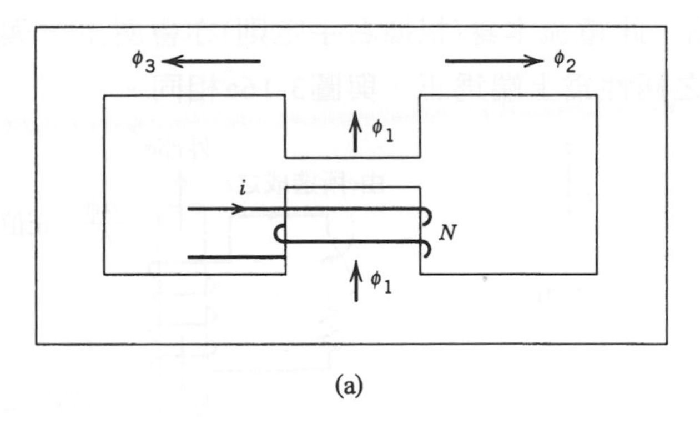

(a)

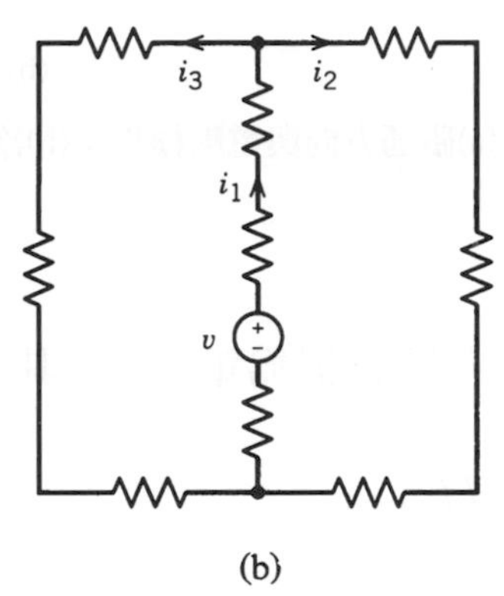

(b)

圖 3-15　(a)磁路；(b)所對偶之電路

3-3-7 法拉第電壓感應定律

考慮如圖3-16a所示一靜止線圈，其可繞於鐵心上或無鐵心。電壓極性以正電流流進端爲正。此與歐姆定律$v=Ri$中標示電壓極性的方式相同。電流方向一經選定，磁通方向便可利用右手定則決定之。如圖3-16a所示，對一正電流而言ϕ是朝上，根據法拉第定律，變動之磁場ϕ經由一N匝線圈將感應電壓

$$e=+\frac{d(N\phi)}{dt}=N\frac{d\phi}{dt} \tag{3-66}$$

磁通與感應電壓之極性亦可以冷次定律來進一步說明，冷次定律指出，感應電壓會產生電流用以反抗原磁通的變化。以圖3-16b爲例，若ϕ_e依箭頭方向增加，其感應電壓之極性可以藉由一電阻R判斷之。根據冷次定律，會有一

電流i流出上端點，此電流本身(根據右手定則)亦會產生一與ϕ_e變化相反之磁通ϕ_i。因此電壓之極性為上端為正，與圖3-16a相同。

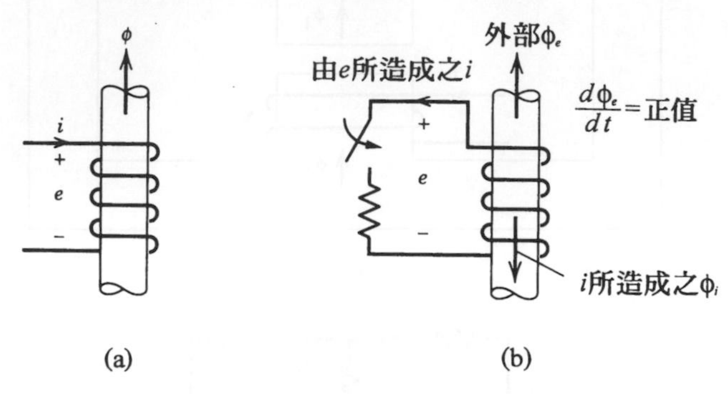

圖 3-16　(a)磁通方向與電壓極性；(b)冷次定律

3-3-8 自感L

如圖3-17之線圈擁有一自感或稱為電感L，其定義為：

$$L=\frac{N\phi}{i} \quad 或 \quad N\phi=Li \tag{3-67}$$

其中若工作於鐵心的線性區，則L與i無關，將(3-67)代入(3-66)可得

$$e=L\frac{di}{dt}+i\frac{dL}{dt}=L\frac{di}{dt} \quad (對一靜止線圈而言) \tag{3-68}$$

若採用的鐵心為鐵粉心(ferromagnetic core)，$N\phi$會隨i而變，如圖3-17b所示，其電感值L乃由其斜率決定之。

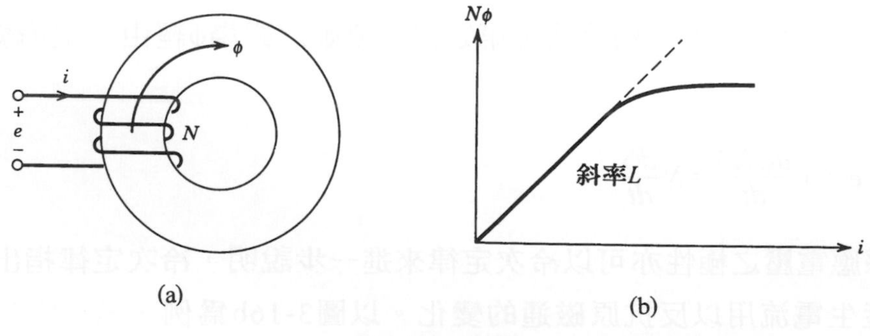

圖 3-17　自感L

將(3-63)代入(3-67)可得

$$L = \frac{N}{i}\frac{Ni}{\mathcal{R}} = \frac{N^2}{\mathcal{R}} \tag{3-69}$$

上式說明電感量大小由磁路的特性來決定，只要鐵心不飽合，其與i無關。

3-3-9 變壓器

3-3-9-1　鐵心無損失之變壓器

變壓器包含兩個或兩個以上藉由磁通耦合之線圈，圖3-18a所示爲一兩線圈之變壓器示意圖，假設其鐵心的$B\text{–}H$特性曲線如圖3-18b所示，且$B(t)$通常小於B_s，則線圈1之磁通量爲

$$\phi_1 = \phi + \phi_{l1} \tag{3-70}$$

線圈2則爲

$$\phi_2 = -\phi + \phi_{l2} \tag{3-71}$$

其中ϕ_{l1}及ϕ_{l2}如圖3-18a所示，爲線圈1與線圈2之漏磁通(leakage flux)。磁通ϕ則爲鏈結兩線圈之磁通

$$\phi = \frac{N_1 i_1 - N_2 i_2}{\mathcal{R}_c} = \frac{N_1 i_m}{\mathcal{R}_c} \tag{3-72}$$

其中$\mathcal{R}_c$爲鐵心之磁阻，i_m爲磁化電流(magnetizing current)，由(3-72)知

$$i_m = i_1 - \frac{N_2 i_2}{N_1} \tag{3-73}$$

漏磁通爲

$$\phi_{l1} = \frac{N_1 i_1}{\mathcal{R}_{l1}} \tag{3-74}$$

$$\phi_{l2} = \frac{N_2 i_2}{\mathcal{R}_{l2}} \tag{3-75}$$

其中$\mathcal{R}_{l1}$及$\mathcal{R}_{l2}$爲漏磁通導磁路徑上之磁阻。即使是設計良好之變壓器，漏磁通仍佔線圈磁通不可忽略之量，因此漏磁阻在設計變壓器時，必需考慮入列。

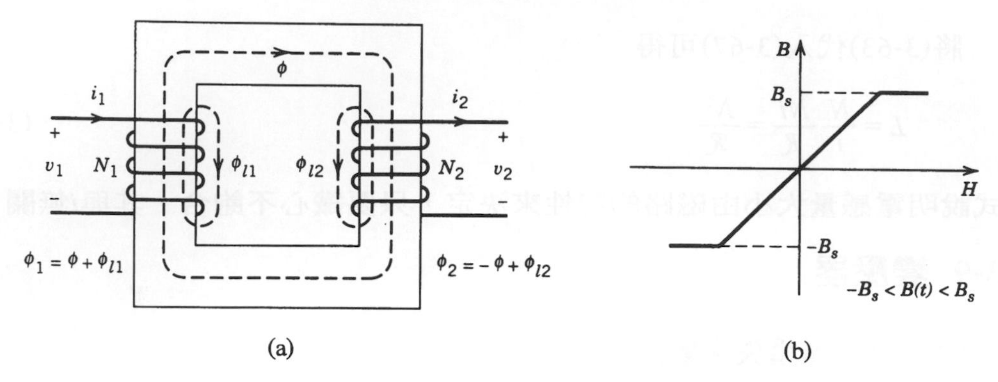

圖 3-18　(a)變壓器截面圖；(b)鐵心之B–H特性曲線

變壓器之端壓為

$$v_1 = R_1 i_1 + N_1 \frac{d\phi_1}{dt} \tag{3-76}$$

$$v_2 = -R_2 i_2 - N_2 \frac{d\phi_2}{dt} \tag{3-77}$$

其中R_1及R_2為變壓器線圈之電阻。將(3-70)、(3-72)代入(3-76)可得

$$v_1 = R_1 i_1 + \frac{N_1^2}{\mathcal{R}_{l1}} \frac{di_1}{dt} + \frac{N_1^2}{\mathcal{R}_c} \frac{di_m}{dt} \tag{3-78}$$

同理可得，

$$v_2 = -R_2 i_2 - \frac{N_2^2}{\mathcal{R}_{l2}} \frac{di_2}{dt} + \frac{N_1 N_2}{\mathcal{R}_c} \frac{di_m}{dt} \tag{3-79}$$

(3-78)中之各項，可以下述定義加以簡化表示：

$$\text{線圈1之電應勢} e_1 = \frac{N_1^2}{\mathcal{R}_c} \frac{di_m}{dt} = L_m \frac{di_m}{dt} \tag{3-80a}$$

$$\text{磁化電感} L_m = \frac{N_1^2}{\mathcal{R}_c} \tag{3-80b}$$

$$\text{線圈1之漏電感} L_{l1} = \frac{N_1^2}{\mathcal{R}_{l1}} \tag{3-81}$$

由以上之定義，(3-78)可重新表示成

$$v_1 = i_1 R_1 + L_{l1} \frac{di_1}{dt} + L_m \frac{di_m}{dt} = i_1 R_1 + L_{l1} \frac{di_1}{dt} + e_1 \tag{3-82}$$

若定義

$$L_{l2} = \frac{N_2^2}{\mathcal{R}_{l2}} \tag{3-83}$$

則(3-79)可重新表示成

$$v_2 = -R_2 i_2 - L_{l2}\frac{di_2}{dt} + \frac{N_2}{N_1}e_1 = -R_2 i_2 - L_{l2}\frac{di_2}{dt} + e_2 \tag{3-84}$$

根據(3-82)及(3-84)可得圖3-19(a)之變壓器等效電路。

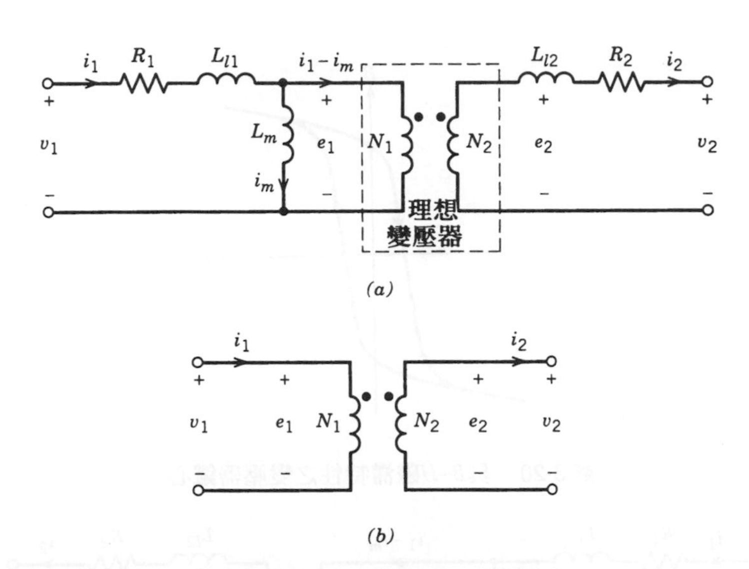

圖 3-19　電壓器等效電路：(a)鐵心無損失之變壓器；(b)理想變壓器

3-3-9-2　理想變壓器

有時變壓器之等效電路可以下述之理想條件加以簡化：

1. $R_1 = R_2 = 0$(亦即繞線爲理想的導體)。
2. $\mathcal{R}_c = 0$(鐵心之導磁係數$\mu = \infty$)，故$L_m = \infty$。
3. $\mathcal{R}_{l1} = \mathcal{R}_{l2} = \infty$，故$L_{l1} = L_{l2} = 0$(即無漏磁通)。

根據上述之條件，圖3-19a可以簡化成圖3-19b之理想變壓器，且(3-82)及(3-84)成爲：

$$v_1 = e_1 \quad v_2 = e_2 = \frac{N_2}{N_1}e_1 = \frac{N_2}{N_1}v_1 \quad \text{或} \quad \frac{v_1}{N_1} = \frac{v_2}{N_2} \tag{3-85}$$

由於$\mathcal{R}_c = 0$，(3-72)中$\mathcal{R}_c\phi = N_1 i_1 - N_2 i_2 = 0$，故

$$N_2 i_2 = N_1 i_1 \quad \text{或} \quad \frac{i_1}{i_2} = \frac{N_2}{N_1} \tag{3-86}$$

3-3-9-3　具磁滯特性鐵心之變壓器

如果變壓器線圈所繞之鐵心具有B–H曲線如圖3-20所示之磁滯特性者，則將有鐵心損失。為計入此鐵損，圖3-19a之變壓器等效電路必須修正，修正方式為在磁化電感L_m上並聯一電阻R_m，如圖3-21a所示，以e_1^2/R_m來代表鐵心損失。

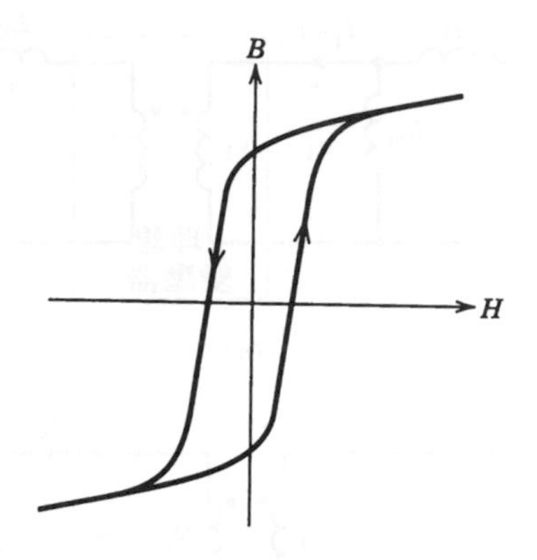

圖 3-20　具B–H磁滯特性之變壓器鐵心

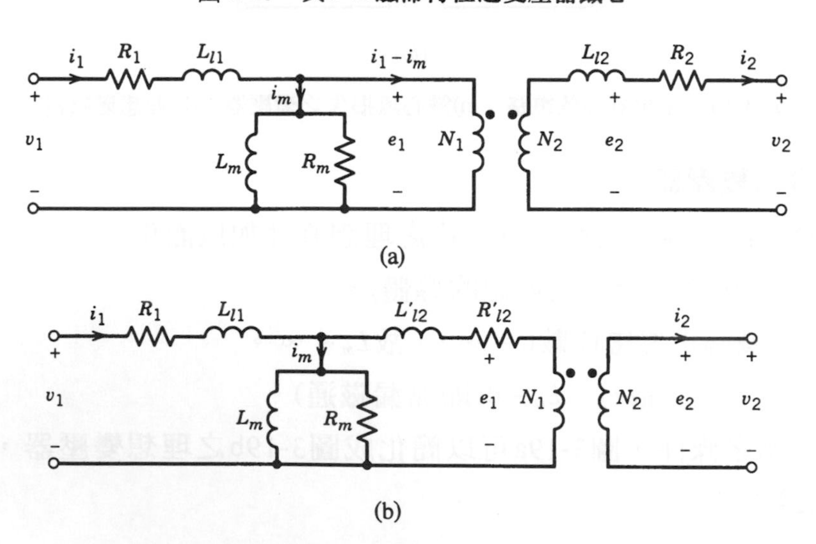

圖 3-21　考慮鐵心損失之變壓器等效電路：(a)電路元件位於理想變壓器之兩側；(b)二次側之元件均被反應到變壓器之一次側

3-3-9-4　漏電感之標么值

圖3-21a之變壓器，由一次側所視之漏感總量爲

$$L_{l,\,\text{total}} = L_{l1} + L'_{l2} \tag{3-87}$$

其中L'_{l2}爲L_{l2}經理想變壓器反應至一次側之值，所以

$$L'_{l2} = \left(\frac{N_1}{N_2}\right)^2 L_{l2} \tag{3-88}$$

同理，R_2亦可由二次側反應至一次側得到R'_2

$$R'_2 = \left(\frac{N_1}{N_2}\right)^2 R_2 \tag{3-89}$$

此二次側之元件均被反應到一次側的變壓器等效電路如圖3-21b所示。

通常變壓器容量在幾仟安培以上時，其線圈電阻及鐵損可以被忽略(亦即，$R_1 = R_2 = 0$，$R_m = L_m = \infty$)。漏感總量$L_{l,\,\text{total}} = L_{l1} + L'_{l2}$通常是以標么值或變壓器之電壓及伏安容量百分比來表示，此可以下述例子來說明。

【例題3-2】

一110/220V，60Hz，單相1kVA之變壓器，其漏電抗爲4%。計算其漏電感總量：⑴反應到110V側者；⑵反應到220V側者。

解：假設110V爲一次側，220V爲二次側，$N_1/N_2 = 0.5$，令L_{ll}爲反應到一次側之電感總量，L_{l2}爲反應到二次側之電感總量。

⑴在一次側，

$$V_{1,\,\text{rated}} = 110\text{V}$$

$$I_{1,\,\text{rated}} = \frac{1000}{110} = 9.09\text{A}$$

$$Z_{1,\,\text{base}} = \frac{V_{1,\,\text{rated}}}{I_{1,\,\text{rated}}} = \frac{110}{9.09} = 12.1\Omega$$

因此，

$$L_{l1} = \frac{0.04 \times Z_{1,\,\text{base}}}{2\pi \times 60} = 1.28\text{mH}$$

⑵在二次側，

$$V_{2,\text{rated}} = 220\text{V}$$

$$I_{2,\text{rated}} = \frac{1000}{220} = 4.54\text{A}$$

$$Z_{2,\text{base}} = \frac{V_{2,\text{rated}}}{I_{2,\text{rated}}} = 48.4\Omega$$

因此，

$$L_{l2} = \frac{0.04 \times Z_{2,\text{base}}}{2\pi \times 60} = 5.15\text{mH}$$

注意，$L_{l1} = (N_1/N_2)^2 L_{l2}$ ■

結　論

1. 電力電子電路穩態之定義爲電路之波形以週期方式重覆出現時，至於此週期之大小則由電路之自然特性決定。
2. 在正弦式交流單相與三相電路中，定義了所謂均方根值、平均功率、無效功率(或乏)及功率因數等名詞。
3. 利用傅立葉分析將非正弦的穩態波形以其各式諧波成份來表示。
4. 定義總諧波失真(THD)以衡量非正弦電壓及電流之失真度。
5. 即使線電壓所提供之電壓爲純正弦，非線性負載亦將汲取非正弦式之電流，其可以利用位移因數(DPF)及功率因數來衡量。
6. 電力電子電路在穩態下，電感電壓及電容電流之平均值爲零。
7. 列舉了一些磁路的基本概念，包括：安培定律、右手定則、磁通密度、磁通之連續性、磁阻與磁導。
8. 利用電路與磁路之對偶性以分析磁路，另外亦列舉了法拉第電壓感應定律及自感之定義。
9. 說明了變壓器的基本概念。

習　題

3-1　一負載上之電壓與電流的相量表示如下：

$\mathbf{V} = Ve^{j0^\circ}$，$\mathbf{I} = I^{-j\phi^\circ}$

其中相量大小是以均方根值來表示，試證明此負載之瞬時功率$p(t)=v(t)\cdot i(t)$可以寫成$p(t)=P+P\cos2\omega t+Q\sin2\omega t$。其中$P$為平均功率，$P=VI\cos\phi$，$Q$為無效功率，$Q=VI\cos\phi$。

3-2　假設習題3-1中。$V=120\text{V}$，$\mathbf{I}=e^{-j30^\circ}\text{A}$，

⑴以ωt為函數繪出下列各項：

①v，i及$p(t)$。

②(3-12)所定義之i_p以及$p_1=v\cdot i_p$。

③(3-13)所定義之i_q以及$p_2=v\cdot i_q$。

⑵計算平均功率P。

⑶計算⑴中p_2之峰值，以及(3-14)所定義之Q。

⑷計算負載之功率因數(PF)。此負載是電感性或電容性？負載所汲取之乏是正或負？

3-3　試計算圖P3-3所示各個波形之平均值，以及基本波與諧波之均方根值。

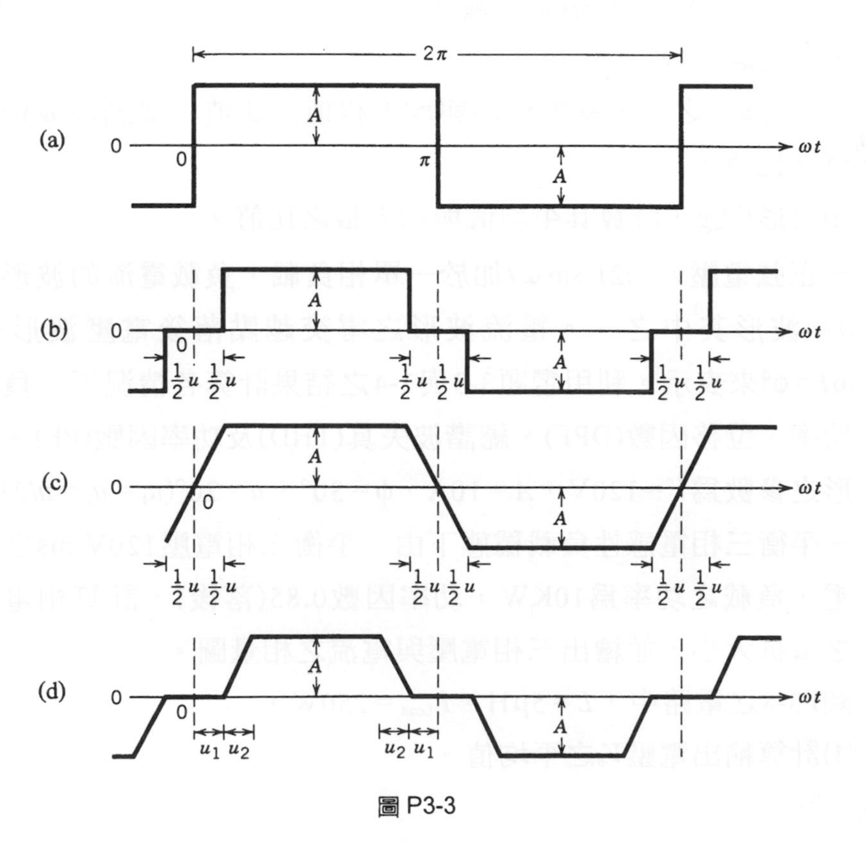

圖 P3-3

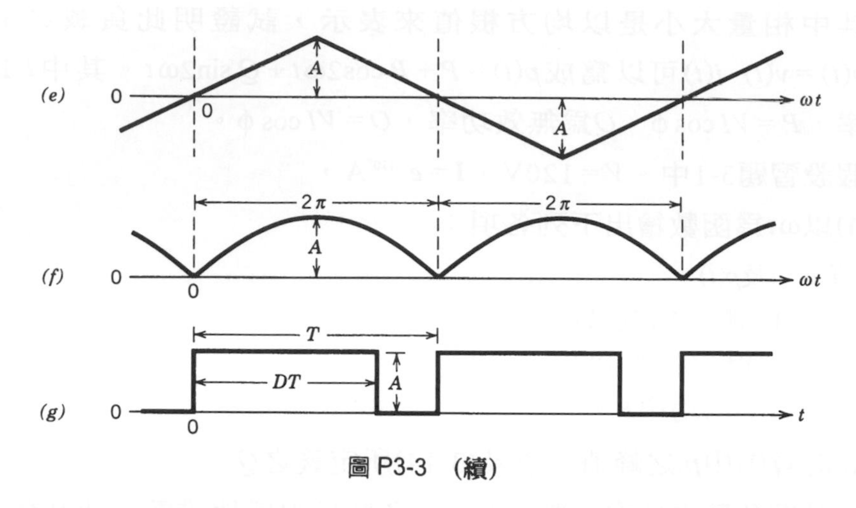

圖 P3-3 (續)

3-4 同習題3-3，若$A=10$，$u=20°(u_1=u_2=u/2)$，以下列指定方法計算其均方根值：

⑴將習題3-3之結果代入(3-28)。

⑵利用(3-5)均方根值之定義。

3-5 參考習題3-4並計算：

⑴波形a–e之：①基本波形與均方根值之比值；②諧波成份與均方根值之比值。

⑵波形f及g，計算其平均值與均方根之比值。

3-6 一正弦電壓$v=\sqrt{2}V\sin\omega t$加於一單相負載，負載電流的波形爲圖P3-3 a–e波形其中之一。電流波形之零交越點落後電壓波形一角度以$\omega t=\phi°$來表示。利用習題3-3與3-4之結果計算各情況下：負載之平均功率、位移因數(DPF)、總諧波失真(THD)及功率因數(PF)。其中各波形之參數爲$V=120\text{V}$，$A=10\text{A}$，$\phi=30°$，$u=20°(u_1=u_2=u/2)$。

3-7 一平衡三相電感性負載穩態下由一平衡三相電壓120Vrms之電源所供電，負載之功率爲10KW，功率因數0.85(落後)，計算相電流及每相之電抗大小，並繪出三相電壓與電流之相量圖。

3-8 圖P3-8之電路中，$L=5\mu\text{H}$，$P_{\text{Load}}=250\text{W}$，

⑴計算輸出電壓V_o之平均值。

(2)假設$C \to \infty$，因此$v_o(t) \simeq V_o$，計算I_{Load}及電容電流i_c之均方根值。

(3)同(2)，繪出v_L與i_L之波形。

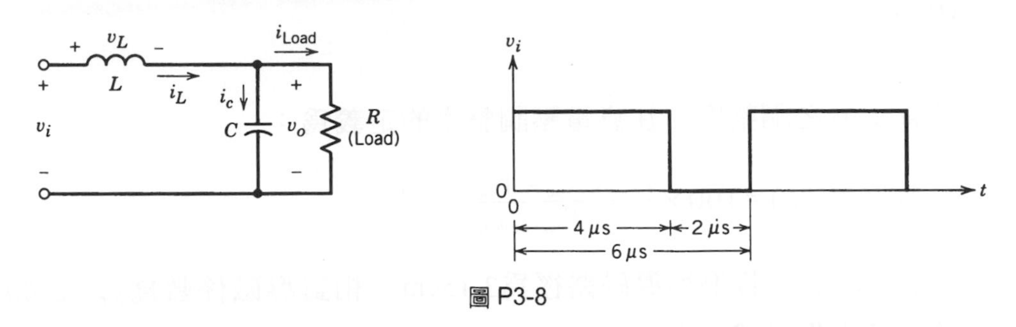

圖 P3-8

3-9　圖P3-9所示為負載之電壓與電流，計算此負載之平均功率P。

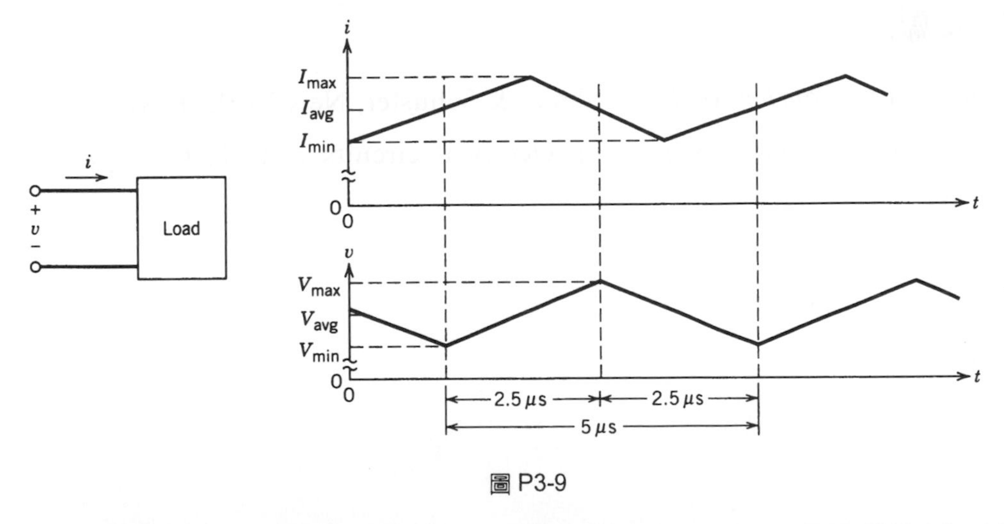

圖 P3-9

3-10　圖P3-9中，若電壓之最大(小)值較V_{avg}大(小)1%，同理電流為5%，試問若負載平均功率以$V_{avg}I_{avg}$來計算，其與實際之誤差為？%。

3-11　一繞於環形鐵心的變壓器，一次側之電壓為50V、100KHZ之方波，鐵心之截面積為0.635cm^2，假設磁通在鐵心中之分佈為均勻，計算一次側繞組之最少匝數，使鐵心之磁通密度峰值小於0.15Wb/m^2，並繪出穩態下電壓及磁通密度之波形。

3-12　一環形鐵心具有分散之氣隙，使其相對導磁係數達125，其截面積為0.113cm^2，平均導磁路徑為3.12cm，計算需繞多少匝才能使電感值達25μH。

3-13 例題3-2之變壓器，如果輸出電壓爲110V，且變壓器以下列功率因數提供滿載之KVA：

(1)1.0。

(2)0.8。

計算電壓之調整率。注意電壓調整率的定義爲：

$$調整率(\%) = 100 \times \frac{V_{out, No\text{-}load} - V_{out, full\text{-}load}}{V_{out, no\text{-}load}}$$

3-14 習題3-11中，若平均導磁路徑爲3.15cm，相對導磁係數爲$\mu_r = 2500$，計算其磁化電感L_m之大小。

參考文獻

1. H.P. Hsu, *Fourier Analysis*, Simon & Schuster, New York, 1967.
2. Any introductory textbook on electrical circuits and electromagnetic fields.

第四章　電力電子轉換器與系統之模擬

4-1 簡　介

本章之目的為介紹電腦模擬在電力電子系統分析與設計中所扮演的角色。內容為討論模擬之程序及目前一些常用之模擬軟體。

為方便說明起見，將圖1-1之電力電子系統重繪於圖4-1，其中電力處理器中之轉換器包含一些非主動(passive)元件、二極體、閘流體及其它半導體開關。在控制器的調整下電路因開關之導通與截止而隨時改變其電路拓僕，因此電路之狀態(電壓與電流)很難以一封閉形式(closed-form)之時間函數來描述，故狀態之求解困難。然而透過模擬則可以迎刃而解。

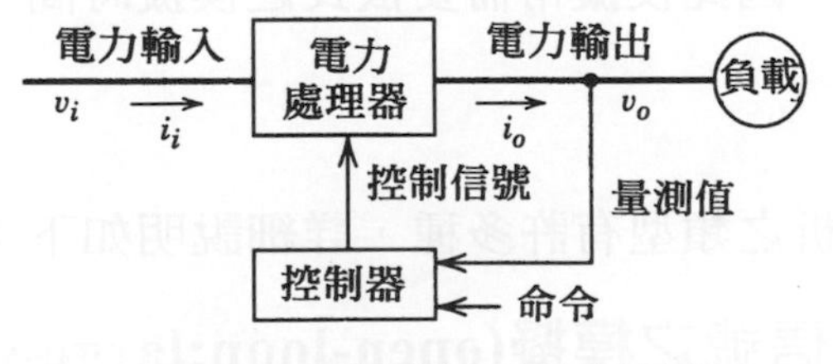

圖 4-1　電力電子系統方塊圖

本書在各章中，將電腦模擬視為一輔助的學習工具，讀者可視本身需求，選擇閱讀。電腦模擬常應用在研究上，以探討新式電路的特性；在工業界，它可分析參數改變對系統之影響，而不需靠麵包板實驗來驗證，因此可以大幅縮短新產品的研發時間[1]。模擬可以計算電路的波形、系統之動態、暫態性能以及各元件上之電壓與電流等，通常每一步計算均須經多次遞迴(iterations)程序。模擬亦可包含功率損之計算，以確認元件之溫升是否在許可的範圍內。

4-2 電腦模擬的挑戰性

以電腦來模擬電力電子系統，具有下列之挑戰性：

1. 半導體開關元件由導通變截止或由截止變導通之切換時期，其特性爲非線性，模擬軟體必須有能力可以表示這些。
2. 模擬系統中各部份之時間常數不可能完全一致，有時可能相差十的好幾次方以上。例如馬達驅動系統，其開關切換時間爲幾個ms或更小，而馬達驅動之機械常數可能爲幾秒或幾分鐘。在此情形下，模擬之時距(time step)必須依據系統時間常數最小者來設定，模擬時間(stimulation time)則由系統時間常數之最大者來決定，因此實際所需之模擬時間可能會很長。
3. 元件之模型很難作到精確，尤其是功率半導體元件(即使是最簡單的二極體)及電感與變壓器所使用之磁性元件。
4. 圖4-1之控制器，無論採用類比或數位方式，都必須與轉換器一起作模擬。
5. 即使只分析穩態之波形，模擬仍需由初始狀態開始，然而最佳之初始狀態往往未知，因此模擬常需要很長之模擬時間。

4-3 模擬程序

電力電子所作分析之類型有許多種，詳細說明如下：

4-3-1 開迴路：大信號之模擬(open-loop:large-single simulation)

爲了瞭解系統行爲，模擬一開始可以採用圖4-2方塊圖所示之方式，加

形來驗證電路之工作是否如事先分析所預期。此外，此程序亦可提供電路拓僕之選取及元件之決定。

由於此模擬之目的僅在於驗證系統之動作，因此可以採用理想之電路元件來模擬，這種不含控制器的模擬分析方式稱爲開迴路模擬。

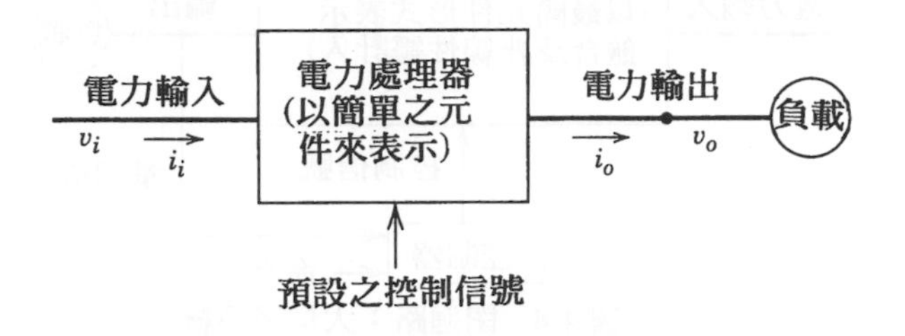

圖 4-2　開迴路：大信號模擬

4-3-2　小信號(線性)模型(small-singal model)及控制器設計

當電路拓僕及元件值選定後，可利用平均法來處理開關之切換以便於將電路線性化，如此便可以轉移函數(transfer function)來表示圖4-3中電力處理器的小信號模型。接下來，便可利用各式控制理論來設計控制器，使系統能夠兼顧輸入、負載及控制之擾動(disturbance)或小變化量(以表示)的穩定度及動態特性。控制器之設計可以利用專門之軟體來輔助設計[2]。

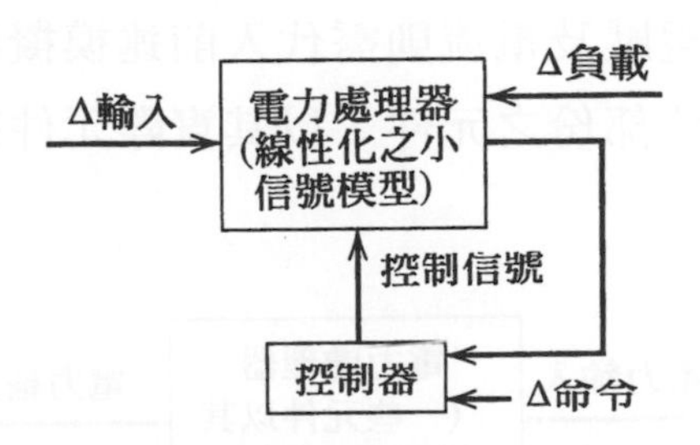

圖 4-3　小信號模型及控制器之設計

4-3-3　閉迴路，大信號系統之行為 (closed-loop, large-single behavior)

控制器設計完成後，系統對於大擾動如輸入電壓及負載之步級變化(step change)的操作性能，可以圖4-4結合控制器之閉迴路系統來加以驗證。此種模擬爲時域之大信號模擬，其模擬時間通常包括許多(幾百個)切換週期，因此元件以其最簡(理想)形式來代表即可，然而控制器之飽合、系統之非線性及損失則必須考慮。控制器之表示亦以其最簡單的方式來實現即可，不需以實際之控制電路來表示。

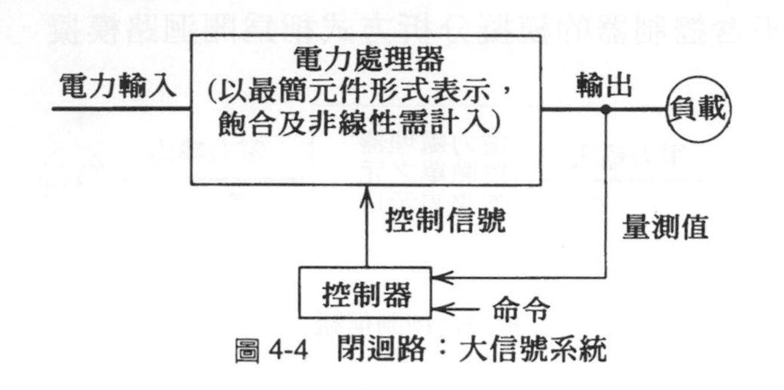

圖 4-4　閉迴路：大信號系統

4-3-4　切換細步(Switching deatails)

前述之模擬僅用以探討系統之行爲，其受元件特性之影響較小，因此可以理想元件來代替。然而在實際設計上，由元件之非理想特性，如開關之切換特性、雜散電感、雜散電容等所引起之過壓、功率損耗等均需列入考慮，用以選擇元件之容量及考量是否加保護電路(如緩衝電路用以減少雜散電感及電容之效應)。

此種考量切換細步的模擬方式如圖4-5所示，模擬時間僅需幾個切換週期即可，但模擬之起始電壓及電流則需代入前述模擬所得最差情況之值；其次，只需將所欲探討電路部份之元件，以其實際元件來取代即可，不需以實際元件來取代整個電路。

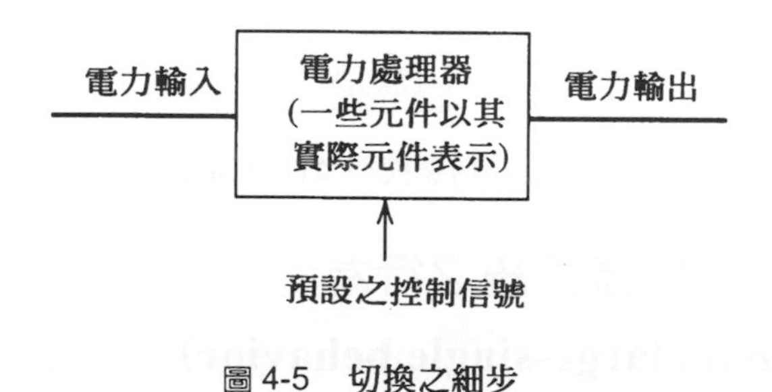

圖 4-5　切換之細步

4-4　模擬之機構[1](Mechanics of simulation)

建立了各式模擬程序後，接下來需選擇合適之模擬工具。基本上有兩種選擇：⑴電路導向模擬器(circuit-oriented simulators)；⑵方程式求解器(equation solvers)。

4-4-1 電路導向模擬器

其爲一套裝軟體，使用者僅需輸入電路之拓僕及元件即可，模擬器本身會自動產生電路之狀態方程式。有些模擬器允許使用者選擇所需元件之規格，大部份之模擬器同時提供轉移函數或元件模型，如運算放大器(OP)、比較器等控制器實現方式。

4-4-2 方程式求解器

方程式求解器的方式是以微分及代數方程式描述電路及控制器，使用者必須知道電路操作之各種模式並決定其狀態，然後根據操作邏輯列出電路在各模式下之狀態方程式。這些方程式可以利用高階語言，如C或FORTRAN來求解，或是利用可以提供積分方式、圖形輸出等功能之特殊套裝軟體來求解。

4-4-3 電路導向模擬器與方程式求解器之比較

電路導向模擬器之優點爲：起始設立(initial setup)時間短、容易改變電路拓僕及控制。所著重的是電路模擬而非算術求解，有許多內建的元件模型及控制器(類比或數位)可利用，另外亦可將電路分割成一些小模組(module)或建立區塊(block)來分別加以測試，最後再組合使用。

其缺點爲：模擬過程中對模擬之控制介入較少，使模擬時間可能較長甚至造成數值收斂、振盪等問題而使模擬中止，這些問題的解決方法不明確，通常必須使用嘗試錯誤法(trial and error)。

而對於方程式求解器而言，其對模擬程序諸如積分方法、模擬時間間距等細節都必須完全掌控，因此其模擬的時間可能較短。其缺點爲：起始設立的時間較長，因使用者必須自行寫出電路的微分方程式，即使電路拓僕或控制只作一小修改，亦可能花費相當功夫才能將其重新設立。

綜言之，電路導向模擬器較易使用，因此使用者較廣泛，而方程式求解器則適合特殊用途。在第4-6及4-7節中，我們將討論一些常用套裝軟體之特性。

4-5 時域分析之求解技巧

無論電路導向模擬器或方程式求解器，最終都必須求解時域上之微分方程式，因此使用者應具備求解這些方程式的基本概念。

電力電子電路通常是線性的，但由於開關切換之故會隨時間變化，因此其爲時間之函數。電路之狀態可藉由微分方程式來加以描述，以下以一簡單例子來說明如何由電路求得其狀態時間函數以及其數值之求解技巧。

4-5-1 線性微分方程式

圖4-6(a)所示爲第一章中圖1-3及圖1-4a所提切換式電源供應器之簡化等效電路，其中r_L則用以表示電感之電阻。若圖1-3之開關導通則$v_{oi} = V_d$，若截止則$v_{oi} = 0$；v_{oi}之波形如圖4-6(b)所示。

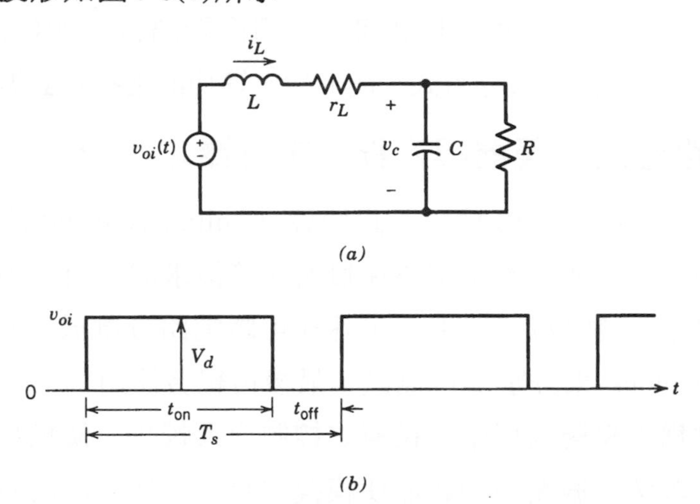

圖 4-6 切換式直流電源供應器(同圖1-3)之簡化等效電路

令系統之狀態變數(state variables)爲電感電流及電容電壓，假設$t = 0$之起始狀態分別爲$i_L(0)$及$v_c(0)$，由克希荷夫電流定理(KCL)及電壓定理(KVL)可知：

$$r_L i_L + L\frac{di_L}{dt} + v_c = v_{oi} \qquad \text{(KVL)} \tag{4-1}$$

$$i_L - C\frac{dv_c}{dt} - \frac{v_c}{R} = 0 \qquad \text{(KCL)} \tag{4-2}$$

整理(4-1)及(4-2)可以得到狀態變數矩陣(state variable matrix)表示：

$$\begin{bmatrix} \frac{di_L}{dt} \\ \frac{dv_c}{dt} \end{bmatrix} = \begin{bmatrix} -\frac{r_L}{L} & -\frac{1}{L} \\ \frac{1}{C} & -\frac{1}{CR} \end{bmatrix} \begin{bmatrix} i_L \\ v_c \end{bmatrix} + \begin{bmatrix} \frac{1}{L} \\ 0 \end{bmatrix} v_{oi}(t) \tag{4-3}$$

或寫成

$$\frac{d\mathbf{x}(t)}{dt} = \mathbf{A}\mathbf{x}(t) + \mathbf{b}g(t) \tag{4-4}$$

其中$\mathbf{x}(t)$爲狀態向量(state vctor)，$g(t)$爲單一輸入(single input)：

$$\mathbf{x}(t) = \begin{bmatrix} i_L \\ v_c \end{bmatrix} \quad , \quad g(t) = v_{oi}$$

矩陣$\mathbf{A}$及向量$\mathbf{b}$爲：

$$\mathbf{A} = \begin{bmatrix} -\frac{r_L}{L} & -\frac{1}{L} \\ \frac{1}{L} & -\frac{1}{CR} \end{bmatrix} \quad , \quad \mathbf{b} = \begin{bmatrix} \frac{1}{L} \\ 0 \end{bmatrix} \tag{4-5}$$

通常$\mathbf{A}$及$\mathbf{b}$爲時間函數，故(4-5)可寫爲，

$$\frac{d\mathbf{x}(t)}{dt} = \mathbf{A}(t)\mathbf{x}(t) + \mathbf{b}(t)g(t) \tag{4-6}$$

其解可表爲

$$\mathbf{x}(t) = \mathbf{x}(t-\Delta t) + \int_{t-\Delta t}^{t} [\mathbf{A}(\xi)\mathbf{x}(\xi) + \mathbf{b}(\xi)g(\xi)]\, d\xi \tag{4-7}$$

其中Δt爲積分之時距，ξ爲積分變數。

4-5-2 梯形積分法則(Trapezidal method of integration)

(4-7)積分之數值求解方法有許多方式，其中最常被使用之電路導向模擬軟體如SPICE及 EMTP等均使用梯形積分法則。應用梯形積分法則於(4-7)如圖4-7所示，即

$$\mathbf{x}(t)=\mathbf{x}(t-\Delta t)+\frac{1}{2}\Delta t\,[\,\mathbf{A}(t-\Delta t)\mathbf{x}(t-\Delta t)+\mathbf{A}(t)\mathbf{x}(t)\,]$$

$$+\frac{1}{2}\Delta t\,[\,\mathbf{b}(t-\Delta t)g(t-\Delta t)+\mathbf{b}(t)g(t)\,] \tag{4-8}$$

重新整理可得：

$$\left[\mathbf{I}-\frac{1}{2}\Delta t\mathbf{A}(t)\right]\mathbf{x}(t)=\left[\mathbf{I}+\frac{1}{2}\Delta t\,\mathbf{A}(t-\Delta t)\right]\mathbf{x}(t-\Delta t)$$

$$+\frac{1}{2}\Delta t\,[\,\mathbf{b}(t-\Delta t)g(t-\Delta t)+\mathbf{b}(t)g(t)\,] \tag{4-9}$$

故
$$\mathbf{x}(t)=\left[\mathbf{I}-\frac{1}{2}\Delta t\,\mathbf{A}(t)\right]^{-1}$$

$$\left\{\left[\mathbf{I}+\frac{1}{2}\Delta t\mathbf{A}(t-\Delta t)\right]\mathbf{x}(t-\Delta t)+\frac{1}{2}\Delta t\,[\,\mathbf{b}(t-\Delta t)g(t-\Delta t)+\mathbf{b}(t)g(t)\,]\right\} \tag{4-10}$$

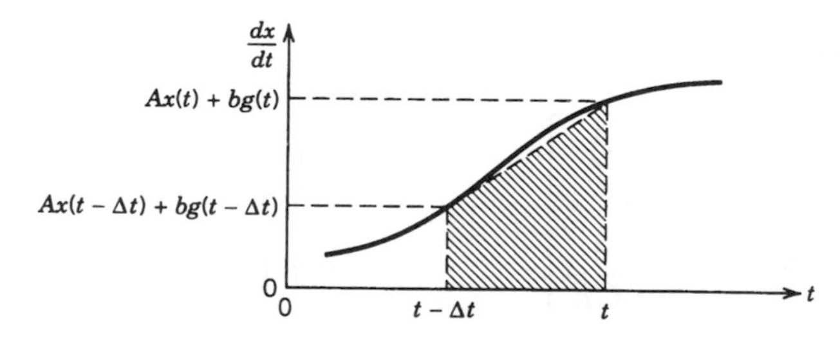

圖 4-7　梯形積分法則

雖然**A**及**b**通常會隨電路狀態而改變，但對電路從一狀態開始至下一狀態之間的時間內，**A**及**b**爲固定。故$\mathbf{A}(t-\Delta t)=\mathbf{A}(t)=\mathbf{A}$，且$\mathbf{b}(t-\Delta t)=\mathbf{b}(t)=\mathbf{b}$，應用至(4-10)得：

$$\mathbf{X}(t)=\mathbf{M}\mathbf{x}(t-\Delta t)+\mathbf{N}\,[\,g(t-\Delta t)+g(t)\,] \tag{4-11}$$

其中
$$\mathbf{M}=\left[\mathbf{I}-\frac{1}{2}\Delta t\,\mathbf{A}\right]^{-1}\left[\mathbf{I}+\frac{1}{2}\Delta t\,\mathbf{A}\right] \tag{4-12}$$

$$\mathbf{N}=\left[\mathbf{I}-\frac{1}{2}\Delta t\,\mathbf{A}\right]^{-1}\left(\frac{1}{2}\Delta t\right)\mathbf{b} \tag{4-13}$$

至於Δt之選擇，對於電力電子電路而言，必須小於電路中最小之時間常數。由於電路狀態變數之改變會影響狀態變換之時間，且電路在某狀態之終值爲下一狀態之起始值，因此Δt之選擇必須以一狀態時間內之解析度爲主要考量。

4-5-3 非線性微分方程式[1]

電力電子系統存在一些由元件及控制器飽合等所引起之非線性。考慮非線性，微分方程式可表示爲：

$$\dot{\mathbf{x}} = \mathbf{f}(\mathbf{x}(t), t) \tag{4-14}$$

其解爲

$$\mathbf{x}(t) = \mathbf{x}(t-\Delta t) + \int_{t-\Delta t)}^{t} \mathbf{f}(\mathbf{x}(\xi), \xi) d\xi \tag{4-15}$$

應用梯形積分法則可得

$$\mathbf{x}(t) = \mathbf{x}(t-\Delta t) + \frac{\Delta t}{2}\mathbf{f}(\mathbf{x}(t), t) + \mathbf{f}(\mathbf{x}(t-\Delta t), t-\Delta t) \tag{4-16}$$

(4-16)爲非線性，故不能直接得解，必需以遞迴程序求得一收斂值。最常被使用之求解方法爲Newton-Raphson遞迴程序。

4-6 最常被使用之電路導向模擬器

電路導向模擬器有許多種，包括SPICE、EMTP、SABER及KREAN等，其中最常被採用者爲 SPICE及EMTP。SPICE乃爲模擬積體電路而發展，而EMTP則爲電力系統之模式化而發展。二者簡要介紹如下：

4-6-1 SPICE[3]

SPICE(Simulation Program with Integrated Circuit Emphasis)爲美國加州大學博克萊分校所提出，目前已有許多商用版本，PSpice[4]爲其中之一。

PSpice爲一多層(multi-level)模擬器，控制器可以其輸入／輸出特性來表示，而不必使用元件層次之方式來執行，此外電路亦可以圖形方式來輸入。以下以圖4-8(a)來說明PSpice之模擬方式，其爲開迴路操作，開關之控制信號如圖4-8(b)所示。使用者僅需選用適當之元件連接電路再交由模擬器模擬即可，不需要考慮電路狀態之變化，例如電感電流連續或不連續等情況下電路之處理問題，模擬器會自動加以考慮。

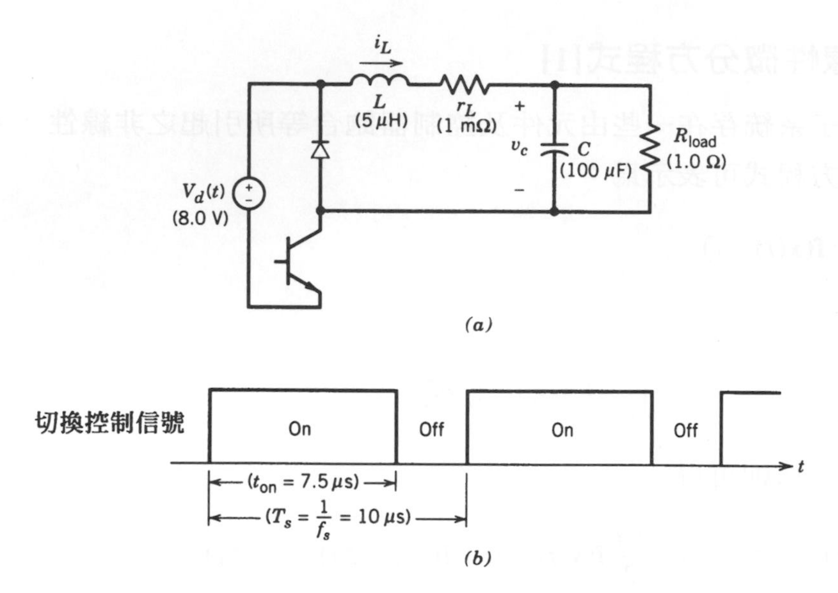

圖 4-8　(a)模擬電路；(b)切換控制信號之波形

模擬之第一步驟為標示電路之節點，如圖4-9(a)所示。其中電晶體以一電壓控制開關SW來代表，當其控制電壓高於(預設值=1V)時，此開關具有一很小之導通電阻（預設值＝1Ω）；當其控制電壓小於V_{off}(預設值為＝0V)時，開關具有一高電阻R_{off}(預設值為＝10^6Ω)。這些預設值是可選擇的，使用者可根據實際狀況加以修正。

電路之輸入檔如圖4-9(b)所示，開關SW之控制電壓(如圖4-8b)乃以一電壓源VCNTL來表示；二極體乃使用內建之二極體模型，其導通電阻R_s及接面電容C_{jo}之值均可改變。

程式之模擬時距太小，瞬間不連續之狀態可能會引起無法收斂問題。如果發生此種情況，模擬器會停止模擬且出現一些錯誤提示。收斂問題很少有明確之方法可以防制，就圖4-9(a)之情況而言，可以在二極體上很有技巧地加一適當大小之R–C緩衝電路，以避免二極體電流瞬間變為零而造成不連續。同理VCNTL之上昇及下降時間大小可以圖4-9(b)之PULSE來表示，其大小為1ns而非零。

模擬之輸出波形如圖4-10所示，其乃由PSpice軟體中之圖形處理器Probe所產生。

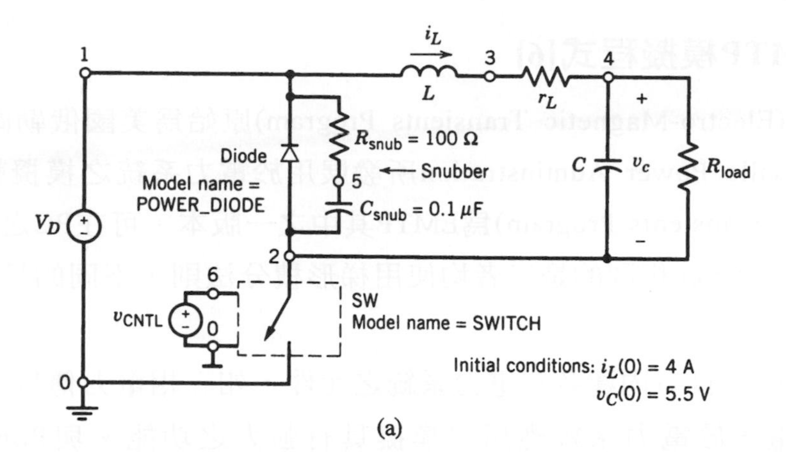

(a)

```
PSpice Example
*
DIODE   2   1   POWER_DIODE
Rsnub   1   5   100.0
Csnub   5   2   0.1uF
*
SW      2   0   6   0   SWITCH
VCNTL   6   0   PULSE(0V,1V,0s,1ns,1ns,7.5us,10us)
*
L       1   3   5uH     IC=4A
rL      3   4   1m
C       4   2   100uF IC=5.5V
RLOAD   4   2   1.0
*
VD      1   0   8.0V
*
.MODEL POWER_DIODE D(RS=0.01,CJO=10pF)
.MODEL SWITCH VSWITCH(RON=0.01)
.TRAN   10us   500.0us   0s   0.2us    uic
.PROBE
.END
```

(b)

圖 4-9　圖4-8電路之PSpice模擬

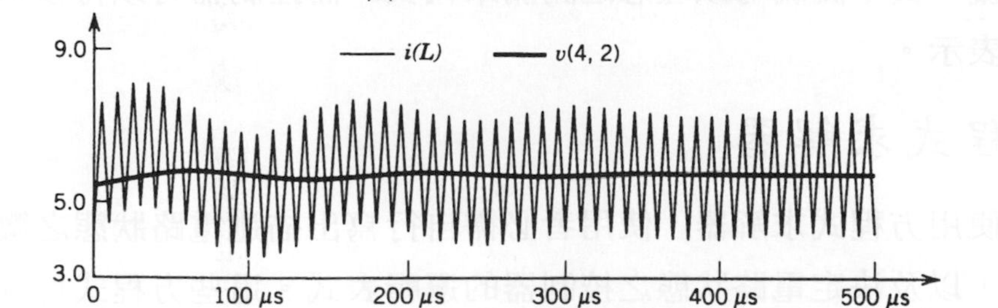

圖 4-10　PSpice模擬結果：i_L及v_c

4-6-2 EMTP模擬程式[6]

EMTP(Electro-Magnetic Transients Program)原始爲美國俄勒岡州波特蘭市之Bonneville Power Adminstration所發展用於電力系統之模擬軟體。ATP (Alternative Transients Program)爲EMTP其中之一版本，可在PC之MS-DOS下執行[7]。與PSpice相同的是二者均使用梯形積分法則，不同的是EMTP之積分時距是固定的。

由於EMTP具有內建各式電力系統之元件，如三相電力傳輸線等，使其對於電力電子於電力系統應用之模擬具有強大之功能。與PSpice相較，EMTP對於開關之處理方式完全不同，當開關導通時，開關兩端節點所對應矩陣之二行及二列被合併爲一。此外，EMTP表示類比及數位控制器之方式與高階語言類似非常方便，電路與控制器間之變數並可相戶傳遞。

4-6-3 PSpice與EMTP之適用性

PSpice與EMTP均爲非常有用之電力電子電路模擬工具，PSpice尤其適合電力電子之教學，原因乃其改良版本可免費取得(事實上其複製及分佈是受歡迎及鼓勵的)且它可以非常容易地安裝在PC上使用，另外，其圖形處理軟體亦非常友善且易學。由於其具有各式半導體元件之模型，對於探討切換之細步非常有效。在可預期的未來，其模型甚至可精確地計算功率損失，以作爲溫昇及散熱設計之依據。

EMTP則較適合於高功率電力系統中電力電子電路之模擬，其可類似高階語言的方式來描述控制器，對於時距(Δt)之控制方式(爲固定)使其所需之模擬時間非常另人滿意。基於上述理由，EMTP非常適合電力電子系統中系統層級之模擬，其中開關可以理想之開關來代表，而控制器可以轉移函數及邏輯表式來表示。

4-7 方程式求解器

若選擇使用方程式求解器，使用者必需自行寫出描述電路狀態之微分及代數方程式，以及決定電路狀態之控制器的邏輯表式。這些方程式可以高階語言如FORTRAN、C或Pascal等來求解，然而更方便的則是使用如MATLAB [9]等已有內建求解功能之套裝軟體來執行。通常這些軟體有自己的文法且各有各的專精部份。

MATLAB可以簡單的處理矩陣之運算，例如$y = \mathbf{a} \cdot \mathbf{b}$及反矩陣$\mathbf{Y} = \text{inv}(\mathbf{X})$等。MATLAB廣範地使用於工業界，學校亦有以之來教授控制系統及信號處理之課程。SIMULINK則爲一功能強大之圖形處理器，可當成使用者與MATLAB之中介，允許以圖形方式輸入欲模擬之動態系統。

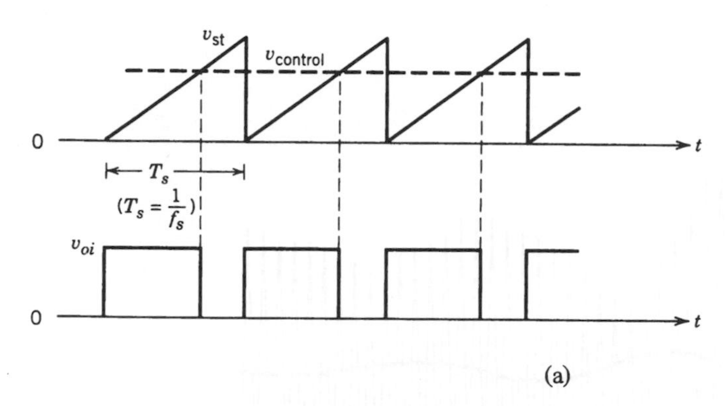

(a)

```
% Solution of the Circuit in Fig. 4-6 using Trapezoidal Method of Integration.
clc,clg,clear
% Input Data
Vd=8; L=5e-6; C=100e-6; rL=1e-3; R=1.0; fs=100e3; Vcontrol=0.75;
Ts=1/fs; tmax=50*Ts; deltat=Ts/50;
%
time= 0:deltat:tmax;
vst= time/Ts - fix(time/Ts);
voi= Vd * (Vcontrol > vst);
%
A=[-rL/L -1/L; 1/C -1/(C*R)];
b=[1/L 0]';
MN=inv(eye(2) - deltat/2 * A);
M=MN * (eye(2)+ deltat/2 * A);
N=MN * deltat/2 * b;
%
iL(1)=4.0; vC(1)=5.5;
timelength=length(time);
%
for k = 2:timelength
x = M * [iL(k-1) vC(k-1)]' + N * (voi(k) + voi(k-1));
iL(k) = x(1); vC(k) = x(2);
end
%
plot(time,iL,time,vC)
meta Example
```

(b)

圖 4-11　**圖4-6電路之MATLAB模擬**

以MATLAB執行梯形積分法則來求解圖4-8電路之程式列如圖4-11所示。注意，只有$i_L(t)>0$之情況下，圖4-8才可以圖4-6之等效電路來表示。圖4-11中，MATLAB對於輸入電壓之產生乃利用鋸齒波v_{st}(頻率$=f_s$)與一直流控制電壓$v_{control}$比較而得。當控制電壓大於v_{st}，$v_{oi}=V_d$，否則$v_{oi}=0$。MATLAB之輸出波形如圖4-12所示，其與圖4-10之結果稍有不同，原因在於PSpice之二極體具有導通壓降，而MATLAB則視二極體為理想。

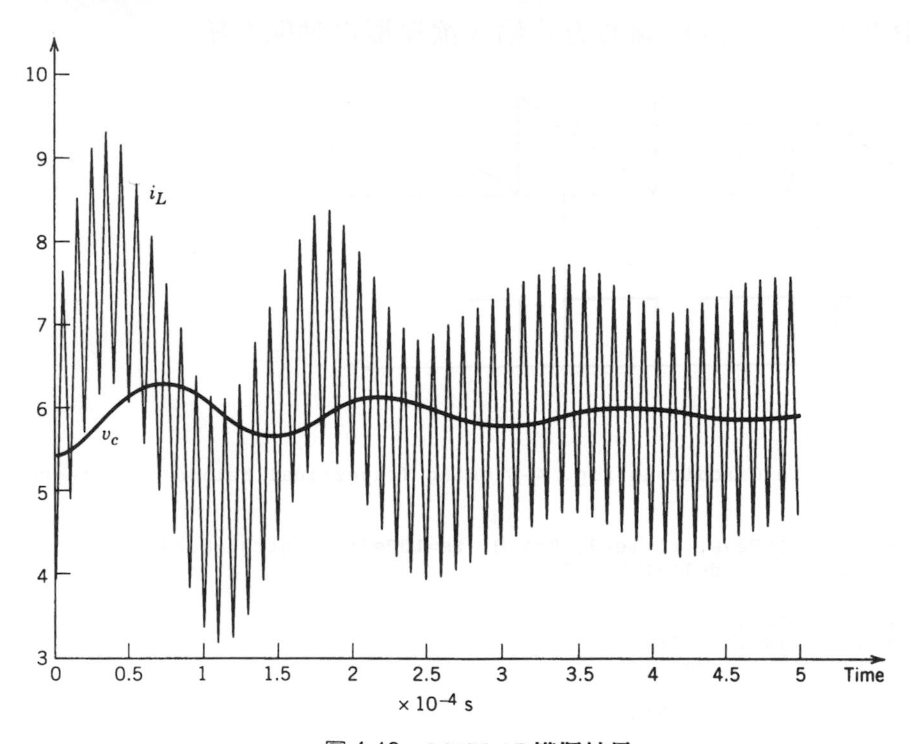

圖4-12 MATLAB模擬結果

結論

模型之建立與電腦模擬在電力電子系統之分析、設計及教學中扮演非常重要之角色。近年來有許多模擬軟體被提出，在選擇模擬軟體之前，有必要先衡量每一軟體對所應用場合所具備之優缺點。

習題

4-1 利用MATLAB產生一100KHz，峰值為±1V之三角波。

4-2　利用圖4-9所列之PSpice程式，求開關電流及二極體之電壓波形。

4-3　利用圖4-11b所列MATLAB程式，求電感電流及電容電壓波形(如圖4-12所示)。

4-4　如圖4-9之PSpice模擬，試求以下之更改對於模擬結果之改變：

(1)移去跨於二極體之R-C緩衝電路。

(2)使控制電壓VCNTL之脈衝波形的上昇及下降時間為0。

(3)移去跨於二極體之R-C緩衝電路以及：

①二極體模型修正為

・MODEL POWER_DIODE D(IS=3e-15, RS=0.1, CJO=10pF)

②加入下列選項指令

・OPTIONS ABSTOL=1N, VNTOL=1M, RETOL=0.015

(4)同(3)，但VCNTL之上昇及下降時間為0。

4-5　為使圖4-9a中PSpice之模擬較接近圖4-11 MATLAB之模擬，在圖4-9a中插入一0.7V之直流電壓與二極體串聯，以補償二極體之導通壓降，將模擬結果與圖4-12MATLAB之模擬結果比較。

4-6　圖4-9a之 Pspice模擬，若開關及二極體之結合屬理想，則可以一脈衝電壓波形(振幅8V)置於v_{oi}來取代。將模擬結果與圖4-12MATLAB之模擬結果相較。

4-7　重覆圖4-11MATLAB之模擬，但使用MATLAB內建之ODE45積分法則。

4-8　圖4-8PSpice之模擬中，將R_{Load}改成10Ω使電感電流為不連續。求i_L及v_c之波形。

4-9　重覆習題4-8，但使用MATLAB模擬。

4-10　圖4-8a之輸出電容C若夠大，則輸出電壓將變化緩慢。試重新寫出i_L及v_c之微分方程式，但基於以下之假設：(1) $i_L(t)$之計算乃根據$v_c(t-\Delta t)$；(2)使用(1)所計算之$i_L(t)$以計算$v_c(t)$。利用MATLAB模擬並與圖4-12之結果相較。

4-11　圖4-8a中之電路，省略輸入電壓及電晶體開關，令$i_L(o)=4\text{A}$，且

$v_c(o)=5.5\text{V}$。假設二極體爲理想，利用MATLAB及使用梯形積分法則模擬此電路，並繪出電感電壓v_L之波形。

參考文獻

1. N. Mohan, W. P. Robbins, T. M. Undeland, R. Nilssen and O. Mo, "Simulation of Power-Electronics and Motion Control Systems-An Overview," Proceedings of the IEEE, Vol. 82, No. 8, Aug. 1994, pp. 1287-1302.
2. B. C. Kuo and D. C. Hanselman, MATLAB Tools for Control System Analysis and Design, Prentice Hall, Englewood (NJ), 1994.
3. L. W. Nagel, "SPICE2 A Computer Program to Simulate Semiconductor Circuits," Memorandum No. ERL-M520, University of California, Berkeley, 1975.
4. Pspice, MicroSim Corporation, 20 Fairbanks, Irvine, CA 92718.
5. "Power Electronics:Computer Simulation, Analysis, and Eduation Using Evaluation Version of Pspice," on diskette with a manual, Minnesota Power Electronics, P.O. Box 14503, Minneapolis, MN 55414.
6. W. S. Meyer and T. H. Liu, "EMTP Rule Book," Bonneville Power Adminstration, Portland, OR 97208.
7. ATP version of EMTP, Canadian/American EMTP User Group, The Fontaine, Unit 6B, 1220 N.E., 17th Avenue, Portland, OR 97232.
8. "Computer Exercises for Power Electronics Eduation using EMTP," University of Minnesota Media Distribution, Box 734 Mayo Building, 420 Delaware Street, Minneapoils, MN 55455.
9. MATLAB, The Math Works Inc., 24 Prime Park Way, Natick, MA 01760.

第二部份
通用之電力
電子轉換器

第五章　二極體整流器：線頻ac→無控制dc

5-1　簡　介

大部份電力電子應用中所需之直流電壓乃由線電壓(60Hz)整流而成，最便宜且最常用的整流方式為如圖5-1所示之二極體整流器。此種二極體整流器所得的直流電壓為無控制性(亦即dc電壓大小只由ac輸入電壓決定)，且功率流向只能從交流側流向直流側。在切換式直流電源供應器、交流馬達驅動器、直流伺服驅動器等場合中，常會應用到此電路，其中整流子之輸入電壓大部份直接由公用電源取得，以省去既笨重且昂貴的60Hz變壓器。為使整流後的直流電壓較為平滑(即漣波電壓較小)，整流器輸出側必須並聯一大電容，此電容會被充至約等於交流輸入電壓的峰值，如此會使輸入電流在接近交流電壓峰值時為最大且每個半周波形均為不連續。這種具高峰值且不連續之電流波形的失真度(distortion)非常高，勢必無法通過要求越來越嚴格之諧波標準。輸入電流為正弦且功率因數為一之整流電路將在第十八章中介紹。

本章所討論的二極體整流器包含單相及三相，二極體均被視為理想。由輸入失真電流所造成的電磁干擾(electromagnetic interference，EMI)現象暫不考慮，其留待第十八章中加以討論。

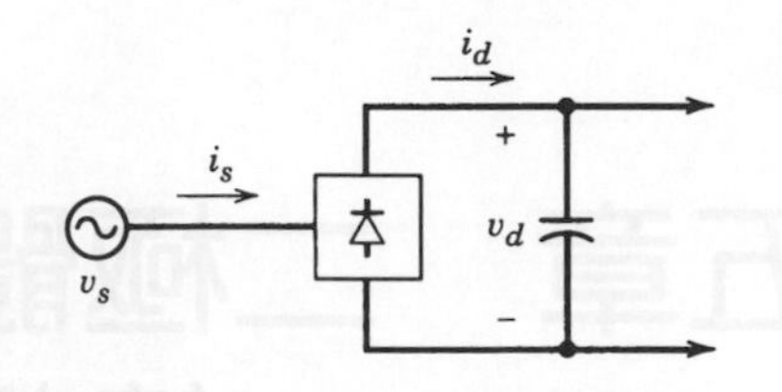

圖 5-1 二極體整流器方塊圖

5-2 整流器的基本概念

以下以一些簡單電路來說明二極體整流器的基本概念。

5-2-1 純電阻性負載

如圖5-2(a)之半波整流電路，其輸入電壓v_s與負載之電壓v_d及電流i之波形如圖5-2(b)所示，由於v_d及i之漣波很大且有直流成份，因此較不實用。

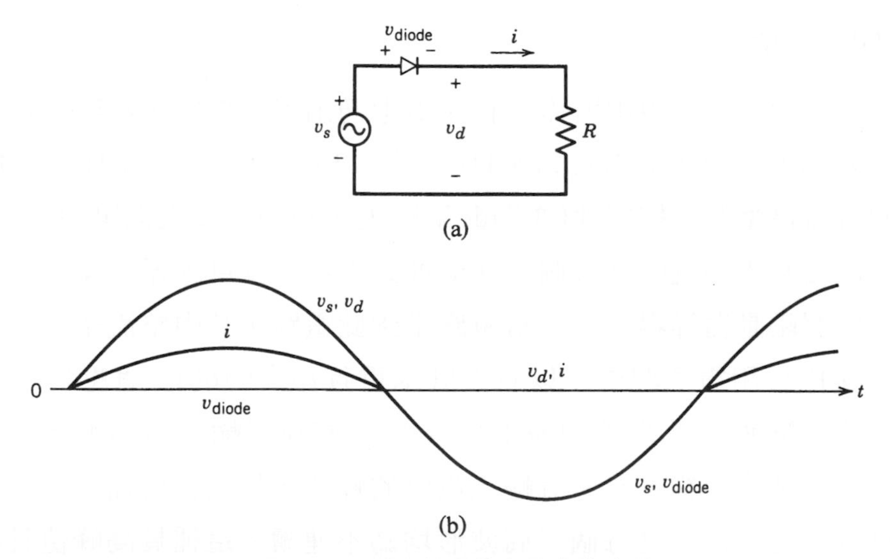

圖 5-2 具電阻性負載之基本整流器

5-2-2 電感性負載

對於圖5-3(a)之R-L串聯電感性負載，假設$t=0$時，電流i為0。$t=0$ 之後，二極體為順向偏壓開始導通電流，此時的等效電路如圖5-3(e)所示，電路方程式可寫成

$$v_s = R\,i + L\frac{di}{dt} \tag{5-1}$$

各電壓及電流波形則如圖5-3(b)至圖5-3(d)所示。一直到$t = t_1$之前，$v_s > v_R$($\therefore v_L = v_s - v_R$爲正)，故電流上升，儲存在電感上的能量增加；當$t > t_1$之後，$v_L < 0$，電流開始減少；$t > t_2$之後，$v_s$變爲負，但由於電感之儲能使電流仍爲正，二極體仍然導通。一直到$t = t_3$時，電流降爲0，二極體才截止。

電感電壓之方程式$v_L = L\,di\,/\,dt$可整理寫成

$$\frac{1}{L}v_L\,dt = di \tag{5-2}$$

等號兩邊對時間積分，積分區間0～t_3，可得：

$$\frac{1}{L}\int_0^{t_3} v_L\,dt = \int_{i(0)}^{i(t_3)} di = i(t_3) - i(0) = 0 \tag{5-3}$$

(5-3)指出

$$\int_0^{t_3} v_L\,dt = 0 \tag{5-4}$$

其可分解成

$$\int_0^{t_1} v_L\,dt + \int_{t_1}^{t_3} v_L\,dt = 0 \tag{5-5}$$

以圖5-3(c)之波形來看，(5-5)之二電壓-時間積分項分別表示A及B之面積，因此

$$面積A - 面積B = 0 \tag{5-6}$$

亦即當面積A＝面積B之時刻，即爲$i = 0$之時。

當$t > t_3$，R-L負載之電壓$v_d = 0$，因此二極體上之電壓$v_{diode} = -v_s$(如圖5-3(d))，此波形之週期爲$T = 1\,/\,f$。

由於$t_2 \le t \le t_3$時，v_d爲負，因此與圖5-2(a)之純電阻性負載比較，負載電壓v_d之平均值較小。

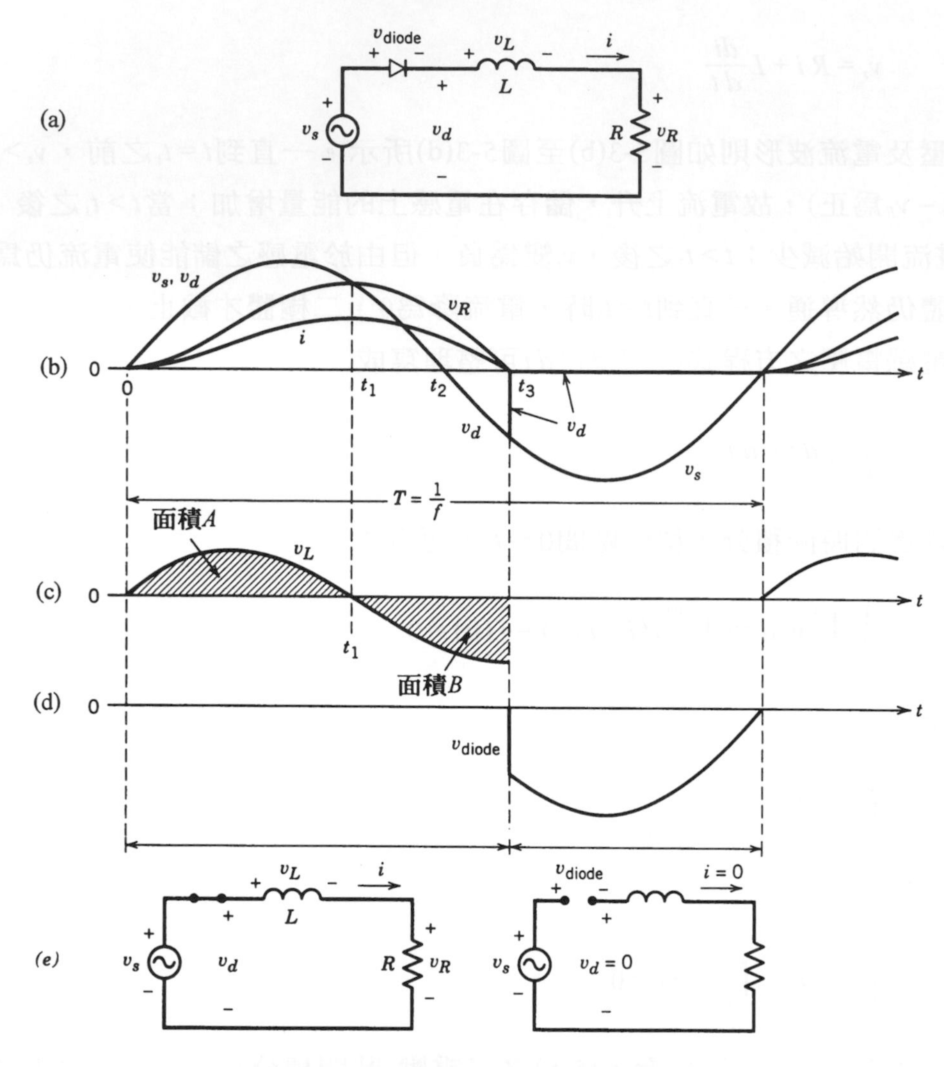

圖 5-3　具電感性負載之基本整流器

5-2-3 具有內部直流電壓之負載

考慮如圖5-4(a)包含內部直流電壓E_d及電感L之負載，$t=t_1$時，v_s超越E_d，二極體開始導通，電流i開始上升，直到$t=t_2$時，i達到其峰值(此時再次等於E_d)，然後開始下降，到$t=t_3$時降為0。電感之儲能同樣地亦可以利用圖5-4(c)之電壓-時間面積A及B來說明。二極體之跨壓則如圖5-4(d)所示。

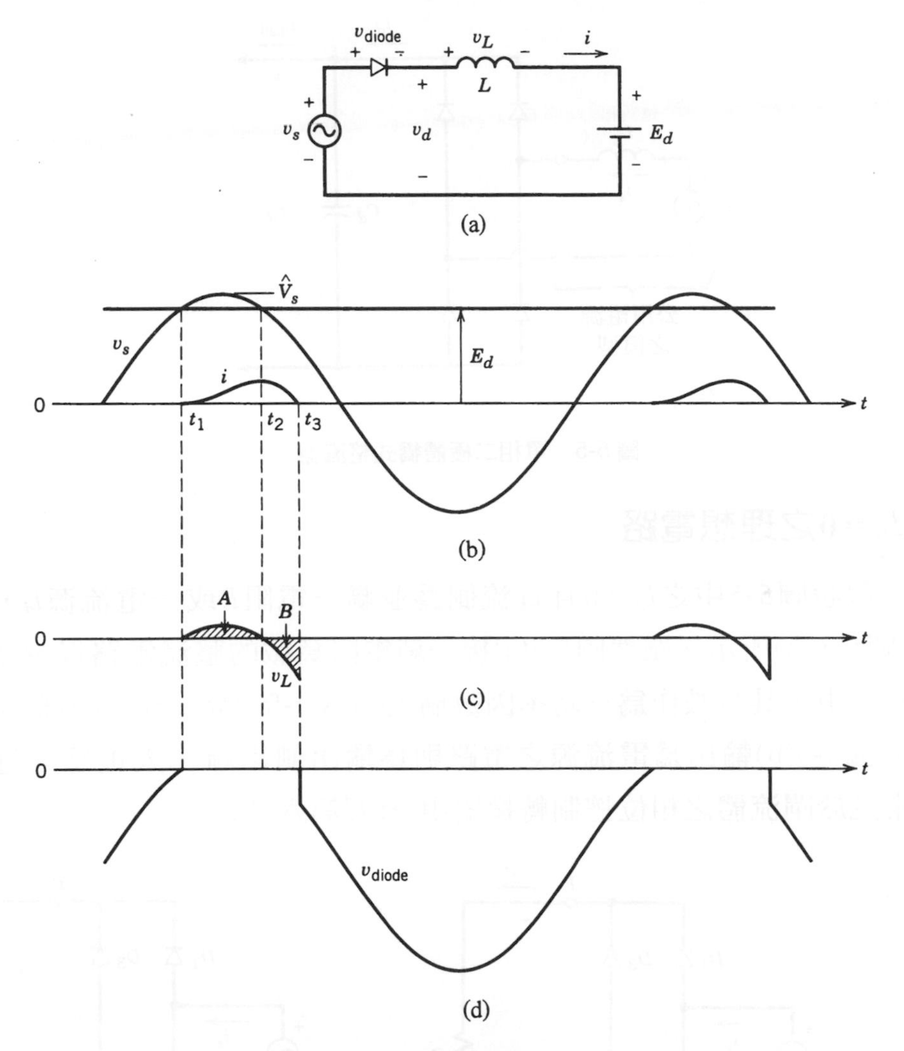

圖 5-4　具內部直流電壓之基本整流器

5-3　單相二極體橋式整流器

單相二極體橋式整流器如圖5-5所示，其直流輸出側並聯一電容以濾波，交流側電源以一正弦電壓源串聯一L_s電感來表示實際具有內阻抗之一般電壓源。爲了改善輸入電流的波形，輸入側可以串聯一電感以增加L_s之值。此電路雖然非常簡單，但要以封閉(closed-form)方程式來描述仍相當費功夫，因此我們將以PSpice及 MATLAB之模擬來取代其分析，不過，我們仍將分析一些較簡單的假設性電路，以使讀者對於圖5-5有更深一層的認識。

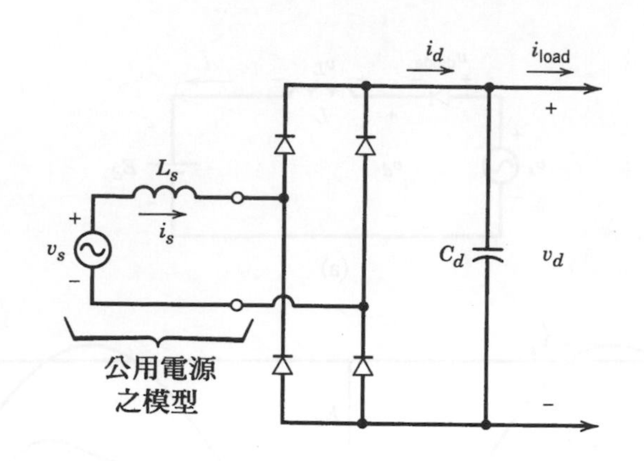

圖 5-5 單相二極體橋式整流器

5-3-1 $L_s = 0$之理想電路

首先假設圖5-5中之$L_s = 0$且直流側爲並聯一電阻R或一電流源i_d，如圖5-6(a)及圖5−6(b)所示。雖然圖5-6(a)接一純電阻負載的整流電路很少見，但在第十八章中，其將被作爲一功率因數矯正(power-factor-corrected)整流器之模型。而圖5-6(b)輸出爲電流源之電路則爲輸出側串聯一大電感之近似電路，其常見於閘流體之相位控制轉換器中(參閱第六章)。

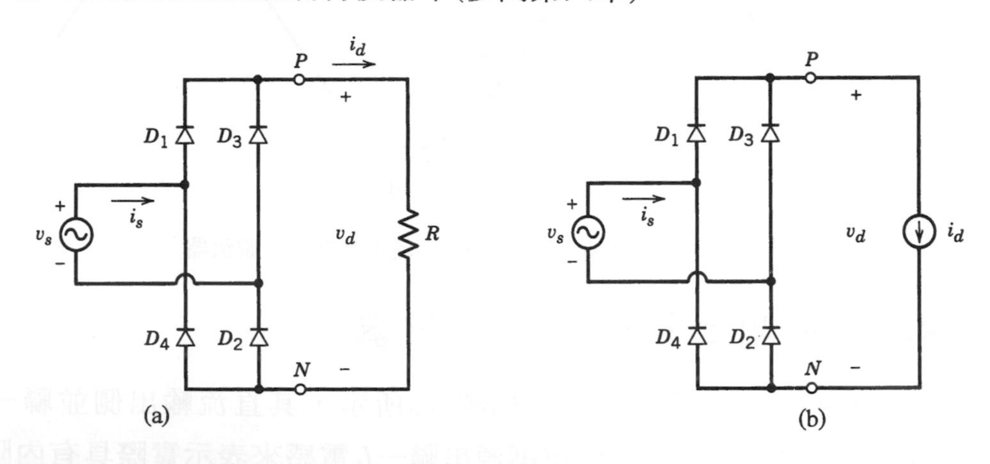

圖 5-6 $L_s=0$之理想二極體整流器

爲使讀者可以清楚地觀察二極體之動作，重繪圖5-6如圖5-7所示，其中四個二極體分爲上下兩組，即D_1、D_3爲上組，D_2、D_4爲下組。由於$L_s = 0$，任何時刻上下兩組各有一二極體會導通以流通i_d。對於上組而言，由於D_1及D_3之陰極等電位，因此當v_s在正半週時，由D_1導通i_d，D_3截止承受等於v_s之反向偏壓；當v_s進入負半週，D_1、D_3之導通情況則相反。對於下組而言，由於D_2、D_4之陽極等電位，因此當v_s在正半週時，由D_2導通i_d，D_4截止承受等於v_s之反向偏壓；當v_s進入負半週，D_2、D_4之導通情形則相反。

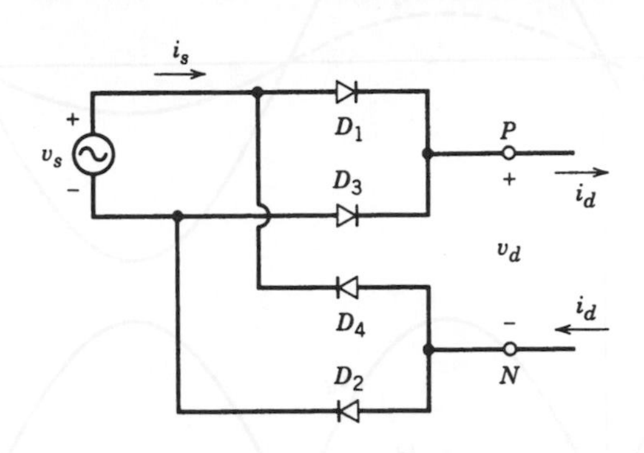

圖 5-7　圖5-6整流器之另一種表示法

對應於圖5-6(a)及圖5-6(b)之電壓及電流波形如圖5-8(a)及圖5-8(b)所示。二電路在v_s 為正半週時，D_1及D_2導通，故$v_d = v_s$且$i_s = i_d$；在負半週時，D_3及D_4導通，且$v_d = -v_s$且$i_s = -i_d$。因此在任何時刻，直流輸出側之電壓為

$$v_d(t) = |v_s| \tag{5-7}$$

同理，在交流輸入側之電流為

$$i_s = \begin{cases} i_d, & v_s > 0 \\ -i_d, & v_s < 0 \end{cases} \tag{5-8}$$

而且由於$L_s = 0$，i_s於(5-8)中之切換是瞬時的。輸出電壓的平均值V_{do}(o表示$L_s = 0$之情況)可由圖5-8求得：

$$\begin{aligned} V_{do} &= \frac{1}{(T/2)}\int_0^{T/2} \sqrt{2}\, V_s \sin\omega t\, dt \\ &= \frac{1}{\omega T/2}(\sqrt{2}\, V_s \cos\omega t)\Big|_{T/2}^{0} = \frac{2}{\pi}\sqrt{2}\, V_s \end{aligned} \tag{5-9}$$

其中$v_s = \sqrt{2}\, V_s \sin\omega t$，$\omega = 2\pi f = 2\pi/T$，$V_s$為輸入電壓之均方根值。由(5-9)知

$$V_{do} = \frac{2}{\pi}\sqrt{2}\, V_s = 0.9 V_s \tag{5-10}$$

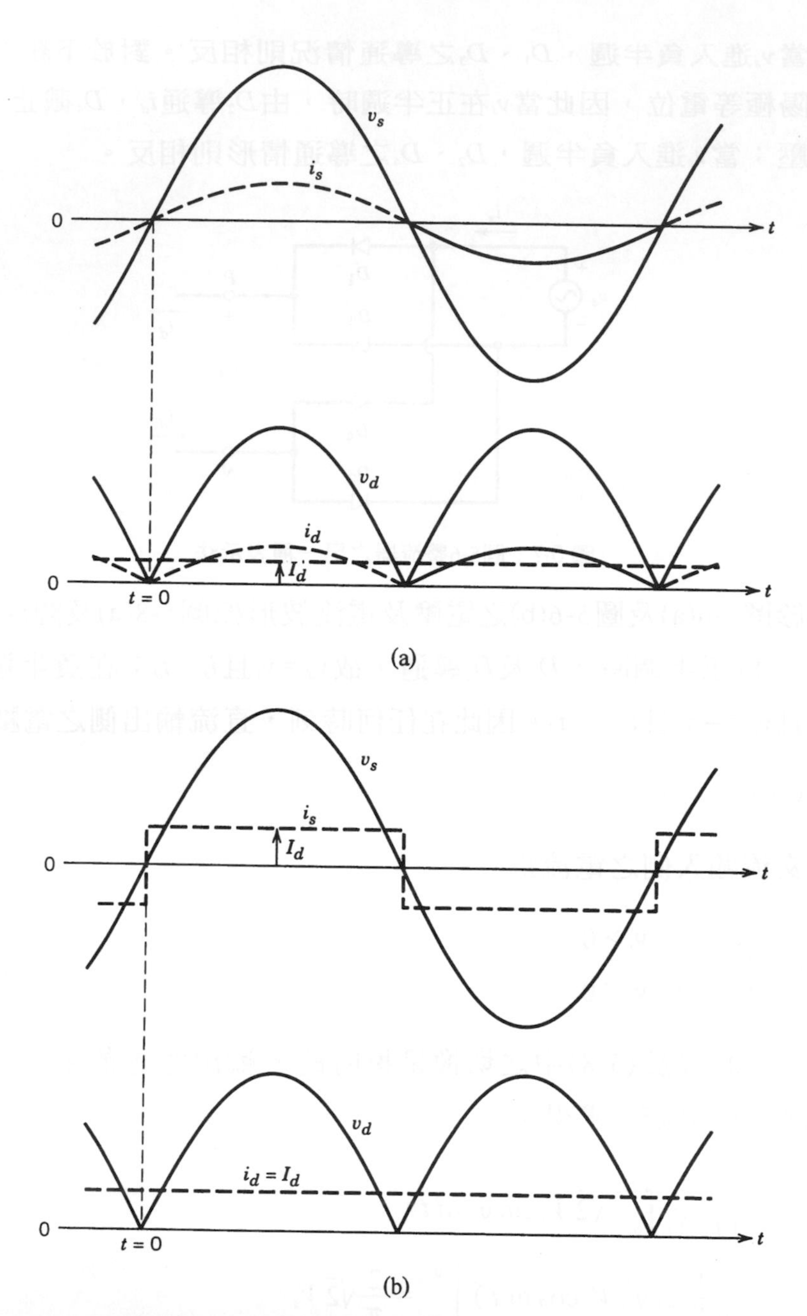

圖 5-8 整流器之波形：(a)圖5-6(a)；(b)圖5-6(b)

對於圖5-6(b)$i_d(t)=I_d$之情況，v_s、i_s及i_s之基本波i_{s1}之波形如圖5-9(a)所示。i_s之均方根值I_s可由其基本定義得知：

$$I_s = I_d \tag{5-11}$$

利用傅利葉分析計算i_s之基本波及諧波之均方根值可得

$$I_{s1}=\frac{2}{\pi}\sqrt{2}\,I_d=0.9I_d \tag{5-12}$$

$$I_{sh}=\begin{cases}0 & ：h\text{為偶數}\\ I_{s1}/h & ：h\text{為奇數}\end{cases} \tag{5-13}$$

i_s之諧波頻譜如圖5-9(b)所示，總諧波失真可利用(3-36)計算得知：

$$THD=48.43\% \tag{5-14}$$

由圖5-9(a)觀察知i_{s1}與v_s同相，因此

$$\text{DPF}=1.0 \tag{5-15}$$

$$\text{PF}=\text{DPF}\frac{I_{s1}}{I_s}=0.9 \tag{5-16}$$

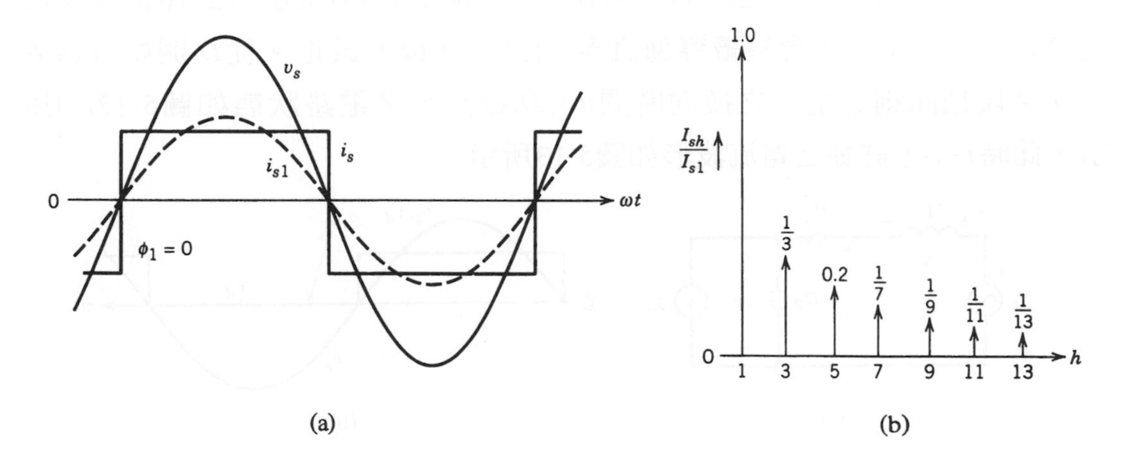

圖 5-9　理想情況下之線電流i_s

5-3-2 L_s對電流換向之影響

考慮圖5-10之情況，除交流輸入側之$L_s \neq 0$外與圖5-6(b)相同。由於$L_s \neq 0$，使得交流側電流i_s由$+I_d$至$-I_d$(或$-I_d$至$+I_d$)的切換時間並非瞬時。電流由一二極體轉移至另一二極體之程序稱為電流換向程序(current commutaion process)，所需之時間稱為電流換向時間。

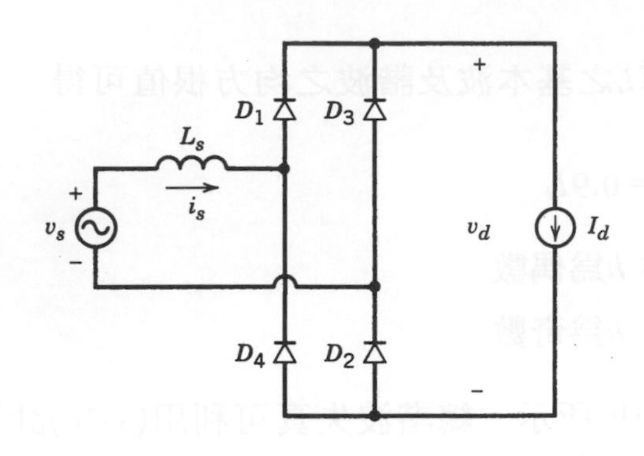

圖 5-10 具L_s之單相整流器

為輔助瞭解此電路，先考慮如圖5-11(a)所示較簡單的電路，其中$v_s = \sqrt{2}\, V_s \sin\omega\, t$(為了便於比較之故，圖5-11(b)顯示此電路在$L_s = 0$時之$v_s$、$v_d$及$i_s$之波形)。假設$\omega\, t = 0$之前的電路狀態為$i_s = 0$，故$I_d$流經$D_2$，$v_d = 0$；當$\omega\, t \geq 0$之後，$v_s$為正，$D_2$仍然導通使$L_s$短路，故$D_1$為順向偏壓開始導通電流$i_s$，當$i_s$由0上升但仍然小於$I_d$時，電路狀態如圖5-12(a)所示，此時流經$D_2$之電流為$i_{D2} = I_d - i_s$，$D_2$會持續導通直至$i_s$上升至$I_d$後才截止。從$D_1$開始導通到$i_s = I_d$這段期間稱為電流之換向時間$u$。$D_2$截止後之電路狀態如圖5-12(b)所示，此時$i_s = I_d$，詳細之電流波形如圖5-13所示。

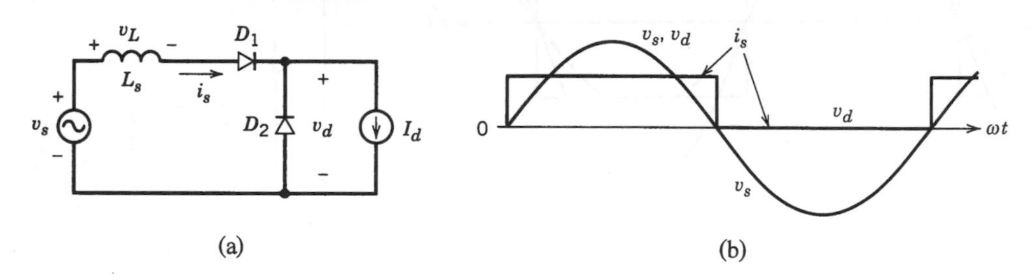

圖 5-11 (a)用以顯示電池換向之基本電路；(b)$L_s = 0$之波形

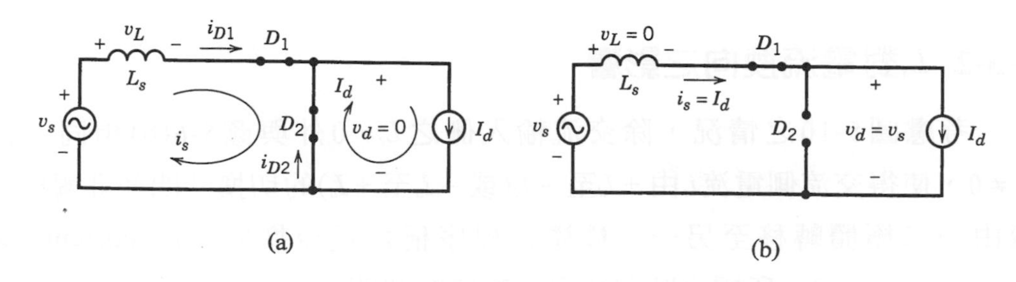

圖 5-12 (a)換向過程中之電路狀態；(b)換向結束後之電路狀態

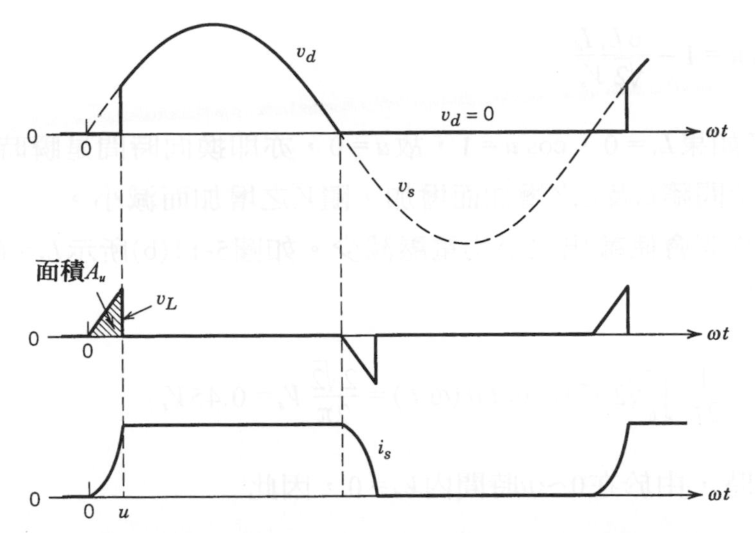

圖 5-13　圖5-11電路之波形，其中L_s採用很大乃用以清楚顯示換向區間

由圖5-12(a)可知，在電流換向期間，電感上之電壓為

$$v_L = \sqrt{2}\,V_s \sin\omega t = L_s \frac{d\,i_s}{d\,t}\text{，}\ 0 < \omega t < u \tag{5-17}$$

其中等號右側可寫成$\omega L_s\, d\,i_s / d(\omega t)$，因此

$$\sqrt{2}\,V_s \sin\omega t\, d(\omega t) = \omega L_s\, d\,i_s \tag{5-18}$$

等號兩側積分可得

$$\int_0^u \sqrt{2}\,V_s \sin\omega t\, d(\omega t) = \omega L_s \int_0^{I_d} d\,i_s = \omega L_s I_d \tag{5-19}$$

上式等號左側為電感電壓之積分，以圖5-13來看即代表A_u之面積：

$$A_u = \int_0^u \sqrt{2}\,V_s \sin\omega t\, d(\omega t) = \sqrt{2}\,V_s(1-\cos u) \tag{5-20}$$

(5-19)及(5-20)結合可得

$$A_u = \sqrt{2}\,V_s(1-\cos u) = \omega L_s I_d \tag{5-21}$$

(5-21)指出換向時間內之換向電壓積分等於ω、L_s與此時間內電流變化量(即I_d)之乘積，由(5-21)可得

$$\cos u = 1 - \frac{\omega L_s I_d}{\sqrt{2}\, V_s} \tag{5-22}$$

(5-22)驗證了如果$L_s = 0$，$\cos u = 1$，故$u = 0$，亦即換向時間是瞬時的。當ω固定時，換向時間隨L_s及I_d之增加而增加，隨V_s之增加而減小。

此換向時間會使輸出之平均電壓減少。如圖5-11(b)所示$L_s = 0$之情況，v_d之平均電壓爲

$$V_{do} = \frac{1}{2\pi}\int_0^{\pi} \sqrt{2}\, V_s \sin \omega t\, d(\omega t) = \frac{2\sqrt{2}}{2\pi} V_s = 0.45 V_s \tag{5-23}$$

當$L_s \neq 0$時，由於在0～u時間內$V_d = 0$，因此

$$V_d = \frac{1}{2\pi}\int_u^{\pi} \sqrt{2}\, V_s \sin \omega t\, d(\omega t) \tag{5-24}$$

上式可以整理成

$$V_d = \frac{1}{2\pi}\int_0^{\pi} \sqrt{2}\, V_s \sin \omega t\, d(\omega t) - \frac{1}{2\pi}\int_0^{u} \sqrt{2}\, V_s \sin \omega t\, d(\omega t) \tag{5-25}$$

將(5-23)及(5-19)代入(5-25)可得

$$V_d = 0.45 V_s - \frac{A_u}{2\pi} = 0.45 V_s - \frac{\omega L_s}{2\pi} I_d \tag{5-26}$$

因此L_s使V_d較V_{do}減少之量ΔV_d爲

$$\Delta V_d = \frac{A_u}{2\pi} = \frac{\omega L_s}{2\pi} I_d \tag{5-27}$$

接下來我們將上述分析結果推廣至圖5-10，爲清楚起見，將電路重繪於圖5-14(a)，其波形則如圖5-14(b)所示。換向程序如下：假定$\omega t = 0$之前，D_3及D_4導通，$i_s = -I_d$。爲清楚顯示$0 < \omega t < u$之換向程序，將圖5-14(a)重繪如圖5-15之形式。$\omega t > 0$之後，v_s進入正半週，D_1及D_2由於D_3及D_4導通之故成爲順向偏壓。圖5-15中電流以網路(mesh)方式來表示，假設二極體的特性均相同，則二換向電流均相等($= i_u$)，且由於四個二極體同時導通，因此$v_d = 0$。

由圖5-15之網路電流可得

$$i_{D1}=i_{D2}=i_u\text{，}i_{D3}=i_{D4}=I_d-i_u \tag{5-28}$$

且

$$i_s=-I_d+2i_u \tag{5-29}$$

其中i_u之初始值為0，而終值等於I_d，因此$\omega t=u$時，$i_{D1}=i_{D2}=I_d$，$i_s=I_d$。故當i_s由$D_3\,D_4$變成$D_1\,D_2$導通時，其值由$-I_d$變成I_d。

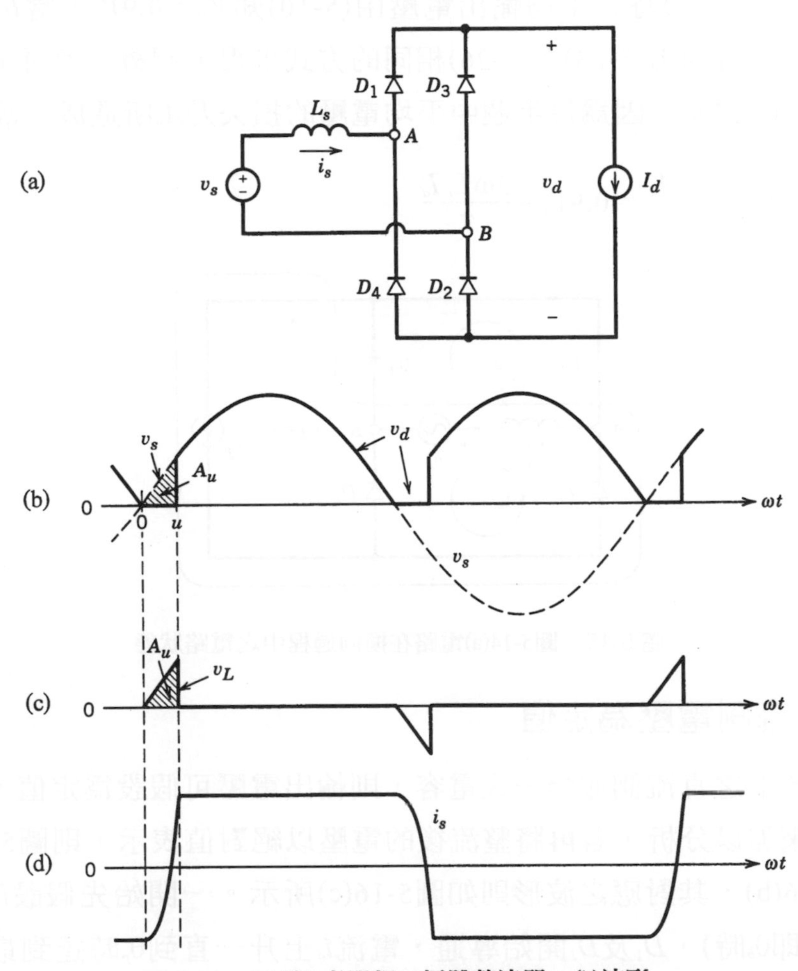

圖 5-14　(a)具L_s之單相二極體整流器；(b)波形

圖5-14(b)及圖5-14(c)中之面積A_u可依前述方法利用(5-19)至(5-21)求得：

$$A_u=\int_0^u\sqrt{2}\,V_s\sin\omega t\,d(\omega t)=\omega L_s\int_{-I_d}^{I_d}d\,i_s=2\omega L_s I_d \tag{5-30}$$

其中$i_s(0) = -I_d$。因此

$$A_u = \sqrt{2}\,V_s(1-\cos u) = 2\omega L_s I_d \tag{5-31}$$

且

$$\cos u = 1 - \frac{2\omega L_s}{\sqrt{2}V_s} I_d \tag{5-32}$$

同理在V_s負半週時可以得到相同的結果。

此電路在$L_s = 0$時之平均輸出電壓由(5-10)知$V_{do} = 0.9V_s$。當$L_s \neq 0$時之平均輸出電壓V_d可利用(5-23)至(5-26)相同的方式求得。另外一種求V_d的方法為利用圖5-14(b)之A_u，因為每半週中平均電壓的損失乃A_u所造成，故

$$V_d = V_{do} - \frac{A_u}{\pi} = 0.9V_s - \frac{2\omega L_s I_d}{\pi} \tag{5-33}$$

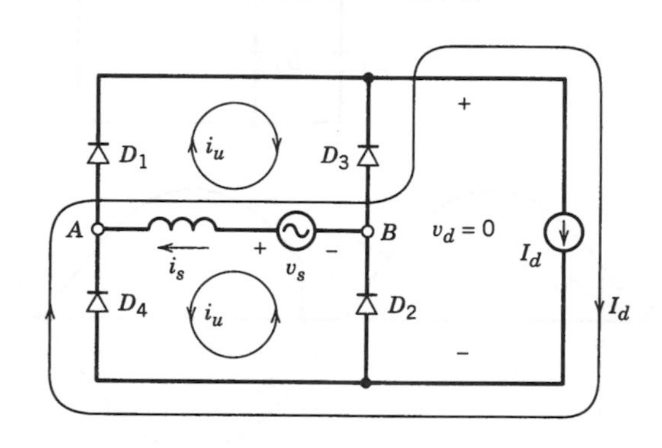

圖 5-15　圖5-14(a)電路在換向過程中之電路狀態

5-3-3 直流側電壓為定值

若整流器之直流側並聯一大電容，則輸出電壓可假設為定值，因此可以圖5-16(a)來加以分析，若再將整流後的電壓以絕對值表示，則圖5-16(a)可再表示成5-16(b)，其對應之波形則如圖5-16(c)所示。一開始先假設$i_d = 0$。當v_s大於V_d時(即θ_b時)，D_1及D_2開始導通，電流i_d上升一直到θ_p時達到最大值；在θ_p後電感電壓變為負，i_d下降直到θ_f時成為0，此時A與B的面積剛好相等；θ_f之後，誠如一開始之假設，i_d維持等於0直到下一半週之$\pi+\theta_b$。輸出電流i_d之平均值I_d可以下列步驟計算得知：

1. θ_b可由下式計算得知

$$V_d = \sqrt{2}\, V_s \sin\theta_b \tag{5-34}$$

2. 如圖5-16(c)所示，由｜v_s｜與V_d交越之對稱性可知：

$$\theta_p = \pi - \theta_b \tag{5-35}$$

3. 當i_d流通時，電感之電壓為

$$v_L = L_s \frac{d\, i_d}{d\, t} = \sqrt{2}\, V_s \sin(\omega\, t) - V_d \tag{5-36}$$

等號兩側對ωt積分可得

$$\omega\, L_s \int_{\theta_b}^{\theta} d\, i_d = \int_{\theta_b}^{\theta} (\sqrt{2}\, V_s \sin\omega\, t - V_d)\, d(\omega\, t) \tag{5-37}$$

因在θ_b時$i_d = 0$，(5-37)可再化成為

$$i_d(\theta) = \frac{1}{\omega L_s} \int_{\theta_b}^{\theta} (\sqrt{2}\, V_s \sin\omega\, t - V_d)\, d(\omega\, t) \tag{5-38}$$

4. i_d下降為0之角度θ_f，可由(5-38)求得

$$0 = \int_{\theta_b}^{\theta_f} (\sqrt{2}\, V_s \sin\omega\, t - V_d)\, d(\omega\, t) \tag{5-39}$$

其亦相當於求圖5-16(c)中面積$A = B$時之θ_f。

5. 直流電流的平均值I_d，可利用下式求得

$$I_d = \frac{\int_{\theta_b}^{\theta_f} i_d(\theta)\, d\theta}{\pi} \tag{5-40}$$

I_d與V_d有關，為求廣義之解釋，圖5-17以正規化(normalization)的方式來表示二者之關係，其中V_d正規化之基底為V_{do}，I_d之基底則為

$$I_{\text{short circuit}} = \frac{V_s}{\omega\, L_s} \tag{5-41}$$

其表示V_s經由L_s直接短路之電流的均方根值。圖5-17指出當V_d接近於交流輸入電壓之峰值時，電流爲0。

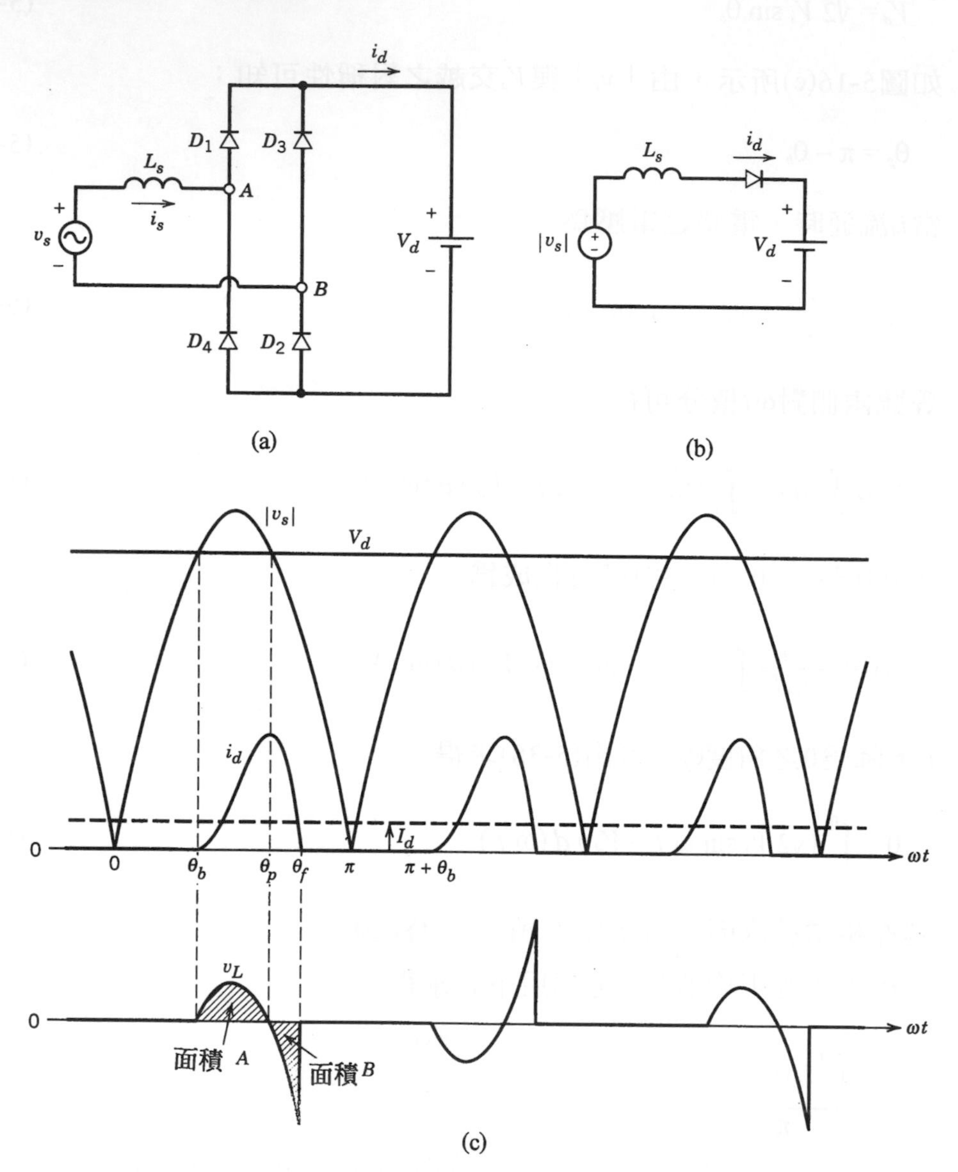

圖 5-16 (a)具固定直流側電壓之整流器；(b)等效電路；(c)波形

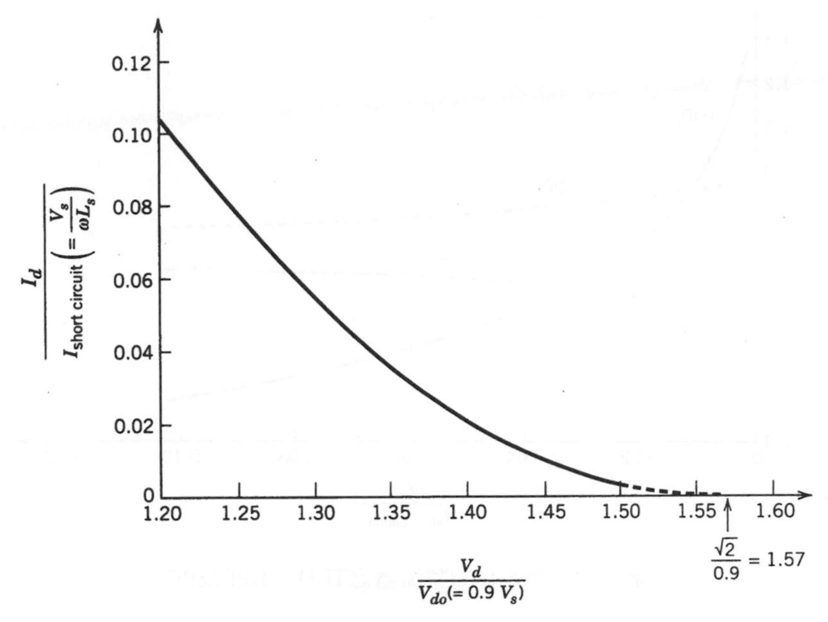

圖 5-17　圖5-16(a)整流器之I_d與V_d之正規化特性

5-3-3-1　整流特性

在圖5-5中，如果輸入側之濾波電容很大，則假設$v_d(t)=V_d$是非常合理的，例如在稍後介紹之圖5-20的電路中，輸出之時間常數$C_d R_{\text{load}}$會較輸入之線電壓週期時間大得多，因此將使v_d之漣波很小。基於輸出側是純直流的假設，可以讓我們探討L_s大小對整流特性的影響，並得以正規化的方式在同一圖上表示。圖5-18及圖5-19將各種不同特性值以$I_d/I_{\text{short circuit}}$爲函數作圖。由於對$I_d$固定之情況，$L_s$增加會使得$I_{short\ circuit}$減少，$I_d/I_{short\ circuit}$增加，故由圖5-18及5-19可知：增加$L_s$可以使$i_s$之THD減少、功率因數增加、峰值因數CF減小。

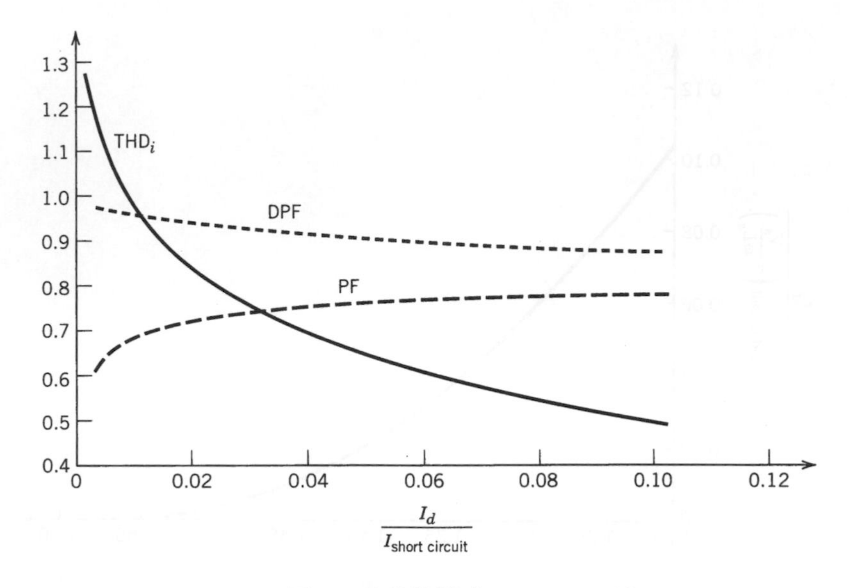

圖 5-18 圖5-16(a)整流器之THD$_i$、DPF及PF

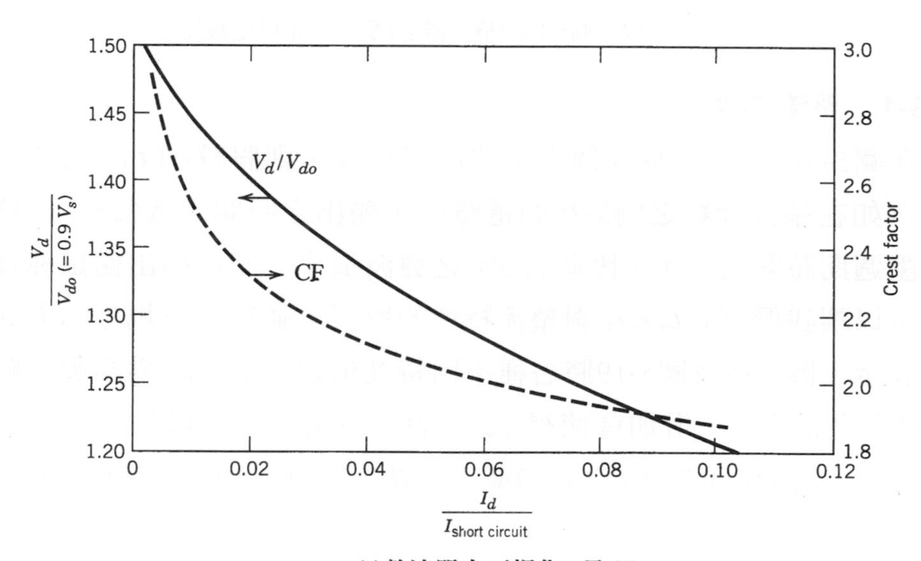

圖 5-19 (a)整流器之正規化V_d及CF

5-3-4 實際之二極體橋式整流器

實際使用之二極體橋式整流器如圖5-20所示，其輸出側之負載以一等效電阻R_{load}來表示。此處之分析不同於圖5-16(a)的是，輸出電壓的漣波必須考慮，雖然圖5-20可以非常容易的藉由PSpice之模擬來分析，但爲使讀者清處學習起見，首先將以計算方式來分析其波形。

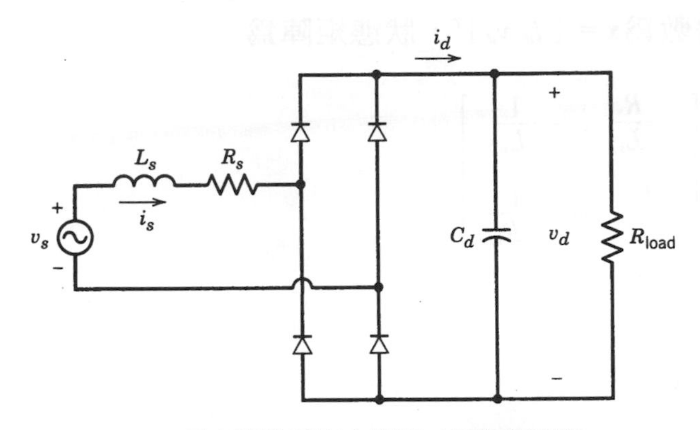

圖 5-20　具有濾波電容之實際二極體整流器

5-3-4-1　不連續波形的計算

如果i_d之波形如圖5-16(c)一樣爲不連續，則圖5-21可用來計算圖5-20中的一些電壓及電流值。選擇狀態變數爲電感電流i_d及電容電壓v_d，如圖5-16(c)之波形所示，每半週之工作可以區分爲以下兩區間(其中$t_b=\theta_b/\omega$，$t_f=\theta_f/\omega$)：

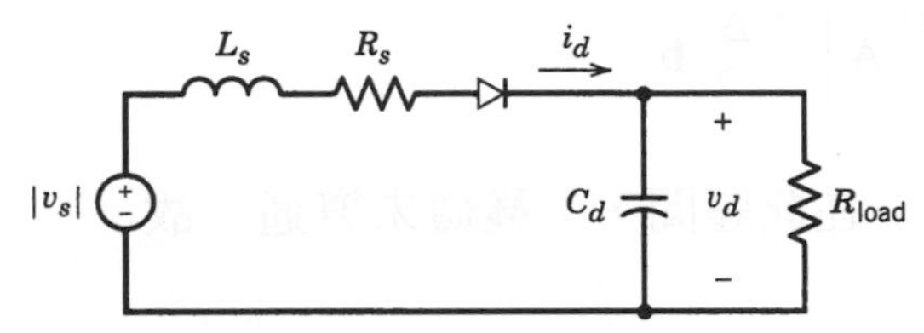

圖 5-21　圖5-20之等效電路

1. $t_b<t<t_f$：電流i_d在t_b開始導通，直至t_f截止，因此

$$|v_s| = R_s i_d + L_s \frac{d i_d}{d t} + v_d \quad (\text{利用KVL}) \tag{5-42}$$

$$i_d = C_d \frac{dv_d}{dt} + \frac{v_d}{R_{load}} \quad (\text{利用KCL}) \tag{5-43}$$

以上二式可以寫成狀態方程式：

$$\begin{bmatrix} \dfrac{d i_d}{d t} \\ \dfrac{dv_d}{dt} \end{bmatrix} = \begin{bmatrix} -\dfrac{R_s}{L_s} & -\dfrac{1}{L_s} \\ \dfrac{1}{C_d} & -\dfrac{1}{C_d R_{load}} \end{bmatrix} \begin{bmatrix} i_d \\ v_d \end{bmatrix} + \begin{bmatrix} \dfrac{1}{L_s} \\ 0 \end{bmatrix} |v_s| \tag{5-44}$$

狀態變數爲$\mathbf{x} = [\ i_d\ v_d\ ]^T$，狀態矩陣爲

$$\mathbf{A} = \begin{bmatrix} -\dfrac{R_s}{L_s} & -\dfrac{1}{L_s} \\ \dfrac{1}{C_d} & -\dfrac{1}{C_d R_{\text{load}}} \end{bmatrix} \tag{5-45}$$

$$\mathbf{b} = \begin{bmatrix} \dfrac{1}{L_s} \\ 0 \end{bmatrix} \tag{5-46}$$

利用(4-11)至(4-13)之梯形積分法則可得

$$\mathbf{x}(t) = \mathbf{M}x(t-\Delta t) + \mathbf{N}[\ |v_s(t)| - |v_s(t-\Delta t)|\ ] \tag{5-47}$$

其中

$$\mathbf{M} = \left[\mathbf{I} - \frac{\Delta t}{2}\mathbf{A}\right]^{-1} \cdot \left[\mathbf{I} + \frac{\Delta t}{2}\mathbf{A}\right]$$

$$\mathbf{N} = \left[\mathbf{I} - \frac{\Delta t}{2}\mathbf{A}\right]^{-1} \frac{\Delta t}{2}\mathbf{b} \tag{5-48}$$

2. $t_f < t < t_b + T/2$：在此區間，二極體未導通，故

$$i_d = 0 \tag{5-49}$$

$$\frac{dv_d}{dt} = -\frac{1}{C_d R_{\text{load}}} \tag{5-50}$$

(5-50)之解爲

$$v_d(t) = v_d(t_f)e^{-(t-t_f)/(C_d R_{\text{load}})} \tag{5-51}$$

(5-47)及(5-51)之求解過程中，首先必須給定一t_b值，然後才能運算。因此必須事先估計一t_b值代入求解，一正確之t_b值會與使下次電流開始導通之時間相差半個週期，因此我們可以本次之t_b與求得之下半週t_b值比較，以修正下次求解時之t_b值，一直到二t_b值的誤差小於某一容許值爲止。

【例題5-1】

利用MATLAB模擬圖5-20之橋式整流器，其中$V_s = 120$V，60Hz，$L_s = 1$

mH，$R_s = 1\text{m}\Omega$，$C_d = 100\mu\text{F}$，$R_{load} = 20\Omega$。假設二極體爲理想且模擬之時間間隔$\Delta t = 25\mu\text{s}$。

解： MATLAB程式如本章末之附錄所示，模擬結果則如圖5-22所示。■

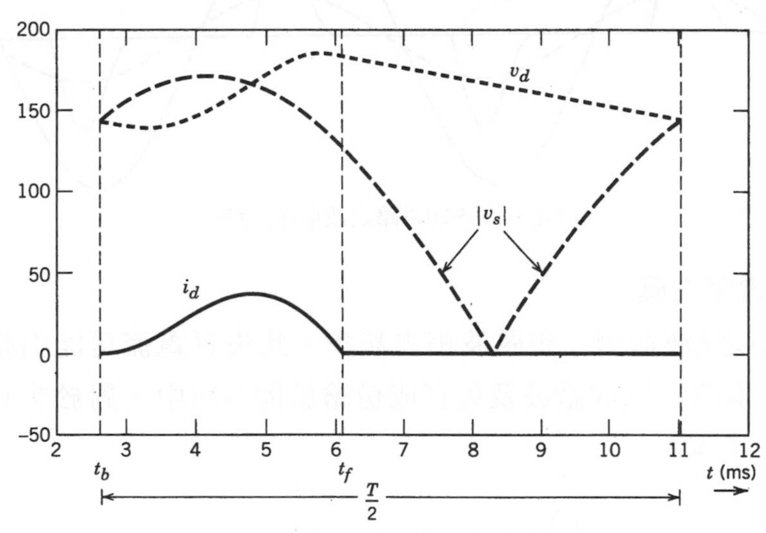

圖 5-22　圖5-20電路之波形(例題5-1)

5-3-4-2　一般操作狀況之模擬

上節之討論僅限於不需考慮電流換向之不連續電流情況，如果需要考慮換向則即使是一簡單電路亦會複雜許多。因此，電路之分析通常採用電路導向模擬器，如例題5-2所示。

【例題5-2】

使用PSpice模擬圖5-20之電路，採用與例題5-1相同之電路參數，並以傅立葉分析其輸入電流及輸出電壓。

解： PSpice模擬之電路標示與程式如本章附錄所示，模擬結果繪於圖5-23中，其中i_{s1}(輸入電流i_s之基本波)之均方根值爲10.86A並且落後v_s一相角$\phi_1 = 10°$。i_s之諧波成份列於附錄之模擬輸出檔中，而平均值$V_d = 155.45$ V，$I_d = 7.93$A。■

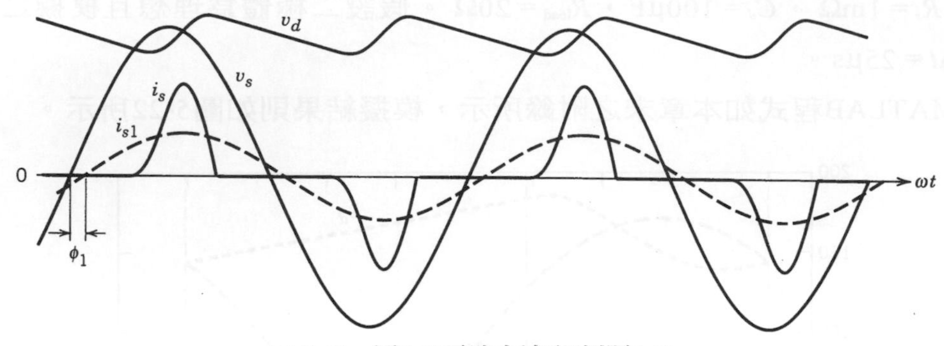

圖 5-23 圖5-20電路之波形(例題5-2)

5-3-4-3 線電流失真

圖5-23中之i_s波形與一正弦波相去甚多，此失真電流可能引起線電壓的失真。i_s之基本波、三次諧波及失真成份繪於圖5-24中，對於失真之度量，詳見第三章之介紹。

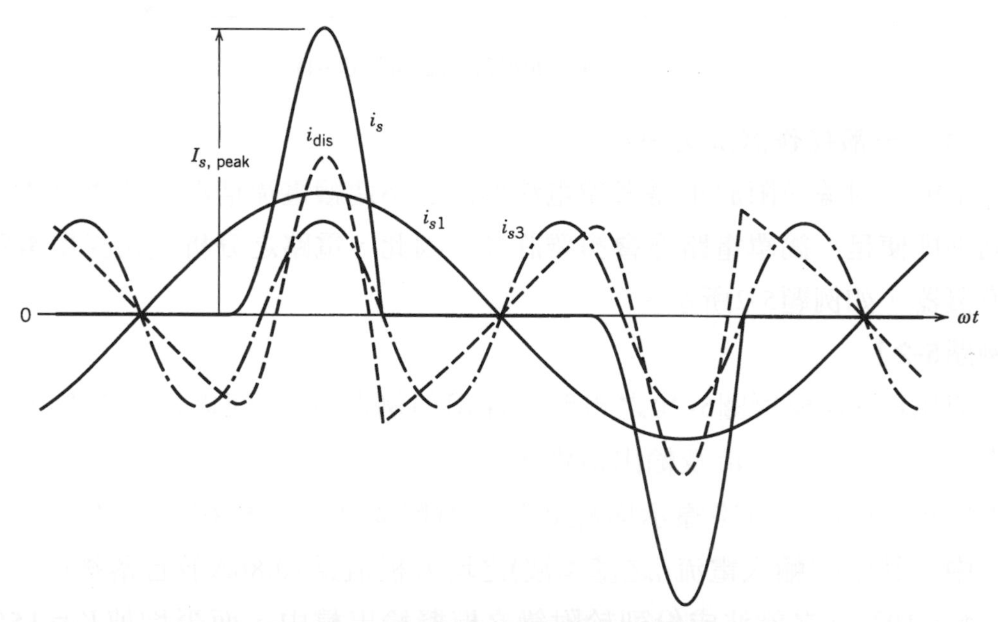

圖 5-24 圖5-20整流器之失真線電流波形

【例題5-3】

同例題5-1及5-2，計算輸入電流之THD_i及峰值因數(CF)、DPF、PF、V_d及$I_d / I_{\text{short circuit}}$。

解： 利用例題5-2 PSpice之傅立葉分析結果可得$\text{THD}_i = 88.8\%$，$I_{s1} = 10.86$

A。利用(3-36)可得$I_s = 14.52$A，而圖5-24之$I_{s,\text{peak}} = 34.7$A，故由(3-37)可知CF = 2.39。由傅立葉分析知$\phi_1 = -10°$，因此DPF = 0.985(落後)，PF = 0.736。又$I_d = 7.93$A且由(5-41)知$I_{\text{short circuit}} = 318.3$A，因此$I_d / I_{\text{short circuit}} = 0.025$。平均輸出電壓$V_d = 158.45$V($V_d / V_{do} = 1.467$)。■

【例題5-4】

在例題5-3中，若$I_d / I_{\text{short circuit}} = 0.025$，試利用圖5-18及圖5-19(其乃假設$C_{pu} \to \infty$而得)計算：$THD_i$、DPF、 PF、峰值因數(CF)及$V_d$(正規化)之值，並與例題5-3作比較。

解： 由圖5-18及圖5-19可得：$THD_i = 79\%$，CF = 2.25，DPF = 0.935，PF = 0.735，$V_d / V_{do} = 1.384$。與例題5-3比較之前，需注意的是二者之輸出電容值不同而使輸出之功率不同。因爲有限電容值之V_d較無限電容值者爲高，功率自然較高。儘管如此，二例題所得之結果仍非常接近。■

5-3-4-4　線電壓失眞

線電流的失真將連帶使線電壓也發生失真，此可由圖5-25來解釋，其中L_{s1}代表電源的內阻抗，L_{s2}爲外加電感，R_s爲二極體之導通電阻。與其它設備連接之共電端(point of common coupling, PCC)的電壓爲：

$$v_{PCC} = v_s - L_{s1} d\, i_s \tag{5-52}$$

其中假設v_s爲純正弦。

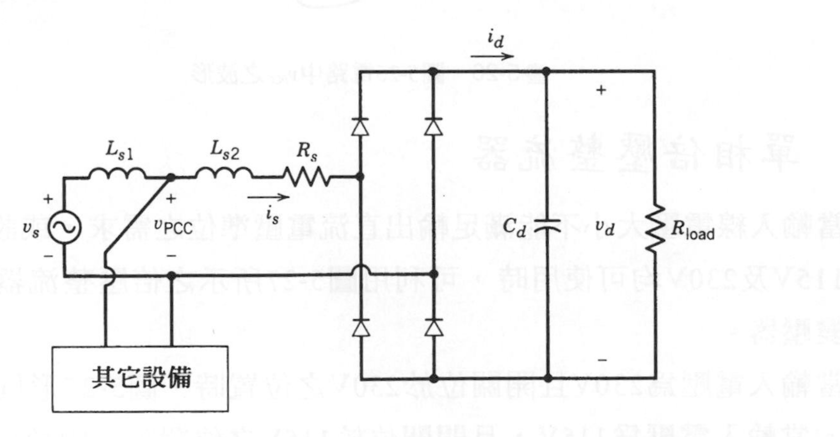

圖 5-25　線電壓凹痕及失真

將(5-52)中之i_s以其基本波及諧波來表示可得

$$v_{PCC} = \left(v_s - L_{s1} \frac{d\,i_{s1}}{d\,t} \right) - L_{s1} \sum_{h \neq 1} \frac{d\,i_{sh}}{d\,t} \tag{5-53}$$

其中

$$(v_{PCC})_1 = v_s - L_{s1} \frac{d\,i_{s1}}{d\,t} \tag{5-54}$$

由電流失真所造成之電壓失真爲

$$(v_{PCC})_{dis} = -L_{s1} \sum_{h \neq 1} \frac{d\,i_{sh}}{d\,t} \tag{5-55}$$

【例題5-5】

同例題5-1，但L_s分解爲$L_{s1} = L_{s2} = 0.5\text{mH}$，試求$v_{PCC}$之電壓波形。

解： 利用PSpice模擬之結果如圖5-26所示，v_{PCC}之THD_v由計算可得約爲5.7%。■

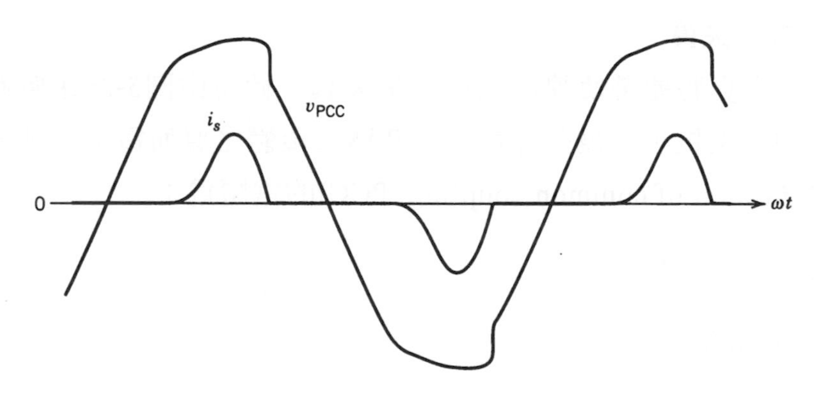

圖 5-26　圖5-25電路中v_{PCC}之波形

5-4　單相倍壓整流器

當輸入線電壓大小不能滿足輸出直流電壓準位之需求，或設備電源之要求爲115V及230V均可使用時，可利用圖5-27所示之倍壓整流器以免除使用升壓變壓器。

當輸入電壓爲230V且開關位於230V之位置時，圖5-27形同一全橋式整流器。當輸入電壓爲115V，且開關位於115V之位置時，由於C_1在輸入電壓正半週時會藉由D_1充至輸入電壓之峰值，C_2在負半週時會藉由D_2充至輸入電之峰值，因此v_d(電壓爲C_1與C_2跨壓之和)之電壓與230V位置時之情況相同，故稱爲倍壓整流器。

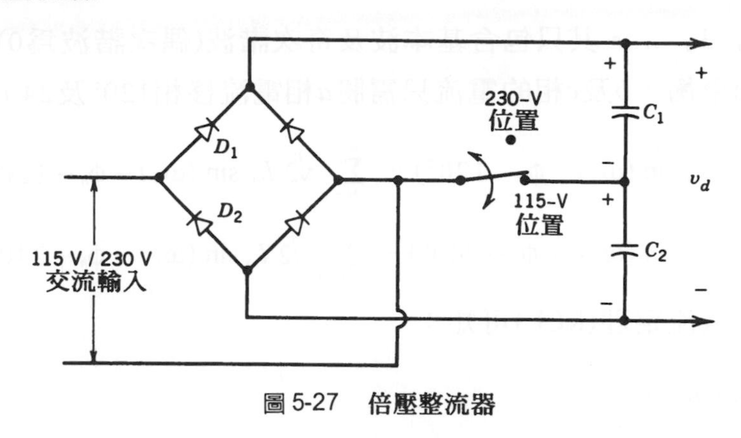

圖 5-27　倍壓整流器

5-5　單相整流器對三相四線式中性線電流之影響

通常大型商用及辦公大樓的配電方式爲三相，然而其內部負載的用電則爲單相，自三線電源獲取單相用電的作法如圖5-28所示，負載之分配應力求三相平衡。對於線性負載且三相平衡之情況，中性線電流i_n爲0。以下我們將以單相整流器爲例，討論非線性負載對i_n之影響。

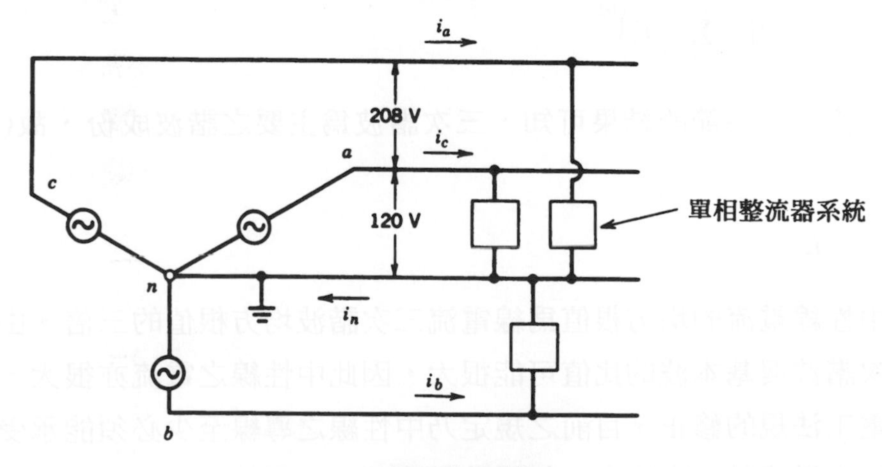

圖 5-28　三相四線式系統

假設三相所使用之單相整流器均相同，根據前述，a相電流可表示成

$$i_a = i_{a1} + \sum_{h=2k+1}^{\infty} i_{ah}$$

$$= \sqrt{2} I_{s1} \sin(\omega_1 t - \phi_1) + \sum_{h=2k+1}^{\infty} \sqrt{2} I_{sh} \sin(\omega_h t - \phi_h) \tag{5-56}$$

其中$k = 1$，2，3，…。其只包含基本波及奇次諧波(偶次諧波爲0)。

由於三相平衡，b及c相的電流只需將a相電流移相120°及240°即可：

$$i_b = \sqrt{2} I_{s1} \sin(\omega_1 t - \phi_1 - 120°) + \sum_{h=2k+1}^{\infty} \sqrt{2} I_{sh} \sin(\omega_h t - \phi_h - 120°h) \tag{5-57}$$

$$i_c = \sqrt{2} I_{s1} \sin(\omega_1 \phi - \phi_1 - 240°) + \sum_{h=2k+1}^{\infty} \sqrt{2} I_{sh} \sin(\omega_h t - \phi_h - 240°h) \tag{5-58}$$

根據克希荷夫電流定理(KCL)可知：

$$i_n = i_a + i_b + i_c \tag{5-59}$$

將(5-56)至(5-58)代入(5-59)並利用：基本波及非三倍頻諧波之三相總和爲0，以及三倍頻諧波的三相總和爲各相值之三倍，可得：

$$i_n = 3 \sum_{h=3(2k-1)}^{\infty} \sqrt{2} I_{sh} \sin(\omega_h t - \phi_h) \tag{5-60}$$

若以均方根值表示，則爲

$$I_n = 3\left(\sum_{h=3(2k-1)}^{\infty} I_{sh}^2 \right)^{1/2} \tag{5-61}$$

由第5-3-4-3節的結果可知，三次諧波爲主要之諧波成份，故(5-61)可近似成

$$i_n \approx 3 I_{s3} \tag{5-62}$$

亦即中性線電流的均方根值爲線電流三次諧波均方根值的三倍。由於線電流之三次諧波與基本波的比值可能很大，因此中性線之電流亦很大。此結果已引起電工法規的修正，目前之規定乃中性線之導線至少必須能承受與各相導線相同之電流數。事實上，如果線電流爲高度不連續，中性線電流之大小甚至可達：

$$I_n = \sqrt{3} I_{\text{line}} \tag{5-63}$$

【例題5-6】

假設圖5-28中每相之電壓輸入阻抗及每相之負載均與例題5-1相同，求中性線之電流波形。

解： 中性線電流的PSpice模擬結果如圖5-29所示，其均方根值由計算可得約爲25A左右，大約是線電流(14.52A)的$\sqrt{3}$倍。■

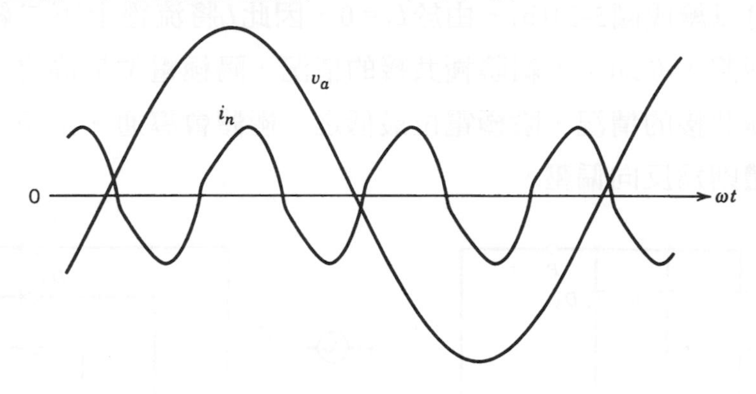

圖 5-29　中性線電流i_n

5-6　三相全橋式整流器

一般工業用電爲三相，採用三相整流電路要較單相整流電路理想，因其具有較低的漣波及較高之功率處理能力。一般常用的三相整流電路爲如圖5-30所示之三相全橋式整流器。

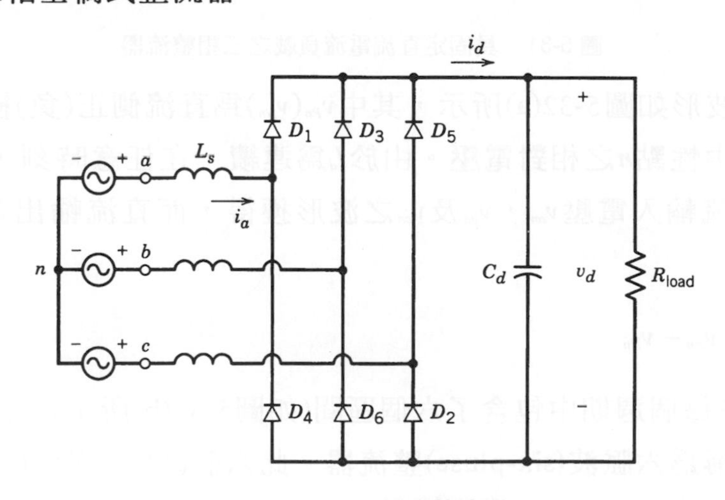

圖 5-30　三相全橋式整流器

與單相全橋式整流器的分析程序相同，在未討論圖5-30之前，先從分析一些較簡化的電路著手。

5-6-1 $L_s = 0$之理想電路

圖5-31(a)中，假設交流側之$l_s = 0$，直流側以一固定之電流源I_d來取代，則圖5-31(a)可以繪成圖5-31(b)。由於$L_s = 0$，因此I_d將流經上下二組二極體其中各一個二極體，亦即：上組陰極共接的情況，陽極電位最高之二極體會導通；下組陽極共接的情況，陰極電位最低之二極體會導通。上下二組其餘不導通之二極體則為反向偏壓。

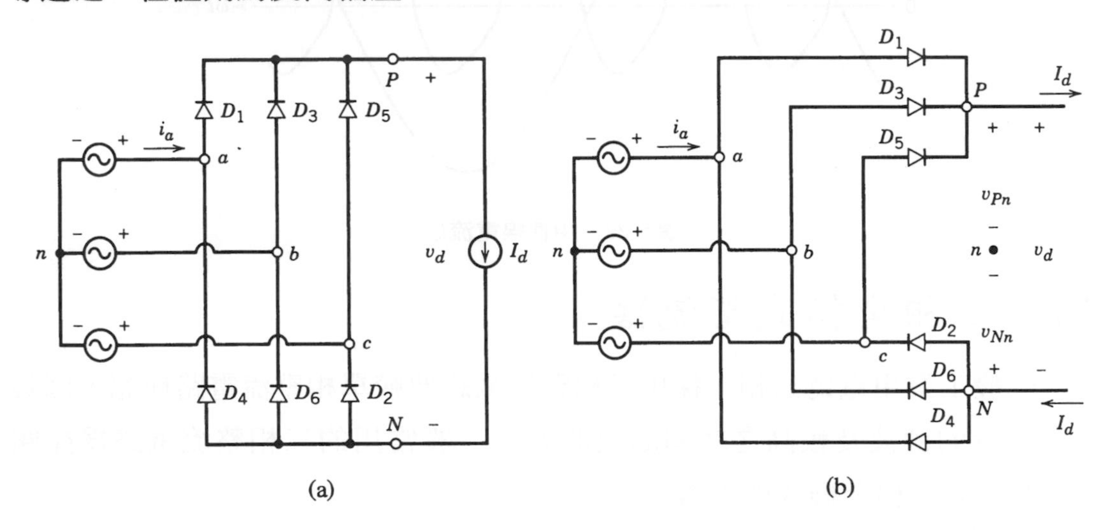

圖 5-31　具固定直流電流負載之三相整流器

電壓之波形如圖5-32(a)所示，其中v_{Pn}(v_{Nn})為直流側正(負)極性端點P(N)與交流電源中性點n之相對電壓。由於I_d為連續，在任意時刻，v_{Pn}及v_{Nn}之波形可以由交流輸入電壓v_{an}，v_{bn}及v_{cn}之波形獲得，而直流輸出電壓v_d便可求得：

$$v_d = v_{Pn} - v_{Nn} \tag{5-64}$$

由於v_d在每個週期中包含了六個區間(如圖5-32(b)所示)，因此三相全橋式整流器又稱為六脈波(six-pluse)整流器。此六個區間分別對應到六個線電壓之組合，每種電壓組合下二極體之導通情形如圖5-32(c)所示。以a相電流波形來說：

$$i_a = \begin{cases} I_d & ：當D_1導通 \\ -I_d & ：當D_4導通 \\ 0 & ：當D_1及D_4均截止 \end{cases} \tag{5-65}$$

由於$L_s = 0$，電流之換向是瞬時的。二極體導通順序之安排(參閱圖5-32(c))為：1、2、3、4、5、6、1、2、3……。

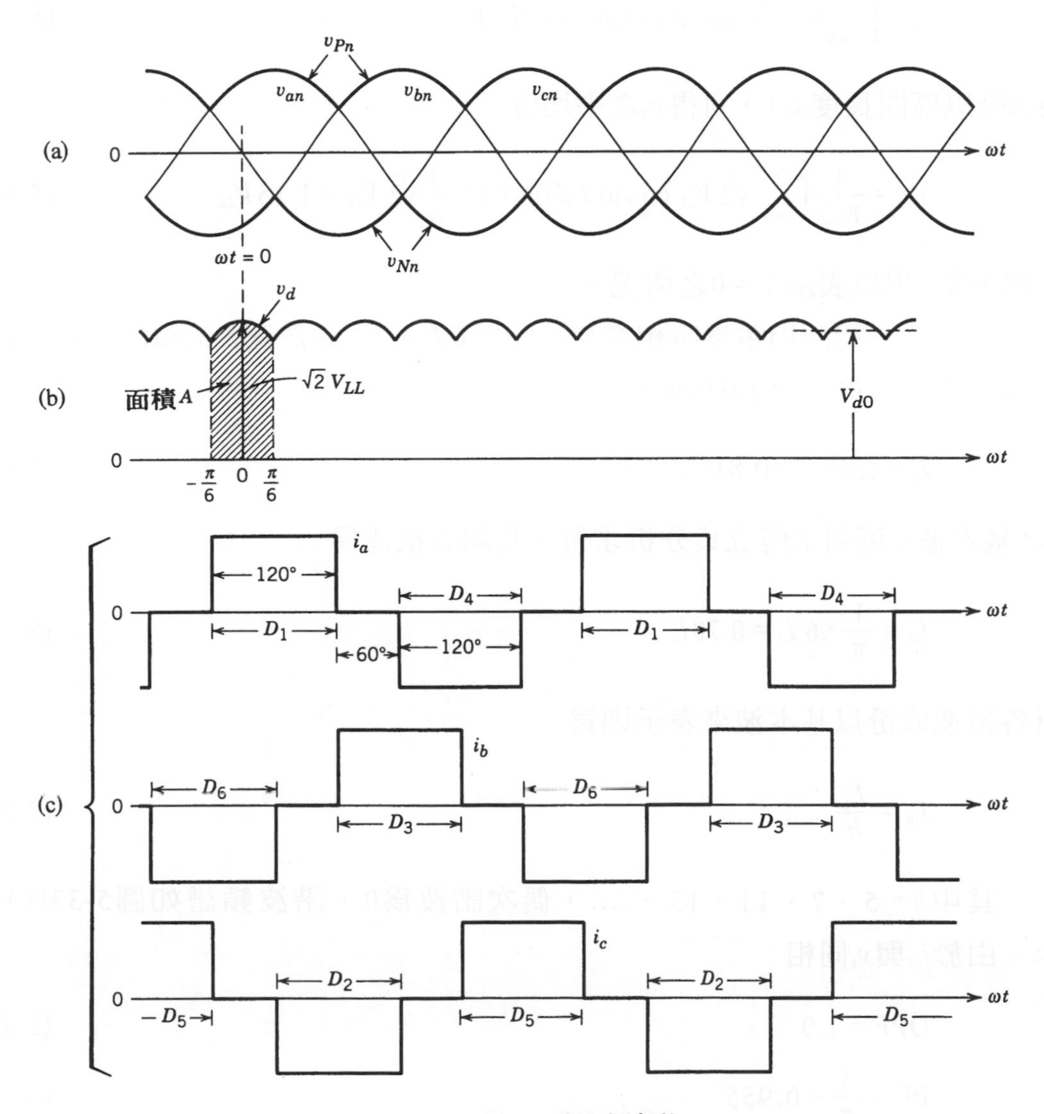

圖 5-32　圖5-31電路之波形

由於對稱之故，直流輸出之平均電壓可以利用六個區間其中之一來計算便可。以圖5-32(a)中$t=0$開始之區間來看，

$$v_d = v_{ab} = \sqrt{2}\, V_{LL} \cos \omega t, \qquad -\pi/6 < \omega t < \pi/6 \tag{5-66}$$

其中V_{LL}爲線電壓之均方根值。v_{ab}對此區間積分之面積A爲

$$A = \int_{-\pi/6}^{\pi/6} \sqrt{2}\, V_{LL} \cos \omega t \, d(\omega t) = \sqrt{2}\, V_{LL} \tag{5-67}$$

將A除以區間長度π/3，可得v_d之平均值

$$V_{do} = \frac{1}{\pi/3} \int_{-\pi/6}^{\pi/6} \sqrt{2}\, V_{LL} \cos \omega t \, d(\omega t) = \frac{3}{\pi} \sqrt{2}\, V_{LL} = 1.35 V_{LL} \tag{5-68}$$

此處下標o用以表示$L_s=0$之情況。

其中之一相的相電壓與相電流(以v_s及i_s表示)重繪於圖5-33(a)，利用均方根值之定義可得i_s之均方根值爲

$$I_s = \sqrt{2}/3\, I_d = 0.816 I_d \tag{5-69}$$

i_s之基本波i_{s1}可利用傅立葉分析求得，其均方根值爲

$$I_{s1} = \frac{1}{\pi} \sqrt{6}\, I_d = 0.78 I_d \tag{5-70}$$

而各諧波成份以基本波來表示則爲

$$I_{sh} = \frac{I_{s1}}{h} \tag{5-71}$$

其中$h=5$、7、11、13、....，偶次諧波爲0，諧波頻譜如圖5-33(b)所示。由於i_{s1}與v_s同相

$$\text{DPF} = 1.0 \tag{5-72}$$

$$\text{PF} = \frac{3}{\pi} = 0.955 \tag{5-73}$$

如果以電組R_{load}來取代圖5-31(a)中之電流源I_d，電壓波形仍然相同，導

通電流之區間亦同，差別只在於電流波形並非如圖5-32中大小等於I_d之方波，而是與v_d同相之漣波。

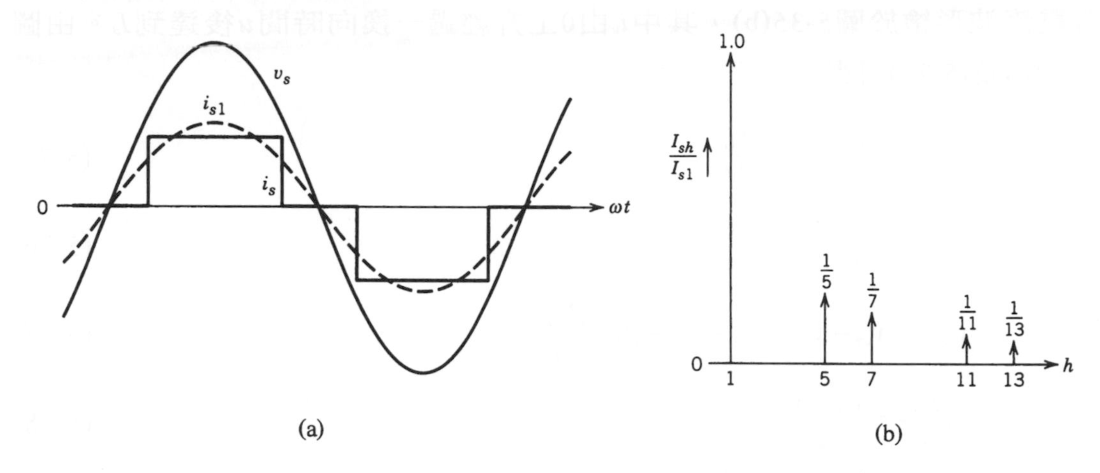

圖 5-33　$L_s=0$且具固定直流電流之理想三相整流器的線電流

5-6-2 L_s對電流換向的影響

考慮圖5-34$L_s \neq 0$之情況，其電流換向並非瞬時。若三相平衡，每一個二極體換向之過程應該相同，故此處僅以圖5-35(a)所示，電流由D_5切換至D_1之情況來說明換向過程，而在此之前假設I_d為流經D_5及D_6。

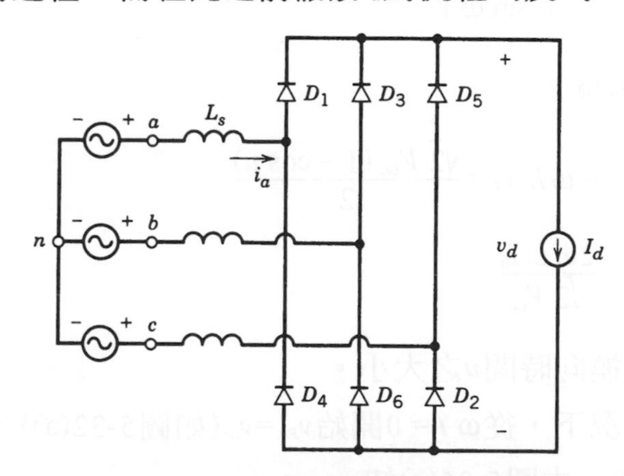

圖 5-34　具L_s且為固定直流電流之三相整流器

由於電流換向僅牽涉到a及c相，故換向電壓為$v_{comm}=v_{an}-v_{cn}$。二網路電流標示為i_u及I_d，i_u為換向電流，其流通乃由於D_5之導通，由網路之電流關係可得

$$i_a = i_u\text{，}i_c = I_d - i_u \tag{5-74}$$

各電流波形繪於圖5-35(b)，其中i_u由0上升經過一換向時間u後達到I_d。由圖5-35(a)及(5-74)可得

$$v_{La} = L_s \frac{d\,i_a}{d\,t} = L_s \frac{d\,i_u}{d\,t} \tag{5-75}$$

$$v_{Lc} = L_s \frac{d\,i_c}{d\,t} = -L_s \frac{d\,i_u}{d\,t} \tag{5-76}$$

因此　$$v_{\text{comm}} = v_{an} - v_{cn} = v_{La} - v_{Lc} = 2L_s \frac{d\,i_u}{d\,t} \tag{5-77}$$

即　$$L_s \frac{d\,i_u}{d\,t} = \frac{v_{an} - v_{cn}}{2} \tag{5-78}$$

(5-78)乘以後ω再積分可得

$$\omega L_s \int_0^{I_d} d\,i_u = \int_0^{u} \frac{v_{an} - v_{cn}}{2} d(\omega\,t) \tag{5-79}$$

適當選擇時間之原點，$(v_{an} - v_{cn})$可寫成

$$v_{an} - v_{cn} = \sqrt{2}\,V_{LL} \sin \omega\,t \tag{5-80}$$

將(5-80)代入(5-79)得

$$\omega L_s \int_0^{I_d} d\,i_u = \omega L_s I_d = \frac{\sqrt{2}\,V_{LL}(1 - \cos u)}{2} \tag{5-81}$$

故　$$\cos u = 1 - \frac{2\omega L_s I_d}{\sqrt{2}\,V_{LL}} \tag{5-82}$$

由(5-82)可以求出換向時間u之大小。

在$L_s = 0$ 的情況下，從$\omega\,t = 0$開始$v_{Pn} = v_{an}$(如圖5-32(a))，但在$L_s \neq 0$的情況下，在$0 < \omega\,t < u$時，由圖5-35(a)知

$$v_{Pn} = v_{an} - L_s \frac{d\,i_u}{d\,t} = \frac{v_{an} + v_{cn}}{2} \quad (\text{由(5-78)}) \tag{5-83}$$

此由L_s所造成之降壓如圖5-35(c)所標示，根據(5-81)其積分面積A_u等於

$$A_u = \omega L_s I_d \tag{5-84}$$

由於A_u每$\pi/3$會發生一次，因此由於換向使平均電壓下降之量爲

$$\Delta V_d = \frac{\omega L_s I_d}{\pi/3} = \frac{3}{\pi}\omega L_s I_d \tag{5-85}$$

故平均輸出電壓爲

$$V_d = V_{do} - \Delta V_d = 1.35 V_{LL} - \frac{3}{\pi}\omega L_s I_d \tag{5-86}$$

其中V_{do}爲$L_s = 0$情況下之輸出電壓平均值(如(5-68))。

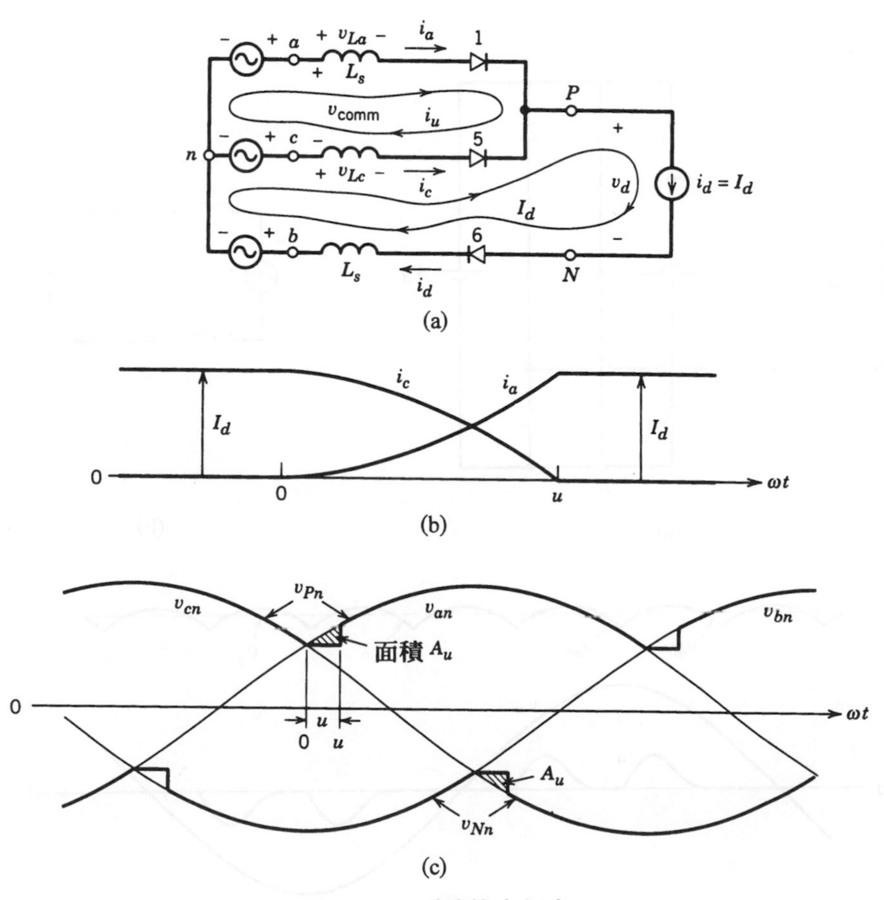

圖 5-35　電流換向程序

5-6-3 直流側電壓為定值

若圖5-30之整流器輸出並聯一大電容，則其輸出電壓可以假設爲固定，因此整流電路可以圖5-36(a)輸出側並聯一固定電壓源V_d來代表。爲了簡化分析起見，假設直流側的電流i_d爲不連續，故在任意時刻只能有上下兩組二極體中各一個二極體會導通。基於此假設，圖5-36(a)可以再更加簡化成圖5-36(b)，其中輸入電壓v_{in}乃由圖5-36(c)之線電壓區段所構成，二極體D_P表示D_1、D_3及D_5其中之一，D_N則表示D_2、D_4及D_6其中之一。利用與前述單相整流器(第5-3-3節)相同之分析方法，可以得到每一相之電流波形，如圖5-36(c)所示。

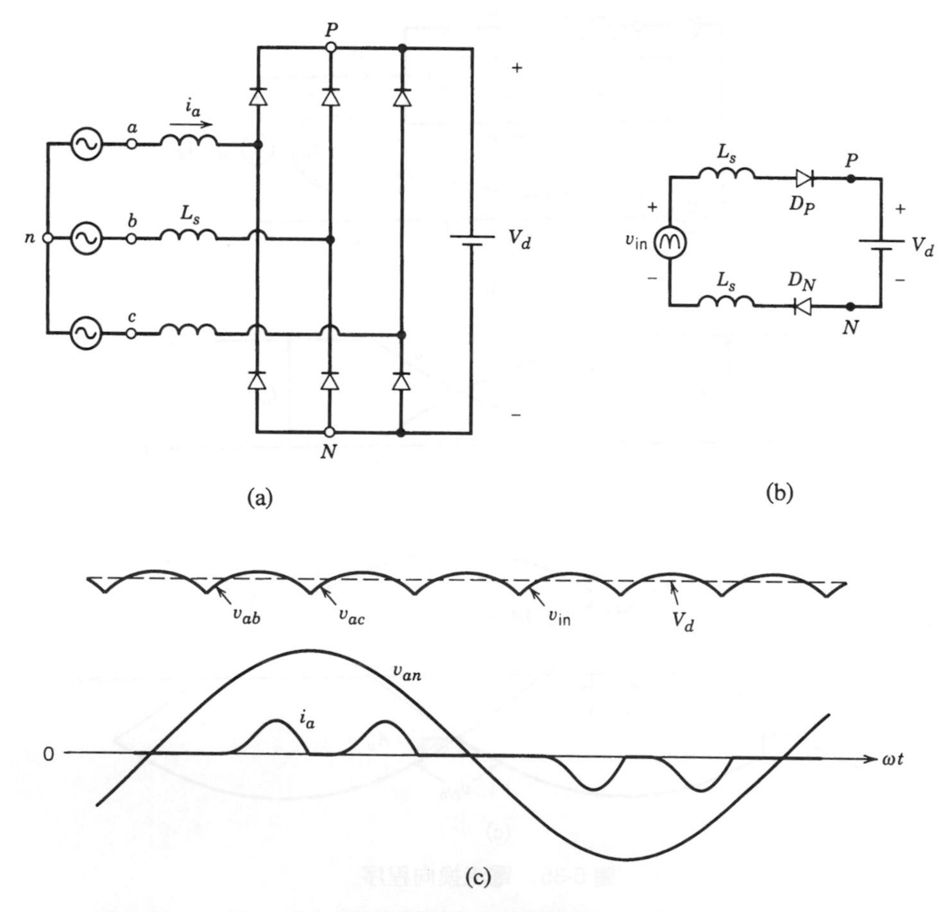

圖 5-36　(a)具L_s及固定直流電壓之三相整流器；(b)等效電路；(c)波形

5-6-3-1　線電流之失眞

基於直流輸出電壓爲固定之假設，圖5-30實際電路之PF、THD、直流輸出電壓等，便可以正規化之方式來表示。

直流側電流之正規化基底爲相短路電流$I_{\text{short circuit}}$

$$I_{\text{short circuit}} = \frac{V_{LL}/\sqrt{3}}{\omega_1 L_s} \tag{5-87}$$

圖5-37及5-38顯示PF、DPF、THD、CF與V_d/V_{do}及$I_d/I_{\text{short circuit}}$之關係。

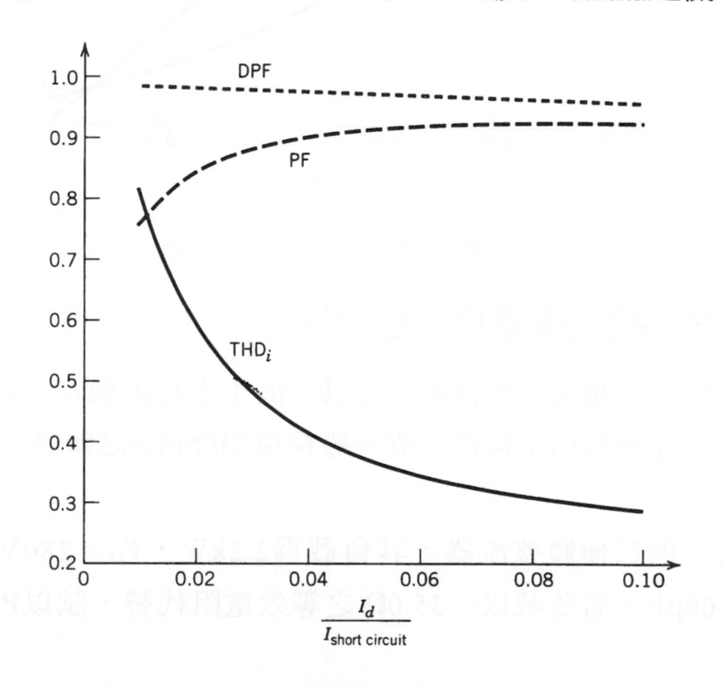

圖 5-37　圖5-36整流器之THD、DPF及PF

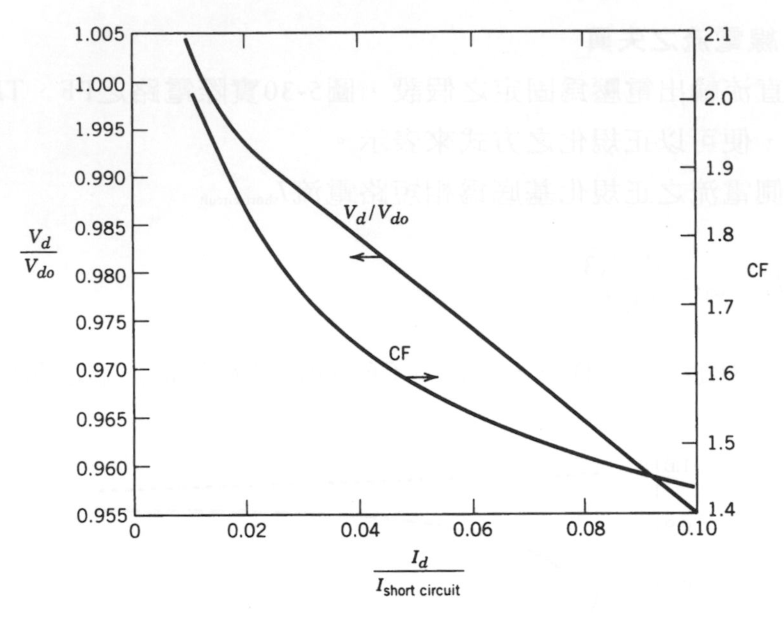

圖 5-38　圖5-36整流器之正規化V_d及CF

5-6-4 實際之三相二極體橋式整流器

圖5-30實際之三相橋式整流器，即使L_s很小亦可能使i_d為連續，因此以狀態微分方式來分析會相當複雜。故一般採用如PSpice之軟體來模擬。

【例題5-7】

圖5-30之三相二極體整流器，其負載為2.2kW，V_{LL} = 280V/60Hz，L_s = 1mH，C_d = 1100μF。若負載以一35.0Ω之等效電阻代替，試以PSpice模擬電路之波形。

解： PSpice模擬之電路安排、輸入資料檔如本章附錄所示，所得之電壓及電流波形如圖5-39所示。其平均直流電壓 = 278.0V，電壓漣波(峰對峰值)為4.2V，大約為平均直流電壓之1.5％，輸入電流之THD = 54.9％，DPF = 0.97(落後)、PF = 0.85，平均直流電流 = 7.94A。 ■

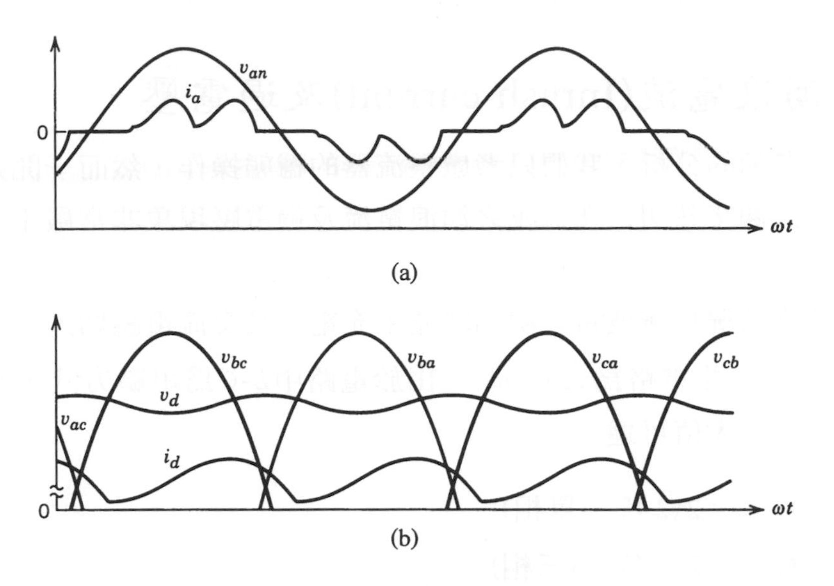

圖 5-39　圖5-30整流器之波形(例題5-7)

【例題5-8】

例題5-7所得之平均直流電壓爲278.0V，其上有一小電壓漣波。利用圖5-37及圖5-38假設輸出無漣波之特性圖，重作例題5-7，並與之比較。

解： $V_d = 278.\text{V}$，所以$V_d / V_{do} = 0.9907$，由圖5-38知$I_d / I_{\text{short circuit}} = 0.025$，利用此值查閱圖5-37可知：THD = 50%、DPF = 0.98、PF = 0.87，這些值均與例題5-7使用1100μF輸出電容所得的值很接近。■

5-7　單相與三相整流器之比較

比較圖5-23及5-39(a)之線電流波形可知，單相整流器的失真要較三相整流器嚴重的多，間接造成單相整流器之功因較差，此可以由單相之圖5-18、圖5-19與三相之圖5-37、圖5-38比較來確定。然而二者的DPF($= \cos\phi_1$)均很高。

圖5-22及5-39(b)i_d之波形指出，三相整流器之直流電流漣波要較單相者爲小，因此三相整流器所需之濾波電容可以較小。

此外，圖5-38指出，三相整流器之直流電壓的調整率(從無載到滿載)小於5%，亦較單相者爲小。

基於上述的討論，並考慮單相整流器對三相四線式系統中性線所造成相當大的電流，使用三相整流器要較單相整流器爲佳。

5-8 湧浪電流(Inrush current)及過電壓

前述各節的分析，我們只考慮整流器的穩態操作，然而一開始時交流電壓經由一開關突然切入所造成之湧浪電流及過電壓現象非常嚴重，必需加以考慮。

最差之情況為濾波電容初始時並未充電，且交流電壓切入時刻之電壓剛好為其峰值(三相電路為$\sqrt{2}\,V_{LL}$)時，由於電路中L-C為串聯方式，理論上電容所跨的電壓最大值可達

$$V_{d,\max} = 2\sqrt{2}\,V_s \quad \text{(單相)} \tag{5-88}$$

$$V_{d,\max} = 2\sqrt{2}\,V_{LL} \quad \text{(三相)} \tag{5-89}$$

若濾波電容後級所接之負載對電壓相當靈敏，例如交流馬達驅動器之切換式變流器，則此過電壓將可能損毀直流電容及其負載。其次，切入瞬間的湧浪電流亦可能損毀整流的二極體，並造成輸入側之瞬間電壓降。

為克服這些問題，其中之一的解決方法為在整流器輸出與濾波電容間串聯一電阻，此電阻可利用機械式開關或閘流體在電源切入幾個週期之後將其短路，以避免其所帶來的功率損失。其它解決方法可參閱參考文獻[3]。

5-9 線電流諧波與低功率因數之影響

單相及三相二極體整流器之線電流均失真嚴重，諧波太大導致功率因數亦不佳。對於使用愈來愈廣的電力電子系統而言，整流器扮演一重要角色，故其電流諧波注入公用電源後，對電壓波形及其它透過電源連接之負載所造成之傷害必須正視。此外諧波電流亦會造成公用電力更多的諧波電力損失甚至引起共振(electrical resonance)，進而造成很嚴重的過電壓。諧波電流亦會使配線過載，例如一120V，1.7kW，功因為一之負載所汲取電流為14A，因此一15A之配線即可支應，但一1.7kW，功率因數為0.6的整流性負載，則需汲取23.6A之電流，超過15A之容量，因而會使過流開關跳脫。

因此諧波標準之制定，以及諧波之防制對電力電子系統之發展非常重要，這些我們將在第十八章中討論。

結　論

1. 線頻二極體整流器用來將50或60Hz之交流電壓轉換成無控制性之直流電壓，整流器輸出通常並聯一大的濾波電容，以降低輸出直流電壓的漣波。

2. 本章在一些簡化的假設下，針對常用之單相及三相二極體整流電路組態推導出一些分析性的表式。

3. 對於分析性表式推導困難之實際整流電路，則以模擬的方式進行分析。

4. 單相及三相整流器之各種不同整流特性，如THD、DPF、PF等均以正規化的方式來加以廣義的表示。

5. L_s較小之二極體整流器，其輸入電流i_s為高度不連續，因此其諧波電流非常大，功率因數便較差。

6. 對於單相交流輸入，倍壓整流器可用以將直流輸出電壓加倍，與全橋式整流器相較，其常用於低功率之設備或是輸入電壓可以是115V與230V同時存在之場合。

7. 探討單相整流器對於三相四線式配電之中性線電流的影響。

8. 比較單相與三相二極體整流器之整流特性，並指出三相整流器在許多方面均優於單相整流器。

9. 不論單相或三相，二極體整流器均會注入大量諧波於公用電源中，隨著電力電子系統更廣泛的使用，諧波之污染必須正視且加以防制。這些將在本書第十八章中加以討論。

習　題

<u>**基本概念**</u>

5-1　圖5-3(a)之基本電路，其$V_s = 120\text{V}/60\text{Hz}$，$L = 10\text{mH}$，$R = 5\Omega$，試計算並繪出電流$i$與電壓$v_s$之波形。

5-2　圖5-4(a)，$V_s = 120\text{V}/60\text{Hz}$，$L = 10\text{mH}$，$V_d = 150\text{V}$，試計算並繪出電流

i與電壓v_s之波形。

5-3　一負載之端壓為v，流入正端點的電流為i(其中$\omega_1 \neq \omega_2$)：

$$v(t) = V_d + \sqrt{2}\,V_1 \cos(\omega_1 t) + \sqrt{2}\,V_1 \sin(\omega_1 t) + \sqrt{2}\,V_3 \cos(\omega_3 t) \quad \text{V}$$

$$i(t) = I_d + \sqrt{2}\,I_1 \cos(\omega_1 t) + \sqrt{2}\,I_3 \cos(\omega_3 t - \phi_3) \quad \text{A}$$

試計算：

(1)負載之平均功率P。

(2)$v(t)$與$i(t)$之均方根值。

(3)負載之功率因數。

5-4　如圖5-6b所示之單相橋式整流電路，$L_s = 0$，$I_d = 10\text{A}$，計算下列情況下提供給負載之平均功率：

(1)如果v_s為正弦且$V_s = 120\text{V}/60\text{Hz}$。

(2)如果v_s之波形如圖P5-4所示。

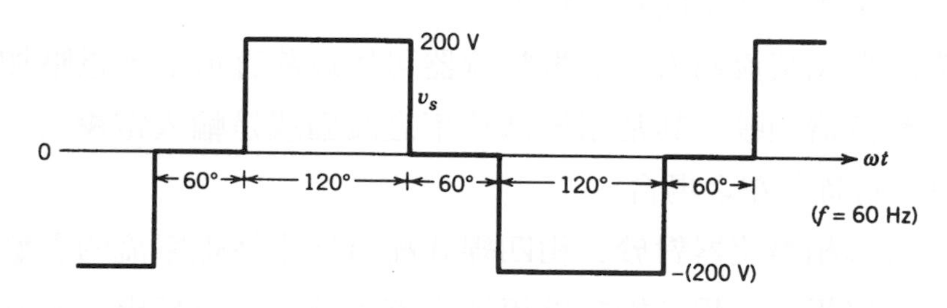

圖 P5-4

5-5　圖5-11(a)之基本換向電路，$I_d = 10\text{A}$：

(1)若$V_s = 120\text{V}/60\text{Hz}$，$L_s = 0$，計算$V_d$及平均功率$P_d$。

(2)若$V_s = 120\text{V}/60\text{Hz}$，$L_s = 5\text{mH}$，計算$u$、$V_d$及$P_d$。

(3)若v_s為一振幅200V/60Hz之方波、$L_s = 5\text{mH}$，繪出i_s之波形並計算u、V_d及P_d。

(4)重複(3)，但v_s之波形如圖P5-4。

5-6　圖5-6(b)之單相整流器，$L_s = 0$且I_d為常數，試計算流經每一二極體之電流的平均值與均方根值(利用與I_d之比值方式表示)。

5-7　圖5-20之單相整流器，假設交流側之阻抗可忽略，並以一電感L_d串聯於整流器之輸出與濾波電容之間。試導出之使i_d為連續(假設v_d之漣波可忽略)L_d之最小值(以V_s，ω及I_d表示)。

5-8　圖5-14(a)之單相整電路，$V_s = 120V/60Hz$，$L_s = 1mH$，$I_d = 10A$。試計算u、V_d及P_d，且求因為L_s使電壓V_d下降之百分比＝？

5-9　重複習題5-8：

⑴如果為一振幅200V，60Hz之方波。

⑵如果v_s之波形為圖P5-4。

5-10　圖5-16(a)之單相整流器，$L_s = 1mH$，$V_d = 60V$，v_s之波形如圖 P5-4，試繪出i_s與i_d之波形(提示：i_s與i_d均為不連續)。

5-11　圖5-16(a)之單相整流器。$V_s = 120V/60Hz$，$L_s = 1mH$，$V_d = 150V$。計算如圖5-16(c)所示之i_d波形，並標示θ_b、θ_f及$I_{d,\text{peak}}$之值，同時計算i_d之平均值I_d。

5-12　利用本章附錄之MATLAB程式，計算例題5-1中之V_d及P_d，並與圖5-22之結果比較。

5-13　如例題5-2中之單相整流電路，$R_s = 0.4\Omega$，負載為1kW。試修改本章附錄中之PSpice程式並根據下述負載條件，繪出v_d之波形，並計算V_d及v_d漣波之峰對峰值：

⑴瞬時吸收之功率為固定，$P_d(t) = 1kW$(提示：將負載表示為電壓控制電流源流，例如使用指令 GDC 5 6 VALUE = {1000.0/V(5,6)})。

⑵一吸收1kW之固定電阻(其值可由⑴之V_d求得)。

⑶一吸收1kW之直流電源(其值可由⑴之V_d求得)。

最後並比較以上三種情況下輸出電壓漣波值之V_d大小。

5-14　圖5-6(b)之單相整流電路，$i_d = I_d$，計算THD、DPF、PF及CF。

5-15　利用習題5-12之MATLAB程式，計算THD、DPF、PF及CF。

5-16　圖5-20之單相整流器，$V_s = 120V/60Hz$，$L_s = 2mH$，$R_s = 0.4\Omega$，負載之瞬時功率$P_d = 1kW$，試利用PSpice，計算C_d為200、500、1000及1500 μF時之THD、DPF、PF及$\Delta V_{d(\text{peak-peak})}$。

5-17　單相與三相整流器之THD、DPF及PF的通用表示，分別如圖5-18、圖5-19與圖5-37、圖5-38所示。試證明此以$I_d/I_{\text{short circuit}}$為函數之通用表示，必須在整流輸出側電壓為純直流之假設下才成立。

5-18 圖5-25中，$V_s = 120V/60Hz$，$L_{s1} = L_{s2} = 1mH$，且直流側爲一固定10A之電流源，計算v_{PCC}電壓之失真。

單相倍壓整流器及中間抽頭式整流器

5-19 圖5-27之倍壓整流器，$V_s = 120V/60Hz$，$L_s = 1mH$，$C_1 = C_2 = 1000\mu F$，負載爲一10A之電流源，試利用PSpice：

(1)求v_{c1}、v_{c2}及v_d之波形。

(2)求$\Delta V_{d(\text{peak-peak})}/V_d$。

(3)若電路改成一單相全橋式整流器，$V_s = 240V$，$L_s = 1mH$，$C_d = 500\mu F$，負載之電流源爲10A，計算$\Delta V_{d(\text{peak-peak}}$並與(2)作比較。

5-20 一中間抽頭式整流電路如圖P5-20所示，假設變壓器爲爲理想，直流側負載爲理想電流源，試計算變壓器之伏安(VI)容量，並求送至負載之平均功率與其之比值。

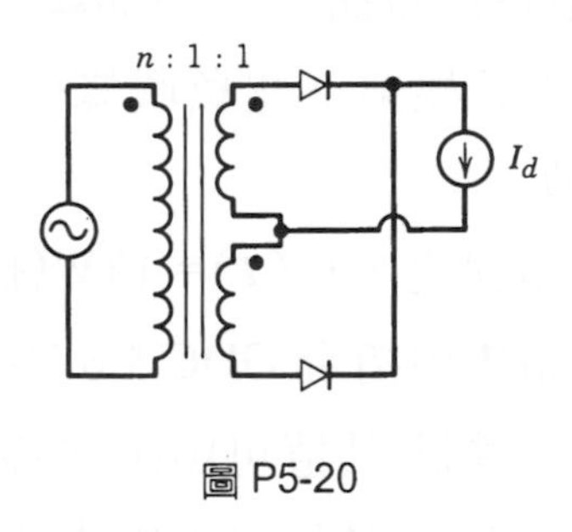

圖 P5-20

三相四線式系統之中性線電流

5-21 圖5-28之三相四線式系統，若所有單相整流器之負載皆相同，試證明在每個線對中性線電壓之半週中，各線電流之導通角均小於60°(利用$I_n = \sqrt{3}\, I_{\text{line}}$)。

5-22 例題5-6中，寫出PSpice之輸入電路檔案，並以之求例題5-6之結果。

三相整流器

5-23 圖5-31(a)之簡化三相整流器電路中，計算流經每一個二極體電流之平均值與均方根值(利用與I_d之比值表示)。

5-24　爲簡化圖5-35(a)三相整流器電路之分析，假設換向電壓是以線性方式增加而非正弦式：

(1)依照(5-82)之推導方式，求u之表式。

(2)若V_{LL} = 208V/60Hz，L_s = 2mH，I_d = 10A，比較(1)與(5-82)之結果。

5-25　在例題5-7中，使用PSpice計算C_d爲220、550、1000、1500及2200μF時之$\Delta V_{d(\text{peak-peak})}$、THD、DPF及PF。

5-26　圖5-30之三相整流電路，假設交流側之L_s可忽略，而一電感L_d串接於整流器輸出與濾波電容之間，試導出使i_d爲連續之L_d的最小值(以V_{LL}、ω及I_d表示)，假設v_d之漣波可忽略。

5-27　利用傅立葉分析，證明(5-69)至(5-73)。

5-28　利用PSpice透過THD、DPF、PF及$\Delta V_{d(\text{peak-peak})}$之值來比較圖5-20及5-30中單相與三相整流器之性能，其中V_s = 120V、V_{LL} = 208V/60Hz，L_s = 1 mH，R_s = 0.2Ω，負載爲5kW(如習題5-13(1)之負載表式方式)。另外，單相整流器之C_d = 1100μF，三相整流器之C_d要選擇？μF才能得到與單相一樣之平均儲存能量。

5-29　計算電壓之不平衡對三相整流器電流波形之影響。以例題5-7爲例，假設V_{an} = 110V，V_{bn} = V_{cn} = 120V，使用PSpice求輸入電流波形以及其諧波成份。

湧浪電流

5-30　例題5-2之單相整流電路，假設電源切入前之電容電壓爲0　，試計算湧浪電流之最大值。

5-31　例題5-7之三相整流器，假設電源切入前之電容電壓爲0，試計算湧浪電流之最大值。

參考文獻

1. P. M. Camp, "Input Current Analysis of Motor Drives with Rectifier Converters," *IEEE–IAS Conference Record*, 1985, pp. 672-675.

2. B. Brakus, "100 Amp Switched Mode Charging Rectifier for Three-Phase Machines," *IEEE Intelec*, 1984, pp. 72-78.
3. T. M. Undeland and N. Mohan, "Overmodulation and Loss Considerations in High Frequency Modulated Transistorized Induction Motor Drives," *IEEE Transactions on Power Electronics*, Vol. 3, No. 4, October 1988, pp. 227-252.
4. M. Grotzbach and B. Draxler, "Line Side Behavior of Uncontrolled Rectifier Bridges with Capacitive DC Smoothing," paper presented at the European Power Electronics Conference(RPE), Aachen, 1989, pp. 761-764.
5. W. F. Ray, "The Effect of Supply Reactance on Regulation and Power Factor for an Un-controlled 3-Phase Bridge Rectifier with a Capacitive Load," IEE Conference Publication, No. 234, 1984, pp. 111-114.
6. W. F. Ray, R. M. Davis and I. D. Weatherhog, "The Three-Phase Bridge Rectifier with a Capacitive Load," IEE Conference Publication, No. 291, 1988, pp. 153-156.
7. R. Gretsch, "Harmonic Distortion of the Mains Voltage by Switched-Mode Power Supplies-Assessment of the Further Development and Possible Mitigation Measures, European Power Electronics Conference (EPE), Aachen, pp. 1255-1260.

附 錄

例題5-1之MATLAB輸入程式

```
% Single-Phase, Diode-Rectifier Bridge
clc, clg, clear
% Data
ls=1e-3; rs=0.001; cd=1000e-6; rload=20; deltat=25e-6;
freq=60; thalf=1/(2*freq); ampl=170; w=2*pi*freq;
% Matrix A, see Eq. 5-45
A=[-rs/ls -1/ls; 1/cd -1/(cd*rload)];
```

```
% Vector b, see Eq. 5-46
b=[1/ls; 0];
%
M=inv(eye(2) - deltat/2 * A)*(eye(2) + deltat/2 * A); % see Eq. 5-48
N=deltat/2 * inv(eye(2) - deltat/2 * A) * b; % see Eq. 5-48
%
for alfa0=55:0.5:75
alfa0
% Initial Conditions
vc0=ampl*sin(alfa0*pi/180);
il0=0;k=1;time(1)=alfa0/(360*freq);
il(1)=il0;vc(1)=vc0;vs(1)=vc0;
x=[il(1) vc(1)]';
%
while il(k) >= 0
 k=k+1;
  time(k)=time(k-1) + deltat;
   y=M*x + N*(ampl*sin(w*time(k)) + ampl*sin(w*time(k-1)); % see Eq. 5-47
    il(k)=y(1);
   vc(k)=y(2);
  vs(k)=ampl*sin(w*time(k));
 x=y;
end
%
time1=time(k);
il1=0;
vc1=vc(k);
%
while vc(k) > ampl*abs(sin(w*time(k)))
 k=k+1;
  time(k)=time(k-1) + deltat;
   vc(k)= vc1*exp(-(time(k)-time1)/(cd*rload)); % see Eq. 5-51
  vs(k)=ampl*abs(sin(w*time(k)));
 il(k)=0;
end
```

```
if(abs(time(k) - thalf -time(1)) <= 2*deltat), break, end
end
plot(time(1:k),il(1:k),time(1:k),vs(1:k),time(1:k),vc(1:k))
```

例題5-2之PSpice電路輸入檔

```
* Single-Phase, Diode-Bridge Rectifier
LS      1  2  1mH
RS      2  3  1m
*
rdc     4  5  1u
RLOAD   5  6  20.0
CD      5  6  1000uF IC=160V
*
XD1     3  4  DIODE_WITH_SNUB
XD3     0  4  DIODE_WITH_SNUB
XD2     6  0  DIODE_WITH_SNUB
XD4     6  3  DIODE_WITH_SNUB
*
VS      1  0  SIN(0 170V 60.0 0 0 0)
*
.TRAN   50us  50ms   0s    50us   UIC
.PROBE
.FOUR   60.0 v(1) i(LS)   i(rdc)   v(5,6)

.SUBCKT DIODE_WITH_SNUB 101 102
* Power Electronics: Simulation, Analysis  Education.....by N. Mohan.
DX       101 102   POWER_DIODE
RSNUB    102 103   1000.0
CSNUB    103 101   0.1uF
.MODEL   POWER_DIODE  D(RS=0.01, CJO=100pF)
.ENDS

.END
```

例題5-2之PSpice輸出

FOURIER COMPONENTS OF TRANSIENT RESPONSE V(1)

HARMONIC NO	FREQUENCY (HZ)	FOURIER COMPONENT	NORMALIZED COMPONENT	PHASE (DEG)	NORMALIZED PHASE (DEG)
1	6.000E+01	1.700E+02	1.000E+00	-1.266E-04	0.000E+00

FOURIER COMPONENTS OF TRANSIENT RESPONSE I(LS)

HARMONIC NO	FREQUENCY (HZ)	FOURIER COMPONENT	NORMALIZED COMPONENT	PHASE (DEG)	NORMALIZED PHASE (DEG)
1	6.000E+01	1.536E+01	1.000E+00	-1.003E+01	0.000E+00
2	1.200E+02	6.405E-02	4.171E-03	-9.138E+01	-8.135E+01
3	1.800E+02	1.174E+01	7.648E-01	1.489E+02	1.589E+02
4	2,400E+02	4.198E-02	2.734E-03	8.531E+01	9.534E+01
5	3.000E+02	6.487E+00	4.224E-01	-5.632E+01	-4.629E+01
6	3.600E+02	1.585e-02	1.032E-03	-1.028E+02	-9.275E+01
7	4.200E+02	2.207E+00	1.438E-01	8.052E+01	9.055E+01
8	4.800E+02	2.778E-03	1.809E-04	-8.191E+01	-7.187E+01
9	5.400E+02	1.032E+00	6.724E-02	1.535E+02	1.636E+02

TOTAL HARMONIC DISTORTION = 8.879830E+01 PERCENT

FOURIER COMPONENTS OF TRANSIENT RESPONSE I(rdc)

DC COMPONENT = 7.931217E+00

FOURIER COMPONENTS OF TRANSIENT RESPONSE V(5, 6)

DC COMPONENT = 1.584512E+02

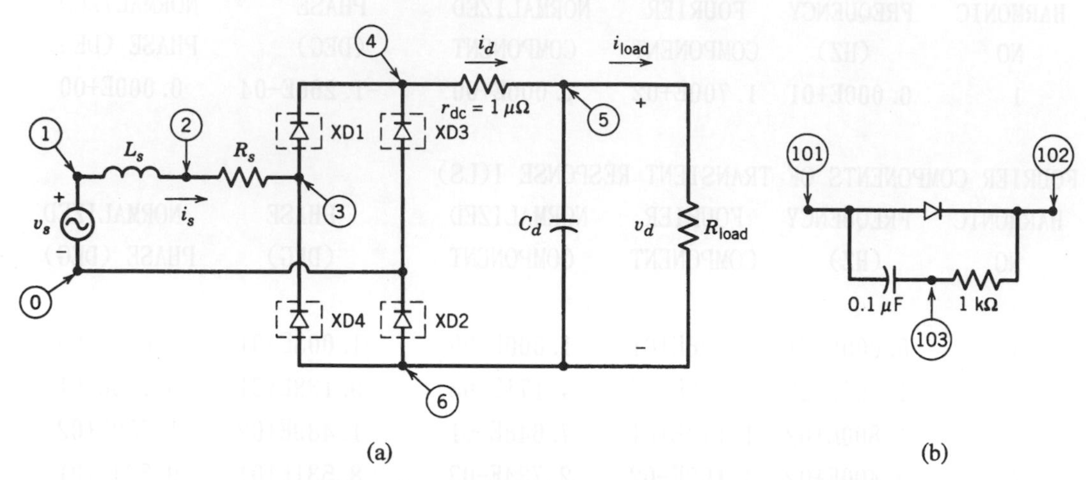

圖 5A-1 (a)例題5-2之PSpice輸入電路；(b)Diode_with_Snub副電路

例題5-7之PSpice電路輸入檔

```
* Three-Phase, Diode-Bridge Rectifier
LSA      1  11   1mH
LSA      1  21   1mH
LSC      3  31   1mH
RSA      11 12   1m
RSB      21 22   1m
RSC      31 32   1m
*
LD       4  5    1uH
RD       5  6    1u
RLOAD    6  7    35.0
CD       6  7    1100uF  IC=276V
*
XD1      12 4    DIODE_WITH_SNUB
XD3      22 4    DIODE_WITH_SNUB
XD5      32 4    DIODE_WITH_SNUB
XD4      7  12   DIODE_WITH_SNUB
XD6      7  22   DIODE_WITH_SNUB
XD2      7  32   DIODE_WITH_SNUB
*
```

```
VSA     1  0   SIN(0 170 60.0 0 0 0)
VSB     2  0   SIN(0 170 60.0 0 0 -120)
VSC     3  0   SIN(0 170 60.0 0 0 -240)
*
.TRAN   50us  100ms  0s  50us  UIC
.PROBE
.FOUR   60.0  i(LSA)  v(6,7) i(LD)
.SUBCKT  DIODE_WITH_SNUB  101  102
DX    101  102  POWER_DIODE
RSNUB 102  103  1000.0
CSNUB 103  101  0.1uF
.MODEL      POWER_DIODE D(RS=0.01, CJO=100pF)
.ENDS

.END
```

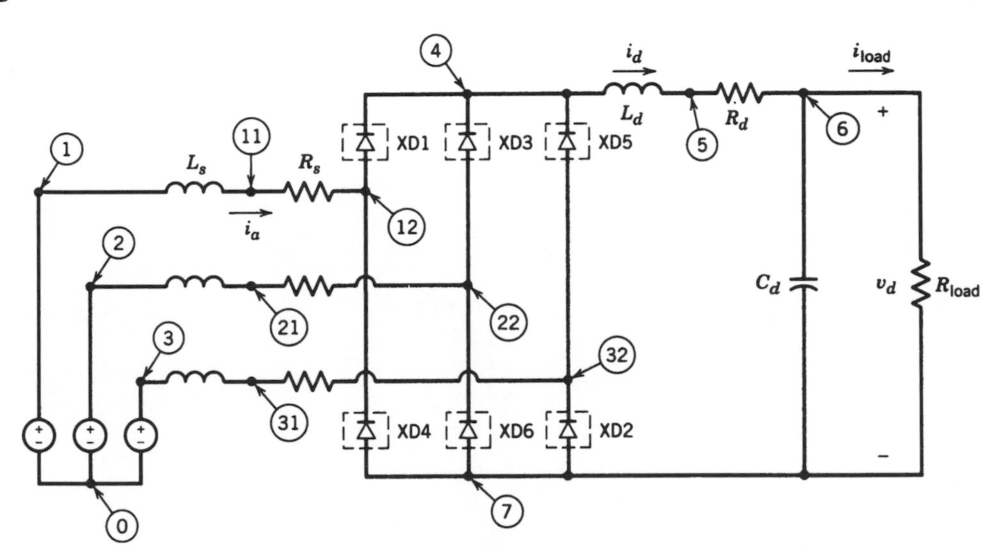

圖 5A-2　例題5-7之PSpice輸入電路

第六章　線頻相位控制整流器及變流器：線頻ac↔控制dc

6-1　簡　介

第五章所討論常用於切換式電力電子系統前級(front end)之線頻二極體整流器，只能將線電壓轉換成非控制之直流電壓，對於電池充電器及一些直流及交流馬達驅動器等需要控制式直流電壓之場合則無法滿足。將線頻交流利用相位控制方式轉換成可控制之直流必須藉由閘流體來完成。此種相位控制轉換器在過去曾被廣泛的採用，近年來由於新式開關的推陳出新，其主要用途只剩下三相高功率如高壓直流傳輸(HVDC)(第十七章)及具再生(regenerative)能力之直交流馬達驅動器(第十三至十五章)等用途。

線頻相位控制整流器之交流側為線頻電壓，閘流體之導通與截止由線電壓波形與控制輸入決定，其電流之換向必須藉由交流電壓之正負半週特性完成，故亦稱為自然換向。

第五章之二極體整流器可視為相位控制整流器的一個子集合，二極體整流器之直流側電流由於濾波電容之故使其易於不連續，因此在第五章中我們著重的是不連續電流導通模式，然而相位控制整流器，其電流通常為連續，故本章著重在連續電流導通模式。

一全控式轉換器方塊圖如圖6-1(a)所示，對於一固定之交流線電壓，直流側之輸出電壓V_d可以被控制成一連續性負值(最小)到正值(最大)，但其輸出電流I_d則只能爲單方向之正值(稍後說明)。因此其操作模式如圖6-1(b)所示，可操作在$V_d - I_d$之第Ⅰ及第Ⅳ象限。第Ⅰ象限(V_d、I_d均爲正)稱爲整流(rectification)模式，功率流通由交流至直流側。第Ⅳ象限(V_d負，I_d正)稱爲變流(inversion)模式，功率爲從直流側到交流側。

可反轉且具再生制式動之直流馬達驅動器，必須有能力作四個象限之操作，其可藉由兩個前述之二象限式轉換器背對背並聯來實現，詳細將於第十三章中討論。

本章之電路分析，爲簡化起見，假設閘流體爲理想，但其截止時間t_q仍將予以考慮。

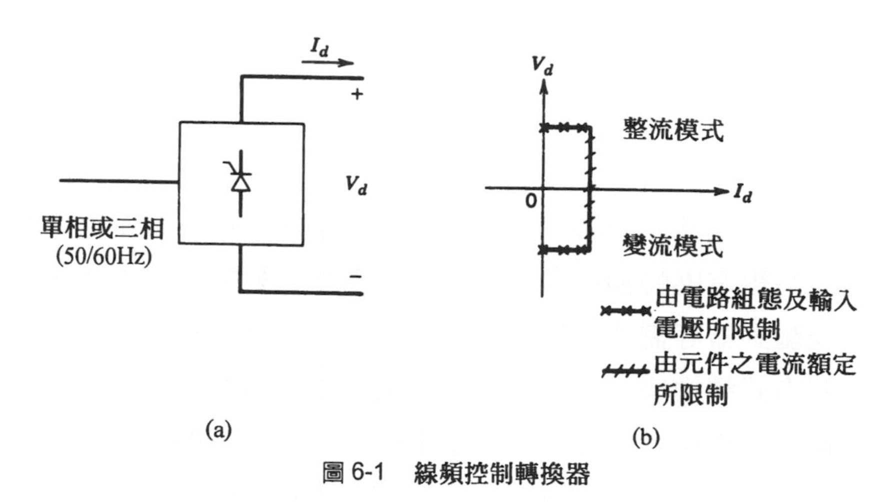

圖 6-1　線頻控制轉換器

6-2　閘流體電路及其控制

閘流體轉換器控制其輸出電壓大小之方法爲改變開關開始導通之相角，稱爲相位控制，以圖6-2之簡單電路來加以說明。

6-2-1　基本閘流體電路

如圖6-2(a)之半波式整流器，其負載爲純電阻性。當v_s爲正半週時，閘流體於$\omega t = \alpha$時加一閘極電流使其導通，故$v_d = v_s$；直至$\omega t = \pi$，v_s進入負半週後，閘流體截止；進入下一週期之正半週$\omega t = 2\pi + \alpha$時，閘流體才又被觸發導通。負載電壓v_d之平均值是藉由觸發角α來調整。

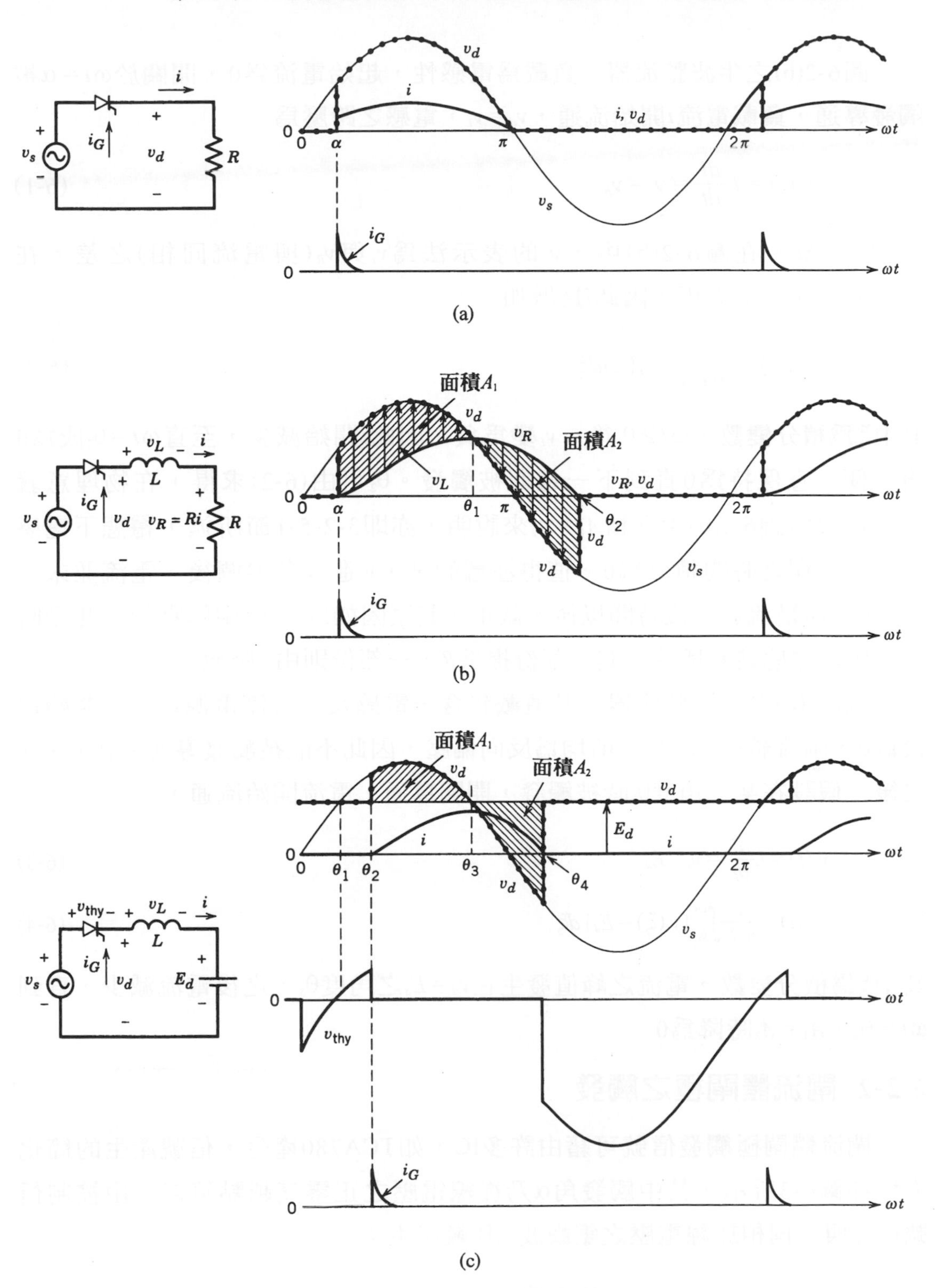

圖 6-2　基本之閘流體轉換器

圖6-2(b)之半波整流器，負載爲電感性，起始電流爲0，開關於$\omega t=\alpha$被觸發導通，負載電流i開始流通，$v_d=v_s$，電感之跨壓爲

$$v_L(t)=L\frac{di}{dt}=v_s-v_R \tag{6-1}$$

其中$v_R=Ri$。在圖6-2(b)中，v_L的表示法爲v_s與v_R(與電流同相)之差。在$\alpha\leq\omega t<\theta_1$時，$v_L$爲正，因此$i$爲增加

$$i(\omega t)=\frac{1}{\omega L}\int_{\alpha}^{\omega t}v_L(\xi)d\xi \tag{6-2}$$

其中ξ爲積分變數。$\omega t\geq\theta_1$後，v_L變爲負，因此i開始減少，至直$\omega t=\theta_2$成爲0後，便一直保持爲0直到下一週期被觸發。θ_2可由(6-2)求得，在物理意義上，可以由圖6-2(b)中面積$A_1=A_2$來說明，亦即3-2-5-1節所述，穩態下電感電壓一週期之時間積分爲0。值得注意的是，v_s進入負半週後，電流並未立刻爲0，而是流通一段時間以後才截止。其原因如5-2-2節中解釋的，此段時間乃由於電感儲能所致，其一部份提供R，一部份則由v_s吸收。

圖6-2(c)之半波整流器，其負載包含一電感及一直流電源E_d。一開始電流爲0，閘流體在$\omega t=\theta_1$之前均爲反向偏壓，因此不能被觸發導通。在$\omega t=\theta_1$之後，假設在某一角度θ_2時被觸發，開關導通，電流開始流通，

$$v_L(t)=L\frac{di}{dt}=v_s-E_d \tag{6-3}$$

故

$$i(\omega t)=\frac{1}{\omega L}\int_{\theta_2}^{\omega t}[v_s(\xi)-E_d]\,d\xi \tag{6-4}$$

其中ξ爲積分變數。電流之峰值發生在$v_d=E_d$之角度θ_3，之後電流減少，直到$\omega t=\theta_4$，$A_1=A_2$時降爲0。

6-2-2 閘流體閘極之觸發

閘流體閘極觸發信號可藉由許多IC，如TCA780產生，信號產生的簡化方塊如圖6-3所示，其中觸發角α乃從線電壓之正零交越點算起，由控制信號$v_{control}$與一同相於線電壓之鋸齒波v_{st}比較產生：

$$\alpha° = 180° \frac{v_{\text{control}}}{\hat{V}_{\text{st}}} \tag{6-5}$$

其中$\hat{V}_{st}$爲v_{st}之振幅。

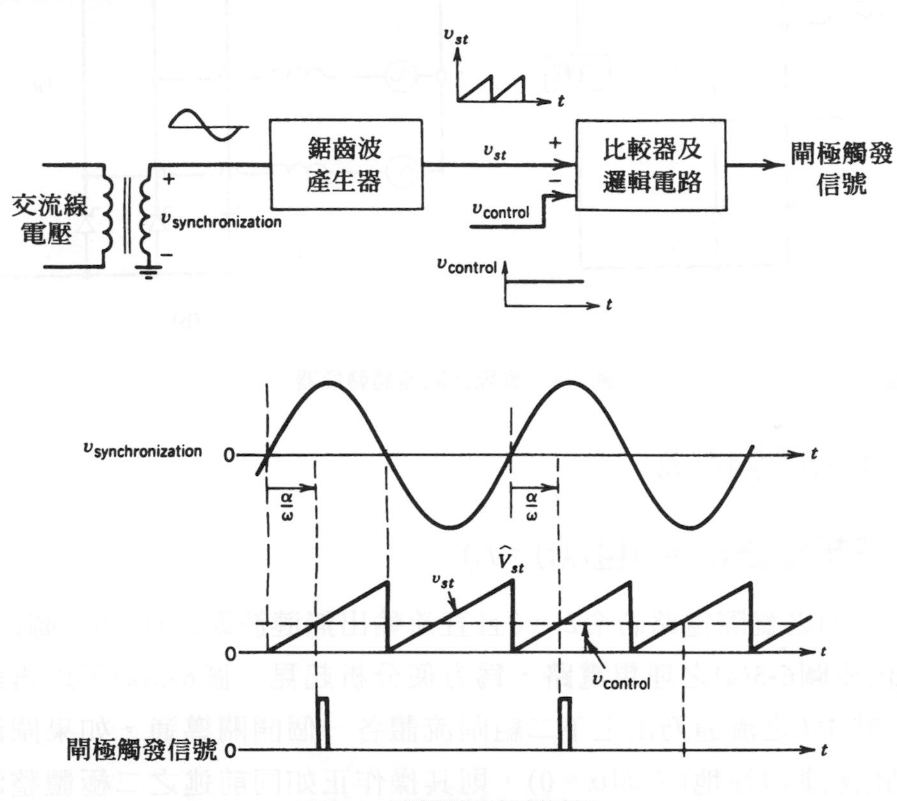

圖 6-3　閘極觸發控制電路

6-2-3 實際之閘流體轉換器

單相及三相之全橋式閘流體轉換器如圖6-4所示，直流側的電感可視爲負載之一部份，例如直流馬達驅動器。如同前章二極體整流器之分析，可以藉由一些較爲簡化的電路分析著手，這些簡化包括假設$L_s = 0$及直流側輸出電流爲純直流等。接下來再考慮$L_s \neq 0$之情況，最後再考慮輸出電流i_d具有漣波之情形，除了整流工作模式外，本章亦將討論其變流模式之工作原理。

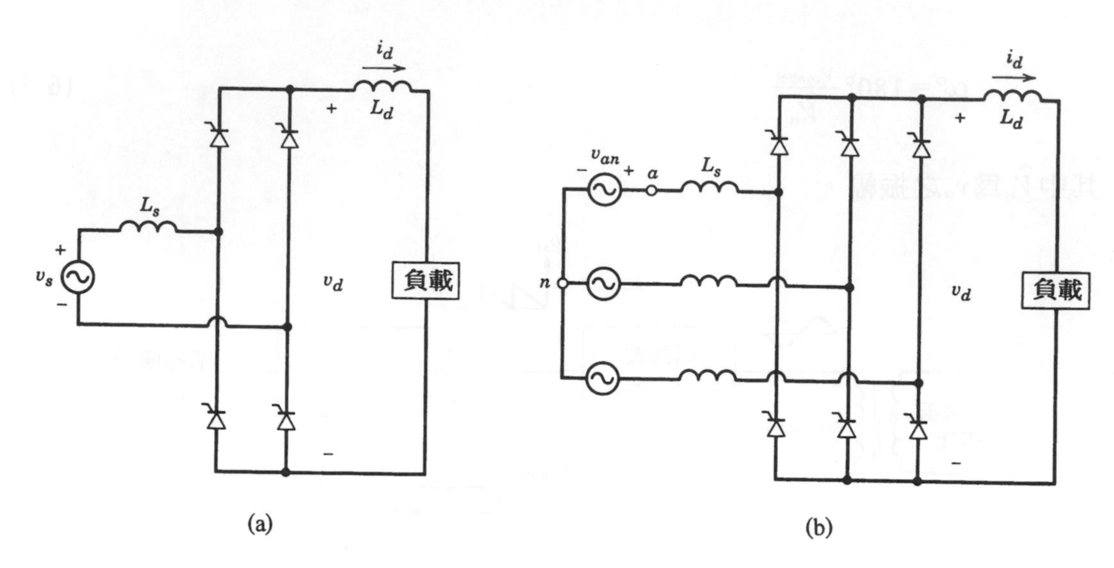

圖 6-4 實際之閘流體轉換器

6-3 單相轉換器

6-3-1 理想電路($L_s = 0$且$i_d(t) = I_d$)

圖6-4(a)之實際電路若令$L_s = 0$且直流輸出無漣波即$i_d(t) = I_d$，圖6-4(a)則可以簡化成圖6-5(a)之理想電路，爲方便分析起見，圖6-5(a)可以再繪成圖6-5(b)，其中I_d之流通乃由上下二組閘流體各一個開關導通。如果閘流體之觸發信號是連續性地(亦即$\alpha = 0$)，則其操作正如同前述之二極體整流器一般，其電壓、電流波形及負責導通閘流體之開關如圖6-6(a)所示。

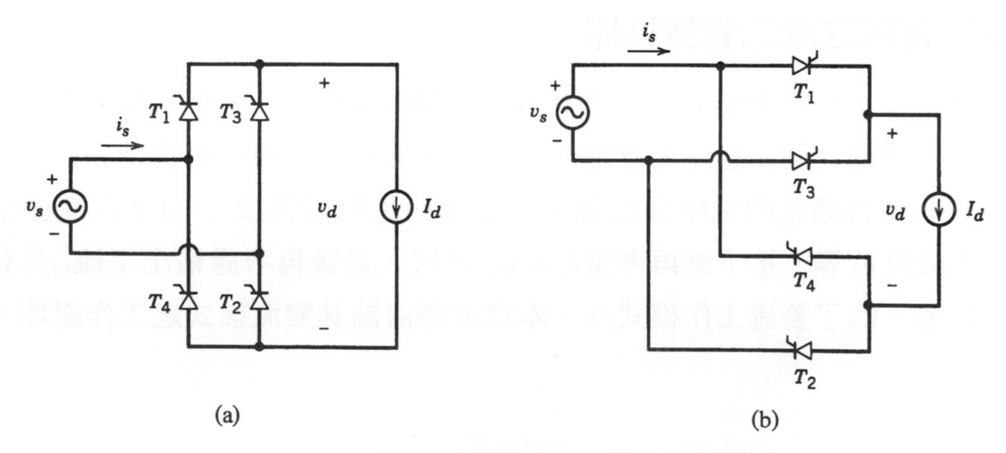

圖 6-5 $L_s = 0$且具固定直流電流之單相閘流體轉換器

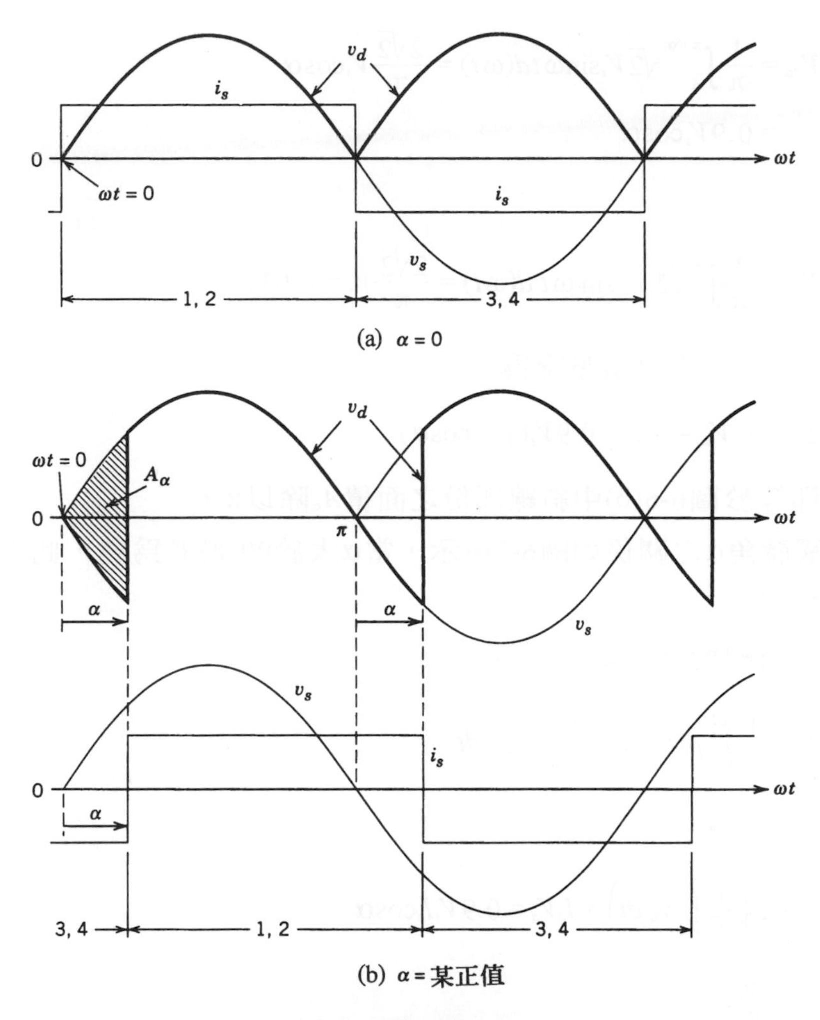

圖 6-6　轉換器之波形

若觸發角(亦稱為延遲角)為α且假設在$\omega t = 0$之前i_d為流經T_3及T_4，$V_d = -V_s$。雖然$\omega t = \alpha$之後V_s進入正半週，但T_3及T_4會持續導通直到$\omega t = \alpha$後才轉換成T_1及T_2導通。由於$L_s = 0$，因此在$\omega t = 0$時，由T_3及T_4導通切換至T_1及T_2導通之換向時間是瞬時的，當T_1及T_2導通時$V_d = V_s$，T_1及T_2會一直導通直到V_s進入負半週且T_3及T_4之觸發角為α時(亦即$\omega t = \pi + \alpha$，因為T_3及T_4觸發之參考點為$\omega t = \pi$)，才又轉換成T_3及T_4導通。

圖6-6(b)中V_d之平均電壓V_d表示為

$$V_{d\alpha}=\frac{1}{\pi}\int_{\alpha}^{\pi+\alpha}\sqrt{2}V_s\sin\omega t d(\omega t)=\frac{2\sqrt{2}}{\pi}V_s\cos\alpha$$
$$=0.9V_s\cos\alpha \tag{6-6}$$

$\alpha=0$時

$$V_{do}=\frac{1}{\pi}\int_{0}^{\pi}\sqrt{2}\ V_s\sin\omega t\ d(\omega t)=\frac{2\sqrt{2}}{\pi}V_s=0.9V_s \tag{6-7}$$

由α所造成之平均電壓電壓降爲

$$\Delta V_{d\alpha}=V_{do}-V_{d\alpha}=0.9V_s(1-\cos\alpha) \tag{6-8}$$

此電壓降即等於圖6-6(b)中斜線部份之面積A_α除以π。

V_d與觸發角α之關係如圖6-7所示，當α大於90°時V_d爲負，此工作區稱爲變流工作模式。

轉換器所轉換之平均功率爲

$$P=\frac{1}{T}\int_{0}^{T}p(t)\ dt=\frac{1}{T}\int_{0}^{T}v_d i_d\ dt \tag{6-9}$$

$i_d=I_d$，故

$$P=I_d\left(\frac{1}{T}\int_{0}^{T}v_d\ dt\right)=I_dV_d=0.9V_sI_d\cos\alpha \tag{6-10}$$

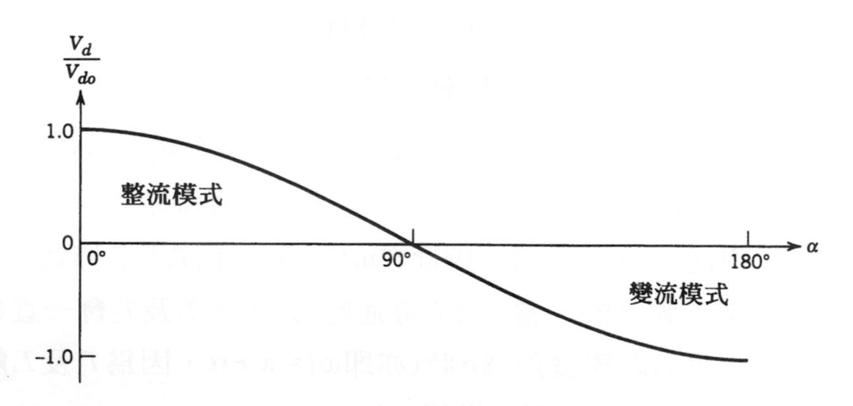

圖 6-7　V_d與α之關係(正規化)

6-3-1-1　直流側電壓v_d

由圖6-6可觀察知，直流側電壓v_d除包含直流成份$V_{d\alpha}$外，亦包含二倍線頻之交流漣波成份。v_d各諧波之大小可以利用傅立葉分析求得。

6-3-1-2　線電流i_s

圖6-6(a)中線電流i_s之波形爲振幅等於I_d之方波。圖6-6(b)中之i_s則將圖6-6(a)之波形以v_s爲準，相移α角即得，爲方便起見，重繪於圖6-8(a)中，其傅立葉級數表示爲

$$i_s(\omega t) = \sqrt{2}\, I_{s1} \sin(\omega t - \alpha) + \sqrt{2}\, I_{s3} \sin[3(\omega t - \alpha)] + \sqrt{I_{s5}} \sin[5(\omega t - \alpha)] + \ldots\ldots \tag{6-11}$$

其中i_s僅含奇次諧波成份。i_s基本波之均方根值爲：

$$I_{s1} = \frac{2}{\pi}\sqrt{2} I_d = 0.9 I_d \tag{6-12}$$

第h次諧波成份爲：

$$I_{sh} = \frac{I_{s1}}{h} \tag{6-13}$$

i_s之頻譜如圖6-8(b)所示。利用(3-5)均方根值之定義，i_s之均方根值可以求得：

$$I_s = I_d \tag{6-14}$$

因此總諧波失真率爲

$$\%\mathrm{THD} = 100 \times \frac{\sqrt{I_s^2 - I_{s1}^2}}{I_{s1}} = 48.43\% \tag{6-15}$$

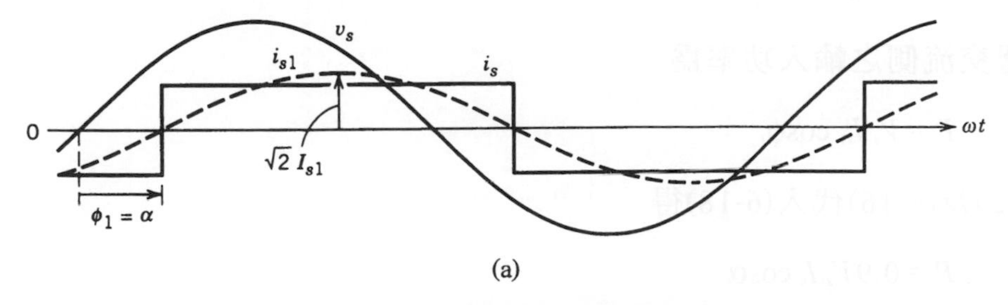

(a)

圖 6-8　圖6-5轉換器交流側之各值

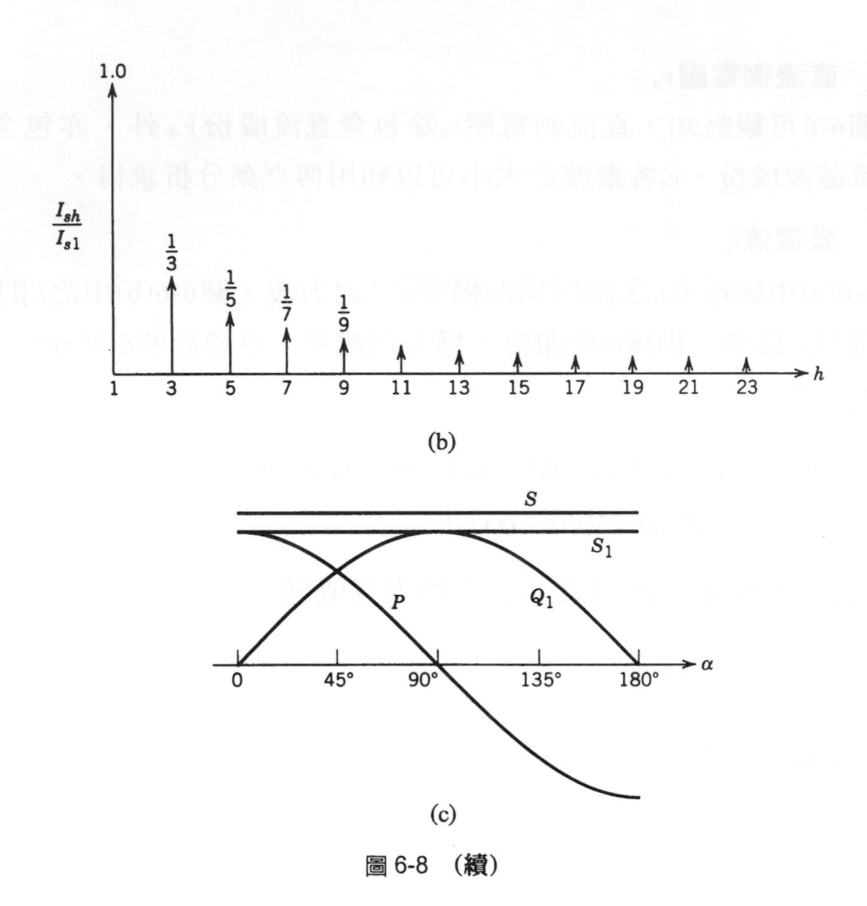

圖 6-8　(續)

6-3-1-3　功率、功率因數及無效功率

由圖6-8(a)i_{s1}之波形可知

$$DPF = \cos\phi_1 = \cos\alpha \tag{6-16}$$

功率因數由(6-12)、(6-14)及(6-16)可得：

$$PF = \frac{I_{s1}}{I_s}\,DPF = 0.9\cos\alpha \tag{6-17}$$

轉換器交流側之輸入功率爲

$$P = V_s I_{s1} \cos\phi_1 \tag{6-18}$$

將(6-12)及(6-16)代入(6-18)得

$$P = 0.9 V_s I_d \cos\alpha \tag{6-19a}$$

(6-19a)與(6-10)由直流側計算之功率結果相同，轉換器基頻之無效功率為

$$Q_1 = V_s I_{s1} \sin \phi_1 = 0.9 V_s I_d \sin\alpha \tag{6-19b}$$

基頻之視在功率

$$S_1 = V_s I_{s1} = (P^2 + Q_1^2)^{1/2} \tag{6-19c}$$

P，Q_1，S_1及$S(=V_s I_s)$與觸發角α之關係如圖6-8(c)所示。

6-3-2　L_s之效應

考慮圖6-9 $L_s \neq 0$之閘流體轉換器，其換向工作波形如圖6-10(a)所示。閘流體之換向程序與第五章所討論二極體換向的方式類似。在換向期間，四個閘流體均導通，因此$V_d = 0$且$v_{L_s} = v_s$：

$$v_s = v_{L_s} = L_s \frac{di_s}{dt} \tag{6-20}$$

等號兩側乘以$d(\omega t)$後以換向時間為期間積分，可得

$$\int_{\alpha}^{\alpha+u} \sqrt{2} V_s \sin\omega t d(\omega t) = \omega L_s \int_{-I_d}^{I_d} (di_s) = 2\omega L_s I_d \tag{6-21}$$

(6-21)式等號左側即為圖6-10(b)中之面積A_u：

$$A_u = \int_{\alpha}^{\alpha+u} \sqrt{2} V_s \sin \omega t d(\omega t) \tag{6-22}$$

由(6-21)及(6-22)可得

$$A_u = \sqrt{2}\, V_s [\cos\alpha - \cos(\alpha + u)] = 2\omega L_s I_d \tag{6-23}$$

亦即

$$\cos(\alpha + u) = \cos\alpha - \frac{2\omega L_s I_d}{\sqrt{2} V_s} \tag{6-24}$$

$\alpha = 0$時，(6-24)與(5-32)之二極體整流器的結果相同。α對u之影響將在例題6-1中顯示。

比較圖6-6(b)與圖6-10(b)中v_d之波形可知，L_s會造成一電壓降ΔV_{du}，ΔV_{du}可由A_u計算獲得

$$\Delta V_{du} = \frac{A_u}{\pi} = \frac{2\omega L_s I_d}{\pi} \tag{6-25}$$

由(6-6)及(6-25)可得

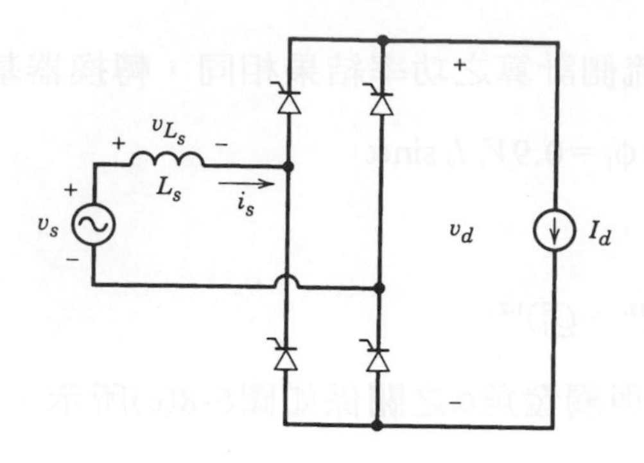

圖 6-9 單相閘流體轉換器，其中$L_s \neq 0$且輸出爲固定直流電流源

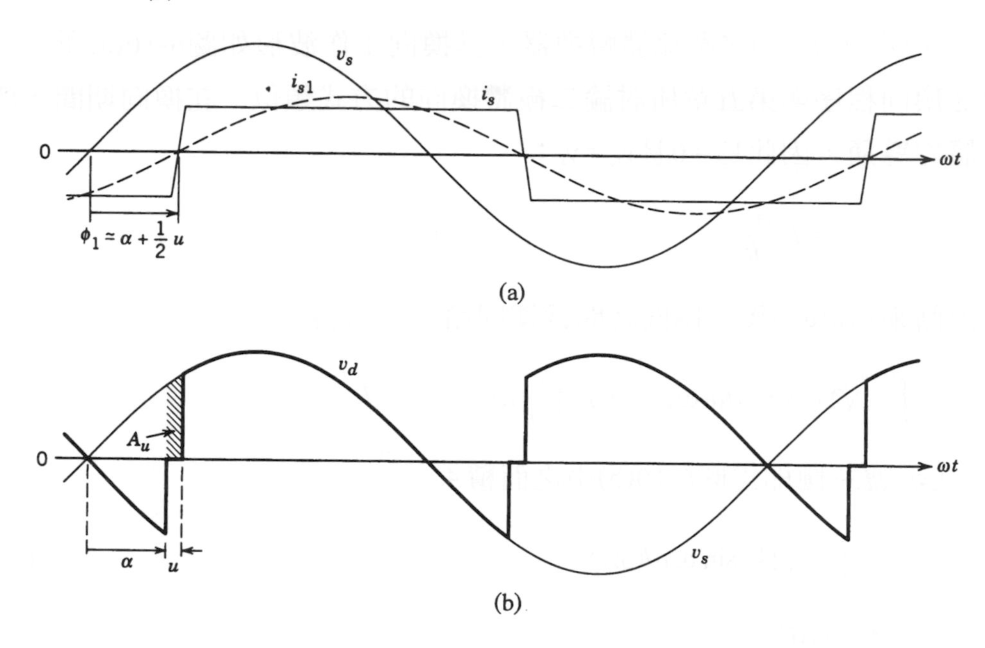

圖 6-10 圖6-9轉換器之波形

$$V_d = 0.9 V_s \cos\alpha - \frac{2}{\pi}\omega L_s I_d \tag{6-26}$$

【例題6-1】

圖6-8(a)之轉換器，額定輸入電壓爲230V，60Hz，額定輸出容量維爲5 kVA，且$L_s = 5\%$(在額定條件下)。試計算在額定輸入電壓及3kW輸入功率下u及V_d/V_{d0}之值($\alpha = 30°$)。

解：額定電流爲

$$I_{\text{rated}} = \frac{5000}{230} = 21.74\text{A}$$

基底阻抗爲

$$Z_{base}=\frac{V_{rated}}{I_{rated}}=10.58\Omega$$

因此

$$L_s=\frac{0.05Z_{base}}{\omega}=1.4\text{mH}$$

由(6-26)可得轉換器轉換之平均功率

$$P_d=V_dI_d=0.9V_sI_d\cos\alpha-\frac{2}{\pi}\omega L_sI_d^2=3\text{kW}$$

故

$$I_d^2-533.53I_d+8928.6=0$$

$$I_d=17.3\text{A}$$

將I_d代入(6-24)及(6-26)可得

$$u=5.9^\circ \qquad V_d=173.5\text{V}$$

■

6-3-2-1　輸入線電流i_s

圖6-10(a)中i_s之波形近似一梯形，因此ϕ_1可以近似爲$\alpha+\frac{1}{2}u$，故

$$DPF\cong\cos\left(\alpha+\frac{1}{2}u\right) \tag{6-27}$$

i_s之基本波均方根值可以利用交流側之功率等於直流側之功率求得

$$V_sI_{s1}\ \text{DPF}=V_dI_d \tag{6-28}$$

由(6-26)至(6-28)可得

$$I_{s1}\cong\frac{0.9V_sI_d\cos\alpha-(2/\pi)\omega L_sI_d^2}{V_s\cos(\alpha+u/2)} \tag{6-29}$$

i_s之均方根值I_s可利用均方根值之定義求得，最後PF及THD便可利用前述之公式求得。

6-3-3 實際之閘流體轉換器

圖6-4(a)閘流體轉換器之實際電路可以圖6-11(a)來表示，其中負載是由一直流電壓E_d串聯一電感L_d及一小電阻r_d而成。此種負載表示適用於電池充

電器(第十一章)及直流馬達(第十三章)。圖6-11(b)所示爲$\alpha = 45°$且i_d爲連續之波形，由於L_s之故，閘流體之換向存在一換向時間u，由於L_s與i_d漣波之故，v_d與｜$v_s(t)$｜存在一電壓差即L_s之降壓。由(6-26)知，如果i_d連續，v_d之平均值可以合理的表示成：

$$V_d \cong 0.9V_s\cos\alpha - \frac{2}{\pi}\omega L_s I_{d,\min} \tag{6-30}$$

其中$I_{d,\min}$爲i_d之最小值。

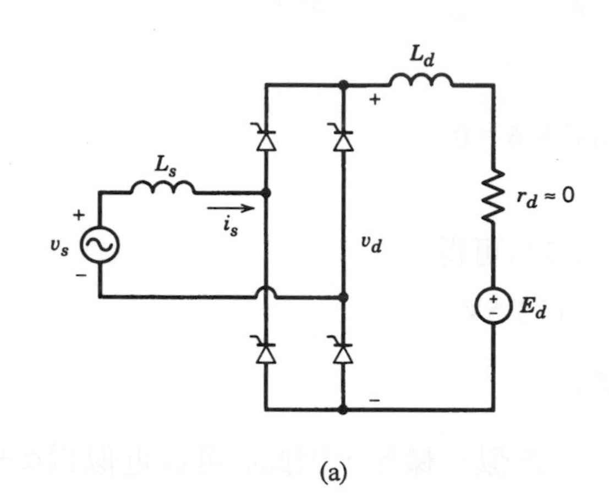

(a)

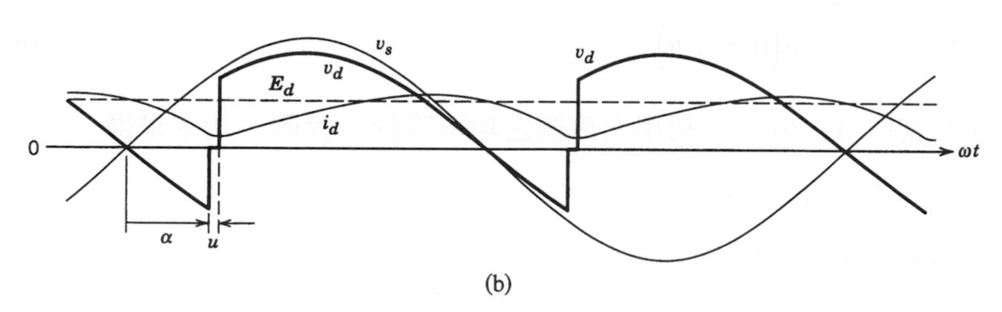

(b)

圖 6-11　(a)實際之閘流體轉換器；(b)波形

由圖6-11(a)可得

$$v_d = i_d r_d + L_d\frac{di_d}{dt} + E_d \tag{6-31}$$

等號兩側積分：

$$\frac{1}{T}\int_0^T v_d dt = \frac{r_d}{T}\int_0^T i_d dt + \frac{L_d}{T}\int_{I_d(0)}^{I_d(T)} di_d + E_d \tag{6-32}$$

由於穩態下各波形爲週期性且週期爲T，因此$I_d(0) = I_d(T)$，故(6-32)中L_d之跨壓的平均爲0。(6-32)可進一步表示成

$$V_d = r_d I_d + E_d \tag{6-33}$$

(6-30)指出V_d可以藉由α來調整，因此I_d及功率之控制亦可以藉由調整α來達成。

【例題6-2】

圖6-11(a)之單相閘流體轉換器，輸入電壓爲240V、60Hz，負載之$L_d = 9$ mH，$E_d = 145$V，假設$L_s = 1.4$mH且$\alpha = 45°$，利用PSpice求v_d及i_s之波形，並計算I_{s1}、I_s、DPF、PF及%THD。

解： PSpice電路及其輸入資料檔如本章末之附錄所示，其中閘流體以一副電路SCR來表示。此SRC副電路是以電壓控制開關來代表閘流體，閘流體電流監測是利用一0-V之電壓源，如果有電流流通及(或)閘極加上觸發脈衝則電壓控制開關便導通。

前述之圖6-11(b)即爲直流側之模擬結果，輸入電流i_s及i_{s1}之波形，則如圖6-12所示。其它之計算值爲：$I_{s1} = 59.68$A、$I_s = 60.1$A、DPF = 0.576、PF = 0.572、THD = 12.3%。■

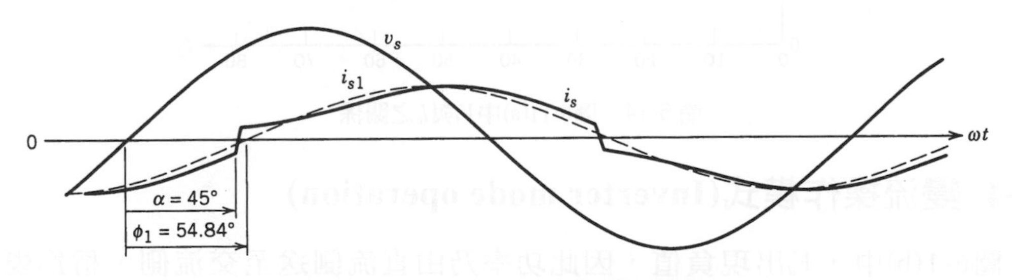

圖 6-12　圖6-11(a)電路之波形(例題6-2)

6-3-3-1　不連續電流導通模式

輕載時I_d很小，常會造成不連續之i_d，例如：例題6-2中若$\alpha = 45°$，$E_d = 180$V則如圖6-13所示，i_d爲不連續。E_d愈大，I_d則愈小，i_d愈容易不連續。

將例題6-2中之$E_d(=V_d)$與I_d之關係對各種不同之α值作圖，其結果如圖6-14所示。對任一α角，I_d小於某一臨界值(其大小與α有關)時，V_d將迅速增加，欲保持V_d為定值，則在低I_d時必需增大導通角。

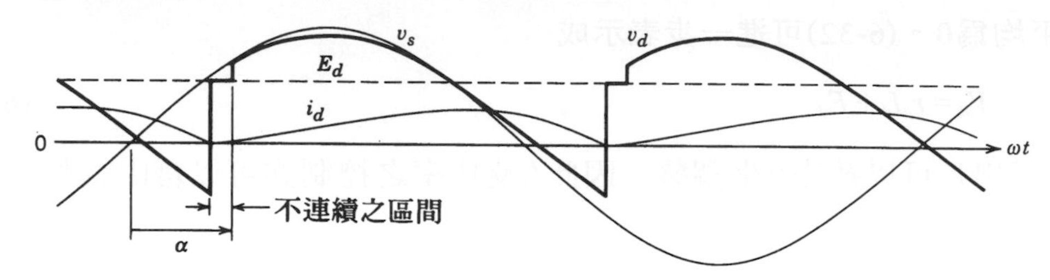

圖 6-13 在不連續導通模式下之波形

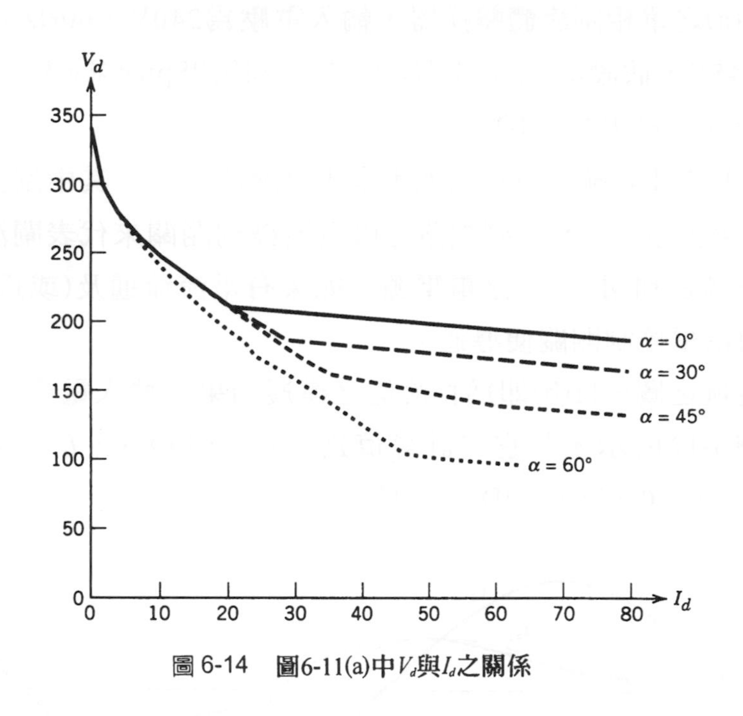

圖 6-14 圖6-11(a)中V_d與I_d之關係

6-3-4 變流操作模式(Inverter mode operation)

圖6-1(b)中，V_d出現負值，因此功率乃由直流側送至交流側，稱為變流模式。此可以圖6-15(a)更進一步說明，其中直流側負載以一固定電流源I_d來表示。當觸發角α介於90°與180°之間，其波形如圖6-15(b)所示，根據(6-26)，V_d為負，因此平均功率$P_d=(V_dI_d)$為負，亦即功率是從直流側送到交流側。從交流側來看，$P_{ac}=V_sI_{s1}\cos\phi_1$亦為負，因為$\phi_1>90°$。

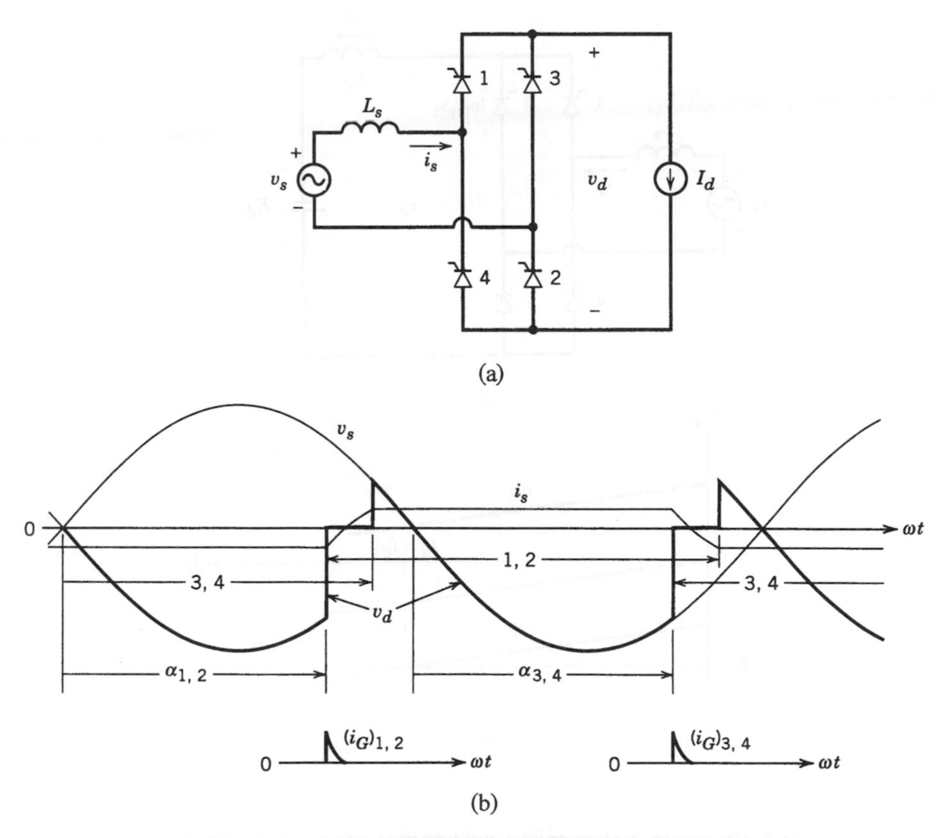

圖 6-15　(a)變流器(假設直流電流固定)；(b)波形

通常直流側並非一純粹直流電流源，可能如圖6-16(a)所示爲一固定電壓源E_d(例如：蓄電池、太陽能板、或風力發電等均是)，亦可能爲由二背對背並聯之閘流體轉換器所供電之四象限式直流馬達。

假設圖6-16(a)直流側之電感L_d夠大，使i_d可被視爲一固定直流值，則圖6-15(b)之波形亦能適用，由於L_d跨壓之平均值爲0，因此

$$E_d = V_d = V_{do}\cos\alpha - \frac{2}{\pi}\omega L_s I_d \tag{6-34}$$

但如果I_d不能被視爲定值，則(6-34)之I_d必須以$\omega t=\alpha$時之i_d來取代。以圖6-16(b)來解釋，對任一觸發角α_1，若其直流側電壓源$E_d=E_{d1}$時，由特性曲線對照可知其電流爲I_{d1}。

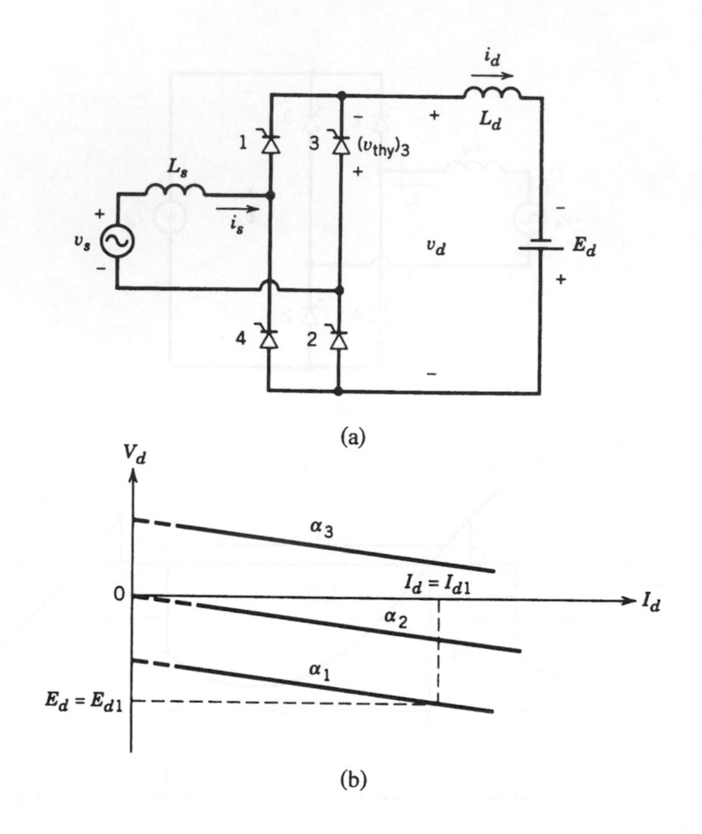

圖 6-16 (a)具直流電壓源之閘流體變流器；(b)V_d與I_d關係

閘流體跨壓波形如圖6-17所示，其熄滅角(extinction angle)γ之定義爲

$$\gamma = 180° - (\alpha + u) \tag{6-35}$$

在此γ區間，閘流體之跨壓爲負，熄滅角之時間$t_\gamma = \gamma/\omega$必須大於閘流體之截止時間t_q，否則閘流體之導通不完全，將使電流由一閘流體換向至另一閘流體之程序失敗，造成不正常之大電流產生。

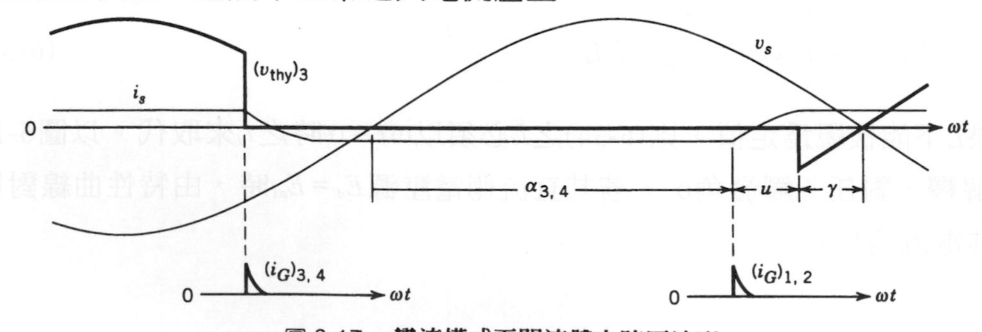

圖 6-17 變流模式下閘流體之跨壓波形

6-3-4-1　變流模式之啓動

圖6-16(a)電路變流模式之啓動方式為：一開始採用大觸發角α(例如：165°)使i_d為不連續(如圖6-18)，接著由控制器逐漸減小α至所需之I_d及P_d為止。

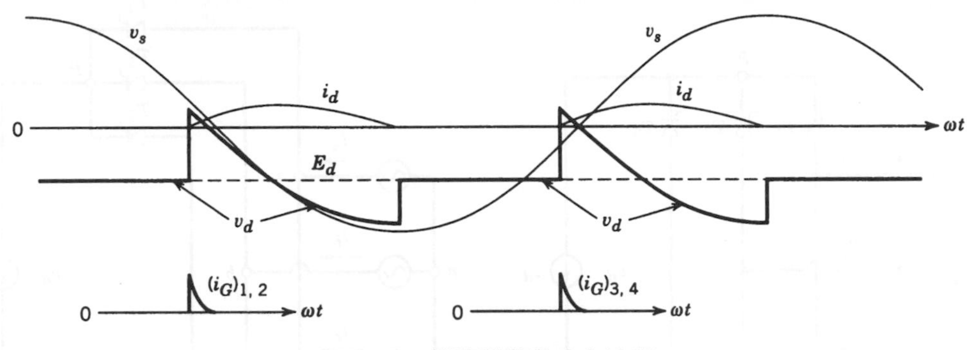

圖6-18　變流器啓動時之波形

6-3-5　交流電壓波形(線電壓之凹陷與失真)(line notching and distortion)

閘流體轉換器會造成線頻噪音(line noise)，主要成因有二：一為線電壓之凹陷；一為線電壓之失真。此二成因將在第6-4-5節之三相轉換器中討論，其原理亦適用於單相轉換器。

6-4　三相轉換器

6-4-1　理想電路($L_s = 0$，$i_d(t) = I_d$)

圖6-4(b)之理想電路如圖6-19(a)所示，其可以重繪成如圖6-19(b)之方式。電流i_d會流經上(1、3、5)下(2、4、6)二組閘流體中各一個閘流體，如果每一閘極之觸發脈衝是連續的(亦即α = 0)，則轉換器形同前述之三相二極體整流器，其電壓及a相電流波形如圖6-20(a)所示，直流電壓之平均值V_{do}為

$$V_{do} = \frac{3\sqrt{2}}{\pi} V_{LL} = 1.35 V_{LL} \tag{6-36}$$

每個閘流體觸發角之零點，如圖6-20(a)所標示之1、2、3、……。觸發角α對轉換器波形之影響如圖6-20(b)至(d)所示，以閘流體5換向至1來說明：當

$\omega t=\alpha$之前，T_5導通；在$\omega t=\alpha$時，T_5轉換成T_1導通，換向時間是瞬時的(因爲$L_s=0$)。a相之電流波形如圖6-20(c)所示，線電壓及直流輸出電壓$V_d(=v_{pn}-v_{Nn})$之波形則如圖6-20(d)所示。

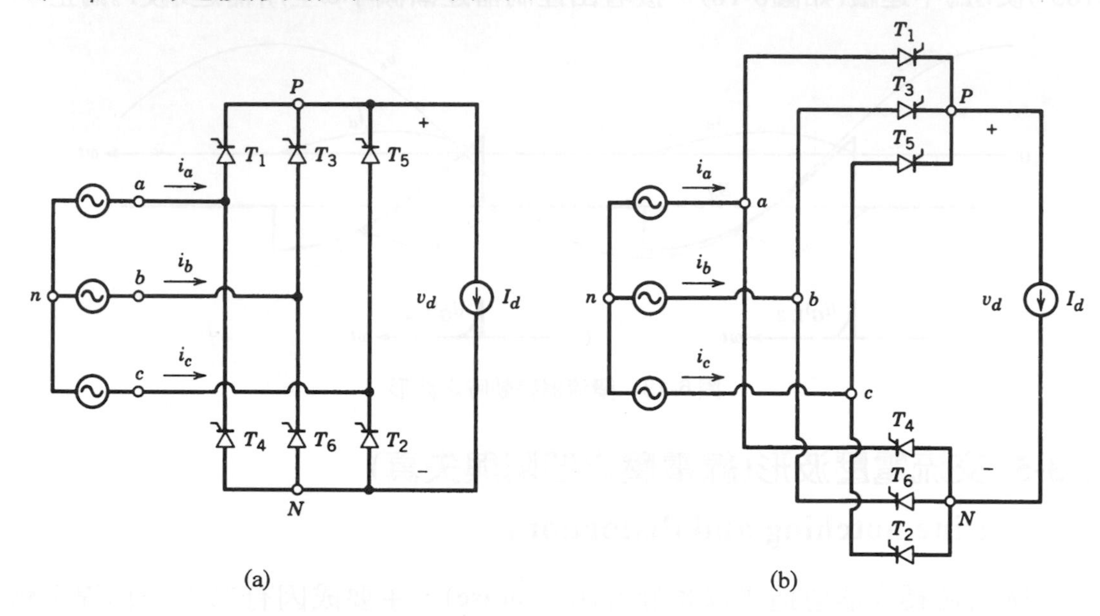

圖 6-19 三相閘流體轉換器，$L_s=0$且爲固定直流電流

v_d之平均值V_d可藉由圖6-20(b)及(d)來計算觸發角α時之V_d值爲

$$V_{d\alpha}=V_{do}-\frac{A_\alpha}{\pi/3} \tag{6-37}$$

圖6-20(b)指出A_α爲$v_{an}-v_{cn}(=v_{ac})$之電壓-弳度積分，此可以圖6-20(d)來進一步證明，其中A_α爲$v_{ab}-v_{cb}(=v_{ac})$之電壓-弳度積分

$$v_{ac}=\sqrt{2}\,V_{LL}\sin\omega t \tag{6-38}$$

因此 $$A_\alpha=\int_0^\alpha\sqrt{2}V_{LL}\sin\omega t\,d(\omega t)=\sqrt{2}V_{LL}(1-\cos\alpha) \tag{6-39}$$

將上式代入(6-37)並利用(6-36)可得

$$V_{d\alpha}=\frac{3\sqrt{2}}{\pi}V_{LL}\cos\alpha=1.35\,V_{LL}\cos\alpha=V_{do}\cos\alpha \tag{6-40}$$

(6-40)不限於$\alpha<60°$，對於任何α角均適用，但$\alpha>60°$之計算有其它更簡易的方法[2]。

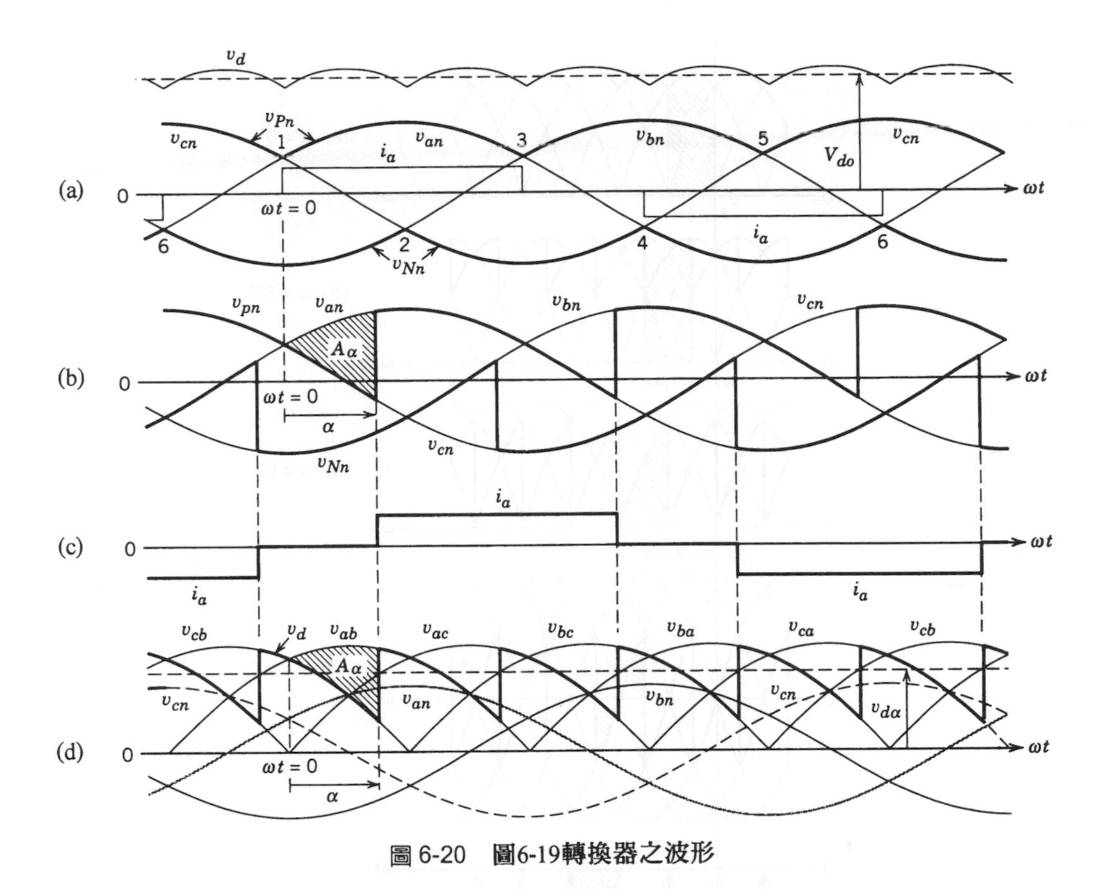

圖 6-20　圖6-19轉換器之波形

(6-40)指出只要i_d連續(且$L_s = 0$)，$V_{d\alpha}$與i_d之平均值I_d無關，V_d為α之函數，其關係與單相系統相同(如圖6-7所示)。在各種不同α角情況下，V_d之波形如圖6-21所示。平均功率為

$$P = V_d I_d = 1.35 V_{LL} I_d \cos\alpha \tag{6-41}$$

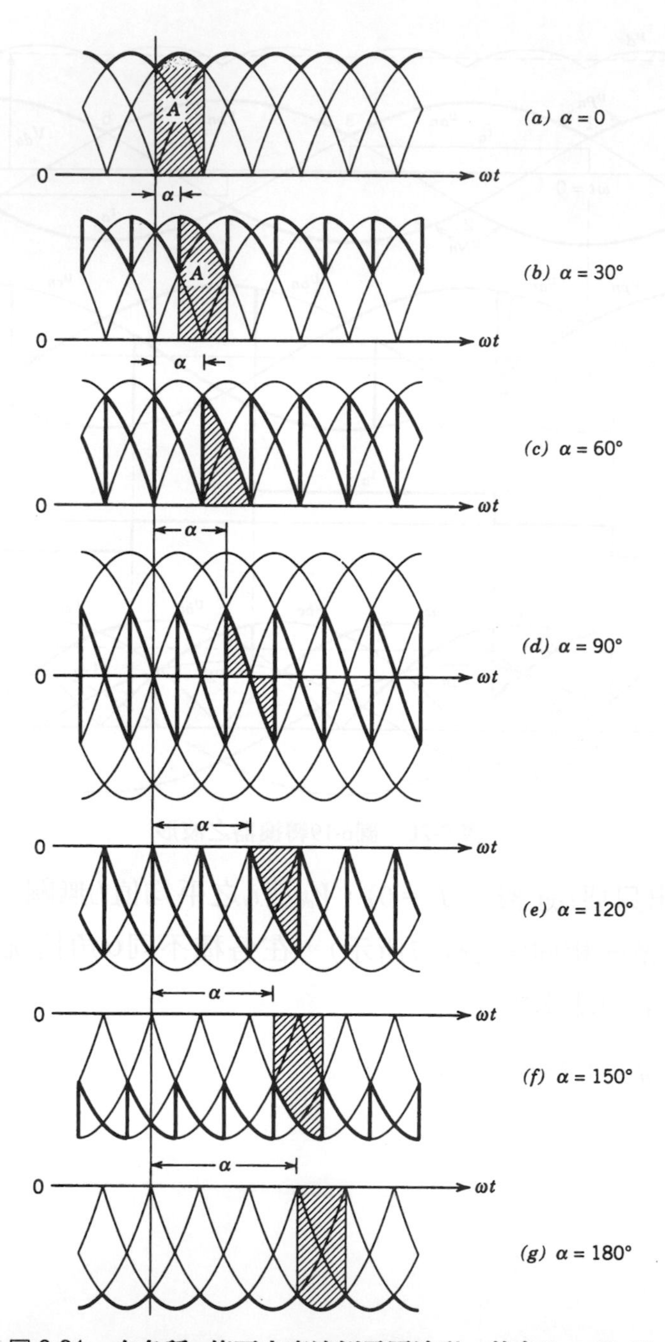

圖 6-21 在各種α值下之直流側電壓波形，其中$V_{d\alpha}=A/(\pi/3)$

6-4-1-1　直流側電壓

圖6-21中之直流側電壓波形均包含一直流(平均)成份$V_{d\alpha}$(= 1.35 $V_{LL}\cos\alpha$)，其交流諧波則為六倍頻，各諧波成份可以傅立葉分析獲得。

6-4-1-2　輸入線電流i_a，i_b及i_c

i_a，i_b及i_c之波形為振幅等於I_d之方波，觸發角為α之i_a波形如圖6-22(a)所示，其傅立葉分析級數表示為

$$\begin{aligned} i_a(\omega t) &= \sqrt{2}I_{s1}\sin(\omega t-\alpha) - \sqrt{2}I_{s5}\sin[5(\omega t-\alpha)] - \sqrt{2}I_{s7}\sin[7(\omega t-\alpha)] \\ &\quad + \sqrt{2}I_{s11}\sin[11(\omega t-\alpha)] + \sqrt{2}I_{s13}\sin[13(\omega t-\alpha)] \\ &\quad - \sqrt{2}I_{s17}\sin[17(\omega t-\alpha)] - \sqrt{2}I_{s19}\sin[19(\omega t-\alpha)]\cdots \end{aligned} \tag{6-42}$$

只存在

$$h = 6n \pm 1 \quad (n = 1,\ 2\ldots,\ ) \tag{6-43}$$

之諧波成份，基本波之均方根值為

$$I_{s1} = 0.78 I_d \tag{6-44}$$

其它諧成份之均方根值與其諧波次數成反比，即

$$I_{sh} = \frac{I_{s1}}{h}\text{，}h = 6n \pm 1 \tag{6-45}$$

諧波之頻譜如圖6-22(b)所示。

由圖6-22 i_a之波形可得其均方根值為

$$I_s = \sqrt{\frac{2}{3}} I_d = 0.816 I_d \tag{6-46}$$

由(6-45)及(6-46)知

$$\frac{I_{s1}}{I_s} = \frac{3}{\pi} = 0.955 \tag{6-47a}$$

因此i_s之THD為

$$\text{THD} = 31.08\% \tag{6-47b}$$

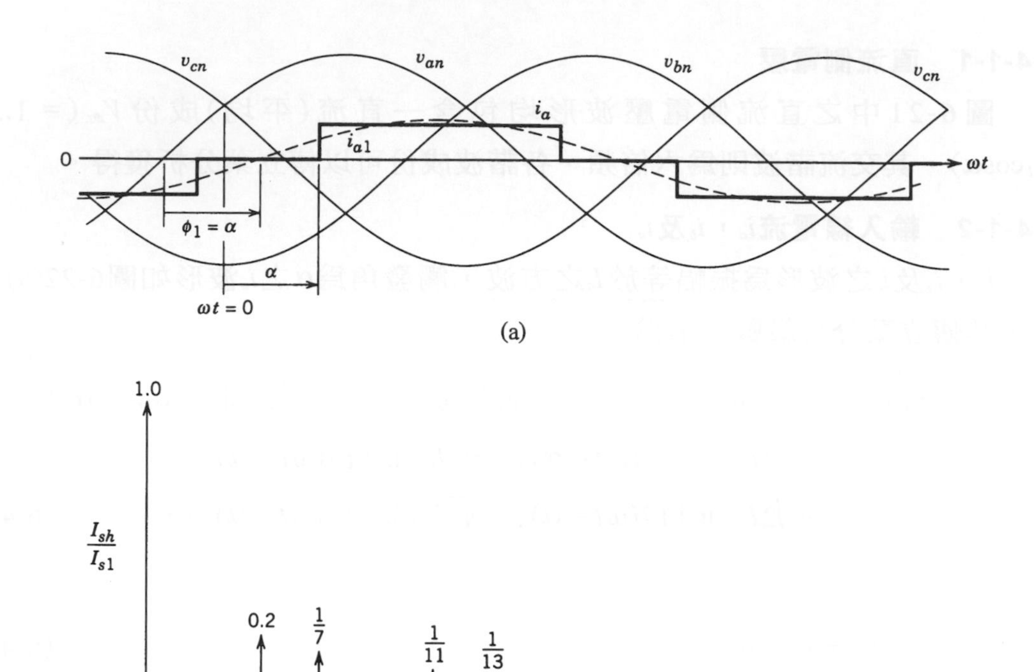

(a)

(b)

圖 6-22　圖6-19三相閘流體轉換器之線電流

6-4-1-3　功率、功率因數與無效功率

圖6-22(a)之

$$\mathrm{DPF} = \cos\phi_1 = \cos\alpha \tag{6-48}$$

由(6-47)及(6-48)知功率因數爲

$$\mathrm{PF} = \frac{3}{\pi}\cos\alpha \tag{6-49}$$

在各種不同α值情況下之電流波形與其基本波之向量表示如圖6-23所示，其中P_1，Q_1及S_1的表示法與單相相同，可以利用相同方式得到與圖6-8(c)相同的表示圖。

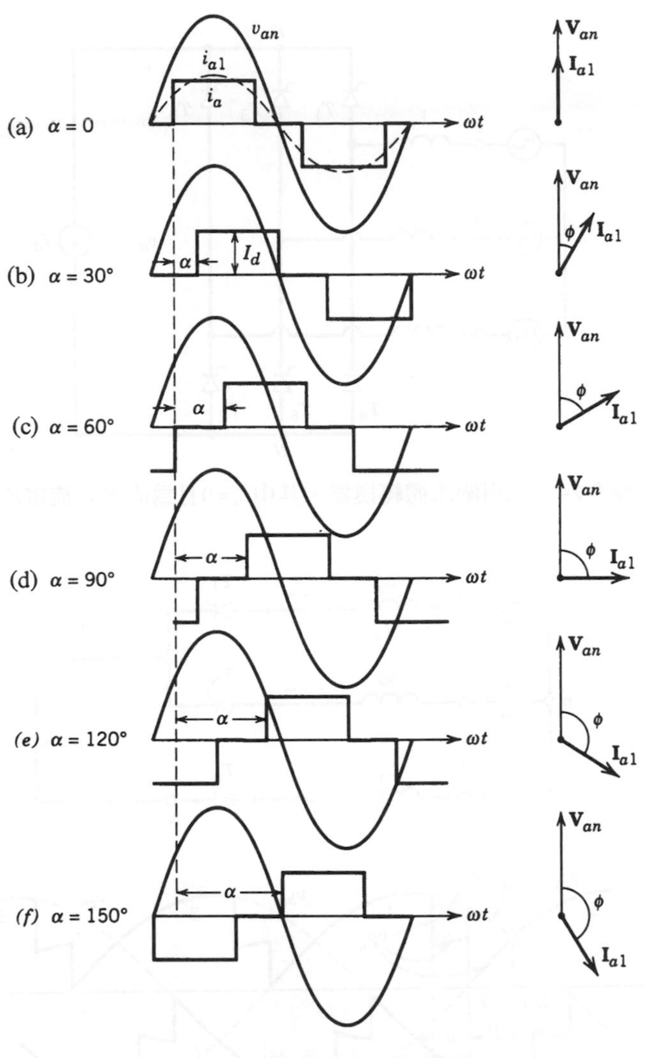

圖 6-23　線電流與α之關係

6-4-2 L_s之效應

考慮圖6-24 $L_s \neq 0$之情況。根據德國VDE標準，此電感值最少為5%，即

$$\omega L_s \geq 0.05 \frac{V_{LL}/\sqrt{3}}{I_{s1}} \tag{6-50}$$

圖6-25為T_5換向至T_1之過程，首先在$\omega t = \alpha$之前為T_5及T_6導通，為方便說明，圖6-25(a)中僅標示電流換向過程中所參與的閘流體，且以v_{an}較v_{cn}為正(即T_1之觸發參考點)之瞬間當成$\omega t = 0$之點(圖6-25(b))。

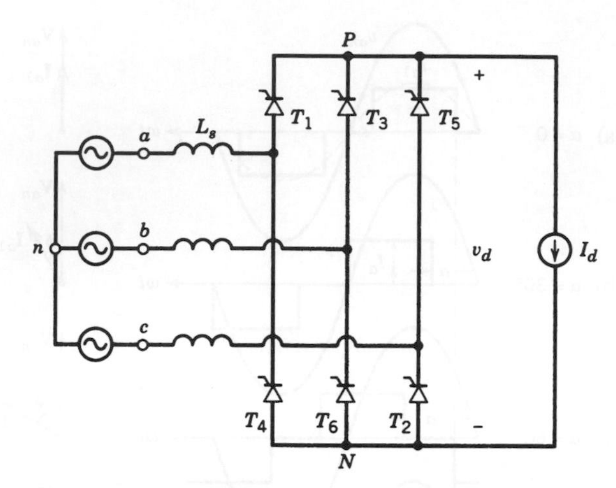

圖 6-24 三相閘流體轉換器，其中$L_s \neq 0$且爲固定直流電流

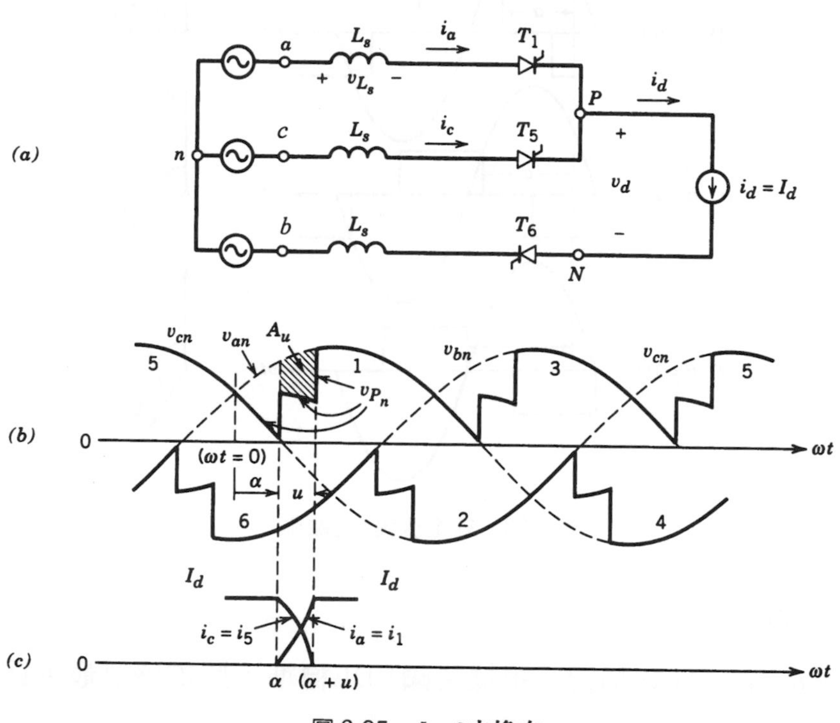

圖 6-25 $L_s \neq 0$之換向

在換向期間u內，T_1與T_5同時導通，因此與此二閘流體連接之L_s與v_{an}及v_{cn}形成短路路徑，故i_a由0上升至I_d，而i_c由I_d減少至0，完成電流由T_5換向至T_1之程序。流經閘流體T_1及T_5之電流波形如圖6-25(c)所示，完整之i_a波形如圖6-26所示。

在圖6-25(a)中$\alpha < \omega t < \alpha + u$期間

$$v_{pn} = v_{an} - v_{L_s} \tag{6-51}$$

其中

$$v_{L_s} = L_s \frac{di_a}{dt} \tag{6-52}$$

由換向所形成之電壓-彈度面積(參考圖6-25(b))為：

$$A_u = \int_{\alpha}^{\alpha+u} v_{L_s} d(\omega t) \tag{6-53}$$

將(6-53)代入(6-52)且利用i_a在此區間由0 上升至I_d可得

$$A_u = \omega L_s \int_0^{I_d} di_a = \omega L_s I_d \tag{6-54}$$

直流電壓之平均值可以利用(6-40)減去$A_u/(\pi/3)$得到：

$$V_d = \frac{3\sqrt{2}}{\pi} V_{LL} \cos\alpha - \frac{3\omega L_s}{\pi} I_d \tag{6-55}$$

在換向期間，由於a相與c相短路，故

$$v_{pn} = v_{an} - L_s \frac{di_a}{dt} \tag{6-56}$$

且

$$v_{pn} = v_{cn} - L_s \frac{di_c}{dt} \tag{6-57}$$

利用(6-56)及(6-57)

$$v_{pn} = \frac{v_{an} + v_{cn}}{2} - \frac{L_s}{2}\left(\frac{di_a}{dt} + \frac{di_c}{dt}\right) \tag{6-58}$$

由於$I_d(=i_a + i_c)$為定值，故

$$\frac{di_a}{dt} = -\frac{di_c}{dt} \tag{6-59}$$

因此，(6-58)可減化為

$$v_{pn} = \frac{1}{2}(v_{an} + v_{cn}) \tag{6-60}$$

v_{pn}在換向期間之波形如圖6-25(b)所示。

結合(6-56)及(6-60)可得

$$L_s\frac{di_a}{dt}=\frac{v_{an}}{2}-\frac{v_{cn}}{2}=\frac{v_{ac}}{2} \tag{6-61}$$

因圖6-25(b)中，$v_{ac}=\sqrt{2}V_{LL}\sin\omega t$，故(6-61)可化成

$$\frac{di_a}{d(\omega t)}=\sqrt{2}\,\frac{V_{LL}\sin\omega t}{2\omega L_s}$$

或

$$\int_0^{I_d}di_a=\sqrt{2}\,\frac{V_{LL}}{2\omega L_s}\int_0^{\alpha+u}\sin\omega t\,d(\omega t)$$

由其積分結果可知

$$\cos(\alpha+u)=\cos\alpha-\frac{2\omega L_s}{\sqrt{2}V_{LL}}I_d \tag{6-62}$$

因此，若I_d及α已知，換向期間u便可求得而不需知道V_d。

6-4-2-1　輸入線電流

圖6-26中i_a之波形可以梯形來近似，根據此假設可得

$$\text{DPF}\cong\cos\left(\alpha+\frac{1}{2}u\right) \tag{6-63}$$

另外一種DPF的表示如(6-64)所示，其乃利用交流側之功率等於直流側者所得[2]，詳見習題6-11。

$$\text{DPF}\cong\frac{1}{2}[\cos\alpha+\cos(\alpha+u)] \tag{6-64}$$

L_s可以降低交流側電流之諧波大小，圖6-27(a)至(d)所示爲u對應不同α值時，各種不同諧波值之大小，其中I_d爲定值，且諧波電流均以$L_s=0$時之I_1爲基底作正規化。

典型($L_s=5\%$)及理想($L_s=0$)情況下之諧波電流如表6-1所示。

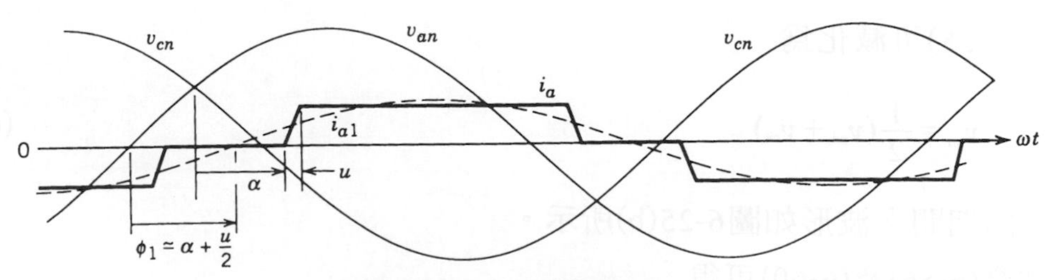

圖 6-26　$L_s\neq 0$之線電流

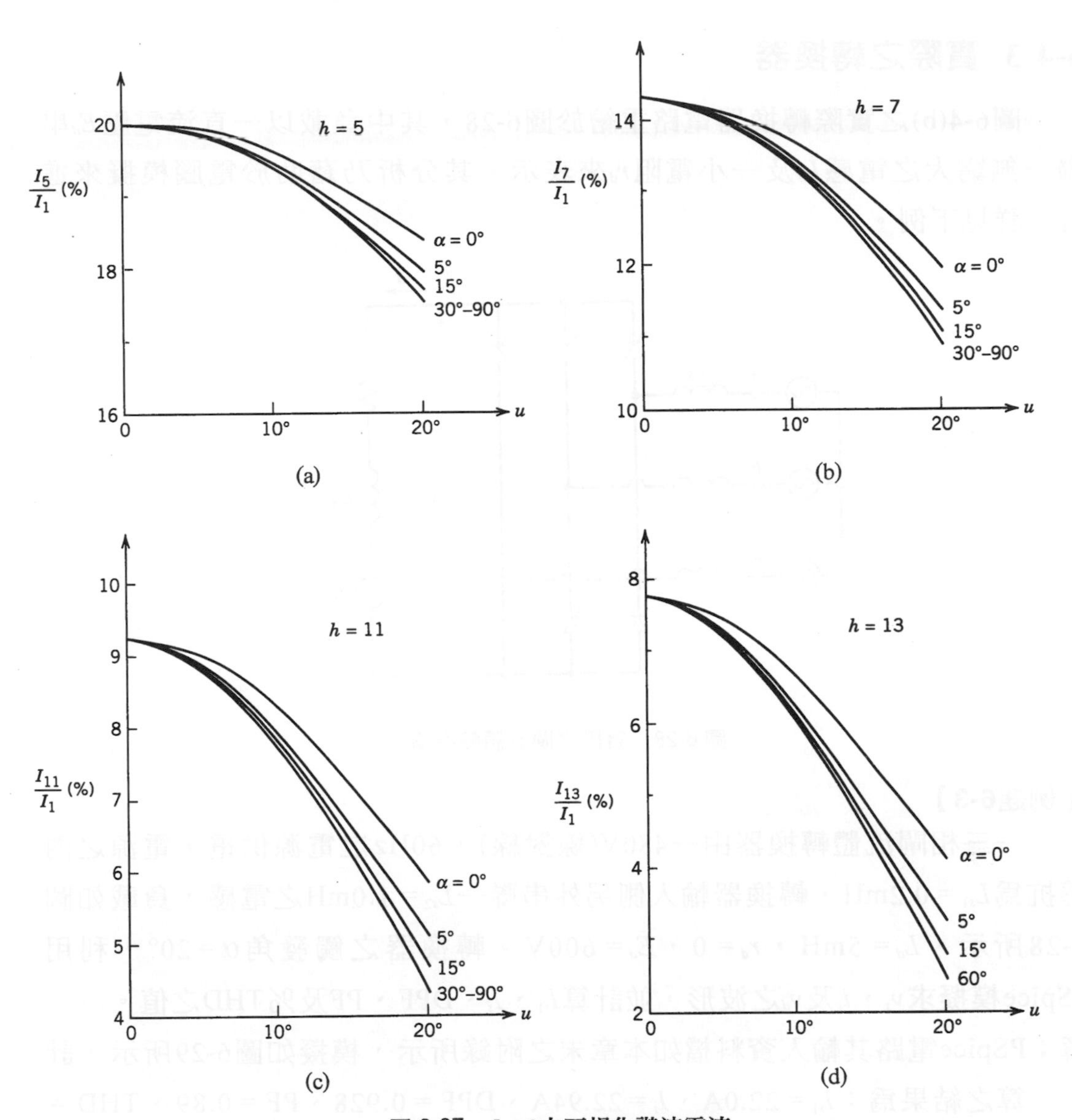

圖 6-27　$L_s \neq 0$之正規化諧波電流

表 6-1　典型及理想之諧波值

	h	5	7	11	13	17	19	23	25
典型	I_h/I_1	0.17	0.10	0.04	0.03	0.02	0.01	0.01	0.01
理想	I_h/I_1	0.20	0.14	0.09	0.07	0.06	0.05	0.04	0.04

6-4-3 實際之轉換器

圖6-4(b)之實際轉換器電路重繪於圖6-28，其中負載以一直流電壓E_d串聯一無窮大之電感L_d及一小電阻r_d來表示。其分析乃藉助於電腦模擬來進行，詳見下例。

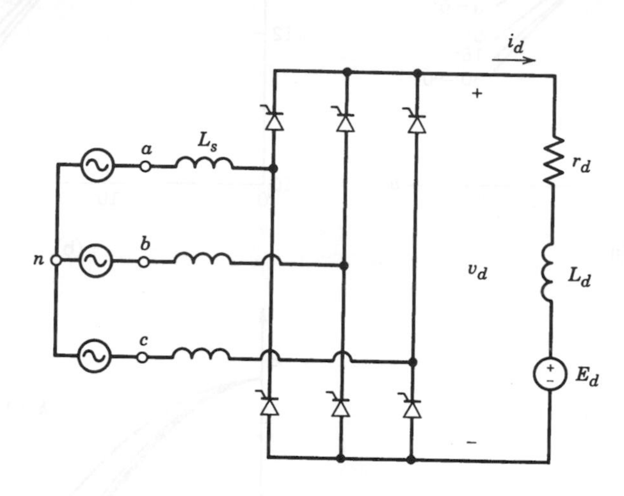

圖 6-28　實際之閘流體轉換器

【例題6-3】

一三相閘流體轉換器由一480V(線對線)，60Hz之電源供電，電源之內感抗爲L_{s1} = 0.2mH，轉換器輸入側另外串聯一L_{s2} = 1.0mH之電感，負載如圖6-28所示，L_d = 5mH，r_d = 0，E_d = 600V。轉換器之觸發角$\alpha = 20°$，利用PSpice模擬求v_s，i_s及v_d之波形，並計算I_{s1}、I_s、DPF、PF及%THD之值。

解： PSpice電路其輸入資料檔如本章末之附錄所示，模擬如圖6-29所示。計算之結果爲：I_{s1} = 22.0A、I_s = 22.94A、DPF = 0.928、PF = 0.89、THD = 29.24%。■

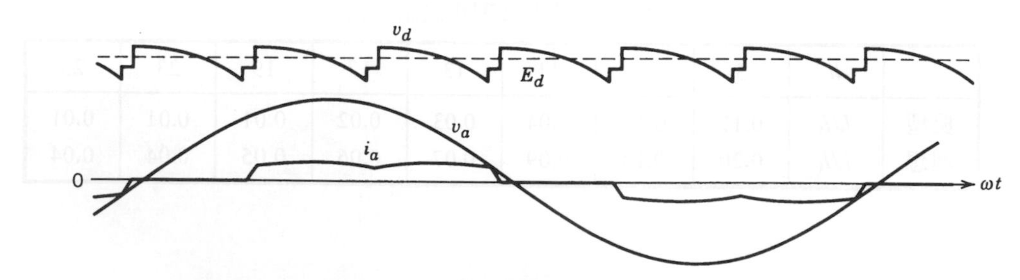

圖 6-29　圖6-28轉換器之波形

6-4-3-1　非連續導通模式

與單相轉換器類似，三相轉換器(圖6-28)之直流側電流i_d可能不連續，如圖6-30所示。E_d愈大，I_d愈小，容易造成不連續之i_d。因此欲調整V_d爲定值，在低I_d值時，α必須加大。

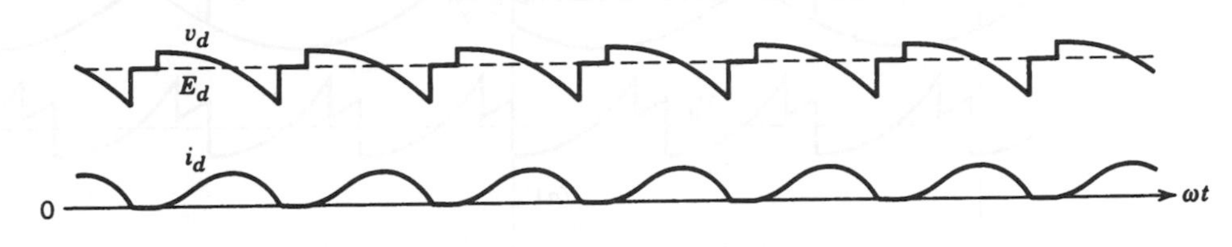

圖 6-30　在不連續導通模式下之波形

6-4-4 變流操作模式

三相閘流體轉換器之變流操作模式，如同單相系統一般，可以輸出爲固定電流源I_d之情況來分析，如圖6-31所示。其觸發角α介於90°與180°，典型的電壓電流波形如圖6-32(a)所示。平均值V_d由(6-55)知爲負值。由交流側v_s與i_{s1}之相位差ϕ_1大於90°(圖6-32(b))亦可知功率爲負值。

對於圖6-33(a)之實際電路，若已知E_d及α值，操作點可以由圖6-33(b)之特性曲線求得。

閘流體之熄滅角$\gamma(=180°-\alpha-u)$必須大於其截止時間ωt_q，如圖6-34所示，其中v_5爲閘流體T_5之跨壓。

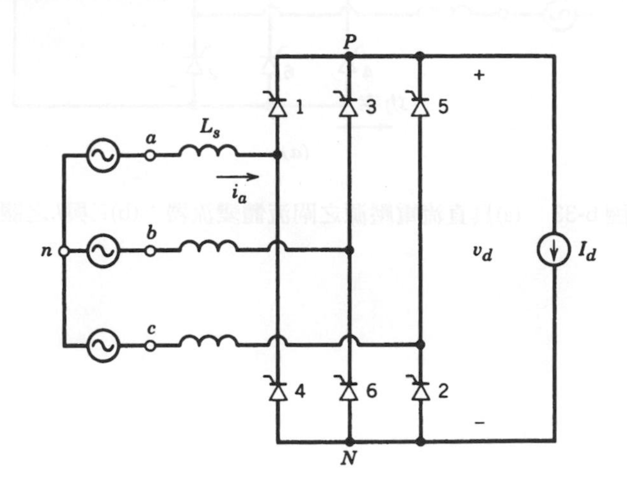

圖 6-31　具固定直流電流源之變流器

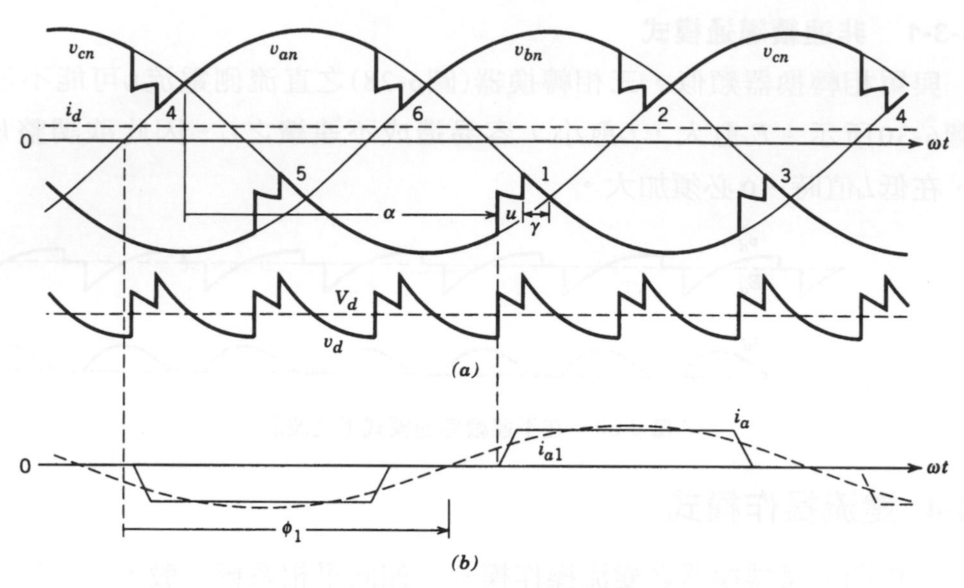

圖 6-32 圖6-31中變流器之波形

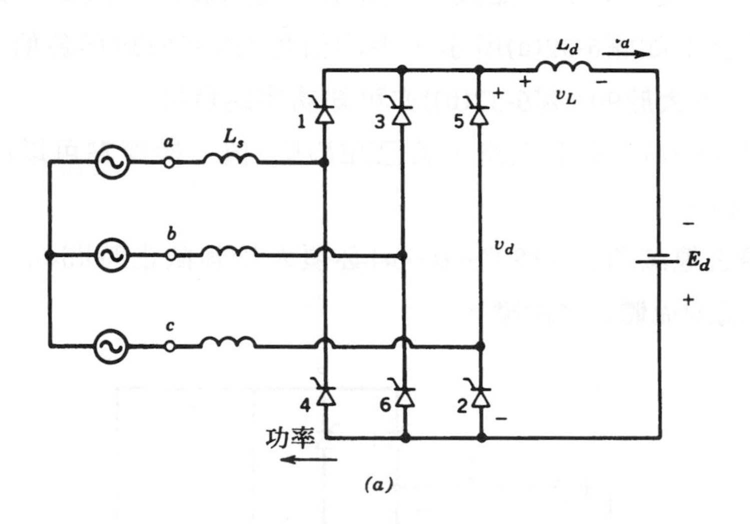

圖 6-33 (a)具直流電壓源之閘流體變流器；(b)V_d與I_d之關係

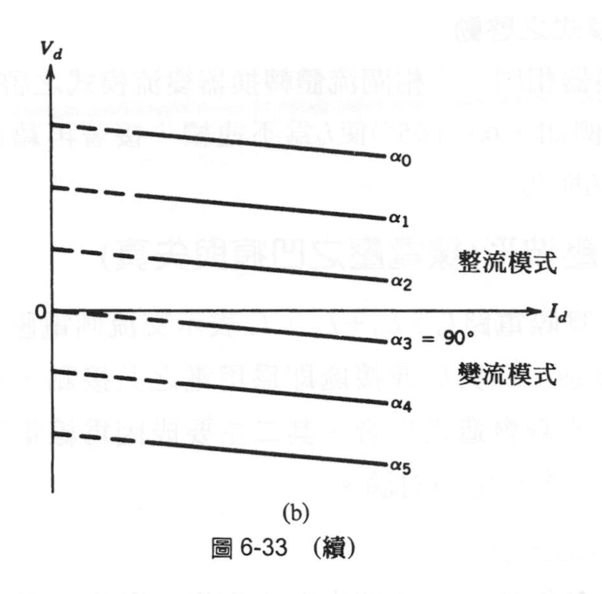

(b)

圖 6-33 （續）

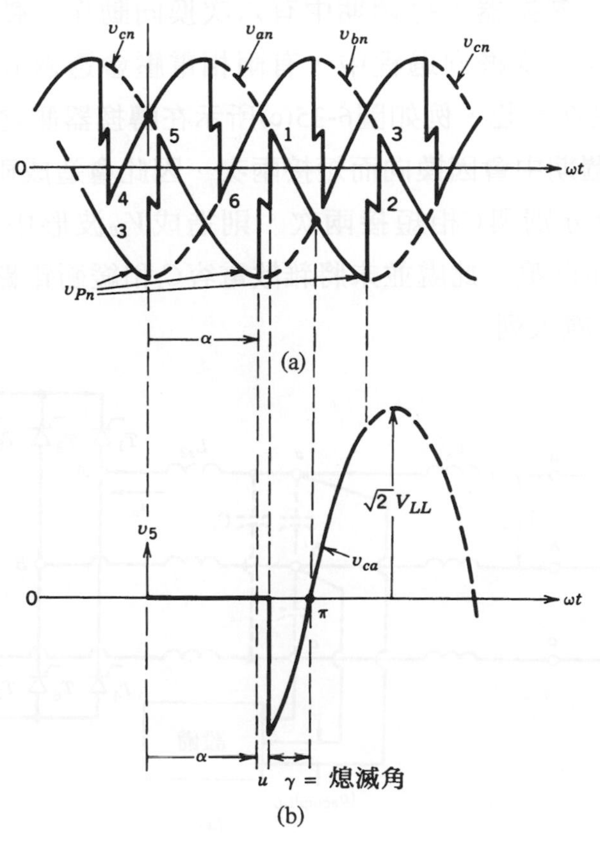

(b)

圖 6-34　在變流模式下閘流體之跨壓

6-4-4-1 變流模式之啓動

與單相轉換器相同，三相閘流體轉換器變流模式之啓動方式為：一開始使用大觸發角(例如，$\alpha = 165°$)使i_d為不連續，接著再藉由控制器逐漸減少α，得到所需之I_d與P_d。

6-4-5 交流電壓波形(線電壓之凹痕與失真)

圖6-35(a)之實際電路$L_s = L_{s1} + L_{s2}$，L_{s1}表示交流側電壓源內阻抗之電感，L_{s2}為轉換器之電感，L_{s1}與L_{s2}連接處即為用電之共接點，亦可能提供其他負載用電。閘流體本身會造成噪音，其二主要成因為線電壓之凹陷與波形失真，我們將在以下各小節中討論。

6-4-5-1 線電壓之凹痕

圖6-35(a)之轉換器，每週期中有六次換向動作，轉換器電壓波形如圖6-35(b)所示。每一次換向過程中，有兩相電壓會透過同時導通之閘流體經各相之L_s而短接在一起。例如圖6-35(c)所示在轉換器側之線電壓v_{AB}，其A、B二相電源在每週期中會因換向而短接兩次，因此會造成兩個最深的凹痕。另外A相與B相會分別與C相短接兩次，則造成V_{AB}波形中其它四次較淺之凹痕。為清楚顯示凹痕，此處並未將雜散電容C_s和緩衝電路(snubber)所造成之環振(ringing)考慮入列。

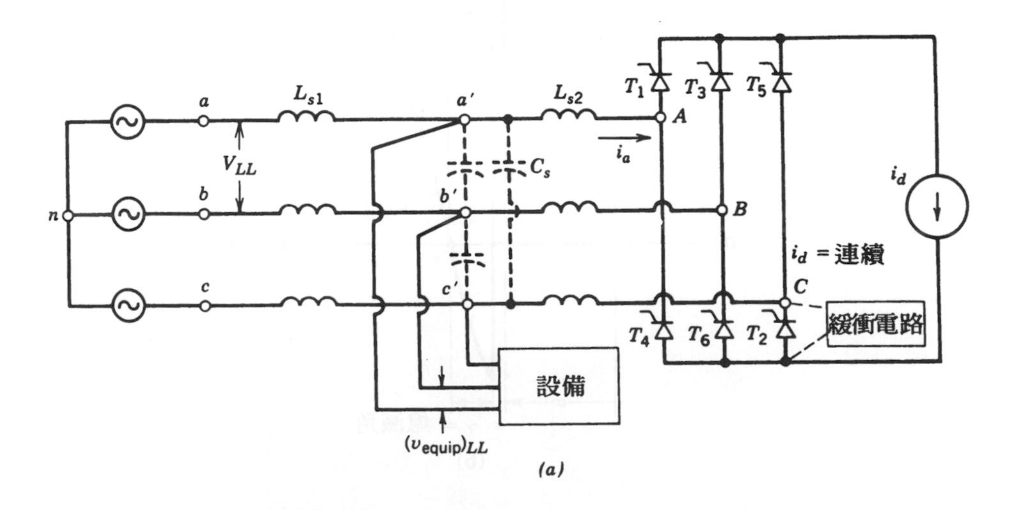

圖6-35 線電壓之凹痕：(a)電路；(b)相電壓；(c)線對線電壓v_{AB}

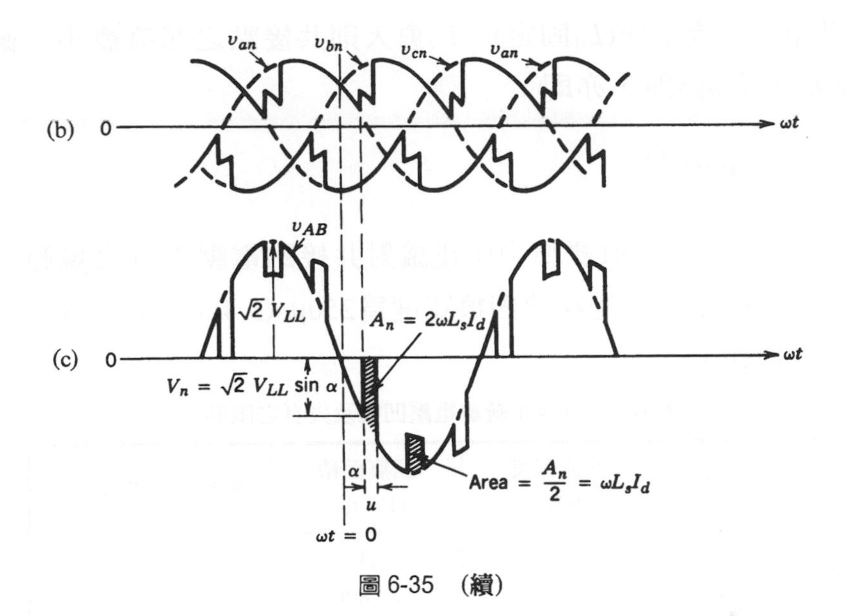

圖 6-35　(續)

圖6-35(c)中由AB二相所造成最深的凹痕之面積應為圖6-25(b)中A_u面積之兩倍，因此由(6-54)可知

$$\text{最深凹痕之面積} A_n = 2\omega L_s I_d \tag{6-65}$$

凹痕之寬度u可以由(6-62)計算得知，假設u很小，凹痕之深度可以近似成

$$\text{最深凹痕深度} \cong \sqrt{2}V_{LL}\sin\alpha \tag{6-66}$$

由(6-65)及(6-66)可得

$$\text{凹痕之寬度} u = \frac{\text{凹痕面積}}{\text{凹痕深度}} \cong \frac{2\omega L_s I_d}{\sqrt{2}V_{LL}\sin\alpha} \tag{6-67}$$

精確之u必需以(6-62)來計算。

圖6-35(c)中其它較淺之凹痕的寬度亦均等於上述(6-67)中之u，然而其深度僅為上述最深凹痕之一半。

實際所要關心的乃是在與其它負載連接之共接點的凹痕現象。例如v_{ab}凹痕之寬度為u，但其深度及面積必須將v_{AB}著乘上一比例係數ρ：

$$\rho = \frac{L_{s1}}{L_{s1} + L_{s2}} \tag{6-68}$$

因此對一已知之交流系統(L_{s1}固定)，L_{s2}愈大則共接點之凹痕愈小，德國VDE標準規定ωL_{s2}至少爲5%，亦即

$$\omega L_{s2} I_{a1} \geq 0.05 \frac{V_{LL}}{\sqrt{3}} \tag{6-69}$$

表6-2所示爲IEEE 519-1981標準中所建議對共接點電壓失真之規範。此外，此標準亦建議轉換器必需能在線凹痕寬度爲250μs(5.4°)且深度爲額定線電壓70%的環境下操作。

表 6-2　460V系統線電壓凹痕及失真之限制

分　　類	凹痕深度 ρ(%)	凹痕面積 (V・μs)	電壓之總諧波失真
特殊用途	10	16,400	3
一般系統	20	22,800	5
專門系統	50	36,500	10

由於雜散電容(或任何輸入側使用之濾波電容)及緩衝器電路之存在，在換向過程中電壓將出現環振(ring)現象而造成瞬間之過壓，損壞設備內之暫態限制器(transient suppressors)。

6-4-5-2　電壓失眞

在共接點的電壓失真可由輸入電流之諧波成份I_h及電源之內阻抗L_{s1}計算：

$$\%\mathrm{THD} = \frac{\left[\sum_{h \neq 1} (I_h \times \omega L_{s1})^2\right]^{1/2}}{V_{\text{phase(fundamental)}}} \times 100\% \tag{6-70}$$

電壓失真之建議標準如表6-2所示。

值得注意的是，此電壓失真亦可藉由線電壓之凹痕來計算之，方法爲：利用線電壓波形每個週期中六個凹痕的均方根值來計算，而線電壓之基本波形則可以V_{LL}來近似(習題6-21)。

6-5　其它三相轉換器

前述之三相轉換器爲全橋六脈波式(full-bridge，six pulse)，尚有其它形式之三相轉換器，如：12脈波式、高脈波式、具星形連接(star-connected)變壓器之六脈波式、具分相(interphase)變壓器之六脈波式、半控橋式整流器等等。轉換器型式之選擇視其用途而定，例如，12脈波式適用於高壓直流傳輸(第十七章)。這些轉換器在參考文獻[2]中有詳細的介紹。

結　論

1. 線頻控制整流器及變流器用以控制線頻交流與可控直流間功率之轉移。藉由調整導通延遲，轉換器可以平滑地在整流模式與變流模式間作切換。其直流電壓極性可反向，但直流電流爲單向性。
2. 相位控制轉換器的主要用途爲高功率應用。
3. 相位控制轉換器會注入諧波於公用電源。在低值V_d時，其功率因數及位移因數均很差。此外，其亦會造成線電壓波形之凹痕。
4. 閘流體轉換器穩態下控制輸入與平均輸出電壓之關係如圖6-36所示。以動態特性來看，輸出電壓並不會隨控制輸入之變化而立即反應，其延遲時間爲線頻之部份週期且單相轉換器之響應延遲較三相轉換器爲大。

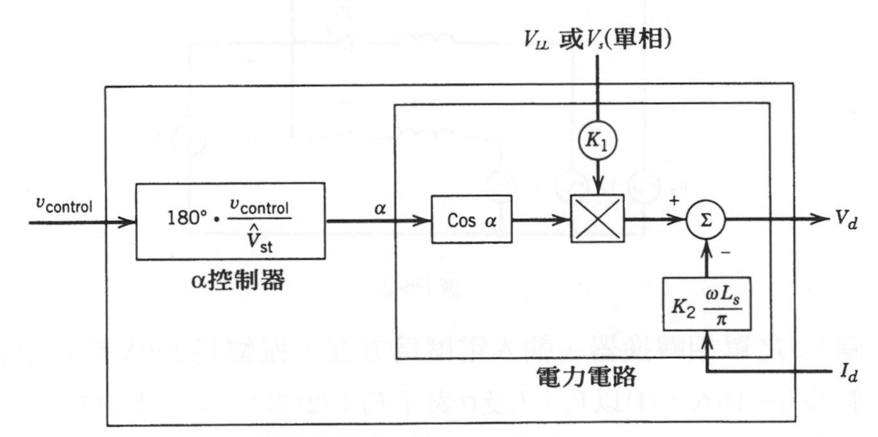

單相全橋式：$K_1=0.9$，$K_2=2$

三相全橋式：$K_1=1.35$，$K_2=3$

圖 6-36　閘流體轉換器輸出電壓之通用表示(具直流電源I_d)

習　題

基本觀念

6-1　圖P6-1之電路，v_{s1}與v_{s2}均為120V，60Hz但相差180°。假設$L_s = 5$mH且I_d為直流10A。求(1) $\alpha = 45°$及(2) $\alpha = 135°$時，v_{s1}，i_{s1}及v_d之波形，並計算v_d之平均值V_d及換向期間u之大小。

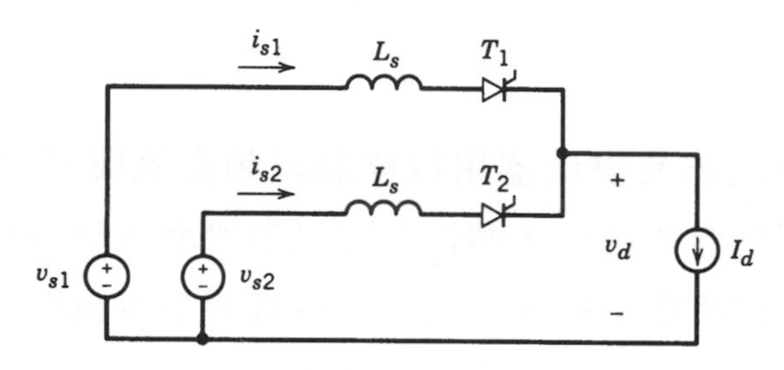

圖 P6-1

6-2　圖P6-2之電路，v_a，v_b及v_c為120V，60Hz之平衡三相電壓。假設$L_s = 5$ mH且I_d為直流10A。求(1) $\alpha = 45°$及(2) $\alpha = 135°$時，v_a，i_a及v_d之波形，並計算v_d之平均值V_d及換向期間u之大小。

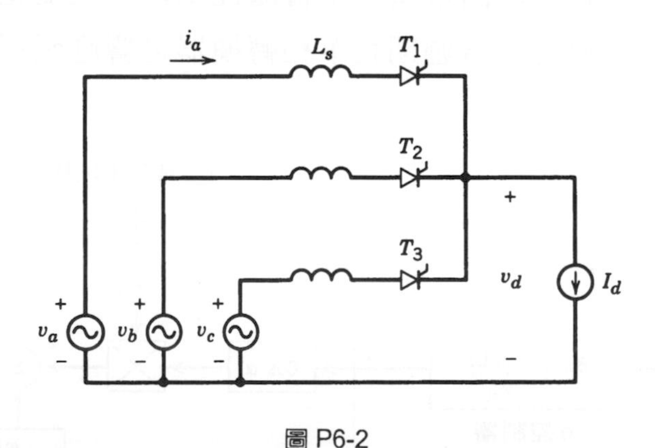

圖 P6-2

6-3　圖6-5之單相轉換器，輸入電壓為方波，振幅為200V且頻率為60Hz。假設$I_d = 10$A。(1)以V_s，I_d及α表示V_d；(2)求$\alpha = 45°$及135°時之v_d波形及其平均值V_d。

6-4　圖6-9之單相轉換器,輸入電壓為方波，振幅200V，60Hz。假設$L_s = 3$

mH，$I_d=10A$。(1)以V_s、L_s、ω、I_d及α表示u及V_d，為何u與α無關，即不同於(6-24)；(2)求α＝45°及135°時之i_s及v_d波形，並計算換向期間u及V_d之值。

單相轉換器

6-5　考慮如圖P6-5之單相半控式轉換器，v_s為純正弦。(1)試求α＝45°、90°及135°時，v_s、i_s及v_d之波形，並標示各期間之元件導通情況；(2)計算$V_d=\frac{1}{2}V_{do}$之DPF、PF及%THD(V_{do}為α＝0之直流輸出)；(3)重覆(2)若電路改為全橋式轉換器；(4)比較(2)及(3)之結果。

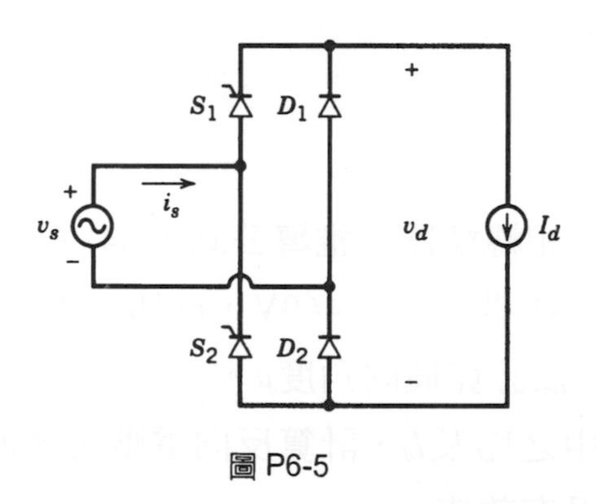

圖 P6-5

6-6　圖6-5(a)之單相轉換器，試以V_s及I_d表示流經每一閘流體之電流平均值、rms值以及其承受之反向電壓之峰值。

6-7　圖6-9之單相轉換器提供一1kW之直流負載，其輸入由一1.5kVA，120V，60Hz之隔離變壓器供電。變壓器之總漏感為8%(以額定值為基底)，交流電壓為115V，−10%及＋5%，假設L_d夠大使$i_d=I_d$。(1)計算變壓器之最小匝數比使直流輸出為固定100V。(2)當V_s＝115V＋5%時，α＝？

6-8　公式(6-26)可以圖P6-8之等效電路表示。其中R_u用以代表由I_d所造成之電壓降。試以熄滅角γ來表示操作於變流模式下之比等效電路。

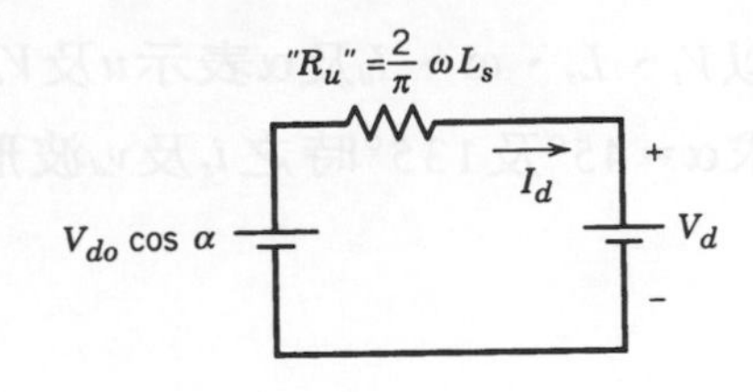

圖 P6-8

6-9　圖6-16(a)之單相變流器，$V_s = 120$V，60Hz，$L_s = 1.2$mH，$L_d = 20$mH，$E_d = 88$V，$\alpha = 135°$。利用PSpice求v_s，i_s，v_d及i_d之穩態波形。

6-10　同習題6-9：⑴將α角由165°變化至120°，繪出$I_d - \alpha$之特性圖。⑵計算使i_d成爲連續之最大觸發角α_b。⑶爲何在此α範圍內，特性曲線之斜率與L_s有關。

三相轉換器

6-11　利用圖6-24之三相轉換器，推導公式(6-64)。

6-12　圖6-24之三相轉換器，$V_{LL} = 460$V，60Hz，$L_s = 25$mH。若$V_d = 525$V，且$P_d = 500$kW，試計算換向角度u。

6-13　利用圖6-19(a)中之V_{LL}及I_d，計算反向電壓之峰值以及流經每一閘流體之電流的平均及有效值。

6-14　圖6-28之三相轉換器，假設L_s及r_d可忽略且E_d爲一直流電壓。試推導在已知V_{LL}，ω，L_d及$\alpha = 30°$下，使電流爲連續之最小直流電流I_{dB}。

6-15　如圖P6-15之三相半控式轉換器。假設$L_s = 0$：⑴計算$V_d = V_{do}$時之α。⑵繪出v_d之波形並標示各區間之元件導通情況。⑶求輸入電流之DPF、PF及％THD，並與全橋式轉換器操作在$V_d = 0.5\,V_{do}$之結果相比。

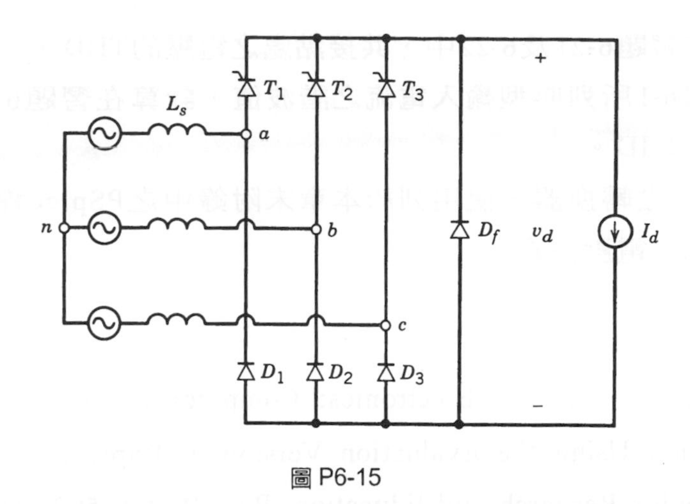

圖 P6-15

6-16　同習題6-15，但圖P6-15之電路中無D_f。

6-17　圖6-24之三相轉換器提供一12kW之直流負載，其由一Y－Y連接各相額定為120V，60Hz，5kVA之變壓器供電。變壓器之漏感為8%(以額定為基底)，交流輸入電壓為208V(線對線)－10%＋5%。假設L_d夠大使$i_d = I_d$。⑴計算使直流輸出固定為300V之變壓器最小匝數比。⑵當$V_s = 208V + 5\%$時，$\alpha = ?$

6-18　圖6-33(a)之三相變流器，$V_{LL} = 460V$，60Hz，$E_d = 550V$，$L_s = 0.5mH$，假設L_d夠大使$i_d = I_d$。若轉移功率為55kW，求α及γ＝？

6-19　利用表6-1計算典型及理想情況下電流之I_1/I與THD。

6-20　圖6-19之三相轉換器，假設輸入交流電壓及直流側電流I_d為固定。試在線電流基本波與實功之平面上繪出在各種不同α值下之虛功軌跡。

6-21　圖6-35(a)之電路，L_{s1}表一三相額定50kVA，480V，60Hz變壓器之漏感，其值為6%(相對於額定值之基底)。假設L_{s2}為一200ft長之電纜，其單相電感值為0.1μH/ft。交流輸入電壓為460V(線對線)且直流側轉移之功率在525V下為25kW。試計算在共接點處電壓凹痕之寬度(以ms表示)以及凹痕之深度ρ(以百分表表示)；計算凹痕之面積(以V_{rms}表示)並與表6-2之限制比較。

6-22　同習題6-21，若轉換器之輸入再加一額定40kVA，480V，1：1之三相變壓器，其漏電感為3%。

6-23 計算在習題6-21及6-22中，共接點處之電壓的THD。

6-24 使用表6-1所列典型輸入電流之諧波值，計算在習題6-21中共接點處電壓之THD。

6-25 例題6-3之轉換器，使用列於本章末附錄中之PSpice程式，計算在共接點處之電壓失真。

參考文獻

1. N. Mohan, "Power Electronics: Computer Simulation, Analysis, and Education Using the Evaluation Version of PSpice," Minnesota Power Electronics Research and Education, P.O. Box 14503, Minneapolis, MN 55414.
2. E. W. Kimbark, *Direct Current Transmission*, Vol. 1, Wiley-Interscience, New York, 1971.
3. B. M. Bird and K. G. King, *An Introduction to Power Electronics*, Wiley, New York, 1983.
4. Institute of Electrical and Electronics Engineers, "IEEE Guide for Harmonic Control and Reactive Compensation of State Power Converters," ANSI/IEEE Standard 519-1981, IEEE, New York.
5. D. A. Jarc and R. G. Schieman, "Power Line Considerations for Variable Frequency Driver," *IEEE Transactions on Industry Applications*, Vol. IAS, No. 5, September/October 1985,pp. 1099-1105.
6. Institute of Electrical and Electronics Engineers, "IEEE Standard Practice and Requirements for General Purpose Thyristor DC Driver," IEEE Standard 597-1983, IEEE, New York.
7. M. Grotzbach, W. Frankenberg, "Injected Currents of Controlled AC/DC Converters for Harmonic Analysis in Industrial Power Plants," *Proceedings of the IEEE International Conference on Harnomics in Power Systems*, September 1992, Atlanta, GA, pp. 107-113.
8. N. G. Hingorani, J. L. Hays and R. E. Crosbie, "Dynamic Simulation of

HVDC Transmission Systems on Digital Computers," *Proceedings of the IEEE*, Vol. 113, No. 5, May 1966, pp. 793-802.

附　錄

例題6-2之PSpice輸入電路檔案

```
* Single-Phase, Thyristor-Bridge Rectifier
.PARAM PERIOD = {1/60}, ALFA= 45.0, PULSE_WIDTH=0.5ms
.PARAM HALF_PERIOD = {1/120}
*
LS1    1  2  0.1mH  IC = 10A
LS2    2  3  1.3mH  IC = 10A
LD     4  5  9mH
VD     5  6  145V
*
XTHY1 3  4  SCR  PARAMS:  TDLY=0                ICGATE=2V
XTHY3 0  4  SCR  PARAMS:  TDLY={HALF_PERIOD}  ICGATE=0V
XTHY2 6  0  SCR  PARAMS:  TDLY=0                ICGATE=2V
XTHY4 6  3  SCR  PARAMS:  TDLY={HALF_PERIOD}  ICGATE=0V
*
VS     1  0  SIN(0 340V 60 0 0 {ALFA})
*
.TRAN     50us   100ms    0    50us  UIC
.PROBE
.FOUR 60.0 v(1) i(ls1) i(ld)

.SUBCKT SCR 101 103 PARAMS: TDLY=1ms ICGATE=0V
* Power Electronics: Simulation, Analysis  Education.....by N. Mohan.
SW       101 102  53 0 SWITCH
VSENSE   102 103  0V
RSNUB    101 104  200
CSNUB    104 103  1uF
*
VGATE    51  0  PULSE(0 1V {TDLY} 0 0 {PULSE_WIDTH} {PERIOD})
RGATE    51  0  1MEG
EGATE    52  0  TABLE {I(VSENSE)+V(51)} = (0.0,0.0) (0.1,1.0) (1.0,1.0)
RSER     52  53 1
CSER     53  0  1uF  IC={ICGATE}
*
.MODEL  SWITCH VSWITCH ( RON=0.01 )
.ENDS

.END
```

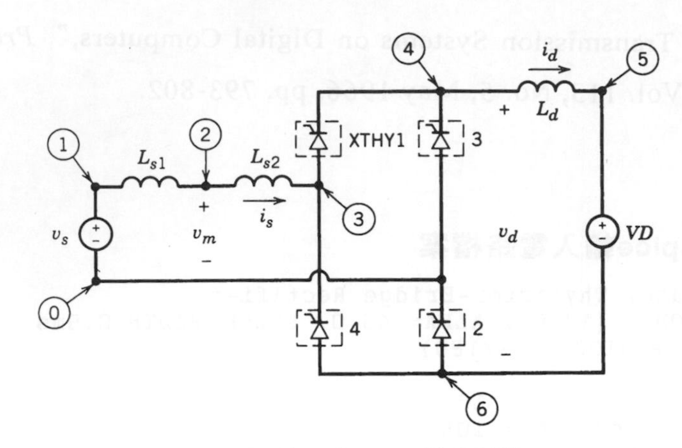

圖 6A-1　例題6-2之PSpice輸入電路

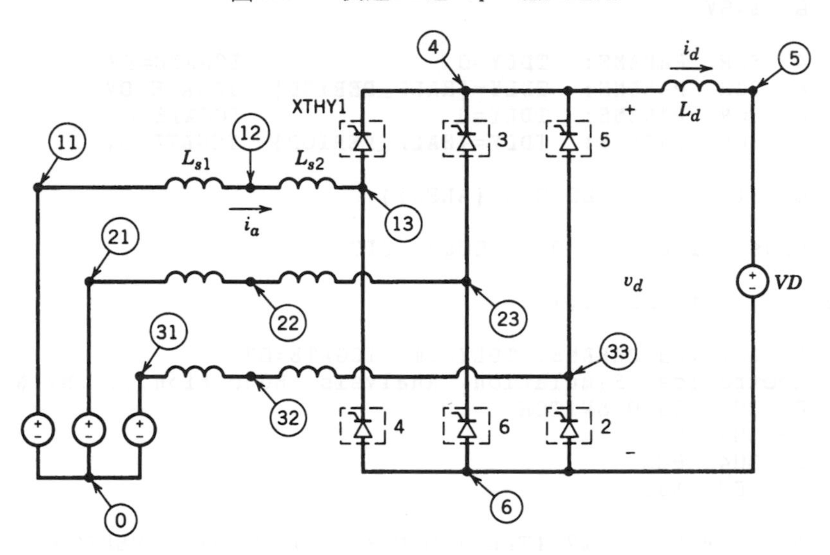

圖 6A-2　例題6-2之PSpice輸入電路

例題6-3之PSpice輸入電路檔案

```
* Three-Phase, Thyristor-Bridge Rectifier
.PARAM PERIOD= {1/60}, DEG120= {1/(3*60)}
.PARAM ALFA= 20.0, PULSE_WIDTH=0.5ms
*
LS1A    11   12   0.2mH    IC=45A
LS2A    12   13   1.0mH    IC=45A
LS1B    21   22   0.2mH    IC=-45A
LS2B    22   23   1.0mH    IC=-45A
LS1C    31   32   0.2mH
LS2C    32   33   1.0mH
*
LD      4    5    5mH      IC=45A
VD      5    6    600.0V
*
XTHY1   13   4    SCR     PARAMS: TDLY=0              ICGATE=2V
XTHY3   23   4    SCR     PARAMS: TDLY={DEG120}       ICGATE=0V
XTHY5   33   4    SCR     PARAMS: TDLY={2*DEG120}     ICGATE=0V
XTHY2   6    33   SCR     PARAMS: TDLY={DEG120/2}     ICGATE=0V
XTHY4   6    13   SCR     PARAMS: TDLY={3*DEG120/2}   ICGATE=0V
XTHY6   6    23   SCR     PARAMS: TDLY={5*DEG120/2}   ICGATE=2V
*
VSA     11   0  SIN(0 391.9V 60 0 0 {30+ALFA})
VSB     21   0  SIN(0 391.9V 60 0 0 {-90+ALFA})
VSC     31   0  SIN(0 391.9V 60 0 0 {-210+ALFA})
*
.TRAN  50us    50ms   0s    50us   UIC
.PROBE
.FOUR  60.0  v(11) i(LS1A) i(LD)
.SUBCKT SCR 101 103 PARAMS: TDLY=1ms ICGATE=0V
* Power Electronics: Simulation, Analysis  Education.....by N. Mohan.
SW       101 102  53 0 SWITCH
VSENSE   102 103  0V
RSNUB    101 104  200
CSNUB    104 103  1uF
*
VGATE    51   0   PULSE(0 1V {TDLY} 0 0 {PULSE_WIDTH} {PERIOD})
RGATE    51   0   1MEG
EGATE    52   0   TABLE {I(VSENSE)+V(51)} = (0.0,0.0) (0.1,1.0) (1.0,1.0)
RSER     52   53 1
CSER     53   0   1uF  IC={ICGATE}
*
.MODEL   SWITCH VSWITCH ( RON=0.01 )
.ENDS

.END
```

第七章　直流至直流切換式轉換器

7-1 簡　介

直流至直流轉換器廣範被應用於調整型(regulated)之切換式直流供應器以及直流馬達驅動器。典型直流至直流轉換器系統之構造如圖7-1所示，其輸入通常為由線電壓整流而得之非調整的直流電壓，然後再利用切換式DC/DC轉換器將此變動之直流電壓轉換成一調整之直流電壓。

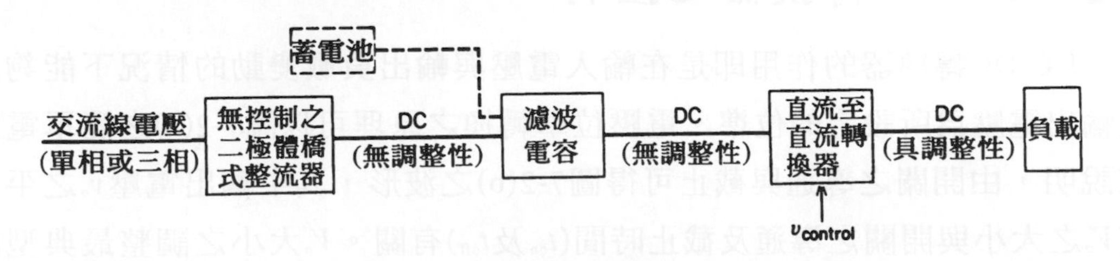

圖 7-1　直流至直流轉換器系統

通常DC/DC轉換器用於直流電壓源供應器時需要變壓器作電器隔離，而用於直流馬達驅動器則免。然而隔離形式之電路拓僕(topologies)均是由非隔離型者衍生而來，因此本章中僅討論非隔離形式之轉換器，包括以下各式轉換器：

1. 降壓式(step-down buck)轉換器。
2. 升壓式(step-up boost)轉換器。
3. 升降壓式(step-down/step-up buck-boost)轉換器。
4. 邱克(C'uk)轉換器。
5. 全橋式轉換器。

這五種轉換器中，只有降壓式及升壓式是最基本的轉換器電路拓僕，其餘如升降壓式及邱克轉換器是此二基本轉換器之結合；全橋式轉換器則是由降壓式轉換器衍生而來。

本章中只討論上列DC-DC轉換器之工作原理，其應用如切換式直流電源供應器與直流馬達驅動器則另章介紹。對於轉換器之分析，僅著重於穩態且所有開關均被視爲理想，電感及電容之損失均忽略不計；轉換器之直流輸入電壓亦假設無內阻抗存在，其可以是一蓄電池，亦可如圖7-1所示由交流電源經整流及濾波而得。

至於轉換器之輸出側，通常包含一被視爲轉換器一部份的輸出濾波器。其負載對大部份切換式直流電源供應器而言均可以一等效電阻來表示。負載若爲直流馬達，則可以一直流電壓電源串聯一馬達繞組(電感及電阻)來表示。

7-2 DC-DC轉換器之控制

DC-DC轉換器的作用即是在輸入電壓與輸出負載變動的情況下能夠調整輸出電壓爲所設定的位準。電壓位準轉換之原理可以圖7-2(a)之簡單電路來說明，由開關之導通與截止可得圖7-2(b)之波形，其中輸出電壓v_o之平均值V_o之大小與開關之導通及截止時間(t_{on}及t_{off})有關。V_o大小之調整最典型的方式是採用脈波寬度調變法(pulse-width modulation，PWM)，其切換週期$T_s(=t_{on}+t_{off})$爲固定，由調整t_{on}之大小來改變V_o之大小。

另外一種方式是同時改變T_s及t_{on}，這種方式僅在強迫換流(forced-commutated)閘流體DC-DC轉換器中採用，本書中不討論。其缺點爲切換頻率不固定使轉換器輸入及輸出濾波器之設計較困難。

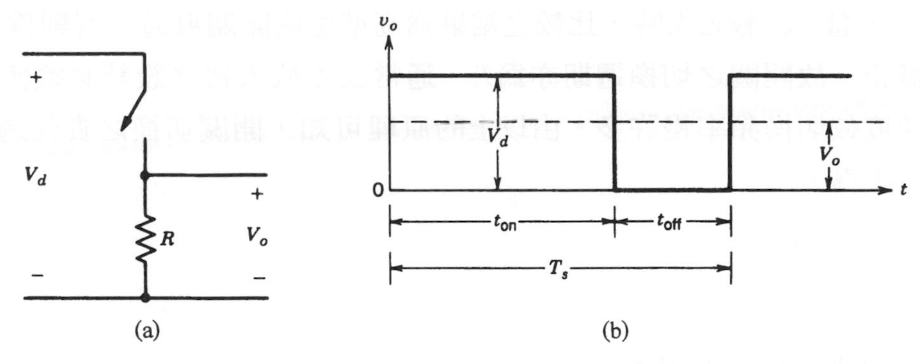

圖 7-2　切換式直流至直流電壓轉換之原理

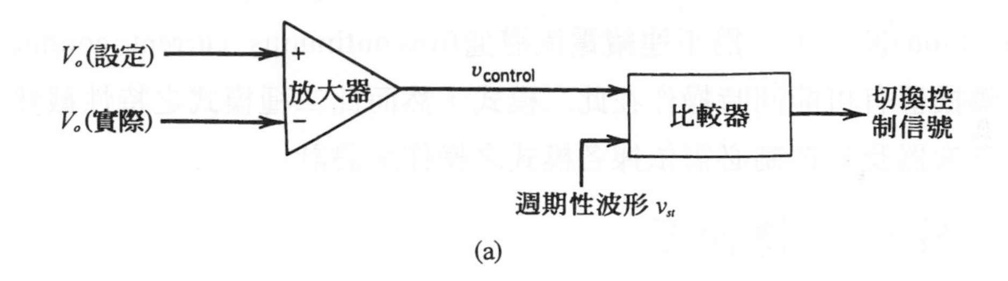

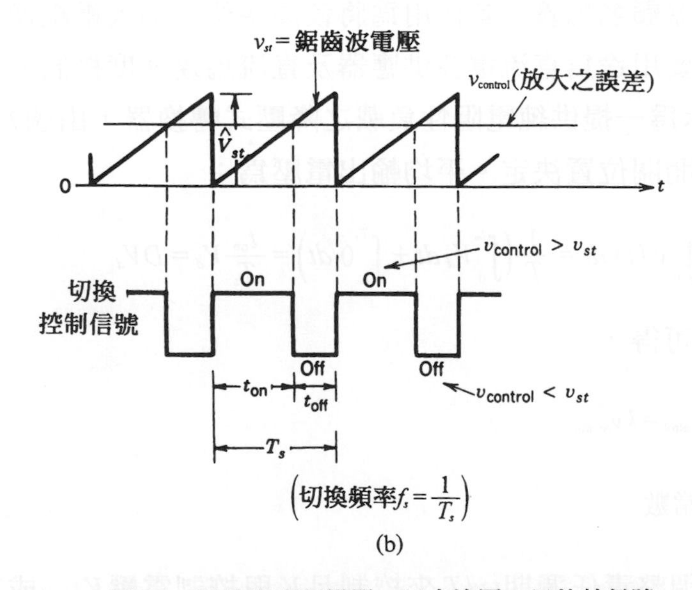

圖 7-3　脈波寬度調變器：(a)方塊圖；(b)比較信號

PWM切換控制的方塊圖如圖7-3(a)所示，開關之切換控制信號由一控制信號$v_{control}$與一週期爲T_s之鋸齒波v_{st}比較而得，控制信號則由V_o之實際值與設定值之誤差放大而得。$v_{control}$、v_{st}與比較所得之切換控制信號的波形如圖7-3

(b)所示。當v_{control}較v_{st}大時，比較之結果為高準位使開關導通，否則為低準位開關截止，故開關之切換週期亦為T_s，通常誤差放大器之設計必須使v_{control}之變化速度較切換頻率慢許多。由以上的原理可知，開關切換之責任週期(duty ratio)D為，

$$D=\frac{t_{\text{on}}}{T_s}=\frac{v_{\text{control}}}{\widehat{V}_{\text{st}}} \tag{7-1}$$

其中$\widehat{V}_{\text{st}}$為鋸齒波之振幅。

DC-DC轉換器有兩種操作模式：一為連續電流導通(Continuous current conductuon)模式，一為不連續電流導通(discontinuous current conduction)模式。轉換器有可能同時操作在此二模式，然而此二種模式之特性截然不同，因此轉換器及其控制必需依據各模式之操作來設計。

7-3 降壓式轉換器

降壓式轉換器顧名思義，其作用為將較高準位的輸入電壓換成較低準位的輸出電壓，主要用途為直流電源供應器及直流馬達速度控制。

圖7-2(a)所示為一提供純電阻性負載之降壓式轉換器，由圖7-2(b)可知其輸出電壓波形由開關位置決定。平均輸出電壓為：

$$V_o=\frac{1}{T_s}\int_0^{T_s}v_o(t)\,dt=\frac{1}{T_s}\left(\int_0^{t_{on}}V_d\,dt+\int_{t_{on}}^{T_s}0\,dt\right)=\frac{t_{\text{on}}}{T_s}V_d=DV_d \tag{7-2}$$

將(7-2)代入(7-1)可得，

$$V_o=\frac{V_d}{\widehat{V}_{\text{st}}}v_{\text{control}}=kv_{\text{control}}$$

其中 $$k=\frac{V_d}{\widehat{V}_{\text{st}}}=\text{常數}$$

V_o可以藉由調整責任週期t_{on}/T_s來控制且V_o與控制電壓V_{control}成正比。圖7-2(a)之電路有二缺點：⑴實際之負載通常是電感性的，即使是純電阻，亦存在雜散電感，此意味開關必須吸收(或散逸)電感性之儲能，因此可能會損毀；⑵輸出電壓在零與V_d二值間變動，對大多數負載而言是不能接受的。此

二種缺點可以圖7-4(a)之電路加以克服。首先，電感儲能之問題可加一反向二極體來解決；而輸出電壓之變動則可藉由L-C低通濾波器來消除。低通濾波器之輸入波形v_{oi}及其頻譜如圖7-4(b)所示，包含一直流成份V_o以及切換頻率f_s的倍頻諧波。低通濾波器之特性通常設計如圖7-4(c)所示，其頻寬f_c要較切換頻率f_s小得多，因此可以消除輸出電壓上頻率為f_s(及以上)之漣波。

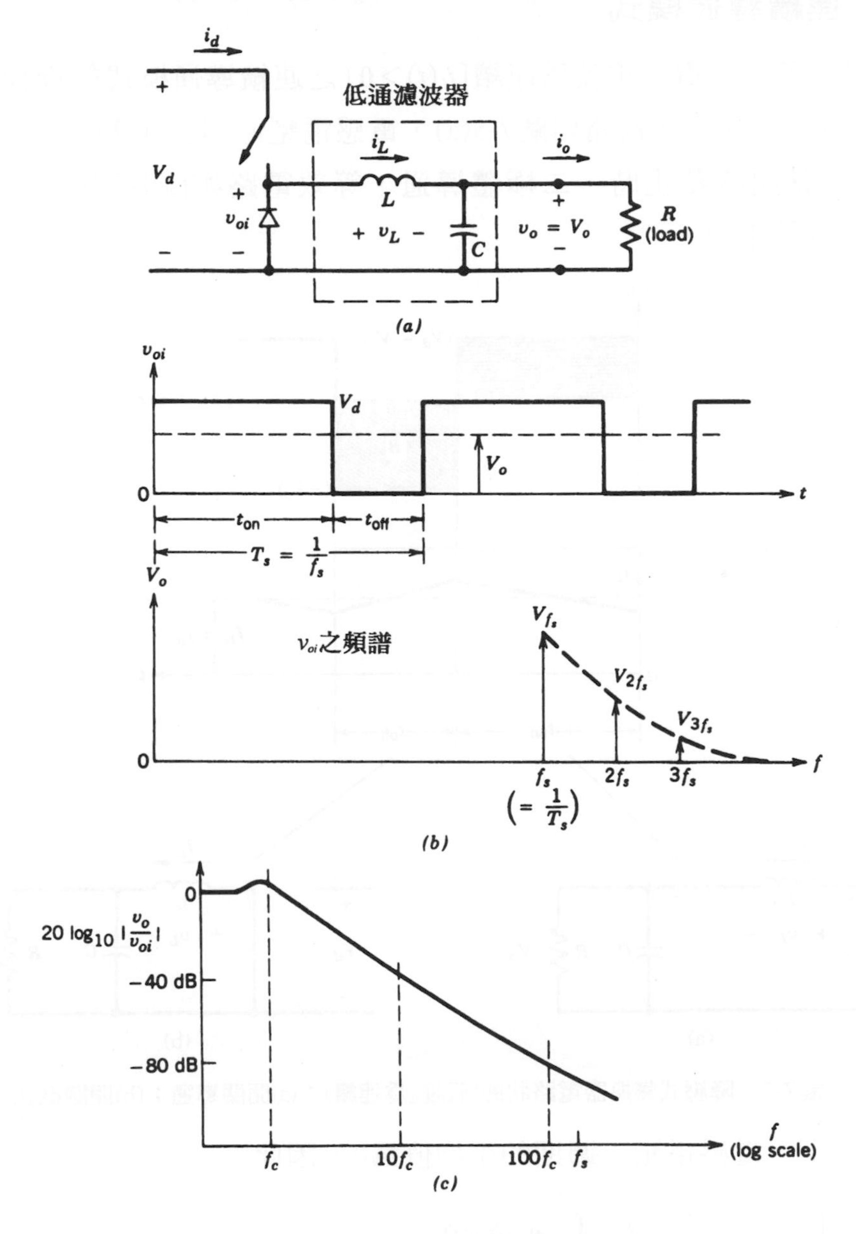

圖 7-4　降壓式直流至直流轉換器

當開關導通時，二極體因反向偏壓而截止，能量由輸入送至電感及負載；當開關截止時，電感電流流經二極體，並將電感之儲能轉移給負載，假設濾波電容無限大，則在穩態下$v_o(t)\cong V_o$，由於電容電流之平均值爲0，因此電感電流之平均值等於輸出之平均電流I_o。

7-3-1 連續導通模式

圖7-5所示爲電感電流爲連續[$i_L(t)>0$]之連續導通模式的操作波形。當開關導通時，其等效電路如圖7-5(a)，電感電壓$v_L=V_d-V_o$爲正，因此i_L呈線性上升。當開關截止時，二極體導通，等效電路如圖7-5(b)　，$v_L=-V_o$爲負，i_L呈線性下降。

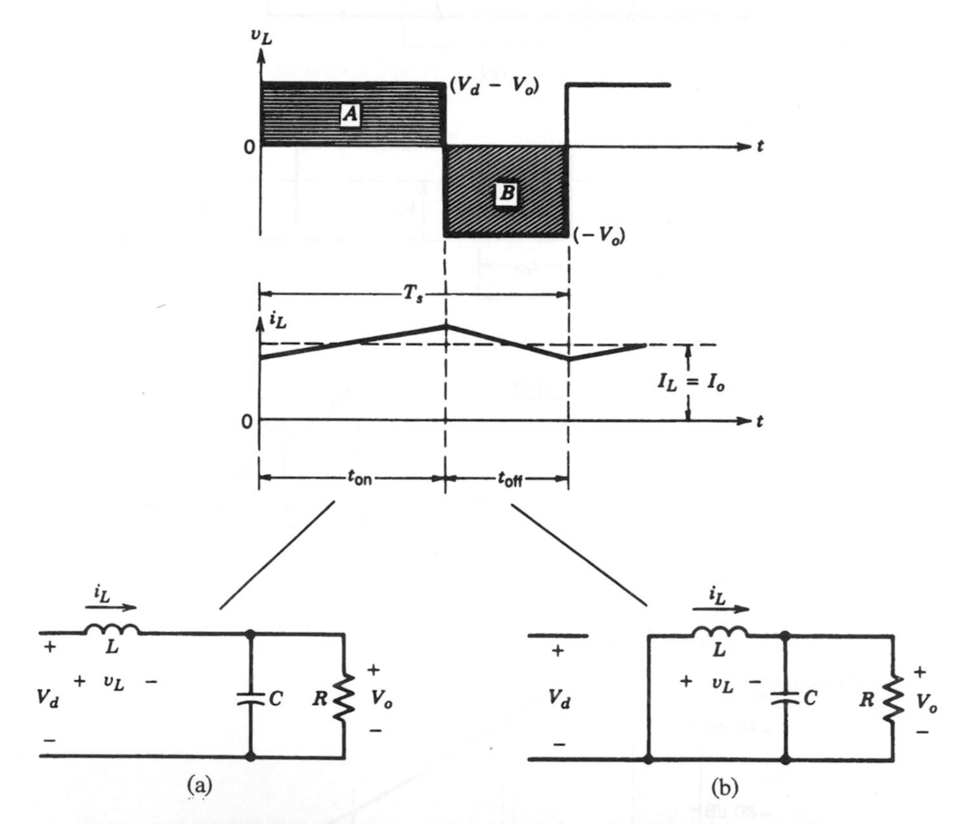

圖7-5　降壓式轉換器電路狀態(假設i_L爲連續)：(a)開關導通；(b)開關截止

穩態下，電感電壓一週期的平均值爲0，因此

$$\int_0^{T_s} v_L\,dt=\int_0^{t_{on}} v_L\,dt+\int_{t_{on}}^{T_s} v_L\,dt=0$$

上式相加之二項分別代表圖7-5中之A、B二面積，其和為0表示面積A=面積B，故

$$(V_d - V_o)t_{\text{on}} = V_o(T_s - t_{\text{on}})$$

或

$$\frac{V_o}{V_d} = \frac{t_{\text{on}}}{T_s} = D \tag{7-3}$$

(7-3)表示對固定輸入電壓而言，輸出電壓與開關之責任週期成正比，與電路其它參數無關。(7-3)亦可由圖7-4(b)中v_{oi}之波形的平均值求得，即

$$\frac{V_d t_{\text{on}} + 0 \cdot t_{\text{off}}}{T_s} = V_o$$

或

$$\frac{V_o}{V_d} = \frac{t_{\text{on}}}{T_s} = D$$

忽略電路中所有元件之損失，則輸入功率P_d=輸出功率P_o，因此

$$P_d = P_o$$

$$V_d I_d = V_o I_o$$

即

$$\frac{I_o}{I_d} = \frac{V_d}{V_o} = \frac{1}{D} \tag{7-4}$$

(7-4)指出，在連續導通模式下，一降壓式轉換器形同一匝數比為D之直流變壓器。

7-3-2 連續導通模式與不連續導通模式之邊界

圖7-6(a)所示為電感電流在連續導通與不連續導通之邊界，亦即i_L在t_{off}結束時剛號為0之情況，其中下標B表示邊界值之意，由圖7-6(b)可知電感電流

$$I_{LB} = \frac{1}{2} i_{L,\text{peak}} = \frac{t_{\text{on}}}{2L}(V_d - V_o) = \frac{DT_s}{2L}(V_d - V_o) = I_{OB} \tag{7-5}$$

因此在T_s、V_d、V_o、L及D固定之情況下，若輸出電流之平均值小於I_{LB}，i_L將成為不連續。

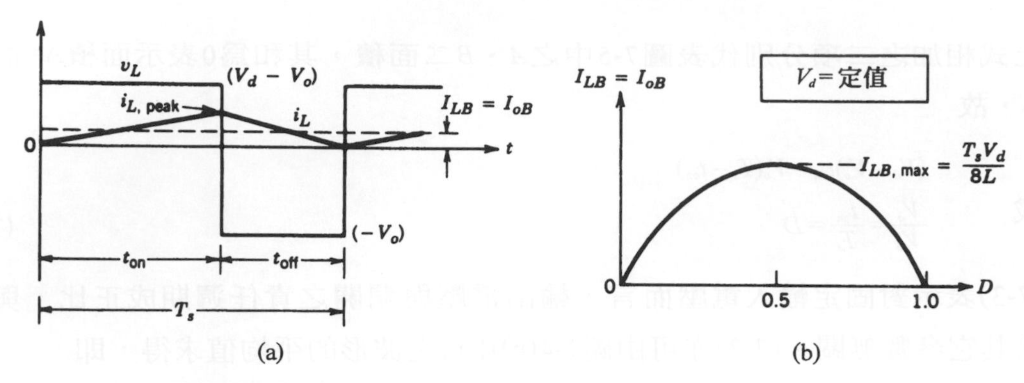

圖 7-6 連續導通與不連續導通之邊界：(a)電流波形；(b)V_d為定值，I_{LB}與D之關係

7-3-3 不連續導通模式

轉換器之應用可能有輸入電壓V_d固定或輸出電壓V_o固定兩種情況，以下分別討論之。

7-3-3-1 V_d固定之不連續導通模式

對直流馬達速度控制之應用而言，V_d是固定的，而V_o可藉由改變D來調整：$V_o = DV_d$，由(7-5)可得

$$I_{LB} = \frac{T_s V_d}{2L} D(1 - D) \tag{7-6}$$

圖7-6(b)所示為V_d固定時I_{LB}與D的關係，其中電感電流為連續時之最大值發生在$D = 0.5$：

$$I_{LB,\,\max} = \frac{T_s V_d}{8L} \tag{7-7}$$

由(7-6)及(7-7)可得

$$I_{LB} = 4 I_{LB,\,\max} D(1 - D) \tag{7-8}$$

T、L、V_d及D在與圖7-6(a)相同之情況下，若將負載減小(即負載電阻增大)，則I_L將小於I_{LB}，造成不連續導通模式，其波形如圖7-7所示。此外，增加V_o將使I_L變小，i_L愈不連續。

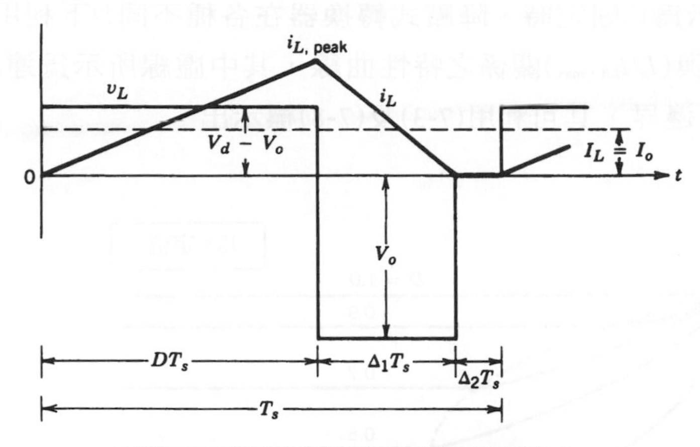

圖 7-7　降壓式轉換器之不連續導通模式

在$\Delta_2 T_s$區間，由於電感電流為0，負載電力由濾波電容提供。利用電感電壓一週期之平均值為0，可得：

$$(V_d - V_o)DT_s + (-V_o)\Delta_1 T_s = 0 \tag{7-9}$$

$$\therefore \frac{V_o}{V_d} = \frac{D}{D+\Delta_1} \tag{7-10}$$

其中$D+\Delta_1 < 1.0$。由圖7-7，

$$i_{L,\text{peak}} = \frac{V_o}{L}\Delta_1 T_s \tag{7-11}$$

因此

$$I_o = i_{L,\text{peak}}\frac{D+\Delta_1}{2} \tag{7-12}$$

$$= \frac{V_o T_s}{2L}(D+\Delta_1)\Delta_1 (\text{利用(7-11)}) \tag{7-13}$$

$$= \frac{V_d T_s}{2L}D\Delta_1 (\text{利用(7-10)}) \tag{7-14}$$

$$= 4I_{LB,\text{max}}D\Delta_1 (\text{利用(7-7)}) \tag{7-15}$$

$$\therefore \Delta_1 = \frac{I_o}{4I_{LB,\text{max}}D} \tag{7-16}$$

由(7-10)及(7-16)可得，

$$\frac{V_o}{V_d} = \frac{D^2}{D^2 + \frac{1}{4}(I_o/I_{LB,\text{mzx}})} \tag{7-17}$$

圖7-8所示爲V_d固定時，降壓式轉換器在各種不同D下利用(7-3)及(7-17)所得之(V_o/V_d)與$(I_o/I_{LB,max})$關係之特性曲線，其中虛線所示爲連續導通與不連續導通模式之邊界，其可利用(7-3)及(7-8)標示出。

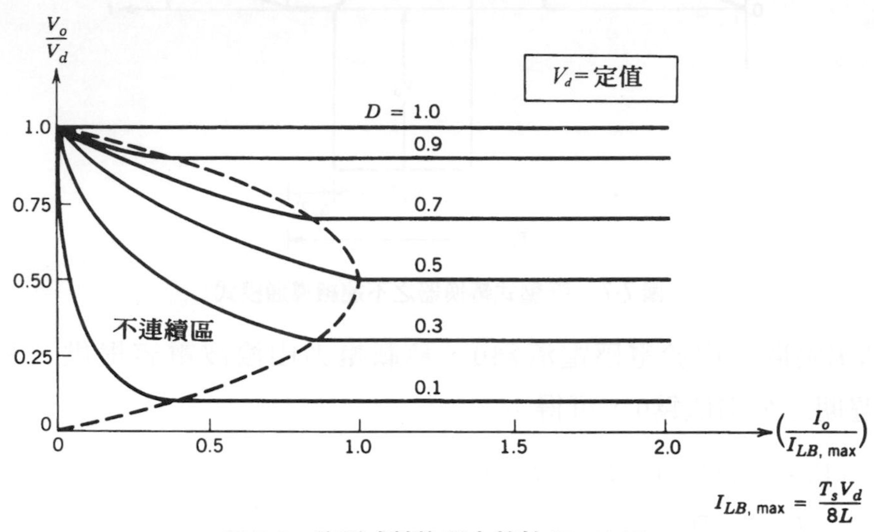

圖 7-8　降壓式轉換器之特性(V_d=定值)

7-3-3-2　V_o固定之不連續導通模式

對於調整型直流電源供應器之應用，V_d可能會變動，但V_o必須藉由改變D使之爲定值。

$V_d = V_o/D$，由(7-5)可得

$$I_{LB} = \frac{T_s V_o}{2L}(1 - D) \tag{7-18}$$

(7-18)指出，若V_o固定，I_{LB}之最大值發生在$D = 0$時：

$$L_{LB,mox} = \frac{T_s V_o}{2L} \tag{7-19}$$

值的注意的是，若$D = 0$且V_o爲有限值，則V_d爲無限大。

將(7-19)代入(7-18)可得，

$$I_{LB} = (1 - D)I_{LB,max} \tag{7-20}$$

利用(7-10)及(7-13)(二方程式對V_o或V_d爲固定時之不連續導通模式均成立)與

(7-19)可得，

$$D = \frac{V_o}{V_d}\left(\frac{I_o/I_{LB,\max}}{1 - V_o/V_d}\right)^{1/2} \tag{7-21}$$

在各種不同V_d/V_o值情況下，D與$(I_o/I_{LB,\max})$之關係如圖7-9所示，其中虛線所示爲連續導通與不連續導通之邊界，其可利用(7-20)標示出。

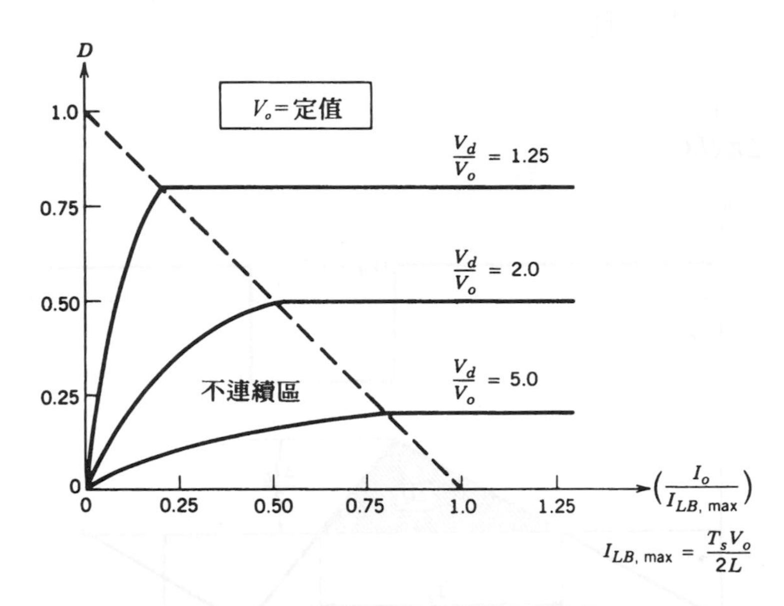

圖 7-9　降壓式轉換器之特性(V_o = 定值)

7-3-4 輸出電壓漣波

前述之分析均假設輸出濾波電容很大，使$v_o(t) = V_o$。但實際之電容不可能如此，在連續導通模式下，輸出電壓之波形如圖7-10所示。假設所有i_L之漣波成份均由電容所吸收，僅直流成份流經負載，則漣波電流所代表之電荷量ΔQ(如圖7-10陰影部份所示)，會造成輸出電壓之漣波ΔV_o：

$$\Delta V_o = \frac{\Delta Q}{C} = \frac{1}{C}\,\frac{1}{2}\,\frac{\Delta I_L}{2}\,\frac{T_s}{2}$$

由圖7-5之t_{off}期間可知，

$$\Delta I_L = \frac{V_o}{L}(1 - D)T_s \tag{7-22}$$

將(7-22)代入上式得

$$\Delta V_o = \frac{T_s}{8C}\,\frac{V_o}{L}(1-D)T_s \tag{7-23}$$

$$\therefore \frac{\Delta V_o}{V_o} = \frac{1}{8}\,\frac{T_s^2(1-D)}{LC} = \frac{\pi^2}{2}(1-D)\left(\frac{f_c}{f_s}\right)^2 \tag{7-24}$$

其中切換頻率$f_s = \dfrac{1}{T_s}$，且

$$f_c = \frac{1}{2\pi\sqrt{LC}} \tag{7-25}$$

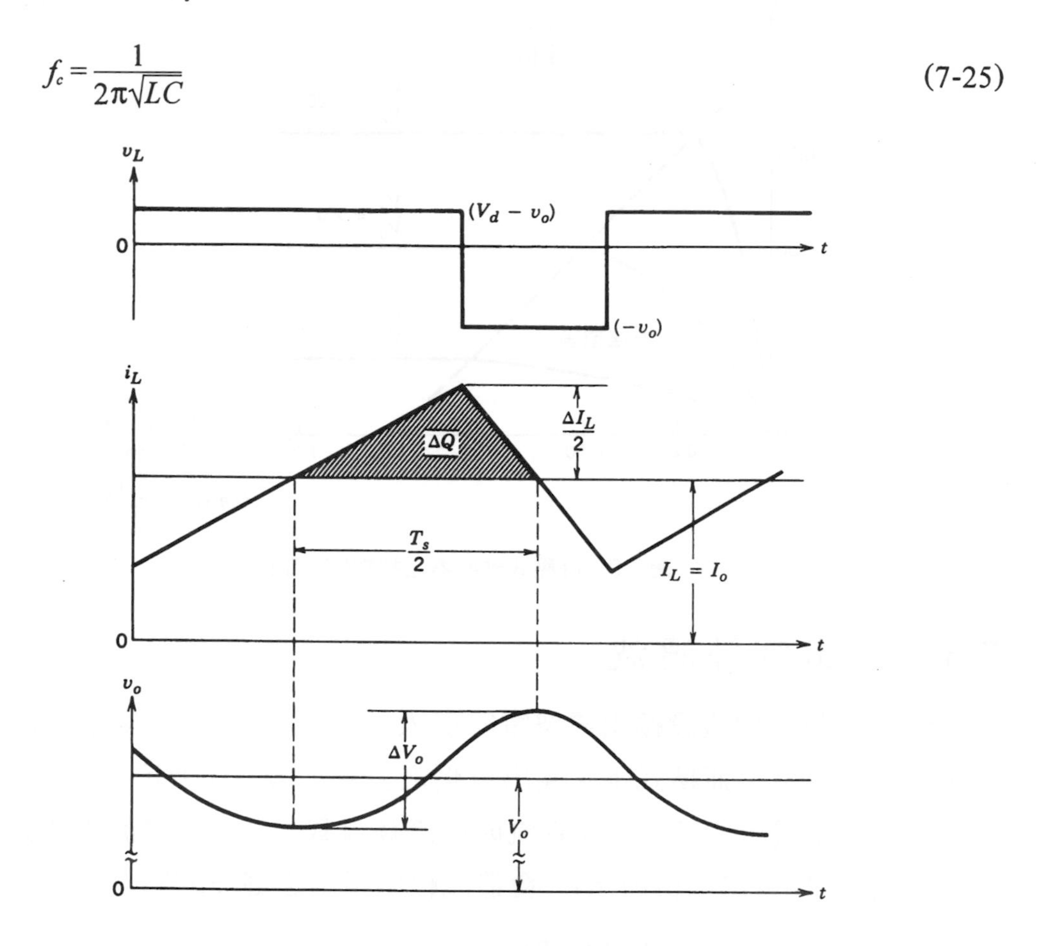

圖 7-10　降壓式轉換器之輸出電壓漣波

(7-24)指出電壓之漣波可以藉由選用頻寬$f_c \ll f_s$之低通濾波器來消除，且只要轉換器操作於連續導通模式，漣波大小與負載大小無關，同樣的分析方法亦適用於不連續導通模式。

切換式直流電源供應器對於輸出電壓漣波之規範一般爲小於1%，因此

前述之分析中假設$v_o(t)=V_o$是非常合理的。此外，由(7-24)漣波電壓之表示亦可印證圖7-4(c)低通濾波器之頻寬要求。

7-4　升壓式轉換器

圖7-11爲一升壓式轉換器電路，主要用途爲直流電源供應器與直流馬達之再生制動(regenerative breaking)。顧名思義，其輸出電壓高過於其輸入電壓。當開關導通時，二極體反向偏壓，輸入電能儲存於電感，負載電能則由電容導提供。當開關截止時，負載吸收輸入及儲存於電感中之電能。同前，假設輸出電容非常大，在穩態下$v_o(t)\simeq V_o$。

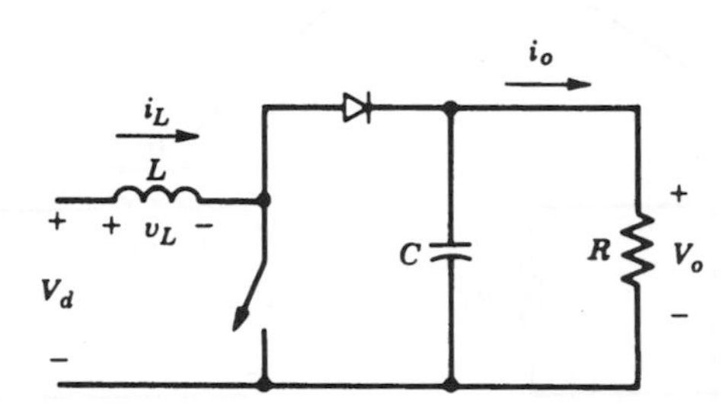

圖 7-11　昇壓式直流至直流轉換器

7-4-1 連續導通模式

圖7-12所示爲電感電流爲連續［$i_L(t)>0$］之穩態工作波形。由穩態下電感電壓一週期之平均值爲0可得，

$$V_d t_{\text{on}}+(V_d-V_o)t_{\text{off}}=0$$

等號兩側除以T_s，重新整理可得，

$$\frac{V_o}{V_d}=\frac{T_s}{t_{\text{off}}}=\frac{1}{1-D} \tag{7-26}$$

假設電路無損失，$P_d=P_o$，

$$\therefore V_d I_d=V_o I_o$$

且
$$\frac{I_o}{I_d}=(1-D) \tag{7-27}$$

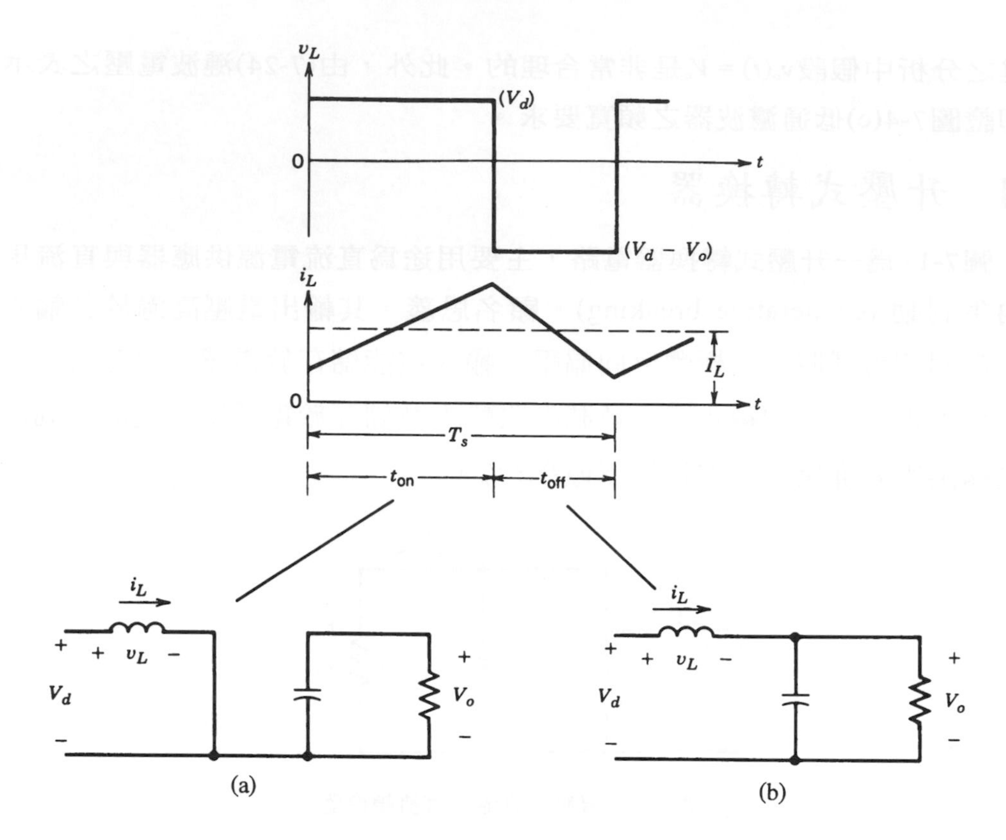

圖 7-12 連續導通模式：(a)開關導通；(b)開關截止

7-4-2 連續導通與不連續導通之邊界

圖7-13(a)所示爲轉換器操作於連續導通與不連續導通之邊界，亦即電感電流i_L於t_{off}結束時剛好降爲0，電感電流之平均值

$$I_{LB} = \frac{1}{2} i_{L\text{, peak}}(\text{圖}7\text{-}13(a))$$

$$= \frac{1}{2} \frac{V_d}{L} t_{on}$$

$$= \frac{T_s V_o}{2L} D(1-D) \tag{7-28}$$

由於升壓式轉換器之電感電流等於輸入電流($i_d = i_L$)，利用(7-27)及(7-28)式可得輸出電流在連續與不連續導通邊界之平均值爲

$$I_{oB}=\frac{T_sV_o}{2L}D(1-D)^2 \tag{7-29}$$

對V_o固定之情況(大部份應用均如此)，I_{oB}及I_{LB}與責任週期D之關係如圖7-13(b) 所示。其中之最大值發生於$D=0.5$時：

$$I_{LB,\max}=\frac{T_sV_o}{8L} \tag{7-30}$$

而I_{oB}之最大值則發生在$D=\frac{1}{3}=0.333$時：

$$I_{oB,\max}=\frac{2}{27}\frac{T_sV_o}{L}=0.074\frac{T_sV_o}{L} \tag{7-31}$$

利用這些最大值，I_{LB}及I_{oB}可以重新表示爲，

$$I_{LB}=4D(1-D)I_{LB,\max} \tag{7-32}$$

$$I_{oB}=\frac{27}{4}D(1-D)^2I_{oB,\max} \tag{7-33}$$

利用圖7-13(b)可知，V_o固定下，對任一D如果負載電流之平均值小於I_{oB}，i_L亦將小於I_{LB}，則轉換器將進入不連續導通模式。

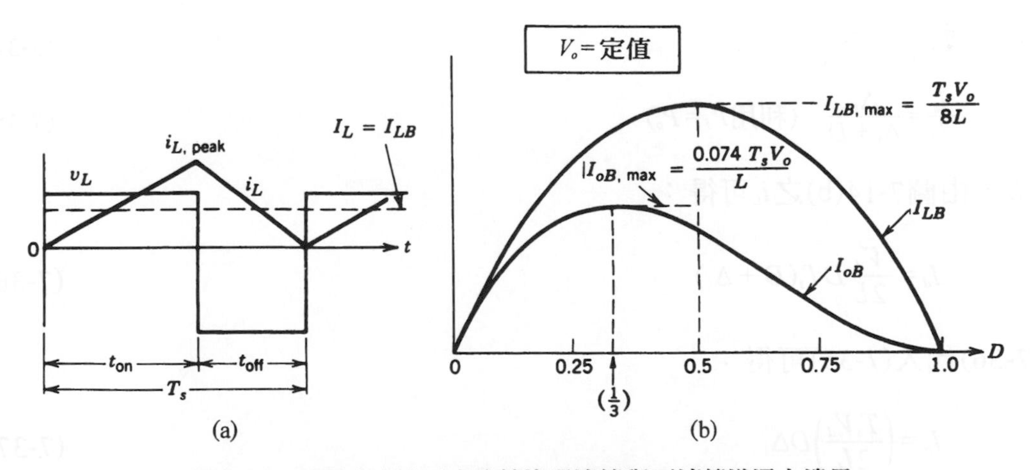

圖 7-13　昇壓式直流至直流轉換器連續與不連續導通之邊界

7-4-3 不連續導通模式

假設V_d及D固定，輸出之負載功率減少，則轉換器將進入不連續導通模

式。圖7-14比較在連續導通邊界與不連續導通二情況之波形(其中V_d及D為固定)。

$P_o(=P_d)$減少，因V_d固定，$I_L(=I_d)$將減少而小於I_{LB}，造成不連續導通，且由於$i_{L,\mathrm{peak}}$在圖7-14二情況下均相同，V_o愈大將使圖7-14(b)之I_L愈小，i_L愈不連續。

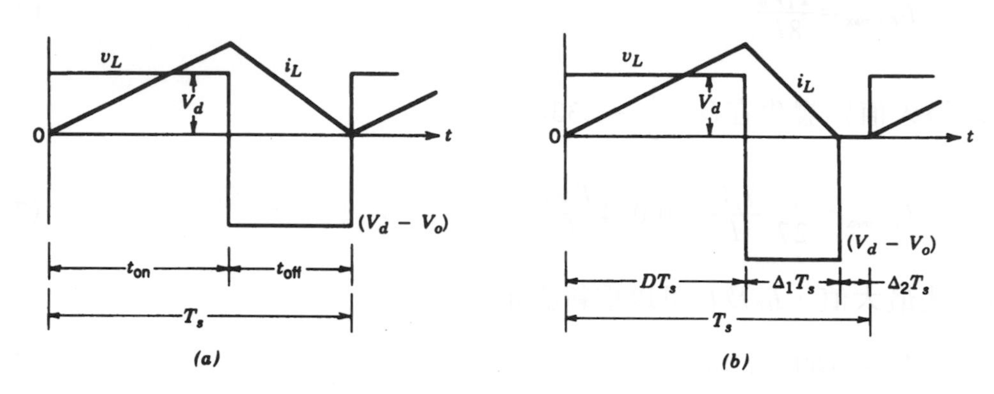

圖 7-14　昇壓式轉換器波形：(a)在連續與不連續之邊界；(b)在不連續導通模式

利用電感電壓一週期之平均值為0可得：

$$V_d DT_s + (V_d - V_o)\Delta_1 T_s = 0$$

$$\therefore \frac{V_o}{V_d} = \frac{\Delta_1 + D}{\Delta_1} \tag{3-34}$$

且

$$\frac{I_o}{I_d} = \frac{\Delta_1}{\Delta_1 + D} \quad (\text{利用}P_d = P_o) \tag{7-35}$$

$I_d = I_L$，由圖7-14(b)之i_L可得：

$$I_d = \frac{V_d}{2L} DT_s(D + \Delta_1) \tag{7-36}$$

將(7-36)代入(7-35)可得：

$$I_o = \left(\frac{T_s V_d}{2L}\right) D\Delta_1 \tag{7-37}$$

實際上，由於V_o為固定，D必須改變以應付V_d之變化，因此列出在不同V_o/V_d值下，D與輸出電流之關係較為實用。利用(7-34)、(7-37)、及(7-31)可得，

$$D=\left[\frac{4}{27}\frac{V_o}{V_d}\left(\frac{V_o}{V_d}-1\right)\frac{I_o}{I_{oB,\,\max}}\right]^{1/2} \tag{7-38}$$

圖7-15繪出此關係圖，其中虛線所示爲連續導通與不連續導通之邊界。

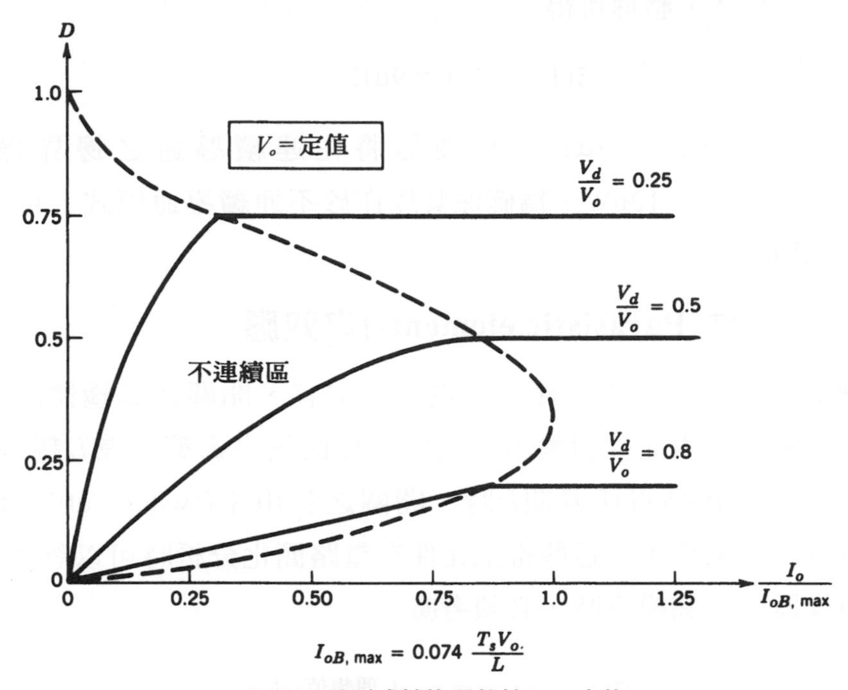

圖 7-15　昇壓式轉換器特性(V_o=定值)

在不連續導通模式下，若V_o未加以控制，至少有

$$\frac{L}{2}i_{L,\,\text{peak}}^2=\frac{(V_dDT_s)^2}{2L}\quad \text{W-s}$$

之能量將由輸入轉入電容與負載，如果負載無法吸收這些能量，則V_o將上升。因此在輕載下，不連續導通模式易造成電壓太高，若電容耐壓不足將損毀。

【例題7-1】

一昇壓式轉換器，輸出電壓V_o爲固定48V，輸入電壓之範圍爲12至36 V，最大輸出功率爲120W，切換頻率50kHz。若欲使之操作於不連續導通模式，假設元件均爲理想且C無限大，試計算L之最大值。

解： $V_o=48\text{V}$，$T_s=20\mu s$，$I_{o,\,\max}=120\text{W}/48\text{V}=2.5\text{A}$。欲求$L$之最大值，使轉換

器保持操作於不連續導通模式，可以其在連續導通之邊界情況來求之。

V_d為12～36V，在邊界情況時D仍滿足於0.75～0.25。由圖7-13(b)可知，I_{oB}在$D=0.75$時有最小值。將$D=0.75$代入(7-29)中之I_{oB}，並令其等於$I_{o,\max}=2.5$A，整理可得，

$$L=\frac{20\times10^{-6}\times48}{2\times2.5}0.75(1-0.75)^2=9\mu\text{H}$$

因此，若令$L=9\mu$H，轉換器將在連續導通之邊界操作，且$V_d=12$V，$P_o=120$W。為確保其操作於不連續導通模式，可令L小於9 μH即可。■

7-4-4 寄生元件(Parasistic elements)之效應

昇壓式轉換器之寄生元件乃由電感、電容、開關及二極體之損失所造成，圖7-16顯示寄生元件對輸出入電壓轉移比例之影響，當D趨近於1時，V_o/V_d將下降，且在高責任週期D時，開關之利用率(switch utilization)非常低，此處以虛線來代表。這些寄生元件在電路簡化分析時可以忽略，但在實際設計轉換器如電腦模擬時，必須考慮。

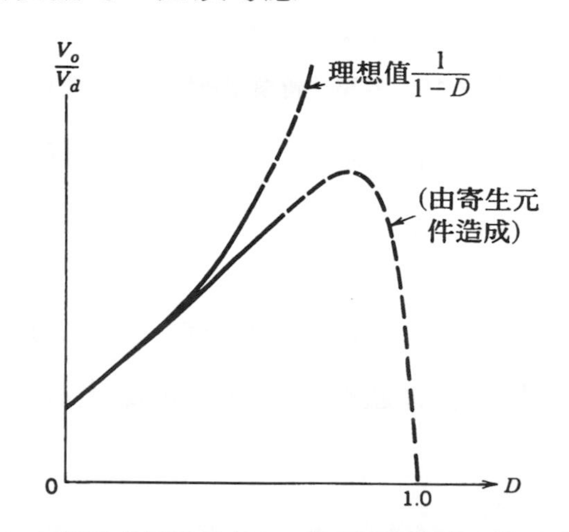

圖 7-16 昇壓式轉換器寄生元件對電壓轉移比例之影響

7-4-5 輸出電壓漣波

連續導通模式下輸出電壓漣波大小可利用圖7-17來計算，其乃假設二極體電流i_D之漣波成份均流經電容，而其平均值則流經負載電阻。電荷量ΔQ

大小如陰影部份面積所示，因此

$$\Delta V_o = \frac{\Delta Q}{C} = \frac{I_o DT_s}{C} \quad \text{(假設輸出電流固定)}$$

$$= \frac{V_o}{R}\frac{DT_s}{C} \tag{7-39}$$

$$\therefore \frac{\Delta V_o}{V_o} = \frac{DT_s}{RC} = D\frac{T_s}{\tau} \quad (\text{其中}\tau = RC) \tag{7-40}$$

不連續導通模式亦可採用類似的方法加以分析。

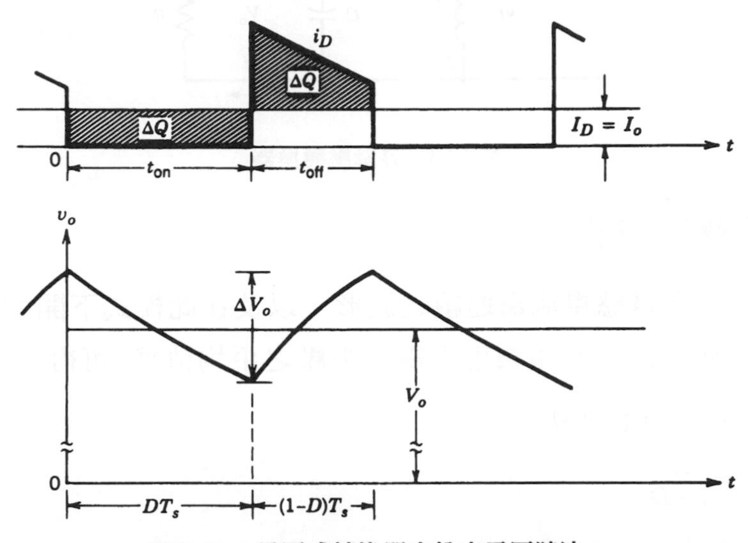

圖 7-17　昇壓式轉換器之輸出電壓漣波

7-5　昇降壓式轉換器

昇降壓式轉換器的主要用途為輸入與輸出之極性相反，輸出電壓可以高於或低於輸入電壓之直流電源供應器。

昇降壓式轉換器可以由降壓式轉換器與升壓式轉換式串接而成，穩態下輸入與輸出電壓轉換之比值為二轉換器個別比值之乘積，即

$$\frac{V_o}{V_d} = D\frac{1}{1-D} \quad (\text{由(7-3)及(7-26)}) \tag{7-41}$$

因此變化D可使輸出電壓高於或低於輸入電壓。

由降壓式轉換器與昇壓式轉換器結合衍生而來之昇降式轉換器如圖7-18

所示。當開關導通時，電感短路儲能，二極體因反向偏壓而開路。當開關截止時，輸入開路，電感之儲能轉移給負載。以下之穩態分析中，均假設輸出電容無限大，因此輸出電壓爲純直流，即$v_o(t) = V_o$。

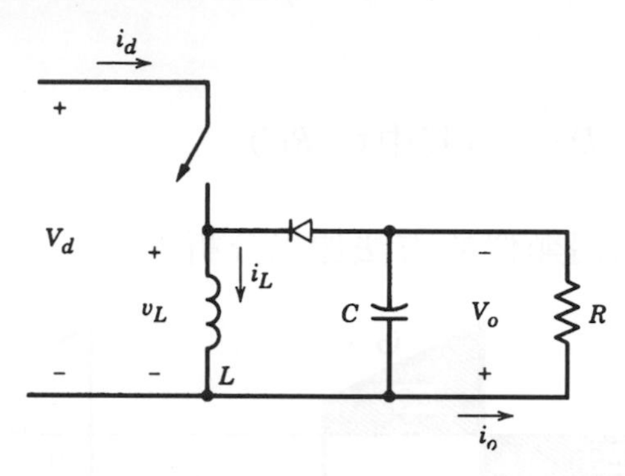

圖 7-18　昇降壓轉換器

7-5-1　連續導通模式

圖7-19所示爲電感電流爲連續之波形，以及在此模式下開關導通與截止時之轉換器等效電路。利用穩態下電感電壓之平均值爲0可得：

$$V_d D T_s + (-V_o)(1-D)T_s = 0$$

$$\therefore \frac{V_o}{V_d} = \frac{D}{1-D} \tag{7-42}$$

且

$$\frac{I_o}{I_d} = \frac{1-D}{D} \quad (\text{假設} P_d = P_o) \tag{7-43}$$

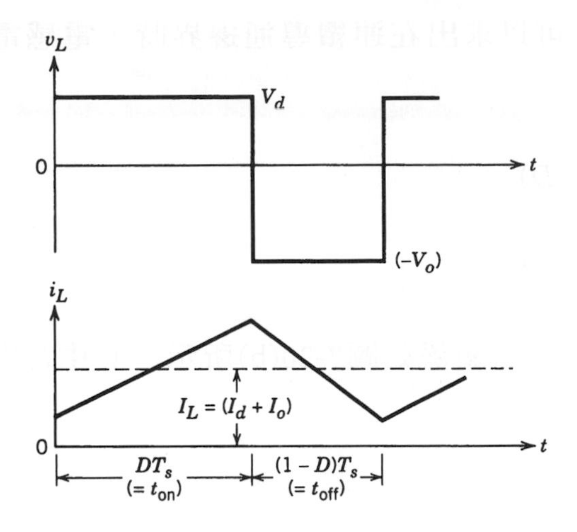

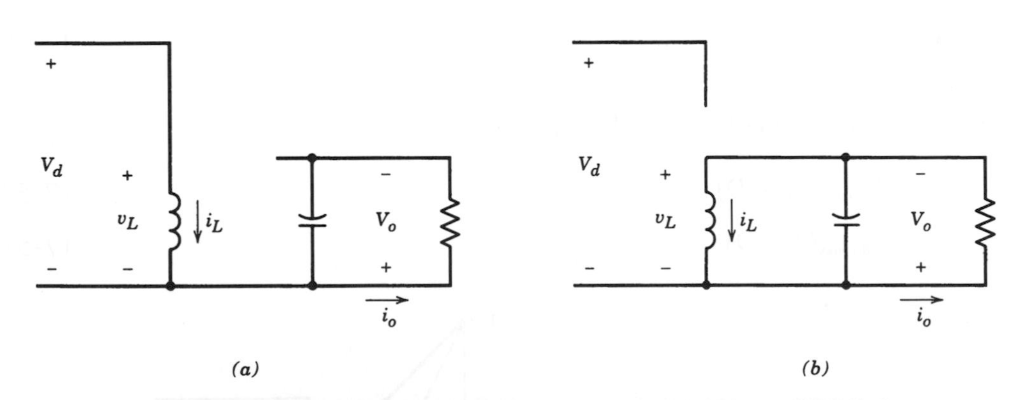

圖 7-19　昇降壓式轉器電路狀態($i_L>0$)：(a)開關導通；(b)開關截止

7-5-2 連續與不連續導通模式之邊界

圖7-20(a)所示為轉換器操作於連續導通模式邊界之波形，亦即i_L於週期結束時剛好降為0。由圖7-20(a)可知：

$$I_{LB} = \frac{1}{2} i_{L,\text{peak}}$$

$$= \frac{T_s V_d}{2L} D \tag{7-44}$$

由於電容之平均電流為0，因此圖7-18中

$$I_o = I_L - I_d \tag{7-45}$$

利用(7-42)及(7-45)，可以求出在連續導通邊界時，電感電流與輸出電流之平均值：

$$I_{LB}=\frac{T_sV_o}{2L}(1-D) \tag{7-46}$$

$$I_{oB}=\frac{T_sV_o}{2L}(1-D)^2 \tag{7-47}$$

對於V_o固定，I_{LB}、I_{oB}與D之關係如圖7-20(b)所示，其中I_{LB}與I_{oB}之最大值均發生在$D=0$時：

$$I_{LB,\max}=\frac{T_sV_o}{2L} \tag{7-48}$$

$$I_{oB,\max}=\frac{T_sV_o}{2L} \tag{7-49}$$

將(7-48)及(7-49)代入(7-46)及(7-47)可得：

$$I_{LB}=I_{LB,\max}(1-D) \tag{7-50}$$

$$I_{oB}=I_{oB,\max}(1-D)^2 \tag{7-51}$$

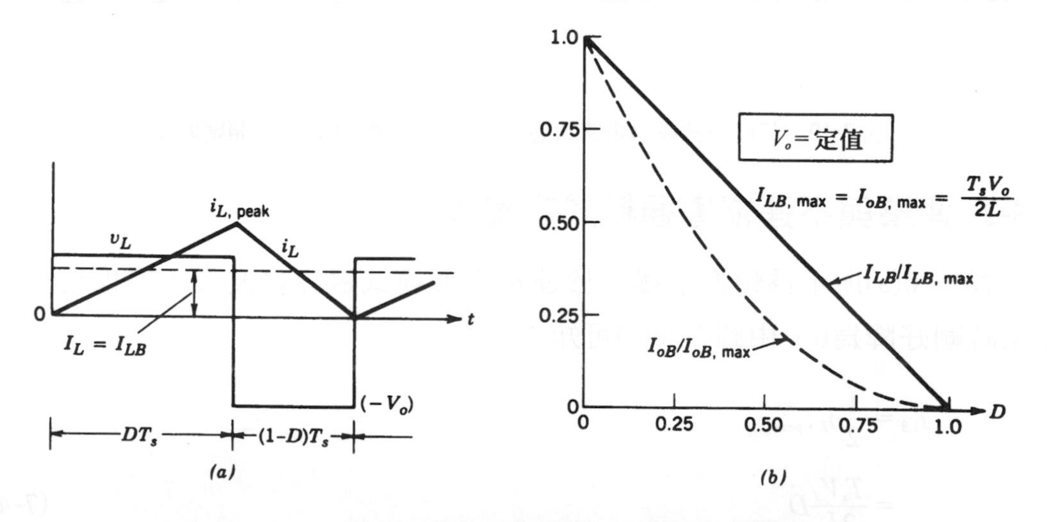

圖 7-20　昇降壓式轉換器連續與不連續導通之邊界

7-5-3 不連續導模式

圖7-21所示爲不連續導通模式之波形，利用電感電壓一週期之平均值爲

0可得，

$$V_d DT_s + (-V_o)\Delta_1 T_s = 0$$

$$\therefore \frac{V_o}{V_d} = \frac{D}{\Delta_1} \tag{7-52}$$

且 $$\frac{I_o}{I_d} = \frac{\Delta_1}{D} \quad (\text{利用} P_d = P_o) \tag{7-53}$$

由i_L之波形可求得

$$I_L = \frac{V_d}{2L} DT_s (D + \Delta_1) \tag{7-54}$$

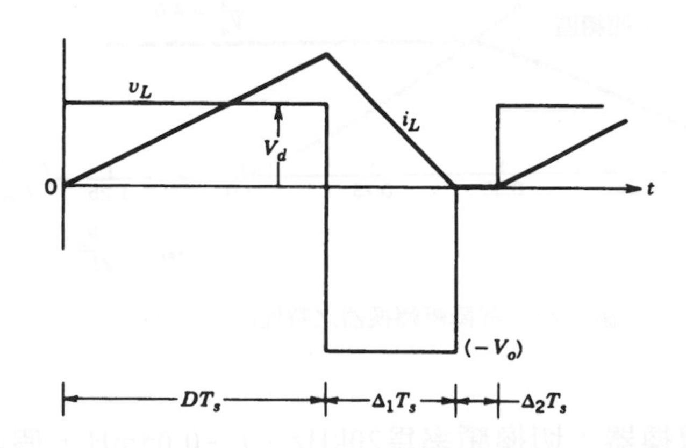

圖 7-21 昇降壓式轉換器在不連續導通模式下之電流波形

V_o固定，D與輸出電流I_o之關係式由前述之方程式可推得爲：

$$D = \frac{V_o}{V_d}\sqrt{\frac{I_o}{I_{oB,\max}}} \tag{7-55}$$

圖7-22所示爲V_o固定，在各種V_o/V_d比值下D與$I_o/I_{oB,\max}$之特性圖，其中虛線所示爲連續與不連續導通之邊界。

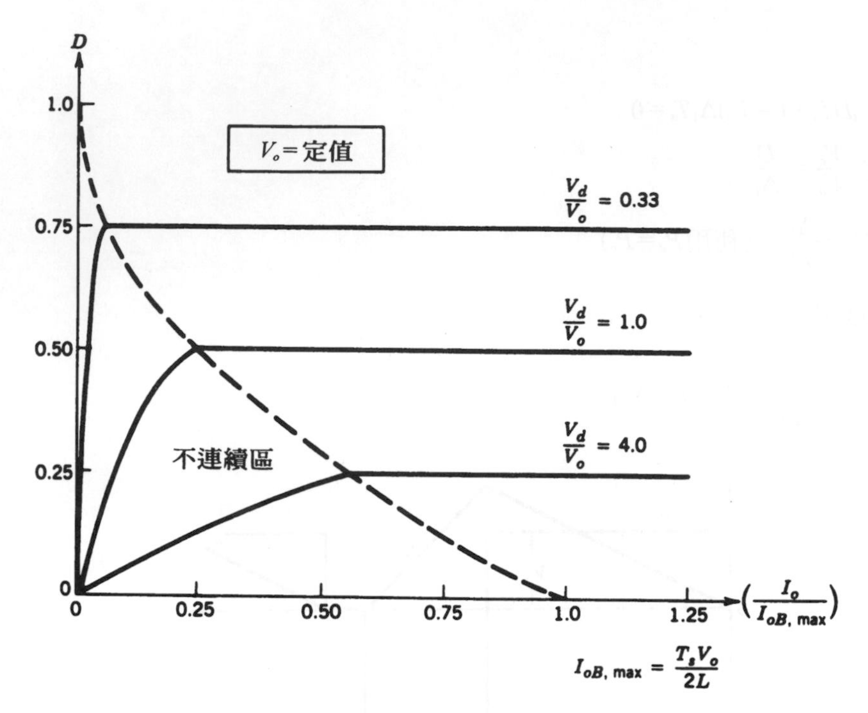

圖 7-22 昇降壓轉換器之特性(V_o=定值)

【例題7-2】

一昇降壓式轉換器，切換頻率爲20kHz、$L = 0.05\text{mH}$，假設輸出電容很大使$v_o = V_o = 10\text{V}$，輸入電壓$V_d = 15\text{V}$，輸出負載之功率爲10W，求責任週期D。

解：$I_o = P_o/V_o = 10/10 = 1\text{A}$，假設其操作在連續導通模式，由(7-42)

$$\frac{D}{1-D} = \frac{10}{15}$$

$$D = 0.4$$

由(7-49)

$$I_{oB,\,max} = \frac{0.05\times 10}{2\times 0.05} = 5\text{A}$$

將D及$I_{oB,\,max} = 5\text{A}$代入(7-51)可得：

$$I_{oB} = 5(1-0.4)^2 = 1.8\text{A}$$

由於$I_o = 1\text{A} < I_{oB}$，因此一開始之假設不符合，轉換器應操作於不連續導

通模式。利用(7-55)可知：

$$D=\frac{10}{15}\sqrt{\frac{1.0}{5.0}}=0.3$$

■

7-5-4 寄生元件之效應

如同昇壓式轉換器，寄生元件將影響電壓轉換比例與閉迴路電壓調整之穩定度。圖7-23所示爲寄生元件對電壓轉換比例之影響，在高責任週期時，開關之利用率很低，以虛線來表示。

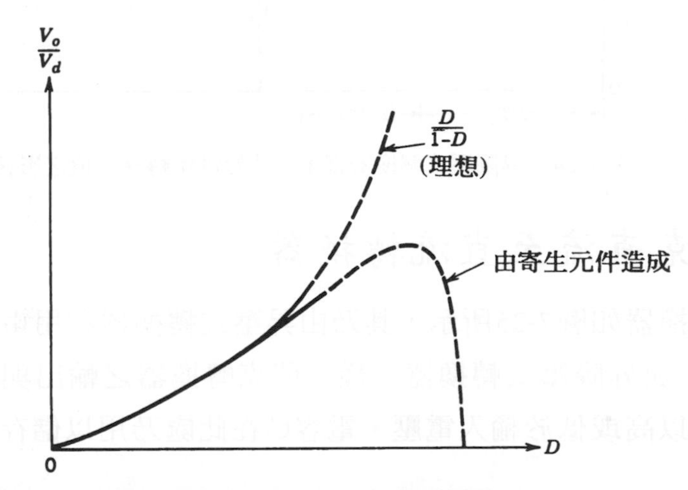

圖 7-23　昇降壓式轉換器寄生元件對電壓轉移比值之影響

7-5-5 輸出電壓漣波

在連續導通模式下，輸出電壓漣波大小可以圖7-24來計算，其中假設i_D之漣波電流流入電容而其平均值流經負載。電荷量ΔQ大小如圖7-24陰影部份面積所示，因此電壓漣波之峰對峰值爲

$$\Delta V_o=\frac{\Delta Q}{C}=\frac{I_o D T_s}{C}=\frac{V_o}{R}\frac{D T_s}{C} \tag{7-56}$$

$$\frac{\Delta V_o}{V_o}=\frac{D T_s}{RC}=D\frac{T_s}{\tau} \tag{7-57}$$

其中　$\tau=RC$

不連續導通時輸出電壓之漣波亦可以相同方式求之。

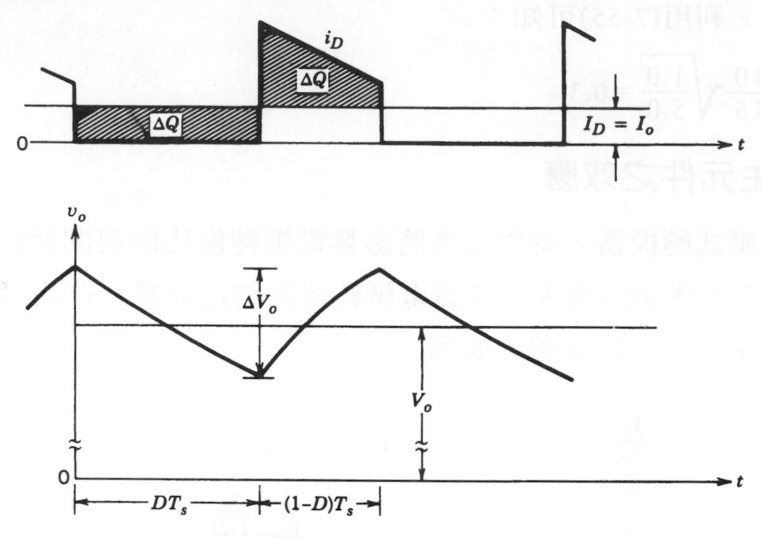

圖 7-24 昇降壓式轉換器寄生元件對電壓轉移比值之影響

7-6 邱克直流至直流轉換器

邱克轉換器如圖7-25所示，其乃由昇壓式轉換器利用電路之對偶(duality)特性求得。與昇降壓式轉換器一樣，邱克轉換器之輸出與輸入極性相反且輸出電壓可以高或低於輸入電壓。電容C_1在此處乃用以儲存及轉移輸入電能至輸出。

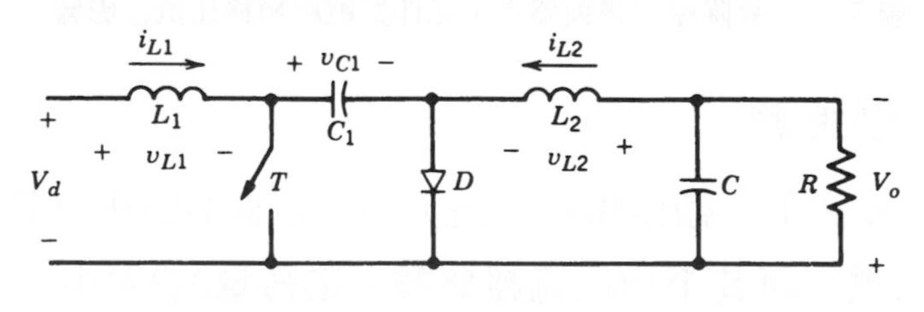

圖 7-25 邱克轉換器

在穩態下，電感電壓的平均值V_{L1}及V_{L2}爲0，由圖7-25可知

$$V_{C1} = V_d + V_o \tag{7-58}$$

因此V_{C1}大於V_d及V_o。假設C_1非常大使v_{C1}之變動可以忽略，即$v_{C1} \simeq V_{C1}$，當開關截止時，轉換器等效電路如圖7-26(a)所示，電感電流i_{L1}及i_{L2}流經二極體，C_1儲存由L_1及輸入轉移之電能。由於$V_{C1} > V_d$，i_{L1}將遞減，儲存於L_2之電能經

由二極體轉移至負載，故i_{L2}亦遞減。

當開關導通時，V_{C1}使二極體反向偏壓而截止，轉換器等效電路如圖7-26(b)所示。i_{L1}及i_{L2}均流經開關，由於$V_{C1} > V_o$，C_1經由開關放電，轉移儲能至輸出及L_2，因此i_{L2}遞增，L_1藉由開關短路，儲存由輸入轉移之電能，故i_{L1}亦遞增。

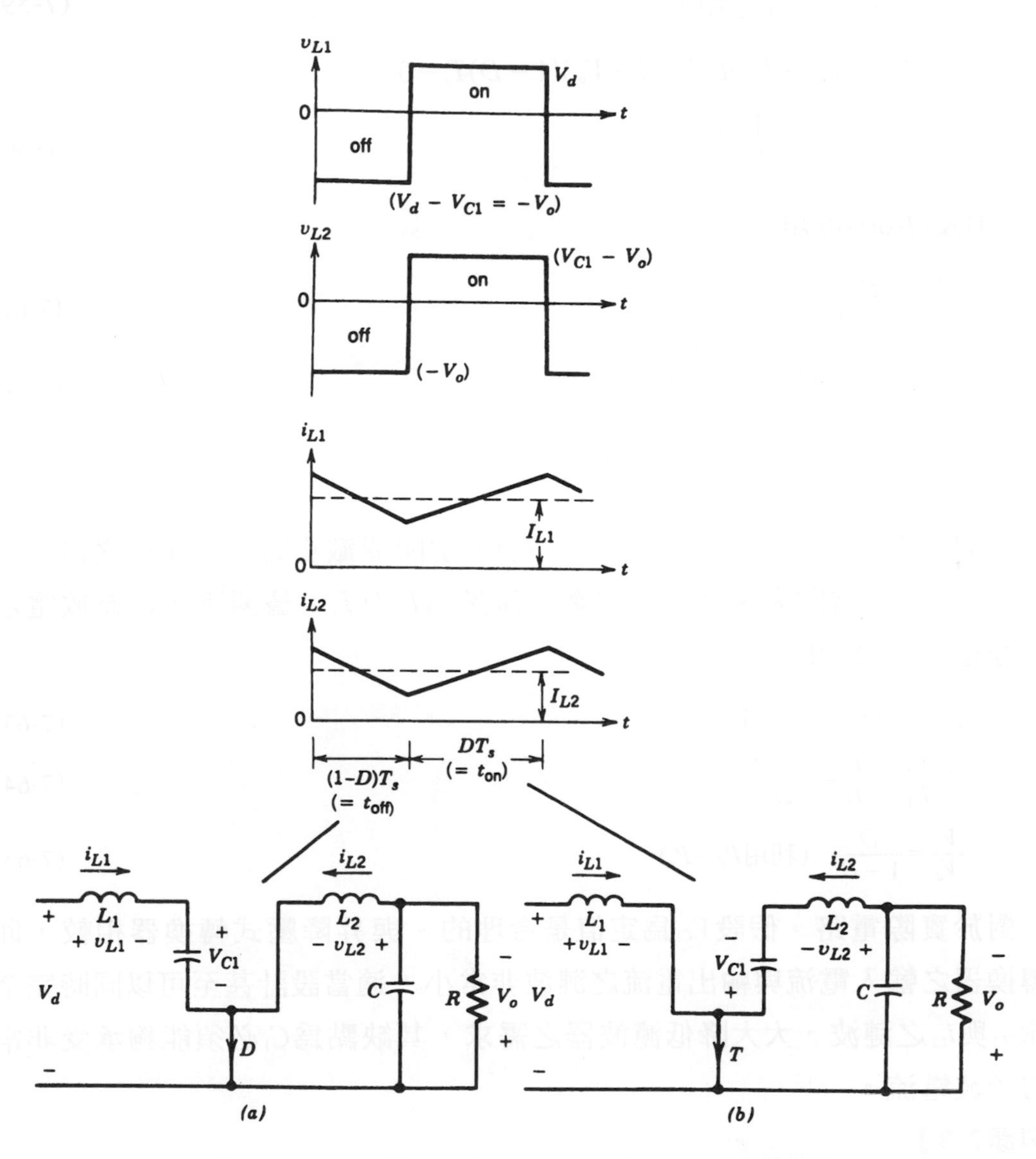

圖 7-26　邱克轉換器之波形：(a)開關截止；(b)開關導通

有兩種方法可以求轉換器穩態下電壓及電流之表示：

方法1：

假設i_{L1}及i_{L2}均為連續，V_{C1}為定值，利用v_{L1}及v_{L2}一週期之平均值0可得：

L_1： $V_d D T_s + (V_d - V_{C1})(1 - D)T_s = 0$

$$\therefore V_{C1} = \frac{1}{1-D} V_d \tag{7-59}$$

L_2： $(V_{C1} - V_o)D T_s + (-V_o)(1 - D)T_s = 0$

$$\therefore V_{C1} = \frac{1}{D} V_o \tag{7-60}$$

由(7-59)及(7-60)可知

$$\frac{V_o}{V_d} = \frac{D}{1-D} \tag{7-61}$$

且 $$\frac{I_o}{I_d} = \frac{1-D}{D} \quad (\text{利用} P_d = P_o) \tag{7-62}$$

其中$I_{L1} = I_d$，$I_{L2} = I_o$。

方法2：

假設i_{L1}及i_{L2}無漣波(即$i_{L1} = I_{L1}$，$i_{L2} = I_{L2}$)，當開關截止時，充至C_1之電荷量為$I_{L1}(1 - D)T_s$。當開關導通，C_1放電電荷量為$I_{L2} D T_s$。穩態下，C_1充放電之電荷淨值為0，因此

$$I_{L1}(1 - D)T_s = I_{L2} D T_s \tag{7-63}$$

$$\therefore \frac{I_{L2}}{I_{L1}} = \frac{I_o}{I_d} = \frac{1-D}{D} \tag{7-64}$$

且 $$\frac{V_o}{V_d} = \frac{D}{1-D} \quad (\text{利用} P_d = P_o) \tag{7-65}$$

對於實際電路，假設V_{C1}為定值是合理的。與昇降壓式轉換器相較，邱克轉換器之輸入電流與輸出電流之漣波非常小，適當設計甚至可以同時完全消除i_{L1}與i_{L2}之漣波，大大降低濾波器之需求，其缺點為C_1必須能夠承受非常大的漣波電流。

【例題7-3】

一邱克轉換器切換頻率為50kHz，$L_1 = L_2 = 1\text{mH}$且$C_1 = 5\mu\text{F}$，輸出電容很

大使輸出電壓可以假設爲定值。若$V_d = 10$、$V_o = 5$V且輸出負載爲5W，計算假設V_{C1}爲定值且i_{L1}及i_{L2}無漣波之誤差值。

解：⑴若v_{C1}爲定值，由(7-58)知

$$v_{C1} = V_{C1} = 10 + 5 = 15\text{V}$$

假設電流爲連續，由(7-61)

$$\frac{D}{1-D} = \frac{5}{10}$$

$$D = 0.333$$

由圖7-26知，在開關截止時期

$$\Delta i_{L1} = \frac{V_{C1} - V_d}{L_1}(1-D)T_s$$

$$= \frac{(15-10)}{10^{-3}}(1-0.333)\times 20\times 10^{-6}$$

$$= 0.067\text{A}$$

$$\Delta i_{L2} = \frac{V_o}{L_2}(1-D)T_s$$

$$= \frac{5}{10^{-3}}(1-0.333)\times 20\times 10^{-6}$$

$$= 0.067\text{A}$$

注意，只要$L_1 = L_2$，$\Delta i_{L1} = \Delta i_{L2}$($\because V_{C1} - V_d = V_o$)。

輸出爲5W，由(7-62)知：

$I_o = 1$A，$I_d = 0.5$A

由於$\Delta i_{L1} < I_d\ (= I_{L1})$且$\Delta i_{L2} < I_o\ (= I_{L2})$，因此假設電流爲連續是正確的。

假設i_{L1}及i_{L2}爲定值之誤差爲

$$\frac{\Delta i_{L1}}{I_{L1}} = \frac{0.067\times 100}{0.5} = 13.4\%$$

$$\frac{\Delta i_{L2}}{I_{L2}} = \frac{0.067\times 100}{1.0} = 6.7\%$$

⑵若假設i_{L1}及i_{L2}爲定值，由圖7-26知，在開關截止時期

$$\Delta V_{C1} = \frac{1}{C}\int_0^{(1-D)T_s} i_{L1}\, dt$$

假設$i_{L1} = I_{L1} = 0.5\text{A}$

則$\Delta V_{C1} = \dfrac{1}{5\times 10^{-6}} \times 0.5 \times (1-0.333)20\times 10^{-6} = 1.33\text{V}$

因此假設v_{C1}為定值之誤差為

$$\frac{\Delta V_{C1}}{V_{C1}} = \frac{1.333\times 100}{15} = 8.87\%$$

■

7-7 全橋式直流至直流轉換器

全橋式直流至直流轉換器電路如圖7-27所示，其主要用途有三：

1. 直流馬達驅動器。

2. 單向不斷電電源供應器中直流至交流(正弦波)之轉換。

3. 具變壓器隔離之切換式直流電源供應器中之直流至交流(高頻)轉換。

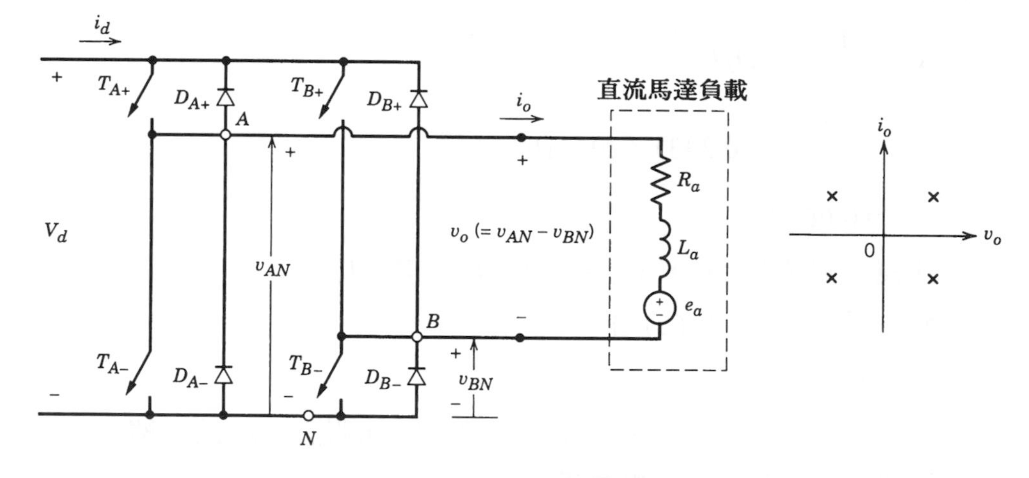

圖 7-27　全橋式直流至直流轉換器

三者之電路雖同，但其切換控制則因用途而異，本章將以直流馬達驅動之應用來說明。

圖7-27轉換器之輸入為一固定直流電壓電源V_d，其輸出為一電壓極性可正可負之直流電壓V_o，輸出電流i_o為雙向性，因此全橋式轉換器為一四象限轉換器，其可操作於$i_o - v_o$平面任一象限，如圖7-27所示。

圖7-27轉換器中之任一開關均反並接一二極體，在尚未進入電路分析之

前，先釐清開關導通(on state)與導流(conducting state)二名詞。由於反並接二極體之故，開關即使加觸發信號，若電流i_o為反向，則其流經二極體，而非開關，此時稱開關在導通狀態；反之若i_o為正向，則其流經開關，稱開關為導流狀態。

全橋式轉換器包括A、B二臂(legs)，每一臂上均有二開關及其反並接之二極體。同一臂上開關導通狀態是互補的，亦即一在導通，另一便截止。但在實際電路製作上，考慮開關之非理想性，二開關之切換時間須錯開以避免短路，因此存在一二開關同時截止的短暫時間，稱為空白時間(blanking time)。本章之分析均假設開關為理想，故不考慮此空白時間。

如果轉換器每一個臂上的兩個開關之導通是互補的，則輸出電流i_o必為連續，而輸出電壓乃由開關之狀態決定之。例如當T_{A+}導通時，若i_o為正則T_{A+}導流，若為負則其流經D_{A+}，在二情況下，A點之電位均等於直流輸入側之正端電壓，即

$$v_{AN}=V_d\,(T_{A+}\text{導通，}T_{A-}\text{截止}) \tag{7-66a}$$

同理，當T_{A-}導通時，若i_o為負則T_{A-}導流，若為正則其流經D_{A-}，因此

$$v_{AN}=0(T_{A-}\text{截止，}T_{A+}\text{導通}) \tag{7-66b}$$

(7-66a)及(7-66b)指出v_{AN}電壓由開關導通狀態及電流i_o之方向決定之。而v_{AN}之平均電壓則由輸入電壓V_d及T_{A+}之責任週期決定之：

$$V_{AN}=\frac{V_d\,t_{\text{on}}+0\cdot t_{\text{off}}}{T_s}=V_d\cdot(T_{A+}\text{之責任週期}) \tag{7-67}$$

其中t_{on}及t_{off}為T_{A+}導通及截止時間長度，T_s為切換週期。

同理，B臂電壓v_{BN}之平均值V_{BN}為

$$V_{BN}=V_d\cdot(T_{B+}\text{之責任週期}) \tag{7-68}$$

由(7-67)及(7-68)可知輸出電壓$V_o(=V_{AN}-V_{BN})$可由控制開關之責任週期來調整，與i_o之大小與方向無關。

全橋式轉換器由於輸出電壓極性可正可負，因此PWM之方式乃由控制電壓v_{control}與一三角波形(而非鋸齒波形)作比較以得到開關之切換信號。依比

較方式不同，有兩種PWM之切換技巧。

1. PWM雙電壓極性切換——(T_{A+}，T_{B-})與(T_{A-}，T_{B+})形成二組開關對(switch pairs)，各組開關對之開關爲同時導通及截止。

2. PWM單電壓極切換——A、B二臂切換之控制是獨立的。

與前述單一開關之轉換器不同的是，全橋式轉換器即使在低I_o情況下，i_o電流亦爲連續。但其輸入電流i_d方向之改變卻是瞬時的，因此直流側輸入電源之內阻抗必須很低，在實用上通常會在輸入側並一大電容以減低i_d之諧波。

7-7-1 PWM雙電壓極性切換

PWM雙電壓極性切換的方式爲(T_{A+}、T_{B-})與(T_{B+}、T_{A-})兩組開關內之開關成對切換，且一組導通另一組便截止。切換信號的產生方式爲利用控制電壓v_{control}與三角波作比較，當$v_{\text{control}} > v_{\text{tri}}$時，$T_{A+}$及$T_{B-}$導通，否則$T_{A-}$及$T_{B+}$導通。開關之責任週期由圖7-28(a)之波形可求得：

$$v_{\text{tri}} = \hat{V}_{\text{tri}}\frac{t}{T_s/4} \quad 0 < t < \frac{1}{4}T_s \tag{7-69}$$

$t = t_1$時，$v_{\text{tri}} = v_{\text{control}}$，由(7-69)知

$$t_1 = \frac{v_{\text{control}}}{\hat{V}_{\text{tri}}}\frac{T_s}{4} \tag{7-70}$$

開關組(T_{A+}、T_{B-})之導通時間t_{on}由圖7-28可得

$$t_{\text{on}} = 2t_1 + \frac{1}{2}T_s \tag{7-71}$$

因此(T_{A+}、T_{B-})之責任週期爲

$$D_1 = \frac{t_{\text{on}}}{T_s} = \frac{1}{2}\left(1 + \frac{v_{\text{control}}}{\hat{V}_{\text{tri}}}\right) : (T_{A+}、T_{B-}) \tag{7-72}$$

由於(T_{A-}、T_{B+})與(T_{A+}、T_{B-})之切換互補，故(T_{A-}、T_{B+})之責任週期爲

$$D_2 = 1 - D_1 : (T_{B+}、T_{A-}) \tag{7-73}$$

利用(7-67)及(7-68)之關係可得V_{AN}及V_{BN}之波形，如圖7-28所示，而輸出電壓

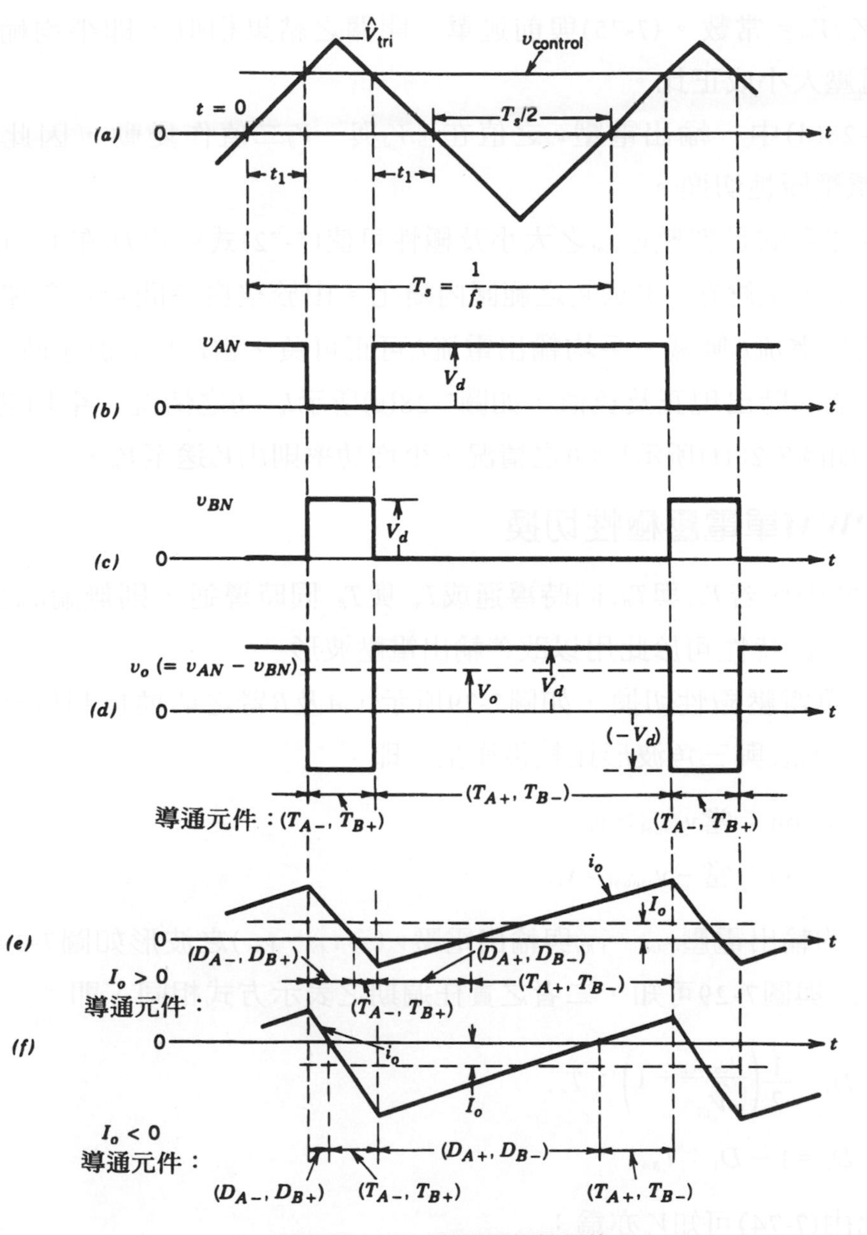

圖 7-28　PWM雙電壓極性切換

$$V_o = V_{AN} - V_{BN} = D_1 V_d - D_2 V_d = (2D_1 - 1)V_d \tag{7-74}$$

將(7-72)代入(7-74)可得

$$V_o = \frac{V_d}{\hat{V}_{tri}} v_{control} = k\, v_{control} \tag{7-75}$$

其中$k = V_d / \widehat{V}_{tri}$ = 常數。(7-75)與前述單一開關之結果相似，即平均輸出電壓與控制電壓大小成正比。

圖7-28(d)中，輸出電壓v_o之值在$+V_d$與$-V_d$二值作變動，因此其稱爲PWM雙電壓極性切換。

值得注意的是調整$v_{control}$之大小及極性可使(7-72)式中之D_1在0～1間變化，連帶使輸出電壓在$-V_d$與V_d之範圍內變化。由於空白時間可以忽略，輸出電壓與輸出電流i_o無關。平均輸出電流I_o可正可負，當I_o大小很小時，i_o在一週期內可能同時出現正及負值，如圖7-28(e)所示$I_o > 0$之情況，平均功率由V_d送至V_o；如圖7-28(f)所示$I_o < 0$之情況，平均功率則由V_o送至V_d。

7-7-2 PWM單電壓極性切換

圖7-27中，若T_{A+}與T_{B+}同時導通或T_{A-}與T_{B-}同時導通，則無論i_o之方向爲何，$v_o = 0$，此特性可於此用以改善輸出電壓波形。

PWM單電壓極性切換，如圖7-29所示，A及B臂之切換控制信號乃分別由$v_{control}$、$-v_{control}$與三角波形比較後產生，即：

$$T_{A+} \text{ on：當} v_{control} > v_{tri} \tag{7-76}$$

$$T_{B+} \text{ on：當} -v_{control} > v_{tri} \tag{7-77}$$

A、B兩臂的輸出電壓v_{AN}、v_{BN}與輸出電壓$v_o(=v_{AN} - v_{BN})$之波形如圖7-29所示。比較圖7-28與圖7-29可知，二者之責任週期之表示方式相同，即

$$D_1 = \frac{1}{2}\left(\frac{v_{control}}{\widehat{V}_{tri}} + 1\right) ： T_{A+} \tag{7-78}$$

$$D_2 = 1 - D_1 ： T_{B+} \tag{7-79}$$

因此由(7-74)可知V_o亦爲：

$$V_o = (2D_1 - 1)V_d = \frac{V_d}{\widehat{V}_{tri}} v_{control} \tag{7-80}$$

圖7-29(e)及圖7-29(f)所示分別爲$I_o > 0$及$I_o < 0$但V_o均爲正之波形與元件之導通狀況。其與雙電壓極性切換之不同處爲其v_o波形在0與$+V_d$(或$-V_d$)間切

換，在切換頻率相同之情況下，v_o電壓波形之切換頻率爲雙電壓極性切換者的兩倍，因此可以更加改善輸出之漣波。

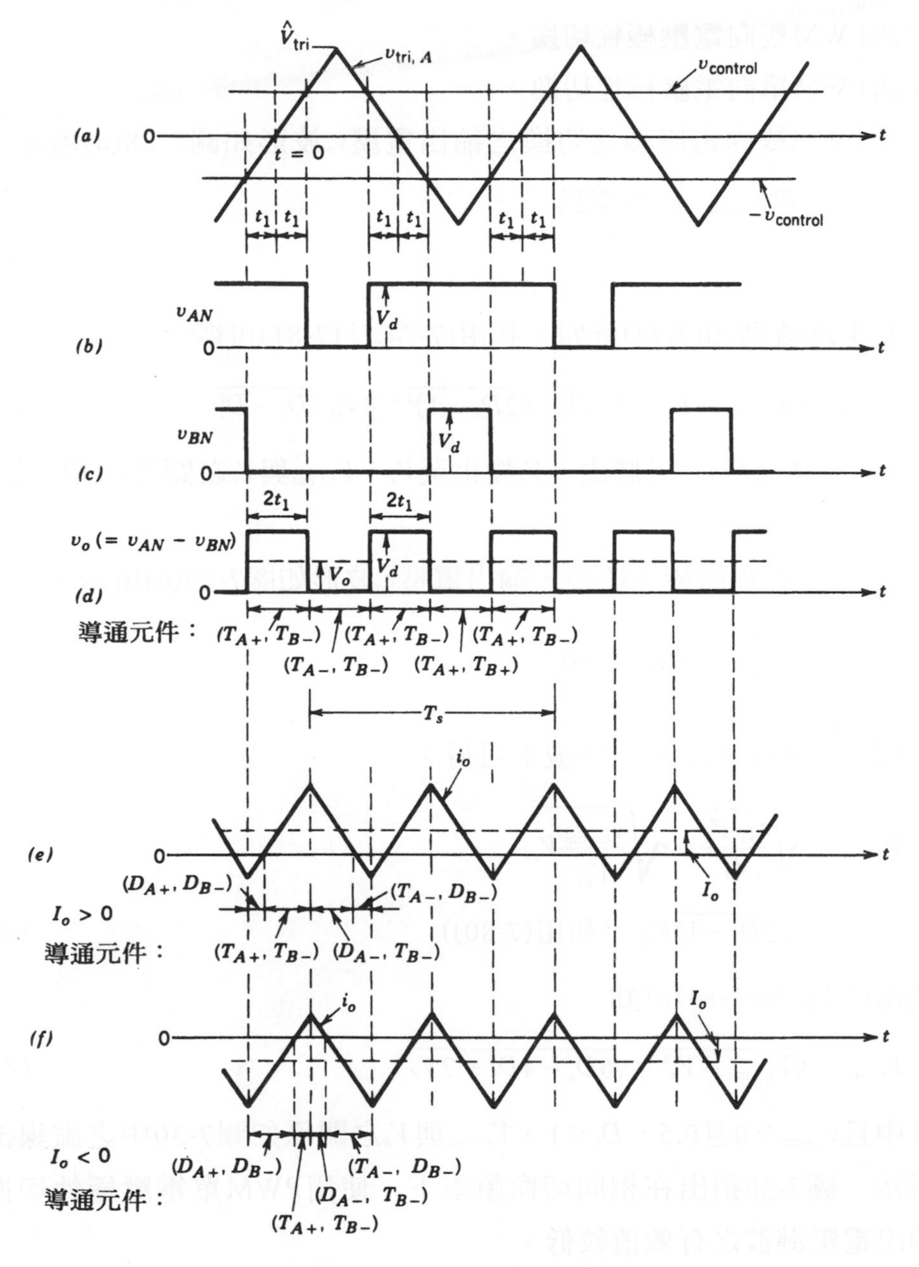

圖 7-29　PWM單電壓極性切換

【例題7-4】

一全橋式dc-dc轉換器，輸入電壓V_d固定，輸出電壓藉由改變責任週期來調整。開關在以下兩種情況下，試以輸出電壓平均值V_o來表示輸出電壓漣波之均方根值V_r：

⑴採用PWM雙向電壓極性切換。

⑵採用PWM單向電壓極性切換。

解：⑴採用PWM雙向電壓極性切換之輸出電壓v_o波形如圖7-28(d)所示，其均方根值與$v_{\text{control}}/\hat{V}_{\text{tri}}$無關為

$$V_{o,\text{rms}} = V_d \tag{7-81}$$

而其平均值則如(7-74)所列。利用(7-74)及(7-81)可得

$$V_{r,\text{rms}} = \sqrt{V_{o,\text{rms}}^2 - V_o^2} = V_d\sqrt{1-(2D_2-1)^2} = 2V_d\sqrt{D_1 - D_1^2} \tag{7-82}$$

當D_1由0變化至1，V_o將由$-V_d$變化至V_d，$V_{r,\text{rms}}$與V_o之關係則繪於圖7-30中之實線部份。

⑵採用PWM單電壓極性切換，輸出電壓v_o波形如圖7-29(d)所示，其中

$$t_1 = \frac{v_{\text{control}}}{\hat{V}_{\text{tri}}}\frac{T_s}{4}，當v_{\text{control}} > 0 \tag{7-83}$$

由圖7-29(d)中$v_{\text{control}} > 0$之v_o波形可得：

$$V_{o,\text{rms}} = \sqrt{\frac{4t_1V_d^2}{T_s}} = \sqrt{\frac{v_{\text{control}}}{\hat{V}_{\text{tri}}}}V_d$$

$$= \sqrt{(2D_1-1)}V_d \quad (利用(7\text{-}80)) \tag{7-84}$$

利用(7-80)及(7-84)可知

$$V_{r,\text{rms}} = \sqrt{V_{o,\text{rms}} - V_o^2} = \sqrt{6D_1 - 4D_1^2 - 2V_d} \tag{7-85}$$

其中且$v_{\text{control}} > 0$且$0.5 < D_1 < 1$。$V_{r,\text{rms}}$與V_o之關係如圖7-30中之虛線部份所示。圖7-30指出在相同切換頻率下，使用PWM單電壓極性切換者輸出電壓漣波之有效值較低。

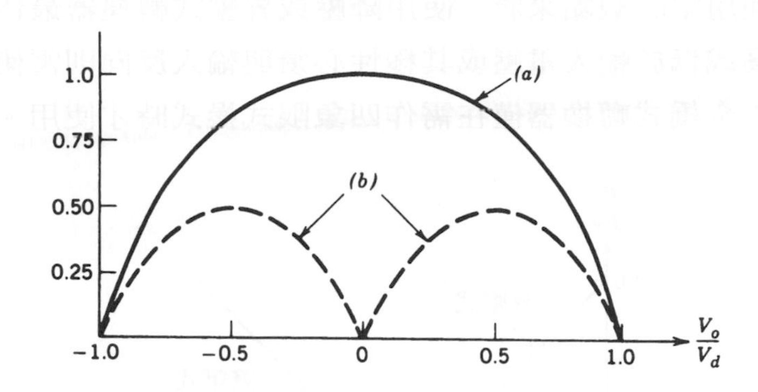

圖 7-30　PWM全橋式轉換器之$V_{r,ms}$：(a)使用雙電壓極性切換；(b)使用單電壓極性切換

7-8　直流至直流轉換器之比較

降壓式、昇壓式、昇降壓式以及邱克轉換器之輸出電壓V_o及電流I_o均爲單極性，因此其功率之轉移爲單向性。全橋式轉換器之V_o與I_o均可爲雙極性，且彼此無關，即可以操作在V_o-I_o平面上任一象限，因此其功率之轉移爲雙向性。

在評估轉換器電路開關之利用率之前，先作以下假設：

1. 平均電流等於其額定值I_o；電感之漣波可忽略，即$i_L(t)=I_L$；轉換器操作在連續導通模式。

2. 輸出電壓等於其額定值V_o，v_o之漣波可忽略，即$v_o=V_o$。

3. 輸入電壓V_d可以變化，因此開關之責任週期必須調整以得到固定之V_o。

開關之利用率爲額定輸出功率與開關額定功率之比值：P_o/P_T，其中$P_o=V_oI_o$，$P_T=V_TI_T$，V_T及I_T分別爲開關之峰值電壓及電流。

圖7-31所示爲各種轉換器開關利用率與責任週期之關係，其顯示降壓式及昇壓式轉換器之開關利用率最佳；昇降壓及邱克轉換器次之且開關利用率最大值發在$D=0.5$(即$V_o=V_d$)時，其值爲0.25。

全橋式轉換器開關之利用率是以其中一開關爲準，在所有轉換器中爲最差。其最大值發生在$V_o=-V_d$及$V_o=V_d$時。

從開關利用率的觀點來看，使用降壓或昇壓式轉換器最佳；若輸出電壓必須可同時高或低於輸入電壓或其極性必須與輸入反向則需使用昇降壓式或邱克轉換器；全橋式轉換器僅在需作四象限式操式時才使用。

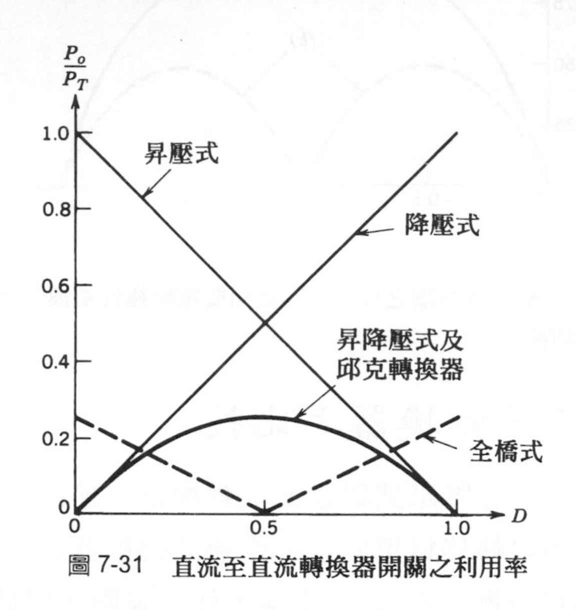

圖 7-31 直流至直流轉換器開關之利用率

結 論

本章介紹各式非隔離式之直流至直流轉換。除了全橋式轉換器外，其它轉換器僅能操作在V_o-I_o平面上之單一象限，即功率之流通爲單向性。

在轉換器電路之穩態分析中，電容可以一等效之電壓源來代表，而電感可以一等效之電流源來代表。因此本章各式轉換器可以圖7-32之等效電路來表示。

所有之轉換器，切換動作並不會造成電壓源或電流源瞬間值之變化(即不連續)。降壓式(包括全橋式)及昇壓式轉換器能量爲在電壓源與電流源間轉移，昇降壓式及邱轉換器能量則在二相同形式之電源間作轉移，但轉移時需透過另一形式之電源。

若在開關或二極體上反並接一二極體或開關，如圖7-33之虛線所示，則功率之流通可以反向。當i_o爲正時，S_d及D_d作用，其形同一降壓式轉換器，功率之流通由電壓源至電流源；反之，i_o爲負時，S_u及D_u作用，其形同一昇壓式轉換器，功率之流通爲從電流源至電壓源。

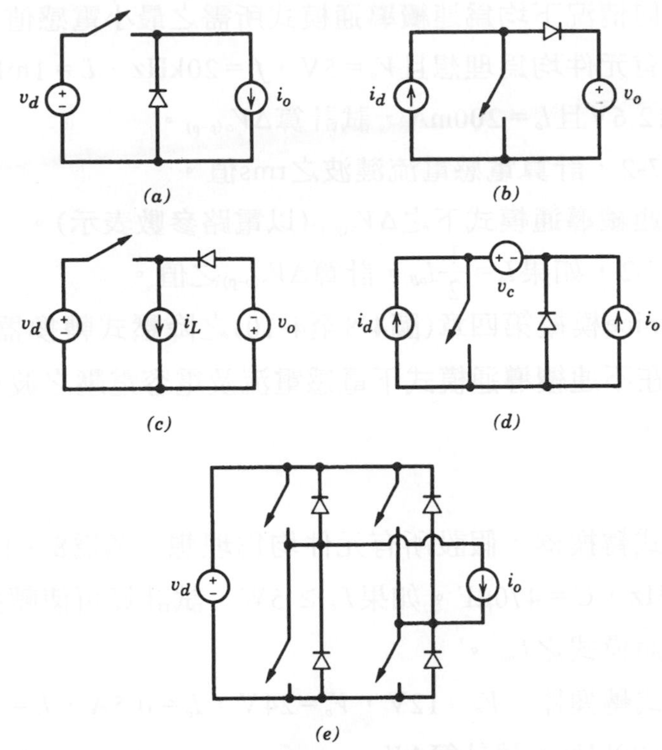

圖 7-32　轉換器之等效電路：(a)降壓式；(b)昇壓式；(c)昇降壓式；(d)邱克；(e)全橋式

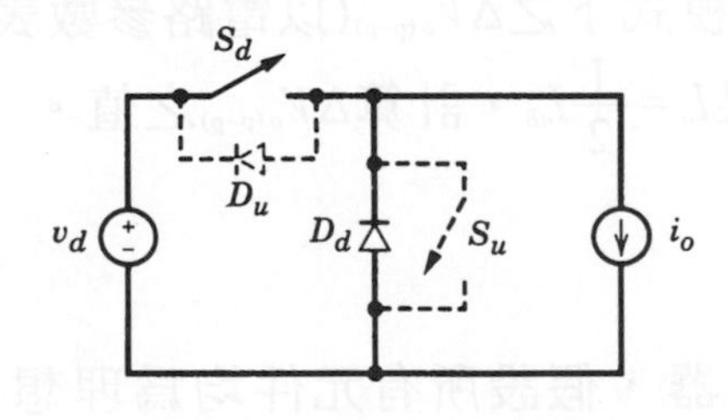

圖 7-33　i_o及電力流通可以反向之架構

習　題

降壓式轉換器

7-1　一降壓式轉換器，假設所有元件均為理想。$v_o \simeq V_o$可藉由調整D使其固定為5V。若V_d為10～40V，$P_o \geq$ 5W，f_s = 50kHz，試計算可使轉換器在任何情況下均爲連續導通模式所需之最小電感值L。

7-2 假設所有元件均爲理想且$V_o = 5\text{V}$，$f_s = 20\text{kHz}$，$L = 1\text{mH}$，$C = 470\mu\text{F}$。若$V_d = 12.6\text{V}$且$I_o = 200\text{mA}$，試計算$\Delta V_{o(p-p)}$。

7-3 同習題7-2，計算電感電流漣波之rms值。

7-4 推導不連續導通模式下之$\Delta V_{o(p-p)}$(以電路參數表示)。

7-5 同習題7-2，如果$I_o = \frac{1}{2} I_{oB}$，計算$\Delta V_{o(p-p)}$之值。

7-6 利用PSpice模擬第四章(圖4-8至4-10)之降壓式轉換器，其中$R_{\text{load}} = 80\ \Omega$。求在不連續導通模式下電感電流及電容電壓之波形。

昇壓式轉換器

7-7 一昇壓式轉換器，假設所有元件均爲理想。V_d爲8～16V，$V_o = 24\text{V}$，$f_s = 20\text{kHz}$，$C = 470\mu\text{F}$。如果$P_o \geq 5\text{W}$，試計算可使轉換器保持操作於連續導通模式之$L_{\min}$。

7-8 一昇壓式轉換器，$V_d = 12\text{V}$，$V_o = 24\text{V}$，$I_o = 0.5\text{A}$，$L = 150\mu\text{H}$，$C = 470\ \mu\text{F}$，$f_s = 20\text{kHz}$。試計算$\Delta V_{o(p-p)}$。

7-9 同習題7-8，計算二極體電流漣波(即電容電流)之rms值。

7-10 推導不連續導通模式下之$\Delta V_{o(p-p)}$(以電路參數表示)。

7-11 同習題7-8，如果$I_o = \frac{1}{2} I_{oB}$，計算$\Delta V_{o(p-p)}$之值。

昇降壓式轉換器

7-12 一昇降壓式轉換器，假設所有元件均爲理想。V_d爲8 – 40V，$V_o = 15\ \text{V}$，$f_s = 20\text{kHz}$，$C = 470\mu\text{F}$，如果$P_o \geq 2\text{W}$，試計算可使轉換器保持操作於連續導通模式之$L_{\min}$。

7-13 一昇降壓式轉換器，$V_d = 12\text{V}$，$V_o = 15\text{V}$，$I_o = 250\text{mA}$，$L = 150\mu\text{H}$，$C = 470\mu\text{F}$，$f_s = 20\text{kHz}$，試計算$\Delta V_{o(p-p)}$。

7-14 同習題7-13，計算二極體電流漣波(即電容電流)之rms值。

7-15 推導不連續導通模式下之$\Delta V_{o(p-p)}$(以電路參數表示)。

7-16 同習題7-13，如果$I_o = \frac{1}{2} I_{oB}$，計算$\Delta V_{o(p-p)}$之值。

邱克轉換器

7-17　同例題7-3之電路，試計算流經電容C_1電流之rms值。

全橋式轉換器

7-18　一全橋式轉換器使用PWM雙電壓極性切換，$V_{control} = 0.5\hat{V}_{tri}$。(1)求$V_o$及$I_d$；(2)利用傅立葉分析，計算$v_o$及$i_d$在切換頻率諧波之振幅。

7-19　同習題7-18，但改成PWM單電壓極性切換。

7-20　試繪出對應於圖7-28(e)及圖7-28(f)中i_o波形之輸出瞬時功率$P_o(t)$及平均功率P_o之波形。

7-21　同習題7-20，但改成圖7-29(e)及圖7-29(f)。

7-22　一全橋式轉換器使用PWM雙電壓極性切換，試求可使輸出電流i_o之漣波峰對峰值為最大之(V_o/V_d)，並以V_d，L_a及f_s表示此漣波值。

7-23　同習題7-22，但改成PWM單電壓極性切換。

7-24　利用PSpice模擬圖P7-24之全橋式轉換器：(1)使用PWM雙電壓極性切換；(2)使用PWM單電壓極性切換。

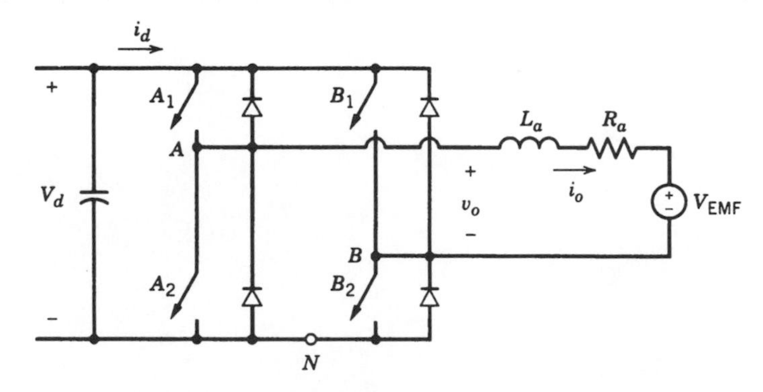

正常值：
$V_d = 200$ V
$V_{EMF} = 79.5$ V
$R_a = 0.37\ \Omega$
$L_a = 1.5$ mH
I_o (avg) = 10 A
$f_s = 20$ kHz
T_{A1}及T_{B2}之$D_1 = 0.708$
($\therefore \hat{V}_{tir} = 1.0$V時，$v_{control} = 0.416$V)

圖 P7-24

參考文獻

1. R.P. Severns and E. Bloom, *Modern DC–to–DC Switchmode Power Converter Circuits, Van Nostrand Reinhold Company, New York*, 1985.
2. G. Chryssis,*High Frequency Switching Power Supplies：Theory and Design* McGraw-Hill, New York, 1984.
3. R. E. Tarter, *Principles of Solid–State Power Conversiion*, Sams and Co., Indianapolis, IN, 1985.
4. R. D. Middlebrook and S. Cúk, *Advances in Switched–Mode Power Conversion*, Vols. I and II, TESLAco, Pasadena, CA, 1981.

第八章　切換式直流至交流變流器：dc↔正弦式ac

8-1　簡　介

切換式直流至交流變流器乃用以將直流電源轉換成振幅與頻率均可調之正弦式交流電源，主要用途爲交流馬達驅動與交流不斷電電源供應器。圖8-1爲一典型交流馬達驅動之變流器方塊圖，其直流輸入電壓通常由線電壓整流及濾波而得(如第五章)，接著再利用切換式變流器改變輸出電壓之振幅與頻率，以驅動交流馬達(如第十四章與第十五章)。

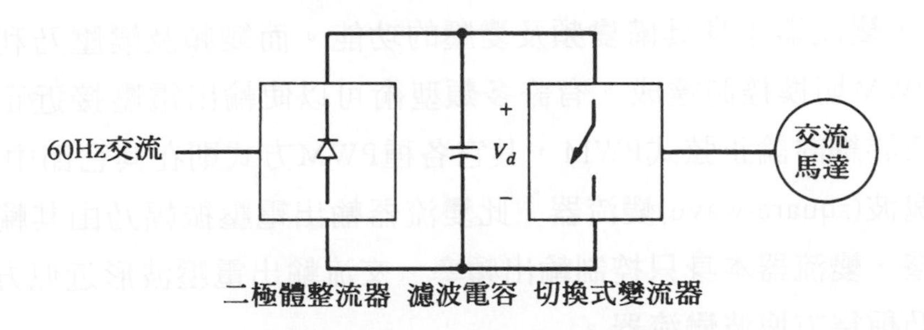

圖 8-1　用於交流馬達之切換式變流器

切換式變流器功率之流通通常是由直流至交流，稱爲變流模式；但亦可以從交流至直流，稱爲整流模式。例如圖8-1之交流馬達煞車(制動)時，馬達可以當成一發電機將動能轉換成電能由交流端送至直流端，送至直流端的電能可以消耗在電阻上，此電阻可於煞車期間藉由開關並聯於濾波電容器上，但對於煞車很頻繁之應用，最佳方式乃將此送至直流端之電能，再送入線電源端，此方式稱爲再生制動(regenerative braking)。再生制動之系統安排如圖8-2所示，線電壓與直流側電能之轉換，爲採用二象限式之轉換器，當交流馬達在電動機模式時，其功能爲一整流器；當交流馬達煞車時，其功能則爲一變流器。此二象限式轉換器可利用第六章所介紹之兩個背對背的線頻閘流體轉換器來實現，亦可以利用圖8-2所示之切換式轉換器來實現。考慮與公用電力連接之諧波等各種問題，採用切換式轉換器較佳，此將於第十八章中討論。

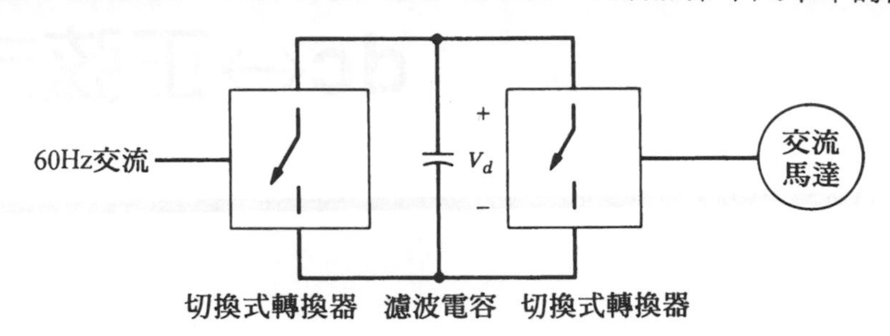

圖 8-2　交流馬達驅動器使用之可同時具備電動機及再生制動功能之切換式變流器

本章所討論的變流器包括單相及三相，其輸入如圖8-1及圖8-2所示爲一直流電壓源者，稱爲電壓源變流器(VSIs)。另外若輸入爲直流電流源者，稱爲電流源變流器(CSIs)，目前僅應用在高功率之交流馬達驅動器。本章之討論僅限於VSIs，CSIs則留待第十四及十五章交流馬達驅動器中討論。

電壓源變流器可以進一步分成以下三種類型：

1. 脈波寬度調變(PWM)變流器：其輸入電壓通常爲固定(如圖8-1之型式)，變流器本身具備變頻及變壓的功能。而變頻及變壓乃利用開關之PWM切換控制達成。有許多類型術可以使輸出電壓接近正弦，本章將詳細討論正弦式PWM，其它各種PWM方式則在其它節中敘述。
2. 方塊波(square-wave)變流器：此變流器輸出電壓振幅乃由其輸入電壓調整，變流器本身只控制輸出頻率。交流輸出電壓波形近似方波，因此乃稱爲方塊波變流器。
3. 採用電壓消去法(voltage cancellation)之單相變流器：單相變流器當輸入電壓爲定值時，可以利用電壓消去法來變頻及變壓，而不須採用PWM，其輸入電壓波形近似方波，因此其結合了前述兩種變流器的特色。值得注意的是，電壓消去法並不適用於三相變流器。

8-2　切換式變流器之基本觀念

考慮圖8-3(a)之單向變流器，假設其輸出電壓v_o是經過濾波所得爲正弦，若輸出之負載爲電感性(如馬達)，則i_o將落後v_o，如圖8-3(b)所示。在期間1及3中，v_o與i_o同號，瞬時功率$p_o(=v_o i_o)$爲正，故其由直流側送至交流側稱之爲變流模式；在期間2及4中，v_o與i_o異號，p_o爲負，故其由交流側送至直流側稱之爲整流模式。

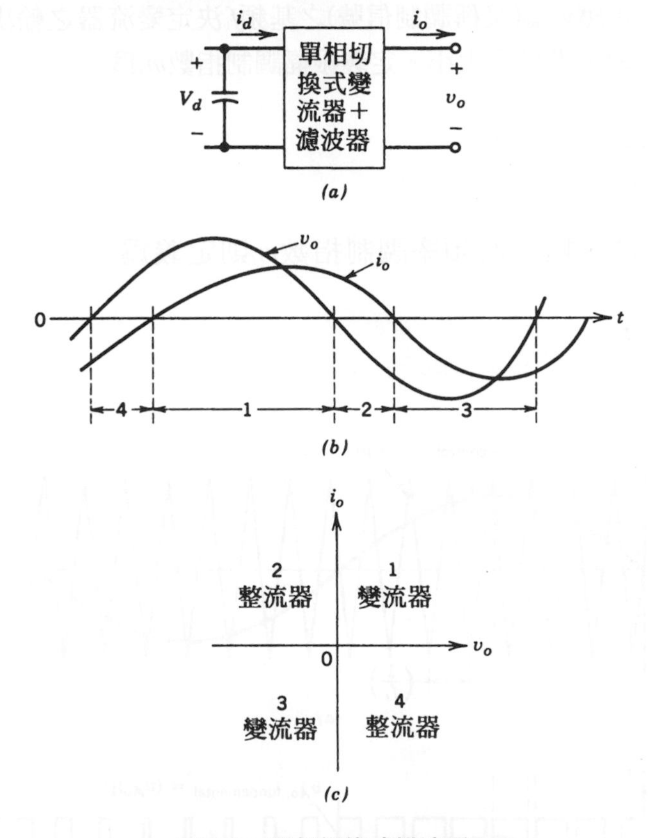

圖 8-3　單相切換式變流器

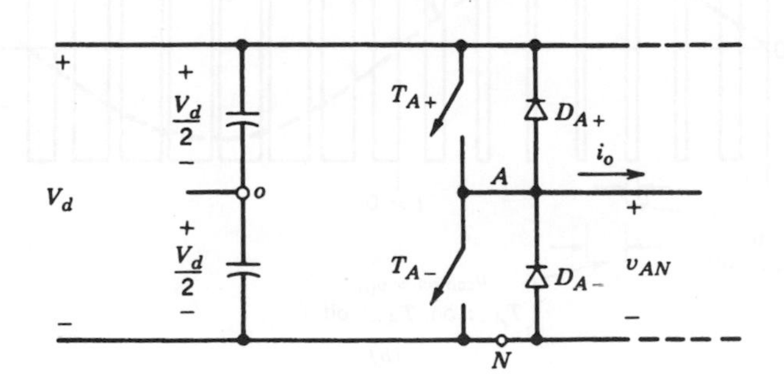

圖 8-4　切換式單臂變流器

圖8-3(a)之切換式變流器，在每一週期內，會經歷$i_o - v_o$平面上四個象限中之所有象限。爲清處解釋起見，本章中將以圖8-4之單臂變流器來說明。

8-2-1 脈衝寬度調變切換技術(PWM switching scheme)

變流器電路之PWM切換技術如圖8-5(a)所示，由一正弦波形控制信號$v_{control}$與一三角波形v_{tri}作比較。三角波(又稱載波)之振幅爲$\hat{V}_{tri}$，頻率爲f_s，f_s決定變流器開關之切換頻率，正弦波控制電壓$v_{control}$(又稱調制信號)之基頻f_1決定變流器之輸出電壓頻率，而其振幅則決定變流器輸出電壓之大小。定義振幅調制指數m_a爲

$$m_a = \frac{\hat{V}_{control}}{\hat{V}_{tri}} \tag{8-1}$$

其中$\hat{V}_{control}$爲$v_{control}$之振幅，而頻率調制指數m_f則定義爲

$$m_f = \frac{f_s}{f_1} \tag{8-2}$$

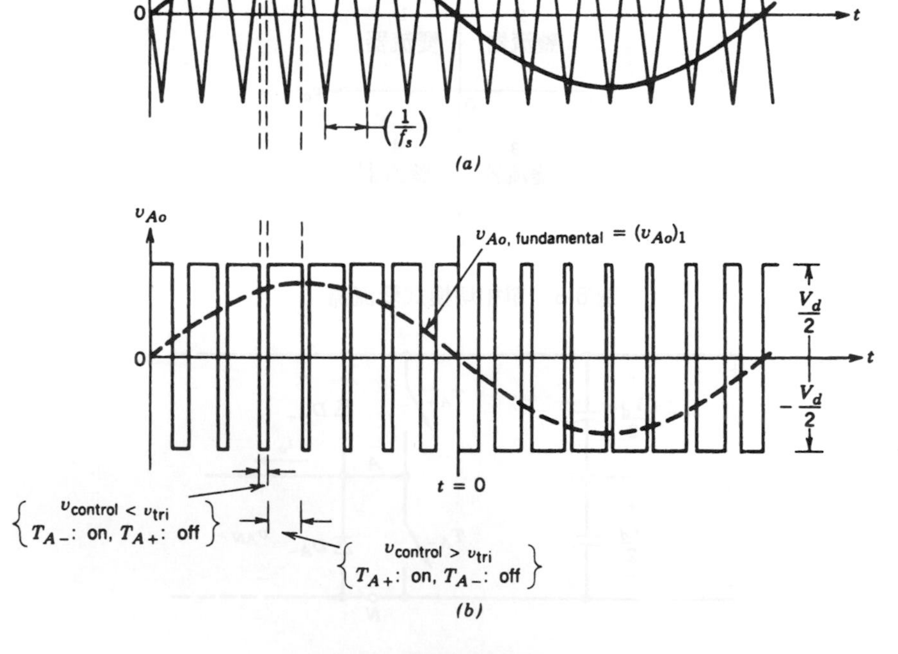

圖 8-5 脈波寬度調變(PWM)

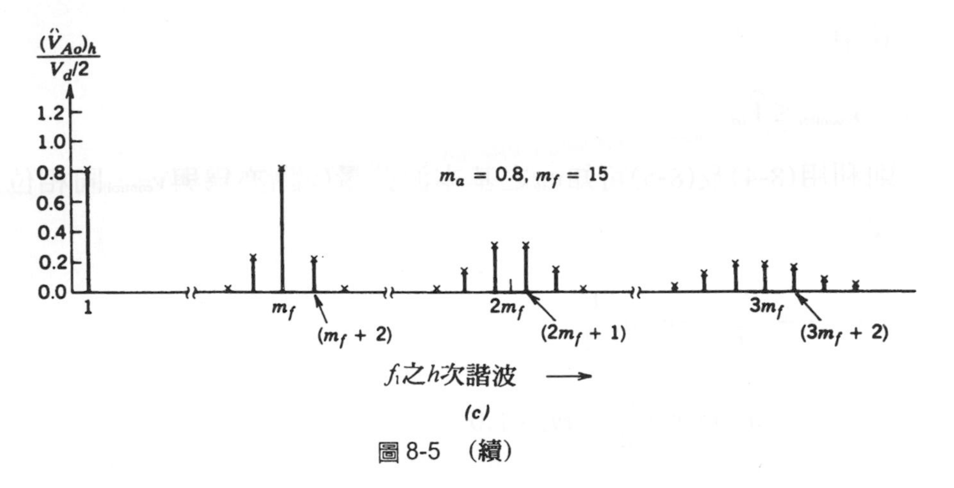

(c)

圖8-5　(續)

圖8-4　變流器之開關的控制方式與i_o方向無關，為

$$v_{\text{control}} > v_{\text{tri}}，T_{A+}\ \text{on}，v_{Ao} = \frac{1}{2}V_d \tag{8-3}$$

或

$$v_{\text{control}} < v_{\text{tri}}，T_{A-}\ \text{on}，v_{Ao} = -\frac{1}{2}V_d$$

由於二開關之導通為互補，因此輸出電壓v_{Ao}只在$\frac{1}{2}V_d$與$-\frac{1}{2}V_d$二值間作變動，圖8-5(b)所示為$m_f = 15$，$m_a = 0.8$時v_{Ao}及其基本波(以虛線表示)之波形。v_{Ao}之頻譜則如圖8-5(c)所示，其中諧波電壓乃正規化之值，即為$(\hat{V}_{Ao})_h / \frac{1}{2}V_d$。

對於圖8-5 $m_a \leq 1.0$之情況，有三點值得注意：

1. 輸出電壓基本波之振幅$(\hat{V}_{Ao})$為$\frac{1}{2}V_d$之m_a倍：此可由圖8-6來解釋。其中圖8-6(a)乃圖8-6(b)中一切換週期的放大，假設m_f很大，v_{control}於一切換週期內可假設為定值。由第七章全橋式PWM dc-dc轉換器之分析可知：

$$V_{Ao} = \frac{v_{\text{control}}}{\hat{V}_{tri}}\frac{V_d}{2} \qquad v_{\text{control}} \leq \hat{V}_{tri} \tag{8-4}$$

若v_{control}為一正弦且頻率為$f_1 = \omega_1/2\pi$之波形，即

$$v_{\text{control}} = \hat{V}_{\text{control}} \sin \omega_1 t \tag{8-5}$$

其中

$$\hat{V}_{\text{control}} \leq \hat{V}_{tri}$$

則利用(8-4)及(8-5)可知v_{Ao}之基本波分量$(v_{Ao})_1$亦爲與v_{control}同相位之正弦波：

$$(v_{Ao})_1 = \frac{\hat{V}_{\text{control}}}{\hat{V}_{tri}} \sin \omega_t \frac{V_d}{2}$$

$$= m_a \sin \omega_1 t \frac{V_d}{2}，m_a \leq 1.0 \tag{8-6}$$

因此

$$(v_{Ao})_1 = m_a \frac{V_a}{2}，m_a \leq 1.0 \tag{8-7}$$

(8-7)指出一正弦式PWM，其輸出電壓之基本波與m_a成線性關係(只要$m_a \leq 1.0$)，因此m_a在0～1範圍內稱爲線性區。

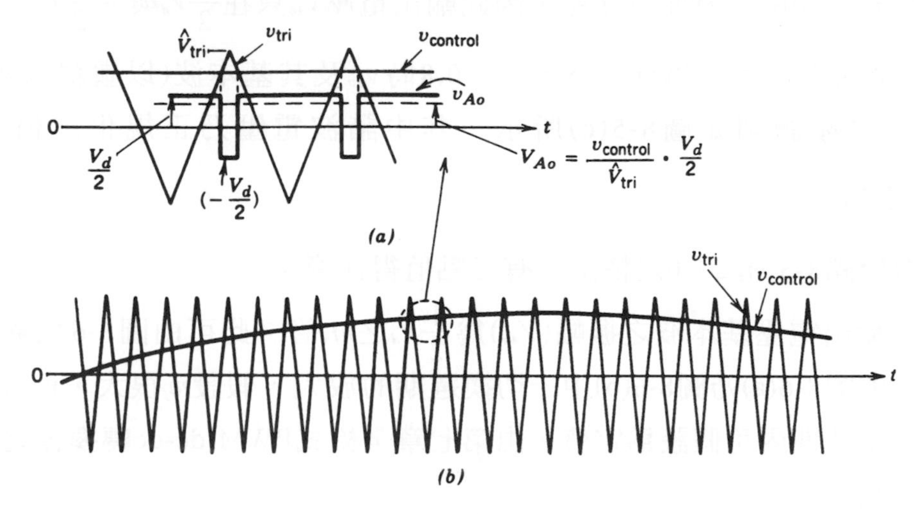

圖 8-6 正弦式PWM

2. 輸出電壓之諧波頻譜如圖8-5(c)所示，其在切換頻率的整倍數(即m_f，$2m_f$，$3m_f$等)左右形成一側頻(side bands)，此頻譜樣式對於$m_a \leq 1.0$之情況均通用。

對於$m_f \leq 9$之情況，諧波之振幅通常與m_f無關，諧波頻率理論上可以下式來表示：

$$f_h = (jm_f \pm k)f_1$$

且

$$h = (jm_f) \pm k \tag{8-8}$$

其中h為諧波次數，此諧波即j乘以m_f倍頻上的第k次側頻(基本波為$h=1$)。對於奇次j，k只存在偶次；對於偶次j，k則只存在奇次。

表8-1列出在$m_f \geq 9$不同m_a情況下正規化之諧波大小，即$[(\hat{V}_{Aoh}/\frac{1}{2}V_d]$，其中只列出(8-8)式中$j \leq 4$之各項。

表 8-1　大m_f值時v_{Ao}之諧波

h \ m_a	0.2	0.4	0.6	0.8	1.0
1(基本波)	0.2	0.4	0.6	0.8	1.0
m_f	1.242	1.15	1.006	0.818	0.601
$m_f \pm 2$	0.016	0.061	0.131	0.220	0.318
$m_f \pm 4$					0.018
$2m_f \pm 1$	0.190	0.326	0.370	0.314	0.181
$2m_f \pm 3$		0.024	0.071	0.139	0.212
$2m_f \pm 5$				0.013	0.033
$3m_f$	0.335	0.123	0.083	0.171	0.113
$3m_f \pm 2$	0.044	0.139	0.203	0.176	0.062
$3m_f \pm 4$		0.012	0.047	0.104	0.157
$3m_f \pm 6$				0.016	0.044
$4m_f \pm 1$	0.163	0.157	0.008	0.105	0.68
$4m_f \pm 3$	0.012	0.070	0.132	0.115	0.009
$4m_f \pm 5$			0.034	0.084	0.119
$4m_f \pm 7$				0.017	0.50

注意：表中之值為$(\hat{V}_{Ao})_h/\frac{1}{2}V_d\,[=(\hat{V}_{AN})_h/\frac{1}{2}V_d]$

由圖8-4可知

$$v_{AN} = v_{Ao} + \frac{1}{2}V_d \tag{8-9}$$

因此v_{AN}與v_{Ao}之諧波成份相同

$$(\hat{V}_{AN})_h = (\hat{V}_{Ao})_h \tag{8-10}$$

3. m_f最好爲奇數。m_f爲奇數可使輸出電壓之波形爲奇對稱［$f(-t) = -f(t)$］及半波對稱［$f(t) = -f(t + \frac{1}{2}T_1)$］，如圖8－5(b)所示$m_f = 15$之$v_{Ao}$波形。其優點爲$v_{Ao}$僅有奇次諧波，且傅立葉級數之表示僅含sine項。諧波頻譜如圖8-5(c)所示。

【例題8-1】

圖8-4中，$V_d = 300\text{V}$，$m_a = 0.8$，$m_f = 39$，基本波頻爲47Hz，利用表8-1計算輸出電壓之基本波及其他主要諧波成份之rms值。

解：由表8-1，第h次諧波成份之rms值爲

$$(V_{Ao})_h = \frac{1}{\sqrt{2}}\frac{V_d}{2}\frac{(\hat{V}_{Ao})_h}{V_d/2} = 106.07\frac{(\hat{V}_{Ao})_h}{V_d/2} \tag{8-11}$$

故

$(V_{Ao})_1 = 106.07 \times 0.8 = 84.86\text{V}$　在47Hz(基本波)

$(V_{Ao})_{37} = 106.07 \times 0.22 = 23.33\text{V}$　在1739Hz

$(V_{Ao})_{39} = 106.07 \times 0.818 = 86.76\text{V}$　在18333H

$(V_{Ao})_{41} = 106.07 \times 0.22 = 23.33\text{V}$　在1927Hz

$(V_{Ao})_{77} = 106.07 \times 0.314 = 33.31\text{V}$　在3619H

$(V_{Ao})_{79} = 106.79 \times 0.314 = 33.31\text{V}$　在3713Hz　■

由於愈高頻之諧波愈易濾除，因此從濾波的觀點來看，m_f愈大愈好，但開關之切換損與切換頻率成正比，因此由損失來看m_f愈小愈好。對於大部份之應用，切換頻率之選擇通常爲6kHz以下或20kHz以上。如果系統最佳的操作頻率位於6～20kHz圍內，通常會將其提高至20kHz以上，以避免音頻之噪音。因此對於50或60kHz之應用，如交流馬達驅動器(其基本波最高可達200 Hz)，m_f之設計如果不小於9(或更小)使切換頻率低於2kHz，便會將m_f提高至100以上，使切換頻率高於20kHz。通常用以界定m_f大小之值爲$m_f = 21$。

8-2-1-1　小m_f ($m_f \le 21$)

1. 同步式PWM：小m_f之情況，須使三角波形與控制信號同步(如圖8-5(a)所示)，亦即m_f爲整數，否則會造成次諧波(subharmonics)現象，對於此大部份的應用而言是非常需要避免的。爲使m_f爲整數，三角波必須隨著變流器之輸出頻率而調整(例如；若變流器的輸出頻率，亦即$v_{control}$之基本波形爲65.24Hz，且$m_f = 15$，則三角波頻率必須剛好等於$15 \times 65.42 = 981.3$Hz)。
2. 必須爲一奇數：除了採用單電壓極性切換之單相變流器外，如前所述，m_f必需爲一奇整數。

8-2-1-2　大m_f ($m_f > 21$)

大m_f時，由PWM非同步所造成之次諧波現象並不嚴重，爲方便起見，通常使三角波之頻率維持定值。不過對於一些對頻率接近直流之次諧波相當敏感之交流馬達而言，最好還是採用同步式之PWM。

8-2-1-3　過調制(overmodulation)($m_a > 1.0$)

正弦式PWM，$m_a \le 1.0$稱爲線性區，輸出電壓基本波之振幅與m_a成正比，且諧波均位於高頻範圍之切換頻的整倍數上。唯一之缺點爲基本波振幅最大值受到限制，此乃由圖8-5(b)中輸出波形之凹陷(notches)所致。

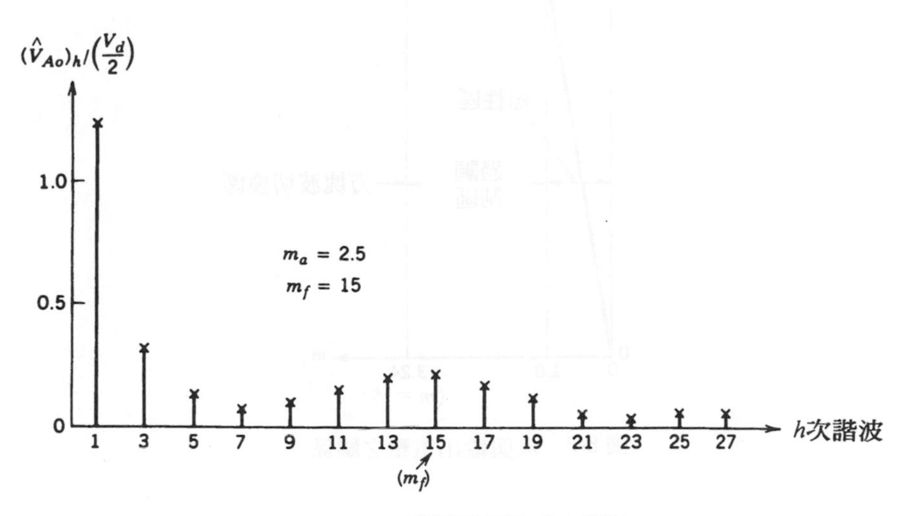

圖 8-7　過調制所造成之諧波

爲提高輸出電壓基本波之最大振幅，可提高m_a使之高過於1.0，稱之爲過調制。過調制將使輸出電壓之諧波大小增加，如圖8-7所示，主要諧波出現的地方與線性區不同，此外，由圖8-8所示正規化基本波$(\hat{V}_{Ao})_1/\frac{1}{2}V_d$與$m_a$之關係圖可知，基本振幅與$m_a$亦不成線性關係。當$m_f$足夠大時，$m_f$甚至可以決定$(\hat{V}_{Ao})_1/\frac{1}{2}V_d$，此與線性區中$(\hat{V}_{Ao})_1/\frac{1}{2}V_d$僅與$m_a$成正比而與$m_f$(只要$m_f > 9$)無關之特性完全不同。過調制最好亦使用步式PWM。

過調制在不斷電電源供應器中應僅量避免，因其會使濾波之要求增加(第十一章)，但在感應馬達驅動中則常被應用(第十四章)。

m_a愈大，變流器輸出之波形愈近似方塊波，其基本波振幅由圖8-8可知：

$$\frac{V_d}{2} < (\hat{V}_{Ao})_1 < \frac{4}{\pi}\frac{V_d}{2} \tag{8-12}$$

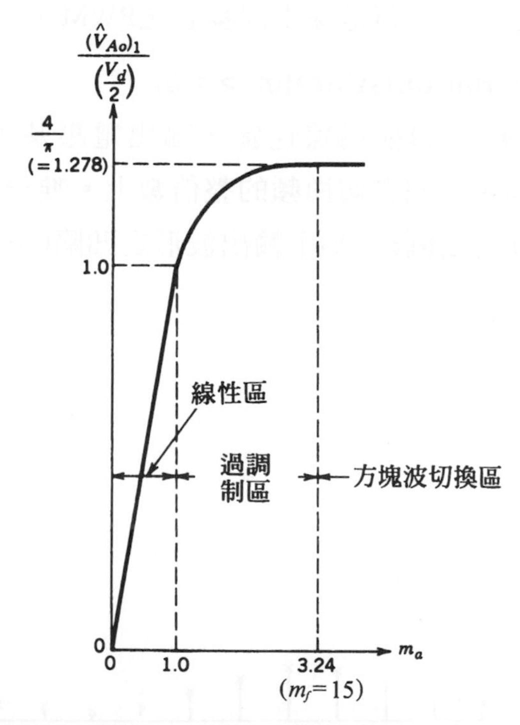

圖 8-8 m_a與輸出電壓之關係

8-2-2 方塊波切換技術

方塊波之切換方式爲圖8-4中變流器二開關的導通時間均爲半個週期，輸出波形如圖8-9(a)所示。由傅立葉分析可得基本波與諧波成份之振幅爲

$$(\hat{V}_{Ao})_1 = \frac{4}{\pi}\frac{V_d}{2} = 1.073\left(\frac{V_d}{2}\right) \tag{8-13}$$

$$(\hat{V}_{Ao})_h = \frac{(\hat{V}_{Ao})_1}{h} \tag{8-14}$$

其中諧波次數h均爲奇數，如圖8-9(b)所示。方塊波切換可視爲正弦式PWM之一特例，即當圖8-5(a)中m_a非常大時，v_{control}和三角波僅在v_{control}之零點交會之情況。

方塊波切換的優點是在高功率用途，因一般其開關元件的切換速度較慢，故每週期兩次切換可以降低切換損。其缺點爲變流器無法調整輸出電壓之振幅，必須加一前級以調整V_d，才能改變變流器之輸出電壓大小。

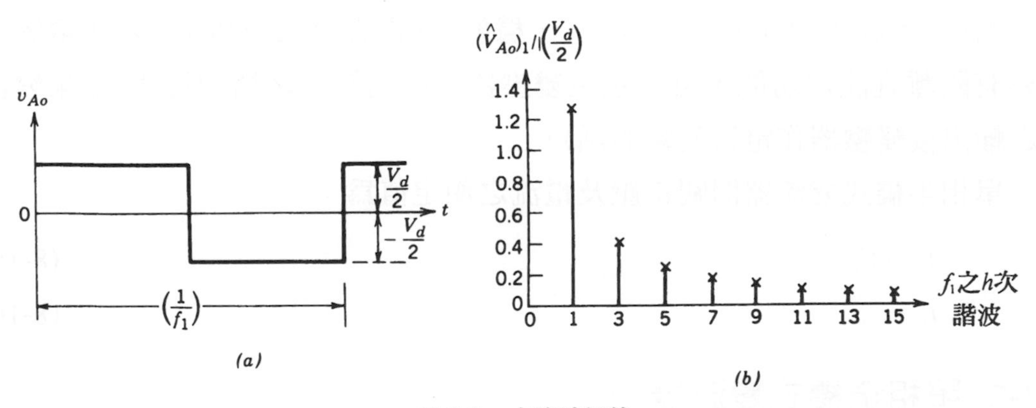

圖 8-9　方塊波切換

8-3 單相變流器

8-3-1 半橋式變流器

單相半橋式變流器如圖8-10所示，二大小相同且非常大之電容串接於直流輸出側，使二電容之電壓均可以合理地假設爲$\frac{1}{2}V_d$，因此半橋式變流器與前述之單臂變流器有相同之電路架構，輸出電壓爲$v_o = v_{Ao}$。

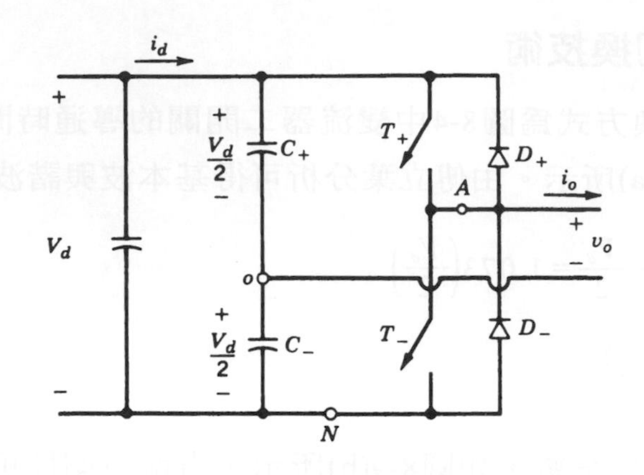

圖 8-10 半橋式變流器

半橋式變流器若採用PWM切換，其輸出電壓波形如圖8-5(b)所示。假設二電容之跨壓相同，則不管開關之狀態爲何，$C+$與$C-$分流相同，當$T+$導通，不論是$T+$或$D+$導流(視i_o方向而定)，i_o將等分爲二流入二電容。同樣的情形亦適用於$T-$導通時。因此$C+$與$C-$可視爲等效並聯於i_o之流通路徑上，故"。"點之電位可維持在中間電位。

由於i_o流經等效並聯之$C+$與$C-$，穩態下i_o之直流成份爲0，因此電容在此亦有隔離直流之功能，可以避免變壓器一次側飽合之情況發生(如果變流器之輸出接變壓器作電器隔離的話)。

單相半橋式變流器開關電壓及電流之額定值爲：

$$V_T = V_d \tag{8-15}$$

$$i_T = i_{o,\text{peak}} \tag{8-16}$$

8-3-2 單相全橋式變流器

單相全橋式變流器如圖8-11所示，乃由兩個前述之單臂變流器所組成，在相同之輸入電壓下，全橋式變流器之最大輸出電壓爲半橋式之兩倍，此隱含在相同之功率下，全橋式變流器之輸出及開關電流僅爲半橋式之一半，此對於高功率用途是一大優點，因其可以降低使用並聯元件之需求。

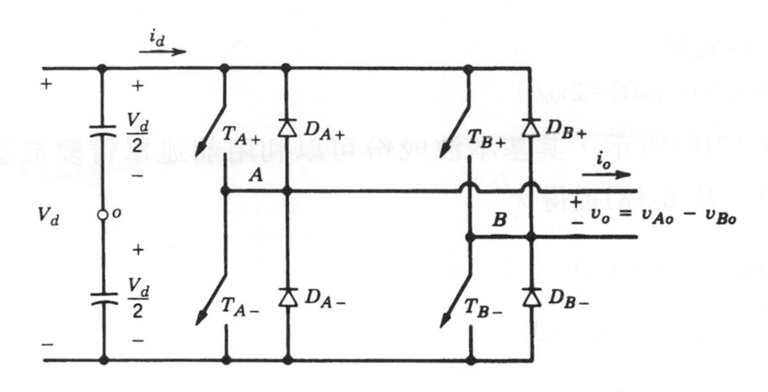

圖 8-11　單相全橋式變流器

8-3-2-1　PWM雙電壓極性切換

應用PWM雙電壓極性切換之全橋式變流器乃(T_{A+}、T_{B-})與(T_{A-}、T_{B+})成對切換，且二者互相反相，圖8-12(a)所示乃A臂之比較方式，其方式與前述單臂變流器相同，故輸出電壓亦同，而B臂之輸出電壓與A臂反相，例如當T_{A+} on時，T_{B-}亦on，$\therefore v_{Ao} = +\frac{1}{2}V_d$，$v_{Bo} = -\frac{1}{2}V_d$

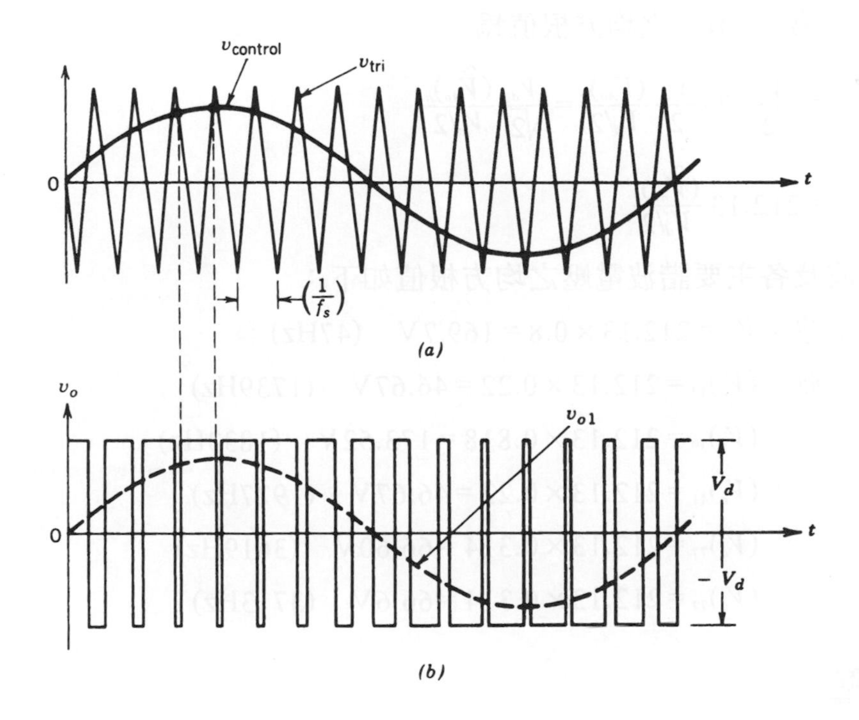

圖 8-12　PWM雙電壓極性切換

$$v_{Bo}(t) = -v_{Ao}(t) \tag{8-17}$$

且 $$v_o(t) = v_{Ao}(t) - v_{Bo}(t) = 2v_{Ao}(t) \tag{8-18}$$

v_o波形如圖8-12(b)所示，其基本波成份可以利用前述單臂變流器之結果如(8-7)、(8-12)、及(8-18)獲得：

$$\widehat{V}_{o1} = m_a V_d \quad (m_a \leq 1.0) \tag{8-19}$$

及 $$V_d < \widehat{V}_{o1} < \frac{4}{\pi} V_d \quad (m_a > 1.0) \tag{8-20}$$

圖8-12(b)中，v_o之波形在$+V_d$及$-V_d$二值間作切換，其爲PWM雙電壓極性切換之特性。輸出電壓諧波值可以利用表8-1求得，將以下例來說明。

【例題8-2】

圖8-11之全橋式變流器，$V_d = 300$V，$m_a = 0.8$，$m_f = 39$，基本波頻率爲47 Hz，如果變流器採用雙電壓極性切換，試求輸出電壓v_o之基本波及各主要諧波成份之均方根值。

解： 由(8-18)知v_o之諧波值只需要將表8-1及例題8-1之結果乘2即可，因此由(8-1)，第h次諧波之均方根值爲

$$(V_o)_h = \frac{1}{\sqrt{2}} \cdot 2 \cdot \frac{V_d}{2} \frac{(\widehat{V}_{Ao})_h}{V_d/2} = \frac{V_d}{\sqrt{2}} \frac{(\widehat{V}_{Ao})_h}{V_d/2}$$

$$= 212.13 \frac{(\widehat{V}_{Ao})_h}{V_d/2} \tag{8-21}$$

基本波及各主要諧波電壓之均方根值如下：

基本波：$V_{o1} = 212.13 \times 0.8 = 169.7\text{V} \quad (47\text{Hz})$

諧　波：$(V_o)_{37} = 212.13 \times 0.22 = 46.67\text{V} \quad (1739\text{Hz})$

$(V_o)_{39} = 212.13 \times 0.818 = 173.52\text{V} \quad (1833\text{Hz})$

$(V_o)_{41} = 212.13 \times 0.22 = 46.67\text{V} \quad (1927\text{Hz})$

$(V_o)_{77} = 212.13 \times 0.314 = 66.60\text{V} \quad (3619\text{Hz})$

$(V_o)_{79} = 212.13 \times 0.314 = 66.6\text{V} \quad (3713\text{Hz})$ ■

直流側電流i_d

爲簡化分析起見，將變流器之直流側及交流側均接上一虛擬之L–C高頻

濾波器，如圖8-13所示，假設切換頻率趨近於無窮，則v_o及i_o之漣波成份極小，L與C之值可趨近於0。因此濾波器之儲能可以忽略。若變流器本身亦無儲能元件，則輸入之瞬時功率將等於輸出之瞬時功率。

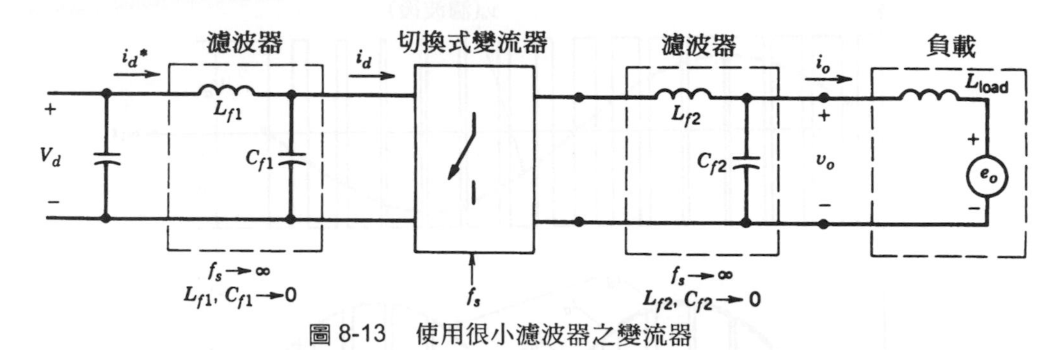

圖 8-13　使用很小濾波器之變流器

基於上述假設，假設圖8-13之輸出電壓爲一頻率等於基本波頻率ω_1之正弦波

$$v_{o1} = v_o = \sqrt{2}\, V_o \sin \omega_1 t \tag{8-22}$$

若圖8-13之負載e_o為一頻率為ω_1之正弦式電壓源，則輸出電流i_o亦為正弦，且落後v_o一相位(如同一交流馬達)：

$$i_o = \sqrt{2}\, I_o \sin(\omega_1 t - \phi) \tag{8-23}$$

ϕ爲i_o落後於v_o之相角。

直流側之$L-C$濾波器將濾波器除i_d之高頻切換成份，使i_d^*僅包含一直流值與一些低頻之成份，假設無能量儲存於濾波器中，則

$$V_d\, i_d^*(t) = v_o(t)\, i_o(t) = \sqrt{2} V_o \sin \omega_1 t \sqrt{2} I_o \sin(\omega_1 t - \phi) \tag{8-24}$$

因此
$$i_d^*(t) = \frac{V_o I_o}{V_d} \cos\phi - \frac{V_o I_o}{V_d} \cos(2\omega_1 t - \phi) = I_d + i_{d2} \tag{8-25}$$

$$= I_d - \sqrt{2} I_{d2} \cos(2\omega_1 t - \phi) \tag{8-26}$$

其中
$$I_d = \frac{V_o I_o}{V_d} \cos\phi \tag{8-27}$$

$$I_{d2} = \frac{1}{\sqrt{2}} \frac{V_o I_o}{V_d} \tag{8-28}$$

(8-26)指出，i_d^*包括一直流成份I_d，此直流成份負責將變流器直流側之功率轉移至交流側。此外，i_d^*亦包含一交流成份，其頻率爲基本波之二倍。變流器

之輸入電流i_d，則除包含i_d^*外，尚有一些變流器切換所造成的高頻成份，如圖8-14所示。

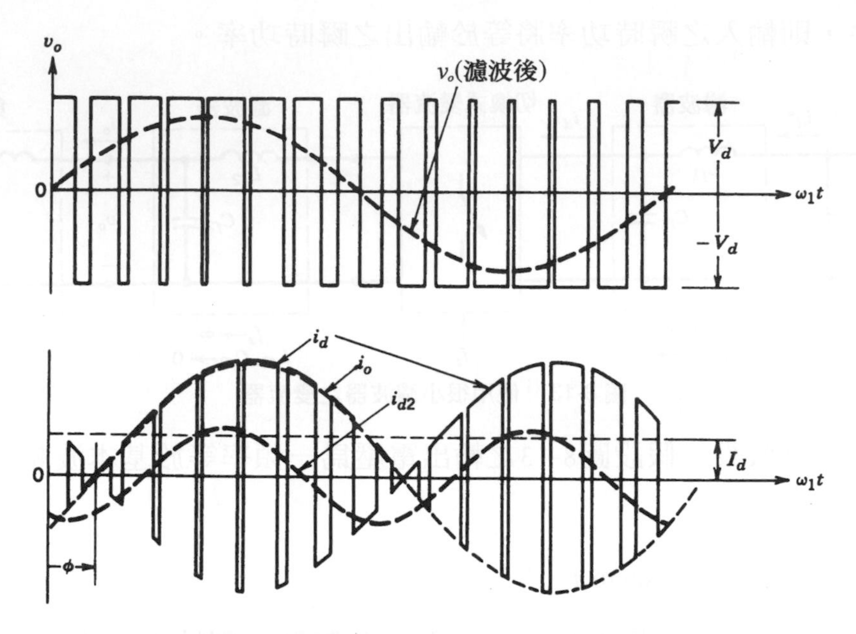

圖 8-14　使用PWM雙電壓極性切換之單相變流器直流側電流波形

對於一些實際的系統，上述假設V_d為純直流之情況並不完全成立，理由有二：⑴直流電壓通長由線電壓經整流及濾波而得，此電壓通常帶有漣波(除非使用一非常大之濾波電容)；⑵由(8-26)可知i_d之成份含有二倍頻之諧波，其亦將造成輸入電壓之漣波。

8-3-2-2　PWM單電壓極性切換

PWM單電壓極性切換的方式為圖8-11之全橋式變流器A、B二臂開關之切換信號分別由v_{control}，$-v_{\text{control}}$與v_{tri}比較產生，如圖8-15(a)所示，即：

A臂：

$$v_{\text{control}} > v_{\text{tri}}：T_{A+} \text{ on 且 } \quad v_{AN} = V_d \tag{8-29}$$

$$v_{\text{control}} < v_{\text{tri}}：T_{A-} \text{ on 且 } \quad v_{AN} = 0$$

B臂：

$$(-v_{\text{control}}) > v_{\text{tri}}：T_{B+} \text{ on 且 } \quad v_{BN} = V_d \tag{8-30}$$

$$(-v_{\text{control}}) < v_{\text{tri}}：T_{B-} \text{ on 且 } \quad v_{BN} = 0$$

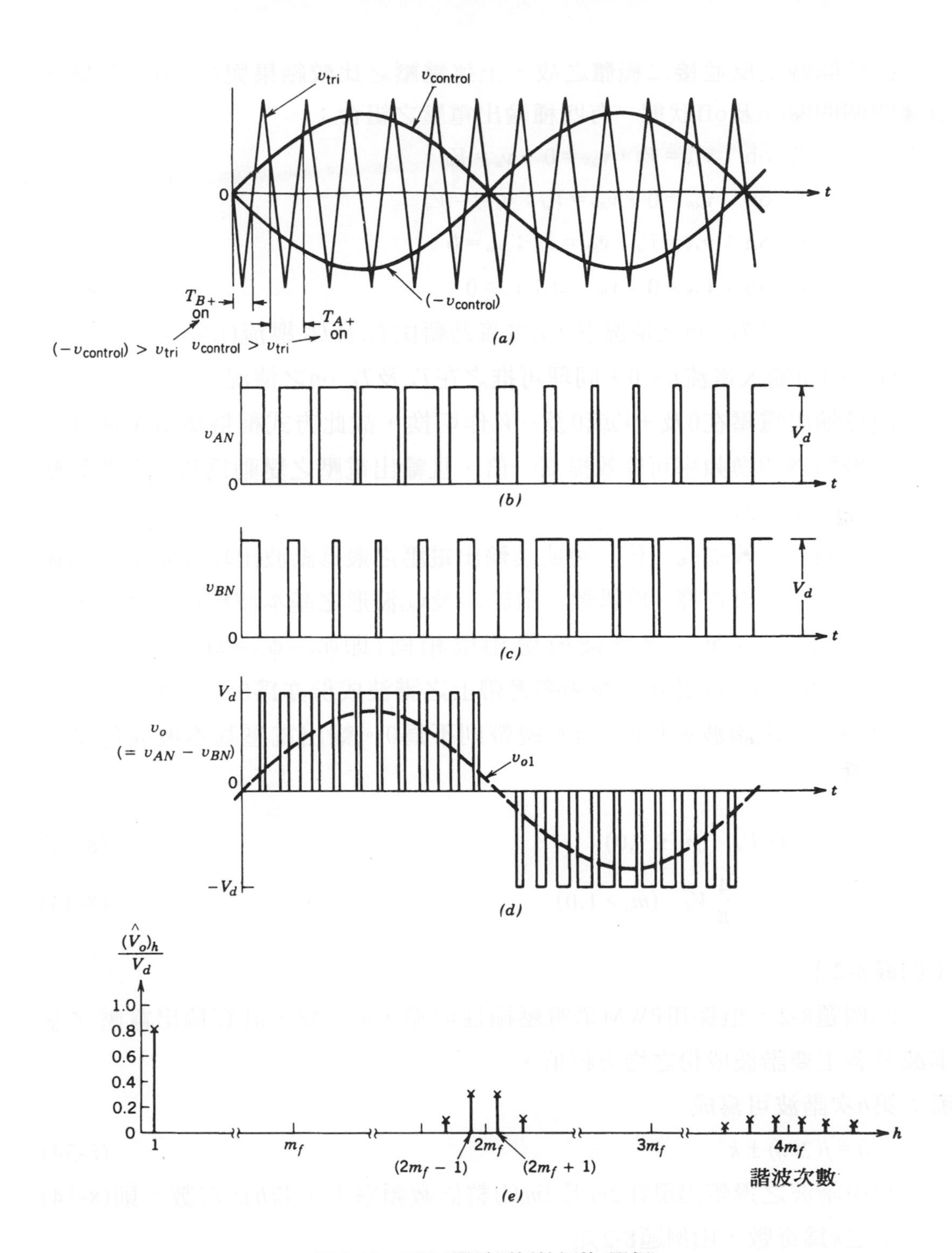

圖 8-15　PWM單電壓極性切換(單相)

由於開關上反並接二極體之故，上述電壓之比較結果與i_o之方向無關。根據四個開關on及off狀態，有四種輸出電壓之組合：

1. T_{A+}，T_{B-} on：$v_{AN} = V_d$，$v_{BN} = 0$；$v_o = V_d$
2. T_{A-}，T_{B+} on：$v_{AN} = 0$，$v_{BN} = V_d$；$v_o = -V_d$
3. T_{A+}，T_{B+} on：$v_{AN} = V_d$，$v_{BN} = V_d$；$v_o = 0$
4. T_{A-}，T_{B-} on：$v_{AN} = 0$，$v_{BN} = 0$；$v_o = 0$ (8-31)

其中在T_{A+}及T_{B+} on之情況下，i_o電流乃藉由T_{A+}及D_{B+}導流($i_o > 0$)或D_{A+}及T_{B+}導流($i_o < 0$)而輸入電流$i_d = 0$，同理可推之在T_{A-}及T_{B-} on之情況。

由於輸出電壓在0及$+V_d$或0及$-V_d$作切換，故此方式稱爲單電壓極性切換。其優點爲切換頻率可等效提高一倍，且輸出電壓之變動爲V_d，而非如雙電壓極性切換之$2V_d$。

切換頻率等效提高一倍，可使其輸出電壓之最低諧波出現在兩倍切換頻率之邊帶上。如果選擇m_f爲偶數，由於v_{AN}及v_{BN}波形之基本波相位差180°，故在切換頻率上v_{AN}與v_{BN}之諧波成份相位相同(即$\phi_{AN} - \phi_{BN} = m_f \cdot 180° = 0°$)，$v_o = v_{AN} - v_{BN}$便爲0，除此在切換頻率邊帶上之諧波成份亦爲0。同理可知在兩倍切換頻率上之諧波亦爲0，但其邊帶則不爲0。輸出電壓基本波成份滿足下式：

$$\hat{V}_{o1} = m_a V_d \quad (m_a \le 1.0) \tag{8-32}$$

$$V_d < \hat{V}_{o1} < \frac{4}{\pi} V_d \quad (m_a > 1.0) \tag{8-33}$$

【例題8-3】

同例題8-2，但採用PWM單電壓極性切換，$m_f = 38$，計算輸出電壓之基本波及各主要諧波成份之均方根值。

解： 第h次諧波可寫成

$$h = j(2m_f) \pm k \tag{8-34}$$

其中諧波之邊帶出現在$2m_f$及$2m_f$的整倍數頻率上，若h爲奇數，則(8-34)中之k爲奇數。由例題8-2知

$$(V_o)_h = 212.13 \frac{(V_{Ao})_h}{V_d/2} \tag{8-35}$$

利用(8-35)及表8-1可得

基本波$V_{o1} = 0.8 \times 212.13 = 169.7\text{V}$ (47Hz)

諧　波$h = 2m_f - 1 = 75$：$(V_o)_{75} = 0.314 \times 212.13 = 66.60\text{V}$ (3525Hz)

$h = 2m_f + 1 = 77$：$(V_o)_{77} = 0.314 \times 212.13 = 66.60\text{V}$ (3619Hz)

與例題8-2之結果比較，單電壓極性切換與雙電壓極性者在相同m_a下之基本波大小相同，但單電壓極性切換者，其在m_f頻率上無諧波成份，諧波含量遠低於雙電壓極性切換者。■

直流側電流i_d

利用與圖8-13相同情況之電路，採用單電壓極性切換($m_f = 14$)之i_d波形如圖8-16所示。比較圖8-14與圖8-16可知，採用單電壓極性的切換者，其i_d漣波成份較小。

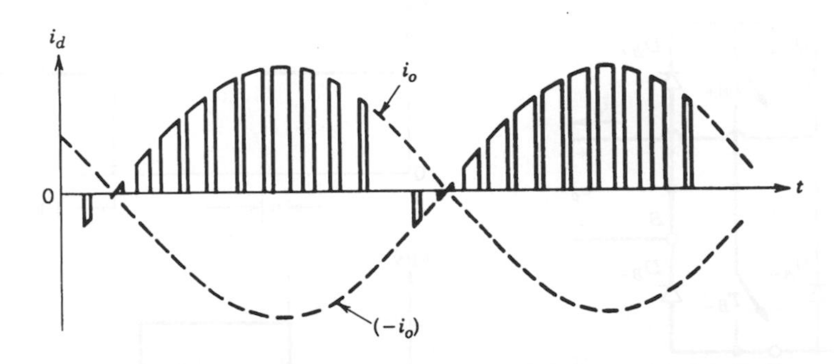

圖 8-16　使用PWM單電壓極性切換之單相變流器直流側電流波形

8-3-2-3　方塊波操作模式

以上兩種切換方式在m_a非常大時，均會進入方塊波的操作模式，亦即(T_{A+}，T_{B-})與(T_{B+}，T_{A-})成對導通且責任週期均為0.5，輸出電壓大小之控制必須藉由調整輸入直流電壓V_d來控制：

$$\hat{V}_{o1} = \frac{4}{\pi} V_d \tag{8-36}$$

8-3-2-4　電壓消去法(Voltage cancellation)

電壓消去法乃結合方塊波切換與PWM單電壓極性切換而成。變流器(圖8-17(a))之二臂開關之控制是獨立的(與PWM單電壓及性切換類似)，然而每個開關的責任週期均為0.5(與方塊波切換類似)。二臂輸出電壓v_{AN}及v_{BN}之波形如圖8-17(b)所示，其中二波形重疊之角度α是可以控制的，二波形重疊時輸出電壓$v_o = v_{AN} - v_{BN} = 0$。

由圖8-17(b)可推知：

$$(\hat{V}_o)_h = \frac{2}{\pi}\int_{-\pi/2}^{\pi/2} v_o \cos(h\theta)d\theta$$

$$= \frac{2}{\pi}\int_{-\beta}^{\beta} V_d \cos(h\theta)d\theta$$

$$\therefore (\hat{V}_o)_h = \frac{4}{\pi h} V_d \sin(h\beta) \tag{8-37}$$

其中$\beta = 90° - \frac{1}{2}\alpha$且$h$為一奇數。

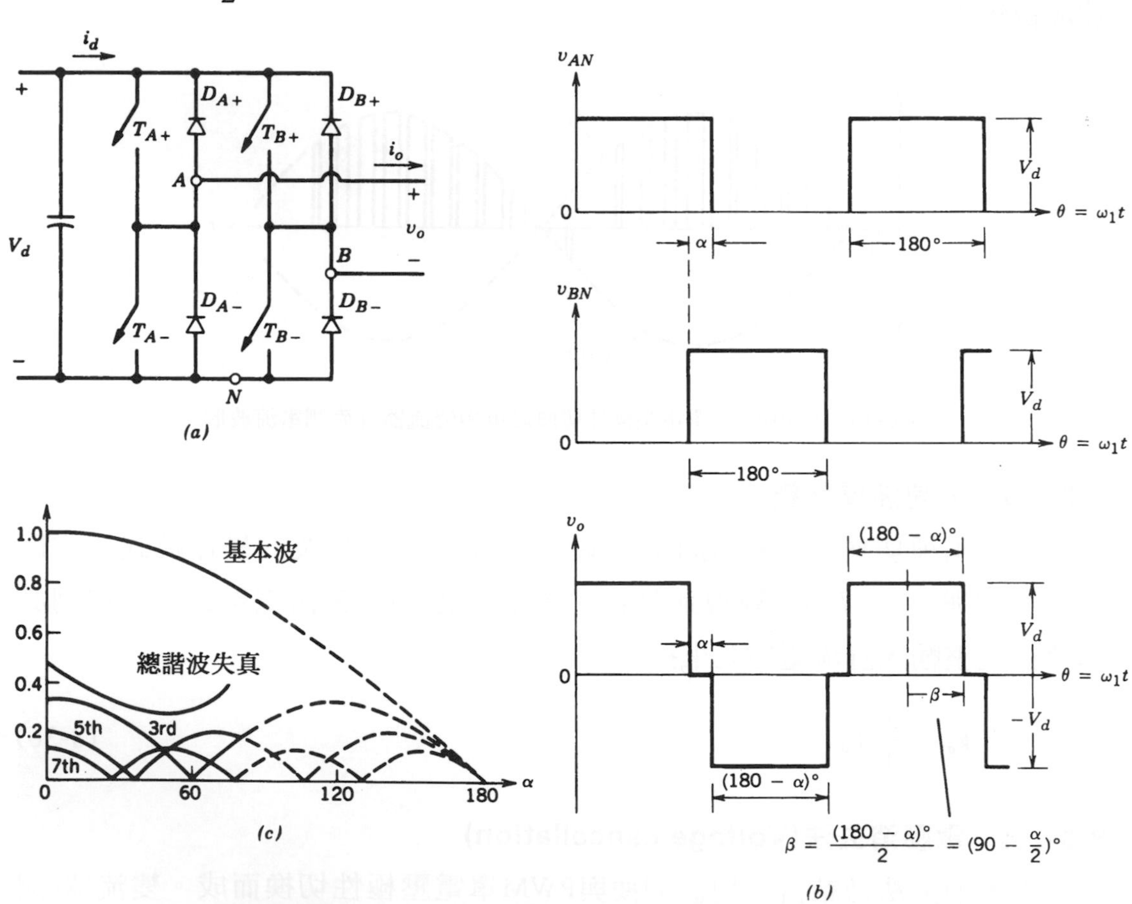

圖8-17　採用電壓消去法之單相全橋式變流器：(a)電力電路；(b)波形；(c)正規化之基本波、諧波電壓、總諧波失真與α之關係

圖8-17(c)所示為輸出基本波及諧波電壓與α角之關係，其大小以正規化表示，正規化基底為$\alpha=0$之基本波電壓值。此外，電壓之總諧波失真(THD)亦繪於其中以供參考。α值較大時，其失真亦較大，圖8-17(c)中以虛線來表示失真較嚴重部份。

8-3-2-5　全橋式變流器開關之使用

與半橋式變流器類似，全橋式變流器若加輸出變壓器，變壓器之漏感對開關之切換並不會造成電流不連續之問題，且不論使用何種切換方式，開關所承受的電壓及電流額定值均為

$$V_T = V_d \tag{8-38}$$

$$I_T = i_{o,\text{peak}} \tag{8-39}$$

8-3-2-6　單相變流器之輸出漣波

週期性波形漣波之定義乃瞬時波形與基本波波形之差，亦即瞬時波形乃基本波加上漣波之波形。

以圖8-18(a)之單相切換式變流器為例，假設負載為一感應馬達，其等效電路可以一應電感串聯一應電勢(emf)e_o來代表，由於$e_o(t)$為正弦，故只有輸出電壓及電流之基本波的成份才可能將功率轉移至負載。

由於$v_o = v_{o1} + v_{\text{ripple}}$(1表示基本波)，利用線性電路之重疊定理，可將圖8-18(a)分解成基本波成份與漣波成份之電路，如圖8-18(b)及(c)所示，其中基本波電路之相量如圖8-18(d)所示：

$$\mathbf{V}_{o1} = \mathbf{E}_o + \mathbf{V}_{L1} = \mathbf{E}_o + j\omega_1 L\mathbf{I}_{o1} \tag{8-40}$$

由於$e_o(t)$為純正弦，故v_o之漣波電壓

$$v_{\text{ripple}} = v_o - v_{o1} \tag{8-41}$$

將跨於電感L上(如圖8-18(c))，故漣波電流為

$$i_{\text{ripple}}(t) = \frac{1}{L}\int_0^t v_{\text{ripple}}(\xi)\,d\xi + k \tag{8-42}$$

其中k為常數，ξ為一積分變數。適當選擇$t=0$之點，k可以為0。由(8-41)及(8-42)知，漣波電流並不會轉移功率至負載。

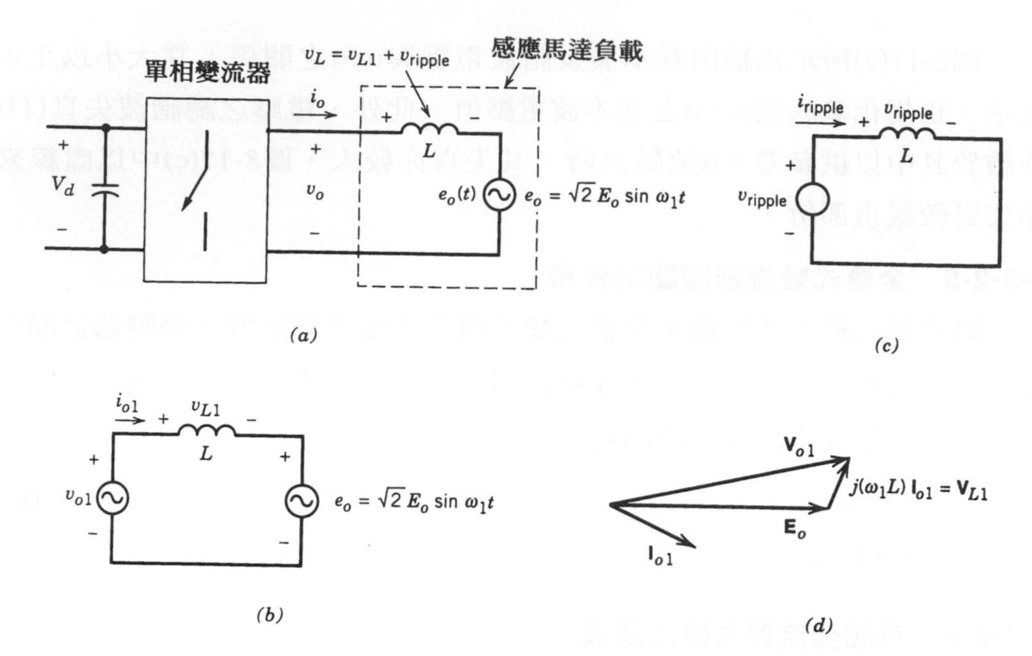

圖 8-18　(a)電路；(b)基本波成份；(c)漣波成份；(d)基本波之相量圖

圖8-19所示為採用方塊波切換與PWM雙電壓極性切換輸出之漣波電壓及電流成份。由之可知PWM變流器之漣波電流較方塊波切換者小甚多，而且將輸出電壓諧波成份推向高頻可減少輸出電流之漣波及負載之損失。以此觀點來看，變流器的切換頻率愈高愈好，然而由切換損的觀點來看，愈高頻切換損愈大。因此從整個系統之效率來考量，切換頻率與切換損二者間必須作一折衝。

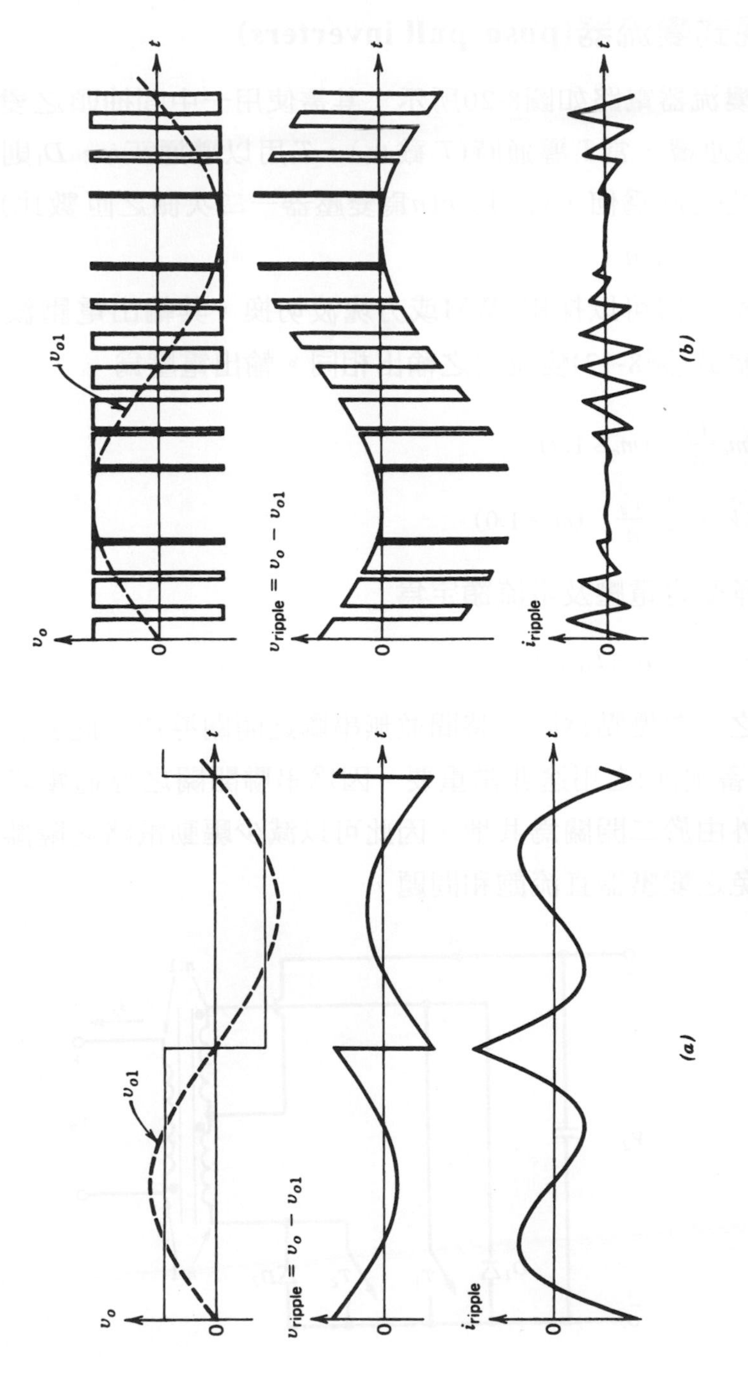

圖 8-19　變流器輸出之漣波：(a)方塊波切換；(b)PWM雙電壓極性切換

8-3-3 推挽式變流器(push-pull inverters)

推挽式變流器電路如圖8-20所示，其需使用一中間抽頭之變壓器，假設輸出電流i_o為連續，當T_1導通時(T_2截止)，T_1用以導通正i_o，D_1則用以導通負i_o，故無論i_o之方向為何，$v_o = V_d/n$(n為變壓器一二次側之匝數比)。反之，當T_2導通時，$v_o = -V_d/n$。

推挽式變流器可以採用PWM或方塊波切換，其輸出電壓波形與半橋式(圖8-5)及全橋式(圖8-12)變流器之輸出相同。輸出電壓為

$$\hat{V}_{o1} = m_a \frac{V_d}{n} \quad (m_a \leq 1.0) \tag{8-43}$$

且

$$\frac{V_d}{n} < \hat{V}_{o1} < \frac{4}{\pi}\frac{V_d}{n} \quad (m_a > 1.0) \tag{8-44}$$

開關所承受之電壓及電流額定為

$$V_T = 2V_d，i_T = i_{o,\text{peak}}/n \tag{8-45}$$

推挽式電路之主要優點為同一時間並無串聯之開關導通，此對於輸入直流為低電壓源(如蓄電池)之用途非常重要，因為串聯開關之導通壓降將限制系統之效率，此外由於二開關為共地，因此可以減少驅動電路之隔離要求。其缺點為很難避免之變壓器直流飽和問題。

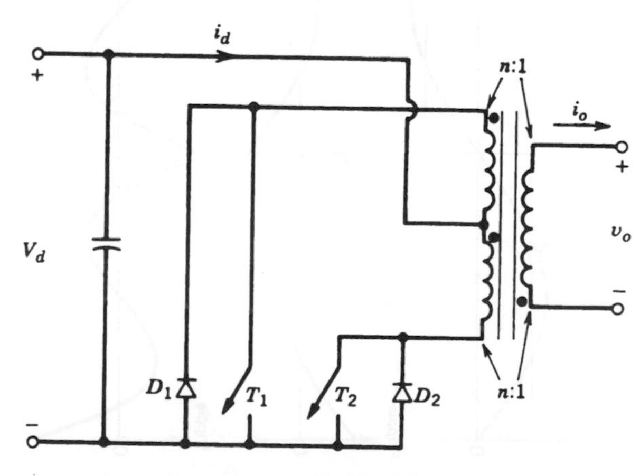

圖 8-20　推挽式變流器(單相)

變流器之輸出電流(即變壓器之二側電流)爲一緩慢變化之基本波頻率的電流，因此在開關切換週期內可當成定值。當開關切換時，一次側之電流將由一主繞組轉移至另一主繞組，因此若二主繞組間未完全耦合，其漏感時將吸收能量，而消耗在開關或開關的緩衝(snubber)電路上。

正弦式輸出之PWM推挽式變流器，其變壓器的設計必須以輸出之基本波頻率來設計(有別於一般切換直流電源供應器)，因此變壓器的匝數必須較高頻切換式直流電源供應器之匝數爲高，故無可避免地變壓器之漏感亦會較大(與匝數成正比)。這使得正弦式PWM推挽式變流器之切換頻率很難超過1kHz。

8-3-4 單相變流器之開關利用率

假設變流器輸入電壓之最大值爲$V_{d,\max}$，且輸出濾波電感夠大，使輸出電流爲正弦，而最大負載電流之均方根值爲$I_{o,\max}$。基於此假設，輸出功率最大值爲$V_{o1}I_{o,\max}$，其中下標1表示輸出電壓之基本波成份。若V_T及I_T爲開關之最大額定值，則變流器開關利用率之定義爲：

$$\text{開關利用率} = \frac{V_{o1}I_{o,\max}}{qV_T I_T} \tag{8-46}$$

q爲變流器開關之數目。

在最大額定功率輸出下，各式變流器操作於方塊波模式時開關之利用率爲：

推挽式變流器

$$V_T = 2V_{d,\max} \qquad I_T = \sqrt{2}\,\frac{I_{o,\max}}{n}$$

$$V_{o1,\max} = \frac{4}{\pi\sqrt{2}}\,\frac{V_{d,\max}}{n} \qquad q = 2 \tag{8-47}$$

(n = 圖8-20中之變壓器匝數比)

$$\therefore \text{開關利用率之最大值} = \frac{1}{2\pi} \cong 0.16 \tag{8-48}$$

半橋式變流器

$$V_T = V_{d,\max} \qquad I_T = \sqrt{2}\, I_{o,\max}$$

$$V_{o1,\max} = \frac{4}{\pi\sqrt{2}} \frac{V_{d,\max}}{2} \qquad q = 2 \tag{8-49}$$

$$\therefore \text{開關利用率之最大值} = \frac{1}{2\pi} \cong 0.16 \tag{8-50}$$

全橋式變流器

$$V_T = V_{d,\max} \qquad I_T = \sqrt{2}\, I_{o,\max} \qquad V_{o,\max} = \frac{4}{\pi\sqrt{2}} V_{d,\max}\text{，}q = 4 \tag{8-51}$$

$$\therefore \text{開關利用率之最大值} = \frac{1}{2\pi} \cong 0.16 \tag{8-52}$$

由以上各式可知，各變流器的開關利用率相同，均為

$$\text{開關利用率之最大值} = \frac{1}{2\pi} \cong 0.16 \tag{8-53}$$

實際上，開關之利用率將遠低於此值，其原因為：(1)開關之最大額定值通常會選擇較大以保留一些餘裕度；(2)在決定開關電流之額定時，會將輸入電壓之變化考慮入列；(3)輸出電流之漣波亦會影響開關之額定值。此外，亦需考慮變流器必需能忍受短暫的過載。

採用PWM切換且$m_a \le 1.0$，開關之利用率將較方塊波切換者小$(\pi/4)m_a$倍，即

$$\text{關關利用率之最大值} = \frac{1}{2\pi} \cdot \frac{\pi}{4} \cdot m_a = \frac{1}{8} m_a \tag{8-54}$$

$$(\text{PWM，}m_a \le 1.0)$$

因此理論上採用PWM切換，開關利用率之最大值為0.125(當$m_a = 1.0$時)。

【例題8-4】

單向全橋式PWM變流器，V_d變化之範圍為295～325V，若輸出電壓為20

0V(rms)，最大輸出電流(純正弦波)為10A(rms)，求開關之利用率。

解： $V_T = V_{d,\max} = 325\text{V}$

$I_T = \sqrt{2}I_o = \sqrt{2}\times 10 = 14.14$

$q = 4$

最大輸出之伏安值(基本波)為

$$V_{o1}I_{o,\max} = 200\times 10 = 2000\text{VA} \tag{8-55}$$

由(8-46)可知

$$\text{開關之利用率} = \frac{V_{o1}I_{o,\max}}{qV_TI_T} = \frac{2000}{4\times 325\times 14.14} = 0.11$$ ■

8-4　三相變流器

三相變流器應用於不斷電交流電源供應器及交流馬達驅動器等以提供負載所需之三相電源。三相變流器可以利用三組單相變流器組合而成，每個變流器之輸出相差為120°，再利用三相變壓器將之連接以供三相負載使用，其缺點為每相需要個別之變壓器，且需12個開關。

三相變流器最常使用之電路架構如圖8-21所示，包含了三個臂，每一個臂對應到一相，且動作原理與8-2節所提之單臂式變流器相同，即各臂之輸出電壓如v_{AN}等，與V_d大小及開關之狀態有關，與負載電流無關。以下之分析同單相變流器均假設開關為理想。

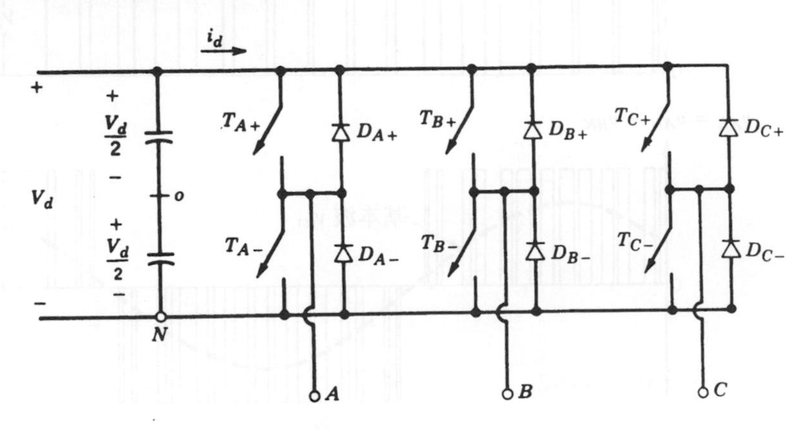

圖 8-21　三相變流器

8-4-1 三相電壓源變流器之PWM

三相電壓源變流器之PWM切換的功能為在固定輸入直流電壓V_d下，用以調整三相輸出電壓之振幅及頻率。三相PWM方式如圖8-22(a)所示(m_f=15)，由一三相各差120°的控制電壓與一三角波作比較。輸出電壓波形，如圖8-22(b)所示，線電壓$v_{AB}=v_A-v_B$，其波形與單相全橋式變流器採用PWM單極性切換者類似。

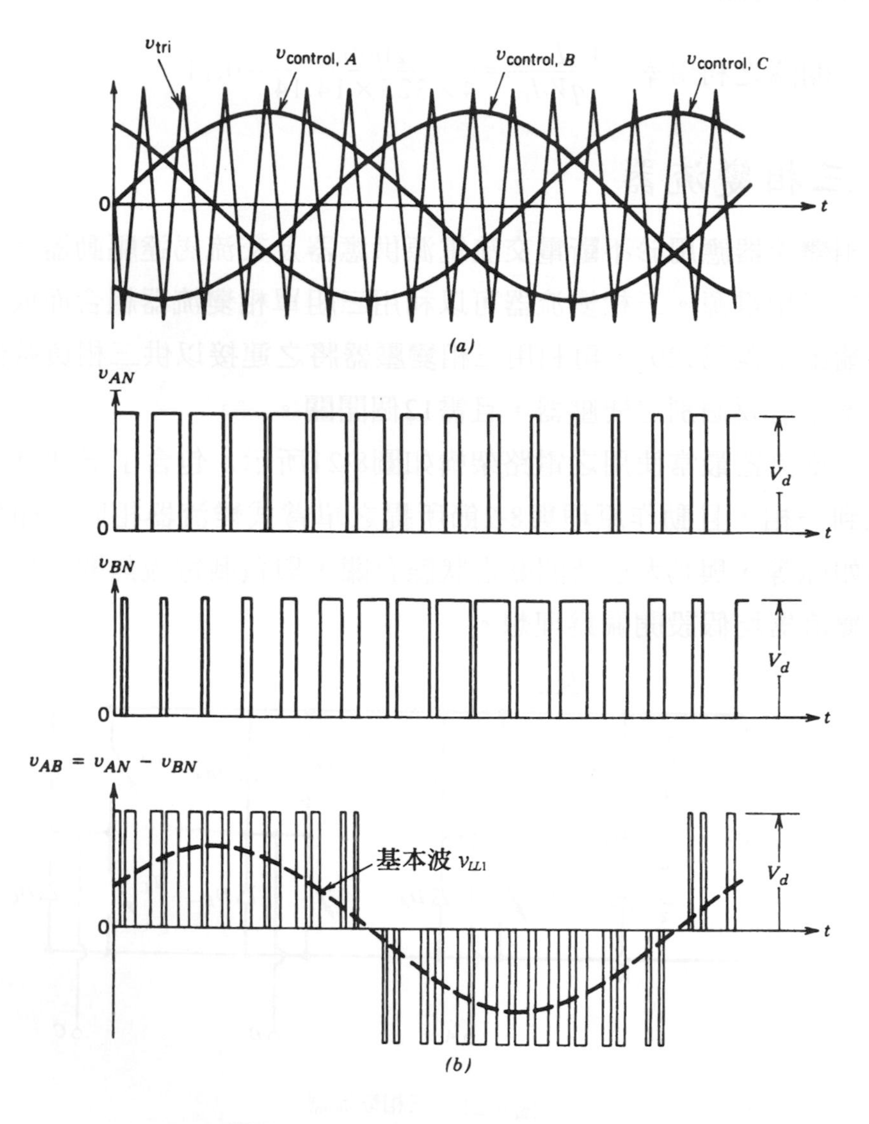

圖 8-22 三相PWM波形及諧波頻譜

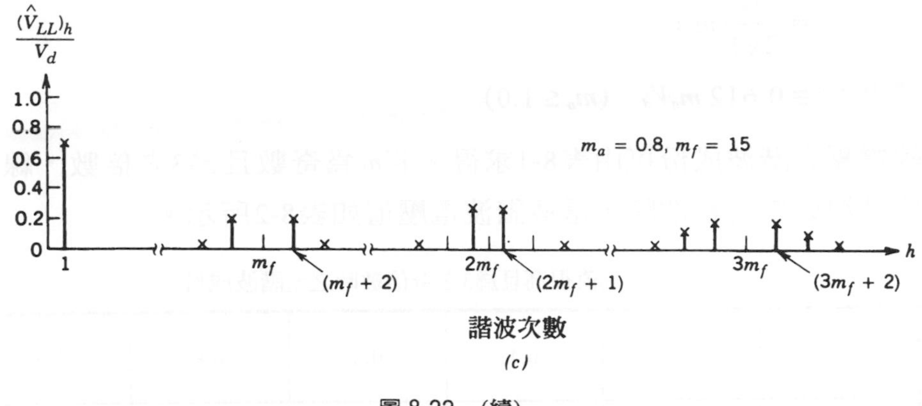

圖8-22 (續)

輸出電壓v_{AN}之波形與圖8-5之v_{Ao}相同，因此只要m_f為奇數，其諧波將以邊帶方式出現在m_f及其整倍數頻率上。由於v_{AN}及v_{BN}相差120°，其m_f諧波相差$(120m_f)°$，故只要m_f為3的倍數，$(120m_f)°$即相當於0°，此將抑制v_{AB}之m_f及其整倍頻上之諧波。因此一些單臂變流器上的主要諧波成份將不會出現在三相變流器之線電壓上。

三相PWM所需考慮之事項為：

1. 對於低m_f值，為消除偶次數諧波，必須採用同步式PWM，且m_f必須為奇數。此外，m_f者為3之倍數尚可消除線電壓上主要之諧波成份。
2. 對於大m_f值，其特性與前述單相PWM(第8-2-1-2節)相同。
3. 對於過調制($m_a > 1.0$)，不論m_f為何，與低m_f值相同之注意事項。

8-4-1-1 線性調制($m_a \le 1.0$)

在線性調制區中($m_a \le 1.0$)，輸出電壓之基本波大小與m_a成線性正比。由圖8-5(b)可知圖8-22(b)中

$$(\hat{V}_{AN})_1 = m_a \frac{V_d}{2} \tag{8-56}$$

因此線對線電壓之基本波均方根值為

$$V_{LL_1} = \frac{\sqrt{3}}{\sqrt{2}} (\hat{V}_{AN})_1$$

$$= \frac{\sqrt{3}}{2\sqrt{2}} m_a V_d$$

$$\cong 0.612\, m_a V_d \quad (m_a \leq 1.0) \tag{8-57}$$

其它線電壓之諧波成份可由表8-1求得。若m_f為奇數且為3之倍數，線電壓中各主要諧波成份會被消除，這些諧波電壓值如表8-2所示。

表 8-2 m_f值很高且為3之奇倍數時之v_{LL}諧波成份

h \ m_a	0.2	0.4	0.6	0.8	1.0
1	0.122	0.245	0.367	0.490	0.612
$m_f \pm 2$	0.010	0.037	0.080	0.135	0.195
$m_f \pm 4$				0.005	0.011
$2m_f \pm 1$	0.116	0.200	0.227	0.192	0.111
$2m_f \pm 5$				0.008	0.020
$3m_f \pm 2$	0.027	0.085	0.124	0.108	0.038
$3m_f \pm 4$		0.007	0.029	0.064	0.096
$4m_f \pm 1$	0.100	0.096	0.005	0.064	0.042
$4m_f \pm 5$			0.021	0.051	0.073
$4m_f \pm 7$				0.010	0.030

注意：表中之值為$(V_{LL})_h/V_d$，其中$(V_{LL})_h$為諧波電壓之rms值。

8-4-1-2 過調制($m_a > 1.0$)

三相PWM過調制後，其輸出電壓基本波之振幅將不會與m_a成正比而是如圖8-23所示，會漸趨飽合。當m_a非常大，PWM將退化成方塊波切換，V_{LL_1}之最大值約等於$0.78\,V_d$。

與線性區相較，在過調制區，有更多之諧波邊帶會出現在m_f及其整倍頻上，然而其大小卻較線性區者為小。因此由諧波所造成之損失反倒不如線性區來得大。

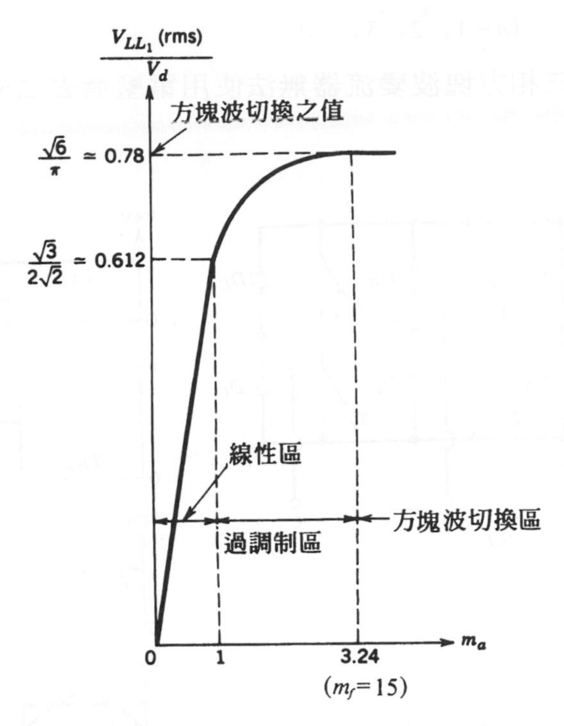

圖 8-23　三相變流器：V_{LL_1}(rms)/V_d與m_a之關係

8-4-2 三相變流器之方塊波操作

圖8-24(a)之三相變流器之方塊波操作方式如圖8-24(b)所示。每個開關均導通180°，因此在任何時刻均有開關導通。變流器本身無法控制輸出電壓之振幅，振幅的調整必須由外在來控制直流輸入電壓V_d。輸出線電壓之值可由(8-13)單臂變流器之輸出電壓結果推知

$$\underset{\text{(rms)}}{V_{LL_1}} = \frac{\sqrt{3}}{\sqrt{2}} \cdot \frac{4}{\pi} \cdot \frac{V_d}{2}$$

$$= \frac{\sqrt{6}}{\pi} V_d$$

$$\cong 0.78\ V_d \tag{8-58}$$

線電壓之諧波與負載無關，其振幅與諧波階數成反比，如圖8-24(c)所示

$$V_{LL_h} = \frac{0.78}{h} V_d \tag{8-59}$$

其中　　$h=6n\pm1$　　$(n=1,2,3,\ldots)$

值得注意的是，三相方塊波變流器無法使用電壓消去法來控制輸出電壓之大小。

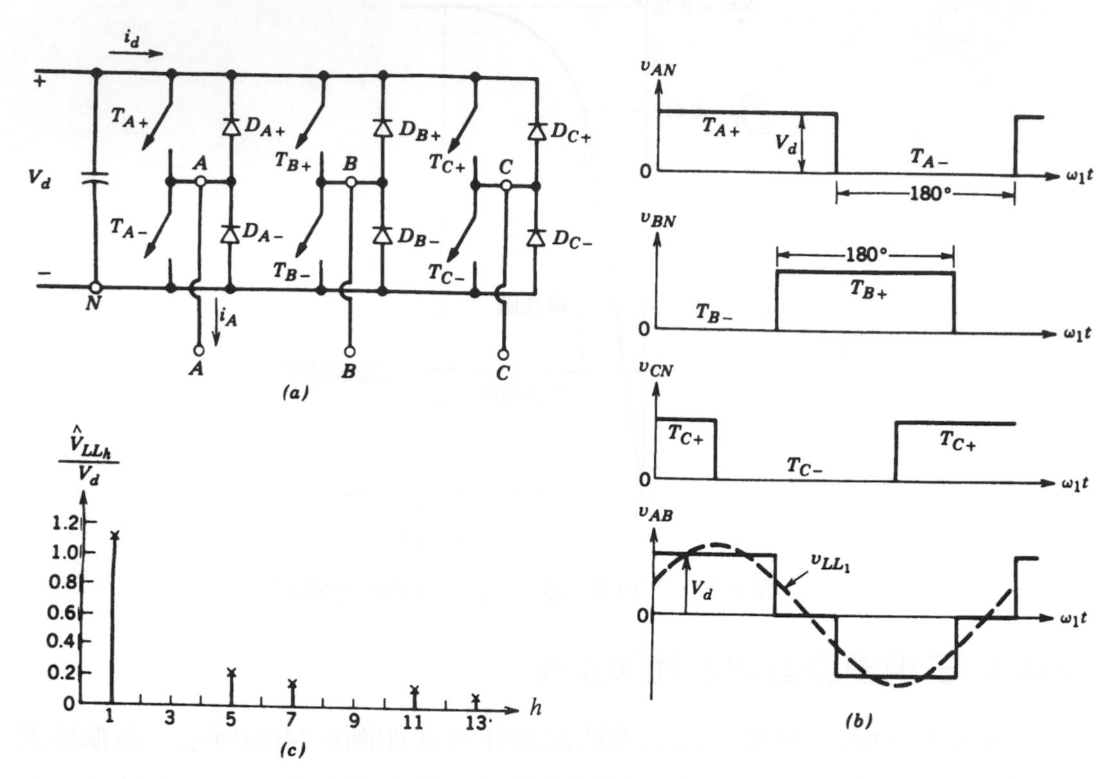

圖 8-24　方塊波切換變流器(三相)

8-4-3 三相變流器之開關利用率

假設三相變流器輸入直流電壓之最大值為$V_{d,\max}$，輸出具有足夠大之電感量使輸出電流為純正弦且最大值為$I_{o,\max}$。基於此假設，無論是PWM或方塊波方式，開關之額定均為

$$V_T=V_{d,\max} \tag{8-60}$$

$$I_T=\sqrt{2}I_{o,\max} \tag{8-61}$$

而三相輸出伏安之額定值為

$$(\mathrm{VA})_{3\text{-phase}}=\sqrt{3}V_{LL_1}I_{o,\max} \tag{8-62}$$

其中V_{LL_1}爲線電壓之基本波均方根值。由此變流器六個開關之總利用率爲：

$$\text{開關利用率} = \frac{(\mathrm{VA})_{3\text{-phase}}}{6V_T I_T} = \frac{\sqrt{3}V_{LL_1}I_{o,\max}}{6V_{d,\max}\sqrt{2}I_{o,\max}} = \frac{1}{2\sqrt{6}}\cdot\frac{V_{LL_1}}{V_{d,\max}} \tag{8-63}$$

對於操作於線性區($m_a \leq 1.0$)之PWM變流器而言，由(8-57)及$V_d = V_{d,\max}$可得

$$\text{開關利用率之最大值} = \frac{1}{2\sqrt{6}}\cdot\frac{\sqrt{3}}{2\sqrt{2}}m_a = \frac{1}{8}m_a \quad (m_a \leq 1.0) \tag{8-64}$$

而方塊波變流器，開關利用率之最大值則爲$1/2\pi = 0.16$。由(8-54)及(8-64)可知，三相與單相變流器之開關率相同，換句話說，三相變流器較單相變流器之開關數多出50%(兩個)，其輸出功率額定亦較單相變流器多出50%。

8-4-4 三相變流器之輸出漣波

圖8-25(a)所示爲三相電壓源變流器對一三相交流馬達供電，交流馬達以一電感串聯一應電勢之等效電路來表示。假設應電勢$e_A(t)$、$e_B(t)$及$e_C(t)$均爲正弦，在三相平衡的情況下，變流器之輸出相電壓可表示爲

$$v_{kn} = v_{kN} - v_{nN} \quad (k = A, B, C) \tag{8-65}$$

且

$$v_{kn} = L\frac{di_k}{dt} + e_{kn} \quad (k = A, B, C) \tag{8-66}$$

對一三相三線式負載

$$i_A + i_B + i_C = 0 \tag{8-67a}$$

且

$$\frac{d}{dt}(i_A + i_B + i_C) = 0 \tag{8-67b}$$

同樣地，馬達之應電勢亦爲平衡

$$e_A + e_B + e_C = 0 \tag{8-68}$$

由(8-66)～(8-68)知

$$v_{An}+v_{Bn}+v_{Cn}=0 \tag{8-69}$$

故由(8-65)可得

$$v_{nN}=\frac{1}{3}(v_{AN}+V_{BN}+v_{CN}) \tag{8-70}$$

將(8-70)代入(8-65)可得

$$v_{An}=\frac{2}{3}v_{AN}-\frac{1}{3}(v_{BN}+v_{CN}) \tag{8-71}$$

同樣地，B相及C相亦可得到相同的結果。

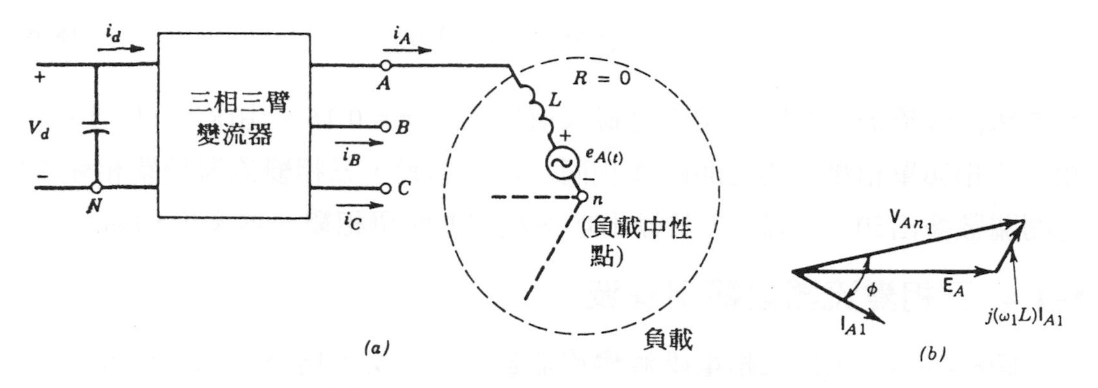

圖 8-25 三相變流器：(a)電路圖；(b)相量圖

由於$e_A(t)$為正弦，故三相變流器之輸出功率僅由輸出之基本波成份v_{An_1}及i_{A1}負責。相量表示如圖8-25(b)所示為

$$\mathbf{V}_{An_1}=\mathbf{E}_A+j\omega_1 L\mathbf{I}_{A1} \tag{8-72}$$

由電路之重疊定理可知v_{An}之漣波將全部跨於電感L上。利用(8-71)可求得方塊波及PWM三相變流器輸出電壓v_{An}之波形，如圖8-26(a)及圖8-26(b)所示。其中二者輸出電壓基本波之振幅相同(因此PWM者所需之V_d較高)，假設二者之負載亦同，輸出電流之漣波可利用(8-42)獲得，其結果如圖8-26所示。值得注意的是，只要變流器輸出電壓之大小與頻率固定，對固定之L，輸出電流之漣波與功率轉移之方向無關。圖8-26指出大m_f值之PWM變流器，其電流漣波較方塊波切換者要小得多。

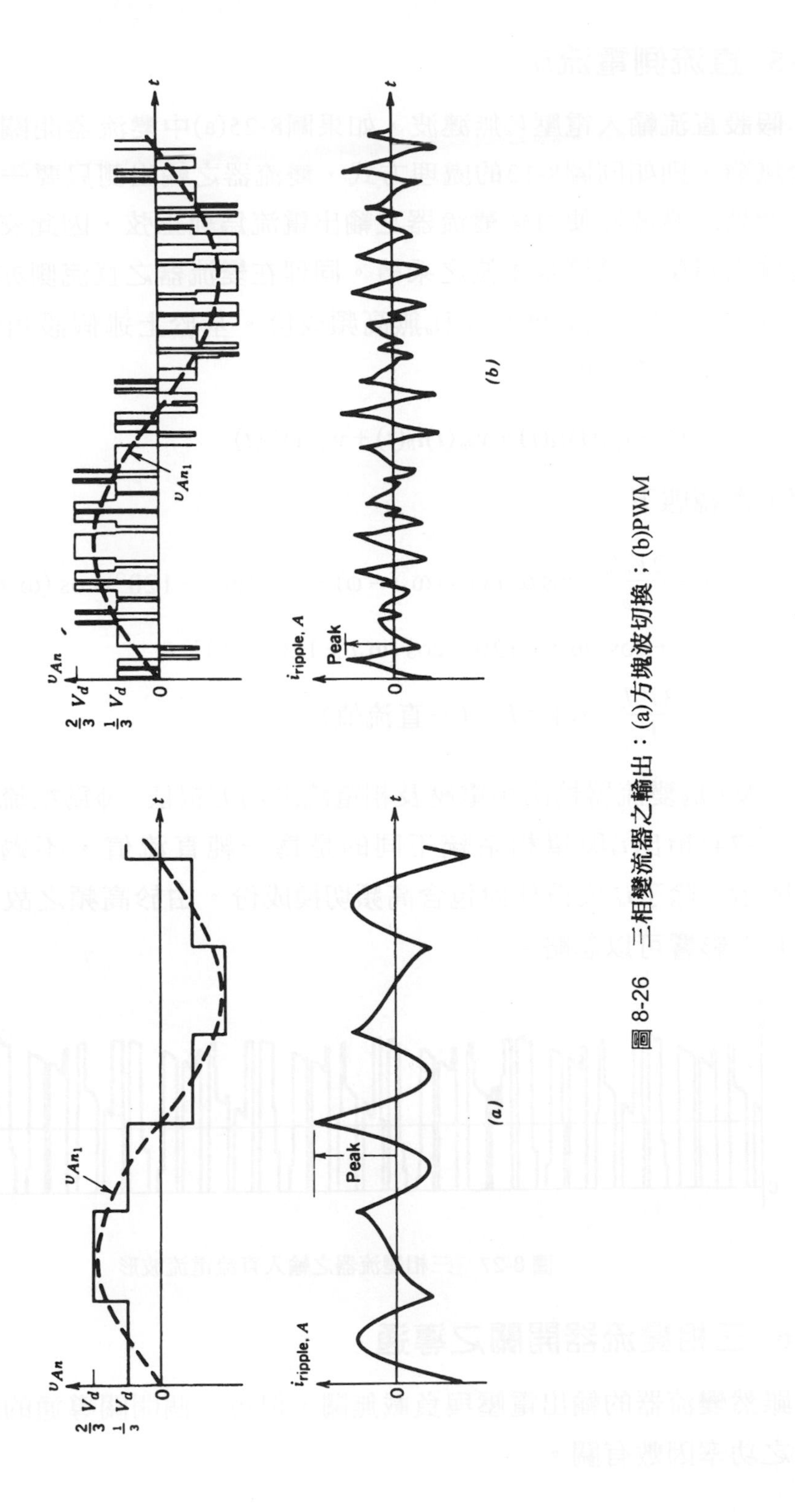

圖 8-26　三相變流器之輸出：(a)方塊波切換；(b)PWM

8-4-5 直流側電流i_d

假設直流輸入電壓V_d無漣波，如果圖8-25(a)中變流器開關之切換頻率趨近於無窮，則如同圖8-13的處理方式，變流器之輸出側只要一無限小且不會儲存能量之濾波器便可使變流器之輸出電流爲純正弦，因此交流側之瞬時功率爲輸出電壓及電流基本波之乘積。同理在變流器之直流側亦可加一小濾波器(如圖8-13之方式處理)，使i_d無高頻成份。基於上述假設可知輸入與輸出之瞬時功率相等，即

$$V_d\, i_d^* = v_{An_1}(t)i_A(t) + v_{Bn_1}(t)i_B(t) + v_{Cn_1}(t)i_C(t) \tag{8-73}$$

三相平衡穩態下

$$\begin{aligned} i_d^* &= \frac{2V_oI_o}{V_d}[\cos\omega_1 t\cos(\omega_1 t-\phi) + \cos(\omega_1 t-120°)\cos(\omega_1 t-120°-\phi) \\ &\quad + \cos(\omega_1 t+120°)\cos(\omega_1 t+120°-\phi)] \\ &= \frac{3V_oI_o}{V_d}\cos\phi = I_d \quad (\text{一直流值}) \end{aligned} \tag{8-74}$$

其中V_o及I_o爲變流器輸出相電壓及相電流之均方根值，ϕ爲電流落後電壓之角度。(8-74)指出i_d^*與單相系統不同的是爲一純直流值。不過i_d之波形如圖8-27所示，除了i_d^*成份外尚包含高頻切換成份。由於高頻之故，這些高頻成份對V_d之影響可以忽略。

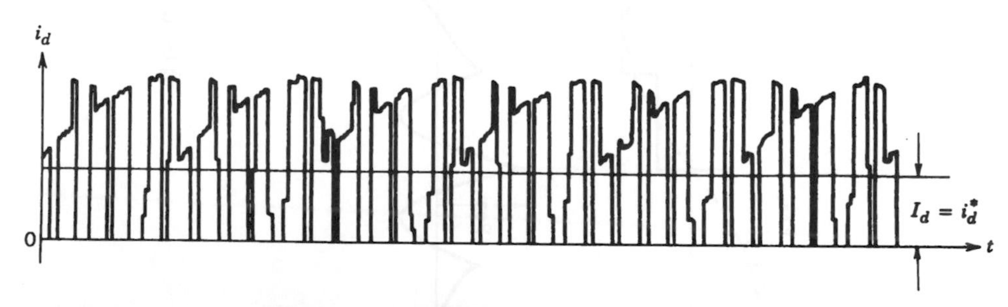

圖 8-27　三相變流器之輸入直流電流波形

8-4-6 三相變流器開關之導通

雖然變流器的輸出電壓與負載無關，但每一個開關導通的時間長度卻與負載之功率因數有關。

8-4-6-1　方塊波切換

假設負載為電感性，電流落後電壓30°，圖8-28所示為三相變流器其中一個臂(A相)之波形。圖8-28(a)所示為輸出相電壓(對中性點n) V_{An}及其基本波V_{An_1}之波形，圖8-28(b)所示為V_{AN}(對直流側負端點)、i_A及其本波i_A1之波形。由於採方塊波切換，T_{A+}與T_{A-}各導通180°，但由於電流落後電壓之故，二開關實際之導流時間將小於180°，其餘時間則視i_A方向由與開關反並聯之二極體導通。當功率因數減小時，二極體導通之時間將增加，同理可知，純電阻性負載，電壓與電流同相，理論上二極體並不會導通。

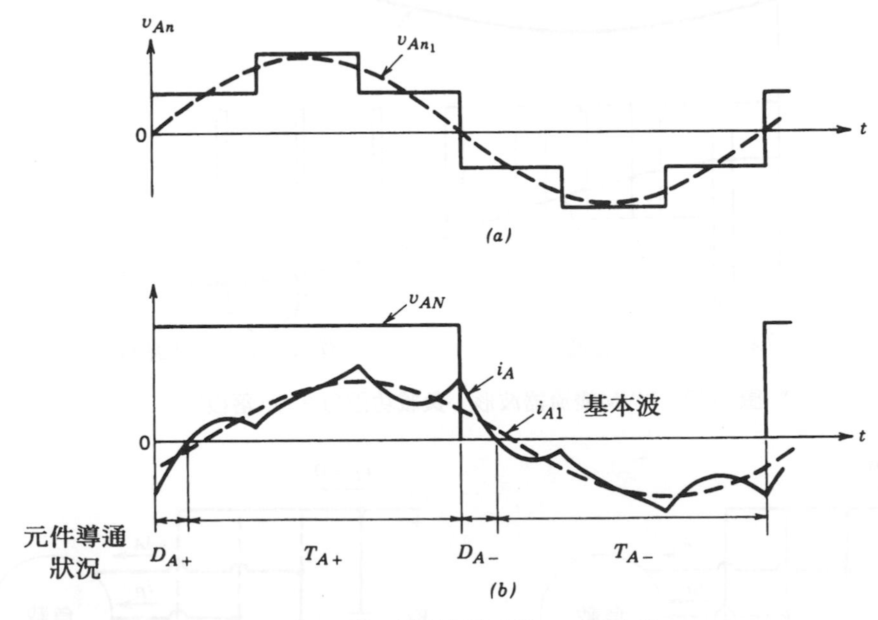

圖8-28　方塊波變流器：A相波形

8-4-6-2　PWM切換

假設負載為電感性，輸出電流為純正弦且落後電壓30°，採用PWM切換之電壓及電流波形如圖8-29所示。仔細觀察開關之導通狀態可知，存在i_A，i_B及i_C均流經與直流正端點相連之元件(即(T_{A+}、D_{A+})，(T_{B+}、D_{B+})，(T_{C+}、D_{C+})三組各一元件導通)之狀態，此時三相負載短路在一起，故將無功率自直流側輸入(即$i_d=0$)，如圖8-30(a)所示。同理，亦存在i_A，i_B，i_C均流經與直流負端點相連之元件之狀態，此時i_d亦為0，如圖8-30(b)所示。

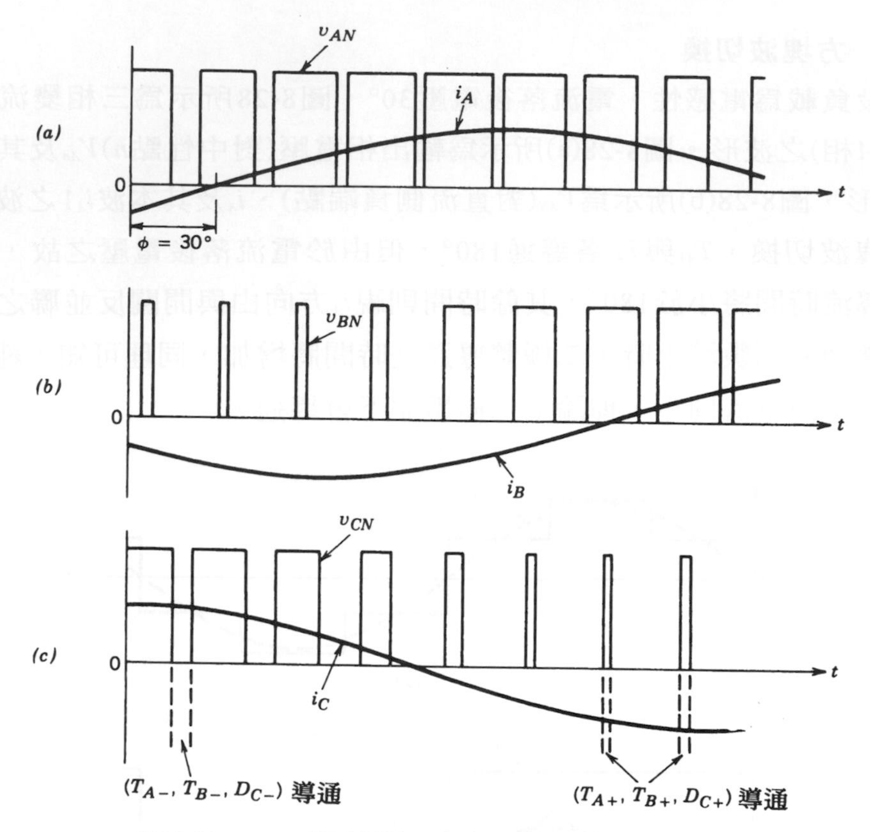

圖 8-29 PWM變流器波形：負載功因角＝30°(落後)

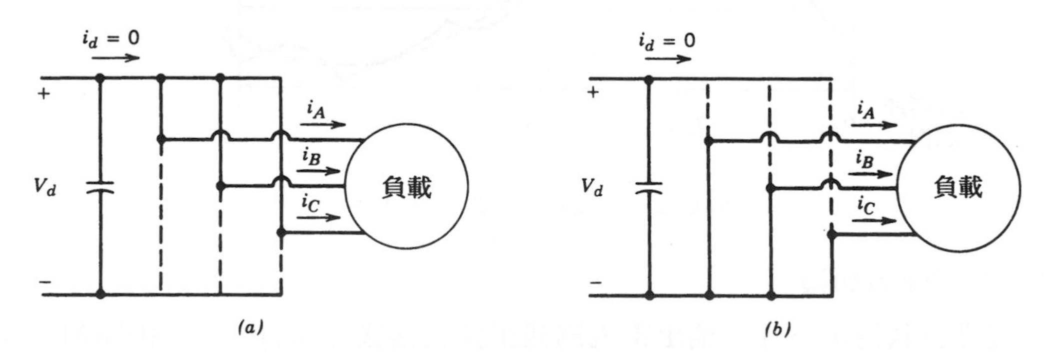

圖 8-30 三相變流器之短路狀態

輸出電壓之振幅即是由控制這些三相負載短路時間長度來控制。此種短路方式在方塊波操作中並不存在，故方塊波模式無法由變流器本身來控制其輸出電壓振幅。

8-5 空白時間(blanking time)對PWM變流器電壓之影響

以下以組成單、三相變流器之單臂變流器來說明空白時間對PWM變流器輸出電壓之影響。如圖8-31(a)所示，假設開關爲理想，則單臂變流器上之二開關可以同時且瞬間一由on至off，一由off至on。若m_f夠大，控制電壓v_{control}在一切換週期內可視爲定值，理想開關v_{control}與三角波v_{tri} PWM比較結果之切換信號v_{cont}如圖8-31(b)所示。

考慮開關之非理性，即其導通與截止過程均需要時間，因此同一臂上二開關切換時間必須錯開一小段時間，稱爲空白時間，以避免二開關同時在非完全導通或截止狀態下發生短路之情況。空白時間之作法乃將每一開關由off至on之瞬間往後延遲一時間t_Δ，如圖8-31(c)之v_{cont}信號所示。此空白時間t_Δ大小必須配合開關之切換速度，例如較快速之MOSFETs只要幾個μs即可。

在此空白時間內，二開關同時截止，v_{AN}的波形視i_A方向而有所變化。圖8-31(d)及圖8-31(e)所示分別爲$i_A > 0$與$i_A < 0$之v_{AN}波形，其中斜線部份所示爲理想開關者。比較理想之v_{AN}波形與實際加入空白時間者可得二者之電壓差爲

$$v_{\varepsilon} = (v_{AN})_{\text{ideal}} - (v_{AN})_{\text{actual}}$$

將v_{ε}對一切換週期求平均值，可得由Δt所造成之電壓變化：

$$\Delta V_{AN} = \begin{cases} +\dfrac{t_\Delta}{T_s}V_d & i_A > 0 \\ \\ -\dfrac{t_\Delta}{T_s}V_d & i_A < 0 \end{cases} \tag{8-75}$$

(8-75)指出：ΔV_{AN}與電流大小無關但與電流之方向有關。此外ΔV_{AN}與空白時間t_Δ及切換頻率$f_s\left(=\dfrac{1}{T_s}\right)$成正比，因此對於切換頻率高之情況，$\Delta t$必須儘可能地小。

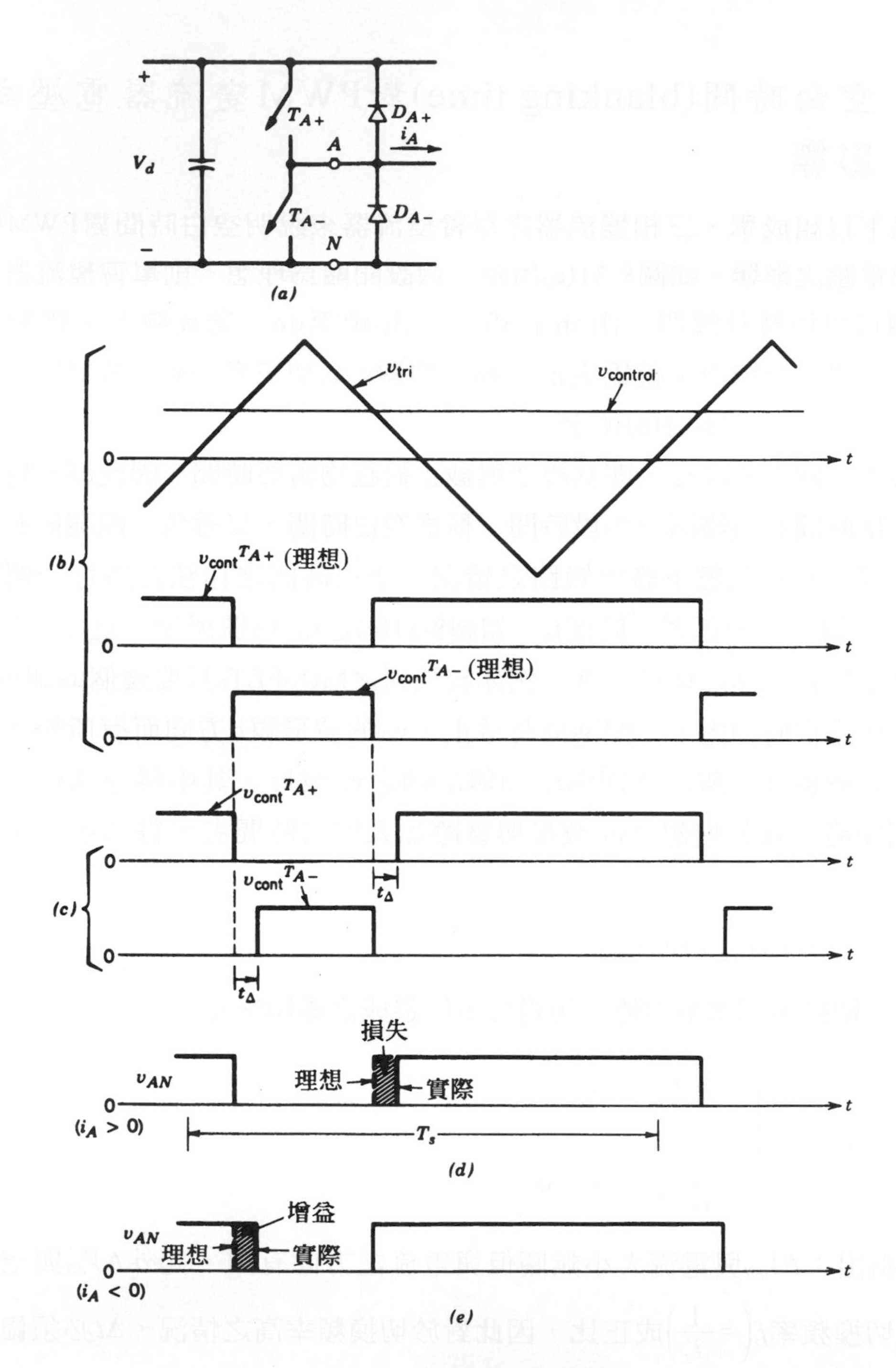

圖 8-31　空白時間t_Δ之效應

應用同樣的分析方法於圖8-32(a)中單相變流器之B臂，且利用$i_A = -i_B$可得

$$\Delta V_{BN}=\begin{cases}-\dfrac{t_\Delta}{T_s}V_d & i_A>0\\[2ex] +\dfrac{t_\Delta}{T_s}V_d & i_A<0\end{cases} \tag{8-76}$$

由於$v_o=v_{AN}-v_{BN}$且$i_o=i_A$，故輸出電壓與理想波形之電壓差的平均值為

$$\Delta V_o=\begin{cases}\Delta V_{AN}-\Delta V_{BN}=+\dfrac{2t_\Delta}{T_s}V_d & i_A>0\\[2ex] -\dfrac{2t_\Delta}{T_s}V_d & i_A<0\end{cases} \tag{8-77}$$

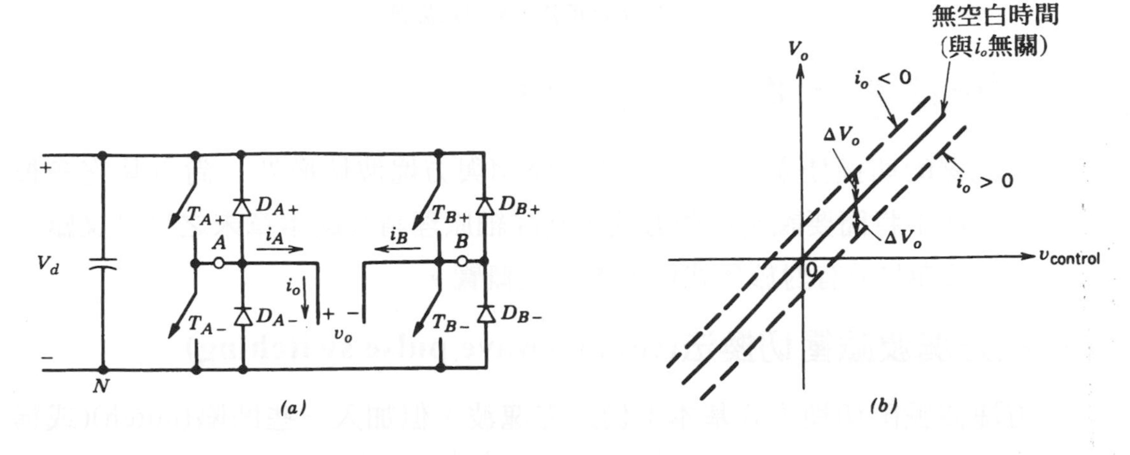

圖 8-32　t_Δ對V_o之影響

具有及不具有空白時間之瞬時平均(instantaneons average)輸出電壓V_o與控制電壓$v_{control}$之關係如圖8-32(b)所示。對於$v_{control}$為正弦波之單相全橋式PWM變流器，其瞬時平均輸出電壓$V_o(t)$之波形，如圖8-33所示，其中負載電流i_o乃假設為正弦且落後$V_o(t)$。由空白時間所引起在i_o電流零交越點時$V_o(t)$之失真將造成輸出電壓之低頻諧波(如三次、五次、七次等)。

而對於三相變流器，此電壓失真造成線電壓輸出之低次諧波次數為$6m\pm1(m=1，2，3...)$。空白時間對於不斷電系統電壓失真之影響在第十一章中有進一步的討論；對於直流馬達驅動之影響則在第十三章中討論；對於同步馬達驅動之影響則在第十五章中討論。

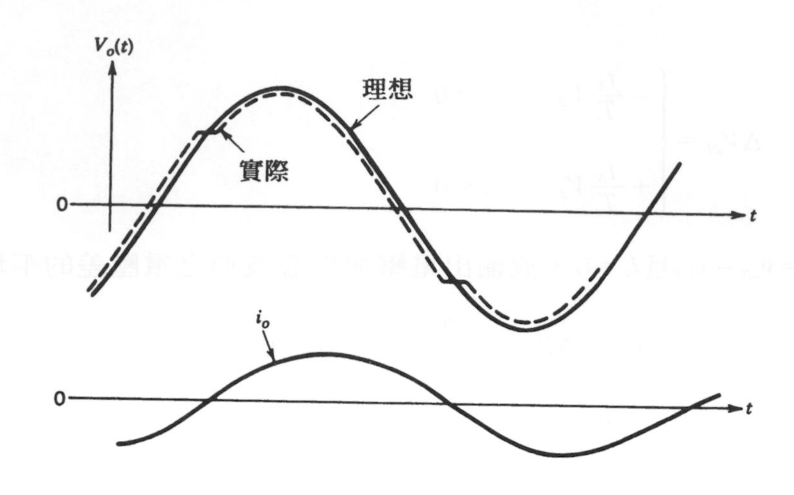

圖 8-33　t_Δ對正弦式輸出之影響

8-6　變流器之其它切換技術

變流器的切換技術，除了正弦式PWM與方塊波切換外，尚有其它多種方式，本節中將簡要說明這些方式，其詳細原理請參閱本章末之參考文獻。其中參考文獻[14]有對於各式切換方式之概覽。

8-6-1　方塊波脈衝切換法(square-wave pulse switching)

方塊波脈衝切換方式基本上仍爲方塊波，但加入一些凹陷(notch)(或稱脈衝)可使基本波之振幅爲可控。其缺點爲沒有考慮輸出之諧波，因此可能會使諧波量過大；其優點爲簡單及切換次數低(此爲高功率變流器之要求)。

8-6-2　諧波規劃消去切換法 (Programmed harmomic elimination switching)

此方法結合了方塊波與PWM切換，可同時控制輸出電壓之基本波及消除預先規化要消去之諧波。

圖8-34(a)所示爲採用諧波規劃消去切換法、具有六個凹陷的變流器電壓v_{Ao}之波形(已對$V_d/2$作正規化)，所規劃消去之諧波爲五次及七次。凹陷之作用以半週期爲準，一個凹陷提供一個控制的自由度，因此本例中，半週內之三個凹陷可提供控制基本波及消去兩個諧波(五及七次)。

此外，圖8-34(a)之輸出波形為半週奇對稱，因此其僅包含奇次諧波(且僅含sin項之係數)。對於三相變流器而言，由於三次及三次整倍數之諧波本來就可以消除，因此沒有必要再利用凹陷來規劃消去這些諧波。

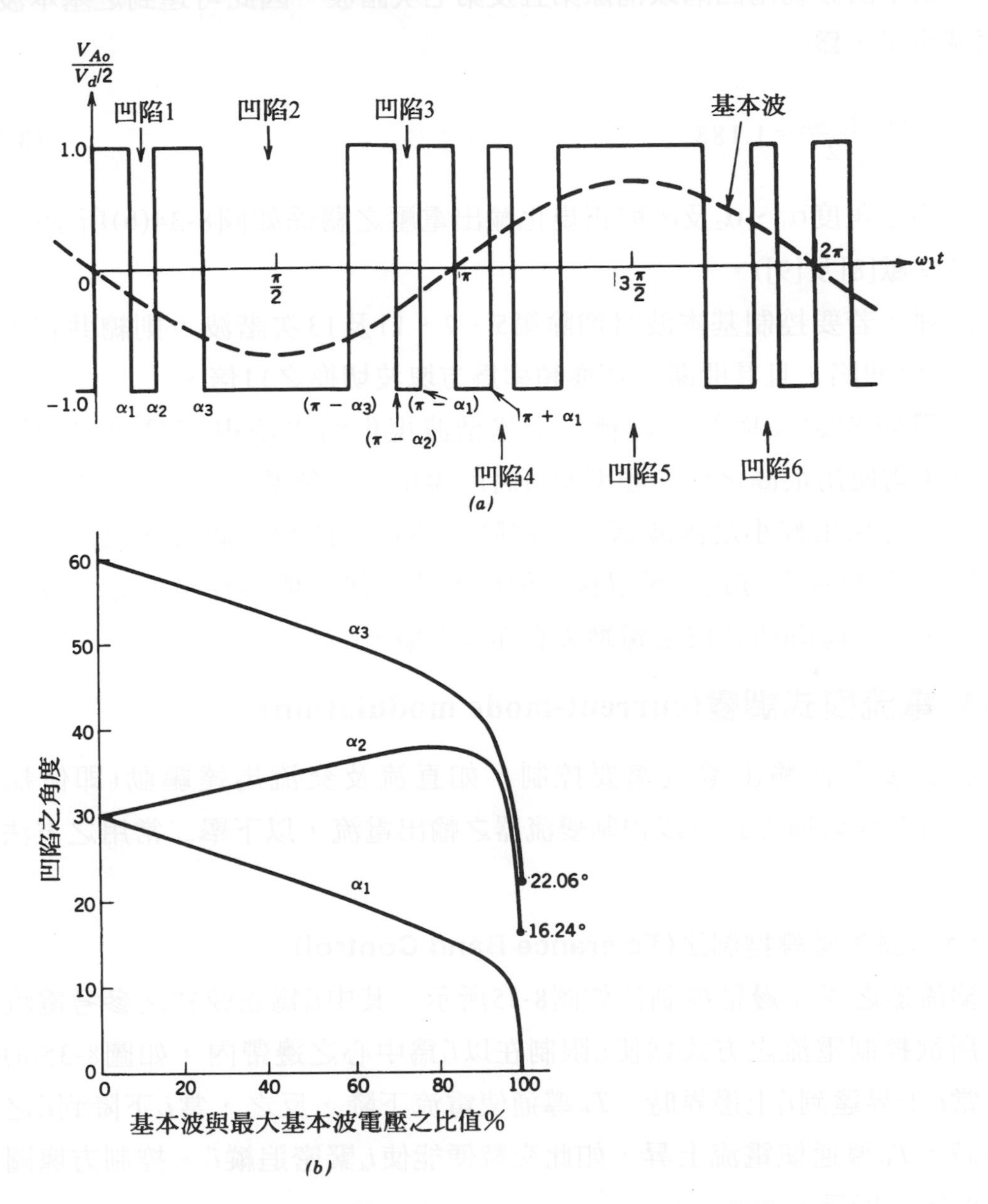

圖 8-34　諧波規化消去法：消去第五及第七次諧波

圖8-34(a)中變流器開關之切換頻率為採用方塊波切換者之七倍。在方塊波切換方式下，輸出電壓基本波為

$$\frac{(\hat{V}_{Ao})_1}{V_d/2} = \frac{4}{\pi} = 1.273 \quad (\text{即}(8\text{-}31))$$

圖8-34(a)中由於利用凹陷以消除第五及第七次諧波，因此可達到之基本波振幅便減小了，爲

$$\frac{(\hat{V}_{Ao})_{1,\max}}{V_d/2} = 1.188 \tag{8-78}$$

凹陷之角度α_1、α_2及α_3與正規化輸出電壓之關係如圖8-34(b)所示(詳細請參考文獻[8]及[9])。

同理，若要控制基本波且消除第5、7、11及13次諧波，則總共在半週內需有5個凹陷，且其開關之切換頻率爲方塊波切換之11倍。

利用VLSI之IC與微處理機，上述諧波規化消去法很容易可以加以實現。其不需使用很高之切換頻率便可將所規化之低頻諧波消去，而剩下之高頻諧波便可採用較小之濾波器加以濾除，然在選擇利用此方式之前，應與PWM且使用低m_f之方式比較以決定何種方式較佳。值得注意的是，採用此方式，由空白時間所造成之電壓失真亦需考慮。

8-6-3 電流模式調變(current-mode modulation)

有許多場合輸出電流需要控制，如直流及交流馬達驅動(即使採用VSI)。有多種切換方式可以控制變流器之輸出電流，以下舉二常用之方法來說明。

8-6-3-1 誤差邊帶控制法(Tolerance Band Control)

變流器之誤差邊帶控制法如圖8-35所示，其中i_A^*爲正弦式之參考電流信號，所欲控制電流之方式爲使i_A限制在以i_A^*爲中心之邊帶內。如圖8-35(a)所示，當i_A上昇達到i_A^*上邊界時，T_{A-}導通使電流下降，反之，當i_A下降到i_A^*之下邊界時，T_{A+}導通使電流上昇，如此交替便能使i_A緊密追縱i_A^*。控制方塊圖則如圖8-35(b)所示。

切換頻率與電流之斜率有關，而此斜率決定於直流之電壓值V_d，負載之反應電勢(back-emf)及負載電感之大小。此外，切換頻率並非固定，其隨著電流波形而改變。

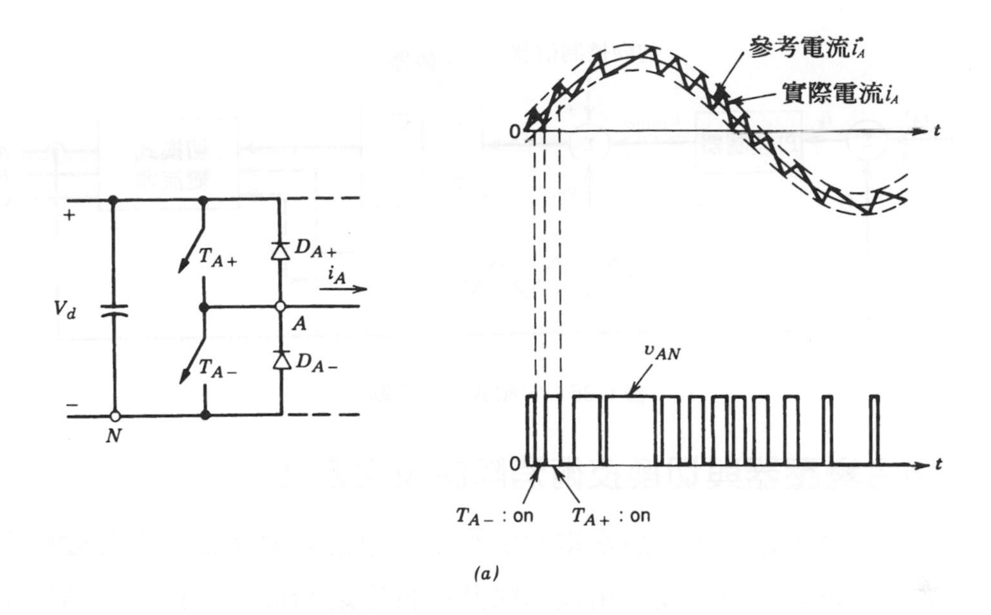

(a)

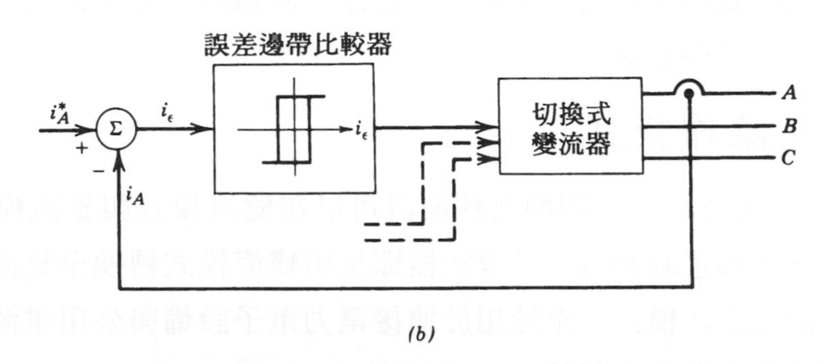

(b)

圖 8-35　誤差邊帶電流控制

8-6-3-2　定頻控制法(Fixed-Frequency Control)

定頻電流控制法如圖8-36之方塊圖所示，其將實際電流與參考電流之誤差放大後，經由一比例積分控制器得到控制電壓$v_{control}$，$v_{control}$再與固定頻率之三角波v_{tri}比較以得到開關之觸發信號。因此，若誤差(即$i_A^* - i_A$)為正，$v_{control}$亦為正，正的$v_{control}$會使變流器之輸出電壓增大，連帶使i_A增大而趨近其參考值i_A^*。同理亦可推知誤差為負時之情況。同樣地，B、C三相亦可以相同的方式達成。通常負載電壓(或由負載模型所估測者)會加入控制信號中當成一前向(feed-forward)補償信號，如圖8-36中虛線部份所示。

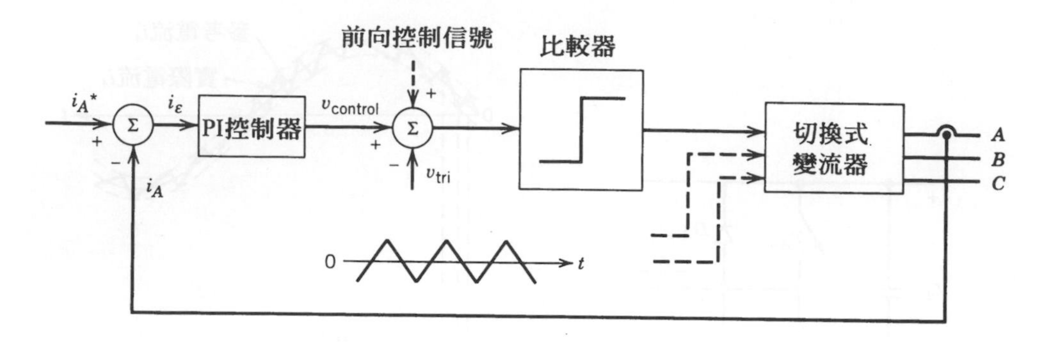

圖 8-36　定頻式電流控制

8-6-4 結合變壓器與切換技術消除諧波之方法

在某些用途，如三相不斷電電源供應器，通常須要在輸出側加變壓器作電器隔離。此變壓器尚可設計用以消除某些特定之諧波，其餘則可藉助諧波規化消去法以控制基本波及消除更多之諧波。此種結合變壓器與切換技術之方法將於第十一章中討論。

8-7　整流操作模式

誠如第8-1節介紹的，切換式轉換器可以在變流模式與整流模式間作平滑之切換，感應馬達制動時，其變流器即是由變流模式轉換至整流模式。本節將簡要介紹此工作模式，至於用於連接電力電子設備與公用電源之切換式整流器則將於第十九章中討論。

本節是以三相系統來說明，其結果可以推至單相系統。穩態下一平衡之三相系統可以其單相系統來分析。例如，圖8-37(a)之三相系統，假設其諧波可忽略，僅考慮其基本波(在此省略其下標)，其在變流模式(即馬達之電動機模式)之單相相量圖，如圖8-37(b)所示。其中變流器之電壓$\mathbf{V}_{An}$領前馬達感應電壓$\mathbf{E}_A$一角度δ，由於電流I_A之實功成份$(I_A)_p$與$\mathbf{E}_A$同相，因此馬達輸入之功率爲正，稱爲變流模式。

控制變流器輸出交流電壓之相角(及振幅)，可使$\mathbf{V}_{An}$落後$\mathbf{E}_A$一相角δ，如圖8-37(c)所示。由於電流$\mathbf{I}_A$之實功成份$(I_A)_p$與$\mathbf{E}_A$反相，因此馬達輸入功率爲負，稱爲整流模式。

由於$\mathbf{V}_{An}$振幅及相角可調，假設$\mathbf{E}_A$不能瞬間改變，若$\mathbf{V}_{An}$調整之軌跡如圖8-37(d)所示，則可以使$\mathbf{I}_A$之振幅維持定值。

$\mathbf{V}_{An}$調整振幅及相角之方式如圖8-22所示，只要改變$v_{\text{control},A}$之振幅及相角即可。對於三相平衡系統，B及C相之控制電壓均與A相振幅相同，但相移±120°角。

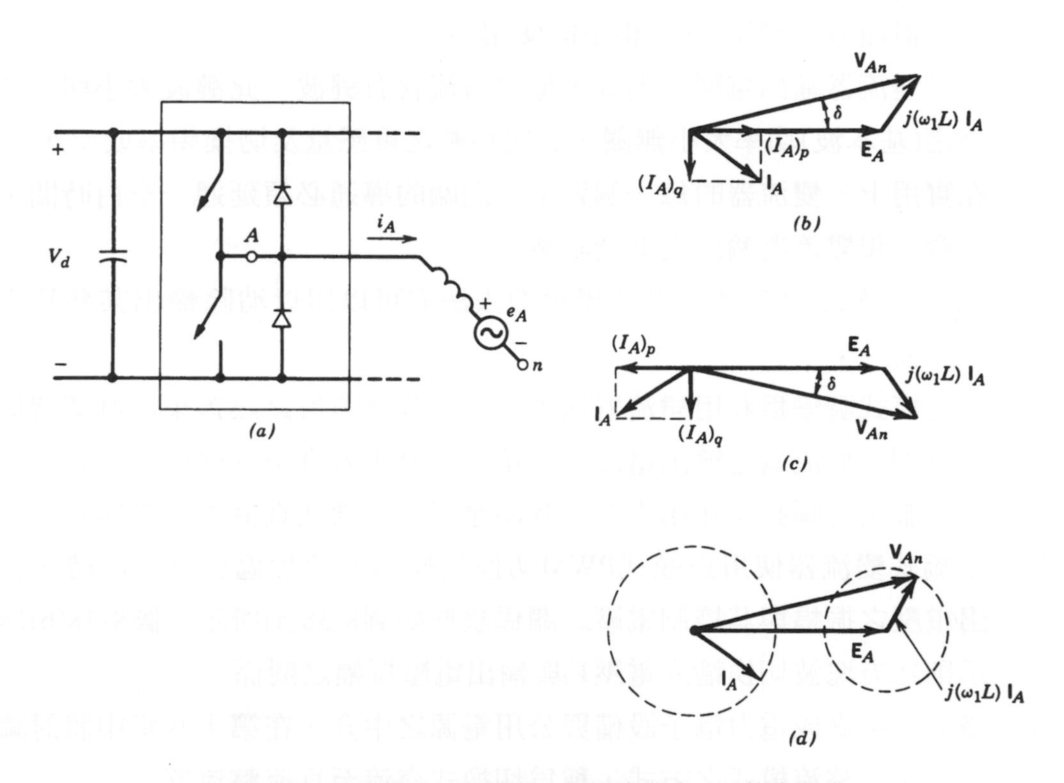

圖 8-37　操作模式：(a)電路；(b)變流模式；(c)整流模式

結　論

1. 切換式電壓源變流器可將輸入直流電壓轉換成單相或三相，頻率遠低於切換頻率之正弦式交流輸出(電流源變流器將於第十四章中介紹)。
2. 變流器可以從變流模式平滑地切換至整流模式，使功率反向流通，由交流側送至直流側。例如：交流馬達制動時，其驅動之變流器便是瞬間切換至整流模式。
3. 正弦式PWM切換可同時控制變流器輸出之電壓振幅及頻率，因此變流器之輸入可採無控制性之直流電壓。其切換技術可使其諧波頻率位於其切換頻率或更高，因此諧波可以非常容易地以濾波器加以消除。

4. 方塊波切換僅能控制變流器輸出之頻率，若要改變輸出之振幅必須藉助其它方式改變其輸入電壓。方塊波切換所產生之諧波爲低次諧波。另一種方塊波之衍生方式稱爲電壓消去法，可以控制輸出之頻率及振幅，但僅適用於單相(三相不能使用)。
5. 由於變流器輸出電壓之諧波，輸出電流含有漣波，此漣波大小與所轉移之(基本波)功率大小無關，而與負載之電感量及切換頻率成反比。
6. 在實用上，變流器的每一個臂上之開關的導通必須延遲一空白時間，其會引起變流器輸出之低階諧波。
7. 除了正弦式PWM外，諧波規化消去法亦可以用以消除輸出某些特定之諧波。
8. 電流模式調變爲利用變流器輸出電流與其參考值之誤差來控制開關切換以調整變流器之輸出電流。在第十三至十五章中其將應用於直／交流伺服馬達驅動；在第十章中其將應用於切換式直流電源供應器。
9. 全橋式變流器使用正弦式PWM切換且操作於線性區($m_a \leq 1.0$)時，輸出電壓之振幅與其控制電壓之關係整理如圖8-38(a)所示。圖8-38(b)所示則爲方塊波切換輸入電壓V_d與輸出電壓振幅之關係。
10. 變流器可當成電力電子設備與公用電源之中介，在第十八章中將討論其操作於整流模式之方式，稱爲切換式交流至直流整流器。

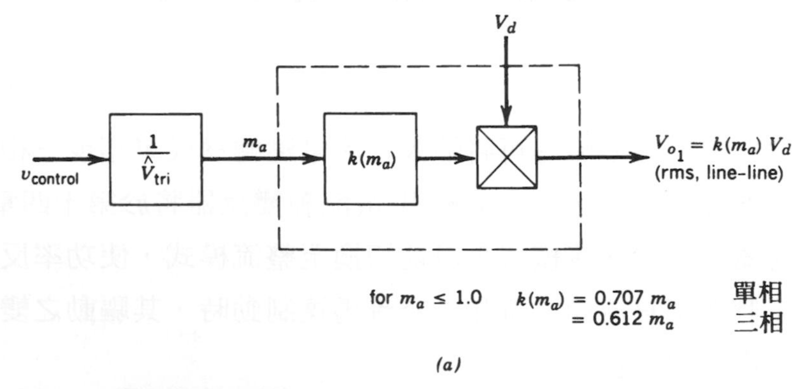

圖 8-38 變流器輸出電壓之綜合表示：(a)PWM($m_a \leq 1$)；(b)方塊波

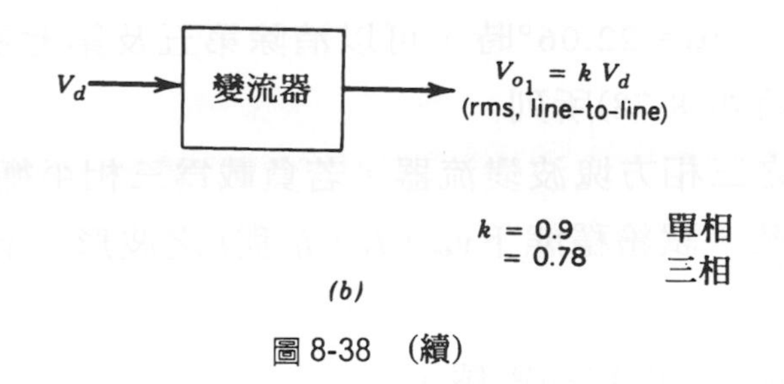

圖 8-38 (續)

習　題

單相

8-1　一單相全橋式PWM變流器，輸入直流電壓之範圍爲295－325V，且$m_a \leq 1.0$求：(1) V_{o1}之最高電壓爲何？(2)若變流器之額定容量爲2000 VA，亦即$V_{o1,\max} I_{o,\max} = 2000$VA($i_o$假設爲純正弦)，計算變流器在額定容量下開關之利用率。

8-2　一方塊波切換之單相全橋式變流器，$V_{o1} = 220$V，47Hz，輸出之負載如圖8-18(a)所示，$L = 100$mH。試計算輸出電流漣波之峰值。

8-3　同8-2，但變流器採用正弦式PWM，且$m_f = 21$，$m_a = 0.8$。

8-4　同8-2，但變流器採用電壓消去法，且V_d與8-3之PWM變流器所用之值相同。

8-5　利用8-2至8-4之計算結果，比較各種方式漣波電流之大小。

8-6　使用MATLAB驗證表8-1所列。

三　相

8-7　一三相方塊波變流器，其$(V_{LL})_1 = 200$V，52Hz，若輸出之負載如圖8-25(a)所示且$L = 100$mH，試計算輸出電流漣波之峰值(利用圖8-26(a)之定義)。

8-8　同8-7，但變流器採用同步式PWM，$m_f = 39$且$m_a = 0.8$，試計算輸出電流漣波之峰值(利用圖8-26(b)之定義)。

8-9　利用傅立葉分析求出圖8-34(a)波形之傅立葉成份，並證明$\alpha_1 = 0$，

$\alpha_2 = 16.24°$，$\alpha_3 = 22.06°$時，可以消除第五及第七次諧波且基本波成份之最大值如(8-78)所列。

8-10　圖8-24(a)之三相方塊波變流器，若負載爲三相平衡具有中性點n之純電阻性負載。試繪穩態下v_{An}，i_A，$i_{D_{A+}}$與i_d之波形，其中$i_{D_{A+}}$爲流經D_{A+}之電流。

8-11　同8-10，但負載改爲純電感。

8-12　圖8-4之單臂變流器，其輸出電流落後$(v_{Ao})_1$一角度ϕ，如圖P8-12(a)所示。由空白時間t_Δ所造成之瞬時誤差電壓$V_\varepsilon = (v_{Ao})_{\text{ideal}} - (V_{Ao})_{\text{actual}}$繪於圖P8-12(b)。$V_\varepsilon$之每一脈衝之振幅爲$V_d$，時間長度爲$t_\Delta$。爲方便計算輸出電壓基本波之低階諧波，圖P8-12(b)之脈衝可以一等效之方形波(如虛線所示)來代表，其振幅爲k，所圍之面積等於V_ε脈衝半個週期內之電壓-時間面積。

根據上述條件導出v_{Ao}由於t_Δ所造成之諧波表示：

$$(\hat{V}_{Ao})_h = \frac{4}{\pi h} V_d t_\Delta f_s \quad (h = 1，3，5\ldots)$$

其中f_s爲切換頻率。

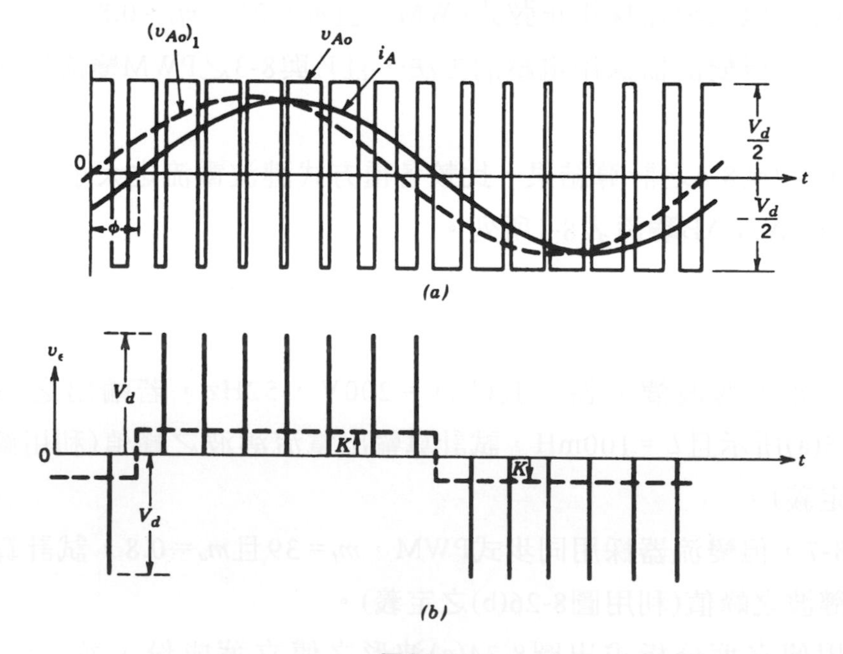

圖 P8-12

8-13　利用PSpice模擬圖P8-13之變流器。

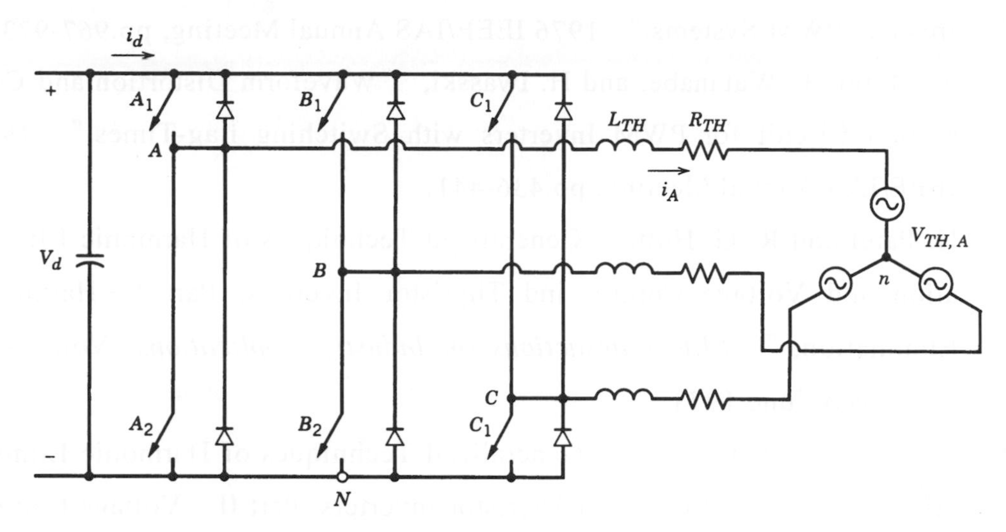

正常值：$V_d = 313.97\text{V}, f_1 = 47.619\text{ Hz}$
$\hat{V}_{tri} = 1.0\text{ V}, m_a = 0.95$
$R_{TH} = 2\Omega, L_{TH} = 10\text{ mH}$
$v_{control,A} = 0.95\cos(2\pi f_1 t - 90°)\text{V}$
$(\mathbf{V}_{th,A})_1 = 74.76\angle{-12.36°}\ V_{(rms)}$
$f_s = 1\text{ kHz}, \mathbf{I}_{A1} = 10\angle{-30°}\ A_{(rms)}$

圖 P8-13

參考文獻

1. K. Thorborg, *Power Electronics*, Prentice Hall International (U.K.) Ltd, London 1988.
2. A. B. Plunkett, "A Current-controlled PWM Transistor Inverter Drive," IEEE/IAS 1979 Annual Meeting, pp. 785-792.
3. T. Kenjo and S. Nagamori, *Permanent Magnet and Brushless DC Motors*, Clarendon, Oxford, 1985.
4. H. Akagi, A. Nabae, and S. Atoh, "Control Strategy of Active Filters Using Multiple Voltage-Source PWM Converters," *IEEE Transactions on Industry Applications*,Vol. IA22, No.3 May/Jne 1986, pp.460-465.
5. T. Kato, "Precise PWM Waveform Analysis of Inverter for Selected Harmonc Elimination," 1986 IEEE/IAS Annual Meetion, pp.611-616.

6. J. W. A. Wilson and J. A. Yeamans, "Intrinsic Harmonics of Idealized Inverter PWM Systems," 1976 IEEE/IAS Annual Meeting, pp.967-973.
7. Y. Murai, T. Watanabe, and H. Iwasski, "Waveform Distortion and Correction Circuit for PWM Inverters with Switching Lag-Times," 1985 IEEE/IAS Annual Meeting, pp.436-441.
8. H. Patel and R. G. Hoft, "Generalized Techniques of Harmonic Elimination and Voltage Control ind Thyristor Inverters: Part I－Harmonic Elimination, " *IEEE Transactions on Industry Applications*, Vol. IA-9, No.3, May/June 1973.
9. H. Patel and R. G. Hoft, "Generalized Techniques of Harmonic Elimination and Voltage Control in Thyristor Inverters: Part II－Voltage Control Techniques," *IEEE Transactions on Industry Applications*, Vol. IA-10, No.5, September/October 1974.
10. I. J. Pitel, S. N. Talukdar, and P. Wood, "Characterization of Programmed-Waveform Pulsewidth Modulation," *IEEE Transactions on Industry Applications*, Vol. IA-16, No.5, September/October 1980.
11. M. Boost and P. D. Ziogas, "State-of-the-Art PWM Techniques: A Critical Evaluation," IEEE Power Electronics Specialists Conference, 1986, pp.425-433.
12. J. Rosa, "The Harmonic Spectrum of D. C. Link Currents in Inverters," *Proceedings of the Fourth Intrernational PCI Conference on Power Conversion*, Intertec Communications, Oxnard, CA, pp.38-52.
13. EPRI Report, "AC/DC Power Converter for Batteries and Fuel Cells," Project 841-1, Final Report, September 1981, EPRI, Palo Alto, CA.
14. J. Holtz, "Pulwewidth Modulation－A Survey," IEEE Transactions on Industrial Electronics, Vol. 39, No.5, Dec. 1992, pp.410-420.

第九章　共振式轉換器：零電壓及／或零電流切換

9-1　簡　介

第七及第八章中所討論之PWM轉換器，其開關切換時需要流通整個負載電流，因此開關將承受很高之切換應力(swithching stress)及與切換頻率成正比之高切換損。此外由切換所引起之di/dt及dv/dt會造成嚴重之電磁干擾(EMI)。

爲降低轉換器之體積及重量以提高其功率密度，必須提高其切換頻率，此將使切換式轉換器之缺點更加惡化。因此若能使開關切換瞬間開關之電壓及電流爲零便可改善上述缺點。本章將討論這些具零電壓及／或零電流切換之轉換器電路拓僕及其切換技術。由於大部份之電路拓僕需要利用某種型式之LC共振，因此通稱其爲共振式轉換器。

9-1-1　電感性電流之切換

切換損　考慮如圖9-1所示組成全橋式dc-dc轉換器或是dc-ac變流器之單臂變流器，假設負載爲電感性，其輸出電流在一切換週期內爲定值並且可以雙向流通，則單臂變流器下端之開關T_-所承受之電壓及電流波形如圖9-2(a)所示。

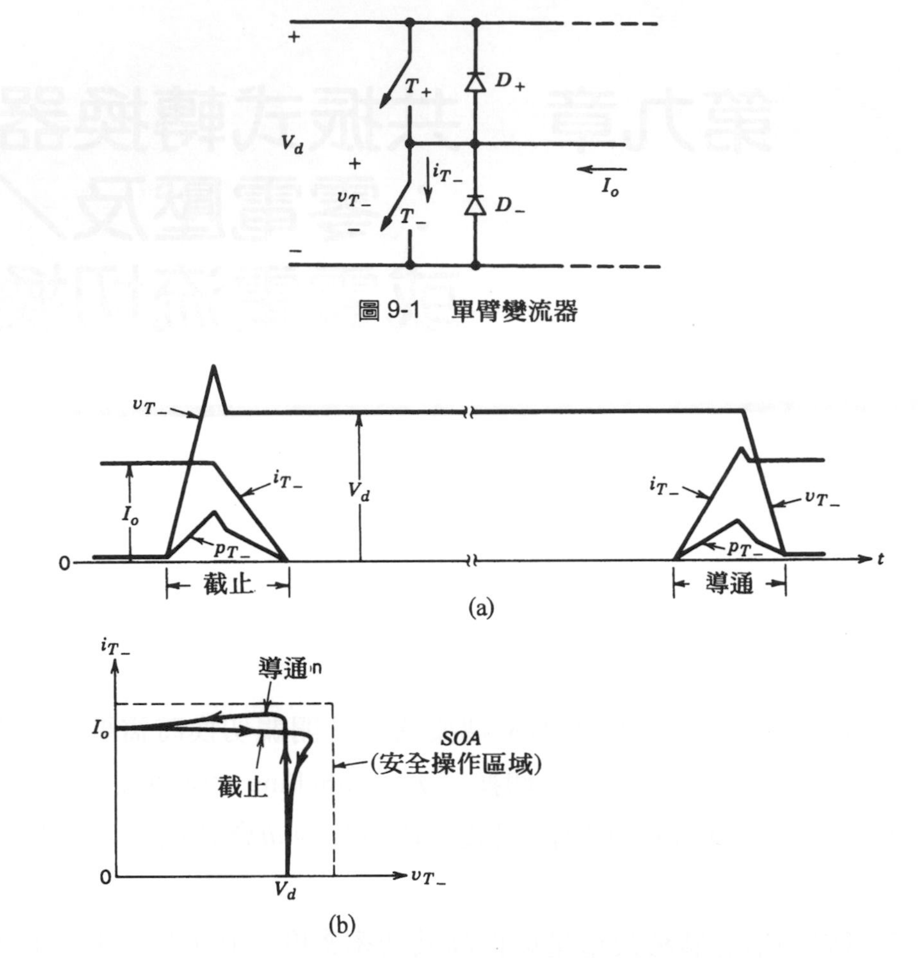

圖 9-1 單臂變流器

圖 9-2 電感性負載之開關切換路徑

假設一開始時I_o為流經T_-，當T_-之觸發信號截止時，開關電壓v_{T-}將由導通電壓上昇至V_d(v_{T-}波形之超越乃由雜散電感所造成)，而開關電流i_{T-}則由I_o衰減至0，當T_-截止後，I_o將流經D_+。T_-開關截止過程之功率損失P_{T-}($=v_{T-}\cdot i_{T-}$)之波形如圖9-2(a)所示。

當I_o流經D_+時，若T_-加上觸發信號令其導通，i_{T-}電流將上昇至I_o加上D_+的反向恢復尖峰電流，如圖9-2(a)所示。因此在此段T_-之導通時間內，二極之恢復電流及v_{T-}與i_T均會造成開關之切換損失。

切換損之平均值P_{T-}與切換頻率成正比，因此切換頻率之最大值受限於系統之效率考量。以目前所能使用之最快速的切換元件而言(切換時間約為幾十個ns)，能夠維持在合理地效率前提下所能達到之切換頻率約爲500KHz左右。

EMI　切換式轉換器的另一重大缺點爲切換愈快速所造成愈嚴重之di/dt與dv/dt電磁干擾(EMI)問題。另外二極體反向恢復特性不佳亦會加重此問題。

SOA　電感性電流之切換在$v_T - i_T$平面上形成之路徑如圖9-2(b)所示。由於切換時開關同時會出現高電壓與大電流，因此開關必須能承受所謂之切換應力，其必須在一安全操作區域(SOA)內，如圖之虛線所示。對於功率半導體元件而言，能夠承受較大切換應力之元件，勢必會因此而減低某些性能。

9-1-2 零電壓與零電流切換

爲降低濾波元件及變壓器之體積及重量，進而降低轉換器之體積、重量及價格，目前之目標是希望將切換頻率提高至幾MHz，甚至幾十MHz。但在實際上，除非切換損、切換應力及EMI等問題能夠克服，否則無法將切換式轉換器的切換頻率提高至此。

傳統降低切換式轉換器開關切換應力的方式是使用緩衝電路(subber circuits)與開關串聯或並聯，如圖9-3(a)所示。其切換在$i_T - v_T$平面上所形成之路徑如圖9-3(b)所示，可以降低開關之切換損。然而這些降低的損失只是由開關轉移至緩衝電路上而已，系統整體之切換損失並未降低。

共振式轉換器則結合了適當之轉換器電路架構與切換技術，使開關切換時其開關電壓或(及)開關電流爲0，可以克服上述切換損、切換應力及EMI等問題。如果開關可以作零電壓或(及)零電流切換，其開關切換在$v_T - i_T$平面所形成之路徑如圖9-4所示。與切換式轉換器(虛線所示)相較，其切換應力、切換損及EMI之情況可以大符改善，而且不需使用緩衝電路，效率可以提高。

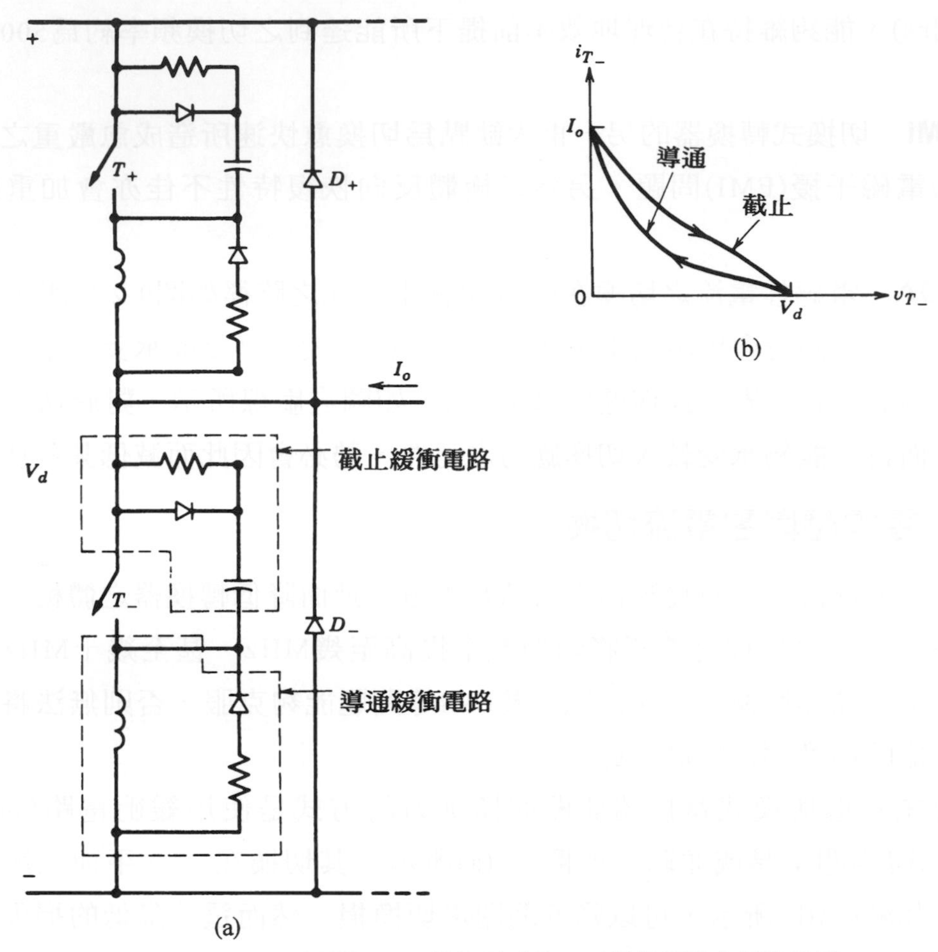

圖 9-3 消耗性之緩衝器：(a)緩衝器電路；(b)具緩衝器之切換路徑

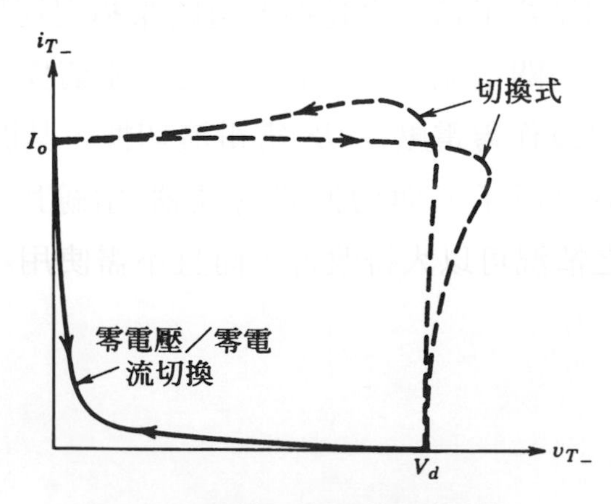

圖 9-4 零電壓／零電流切換路徑

9-2　共振式轉換器之分類

共振式轉換器一般之分類如下：

1. 負載共振式轉換器(Load-resonant converters)。
2. 開關共振式轉換器(Resonant-switch converters)。
3. 共振式直流漣轉換器(Resonant-dc-link converters)。
4. 高頻漣整半週轉換器(High-frequency link integral-half-cycle converters)。

分述如下：

9-2-1 負載共振式轉換器

此轉換器包含一*LC*共振槽路(resonant tank)，此共振槽路與負載串接，利用共振產生之振盪電壓與電流提供開關切換所需之零電壓與(或)零電流。流至負載之功率可藉由共振槽路之阻抗來控制，而此阻抗乃由開關切換頻率f_s與共振頻率f_0之比值來調整。負載共振式轉換器有直流至直流及直流至交流等型式，細分如下：

1. 電壓源串聯共振式(series-resonant)轉換器
   (1) 負載串聯共振式轉換器(Series-loaded resonant(SLR) converters)。
   (2) 負載並聯共振式轉換器(Parallel-loaded resonant(PLR) converters)。
   (3) 混合共振式轉換器(Hybrid-resonant converters)。
2. 電流源並聯共振式轉換器。
3. E類及次E類共振式轉換器(Class E and subclass E resonant converters)。

9-2-2 開關共振式轉換器

此轉換器僅在開關切換時利用LC共振塑造開關電壓及電流之形狀，以提供切換所需之零電壓與零電流。因此在一切換週期內，包含了共振與非共振期間，故開關共振式轉換器亦稱爲半共振式(quasi-resonant)轉換器。其分類如下：

1. 開關共振式直流至直流轉換器
   (1) 零電流切換(zero-current-switching, ZCS)轉換器。
   (2) 零電壓切換(zero-voltage-switching, ZVS)轉換器。
2. 零電壓切換鉗壓式(Zero-voltage-switcching, clamped-voltage, ZVS-CV)轉換器，亦稱爲虛擬共振(pseudo-resonant)或共振式變換(resonant-transition)轉換器[34，31]。

9-2-3 共振式直流漣轉換器

傳統切換式PWM變流器，其正弦式輸出電壓乃由一固定直流輸入電壓V_d經由PWM切換而得。而共振式直流漣轉換器，其輸入直流電壓乃藉由LC共振所得振幅爲V_d且具短暫電壓零點之振盪波形，變流器之切換乃利用此零點達到所謂之零電壓切換。

9-2-4 高頻漣整半週轉換器

如果單相或三相變流器之輸入爲高頻正弦式之交流，則其輸出可以利用雙向開關轉換成一低頻且大小與頻率均爲可調之交流或一振幅可調之直流。其切換爲利用輸入電壓之零點來進行。

9-3 共振電路之基本概念

以下電路之表示，以大寫字母、下標0及方括弧來表示起始條件。例如：$[V_{c0}]$及$[I_{c0}]$。

9-3-1 串聯共振電路

9-3-1-1 欠阻尼之串聯共振電路

圖9-5(a)所示之欠阻尼串聯共振電路，$t = t_0$時之起始值爲I_{L0}及V_{c0}。電路之狀態方程式爲：

$$L_r \frac{di_L}{dt} + v_c = V_d \tag{9-1}$$

$$C_r \frac{dv_c}{dt} = i_L \tag{9-2}$$

$t \geq t_0$電路之解爲：

$$i_L(t) = I_L \cos \omega_0 (t - t_0) + \frac{V_d - V_{c0}}{Z_0} \sin \omega_0 (t - t_0) \tag{9-3}$$

$$v_c(t) = V_d - (V_d - V_{c0}) \cos \omega_0 (t - t_0) + Z_0 I_{L0} \sin \omega_0 (t - t_0) \tag{9-4}$$

其中

$$\text{共振頻率} = \omega_0 = 2\omega f_0 = \frac{1}{\sqrt{L_r C_r}} \tag{9-5}$$

$$\text{特性阻抗} = Z_0 = \sqrt{\frac{L_r}{C_r}}\,\Omega \tag{9-6}$$

以下列值爲基底

$$V_{\text{base}} = V_d \tag{9-7}$$

$$I_{\text{base}} = \frac{V_d}{Z_0} \tag{9-8}$$

i_L及v_c之波形繪於圖9-5(b)，其中$I_{L0} = 0.5$且$v_{c0} = 0.75$。

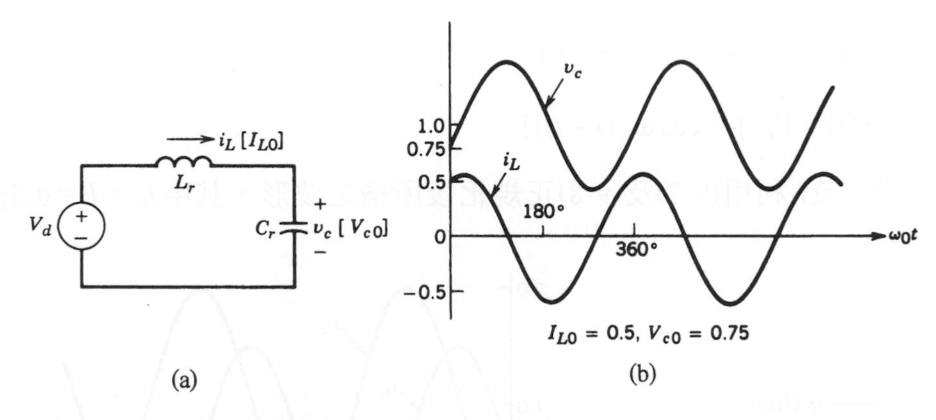

圖 9-5　無阻尼之串聯共振電路；(a) i_L及v_c均爲正規化之值：(a)電路；(b) $I_{L0} = 0.5$，$V_{c0} = 0.75$之波形

9-3-1-2　電容與負載並聯之串聯共振電路

圖9-6(a)所示之串聯電路，共振電容與負載(以一電流源I_o來表示)爲並聯，其電路方程式爲

$$v_c = V_d - L_r \frac{di_L}{dt} \tag{9-9}$$

$$i_L - i_c = I_o \tag{9-10}$$

(9-9)微分可得

$$i_c = C_r\frac{dv_c}{dt} = -L_rC_r\frac{d^2 i_L}{dt^2} \tag{9-11}$$

將(9-11)代入(9-10)可得

$$\frac{d^2 i_L}{dt^2} + \omega_0^2 i_L = \omega_0^2 I_o \tag{9-12}$$

其中ω_0與(9-5)相同。$t \geq t_0$之解為

$$i_L(t) = I_o + (I_{L0} - I_o)\cos\omega_0(t-t_0) + \frac{V_d - V_{c0}}{Z_0}\sin\omega_0(t-t_0) \tag{9-13}$$

$$V_c(t) = V_d - (V_d - V_{c0})\cos\omega_0(t-t_0) + Z_0(I_{L0} - I_o)\sin\omega_0(t-t_0) \tag{9-14}$$

其中Z_0之定義與(9-6)相同。

對一特殊情況：$V_{c0}=0$且$I_{L0}=I_o$：

$$i_L(t) = I_o + \frac{V_d}{Z_0}\sin\omega_0(t-t_0) \tag{9-15}$$

$$v_c(t) = V_d[1-\cos\omega_0(t-t_0)] \tag{9-16}$$

圖9-6(b)為v_c及i_L利用(9-7)及(9-8)正規化後所繪之波形，其中$I_{L0}=I_o=0.5$pu。

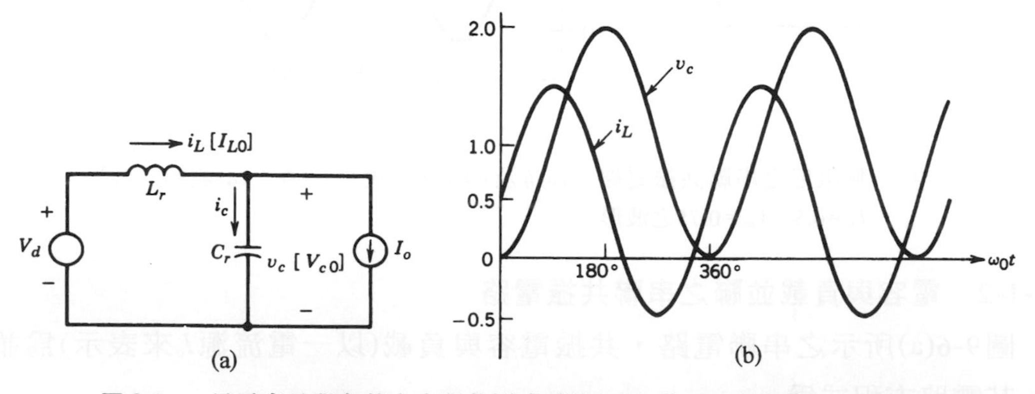

圖 9-6 具電容並聯負載之串聯共振式電路(i_L及v_c均為正規化值)：(a)電路；(b) $V_{c0}=0$，$I_{L0}=I_o=0.5$

9-3-1-3　串聯共振電路之頻率特性

圖9-7(a)之串聯共振電路，電路之品質因數(quality factor)Q定義爲：

$$Q=\frac{\omega_0 L_r}{R}=\frac{1}{\omega_0 C_r R}=\frac{Z_0}{R} \tag{9-17}$$

圖9-7(b)所示爲在R固定下，電路之阻抗大小Z_s在各種不同Q值下與頻率之關係，其顯示當$\omega_s=\omega_0$時，Z_s退化成一純電阻R，且Q愈高Z_s對ω_s之變化愈靈敏。

圖9-7(c)所示爲電流相角$\theta(=\theta_i-\theta_v)$與頻率之關係。在$\omega_s<\omega_0$時電路呈電容性($\theta\cong 90^\circ$)，在$\omega_s>\omega_0$時，電路呈電感性($\theta\cong -90^\circ$)。

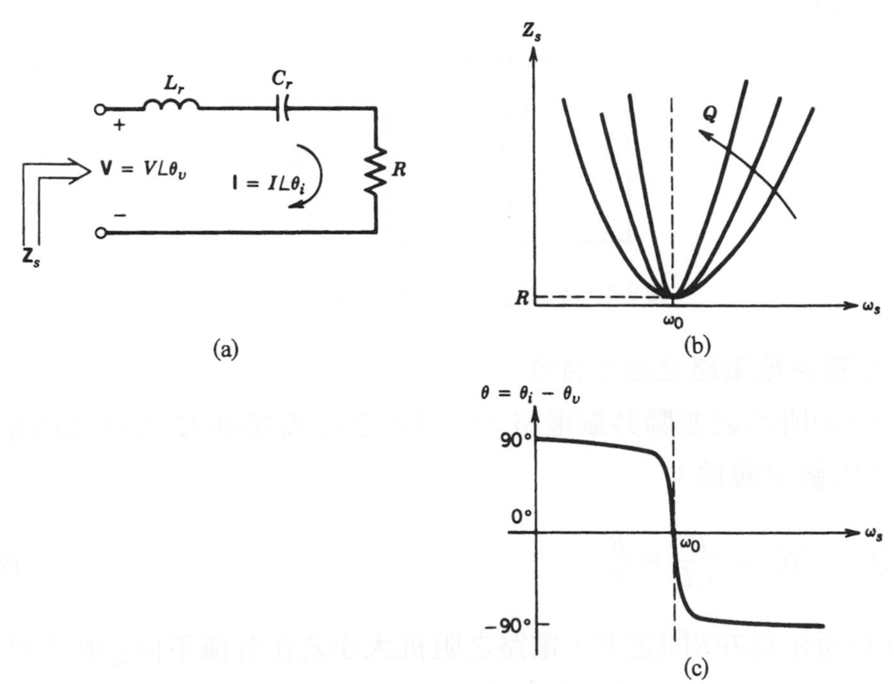

圖 9-7　串聯共振式電路之頻率特性

9-3-2　並聯共振電路

9-3-2-1　欠阻尼之並聯共振電路

圖9-8(a)所示爲一輸入爲直流電流源I_d之欠阻尼並聯共振電路。$t=t_0$時之起始值爲I_{L0}及v_{c0}。電路之狀態方程式爲：

$$i_L + C_r\frac{dv_c}{dt} = I_d \tag{9-18}$$

$$v_c = L_r\frac{di_L}{dt} \tag{9-19}$$

$t \geq t_0$之解為

$$i_L(t) = I_d + (I_{L0} - I_d)\cos\omega_0(t-t_0) + \frac{V_{c0}}{Z_0}\sin\omega_0(t-t_0) \tag{9-20}$$

$$v_c(t) = Z_0(I_d - I_{L0})\sin\omega_0(t-t_0) + V_{c0}\cos\omega_0(t-t_0) \tag{9-21}$$

其中

$$\omega_0 = \frac{1}{\sqrt{L_rC_r}} \tag{9-22}$$

$$Z_0 = \sqrt{\frac{L_r}{C_r}} \tag{9-23}$$

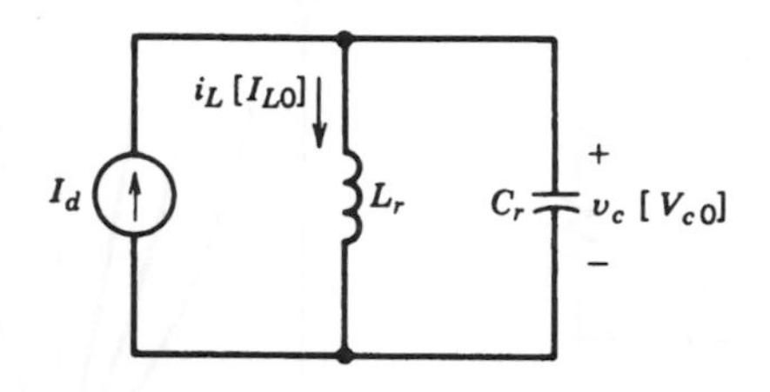

圖 9-8　不具阻尼之並聯共振電路

9-3-2-2　並聯共振電路之頻率特性

如圖9-9(a)所示之並聯共振電路，ω_0及Z_0之定義如(9-22)及(9-23)所示。電路之品質因數定義為：

$$Q = \omega_0 RC_r = \frac{R}{\omega_0 L_r} = \frac{R}{Z_0} \tag{9-24}$$

圖9-9(b)所示為在R固定下，電路之阻抗大小Z_p在各種不同Q值下與頻率之關係。

圖9-9(c)所示為電壓相角$\theta(=\theta_v-\theta_i)$與頻率之關係。當$\omega_s<\omega_0$時，電感阻抗較電容阻抗為小，因此電感電流為主要成份，故$\theta \cong 90^\circ$；反之，當$\omega_s>\omega_0$時，電容阻抗較低，故電壓落後電流，$\theta \cong -90^\circ$。

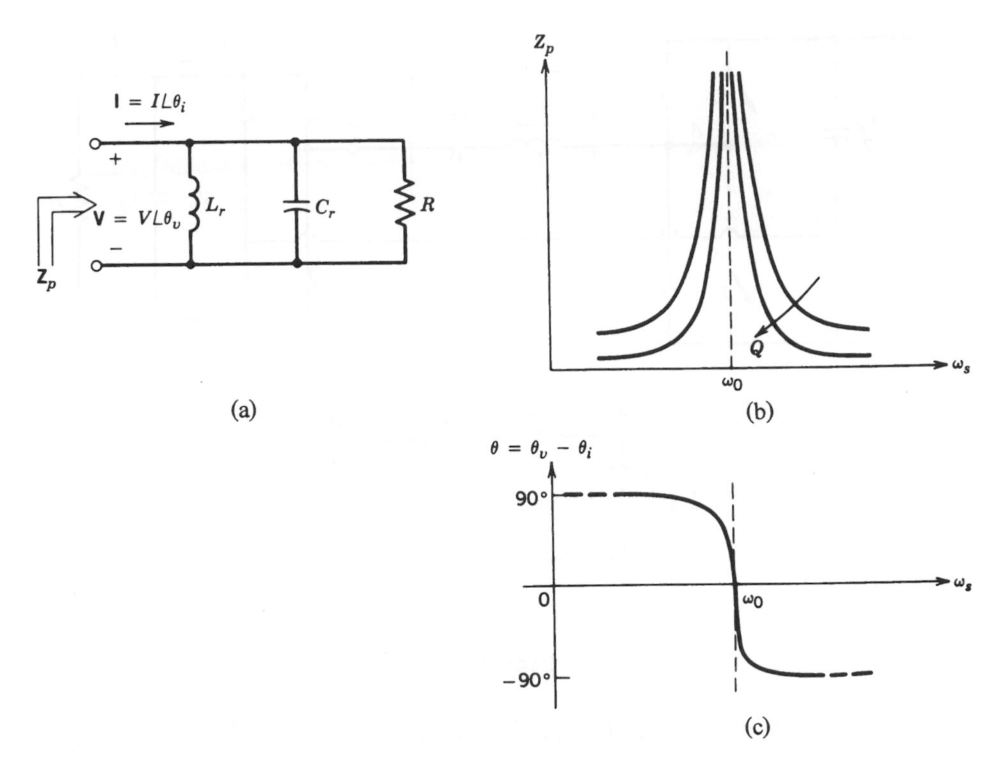

圖 9-9　並聯共振電路之電壓特性

9-4　負載共振式轉換器

9-4-1　負載串聯共振式(SLR)直流至直流轉換器

圖9-10(a)所示爲一半橋式之SLR轉換器，其操作原理及波形與全橋式相同。其中變壓器用以提供輸出電壓所需之準位及輸入與輸出之間的電氣隔離。

串聯共振槽路由L_r及C_r所構成，流至負載之電流爲$|i_L|$，其乃由共振槽路之電流i_L經全波整流而得，因此正如其名稱所示，輸出負載是與共振槽路串聯的。

輸出側之濾波電容C_f通常很大，故輸出電壓可以假設爲純直流。爲簡化分析起見，假設共振槽路不含任何電阻，若將輸出電壓V_o反射至整流器之輸入電壓$v_{B'B}$側，則若i_L爲正，$v_{B'B} = V_o$；若i_L爲負，$v_{B'B} = -V_o$。

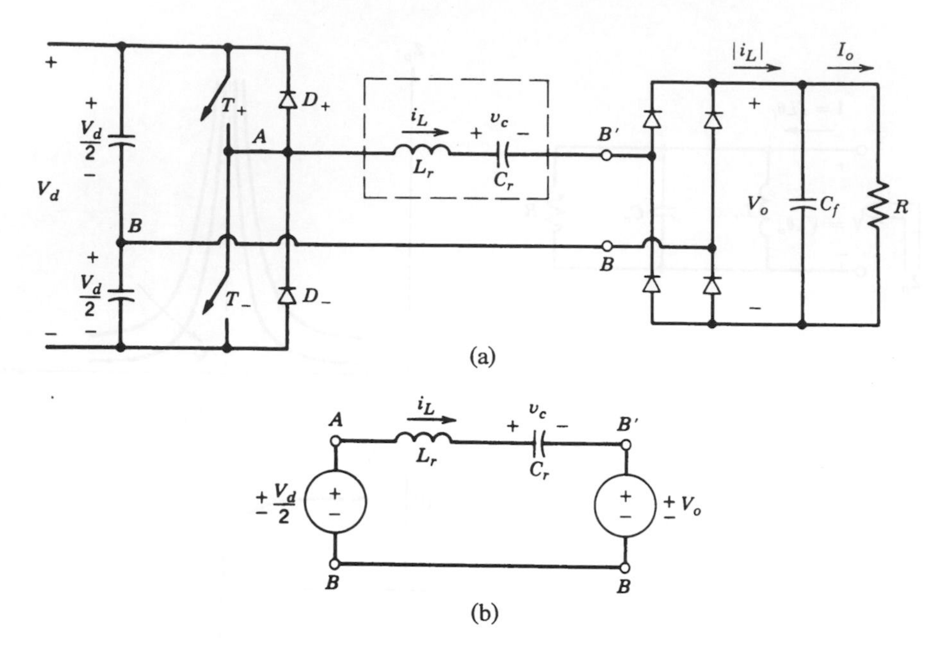

圖 9-10 SLR直流至直流轉換器：(a)半橋式；(b)等效電路

當i_L為正時，其流經T_+或D_-，反之i_L為負時，其流經T_-或D_+。故由圖9-10(a)可知：

$i_L > 0$

$$T_+\text{導通：}v_{AB} = +\frac{1}{2}V_d \quad , \quad v_{AB'} = +\frac{1}{2}V_d - V_o \tag{9-25}$$

$$D_-\text{導通：}v_{AB} = -\frac{1}{2}V_d \quad , \quad v_{AB'} = -\frac{1}{2}V_d - V_o \tag{9-26}$$

$i_L < 0$

$$T_-\text{導通：}v_{AB} = -\frac{1}{2}V_d \quad , \quad v_{AB'} = -\frac{1}{2}V_d + V_o \tag{9-27}$$

$$D_+\text{導通：}v_{AB} = +\frac{1}{2}V_d \quad , \quad v_{AB'} = +\frac{1}{2}V_d + V_o \tag{9-28}$$

以上各式指出，共振槽路之電壓$v_{AB'}$與導通元件及電流方向有關。(9-25)至(9-28)可以圖9-10(b)之等效電路來表示。其形式與圖9-5(a)相同，因此圖9-5(a)之結果可以適用，只要在適當時期修正v_{AB}及$v_{B'B}$電壓之起始值即可得解。

由於二開關與二極體之操作具對稱性，因此只需分析一半週期之操作即可，另外半週期之結果是對稱的。此外，輸出電壓V_o並不會超過輸入電壓$\frac{1}{2}V_d$之準位，即$V_o \leq \frac{1}{2}V_d$。

根據開關之切換頻率ω_s與共振頻率ω_0之比值，其有以下三種工作模式：

9-4-1-1　不連續導通模式$\left(\omega_s < \frac{1}{2}\omega_0\right)$

利用(9-3)及(9-4)可求得SLR轉換器在穩態下之波形，如圖9-11所示。在$\omega_0 t_0$時T_+開始導通，電路之起始值為$I_{L0}=0$，$V_{c0}=-2V_o$。一週期中電路之狀態如圖9-11所示。

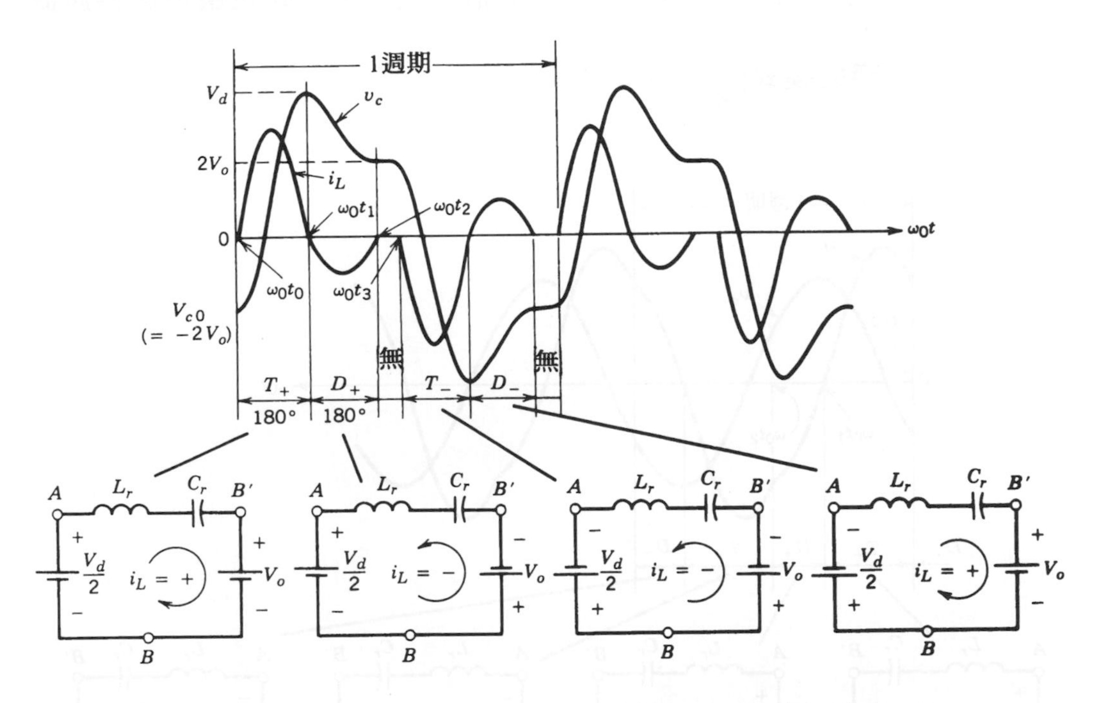

圖9-11　SLR直流至直流轉換器：不連續導通模式$\left(\omega_s < \frac{1}{\omega_0}\right)$

在$\omega_0 t_1$($\omega_0 t_0$後之180°)時，由於T_-尚未觸發，因此反向之電感電流將流經D_+。i_L以一較小之振幅振盪到$\omega_0 t_2$($\omega_0 t_1$後之180°)變為0後，i_L便一直維持為0。值得注意的是，v_c在$\omega_0(t_3-t_2)$時之電壓為$-V_{c0}$(即$2V_o$)，由於$2V_o$小於

$\frac{1}{2}V_d+V_o\left(\because V_o\le\frac{1}{2}V_d\right)$，在無任何開關導通情況下亦無二極體可以導通，故$i_L$為不連續。$\omega_0t_3$後$T_-$觸發導通，開始另一個對稱之半週。

由於圖9-11中不連續導通區間($\omega_0t_2\sim\omega_0t_3$)之故，電路之半週期要較共振之一週期為長，故$\omega_s<\frac{1}{2}\omega_0$。輸出之直流電流$I_o$為經整流後之電感電流$|i_L|$之平均值。

此種工作模式，由於開關在電感電流為0時之瞬間截止，故開關為零電流且零電壓截止。開關之導通則為零電流但並非零電壓導通。而二極體則為零電流導通及截止。由於開關之截止為自然地(即利用電流之零點)，故在低頻之用途可以使用閘流體開關。

此種工作模式之缺點為電感電流之峰值太大，會造成較嚴重之導通損。

9-4-1-2 連續導通模式$\left(\frac{1}{2}\omega_0<\omega_s<\omega_0\right)$

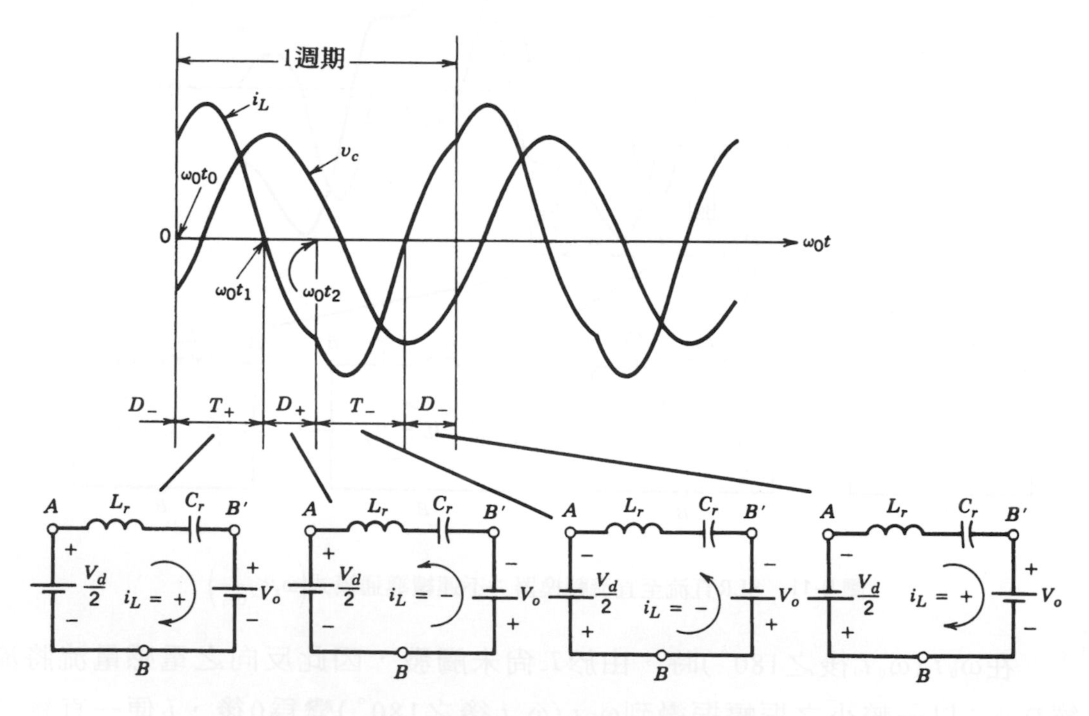

圖9-12 SLR直流至直流轉換器：連續導通模式$\left(\frac{1}{2}\omega_0<\omega_s<\omega_0\right)$

此種工作模式之波形如圖9-12所示。T_+在$\omega_0 t_0$時導通，i_L之起始值爲某一正值，在$\omega_0 t_1$時i_L振盪至0(故T_+之導通角小於180°)。其後i_L反向流經D_+，因此T_+之截止爲自然地。在$\omega_0 t_2$(與$\omega_0 t_1$之角度差小於180°)時T_-被觸發導通，電流i_L便由D_+轉移至T_-，因此D_+之導通角亦小於180°。

此工作模式下，開關之導通既非零電流亦非零電壓，會造成切換損。除此飛輪二極體亦必須具備良好之反向恢復特性，才能避免很大之反向電流雜波(spikes)流經開關。例如在 $\omega_0 t_2$時，i_L必須由D_+轉移至T_-，具良好反向恢復特性之D_+才能避免二極體截止時之功率損失。由於開關之截止亦爲自然地，故在低頻之用途亦可採用閘流體開關。

9-4-1-3　連續導通模式($\omega_s > \omega_0$)

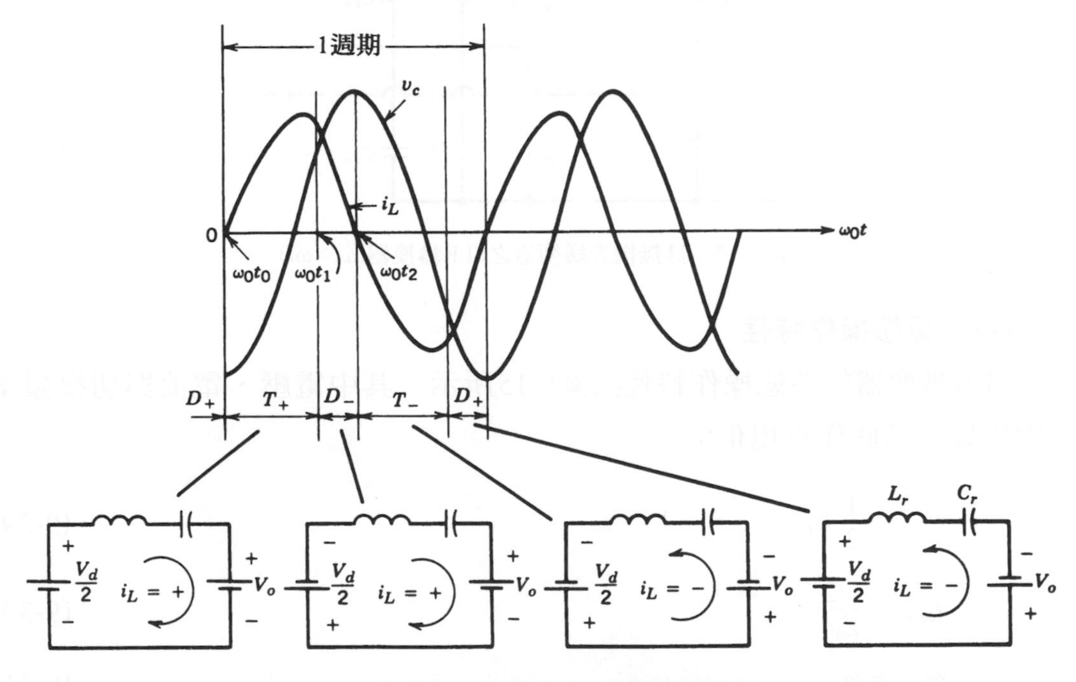

圖 9-13　SLR直流至直流轉換器：連續導通模式($\omega_s > \omega_0$)

此種工作模式之波形如圖9-13所示。其中T_+在$\omega_0 t_0$開始導通時，電感電流爲0。T_+導通一角度(小於180°)後被強迫截止，i_L便改爲流經D_-，由於此時跨於LC槽路之直流電壓爲很大之負值$\left(v_{AB'} = -\frac{1}{2}V_d - V_o\right)$，故流經$D_-$之$i_L$便迅速在$\omega_0 t_2$時衰減至0。在$D_-$之電流尚未衰減至0之前，$T_-$之觸發信號便可開始加於$T_-$上，在$i_L$於$\omega_0 t_2$反向時，$i_L$便可由$D_-$轉移至$T_-$導通。由波形來看，$T_+$及$D_-$導通期間可視為一個半週，此半週時間要較共振之半週時間為短，故$\omega_s > \omega_0$。

與$\omega_s < \omega_0$之連續導通模式相較，$\omega_s > \omega_0$之工作模式由於開關在零電壓及零電流導通，因此不需要具有良好反向恢復特性之二極體。其缺點為開關必須在i_L接近峰值時強迫截止，會造成較大之截止切換損。然而，由於開關之導通不僅為零電流且為零電壓(由於之前為反並接二極體導通之故)，可以接上如圖9-14所示與開關並聯之電容C_s，當成開關截止時之無損失(lossless)的緩衝電路。另外，由於開關並非零電流截止，故必須使用可控式之開關。

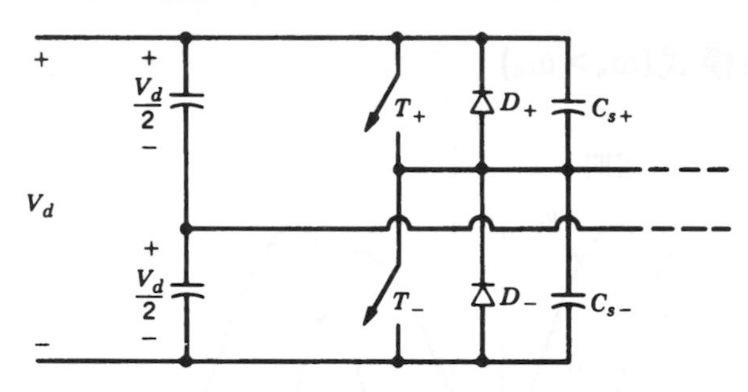

圖 9-14 具無損失緩衝器之SLR轉換器($\omega_s > \omega_0$)

9-4-1-4 穩態操作特性

SLR轉換器的穩態操作特性如圖9-15所示。其中電壓、電流與切換頻率ω_s均用以下基底作正規化：

$$V_{\text{base}} = \frac{1}{2} V_d \tag{9-29}$$

$$I_{\text{base}} = \frac{V_d/2}{Z_0} \tag{9-30}$$

$$\omega_{\text{base}} = \omega_0 \tag{9-31}$$

圖9-15指出，SLR轉換器操作於不連續導通模式($\omega_s < 0.5\omega_0$)時相當於一電流源，亦即不論V_o為何，I_o均維持定值。此特性令其具備先天之過流保護功能。

SLR轉換器之負載電流I_o為$|i_L|$之平均值，其漣波值流經濾波電流C_f。i_L之

峰值(亦爲開關電流之峰值)與跨於C_r之電壓通常爲I_o與V_d的好幾倍，此點在與其它轉換器作比較時需列入考慮。

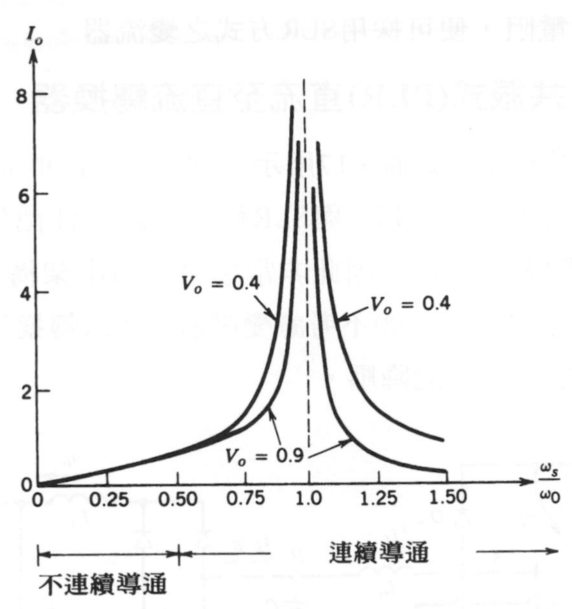

圖 9-15　SLR直流至直流轉換器之穩態特性(正規化)

9-4-1-5　SLR轉換器之控制

如第9-3-1-3節所論，SLR共振槽路之阻抗可以由操作頻率來調整，因此對一固定輸入電壓V_d與負載電阻而言，SLR轉換器可以藉由切換頻率f_s來調整其輸出電壓V_o，其控制方塊圖如圖9-16所示，其中f_s乃由輸出電壓之量測值與其參考值之誤差經由一電壓控制振盪器來調整。

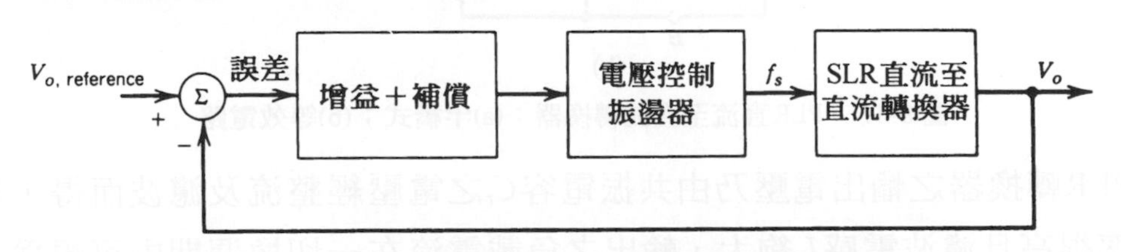

圖 9-16　SLR直流至直流轉換器之控制

以上SLR轉換器之控制是非定頻地，故無論是電路分析或EMI濾波器之設計均較爲複雜。參考文獻[7]中所提之全橋式SLR轉換器，其切換頻率是固定的。每一個臂上之二開關的責任週期均爲50％且$\omega_s>\omega_0$，利用二臂輸出電壓之相位差來控制輸出電壓。此控制方式的限制爲負載的操作範圍有所限制，超出此範圍將不再具有零電壓及零電流轉換器的特性。

值得一提的是，SLR轉換器亦可適用於輸出不為直流之負載，例如感應加熱，若其負載為電阻，便可採用SLR方式之變流器。

9-4-2 負載並聯共振式(PLR)直流至直流轉換器

半橋式PLR轉換器電路如圖9-17所示，與SLR不同的是，其負載乃與LC共振槽路之C_r並聯而非串聯。PLR與SLR轉換器之特性截然不同，例如：⑴ PLR轉換器具有電壓源之特性，因此非常適合多輸出架構；⑵PLR轉換器並不具備先天短路保護之特性；⑶不考慮變壓器，PLR轉換器具備昇壓及降壓之功能，而SLR轉換器則只能降壓。

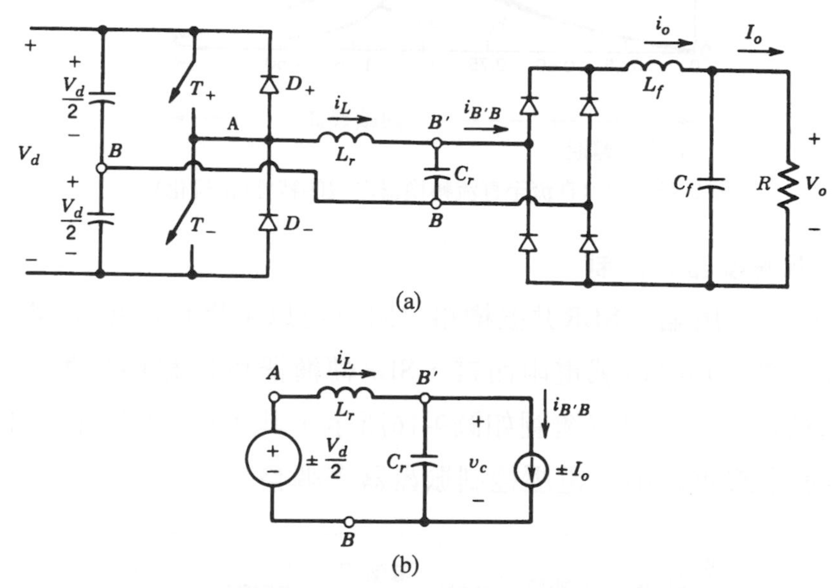

圖 9-17　PLR直流至直流轉換器：(a)半橋式；(b)等效電路

PLR轉換器之輸出電壓乃由共振電容C_r之電壓經整流及濾波而得，若切換頻率很高且濾波電感L_f夠大，輸出之負載電流在一切換週期內可視為一固定之直流值I_o。視元件之導通狀態，共振槽路之跨壓為：

$$T_+\text{或}D_+：v_{AB}=+\frac{1}{2}V_d \tag{9-32}$$

$$T_-\text{或}D_-：v_{AB}=-\frac{1}{2}V_d \tag{9-33}$$

由以上之討論可得圖9-17(b)之等效電路，其中共振槽路v_{AB}之電壓大小為$\frac{1}{2}V_d$，極性規則視T_+或T_-導通而定。而共振槽路之輸出電流$i_{B'B}$，大小為I_o，極性則由v_c之極性來決定。

圖9-17(b)之等效電路與前述第9-3-1-2所討論之電路相似，因此可以利用(9-13)及(9-14)加上適當v_{AB}及$i_{B'B}$之起始值來求解。

PLR轉換器可以操作在許多模式，以下僅討論其最典型之三種：

9-4-2-1　不連續導通模式$\left(\omega_s < \frac{1}{2}\omega_0\right)$

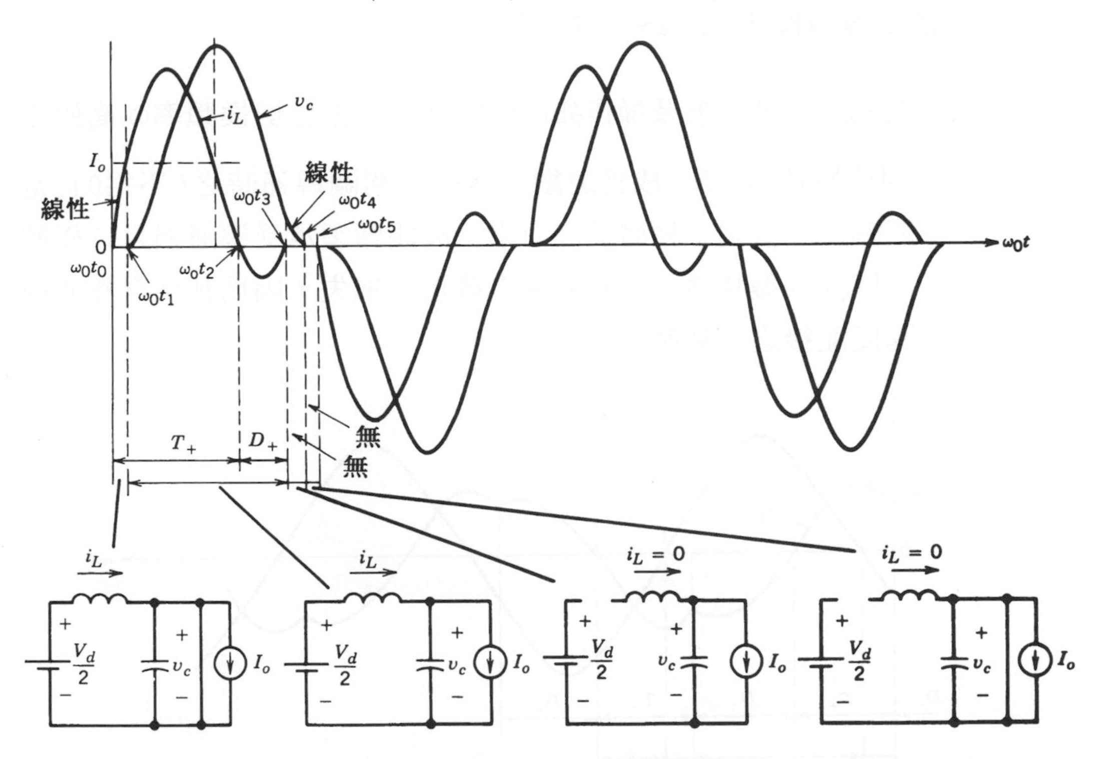

圖9-18　PLR直流至直流轉換器：不連續導通模式$\left(\omega_s < \frac{1}{2}\omega_0\right)$

在此模式下穩態之工作波形可利用(9-13)及(9-14)求得，如圖9-18所示。當$\omega_0 t_0$時T_+導通，i_L及v_c之起始值均為0。但只要$|i_L| < I_o$，I_o將巡迴於整流二極體使C_r之跨壓短路，如圖9-18所示。在$\omega_0 t_1$後，i_L超越I_o，$i_L - I_o$之電流差值便對C_r充電使v_c開始上昇。由於LC共振之故，i_L在$\omega_0 t_2$時反向且因T_-尚未導通之故，i_L便流經D_+。如果T_+之觸發信號在D_+之電流振盪至0($\omega_0 t_3$)前便已移去，

則i_L在$\omega_0 t_3$之後便維持為0。在$\omega_0(t_3 - t_1)$期間，i_L及v_c可以利用(9-13)及(9-14)，並令$i_{L0} = I_o$及$v_{c0} = 0$求得。$\omega_0 t_3$後i_L為0，故i_o流經C_r，v_c便衰減直至$\omega_0 t_4$時變成0。$\omega_0 t_4$之後至$\omega_0 t_5$之間，i_L及v_c均為不連續，因此PLR轉換器可以調整此不連續之時間來控制平均輸出電壓之大小。$\omega_0 t_5$後T_-被觸發導通，開始另一個對稱之半週期操作。

由圖9-18之波形可知，由於不連續導通之故，ω_s的範圍介於0與$\frac{1}{2}\omega_0$之間。此外，開關及二極體之導通及截止均為零電壓及零電流。

9-4-2-2 連續導通模式$\left(\frac{1}{2}\omega_0 < \omega_s < \omega_0\right)$

此工作模式之穩態波形及操作如圖9-19所示。由於切換頻率ω_s高於$\frac{1}{2}\omega_0$但小於ω_0，因此將使得v_c及i_L成為連續。但由於開關導通時之i_L不為0且電流乃由另一個開關反並接之二極體換流而來，故開關須承受導通損且二極體並須具有良好之反向恢復特性。不過開關之截止無損失，因為其為自然地截止並換向至與其反並接之二極體。

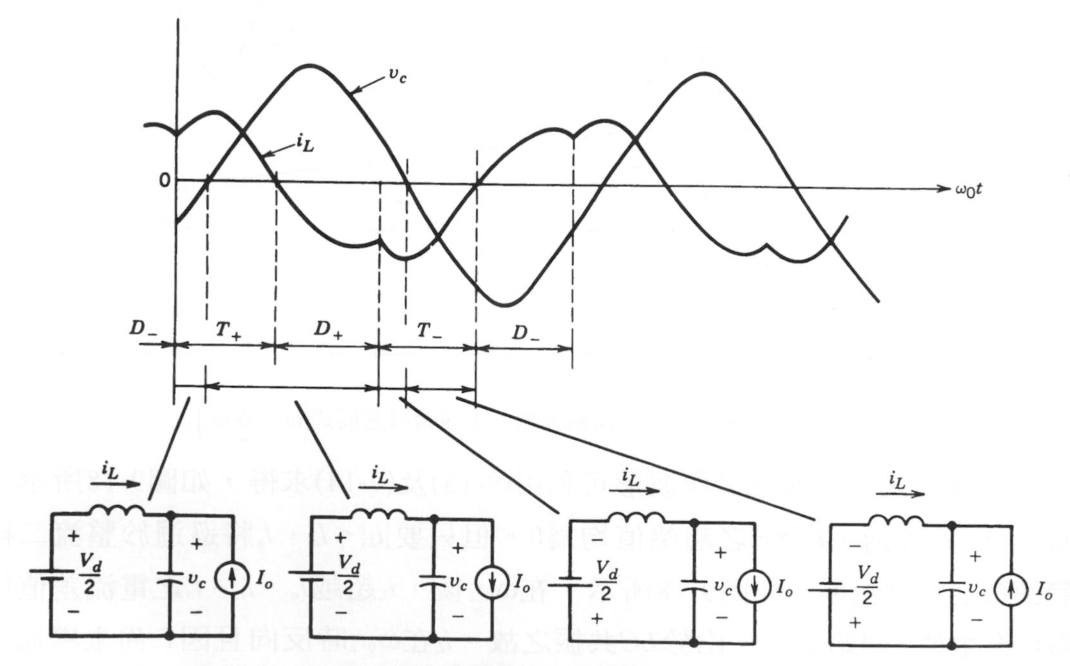

圖 9-19 PLR直流至直流轉換器；連續導通模式($\omega_0/2 < \omega_s < \omega_0$)

9-4-2-3 連續導通模式($\omega_s > \omega_0$)

此工作模式之穩態波形及操作如圖9-20所示。由於開關之導通乃因i_L反向而由與其反並接之二極體自然換流而來，故無導通之切換損失。但開關截止乃爲強迫地且將電流轉移至與另一個開關反並接之二極體，故會造成截止之切換損。此與前述操作於$\omega_s > \omega_0$連續導通模式之SLR轉換器類似，因此可於開關上並聯一電容(如圖9-14所示)來當成無損失之緩衝電路。當開關導通瞬間由於電壓爲0，此電容並不儲存能量，但當開關截止時，此電容便可以消除開關截止時之切換損失。

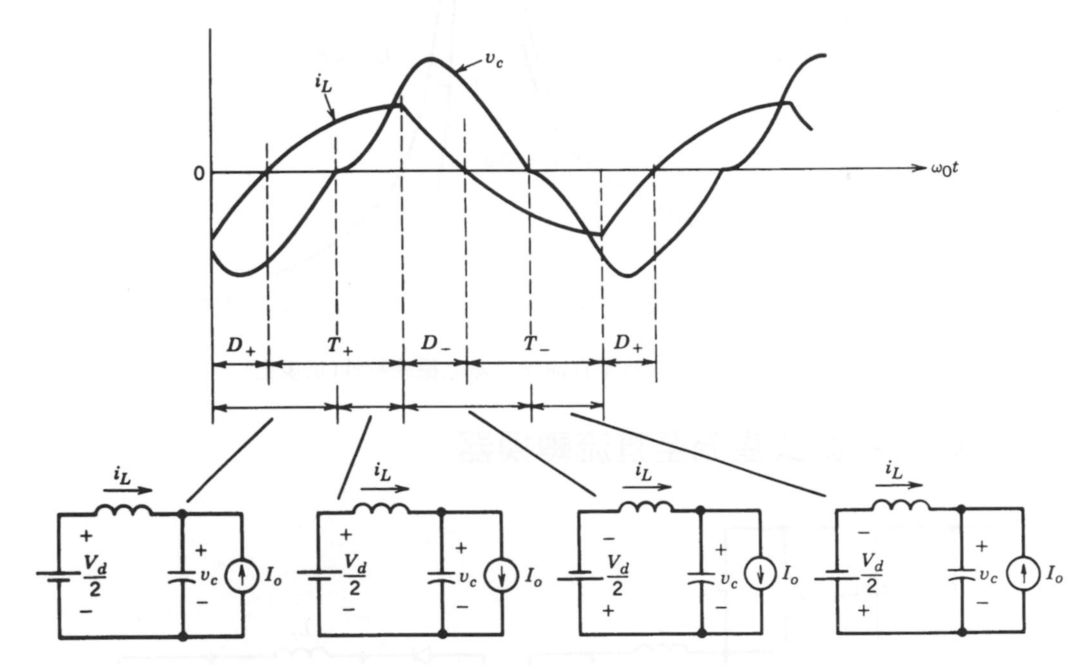

圖 9-20 PLR直流至直流轉換器：連續導通模式($\omega_s > \omega_0$)

9-4-2-4 穩態操作特性

PLR轉換器之穩態操作特性如圖9-21所示，其中各個變數均利用(9-29)至(9-31)所定義之基底加以正規化。圖9-21說明了PLR轉換器有以下幾點重要性質：

- 在不連續導通模式$\left(\omega_s < \frac{1}{2}\omega_0\right)$下，轉換器形同一電壓源，輸出電壓$V_o$與負載電流$I_o$無關。此特性使其非常適用於多組輸出之設計。
- 同樣在$\omega_s < \frac{1}{2}\omega_0$下，輸出電壓與$\omega_s$成正比，可以簡化輸出電壓之調整。

・當操作於$\omega_s > \omega_0$時，可以調整操作頻率ω_s/ω_0之值，但變化範圍不會超出50%，便可使輸出電壓V_o之正規化值維持為1.0。

・PLR轉換器可以降壓亦可昇壓，亦即V_o之值可小於或大於1.0。

與SLR轉換器相同，PLR轉換器i_L及v_c之值均可能達I_o與V_d之數倍。由圖9-21亦可知，調整轉換器輸出最有效之方式亦為控制操作頻率ω_s。

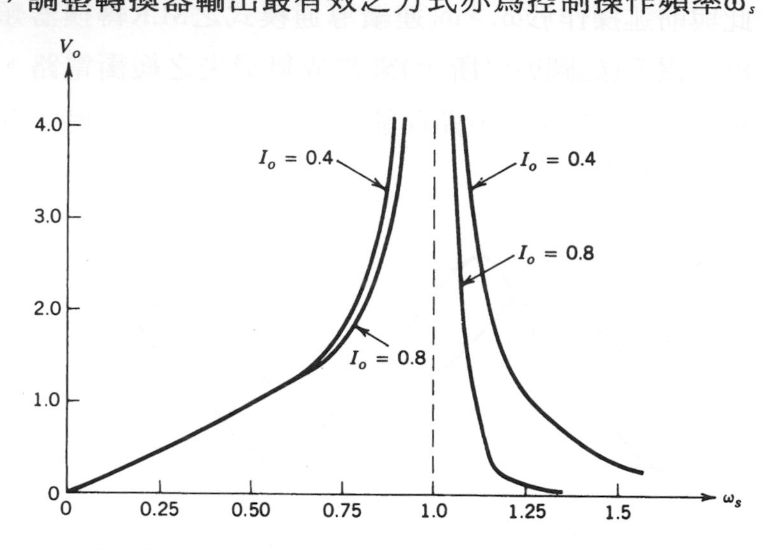

圖 9-21　PLR直流至直流轉換器之穩態特性(正規化)

9-4-3 混合共振式直流至直流轉換器

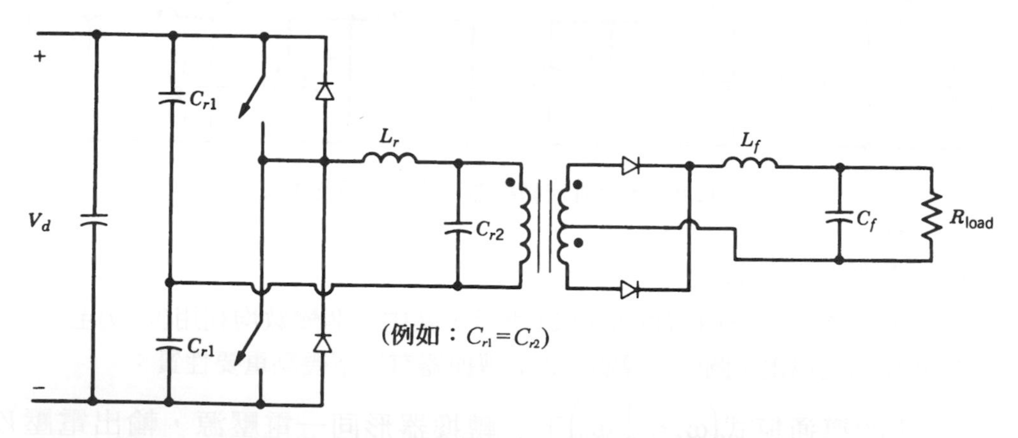

圖 9-22　混合共振式直流至直流轉換器

混合共振式轉換器之電路如圖9-22所示，其包含一串聯共振槽路$(L_r - C_{r1})$，但輸出又與一並聯共振槽路$(L_r - C_{r2})$之電容並聯。故其結合了串並聯之電路架構，也因此可以同時具備SLR與PLR轉換器之優點，亦即先天限流保護(SLR)與電壓源(PLR)等特性。至於屬於SLR與PLR之層度可由C_{r1}與C_{r2}之比值來調整。轉換器之分析方法可利用前述之方式進行，詳細之分析請參閱文獻[15]。

9-4-4 用於感應加熱之電流源並聯共振式直流至交流變流器

此變流器之原理可以圖9-23(a)來說明，其中一方波之電流源i_o用以提供一並聯共振式負載。此共振式負載之L_r及R_{load}乃用以代表感應線圈及負載之等效電路，而C_r乃外加使電路能共振之電容。假設此並聯共振式負載對於輸入電流源之諧波頻率具有非常小可忽略之阻抗，則v_o之波形將爲一正弦波，因此第9-3-2-2節之分析結果便能適用。

當i_o之基本波頻率ω_s與共振式負載之共振頻率$\omega_0(=1/\sqrt{L_rC_r})$相同時，電路之相量圖將如圖9-23(b)所示，即$v_o$之基本波成份$V_{o1}$與$i_o$之基本波成份$I_{o1}$同相。

實際上，由於方波之輸入電流源乃由一閘流體變流器所提供，由於相位控制之故，共振式負載將提供一電容性之乏(Var)給變流器，這將使得負載電壓V_{o1}落後I_{o1}一相角。因此必須使ω_s大於ω_0才能提供此落後之相角，如圖9-23(c)所示。

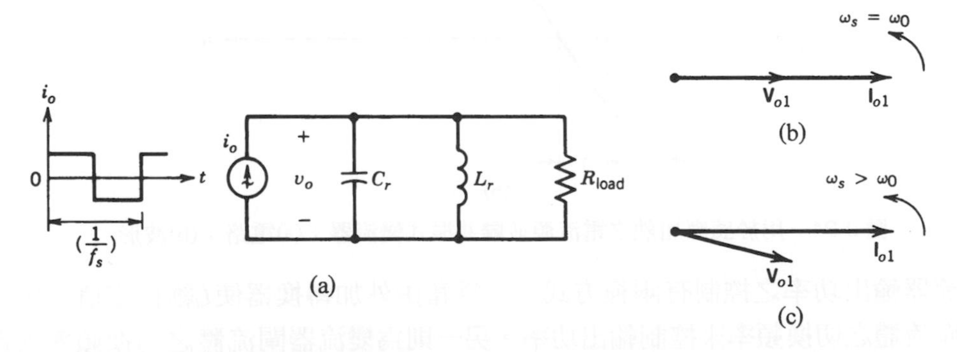

圖 9-23　用於感應加熱之電流源並聯共振式直流至交流變流器：(a)基本電路；(b)$\omega_s=\omega_0$時之相量圖；(c)$\omega_s>\omega_0$時之相量圖

一閘流體之電流源變流器電路如圖9-24(a)所示，爲避免閘流體換流引起嚴重之di/dt，可以適當串聯一小電感L_c。不過此將使得變流器之輸出電流i_o

偏離理想之方波形狀而成爲梯形，如圖9-24(b)所示。

圖9-24(b)下圖所示爲閘流體T_1停止導通後之電壓波形，當其截止時一期間爲r/ω_s之反向電壓加於其上，r/ω_s後，T_1變成須承受正向之電壓，故r/ω_s必須較其截止時間t_q爲長，才能承受此正向電壓。

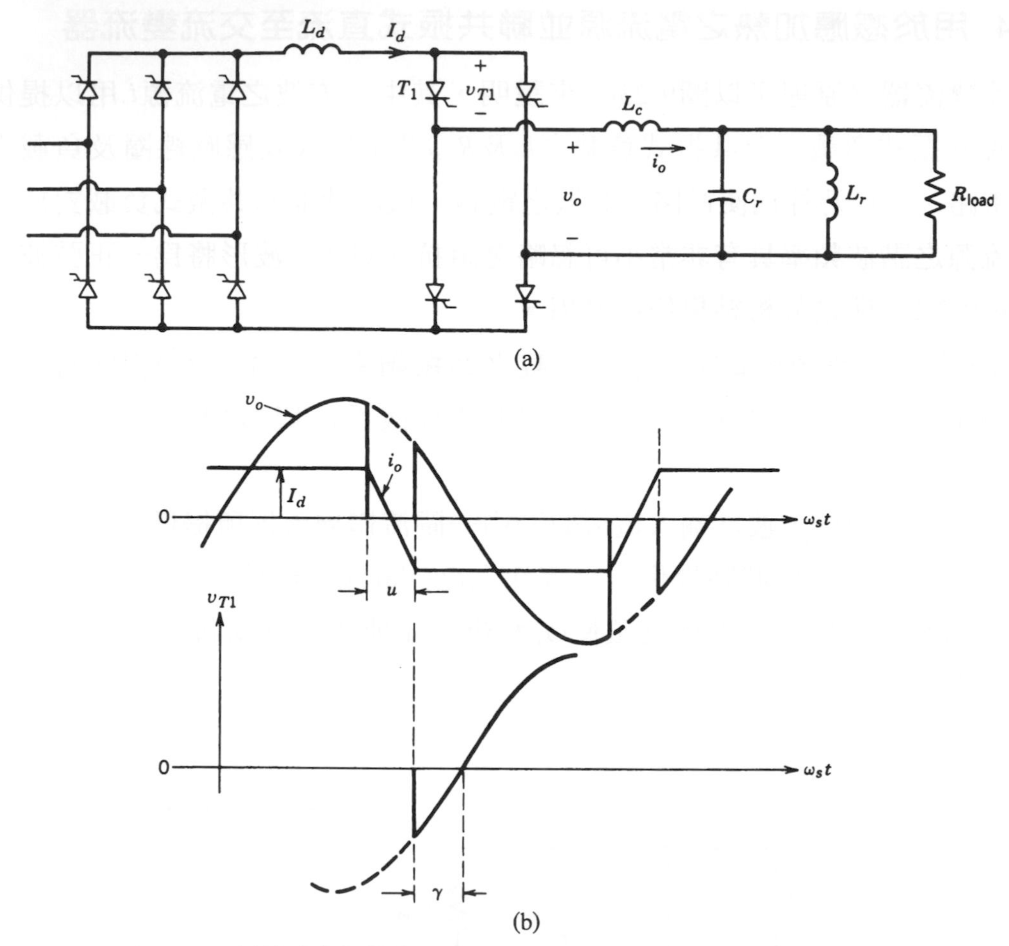

圖 9-24　用於感應加熱之電流源並聯共振式變流器：(a)電路；(b)波形

變流器輸出功率之控制有兩種方式，一爲藉由外加轉換器使I_d維持定值，而改變變流器閘流體之切換頻率來控制輸出功率。另一則爲變流器閘流體之切換頻率固定，藉由外加轉換器控制I_d來控制輸出功率。

9-4-4-1　啟動

圖9-24(a)之電流源並聯共振式變流器，負載必須與C_r形成共振後變流器才能動作。因此可以事先將C_r充電，利用其起始電荷與負載形成共振之電壓

及電流後再啓動變流器。

9-4-5 E類轉換器(Class E converters)

E類轉換器之電路如圖9-25(a)所示。由於轉換器輸入之電感L_d很大，穩態下可假設輸入爲一電流源I_d，其大小則視輸出功率大小而定。理想操作模式之波形如圖9-25(b)所示。當開關導通時，$I_d + i_o$之電流會流經開關(圖9-25(c))。由於並聯之電容C_1之故，當開關截止時，其爲零電壓切換，開關截止後之電路如圖9-25(d)所示，電容C_1之電壓將因i_{c1}充電之故而上昇，達到峰值後下降，最後回到0，在此瞬間開關導通。

E類轉換器之切換頻率f_s較共振頻率$f_0 = 1/2\pi\sqrt{L_rC_r}$稍高。當開關截止時，由於$v_T$爲正，故輸入功率在此時由$C_1$轉移至負載。若$L_rC_rR$電路具有高品質因數$(Q \geq 7)$，則負載電流$i_o$將爲正弦，且一小$f_s$之變動便可用以調整$i_o$之大小，$f_s$增加$(f_s > f_0)$，$i_o$將減小。

另外一些值得觀察的是：v_T之平均值等於V_d。如果i_o爲純正弦則負載電阻之平均電壓爲0，由於L_r穩態下之平均電壓亦爲0，因此C_r在此亦有隔絕v_T之直流電壓V_d之功能。

E類轉換器之操作模式可分爲理想模式及次理想模式。圖9-25所示之波形屬於理想模式，其v_T回到0之斜率爲0(故$i_{c1} = 0$)，故開關不需並接一反並聯之二極體。此種模式之要求爲負載電阻R等於一理想值R_{opt}。當開關之$D = 0.5$時可以轉移最大之功率，亦即其開關利用率爲最大(注意：開關利用率之定義爲輸出功率P_o與開關峰值電壓及峰值電流乘積之比值)。典型之開關峰值電流可達$3I_d$，而峰值電壓可達$3.5V_d$。

當$R < R_{opt}$時，轉換器操作於次理想工作模式。v_T回到0之斜率爲負$(dv_T/dt < 0$，故$i_{c1} = C_1(dv_T/dt) < 0)$，因此如圖9-26(a)所示，開關須反並接一二極體，使v_T爲0時亦能流通i_{c1}，如圖9-26(b)所示。對於輸入電壓非常高之電路，降低開關電壓之峰值$\widehat{V}_T$是非常必要的。可以採用減小責任週期D來降低$\widehat{V}_T$，但缺點爲開關之峰值電流$\widehat{I}_T$將上昇。

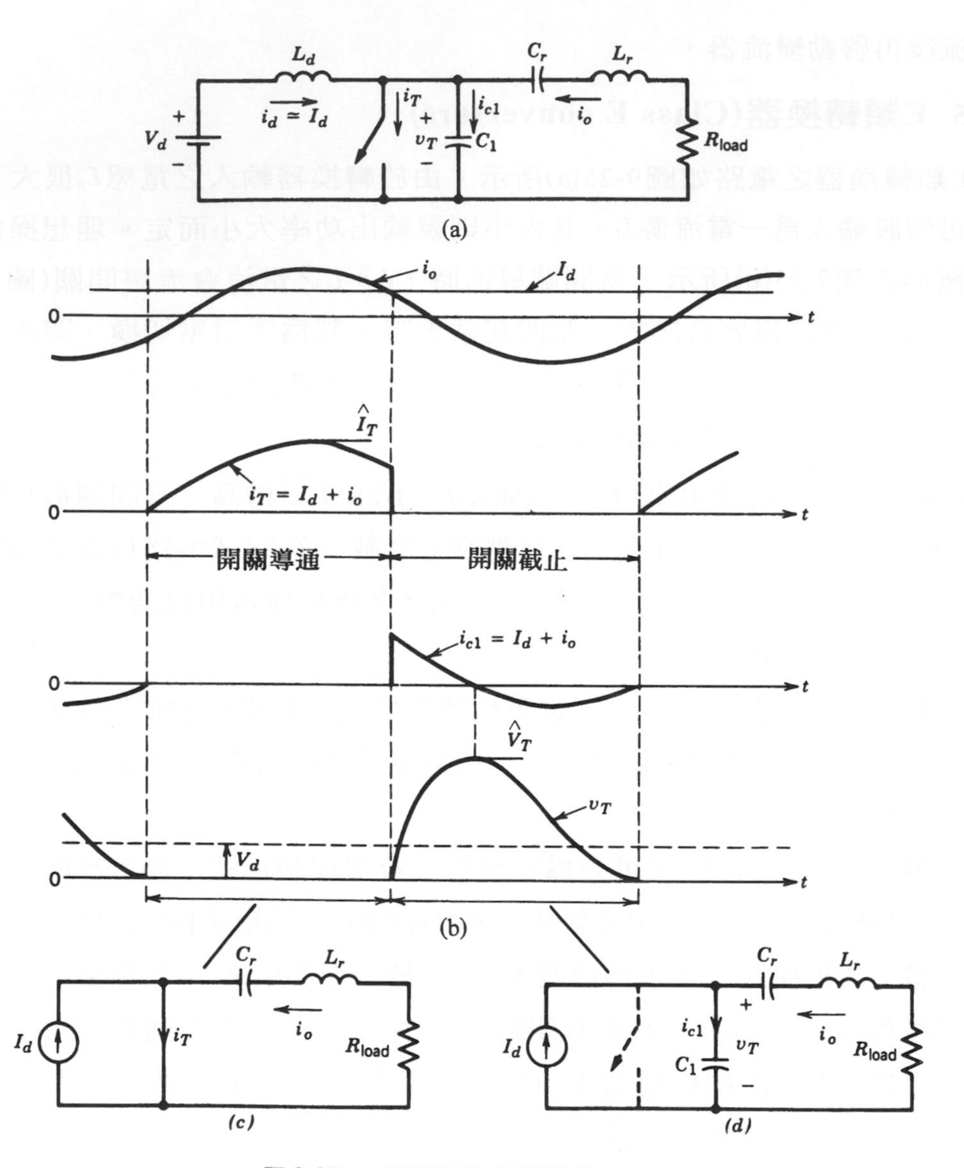

圖 9-25　E類轉換器(理想模式，$D=0.5$)

E類轉換器之優點爲可以消除切換損及降低EMI。此外，其只利用單一開關便能產生交流輸出電流。其最大缺點爲開關與共振元件所承受之峰值電壓及電流很高。對於圖9-26(a)之電阻性負載電路，常被應用於高頻之電子安定器上。

E類轉換器亦可再經整流，提供直流至直流之輸出。但若負載變化範圍很廣，必須在 E類轉換器與整流電路間加入一阻抗匹配電路，以確保零電壓與零電流切換之特性。在參考文獻[22]中對於各式次理想之E類轉換器有詳細之討論。

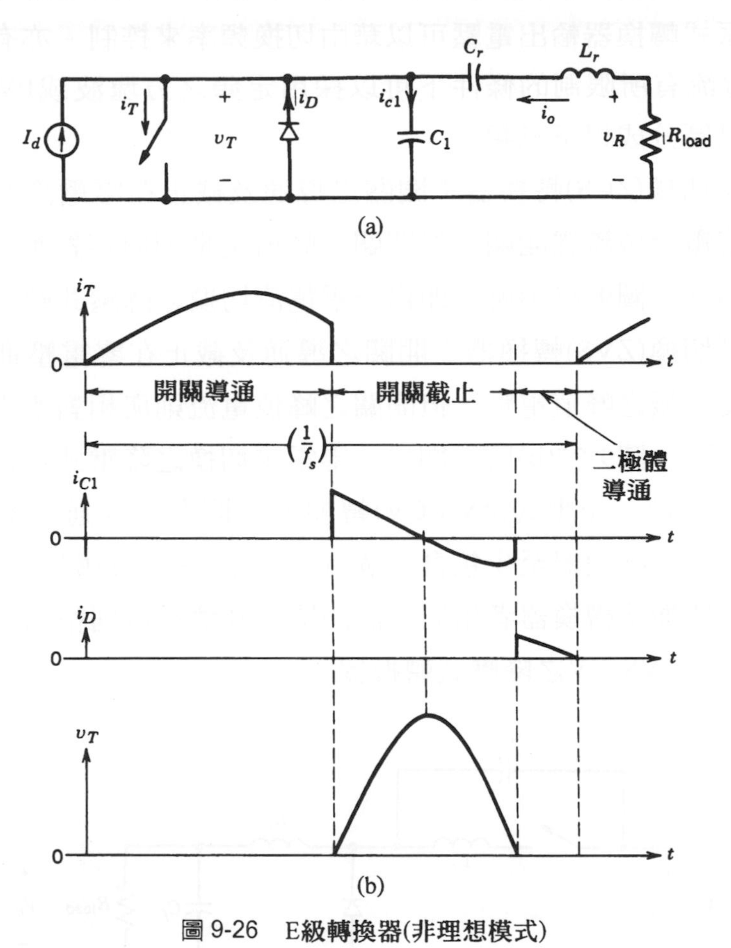

圖 9-26　E級轉換器(非理想模式)

9-5　開關共振式轉換器

在可控式開關未推出前，早期閘流體電路開關之換流需要一換向電路，其包含一LC共振電路加上一些輔助之閘流體與二極體，利用其共振使主閘流體開關之電流降爲0，以強迫其截止。這種方式在可控式開關推出後，考慮其複雜性及輔助換向電路之功率損失，便被取代。

不過閘流體輔助換向電路之觀念可被應用於可控式開關上。即利用LC共振電路，塑造開關電壓及電流之波形，使之能夠作零電壓或(及)零電流之切換。此種轉換器便稱爲開關共振式轉換器。此轉換器所需之開關元件與切換式相同，例如反並聯開關上之二極體仍需保留，但電路元件上之電感(如變壓器之漏感)及電容(開關之寄生電容)則可以用來當作*LC*共振電路的一部份。

開關共振式轉換器輸出電壓可以藉由切換頻率來控制。亦有一些在零電壓及(或)零電流有所限制的條件下可以採用定頻之方塊波或PWM來控制。大體上其可以區分成以下三類：

1. 零電流切換(ZCS)轉換器：開關之導通及截止在零電流進行者。共振之峰值電流會流經開關，但開關之峰值電壓則與相對應之切換式轉換器者相同。圖9-27(a)所示即爲一零電流切換之降壓式轉換器。
2. 零電壓切換(ZVS)轉換器：開關之導通及截止在零電壓進行者。開關須承受共振之峰值電壓，但開關之峰值電流則與相對應之切換式轉換器者相同。圖9-27(b)所示即爲一零電壓切換之降壓式轉換器。
3. 零電壓切換、鉗壓式(ZVS-CV)轉換器：開關之導通及截止均在零電壓進行，但轉換器至少包含一個臂(兩個開關)且開關之峰值電壓與相對應之切換式轉換器者相同，而開關之峰值電流則稍高。圖9-27(c)所示即爲一ZVS-CV之降壓式轉換器。

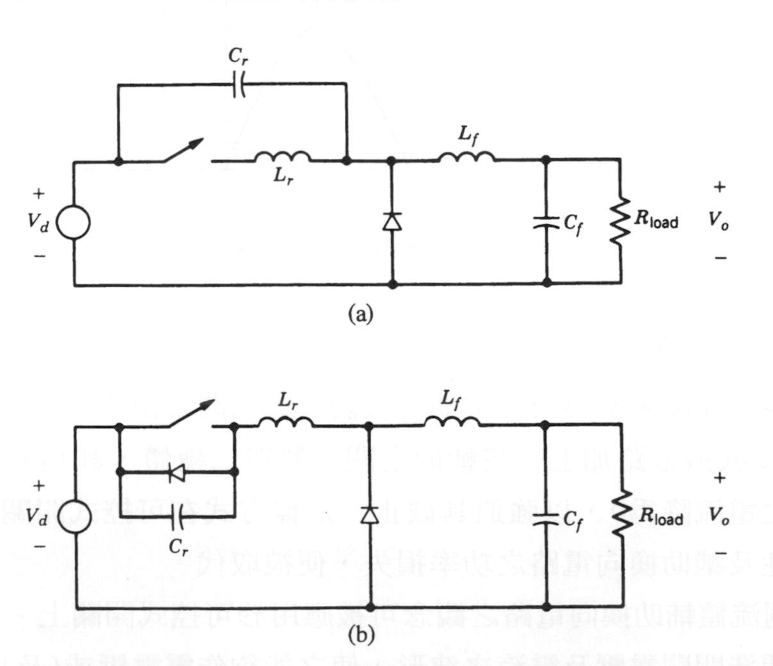

圖 9-27　開關共振式轉換器：(a)ZCS直流至直流轉換器(降壓式)；(b)ZVS直流至直流轉換器(降壓式)；(c)ZVS-CV直流至直流轉換器(降壓式)

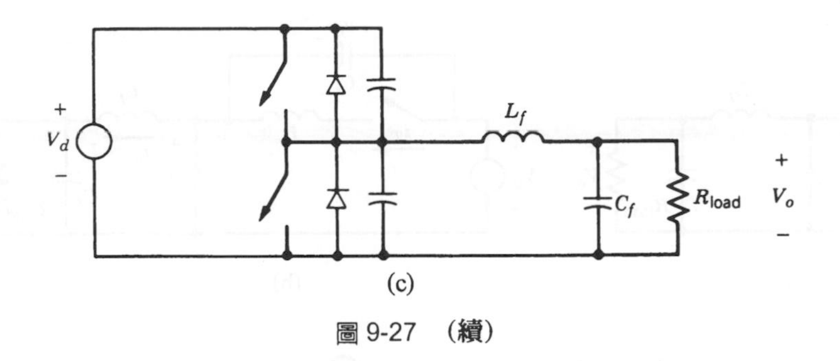

圖 9-27　(續)

9-5-1　ZCS開關共振式轉換器

此類轉換器由LC共振所生之電流將流經開關以利零電流之切換。此可以圖9-28(a)之降壓式轉換器所衍生如圖9-28(b)所示之ZCS開關共振式轉換器來加以說明。其中由於L_f很大，i_o可以假設為定值I_o。穩態之波形如圖9-28(c)所示，而對應之電路狀態則如圖9-28(d)所示。

開關導通前，輸出電流I_o巡迴流經二極體D，因此C_r之跨壓為$v_c = V_d$；$t = t_0$時開關在零電流導通，i_T呈線性上昇，只要i_T小於I_o，飛輪二極體D將維持導通且v_c維持在V_d；i_T上昇至I_o時($t = t_1$)，二極體D才截止。接著L_r及C_r形成一共振路徑，利用(9-20)可得在$t = t_1'$時，i_T之峰值為$V_d/Z_0 + I_o$，且v_c到達0。v_c之負峰值發生在$i_T = I_o$，即t_1''時。$t = t_2$時，i_T降為0，由於不能反向，故開關T可以自然地截止。t大於t_2後，若開關T之觸發脈衝被移去，I_o將流經C_r使v_c在t_3時線性上昇至V_d，此時D導通且v_c維持在V_d；在$t = t_4$時T重新被觸發導通，開始另一個週期。

由圖9-28(c)之波形可知開關所承受之峰值電壓為V_d。跨於二極體之電壓波形$v_{oi} = V_d - v_c$則如圖9-29所示，藉由控制開關之截止時間$t_4 - t_3$，可以控制輸出電壓(即v_{oi}之平均值)。

圖9-28(c)之波形亦指出，如果$I_o > V_d/Z_0$，i_T將無法藉共振回至0點，因此開關之截止便無法作零電流切換。

另一種ZCS轉換器之架構如圖9-30(a)所示，將原來與開關支路並聯之共振電容C_r改為與飛輪二極體並聯，如同上述分析，i_o在此仍被假設為一固定直流電流I_o。

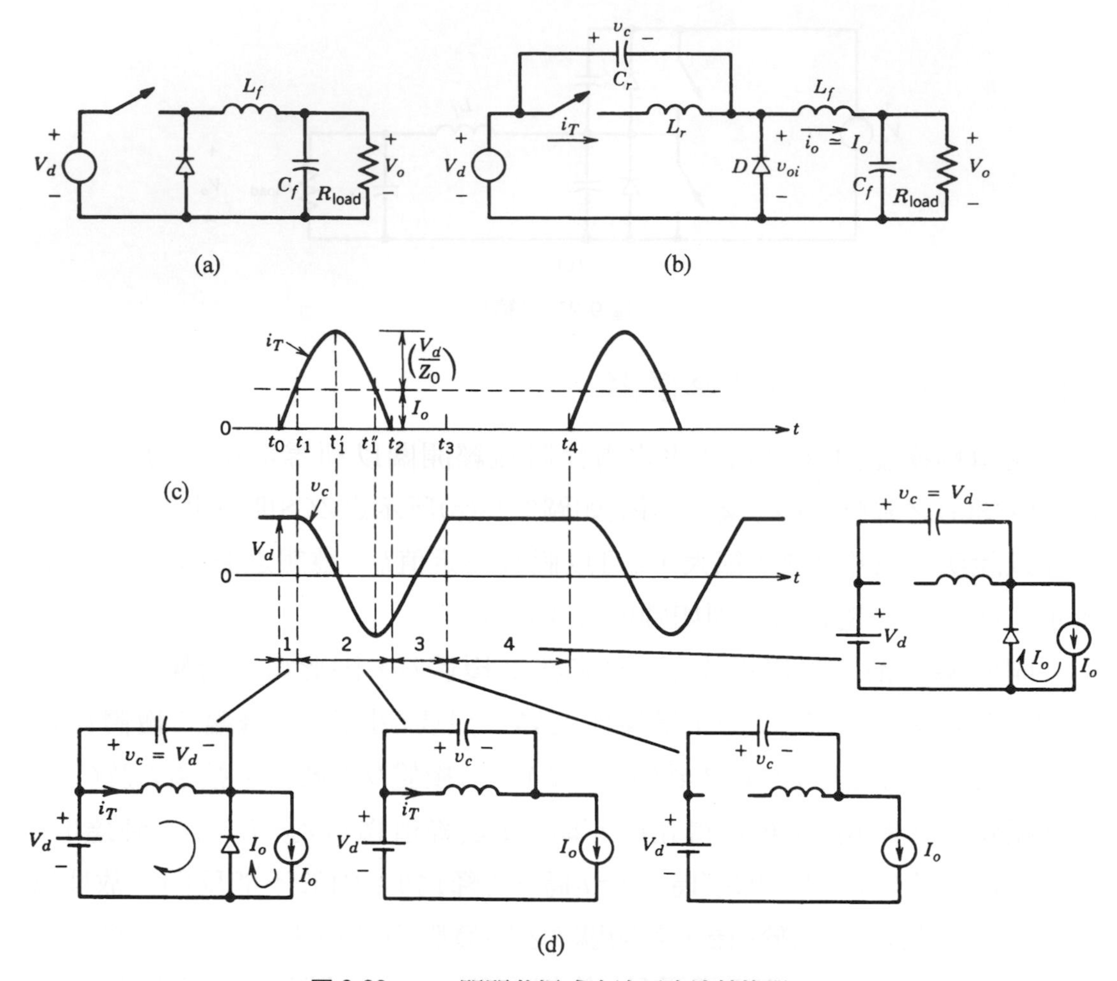

圖 9-28　ZCS開關共振式直流至直流轉換器

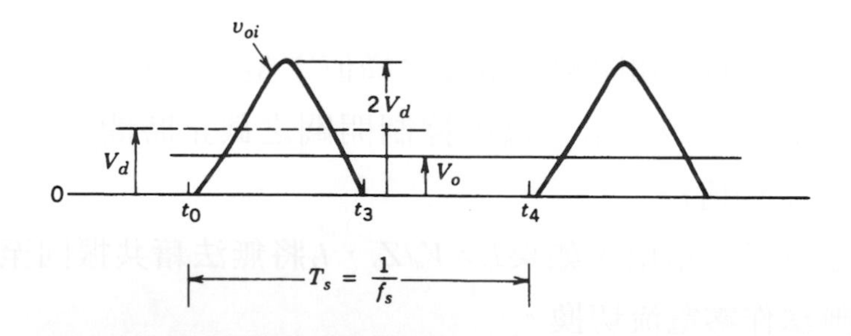

圖 9-29　ZCS開關共振式直流至直流轉換器之v_{oi}波形

假設一開始L_r之電流及C_r之電壓均爲0且I_o巡迴於飛輪二極體D。穩態下之波形與對應之電路狀態則分別如圖9-30(b)及圖9-30(c)所示，其操作共可分成以下幾個區間：

1. 區間1($t_0 \le t \le t_1$)：在t_0時開關導通，由於I_o流經D故v_c被短路，因此L_r之跨壓爲V_d，i_T便線性上昇直至$i_T = I_o(t = t_1)$時，D截止。
2. 區間2($t_1 \le t \le t_2$)：$t > t_1$後，D截止，$i_T > I_o$，其差值$(i_T - I_o)$對C_r充電。在$t = t_1'$時，i_T達到峰值且$v_c = V_d$。$t = t_1''$時，i_T下降至I_o而$v_c = 2V_d$。最後i_T在$t = t_2$時下降至0，開關自然截止，其觸發信號需在此時移去。

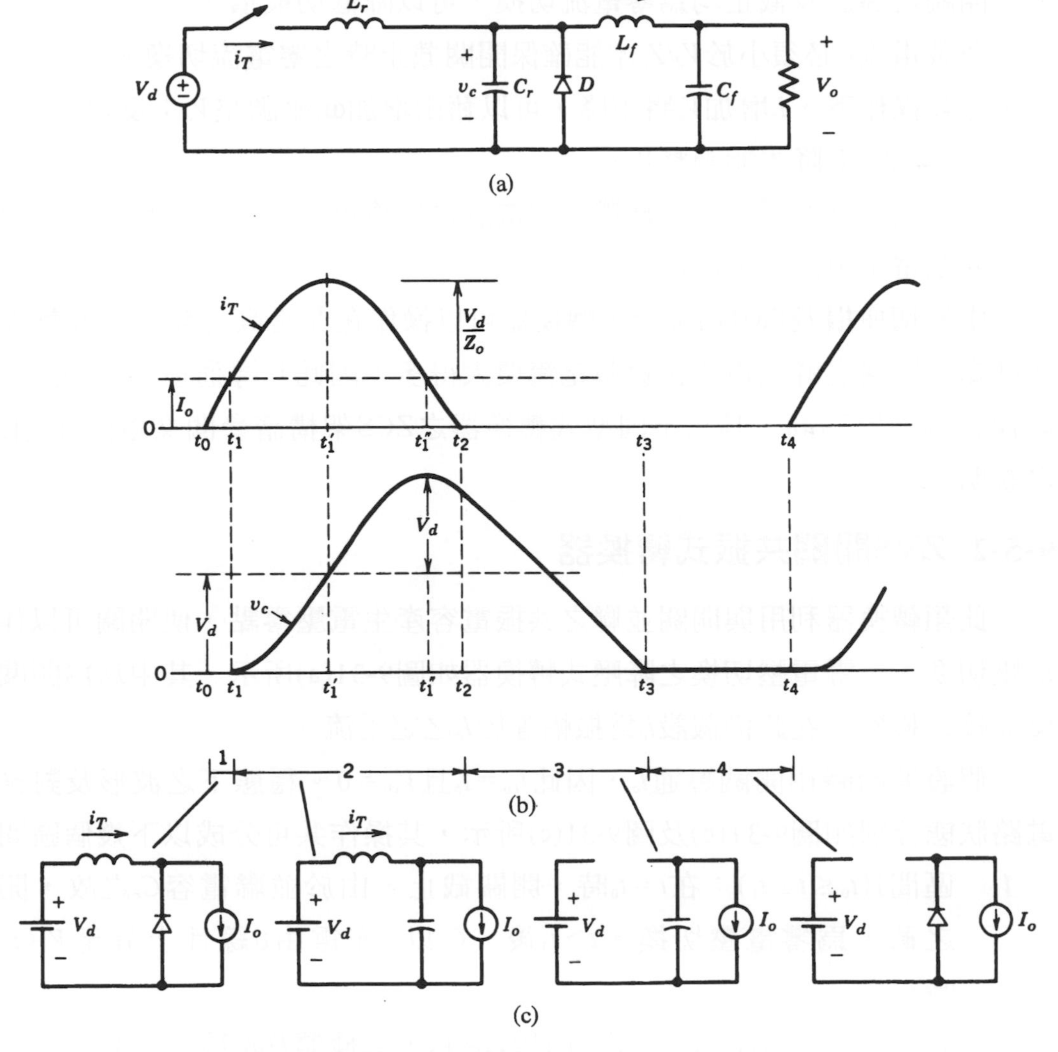

圖 9-30　另一種ZCS開關共振式直流至直流轉換器

3. 區間3($t_2 \le t \le t_3$)：$t > t_2$後，開關截止，C_r放電以提供I_o，故v_c下降直到$t = t_3$時降為0，D接著開始導通。

4. 區間4($t_3 \le t \le t_4$)：$t > t_3$後，I_o流經飛輪二極體D，直到$t = t_4$時開關被觸發導通，開始另一個週期。

穩態下，濾波電感之平均電壓為0，因此v_c之平均電壓即為輸出電壓V_o。藉由控制區間4之長度(即改變切換頻率)，可以調整輸出電壓V_o之值。

由圖9-30(b)之波形可觀察得知以下之電路性質：

- 開關之導通及截止均為零電流切換，可以降低切換損。
- 負載電流I_o必須小於V_d/Z_0才能確保開關截止時之零電流切換。
- 定頻操作下，I_o增加V_o將下降，可以藉由增加ω_s來調整V_o；反之，I_o下降時，ω_s需下降才能調整V_o。
- 若開關並聯一反並接二極體，則電感電流將可以反向，在輕載時儲存於共振電路中之能量能夠回送至V_d。

由於切換損及EMI均降低，轉換器可以操作在非常高之頻率。此轉換器之缺點為開關之峰值電流較負載電流要大得多，因此其導通損要較相對應之切換式轉換器為高。其它不同型式轉換器之ZCS架構請參閱文獻[25]及[26]之說明。

9-5-2 ZVS開關共振式轉換器

此類轉換器利用與開關並聯之共振電容產生電壓零點，使開關可以作零電壓切換。一零電壓切換之降壓式轉換器如圖9-31(a)所示，其中D_r為開關之反並接二極體。在此仍假設i_o為振幅等於I_o之定電流。

假設開始時由開關導通I_o，因此$I_{L0} = I_o$且$V_{c0} = 0$。穩態下之波形及對應之電路狀態分別如圖9-31(b)及圖9-31(c)所示，其操作共可分成以下幾個區間：

1. 區間1($t_0 \le t \le t_1$)：在$t = t_0$時，開關截止，由於並聯電容C_r之故，開關之截止為零電壓切換。$t > t_0$後，C_r以I_o充電由0線性上昇至V_d($t = t_1$時)。

2. 區間2($t_1 \le t \le t_2$)：$t > t_1$後，由於$v_c > V_d$，二極體D成為順向偏壓開始導通，L_r及C_r共振。$t = t_1'$時，i_L經過零點，v_c達到其峰值$V_d + Z_0 I_o$。$t = t_1''$

時，$v_c = V_d$且$i_L = -I_o$。$t = t_2$時，v_c降為0，二極體D_r開始導通。

注意：I_o必須夠大使$Z_0 I_o > V_d$，v_c才能共振回到零點提供零電壓切換。

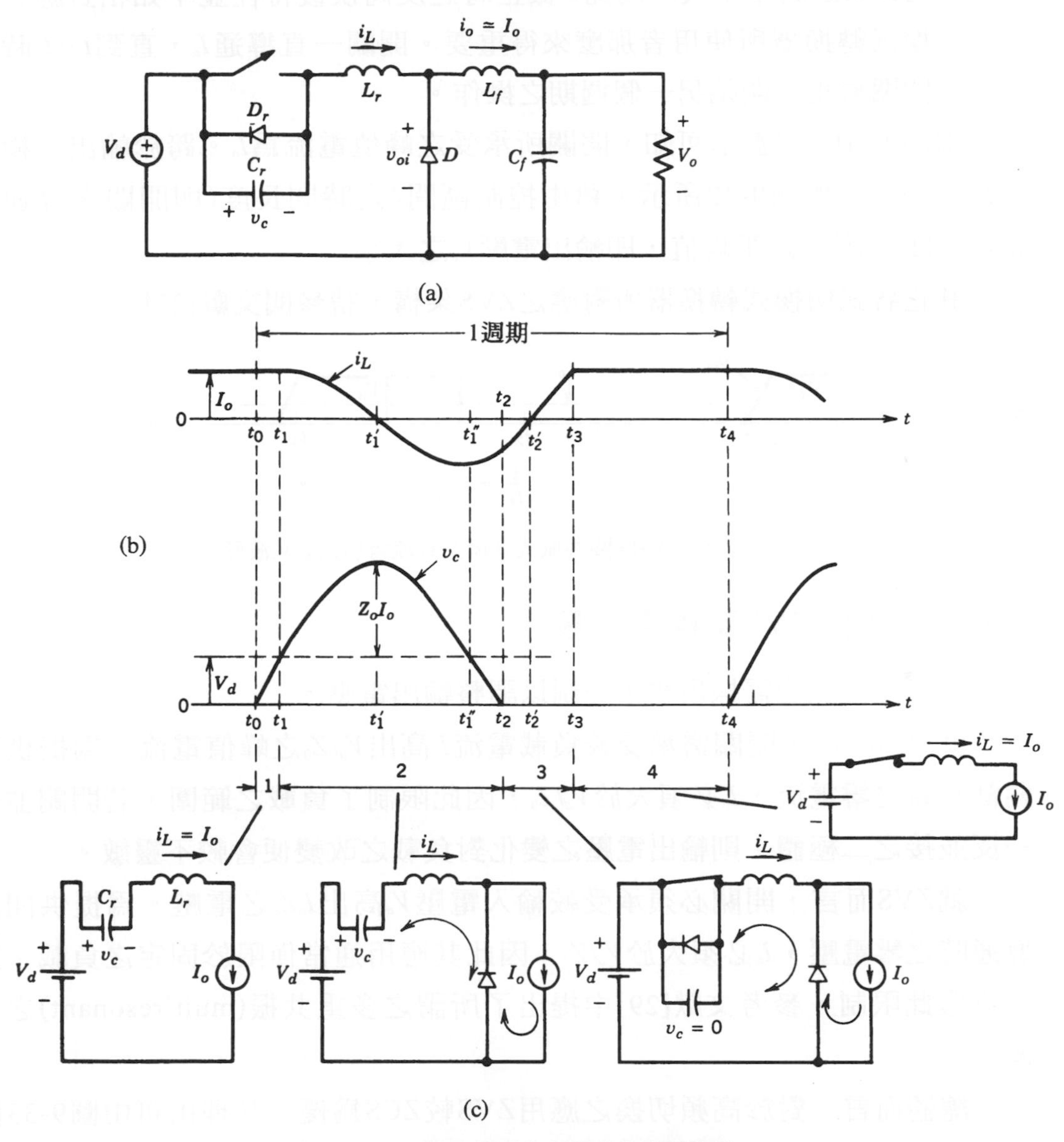

圖9-31　ZVS開關共振式直流至直流轉換器

3. 區間3($t_2 \le t \le t_3$)：$t > t_2$後，由於D_r導通負向之i_L，v_c被箝制在0，此時開關之觸發信號可以開始加上。i_L線性上昇至$t = t_2'$時上昇至0，i_L由D_r換向至由開關繼續流通(因此開關之導通為零電壓及零電流切換)，到

$t = t_3$時$i_L = I_o$。

4. 區間4($t_3 \le t \le t_4$)：i_L在t_3時上昇至I_o後，飛輪二極體D截止。由於i_L在t_3時di/dt之斜率不大，因此D截止時之反向恢復特性並不如相對應之切換式轉換器所使用者那麼來得重要。開關一直導通I_o，直到$t = t_4$時，開關截止，開始另一個週期之操作。

由圖9-31(b)之波形可知，開關所承受之峰值電流爲I_o。跨於輸出二極體之電壓波形v_{oi}如圖9-32所示，藉由控制區間4之時間長度(即開關之導通時間)，可以調整v_{oi}之平均值，即輸出電壓V_o之大小。

其它各式切換式轉換器所對應之ZVS架構，請參閱文獻[27]。

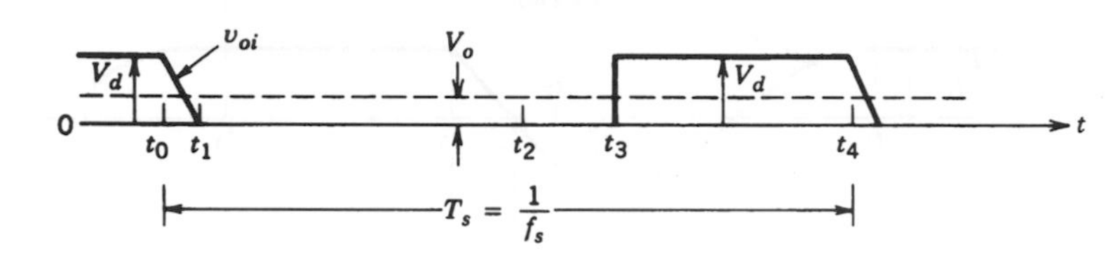

圖 9-32 ZVS開關共振式直流至直流轉換器之v_{oi}波形

9-5-3 ZCS與ZVS架構之比較

此二種方法均需採用變頻控制以調整輸出電壓。

就ZCS而言，開關需承受較負載電流I_o高出V_d/Z_0之峰值電流。爲提供開關截止時之零電流，I_o必須大於V_d/Z_0，因此限制了負載之範圍。若開關並聯一反並接之二極體，則輸出電壓之變化對負載之改變便會較不靈敏。

就ZVS而言，開關必須承受較輸入電壓V_d高出I_oZ_0之電壓。爲提供開關導通時之零電壓，I_o必須大於V_d/Z_0，因此其應用通常僅限於固定之負載。爲了克服此限制，參考文獻[29]中提出了所謂之多重共振(multiresonant)之技術。

總體而言，對於高頻切換之應用ZVS較ZCS爲優，其理由可由圖9-33開關內部之電容來說明。當開關在零電流但非零電壓導通時，儲存在內部電容之電荷將造成切換損。文獻[30]指出，此種損失在高頻時尤其嚴重。然而零電壓導通時則無此問題。

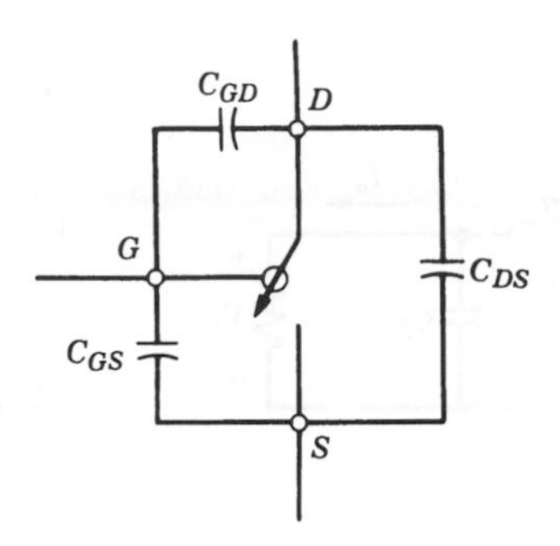

圖 9-33 開關內部之電容

9-6 零電壓切換、箝壓式轉換器

此轉換器開關在導通及截止時均爲零電壓，但與前述ZVS轉換器不同的是，開關之峰值電壓被限制在等於輸入之直流電壓。此種轉換器至少包含一個臂(二開關)。

9-6-1 ZVS-CV直流至直流轉換器

一ZVS-CV之降壓式直流至直流轉換器如圖9-34(a)所示。假設濾波電感L_f很小，i_L在一週期之操作內可以在正負間變化。同時假設C_f很大，輸出電壓在一週期內爲定值V_o。因此穩態下可以圖9-34(b)之等效電路來代替，其波形如圖9-34(c)所示。

假設開始前之狀態爲T_+導通一正的i_L電流且$v_L(=V_d-V_o)$爲正。$t=t_0$時，T_+截止，由於C_+之故爲ZVS；此時T_+及T_-均爲截止，爲清楚起見將$t_0\sim t_1'$期間之波形及電路重繪於圖9-35。由於C_-之初始電壓爲V_d，故圖9-35(a)之電路可重繪如圖9-35(b)所示。若$C_+=C_-=\frac{1}{2}C$，由戴維寧定理可再將其化成圖9-35(c)之等效電路。由於C非常小，共振頻率$f_0=1/(2\pi\sqrt{L_fC})$較切換頻率要小得多，此外，$Z_0=\sqrt{L_f/C}$非常大，故i_L在此段時間內變化非常小(分析時將其視爲定值)。由於二電容之dv/dt相同，i_L將一分爲二使二電容之電流均爲$\frac{1}{2}i_L$。此二電流對C_+而言爲充電故C_+之跨壓上昇，對C_-而言爲放電，故C_-之跨壓v_{oi}由V_d開始下降。在$t=t_0'$時，v_{oi}降爲0，D_-開始導通。$t>t_0'$後，由於$v_L=-V_o$，i_L線性下降。在D_-導通區間，T_-之觸發信號可以加上，因此當i_L變成負後可以反向流經T_-。$t=t_1$時，T_-截止然後經過與$t_0\sim t_0'$相同之電容充放電過程$t_1\sim t_1'$後，一負的i_L將流經D_+。$t>t_0'$後，由於$v_L(=V_d-V_o)$爲正，i_L上昇。在D_+導通區間，T_+之觸發信號可以加上，當i_L在t_2變成正後，便可流經T_+。在$t=t_3'$，T_+截止，開始另一個週期。

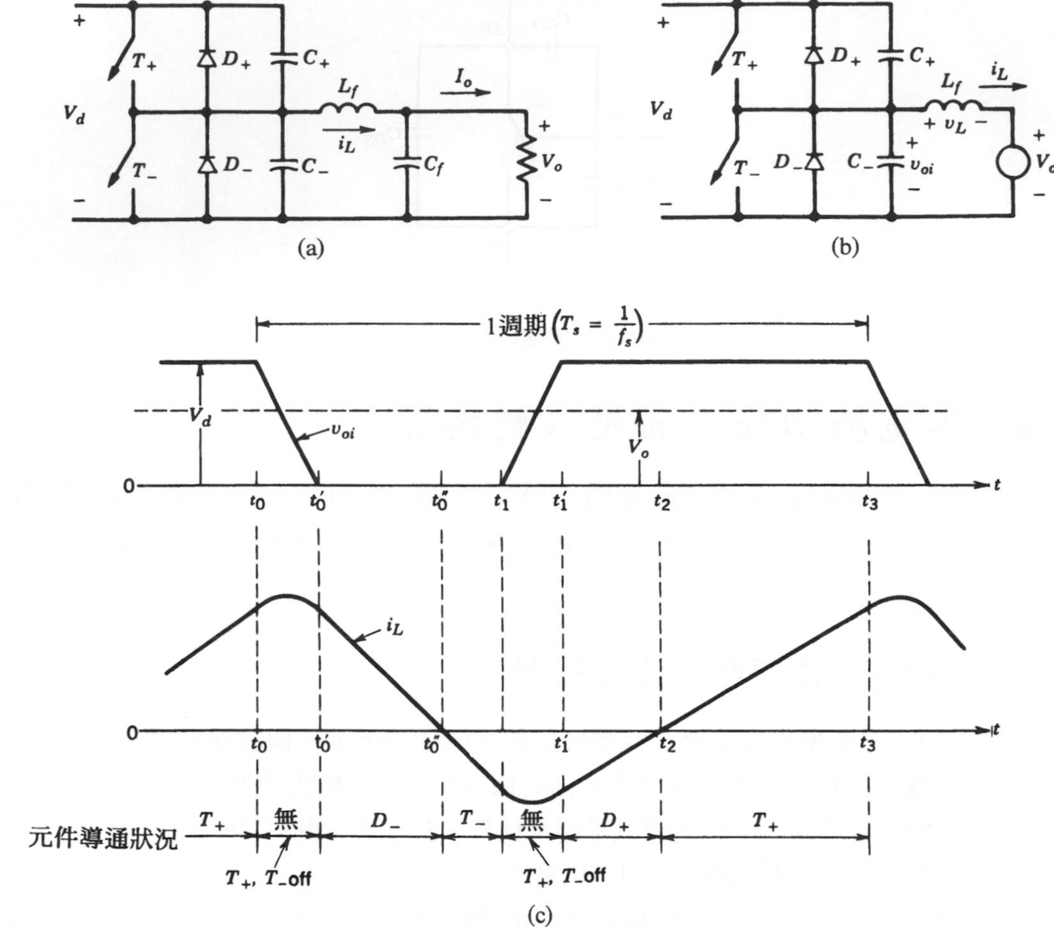

圖 9-34 ZVS-CV直流至直流轉換器

由圖9-34(c)之波形可知，開關之峰值電壓被箝制在V_d。為了零電壓截止開關，必須利用電容並聯於開關，而此電容亦限制了開關必須作零電壓導通(否則電容電荷將在開關導通時造成開關之切換損)，因此開關亦必須反並接一二極體，利用二極體導通時觸發開關，而i_L亦必須能夠反向以使電流能反向流經開關作零電流導通之切換。

轉換器的輸出電壓可以採用定頻式之PWM加以控制。假設$t_0' - t_0$及$t_1' - t_1$之空白時間相當短暫，則圖9-34(c)中v_{oi}之波形為一方波。故輸出電壓V_o等於v_{oi}之平均值，即$V_o = DV_d$，其中D為T_+之責任週期(DT_s為T_+或D_+之導通時間)，而I_o即為i_L之平均值。

如果採用定頻式PWM來調整V_o，則L_f的選擇必須滿足即使在V_d為最小且負載為最重的情況下，i_L亦會小於0。

ZVS-CV之優點為開關電壓被箝制在V_d，其缺點為i_L具有高漣波，開關需承受較高的峰值電流。

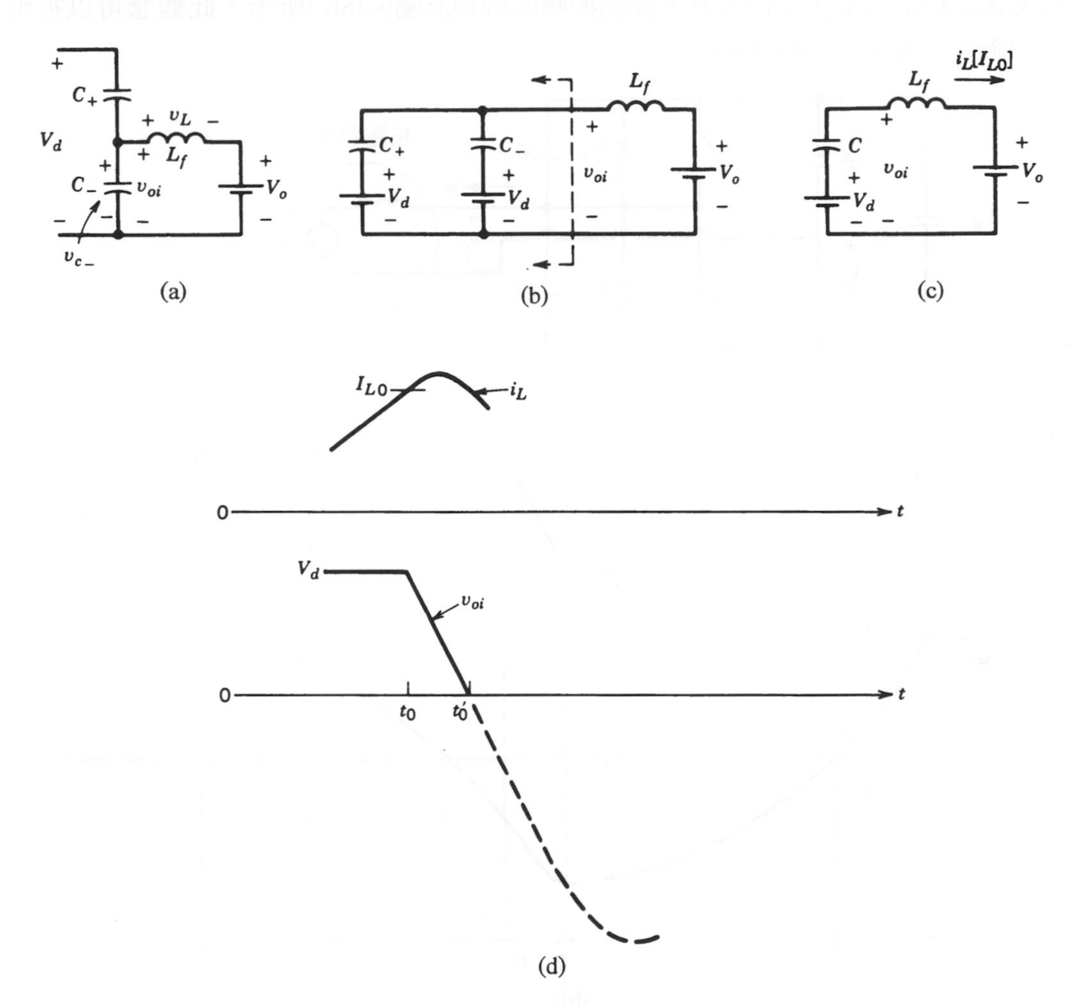

圖 9-35　ZVS-CV直流至直流轉換器：T_+及T_-均截止時

9-6-2 ZVS-CV直流至交流變流器

由於上述之ZVS-CV直流至直流轉換器之電流可以反向，亦即可提供二象限之操作，稍加修正便可成為如圖9-36(a)所示之半橋式方塊波直流至交流變流器，以供應電感性之負載。二開關之責任週期相同的穩態操作波形如圖

9-36(b)所示，各開關的導通與截止均為零電壓切換。注意變流器僅適用於電流落後電壓之負載(例如：馬達)才能使之作ZVS之切換。

圖9-36(a)之變流器亦可採用第八章所介紹之電流模式控制法，然而為達成ZVS，在每一個週期中二開關均需作切換，因此i_o一週期中必會作雙向流通。方塊波之切換方式與電流模式控制方式的波形，分別如圖9-36(b)及圖9-36(c)所示。此觀念可以被引用至如圖9-37所示之三相變流器。

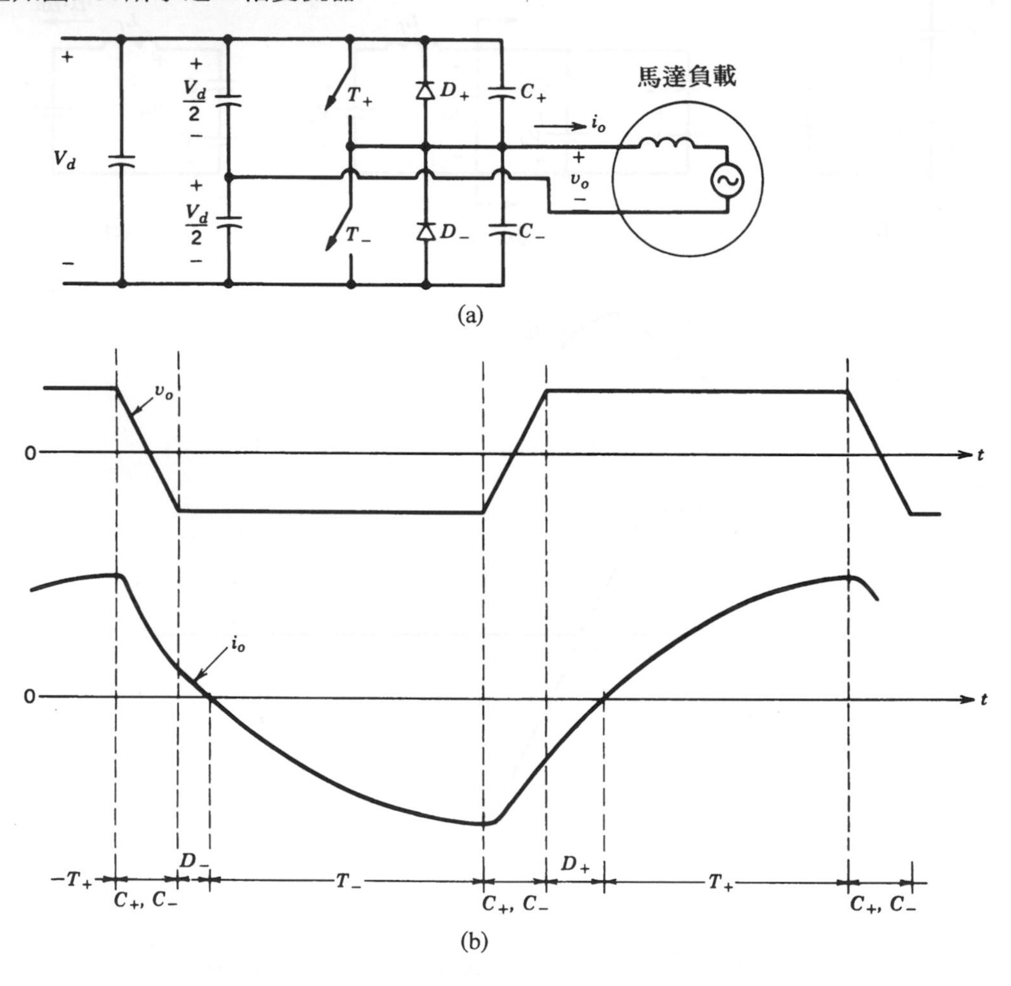

圖 9-36 ZVS-CV直流至交流變流器：(a)半橋式電路；(b)方塊波切換式；(c)電流控制式

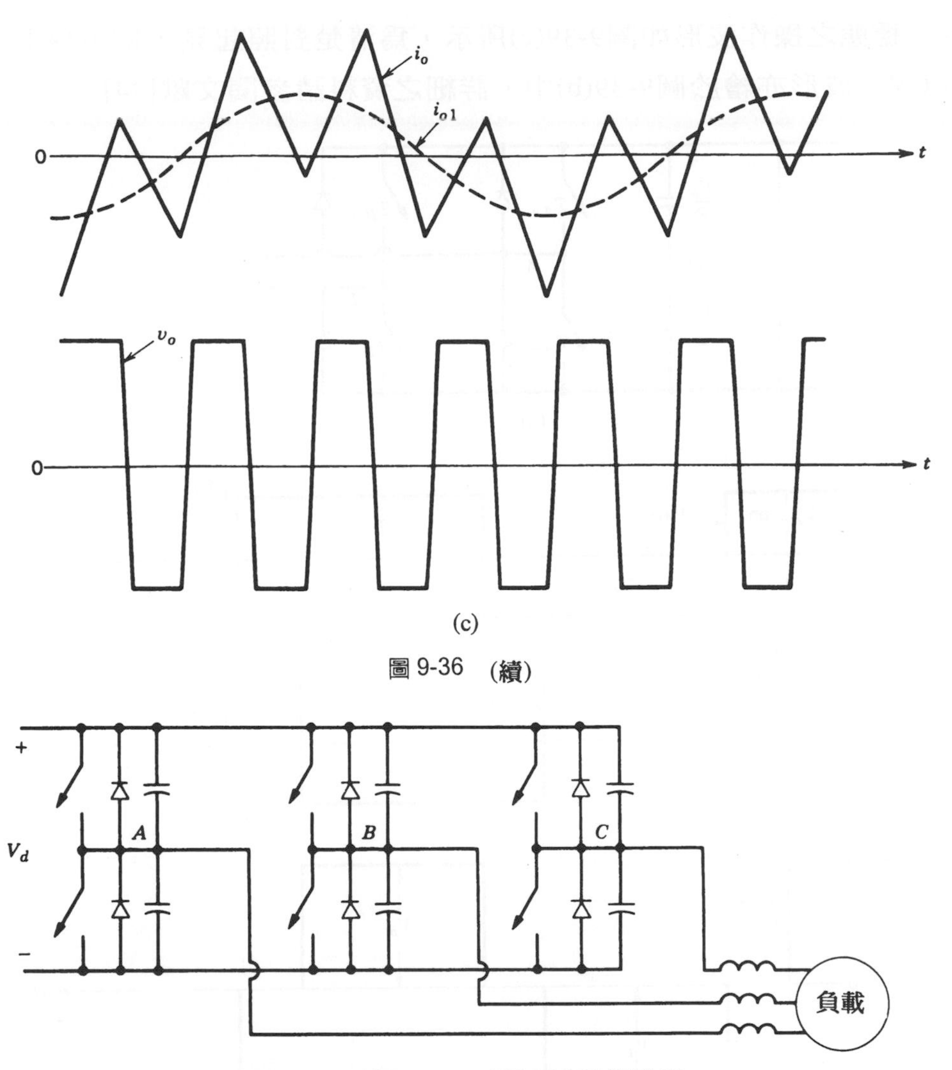

(c)

圖 9-36　(續)

圖 9-37　三相ZVS-CV直流至交流變流器

9-6-3 利用電壓消去法之ZVS-CV轉換器

ZVS-CV之技巧可以推展至如圖9-38(a)所示使用電壓消去法之直流至交流變流器。其穩態之操作波形如圖9-38(b)所示，其中每一個臂上之二開關均以50%之責任週期操作，利用二臂輸出電壓之相位差來調控輸出電壓v_{AB}。其輸出亦可藉由變壓器隔離再經整流以形成一直流至直流轉換器。

加入ZVS-CV且採用電壓消去法之轉換器電路如圖9-39(a)所示。為簡化分析起見，變壓器以一自感L_m來代表且忽略其漏感，輸出則以一電流源I_o來表示。穩態之操作波形如圖9-39(c)所示，爲清楚對照起見，圖9-38中未採用ZVS-CV之波形亦繪於圖9-39(b)中。詳細之資料請參閱文獻[34]。

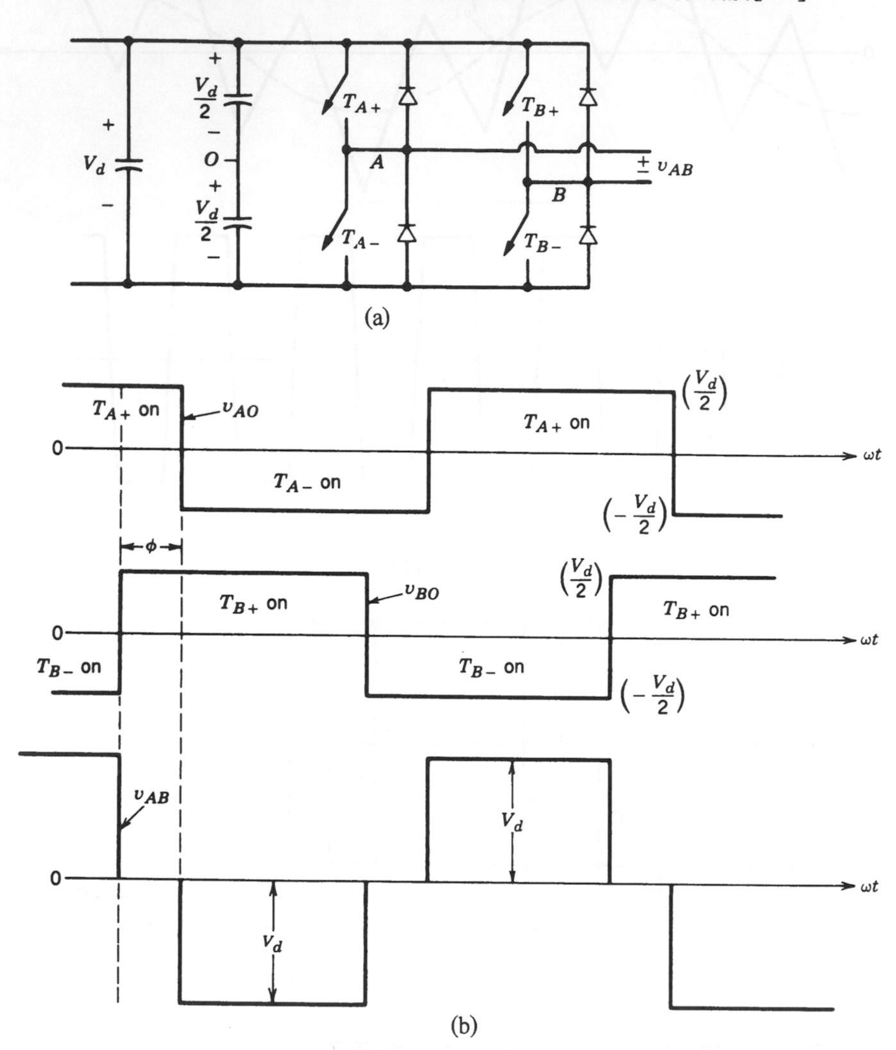

圖 9-38 電壓消去法控制：傳統之切換式轉換器

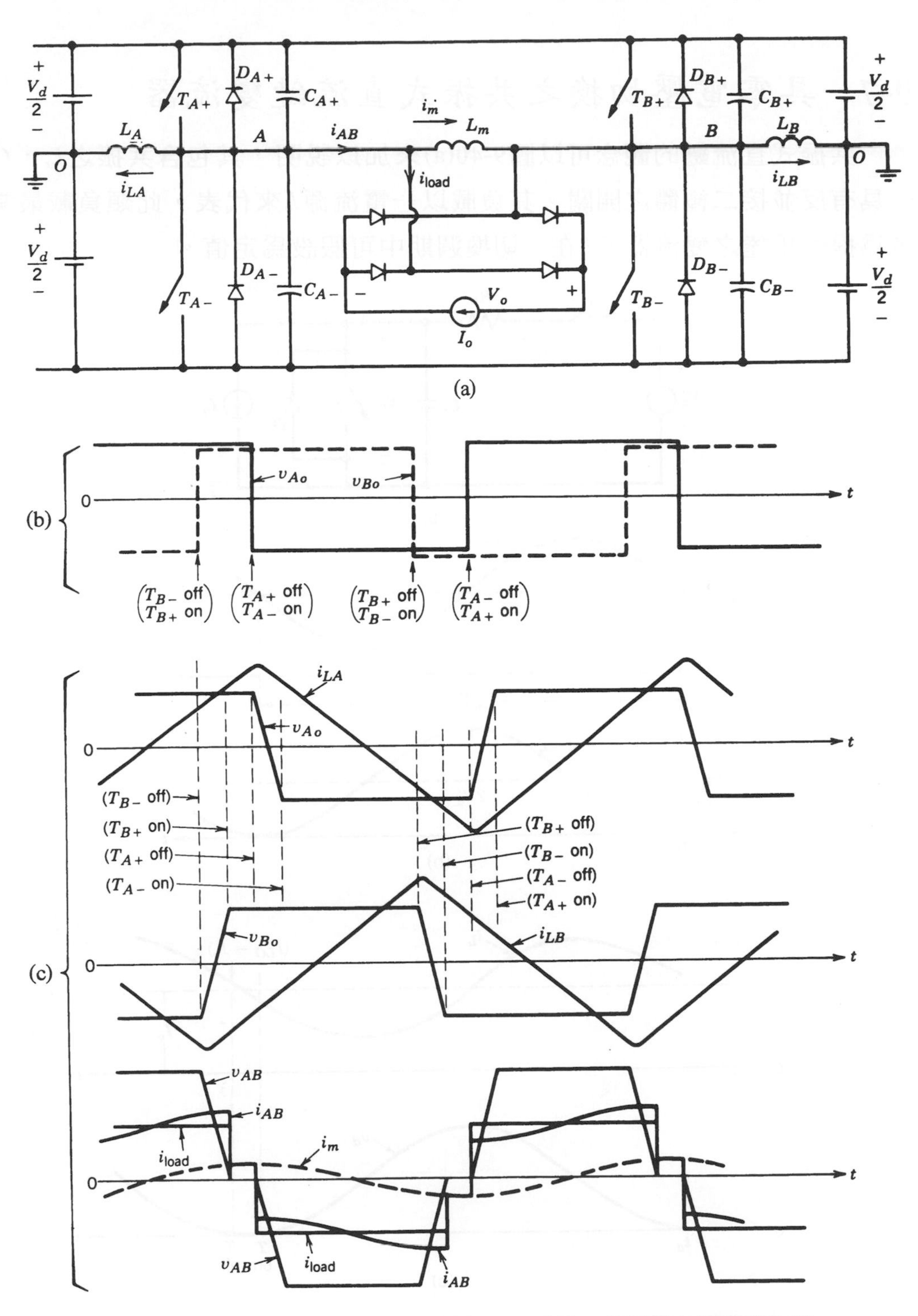

圖 9-39　ZVS-CV全橋式直流至直流轉換器：(a)電路；(b)理想之切換式波形；(c)實際之ZVS-CV波形

9-7　具零電壓切換之共振式直流鏈變流器

共振式直流鏈的觀念可以圖9-40(a)來加以說明，其包含共振之L_r，C_r及一具有反並接二極體之開關。其負載以一電流源I_o來代表，此類負載最常見者為提供馬達之變流器。I_o在一切換週期中可假設為定值。

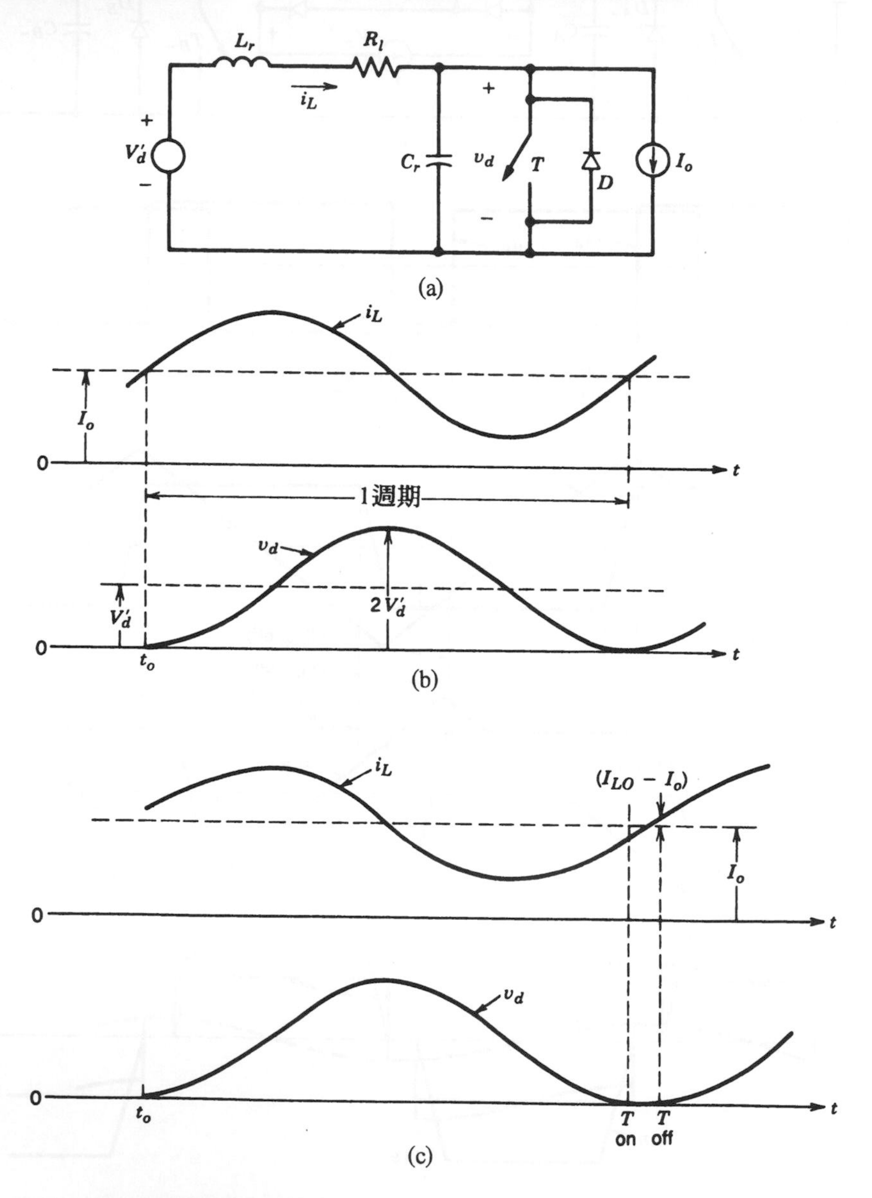

圖 9-40　共振式直流鏈變流器之基本觀念：(a)基本電路；(b)$R_l=0$之波形；(c) $R_l\neq 0$之波形

假設$R_l=0$，若一開始開關爲導通的，則i_L將線性上昇。在$t=t_0$時開關截止，其截止切換爲零電壓(因C_r之故)，此時$i_L=I_{L0}$。$t>t_0$後共振電路動作，i_L及v_d可以求解得：

$$i_L(t)=I_o+\left[\frac{V_d'}{\omega_0 L_r}\sin\omega_0(t-t_0)+(I_{L0}-I_o)\cos\omega_0(t-t_0)\right] \tag{9-34}$$

$$v_d(t)=V_d'+[\omega_0 L_r(I_{L0}-I_o)\sin\omega_0 t-V_d'\cos\omega_0 t] \tag{9-35}$$

其中

$$\omega_0=\frac{1}{\sqrt{L_rC_r}} \tag{9-36}$$

圖9-40(b)所示之波形爲$I_{L0}=I_o$之情況，由(9-34)及(9-35)知經一共振週期後，v_d會回到零點且i_L會回到I_o。因此開關T及二極體D在共振發生後便可以移去(因爲電路無損失)。

然而實際電路必定有損失，R_l便是用以代表此損失。當$R_l\neq 0$時，開關截止時之I_{L0}必須大於I_o才能使v_d回到零點，而且v_d回到零點後，開關必須重新導通，使i_L上昇至I_{L0}之後再截止。不過如果開關導通的時間太長使I_{L0}高於I_o太多，則v_d之峰值將大於$2V_d'$甚多，因此開關導通之時間必須加以控制。

以上所述之共振式直流鏈可推展至如圖9-41所示之三相PWM變流器。其中共振之開關T及二極體D之功能可以利用三相變流器本身之開關及二極體來實現，故T及D可以省略。變流器之開關可以利用v_d零點的時候進行以達成零電壓之切換。

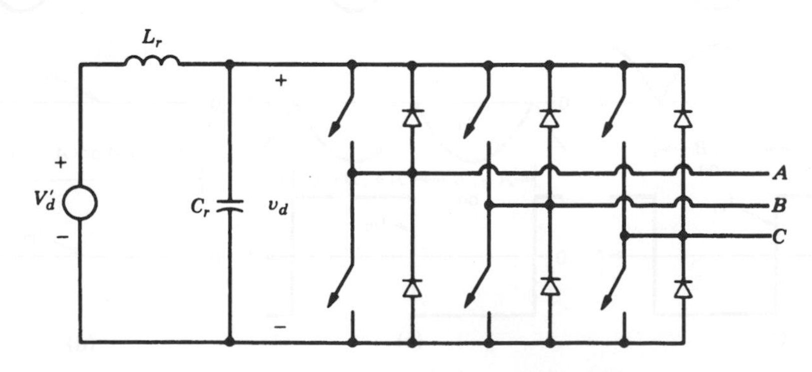

圖 9-41　三相共振式直流鏈變流器

其它尚有可以將共振電壓箝制低於兩倍V_d'之架構，詳細請參閱相關參考文獻之說明。

9-8 高頻鏈整半週轉換器

共振式直流鏈輸入至單相或三相轉換器之電壓爲在零與某正電壓值(其值高於輸入直流電壓)作振盪之波形。而高頻鏈轉換器之輸入電壓則爲高頻正弦式之交流電壓，如圖9-42(a)所示。其轉換器開關之切換可以利用輸入電壓經過零點的瞬間切換，以使切換損降至最低。

圖9-42(a)所示之單相轉換器，由於輸入之v_{in}爲高頻交流，轉換器之開關必須爲雙向，才能實現低頻之交流輸出(如一般馬達之負載)。

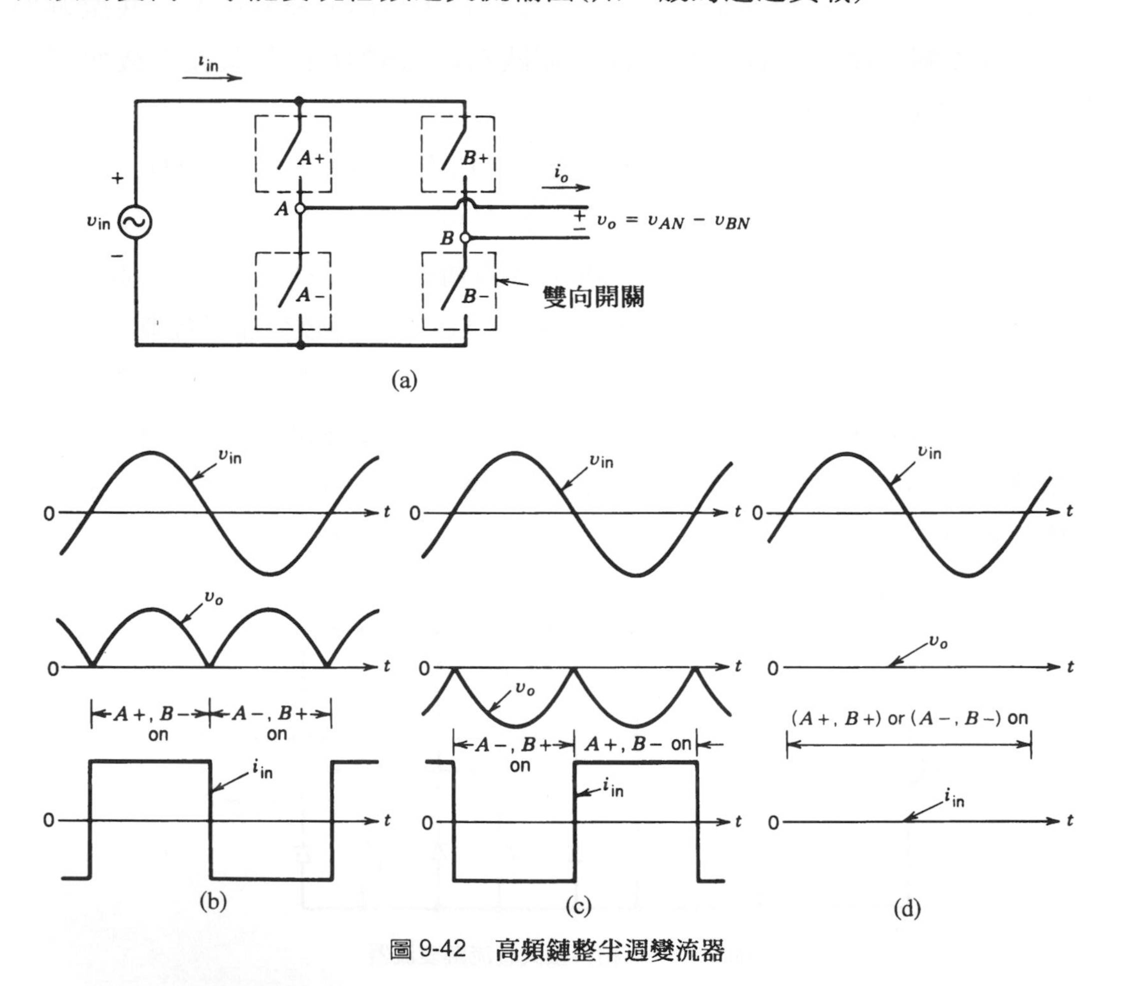

圖 9-42　高頻鏈整半週變流器

假設交流負載電流i_o在一輸入之高頻週期內可視爲定值，對任一方向之i_o，一週期內之v_{AB}波形可如圖9-42(b)至(d)所示分別爲二正半波、二負半波及零等三種情況，其中正i_o所對應之輸入電流i_{in}亦繪於圖中以方便瞭解其操作。這三種情況可以組合用以實現振幅及頻率均爲可調之低頻輸出電壓，如圖9-43所示。詳細之控制方式請參閱文獻[38]。由於低頻之輸出電壓乃由整數倍個輸入高頻之半週波所組成，故其稱之爲高頻鏈整半週轉換器。

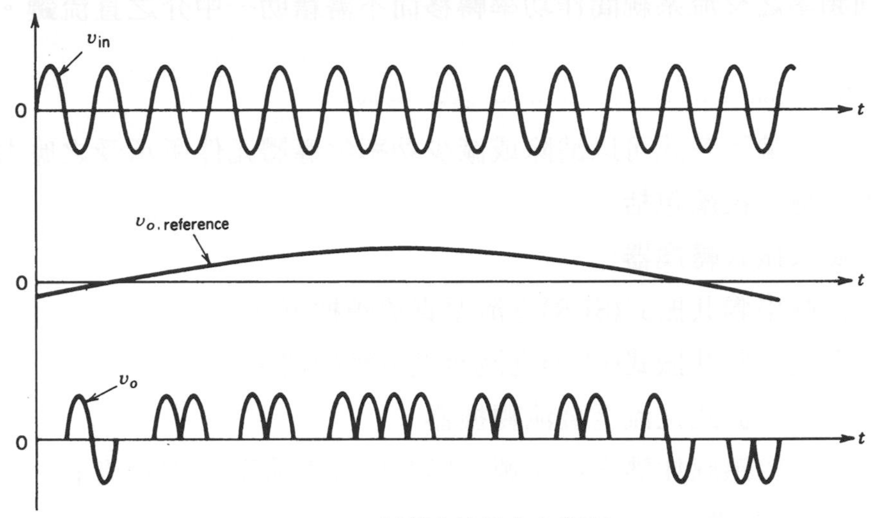

圖 9-43　低頻交流輸出之實現

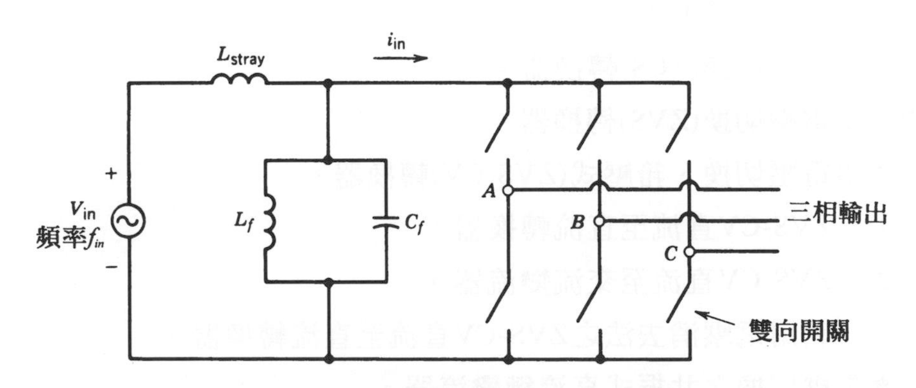

圖 9-44　高頻交流至低頻三相交流之轉換器

此觀念可以延伸至三相交流輸出之轉換器，如圖9-44所示。注意無論是單相或三相轉換器，均必需包含如圖9-44所示之並聯共振式濾波器。若濾波器之共振頻率調整爲輸入電壓之頻率f_s，則其不會從輸入汲取電流，而且C_f對i_{in}之其它頻率成份提供一低阻抗，因此i_{in}的這些成份不會由L_{stray}流出而污染v_{in}。

值得一提的是，圖9-42(a)之電路的輸出亦可為直流且功率亦可為雙向流通。

這些高頻鏈轉換器事實上便是變週器(cycloconverter)的一種形式，其可在二不同頻率之交流系統間作功率轉移而不需藉助一中介之直流鏈。

結　論

本章中討論了各式可以消除或減少功率半導體元件所承受之應力及切換損之技術。這些技術包括：

1. 負載共振式轉換器

⑴ 負載串聯共振式(SLR)直流至直流轉換器。

⑵ 負載並聯共振式(PLR)直流至直流轉換器。

⑶ 混合共振式直流至直流轉換器。

⑷ 應用於感應加熱之電流源並聯共振式直流至交流變流器。

⑸ E類轉換器。

2. 開關共振式轉換器

⑴ 零電流切換(ZCS)轉換器。

⑵ 零電壓切換(ZVS)轉換器。

⑶ 零電壓切換、箝壓式(ZVS-CV)轉換器。

① ZVS-CV直流至直流轉換器。

② ZVS-CV直流至交流變流器。

③ 利用電壓消去法之ZVS-CV直流至直流轉換器。

3. 零電壓切換之共振式直流鏈變流器。

4. 高頻鏈整半週轉換器。

在文獻[41]中有對各式轉換器之綜覽。

習　題

SLR直流至直流轉換器

9-1　圖9-10(a)之SLR直流至直流轉換器，操作於不連續導通模式(ω_s

$< 0.5\omega_0$)。在圖9-11之操作波形中，若起始值($t_0 = 0$)爲$V_{c0} = -2V_o$且$I_{L0} = 0$，證明經正規化之值爲$V_{c,\text{peak}} = 2$且$I_{L,\text{peak}} = 1 + V_o$。

9-2　設計如圖9-10(a)所示之SLR轉換器，但具有$n = 1$之隔離變壓器使輸出爲5V及20A。其中$V_d = 155$V，且操作頻率$f_s = 100$kHz。問：

(1)若轉換器操作於不連續導通模式，($\omega_s < 0.5\omega_0$)，$\omega_s/\omega_0 = 0.45$時之正規化$V_o = 0.9$，利用圖9-15，求n，L_r及C_r。

(2)求L_r及C_r上儲能之峰值S：其中

$$S = \frac{1}{2}L_r I_{L,\text{peak}}^2 + \frac{1}{2}C_r V_{c,\text{peak}}^2$$

9-3　同習題9-2，但轉換器操作於連續導通模式$\omega_s < \omega_0$。

(1)選擇正規化之輸入電壓$V_o = 0.9$，正規化電流$I_o = 1.4$，利用圖9-15，求n，L_r及C_r。

(2)利用圖P9-3求習題9-2(b)所定義之S。

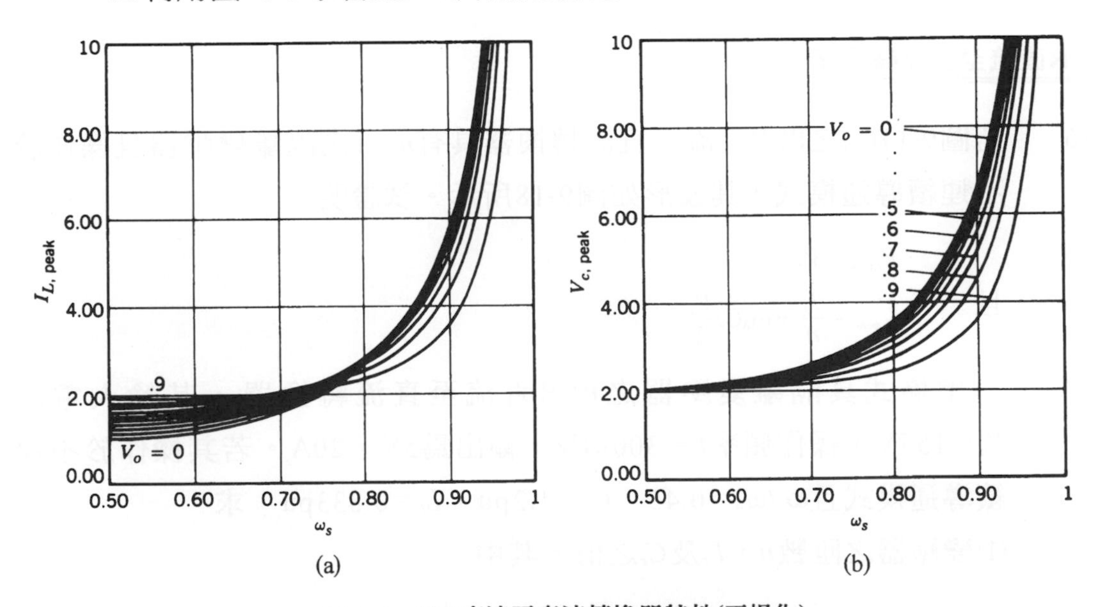

圖 P9-3　SLR直流至直流轉換器特性(正規化)

9-4　同習題9-3，但轉換器操作於$\omega_s > \omega_0$，若選擇$V_o = 0.9$，$I_o = 0.4$，利用圖9-15及圖P9-4求解相同之問題。

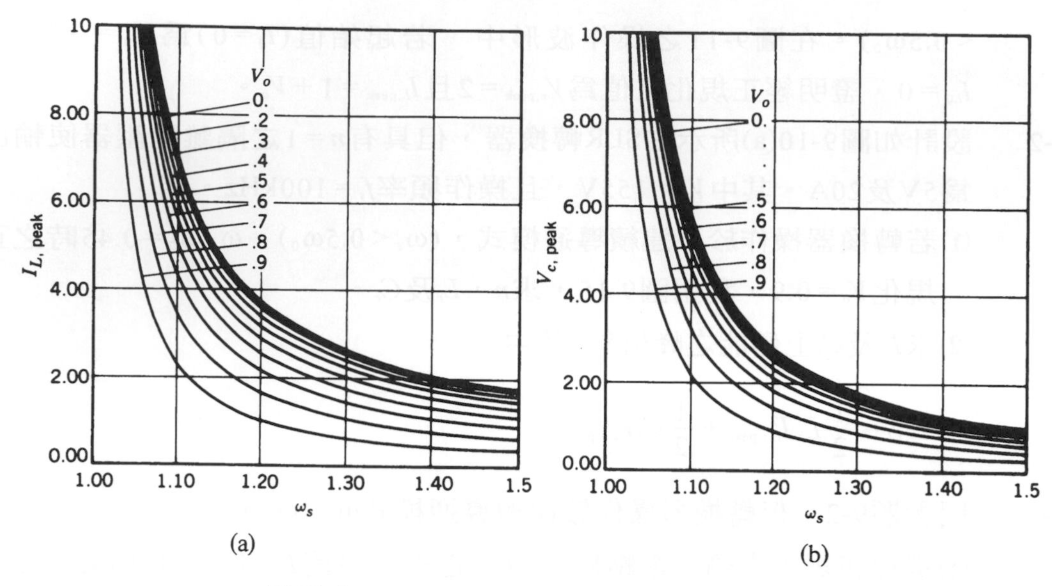

圖 P9-4　SLR直流至直流轉換器特性(正規化)

9-5　比較習題9-2至9-4所得之S值。

PLR直流至直流轉換器

9-6　若圖9-17(a)之PLR直流至直流轉換器具有$n=1$之隔離變壓器且操作於不連續導通模式，其波形如圖9-18所示。試證明

$$V_{c,\text{peak}}=V_d$$

且

$$I_{L,\text{peak}}=\frac{I_o}{n}+\omega_0 C_r\frac{V_d}{2}$$

9-7　一半橋式具隔離變壓器之PLR直流至直流轉換器，其輸入電壓$V_d=155\text{V}$，操作頻率$f_s=300\text{kHz}$，輸出為5V，20A。若其操作於不連續導通模式且$\omega_s/\omega_0=0.45$，$C_r=1.2\text{pu}$，$L_r=0.833\text{pu}$，求：

(1)變壓器之匝數n，L_r及C_r之值。其中

$$(C_r)_{\text{base}}=\frac{I_o/n}{\omega_0 V_d/2}\quad,\quad(L_r)_{\text{base}}=\frac{V_d/2}{\omega_0 I_o/n}$$

(2)利用圖9-21及習題9-6，求v_c及i_L之峰值，以及定義於問題9-2之S值。

9-8　同習題9-7，但轉換器操作在連續導通模式$\omega_s/\omega_0=0.8$且$I_o=0.8$，C_r及

L_r正規化之值同習題9-7，求

(1) n，L_r及C_r。

(2)利用圖9-21及圖P9-8，求v_c與i_L之峰值以及S值。

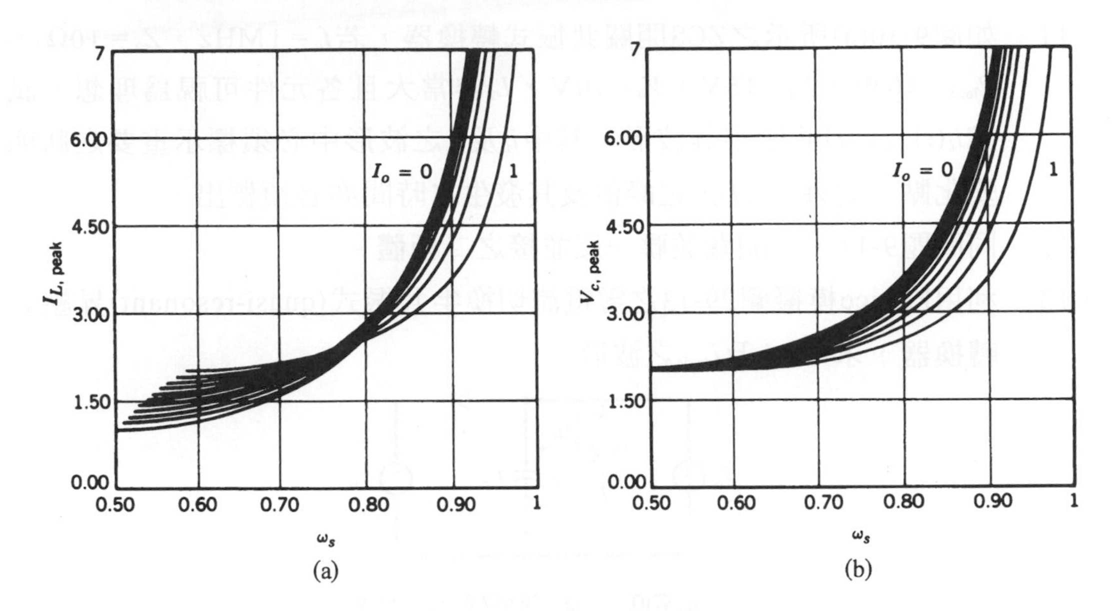

圖 P9-8　PLR直流至直流轉換器之特性(正規化)

9-9　同習題9-8，但$\omega_s/\omega_0 = 1.1$，所利用的曲線如圖9-21及圖P9-9。

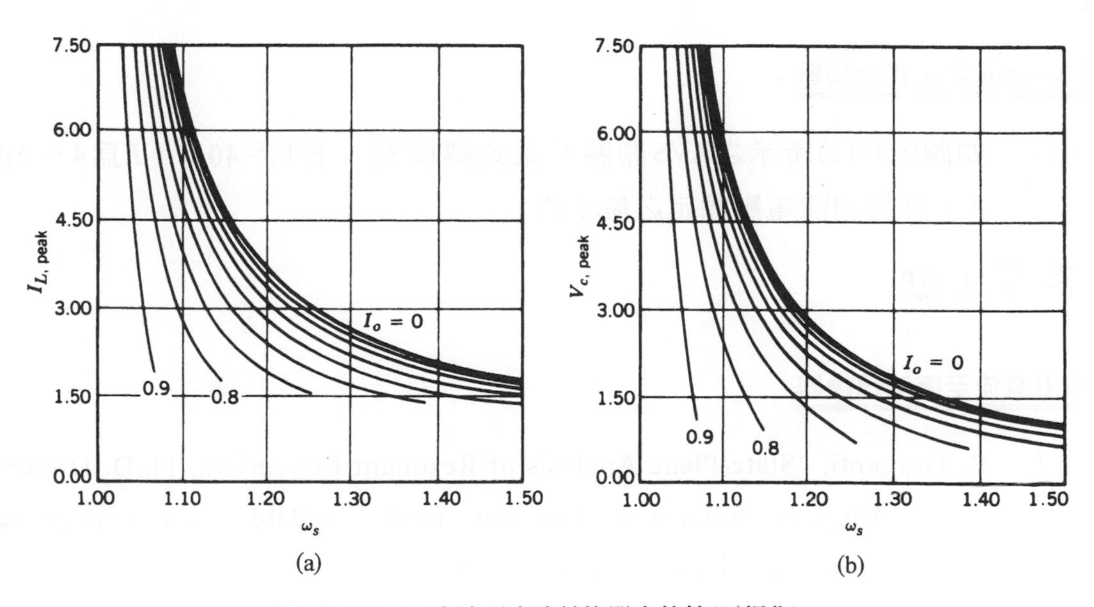

圖 P9-9　PLR直流至直流轉換器之特性(正規化)

9-10 比較習題9-7至9-9所求得之S值。

ZCS開關共振式轉換器

9-11 如圖9-30(a)所示之ZCS開關共振式轉換器，若$f_o = 1\text{MHz}$，$Z_0 = 10\Omega$，$P_{\text{load}} = 10\text{W}$，$V_d = 15\text{V}$，$V_o = 10\text{V}$，$L_2$非常大且各元件可視爲理想。試求$i_L(t)$及$v_c(t)$並繪出其波形，其中$i_L$及$v_c$之波形中必須標示重要之狀態變化點。另外，$i_L$及$v_c$之峰值及其發生之時間亦必須標出。

9-12 同問題9-11，但開關並聯一反並接之二極體。

9-13 利用PSpice模擬圖P9-13之零電流切換半共振式(quasi-resonant)昇壓式轉換器，求v_c，i_L及i_{diode}之波形。

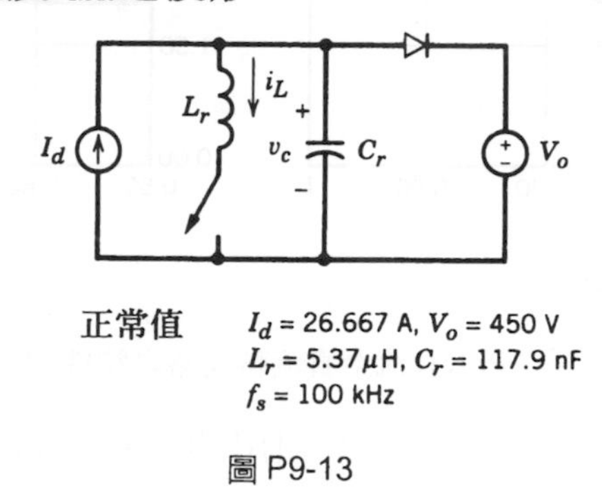

圖 P9-13

ZVS開關共振式轉換器

9-14 如圖9-31(a)所示之ZVS開關共振式轉換器，若$V_d = 40\text{V}$，I_o爲4～20 A，計算開關電壓額定之最小值。

參考文獻

SLR直流至直流轉換器

1. R. Oruganti, "State-Plane Analysis of Resonant Converters,"Ph.D. Dissertation, Virginia Polytechnic Institute, 1987; available from University Microfilms International, Ann Arbor, MI.
2. R. J. King and T. A. Stuart, "A Normalized Model for the Half-Bridge

Series Resonant Converters," *IEEE Transactions on Aerospace and Electronics Systems*, Vol. AES-17, No. 2, March 1981, pp. 190-198.

3. R. J. King and T. A. Stuart, "Modelling the Full-Bridge Series-Resonant Power Converter," *IEEE Transactions on Aerospace and Electronic Systems*, Vol. AES-18, No. 4, July 1982, pp. 449-459.
4. R. J. King and T. A. Stuart, "Inherent Over-Load Protection for the Series -Resonant Converters, " *IEEE Transactions on Aeropace and Electronics Systems*, Vol. AES-19, No. 6, November 1983, pp. 820-830.
5. R. Oruganti and F. C. Lee, "Resonant Power Processors: Part I-State Plane Analysis," *IEEE–IAS Annual Meeting Conference Records*, 1984, pp. 860-867.
6. A. F. Wituiski and R. W. Erickson, "Design of the Series Resonant Converter for Minimum Component Stress," *IEEE Transactions on Aerospace and Electronic Systems*, VOI. AES-22, No. 4, July 1986, pp. 356-363.
7. J. G. Hayes, N. Mohan, and C. P. Henze, "Zero-Voltage Switching in a Digitzillv Controlled Resonant DC-DC Power Converter," *Proceedings of the* 1988 *IEEE Applied Power Electronics Conference*, pp. 360-367.

PLR直流至直流轉換器

8. N. Mapham, "An SCR Inverter with Good Regulation and Sine-Wave Output,"*IEEE Transactions on Industry and General Applications*, Vol. IGA-3,March/April 1967, pp. 176-187.
9. V. T. Ranganathan, P. D. Ziogas, and V. R. Stefanovic, "A Regulated DC-DC Voltage Source Converter Using a High Frequency Link," *IEEE Transactions on Industry Applications*, Vol. IA-18, No. 3, May/June1982, pp. 279-287.
10. R. Oruganti, "State-Plane Analysis of Resonant Converters," Ph.D.Dissertation, Virginia Polytechnic Institute, 1987.

11. M. C. W. Lindmark, "Switch-Mode Power Supply," U.S. Patent 4,097, 773, June 27, 1978.
12. I. J. Pitel, "Phase-modulated Resonant Power Conversion Techniques for High Frequency Inverters," *IEEE–IAS Annual Meeting Proceedings*, 1985.
13. Y. G. Kang and A. K. Upadhyay, "Analysis and Design of a Half-Bridge Parallel Resonant Converier, 1987 *IEEE Power Electronics Specialists Conference*, 1987, pp. 231-243.
14. F. S. Tasi, P. Materu, and F. C. Lee, "Constant-Frequency, Clamped-Mode Resonant Converters," 1987 *IEEE Power Electronics Specialists Conference*,1987, pp. 557-566.

混合共振式直流至直流轉換器

15. D. V. Jones, "A New Resonant-Converier Topology," *Proceeding of the* 1987 *High Frequency Power Conversion Conference*, 1987, pp. 48-52.

用於感應加熱之電流源並聯共振式直流至交流變流器

16. K. Thorborg, *Power Electronics*, Prentice-Hall International (U.K.) Ltd, London, 1988.

E類轉換器

17. N. O. Sokal and A. D. Sokal, "Class-E, A New Class of High Efficiency Tuned Single Ended Switching Power Amplifiers," *IEEE Journal of Solid State Circuits*, Vol. SC-10, June 1975, pp. 168-176.
18. F. H. Raab, "Idealized Operation of Class-E Tuned Power Amplifier," *IEEE Transactions on Circuits and Systems*, VOl. CAS-24, No. 12, December1977, pp. 725-735.
19. K. Löhn, "On the Overall Efficiency of the Class-E Power Converters," 1986 *IEEE Power Electronics Specialists Conference*, pp. 351-358.

20. M. Kazimierczuk and K. Puczko, "Control Circuit for Class-E Resonant DC/DC Converter," *Proceedings of the National Aerospace Electronics Conference* 1987, Vol. 2, 1987 pp. 416-423.

21. G. Lutteke and H. C. Raets, "220V Mains 500kHz Class-E Converter, 1985 *IEEE Power Electronics Specialists Conference*, 1985, pp. 127-135.

22. H. Omori, T. lwai, et al., "Comparative Studies between Regenerative and Non-Regenerative Topologies of Single-Ended Resonant Inverters," *Proceedings of the* 1987 *High Frequency Power Conversion Conference*.

ZVS及ZCS開關共振式轉換器

23. P. Vinciarelli, "Forward Converter Switching at Zero Current," U.S. Patent 4,415,959, Nov. 1983.

24. R. Oruganti, "State-Plane Analysis of Resonant Converters," Ph.D. Dissertation, Virginia Polytechnic Institute, 1987.

25. K. H. Liu and F. C. Lee, "Resonant Switches--A Unified Approach to Improve Performancesof SwitchingConverters," *IEEE INTELEC Conference Record*, 1984, pp. 344-351.

26. K. H. Liu, R. Oruganti, and F. C. Lee, "Resonant Switches--Topologies and Characteristics," 1986 *IEEE Power Electronics Specialists Conference*,1986, pp. 106-116.

27. K. H. Liu and F. C. Lee, "Zero Voltage Switches and Quasi-Resonant DC-DC Converters," 1987 *IEEE Power Electronics Specialists Conference*, 1986, pp. 58-70.

28. K. D. T. Ngo, "Generalization of Resonant Switches and Quasi-Resonant DC-DC Converters," 1987 *IEEE Power Electronics Specialists Conference*,1987, pp. 395-403.

29. W. A. Tabisz and F. C. Lee, "Zero-Voltage Switching Multi-Resonant

Technique--A Novel Approach To Improve Performance of High-Frequency Quasi-Resonant Converters," *IEEE PESC Record*, 1988.

30. M. F. Schlecht and L. F. Casey, "Comparison of the Square-Wave and Quasi-Resonant Topologies," Second Annual Applied Power Electronics Conference,San Diego, CA, 1987, pp. 124-134.

ZVS-CV轉換器

31. C. P. Henze, H. C. Martin, and D. W. Parsley, "Zero-Voltage Switching in High Frequency Power Converters Using Pulse Width Modulation," *Proceedings of the* 1988 *IEEE Applied Power Electronics Conference.*

32. R. Goldfarb, "A New Non-Dissipative Load-Line Shaping Technique Eliminates Switching Stress in Bridge Converters," *Proceedings of Powercon* 8, 1981, pp. D-4-1-D-4-6.

33. T. M. Undeland, "Snubbers for Pulse Width Modulated Bridge Converters with Power Transistors or GTOS, " 1983 *International Power Electronics Conference*, Tokyo, Japan, pp. 313-323.

34. O. D. Patterson and D. M. Divan, "Pseudo-Resonant Full-Bridge DC/DC Converter," 1987 *IEEE Power Electronics Specialists Conference*, 1987, pp.424-430.

共振式直流鏈變流器

35. D. M. Divan, "The Resonant DC Link Converter--A New Concept in Static Power Conversion," 1986 *IEEE–IAS Annual Meeting Record*, 1986, pp. 648-656.

36. M. Kheraluwala and D. M. Divan, "Delta Modulation Strategies for Resonant Link Inverters," 1987 *IEEE Power Electronics Specialists Conference*,1987, pp. 271-278.

37. K. S. Rajashekara et al., "Resonant DC Link Inverter-Fed AC Machines

Control, "1987 *IEEE Power Electronics Specialists Conference*, 1987, pp. 491-496.

高頻鏈轉換器

38. P. K. Sood, T. A. Lipo, and l. G. Hansen, "A Versatile Power Converter-for HighFrequency Link Systems," 1987 *IEEE Applied Power Electronics Confrence*, 1987, pp. 249-256.
39. L. Gyugyi and F. Cibulka, "The High-Frequency Base Converter-A New Approach to Static High Frequency Conversion," *IEEE Transactions on Industry Applications*, Vol. IA-15, No. 4, July/August 1979, pp. 420-429.
40. P. M. Espelage and B. K. Bose, "High Frequency Link Power Conversion, "1975 *IEEE–IAS Annual Meeting Record*, 1975, pp. 802-808.

結　論

41. N. Mohan, "Power Electronic Circuits: An Overview," 1988 *IEEE Industrial Electronics Society Conference*, 1988, pp. 522-527.

第三部份
電源供應
器之應用

第十章　切換式直流電源供應器

10-1　簡　介

對大部份類比及數位系統而言，一經調整(regulated)之電源供應是必要的。一般對電源供應器之要求為：

- 經調整之輸出：輸出電壓對於規格內之輸入電壓與負載變動所引起之變化必須在一規定範圍內。
- 隔離：輸出通常必須與輸入作電氣隔離。
- 多組輸出：輸出可能有多組，各組之電壓準位及電流額定可能不同且各組之間亦需為隔離。

除了上述要求外，降低體積及增加效率亦是一直在追求的目標。

傳統之電源供應器為線性，近年來由於功率半導體元件之發展，帶動了切換式電源供應器之進展，使其無論是體積或效率均較線性電源供應器要改善許多。至於價格則需視功率大小而定。

10-2　線性電源供應器

圖10-1(a)所示為線性電源供應器之架構，其使用一低頻60Hz之變壓器，以隔離輸入及輸出及轉換電壓為輸出電壓之準位。

輸出電壓V_O之調整，乃藉由參考電壓$V_{o,ref}$與V_o之誤差調整電晶體之基極電流，使$V_o(=v_d-v_{CE})$等於$V_{o,ref}$。此時之電晶體乃操作於線性區，當成一可變電阻以吸收v_d與V_o之電壓差(v_d-V_o)。v_d乃由60Hz之交流電壓經整流及濾波而得，其波形如圖10-1(b)所示。爲了減少電晶體之功率損失，變壓器匝數之選擇須使$V_{d,min}$高於V_o，但亦不得高過V_o太多，因此，v_d必須落入圖10-1(b)所示虛線之範圍內。

以上討論之線性電源供應器具有以下缺點：

1. 使用低頻(60Hz)之變壓器，其體積與重量均較高頻變壓器大得多。
2. 電晶體操作於線性區造成相當大之功率損失，因此線性電源供應器之效率通常只能在30～60%左右。

其優點爲電路較爲簡單，對一般小功率(<25W)之電源供應器而言價格較低。另外其不會造成嚴重之EMI。

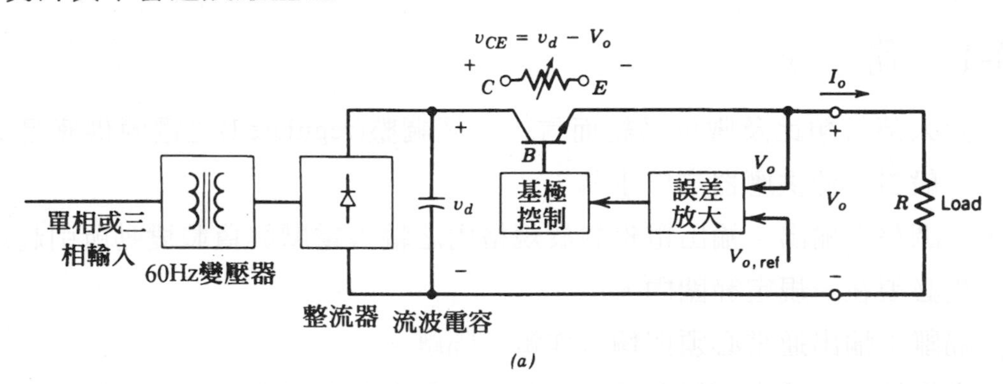

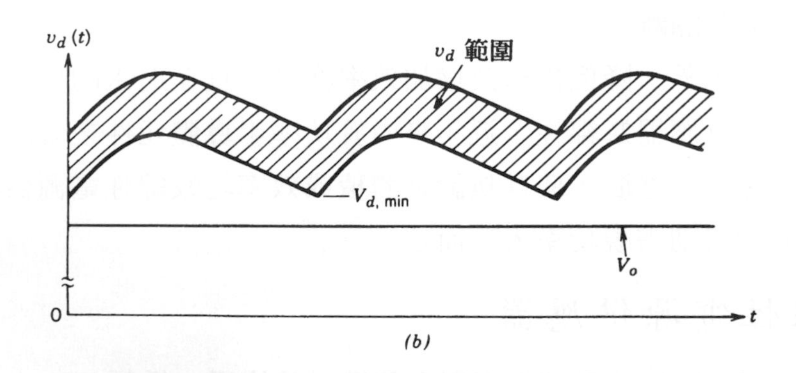

圖 10-1　線性電源供應器：(a)電路架構，(b)變壓器匝數之選擇必須使$V_{d,min}$高於V_O一小電壓範圍

10-3　切換式電源供應器概論

與線性電源供應器不同的是，切換式電源供應器，乃利用第七及第九章所提之直流至直流轉換器來調整輸出的電壓準位。切換式轉換器之功率電晶體並非操作於主動區，而是當成一開關，不是完全導通便是截止，因此電晶體之損失要小很多。除此，高頻切換、高電壓及電流額定以及較低之價格，均是促成切換式電源供應器之原因。

圖10-2所示為典型切換式電源供應器之方塊圖。其首先將經EMI濾波器之60Hz交流電壓利用二極體整流器(第五章)整流成一非調整性之直流電壓，此處之EMI濾波器(第十八章)乃用以避免傳導型之EMI。接者再利用直流至直流轉換器，將此非調整之直流電壓轉換成所需準位且經調整之輸出電壓。其原理為先利用高頻切換產生高頻輸出電壓，再藉由高頻變壓器隔離，最後經整流及濾波得輸出電壓V_o。輸出電壓之調整乃藉由迴授及PWM控制(第七章)來完成。迴授迴路亦需隔離，可藉由隔離變壓器或光耦合器實現。

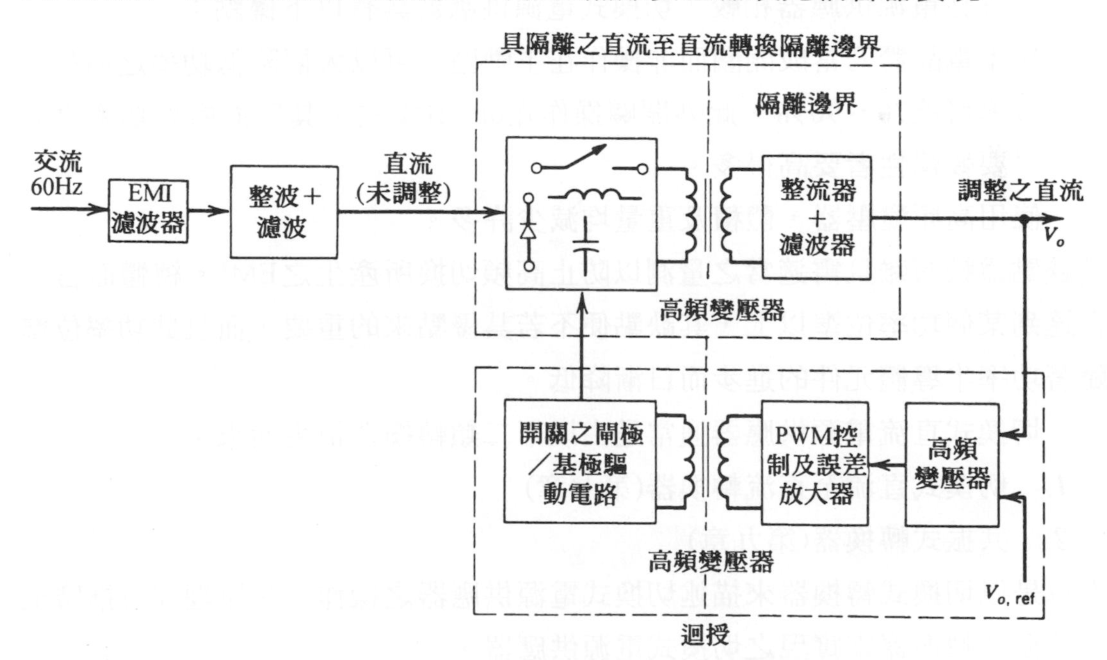

圖 10-2　切換式直流電源供應器之電路架構

有許多用途會要求提供多組輸出(可能為正或負)，而且這些輸出也可能相互間必須隔離。圖10-3所示為多組輸出之方式，其中只有V_{o1}受調整，而其它兩組則無。如果V_{o2}與(或)V_{o3}亦需調整，則可採用前述線性方式，加以調整。

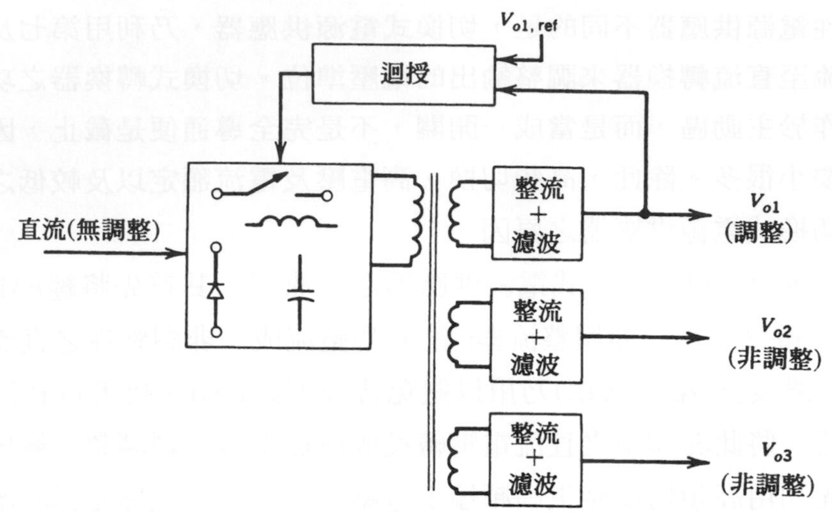

圖 10-3　多組輸出

與線性電源供應器相較，切換式電源供應器具有以下優點：

- 功率電晶體乃當成開關而非操作在主動區，可以大幅降低功率之損失，效率可達70～90％。此外開關操作在on/off模式，其所能處理功率之容量要較線性者要高得多。
- 使用高頻變壓器，體積及重量均減少許多。

其缺點為較複雜且需適當之量測以防止高頻切換所產生之EMI。總體而言，在達到某個功率位準以上，其缺點便不若其優點來的重要，而且此功率位準隨著功率半導體元件的進步而日漸降低。

切換式直流電源供應器通常是由以下二類轉換器衍生而來：

1.　切換式直流至直流轉換器(第七章)

2.　共振式轉換器(第九章)

本章是以切換式轉換器來描述切換式電源供應器之操作，其原理亦可推廣至以共振式轉換器來實現之切換式電源供應器。

10-4　具有隔離之直流至直流轉換器

誠如圖10-2所示，切換式直流電源供應器中乃使用高頻變壓器提供隔離。典型變壓器鐵心之B-H(磁滯)迴路特性如圖10-4(a)所示，其中B_m爲鐵心飽和時之最大磁通密度，B_r爲剩磁。根據直流至直流轉換器利用變壓器鐵心的方式來區分，可以分成兩類：

1. 單向激磁(Unidirectional core excitation)：僅工作於B-H迴路之第一象限。
2. 雙向激磁(Bidirectional core excitation)：工作於B-H迴路之第一及第三象限。

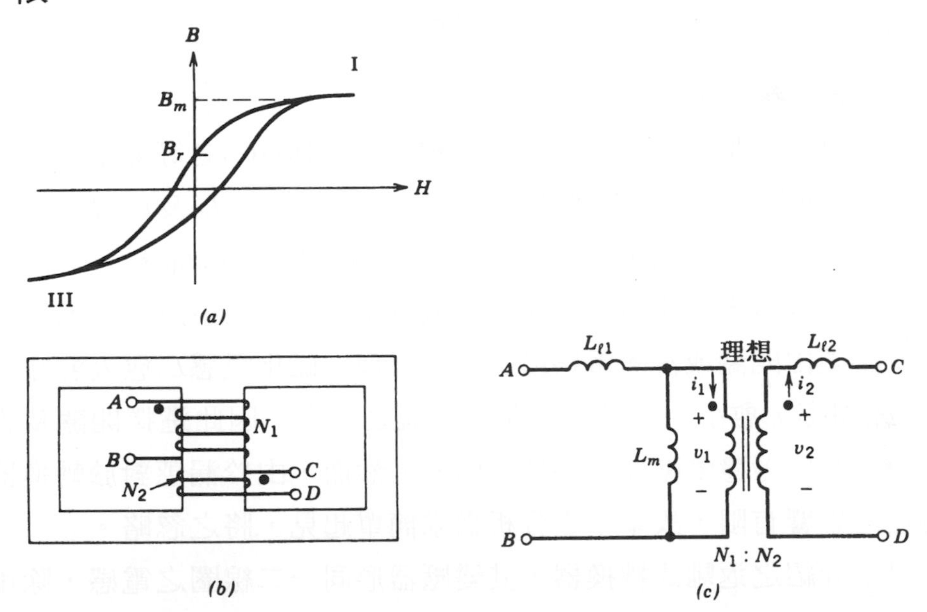

圖 10-4　變壓器之表示：(a)典型變壓器鐵心之B-H；(b)二繞組變壓器；(c)等效電路

10-4-1-1　單向激磁

利用第十章所介紹的直流至直流轉換器所衍生具隔離之切換式電源供應器屬於單向激磁。其具有兩種形式：

- 返馳式(flyback)轉換器(由昇-降壓式轉換器衍生而來)
- 前向式(forward)轉換器(由降壓轉換器衍生而來)

10-4-1-2 雙向激磁

第八章所提之單向切換式變流器所產生之交流方塊波可用以當成圖10-2高頻變壓器之輸入，由這些形式之變流器所衍生具隔離之切換式電源供應器屬雙向激磁，其有以下幾種形式：

・推挽式(push-pull)

・半橋式

・全橋式

如同在第七及第八章之分析方法，本章中之分析爲穩態分析，而且仍將開關、電感、電容及變壓器等元件視爲理想。

10-4-1-3 變壓器之表示

忽略變壓器之損失，圖10-4(b)之變壓器可以10-4(c)之等效電路來代表，其中N_1：N_2爲匝數比，L_m爲反應至一次側之磁化電感，L_{l1}及L_{l2}爲一二次側之漏感，而理想變壓器則滿足：$v_1/v_2 = N_1/N_2$及$N_1 i_1 = N_2 i_2$之關係。

對切換式直流至直流轉換器而言，漏感量L_{l1}與L_{l2}愈小愈好，因爲它所儲存之能量必須由開關或緩衝電路所吸收；同理，磁化電感L_m愈大愈好，因爲L_m愈大磁化電流i_m愈小，可以減少開關電流之額定。因此選擇開關及設計緩衝電路時，必須考慮變壓器之漏感等因素。然而，由於漏感對於轉換器電壓轉換特性之影響有限，故本章之分析爲求簡單起見，將之忽略。

在以下介紹之返馳式轉換器，其變壓器形同一二線圈之電感，除用以隔離外亦具備儲能之功能，因此上述對於L_m之建議並不適用。

而對於共振式之電源供應器而言，其變壓器的設計考量，則有別於切換式者，因爲變壓器之漏感與自感可以被用當成共振槽路的一部份，以提供零電壓及(或)零電流切換。

10-4-1-4 隔離式直流至直流轉換器之限制

對單一開關之轉換器電路，如返馳式與前向式，輸出電壓可以利用第七章所提之PWM來控制。

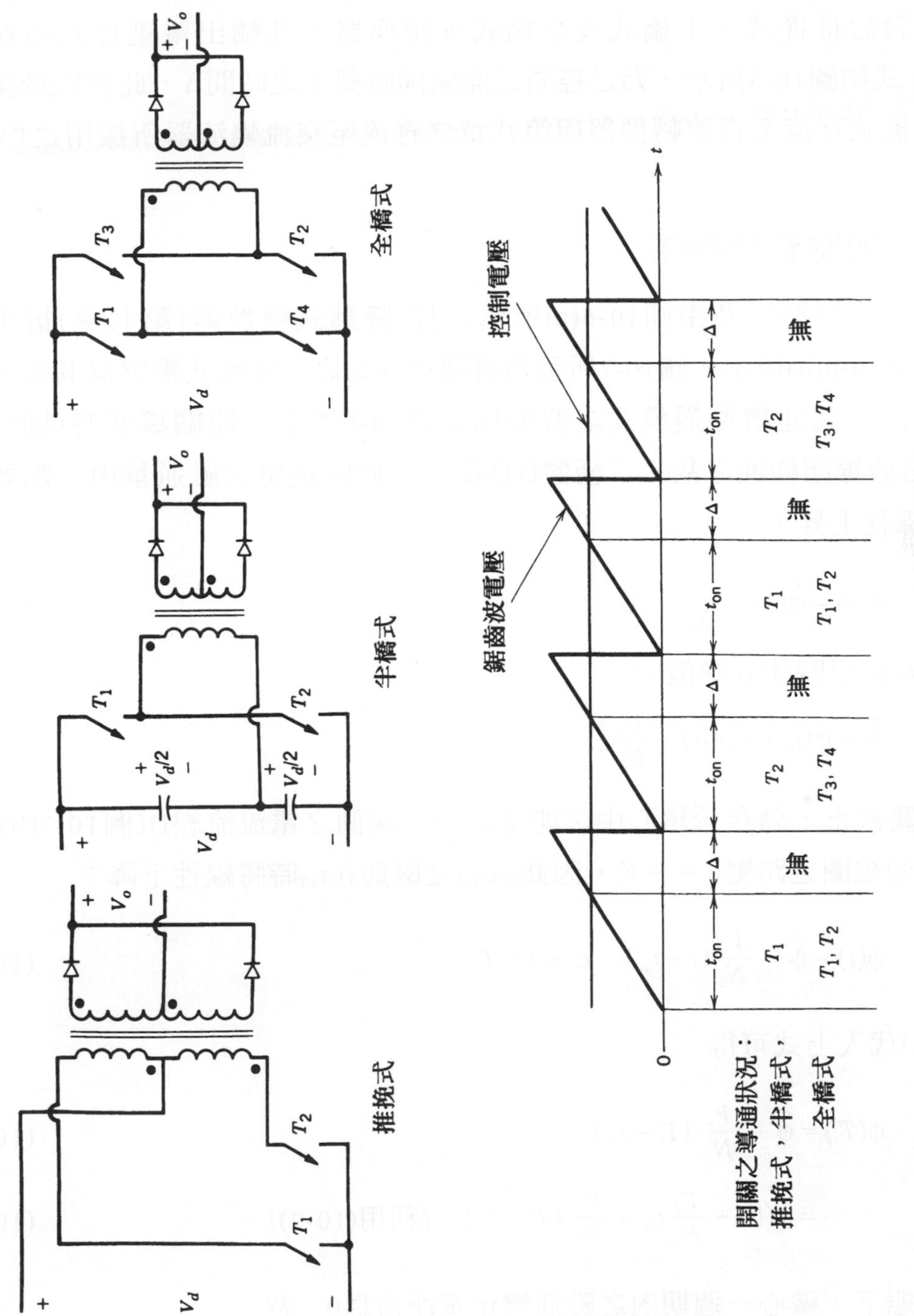

圖 10-5　直流至直流轉換器之PWM方式

而對於推挽式、半橋式及全橋式等轉換器，其輸出電壓控制所採之PWM方式如圖10-5所示，乃是控制二開關同時截止之時間Δ，此有別於第七章之全橋式直流至直流轉換器與第八章之直流至交流變流器所採用之PWM技術。

10-4-2 返馳式轉換器

返馳式轉換器乃由圖10-6(a)所示之昇-降壓式轉換器(第七章)衍生而來，如圖10-6(b)所示。圖10-7所示乃將圖10-6(b)之二線圈式電感以其等效電路來表示，其連續導通模式之波形則如圖10-8所示。開關導通時(圖10-7(a))，由於線圈極性之故，二極體D為截止，此時電感之磁通量由一起始值$\phi(0)$，線性上昇：

$$\phi(t)=\phi(0)+\frac{V_d}{N_1}t \qquad 0<t<t_{on} \tag{10-1}$$

磁通在t_{on}結束時達到峰值：

$$\hat{\phi}=\phi(t_{on})=\phi(0)+\frac{V_d}{N_1}t_{on} \tag{10-2}$$

t_{on}後開關截止，儲存於鐵心中之能量將使二次側之電流流經D(圖10-7(b))，且二次側線圈之跨壓$v_2=-V_o$。因此鐵心之磁通在t_{off}時將線性下降：

$$\phi(t)=\hat{\phi}-\frac{V_o}{N_2}(t-t_{on}) \qquad t_{on}<t<T_s \tag{10-3}$$

將(10-2)代入上式可得

$$\phi(T_s)=\hat{\phi}-\frac{V_o}{N_2}(T_s-t_{on}) \tag{10-4}$$

$$=\phi(0)+\frac{V_d}{N_1}t_{on}-\frac{V_o}{N_2}(T_s-t_{on}) \quad (\text{利用}(10\text{-}2)) \tag{10-5}$$

由於穩態下，鐵心一週期內之磁通變化量淨值為0，故

$$\phi(T_s)=\phi(0) \tag{10-6}$$

由(10-5)及(10-6)可得

$$\frac{V_0}{V_d}=\frac{N_2}{N_1}\frac{D}{1-D} \tag{10-7}$$

其中$D=t_{on}/T_s$爲開關之責任週期。(10-7)指出返馳式轉換器之電壓轉換特性與昇降壓式轉換器相同。

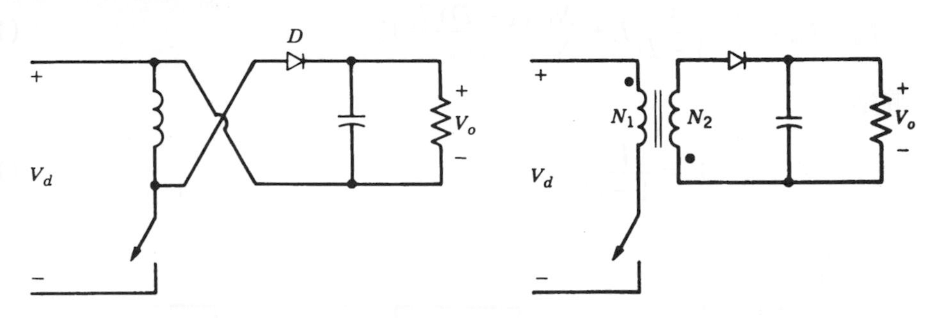

圖 10-6　返馳式轉換器

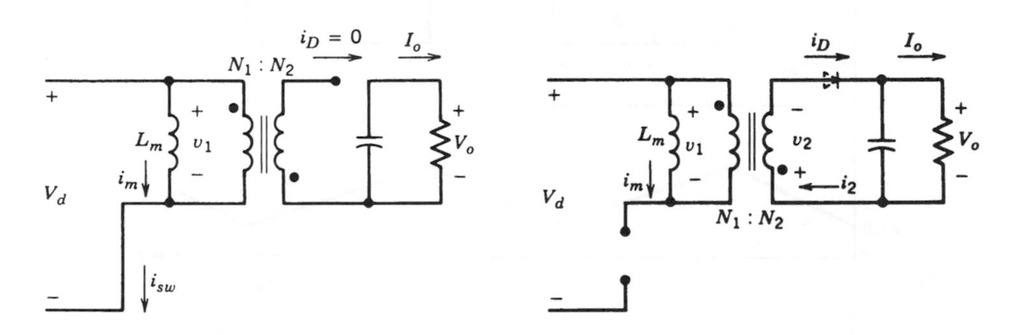

圖 10-7　返馳式轉換器電路狀態：(a)開關導通，(b)開關截止

圖10-8之波形，可以利用以下之方程式繪出。t_{on}期間，一次側電壓$v_1=V_d$，因此電感電流將由其起始值$I_m(0)$線性上昇：

$$i_m(t)=i_{sw}(t)=I_m(0)+\frac{V_d}{L_m}t \quad 0<t<t_{on} \tag{10-8}$$

且
$$\hat{I}_m=\hat{I}_{sw}=I_m(0)+\frac{V_d}{L_m}t_{on} \tag{10-9}$$

t_{off}時，開關電流爲0，且$v_1=-\left(\frac{N_1}{N_2}\right)V_o$，因此

$$i_m(t)=\hat{I}_m-\frac{V_o(N_1/N_2)}{L_m}(t-t_{on}) \tag{10-10}$$

$$i_D(t)=\frac{N_1}{N_2}\,i_m(t)=\frac{N_1}{N_2}\left[\hat{I}_m-\frac{V_o\frac{N_1}{N_2}}{L_m}(t-t_{on})\right] \tag{10-11}$$

由於$i_D(t)$之平均值等於I_o，由(10-11)

$$\hat{I}_m=\hat{I}_{sw}=\frac{N_2}{N_1}\frac{1}{1-D}I_o+\frac{N_1}{N_2}\frac{(1-D)T_s}{2L_m}V_o \tag{10-12}$$

開關之電壓為

$$v_{sw}=V_d+\frac{N_1}{N_2}V_o=\frac{V_d}{1-D} \tag{10-13}$$

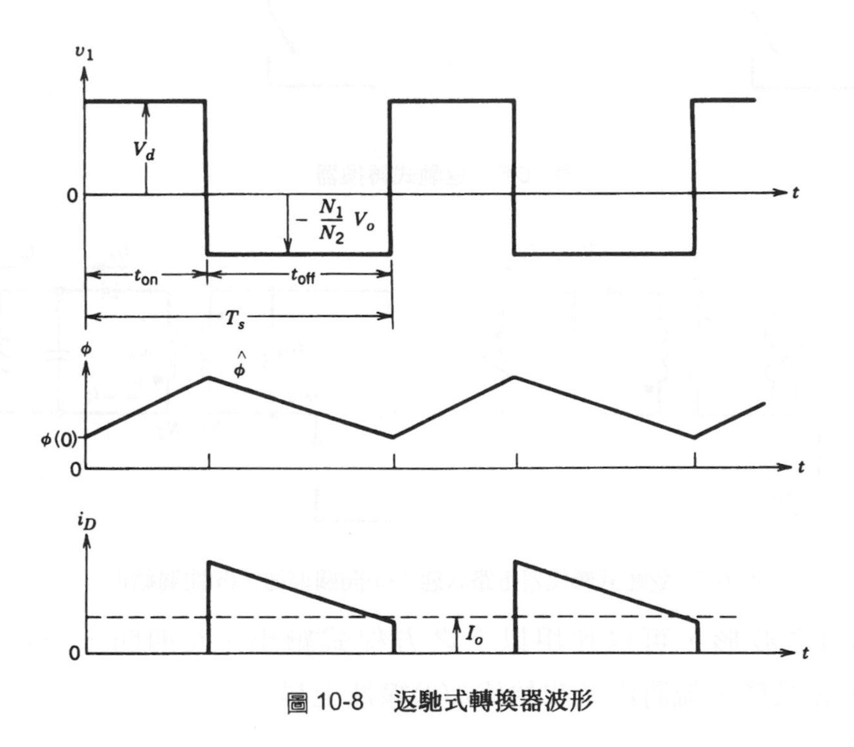

圖 10-8　返馳式轉換器波形

10-4-2-1　其它形式上返馳式轉換器

圖10-9所示為兩種其它形式之返馳式轉換器，另外還有一種適合低電壓輸出之形式，請參閱文獻[5]。

二開關之返馳式轉換器

圖10-9(a)所示為一二開關之返馳式轉換，二開關必須同時導通及截止，其優點為開關之額定為前述單一開關者的一半。此外，由於一次側線圈有飛

輸二極體，故不需要使用緩充電路來吸收變壓器漏感之儲能[17]。

並聯式之返馳式轉換器

對高功率之用途，使用並聯之轉換器要較使用單一較高容量之轉換器為佳，原因如下：⑴藉由備用設計(redundancy)，可以提高系統的可靠度；⑵可以增加有效之切換頻率，減少輸入與輸出電流之脈動(pulsation)；⑶系統可以作標準之模組化設計，便於利用小功率之模組並聯以提供大功率之輸出。

轉換器之並聯，各轉換器之分流是一問題，其可以採用電流模式控制來加以克服。電流模式控制在本章稍後會介紹。

圖10-9(b)所示為兩組返馳式轉換器並聯之架構，二轉換器之切換頻率需相同，但開關導通之時間必須相互錯開半個週期，其好處是可以改善輸入及輸出之電流波形(參考習題10-4)。

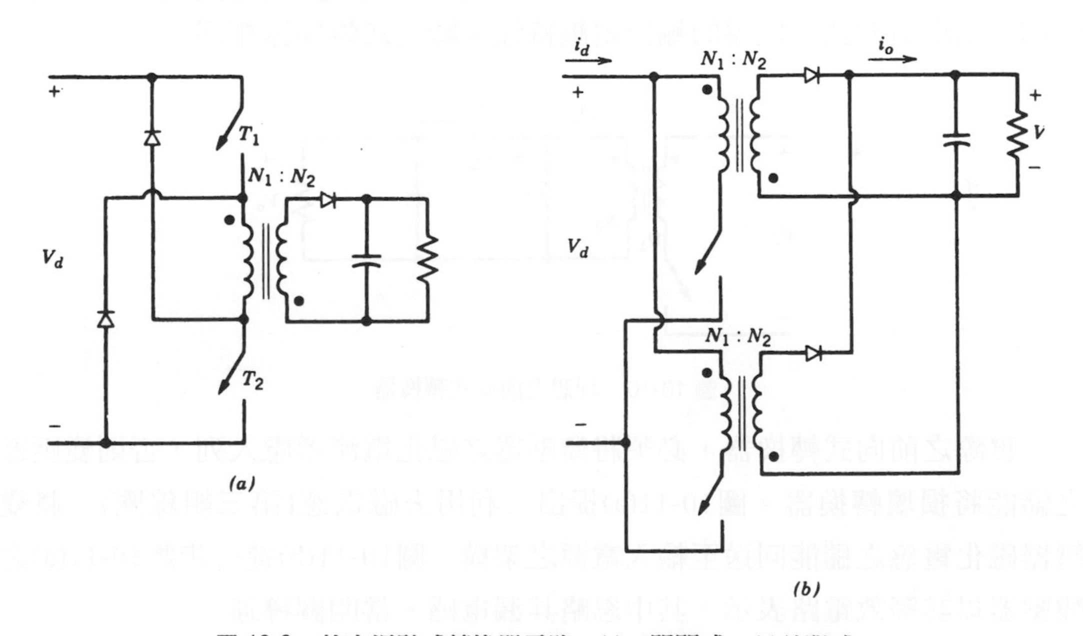

圖 10-9　其它返馳式轉換器電路：(a)二開關式；(b)並聯式

10-4-3 前向式轉換器

圖10-10所示爲一理想之前向式轉換器，其乃假設變壓器爲理想。當開關導通時，D_1順向偏壓而D_2爲反向偏壓。因此

$$v_L = \frac{N_2}{N_2} V_d - V_o \quad 0 < t < t_{\text{on}} \tag{10-14}$$

v_L爲正，故i_L增加。當開關截止時，i_L巡迴於D_2，

$$v_L = -V_o \quad t_{\text{on}} < t < T_s \tag{10-15}$$

故i_L下降，由於穩態下電感電壓一週期之平均值爲0，利用(10-14)及(10-15)可得

$$\frac{V_o}{V_d} = \frac{N_2}{N_1} D \tag{10-16}$$

(10-16)指出前向式轉換器的輸出電壓特性與降壓式轉換器相同。

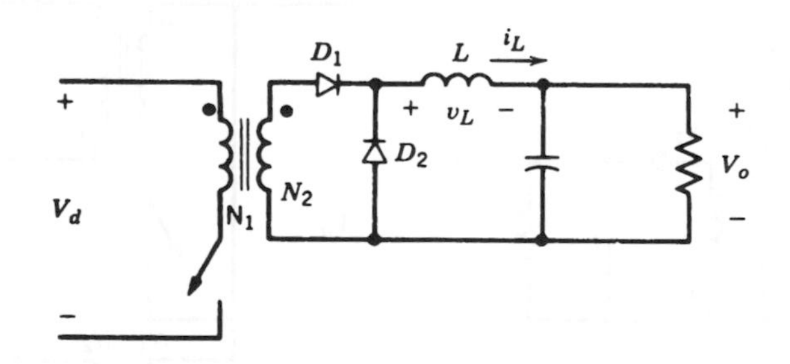

圖 10-10 理想之前向式轉換器

實際之前向式轉換器，必須將變壓器之磁化電流考慮入列，否則變壓器之儲能將損壞轉換器。圖10-11(a)提出一利用去磁電感(第三組線圈)，將變壓器磁化電感之儲能回送至輸入電源之架構。圖10-11(b)進一步將10-11(a)之變壓器以其等效電路表示，其中忽略其漏電感。當開關導通

$$V_1 = V_d \quad 0 < t < t_{\text{on}} \tag{10-17}$$

i_m將由0線性上昇至$\hat{I}_m$，如圖10-11(c)所示；當開關截止，$i_1 = -i_m$，由圖10-11(b)可知，$N_1 i_1 + N_3 i_3 = N_2 i_2$，因$D_1$截止，$i_2 = 0$，故

$$i_3 = \frac{N_1}{N_3} i_m \tag{10-18}$$

i_3將流經D_3送入輸入電源。在圖10-11(c)中i_3流通之t_m期間，變壓器一次側之電壓為

$$V_1 = -\frac{N_1}{N_3} V_d \quad t_{\text{on}} < t < t_{\text{on}} + t_m \tag{10-19}$$

t_m後變壓器被完全去磁，亦即$i_m = 0$，且$V_1 = 0$。t_m之長度可利用跨於L_m之V_1電壓一週期之平均值為0求得，由(10-17)及(10-19)可得

$$\frac{t_m}{T_s} = \frac{N_3}{N_1} D \tag{10-20}$$

如果變壓器可在一週期結束前被完全去磁，則t_m / T_s之最大值為$1 - D$，因此由(10–20)可知

$$(1 - D_{\max}) = \frac{N_3}{N_1} D_{\max}$$

或

$$D_{\max} = \frac{1}{1 + N_3 / N_1} \tag{10-21}$$

(10-21)指出若變壓器之一次側線圈與去磁線圈之匝數相同(即$N_1 = N_3$)，則轉換器可操作之最大責任週期為0.5。

注意，一次側線圈與去磁線圈不一定要隔離，因此為減少二線圈間之漏感起見，可以利用雙支(bifilar)線圈之繞法。去磁線圈由於只流通去磁電流，可使用較細之導線。雖然變壓器將去磁電感考慮入列，但轉換器電壓轉換之特性仍與採用理想變壓器所得者相同，即如(10-16)所示。除了使用去磁線圈之作法外，亦可在圖10-10之開關上並聯一稽納二極體以吸收儲存於線圈之能量。

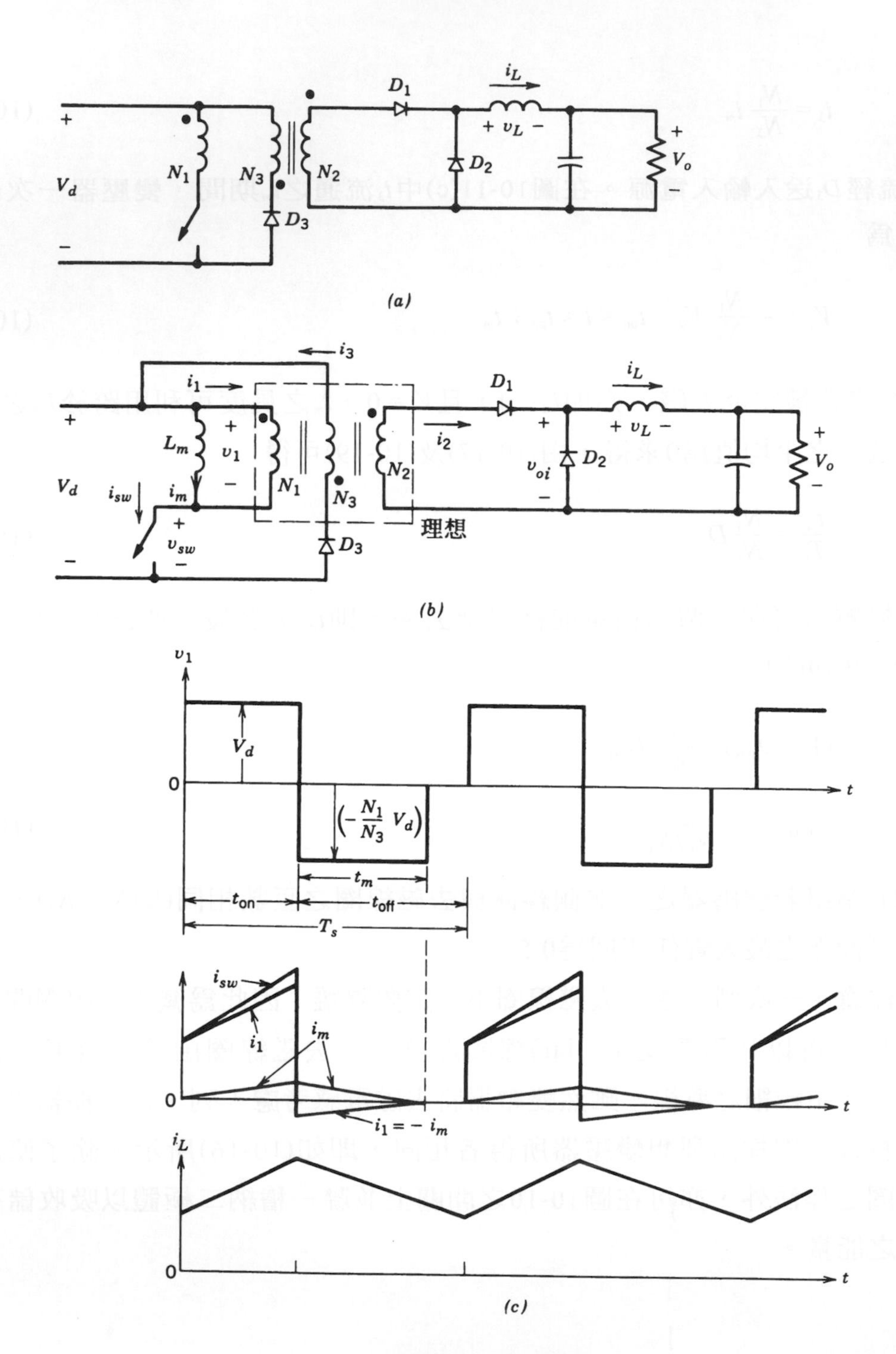

圖 10-11 實際之前向式轉換器

10-4-3-1　其它形式之前向式轉換器

其它形式之前向式轉換器如圖10-12所示。

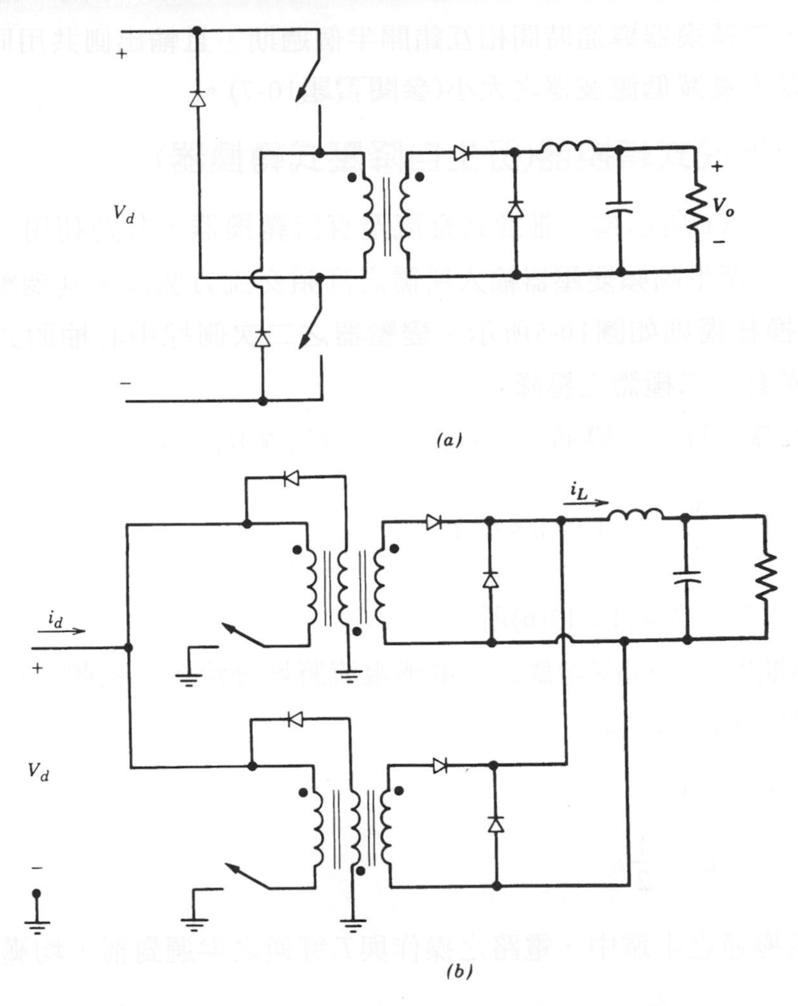

圖 10-12　其它前向式轉換器電路：(a)二開關式；(b)並聯式

二開關式之前向式轉換器

其轉換器電路如圖10-12(a)所示，二開關為同時導通及截止，每個開關之額定為前述單一開關者的一半。此外當開關截止時，磁化電流可以經由二極體送入輸入電源，可以免去額外之去磁線圈或緩衝電路。

並聯之前向式轉換器

其優點同前述並聯之返馳式轉換器。圖10-12(b)所示為二並聯之前向式轉換器，二轉換器導通時間相互錯開半個週期，且輸出側共用同一輸出濾波器，可以大量減低濾波器之大小(參閱習題10-7)。

10-4-4 推挽式轉換器(衍生自降壓式轉換器)

圖10-13(a)所示為一推挽式直流至直流轉換器，其乃利用一推挽式變流器(第八章)產生高頻變壓器輸入所需之高頻交流方塊波。其調整輸出電壓之PWM切換技術則如圖10-5所示。變壓器之二次側採中心抽頭式，其優點為二次側僅有一二極體之壓降。

當T_1導通時，D_1導通，D_2截止，$v_{oi} = (N_1/N_2)V_d$。故

$$V_L = \frac{N_2}{N_2} V_d - V_o \quad 0 < t < t_{\text{on}} \tag{10-22}$$

i_L將線性上昇，如圖10-13(b)所示。

在Δ期間，二開關均截止，電感電流將均分流經二次側二線圈且$v_{oi} = 0$。因此，在$t_{\text{on}} < t < t_{\text{on}} + \Delta$，

$$v_L = -V_o \tag{10-23}$$

且

$$i_{D1} = i_{D2} = \frac{1}{2} i_L \tag{10-24}$$

在下一T_2導通之半週中，電路之操作與T_1導通之半週對稱，均滿足

$$t_{\text{on}} + \Delta = \frac{1}{2} T_s \tag{10-25}$$

利用電感電壓一週期之平均值為0，由(10-22)、(10-23)及(10-25)可得

$$\frac{V_o}{V_d} = 2\frac{N_2}{N_1} D \text{，} 0 < D < 0.5 \tag{10-26}$$

其中$D = t_{\text{on}}/T_s$為開關1及2之責任週期，其最大值為0.5。圖10-13(b)中v_{oi}之平均電壓等於V_o。

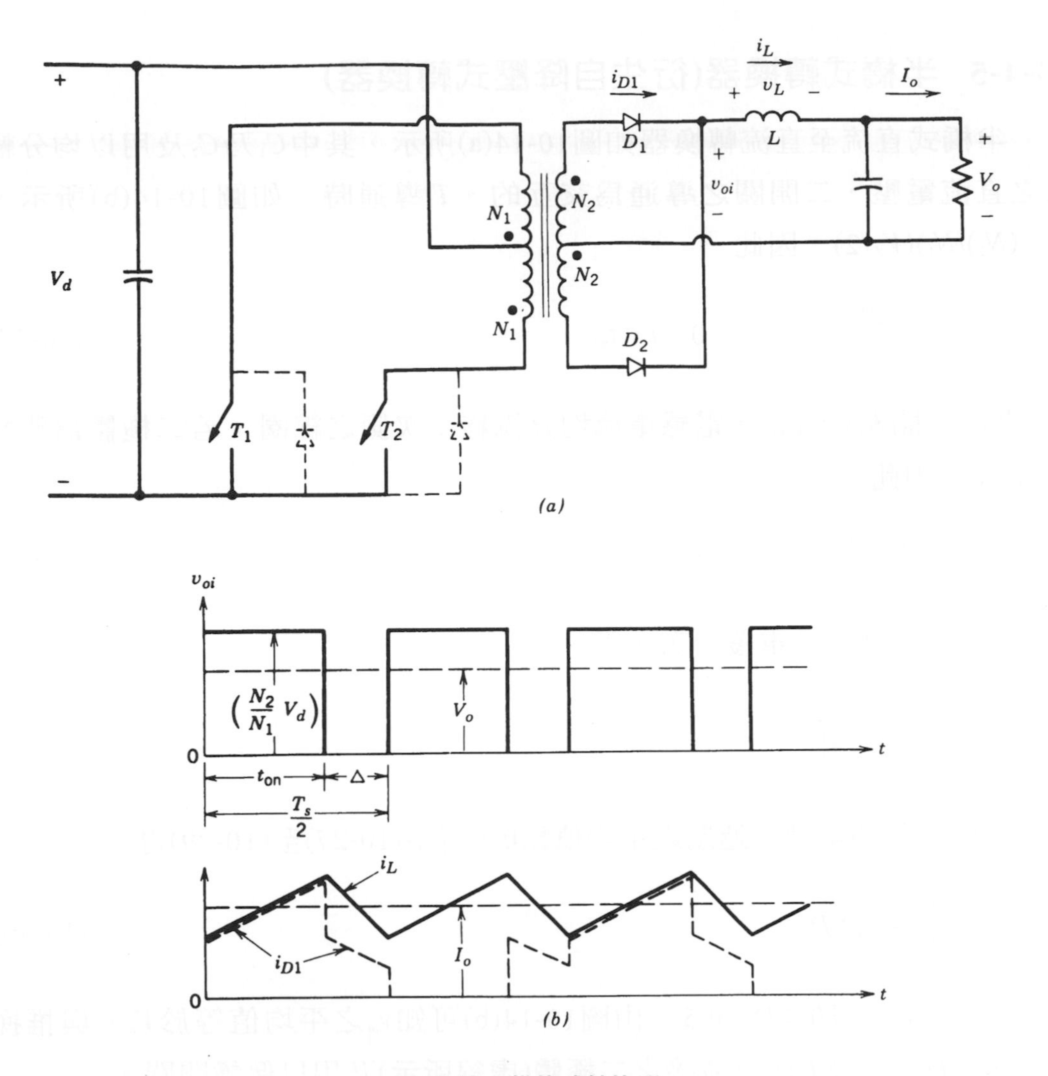

圖 10-13 **推挽式轉換器**

第八章中之推挽式變流器，其開關反並接之二極體乃用以流通虛功(reactive)成份之電流，開關導通時間與負載之功率因數成反比。而圖10-13(a)之推挽式直流至直流轉換器，其開關反並接之二極體則用以流通變壓器漏感所造成之電流。

推挽式電路，不可避免地T_1與T_2之導通時間不可能完全一致，因此二開關電流之峰值將不平衡，此不平衡可以利用電流模式控制(本章稍後將會介紹)來加以消除。

10-4-5　半橋式轉換器(衍生自降壓式轉換器)

半橋式直流至直流轉換器如圖10-14(a)所示，其中C_1乃C_2及用以均分輸入之直流電壓，二開關之導通為交互的。T_1導通時，如圖10-14(b)所示，$v_{oi} = (N_2)/N_1)(V_d/2)$，因此

$$v_L = \frac{N_1}{N_1}\frac{V_d}{2} - V_o \quad 0 < t < t_{\text{on}} \tag{10-27}$$

在Δ期間二開關均截止，電感電流均分流經二次側之線圈，若二極體為理想則$v_{oi} = 0$，因此

$$v_L = -V_o \quad t_{\text{on}} < t < t_{\text{on}} + \Delta \tag{10-28}$$

穩態下，此波形$\frac{1}{2}T_s$重覆一次，且

$$t_{\text{on}} + \Delta = \frac{T_s}{2} \tag{10-29}$$

利用穩態下電感電壓一週期之平均值為0，可由(10-27)至(10-29)得

$$\frac{V_o}{V_d} = \frac{N_2}{N_1}D \tag{10-30}$$

其中$D = t_{\text{on}}/T_s$，且$0 < D < 0.5$。由圖10-14(b)可知v_{oi}之平均值等於V_o。與推挽式轉換一樣，T_1及T_2所反並接之二極體(虛線所示)乃用以保護開關。

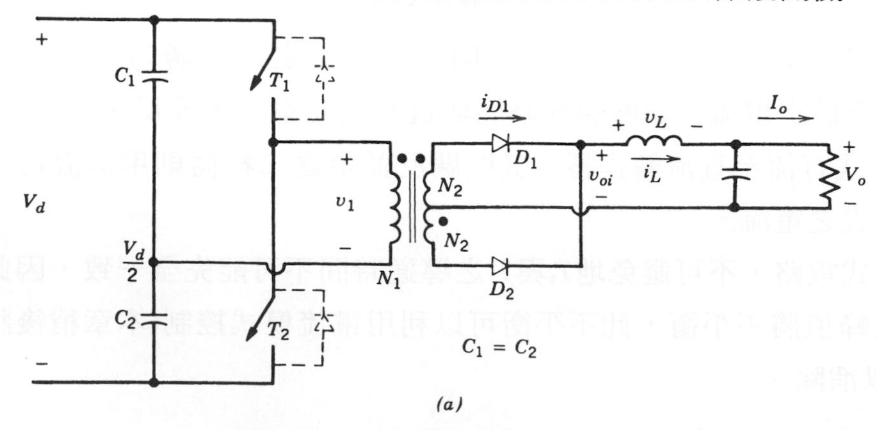

(a)

圖 10-14　半橋式直流至直流轉換器

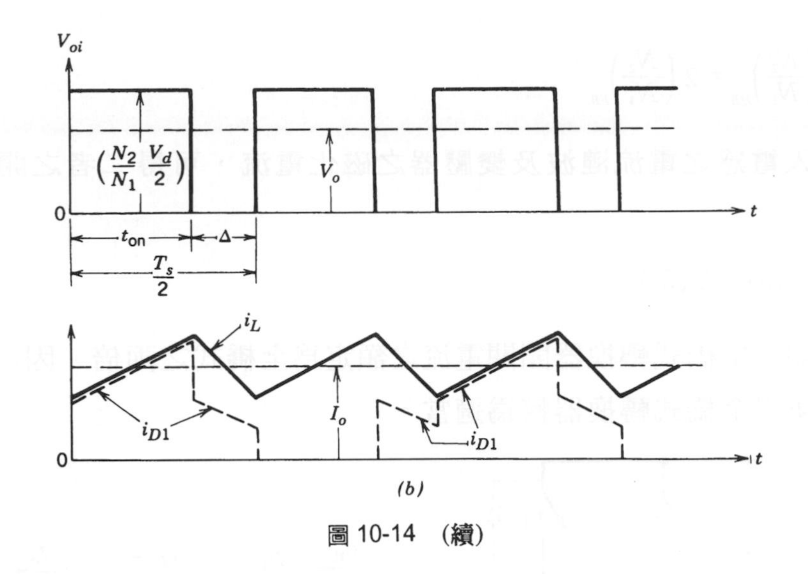

圖 10-14　(續)

10-4-6　全橋式轉換器(衍生自降壓式轉換器)

圖10-15(a)之全橋式轉換器，(T_1，T_2)及(T_3，T_4)爲成對切換之開關。當(T_1，T_2)或(T_3，T_4)導通時，如圖10-15(b)所示，$v_{oi}=(N_2/N_1)V_d$，因此

$$v_L=\frac{N_2}{N_1}V_d-V_o \quad 0<t<t_{on} \tag{10-31}$$

當二開關對同時截止時，電感電流均分流經二次側之線圈，故$v_{oi}=0$，且

$$V_L=-V_o \quad t_{on}<t<t_{on}+\Delta \tag{10-32}$$

利用穩態下電感電壓一週期內之平均值爲0，且利用$t_{on}+\Delta=\frac{T_S}{2}$可得

$$\frac{V_o}{V_d}=2\frac{N_2}{N_1}D \tag{10-33}$$

其中，$D=t_{on}/T_s$，且$0<D<0.5$。由圖10-15(b)可知，v_{oi}之平均值即等於V_o。

與開關反並接之二極體(虛線所示)，乃用以流通一次側線圈漏感儲能所引起之電流，以保護開關。

比較半橋式(HB)與全橋式(FB)轉換器，在相同之輸出入電壓與功率額定下，二者之變壓器匝數比滿足：

$$\left(\frac{N_2}{N_1}\right)_{HB} = 2\left(\frac{N_2}{N_1}\right)_{FB} \tag{10-34}$$

若忽略輸入電感之電流漣波及變壓器之磁化電流，可得二者之開關電流滿足：

$$(I_{sw})_{HB} = 2\,(I_{sw})_{FB} \tag{10-35}$$

由上式可知，半橋式轉換器開關電流之額定為全橋式之兩倍。因此對大功率之用途，使用全橋式轉換器較為適當。

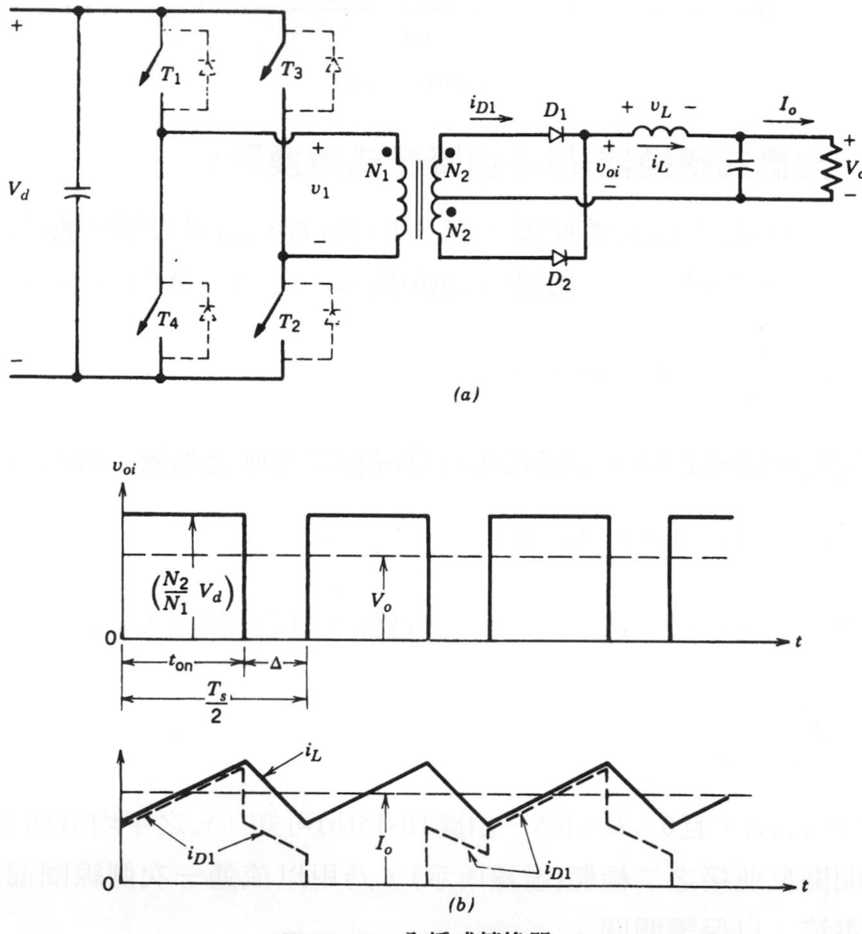

圖 10-15　全橋式轉換器

10-4-7　電流源直流至直流轉換器

前述之轉換器，其輸入直接接在電壓源上，稱爲電壓源轉換器。若輸入透過一電感再接至電壓源，如圖10-16所示之推挽式轉換器，則稱爲電流源轉換器。此推挽式轉換器之操作方式與一般電壓源推挽式轉換器不同，其責任週期大於0.5，允許二開關同時導通(注意：電壓源推挽式轉換器之D必須小於0.5)。

當二開關同時導通時，一次側線圈之電壓爲0，因此輸入電流i_d線性上昇，能量儲存於輸入電感L_d中。當只有一開關導通時，輸入電壓及L_d之儲能便送至負載端。此動作原理與昇壓式轉換器(第七章)類似。當其操作於連續導通模式，電壓轉移比例爲(參考習題10-9)：

$$\frac{V_o}{V_d}=\frac{N_2}{N_1}\frac{1}{2(1-D)}\qquad D>0.5 \tag{10-36}$$

電流源轉換器之缺點爲功率與重量之比值較電壓源者爲低。

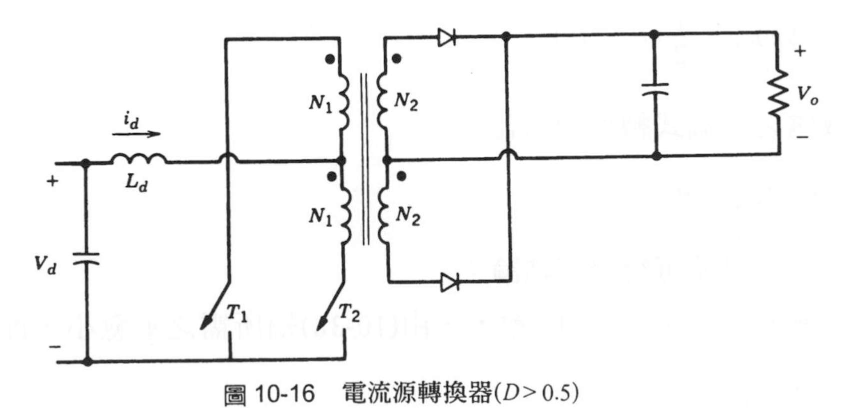

圖 10-16　電流源轉換器($D>0.5$)

10-4-8　轉換器變壓器鐵心之選擇

變壓器之要求爲體積小重量輕及效率高。轉換器採用高頻切換之目的即是要降低變壓器及濾波器之大小，但其前提是必須保持低功率損失。

變壓器鐵心之材質通常使用鐵粉心(ferrite)，例如3C8，其B-H迴路特性曲線如圖10-17(a)所示，其飽和之磁通密度B_m達0.2～0.4Wb/m²。圖10-17(b)所示爲其在各種不同的切換頻率下，單位重量之鐵心損失與$(\Delta B)_{max}$之關係。

$(\Delta B)_{max}$表示一切換週期內，磁通密度沿著其平均值變化之最大變化值。通常，單位體積或單位重量之鐵心損失，可表示爲

$$\text{鐵損密度} = K\int_s^a [(\Delta B)_{max}]^b \tag{10-37}$$

其中，a、b及K與材質有關。

當$D = 0.5$時，前向式轉換器($N_1 = N_3$，如圖10-11(a))及全橋式轉換器之最大磁通密度，可用圖10-18(a)及圖10-18(b)來計算，其中v_1爲一次側線圈之跨壓。二轉換器之

$$(\Delta B)_{max} = \frac{V_d}{4\,N_1\,A_C\,f_s} \quad (D = 0.5) \tag{10-38}$$

其中A_C爲鐵心之截面積，N_1爲一次側線圈之匝數。

對單向激磁之前向式轉換器而言，由圖10-18(a)之波形與圖10-4(a)之B-H迴路可知：

$$(\Delta B)_{max} < \frac{1}{2}(B_m - B_r) \tag{10-39a}$$

對雙向激磁之全橋式轉換器而言：

$$(\Delta B)_{max} < B_m \tag{10-39b}$$

基於上述討論可得以下結論：

1. B_m愈大，可達之$(\Delta B)_{max}$愈大，由(10-38)知所需之A_C愈小，即鐵心之體積愈小。
2. 切換頻率低於100KHz時，$(\Delta B)_{max}$受限於B_m，由(10-38)知，切換頻率愈高，A_C愈小。但切換頻率高於100KHz後，必須選擇較小之$(\Delta B)_{max}$以減少鐵心損失(如圖10-17(b)所示)。
3. 對於單向激磁之轉換器如前向式轉換器，其$(\Delta B)_{max}$受限於$B_m - B_r$，因此除非使用較複雜之去磁機構，否則最佳方式是選擇具有低B_r之鐵心。在實用上，通常會在鐵心內加入一小氣隙以使鐵心之特性較爲線性(即較不易飽和)，且可大幅降低B_r(參考問題10-11)。

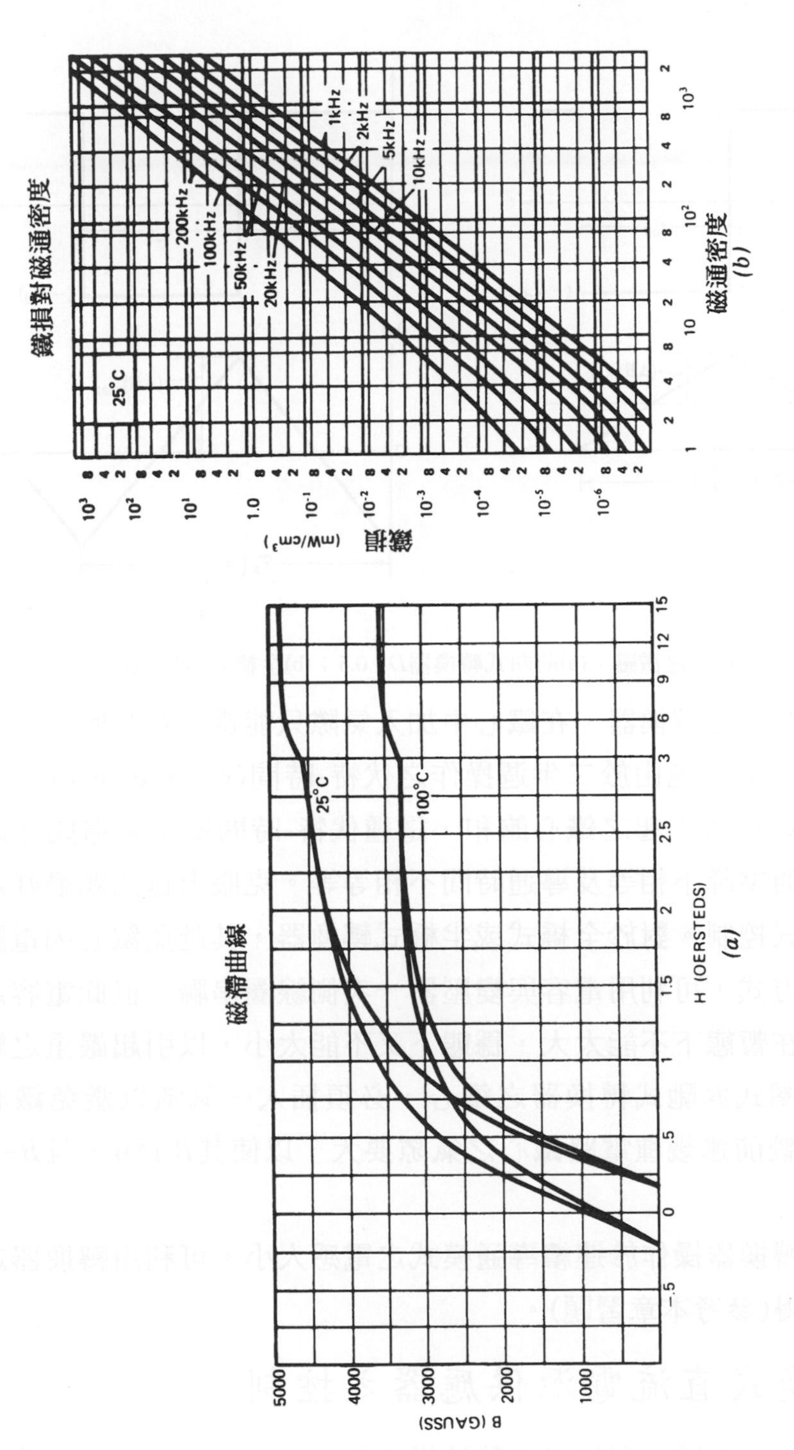

圖 10-17　3C8 ferrite特性曲線：(a)B-H迴路；(b)鐵損曲線

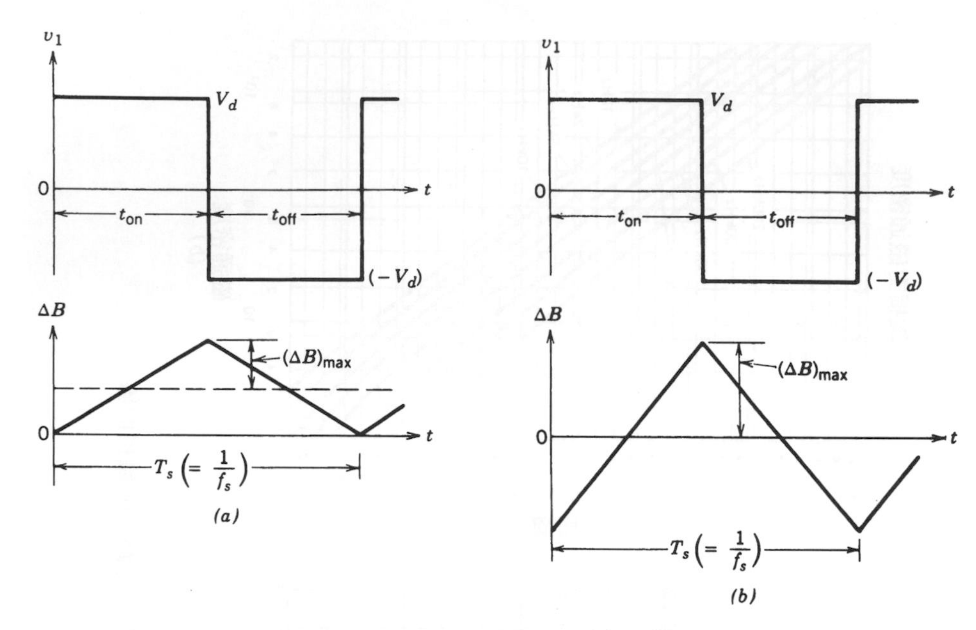

圖 10-18　鐵心之激磁：(a)前向式轉換器$D=0.5$；(b)全橋式轉換式$D=0.5$

對於雙向激磁之轉換器，在鐵心中加入氣隙只能避免在起動及暫態下之鐵心飽和，並不能避免由於二半週操作之伏特-時間(voltage-second)不平衡所造成之直流成份所引起之鐵心飽和，這種伏特-時間不平衡造成之因素，如二開關之導通壓降不相等及導通時間不相等等。克服上述問題最好之方式爲採用電流模式控制。對於全橋式或半橋式轉換器，其避免鐵心因電壓不平衡造成飽和之方式，可利用電容與變壓器一次側線圈串聯，但此電容之選擇必須適當，即在暫態下不能太大，穩態下又不能太小，以引起嚴重之壓降。

對於二線圈式返馳式轉換器之鐵心，必須插入一氣隙以避免鐵心之儲能。此氣隙要較前述幾種電路鐵心之氣隙要大，以使其B_r爲0，且$B-H$特性近乎線性。

對於確保轉換器操作於連續導通模式之電感大小，可利用轉換器之電壓及切換頻率求得(參考本章習題)。

10-5　切換式直流電源供應器之控制

直流電源供應器輸出電壓之調整是指負載或輸入電壓變動時，輸出電壓仍能維持在設定值的誤差範圍(例如±1%)內。此調整可以藉由如圖10-19(a)

所示之負迴授來完成，其中v_o與其設定值$V_{o,ref}$比較之誤差經放大後產生控制電壓v_C，接著再經由PWM控制器調整開關之責任週期d。

如果圖10-19(a)中轉換器之功率級部份可以被線性化，則可利用耐氏穩定定理(Nyquist Stability)及波德圖(Bode Plots)設計閉迴路補償器，以達到適當之穩定度及暫態特性。

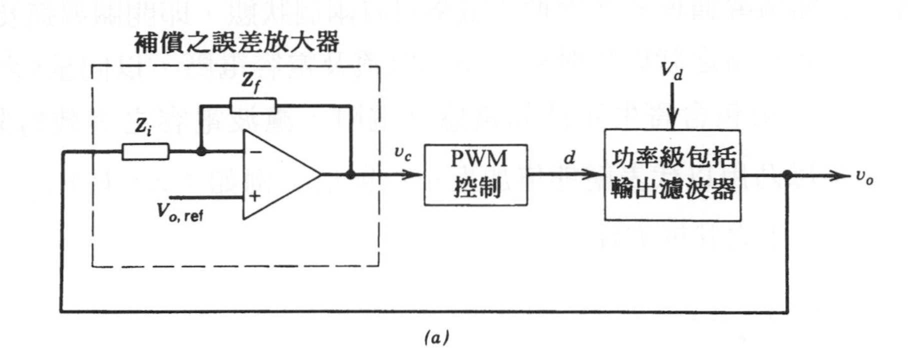

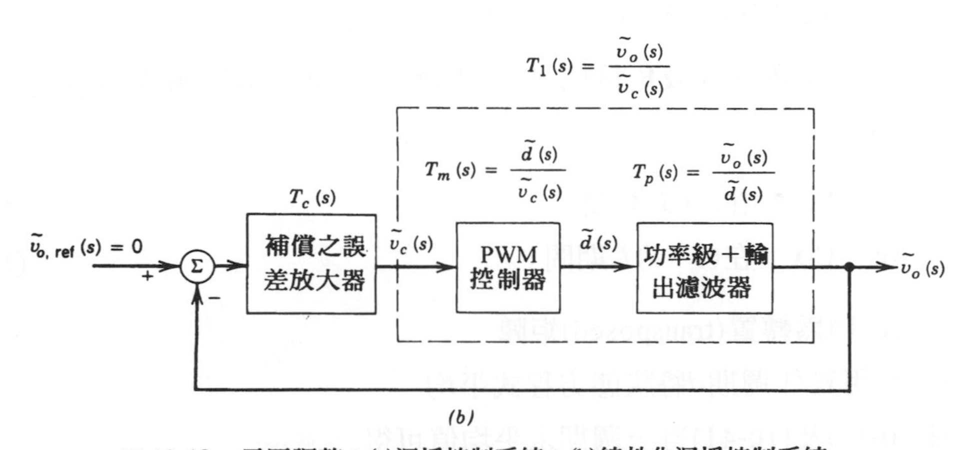

圖 10-19　電壓調整：(a)迴授控制系統；(b)線性化迴授控制系統

Middlebrook[10]提出一狀態平均法(state-space averaging technique)可以將轉換器之功率級(包含濾波器)及PWM控制器對其穩態操作點作線性化，以求得線性之小信號模型。因此圖10-19(a)中每一個方塊均可以如圖10-19(b)所示之轉移函數來表示。其中以“~”來表示小信號。

另外，尚有一種利用PWM開關線性化模型將電路線性化之方法[11.12]。

10-5-1 利用狀態平均法求$\tilde{v}_o(s)/\tilde{d}(s)$

輸出電壓v_o及開關責任週期d之穩態值爲V_o及D，其小信號爲$\tilde{v}_o$及$\tilde{d}$。以下之討論僅限於連續導通模式，狀態平均法之步驟如下：

步驟1：將每一個電路狀態以狀態變數來表示

操作於連續導通模式之轉換器電路只有兩個狀態，即開關導通及截止二電路狀態，而電路之狀態變數包含電感電流及電容電壓，以向量x來表示。電路之描述必須包含寄生元件如電感之電阻，濾波電容之等效電阻(ESR)等。小寫字母乃用以代表穩態值加上小信號值，例如：$v_o = V_o + \tilde{v}_o$。根據以上原則可得以下之狀態方程式：

$$\dot{\mathbf{x}} = \mathbf{A}_1\mathbf{x} + \mathbf{B}_1 v_d \quad 在d \cdot T_s期間 \tag{10-40}$$

及

$$\dot{\mathbf{x}} = \mathbf{A}_2\mathbf{x} + \mathbf{B}_2 v_d \quad 在(1-d) \cdot T_s期間 \tag{10-41}$$

其中$\mathbf{A}_1$及$\mathbf{A}_2$爲矩陣，$\mathbf{B}_1$及$\mathbf{B}_2$爲向量，v_d爲輸入電壓。輸出電壓可以利用狀態變數來表示：

$$v_o = \mathbf{C}_1\mathbf{x} \quad 在d \cdot T_s期間 \tag{10-42}$$

$$v_o = \mathbf{C}_2\mathbf{x} \quad 在(1-d)T_s期間 \tag{10-43}$$

其中$\mathbf{C}_1$及$\mathbf{C}_2$均爲轉置(transposed)矩陣

步驟2：利用責任週期d將狀態方程式平均

將(10-40)及(10-41)對一週期求平均值可得

$$\dot{\mathbf{x}} = [\mathbf{A}_1 d + \mathbf{A}_2(1-d)]\,\mathbf{x} + [\mathbf{B}_1 d + \mathbf{B}_2(1-d)]\,v_d \tag{10-44}$$

同理由(10-42)及(10-43)可得

$$v_o = [\mathbf{C}_1 d + \mathbf{C}_2(1-d)]\,\mathbf{x} \tag{10-45}$$

步驟3：引入小信號擾動並將交流及直成份分開

$$\mathbf{x} = \mathbf{X} + \tilde{\mathbf{x}} \tag{10-46}$$

$$v_o = V_o + \tilde{v}_o \tag{10-47}$$

且 $$d = D + \tilde{d} \tag{10-48}$$

通常$v_d = V_d + \tilde{v}_d$，在求$\tilde{v}_o / \tilde{d}$時，可先假設$\tilde{v}_d$爲0，以簡化分析即

$$v_d = V_d \tag{10-49}$$

將(10-46)至(10-49)代入(10-44)，並利用穩態下$\dot{\mathbf{X}} = 0$，可得

$$\dot{\tilde{\mathbf{x}}} = \mathbf{AX} + \mathbf{B}V_d + \mathbf{A}\tilde{\mathbf{x}} + [(\mathbf{A}_1 - \mathbf{A}_2)\mathbf{X} + (\mathbf{B}_1 - \mathbf{B}_2)V_d]\tilde{d}$$

$+$ 一些$\tilde{\mathbf{x}}$與$\tilde{d}$之乘積項(可忽略) (10-50)

其中 $$\mathbf{A} = \mathbf{A}_1 D + \mathbf{A}_1(1 - D) \tag{10-51}$$

$$\mathbf{B} = \mathbf{B}_1 D + \mathbf{B}_2(1 - D) \tag{10-52}$$

利用(10-50)將所有之小信號及微分項令爲0可得穩態方程式(直流項)

$$\mathbf{AX} + \mathbf{B}V_d = 0 \tag{10-53}$$

因此由(10-50)，可知小信號方程式爲：

$$\dot{\tilde{\mathbf{x}}} = \mathbf{A}\tilde{\mathbf{x}} + [(\mathbf{A}_1 - \mathbf{A}_2)\mathbf{X} + (\mathbf{B}_1 - \mathbf{B}_2)V_d]\tilde{d} \tag{10-54}$$

同理將(10-46)至(10-49)代入(10-45)可得

$$V_o + \tilde{v}_o = \mathbf{CX} + \mathbf{C}\tilde{\mathbf{x}} + [(\mathbf{C}_1 - \mathbf{C}_2)\mathbf{X}]\tilde{d} \tag{10-55}$$

其中 $$\mathbf{C} = \mathbf{C}_1 D + \mathbf{C}_2(1 - D) \tag{10-56}$$

(10-55)之穩態方程式爲

$$V_o = \mathbf{CX} \tag{10-57}$$

小信號方程式爲：

$$\tilde{v}_o = \mathbf{C}\tilde{\mathbf{x}} + [(\mathbf{C}_1 - \mathbf{C}_2)\mathbf{X}]\tilde{d} \tag{10-58}$$

利用(10-53)及(10-57)可得穩態下之電壓轉移特性爲：

$$\frac{V_o}{V_d} = -\mathbf{CA}^{-1}\mathbf{B} \tag{10-59}$$

步驟4：將小信號方程式轉移至s域並求出轉移函數

將(10-54)之小信號方程式利用拉氏(Laplace)轉換轉移至s域：

$$s\tilde{\mathbf{x}}(s) = \mathbf{A}\tilde{\mathbf{x}}(s) + [(\mathbf{A}_1 - \mathbf{A}_2)\mathbf{X} + (\mathbf{B}_1 - \mathbf{B}_2)V_d]\tilde{d}(s) \tag{10-60}$$

$$\tilde{\mathbf{x}}(s) = [s\mathbf{I} - \mathbf{A}]^{-1}[(\mathbf{A}_1 - \mathbf{A}_2)\mathbf{X} + (\mathbf{B}_1 - \mathbf{B}_2)V_d]\tilde{d}(s) \tag{10-61}$$

其中**I**為單位矩陣。同理(10-58)亦可利用拉氏轉換求$\tilde{v}_o(s)$，再將(10-61)代入可得功率級之轉移方程式$T_P(s)$：

$$T_p(s) = \frac{\tilde{v}_o(s)}{\tilde{d}(s)}$$

$$= \mathbf{C}[s\mathbf{I} - \mathbf{A}]^{-1}[(\mathbf{A}_1 - \mathbf{A}_2)\mathbf{X} + (\mathbf{B}_1 - \mathbf{B}_2)V_d] + ((\mathbf{C}_1 - \mathbf{C}_2)\mathbf{X} \tag{10-62}$$

【例題10-1】

求操作於連續導通模式之前向式轉換器之轉移函數$\tilde{v}_o(s)/\tilde{d}(s)$，其中$N_1/N_2 = 1$。

解： 如圖10-20(a)所示之前向式轉換器，根據其開關之導通及截止，可分成圖10-20(b)及圖10-20(c)所示之二電路狀態，此處之r_L為電感電阻，r_c為電容之等效串聯電阻(ESR)，R為負載電阻。

x_1及x_2之定義如圖10-20所示。

由圖10-20(b)開關導通時之電路狀態可得：

$$-V_d + L\dot{x}_1 + r_L x_1 + R(x_1 - C\dot{x}_2) = 0 \tag{10-63}$$

且　$$-x_2 - Cr_c\dot{x}_2 + R(x_1 - C\dot{x}_2) = 0 \tag{10-64}$$

將以上二式表示成矩陣表式

$$\begin{bmatrix} \dot{x}_1 \\ \dot{x}_1 \end{bmatrix} = \begin{bmatrix} -\dfrac{Rr_c + Rr_L + r_c r_L}{L(R + r_c)} & -\dfrac{R}{L(R + r_c)} \\ \dfrac{R}{C(R + r_c)} & -\dfrac{1}{C(R + r_c)} \end{bmatrix} \begin{bmatrix} x_1 \\ x_2 \end{bmatrix} + \begin{bmatrix} \dfrac{1}{L} \\ 0 \end{bmatrix} V_d \tag{10-65}$$

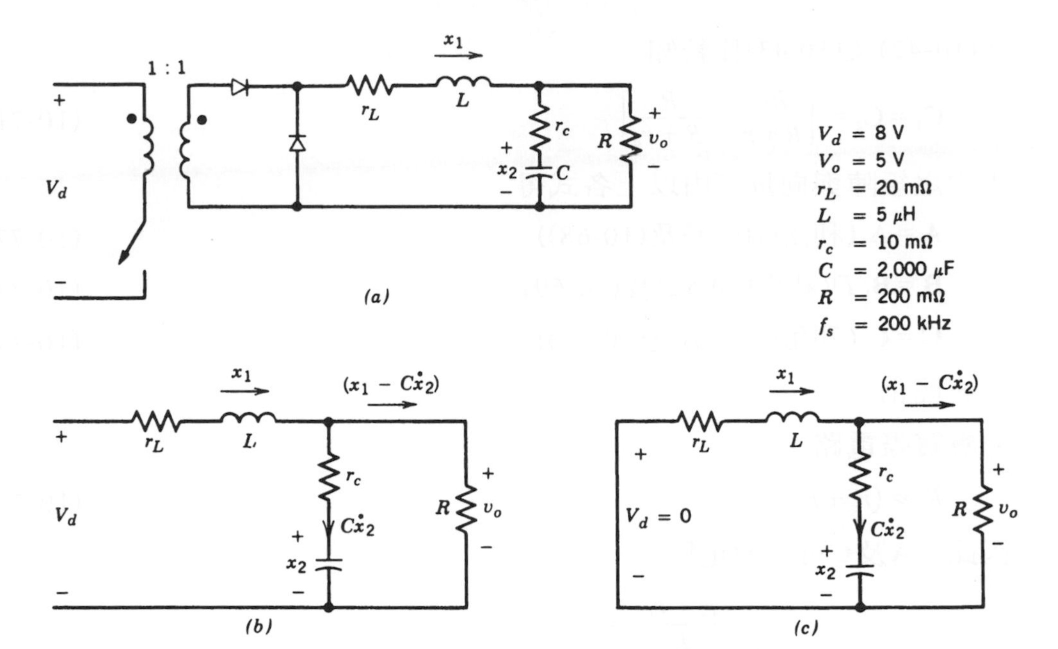

圖 10-20　前向式轉換器：(a)電路；(b)開關導通；(c)開關截止

上式與(10-40)比較可知

$$\mathbf{A}_1 = \begin{bmatrix} -\dfrac{Rr_c + Rr_L + r_c r_L}{L(R+r_c)} & -\dfrac{R}{L(R+r_c)} \\ \dfrac{R}{C(R+r_c)} & -\dfrac{1}{C(R+r_c)} \end{bmatrix} \tag{10-66}$$

$$\mathbf{B}_1 = \begin{bmatrix} \dfrac{1}{L} \\ 0 \end{bmatrix} \tag{10-67}$$

由圖10-20(c)開關截止時之電路狀態可得

$$\mathbf{A}_2 = \mathbf{A}_1 \tag{10-68}$$

$$\mathbf{B}_2 = 0 \tag{10-69}$$

以上二電路狀態之輸出電壓表出均為

$$v_o = R(x_1 - C\dot{x}_2) \tag{10-70}$$

$$= \frac{Rr_c}{R+r_c}x_1 + \frac{R}{R+r_c}x_2$$

$$= \begin{bmatrix} \dfrac{Rr_c}{R+r_c} & \dfrac{R}{R+r_c} \end{bmatrix} \begin{bmatrix} x_1 \\ x_2 \end{bmatrix} \quad (\dot{x}_2\text{乃利用(10-64)})$$

與(10-42)及(10-43)比較知

$$C_1 = C_2 = \left[\frac{Rr_c}{R+r_c} \quad \frac{R}{R+r_c}\right] \tag{10-71}$$

平均之矩陣與向量可由以上各式得

$\mathbf{A} = \mathbf{A}_1$(利用(10-51)及(10-68)) (10-72)

$\mathbf{B} = \mathbf{B}_1 D$(利用(10-52)及(10-69)) (10-73)

$\mathbf{C} = \mathbf{C}_1$(利用(10-56)及(10-71)) (10-74)

模式簡化

考慮實際電路

$$R \gg (r_c + r_L) \tag{10-75}$$

因此，**A**及**C**可以簡化爲

$$\mathbf{A} = \mathbf{A}_1 = \mathbf{A}_2 = \begin{bmatrix} -\frac{r_c + r_L}{L} & -\frac{1}{L} \\ \frac{1}{C} & -\frac{1}{CR} \end{bmatrix} \tag{10-76}$$

$$\mathbf{C} = \mathbf{C}_1 = \mathbf{C}_2 \cong [r_c \quad 1] \tag{10-77}$$

但**B**維持不變爲

$$\mathbf{B} = \mathbf{B}_1 D = \begin{bmatrix} 1/L \\ 0 \end{bmatrix} D \tag{10-78}$$

由(10-76)

$$\mathbf{A}^{-1} = \frac{LC}{1+(r_c+r_L)/R} \begin{bmatrix} -\frac{1}{CR} & \frac{1}{L} \\ -\frac{1}{C} & -\frac{r_c+r_L}{L} \end{bmatrix} \tag{10-79}$$

將(10-76)至(10-79)代入(10-59)可得穩態直流電壓之轉移函數

$$\frac{V_o}{V_d} = D\frac{R+r_c}{R+(r_c+r_L)} \cong D \tag{10-80}$$

同樣地，將(10-76)至(10-79)代入(10-62)可得小信號轉移方程式：

$$T_P(s) = \frac{\tilde{v}_o(s)}{\tilde{d}(s)} \cong V_d \frac{1+sr_cC}{LC\{s^2 + s\,[1/CR + (r_c+r_L)/L] + 1/LC\}} \tag{10-81}$$

(10-81)之分母具有$s^2+2\xi\omega_o s+\omega_o^2$之形式，其中

$$\omega_o=\frac{1}{\sqrt{LC}} \tag{10-82}$$

$$\xi=\frac{1/CR+(r_c+r_L)/L}{2\omega_o} \tag{10-83}$$

由此(10-81)可寫成

$$T_P(s)=\frac{\tilde{v}_o(s)}{\tilde{d}(s)}=V_d\frac{\omega_o^2}{\omega_z}\left(\frac{s+\omega_z}{s^2+2\xi\omega_o s+\omega_o^2}\right) \tag{10-84}$$

(10-84)所包含之零點乃由輸出電容之ESR所造成：

$$\omega_z=\frac{1}{r_c C} \tag{10-85}$$

利用(10-84)及圖10-20(a)中之數值可繪成其波德圖，如圖10-21所示。其顯示轉移函數在低頻時有一固定增益及最小之相位移。當頻率高於LC濾波器之共振頻率$\omega_o=\sqrt{1/LC}$後，增益開始以$-40dB/decade$衰減，而相位則趨近於$-180°$，當頻率大於ω_z後，由於零點之故，增益之衰減變爲-20dB/decade，相位則趨近於$-90°$，此增益大小會隨V_d大小而垂直移動(但形狀不變)，但相位則不變。■

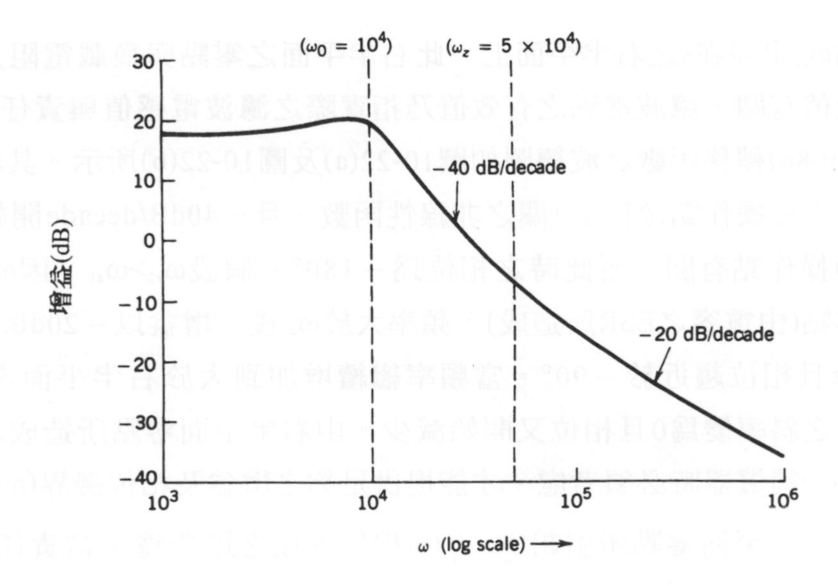

圖 10-21　圖10-20(a)轉換器：(a)增益圖；(b)相位圖

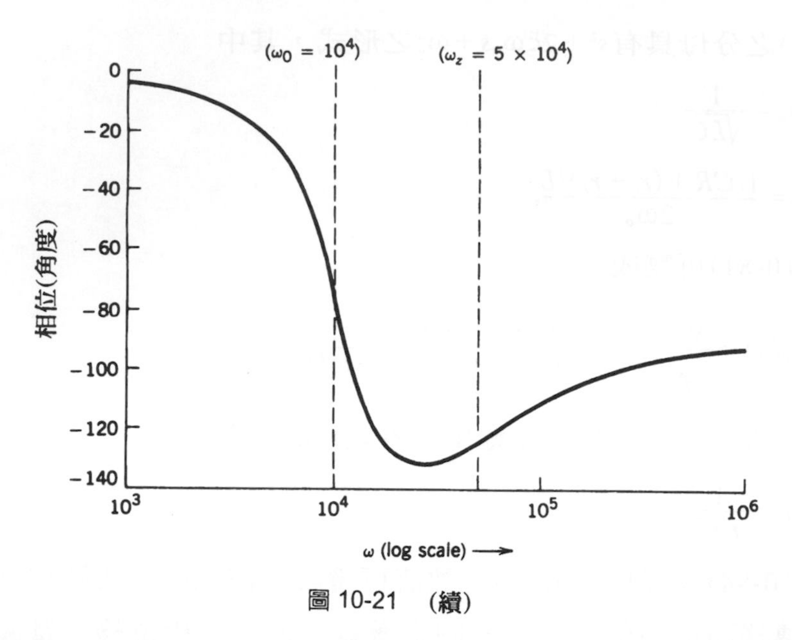

圖 10-21 (續)

對於操作於連續導通模式之返馳式轉換器，其轉移函數則爲責任週期D之非線性方程式$f(D)$：

$$\frac{\tilde{v}_0(s)}{\tilde{d}(s)} = V_d f(D) \frac{(1+s/\omega_{z1})(1-s/\omega_z)}{as^2+bs+c} \tag{10-86}$$

其中零點ω_{z2}出現在s之右半平面上，此右半平面之零點與負載電阻及濾波之電感有效值有關。濾波電感之有效值乃指實際之濾波電感值與責任週期D之乘積。(10-86)轉移函數之波德圖如圖10-22(a)及圖10-22(b)所示。其增益在低頻時爲與直流操作點(如V_d)有關之非線性函數，且－40dB/decade開始衰減之頻率亦與操作點有關，而此時之相位爲－180°。假設$\omega_{z2}>\omega_{z1}$，因ω_{z1}爲左半平面之零點(由電容之ESR所造成)，頻率大於ω_{z1}後，增益以－20dB/decade之斜率下降且相位趨近於－90°。當頻率繼續增加到大於右半平面之零點ω_{z2}時，增益之斜率變爲0且相位又開始減少。由右半平面零點所造成之相位落後，在設計補償器時必須考慮，才能提供足夠之增益及相位邊界(margins)。

由於右半平面零點所引起$\tilde{v}_o(s)/\tilde{d}(s)$相位落後之影響爲：當責任週期$d$瞬間增大時，電感電流卻不能瞬時增加，故輸出電壓降低，而且電感之儲能轉移給負載之時間$(1-d)T_s$亦瞬間減少，更加重了輸出電壓降低之問題。

對於操作於不連續導通模式之返馳式轉換器，其輸出電壓隨責任週期之增加而增加，因此不存在右半平面之零點，迴授補償器之設計較易。

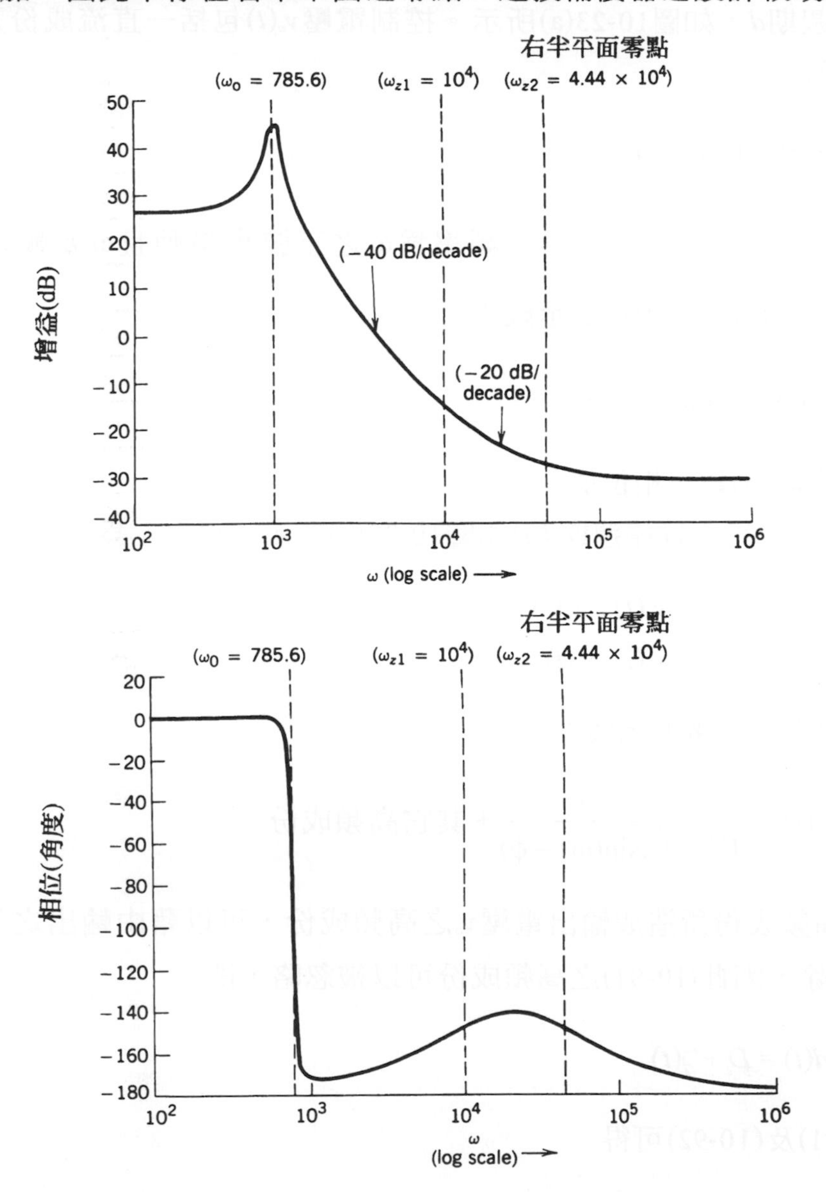

圖 10-22　(a)返馳式轉換器之增益圖；(b)返馳式轉換器之相位圖

10-5-2 PWM之轉移函數$\tilde{d}(s)/\tilde{v}_c(s)$

PWM乃由控制電壓$v_c(t)$與一頻率為切換頻率f_s之鋸齒波$v_r(t)$作比較，以調整責任週期d，如圖10-23(a)所示。控制電壓$v_c(t)$包括一直流成份及一交流小擾動成份：

$$v_c(t) = V_c + \tilde{v}_c(t) \tag{10-87}$$

其中$\widehat{V}_r$為$v_r(t)$之振幅。$\tilde{v}_c(t)$為一頻率為ω之正弦小擾動且ω要較切換頻率$\omega_s(=2\pi f_s)$小得多。$\tilde{v}_c(t)$可表示成：

$$\tilde{v}_c(t) = a\sin(\omega t - \phi) \tag{10-88}$$

其中a為振幅，ϕ為一相位值。

PWM比較後之責任週期$d(t)$如圖10-23(b)所示，可表示為

$$d(t) = \begin{cases} 1.0 & v_c(t) \geq v_r(t) \quad (10\text{-}89) \\ 0 & v_c(t) < v_r(t) \quad (10\text{-}90) \end{cases}$$

$d(t)$可以傅立葉級數表示為：

$$d(t) = \frac{V_c}{\widehat{V}_r} + \frac{a}{\widehat{V}_r\sin(\omega t - \phi)} + \text{其它高頻成份} \tag{10-91}$$

由$d(t)$之高頻成份所造成輸出電壓v_o之高頻成份，可以藉由輸出之低通濾波器加以消除，因此(10-91)之高頻成份可以被忽略，即

$$d(t) = D + \tilde{d}(t) \tag{10-92}$$

比較(10-91)及(10-92)可得

$$D = \frac{V_c}{\widehat{V}_r} \tag{10-93}$$

$$\tilde{d}(t) = \frac{a}{\widehat{V}_r}\sin(\omega t - \phi) \tag{10-94}$$

由(10-88)及(10-94)可得PWM控制器之轉移函數$T_m(s)$：

$$T_m(s)=\frac{\tilde{d}(s)}{\tilde{v}_c(s)}=\frac{1}{\hat{V}_r} \tag{10-95}$$

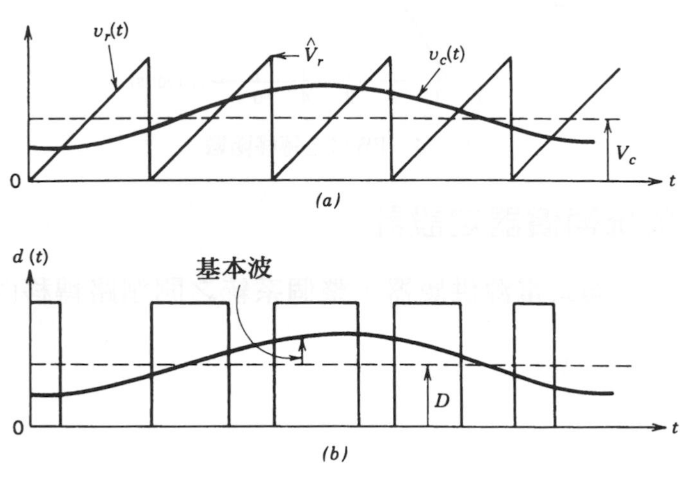

圖 10-23　脈波寬度調變(PWM)

【例題10-2】

實際PWM之轉移函數可能不是如(10-95)所示，而是如圖10-24所示之曲線。試計算其$\tilde{d}(s)/\tilde{v}_c(s)$。

解： 圖10-24中責任週期d由0($v_c=0.8$V)上昇至0.95($v_c=3.6$V)之斜率即爲PWM之轉移函數：

$$\frac{\tilde{d}(s)}{\tilde{v}_c(s)}=\frac{\Delta d}{\Delta v_c}=\frac{0.95-0}{3.6-0.8}\cong 0.34 \tag{10-96}$$

利用此轉移函數，v_o與v_c之間的轉移函數可得爲

$$T_1(s)=\frac{\tilde{v}_o(s)}{\tilde{v}_c(s)}=\frac{\tilde{v}_o(s)}{\tilde{d}(s)}\frac{\tilde{d}}{\tilde{v}_c(s)}=T_p(s)T_m(s) \tag{10-97}$$

$T_1(s)$之波德圖可利用圖10-21(a)或圖10-22(a)之$T_p(s)$再計入由$T_m(s)$所帶來之增益0.34(＝－9.37dB)即可。 ■

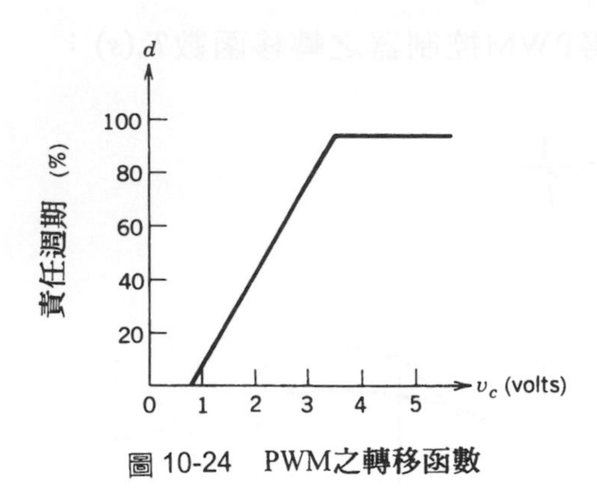

圖 10-24 PWM之轉移函數

10-5-3 迴授系統補償器之設計

圖10-19(b)之切換式電源供應器，整個系統之開迴路轉移函數爲

$$T_{OL}(s) = T_1(s)T_c(s) \tag{10-98}$$

其中$T_1(s)$如(10-97)

$$T_c(s) = \text{補償器之轉移函數} \tag{10-99}$$

$T_C(s)$乃根據$T_1(s)$來設計使得$T_{OL}(s)$可以滿足電源供應器之性能要求。$T_{OL}(s)$之特性要求爲：

1. 低頻之增益必須夠大，以降低輸出電壓之穩態誤差。
2. T_{OL}降至0dB之頻率稱爲交越頻率(crossover frequency)ω_{cross}，如圖10-25所示。ω_{cross}必須夠大(但必須較切換頻率低一階次以下)，才能使電源供應對於暫態之擾動，如負載變動之響應快速。
3. 相位邊限(phase margin PM)定義如圖10-25，爲

$$PM = \phi_{OL} + 180^\circ \tag{10-100}$$

其中ϕ_{OL}爲$T_{OL}(s)$在ω_{cross}之相角且爲一負值。PM必須爲一正值，其決定輸出電壓對於擾動(如負載及輸入電壓變化)之暫態響應。理想之PM範圍爲45°～60°。

爲同時滿足上述之要求，一通用之誤差補償器如圖10-26所示。其放大器輸出之負端爲迴授之電壓v_o；正端爲v_o之參考值$V_{o,ref}$。輸入與輸出之轉移

數為：

$$\frac{\tilde{v}_c(s)}{\tilde{v}_o(s)} = -\frac{Z_f(s)}{Z_i(s)} = -T_c(s) \tag{10-101}$$

其中$T_c(s)$之定義如圖10-19(b)。

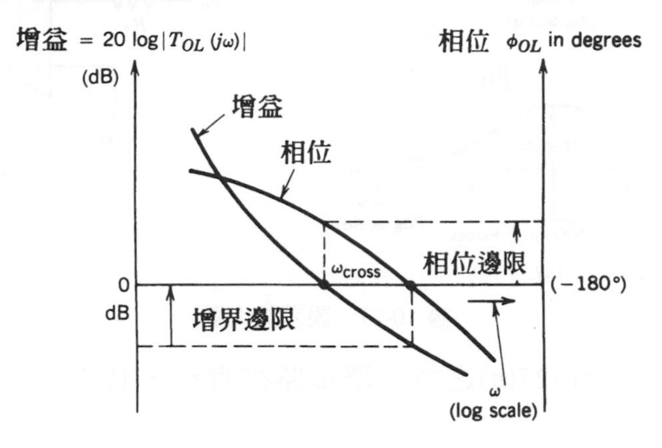

圖 10-25　增益及相位邊限

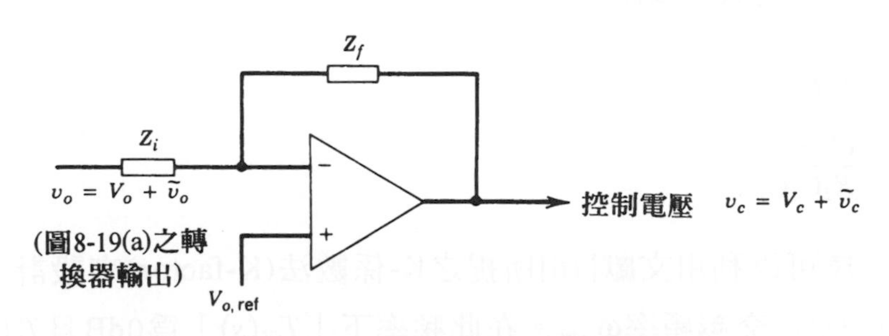

圖 10-26　一通用之誤差補償器

常用之$T_c(s)$形式為

$$T_c(s) = \frac{A}{s}\frac{(s+\omega_z)}{(s+\omega_p)} \tag{10-102}$$

其中A為一正值且$\omega_z < \omega_p$。由於在原點之極點，$T_c(s)$之相位將從－90°開始，如圖10-27(a)所示。由於零點之故，其相位將增加(亦即提供一"提昇(boost)"相位)，使相位可大於－90°。$T_c(s)$參數之選擇必須使$T_c(s)$之最小落後(lag)相位發生在所欲$T_{OL}(s)$之ω_{cross}時。

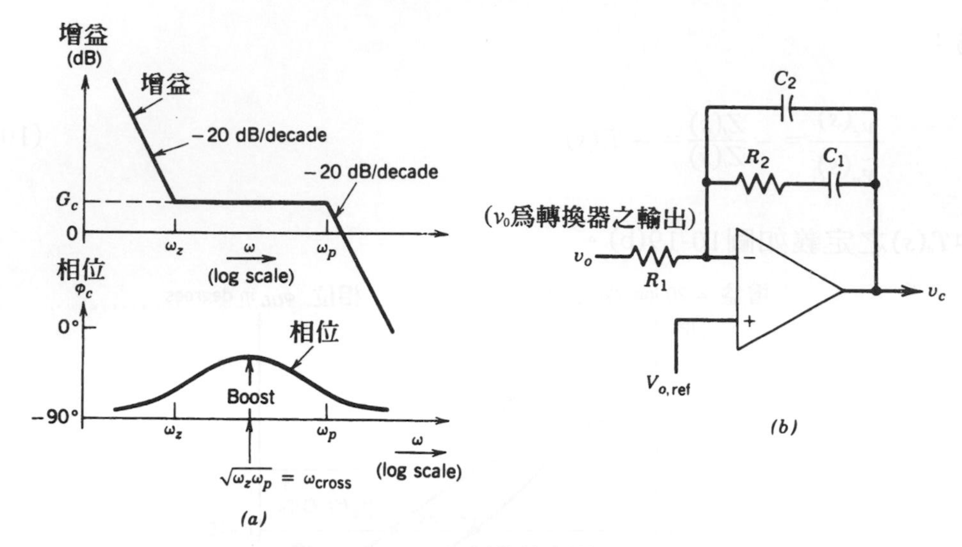

圖 10-27 誤差放大器

(10-102)可以圖10-27(b)之放大器電路來實現，其中

$$T_C(s) = \frac{1}{R_1C_2}\frac{s+\omega_Z}{s(s+\omega_p)} \tag{10-103}$$

$$\omega_z = \frac{1}{R_2C_1} \tag{10-104}$$

$$\omega_p = \frac{C_1+C_2}{R_2C_1C_2} \tag{10-105}$$

$T_c(s)$參數之選擇可以利用文獻[16]所提之K-係數法(K-factor)來設計。其第一步驟爲選定$T_{OL}(s)$之交越頻率ω_{cross}。在此頻率下｜$T_{OL}(s)$｜爲0dB且$T_C(s)$之落後相位爲最小。接著，K-係數法令

$$\omega_z = \frac{\omega_{cross}}{K} \tag{10-106}$$

$$\omega_p = K\omega_{cross} \tag{10-107}$$

文獻[16]指出K與圖10-27(a)$T_c(s)$相位提昇量之關係必須滿足：

$$K = \tan\left(45° + \frac{\text{Boost}}{2}\right) \tag{10-108}$$

因此若相位邊限(PM)選定，Boost可決定，K-係數便可求得。

由(10-100)相位邊限之定義。可知

$$PM = 180° + \phi_1 + \phi_c \tag{10-109}$$

其中ϕ_c為$T_c(s)$在ω_{cross}之相位，由(10-97)

$$\phi_1 = \phi_p(s) + \phi_m(s) \tag{10-110}$$

ϕ_1為$T_1(s)$之相位，$\phi_p(s)$為$T_p(s)$之相位，ϕ_m(如果存在的話)為PWM $T_m(s)$之相位。由圖10-27(a)

$$\phi_c = -90° + \text{Boost} \tag{10-111}$$

由(10-109)及(10-111)知

$$\text{Boost} = PM - \phi_1 - 90° \tag{10-112}$$

故若PM決定，ϕ_1可由圖10-21(b)或圖10-22(b)在ω_{cross}時之相位決定，Boost由(10-112)便可知，最後K便可由(10-108)得知。

接下來之步驟乃是令整個系統開迴路函數之增益G_{OL}在ω_{cross}時為1(即$G_{OL} = |T_{OL}(s)| = 1$)，由(10-98)可知

$$G_C(\omega_{cross}) = \frac{1}{G_1} \tag{10-113}$$

其中G_1為$T_1(s) = T_p(s)T_m(s)$在ω_{cross}之增益。由(10-113)並將(10-104)至(10-107)代入(10-103)可得

$$G_c = \frac{1}{KC_2R_1\omega_{cross}} = \frac{1}{G_1} \tag{10-114}$$

圖10-27(b)之電路中，R_1可任意選擇，線路中其它之參數則可由(10-104)至(10-107)及(10-114)得

$$C_2 = \frac{G_1}{KR_1\omega_{cross}} \tag{10-115}$$

$$C_1 = C_2(K^2 - 1) \tag{10-116}$$

$$R_2 = \frac{K}{C_1 \omega_{\text{cross}}} \tag{10-117}$$

對於操作在連續導通模式之返馳式轉換器，其補償器除了在原點之極點外，尚需二極點與零點。

10-5-4　電壓之前饋式(feed-forward)PWM控制

前述之PWM屬直接責任週期式(direct duty ratio)PWM，當其輸入電壓改變時會造成輸出電壓變動，必須藉由迴授控制加以調整，因此其動態特性較慢。

如果責任週期可以由輸入電壓直接調整則輸出電壓可以維持不變。這種PWM方式與直接責任週期PWM之比較方式類似，唯一之不同點爲鋸齒波之振幅並非固定而是與輸入成正比，如圖10-28所示。當輸入電壓增加時，$\hat{V}_r$亦增加使責任週期降低(如虛線部份所示)。此種方式可使由降壓式轉換器所衍生之轉換器(如前向式轉換器)之$\tilde{v}_o(s)/\tilde{d}(s)$爲0，因此當輸入電壓變動時，輸出電壓之調整性能非常良好。此方法亦可適用操作於完全去磁模式之返馳式轉換器。

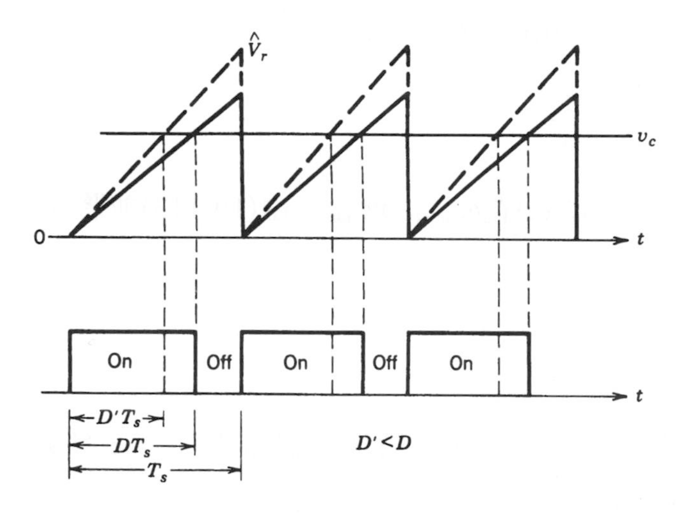

圖 10-28　電壓之前饋對責任週期之影響

但如果此種前饋式PWM法應用於二極性式(two-ended)之電源供應器(如推挽式、半橋式、全橋式)，則必須注意二開關切換之電壓-時間是否平衡，以避免高頻變壓器之飽和。

10-5-5 電流模式控制

到目前為止，所討論之直接責任週期PWM控制之方法如圖10-29(a)所示，乃利用控制電壓v_c與一定頻之鋸齒波比較後控制開關之責任週期。此經控制之責任週期再調整電感之電流進而調整輸出電壓。

電流模式控制方式則如圖10-29(b)所示，其另外加入了一電流迴路，控制電壓v_c直接控制電感電流進而調整輸出電壓。這種直接控制電感電流之方式可以得到較佳之閉迴路動態響應速度。

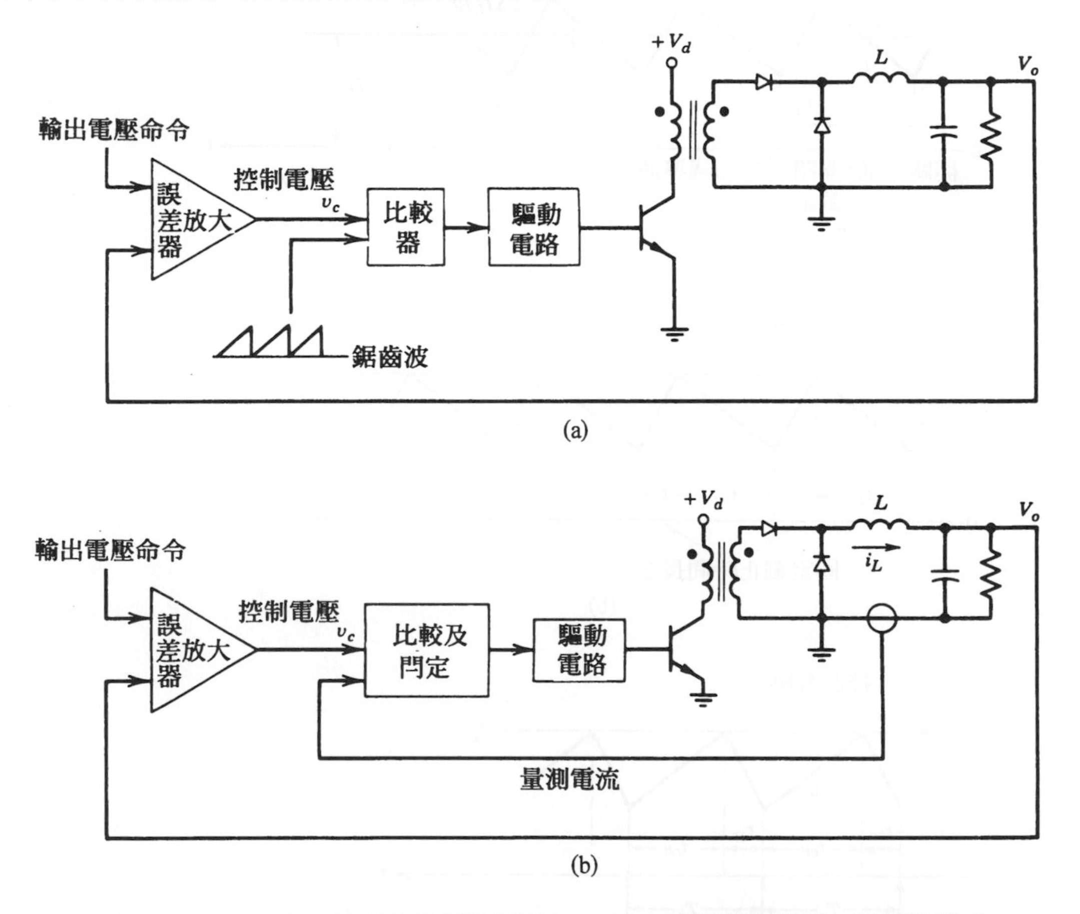

圖 10-29　PWM責任週期與電流模式控制：(a)PWM責任週期控制；(b)電流模式控制

電流模式控制有三種形式：

1. 誤差邊帶(tolerance band)控制。

2. 固定截止時間長度控制(constant off-time control)。

3. 定頻式脈衝時間導通控制(constant-frequency control with turn-on at clock time)。

以上各種方式均是藉由量測之電感電流或開關電流與控制電壓作比較。

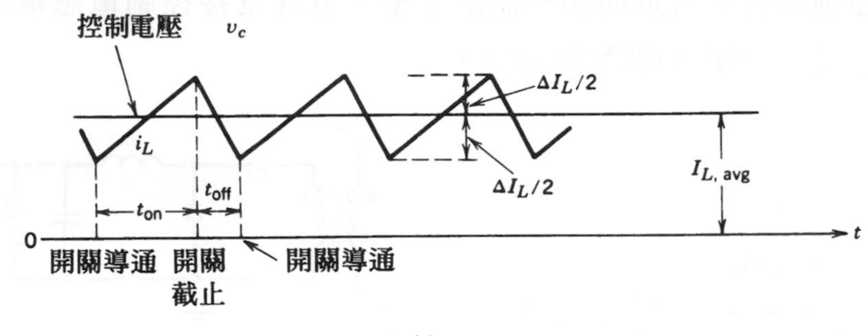

(a)

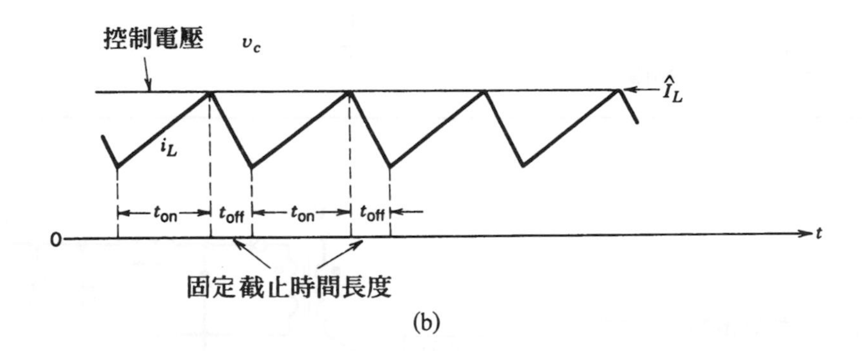

(b)

控制電壓 v_c

$\hat{I}_L$

i_L

t_{on} t_{off} t_{on} t_{off} t

T_s T_s

脈衝時間 脈衝時間 脈衝時間

二脈衝間之週期為固定

(c)

圖 10-30 三種電流模式控制之方法：(a)誤差邊帶控制；(b)固定截止時間長度控制；(c)定頻式脈衝時間導通控制

誤差邊帶法如圖10-30(a)所示，控制電壓決定了電流之平均值，切換頻率則與ΔI_L轉換器參數及工作點有關。此種方式直接控制電感電流之平均值，然而僅適用連續導通模式，因為v_c為0時，i_L不可能為負以達其負邊帶，故不適用於不連續導通模式。

固定截止時間長度控制如圖10-30(b)所示，控制電壓v_c決定i_L之峰值$\hat{I}_L$。當i_L達到$\hat{I}_L$時，開關截止，其截止時間長度為固定，因此其切換頻率不固定，視轉換器參數與工作點而定。

定頻式脈衝時間導通控制方法如圖10-30(c)所示，開關在每週期之開始即導通，當i_L達到$\hat{I}_L$時，開關截止，直到下一週期開始。因此控制電壓乃決定i_L之峰值$\hat{I}_L$。由於切換頻率固定，濾波器的設計較易，使之成為目前最常被使用之電流模式控制方式。

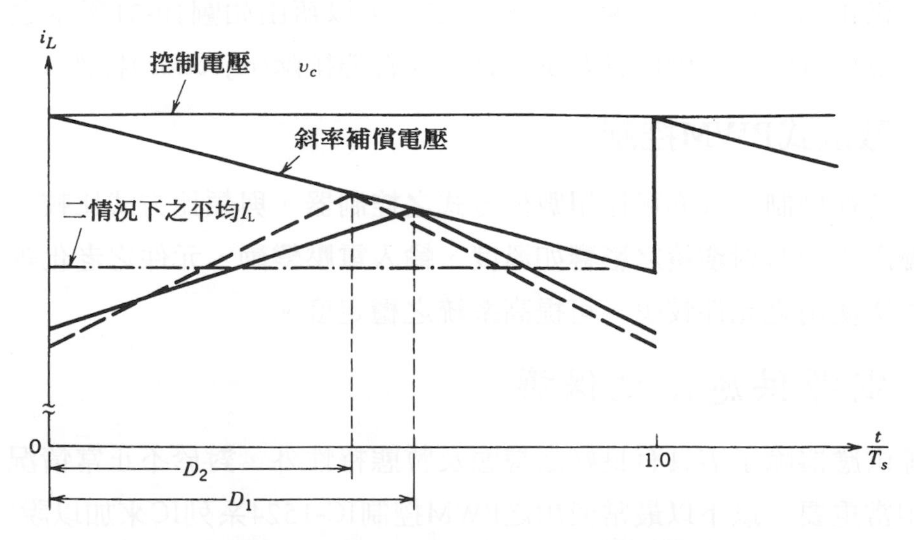

圖 10-31　電流模式控制之斜率補償(D_2較小，因輸入電壓較高且V_o固定)

實際之電流模式控制如圖10-31所示，控制電壓必須加入一斜率補償信號，以確保穩定度，避免次諧波振盪(subharmonic oscillation)及提供前饋控制之特性。圖10-31所示乃採前向式轉換器的電流波形，其斜率補償信號之斜率為開關截止時電感電流斜率之一半。在某輸入及輸出電壓之i_L波形如實線所示，責任週期為D_1。當輸入電壓下降而輸出電壓維持不變之i_L波形如虛線所示，責任週期為D_2。雖然輸入電壓變化，但二者之電感電流的平均值維持一定，此可說明適當之斜率補償具有電壓前饋控制之特性。

與直接責任週期PWM控制相較，電流模式控制具有以下優點：

1. 可以限制開關電流之峰值。由於開關電流或電感電流被直接量測，因此開關電流之峰值可以藉由設定控制電壓之上限來加以限制。
2. 它移去了控制到輸出轉移函數$\tilde{v}_o/\tilde{d}$中之一個極點(由輸出電感所決定者)，因此可以簡化迴授系統中之補償器設計，特別是具有右半平面零點者。
3. 允許模組化設計電源供應器，如果送至各模組之控制電壓相同的話，各模組之分流平均，故可以並聯操作。
4. 可使推挽式轉換器之磁通在各半週中爲對稱，因此可克服變壓器飽和的問題。
5. 提供電壓前饋控制，輸入電壓之變化可以藉由如圖10-31所示之斜率補償加以吸收，因此具有良好之輸入暫態排除(rejection)特性。

10-5-6 數位式PWM控制

前述各種控制方式亦可採用數位方式之控制器，與類比方式比較，其具有以下優點：(1)其對環境之影響如溫度、輸入電壓變動、元件之老化等等較不靈敏；(2)使用之元件較少，可提高系統之穩定度。

10-6 電源供應器之保護

電源供應器除了需具有良好之穩態及暫態特性外，對於不正常情況下之保護亦相當重要。以下以最常使用之PWM控制IC-1524系列IC來加以說明。

UC1524A之IC爲原始版IC之加強版，可以操作達500KHz，其IC之構造如圖10-32(a)所示。IC內部提供調整之5V(pin16)輸出，輸入電壓範圍爲8-40 V(pin15)。

誤差放大器允許量測之輸出電壓(pin1)與所設定之輸出電壓參考值作比較。利用誤差放大器之輸出(pin9)與反相輸入端(pin1)，可以連接迴授之補償器電路。若需使用外加之補償器，則此誤差放大器可以接成具有單位增益之非反相放大器。R_T及C_T參數(接在pin6及pin7至GND)用以設定振盪器之頻

率，pin7之輸出爲一鋸齒波，振盪頻率爲

$$\text{振盪頻率(KHz)} = \frac{1.15}{R_T(k\Omega) \times C_T(\mu F)} \tag{10-118}$$

鋸齒波與誤差放大器之輸出比較，以決定開關之責任週期。振盪器之輸出(pin3)爲一頻率由(10-118)決定之3.5V脈衝，其脈寬爲0.5μs。

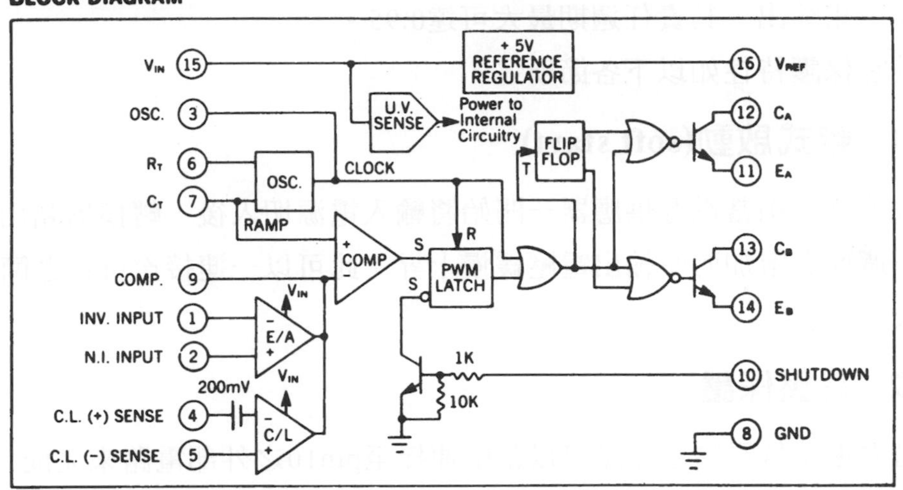

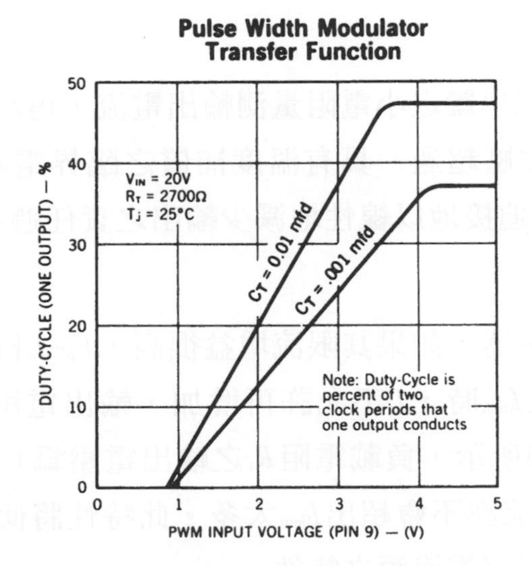

圖 10-32　PWM IC UC1524A：(a)方塊圖；(b)轉移函數

此控制IC可使用至推挽式及橋式(全橋式、半橋式)等二開關必須交互切換之轉換器。由於具有A、B兩組輸出，因此一完整之切換週期包含二振盪

週期，故開關之切換頻率爲振盪頻率之一半。

振盪器之輸出脈波同時提供二開關導通與截止切換時之空白時間，C_T之選擇可用以調整此空白時間從0.5～4μs不等，C_T選定後R_T再根據(10-118)選擇。

二開關之責任週期與pin9輸入電壓之間的轉移函數如圖10-32(b)所示。若要應用至單一開關之轉換器(如前向式及返馳式)，IC之二輸出A，B可以並聯當成一組輸出，其責任週期最大可達0.95。

其它保護特性如以下各節所述。

10-6-1 軟式啟動(soft start)

軟式啓動指當電源供應器一開始將輸入電源切入後，轉換器藉由控制開關責任週期之增加而使輸出電壓緩慢上昇。此可以一連接至pin9之簡單電路來完成。

10-6-2 電壓保護

過電壓及低電壓之保護可以藉由連接至pin10之外部電路來完成。

10-6-3 限流保護

爲防止輸出過流，可以一與負載串聯之小電阻量測輸出電流，再將量測電阻連接至pin4及pin5。當電阻之電壓超過一具有溫度補償之臨界電壓200 mV時，誤差放大器之輸出，將被強迫接地以線性地減少輸出之責任週期。

10-6-3-1 折回式(Foldback)限流

對於限流準位爲固定之電源供應器，如果其限流增益很高，V_o–I_o特性將如圖10-33(a)所示。當達到限流準位I_{limit}時，I_o不允許再增加，輸出電壓V_o則由負載特性決定。因此如圖10-33(a)所示，負載電阻R_1之輸出電壓爲V_{o1}，R_2者則爲V_{o2}，即使完全短路，輸出電流亦不會超出I_{limit}太多。此特性將使輸出負載低於某設定值時，電源供應器呈定電流源之特性。

然而一般之電源供應器，輸出電流高於限流準位即表示不正常之情況，因此需要如圖10-33(b)所示之折回式限流方式，使當負載值減少時，輸出電流及電壓亦減小。當輸出完全短路時，電流被限制在遠小於I_{limit}之值I_{FB}。一但負載回復至正常情況，輸出電壓立刻回復至其設定值。此種折回式限流方式亦可利用圖10-32(a)之PWM控制IC表執行。

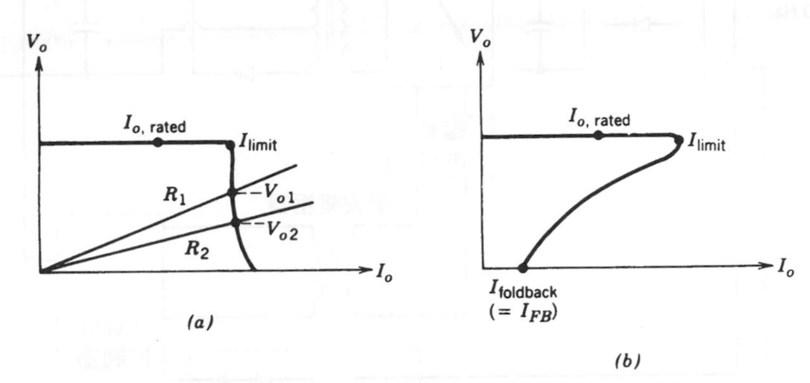

圖 10-33 限流方式：(a)固定限流準位；(b)折回式方限流

10-7 迴授迴路之隔離

對於隔離式之電源供應器，由於迴授迴路需控制位於變壓器一次側之開關，且需量測二次側之輸出電壓，因此亦必需隔離。有兩種隔離方式，如圖10-34(a)及圖10-34(b)所示。

圖10-34(a)之PWM控制器(如前述之UC1524A)乃位於變壓器之二次側。其工作電壓乃由一次側之輸入電壓經由一隔離變壓器提供。其送至開關之觸發信號必須藉由小信號變壓器隔離以維持迴授迴路之隔離。

圖10-34(b)則利用光耦合器隔離直流輸出與在變壓器一次側之PWM控制器。此種方式有一些缺點，即光耦合增益之穩定度與溫度及時間有關。

另外一種在一次側控制之方式爲使用振幅調制振盪器，如圖10-35所示之UC1901。其將二次側輸出經由一振幅調制產生一高頻之振盪信號後，再藉由一高頻小信號變壓器耦合至一次側，最後經整流及濾波解調成一直流誤差電壓，以提供PWM控制器。詳細可參考文獻[24]之說明。

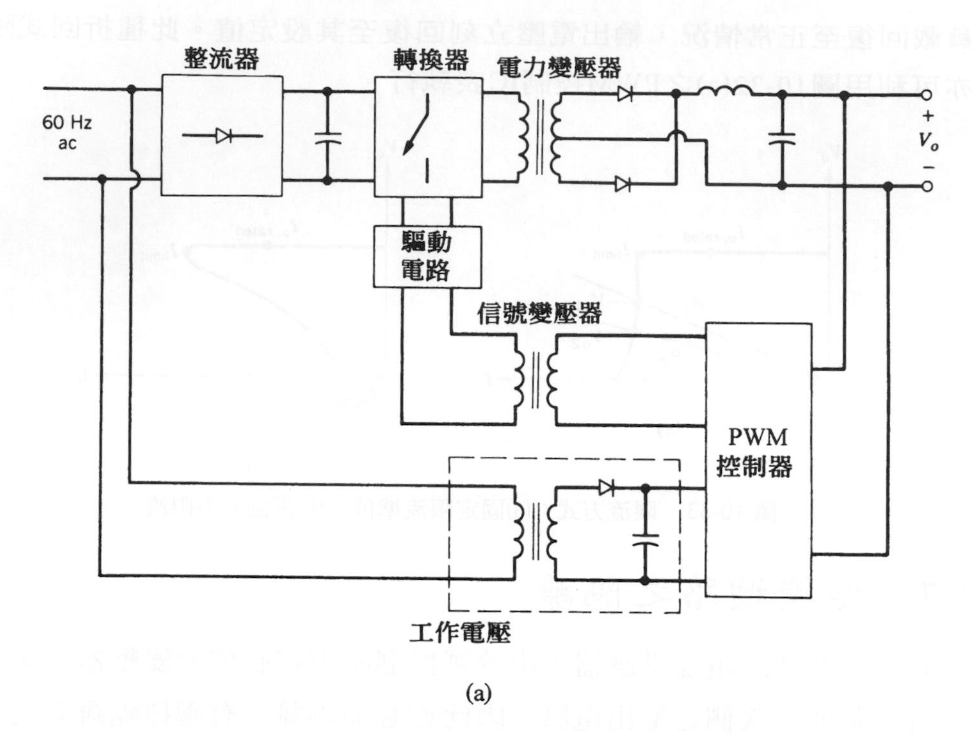

(a)

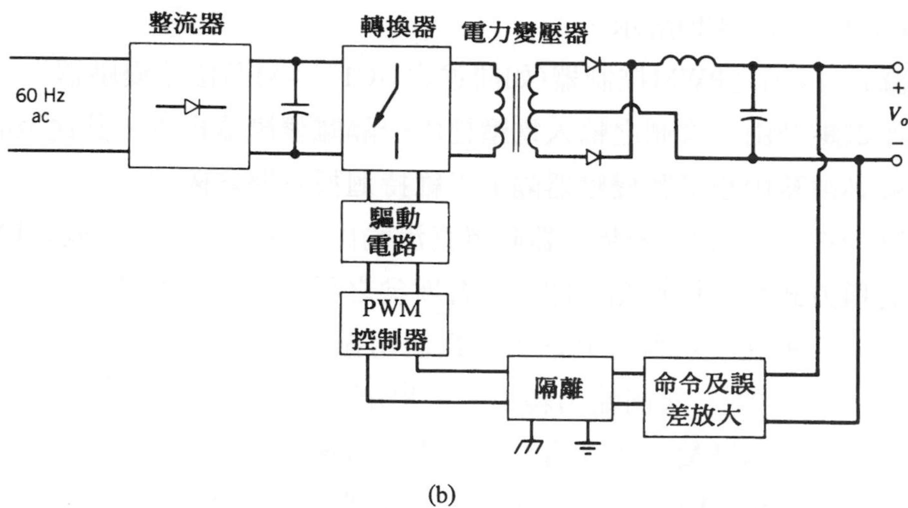

(b)

圖 10-34 迴授迴路之隔離：(a)二次側控制；(b)一次側控制

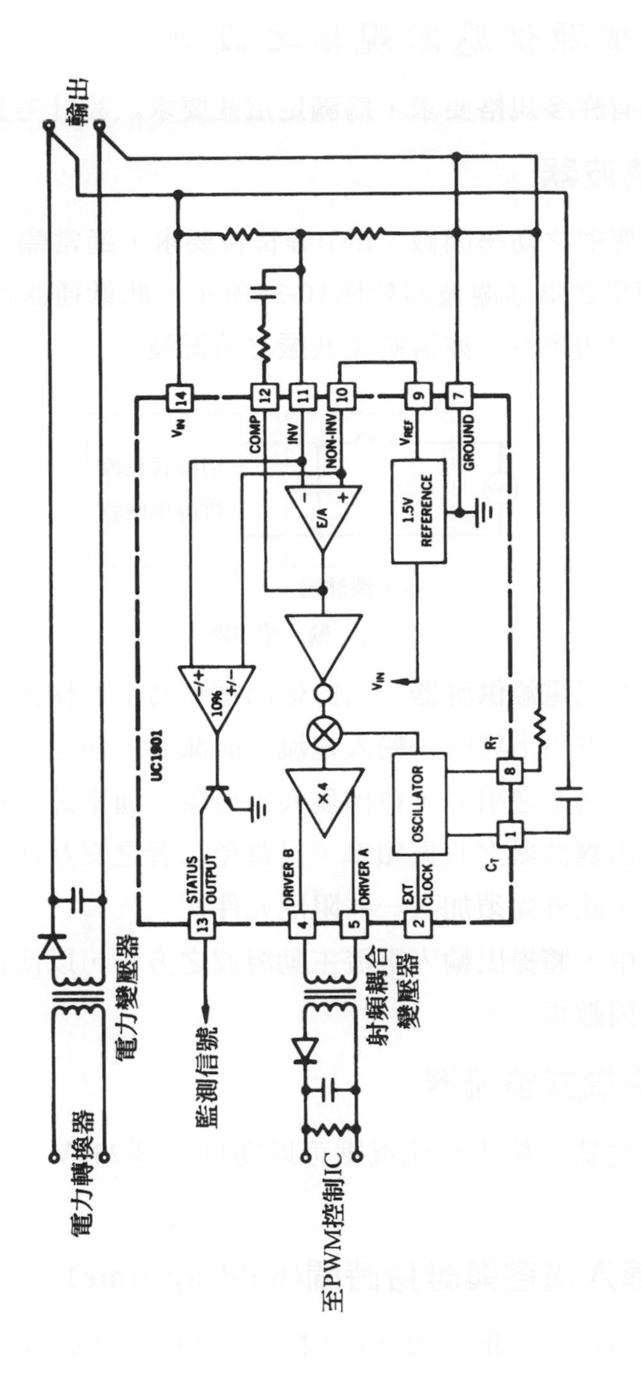

圖10-35　迴授隔離IC UC1901

10-8 符合電源供應器規格之設計

電源供應器有許多規格要求，爲滿足這些要求之設計考量如下：

10-8-1 輸入濾波器

爲使電源供應器之功率因數，EMI等符合要求，通常輸入側必需加一低通濾波器，最簡單之低通濾波器如圖10-36所示。此低通濾波器之選擇，除了盡可能不會消耗功率外，亦需避免共振之情況發生。

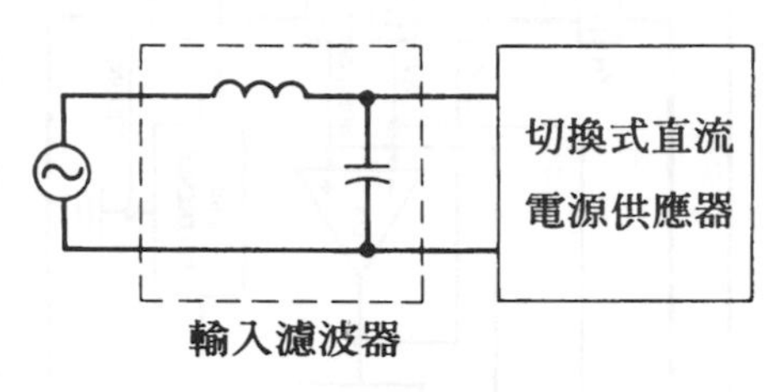

圖 10-36 輸入濾波器

一調整之切換式電源供應器，由於輸出電壓乃至於輸出功率通常爲維持恆定，因此當輸入電壓上昇時，輸入電流反而減少，使之輸入呈現負電阻特性。因此若不提供適當之阻尼，會出現共振現象。通常是使輸入濾波器之共振頻率遠低於輸出濾波器之共振頻率，以避免二者之交互作用。故輸入之濾波電容愈大愈好，此外尙須加入一些阻尼元件。

在第十八章中，將提出輸入電流主動濾波之方法，以使輸入電流之諧波降至最低且功率因數爲一。

10-8-2 輸入之橋式整流器

爲使電源供應器之輸入交流電壓可以爲115V或230V，可以使用圖5-27之倍壓式電路。

10-8-3 直流輸入電容與維持時間(hold-up time)

直流輸入電容C_d，又稱爲大(bulk)電容，乃用以降低直流至直流轉換器輸入電壓之漣波，除此它亦用以決定當市電中斷瞬間，直流電源供應可以維持正常輸出電壓之時間長度。C_d大小之值爲此維持時間之函數：

$$C_d \cong 2\times\frac{\text{額定輸出功率}\times\text{維持時間}}{(V_{d,\,\text{nominal}}^2-V_{d,\,\text{min}}^2)\times\eta} \qquad (10\text{-}119)$$

其中$V_{d,\,\text{min}}$通常選擇在正常輸入電壓$V_{d,\,\text{nominal}}$之60～75%，η爲電源供應器之效率。

值得注意的是，對一固定之電容值，電容之體積大致與電壓之額定成正比，但所能儲存之最大能量與電壓額定之平方成正比。此點指出切換式電源供應器優於線性式者，因切換式電源供應器之輸入電壓可較線性者爲高，因此儲能亦較大。

10-8-4　電源起始時湧浪(inrush or surge)電流之限制

電源供應器起始時，當電源開關關上瞬間，C_d電容爲等效短路，使交流電源爲短路，此會引起很大之湧浪電流。爲限制此電流，必須在橋式整流器與C_d間串接一元件。此元件爲一電熱調節元件，在低溫時具有很大之電阻以限制湧浪電流；當其溫昇後電阻值下降以保持系統之效率。然而由於此電熱調節元件之溫度時間常數很長，因此當電源中斷，C_d電荷被放盡後，電源恢復前若元件尚未被完全冷卻，則仍會造成嚴重之湧浪電流。

10-8-5　輸出濾波電容之等效串聯電阻(ESR)

輸出濾波電容之ESR如圖10-37所示，其值愈低愈好。在切換式轉換器中，ESR影響輸出電壓之漣波峰值與均方根值(參考習題10-16)，此外ESR亦會造成步級負載變化時輸出電壓之瞬間變化。如圖10-37所示，輸出電感在步級負載變化時可視爲一定電流源，因此負載電流變化量由電容提供，而造成瞬間之電壓變化：

$$\Delta V = -ESR\times\Delta I_o \qquad (10\text{-}120)$$

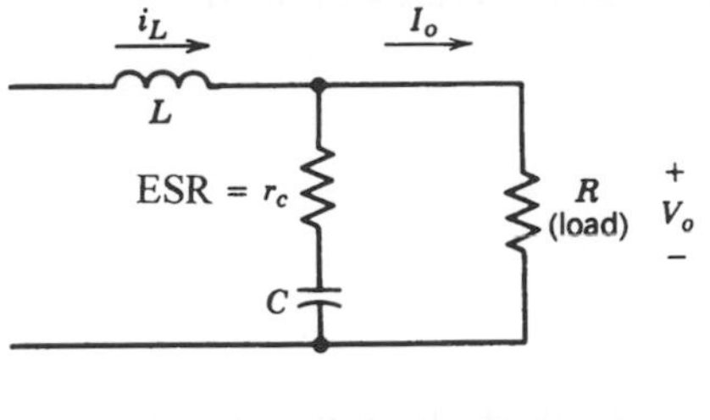

i_L I_o L ESR = r_c C R (load) + V_o −

圖 10-37　輸出電容之ESR

10-8-6 使用同步整流器以改善效率

愈來愈多之儀器設備如電腦等之工作電壓低於5V，例如2～3V，以增加IC之包裝密度，對於低電壓輸出之電源供應器而言，輸出之整流二極體將成為主要功率損失之來源，即使使用蕭基二極體其壓降仍太大，因此必須使用低導通電阻$r_{DS(on)}$之MOSFETs或低導通壓降$V_{CE(sat)}$之BJTs來取代二極體。這種用途之開關稱之為同步整流器。

10-8-7 多組輸出

對於多組輸出之電源供應器而言，所謂動態交互調整(dynamic cross regulation)是指當其未調整之輸出負載變化時，調整之輸出的電壓調整能力。若各組輸出使用不同之濾波電感，其動態交互調整之特性，通常均相當差。原因乃未調整之輸出的負載變動時，必須經一段時間以後才能反應到有調整的輸出上。但如果各組輸出之電感是彼此耦合的(例如繞在同一組鐵心上)，則在未調整輸出上的負載改變，可透過線圈直接耦合至調整之輸出，因此可以改善動態交互調整之性能。

10-8-8 EMI的考量

切換式電源供應器必需滿足傳導(conducted)與輻射(radiated)形式EMI之規格。這些規格與EMI濾波器將在第十八章中討論。

結　論

本章列舉切換式電源供應設計的各種考量，包括轉換器電路拓僕、變壓器之激磁，各種不同的控制方式，迴授補償器、電源供應器之保護、迴授迴路之隔離以及滿足電源供應規格之設計等等。

習　題

線性電源供應器

10-1　如圖10-1(a)所示之線性電源供應器，輸入交流電壓為120V(+10%，

−25%)，60Hz，輸出電壓為12VDC。在最大負載時，電容電壓之峰對峰值為1.0V，且$V_{d,min} - V_o = 0.5$V，如圖10-1(b)所示。當輸入電壓為最大值時，試計算全載下電晶體之功率損失。(提示：以線段來近似電容電壓之波形)。

返馳式轉換器

10-2　一操作於完全去磁模式之返馳式轉換器，試以負載電阻R，切換頻率f_s，變壓器自感L_m及責任週期D來表示電壓轉移比值V_o/V_d。

10-3　一調整之返馳式轉換器，線圈比值1：1，$V_o = 12$V，$V_d = 12$～24V，P_{load}：6～60W，切換頻率為$f_s = 200$KHz。若轉換器必定操作於完全去磁模式(等效於不連續導通模式)，求所需磁化電感L_m之最大值。

10-4　一返馳式轉換器操作於非完全去磁模式，D = 0.4。同樣之情況以一如圖10-9(b)所示之並聯式之返馳式轉換器來代替。假設二者之輸出電容很大使$v_o(t) \cong V_o$，試比較二者輸入電流i_d與輸出電流i_o之波形。

前向式轉換器

10-5　一切換電源供應器的設計規格如下：

$V_d = 48V \pm 10\%$

$V_o = 5$V(調整)

$f_s = 100$KHz

$P_{load} = 15$～50W

若使用一操作於連續導通模式具去磁線圈($N_3 = N_1$)的前向式轉換器，假設除了變壓器之磁化電感外所有元件均為理想。

(1)計算所需N_2/N_1之最小值

(2)計算濾波電感之最小值

10-6　一具有去磁線圈之前向式轉換器，最大之責任週期$D_{max} = 0.7$，試以輸入電壓V_d表示開關電壓之額定。

10-7 圖10-12(b)之二並聯前向式轉換器，若每一轉換器之責任週期爲0.3，且操作於連續導通模式，假設$v_o(t) \cong V_o$。
(1)繪出i_d及i_L之波形。
(2)若使用單一前向式轉換器(容量爲兩倍且輸出電感與圖10-12(b)相同)，繪出其i_d及i_L之波形，並與(1)作比較。

推挽式轉換器

10-8 如圖10-13(a)所示之推挽式轉換器，假設損失爲0且開關之責任週期爲0.2，變壓器具有有限之磁化電感，磁化電流爲i_m。
(1)對一$i_L(N_2/N_1) \gg i_m$之負載，繪出i_m、i_{D1}、i_{D2}之波形。
(2)空載情況下，繪出i_m之波形且證明i_m之峰值較(1)爲高。

電流源轉換器

10-9 試導出圖10-16所示之電流源轉換器之電壓轉移比值爲(10-36)所示。

變壓器鐵心

10-10 一全橋式轉換器之變壓器使用鐵粉心之特性如圖10-17(a)及圖10-17(b)所示。假設$V_d = 170\text{V}$，$f_s = 50\text{kHz}$，$(\Delta B)_{max} = 0.2\,\text{Wb/m}^2$，開關責任週期爲0.5，磁化電流之峰值爲1.0A。試估計變壓器在25℃下之鐵心損失。

10-11 一環形鐵心之B-H迴路特性如圖10-17(a)所示。鐵心若引入一間距爲磁通路徑1%之氣隙，試繪其B-H迴路，並計算鐵心之剩磁。

直接責任週期控制

10-12 如圖10-20(a)之前向式轉換器，其交越頻率$\omega_{cross} = 10^5\text{rad/s}$且相位邊界$= 30°$，利用圖10-21(a)及圖10-21(b)、$\tilde{v}_o/\tilde{d}$之轉換函數及圖10-24所示之PWM轉移函數，計算圖10-27中R_2，C_1及C_2之值，假設$R_1 = 1K\Omega$。

10-13　同習題10-12但改成返馳式轉換器，假設$\tilde{v}_o/\tilde{d}$如圖10-22(a)及圖10-22(b)所示，且$\omega_{cross}=5\times10^3$rad/s，相位邊界＝30°。

電流模式控制

10-14　一前向式轉換器$N_1/N_2=1$，輸出電壓藉由電流模式控制調整爲6.0V，斜率補償之斜率爲開關截止時電感電流斜率之一半。試繪如圖10-13之波形並證明當V_d由10V變至12V時，電感電流之平均值維持不變。

電容之維持時間

10-15　一100W之電源供應器，正常輸入電壓爲120V，60Hz，全載時效率爲85％且維持時間爲40ms，其輸入使用一全橋式整流器，如果電源供應器只能在直流電壓V_d之平均值高於100V時才能操作，試計算輸入電容C_d之值(提示：假設電容電壓可充至交流輸入電壓之峰值)。

輸出濾波電容之ESR

10-16　一如圖10-20(a)所示之前向式轉換器，除了r_L爲0外均使用圖中所給之參數值。在穩態操作下，繪出i_L，r_c之跨壓，電容C之跨壓及v_o之漣波波形，並比較以上三電壓漣波峰到峰值之大小。

PSPICE模擬

10-17　利用PSpice模擬圖P10-17所示之前向式轉換器

⑴輸出電壓V_o之參考值爲4V，試在t＝150μs時在其上加上一0.1V之步級信號，以觀察系統之響應。

⑵若功率級(包含輸出濾波器)以下列之轉移函數來取代：

$$T_p(s)=\frac{\tilde{v}_o(s)}{\tilde{d}(s)}=1.6\times10^4\times\frac{S+5\times10^4}{s^2+(0.85\times10^4)s+10^8}$$

並與⑴一樣在V_o加入一步級信號，比較二者之結果。

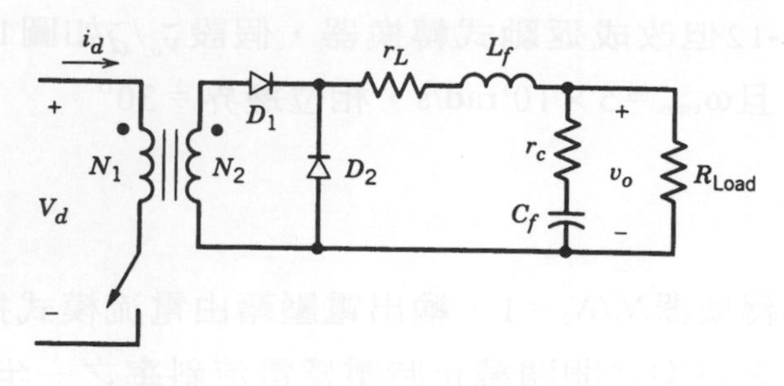

正常值：

$r_c = 10\ m\Omega$, $C_f = 2{,}000\ \mu F$, $R_{Load} = 200\ m\Omega$,
$V_d = 24\ V$, $V_o = 4\ V$, $r_L = 10\ m\Omega$, $L_f = 5\ \mu H$,
$f_s = 200\ kHz$, $N_1/N_2 = 3$.

$$T_c(s) = \frac{\tilde{v}_c(s)}{\tilde{v}_{o,\,ref}(s) - \tilde{v}_o(s)} = \frac{(27.5)s + 10^6}{[(6.05 \times 10^{-6})\ s^2 + 1.66\ s]}$$

$T_m(s) = 0.34\ (-9.37\ dB)$

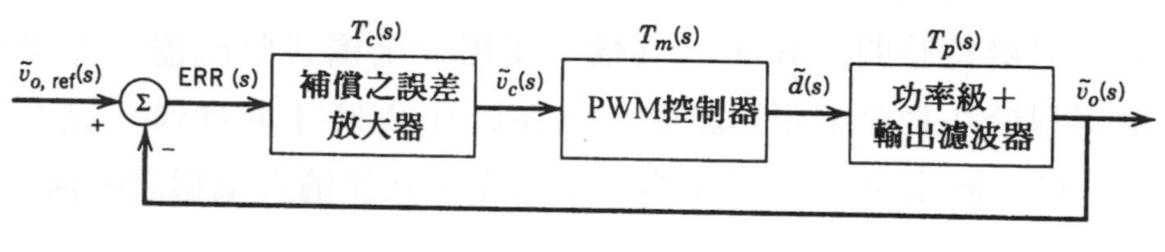

圖 P10-17

參考文獻

切換式直流電源供應器

1. R.P. Severns and G.E. Bloom, *Modern DC–to–DC Switch Power Converter Circuits*, Van Nostrand Reinhold,New York,1985.
2. K.Kit Sum, *Switch Mode Power Conversion–Basic Theory and Design*, Marcel Dekker, New York and Basel,1984.
3. R.E. Tarter，*Principles of Soild State Power Conversion*, H.W. Sams Co. Indianapolis, IN, 1985.
4. G.Chryssis, *High Frequency Swtiching Power Supplies ; Theory and Design*. McGraw-Hill, New York, 1984.

返馳式轉換器

5. H.C. Martin, "Miniciture Power Supply Topology for Low Voltage Low Requiremants" U.S. Patent 4,618,919,1986.

前向式轉換器

6. B.Braus,"100 Amp Switched Mode Charging Rectifier for Three-Phase Mains,"Proceeding of the *IEEE / INTELEC* 1984, pp. 72-78.

推挽式轉換器

7. R.Redl,M.Domb,and N. Sokal,"How to Predict and Limit Volt-Second Unbalance in Voltage-Fed Push-Pull Power Converters, "*PCI Proceedings*, April 1983, pp.314-330.

電流源轉換器

8. 同參考文獻 *1.*及 *3.*。

變壓器鐵心

9. Ferroxcube,"Ferroxcude Linear Ferrite Materials and Components,"Ferroxcude Corporation, Saugerties, NY, 1988.

控制之線性化

10. R. D. Middlebrook and S. Cuk, "A General Unified Approacbh to Modelling Switching-Converter Power Stages, "1976 *IEEE Power Electronics Specialists Conference Record*, 1976, pp. 18-34.
11. V. Vorpérian, "Simplified Analysis of PWM Converters Using Model of PWM Switch. Part 1: Continuous Conduction Mode,"*IEEE Transactions on Aerospace and Electronic Systems*, May 1990, pp. 490-496.

12. V. Vorpérian, "Simplified Analysis of PWM Converters Using Model of PWM Switch. Part 2: Discontinuous Conduction Mode, "*IEEE Transactions on Aerospace and Electronic Systems*, May 1990, pp. 497-505.
13. 同參考文獻 1.。
14. R.D. Middlebrook,"Predicting Modulator Phase Lag in PWM Converter Feedback Loops," 8th International Solid-State Power Electronics Conference, Dallas, TX, April 27-30, 1981.

控制、迴授補償

15. K. Ogata, *Modern Control Engineering*, Prentice Hall,Englewood Cliffs, NJ, 1970.
16. H. Dean Venable, "The *k*-Factor; A New Mathematical Tool for Stability Analysis and Synthesis, "*Proceedings of Powercon*10, San Diego, CA. March 22-24, 1983.

前向控制

17. Unitrode, "Swtich Regulated Power Supply Design Seminar Manual,"Unitrode Corporation, 1986.

電流模式控制

18. B. Holland, "Modeling, Analysis and Compensation of the Current-Mode Converter, "*Proceedings of the Powercon* 11, 1984, pp. 121-126.
19. R. Redl and N. Sokal,"Current-Mode Control, Five Different Types, Used with the three Basic Classes of Power Converters, "1985 *IEEE Power Electronics Specialists Conference Record*, 1985, pp. 771-785.
20. 同參考文獻 14.。

數位控制

21. C. P. Henze and N. Mohan, "Modeling and Implementation of a Digitally Controlled Power Converter Using Duty-Ratio Quantization, "*Proceedings of ESA* (*European Space Agency*) *Sessions at the* 1985 *IEEE Power Electronics Specialists Conference*, 1985, pp. 245-255.

維持時間及電容之ESR

22. B. Landon, "Myth-Holdup Is Free with SMPS, "*Powerconversion International Magazine*, October 1981, pp. 72-80.
23. W. Chase, "Capacitor for Switiching Regulator Filters, "*Power conversion International Magazine*, May 1981, pp. 57-60.

迴授迴路之隔離

24. Unitrode, *Unitrode Applications Handbook* 1987–1988, Unitrode Corporation, Merrimack, NH 1987.

湧浪電流之控制

25. R. Adair, "Limiting Inrush Current to a Switching Power Supply Improver Reliability, Efficiency, "*Electronic Design News* (EDN), May 20, 1980.

電磁干擾

26. D. L. Ingram, " Designing Switch-Mode Converter Systems for Compliance with FCC Proposed EMI Requirements, "*Power Concepts*, 1977, pp. G1-1-G1-11.

第十一章　電力調節器與不斷電電源供應器

11-1　簡　介

如前面之章節所述，電力轉換器將產生EMI及注入諧波於公用電力線中。在第十八章中將介紹可以解決上述問題之介於電力電子系統與公用電力之介面。本章之焦點則在於電力線之擾動，以及如何利用電力轉換器提供一些較精密的負載，如處理重要資料之電腦，以防止其因公用電力斷電而中斷。

11-2　電力線之擾動

理想上，由電力公司提供之電壓為一無任何諧波，振幅及頻率(60Hz)為固定之純正弦波。對於三相系統，其電壓為平衡且三相相差各120°。

11-2-1　擾動之形式

實際上，電力線由於以下各式擾動之故可能嚴重背離上述理想情況：

- 過電壓——電壓振幅較正常電壓高出許多而且持續好幾個週期。
- 低電壓——電壓振幅較正常電壓低出許多而且持續好幾個週期。
- 故障——電壓崩潰幾個週期或更久。

- 電壓突波(spikes)——其疊加於60Hz之波形上而且時常發生(不必爲週期性)。其可以是差動模式(differential-mode)或共通模式(common-mode)之形式。
- 截波電壓(chopped voltage)——週期性之截波電壓波形，如圖11-1(a)所示，常夾雜有環振(ringing)。
- 諧波——一失真之電壓波形如圖11-1(b)所示，其包含了諧波頻率成份(通常爲線頻之低次諧波)。
- 電磁干擾——指高頻之雜訊(noise)，可能由電力線傳導或由其製造源輻射產生。

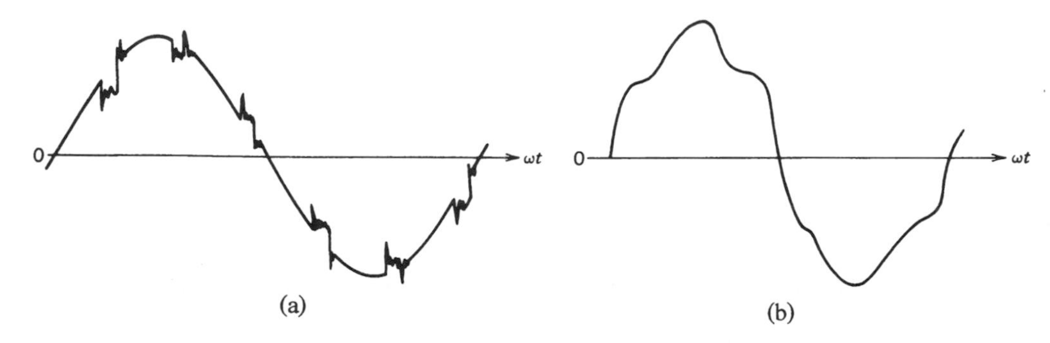

圖 11-1 線電壓可能之失真情況：(a)截波電壓波形；(b)由諧波所造成之失真

11-2-2 擾動源

擾動之產生源頭由許多種，如過電壓可能由瞬間之減載所造成；低電壓可能由過載所造成；電壓突波可能由附近地區功因矯正電容、電力線，甚至泵浦／壓縮機馬達等之切入或切出所造成。截波電壓可能由交流至直流線頻閘流體轉換器(第六章)所造成。電壓諧波造成的因素有許多，包括由變壓器之飽合及電力電子性負載所注入之諧波電流流經系統之阻抗後所引起等因素。電磁干擾則由電子電力設備快速切換之電壓及電流所造成(第十八章)。

11-2-3 對於靈敏性設備之影響

電力線擾動對靈敏性設備之影響由以下因素決定：⑴擾動之形式與大小；⑵設備之形式以及其設計之良好程度；⑶是否使用電力調節設備等。持續之過壓與低壓可能造成設備跳脫；大的電壓突波可能損壞設備；這些設備本身通常具有對這些擾動某種程度的保護，如在輸入處裝置金氧變阻(oxide-metal varistors, MOVs)突波吸收器。然而大的突波以高頻率發生仍然有可能會損壞設備。設備對於截波電壓及電壓諧波若不加防治的話可能會受干擾。包含濾波器及隔離變壓器之電力調節器可以改善此現象。

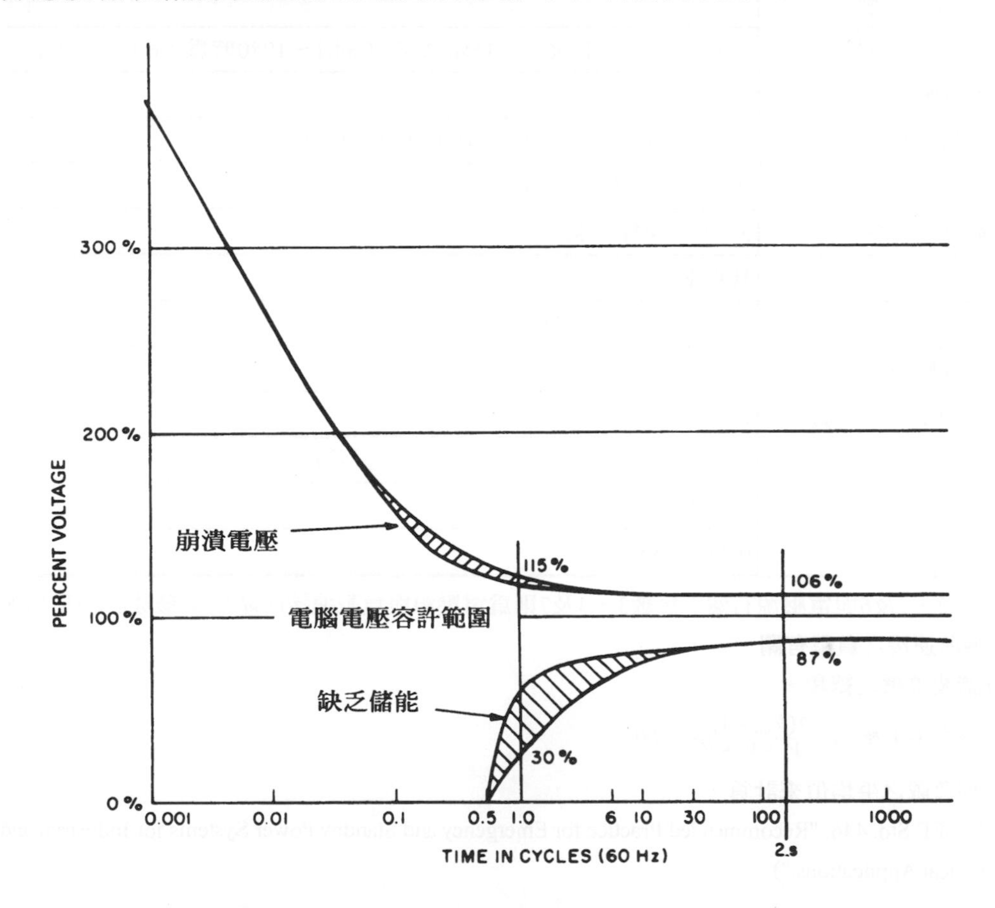

圖 11-2　典型電腦系統電壓之容許範圍(來源：IEEE Std. 446. "Recommended Practice for Emergency and Standby Power Systems for Industrial and Commerical Applications.")

電力系統故障之影響視其故障時間長度及設備之設計而定。例如，個人電腦之電源供應器允許小於100ms的電力中斷，在此100ms內電源供應器之輸出均維持正常以提供數位電路工作；在100ms後，電腦另外允許CPU 50ms的時間作資料備份；之後便完全中斷。圖11-2所示為大型電腦對於電力線擾動的容忍程度，超出此程度將啓始一備份程序後再停止工作。典型電腦製造商所標示之電力品質規格如表11-1所示，對於不允許中斷之重要負載可以藉由不斷電電源供應器(UPSs)作爲公用電力之備份。

表 11-1　典型電腦主要製造商對於電力品質規格之要求

參　數[a]	
*1.*電壓調整率(穩態)	+5，−10～−10%，−15%(ANSI C84.1～1980時爲+6，−13%)
*2.*電壓擾動	
a.瞬間之低壓	−25～−30%(<0.5s)，−100%(4～20ms)
b.暫時之過壓	+150～200%(<0.2ms)
*3.*電壓諧波失真[b]	3～5%(線性負載)
*4.*雜訊	無標準
*5.*頻率偏差	60Hz±0.5Hz～±1Hz
*6.*頻率改變率	1Hz/s
*7.*3ϕ，相電壓不平衡[c]	2.5～5%
*8.*3ϕ，負載不平衡[d]	5～20%(以各相間相差之最大值來計算)
*9.*功率因數	0.8～0.9
*10.*負載需求	0.75～0.85

*a.*參數1、2、5及6與電壓源有關；參數3、4及7則爲電壓源與負載連接所產生；參數8、9及10則僅與電腦所連接之負載有關。

*b.*所有諧波電壓之總和。

*c.*相電壓之不平衡% $=\dfrac{3(V_{max}-V_{min})}{V_a+V_b+V_c}\times 100$

*d.*以每相負載之平均值來計算。

(來源：IEEE Std. 446. "Recommended Practice for Emergency and Standby Power Systems for Industrial and Commerical Applications.")

11-3　電力調節器

電力調節器可以有效地抑制上述所有或部份的電力擾動，但不包含電源故障及頻率偏移。以下列出一些電力調節器之形式：

- 金-氧變阻器可以提供對於線電壓突波之保護。
- 電磁干擾之濾波器可以避免截波電壓對設備之影響及防止設備之高頻雜訊注入電力系統。
- 具有靜電屏蔽之隔離變壓器不僅提供電氣隔離，尚可濾除差動模式及共通模式之電壓突波。

- 鐵心共振(Ferroresonant)變壓器除可提供電器隔離外，亦可濾除差模之突波，對共模之突波亦有部份效果。
- 線性調節器(linear conditioners)用在許多較靈敏之負載以提供較乾淨之電力。

以上各式電力調節器均未使用切換式或共振式電力轉換器，因此並未被列入以下之討論。

至於電壓之調整，可以使用如圖11-3所示之電子式變匝方式(electronic tap changing scheme)。其利用triacs或背靠背之閘流體取代機械式之接點以流通雙向電流。

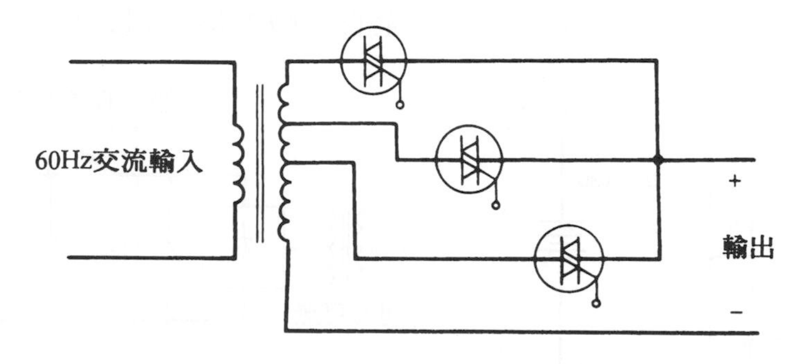

圖 11-3　電子變匝器

11-4　不斷電電源供應器(UPSs)

對於相當重要之負載，如處理重要資料之電腦，必須裝置UPSs。UPSs除可應付電力之中斷外，並可在電力線過壓及低壓時提供電壓調整。同時對於抑制其輸入電力線之暫態及諧波擾動亦有良好之效果。

UPS之構造如圖11-4所示，整流器用以將單相或三相交流電源轉換成直流以同時提供變流器用電及對蓄電池充電。當交流電源正常時，變流器之電力由整流器提供，當交流電源中斷時，變流器之電力改由蓄電池提供。變流器用以產生單相或三相交流輸出，其輸出電壓經由濾波器濾波後提供給負載使用。

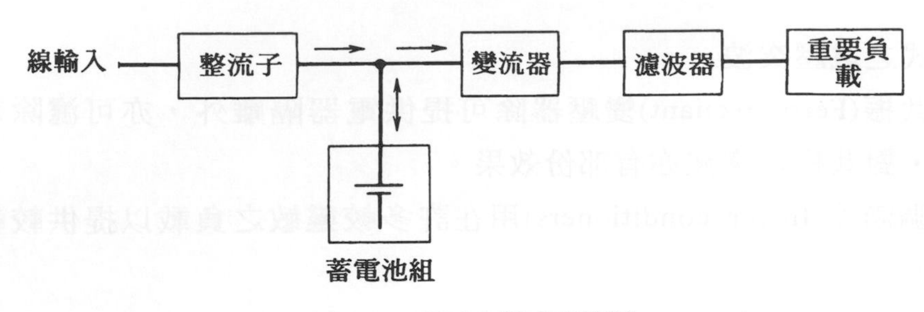

圖 11-4　UPS之組成方塊圖

11-4-1　整流器

圖11-5提出兩種整流器之架構，以使其可以提供變流器用電且同時對蓄電池充電。圖11-5(a)為傳統使用相控整流器之方式(第六章)；圖11-5(b)則使用一二極體整流器配合一降壓式之直流至直流轉換器(第七章)。

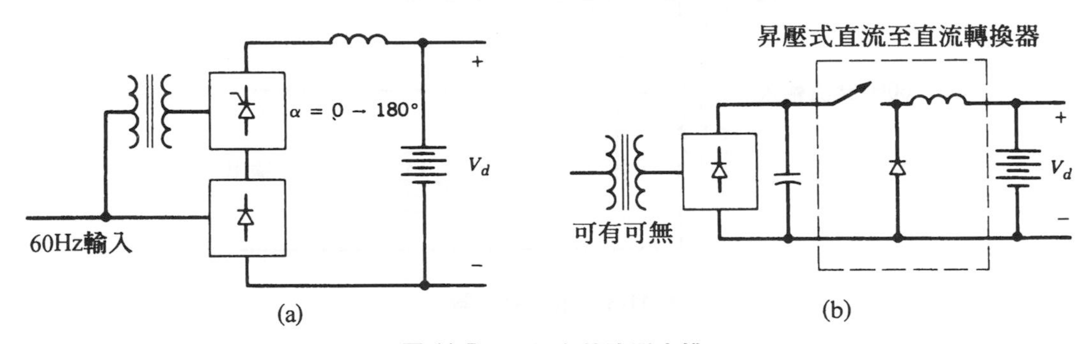

圖 11-5　可能之整流器安排

若必須作電氣隔離，則可採用圖11-6所示一直流至直流轉換器加上高頻隔離變壓器之方式。此具隔離之直流至直流轉換器與第十章之切換式電源供應器類似，亦可使用第九章之共振式轉換器。

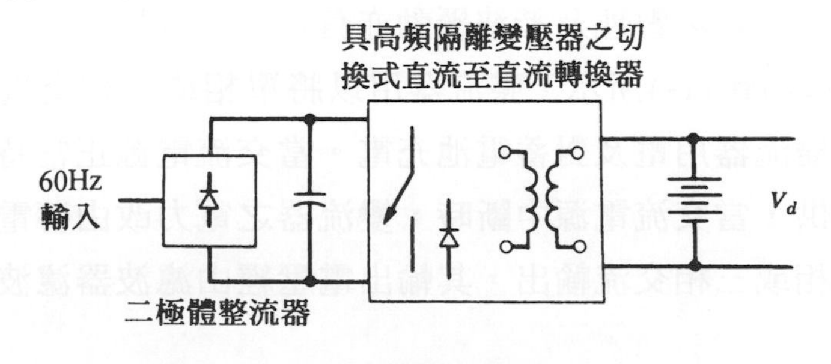

圖 11-6　包含高頻隔離變壓器之整流器

另一種整流器之架構如圖11-7所示。其中主要之電力由三相橋式整流器提供(至變流器)，電池之充電則由一單相相控整流器執行。閘流體T_1在正常情況下為截止，只有在三相電源中斷時才導通。

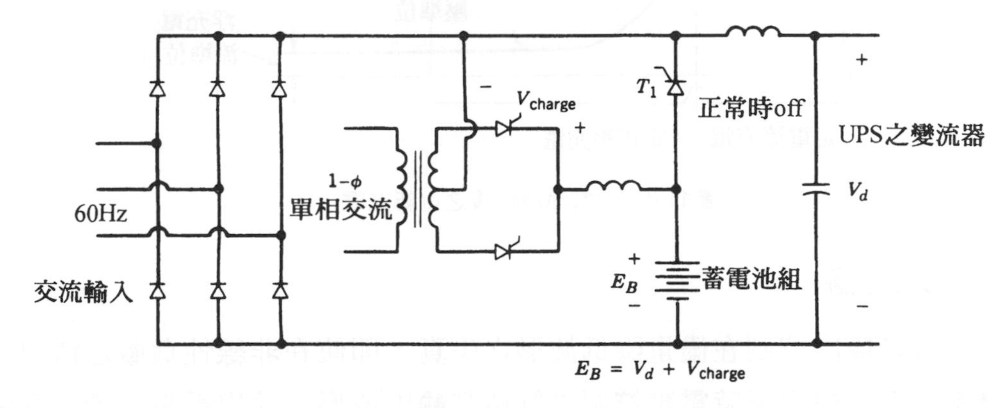

圖 11-7 具單獨蓄電池充電器之整流器

11-4-2 蓄電池

蓄電池之種類有許多，其中以鉛酸電池最常被應用在UPS上。當輸入電源正常時，蓄電池在浮充(trickle charge)模式以維持其自我放電之損耗。浮充乃控制蓄電池之充電電壓為定值，充電電流很小，僅供其維持在完全充電狀態。

當輸入電源中斷時，UPS由蓄電池提供負載用電。蓄電池之容量是以安培-小時計算，即以一定電流放電至其端壓下降至終極放電電壓(final discharge voltage)之電流與所需時間之乘積。電池電壓不允許掉至終極放電電壓以下，否則會縮短電池之壽命。例如容量10-Ih。I乃表示一完全充飽之電池以電流I放電至其終極放電電壓之時間為10小時。此外過度放電亦將使電池有效之容量降低。

當中斷之電源恢復後，UPS又恢復對蓄電池充電，其充電之方式如圖11-8所示。一開始時乃以定電流充電，使蓄電池之端壓迅速上昇。當達到浮充電壓後進入浮充模式，使端壓維持定值，充電電流下降至最後僅維持在完全充電狀態之浮充電流準位。

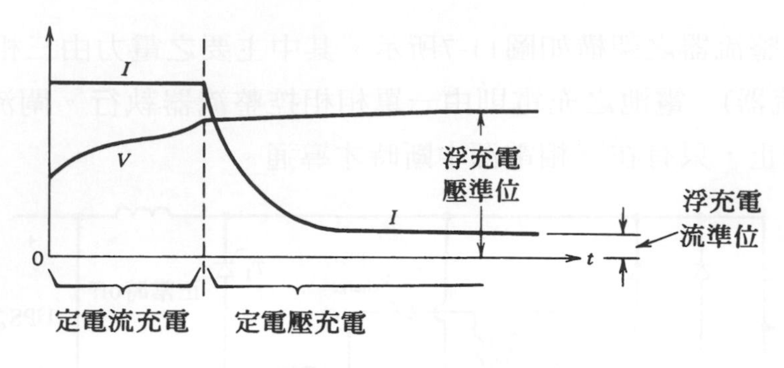

圖 11-8　蓄電池放電後之重新充電

11-4-3　變流器

變流器之輸出控制在儘量降低波形之失真，即使在非線性負載之情況。因此變流器必須採用瞬時電壓控制以維持其輸出波形。輸出電壓之諧波含量乃是以總諧波失真度(THD)來衡量(第三章)：

$$\%\text{THD} = 10 \times \frac{\left(\sum_{h=2}^{\infty} V_h^2\right)^{1/2}}{V_1} \tag{11-1}$$

其中V_1爲輸出電壓基本波之有效值，V_h爲第h次諧波成份之有效值。典型變流器THD之規格爲3%，V_h與V_1之比值爲小於3%。

新近UPSs之變流器乃採用PWM直流至交流變流器(第八章)，其構造如圖11-9(a)所示，其輸出通常會使用隔離變壓器。大型之UPS可以採用多組變流器藉由相移變壓器加以並聯之架構，如圖11-9(b)所示。其允許變流器操作於極低之切換頻率，可使用低頻PWM，諧波規劃消去式或方塊波式切換。另外亦可使用圖11-9(c)之架構，即共振式轉換器、高頻變壓器再配合整半週轉換器(第九章)。

變流器輸出諧波之最小化是非常重要的，因其可以降低濾波器之大小，不但可節省成本而且可以改善UPS對於負載變化之動態響應。變流器之迴授控制如圖11-10所示，其利用量測之輸出波形與正弦之參考電壓作比較，其誤差用以修正變流器之切換。爲得良好之動態性能，此控制迴路必須具有快速響應之特性。

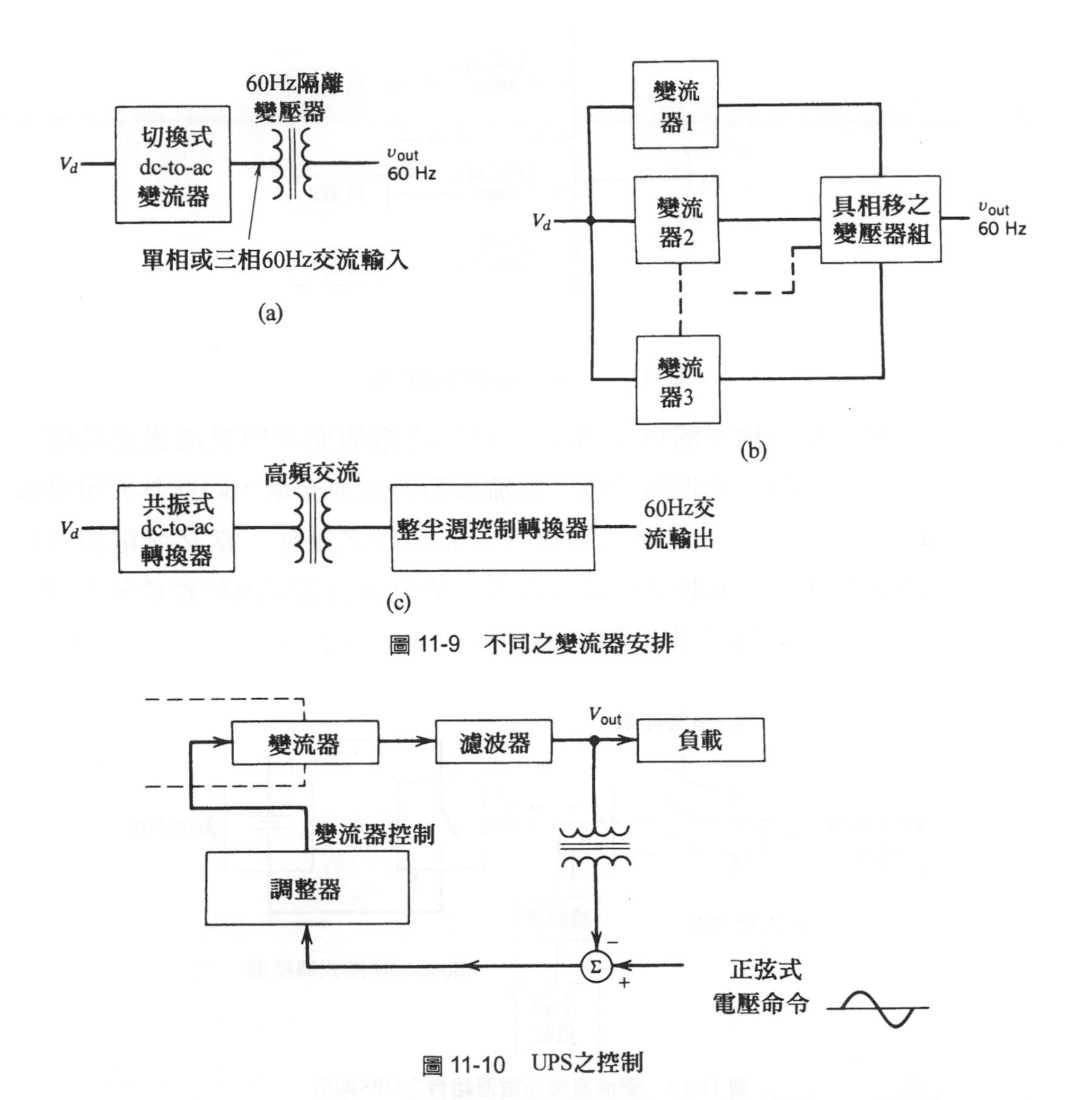

圖 11-9　不同之變流器安排

圖 11-10　UPS之控制

對幾個kW以上之應用，大部份之UPSs會將負載分成多個並聯，如圖11-11所示，每個負載均經一保險絲(fuse)連接。當其中一個負載短路時，其保險絲會燒開以使UPS能夠繼續提供其它負載。不過UPS的電流容量必須使之能夠承受此故障電流直到保險絲燒開爲止。就此性能而言，具有高短路電流容量之旋轉式(rotating type，即發電機)UPS要較電力電子型式之UPS要好得多。

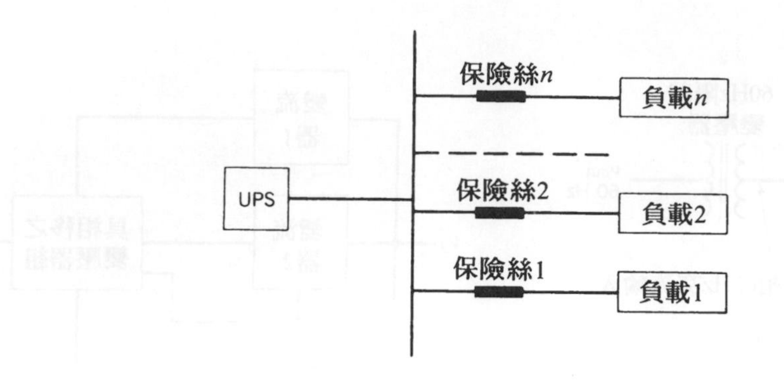

圖 11-11 一UPS提供多組負載

UPS之另一種架構如圖11-12所示，其結合電池充電與變流器之功能。在正常情況下，切換式轉換器當成一整流器對蓄電池充電，除此其亦可吸收交流電源電感性及電容性之電流以提供負載良好之電壓。當交流電源故障時，交流電源被斷開，切換式轉換器當成一變流器由蓄電池供應負載用電，此種架構亦稱為“備用電源供應器(standby power supply)”。

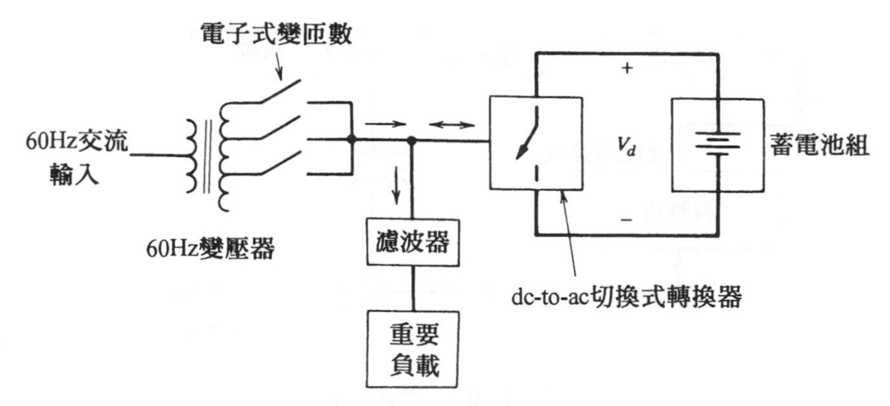

圖 11-12 變流器與充電器結合之UPS架構

11-4-4 靜態轉移開關(static transfer switch)

為增加可靠度，交流電源本身亦可當成UPS之備份，如圖11-13所示，其利用靜態轉移開關將負載由UPS轉移至電力線。

在正常情況下，負載電力由電力線提供，當交流電源故障時，靜態轉移開關將負載轉移給UPS。此種架構亦稱為備用電源供應器。當使用靜態轉移開關時，變流器之輸出需與線電壓同步，才能使負載轉移時，由負載側所視之擾動降至最低。

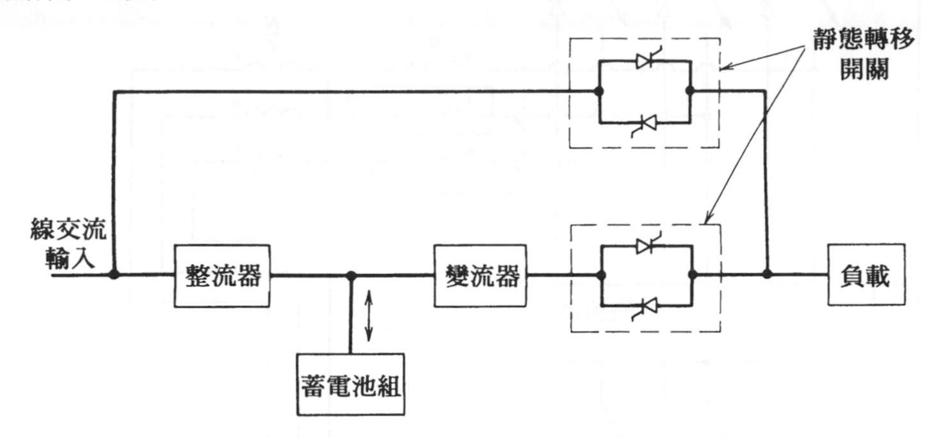

圖 11-13　利用線交流電源當成備份之架構

結　論

電力線之輸入有多種形式之擾動。電力調節器提供一效之方式以防制這擾動(電源故障及頻率偏移除外)，保護較靈敏之負載。

對於非常重要之負載，UPS可在輸入電力中斷時提供負載用電。

習　題

11-1　如圖P11-1使用變壓器耦合變流器之UPS，其利用諧波規劃消去法之切換技術以消除第7及第13次諧波，並控制基本波之振幅。假設變流器2的電壓波形落後變流器1 30°，證明第3、5及7次諧波可以利用變壓器加以消除。

11-2　同習題11-1，試問最小之切換頻率爲何？

11-3　如圖11-12之UPS，其分接點在無載時分別爲輸入電壓之95%，100%及105%。變壓器之額定爲120V，60Hz，1kVA，其漏電抗爲6%(忽略其電阻)。假設負載汲取正弦式之電流且功率因數爲1，試計算當輸入交流電源爲138V時，若欲使負載電壓爲100%(120V)，切換式轉換器必須汲取多少無效(reactive)功率。

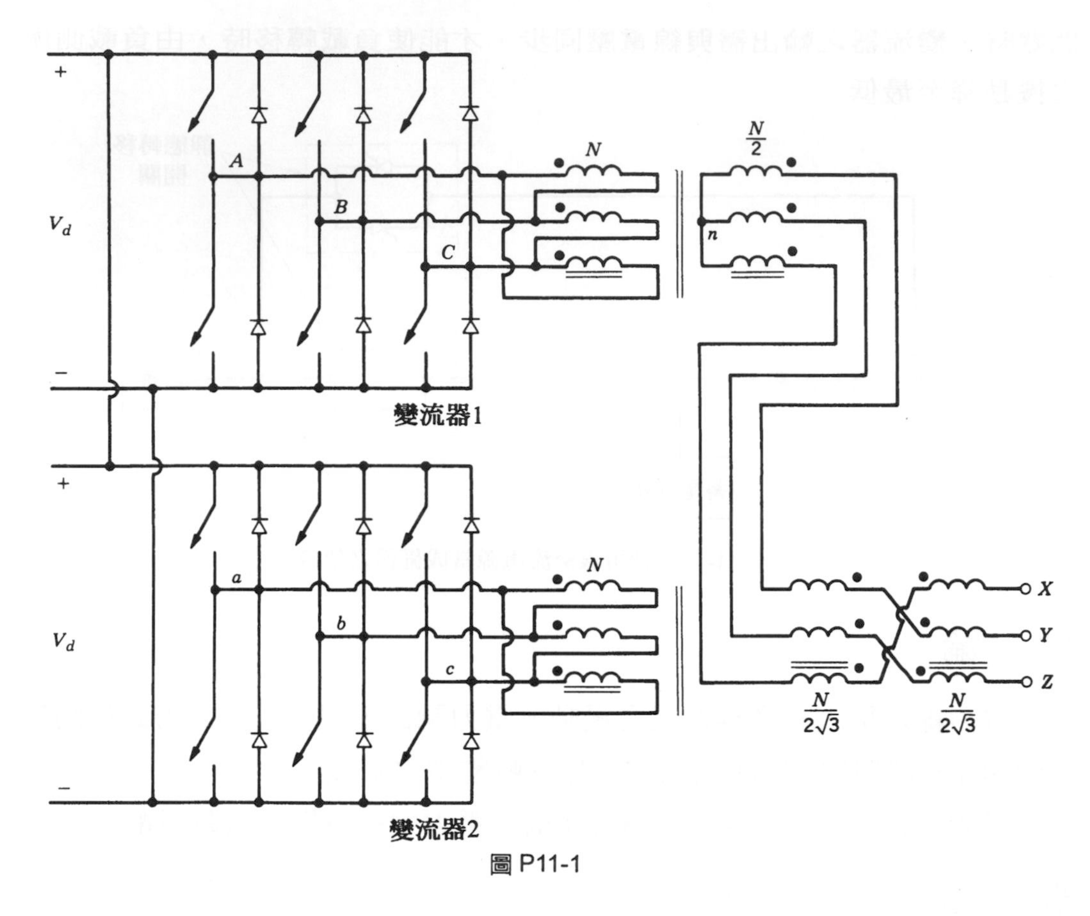

圖 P11-1

參考文獻

1. T. S. Key, "Diagnosing Power Quality-related Computer Problems,"*IEEE Transactions on Industry Applications*, Vol. IA-15, No. 4, July/August 1979, pp. 381-393.
2. "IEEE Recommended Practice for Emergency and Standby Power Systems for Industrial and Commercial Applications," ANSI/IEEE Std. 446, 1987.
3. K. Thorborg, Power Electronics, Prentice-Hall International (UK) Ltd., London, UK, 1988.
4. H. Gumhalter, *Power Supply Systems in Communications Engineering--Part I Principles*, Wiley, New York, 1984.
5. T. Kawabata, S. Doi, T. Morikawa, T. Nakamura, and M. Shigenobu,"

Large Capacity Parallel Redundant Transistor UPS," 1983 *IPEC-Tokyo Conference Record*, Vol. 1, 1983, pp. 660-671.

6. A. Skjellnes, "A UPS with Inverter Specially Designed for Nonlinear Loads," *IEEEI INTELEC Conference Records*, 1987.

7. S. Manias, P. D. Ziogas, and G. Olivier, "Bilateral DC to AC Converter Employing a High Frequency Link," 1985 *IEEE/IAS Conference Records*, 1985, pp.1156-1162.

第四部份 馬達驅動器之應用

第十二章　馬達驅動器之簡介

12-1　簡　介

馬達驅動器(motor drives)使用之功率範圍很廣，從幾瓦到幾百kW不等，應用範圍從機器人之高性能位置驅動器到調整幫浦流率之可調速驅動器等。不論是控制轉速或位置之驅動器，均需使用電力轉換器當成馬達與輸入電源間電力轉換之介面。

在幾百瓦以上之應用，基本上有三種馬達驅動器：⑴直流馬達驅動器；⑵感應馬達驅動器及⑶同步馬達驅動器。其將於第十三至第十五章中討論。

典型馬達驅動器之控制方式如圖12-1所示，其中之程序(process)決定了馬達驅動器之要求，例如，機器人需使用伺服(servo)驅動，空調系統需使用可調速之驅動等等。

對於伺服用途之馬達驅動器，馬達轉速及位置追隨其命令之響應時間及精度非常重要，其需利用圖12-2所示之速度及位置迴授控制方式才能達成。除此，若使用交流馬達，控制器尚須包含如磁場導向之控制(field-oriented control)，才能滿足伺服驅動之性能要求。

然而對一大部份的應用而言，馬達轉速追隨其命令之精密度及響應時間並沒有那麼嚴格。以圖12-1為例，由於在馬達驅動器外尚有一程序之控制迴路，其響應之時間常數可能很長，相對地使馬達調速之響應速度及精密度便不是很重要。圖12-3應用於空調系統之可調速馬達驅動器便是一例。

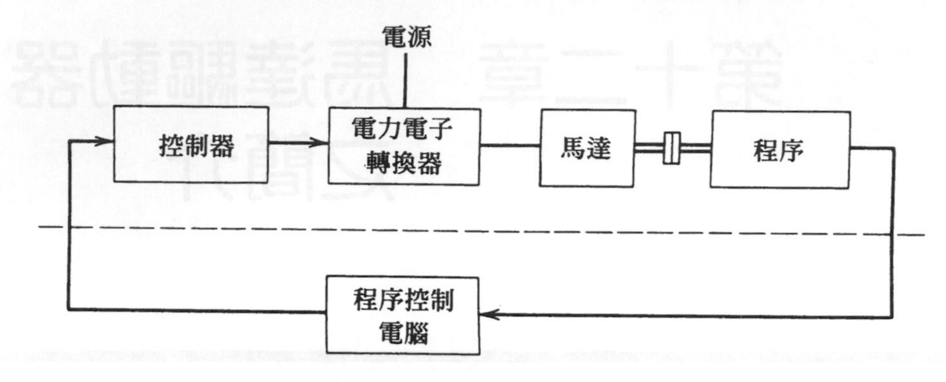

圖 12-1　馬達驅動器之控制

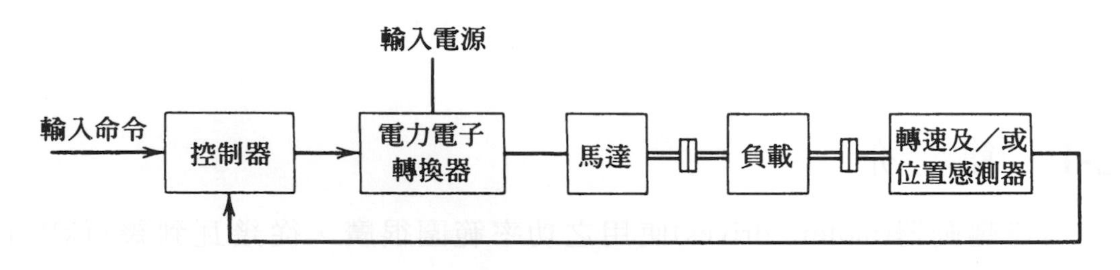

圖 12-2　伺服驅動器

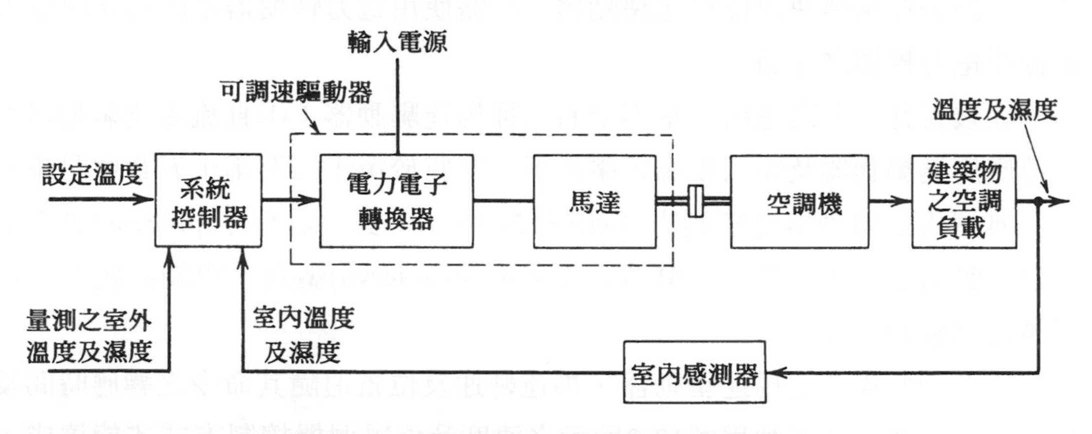

圖 12-3　用於空調系統之可調速馬達驅動器

12-2　選擇驅動元件之法則

如圖12-1至圖12-3，馬達驅動器除馬達外，尚包含電力轉換器以及速度或／及位置之感測器。本節將介紹機械性負載如何與驅動元件搭配之最佳法則。

12-2-1　馬達與負載之搭配

在選擇驅動元件之前，必須先瞭解負載之參數如負載轉矩、最大轉速、轉速範圍以及轉動之方向等等。圖12-4(a)所示乃將負載之運動表示爲時間之函數，藉由機械系統之模型，可以得到負載之轉矩特性。如圖12-4(b)所示，即是假設在沒有任何阻尼(damping)的情況下，由圖12-4(a)所求得之負載的轉矩圖。

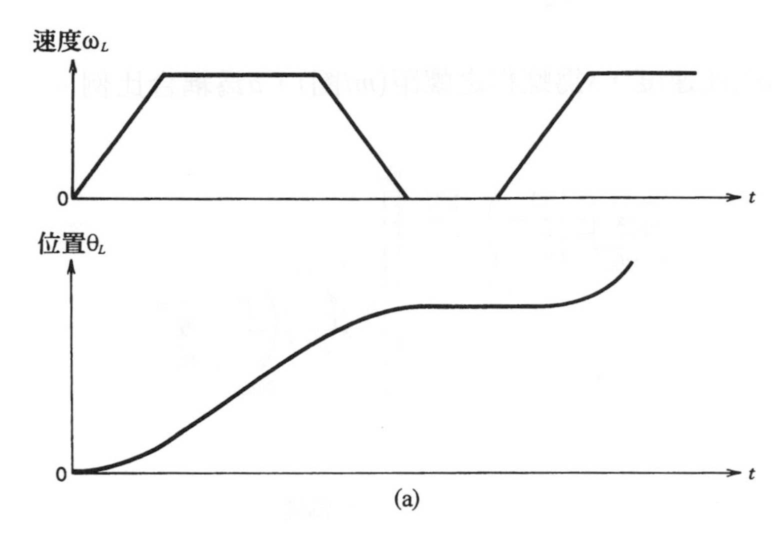

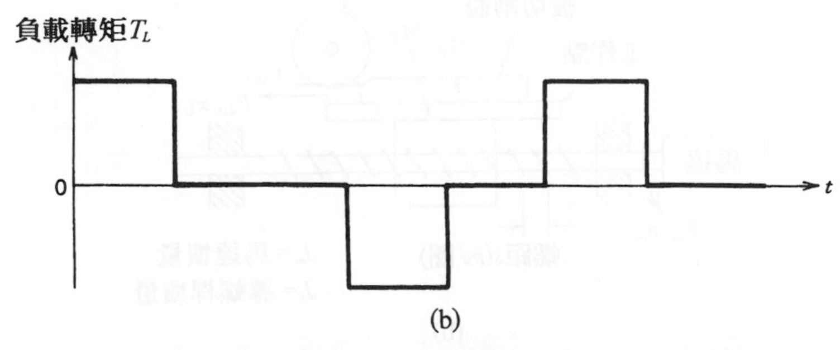

圖 12-4　負載之工作圖：(a)負載運動位置圖；(b)負載轉矩圖

一般馬達帶動負載的方式是透過齒輪機構(gearing mechanism)。齒輪機構耦合負載與馬達(線性移動或旋轉者)之方式包括齒輪鏈條方式、皮帶輪(belt-and-pulley)方式、導螺桿(feed-screw)方式等等。一齒輪及螺旋導桿之方式分別如圖12-5(a)及圖12-5(b)所示。假設圖12-5(a)齒輪之效率爲100%，則齒輪兩側之轉矩比爲：

$$\frac{T_m}{T_L}=\frac{\omega_L}{\omega_m}=\frac{\theta_L}{\theta_m}=\frac{n_m}{n_L}=a \tag{12-1}$$

其中$\omega=\dot{\theta}$爲角速度，n_m及n_L爲齒數，a爲耦合比例。

對於圖12-5(b)之導螺桿，轉矩與力之關係爲：

$$\frac{T_m}{T_L}=\frac{v_L}{\omega_m}=\frac{x_L}{\theta_m}=\frac{s}{2\pi}=a \tag{12-2}$$

其中$v_L=\dot{x}_L$爲線性速度，s爲螺桿之螺距(m/圈)，a爲耦合比例。

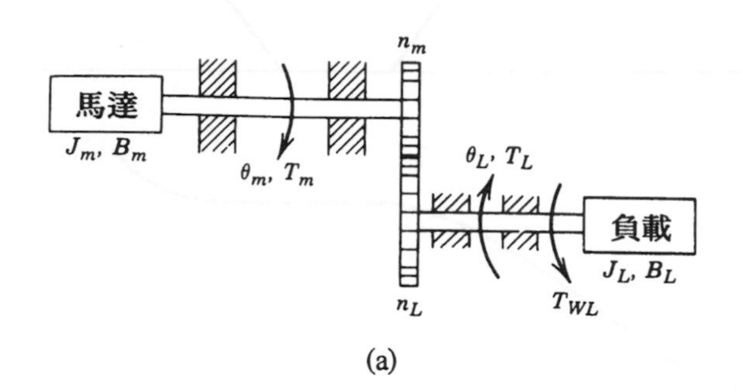

(a)

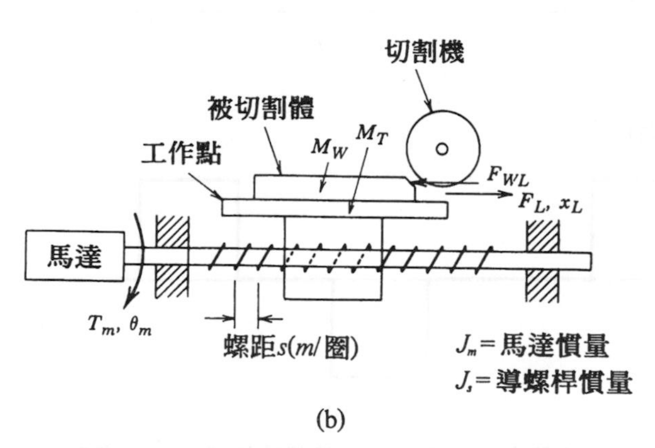

(b)

圖 12-5　耦合機構：(a)齒輪；(b)導螺桿

圖12-5(a)中，馬達產生之轉矩爲

$$T_{em}=\frac{\dot{\omega}_L}{a}[J_m+a^2J_L]+aT_{WL}+\frac{\omega_L}{a}(B_m+a^2B_L) \tag{12-3a}$$

其中T_{WL}爲負載轉矩，$\dot{\omega}_L$爲負載之加速度。上式若以馬達之轉速($\omega_m=\omega_L/a$)來

表示，可表為

$$T_{em} = J_{eq}\dot{\omega}_m + B_{eq}\omega_m + T_{Weq} \qquad (12\text{-}3b)$$

其中$J_{eq} = J_m + a^2 J_L$為等效總轉動慣量，$B_{eq} = B_m + a^2 B_L$為等效總阻尼系數，$T_{Weq} = aT_{WL}$為等效總負載轉矩。

同樣地，圖12-5(b)可表示為(習題12-3)

$$T_{em} = \frac{\dot{v}_L}{a}[J_m + J_s + a^2(M_T + M_W)] + aF_{WL} \qquad (12\text{-}4)$$

其中$\dot{v}_L$為負載之線性加速度。

由(12-1)及(12-2)可知，耦合比例a會影響馬達轉速，亦會同時影響馬達產生之電磁轉矩T_{em}，如(12-3a)及(12-3b)所示。實際上，在選擇最佳a值時，系統之耦合損失亦需考慮入列。

12-2-2　選擇馬達時溫昇的考量

如圖12-6(a)之馬達電磁轉矩在馬達氣隙磁通固定下，馬達之電磁轉矩與馬達電流i成正比，因此馬達之電流與轉矩形狀相同，如圖12-6(b)所示。對直流馬達而言，在各時區內之電流為直流值，對交流馬達而言，在各時區內之電流則為有效值。馬達電流通過馬達線圈繞組(電阻值為R_M)將造成功率損失P_R，此損失佔整個馬達損失之大半且會轉換成熱能。如果圖12-6之波形為週期性且週期t_{period}要較馬達溫度變化之時間常數要小得多，則計算馬達之溫昇可以t_{period}內之平均功率P_R來計算，由圖12-6

$$P_R = R_M I_{rms}^2 \qquad (12\text{-}5)$$

其中

$$I_{rms}^2 = \frac{\sum_{k=1}^{m} I_k^2 t_k}{t_{period}} \qquad (12\text{-}6)$$

其中m在本例中等於6。

由於馬達電流正比於馬達轉矩，因此由圖12-6及(12-6)可得

$$T^2_{\text{em, rms}} = k_1 \frac{\sum_{k=1}^{m} I_k^2 t_k}{t_{\text{period}}} \tag{12-7}$$

即
$$T^2_{\text{em, rms}} = k_1 I^2_{\text{rms}} \tag{12-8}$$

其中k_1爲一比例常數。

由(12-5)及(12-8)可得

$$P_R = k_2 T^2_{\text{em, rms}} \tag{12-9}$$

k_2亦爲一比例常數。

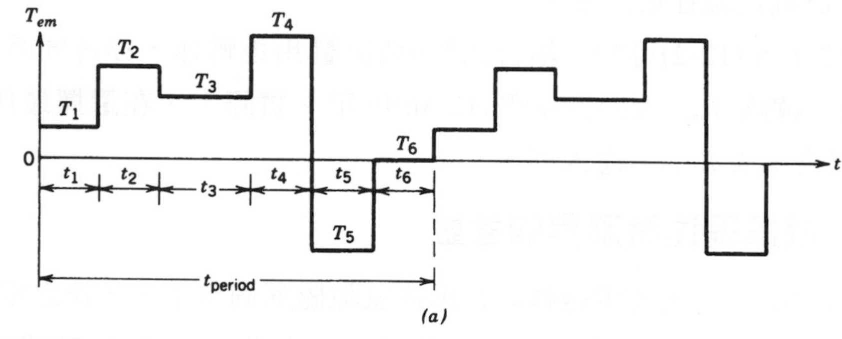

(a)

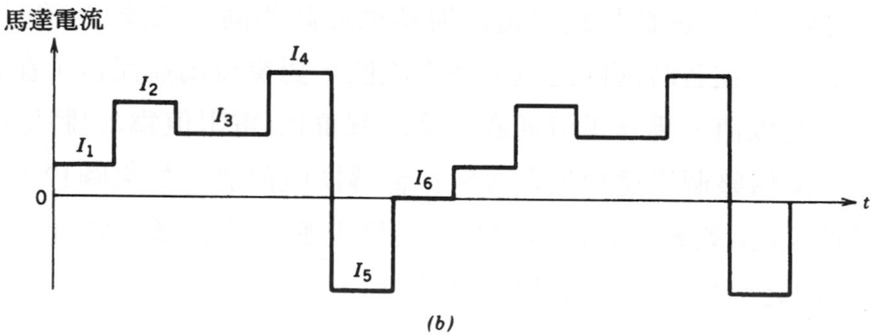

(b)

圖 12-6 馬達轉矩及電流

除了P_R之外，馬達熱之產生尚有其它因素，包括：P_{FW}爲摩擦及風損；P_{EH}爲馬達鐵心之渦流及磁滯損；P_s爲馬達漣波電流之損失；P_{stray}爲雜散損。因此馬達之總損失爲

$$P_{\text{loss}} = P_R + P_{\text{FW}} + P_{\text{EH}} + P_s + P_{\text{stray}} \tag{12-10}$$

穩態下，馬達之溫昇可表示爲：

$$\Delta\Theta = P_{\text{loss}} R_{\text{TH}} \tag{12-11}$$

其中R_{TH}爲馬達之熱阻(單位：℃/W)。

(12-11)指出，若溫昇$\Delta\Theta$之最大值已知，則穩態下P_{loss}之最大值與R_{TH}成反比。通常(12-10)中之各種損失(P_R除外)隨馬達轉速之增加而上昇，因此若R_{TH}不變，P_R之最大值與馬達輸出轉矩之最大值將隨轉速之增加而減小。然而若馬達內部轉軸具有散熱風扇，則R_{TH}將隨轉速之上昇而下降。因此馬達可以操作之最大安全範圍視馬達之設計而定，通常此安全範圍是在馬達之轉矩與轉速平面圖上標示。

12-2-3　馬達與電力轉換器之匹配

馬達驅動器之選擇需考慮功率大小、轉速範圍、操作環境、可靠度、負載之性能要求及價格等因素。可以選擇之驅動器有：直流馬達、感應馬達及同步馬達等驅動器，這些驅動器之優缺點將在第十三至十五章中介紹。

電力轉換器之電路組態與控制則視所選定之馬達形式而定。電力轉換器與馬達匹配所需考慮之事項如下：

12-2-3-1　電流額定

如前所討論，馬達產生之轉矩與熱之特性有關。其產生超高轉矩(最高可達連續操作最大轉矩之四倍)之時間長度只要較馬達熱效應之時間常數短得多，馬達均可承受。反倒需要考慮的是電力轉換器之半導體功率元件。如前所述，T_{em}與i成正比，故產生超高轉矩需要從轉換器汲取很大之電流。此大電流對於半導體接面(junction)熱效應之時間常數要較馬達之熱效應短得多。因此電力轉換器電流額定的選擇必須同時考量馬達所產生轉矩之有效值及尖峰值。

12-2-3-2　電壓額定

無論是直流或交流馬達，馬達旋轉會產生應電勢e，如圖12-7馬達之簡化電路所示。由圖12-7得

$$\frac{di}{dt} = \frac{v-e}{L} \tag{12-12}$$

馬達之電流乃至於轉矩可藉由控制轉換器之輸出電壓v來控制，為迅速控制電流，v必須較e高出許多。當氣隙磁通固定時，e與馬達轉速成正比，故電力轉換器電壓之額定與馬達之最大轉速有關。

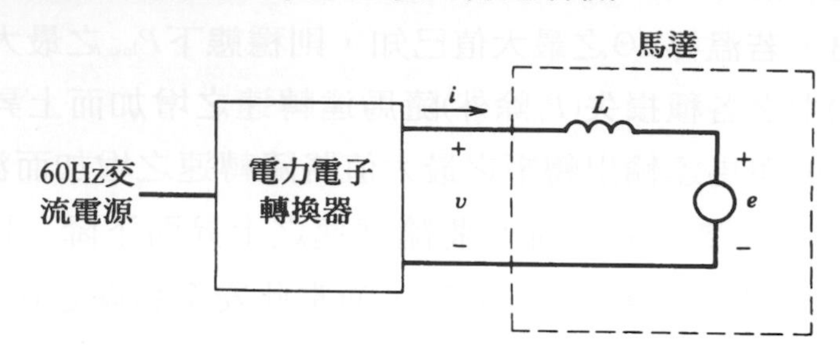

圖 12-7　馬達驅動器之簡化電路表示

12-2-3-3　切換頻率與馬達電感

對伺服系統而言，欲得快速之響應必須使(12-12)中之L愈小愈好。為降低馬達之損失P_s(如(12-10))，馬達電流之漣波應愈小愈好。然而降低漣波必須使L愈大愈好。在同時考慮以上二因素時，L之選擇會有所衝突。故通常降低電流漣波是以提高切換頻率來解決，然而由於切換損會隨著增加，因此選擇L與切換頻率間必須取一折衷。

12-2-4　速度及位置感測器之選擇

速度及位置感測器之選擇必須考慮以下幾個因素：耦合為直接或間接方式，感測器本身之轉動慣量是否會引起扭轉之共振以及如何避免，可感測速度之範圍等等。

為使馬達轉速能夠精確，速度感測器之漣波應愈小愈好。此可以增量型之位置編碼器(incremental position encoders)來實現，其亦可同時用以量測位置。無論是當成轉速或位置感測器，編碼器之解析度愈高(即旋轉一圈所能送出之脈衝數愈高)，在作低轉速或位置控制時之精確度愈高。

12-2-5　伺服馬達驅動器之控制以及限流

前述圖12-2之伺服馬達驅動器在實際應用時，當位置及速度命令瞬間作很大之改變時，需要產生很大的轉矩，因此需要很大之電流才能獲得快速之響應。此大電流若不加以限制可能會損壞電力轉換器。圖12-8(a)及圖12-8(b)提供兩種限流之方式。

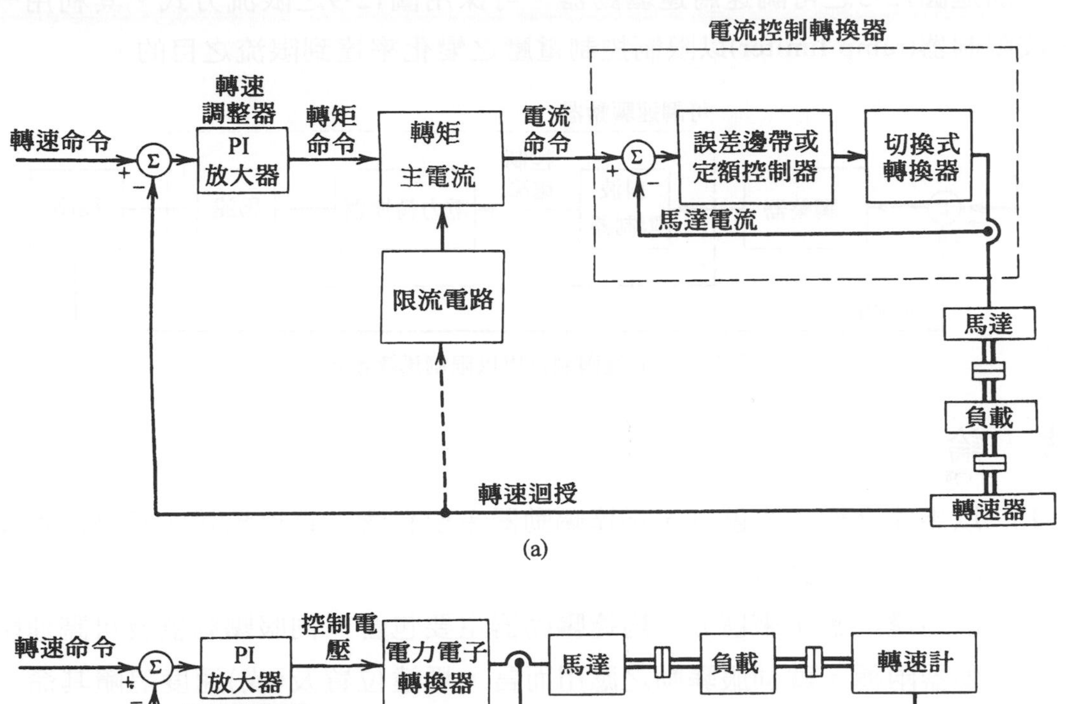

(a)

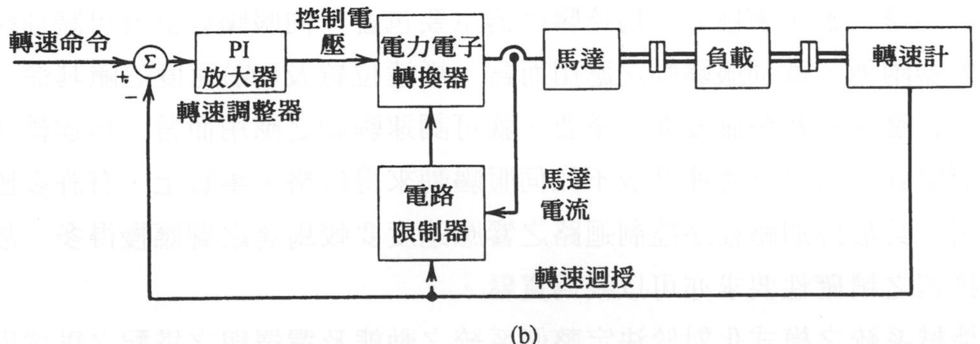

(b)

圖 12-8　伺服驅動器之控制：(a)具電流內迴路；(b)不具電流內迴路

圖12-8(a)採用電壓源電流模式控制轉換器(第八章)，利用電流命令與實際電流之誤差控制轉換器之切換。此種具電流內迴路之架構可以改善驅動器之響應速度，同時可以利用限制電流命令之方式來限流。此電流命令乃由外迴路之轉速控制器而來。

圖12-8(b)中，轉速乃至於轉換器之控制是由轉速命令與轉速之誤差經由一比例積分(PI)控制器來執行。當轉換器之電流超出限流準位時可以限制PI控制器之輸出來限流。此限流準位可以隨轉速而調整。

12-2-6 可調速馬達驅動器之限流

前述圖12-3之可調速馬達驅動器，可採用圖12-9之限流方式。其利用一斜波限制器(ramp limiter)以限制控制電壓之變化率達到限流之目的。

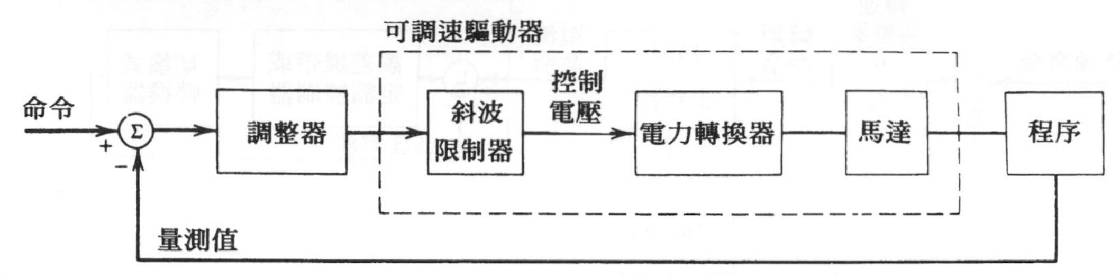

圖 12-9 斜波限制器用以限制馬達電流

結 論

1. 以馬達之形式來區分，馬達驅動器主要包含：直流馬達、感應馬達及同步馬達驅動器。

2. 以馬達之應用來區分，馬達驅動器主要包含：伺服驅動器及可調速驅動器兩種。就伺服驅動之應用而言，馬達位置及(或)速度追隨其命令之響應速度及精確度非常重要。就可調速驅動之應用而言，馬達轉速追隨其命令之響應速度並不如伺服驅動來得嚴格。事實上，有許多應用，其最外迴路程序控制迴路之響應速度要較馬達之響應慢得多，故控速之精確性要求亦可以較爲寬鬆。

3. 機械系統之模式化對於決定整個系統之動態及選擇與之搭配之馬達與電力轉換器是非常必要的。

4. 伺服馬達驅動器需要速度及／或位置感測器以迴授量測信號，有具電流內迴路及不具電流內迴路之兩種架構，對於可調速馬達驅動器，可以利用限制電力轉換器控制電壓的改變率來作限流。

習 題

12-1 如圖12-5(a)之系統，若齒輪比爲$n_L/n_m = 2$，$J_L = 10\,\text{kg-m}^2$，$J_m = 2.5\,\text{kg-m}^2$，且阻尼可以忽略。試根據圖P12-1之負載轉速圖，繪出負載之轉矩以及馬達所產生電磁轉矩之有效值等二圖。

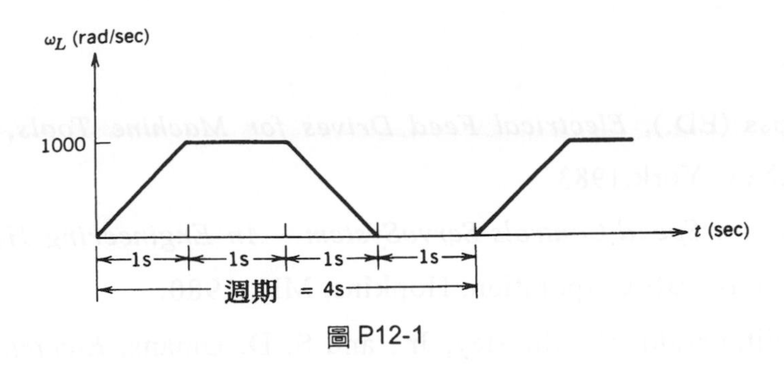

圖 P12-1

12-2　如圖P12-2之皮帶輪系統：

J_m = 馬達轉動慣量 = 0.006kg-m^2

M = 負載重量 = 0.5kg

r = 皮帶輪之半徑 = 0.1m

試求將負載在3秒內由0加速至1m/s所需之馬達轉矩T_m(假設爲定轉矩)。

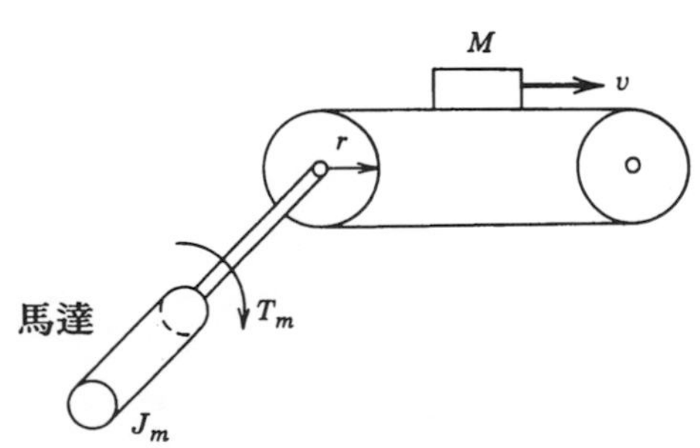

圖 P12-2

12-3　推導(12-4)式。

12-4　如圖12-5(a)之系統，B_m，B_L，及T_{WL}可忽略，其運轉之轉速圖爲一正三角形，即作等加速及等減速轉動。若齒輪之效率爲100%，且爲最佳齒輪比(即負載轉矩等於馬達轉矩)，計算負載轉動θ_L角所需之時間(以J_m，T_L及T_{em}來表示)。

參考文獻

1. H. Gross (ED.), *Electrical Feed Drives for Machine Tools*, Siemensand Wiley,New York,1983.
2. *DC Motors Speed Controls ServoSystem--An Engineering Handbook*, 5th ed., Electr-Craft Corporation, Hopkins, MN, 1980.
3. A. E. Fitzgerald, C. Kingsley, Jr., and S. D. Umans, *Electric Machinery*, 4th ed. McGraw-Hill, New York, 1983.
4. G. R. Slemon and A. Straughen, *Electric Machines*, Addison-Wesley, Reading, MA, 1980.

第十三章　直流馬達驅動器

13-1　簡　介

過去直流馬達驅動器已成熟的應用於速度和位置的控制。近年來，交流馬達伺服驅動器之應用日漸廣泛，已有取代之勢。儘管如此，對於不需要求低維護之場合，直流馬達驅動器仍常被使用，因為其具有較低之起始成本及良好之操作性能。

13-2　直流馬達之等效電路

直流馬達磁通由定子產生，其產生磁通ϕ_f的方式有兩種，一為如圖13-1所示以永久磁鐵產生之方式，其ϕ_f為定值；一為如圖13-2所示場繞組之方式，ϕ_f由場電流I_f控制，不考慮磁飽合，則

$$\phi_f = k_f I_f \tag{13-1}$$

其中k_f為磁場常數。

轉子之繞組稱為電樞(armature)繞組，用以處理馬達之功率。此與大部份交流馬達將處理功率之繞組置於定子以處理更大功率之安排，正好相反。不過對直流馬達而言，電樞繞組置於轉子是必要的，因其可以提供一機械式

整流，使電樞繞組輸出之端壓及電流為直流。電樞之繞組為一連續性繞組，沒有頭尾之分，其連接到換向片(commutator segments)上。這些換向片材質為銅，彼此為絕緣且會隨轉軸而旋轉。再利用(至少一組)靜止之碳刷與換向片(因此電樞繞組)接觸，使靜止之電樞端子可以提供直流之電壓及電流輸出。

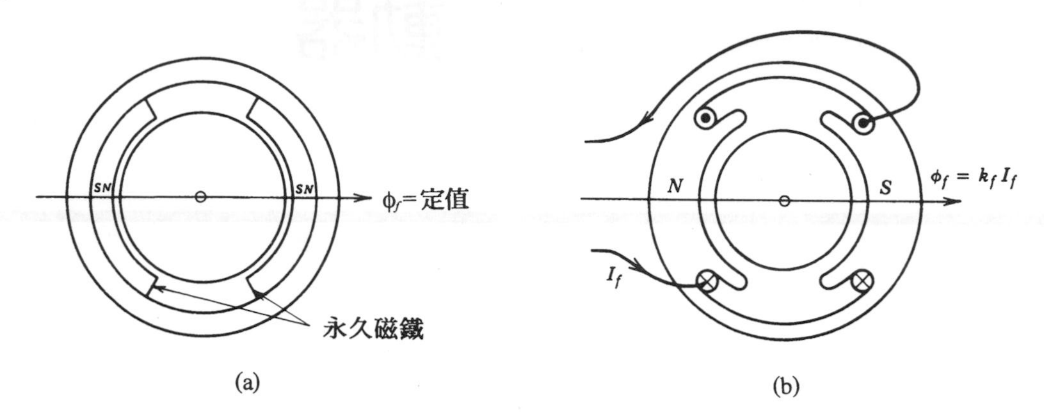

圖 13-1 直流馬達：(a)永磁式馬達；(b)具場繞組之直流馬達

直流馬達之電磁轉矩由場磁通ϕ_f與電樞電流i_a之交互作用產生：

$$T_{em} = k_t \phi_f i_a \tag{13-2}$$

其中k_t為馬達之轉矩常數。以ω_m旋轉之電樞導體在ϕ_f磁通下將產生應電勢：

$$e_a = k_e \phi_f \omega_m \tag{13-3}$$

其中k_e為馬達之電壓常數。

若以SI單位來計量，則k_t與k_e將相等，此可由電能P_e等於機械能P_m求得：

$$P_e = e_a i_a = k_e \phi_f \omega_m i_a \quad (由(13\text{-}3)) \tag{13-4}$$

$$P_m = \omega_m T_{em} = k_t \phi_f \omega_m i_a \quad (由(13\text{-}2)) \tag{13-5}$$

穩態下，

$$P_e = P_m \tag{13-6}$$

故

$$k_t\left[\frac{\text{Nm}}{\text{A} \cdot \text{Wb}}\right] = k_e\left[\frac{\text{V}}{\text{Wb} \cdot \text{rad/s}}\right] \tag{13-7}$$

若電樞之端點由一可控式電壓源v_t來供電，則直流馬達可以圖13-2之等效電路來表示。由圖13-2可得

$$v_t = e_a + R_a i_a + L_a \frac{di_a}{dt} \tag{13-8}$$

其中R_a，L_a分別爲電樞繞組之電阻及電感量。

馬達之電磁轉矩與負載轉矩之關係由第十二章之(12-3b)可得

$$T_{em} = J\frac{d\omega_m}{dt} + B\omega_m + T_{WL}(t) \tag{13-9}$$

其中J及B分別爲等效轉動慣量與阻尼之總合，T_{WL}爲負載工作之轉矩。

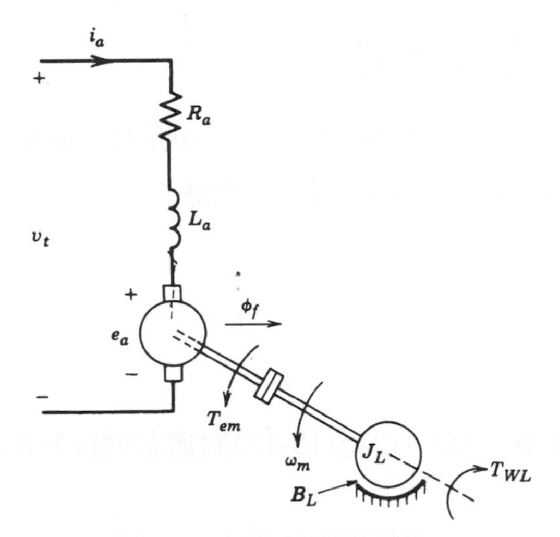

圖 13-2　直流馬達等效電路

雖然直流機極少被當成發電機使用，然而直流馬達煞車(制動)時其形同一發電機。假設ϕ_f固定，煞車時爲降低馬達轉速v_t會降至小於e_a，因此圖13-2之i_a電流方向將反向。由(13-2)知T_{em}亦將反向，因此馬達負載之動能將被轉換成電能回送至v_t側。此電能可以被消耗在電阻上或由v_t所吸收。

馬達之工作模式可以圖13-3中T_{em}與ω_m之平面來表示。馬達可以正反轉，當成電動機時，T_{em}與ω_m同向，馬達之功率($e_a i_a$)爲正，反之煞車時，T_{em}必需反向，且馬達之電功率($e_a i_a$)爲負。

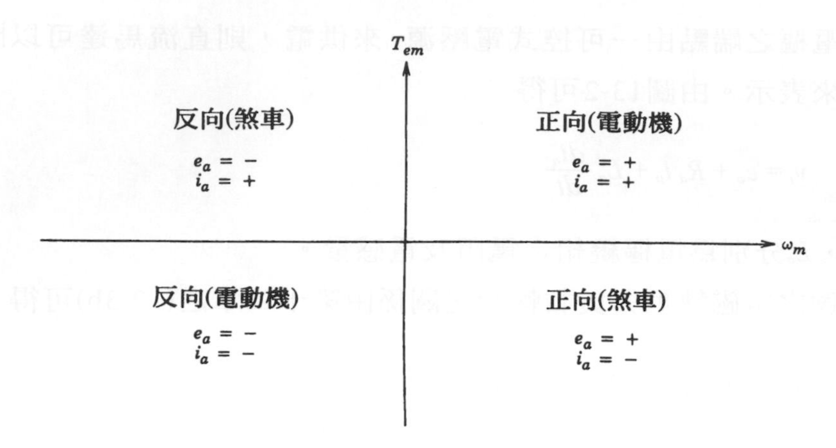

圖 13-3 直流馬達之四象限操作

13-3 永磁式直流馬達

一般小馬力之直流馬達會採用圖13-1(a)所示之永磁式定子以產生固定磁通ϕ_f。若ϕ_f固定，由(13-2)、(13-3)及(13-8)得

$$T_{em} = k_T I_a \tag{13-10}$$

$$E_a = k_E \omega_m \tag{13-11}$$

$$V_t = E_a + R_a I_a \tag{13-12}$$

其中$k_T = k_t \phi_f$且$k_E = k_e \phi_f$。(13-10)至(13-12)對應於圖13-4(a)等特效電路，穩態下

$$\omega_m = \frac{1}{k_E}\left(V_t - \frac{R_a}{k_T} T_{em}\right) \tag{13-13}$$

利用(13-13)可繪出轉矩與轉速特性圖，如圖13-4(b)所示。其中在V_t固定下，T_{em}與隨ω_m之增加而下降，此乃由電樞電阻之壓降$I_a R_a$所造成。此下降率對於大馬力之直流馬達而言很小，對小馬達而言則非常大。此外，由於不同V_t下之轉矩轉速特性可平移，因此負載在任何轉矩下之轉速，可以藉由改變V_t來調整。

在連續操作之穩態下，I_a及V_t不能超過其額定值，故T_{em}及ω_m亦不能。此限制圖13-4(b)必須操作於二虛線之範圍內。馬達轉矩能力及電流與轉速之關係如圖13-4(c)所示，所對應之V_t及E_a值亦標示於圖中。

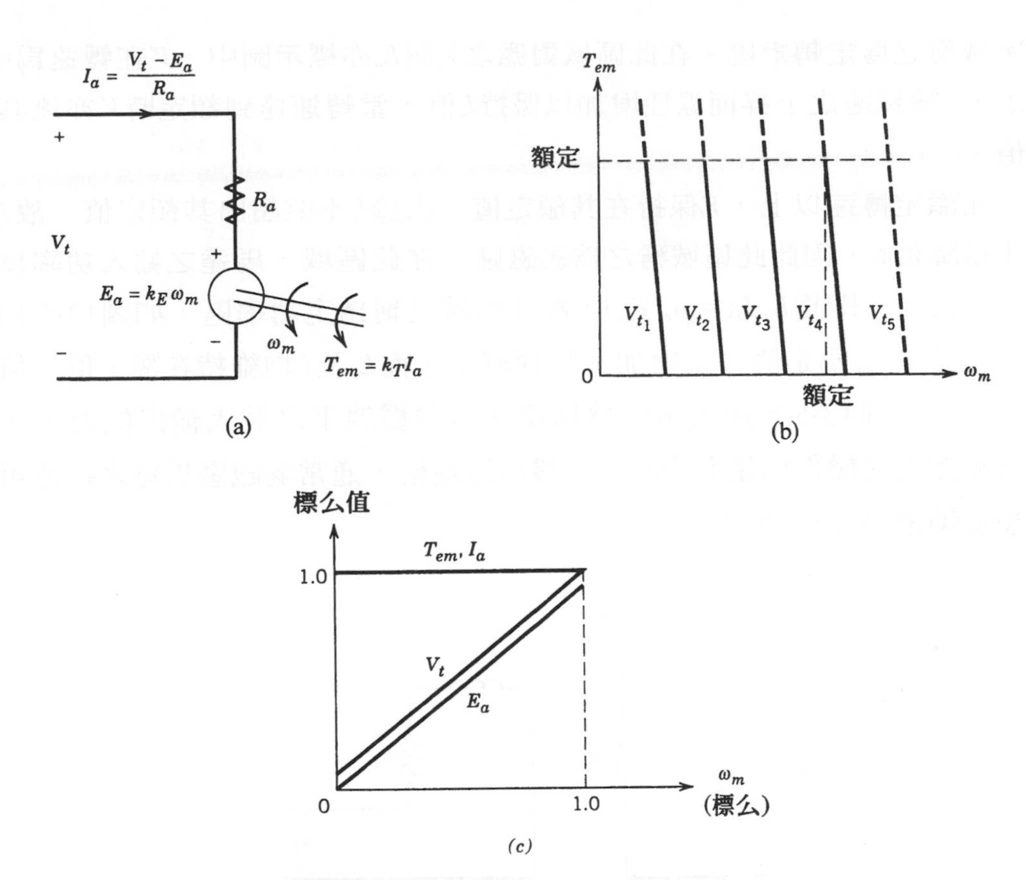

圖 13-4　永磁式直流馬達：(a)等效電路；(b)轉矩-轉速特性：$V_{t5} > V_{t4} > V_{t3} > V_{t2} > V_{t1}$，其中$V_{t4}$爲額定電壓；(c)連續性之轉矩-轉速能力

13-4　分激式直流馬達

永磁式直流馬達僅限於小馬力數且轉速受到限制。這些可以圖13-1(b)定子採用繞組，藉由調整ϕ_f來解決。圖13-5(a)爲一分激式直流馬達，場繞組由一直流電源V_f所激磁。穩態下控制ϕ_f之電流$I_f = V_f / R_f$，R_f爲場繞組之電阻。

由於ϕ_f爲可調整，故ω_m可由(13-13)利用$k_E = k_e \phi_f$，$k_T = k_t \phi_f$寫成

$$\omega_m = \frac{1}{k_e \phi_f}\left(V_t - \frac{R_a}{k_t \phi_f} T_{em}\right) \tag{13-14}$$

(13-14)指出，分激式直流馬達之轉速可藉由V_t及ϕ_f來調整。實用上，在額定轉速以下ϕ_f可保持爲最大值以得到最大轉矩，若如此則其轉矩-轉速特性將與永磁式之特性類似(如圖13-4(b)所示)，而其轉矩能力則如圖13-5(b)所示，

此區域稱之爲定轉矩區。在此區域對應之V_t與E_a亦標示圖中。V_t在轉速爲0時接近0，隨轉速之上昇而線性增加以保持I_a值，當轉速達到額定時V_t亦達其額定值。

在額定轉速以上，V_t保持在其額定值，由於I_a不能超出其額定值，故I_f需減小以降低ϕ_f，因此此區域稱之爲弱磁區。在此區域，馬達之輸入功率爲定值且爲最大，即爲$E_a I_a(=\omega_m T_{em})$，故此區域又稱爲定功率區，如圖13-5(b)所示。由於$\omega_m T_{em}$爲定值，ω_m增加，T_{em}便減小，而E_a及I_a均維持在額定值。值得注意的是，圖13-5(b)所表示的爲馬達在連續穩態下之最大輸出能力，在此區域範圍內之操作均是允許的。依據馬達規格，通常弱磁區馬達之轉速可超出額定轉速50%～100%。

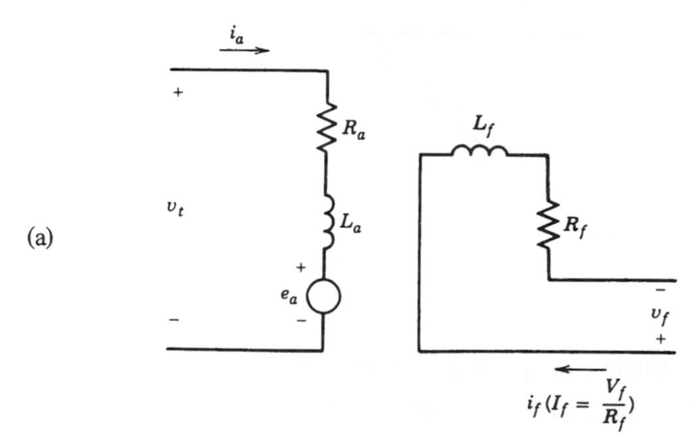

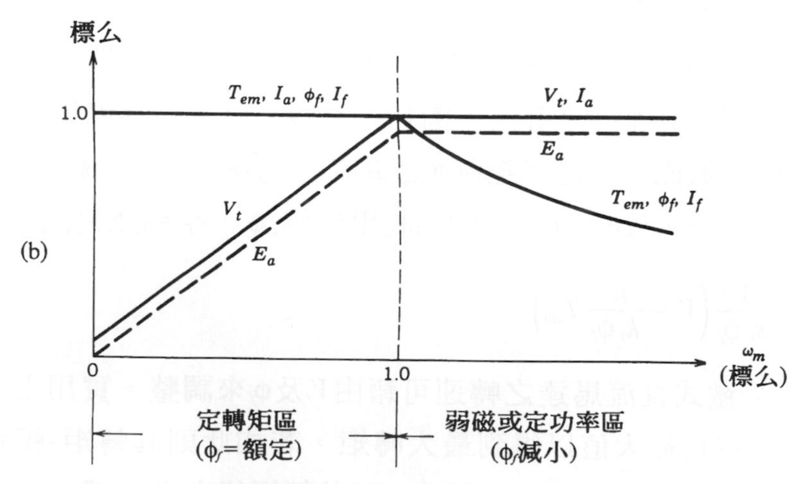

圖 13-5　分激式直流馬達：(a)等效電路；(b)連續性之轉矩-轉速能力

13-5　電樞電流波形之效應

以電力轉換器控制之直流馬達驅動器，其直流電壓不可避免地會有交流漣波。漣波電壓會造成電樞電流之漣波值，其效應如下：

13-5-1　波形因數(Form factor)

直流馬達電樞電流波形因數之定義為：

$$\text{波形因數} = \frac{I_{a\,(\text{rms})}}{I_{a\,(\text{average})}} \tag{13-15}$$

一純直流之i_a，其波形因數為1。i_a偏離直流愈多，其波形因數愈大。馬達之輸入功率(輸出功率亦同)與i_a之平均值成正比，而其電樞繞組之損失則與$I^2_{a\,(\text{rms})}$成正比。因此波形因數愈大，馬達之損失愈大，效率愈低。

此外，高波形因數代表電樞電流之峰值較其平均值大得多，此會造成換向片及碳刷更大之電弧(arcing)。為防止此效應，馬達必須降低其可輸出之最大功率或轉矩以使馬達之溫度不會過熱，保護其換向片及碳刷。基於上述之分析，電樞電流之波形因數應愈小愈好。

13-5-2　脈動轉矩(torque pulsations)

由於馬達產生之瞬時電磁轉矩$T_{\text{em}}(t)$與瞬時電樞電流$i_a(t)$成正比，故i_a之漣波亦將造成轉矩之漣波，進而在低轉動慣量時影響轉速。此為另一個需降低電樞電流漣波之原因。值得注意的是，對相同大小之轉矩漣波而言，高頻者對轉速之影響遠較低頻者為小。

13-6　直流伺服驅動器

雖然交流伺服驅動器之應用愈來愈普遍，然而直流伺服驅動器仍被廣泛地採用。如果不是因為其具有換向器及碳刷之缺點，直流馬達將是伺服驅動器中之佼佼者，因為其瞬時轉矩T_{em}可以由電樞電流i_a作線性之調整。

13-6-1　小信號動態響應所需之轉矩函數模型

圖13-6所示爲典型直流伺服馬達位置及轉速控制之架構。爲了設計控制器以獲得良好之操作性能(如高速響應、低穩態誤差及高穩定度等)，必須先知道馬達之轉移函數。

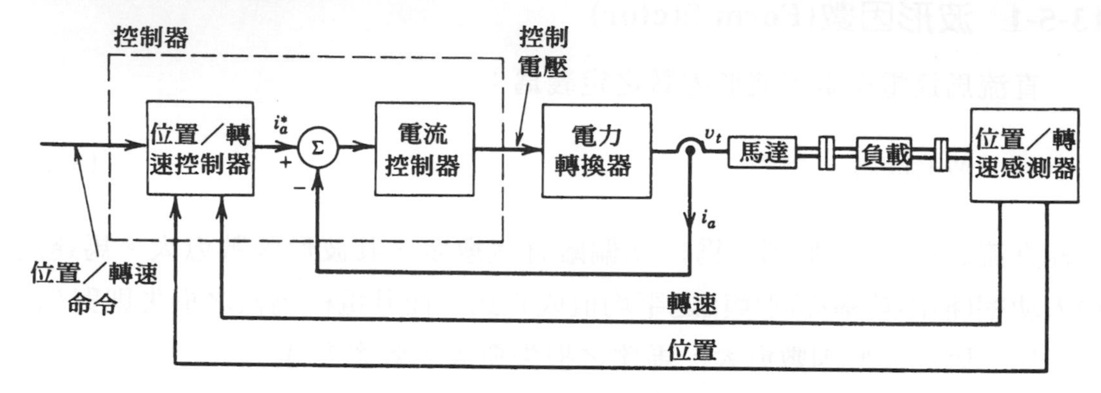

圖 13-6　閉迴路位置／轉矩控制直流伺服馬達驅動器

爲分析馬達-負載結合之小信號動態特性，可在穩態操作點上加一小擾動，且假設此小擾動不致使轉換器電流超出其限制。去掉穩態值後，可得以下小擾動之程式：

$$\Delta v_t = \Delta e_a + R_a \Delta i_a + L_a \frac{d}{dt}(\Delta i_a) \tag{13-16}$$

$$\Delta e_a = k_E \Delta\omega_m \tag{13-17}$$

$$\Delta T_{em} = k_T \Delta i_a \tag{13-18}$$

$$\Delta T_{em} = \Delta T_{WL} + B\Delta\omega_m + J\frac{d(\Delta\omega_m)}{dt} \quad (\text{由}(13\text{-}9)) \tag{13-19}$$

將以上各式取拉氏轉換可得：

$$V_t(s) = E_a(s) + (R_a + sL_a)I_a(s)$$

$$E_a(s) = k_E\,\omega_m(s)$$

$$T_{em}(s) = k_T\,I_a(s)$$

$$T_{em}(s) = T_{WL}(s) + (B + sJ)\,\omega_m(s)$$

$$\omega_m(s) = s\theta_m \tag{13-20}$$

利用(13-20)可得圖13-7之轉移函數方塊圖，其輸入包含電樞端壓$V_t(s)$及負載轉矩$T_{WL}(s)$。利用重疊定理可得

$$\omega_m(s)=\frac{k_T}{(R_a+sL_a)(sJ+B)+k_T k_E}V_t(s)-\frac{R_a+sL_a}{(R_a+sL_a)(sJ+B)+k_T k_E}T_{WL}(s) \tag{13-21}$$

定義：
$$G_1(s)=\left.\frac{\omega_m(s)}{V_t(s)}\right|_{T_{WL}(s)=0}=\frac{k_t}{(R_a+sL_a)(sJ+B)+k_T k_E} \tag{13-22}$$

$$G_2(s)=\left.\frac{\omega_m(s)}{T_{WL}(s)}\right|_{V_t(s)=0}=\frac{R_a+sL_a}{(R_a+sL_a)(sJ+B)+k_T k_E} \tag{13-23}$$

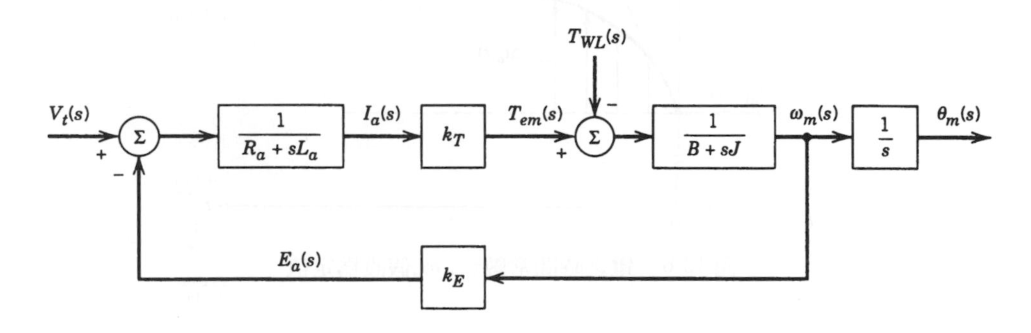

圖 13-7　馬達及負載之方塊圖表示

為簡化分析起見，假設B及負載之轉矩可忽略，即$J=J_m$，則

$$G_1(s)=\frac{k_T}{sJ_m(R_a+sL_a)+k_T k_E}$$
$$=\frac{1}{k_E\left(s^2\frac{L_a J_m}{k_T k_E}+s\frac{R_a J_m}{k_T k_E}+1\right)} \tag{13-24}$$

定義以下之常數：

$$\tau_m=\frac{R_a J_m}{k_T k_E}=\text{機械之時間常數} \tag{13-25}$$

$$\tau_e=\frac{L_a}{R_a}=\text{電之時間常數} \tag{13-26}$$

將τ_m及τ_e代入$G_1(s)$可得

$$G_1(s)=\frac{1}{k_E(s^2\tau_m\tau_e+s\tau_m+1)} \tag{13-27}$$

通常，$\tau_m >> \tau_e$，故$s\tau_m \cong s(\tau_m + \tau_e)$。(13-27)可再表示為

$$G_1(s) = \frac{\omega_m(s)}{V_t(s)} \cong \frac{1}{k_E(s\tau_m + 1)(s\tau_e + 1)} \tag{13-28}$$

電之時間常數τ_e在此決定當轉速固定下，一端壓之步級變化所造成電樞電流變化之響應速度，如圖13-8所示。

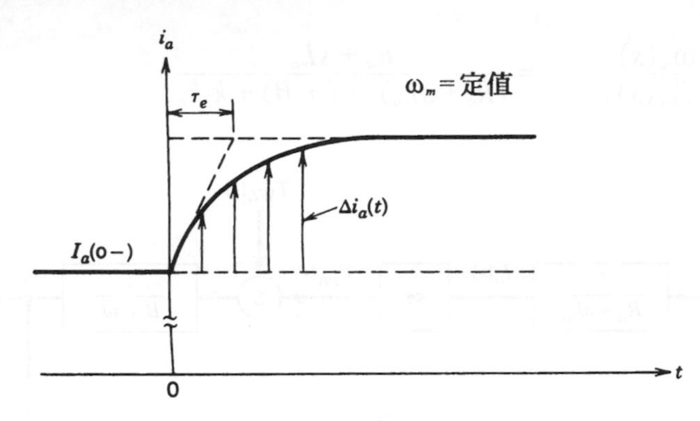

圖 13-8　電之時間常數τ_e；ω_m假設為定值

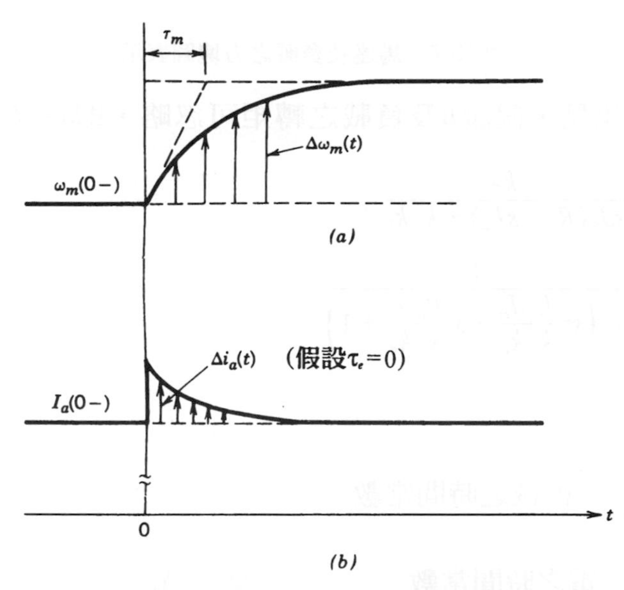

圖 13-9　機械之時間常數τ_m；負載轉矩假設為定值

$\tau_m >> \tau_e$，若忽略τ_e，則轉速在端壓步級變化($V_t(s) = \Delta v_t / s$)下之響應由(13-28)可得為：

$$\omega_m(s) = \frac{V_t(s)}{k_E\,(s\tau_m + 1)} = \frac{\Delta v_t}{k_E\,s(s\tau_m + 1)} = \frac{\Delta v_t}{k_E}\,\frac{1/\tau_m}{s(s + 1/\tau_m)} \tag{13-29}$$

反拉氏轉換可得：

$$\Delta\omega_m(t) = \frac{\Delta v_t}{k_E}(1 - e^{-t/\tau_m}) \tag{13-30}$$

因此機械常數τ_m決定馬達轉速對於步級馬達端壓變化之響應速度，如圖13-9(a)所示。電樞電流之響應則如圖13-9(b)所示。

13-6-2 電力轉換器

基於以上之討論，直流馬達驅動器之電力轉換器必須具備下述能力：

1. 欲作如圖13-3之四象限操作，轉換器之輸出電壓及電流必須均可反向。
2. 轉換器必須能夠作電流模式控制，使馬達在加速或減速時能夠維持在允許之最大電流值。此外，此最大電流值可以爲馬達額定電流之好幾倍。
3. 爲精確作位置控制，轉換器之平均輸出電壓應與其控制輸入成線性且與馬達之負載無關。
4. 轉換器所產生之電樞電流必須具有良好之波形因數以減少脈動轉矩及影響馬達之轉速。
5. 轉換器對控制輸入之響應速度應愈快愈佳，以使其在整個系統的轉移函數模型中，可以表示成一固定增益。

線性放大器具備上述所有之要求，但受限於其效率，僅限於較小功率之應用。對於大功率之應用必須採用切換式直流至直流轉換器(第七章)或線頻控制轉換器(第六章)。

一全橋式切換式直流至直流轉換器具有四象限之操作能力，其驅動直流馬達之架構如圖13-10所示。其中輸入側之電阻用以在馬達煞車時消耗電能，以免造成過高之濾波電容電壓。

如第七章所討論，轉換器之四開關在每一切換週期內均會切換，使得轉換器可以作四象限之操作，電流爲連續，故V_t及I_a均可平滑地反向且彼此互

不相關。忽略空白時間之效應，轉換器之平均輸出電壓與控制電壓$v_{control}$成正比且與負載無關，即

$$V_t = k_c v_{control} \tag{13-31}$$

其中k_c爲轉換器之增益。因此圖13-6中之轉換器模型，可以一增益k_c來代表。

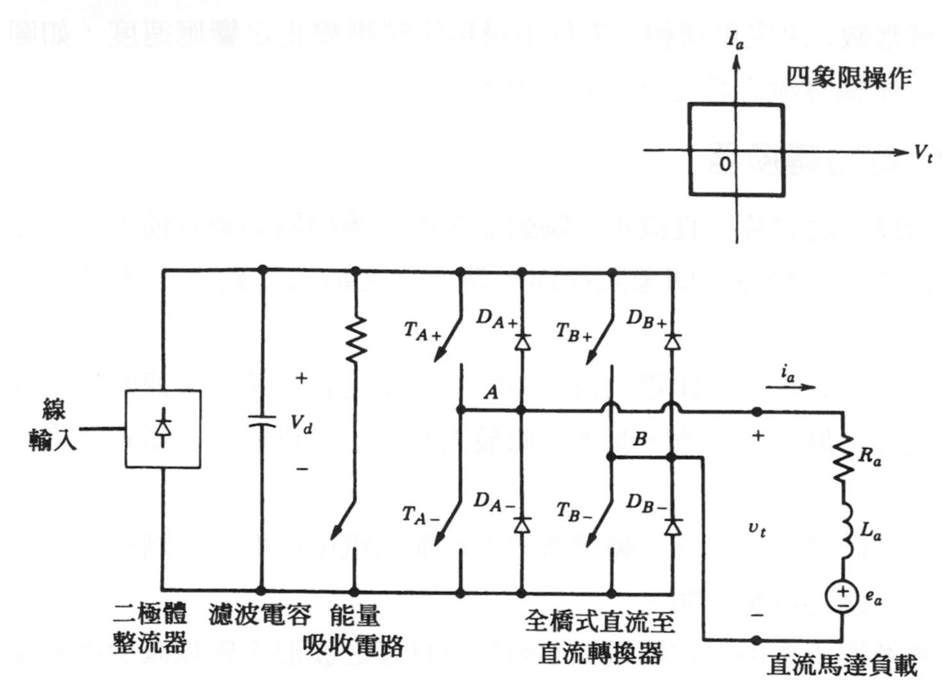

圖 13-10　直流馬達伺服驅動；四象限操作

13-6-3 電樞電流i_a之漣波

圖13-10系統之穩態下，若J夠大則馬達之瞬間轉速ω_m可視爲定值，因此$e_a(t) = E_a$，馬達之端壓及電樞電流可以一直流值加上一漣波成份來表示：

$$v_t(t) = V_t + v_r(t) \tag{13-32}$$

$$i_a(t) = I_a + i_r(t) \tag{13-33}$$

其中$v_r(t)$及$i_r(t)$爲v_t及i_a之漣波成份。由(13-8)

$$V_t + v_r(t) = E_a + R_a[I_a + i_r(t)] + L_a \frac{di_r(t)}{dt} \tag{13-34}$$

故　$V_t = E_a + R_a I_a$ (13-35)

$$v_r(t) = R_a i_r(t) + L_a \frac{di_r(t)}{dt} \quad (13\text{-}36)$$

假設漣波電流主要由L_a決定(R_a者可忽略)，則：

$$v_r(t) \cong L_a \frac{di_r(t)}{dt} \quad (13\text{-}37)$$

馬達由漣波電流所造成之熱能爲$R_a I_r^2$，I_r爲i_r之有效值。

第七章之圖7-30指出，對PWM雙電壓極性切換而言，當平均輸出電壓爲0，即所有開關之責任週期均相等時，電壓之漣波最大。應用此結果於直流馬達驅動器，由(13-37)可得電流之漣波，如圖13-11(a)所示。其峰對峰值之最大值爲

$$(\Delta I_{\text{p-p}})_{\max} = \frac{V_d}{2L_a f_s} \quad (13\text{-}38)$$

其中V_d爲轉換器之輸入直流電壓。

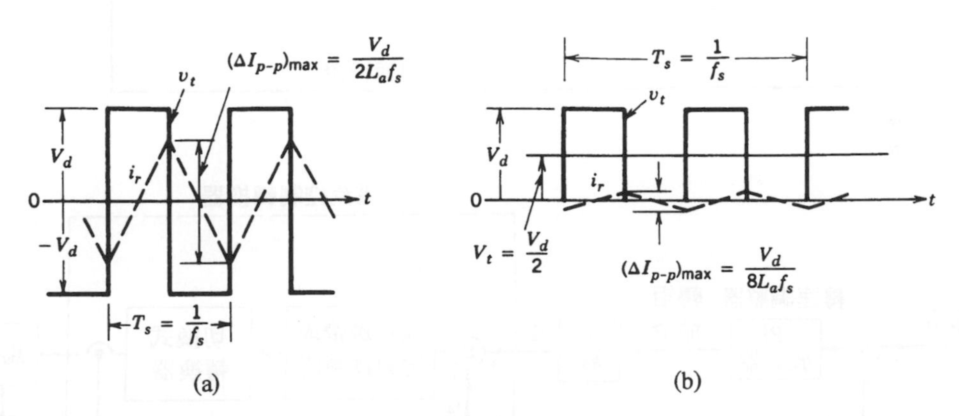

圖 13-11　電樞電流之漣波i_r：(a)PWM雙電壓極性切換，$V_t = 0$；(b)單電壓極性切換，$V_t = \frac{1}{2}V_d$

對PWM單電壓極性切換而言，漣波電壓之最大值出現在轉換器平均輸出電壓爲1/2 V_d時。應用此結果於直流馬達驅動器，$i_r(t)$之波形如圖13-11(b)所示，其

$$(\Delta I_{p-p})_{max} = \frac{V_d}{8L_a f_s} \qquad (13\text{-}39)$$

(13-38)及(13-39)指出漣波電流峰對峰之最大值與L_a及f_s成反比。因此L_a及f_s之選擇必須相互搭配，若L_a不夠大可以外加電感與電樞繞組串聯。

13-6-4 伺服驅動之控制

一利用速度誤差值直接控制轉換器之伺服驅動器系統如圖13-12(a)所示。限流電路僅在作快速加速及減速期間，當電流超出其限流準位$I_{a,max}$時才會動作。在此限流期間，轉速調整器受到限制使電流維持在$I_{a,max}$，直到轉速及位置達到設定點為止。

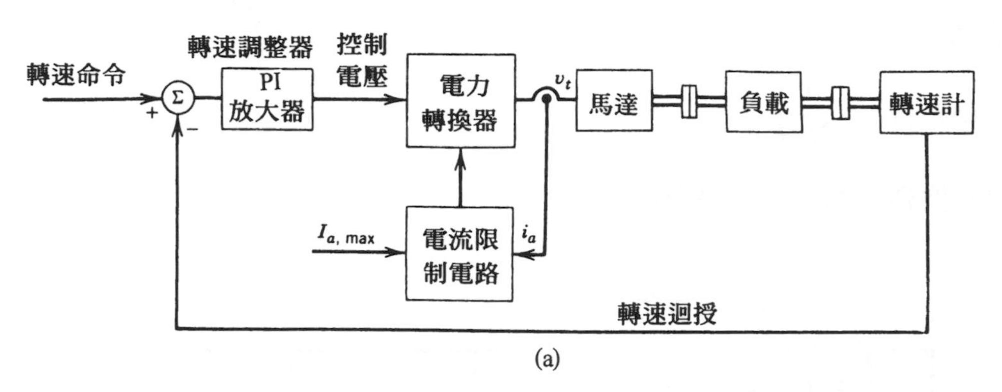

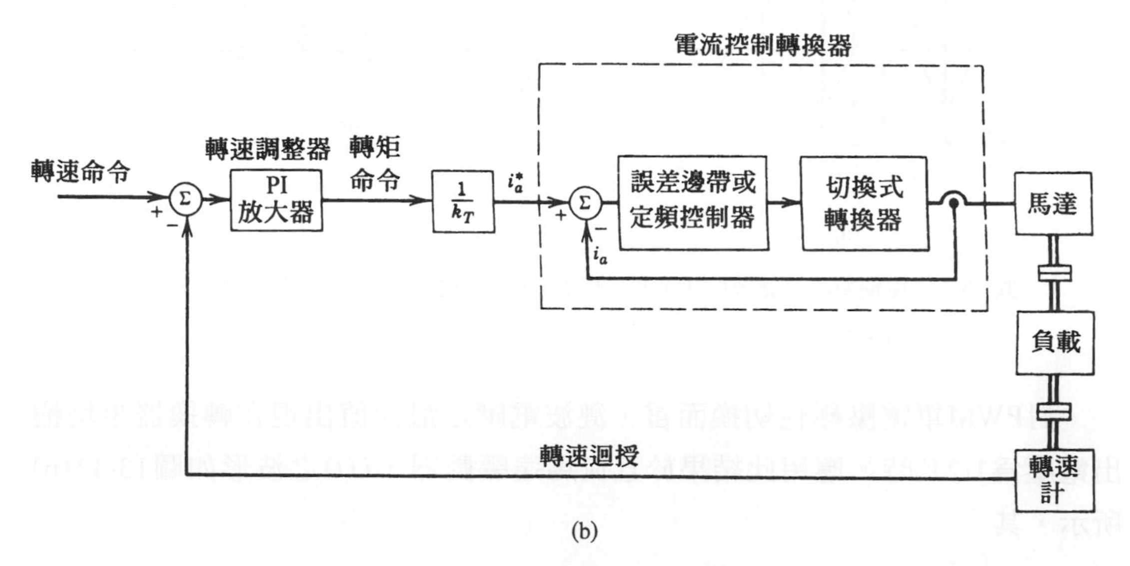

圖 13-12 伺服驅動器之控制：(a)不具電流控制內迴路；(b)具電流控制內迴路

爲改善伺服驅動之控制性能，可以採用如圖13-12(b)所示具電流內迴路之控制架構。其利用量測電流i_a與由轉速調整器產生之電流命令i_a*比較以控制轉換器之切換，使i_a可以追隨i_a*。i_a之限流可藉由限制i_a*之準位$I_{a,\max}$來達成。

此種電流模式控制方式與第8-6-3節中所介紹直流至交流變流器之電流模式控制方式類似。不同的地方僅在於電流命令在穩態時爲直流，而非如變流器之交流。因此變頻式之誤差邊帶法或定頻式之方法亦同樣試用於此。

13-6-5　由空白時間所造成之非線性

實際使用之全橋式轉換器，同一臂上開關之切換必須加入一空白時間。此空白時間對直流至交流變流器之影響已於第8-5節中討論，其亦適用於直流伺服驅動器所使用之PWM全橋式直流至直流轉換器。

空白時間對輸出電壓振幅之影響如(8-77)及圖8-32(b)所示。由於轉換器之輸出電壓大約正比於ω_m且i_a正比於T_{em}，故圖8-32(b)應用於馬達驅動時，其特性如圖13-13所示。當轉矩(電流亦同)反向時，$v_{control}$會存在一死區(dead zone)，在此區域內i_a及T_{em}均很小。

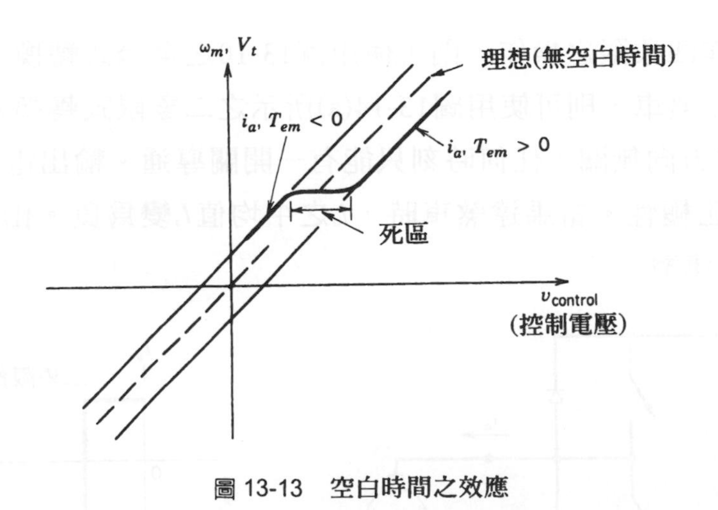

圖 13-13　空白時間之效應

此由空白時間造成之非線性對於伺服系統性能之影響，可以藉由圖13-12(b)之電流模式控制來加以減小。此乃因i_a可以藉由電流內迴路直接控制。

13-6-6　伺服驅動參數之選擇

基於上述之討論，電樞電感L_a，切換頻率f_s、空白時間t_Δ及半導體元件之切換時間t_c等對於轉換器之影響，歸納如下：

1. 電樞電流之漣波會造成脈動轉矩及電樞之熱損，此漣波大小與L_a / f_s成正比。
2. 轉換器轉移函數中之死區，將降低伺服驅動之性能，其大小與$f_s\, t_\Delta$成正比。
3. 轉換器之切換損與$f_s\, t_c$成正比。

以上因素在作馬達及電力轉換器之搭配選擇時，必須同時考慮。

13-7　可調速直流馬達驅動器

可調速馬達驅動器對於速度及轉矩之控制性能要求不如伺服馬達驅動器來得嚴格，因此除可使用切換式直流至直流轉換器外，亦可使用線頻控制轉換器。

13-7-1　切換式直流至直流轉換器

若需要作四象限之操作，則可使用圖13-10之全橋式轉換器。若轉速不需反向只需作煞車，則可使用圖13-14(a)所示之二象限式轉換器。其二開關之切換與i_a之方向無關，任何時刻只能有一開關導通。輸出電壓v_t之平均值為可控且為正極性。當馬達煞車時，i_a之平均值I_a變為負。由於i_a可雙向流通，故i_a必為連續。

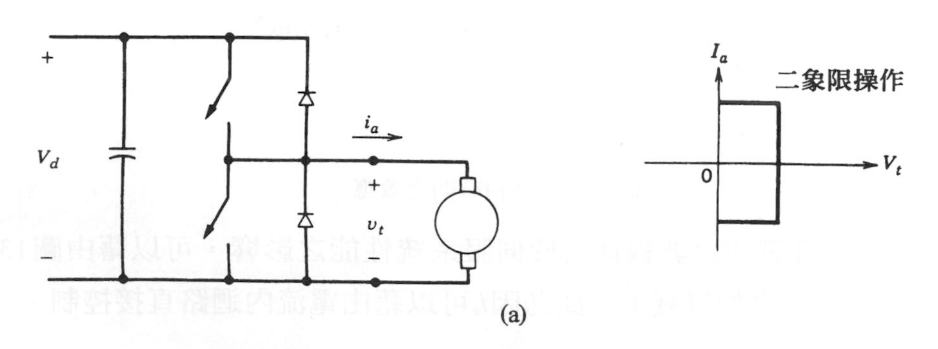

圖 13-14　(a)二象限操作；(b)單象限操作

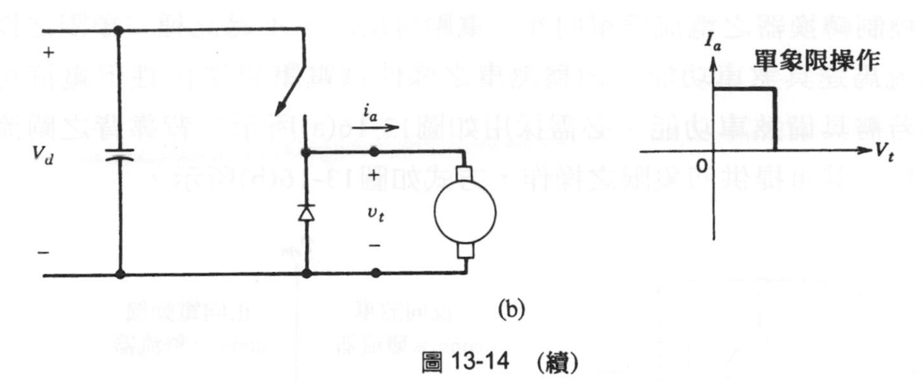

圖 13-14　(續)

若只需作單相象限之操作，即轉速爲單方向且不需作煞車，即可使用圖13-14(b)所示之降壓式轉換器。

13-7-2　線頻控制轉換器

對於大馬力之可調速馬達驅動器，使用線頻控制轉換器較爲經濟。圖13-15所示爲單相及三相輸入之線頻控制轉換器，其輸出通常具有低頻(線頻60Hz之整倍數)之漣波，因此可能需要在電樞繞組上串聯一電感以降低i_a之漣波，進而降低電樞之熱損及轉矩與轉速之漣波。

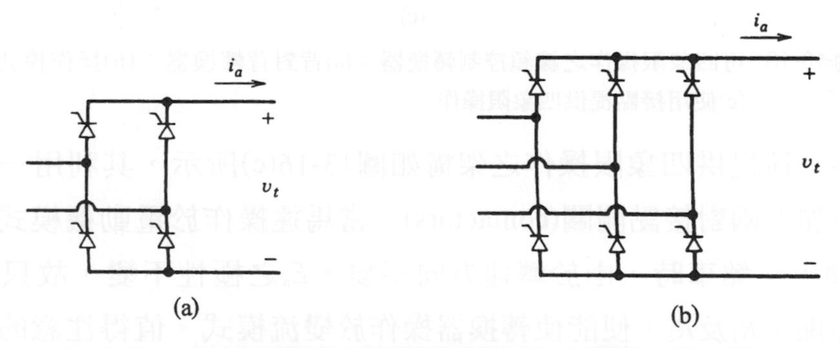

圖 13-15　直流馬達驅動之線頻控制轉換器：(a)單相；(b)三相

線頻控制轉換器之缺點爲其速度控制的死時(dead time)太長，當閘流體在α角被觸發後，必須經歷一頻率爲60Hz之部份週期後才能再作調整。此控制之延遲對轉速及轉矩響應速度要求較爲寬鬆之可調速馬達驅動器而言較不成問題，但對於要求甚嚴之伺服馬達驅動器而言，線頻控制轉換器則顯然無法勝任。

線頻控制轉換器之電流爲單向性，電壓可反向。不過此種二象限之操作無法使直流馬達具煞車功能，因爲煞車之條件爲電壓爲單向性但電流可反向。因此若需具備煞車功能，必需採用如圖13-16(a)所示二背靠背之閘流體轉換器架構。其可提供四象限之操作，方式如圖13-16(b)所示。

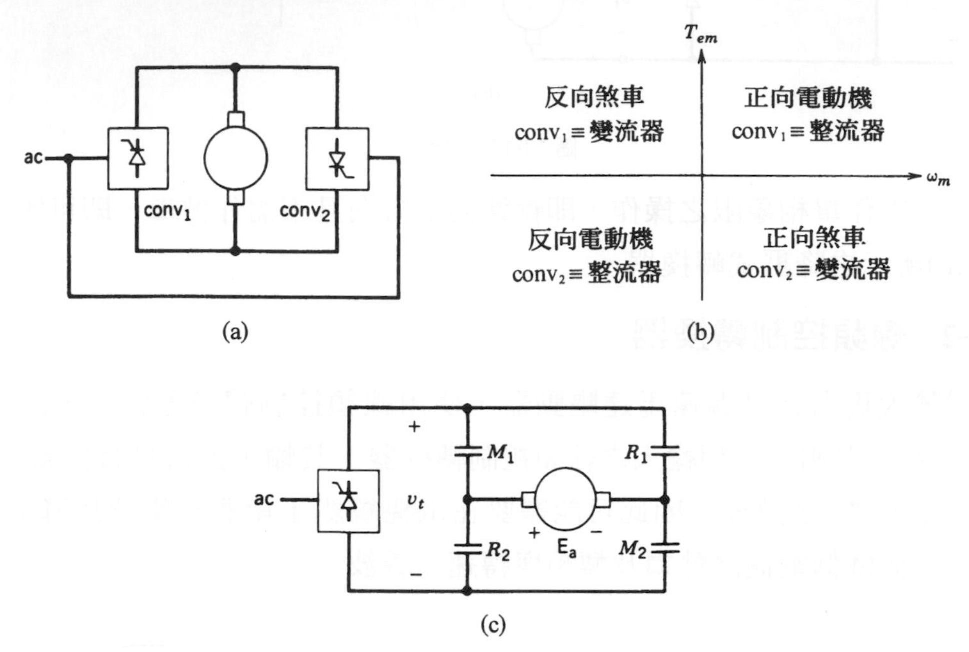

圖 13-16　可四象限操作之線頻控制轉換器：(a)背對背轉換器；(b)操作模式；(c)使用接點提供四象限操作

另外一種提供四象限操作之架構如圖13-16(c)所示，其利用一相位控制轉換器再加上兩對接點開關(contactors)。當馬達操作於電動機模式時，開關M_1及M_2關上；煞車時，由於轉速方向不變，E_a之極性不變，故只要將M_1及M_2打開並關上R_1及R_2，便能使轉換器操作於變流模式。值得注意的是，接點開關之切換必須在零電流時進行。

13-7-3　不連續電樞電流之效應

線頻控制轉換器及單象限之降壓式切換式直流至直流轉換器，在馬達輕載時電流可能爲不連續。對於控制電壓$v_{control}$或延遲角α固定的情況下，不連續電流會使輸出電壓上昇。此電壓昇在低I_a(即低負載轉矩)時將使馬達轉速增加，如圖13-17所示。i_a爲連續時，高轉矩下轉速會下降，其乃由$I_a R_a$之壓降所造成；另一引起轉速降之原因爲由交流側電感L_s所造成之換流電壓降，此壓降在單相轉換器爲$(2\omega L_s/\pi)I_a$，在三相轉換器等於$(3\omega L_s/\pi)I_a$(第六章)。這些效應將使馬達驅動器開迴路速度調整特性較差。

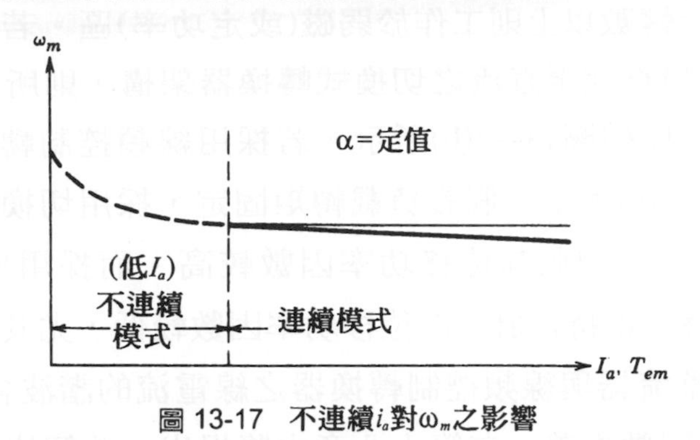

圖 13-17　不連續i_a對ω_m之影響

13-7-4　可調速馬達驅動器之控制

可調速馬達驅動器之控制方式視其驅動要求而定。如圖13-18所示之開迴路控制方式，其速度命令ω*乃由驅動器之輸出與參考值比較而得。d/dt限制器使命令之變化爲漸進的以限制電樞電流，此限制器之準位必須配合馬達-負載之轉動慣量。

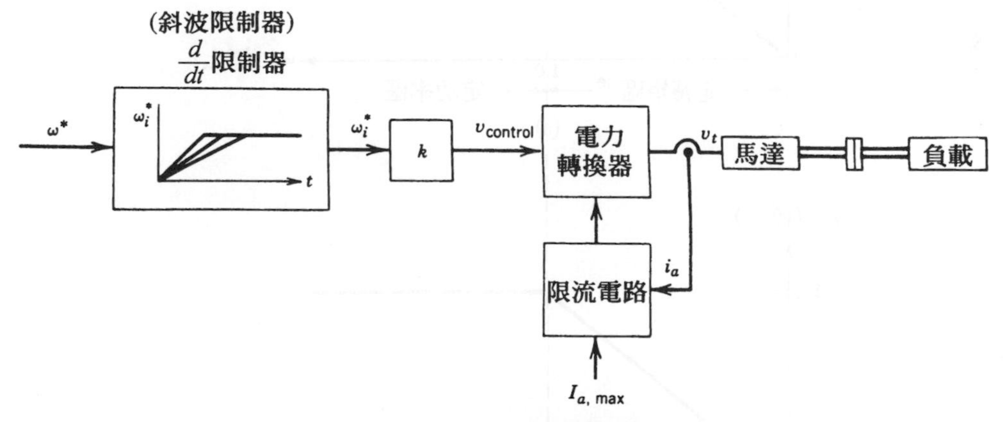

圖 13-18　開迴路轉速控制

13-7-5　可調速直流馬達驅動器之弱磁操作

如前所述，分激式直流馬達可藉由降低磁通量ϕ_f，使之能夠操作高於額定之轉速。有許多大功率之可調速驅動器常利用圖13-15之線頻控制整流器以控制場電流I_f。

13-7-6　可調速馬達驅動器線電流之功率因數

如前所述，馬達之工作模式如圖13-19(a)所示，在額定轉速以下工作於定轉矩區；在額定轉數以上則工作於弱磁(或定功率)區。若採用包含二極體橋式整流器及PWM直流至直流之切換式轉換器架構，則所對應之線電流基本波I_{s1}與轉速之關係如圖13-19(b)所示。若採用線頻控制轉換器，則I_{s1}與轉速之關係如圖13-19(c)所示。假設負載轉矩固定，採用切換式轉換器者之I_{s1}隨ω_m之降低而減小，因此其位移功率因數較高。而採用線頻控制轉換器者，I_{s1}在ω_m下降時亦維持定值，故位移功率因數較低，尤其是在低轉速時。

由於二極體整流器與線頻控制轉換器之線電流的諧波含量均高(第五、六章)，故其功率因數亦差。在第十八章中將提出一些解決方法以改善功率因數。

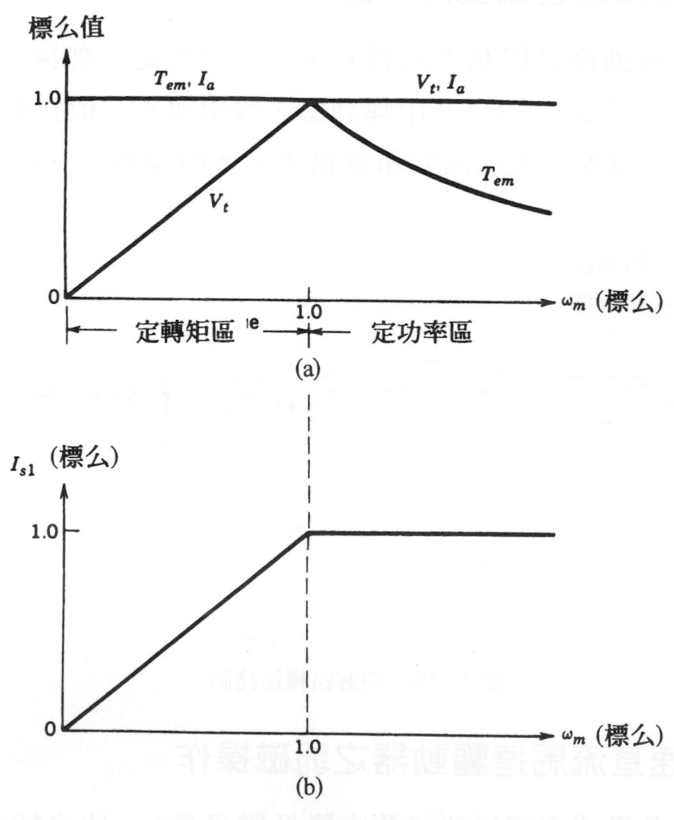

圖 13-19　可調速直流馬達驅動器之線電流：(a)驅動能力；(b)切換式轉換器驅動；(c)線頻閘流體轉換器驅動

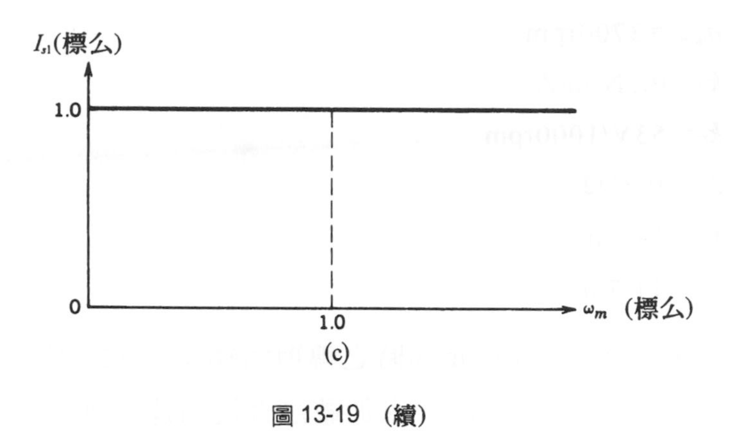

圖 13-19 (續)

結　論

1. 由於需使用換向片與碳刷作換向，直流馬達需要作定期維護。換向機械性接觸所造成之電弧限制了直流馬達之應用場合。
2. 直流馬達磁場之建立可利用磁場之線圈繞組或永久磁鐵。所產生之電磁轉矩與磁通量及電樞電流成正比。這使得直流馬達成為一理想之伺服馬達。
3. 直流馬達電樞繞組所感應之反電勢與磁通量及馬達轉速成正比。
4. 直流馬達可以求得簡單之轉移函數模型以分析其動態特性。
5. 電樞電流之波形因數定義為其有效值與平均值之比值。一較差之電樞電流的波形因數較高，造成較大之電樞熱損、換向器之電弧以及脈動轉矩。因此必須適當防制以避免損壞直流馬達。
6. 直流馬達驅動器可使用線頻控制轉換器或直流至直流切換式轉換器。利用弱磁可使其轉速高於其額定且電樞電壓不會超過額定。
7. 直流馬達驅動器之功率因數與線電流之諧波成份與所採用之轉換器的形式(線頻控制或切換式)有關。

習　題

13-1　一永磁式直流伺服馬達參數如下：

$T_{rated} = 10\text{N-m}$

$n_{rated} = 3700\text{rpm}$

$k_T = 0.5\text{N-m/A}$

$k_E = 53\text{V}/1000\text{rpm}$

$R_a = 0.37\Omega$

$\tau_e = 4.05\text{ms}$

$\tau_m = 11.7\text{ms}$

如果穩態下馬達在1500rpm時之轉矩為5N-m，求端壓V_t。

13-2　$G_1(s) = [\omega_m(s)/V_t(s)]$，為一未加載之直流馬達的轉移函數。將(13-27)之$G_1(s)$表成以下之形式：

$$G_1(s) = \frac{1/k_E}{1 + 2sD/\omega_m + s^2/\omega_m^2}$$

以習題13-1所列之參數計算D及ω_m，並繪出$G_1(s)$之波德圖。

13-3　利用習題13-1之參數，計算並繪出端壓V_t有一步級10V之增量時，ω_m之響應。

13-4　習題13-1之伺服馬達由一採用PWM雙電壓極性切換之全橋式直流至直流轉換器驅動，輸入直流電壓為200V。若馬達在1500rpm時之轉矩為5N-m，切換頻率為20kHz。計算馬達電流之峰對峰值。

13-5　同習題13-4，但採用PWM單電壓極性切換。

13-6　同習題13-1之伺服馬達，使用一PI控制器置於速度迴路可得如圖P13-6所示之轉移函數形式；其中

$$F_\omega(s) = \frac{\omega(s)}{\omega^*(s)} = \frac{1}{1 + s(2D/\omega_n) + s^2/\omega_n^2}$$

此處$D = 0.5$且$\omega_n = 300\text{rad/s}$。

⑴若採用比例控制之位置調整器，$k_p = 60$，試求閉迴路轉移函數$F_\theta(s) = \dfrac{\theta(s)}{\theta^*(s)}$，並繪出其波德圖。

⑵求此閉迴路系統之頻寬。

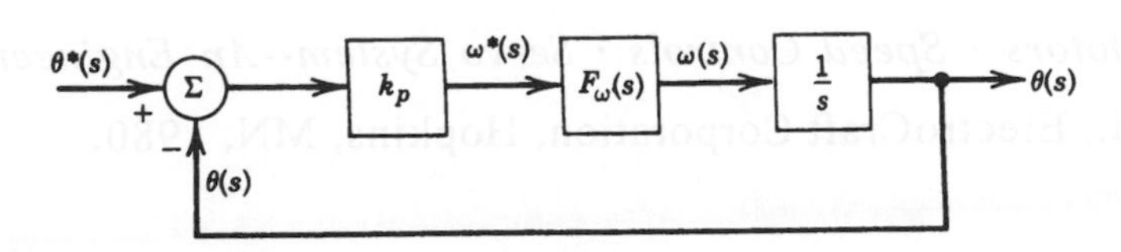

圖 P13-6

13-7　採用習題13-1之伺服馬達作速度控制。圖P13-7(a)所示為不具電流內迴路之架構且僅使用比例控制。圖P13-7(b)所示為使用電流內迴路之架構，其ω_n為圖(a)之10倍。試設計控制器(K_v，K_{vi}，K_i)使控制迴路之響應略為欠阻尼($D=0.7$)。假設二者均未達其限流準位，試從頻寬及暫態響應比較二者之性能。

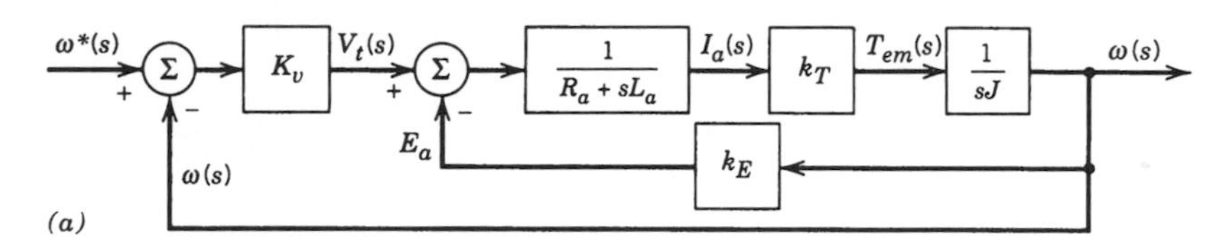

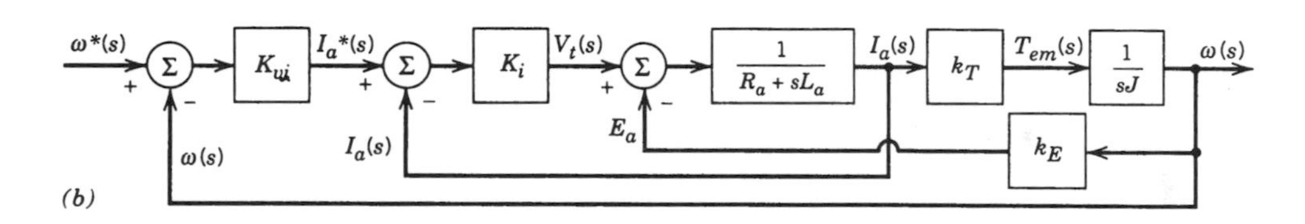

圖 P13-7

參考文獻

1. A. E. Fitzgerald, C. Kingsley, Jr., and S. D. Umans, *Electric Machinery*, 4th ed., McGraw-Hill, New York, 1983.
2. P. C. Sen, *Thyristor DC Drives*, Wiley, New York, 1981.
3. G. R. Slemon and A. Straughen, *Electric Machines*, Addison-Wesley, Reading, MA, 1980.
4. T. Kenio and S. Nagamori, *Permanent-Magnet and Brushless DC Motors*, Clarendon, Oxford, 1985.

5. *DC Motors · Speed Controls · Servo System--An Engineering Handbook*, 5th ed., ElectroCraft Corporation, Hopkins, MN, 1980.

第十四章　感應馬達驅動器

14-1　簡　介

鼠籠式感應馬達，由於成本低廉且結構較堅實，已成為目前工業用途之主要動力。若直接以線電壓(定電壓且定頻60Hz)供電，其轉速接近定值。藉由電力轉換器，則可以改變其轉速。感應馬達驅動器根據其應用大致可分成二類：

1. 可調速驅動器：如程序控制中，風扇、壓縮機等轉速之控制。

2. 伺服驅動器：如電腦週邊、工具機及機械臂等之伺服控制。

本章之重點為介紹感應馬達之特性及其轉速之控制方式。另外亦將說明使用感應馬達能達到省能之目的。

考慮如圖14-1(a)所示以感應馬達驅動一離心幫浦之方式，其馬達及幫浦均以定轉速工作，流率之控制則由節流閥來調整，此方式之效率不高，因為節流閥會造成損失。此能量損失可以藉由圖14-1(b)所示之可調速馬達驅動器直接控制流率來加以消除。

圖14-1(b)中，當馬達轉速降低以減少流率時，輸入功率亦降低，對離心幫浦而言

$$轉矩 \cong k_1(轉速)^2 \tag{14-1}$$

故幫浦之功率爲

$$功率 \cong k_2(轉速)^3 \tag{14-2}$$

其中k_1及k_2均爲常數。

假設幫浦之效率在轉速及負載變化時仍爲定值，則馬達的輸入功率將與轉速之立方成正比。因此與節流閥之方式相比，可調速馬達驅動之幫浦可節省不少能量。

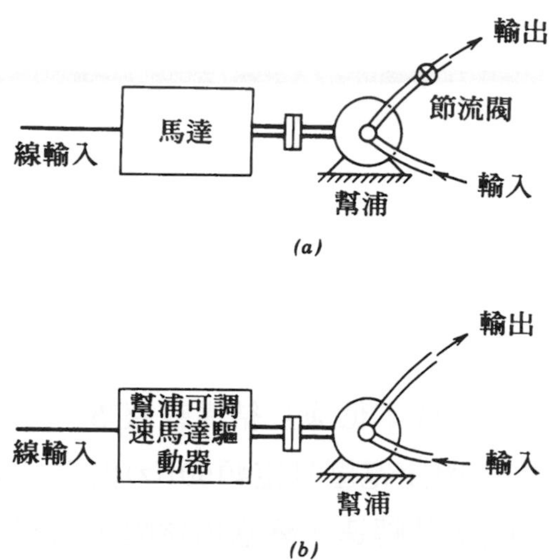

圖 14-1 離心式幫浦：(a)定轉速驅動；(b)可調速驅動

14-2 感應馬達動作之基本原理

以下之討論以使用最廣範之三相鼠籠式馬達爲主。其定子包含三線圈，三線圈空間分佈相移120°置於定子槽中；轉子則由絕緣片堆疊而成，其導電棒則以軸向插於接近外緣處並且各端均短接在一起，形成一鼠籠狀之結構。轉子之簡單性、低價格及強健性由此可知。

一頻率爲$f=\omega/2\pi$之三相平衡正弦電壓加於定子，將產生平衡三相電流而在氣隙中建立一磁通密度爲B_{ag}之磁場。其具有以下特性：(1)B_{ag}之振幅固定，(2)B_{ag}之轉速固定，稱爲同步轉速ω_s(rad/s)。對一p極之感應馬達：

$$\omega_s = \frac{2\pi/(p/2)}{1/f} = \frac{2}{p}(2\pi f) = \frac{2}{p}\omega \qquad \text{(rad/s)} \tag{14-3}$$

磁場與加於定子線圈上頻率爲f之電壓及電流同步。若以rpm來表示，則

$$n_s = 60 \times \frac{\omega_s}{2\pi} = \frac{120}{p} f \tag{14-4}$$

對靜止之定子線圈而言，氣隙磁通量ϕ_{ag}(由B_{ag}所造成)將以同步轉速旋轉。因此會在每一相之定子上感應一頻率爲f之反電勢，稱爲氣隙電壓E_{ag}，此可以圖14-2(a)之單相等效電路來說明。其中V_s爲相電壓(等於線電壓$V_{LL}/\sqrt{3}$)，R_s及L_{ls}用以代表定子線圈之電阻及漏感。氣隙磁通乃由定子電流I_s之磁化成份I_m所產生，由磁路特性知：

$$N_s\,\phi_{ag} = L_m\, i_m \tag{14-5}$$

其中N_s爲每相之定子線圈匝數，L_m爲磁化電感。由法拉第定律：

$$e_{ag} = N_s \frac{d\phi_{ag}}{dt} \tag{14-6}$$

若將旋轉之$\phi_{ag}(t)$表示成$\phi_{ag}\sin\omega t$，則上式爲

$$e_{ag} = N_s\,\omega\,\phi_{ag}\cos\omega t \tag{14-7}$$

其有效值爲

$$E_{ag} = k_3 f \phi_{ag} \tag{14-8}$$

其中k_3爲一常數。

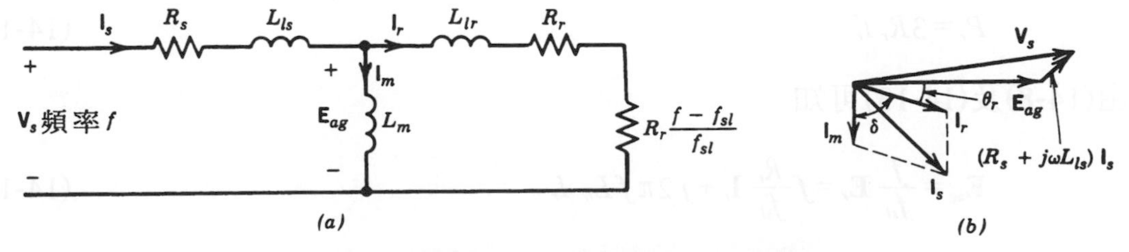

圖 14-2　單相表示：(a)等效電路；(b)相量圖

馬達之轉矩是由氣隙磁通與轉子電流交互作用產生。因此若轉子以同步速度旋轉，ϕ_{ag}與轉子間無相對運動，將不會在轉子上感應電壓，因此無轉

子電流及轉矩。一般情況下轉子轉速ω_r將與ϕ_{ag}同方向旋轉但落後一速度，稱為滑差轉速(silp speed)ω_{sl}，即

$$\omega_{sl}=\omega_s-\omega_r \tag{14-9}$$

此滑差速度若以同步轉速加以正規化，稱為滑差率(silp)s：

$$s=\frac{\omega_{sl}}{\omega_s}=\frac{\omega_s-\omega_r}{\omega_s} \tag{14-10}$$

因此氣隙磁通ϕ_{ag}與轉子之相對速度為

$$\omega_{sl}=\omega_s-\omega_r=s\omega_s \tag{14-11}$$

故由法拉第定律知，轉子電路所感應之電壓為f_{sl}，其與滑差之速度成正比：

$$f_{sl}=\frac{\omega_{sl}}{\omega_s}f=sf \tag{14-12}$$

假設鼠籠式轉子可視為三相短路線圈且與定子之匝數相同(即N_s)，則轉子之感應電壓利用與(14-8)相同之方式可得

$$E_r=k_3 f_{sl}\,\phi_{ag} \tag{14-13}$$

短路之轉子線圈滿足

$$\mathbf{E}_r=R_r\,\mathbf{I}_r+j\,2\pi f_{sl}\,L_{lr}\,\mathbf{I}_r \tag{14-14}$$

其中R_r及L_{lr}為轉子線圈之單相等效電阻及漏感，$\mathbf{I}_r$為轉子電流。$\mathbf{I}_r$以ω_{sl}相對於轉子旋轉，因此將與同步轉速同步(因$\omega_{sl}+\omega_r=\omega_s$)。由轉子線圈所造成之銅損為

$$P_r=3R_r\,I_r^2 \tag{14-15}$$

由(14-8)及(14-13)可知

$$\mathbf{E}_{ag}=\frac{f}{f_{sl}}\,\mathbf{E}_r=f\frac{R_r}{f_{sl}}\,\mathbf{I}_r+j\,2\pi f\,L_{lr}\,I_r \tag{14-16}$$

如圖14-2(a)所示，$f\,R_r/f_{sl}$為圖中實際之轉子電阻R_r與一$R_r(f-f_{sl})/f_{sl}$電阻之和。故通過氣隙之功率P_{ag}為：

$$P_{ag} = 3\frac{f}{f_{sl}} R_r I_r^2 \tag{14-17}$$

由(14-17)及(14-15)可得轉子之機械輸出功率：

$$P_{em} = P_{ag} - P_r = 3R_r \frac{f - f_{sl}}{f_{sl}} I_r^2 \tag{14-18a}$$

而

$$T_{em} = \frac{P_{em}}{\omega_r} \tag{14-18b}$$

故由(14-9)、(14-17)、(14-18a)及(14-18b)可得

$$T_{em} = \frac{P_{ag}}{\omega_s} \tag{14-18c}$$

由以上之分析可以理解圖14-2(a)將電阻$f(R_r/f_{sl})$分成R_r(銅損)與$R_r(f-f_{sl})/f_{sl}$(機械功率)之原因。

定子電流I_s爲

$$\mathbf{I}_s = \mathbf{I}_m + \mathbf{I}_r \tag{14-19}$$

定子電壓及電流之相量圖如圖14-2(b)所示。磁化電流$\mathbf{I}_m$用以產生ϕ_{ag}，故其落後氣隙電壓E_{ag}90°。轉子電流I_r用以產生電磁轉矩，將落後E_{ag}一相角θ_r，即

$$\theta_r = \tan^{-1}\frac{2\pi f_{sl} L_{lr}}{R_r} = \tan^{-1}\frac{2\pi f L_{lr}}{R_r f / f_{sl}} \tag{14-20}$$

所產生之電磁轉矩爲

$$T_{em} = k_4 \phi_{ag} I_r \sin\delta \tag{14-21}$$

其中轉矩角

$$\delta = 90° - \theta_r \tag{14-22}$$

爲$\mathbf{I}_m$(產生ϕ_{ag})與$\mathbf{I}_r$之夾角。定子所加之電壓爲

$$\mathbf{V}_s = \mathbf{E}_{ag} + (R_s + j\,2\pi f L_{sl})\mathbf{I}_s \tag{14-23}$$

一般感應馬達之設計，在正常情況下

$$2\pi f_{sl} L_{lr} \ll R_r \tag{14-24}$$

因此(14-20)中之$\theta_r \cong 0$，(14-22)中之$\delta \cong 90°$，由(14-21)

$$T_{em} \cong k_4 \, \phi_{ag} \, I_r \quad (14\text{-}25)$$

由(14-13)及(14-14)並利用(14-24)

$$I_r \cong k_5 \, \phi_{ag} f_{sl} \quad (14\text{-}26)$$

將(14-26)代入(14-25)

$$T_{em} \cong k_6 \, \phi_{ag}^2 f_{sl} \quad (14\text{-}27)$$

由(14-24)之趨近可使(14-19)成爲

$$I_s \cong \sqrt{I_m^2 + I_r^2} \quad (14\text{-}28)$$

對一般感應馬達而言(除在低f時外)，

$$V_s \approx E_{ag} \quad (14\text{-}29)$$

由(14-8)得

$$V_s \cong k_3 \, \phi_{ag} f \quad (14\text{-}30)$$

利用(14-15)及(14-18a)可得轉子功率損失比爲：

$$\% P_r = \frac{P_r}{P_{em}} = \frac{f_{sl}}{f - f_{sl}} \quad (14\text{-}31)$$

上述感應馬達之特性整理如表14-1所示。由之可觀察得以下之關係：

1. 同步轉速可以藉改變外加於定子電壓之頻率f來調整。
2. 除了在低f值情況下，只要f_{sl}很小，馬達電阻之損失很小。因此穩態下f_{sl}不應超出其額定值。
3. 除了在低f值情況下，只要f_{sl}很小，馬達之轉速與外加定子電壓之頻率成正比。
4. 爲使在任何頻率下轉矩之容量均能達其額定值，ϕ_{ag}必須固定且爲其額定值。此必須藉由V_s與f之等比例調整來達成。
5. 由於I_r正比於f_{sl}，爲使I_s不超出其額定，f_{sl}在穩態下不應超出其額定值。

基於上述之觀察可歸納知：感應馬達之轉速可以藉由改變頻率f來調整，而且氣隙磁通必須藉由等比例調整V_s與f之比值使之維持在額定值。如此便可使感應馬達輸出額定之轉矩且維持f_{sl}、I_r、I_s及轉子電路損失在額定範圍內。

表 14-1　重要關係式

$\omega_s = k_7 f$
$s = \dfrac{\omega_s - \omega_r}{\omega_s}$
$f_{sl} = sf$
$\%P_r = \dfrac{f_{sl}}{f - f_{sl}}$
$V_s \cong k_3 \phi_{ag} f$
$I_r \cong k_5 \phi_{ag} f_{sl}$
$T_{em} \cong k_6 \phi_{ag}^2 f_{sl}$
$I_m = k_8 \phi_{ag}$　(從圖14-5得)
$I_s \cong \sqrt{I_m^2 + I_r^2}$

14-3　在額定(線)頻率及電壓下感應馬達的特性

典型之感應馬達在額定頻率及電壓下之$T_{em} - f_{sl}$與$I_r - f_{sl}$特性如圖14-3及圖14-4所示。在低f_{sl}時，T_{em}及I_r均與f_{sl}成正比。f_{sl}增大後其關係便不再維持線性，理由如下：⑴(14-14)中之轉子電抗與R_r相較後不能再被忽略；⑵(14-20)中之θ_r不能被忽略，因此δ不再維持接近90°；⑶I_r增大，i_s亦增大使得(14-23)中定子線圈之壓降增大，因此ϕ_{ag}將減少。以下種種因素將使得較大f_{sl}之T_{em}及I_r特性如圖中之虛線所示，其中馬達所能產生之最大轉矩，稱爲脫出轉矩(pull-out torque)。

值得強調的是，一般感應馬達正常操作時，f_{sl}很小，因此不會達到圖14-3及圖14-4中之虛線部份。不過若未使用電力轉換器，直接以線電壓啓動，則啓動電流將如圖14-4所示達其額定值之6到8倍。圖14-5所示爲馬達由靜止啓動時之加速轉矩($T_{em} - T_{load}$)。其中T_{load}爲任一負載之轉矩-速度特性，其與馬達特性曲線之交點，即爲穩態下之工作點。

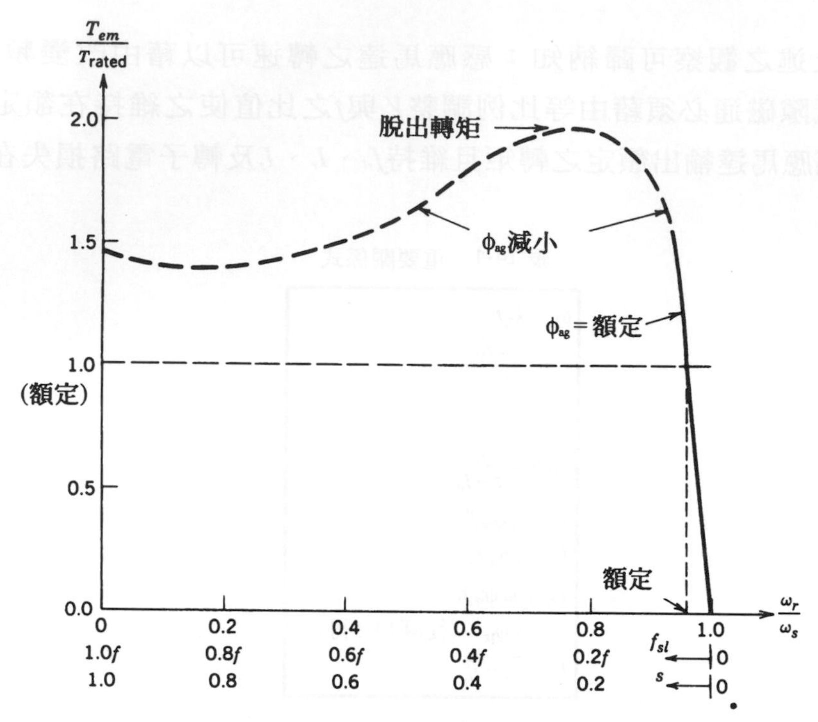

圖 14-3　典型轉矩-轉速特性(V_s及f維持在額定值)

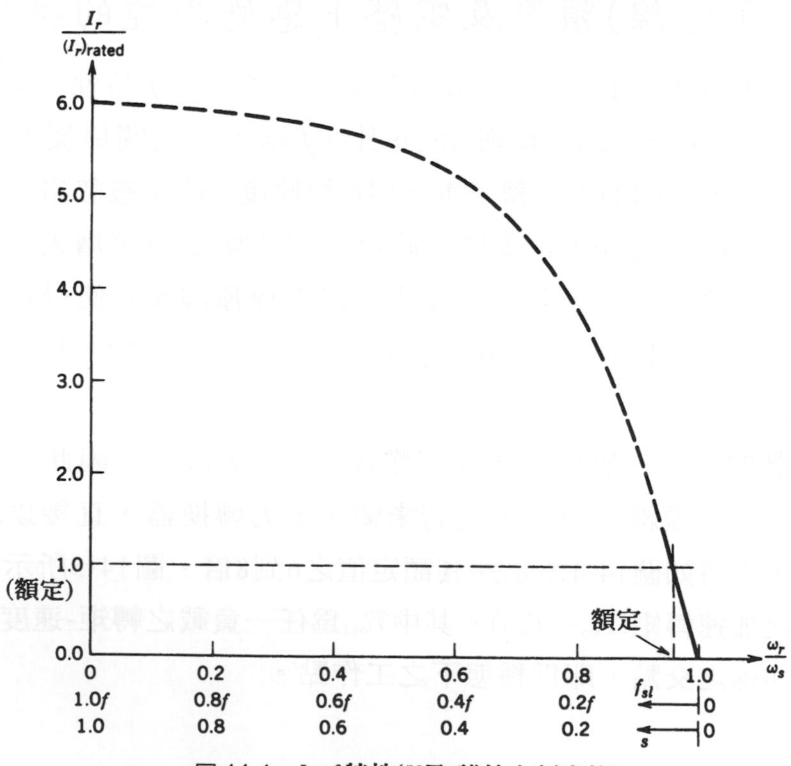

圖 14-4　I_r－f_{sl}特性(V_s及f維持在額定值)

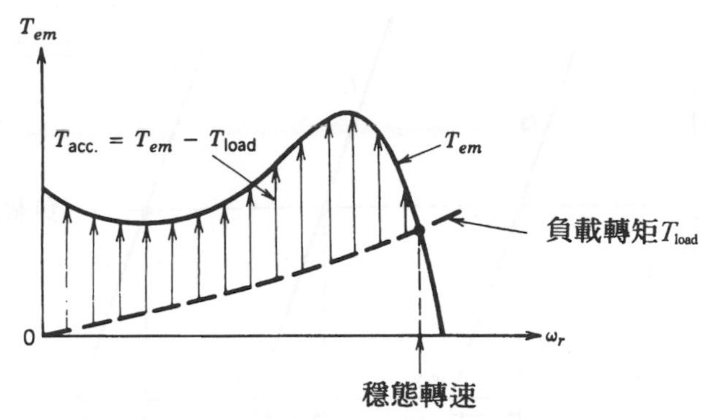

圖 14-5 馬達之啓動(V_s及f維持在其額定值)

14-4 改變轉子頻率及電壓之轉速控制方式

此方式爲可調速感應馬達驅動最常使用之方式。詳細討論如下。

14-4-1 轉矩-轉速特性

由表14-1，較小之f_{sl}，ϕ_{ag}維持定值可使T_{em}與f_{sl}在任何頻率f下均維持定值：

$$T_{em} \cong k_9 f_{sl} \tag{14-32}$$

誠如圖14-3轉矩-轉速特性中之實線部份所示。由(14-3)及(14-12)

$$\omega_{sl} = \frac{f_{sl}}{f}\omega_s = \frac{4\pi}{p} f_{sl} \tag{14-33}$$

由(14-32)及(14-33)

$$T_{en} \cong k_{10}\,\omega_{sl} \tag{14-34}$$

此特性如圖14-6所示，其中$f = f_1$時對應於同步轉速ω_{sl}。

對於不同之f值，此特性爲平移。考慮二頻率f_1及f_2，其同步轉速ω_{sl1}及ω_{sl2}正比於f_1及f_2。若所加之負載爲固定轉矩，由(14-34)知$\omega_{sl1} = \omega_{sl2}$，因此在圖14-6之表示中，二者爲平行，即其特性在變頻時平移即可。

注意在定負載轉矩下，ω_{sl}爲固定，由(14-12)知f減小時s將增加。由(14-31)知f減小時轉子之功率損亦將增加。不過對於許多負載如離心幫浦、壓縮機及風扇等，其轉矩與轉速之平方成正比，如(14-1)所示。此種負載在f減小時，f_{sl}及s均減小，如圖14-7所示，因此轉子之損失仍然維持很小。

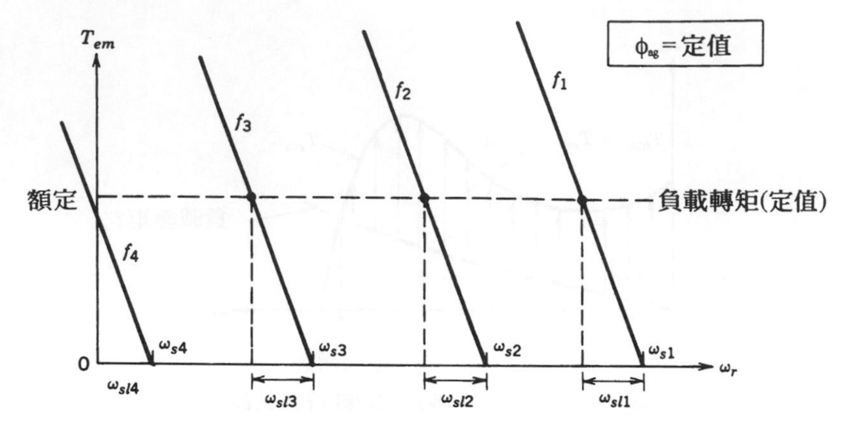

圖 14-6　在小轉差、固定ϕ_{ag}及負載轉矩下之轉矩-轉速特性

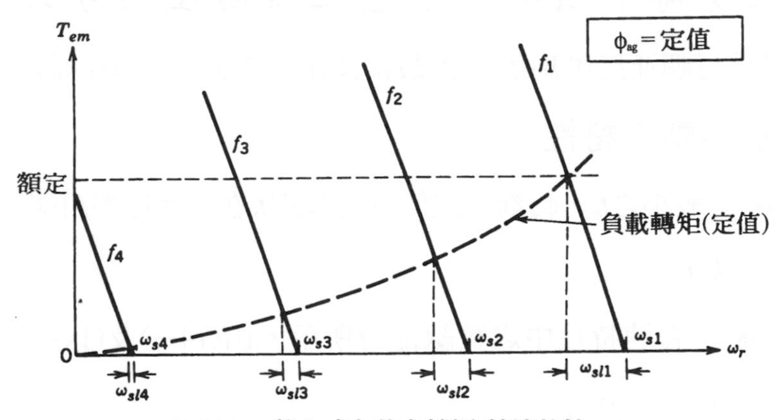

圖 14-7　離心式負載之轉矩-轉速特性

【例題14-1】

一四極，10hp，460V之感應馬達，以額定功率，60Hz提供一離心式負載時之額定轉速為1746rpm。

試求其由一230V，30Hz之電壓源供電時之轉速、滑差頻率及滑差。

解： 在60Hz下，

$$n_s = 1800\text{rpm} \quad (p=4)$$

$$s_{\text{rated}} = \frac{1800-1746}{1800} = 3\%$$

$$(f_{sl})_{\text{rated}} = s_{\text{rated}} f = 0.03 \times 60 = 1.8\text{Hz}$$

$$(n_{sl})_{\text{rated}} = 1800 - 1746 = 54\text{rpm}$$

在30Hz下，固定V_s/f

$$T_{em} \cong \frac{1}{4} T_{rated} \quad (\text{離心負載，由(14-1)})$$

$$f_{sl} = \frac{1}{4}(f_{sl})_{rated} = \frac{1.8}{4} = 0.45\text{Hz} \quad (\text{由(14-32)})$$

$$n_{sl} = \frac{120}{p} f_{sl} = \frac{120}{4} \times 0.45 = 13.5\text{rpm}$$

$$n_s = 900\text{rpm}$$

$$\therefore \quad n_r = n_s - n_{sl} = 900 - 13.5 = 886.5\text{rpm}$$

$$s = \frac{f_{sl}}{f} = \frac{0.45}{30} = 1.5\%$$

■

14-4-2　啟動之考量

對一變流器驅動之感應馬達，避免啓動時過流是非常重要的。此可利用以下之關係加以設計。對ϕ_{ag}固定之情況，由(14-26)知

$$I_r \cong k_{11} f_{sl} \tag{14-35}$$

利用(14-32)及(14-35)可繪出馬達以一低頻$f(=f_{start})$啓動時之T_{em}及I_r之特性，如圖14-8所示。由於啓動時$f_{sl}=f_{start}$，I_r可以藉由適當選擇f_{start}來加以限流。由於I_m爲定值(因ϕ_{ag}固定)，故定子電流I_s可以被限制。

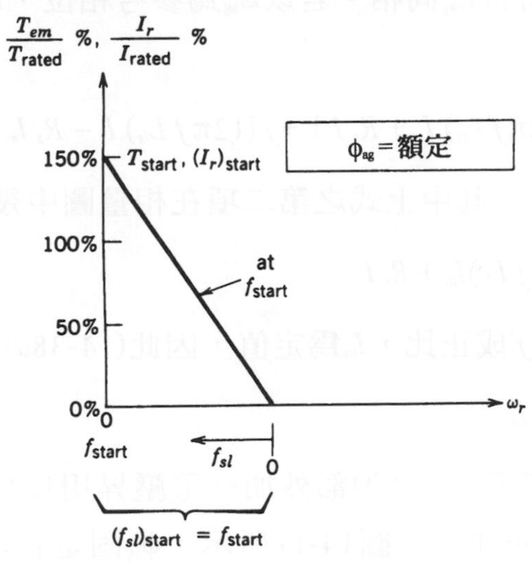

圖 14-8　啓動頻率

舉例來說，若啟動轉矩之要求為額定轉矩之150％且變流器只能短暫承受150％之額定電流，對於例題4-1之馬達，若以60Hz之額定轉速1746rpm來計算其啟動頻率，利用圖14-8可得為：

$$f_{\text{start}}=\frac{T_{\text{start}}}{T_{\text{rated}}}(f_{sl})_{\text{rated}} \tag{14-36}$$

$$=1.5\times 1.8=2.7\text{Hz}$$

實際馬達之啟動，定子之頻率f通常是以一預設之斜率增加，如圖14-9所示，此斜率隨負載之轉動慣量調整，例如，高轉動慣量者此斜率必須降低。

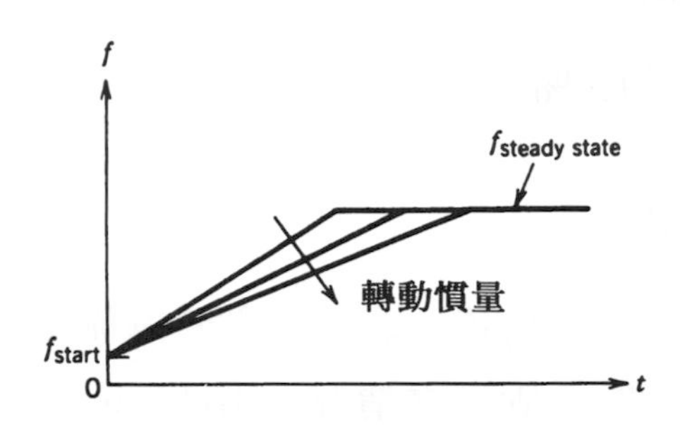

圖 14-9　啟動頻率之斜波變化

14-4-3　在低頻時之昇壓要求

低f時，R_s不能被忽略，但圖14-2(a)等效電路中之$2\pi fL_{lr}$與$R_r(f/f_{sl})$相較下可以被忽略，因此$\mathbf{I}_r$將與$\mathbf{E}_{ag}$同相。若以$\mathbf{E}_{ag}$為參考相位，$\mathbf{I}_s=I_r-jI_m$，(14-23)可寫為：

$$\mathbf{V}_s\cong[E_{ag}+(2\pi fL_{ls})I_m+R_sI_r]+j[(2\pi fL_{ls})I_r-R_sI_m] \tag{14-37}$$

相量圖如圖14-10所示。其中上式之第二項在相量圖中幾乎可忽略，因此

$$V_s\cong E_{ag}+(2\pi fL_{ls})I_m+R_sI_r \tag{14-38a}$$

如果ϕ_{ag}為定值，E_{ag}與f成正比，I_m為定值，因此(14-38a)可表示為

$$V_s\cong K_{12}f+R_sI_r \tag{14-38b}$$

(14-38b)指出，ϕ_{ag}固定下，V_s必須額外加一電壓昇用以補償R_sI_r之壓降，但此電壓與f無關而與I_r成正比。如圖14-11所示，ϕ_{ag}固定且T_{em}為額定所需之V_s如

實線所示；虛線所示爲V_s/f爲定值且等於額定V_s/f比值所需之V_s。所需之電壓昇R_rI_r隨著頻率之上昇而減少，因爲在較高頻時R_s之壓降與E_{ag}相較下可忽略。圖14-11中另一虛線爲空載下所需之V_s。

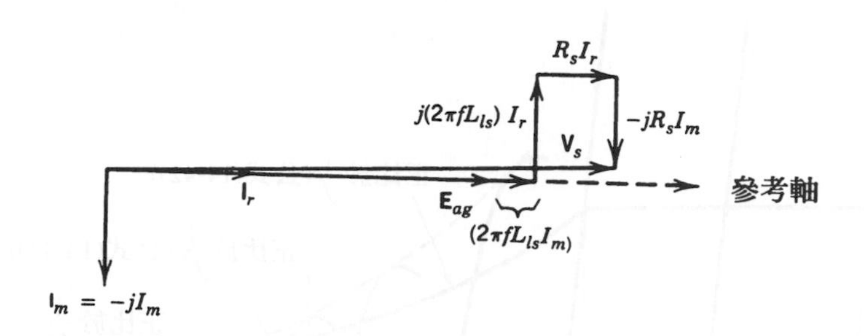

圖 14-10　在小f_{sl}下之相量圖

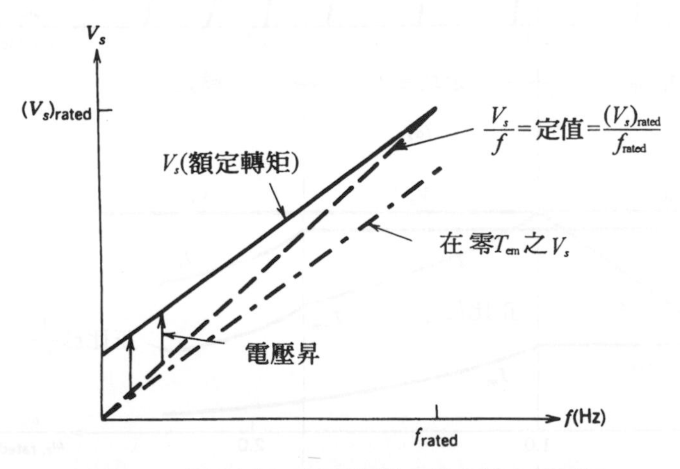

圖 14-11　用以保持ϕ_{ag}爲定值之電壓昇

14-4-4　感應馬達之特性：在額定轉速以下及以上

感應馬達轉矩-速度特性如圖14-12(a)所示。圖14-12(b)所示爲V_s、I_r、I_m及T_{em}與轉速之關係；f_{sl}及s亦表示於圖14-12(c)中。

14-4-4-1　額定轉速以下：定轉矩區

在此區內，調整V_s/f以使ϕ_{ag}爲固定，故V_s如圖14-12(b)所示，隨頻率之增加而增加(如前所述，需額外加一昇壓以補償R_s之壓降)。由於馬達之轉矩固定且爲額定，因此此區亦稱爲定轉矩區。

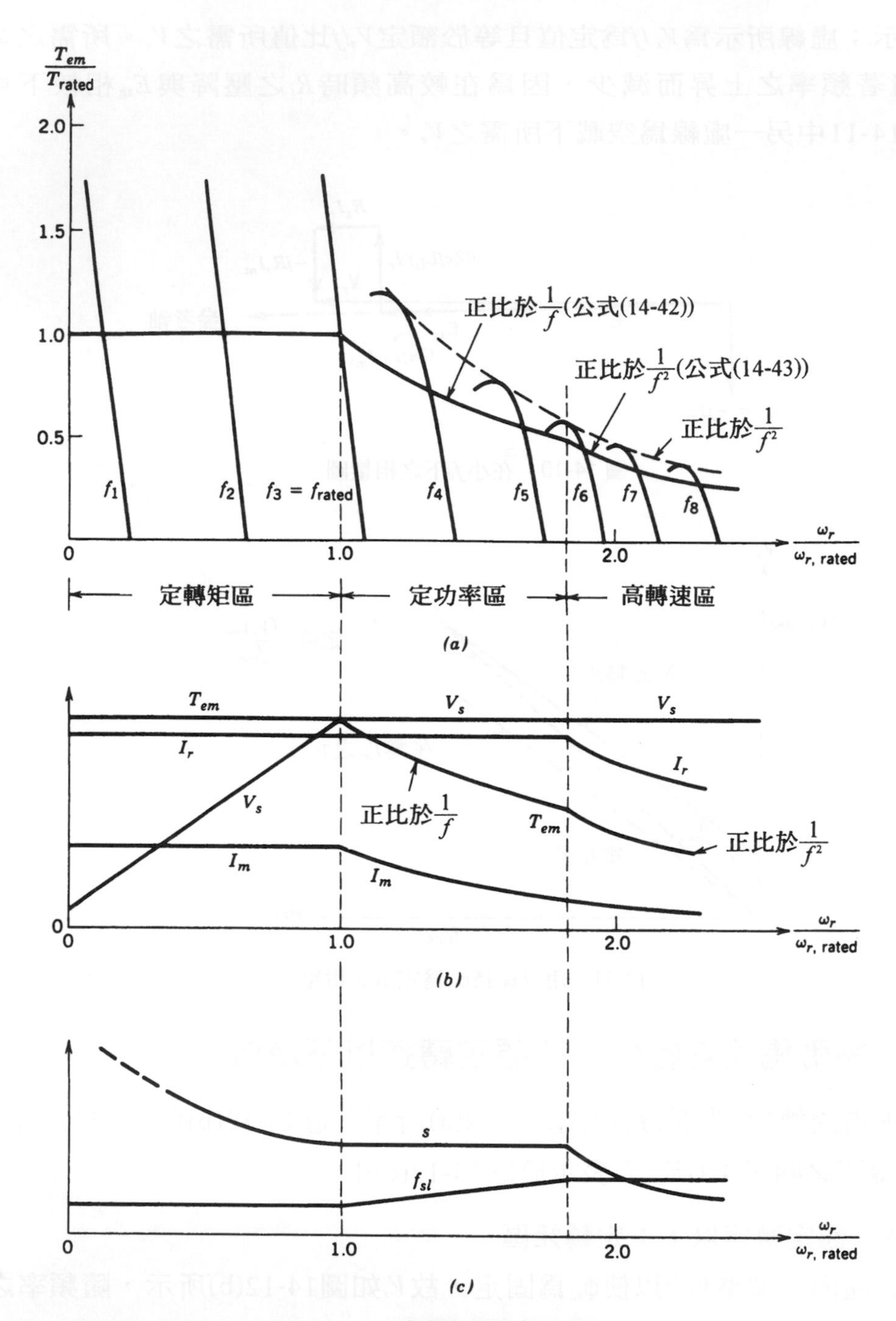

圖 14-12 感應馬達之特性及能力

在此區內之額定轉矩下，f_{sl}將維持於其額定值，如圖14-12(c)所示。轉子之功率損亦爲定值，即$P_r = 3R_rI_r^2$(因I_r亦爲定值)。然而實際上，若低轉速下

P_r之散熱不易，則轉矩能力會迅速下降。不過此點對於離心式之負載而言則不需考量，因其低速下之負載轉矩要求亦低。

14-4-4-2 額定轉速以上：定功率區

如前所述，感應馬達可以藉由增加定子電壓之頻率使其轉速高於額定值。其方式為固定V_s，增加f，由於V_s/f減少故ϕ_{ag}亦減少。由(14-27)、(14-30)及(14-33)知

$$T_{em} \cong \frac{k_{13}}{f^2}\omega_{sl} \tag{14-39}$$

因此如圖14-12(a)所示，轉矩與轉速之斜率與$(1/f)^2$成正比。

I_r在此區仍維持於其額定值，由(14-12)、(14-26)及(14-30)知

$$I_r \cong K_{14}\frac{f_{sl}}{f} \cong k_{14}\, s = \text{定值} \tag{14-40}$$

故此區中$s = f_{sl}/f$為定值。因此f_{sl}隨f之增加而增加，如圖14-12(c)所示。而

$$\omega_r = (1-s)\,\omega_s = k_{15} f \tag{14-41}$$

利用V_s及f_{sl}/f為定值，以及(14-27)及(14-30)可得

$$T_{em,max} = \frac{f_{rated}}{f}\, T_{rated} \tag{14-42}$$

因此$P_{em，max} = \omega_r\, T_{em，max}$保持在其額定值，故此區被稱為定功率區。

實際上，馬達所轉移之功率可能高於其額定值，理由為：⑴ϕ_{ag}減少故I_m減小，因此I_s等於其額定時將使I_r較高，如此可得較額定為高之轉矩及功率；⑵由於I_m減小，鐵心損失降低，另外由於轉速高，風扇之散熱較佳。

14-4-4-3 高轉速之操作：固定f_{sl}區

在額定轉速之1.5至2倍(視馬達之設計而定)以上，若V_s維持於額定且ϕ_{ag}持續減少，馬達之輸出轉矩將趨近於其脫出轉矩，且$\omega_{sl}\,(f_{sl})$維持定值，因此轉矩能力將下降：

$$T_{em,max} \cong k_{16}\frac{1}{f^2} \tag{14-43}$$

如圖14-12(b)所示，轉矩與馬達電流均隨轉速之上昇而下降。然而轉矩在此區內並非因爲馬達之電流而受限制，而是受馬達本身最大轉矩之限制。

14-4-4-4　更高電壓之操作

對大部份馬達而言，其絕緣電壓準位均較其標示之額定電壓高出甚多。因此藉由電力轉換器，可加高過於額定之電壓使馬達之轉速高於額定。此方式常見於雙電壓之馬達，例如，一230/460V之馬達，若以230V之接線，但所加電壓爲460V且爲額定頻率之二倍時，馬達仍操作於額定磁通且輸出額定轉矩，但電流卻在額定以下。馬達在此情況下，轉速爲額定之兩倍，因此可以轉移兩倍之功率。

14-4-4-5　感應馬達之煞車

感應馬達煞車方式，有利用機械式煞車者，其不僅浪費能量且煞車片會磨損；有利用馬達自身之損耗煞車者，其需很長之時間；有利用突然改變輸入電壓之相序者，其將產生很大之輸入電流且馬達之煞車爲非控性。最好之方式是使用電力轉換器作變頻控制者，其可使馬達之煞車具可控性。

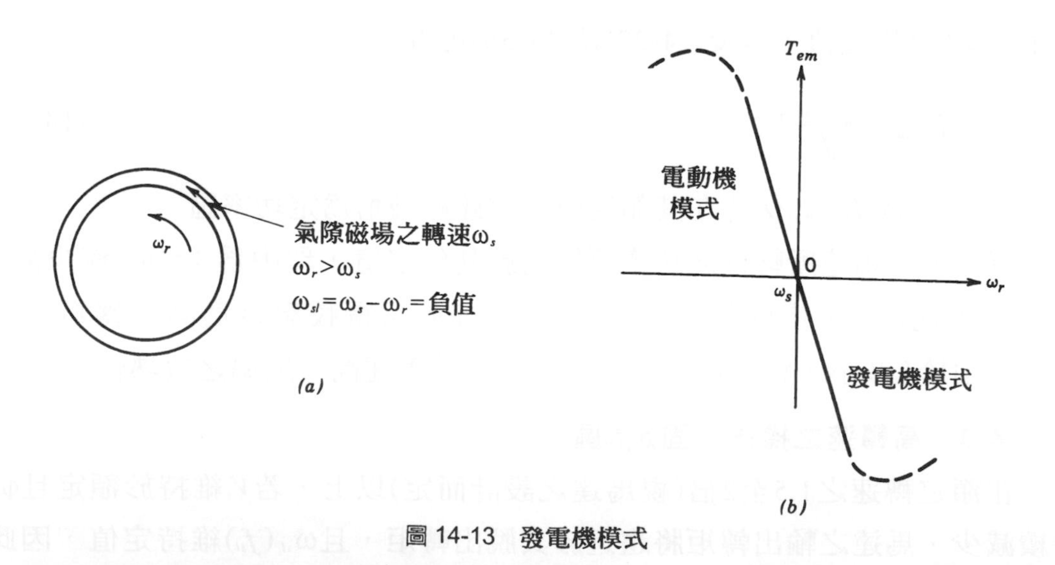

圖 14-13　發電機模式

如圖14-13(a)所示，當馬達之轉速ω_r超出其同步轉速ω_s時，ω_{sl}及s均爲負。$\omega_r > \omega_s$之轉矩-轉速特性如圖14-13(b)所示，其轉矩爲負，亦即其方向與旋轉之磁場方向相反。感應馬達在此模式下形同一發電機，稱爲發電機模式。注意，在發電機模式下定子之交流電壓源仍需用以建立磁場，故不能以電阻取代之。

圖14-14所示為感應馬達在固定ϕ_{ag}下，對應於二不同頻率之轉矩與轉速特性。假設馬達一開始時之定子頻率為f_0，轉速為$\omega_{r0} < \omega_{s0}$。如果定子頻率突然減少至$f_1$，使新的同步轉速為$\omega_{s1}$，則轉差率將變為負，因此$T_{em}$成為負值，如圖14-14所示。此負的$T_{em}$將使馬達轉速下降且將馬達之動能轉換成電能回送入定子之電源端。

實際上，定子頻率(保持ϕ_{ag}固定)之降低是逐漸的，以避免造成很大之電流。此程序與前述馬達之啓動程序是對稱的。值得注意的是，變頻控制器本身之容量必須能夠承受煞車之能量。

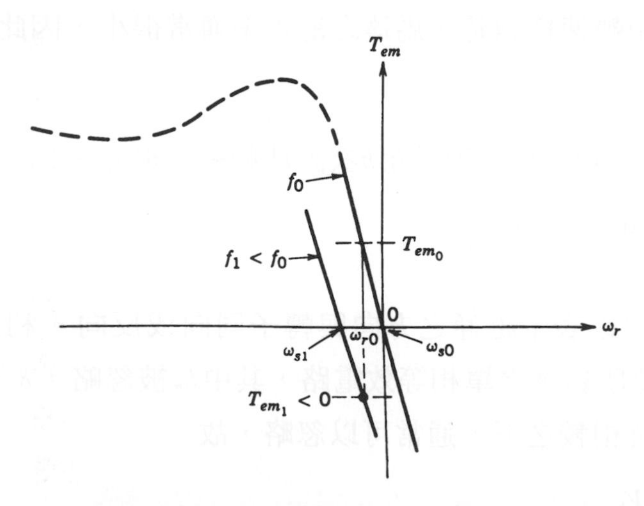

圖 14-14　煞車(馬達之初始轉速為ω_{r0}，所加頻率突然由f_0減少至f_1)

14-5　非正弦式激磁對感應馬達之影響

前述之分析均假設感應馬達由一三相平衡且純正弦之電源所供電。實際上，感應馬達常使用之變頻器所提供之三相電壓、電流雖平衡，但並非正弦，可能含有極高之諧波成份。以下我們將以三相電壓源供電之感應馬達者來進行討論，其分析方法可以推展至使用三相電流源供電者。

14-5-1　馬達之諧波電流

馬達由一含諧波之電壓供電時，其各階次之諧波電流i_h可由圖14-2(a)之單相等效電路求得，馬達之電流則可利用重疊定理將其基本波與各階次之諧波電流相加即得。

考慮第h次諧波，由電壓(v_{ah}，v_{bh}，v_{ch})所產生在氣隙旋轉之磁通的轉速爲：

$$\omega_{sh} = h\,\omega_s \tag{14-44}$$

其方向可能與轉子同向或反向，其中$h=6n-1$($n=1$，2，3……)時，其磁通方向與轉子相反；$h=6n+1$時，磁通方向則與轉子同向。

一般採用變頻轉速控制時，馬達之滑差率通常很小，因此可假設

$$\omega_r \cong \omega_s \tag{14-45}$$

由(14-144)及(14-45)知，馬達對於第h次諧波頻率之滑差率爲：

$$s_h = \frac{\omega_{sh} \pm \omega_r}{\omega_{sh}} \cong \frac{h \pm 1}{h} \approx 1 \tag{14-46}$$

上式之正負號乃用以表示磁通之方向與轉子同向或反向。利用(14-16)可得圖14-15第h次諧波所對應之單相等效電路，其中L_m被忽略，R_s及R_r與h次諧波下所對應之漏電抗相較之下，通常可以忽略，故

$$I_h \approx \frac{V_h}{h\omega(L_{sl}+L_{lr})} \tag{14-47}$$

(14-47)指出，提高電壓諧波之頻率可以減少諧波電流之振幅。

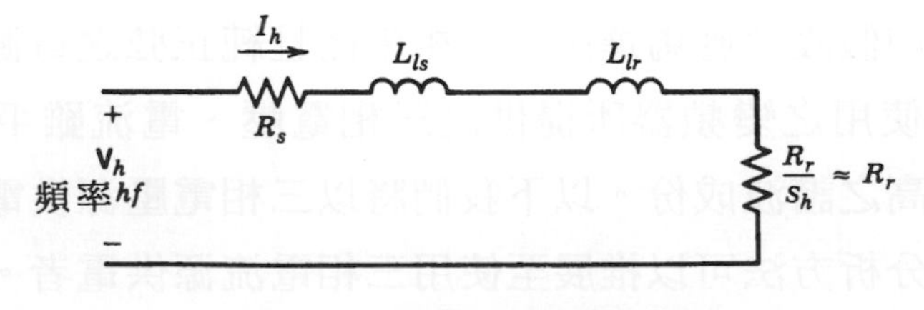

圖 14-15　單相之諧波等效電路

14-5-2　諧波損失

由諧波電流所造成定子及轉子線圈之銅損可以近似爲(單相)：

$$\Delta P_{\text{cu}}=\sum_{h=2}^{\infty}(R_s+R_r)I_h^2 \tag{14-48}$$

其中R_s與R_r將隨諧波頻率作非線性增加。其它由諧波引起之損失如由渦流及磁滯所造成之鐵損以及其它雜散損失，則與馬達之幾何形狀、磁性材料及轉子疊片厚度等有關，實難估算，不過這些值在60Hz下爲最佳化。通常，額定負載下，這些損失(不包括銅損)約佔所有功率損失之10～20%。

14-5-3　轉矩之脈動(Torque pulsations)

定子之諧波會造成轉矩之脈動。如果脈動轉矩爲低頻，則可能造成嚴重之轉速變動及轉軸變形。

考慮定子之最低次諧波，對使用三相方塊波切換之變流器而言，最低次諧波爲第五及第七次諧波。假設馬達轉子之速度接近ω_s，如圖14-16(a)所示，ϕ_{ag1}及ϕ_{ag7}分別爲基本波與第七次諧波所造成之氣隙磁通，B_{r1}及B_{r7}爲其分別在轉子所感應之磁場，B_{r1}與ϕ_{ag1} 同轉速具同相，而ϕ_{ag7}及B_{r7}之轉速均爲$7\omega_s$且與ϕ_{ag}同向。由於ϕ_{ag1}與B_{r1}轉速相同，故二者之交互作用並不會產生轉矩；同理，ϕ_{ag7} 與B_{r7}亦同。但ϕ_{ag7}與B_{r1}及ϕ_{ag1}與B_{r7}之相對轉速均爲$6\omega_s$，因此其交互作用會產生六倍頻之脈動轉矩。

同理可應用於如圖14-16(b)之五次諧波情況，ϕ_{ag5}與B_{r1}及ϕ_{ag1}與B_{r5}等之交互作用會產生六倍頻之脈動轉矩。

以上之分析指出，五次及七次之諧波激磁的合成將產生六倍頻之脈動轉矩。同樣的方式可用以計算其它諧波激磁之影響。

假設無共振現象，轉矩之漣波對於轉速漣波之影響爲：

$$\text{轉速漣波之振幅}=k_{17}\frac{\text{轉矩漣波之振幅}}{\text{漣波頻率}\times\text{轉動慣量}} \tag{14-49}$$

(14-49)指出對於相同之轉矩漣波振幅而言，愈高頻者對轉速之影響愈小。

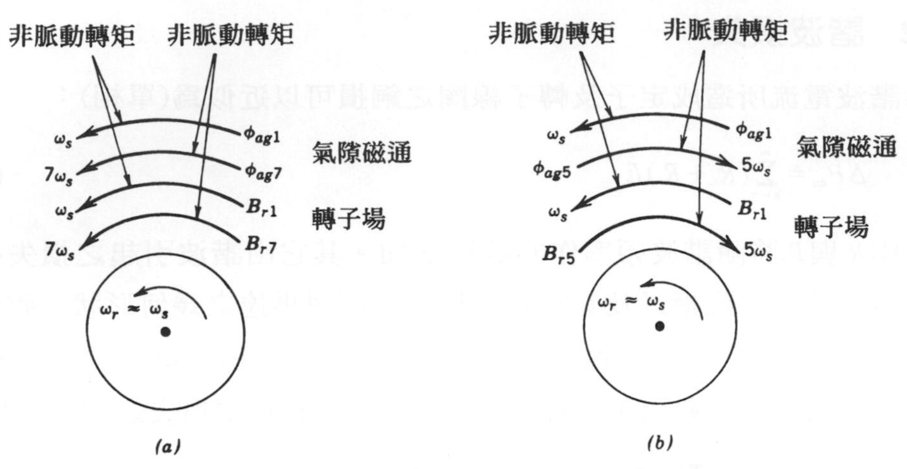

圖 14-16　脈動轉矩：(a)第七次諧波；(b)第五次諧波

14-6　變頻式轉換器之分類

由上節之討論可知，感應馬達採用之變頻式電力轉換器必須滿足以下之基本要求：

1.　可以根據所欲輸出之轉速調整輸出之頻率。

2.　可以調整輸出電壓以固定氣隙磁通，便於操作在定轉矩區。

3.　可以在任意頻率下輸出額定之電流。

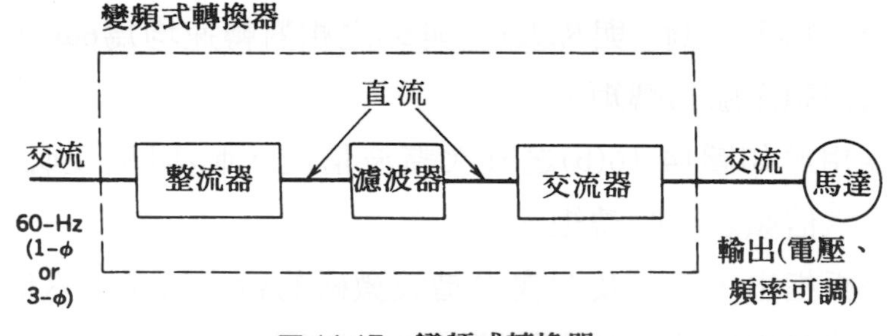

圖 14-17　變頻式轉換器

圖14-17所示爲變頻式轉換器之一般架構，其首先利用可控式或非可控式之整流器將交流電源轉換成直流，然而再以變流器將之轉換爲三相振幅及頻率均可調之電壓與電流。可使用之方法有以下幾種：

1.　採用二極體整流器加上PWM電壓源變流器(PWM-VSI)。

2.　採用閘流體整流器加上方塊波電壓源變流器(方塊波VSI)。

3. 採用閘流體整流器加上電流源變流器(CSI)。

VSI與CSI之差異為：VSI乃提供一直流電壓源(理想上無內阻抗)給變流器；CSI則為提供一直流電流源(理想上之內阻無窮大)給變流器。

圖14-18(a)所示為採用二極體整流器與PWM-VSI之架構；圖14-18(b)所示為使用閘流體整流器及方塊波VSI之架構；二者之輸入線電壓可為單相或三相，直流側之電容通常非常大以使變流器之輸入接近一理想之電壓源。

圖14-18(c)所示為採用閘流體整流器之CSI，直流側之大電感用以使變流器輸入近似一電流源。此外變流器乃採用閘流體、二極體及電容所組成之強迫換向轉換器。

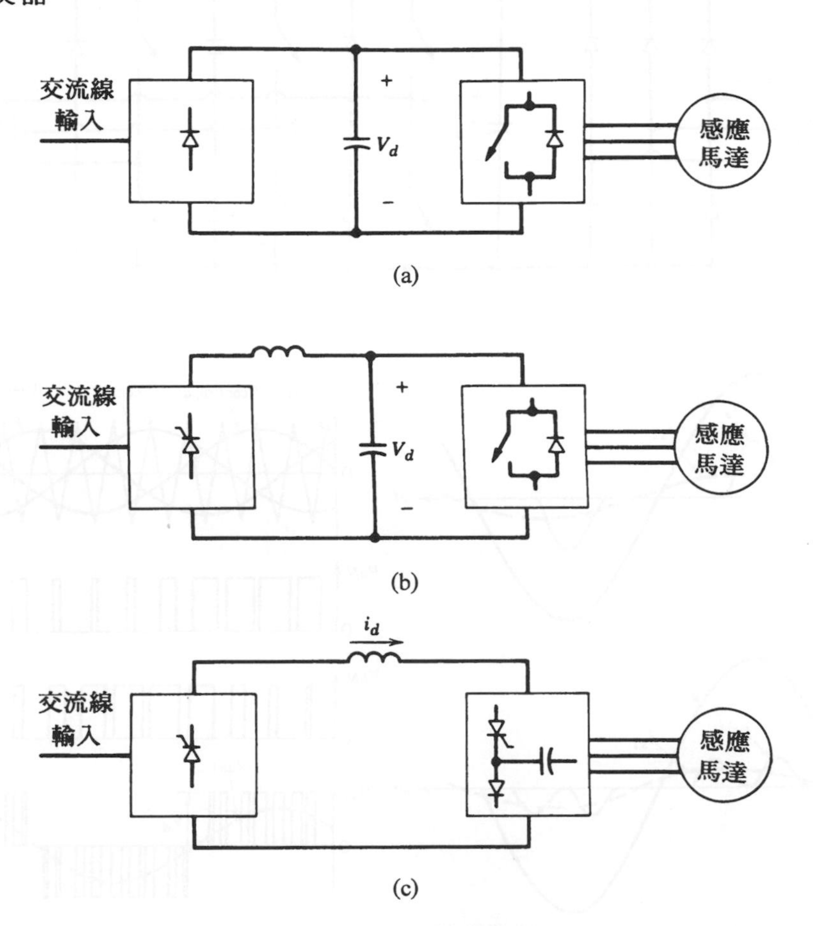

圖 14-18　變頻式轉換器之分類：(a)採用二極體整流之PWM-VSI；(b)採用可控式整流之方塊波VSI；(c)採用可控式整流器之CSI

14-7 變頻式PWM-VSI驅動器

圖14-19(a)所示爲一三相輸入之PWM-VSI感應馬達驅動器，由於PWM變流器之輸出不僅頻率可控，振幅亦可控，因此只使用非控式之二極體整流器。變流器之切換控制乃採用正弦式之PWM，其藉由控制電壓之振幅及頻率來調整其輸出電壓，如圖14-19(b)所示。

由於PWM變流器輸出電壓之諧波是以邊帶方式出現在切換頻率之整倍頻上，因此，切換頻率愈高，馬達電流之漣波愈小，波形愈近於正弦。

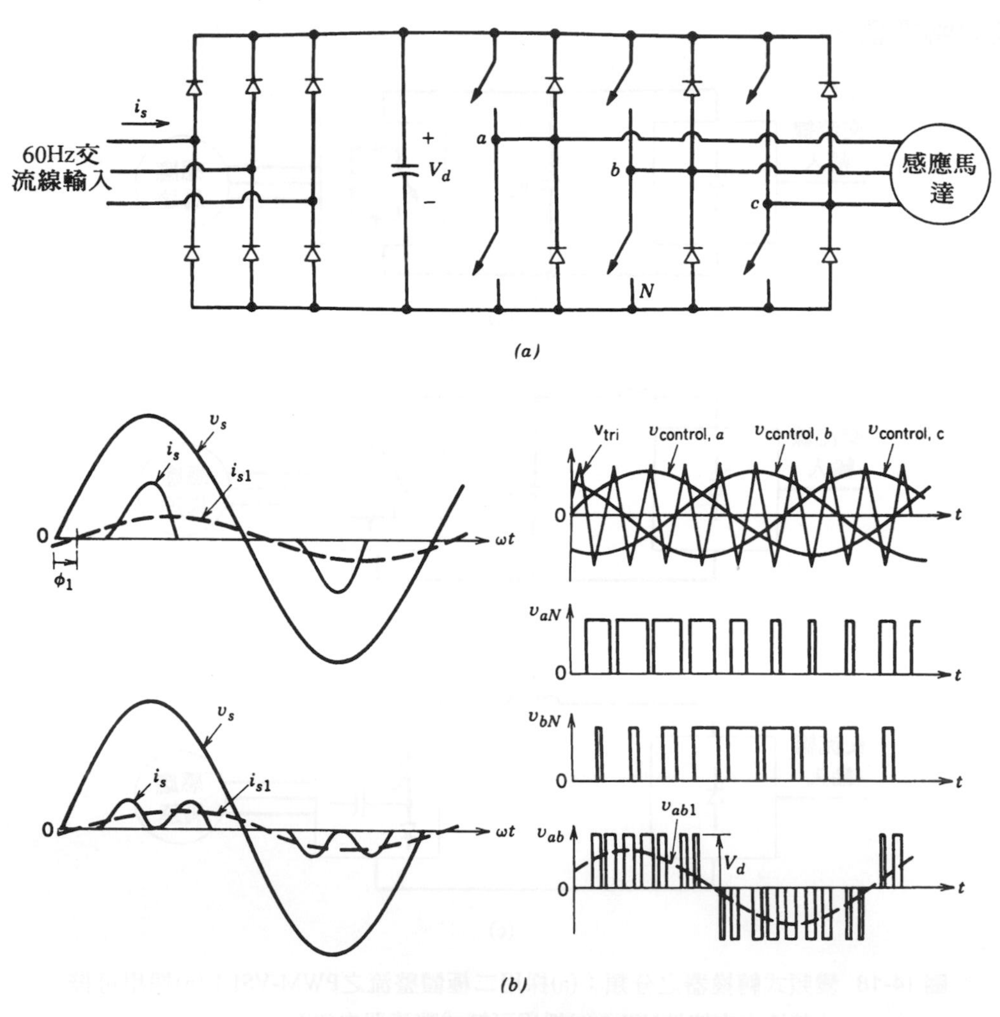

圖 14-19 PWM-VSI：(a)電路架構；(b)波形

由於流經直流側電容之電流的漣波頻率為切換頻率，因此由變流器所視之直流側阻抗與切換頻率成反比，故此電容不需太大，但必須有能力可以承受漣波電流。此外，此小電容亦可改善線電流之波形，不過電容亦不能太小而使直流電壓之漣波太大而造成馬達電流較低頻之諧波。

14-7-1　PWM-VSI諧波之效應

由於PWM-VSI高頻電壓諧波之振幅相當大，甚至高於基本波成份，因此鐵損(含定子及轉子之渦流及磁滯損)為主要損失。這使得由諧波所造成之總損失，使用PWM者可能較方塊波切換者為大。由於諧波造成額外之損失，因此一般馬達之選用會建議選用較原先之需求高出5～10％功率額定之馬達。

PWM之馬達驅動器，其脈動轉矩如(14-49)所示，在高頻切換下對轉速之影響非常小。

14-7-2　輸入之功率因數及電流波形

PWM-VSI馬達驅動器所使用之整流器的輸入電流包含相當大之諧波，如圖14-19(b)所示之單相與三相輸入波形。如第五章所述，可使用一輸入電感來改善電流波形。此外，直流側並聯一小電容亦可得較佳之電流波形。

輸入之功率因數則與馬達之功因及轉速無關，而與負載之功率有關(功率愈高，功率因數愈佳)。如圖14-19(b)所示，位移之功率因數(DPF)接100％。

14-7-3　煞　車

馬達煞車(制動)時，直流鏈之電壓極性不變，但電流反向。採用二極體整流器者之PWM-VSI驅動器，由於電流無法反向流經整流器，因此必須利用一些機構以吸收煞車之能量，否則煞車能量將使直流鏈電壓上昇，甚至損壞元件。

圖14-20(a)所示利用一電阻與電容並聯，當電容電壓超出其設定之準位時，開關導通以電阻消耗煞車之能量。

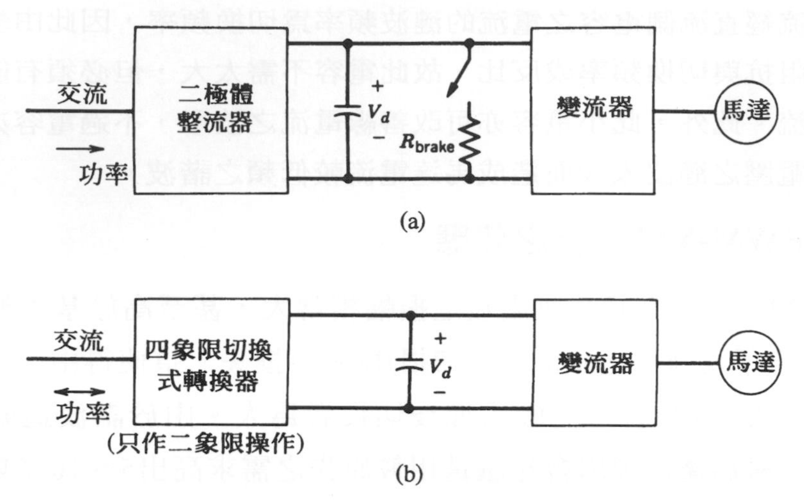

圖 14-20 PWM-VSI之煞車：(a)耗能式煞車；(b)再生制動

另一較有效率的方式如圖14-20(b)所示，使用四象限式之轉換器(切換式或二背靠背連接之閘流體轉換器)以取代二極體整流器，將煞車之能量回送至輸入之交流電源，此方式稱爲再生制動(regenerative braking)。至於要採用電阻耗能或再生制動之方式，則視所使用元件之成本、所能節省之能源價格及功率因數與輸入電流波形之考量而定。

14-7-4 PWM-VSI驅動器之轉速控制

使用VSI(PWM或方塊波切換)之驅動器，可以採用圖14-21不具速度迴路之控制方式。其中變流器輸出電壓之振幅V_s及頻率f(或ω_s)由轉速命令$\omega_{r,ref}$及變流器電流計算產生。PWM控制器可以類比IC來實現，最好採用同步式PWM，使切換頻率隨f而調整。爲使切換頻率能保持在最大值，如圖14-22所示，m_f值必須隨著f之調整而改變。爲避免改變過程中造成頻率抖動(jittering)現象，必須使用磁滯之方式改變m_f。具有上述所有功能且最常被採用的PWM-IC爲HEF5752V。

爲兼具保護及獲至更良好之轉速控制性能，圖14-21使用電流及電壓迴授。這些信號對於馬達啓動／煞車，加速／減速等之限流保護及煞車時直流鏈之限壓等是必須的。其次，利用轉矩隨滑差增加之特性可用以補償滑差，而不需量測實際轉速。此外，在低轉速時加入一電壓昇以補償R_s之效應。爲達上述目的，馬達電流I_o及直流鏈之電壓V_d必須加以量測。圖14-21各功能之詳細控制方式如下：

1. 轉速控制器：如圖14-21所示，轉速控制器輸入一轉速命令$\omega_{r,\text{ref}}$以控制變流器輸出之電壓及頻率。其中斜率限制器用以調整$\omega_{r,\text{ref}}$之變化率，以限制馬達之加速及減速速率，使其在加速及減速期間，I_o及V_o不會超出其限制。

   欲更加改善轉速之調整特性，使其不受轉矩變動影響，可以加入轉差之補償信號，如以下項目3.之解釋。

2. 限流電路：限流電路對於未使用斜率限制之轉速控制器是必須的。在電動機模式下，如果ω_s增加太快，ω_{sl}及I_o均因此而增加。爲限制馬達電流在額定值以下，可利用實際量測之馬達電流與其限制值之誤差經一控制器以調整ω_s(降低)，進而降低轉速增加之速率。

   在煞車模式下，如果ω_s下降太快，轉差率爲負且變化很快，使得馬達與變流器產生很大之煞車電流。爲使煞車之電流不會超出其額定，同樣地可利用實際電流與其限制值之誤差調整ω_s(增加)，以限制轉速減少之速率。若不具再生制動能力，必須在直流鏈上以開關接上一耗能電阻。若煞車產生之功率大於耗能電阻所能吸收者，直流鏈電壓仍會過高，若如此可利用控制電路調整ω_s(增加)以降低減速之速度。

3. 滑差之補償：爲使轉速維持固定，定子之頻率ω_s必須加入一與轉矩T_{em}成正比之補償項(如圖14-6)：

$$\omega_s = \omega_{r,\text{ref}} + k_{18} T_{em} \tag{14-50}$$

   (14-50)之第二項乃由圖14-21中之滑差補償器所產生。另外一種方式是估測T_{em}，其首先由直流鏈之輸入功率減去變流器及定子之損失得P_{ag}，再利用(14-3)及(14-18c)計算得T_{em}。

4. 電壓昇：爲使氣隙磁通ϕ_{ag}維持固定，馬達之定子端壓必須爲(由(14-38b)及(14-25))：

$$V_s = k_{19}\omega_s + k_{20} T_{em} \tag{14-51}$$

其可由T_{em}(如項目3之方法)及ω_s計算得知。

值得注意的是，圖14-21若採用轉速迴授，實際之滑差及轉矩利用(14-27)可得知，使電壓昇之計算更爲精確，故轉速之控制更加精確。

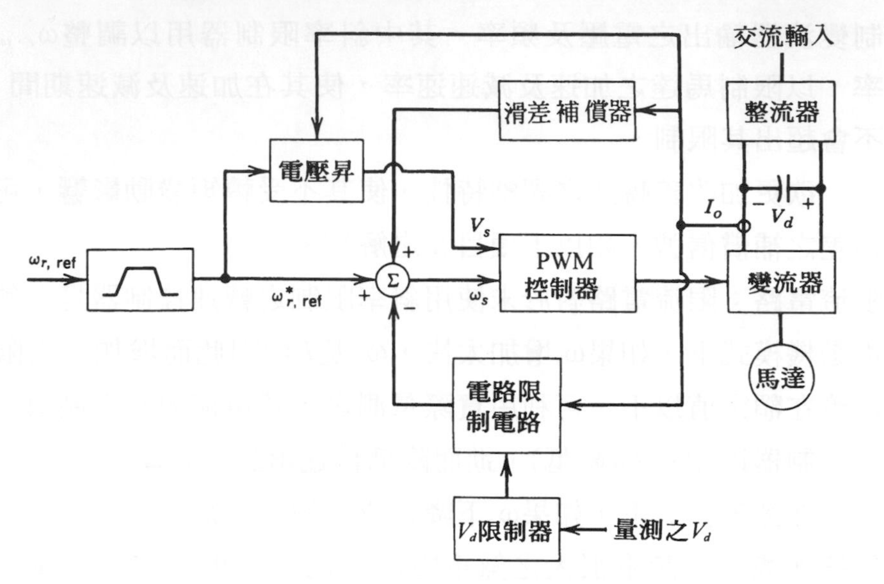

圖 14-21 轉速控制電路(未量測馬達轉速)

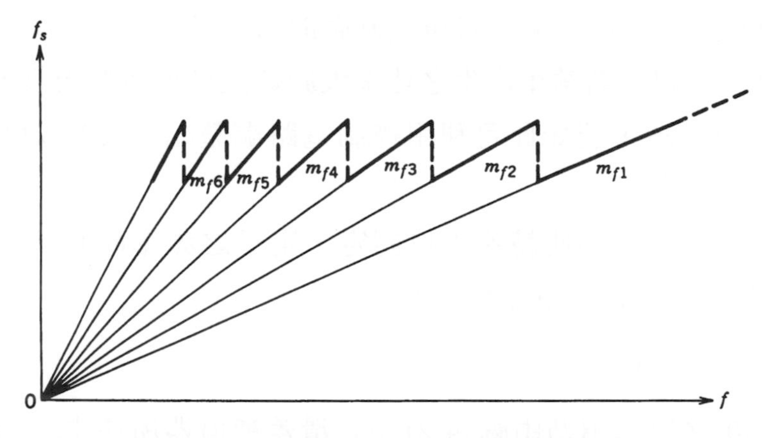

圖 14-22 切換頻率與基本波頻率之關係

14-7-5 感應馬達伺服驅動器

前面各節所論之重點在於感應馬達轉速之控制。近年來由於數位信號處理器(digital signal processors, DSP)之發展，使得感應馬達在伺服之應用上愈來愈廣。由於需作位置控制，伺服之要求非常嚴格，馬達對應其轉矩命令之響應必須快速且精確，不允許振盪且在任何轉速下包括靜止均能維持其性能。

感應馬達伺服驅動器之控制，通常採用磁場導向空間向量爲基礎(field-oriented space-vector-based)之方式，以計算轉矩T_{em}能達到由轉速調整器所設定之轉矩命令所需之定子電流I_s。在此I_s之計算中，必須使用到感應馬達之模型及其參數，如圖14-23所示。感應馬達模型必須利用轉子之電阻值R_r，當溫度變化時，其值會跟著變化(例如銅之材質溫度變化100℃，阻值將變化40%)，更重要的是其在馬達運轉時之精確量測不易。故其控制方法通常採用具參數估測功能之適應控制。

如圖14-23所示，由於磁場導向控制器計算所知乃馬達之三相電流命令，因此電力轉換器可以採用電流模式控制之VSI變流器。

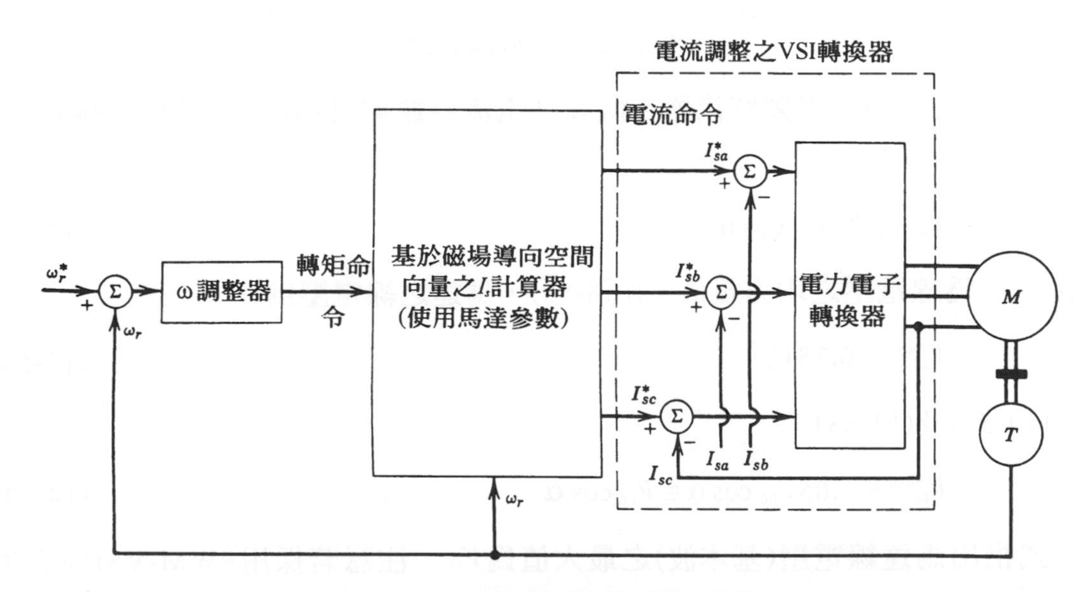

圖 14-23 感應伺服馬達之磁場導向控制

14-8 變頻式方塊波VSI驅動器

此驅動器之電路架構如圖14-18(b)所示。馬達之相電壓(對馬達中性點)及電流波形如圖14-24(a)及圖14-24(b)所示。由於方塊波VSI不具電壓大小調整功能，因此馬達電壓大小之調整，必須由前一級線頻相位控制整流器利用調整V_d來調整。

變流器輸出電壓之諧波成份爲V_1/h，$h=5$，6，11，13，……，其中V_1爲馬達相電壓之基本波成份。由於具有相當大之低頻諧波，利用(14-47)計算之諧波電流大小將很大，因此會造成很大之轉矩漣波，馬達低轉速工作時可能會有問題。

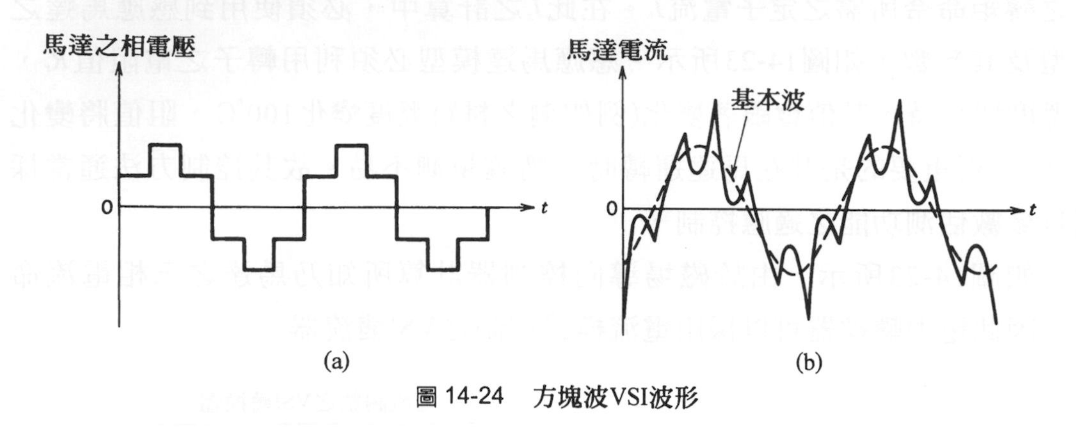

圖 14-24 方塊波VSI波形

圖14-18(b)之線頻整流器，假設其電流爲連續且爲簡化起見，忽略線電源之電感，則

$$V_d = 1.35 V_{LL} \cos\alpha \tag{14-52}$$

其中V_{LL}爲線電壓之均方根值。由(8-58)，馬達之線電壓爲

$$V_{LL}^{\text{motor}} = 0.78 V_d \tag{14-53}$$

由(14-52)及(14-53)

$$V_{LL}^{\text{motor}} = 1.05 V_{LL} \cos\alpha \cong V_{LL} \cos\alpha \tag{14-54}$$

上式指出馬達線電壓(基本波)之最大值爲V_{LL}。注意若採用PWM-VSI則必須採用過調制才能得到V_{LL}大小之馬達電壓。

對於方塊波VSI驅動器，由(14-54)及假設V_s/f爲定值，可知

$$\frac{\omega_r}{\omega_{r,\text{rated}}} \approx \frac{V_{LL1}^{\text{motor}}}{V_{LL}} \approx \cos\alpha \tag{14-55}$$

由(6-47a)及(14-55)知，輸入線電壓之功率因數爲

$$\text{功率因數} \cong 0.955 \cos\alpha \approx 0.955 \frac{\omega_r}{\omega_{r,\text{rated}}} \tag{14-56}$$

故額定轉速下之功率因數要較直接由線電壓供電之感應馬達爲佳。然而在低轉速下，由方塊波VSI驅動者之功率因數較差。改善之道爲以一二極體整流器配合一降壓式直流至直流轉換器來取代此線頻整流器。

14-9　變頻式CSI驅動器

其驅動器之電路架構如圖14-18(c)所示。由於感應馬達之功因爲落後性，變流器之閘流體的換向必須採用強迫換向(forced commutation)方式，如圖14-25(a)所示。此強迫換向電路包含了二極體、電容及馬達之漏電感，因此變流器必須與其原先設計之馬達搭配才能使用。在任何時刻有二閘流體導通，分別連接至直流側之正、負端。馬達電流與其相電壓之波形如圖14-25(b)所示。此種CSI驅動器，不需額外電路亦能具備再生制動之功能。

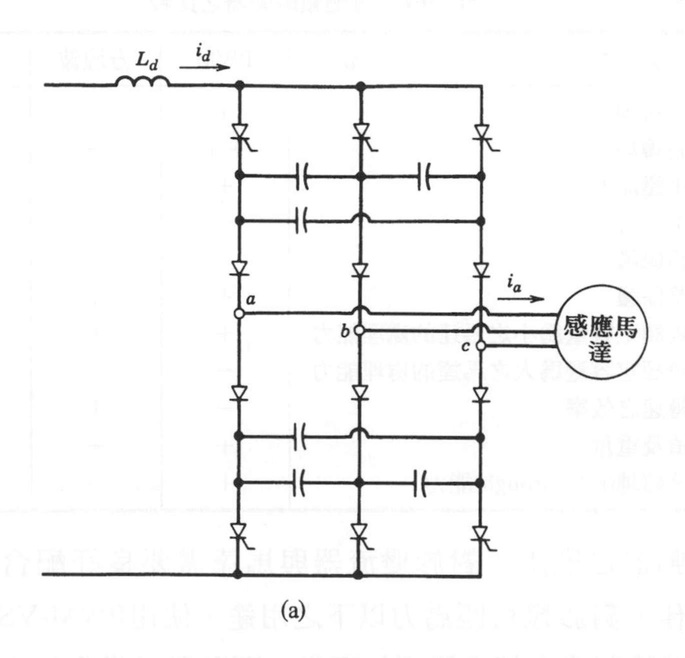

(a)

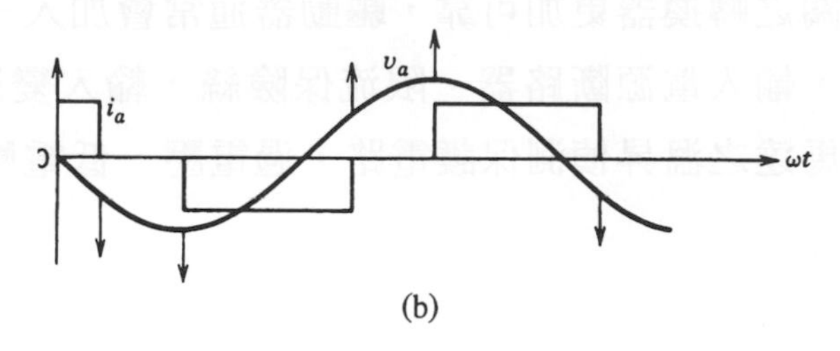

(b)

圖 14-25　CSI驅動：(a)變流器；(b)理想之單相波形

由於可控制開關之發達，目前此方式之CSI驅動器僅限於非常大馬力之用途。

14-10 變頻式驅動器之比較

一般用途之感應馬達均可使用上述三種形式(PWM-VSI，方塊波VSI，及CSI)之驅動器。其均可從額定轉速至某低轉速時提供額定之轉矩。更低轉速時由於散熱較差，將無法達成額定轉矩。

此三種驅動器之比較如表14-2所示，其中“+”表示其具有此種屬性，“-”表示相反。不過要注意的是，此表所列爲其先天之特性，若配合其它電路，其限制可以改善。

表 14-2 可變頻驅動器之比較

參數	PWM	方塊波	CSI
輸入功因	+	−	−−
脈動轉矩	++	−	−
多馬達能力	+	+	−
再生能力	−	−	++
短路保護	−	−	++
開路保護	+	+	−
對較額定容量爲小之馬達的處理能力	+	+	−
對較額定容量爲大之馬達的處理能力	−	−	−
低轉速之效率	−	+	+
體積及重量	+	+	−−
故障超越(ride through)能力	+	−	−

至於驅動器之應用，對於變流器與馬達需要良好配合之場合，PWM-VSI較CSI爲佳。對於幾百匹馬力以下之用途，使用PWM-VSI已漸成趨勢。

爲使半導體開關之轉換器更加可靠，驅動器通常會加入一些保護措施，如過電流保護電驛，輸入電源斷路器，限流保險絲，輸入變壓器，VSI與馬達間之隔離開關，馬達之溫昇偵測保護電路，過電壓、低電壓，欠相等保護電驛等等。

14-11 線頻變壓式驅動器

前述之變頻及變壓式驅動器對感應馬達之轉速控制而言，是最有效率且性能最佳的控制方式，然而對某些應用場合而言，使用較便宜之線頻變壓式驅動器即可。

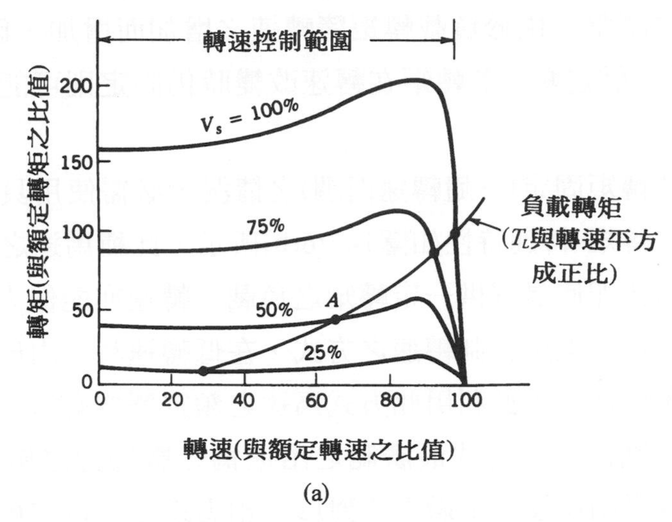

(a)

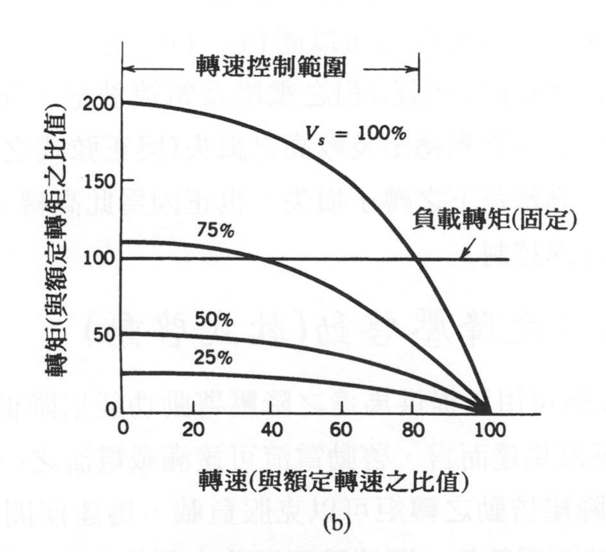

(b)

圖 14-26　採用定子電壓控制之轉速控制：(a)具低s_{rated}(如風扇之類負載)之馬達；(b)具高s_{rated}(如定轉矩負載)之馬達

如圖14-2(a)之等效電路，若f等於線頻且固定f_{sl}時，在任一電阻上之功率與V_s^2成正比。因此由(14-17)及(14-18)知

$$T_{em} = k_{21} V_s^2 \quad (14\text{-}57)$$

利用(14-57)可得具有小滑差額定之感應馬達在不同V_s值下之轉矩與轉速特性曲線，如圖14-26(a)所示。對於風扇或幫浦之類的負載，其轉矩與轉速之平方成正比，在低轉速時僅需一小轉矩即可，如圖14-26(a)所示，因此其轉速可作大範圍之調整。由於負載轉矩隨轉速之增加而增加，因此圖14-26(a)中之工作點A爲一穩定點。若轉矩在轉速改變時仍固定則可能爲一不穩定之操作點。

對於負載轉矩固定(不隨轉速而調)之情況，必需使用具有高轉子電阻之感應馬達，其轉矩-轉速特性如圖14-26(b)所示。此種馬達之脫出轉矩發生在較大滑差，因此即使是提供一定轉矩之負載，轉速亦能作大範圍之調整。

此種利用定子電壓控制轉速之方式，在低轉速時，由於滑差大轉子之損失大，故效率較差。因此利用此方式馬達之額定選擇必須較高，以使其轉子損失在額定範圍內。此方式最廣範之用途爲分數馬力之風扇或幫浦的驅動器，其一般爲單相馬達，不過上述對於三相馬達之分析亦可適用。

三相感應馬達之定子電壓控制可以圖14-27(a)所示之交流電壓控制轉換器來執行。圖14-27(b)所示爲馬達A相之電壓及電流波形，馬達之電流並非正弦，其諧波成份將造成脈動轉矩及較高之損失(與正弦式之電流相比)。這些損失包含低轉速，高滑差下之轉子損失，也正因爲此高轉子損失使其應用僅限於小馬力數之轉速控制。

14-12 感應馬達之降壓啓動(軟式啓動)

圖14-27(a)之電路可用以提供馬達之降壓啓動功能以降低啓動電流。對於一般(低滑差率)感應馬達而言，啓動電流可達滿載電流之6～8倍。採用降壓啓動電路，只要降壓啓動之轉矩可以克服負載，馬達便開始加速(s減小)且電流逐漸減小。達到穩態後，閘流體可以藉由與其並聯之機械開關加以短路以降低由閘流體導通所造成之導通損失。

圖14-27(a)之轉換器電路亦可用以在定轉速驅動器中降低馬達之損失。由於感應馬達在任一轉矩下，馬達之損失隨定子電壓V_s之增加而增加，因此可以在負載降低時亦降低V_s以減少損失。

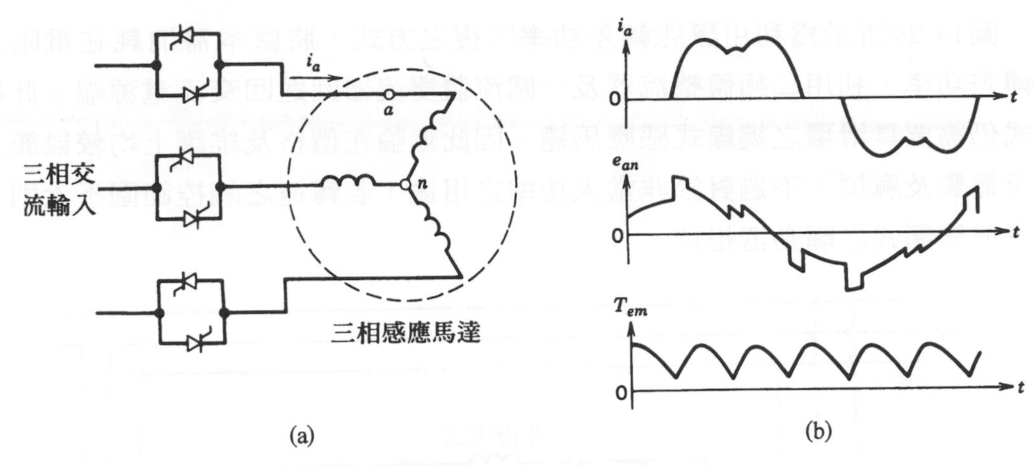

圖 14-27　定子電壓控制：(a)電路；(b)波形

與其它馬達損失(如諧波電流及閘流體導通損)相較，此種方式所節省之能量只有在輕載時才較爲顯著。

14-13 利用靜態轉差功率回復之轉速控制方式

圖14-2(a)之感應馬達等效電路中，若R_r/s固定(即R_r與s以同比例作調整)，I_r及T_{em}將維持定值。在各不同R_r下之特性曲線如圖14-28所示。對於繞線式感應馬達，轉子之總電阻R_r可以藉由外加電阻利用滑環來加以調整。

由圖14-28可明顯觀察得知，馬達轉速可以利用改變外加於轉子之電阻來作連續性之調整，然而其缺點爲轉子之損失太高。

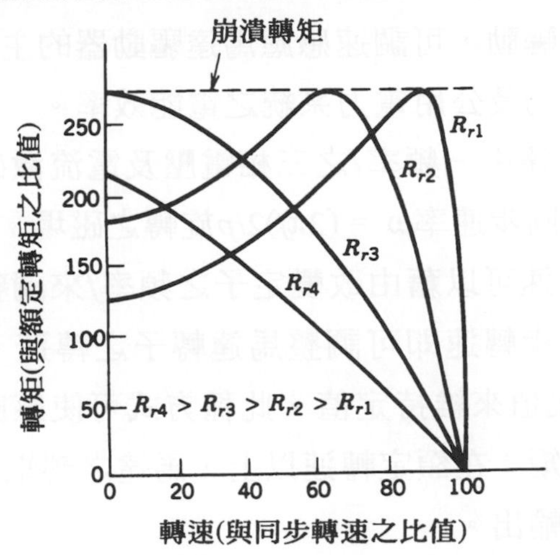

圖 14-28　繞線式感應馬達之轉矩-轉速特性

圖14-29所示為利用靜態轉差功率回復之方式，將原本需消耗在電阻上之轉差功率，利用二極體整流器及一閘流體變流器回送回交流電源端。此種方式仍需要具滑環之繞線式感應馬達，因此無論在價格及維護上均較鼠籠式馬達為貴及麻煩。不過對於非常大功率之用途，若轉速之調控範圍不大則其仍可與變頻式之驅動器相較。

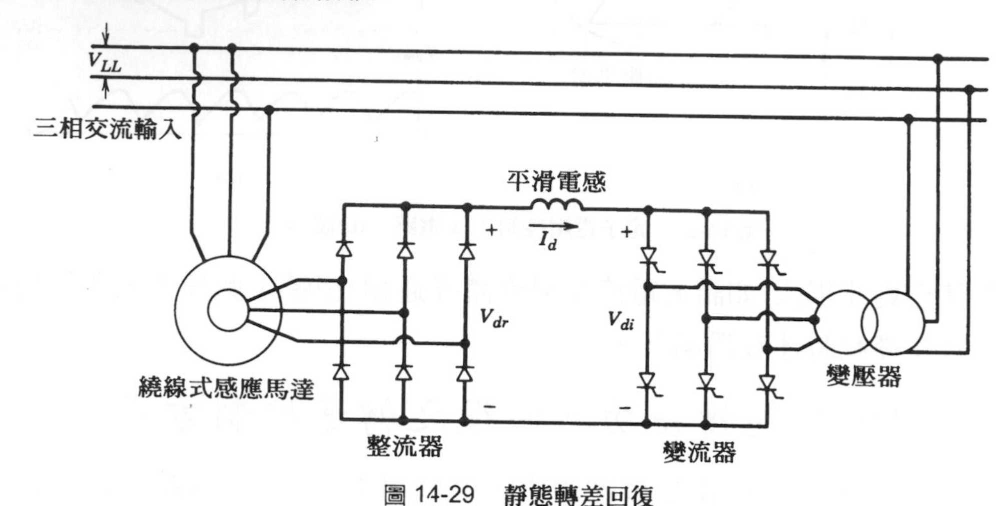

圖 14-29　靜態轉差回復

結　論

1. 感應馬達由於其價格較低且結構較堅實已成為目前工業用途之主要動力。若直接以線電壓供電，其轉速接近定值。藉由電力轉換器則可以作調速及伺服驅動，可調速感應馬達驅動器的主要應用在於改善許多住宅的、工業的及公用電力系統之電能效率。
2. 當三相感應馬達由一頻率f之三相電壓及電流激磁時，將在氣隙中產生正弦式且以同步速率$\omega_s=(2\pi f)2/p$旋轉之磁場。
3. 感應馬達之轉速可以藉由改變定子之頻率f來調整。當馬達之轉差很小時，控制同步轉速即可調整馬達轉子之轉速。氣隙磁通ϕ_{ag}可以藉由控制V_s/f之比值來維持定值。此種方式可使感應馬達在額定轉速以下提供額定轉矩；在額定轉速以上，馬達之轉矩能力下降，但仍可保持在額定功率輸出。
4. 為使感應馬達作煞車，定子之頻率f下降，因此氣隙磁場之轉速較轉子之轉速爲低。

5. 切換式直流至交流變流器，可用以提供感應馬達轉速控制所需之變頻及變壓電源供應。變流器輸出電壓之漣波將造成電流之漣波，引起馬達之諧波損失及脈動轉矩。因此，變流器之形式及切換頻率必須小心選擇。
6. 感應馬達轉速控制之變流器形式有：PWM-VSI，方塊波VSI及CSI。各式方式之優缺點如表14-2所示。
7. 利用磁場導向向量控制法，可以使感應馬達具伺服應用之功能。
8. 感應馬達其它形式之控速方式有：(a)定子極性改變法；(b)極點振幅調制法；(c)線頻變壓式之定子電壓控制；(d)靜態轉差功率回復法等。

習　題

14-1　一三相60Hz，4極，10馬力，400V(線電壓，rms)之感應馬達在滿載時之轉速爲1746rpm。假設轉矩-轉速特性在0～150％額定轉矩下爲線性，其由一可變頻之正弦電源所供電且氣隙磁通維持定值。繪出在頻率f爲60、45、30及15Hz下之轉矩與轉速特性圖。

14-2　習題14-1之感應馬達驅動器用以提供一離心式幫浦負載，在滿載轉速下需要加額定之轉矩。當幫浦之轉矩爲額定值之100、75、50及25％時，試計算並繪出轉速、頻率f、滑差頻率f_{sl}及滑差率s。

14-3　一460V，60Hz，4極之感應馬達，在額定轉矩下之輸入電流爲10A，功率因數爲0.866，馬達其它之參數爲：

$$R_s = 1.53\Omega \quad , \quad X_{sl} = 2.2\Omega \quad , X_m = 69.0\Omega$$

如果此馬達在60Hz以下欲維持固定磁通且產生額定轉矩，試計算及繪出所需之線電壓與頻率之關係。

14-4　習題14-3之馬達全載轉速爲1750rpm，假設L_{lr}很小可忽略且氣隙之磁通維持在額定值。如果馬達欲產生一等於1.5倍額定轉矩之啓動轉矩，試計算所需之f_{start}，I_{start}及$(V_{LL})_{\text{start}}$。

14-5　習題14-1之馬達，起初操作在其額定狀態(60Hz)，若電源之頻率突然減少5％，但磁通仍維持定值。試計算煞車之轉矩與額定轉矩之比值。

14-6　三相60Hz，460V之感應馬達，$R_s+R_r=3.0\Omega$ 且$X_{ls}+X_{lr}=5.0\Omega$，馬達由一方塊波VSI所驅動，其線電壓爲460V，60Hz。試計算諧波電流之第5、7、11及13次成份以及其所造成之額外的銅損。

14-7　爲分析諧波起見，圖P14-7以感應馬達之單相等效電路來表示。其中E_{TH}爲基本波之應電勢，$R_{TH}=30.\Omega$，$X_{TH}=5.0\Omega$。若其由一電壓源變流器驅動，所產生之60Hz線電壓爲460V。馬達之負載在此基本波頻率下汲取10A之電流且電流與電壓相差30°，若電壓源變流器採方塊波切換，試計算並繪出馬達電流波形及求出流經變流開關之峰值電流。

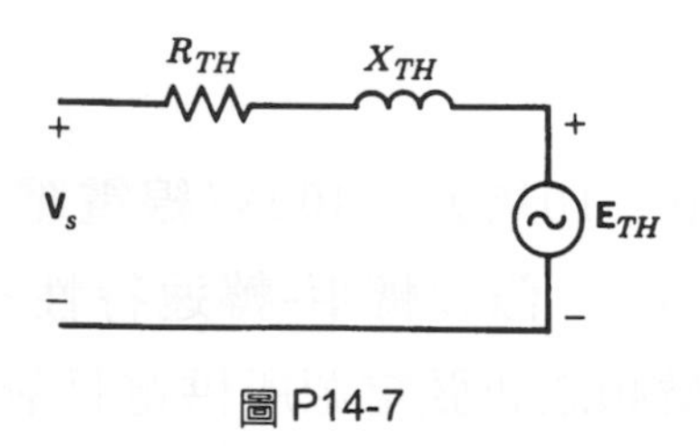

圖 P14-7

14-8　同習題14-7，但感應馬達改由一PWM-VSI驅動，其$m_a=1.0$且$m_f=15$。試求開關之峰值電流並與習題14-7作比較。

14-9　一方塊波VSI提供60Hz，460V線電壓以驅動一感應馬達可得額定50N-m，1750rpm之輸出。假設馬達及變流器在額定轉矩下之效率分別爲90及95％。若馬達操作於額定轉矩及額定氣隙磁通，試求圖P14-9變流器與馬達組合電路中，馬達操作頻率分別在60、45、30及15Hz下之R_{eq}值。

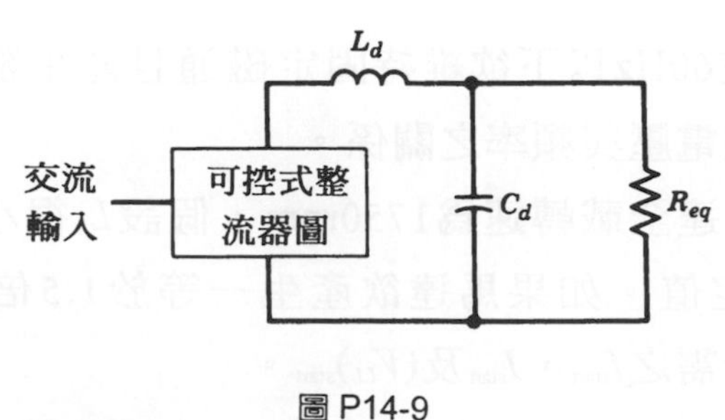

圖 P14-9

14-10　同習題14-9，但使用一PWM-VSI配合一非控式之整流器且60Hz輸出時之$m_a = 1.0$。

14-11　一CSI驅動之感應馬達以一等於馬達額定之轉矩提供一定轉矩之負載。CSI之輸入為三相，460V，60Hz。其提供馬達460V，60Hz之線電壓時，馬達基本波(60Hz)之電流為100A且落後電壓30°。若馬達之位移功率因數固定為30°，試計算並繪出變流器在馬達頻率為60、45、30及15Hz下之輸入功率因數及位移功率因數。其中馬達電流之波形如圖14-25(b)所示，並假設馬達之氣隙磁通為固定，馬達及變流器之損失均可忽略。

14-12　證明當一電壓控制感應馬達提供一固定轉矩之負載，在滑差很小時，轉子電路在任一V_s電壓下之損失與在額定電壓下之損失的比值可以近似為：

$$\frac{P_r}{(P_r)_{\text{rated voltage}}} \approx \left(\frac{V_{s\text{, rated}}}{V_s}\right)^2$$

參考文獻

1. N. Mohan and R. J. Ferraro, "Techniques for Energy Conservation in AC Motor Driven Systems," Electric Power Research Institute Final Report EM-2037, Project 1201-13, September 1981, Palo Alto, CA.
2. A. E. Fitzgerald, C. Kingsley, Jr., and S. D. Umans, *Electric Machinery*, 4th ed., McGrawHill, New York, 1983.
3. G. R. Slemon and A. Straughen, *Electrical Machines*, Addison-Wesley, Reading, MA, 1980.
4. B. K. Bose, *Power Electronics and AC Drives*, Prentice-Hall,Englewood Cliffs, NJ, 1986.
5. W. Leonard, *Control of Electrical Drives*, Springer-Veriag,New York, 1985.

14-10 同習題14-9，但使用一PWM-VSI配合一非控式之整流器且60Hz輸出時之$m_a = 1.0$。

14-11 一CSI驅動之感應馬達以一等於馬達額定之轉矩提供一定轉矩之負載。CSI之輸入為三相，460V，60Hz。其提供馬達460V，60Hz之線電壓時，馬達基本波(60Hz)之電流為100A且落後電壓30°。若馬達之位移功率因數固定為30°，試計算並繪出整流器在馬達頻率為60，45，30及15Hz下之輸入功率因數及位移功率因數。其中馬達電流之[illegible]。馬達及變流器之損失均可忽略。

14-12 說明於一電壓控制感應馬達提供一固定轉矩之負載，[illegible]

[illegible]

參考文獻

1. N. Mohan and R. J. Ferraro, "Techniques for Energy Conservation in AC Motor Driven Systems," Electric Power Research Institute Final Report EM-2037, Project 1201-13, September 1981, Palo Alto, CA.
2. A. E. Fitzgerald, C. Kingsley, Jr., and S. D. Umans, *Electric Machinery*, [illegible] McGraw-Hill, New York, [illegible].
3. [illegible] Reading, MA, [illegible].
4. B. K. Bose, *Power Electronics and AC Drives*, Prentice-Hall, Englewood Cliffs, NJ, 1986.
5. W. Leonard, *Control of Electrical Drives*, Springer-Verlag, New York, [illegible].

第十五章　同步馬達驅動器

15-1　簡　介

同步馬達在伺服方面之應用包括：電腦週邊設備、機器手臂等；在可調速驅動方面之應用包括：熱幫浦、風扇及壓縮機等等。在幾kW以下小功率之用途常使用如圖15-1(a)所示之永磁式同步馬達，其亦稱為直流無刷馬達。對於大功率用途則常使用如圖15-1(b)所示轉子場繞組之同步馬達。

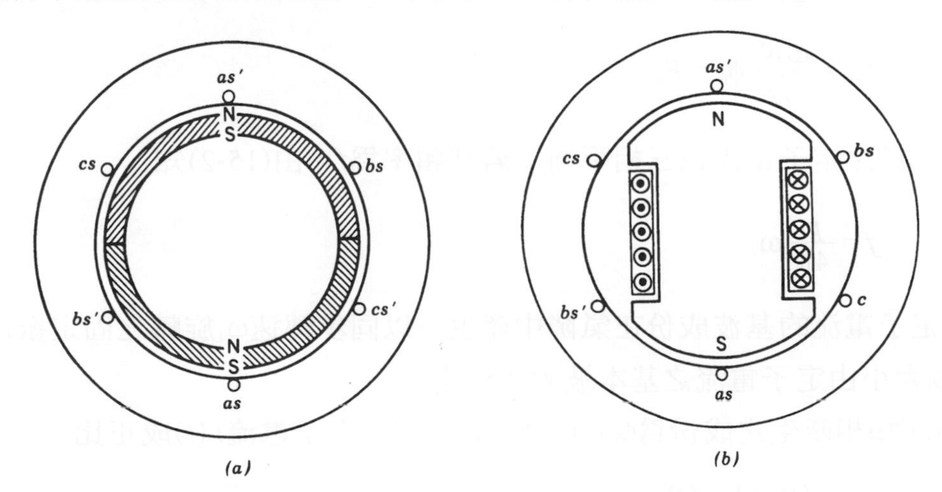

圖 15-1　同步馬達之構造：(a)永磁式轉子(二極式)；(b)凸極式繞組式轉子(二極式)

15-2 同步馬達動作之基本原理

轉子之繞組在氣隙中產生一磁通ϕ_f，其與轉子均以相同之同步速ω_s旋轉。ϕ_f將鏈結位於定子上之三相繞組，以其中之a相來表示：

$$\phi_{fa}(t) = \phi_f \sin \omega t \tag{15-1}$$

其中

$$\omega = 2\pi f = \frac{p}{2}\omega_s \tag{15-2}$$

p為馬達之極數。若定子每相繞組之等效匝數為N_s，則在a相所感應之應電勢為

$$e_{fa}(t) = N_s \frac{d\phi_{fa}}{dt} = \omega\, N_s \phi_f \cos \omega t \tag{15-3}$$

此在定子繞組上所感應之電壓稱為激磁電壓，其有效值為

$$E_{fa} = \frac{\omega N_s}{\sqrt{2}} \phi_f \tag{15-4}$$

根據一般之表示方式，電壓及電流之相量大小是以有效值來表示，而磁通之相量則以其峰值來表示。圖15-2(a)為$\omega t = 0$之e_{fa}及ϕ_{fa}之相量圖，其中$\mathbf{E}_{fa} = E_{fa}$為參考相量。由(15-1)

$$\phi_{fa} = -j\phi_f \tag{15-5}$$

由(15-3)至(15-5)及圖15-2(a)可得

$$\mathbf{E}_{fa} = \frac{\omega N_s}{\sqrt{2}} \phi_{fa} = E_{fa} \tag{15-6}$$

同步馬達之定子電流為三相平衡，若其頻率為f，由(15-2)知

$$f = \frac{p}{4\pi}\omega_s \tag{15-7}$$

這些定子電流的基波成份在氣隙中產生一以同步轉速ω_s旋轉之固定振幅磁通ϕ_s，ϕ_s大小由定子電流之基本波大小決定。

ϕ_s由a相產生之成份為$\phi_{sa}(t)$，$\phi_{sa}(t)$與a相之定子電流$i_a(t)$成正比：

$$N_s\, \phi_{sa}(t) = L_a\, i_a(t) \tag{15-8}$$

其中L_a爲a相自感之3/2倍，因此由$\phi_{sa}(t)$所感應之電壓爲

$$e_{sa}(t)=N_s\frac{d\phi_{sa}}{dt}=L_a\frac{di_a}{dt} \tag{15-9}$$

假設　$$i_a(t)=\sqrt{2}I_a\sin(\omega t+\delta) \tag{15-10}$$

則　$$e_{sa}(t)=\sqrt{2}\omega L_a I_a\cos(\omega t+\delta) \tag{15-11}$$

其中δ爲轉矩角。$\omega t=0$之相量圖如圖15-2(a)所示

$$\mathbf{I}_a=I_a e^{j(\delta-\pi/2)} \tag{15-12}$$

$$\mathbf{E}_{sa}=j\omega L_a\mathbf{I}_a=\omega L_a I_a e^{+j\delta} \tag{15-13}$$

氣隙a相之總磁通量爲

$$\phi_{ag,a}(t)=\phi_{fa}(t)+\phi_{sa}(t) \tag{15-14}$$

其相量表示爲

$$\phi_{ag,a}=\phi_{fa}+\phi_{sa} \tag{15-15}$$

故氣隙電壓可由(15-14)(15-3)及(15-9)得

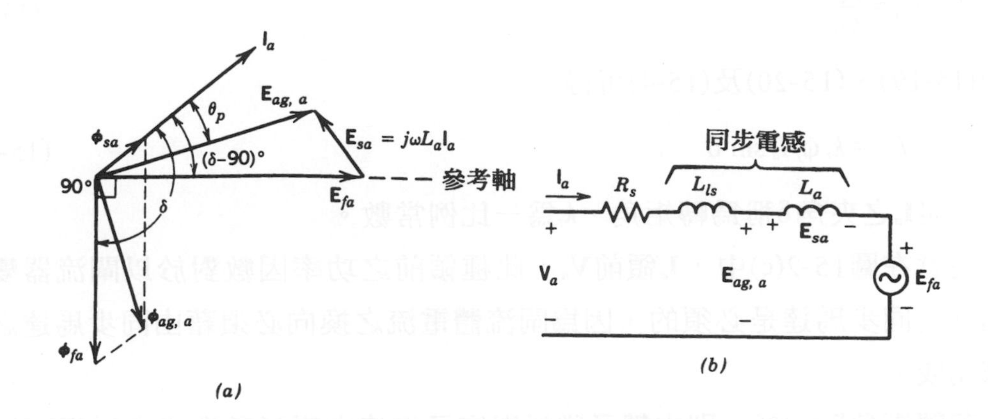

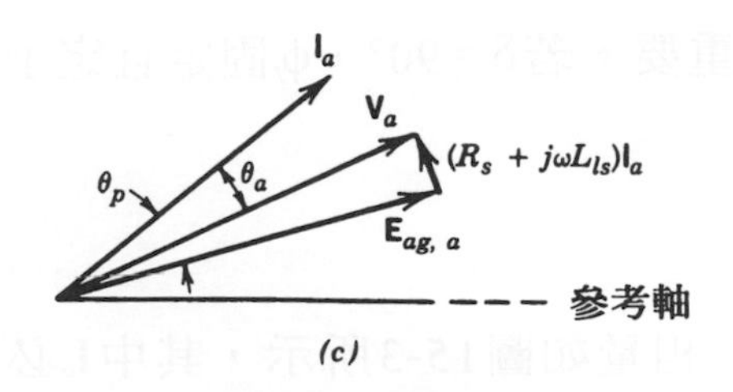

圖 15-2　單相表示：(a)相量圖；(b)等效電路；(c)端壓

$$e_{ag,a} = N_s \frac{d\,\phi_{ag,a}}{dt} = e_{fa}(t) + e_{sa}(t) \tag{15-16}$$

由(15-6)、(15-13)及(15-16)可得

$$\mathbf{E}_{ag,a} = \mathbf{E}_{fa} + \mathbf{E}_{sa} = \mathbf{E}_{fa} + j\omega L_a \mathbf{I}_a \tag{15-17}$$

如圖15-2(a)之相量所示。由(15-17)及相量圖可得同步馬達之單相等效電路如圖15-2(b)所示。其中R_s及L_{ls}分別爲定子繞組之電阻及漏電感。故a相之端壓爲

$$\mathbf{V}_a = \mathbf{E}_{ag,a} + (R_a + j\omega L_s)\mathbf{I}_a \tag{15-18}$$

(15-18)之相量圖表示如圖15-2(c)所示，其中θ_p爲端電壓與電流之間的相位差。

由圖15-2(b)及圖15-2(a)可知由電能轉換而得之機械能爲

$$P_{em} = 3E_{fa} I_a \cos\left(\delta - \frac{1}{2}\pi\right) \tag{15-19}$$

因轉矩 $T_{em} = \frac{P_{em}}{\omega_s}$ (15-20)

故由(15-19)、(15-20)及(15-4)可得

$$T_{em} = k_t\, \phi_f\, I_a \sin\delta \tag{15-21}$$

其中ϕ_{fa}與$\mathbf{I}_a$之夾角δ稱爲轉矩角，k_t爲一比例常數。

注意在圖15-2(c)中，$\mathbf{I}_a$領前$\mathbf{V}_a$，此種領前之功率因數對於以閘流器變流器驅動之同步馬達是必須的，因爲閘流體電流之換向必須藉由同步馬達之電壓來完成。

若轉矩角$\delta = 90°$，則由轉子磁通與定子電流之磁通所造成之磁場可以解耦，此點對於高性能之伺服驅動非常重要。若$\delta = 90°$，ϕ_f固定且定子之相電流振幅爲I_s，則(15-21)可寫成

$$T_{em} = k_T I_s \tag{15-22}$$

其中k_T稱爲馬達之轉矩參數。$\delta = 90°$之相量如圖15-3所示，其中$\mathbf{I}_a$必須領前ϕ_{fa} 90°。

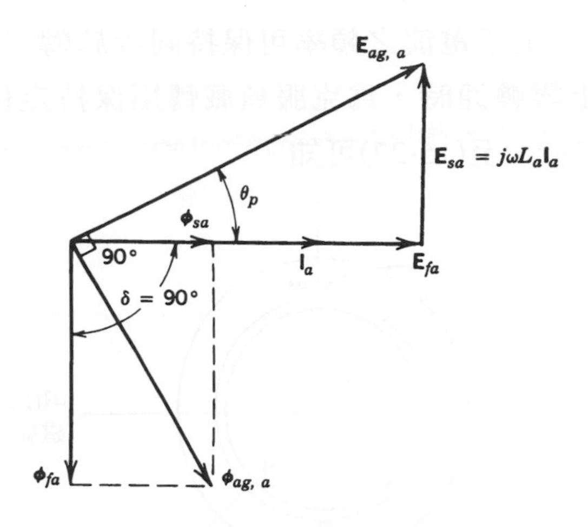

圖 15-3　δ=90°之相量圖

前述之分析中，僅限於轉子之凸極效應(rotor saliency)可忽略者。對於轉子爲凸極形狀者，不能以上述之等效電路作分析，而必須藉助直-交軸(d及q軸)理論。

15-3　正弦式波形驅動之同步伺服馬達

此種馬達在氣隙中之磁通分佈以及定子繞組所感應之激磁電壓均近乎正弦。由於轉矩角需固定在90°，因此同步伺服馬達必須藉助一絕對位置之感測器，以量測轉子位置以至於其磁場之位置。如圖15-4所示之二極式馬達，$\delta = 90°$時，由於$\theta = 0$下i_a爲最大值，故在θ角下

$$i_a = I_s \cos\left[\theta(t)\right] \tag{15-23}$$

其中I_s之大小可由(15-22)設定。若推廣至p極之馬達，θ則爲量測到之機械角，其與電角θ_e之關係爲

$$\theta_e = \frac{p}{2}\theta(t) \tag{15-24}$$

故三相定子電流爲

$$i_a(t) = I_s \cos\left[\theta_e(t)\right] \tag{15-25}$$

$$i_b(t) = I_s \cos\left[\theta_e(t) - 120°\right] \tag{15-26}$$

$$i_c(t) = I_s \cos\left[\theta_e(t) - 240°\right] \tag{15-27}$$

藉由轉子位置之量測，定子電流之頻率可保持同步於轉子位置，使δ維持在90°。對於在定位點上零轉速時，爲克服負載轉矩保持定位，可通入直流定子電流，其大小由(15−24)至(15-27)可知。

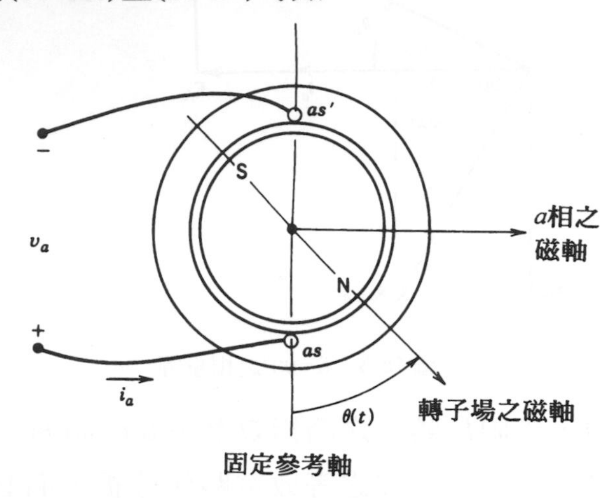

圖 15-4　量測之轉子位置θ(t)

圖15-5所示爲以正弦式驅動之同步伺服馬達驅動器之控制機構，其中轉子場位置之量測是藉由一具高解析度之絕對位置感測器，θ角是根據事先訂好之一參考軸爲準，如圖15-4所示。(15-25)至(15-27)之cosine項乃製成表格事先燒錄於ROM上，再以θ角來查閱此表，定子電流振幅I_s乘上各相之cosine項即可得定子之電流命令，最後藉由一電流模式控制電壓源變流器，可使定子電流追隨其命令。

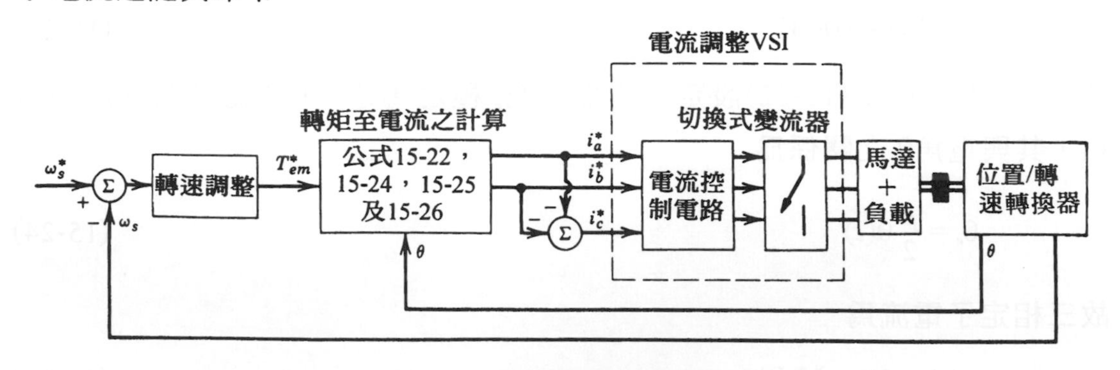

圖 15-5　同步馬達伺服驅動器

15-4　梯形式波形驅動之同步伺服馬達

若馬達之繞組爲集中式或永久磁鐵之形狀安排，可能使場磁通及定子感應之電壓爲梯形之波形。

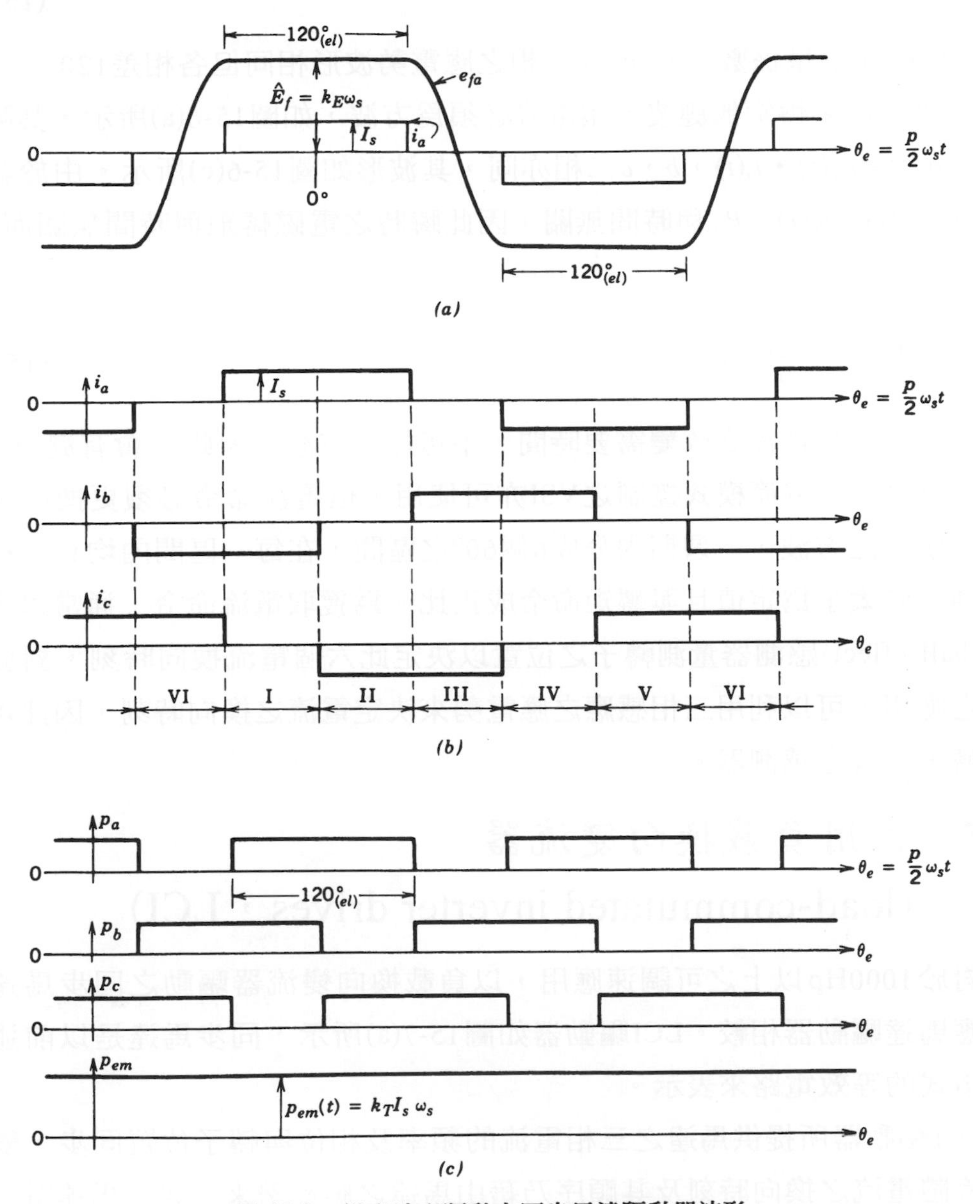

圖 15-6　梯形波形驅動之同步馬達驅動器波形

圖15-6(a)所示爲a相感應之應電勢$e_{fa}(t)$，其中轉子是以反時針方向ω_s之轉速旋轉，θ之量測方式同圖15-4，電角之定義如(15-24)所示。此應電勢平坦部份在每半週期中至少爲120°(電角)。$\widehat{E}_f$與轉速成正比

$$\widehat{E}_f = k_E\,\omega_s \tag{15-28}$$

其中k_E爲馬達電壓係數。a、b、c三相之應電勢波形相同但各相差120°。

爲使馬達之轉矩無漣波，相電流必須爲方波，如圖15-6(a)所示，其瞬時功率爲$p_a(t) = e_{fa}(t) \cdot i_a(t)$，$b$，$c$二相亦同，其波形如圖15-6(c)所示。由於總功率$p_a(t) + p_b(t) + p_c(t) = P_{em}$與時間無關，因此瞬時之電磁轉矩與時間無關而與$I_s$有關：

$$T_{em}(t) = \frac{P_{em}}{\omega_s} = k_T\, I_s \tag{15-29}$$

實際上，由於相電流之改變需要時間，不可能爲方波，因此T_{em}會有漣波。

如圖15-5之電流模式控制之VSI亦可使用，但電流命令必須更換成如圖15-6(b)所示之方波，一週期內分成6個60°之區間，在每一區間內均有二相電流流通，其大小爲定值且與轉矩命令成正比。爲獲取電流命令，通常以霍耳效應(hall effect)感測器量測轉子之位置以決定此六個電流換向時刻。對於非伺服之應用，可以利用三相感應之應電勢來決定電流之換向時刻，因此可以省略轉子位置之感測器。

15-5 採用負載換向變流器 (load-commutated inverter drives，LCI)

對於1000Hp以上之可調速應用，以負載換向變流器驅動之同步馬達可與感應馬達驅動器相較。LCI驅動器如圖15-7(a)所示，同步馬達是以前述之非凸極式的等效電路來表示。

LCI驅動器所提供馬達之三相電流的頻率及相位與轉子位置同步。變流器閘流體電流之換向時刻及其順序乃藉由馬達之應電勢來完成。馬達電流之大小是藉由一線頻相位控制轉換器再經一濾波電感L_d所控制。濾波電感乃用以降低電流之諧波且使變流器之輸入近似一電流源。

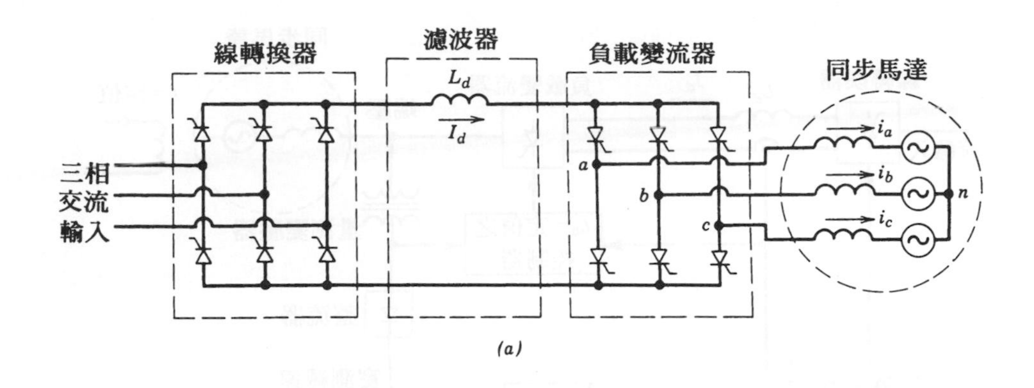

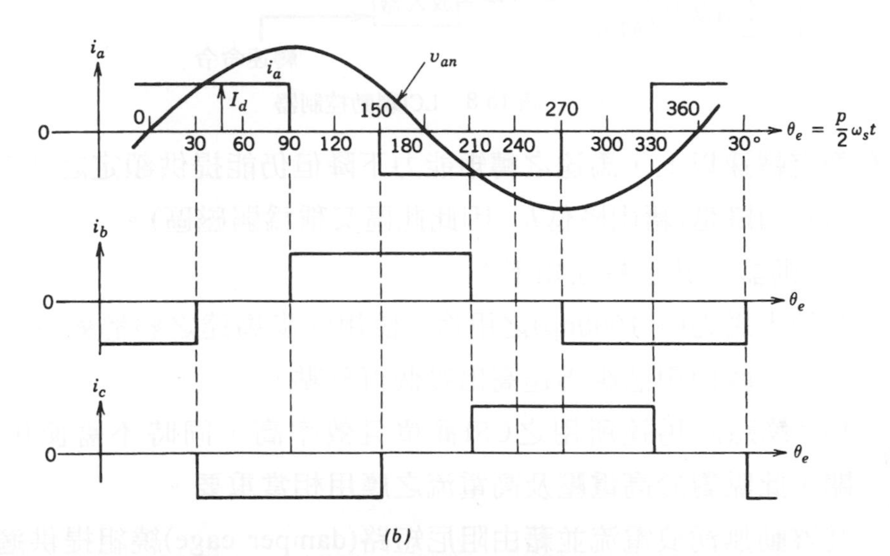

圖 15-7　LCI驅動：(a)電路；(b)理想波形

理想之馬達電流如圖15-7(b)所示，馬達在啓動及低轉速(低於額定轉速之10%)時，其應電勢尚不足以提供變流器之換向，必須藉助線頻相位控制轉換器操作於變流模式下以強迫I_d變爲0，而使負載變流器之閘流體可以截止。

LCI驅動器之控制架構如圖15-8所示。在額定轉速以下，I_f維持定值，且變流器閘流體之截止時間t_{off}爲固定。量測之馬達端電壓除用以計算轉子場之位置外，經整流後亦用以當成馬達之轉速迴授信號。此轉速信號與轉速命令比較後之誤差經放大後當成直流鏈電流I_d之命令，I_d之大小由線頻相位控制轉換器調控。I_d及馬達端壓之波形可用以決定負載變流器之觸發角，以使t_{off}能維持定值。

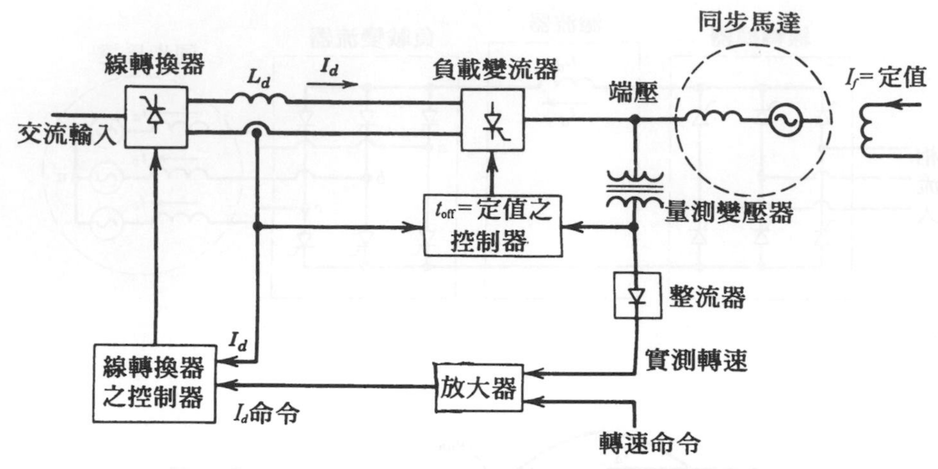

圖 15-8　LCI驅動控制器

在額定轉速以上，馬達之轉矩能力下降但仍能提供額定之功率輸出。此時之磁通必須降低(藉由降低I_f，因此此區又稱為弱磁區)。

LCI驅動器之其它特性如下：

1. 對於大馬力(＞1000hp)之用途，使用同步馬達之整體效率可達95％以上，其較使用感應馬達高出幾個百分點。
2. LCI較感應馬達所用之CSI簡單且效率高，同時不需使用可控式開關，此點對於高電壓及高電流之應用相當重要。
3. 其啓動無湧浪電流並藉由阻尼短路(damper cage)繞組提供適當之啓動轉矩，可以利用與感應馬達相同之線電壓動方式。當轉速接近同步轉速後，轉子場被激磁，使之回復操作成一同步馬達。
4. LCI驅動器具有再生制動的能力，此時同步馬達當成一發電機，負載變流器當成一整流器，將馬達電壓整流且利用操作在變流模式之線頻相位控制轉換器將電力回送入交流電源中。

15-6　變週器(cycloconverters)

低轉速且大功率之用途可以採用變週器來控制同步或感應馬達之轉速，使用線頻轉換器之變週器電路如圖15-9(a)所示。每一相均包含二背靠背連接之線頻閘流體轉換器(第六章)，分別負責變週器輸出之正負半週的觸發，使其輸出為低頻之正弦。其中一相之輸出波形如圖15-9(b)所示，負責正負半週觸發之轉換器的工作模式(整流或變流)則視負載電流之方向而定。

變週器將線電壓直接轉換成更低頻之交流而不需使用直流鏈，其最高之輸出頻率被限制在輸入線頻之三分之一以內，以使輸出波形之諧波成份在可接受的範圍內。

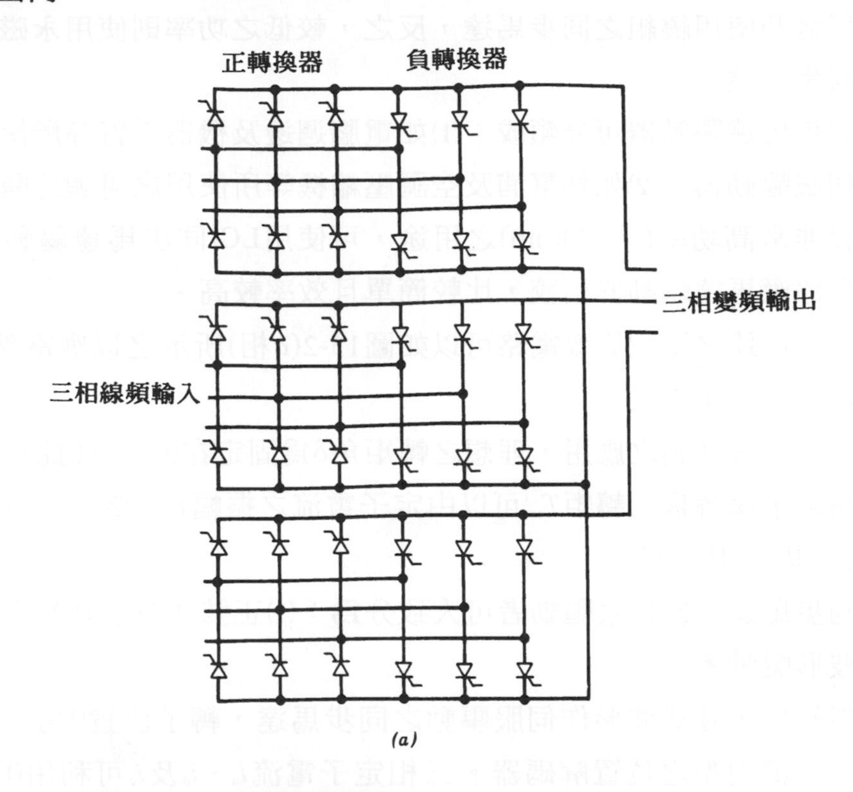

(a)

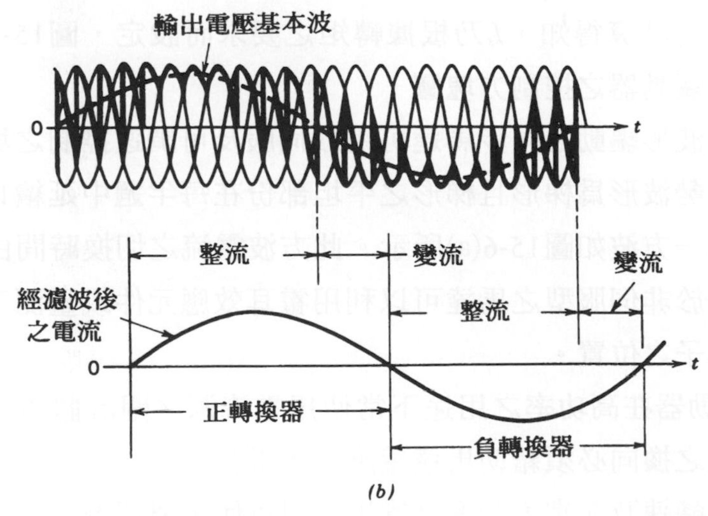

(b)

圖 15-9　三相變週器

結　論

1. 同步馬達磁通是由轉子負責，其可利用永磁或直流激磁之場繞組來實現。在相同之額定下同步馬達之效率高於感應馬達。通常，大功率之用途乃使用繞組之同步馬達，反之，較低之功率則使用永磁式轉子之同步馬達。
2. 同步馬達驅動器可分類成：⑴如電腦週邊及機器手臂等所使用之精密伺服驅動器；⑵如熱幫浦及空調壓縮機等所使用之可調速驅動器。對於非常高功率(＞1000hp)之用途，可使用LCI同步馬達驅動器，因其與感應馬達驅動器相較，比較簡單且效率較高。
3. 同步馬達之單相等效電路可以如圖15-2(a相)所示之以應電勢$\mathbf{E}_{fa}$，I_a及電感之表示方式。
4. 對於伺服驅動之應用，理想之轉矩角δ為固定在90°，如此可使定子場與轉子場解耦，轉矩T_{em}可以由定子電流之振幅I_s調整而不會影響磁通ϕ_f，即T_{em}比正於I_s。
5. 同步馬達用於伺服驅動者可大致分為：⑴正弦式波形驅動者及⑵梯形波形驅動者。
6. 對於以正弦式波形作伺服驅動之同步馬達，轉子位置θ角之量測乃藉由一絕對型之位置解碼器。三相定子電流i_a、i_b及i_c可利用θ及(15-25)至(15-27)計算得知，I_s乃根據轉矩之要求而設定，圖15-5顯示此種伺服馬達驅動器之控制方塊圖。
7. 梯形式波形驅動之同步馬達可用於伺服及可調速控制之場合。其感應之應電勢波形為梯形且梯形之平坦部份在每半週中延續120°。定子電流則為一方波如圖15-6(a)所示。此方波電流之切換時間由轉子位置決定，對於非伺服型之馬達可以利用霍耳效應元件或量測三相端壓波形來求轉子之位置。
8. LCI驅動器在高功率之用途下常使用電流源之閘流體變流器，此變流器電流之換向必須藉助馬達感應之應電勢。
9. 對於低轉速及非常大功率之應用，可以使用變週器。

習　題

15-1　一無刷永磁式四極之三相馬達參數如下：

轉矩常數=0.229M-m/A

電壓常數=24.0V/1000rpm

相對相電阻=8.4Ω

相對相繞組電感=16.8mH

若馬達之應電勢波形爲梯形，轉矩常數之定義爲最大轉矩與在最大轉矩下流經各相間電流之比值；電壓常數則爲相對相之電壓峰值與轉速之比值。若馬達在3000rpm下之轉矩爲0.25N-m，試繪出理想之電流波形。

15-2　一正弦式波形驅動三相二極式之永磁式直流無刷馬達，$k_T=0.5$N-m/A (參考(15−22)之定義)。若馬達在$\theta=30°$(如圖15-4之定義)時所需之維持轉矩爲0.75N-m，試計算i_a，i_b及i_c。

15-3　若習題15-1之馬達的最大轉速爲5000rpm且轉矩爲0.25N-m，試求以切換式轉換器驅動此馬達所輸入之直流電壓的最小值。

15-4　一正弦式波形驅動之永磁式無刷伺服馬達，相至相的電阻爲8.0Ω，電感爲16.0mH。電壓常數(相電壓峰值與轉速之比值)爲25V/1000 rpm，$p=2$，$n=10000$rpm。試計算當馬達每相之電流爲10A時，馬達之端壓=？功率因數=？

15-5　試求梯形波驅動之無刷馬達，k_E與k_T(如(15-28)及(15-2))之關係。

參考文獻

1. A. E. Fitzgerald, C. Kingsley, and S. D. Umans, *Electrical Machinery* 4th ed., McGraw-Hill, New Yord, 1983.
2. B. K. Bose, *Power Electronics and* AC *Drives*, Prentice-Hall, Englewood Cliffs, NJ, 1986.
3. T. Kenjo and S. Nagnamori, *Permanent−Magnet and Brush−less DC*

Motors, Claredon, Oxford, 1985.

4. *DC Motors · Speed Comtrols · Servo Systems — An Engineering Handbook*, 5th ed., Electro-Craft Corporation, Hopkins, MN, 1980.
5. D. M. Erdman, H. B. Harms, and J. L. Oldenkamp, "Electrically Commutated DC Motors for the Appliance Industry," *IEEE/IAS*1980 *Annual Meeting Record*, 1984,pp. 1339-1345.
6. S. Meshkat and E. K. Persson, "Optimum Current Vector Control of a Brushless Servo Amplifier Using Microprocessor,"*IEEE/IAS* 1984 *Annual Meeting Record*, pp. 451-457.
7. R. H. Comstock, "Trends in Brushless Permanent Magnet and Induction Motor Servo Drives," *Motion Magazine*, Second Quarter, 1985, pp. 4-12.
8. P. Zimmerman, "Electronically Commutated DC Feed Drives for Machine Tools," *Drives and Controls International*, Oct./Nov. 1982,pp. 13-19.
9. L. Gyugyi and B. R. Pelly, *Static Power Frequency Changers*, Wiley, New York, 1975.
10. T. Umdeland, S. Midttveit, and R. Nilssen, "Phasor-applied Control (PAC) of Induction Motors: A New Concept for Servo-Quality Dynamic Performance," paper presented at 1986 Conference on Applied Motion Control, Minneapolis, MNL, pp. 1-8.

第五部分
其它應用

第十六章　家庭及工業之應用

16-1　簡　介

各式之電力轉換已於第一至九章中介紹，其於直流及交流電源供應器之應用如第十及十一章中所述；於馬達驅動器之應用則如第十二至十五章所述。本章之目的有二：⑴簡要介紹其於家庭之途；⑵介紹一些工業用途如電焊及感應加熱等。

16-2　家庭之應用

在全美家庭用電約佔全美總發電量之35%及總用電量之8.5%，家庭之用途包含冷暖氣、空調、冷凍、熱水、照明、烹調、電視、洗衣及乾衣，以及其它各式之應用。電力電子在此所扮演之角色為省能、降低價格、增加安全性及舒適性。

16-2-1　冷暖氣及空調

冷暖氣及空調之用電量大約佔所有家庭用電之25～30%，傳統冷暖氣之熱幫浦乃使用固定轉速之壓縮機馬達，再利用壓縮機之ON/OFF來調控溫度，新式幫浦改採用負載-比例容量調制方式(load-proportional capacity modulation)，可以節省30%以上之電能。這種負載-比例容量調制之熱幫浦如圖16-1所示，其壓縮機之馬達轉速隨所需之加熱或冷調狀況而調整，因此可以避免壓縮機之ON/OFF動作。壓縮機可採用可調速之感應或同步馬達來驅動。

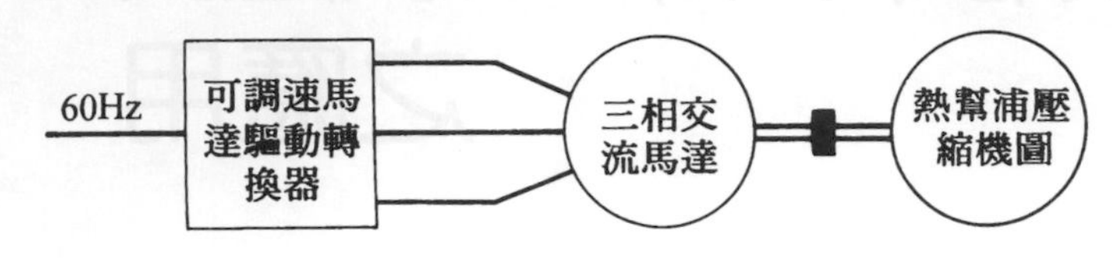

圖 16-1　負載-比例容量調制之熱幫浦

免除壓縮機ON/OFF程序之好處如圖16-2所示。傳統之熱幫浦當溫度低(或高)於設定值時，壓縮馬達立刻啓動汲取電能，然而壓縮機之輸出改變卻較緩慢，如圖16-2所示，因此會造成斜線部份之功率損失；當溫度高(或低)於設定值時，壓縮機馬達立停止。藉由此種ON/OFF的控制方式，可得圖16-2中虛線部份之壓縮機的平均輸出功率。此方法可使溫度維持在設定值附近之誤差邊帶內。

藉由負載-比例容量調制方式之熱幫浦，由於壓縮器馬達之轉速可根據壓縮機之輸出來調整，可省去斜線部份之損失，此外，溫度之變化亦可維持在設定值附近更狹窄的邊帶內，得到更舒適之溫度調節。

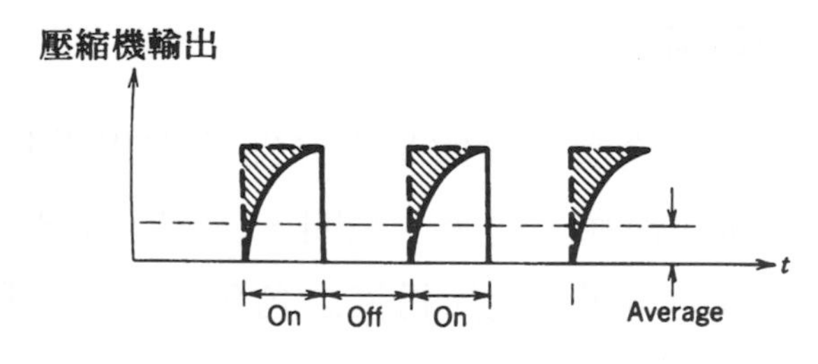

圖 16-2　傳統熱幫浦波形

16-2-2 高頻日光燈照明

照明用電大約佔家庭用電的15%及商業建築用電之30%。雖然日光燈管(fluorescent lamps)之效率爲白熾燈(泡)之3到4倍，但若將之操作在高頻(＞25 kHz)，其效率更可提高20～30%。

日光燈管呈負電阻特性，此需要串聯電感性之安定器(ballast)才能穩定工作，如圖16-3(a)所示。三電壓之關係為

$$V_{\text{ballast}}^2 + V_{\text{lamp}}^2 = V_s^2 \tag{16-1}$$

燈管與安定器之特性($V^2 - I$)如圖16-3(b)所示，二特性之交點可提供一穩定之工作點。

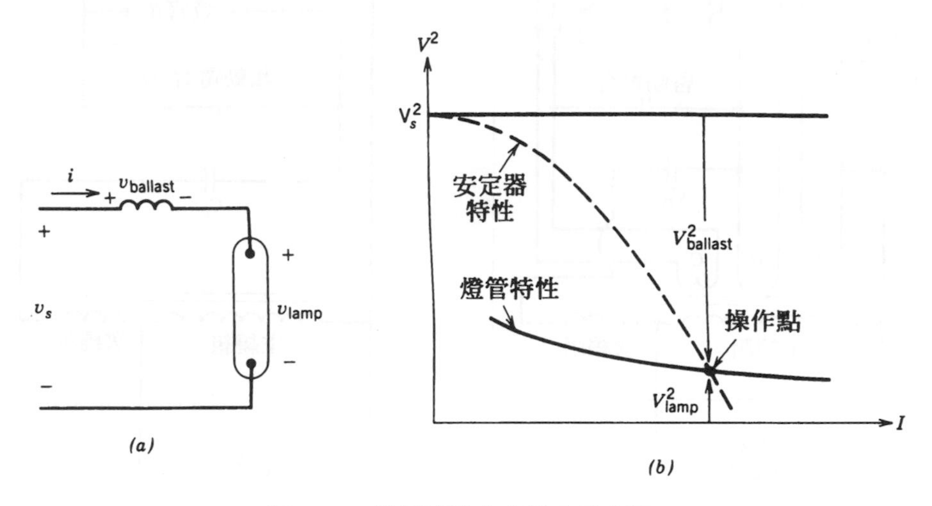

圖 16-3　具電感性安定器之日光燈

圖16-4(a)所示為傳統60Hz，二串聯燈管之架構。二燈管之陰極由線圈A、B及C所加熱，為方便說明起見，省略這些線圈以圖16-4(b)來表示。輸入電壓乃藉由自耦變壓器(主、副繞組乃串聯)昇壓，變壓器之漏感並可用以當成安定器使用。當燈管尚未點燃前，啓動電容呈低阻抗，點燃後則呈高阻抗。因此啓動時，啓動電容將燈管B短路使所有輸入電壓均加於燈管A上將之點燃。點燃之A燈管會造成一高壓跨於B燈管而將之點燃。與二燈管串聯之C_{pf}電容乃作為功率因數調整之用。

高頻之日光燈照明系統則如圖16-5(a)所示。其利用高頻之電子安定器(electronic ballast)將60Hz之輸入轉換成25～40kHz的高頻輸出。高頻電子安定器之構造如圖16-5(b)所示，包含一二極體橋式整流器以及一直流至高頻交流之變流器。直流至高頻交流的實現方式有許多方法：如E類共振式轉換器(第九章)、無變壓器及輸出整流器之半橋式轉換器(第十章)等。通常會在橋

式整流器之前加一EMI濾波器以抑制傳導之EMI。另外，由於安定器之諧波可能很大，功率因數很差，因此輸入側可以再加入一輸入電流波形整形電路(第十八章)以改善之。

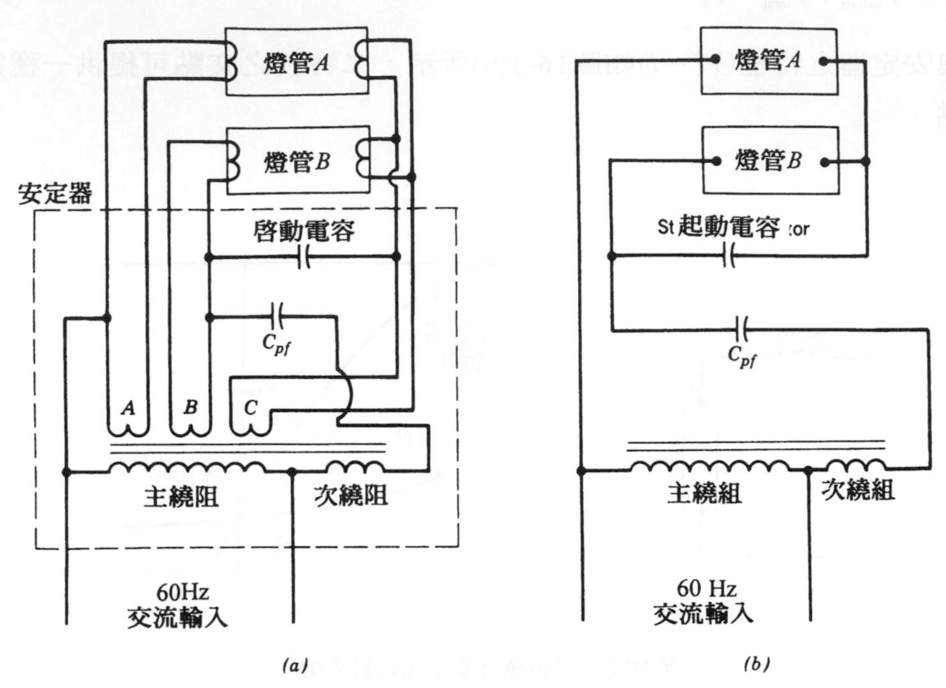

圖 16-4　傳統60Hz快速啓動之日光燈：(a)電路架構；(b)簡化表示

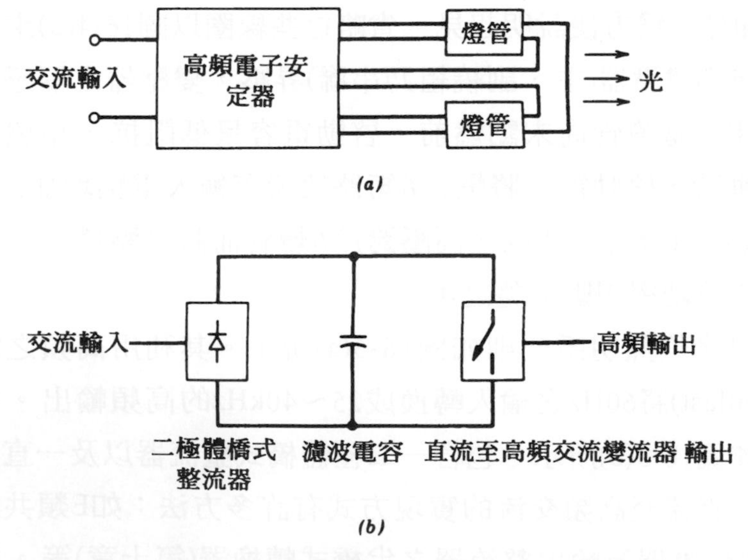

圖 16-5　高頻日光燈照明系統：(a)系統架構；(b)安定器架構

傳統及高頻電子安定器均可設計讓其具有調光(dimming control)之功能，在白天時僅用以補償採光之不足。調光功能可以達到省能目的，因爲可以藉由選取較高流明(lumen)容量之燈管，再利用調光降低所提供之功率而達到相同之照明要求。

16-2-3　感應之烹調方式

一般電熱或瓦斯加熱方式，有非常大部份之熱能會散溢至周圍，熱轉換效率不高，此可利用圖16-6所示之感應加熱方式來加以改善。其利用整流器及高頻變流器將60Hz輸入轉換成一25～40kHz之高頻輸出以供應一感應線圈，感應線圈接著在其上端之平底鍋上感應一環繞(circulating)電流，直接對平底鍋加熱。

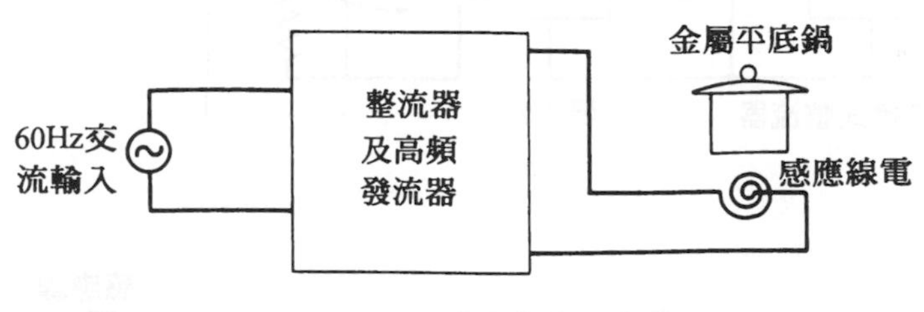

圖 16-6　感應之烹調方式

16-3　工業之應用

16-3-1　感應加熱

感應加熱乃利用電磁感應在所加熱之物體上產生一環繞電流而加熱，因此是乾淨、安靜且有效率的。它並可精確地對加熱體某一區域作加熱。所感應之電流隨與加熱體表面之距離x呈指數衰減：

$$I(x) = I_o e^{-x/\delta} \tag{16-2}$$

其中I_o爲表面電流，δ爲電流衰減至I_o之$1/e$的垂直深度。

$$\delta = k\sqrt{\frac{\rho}{f}} \tag{16-3}$$

其中f爲頻率，ρ爲加熱體之電阻係數，k爲一常數。因此低頻如線頻之感應加熱用途爲融化較大之物體，而高頻(幾百kHz)則用在鑄造、焊接、焠火、鍛鍊等用途。

感應加熱之線圈與負載可以16-7(a)及16-7(b)中之等效電路來表示，共振電容乃用以提供正弦電流給感應線圈以及補償功因。感應加熱有兩種基本之電路組態：

1. 電壓源串聯共振變流器(圖16-7(a))。

2. 電流源並聯共振變流器(圖16-7(b))。

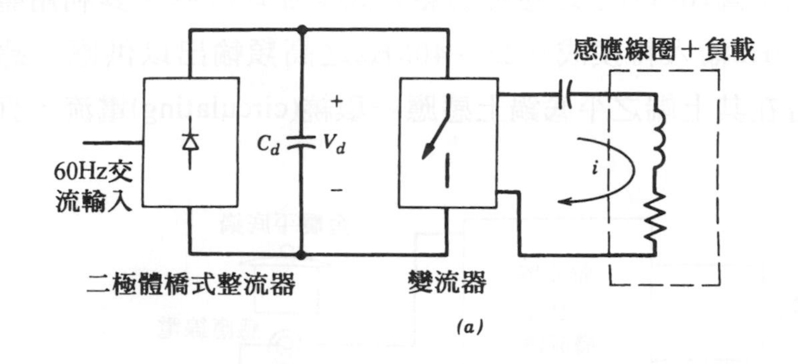

(a)

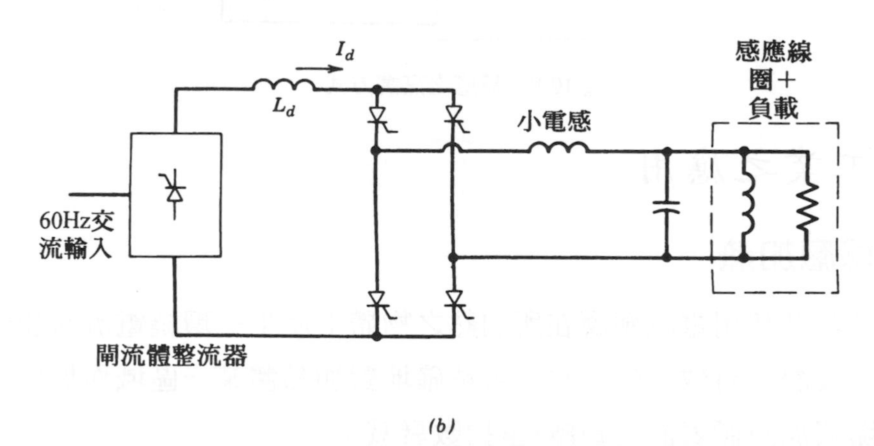

(b)

圖 16-7　感應加熱：(a)電壓源串聯共振式感應加熱；(b)電流源並聯共振式感應加熱

圖16-7(a)之電壓源變流器與串聯共振式(SLR)轉換器(第九章)類似。其輸入爲一直流電壓，輸出爲一所欲頻率之方波。若操作頻率接近共振頻率，則由圖9-7串聯共振電路之阻抗特性知i將爲正弦，在幾十kHz以下可採用閘流開關，但要注意的是，操作頻率必須在共振頻率以下使電路呈電容性，才能使閘流體自然換向。送至負載之功率乃是由變流器之操作頻率來控制。

圖16-7(b)用於電應加熱之電流源變流器已於第九章中討論過。

16-3-2　電焊接(electric welding)

電焊接中熔化之能量是由二電極中之電弧所產生，此二電極之一即所欲熔化之金屬。

電焊器電壓-電流特性與所採用之熔化程序有關，典型之電壓及電流額定爲50V及500A直流。當電弧建立後需要較低之電流漣波，其輸出必須與輸入隔離，通常是利用60Hz之變壓器或高頻之變壓器。

對於採用60Hz變壓器隔離之方式，輸入電壓首先藉變壓器降至一適當之準位，再利用圖16-8所示之三種方式之一將之轉換成一可控之直流。圖16-8(a)採用一全橋式之閘流體整流器，其輸出必須接一大電感L以限制電流漣波。圖16-8(b)首先利用一二極體整流器得到一非控式之直流，再利用一操作於主動區之電晶體(形同一可變電阻)以調整電焊器之輸出。圖16-8(c)則利用降壓式直流至直流切換式轉換器來控制電壓及電流。以上三方式，60Hz變壓器之體積、重量及損失均需考慮。尤其是圖16-8(b)串聯之調整方式，電晶體亦會損耗很大部分之電能。

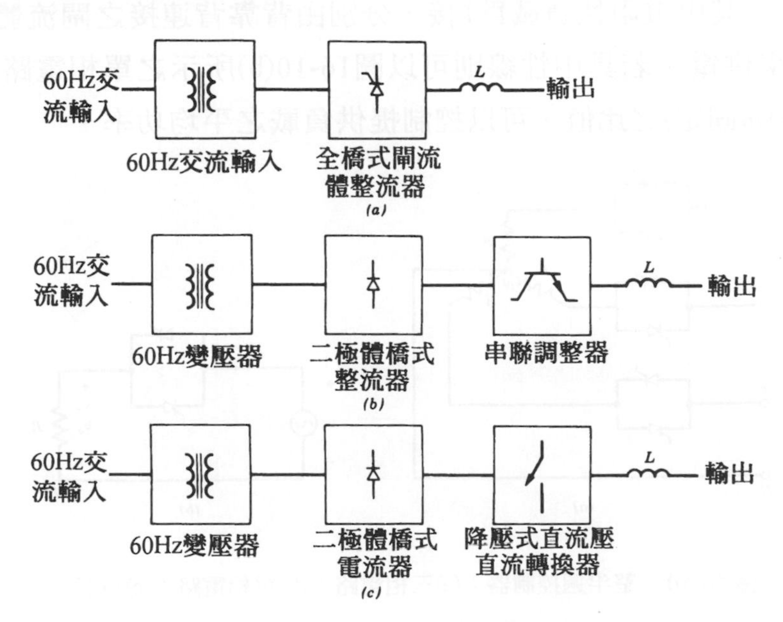

圖 16-8　具60Hz變壓器之電焊器：(a)全橋式閘流體整流器；(b)串聯之調整器；(c)降壓式直流至直流轉換器

切換式之電焊器如圖16-9所示，其隔離是利用高頻變壓器，電路架構與切換式直流電源供應器(第十章)非常類似，共振式(第九章)之觀念亦可用於直流至高頻交流之變流器，因此其輸出僅需串接一小電感即能限制高頻之電流漣波。此種電焊機之效率約爲85～90%，此外其體積、重量均較使用60 Hz變壓器者要小得多。

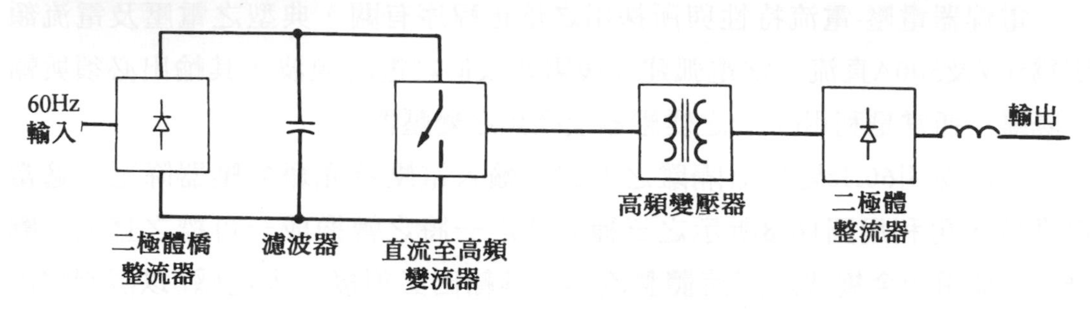

圖 16-9 切換式電焊器

16-3-3 整半週控制器(integral half-cycle controllers)

工業之應用，有時需要電阻性之加熱或熔化方式，其熱時間常數要較60 Hz之週期長得多。若是如此，則可採用整半週控制，整半週控制方式如圖16-10(a)所示，其中電阻性負載爲Y接，分別由背靠背連接之閘流體(或triacs)與電源連接來供電。若具中性線則可以圖16-10(b)所示之單相電路作分析。藉由控制n/m(m固定)之比值，可以控制提供負載之平均功率。

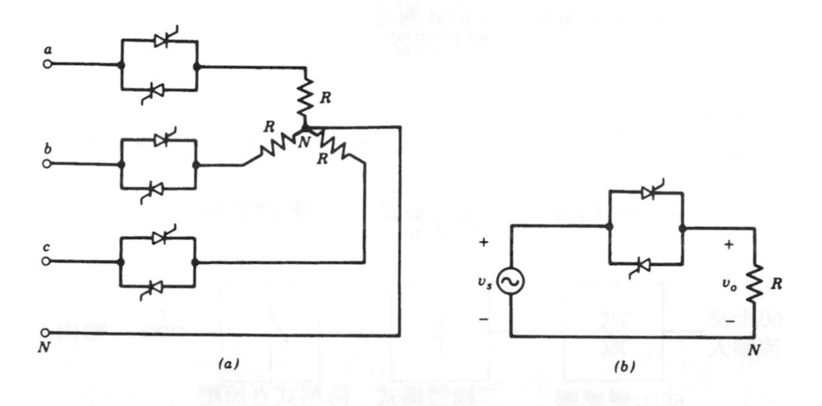

圖 16-10 整半週控制器：(a)三相電路；(b)單相電路；(c)波形

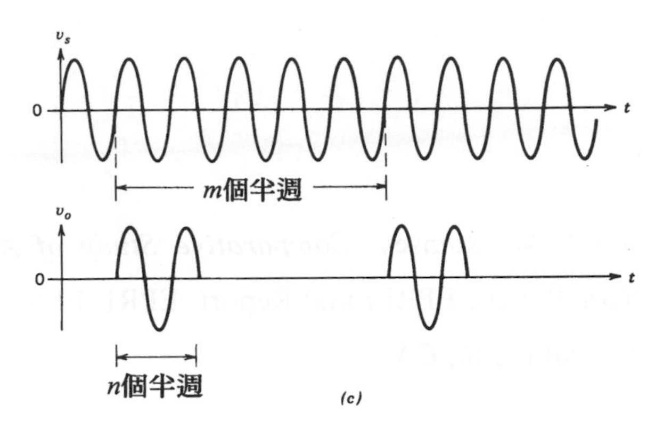

圖 16-10　(續)

結　論

本章中討論電力電子的一些家庭及工業應用。

習　題

16-1　圖16-2之單一轉速熱幫浦，假設每一次壓縮機馬達ON與OFF之週期均爲10分鐘(亦即每小時三周次)。當壓縮機ON後，其輸出呈指數增加，在10分鐘內可上昇至其最大容量之99%；當壓縮器OFF後，熱之下降速度相當快可假設是瞬時的。

⑴若ON區間內壓縮機汲其最大功率，試計算由於壓縮機輸出指數上昇所造成之損失(以效率來表示)。

⑵若採用負載-比例容量控制之熱幫浦，控制器效率爲96%，但馬達效率由於轉速較低，負載較小且變流器存在諧波之故較⑴減少1%。若馬達效率在⑴中假設爲85%，試比較此系統與⑴部分之效率。

參考資料

冷暖氣及空調

1. N. Mohan and J. W. Ramsey, *Comparative Study of Adjustable– Speed Drived for Heat Pumps*, EPRI Final Report, EPRI EM-4704, Project 2033 -4, Aug. 1986, Palo Alto, CA.

高頻日光燈

2. E. E. Hammer and T.K. McGowan, "Characteristics of Various F40 Fluorescent Systems at 60 Hz and High Frequency," *IEEEE/IAS Transactions*, Vol. IA-21, No. 1, Jan./Feb. 1985, pp. 11-16.
3. Illuminating Engineering Sociery (IES), *Lighting Handbook*, IES,1981 Reference Volume.

感應加熱及電焊接

4. Siemens and John Wiley & Sons, *Electrical Engineering Handbook*, John Wiley & Sons, New York, 1985.

第十七章　公用電力之應用

17-1　簡　介

電力電子在公用電力方面之應用如：高壓直流傳輸(HCDC)、靜態乏補償器、再生能源及儲能系統等與公用電力系統之連接，將於本章中討論。

近年來由於功率導體元件耐流及耐壓能力之提昇，導至電力電子於電力系統之新式應用的出現，如彈性交流傳輸系統(flexible ac transmission systemes，FACTSs)及主動濾波器(active power filter)等。

17-2　高壓直流(HVDC)傳輸

電廠所發之電為交流，其藉由三相傳輸線將電力傳送至負載端，但電力傳輸之距離若夠長則使用高壓直流方式來傳送反倒經濟。此距離分界大約為300～400英浬，對於海底電纜此距離則更短。除此其尚有增進電力系統暫態穩定度及提供共振之動態阻尼等優點。另外，可用以連接不同頻率之電力系統。

圖17-1所示為HVDC傳輸系統連接二交流系統之單線圖。電力之傳輸是可以反向的，假設電力潮流乃由交流系統A至B，系統A之電壓(69-230kV)首先藉由變壓器昇至傳輸之電壓位準，再藉由終端(terminial)A之電力轉換器整

流，然後送入HVDC傳輸線。在接收端終端B之電力轉換器將直流電力變流爲交流，再藉由變壓器降至交流系統B之電壓準位。

圖17-1之電力轉換器包含正負二極(pole)。各極均包含兩個6脈波之線頻轉換器，再藉由Y-Y與△-Y變壓器之安排可以產生12脈波之輸出，在電力轉換器交流側之濾波器乃用以降低從轉換器流入電力系統之電流諧波，此外亦包含功率因數矯正電容以提供落後性之無效電力使轉換器可以操作於整流及變流模式。在轉換器之直流側亦使用平滑電感L_d及直流濾波器以降至直流電壓之漣波。

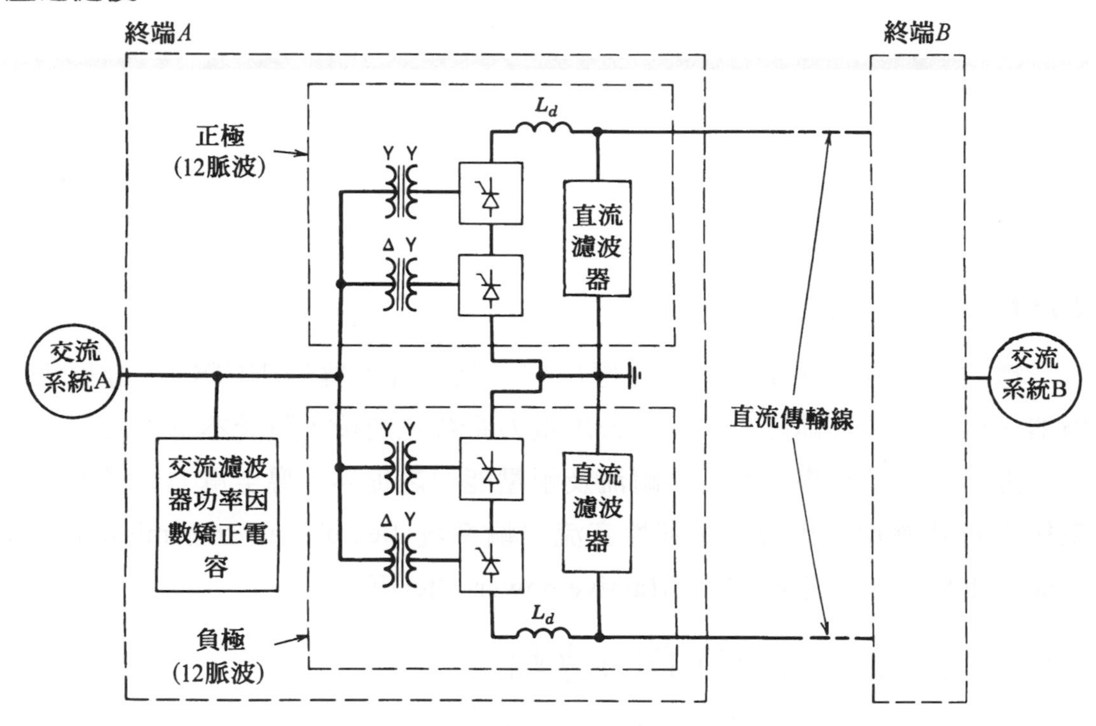

圖 17-1　典型之HVDC傳輸系統

17-2-1　12脈波之線頻轉換器

6脈波之線頻換器已於第六章中介紹過。由於HVDC傳輸之功率準位很高，因此降低轉換器交流側之電流諧波與直流側之電壓漣波是非常重要的。此可利用圖17-2所示，將二6脈波之轉換器以－Y-Y及△-Y變壓器連接，使之輸出脈波數提高至12脈波。此二6脈波之轉換器在直流側爲串聯，在交流側爲並聯，直流側之串聯有助於HVDC高電壓之要求。

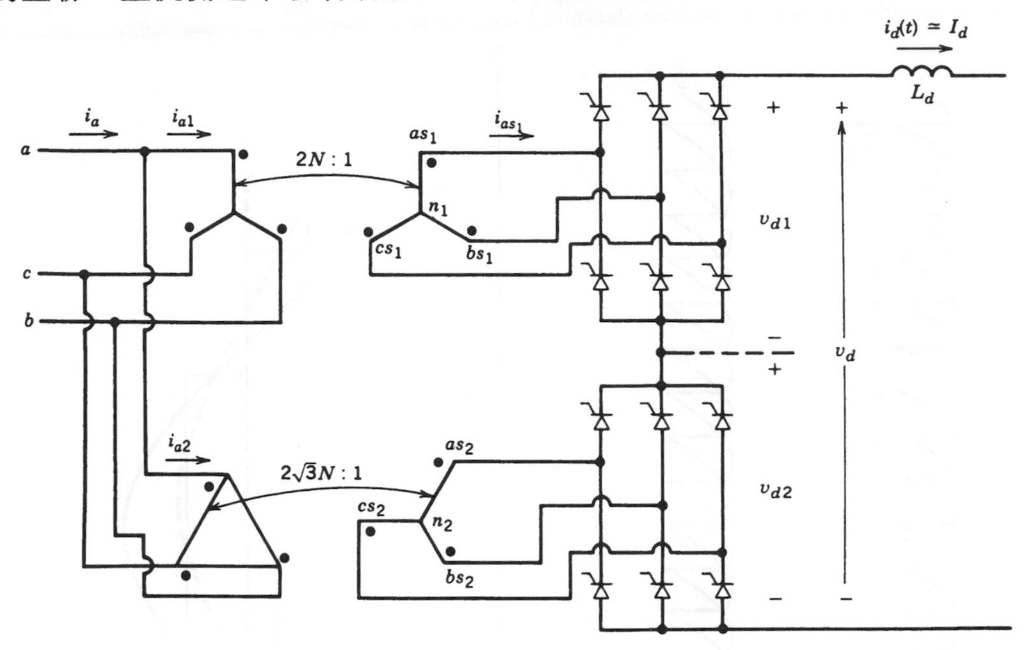

圖 17-2　12脈波轉換器

圖17-2中，首先假設交流側之電感$L_s = 0$且$i_d \simeq I_d$。利用$V_{as_1n_1}$領前$V_{as_2n_2}$30°之相位關係及二6脈波轉換器之導通角α均相同，可繪出圖17-3(a)之電流波形，其中相電流$i_a = i_{a1} + i_{a2}$。比較三者之電流波形可明顯看出i_a之諧波成份較i_{a1}及i_{a2}少得多，由傅立葉分析：

$$i_{a1} = \frac{2\sqrt{3}}{2N\pi} I_d\left(\cos\theta - \frac{1}{5}\cos 5\theta + \frac{1}{7}\cos 7\theta - \frac{1}{11}\cos 11\theta + \frac{1}{13}\cos 13\theta ...\right) \quad (17\text{-}1)$$

$$i_{a2} = \frac{2\sqrt{3}}{2N\pi} I_d\left(\cos\theta + \frac{1}{5}\cos 5\theta - \frac{1}{7}\cos 7\theta - \frac{1}{11}\cos 11\theta + \frac{1}{13}\cos 13\theta ...\right) \quad (17\text{-}2)$$

其中$\theta = \omega t$，N爲變壓器之匝數比(如圖17-2所示)，故

$$i_a = i_{a1} + i_{a2} = \frac{2\sqrt{3}}{N\pi} I_d\left(\cos\theta - \frac{1}{11}\cos 11\theta + \frac{1}{13}\cos 13\theta ...\right) \quad (17\text{-}3)$$

由以上傅立葉分析知，12脈波之線電流諧波次數爲

$$h = 12k \pm 1 \qquad (k\text{爲整數}) \quad (17\text{-}4)$$

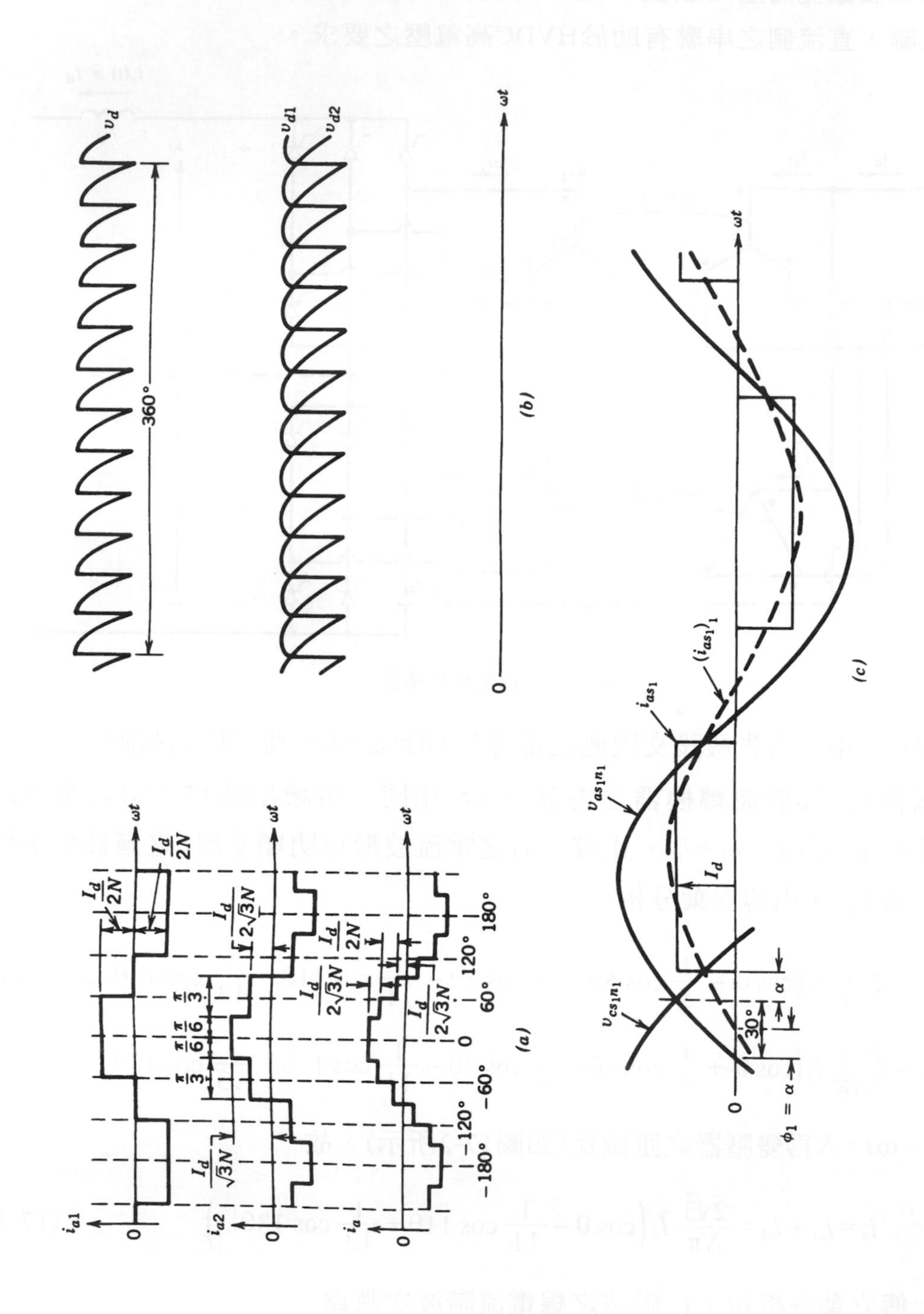

圖 17-3 $L_s=0$之理想波形

而前述之6脈波轉換器爲$6k \pm 1$。(17-3)亦指出電流諧波之振幅與諧波次數成反比，最低次諧波爲第11及13次。

在直流側，二6脈波轉換器之電壓波形v_{d1}及v_{d2}如圖17-3(b)所示，二電壓間之相差爲30°。由於二者在直流側爲串聯，故轉換器輸出電壓$v_d = v_{d1} + v_{d2}$在一週期中具有12個脈波，即v_d之電壓諧波次數爲：

$$h = 12k \qquad (k\text{爲整數}) \tag{17-5}$$

最低階之諧波次數爲12次。諧波電壓之振幅隨α角而定。

實際上，由於變壓器漏電感之故，$L_s \neq 0$，由第六章之分析知L_s對直流電壓之影響爲：

$$V_{d1} = V_{d2} = \frac{V_d}{2} = \frac{3\sqrt{2}}{\pi} V_{LL} \cos \alpha - \frac{3\omega L_s}{\pi} I_d \tag{17-6}$$

其中V_{LL}爲6脈波轉換器輸入線電壓之有效值。L_s並不會影響交流及直側之諧波次數，但會影響諧波振幅。其對於交流電流波形及諧波之影響請參考第六章。

$\alpha > 90°$可使12脈波轉換器操作於變流模式。

17-2-2　轉換器所汲取之無效電力(虛功)

由於線頻閘流體轉換器的觸發延遲，將使其功率因數先天上爲落後，因此會從交流系統中汲取無效電力。假設交流側之電流諧波(基本波除外)可由交側之濾波器所吸收，則只有基本波成份會影響有效及無效電力，由於12脈波轉換器之電力轉移爲二6脈波者之總合(即兩倍)，故以下僅以6脈波轉換器來討論。

17-2-2-1　整流模式

假設$L_s = 0$，$i_d(t) \simeq I_d$，觸發角爲α，圖17-3(c)所示爲$v_{a_{s_1}n_1}$與$i_{a_{s_1}}$之波形。$i_{a_{s_1}}$之基本波$(i_{a_{s_1}})_1$以虛線來表示，其落後$v_{a_{s_1}n_1}$一位移功率因數角ϕ_1，

$$\phi_1 = \alpha \tag{17-7}$$

因此由基本波電流成分所造成之三相無效功率爲

$$Q_1 = \sqrt{3}\, V_{LL}\, (I_{as_1})_1 \sin\alpha \tag{17-8}$$

由圖17-3(c)中i_{as_1}之傅立葉分析知，其基本波之有效值

$$(I_{as})_1 = \frac{\sqrt{6}}{\pi} I_d \simeq 0.78 I_d \tag{17-9}$$

代入(17-8)知

$$Q_1 = \sqrt{3}\, V_{LL} \left(\frac{\sqrt{6}}{\pi} I_d \right) \sin\alpha = 1.35\, V_{LL}\, I_d \sin\alpha \tag{17-10}$$

而有效電力(實功)為

$$P_{d1} = V_{d1}\, I_d = 1.35\, V_{LL}\, I_d \cos\alpha \tag{17-11}$$

為有效轉移P_{d1}，Q_1必須愈小愈好。此外，I_d亦必須愈小以降低直流傳輸線I^2R之損失。由(17-10)及(17-11)知，在V_{LL}固定下，欲降低I_d及Q，延遲角α需選取較小值。通常所選取α之範圍為10°～20°。

17-2-2-2　變流模式

在變流模式下，轉換器輸出之平均電壓為負，為清楚起見以圖17-4(a)之標示方式來說明。轉換器之熄滅角γ(參考第六章)之定義為

$$\gamma = 180° - (\alpha + u) \tag{17-12}$$

其α為觸發延遲，u為換流之重疊角。轉換器之輸出電壓

$$V_{d1} = V_{d2} = \frac{V_d}{2} = 1.35\, V_{LL} \cos\gamma - \frac{3\omega L_s}{\pi} I_d \tag{17-13}$$

假設$L_s = 0$，$v_{as_1n_1}$及i_{as_1}在$\alpha > 90°$的理想波形如圖17-4(b)所示，其中i_{as_1}之基本波$(i_{as_1})_1$以虛線來表示，由圖17-4(c)之相量圖可知，$(i_{as_1})_1$落後$v_{as_1n_1}$， 因此雖流過轉換器之實功可反向，但轉換器仍由交流電源汲取無效電力。

$L_s = 0$故$u = 0$，(17-12)成為$\gamma = 180° - \alpha$。因此(17-10)及(17-11)之Q_1與P_{d1}之表示，在變流模式下可表示成

$$Q_1 = 1.35\, V_{LL}\, I_d \sin\gamma \tag{17-14}$$

$$P_{d1} = 1.35\, V_{LL}\, I_d \cos\gamma \tag{17-15}$$

其方向則如圖17-4(a)所示。

(17-14)及(17-15)指出γ必須儘量減小以降低傳輸線之I_d所造成之I^2R損失。γ之最小值γ_{min}由閘流體截止之切換時間決定。

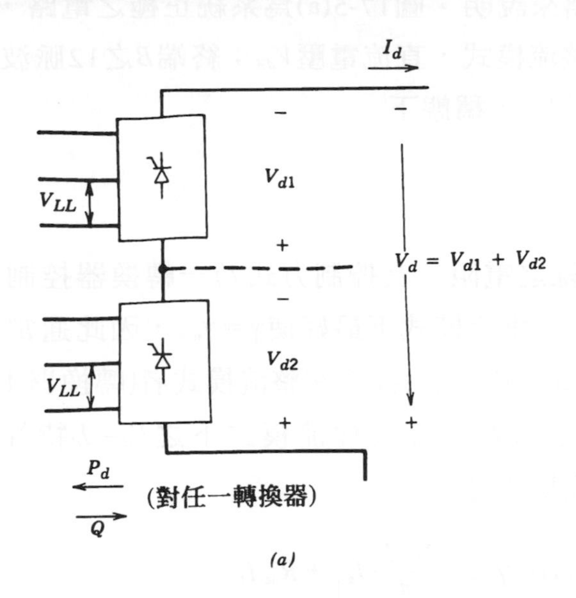

(a)

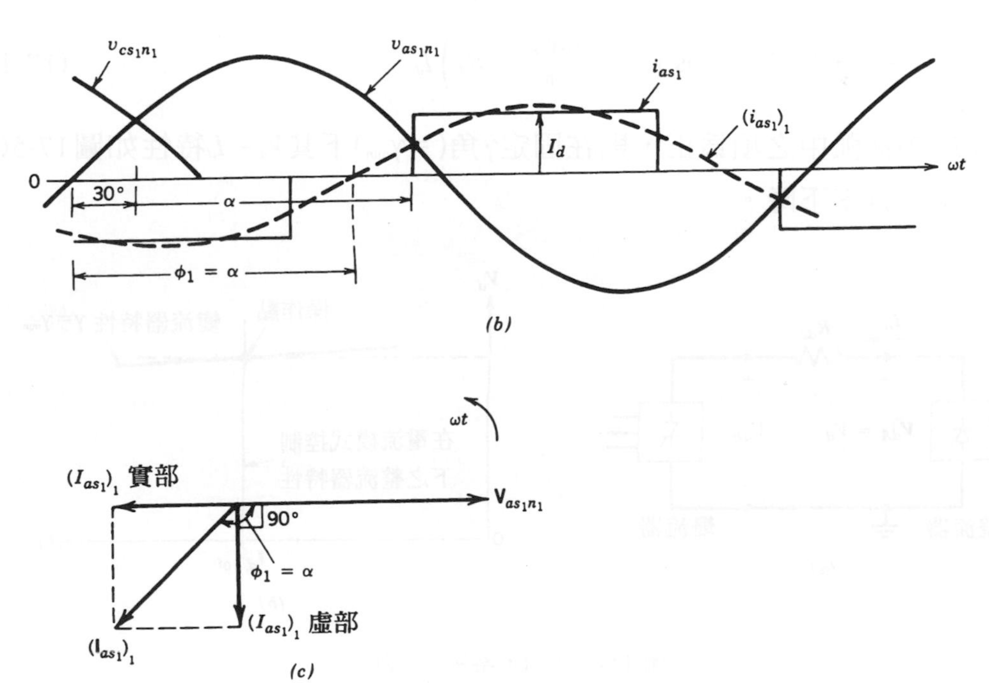

(b)

(c)

圖 17-4　變流模式操作($L_s=0$)

17-2-3　HVDC轉換器之控制

由於HVDC轉換器正負二極之操作相同，爲簡化起見以下HVDC轉換器之控制乃以其單極之電路來說明。圖17-5(a)爲系統正極之電路，假設終端A之12脈波轉換器操作在整流模式，直流電壓V_{dA}；終端B之12脈波轉換器操作在變流模式，直流電壓爲V_{dB}。穩態下

$$I_d = \frac{V_{dA} - V_{dB}}{R_{dc}} \tag{17-16}$$

其中R_{dc}爲正極直流傳輸線之電阻。其控制方式乃一轉換器控制電壓，另一轉換器控制I_d。由於操作在變流模式下最好使$\gamma = \gamma_{\min}$，因此通常以操作在變流模式者(轉換器B)控制電壓V_d，I_d由操作在整流模式者(轉換器A)控制。

圖17-5(b)所示爲轉換器在整流及變流模式下之$V_d - I_d$特性。在$\gamma = V_{\min}$下，變流模式者產生之電壓V_d爲：

$$V_d = 2 \times \left[1.35\ V_{LL} \cos\gamma_{\min} - \frac{3\omega L_s}{\pi} I_d\right] + R_{dc} I_d$$

$$= 2 \times 1.35\ V_{LL} \cos\gamma_{\min} - \left(\frac{6\omega L_s}{\pi} - R_{dc}\right) I_d \tag{17-17}$$

假設(17-17)括弧中之項爲正，則在固定γ角($=\gamma_{\min}$)下其$V_d - I_d$特性如圖17-5(b)所示，呈一斜率下降。

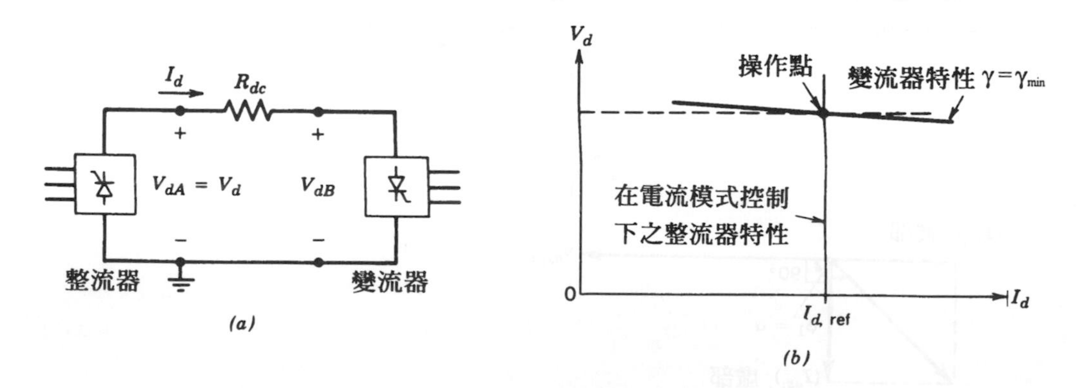

圖 17-5　HVDC系統之控制

操作在整流模式者必須採用電流控制器使I_d等於設定值$I_{d,\mathrm{ref}}$。若電流控制器之增益很高，則可得如圖17-5(b)所示一垂直之V_d-I_d特性。二曲線之交點決定了傳輸線之工作電壓V_d及電流I_d。

由終端A 送至終端B之電力$P_d=V_d I_d$之控制，可以使傳輸線維持在高電壓V_d(以降低$I_d^2 R_{dc}$)，藉由控制I_d來調整。此種方式由於α(整流模式者)及$\gamma=\gamma_{min}$(變流模式者)均很小，因此同時可以降低無效電力之需求。

由於電力可以反向，因此17-5(b)之特性曲線可以延伸至V_d爲負之象限。電力可以反向對於以HVDC連結二不同特性之電力系統是非常有用的，其可隨季節甚至每日作改變，例如一包含水力發電之電力系統其受季節之影響便很大。HVDC電力可反向之另一重要功能，爲藉助電力潮流之調制以提高電力系統振盪之阻尼。

17-2-4　諧波濾波器及功率因數矯正電容

17-2-4-1　直流側濾波器

爲防止HVDC傳輸線之諧波對與其並行之電信或控制系統造成干擾，並儘量降低直流傳輸線電流之諧波，對使用12脈波之轉換器，可以圖17-6(a)所示，以直流電壓V_d串聯各諧波電壓源之等效電路來表示。

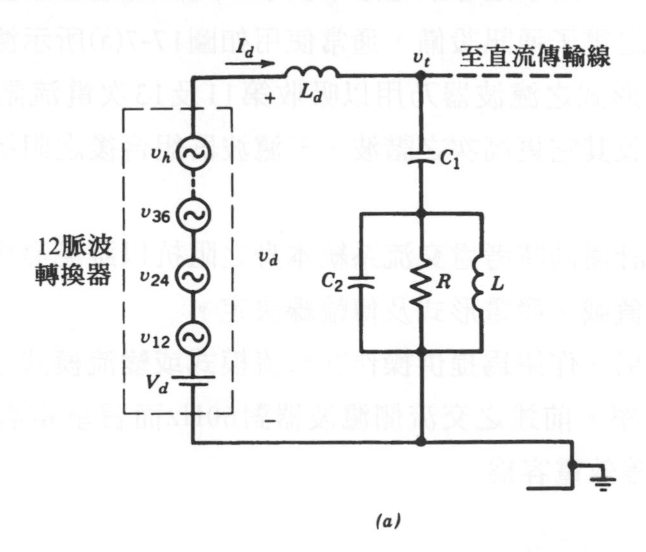

圖 17-6　直流側電壓諧波之濾波器：(a)直流側等效電路；(b)高通濾波器之阻抗與頻率特性

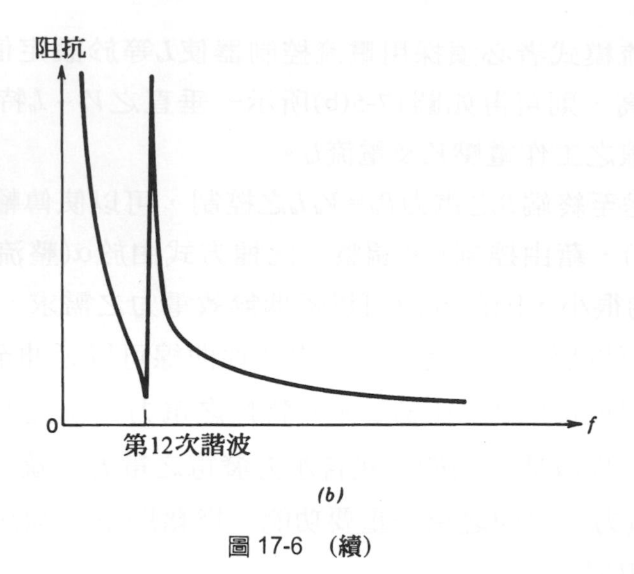

(b)

圖 17-6 (續)

直流側之平滑電感L_d之值約爲幾百個mH，以降低諧波電流。濾波器爲高通，其阻抗特性如圖17-6(b)所示，其設計乃用以對12次諧波提供一低阻抗。

17-2-4-2 交流側之濾波器及功率因數矯正電容

如(17-4)所示，一12脈波轉換器其交流之電流諧波次數爲$12k \pm 1$，此交流電流可以圖17-7(a)所示之等效電路來表示。爲防止這些諧波電流流入交流系統而污染附近之電子通訊設備，通常使用如圖17-7(a)所示濾波器來加以防制。其中二串聯形式之濾波器乃用以吸收第11及13次電流諧波，另一爲高通濾波器用以吸收其它更高次之諧波，三濾波器組合後之阻抗特性如圖17-7(b)所示。

濾波器之設計需同時考慮交流系統本身之阻抗以避免發生共振，交流系統之阻抗乃由其負載，發電形式及傳輸線決定。

諧波濾波器另一作用爲提供操作在整流模式或變流模式之轉換器所需之大部分的無效功率。前述之交流側濾波器對60Hz而言呈電容性，因此在基本波(60Hz)下其等效電容爲

$$C_f \simeq C_{11} + C_{13} + C_{hp} \tag{17-18}$$

所提供之無效功率(乏)爲

$$Q_f \simeq 377 C_f V_s^2 \tag{17-19}$$

其中V_s為跨接於濾波器之相電壓之有效值。

由於HVDC傳輸線電力之流通是由I_d所控制，因此當所轉移之功率增加時所需之無效功率亦增加，如(17-10)所示。故濾波電容之選擇，必使其提供之無效功率小於HVDC系統功率為最小值時所需之無效功率。其理由為當濾波器提供之無效功率超出轉換器之要求時，會造成過電壓，特別是在輕載狀況下。為補償電力轉換器所需更高之無效功率，可切入額外之功率因數矯正電容C_{pf}，如圖17-7所示。

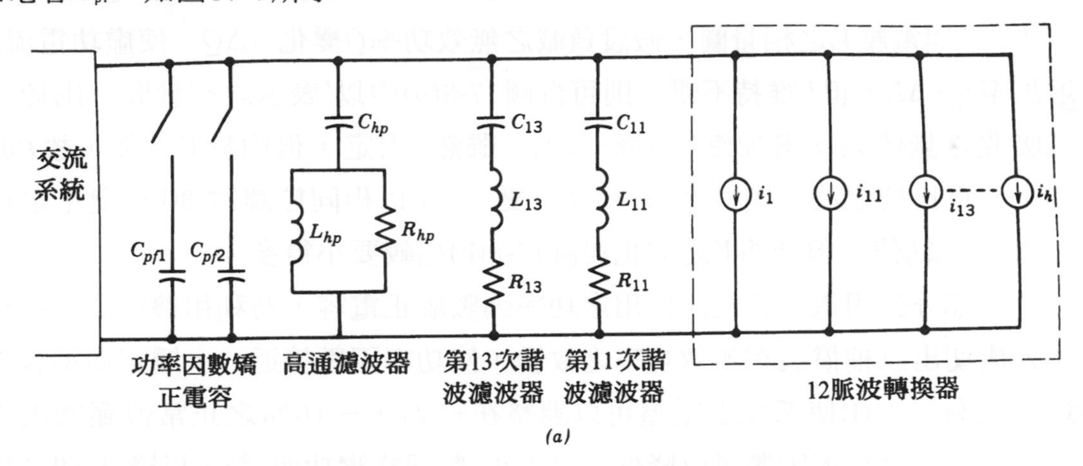

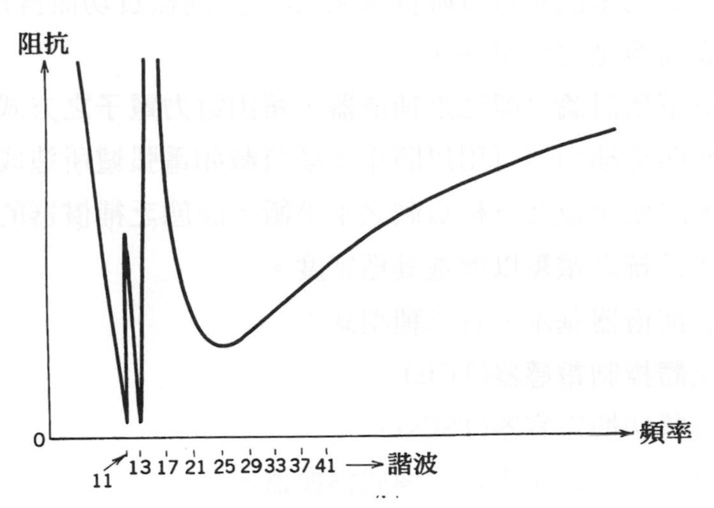

圖 17-7　交流側濾波器及功率因數矯正電容：(a)單相等效電路；(b)組合後之濾波器特性

17-3　靜態乏補償器

對於公用電力網路，電壓必須維持在正常值上下一狹窄之邊帶內，通常此邊帶大小為＋5％及－10％。而三相用電最好是平衡的以消除負序及零序電流，因其會造成電力設備額外之熱損，發電機及渦輪轉矩之脈動等。負載變動會使電壓超出可接受之範圍，尤其是負載無效功率之變化，其說明如下：

考慮圖17-8(a)所示電力系統之單相等效電路，其中交流系統之內阻抗是以純電感來表示。圖17-8(b)所示為一具落後功因負載(功率為$P+jQ$)之電流$I=I_p+jI_q$與電壓V_t之相量圖，假設負載之無效功率Q變化$-\Delta Q$，使虛功電流I_q增加至$I_q+\Delta I_q$，但I_p維持不變，則可得圖17-8(b)中以′表示之相量圖。由於負載吸收之無效功率增加使V_t下降一ΔV_t，雖然I_p固定，但由於V_t下降，故P亦減少。為比較之故，圖17-8(c)顯示I_q不變，但I_p以相同於圖17-8(b)I_q變化之比例增加一ΔI_p值，但所得V_t之變化與圖17-8(b)相較要小得多。

大部分公用電力系統所使用之功率因數矯正電容，乃利用機械式之接點切入或切出以補償負載無效功率之改變，使功率因數接近一。矯正功率因數之原因有二：⑴使系統之電壓可以調整在+5％，－10％之正常值範圍內；⑵接近於一之功率因數可以降低電流大小(對同樣實功而言)，以降低I^2R之損失及提高設備容量之使用率。

本節以下所討論之靜態乏補償器，藉由電力電子之方式可以迅速控制無效功率。靜態乏補償器可用以防止工業負載如電弧爐所造成之電壓閃爍，快速無效功率之變化以及三相負載之不平衡。靜態乏補償器的另一用途為調整二並聯交流系統之電壓以增進其穩定度。

靜態乏補償器基本上有三種型式：

1.　閘流體控制電感器(TCIs)。

2.　閘流體切換電容器(TSCs)。

3.　使用最小儲能元件之切換式轉換器。

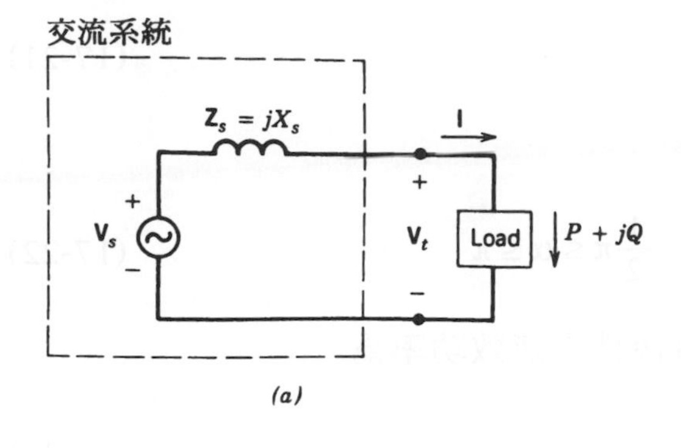

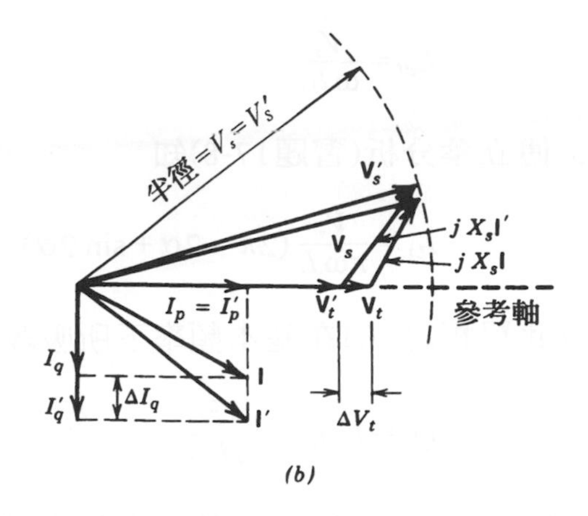

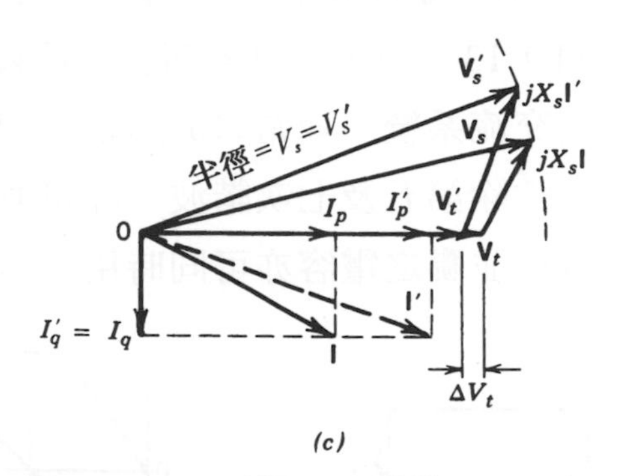

圖 17-8　I_p及I_q對V_t之影響：(a)等效電路；(b)I_q改變；(c)I_p改變

17-3-1　閘流體控制電感器(TCIs)

閘流體控制電感器之作用如同一可調電感，其可與電容並聯以同時提供電感性與電容性之乏。

TCIs之原理可以圖17-9(a)所示之單相電路來說明。其中一電感L藉由二背靠背之閘流體與交流電源連接。當閘流體之$\alpha = 0$時，i_L之有效值為

$$I_L = I_{L1} = \frac{V_s}{\omega L}(\omega = 2\pi) \tag{17-20}$$

其中$\omega = 2\pi f$為電源頻率。由於i_L落後V_s90°，如圖17-9(b)所示，故α在0～90°範圍內對i_L為不可控，其有效值均等於(17-20)。

若$\alpha > 90°$，i_L成為可控，如圖17-9(c)及圖17-9(d)所示。很明顯地，α增加，I_{L1}降低，因此可等效改變電感值

$$L_{eff} = \frac{V_s}{\omega I_{L1}} \tag{17-21}$$

由傅立葉分析(習題17-8)知

$$I_{L1} = \frac{V_s}{\pi\omega L}(2\pi - 2\alpha + \sin 2\alpha) \qquad \frac{1}{2}\pi \le \alpha \le \pi \tag{17-22}$$

故此單相之TCI在基本頻率下所吸收落後性之無效功率爲

$$Q_1 = V_s I_{L1} = \frac{V_s^2}{\omega L_{eff}} \tag{17-23}$$

i_L電流($\alpha > 90°$)並非正弦，由傅立葉分析可知其含有奇次諧波，$h = 3$，5，7，9，11，13，……，且各諧波之振幅與α有關。爲防止三次及其整倍數之諧波進入交流系統，通常TCI是以Δ方式連接。此外TCI可與前述交流側濾波器配合以消除第五及七次諧波，亦可並聯電容消除更高次之諧波，這些濾波器之電容與並聯之電容亦可同時用以提供電容性之乏。

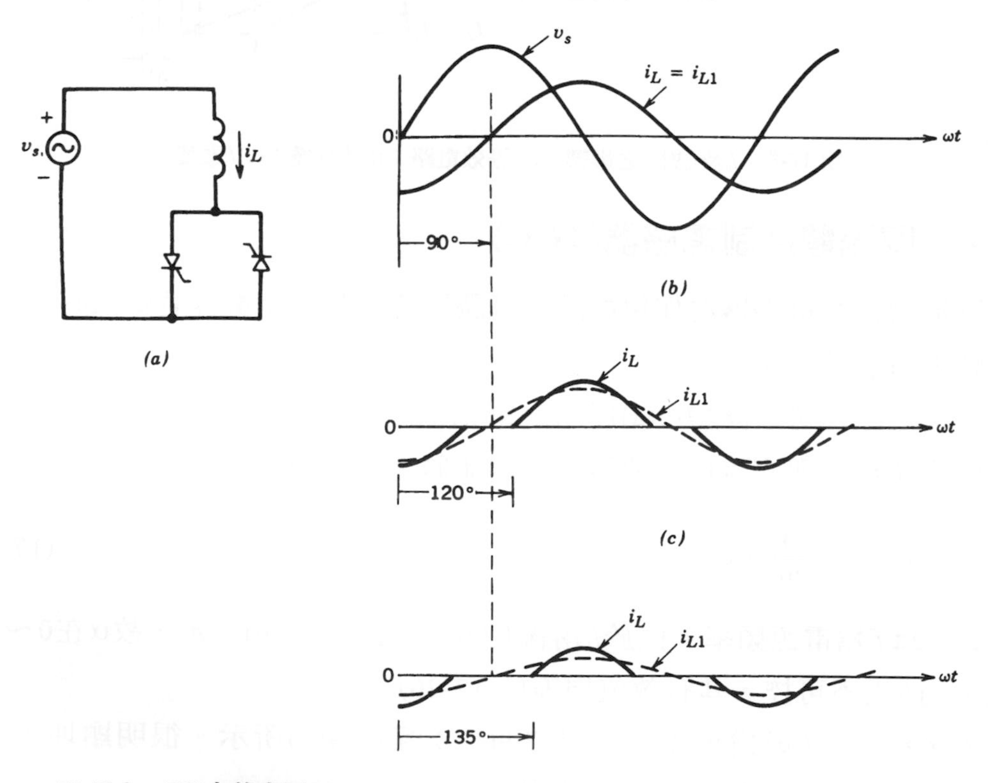

圖 17-9　TCI之基本原理：(a)單相TCI；(b)$0 < \alpha < 90°$；(*c*)$\alpha = 120°$；(*d*)$\alpha = 135°$

17-3-2 閘流體切換電容器(TSCs)

TSC之架構如圖17-10所示，與前述TCIs不同的是，其背靠背之閘流體開關並非使用相位控制方式，而是採用整半週控制。故電容在一週期內不是被切入便是被切出。

觸發信號移去後，閘流體在電容電流經零交越點時截止，故電容電壓等於交流系統電壓之最大值，因此電容切入瞬間必須確保在交流電壓最大值時觸發以避免過電流。此外可利用圖17-10虛線所示之電感以限制電容切入時之電流,若採用許多小電容組成之方式，可使無效功率Q_c作小幅度之調整。

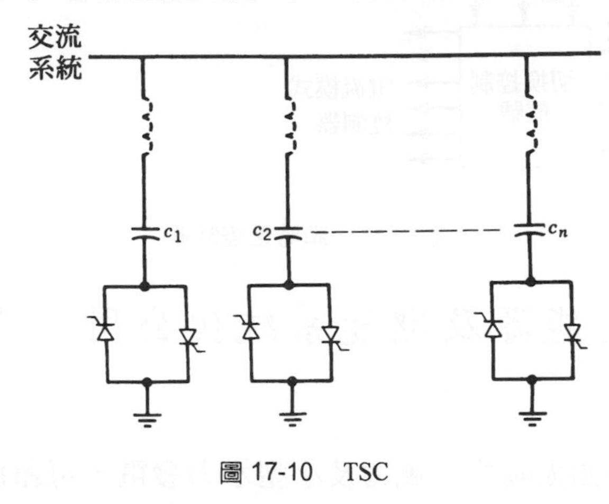

圖 17-10 TSC

17-3-3 具最小儲能之切換式轉換器

前述無效功率(虛功)之補償方式必須使用大電感或電容來儲能，此外無效功率不能瞬時得到補償。

以切換式轉換器實現瞬時乏控制之方式，如圖17-11所示。其乃藉由電流模式控制以迅速調整轉換器交流電流之振幅及相位(領前或落後於交流電壓)。由於轉換器所汲取或提供之平均實功爲0，因此轉換器之直流側不需連接直流電源，僅需並聯一足夠大小之電容即可。電容之直流電壓乃由切換式轉換器來調整，其除了控制乏之轉移外，亦從交流電源轉移少許之實功以補償轉換器之損失。

瞬時虛功之控制請參考文獻[8]，其利用虛功來設定圖17-11中電流模式控制之切換式轉換器的電流命令i_a^*，i_b^*，及i_c^*。

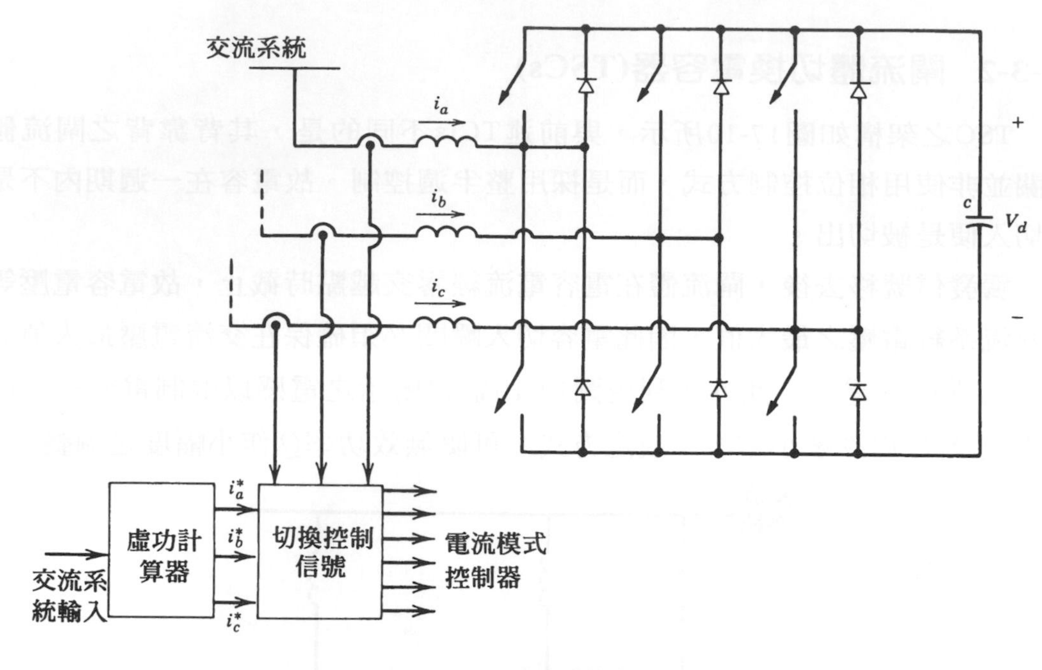

圖 17-11　瞬時乏控制器

17-4　可再生能源及儲能系統與公用電力系統之連接

可再生之能源如太陽能、風力及小型水力發電，可藉由電力電子之介面與公用電力系統連接。另外，用以作負載調節的儲能系統，如蓄電池、燃料電池、超導體等亦需藉助電力電子介面與公用電力並聯。

17-4-1　光伏陣列之連接

光伏陣列(photovoltaic array)是由太陽能電池串並聯所組成。圖17-12所示為太陽能電池在各種不同的照度及溫度下之i–v特性曲線。其顯示太陽能電池在某一照度及溫度下之特性可分成二區：⑴定電壓區；⑵定電流區。最大功率發生在二區之交會點處，即特性曲線之膝部。理想上光伏陣列之電流應為純直流，然而實際上會有漣波值存在。不過漣波並不會造成太大之功率損。例如5%之漣波電流所造成之功率損失小於1%。

為確保光伏陣列能操作在最大功率點，可使用擾動及調整方法，在固定時間間隔(幾秒鐘一次)內對操作之電流作一擾動，然後觀察其功率輸出，若增加電流使功率增加，可繼續增加電流直至功率開始下降為止。反之，若增加電流功率減少，則減少電流直至功率開始增加為止。

光伏陣列與公用電力線之連接必須隔離，而且送入電力公司之電流最好為正弦且功率因素為1。

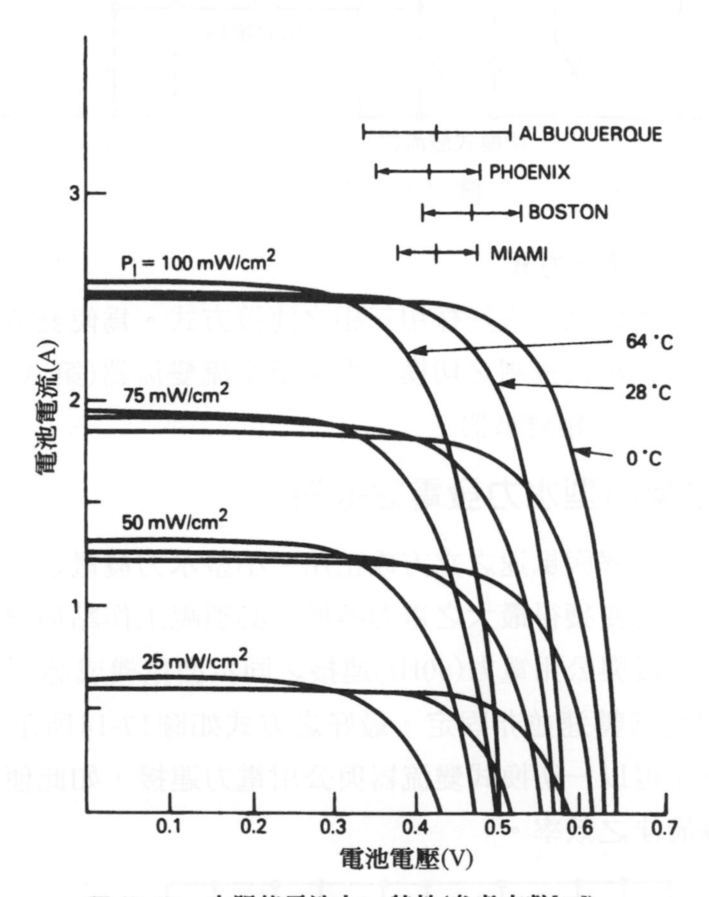

圖 17-12　太陽能電池之i–v特性(參考文獻[10])

17-4-1-1　單相之連接方式

使用高頻變壓器隔離之電路架構如圖17-13所示。光伏陣列之直流電壓首先藉一切換式PWM變流器將之轉換成高頻交流，經高頻變壓器隔離後再經整流，然後藉由一線頻閘流體變流器與公用電力連接。由於線電流之要求為正弦且與線電壓同相，因此線電壓之波形會被迴授，以建立正弦之線電流命令i_s^*。i_s^*之振幅乃由最大功率控制器所產生。變流器可藉由電流模式控制使其電流能追隨其命令。

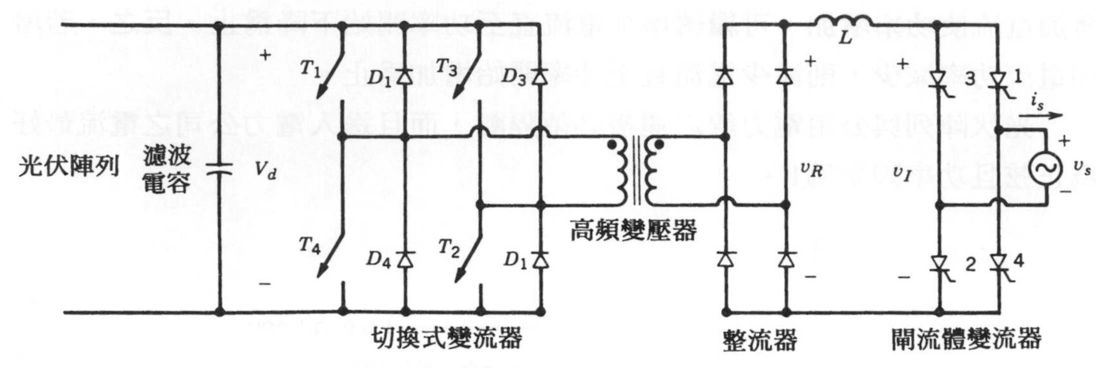

圖 17-13 高頻光伏介面

17-4-1-2 三相之連接方式

當功率超過幾仟瓦，最好採用三相之連接方式。爲使交流之功率因數爲一，可以使用電流模式控制之切換式直流至交流變流器(第八章)，電氣之隔離則可藉由60Hz之三相變壓器。

17-4-2 風力及小型水力發電之連接

風力發電之功率與風速之立方成正比。小型水力發電之發電功率與水流速度有關。二者若要獲得最大之電力轉換，必須視工作點情況調整渦輪至最佳轉速。使用直接與公用電力(60Hz)連接之同步發電機或感應發電機之方式並不適合，因爲其轉速並非固定。最好之方式如圖17-14所示，三相發電機之輸出先經整流再以一切換式變流器與公用電力連接，如此便可使發電機之轉速變化以得最佳之效率。

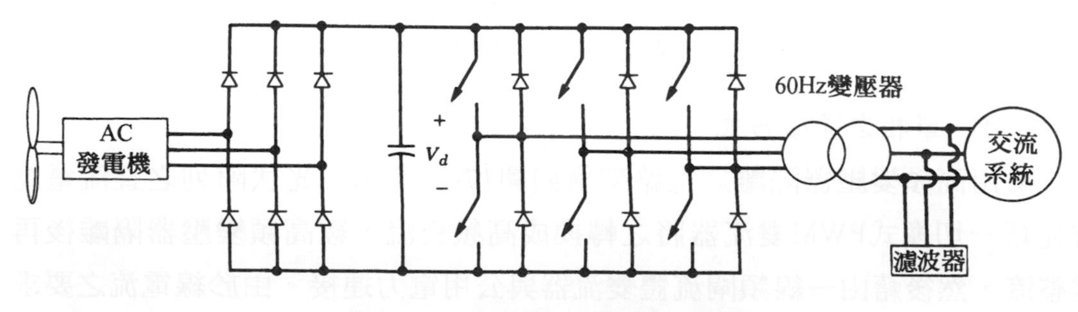

圖 17-14 風力／水力發電機之連接

由於風力及小型水力發電屬中等電力準位(幾十kW以上)，因此三相之架構較合適。

17-4-3　新式與公用電力連接之電路拓樸

圖17-15(a)所示為一新式與公用電力連接之電路拓樸，其使用一閘流體變流器並僅使用二可控式開關，可以從光伏陣列，風力發電及燃料電池系統傳送電力至三相公用電力系統。其電壓及電流波形如圖17-15(b)所示，電流之THD僅3.4%，詳細之介紹請參閱文獻[12]。新近之發展允許電流之位移功率因數可以被調整(落後、同相或領前)，可以完全消除換向之錯誤機會。

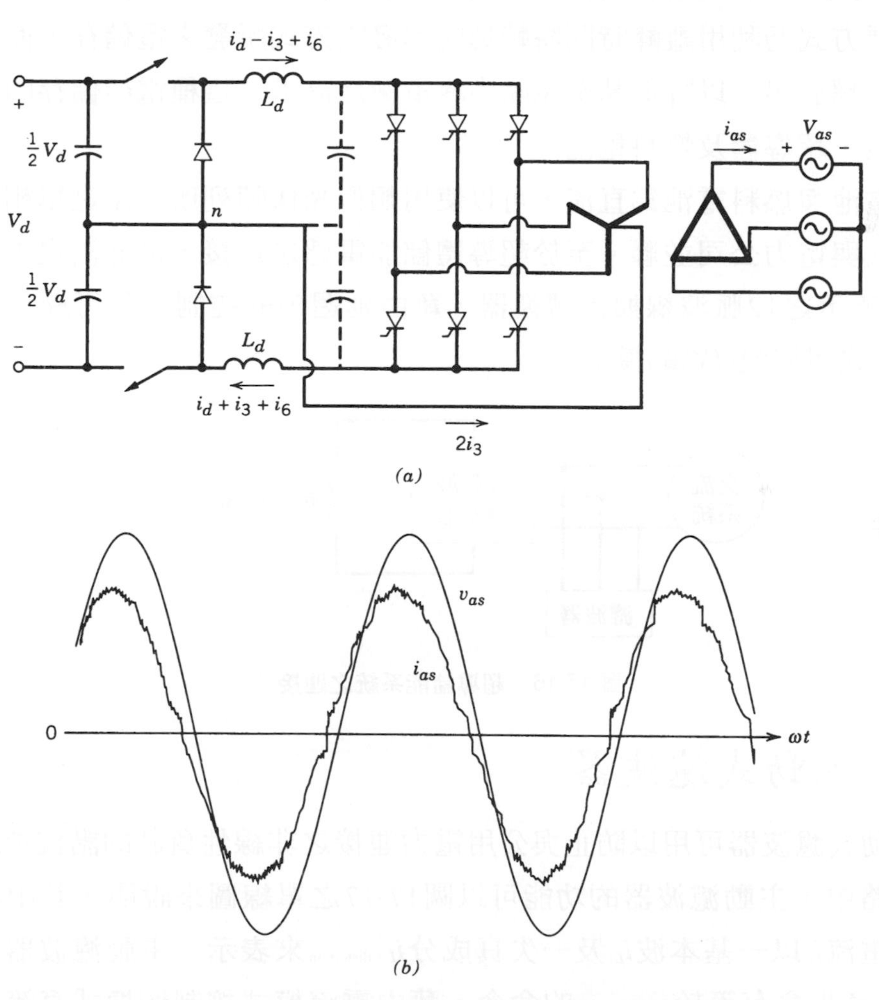

圖 17-15　新式與公用電力介面之電路架構[12]

17-4-4 儲能系統之連接

目前被考慮作爲儲能系統之方式，包括燃料電池、蓄電池及超導體。雖然讓最便宜之發電方式(如核能及高效率之燃煤方式)以全時間及額定容量來發電是最佳的，然而由於負載狀況並非固定，非但每日各時間之用電量不同，甚至會隨季節變化，因此爲滿足尖峰用電需求，必需使用所謂之尖峰電廠(peaking plants)。由於其乃利用燃油及瓦斯來發電，因此發電成本較高。另外一種方式乃利用離峰時間將較低成本發電方式所發之電儲存，而在尖峰時間將之釋放出，以降低甚至免除尖峰電廠之需求。這種電能儲存的方式包括蓄電池、超導體及燃料電池。

蓄電池與燃料電池爲直流，可以使用類似光伏陣列所採用之單相或三相連接方式與電力公司並聯。至於超導體儲能電感之連接，最經濟之方式爲如圖17-16所示之12脈波線換流轉換器，藉由延遲角的控制，其可操作在整流(充電)模式與變流(放電)模式。

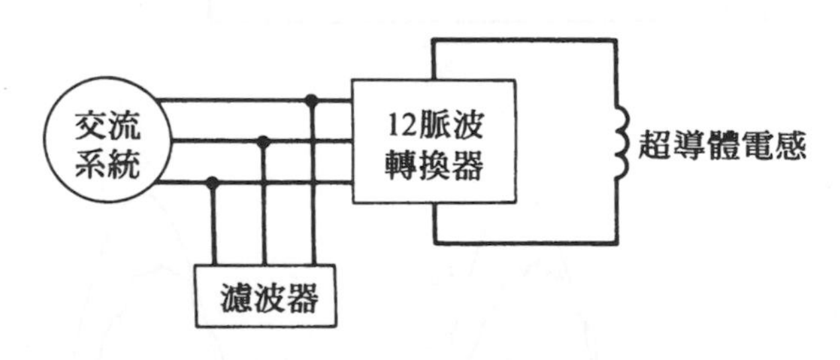

圖 17-16 超導儲能系統之連接

17-5 主動式濾波器

主動式濾波器可用以防止與公用電力連接之非線性負載的諧波進入公用電力網路中，主動濾波器的功能可以圖17-17之單線圖來說明，其中非線性負載之電流i_L以一基本波i_{L1}及一失真成分$i_{L,\text{distortion}}$來表示。主動濾波器藉由感測i_L然後產生含有等於$i_{L,\text{distortion}}$的命令，藉由電流模式控制切換式直流至交流轉換器，可使轉換器提供一$i_{L,\text{distortion}}$電流以消除負載之諧波。轉換器之直流側僅需並聯一足夠儲能之電容即可，考慮電容電壓之維持，可使轉換器亦同時轉移其本身損失之功率(所需電流爲$i_{1,\text{loss}}$)。考慮以上二情況，轉換器之實際輸出電流$i_{filter} = i_{L,distortion} - i_{1,loss}$。

主動式濾波器之發展已有一段時間[14，15]，目前由於功率半導體元件功率容量之改善，使其朝混合式濾波(hybrid filter)的方向發展[16]。

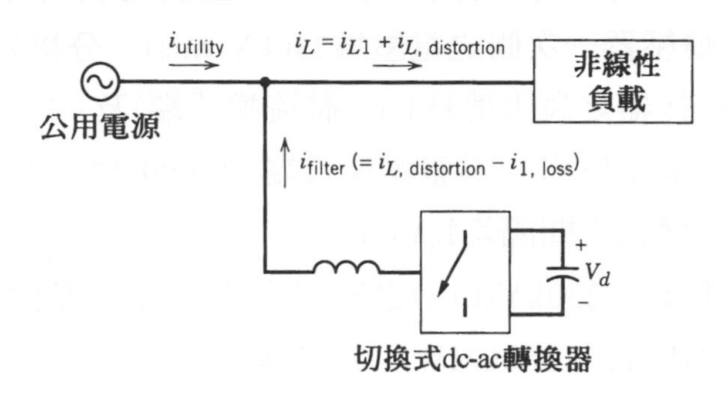

圖 17-17　主動式濾波器之單線圖

結　論

本章討論電力電子在高功率公用電力之應用，包括HVDC傳輸、靜態乏補償、可再生能源及儲能系統與公用電力之連接等。

習　題

17-1　試驗證圖17-3(a)之波形及公式(17-1)至(17-3)。

17-2　⑴圖17-2之轉換器，若輸入交流電壓V_{LL}及直流電流I_d為固定，當α改變時，繪出其P–Q之軌跡；⑵重覆⑴但I_d可變(各種不同I_d值)。

17-3　一HVDC連接二230kV之交流系統。每一終端各極的額定為±250 kV，1000A。其它參數如下：

項　　　　目	整流模式	變流模式
開路電壓比：變壓器二次側電壓／變壓器一次側電壓(電壓指線對線)	0.468	0.435
直流側三相轉換器之串聯數目	2	2
變壓器反應至二次側之漏電抗(Ω) 每極直流導線之電阻＝15.35Ω 變流模式之最小熄滅角＝18°	16.28	14.27

$\gamma_I = V_{min} = 180°$，在整流模式側，電壓儘可能維持在250kV，$I_d = 1000$A。試計算在直流傳輸各終端之電流、電壓、有效及無效電力、以及觸發角。

17-4　重覆習題17-3，但轉換器之變壓器具有線圈之分接器(tap changer)，使其可以在整流模式下觸發角接近18°且變流模式之熄滅角為18°(但$\gamma_I \geq 18°$)。變壓器一次側之電壓為230kV(rms)，分接器之規格如下：

⑴變壓器分接器之最大值為1.15(整流模式端)及1.10(變流模式端)。

⑵分接器之最小值為0.95(整流模式端)及0.90(變流模式端)。

⑶各分接器變化之間隔均為0.0125。

17-5　一正常線電壓為230kV(rms)之三相交流系統，提供一三相電感性負載。負載之$P + jQ = 1500\text{MW} + j750\text{Mvar}$。

交流系統之單相輸入阻抗$Z_s = j5.0\Omega$。

⑴若P增加10％，則交流輸入電壓之變化率＝？

⑵若Q增加10％，則交流輸入電壓之變化率＝？

17-6　一TCI及TSC混合之電路並聯於習題17-5之交流系統上。TCI最大可以汲取50Mvars(每相)；TSC包含四電容槽；各槽之單相額定為50 Mvars。若Q增加10％且要維持交流輸入電壓為其正常值，試計算⑴要切入多少電容槽；⑵TCI之延遲角α；⑶TCI之單相有效電感值。

17-7　推導公式(17-13)。

17-8　推導公式(17-22)。

參考文獻

新式應用

1. "Power Electronics in Power Systems：Analysis and Simulation Using EMTP," Course notes, University of Minnesota.

高壓直流傳輸

2. E. W. Kimbark, *Direct Current Transmission*. Vol. I, LWiley-Interscience, New York, 1971.

3. C. Adamson and N. F. Hingorani, Hingorani, *High Volage Direct Current Transmission*, Garraway, London, 1960, available from University Microfilms, Ann Arbor, MI.

靜態乏控制：TCI及TSC

4. L. Gyugyi and W . P. Matty, "Static VAR Generator with Minimum No Load Losses for Transmission Line Compensation," *Proceedings of the* 1979 *American Power Conference*.

5. T. J. E. Miller (Ed.), *Reactive Power Control in Electric* Systems, Wiley-Interscience, New York, 1982.

6. L. Gyugyi and E. R. Taylor, "Characteristic of Static, Thyristor-controlled Shunt Compensators for Power Transmission System Applications," *IEEE Transactions on Power Apparatus and Systems*, Vol. PAS-99, No. 5, Sept. /Oct. 1980,pp. 1795-1804.

靜態乏控制：最小儲能

7. Y. Sumi et al., "New Static Var Control using Force-commutated Inverters," *IEEE Transactions on Power Apparatus and Systems*, Vol.PAS-100, No.9,Sept. 1981,pp. 4216-4224.

8. H. Akagi, Y. Kanazawa, and A. Mabae, "Instantaneous Reactive Power Compensators Comprising Switching Devices without Energy Storage Components," *IEEE Transactions on Industry Applications*, Vol. IA-20, No.3, May/June 1984,pp. 625-630.

光伏陣列之連接

9. R. L. Steigerwald, A. Ferraro, andF. g. Turnbull, "Application of Power Transistors to Residential and Intermediate Rating Photovoltaic Arry Power Conditioners," *IEEE Transactions on Industry Applications*, Vol. IA-19, No.2, March/April 1983,pp.254-267.

10. R. L. Steigerwald, A. Ferraro, and R. E. Tompkins, "Final Report-Investigation of a Family of Power Conditioners Integrated into Utility Grid—Residential Power Level," DOE Contract DE-AC02-80ET29310, Sandia National Lab., Report No. SAND81-7031, 1981.
11. K. Tsukamoto and K. Tanaka, "Photovoltaic Power System Interconnected with Utility," 1986 *Proceedings of the American Power Conference*, 1986,pp. 276-281.

新式與公用電力之介面

12. N. Mohan et al., "Sinusoidal-Current, 3-Phase Utility Interface for Photovoltaic, Wind and Fuel-Cell Systems," *IEEE Transactions* (submitted).

超導儲能

13. H. A. Peterson, N. Mogan, and R. W. Bloom, "Superconductive Energy Storage Inductor-Converter Units for Power Systems," *IEEE Transactions on Power Apparatus and Systems*, Vol.94, No.4, July/Aug. 1975,pp. 1337-1348.

主動式濾波器

14. L. Gyugyi and E. C. Strycula, "Active ac Power Filters," *IEEE/IAS Conference Records*, 1976,pp. 529-535.
15. N. Mohan and H. A. Peterson, "Active Filters for AC Harmonic Suppression," paper number A77-026-0, abstract published in the IEEE Transactions on Power Apparatus and Systems, Vol.96, No. 4, July/Aug. 1977.
16. N. Mohan, "Hybrid Filters for Power Systems Harmonics," Research Project sponsored by Electric Power Research Institute (EPRI), August 15, 1993. Patent pending.

第十八章　使公用電力介面最佳化之電力電子系統

18-1　簡　介

在第十一章中，我們曾經討論過各種不同的電力線擾動，以及如何利用電力轉換器實現電力調節器及不斷電電源供應器，以防止一些非常重要之負載，如控制重要程序之電腦、醫療設備等之用電因受到電力線擾動而中斷。然而前一章我們亦討論到，所有之電力電子轉換器(包括那些保護重要負載者)不可避免地也會對電力線造成擾動，包括注入諧波電流及EMI而造成線電壓之失真。電力電子負載輸入電流i_s中之諧波i_h所造成之問題，可以圖18-1之簡化方塊圖來說明，其中公用電源之內阻抗以一電感L_s來代表。由於i_h及L_s之故，在共接點(PCC)處之電壓波形會失真。其它由諧波電流所引起之問題尚包括：電力傳輸設備額外之熱損及過電壓、電錶及電鐸之誤動作、干擾控制及通訊信號等等。除此，相位控制轉換器(第六章)亦會引起電壓波形之凹痕及低位移功率因數，因此會造成相當差之功率因數。

為降低電力電子負載對公用電力及其它用戶之影響，電力電子負載必須濾除其本身之諧波電流及EMI，如17-5節之討論。另外一種方法是外加專門吸收諧波電流及EMI之設備。以下將就此二方式作進一步之討論。

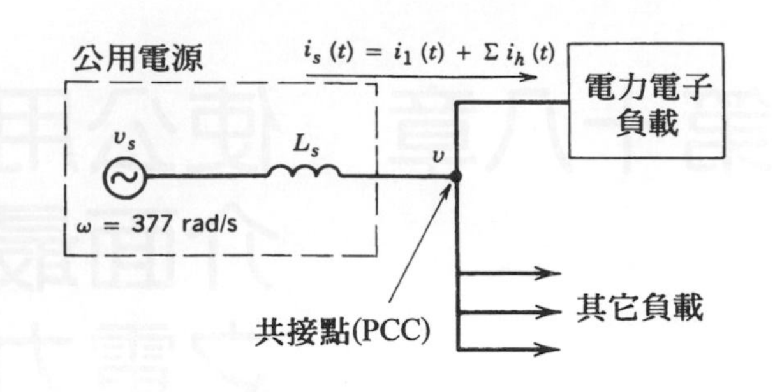

圖 18-1 公用電源介面

大部分之電力電子設備，如切換式直流電源供應器、不斷電電源供應器(UPSs)、直／交流馬達驅動器、交流至直流轉換器等，需要有與公用電力之介面。圖18-2所示之線頻二極體整流器(第五章)是最常被使用之介面電路。其平均輸出電壓V_d爲不可控，通常會加一大濾波電容以降低v_d之電壓漣波。由於v_d及i_d均是單向性的，故電力之流向只能由交流至直流。

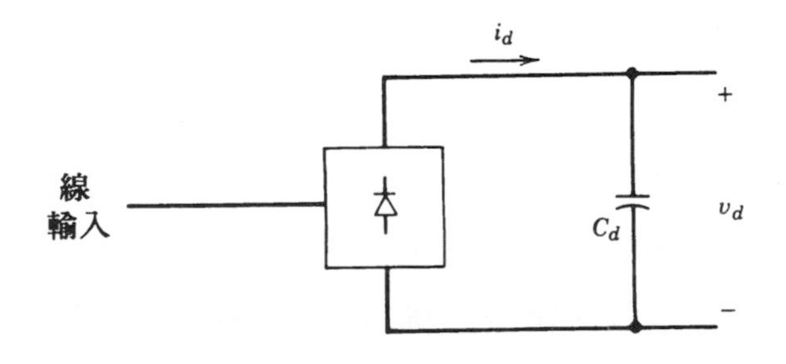

圖 18-2 二極體橋式整流器

另外一些電力電子設備則使用線頻閘流體控制之交流至直流轉換器(第六章)爲介面，其V_d爲可控且爲雙極性(但i_d仍爲單向性)，因此，功率之流通可以雙向。此種轉換器之用途爲高功率用途，如HVDC，然而正因爲高功率，其電流諧波之濾除以及功因之改善作法與二極體整流器較不同，如第十七章所討論。本章因作一般性之討論，因此以下僅就二極體整流器作討論。

典型單相二極體整流器輸入電流之諧波如表18-1所示，其諧波電流之振幅相當大，因此其與L_s在共接點(PCC)所造成之電壓失真可能會很嚴重(視L_s大小而定)。

表 18-1　典型不具線濾波器之單相輸入電流諧波

h	3	5	7	9	11	13	15	17
$\left(\frac{I_h}{I_1}\right)\%$	73.2	36.6	8.1	5.7	4.1	2.9	0.8	0.4

18-3　電流諧波與功率因數

功率因數之定義(第三章)爲：

$$PF = \frac{功率}{伏安值} = \frac{I_1}{I_s} \cdot DPF \tag{18-1}$$

功率因數爲設備從共用電源吸收電力效率之指標。對一固定電壓及功率而言，低功率因數者所需之電流愈大，因此會增加電力設備之伏安額定值。(18-1)指出電流與電壓相角所定義之DPF需儘量提高，且電流諧波需儘量減少以提高I_1/I_s，才能提高功率因數。

18-4　諧波標準及使用建議

目前許多國家及國際組織定有諧波標準，如：

1. EN 50 0006，“The Limitation of Disturbances in Electricity Supply Networks caused by Domestic and Similar Appliances Equipped with Electronic Devices”，歐洲標準，由Comite Europeen de Normalisation Electrotechnique，CENELEC所制定。
2. IEC Norm 555-3，由International Electrical Commission 所制定。
3. 西德標準，VDE 0838 (家電)，VDE 0160(轉換器)，VDE 0712(電子安定器)。
4. IEEE Guide for Harmonic Control and Reactive Compensation of Static Power Converters，ANSI/IEEE std.519-1992。

CENELEC，IEC 及VDE標準規定了在某公用電力網路內阻下，設備所產生之各諧波電流所造成之諧波電壓限制(正規化於其正常電壓)。

新修改之IEEE-519，包含了對電力系統諧波控制之使用建議及要求，其規定對象包括使用者及電力公司。表18-2所列爲電力電子設備可以注入公用電力網路之諧波電流限制。表18-3則為只要用戶滿足表18-2之規定，電力公司必須提供用戶電壓之品質要求。表18-2及表18-3適用之電力範圍很廣，主要是三相系統，對於單相系統則可用以當成失真之限制標準。

表18-2對諧波電流限制之合理性解釋為：圖18-1中，在PCC處之諧波電壓為

$$V_h = (h\omega L_s)I_h \tag{18-2}$$

其中h為諧波次數，ω為線頻，I_h為h次之諧波電流。

表 18-2 諧波電流失真(I_h/I_1)(%)

I_{SC}/I_1	奇次諧波次數h					THD
	$h<11$	$11\leq h<17$	$17\leq h<23$	$23\leq h<35$	$35\leq h$	
<20	4.0	2.0	15.	0.6	0.3	5.0
20～50	7.0	3.5	2.5	1.0	0.5	8.0
50～100	10.0	4.5	4.0	1.5	0.7	12.0
100～1000	12.0	5.5	5.0	2.0	1.0	15.0
>1000	15.0	7.0	6.0	2.5	1.4	20.0

注意： PCC點指2.4-69kV準位處；I_{sc}為在PCC點處之短路電流；I_1為在PCC點處之負載電流基本波之最大值；偶次諧波限制在本表所列奇次諧波之25%以下。

資料來源：參考文獻[1]

表 18-3 電力公司所提供電源電壓諧波(V_h/V_1)(%)之限制標準

電壓位準 / 電壓諧波	2.3－69kV	69－138kV	>138kV
各次諧波之最大值	3.0	1.5	1.0
總諧波失真(THD)	5.0	2.5	1.5

注意： 本表所列為電力公司所必須提供用戶電壓之品質，其電壓準位以用戶實際使用為準。

資料來源：參考文獻[1]

L_s通常是以PCC處短路時之電流I_{sc}(rms)當基底來表示：

$$I_{sc} = \frac{V_s}{\omega L_s} \tag{18-3}$$

其中V_s為交流電源之相電壓(rms)，I_{sc}為在PCC處之短路容量。由(18-2)及(18-3)知

$$\% V_h = \frac{V_h}{V_s} \times 100 = h \frac{I_h}{I_{sc}} \times 100 \tag{18-4}$$

若I_1表示電力電子負載所汲取之基本波電流，(18-4)可表示為

$$\% V_h = h \frac{I_h / I_1}{I_{sc} / I_1} \times 100 \tag{18-5}$$

其中之I_{sc}/I_1表示公用電力與負載基本波之伏安容量比值。(18-5)指出若表18-2之比值愈高，則諧波電流之比值I_h/I_1可以提高。此外由於大部分交流系統之內阻抗為電感性，使(18-5)之諧波電壓失真與諧波次數h成正比，因此h增加，可允許I_h/I_1之最大值將降低，如表18-2所示。

總諧波失真電流之定義為：

$$\mathrm{THD} = \frac{\sqrt{\sum_{h=2}^{\infty} I_h^2}}{I_1} \tag{18-6}$$

表18-2中，所允許之THD隨I_{sc}/I_1之增加而增加，另外尚有其它因素如高頻下更高之損失等，亦影響表18-2之允許值。

電壓之THD亦可使用與(18-6)相同之方式來加算，表18-3標示了電力公司在PCC處提供用戶之電壓的各諧波失真與THD之限制。

18-5　改善公用電力介面之必要性

典型之二極體整流器之諧波電流成分太大(如表18-1)，因此若當成與公用電力之介面則無法通過表18-2對於諧波電流之限制。除了對電力線品質之影響外，其亦會對電力電子本身造成下述不良之影響：

- 可以由公用電力汲取之功率下降至約2/3。
- 圖18-2之濾波電容承受很大之脈衝電流。
- 由二極體整流器壓降產生之損失會提高。

・必須使用EMI濾波器以應付更高之脈衝電流。

・會造成輸入線頻變壓器之操作超出其額定。

18-6 單相公用電力介界之改善

18-6-1 被動式電路(passive circuits)

被動式電路乃使用電感及電容來改善二極體橋式整流器由公用電源所汲取之電流波形。最簡單之方式為在圖18-2之交流側加入電感，所加之電感等效增加L_s之值，因此可以改善輸入之功率因數及降低諧波(參考第五章之圖5-18)。加入電感之影響歸納如下：

- 由於可以改善電流波形，因此可以改善原本很差之功率因數至可接受之程度。
- 輸出電壓V_d受負載之影響程度與無電感之情況比較可以下降(～10%)。
- 電感與圖18-2之C_d形成一低通濾波器，因此可以降低v_d之漣波電壓。
- 整體之效率幾乎不變，雖然多了電感之損失但二極體之導通損降低。

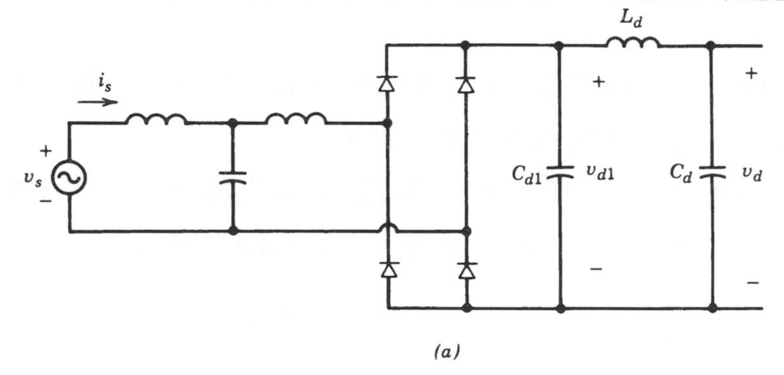

(a)

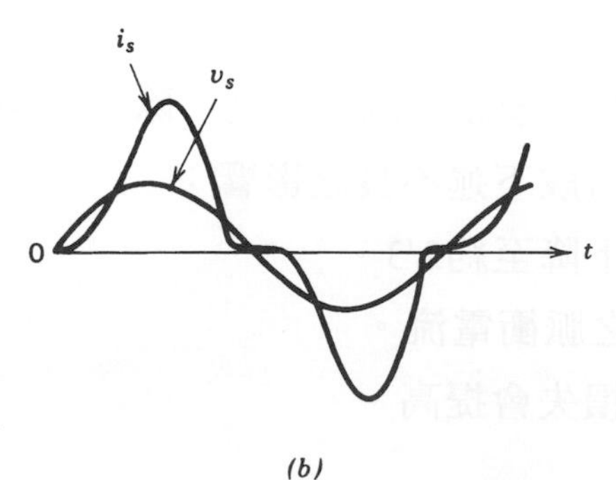

(b)

圖 18-3 使用被動式濾波器改善i_s之波形：(a)被動式濾波器之安排；(b)電流波形

圖18-3(a)之電路可以更加改善輸入之電流波形，如圖18-3(b)所示。其中C_{d1}較C_d小得多，因此v_d之漣波可增大以改善i_s之波形。v_{d1}之漣波電壓再藉由L_d及C_d組成之低通濾波器加以濾除。很明顯地，此方式之缺點包括：價格、體積、損失及V_d受負載功率之影響增大。

18-6-2　輸入線電流之主動式波形調整(active shaping)

圖18-4(a)所示為以電力轉換器調整輸入電流波形之電路，其可使輸入電流為正弦且與輸入電壓同相。電力轉換器之選擇考慮因素如下：

- 隔離：交流電源輸入與電力轉換器之輸出可不需隔離(如直、交流馬達驅動器)或可以由下一級轉換器提供(如切換式直流電源供應器)。
- 昇壓：在許多應用中可能需要使直流電壓V_d略高於輸入交流電壓之峰值。
- 功率因數：理想輸入電流之功率因數為一，因此電力轉換器形同一純電阻負載，功率之流通為單向性，即從交流電源至電力電子設備。
- 電路之價格：功率損及體積應愈小愈好。

考慮以上各點，最佳之波形調整轉換器電路為如圖18-4(a)所示之昇壓式直流至直流轉換器。其中C_d乃用以減少v_d之漣波及滿足轉換器儲能之要求，I_{load}表示提供至下一級負載之電流。

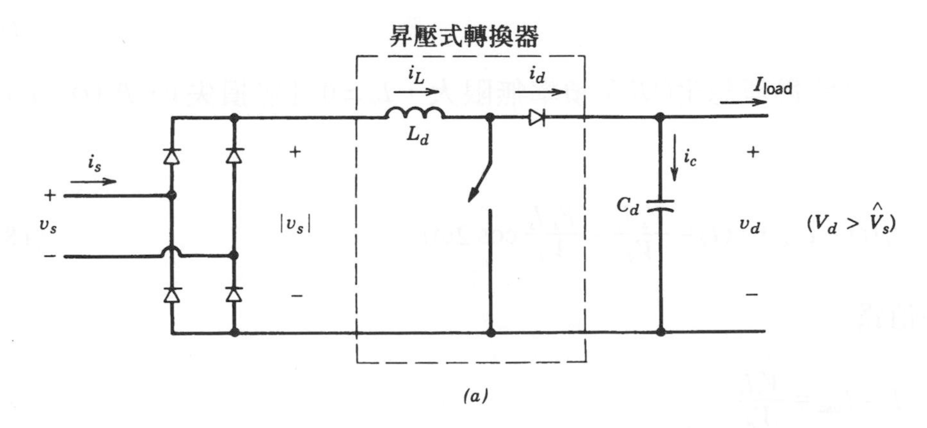

圖 18-4　主動式濾波：(a)用以作波形調整之昇壓式轉換器；(b)線輸入波形；(c) $|v_s|$ 與i_L波形

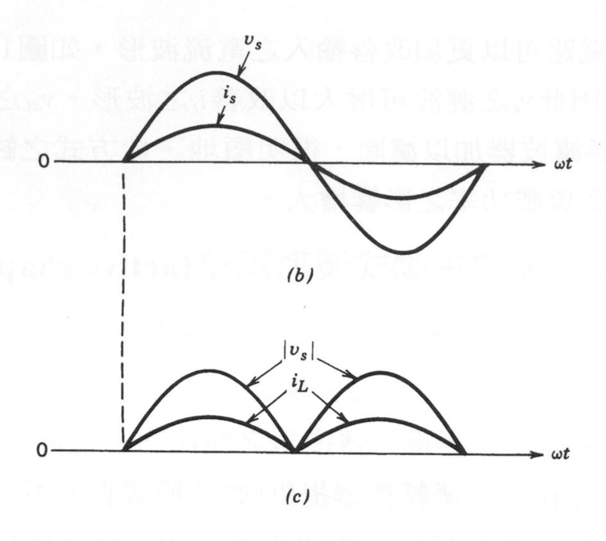

圖 18-4 (續)

爲得功率因數爲一之輸入，i_s必須爲正弦且與v_s同相，如圖18-4(b)所示，因此橋式整流之輸出電壓｜v_s｜及電流i_L之波形如圖18-4(c)所示。v_s之峰值$\widehat{V}_s = \sqrt{2} V_s$，$\hat{I}_s = \sqrt{2} I_s$，輸入功率$P_{\text{in}}(t)$爲

$$P_{\text{in}}(t) = \widehat{V}_s \mid \sin \omega t \mid \hat{I}_s \mid \sin \omega t \mid = V_s I_s - V_s I_s \cos 2\omega t \tag{18-7}$$

由於C_d之故，假設$v_d(t) = V_d$，因此輸出功率

$$P_d(t) = V_d i_d(t) \tag{18-8}$$

其中　$$i_d(t) = I_{\text{load}} + i_c(t) \tag{18-9}$$

若昇壓電路爲理想化(切換頻率無限大，$L_d \simeq 0$且無損失)，$P_{\text{in}}(t) = P_d(t)$，由(18-7)至(18-9)可得

$$i_d(t) = I_{\text{load}} + i_c(t) = \frac{V_s I_s}{V_d} - \frac{V_s I_s}{V_d} \cos 2\omega t \tag{18-10}$$

i_d之平均值爲

$$I_d = I_{\text{load}} = \frac{V_s I_s}{V_d} \tag{18-11}$$

流經電容之電流爲

$$i_c(t) = -\frac{V_s I_s}{V_d}\cos 2\omega t = -I_d \cos 2\omega t \tag{18-12}$$

上述之分析雖假設電容電壓v_d為純直流，v_d實際之漣波可由(18-12)估測：

$$v_{d\text{, ripple}}(t) \simeq \frac{1}{C_d}\int i_c\, dt = -\frac{I_d}{2\omega C_d}\sin 2\,\omega t \tag{18-13}$$

此外，可以一共振頻率等於2ω之串聯式LC濾波器與C_d並聯，以消除(18-13)之漣波電壓。

由於必須調整昇壓式轉換器之電流波形，因此必須採用電流模式控制，系統控制之方塊圖如圖18-5所示。其中i_L^*為i_L之命令，其不僅需與｜v_s｜同相，且需使V_d在負載及線電壓變動下仍能維持等於所設定之命令V_d^*。因此i_L^*乃由量測之｜v_s｜經分壓電路後與V_d及V_d^*之誤差量相乘獲得。實際之i_L可藉由量測串聯在i_L迴路上之小電阻的電壓獲得。i_L與i_L^*再經由電流模式控制可得開關之切換信號。

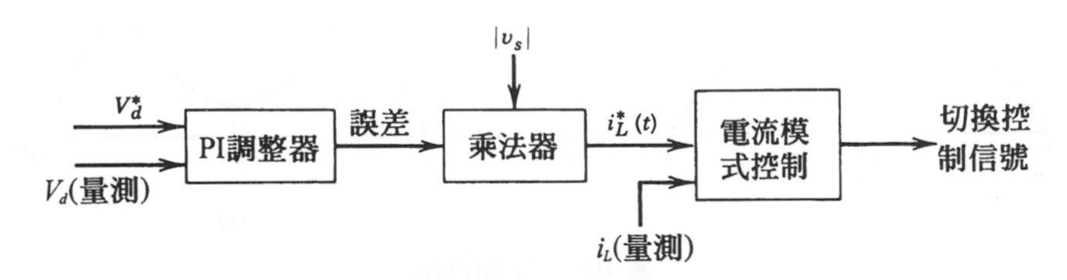

圖 18-5 控制方塊圖

以下列出四種可以執行電流模式控制之方式，其中f_s為切換頻率，I_{rip}為i_L之漣波電流的峰對峰值。

1. 定頻控制——昇壓式轉換器之開關在頻率為f_s之脈波發生時開始導通，當i_L達到i_L^*時開關截止。其i_L波形如圖18-6(a)所示。如第十章所討論，必須加入一斜率補償信號，否則i_L在責任週期大於0.5時之波形不規則。經正規化之I_{rip}如圖18-6(b)所示。
2. 固定誤差邊帶控制——i_L之控制方式乃使I_{rip}為定值，即i_L被控制在$i_L^* \pm \frac{1}{2}I_{rip}$之範圍內。
3. 可變誤差邊帶控制——除I_{rip} 隨｜v_s｜之增加而增加外，其餘均與固定誤差邊帶控制方相同。

4. 不連續電流控制——開關在i_L達到$2i_L^*$時截止，當i_L回到零之瞬間導通。此方式可視爲可變誤差邊帶控制方式之一特例。

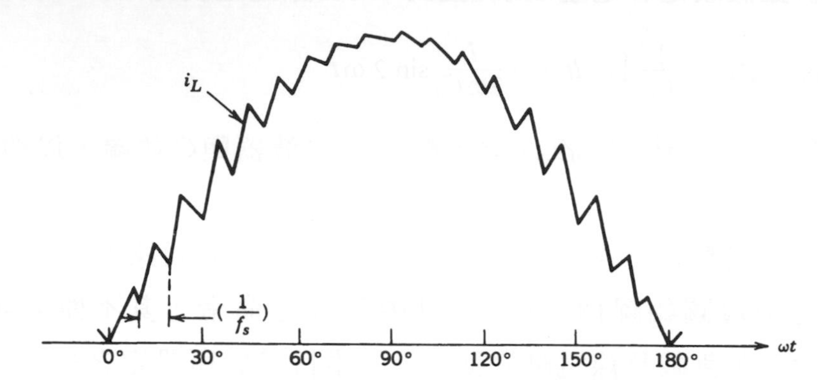

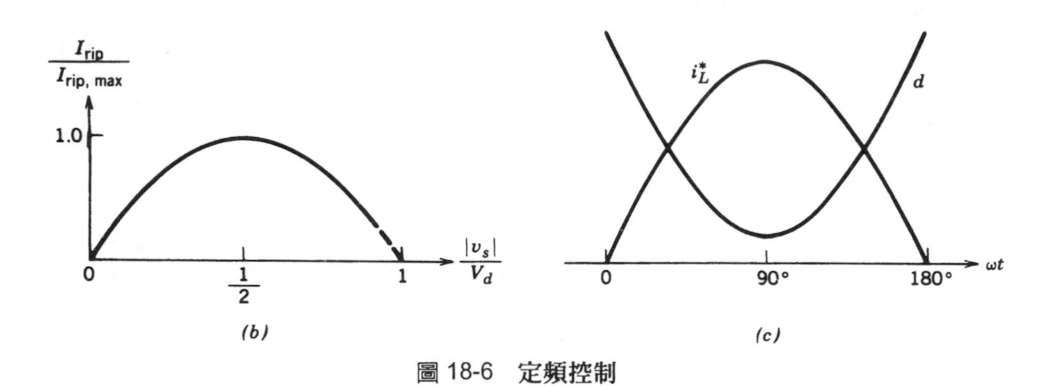

圖 18-6 定頻控制

假設在一切換週期內，輸出電壓爲定值V_d且輸入電壓在各週期內之瞬時值亦不變，則圖18-4(a)之電路在導通時間t_{on}與截止時間t_{off}內之方程式爲：

$$t_{on}=\frac{L_d I_{rip}}{|v_s|} \tag{18-14}$$

$$t_{off}=\frac{L_d I_{rip}}{V_d-|v_s|} \tag{18-15}$$

且

$$f_s=\frac{1}{t_{on}+t_{off}}=\frac{(V_d-|v_s|)|v_s|}{L_d I_{rip} V_d} \tag{18-16}$$

對於定頻控制方式，(18-16)之f_s爲固定，因此

$$I_{rip}=\frac{(V_d-|v_s|)|v_s|}{f_s L_d V_d} \tag{18-17}$$

圖18-6(b)所示爲正規化I_{rip}與｜v_s｜/V_d之關係，要注意的是對一昇壓式轉換器而言，｜v_s｜/V_d需小於或等於1。最大之漣波電流爲

$$I_{rip,\,max}=\frac{V_d}{4f_sL_d}\qquad 當\ |v_s|=\frac{1}{2}V_d \tag{18-18}$$

採用昇壓式直流至直流轉換器之電流波形調整電路，尙有其它需要注意之事項：

- 輸出電壓v_d之漣波頻率爲線頻之兩倍(120Hz)，故迴授控制電路在控制V_d時若要同時補償此電壓漣波將會使線電流失真。
- 若欲降低i_L之切換頻率漣波至一低準位，最好使用矽鋼片之電感鐵心，由於其磁通飽合值較高，故可較頻ferrite鐵心之體積來得小。
- 切換頻率必須在切換損與L_d之大小間作一折衝。
- V_d大於$\hat{V}_s$10%以上將使效率下降。
- 爲限制啓動電流，可以一限流電阻與L_d串聯。當啓動後此電阻可藉由一接點(contactor)或閘流體將其旁路。
- 對於昇壓式轉換器而言：

$$d=1-\frac{|v_s|}{V_d} \tag{18-19}$$

  若採用定頻控制，d與ωt之關係如圖18-6(c)所示，因此當i_L^*在峰值時d爲最小，故i_L在較大值時流經開關之時間很短。
- 必須在二極體整流器輸出端並聯一小電容，以避免i_L之漣波進入公用電源。此外輸入側亦需加入EMI濾波器。

除可得到正弦式之輸入電流與近乎一之功率因數外，主動式電流波形調整尙具有以下優點：

- 當輸入電壓大範圍變動時V_d亦可維持爲定值。例如：當V_d設定爲輸入電壓峰值之1.1倍時，輸入電壓變動最大值可達10%。
- 由於V_d可維持定值，因此由V_d所供電之下一級轉換器所使用之功率半導體元件之伏安額定值可以降低。
- 由於輸入電流無很大之脈衝，因此EMI濾波器可以減小。

・在相同v_d漣波值下，所需之C_d電容大小僅需使用傳統電路之1/3～1/2。

・由v_s轉移至V_d之效率典型為96%(傳統濾波電路為99%)。

雖然目前主動式電流波形調整器受限於其價格，稍高之損失，以及複雜性並未被廣範地採用，然而在半導體元件、IC等之進步以及愈來愈嚴格之諧波標準下，其前景可期。另一引導主動式電流調整器使用的應用為電腦之電源供應。對其而言，正弦式之線電壓是非常必要的，因其可以降低UPS乃至於燃油發電機之伏安額定值。

18-6-3　雙向電力流通之介界

對於某些用途，例如具再生制動能力之馬達驅動器，其與公用電力之介面轉換器必須可以反向。其中一種過去常使用之方式如圖18-7所示，為使用二背對背連接之線頻閘流體轉換器。在正常情況下，轉換器1當成一整流器將功率由交流側轉移至直流側，在再生制動時，轉換器2當成變流器將功率反向，其方式為v_d極性不變但i_d反向。此方式有諸多缺點：(1)輸入電流i_s之波形為失真，功率因數很低；(2)直流電壓V_d受限於變流模式，因轉換器在變流模式下有最小熄滅角之要求；(3)當交流電力線受擾動時，變流操作模式下之換流可能失敗。

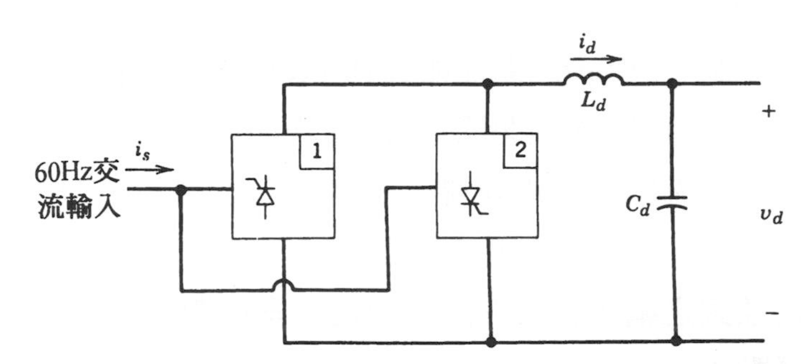

圖 18-7　背對背連接之線頻轉換器以提供雙向電力流通

以上之缺點可藉由圖18-8具有四象限式功能之切換式轉換器加以改進，其中之L_s乃用以改善i_s之漣波。由圖18-8知

$$v_s = v_{\text{conv}} + v_L \tag{18-20}$$

$$v_L = L_s \frac{di_s}{dt} \tag{18-21}$$

假設v_s為純正弦，v_{conv}及i_s之基本波成分可以相量$\mathbf{V}_{conv1}$及$\mathbf{I}_{s1}$來表示。選擇$\mathbf{V}_s = V_s e^{j0^\circ}$，在基本波(線頻)$\omega = 2\pi f$下：

$$\mathbf{V}_s = \mathbf{V}_{conv1} + \mathbf{V}_{L1} \tag{18-22}$$

其中　$$\mathbf{V}_{L1} = j\omega L_s \mathbf{I}_{s1} \tag{18-23}$$

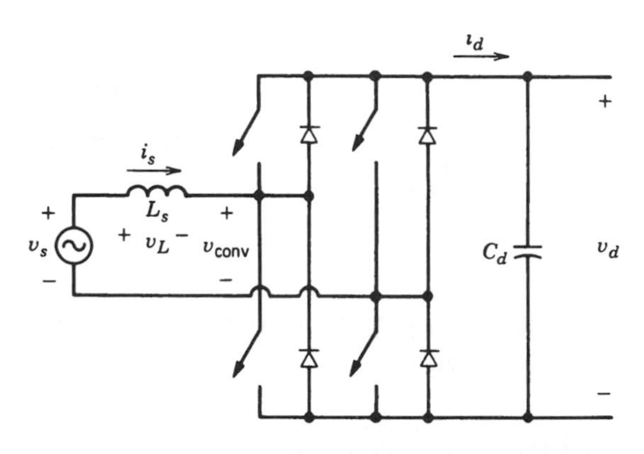

圖 18-8　用以作為公用電力介面之切換式轉換器

(18-22)及(18-23)之相量圖如圖18-9(a)所示，其中$\mathbf{I}_{s1}$落後$\mathbf{V}_s$之相角以θ來表示。由交流電源供應轉換器之實功率P為

$$P = V_s I_{s1} \cos\theta = \frac{V_s^2}{\omega L_s}\left(1 - \frac{V_{conv1}}{V_s}\cos\delta\right) \tag{18-24}$$

上式乃利用圖18-9(a)中之$V_{L1}\cos\theta = \omega L_s I_{s1}\cos\theta = V_{conv1}\sin\delta$。

同理，由交流電源供應之虛功率Q為

$$Q = V_s I_{s1} \sin\theta = \frac{V_s^2}{\omega L_s}\left(1 - \frac{V_{conv1}}{V_s}\cos\delta\right) \tag{18-25}$$

從以上各式可知：在v_s及L_s固定下，P及Q可藉由調整v_{conv1}之振幅及相位來控制。由圖18-9(a)之I_{s1}與V_{conv1}之虛線軌跡可知，I_{s1}可藉V_{conv1}之調整使其振幅維持定值。

圖18-9(b)及圖18-9(c)分別為在整流及變流模式下之相量圖。二情況之

$$V_{conv1} = [\,V_s^2 + (\omega L_s I_{s1})^2\,]^{1/2} \tag{18-27}$$

若切換頻率很高，$L_s \simeq 0$，由(18-27)

$$V_{conv1} \approx V_s \tag{18-28}$$

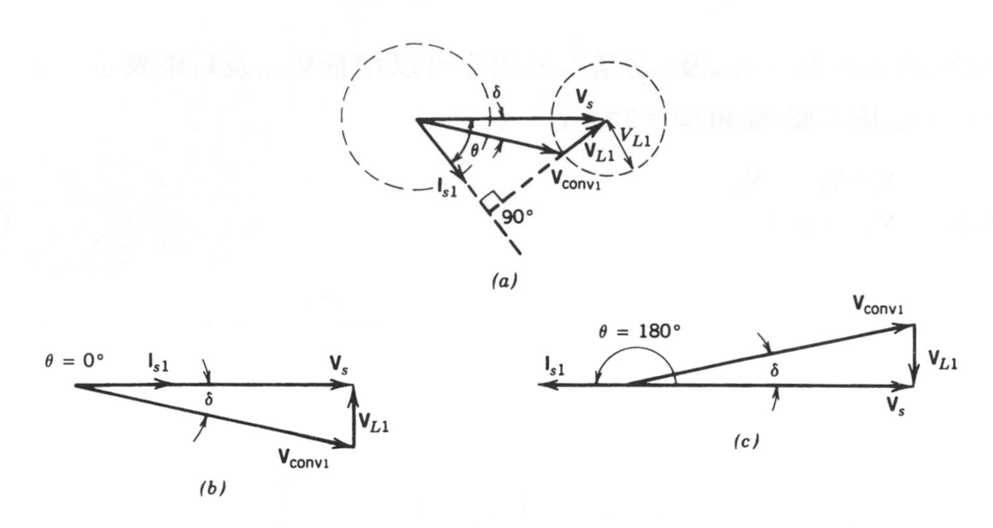

圖 18-9　整流及變流操作：(a)相量圖；(b)功率因數爲一之整流操作；(c)功率因數爲一之變流操作

P，Q之大小及方向可藉由V_{conv1}之振幅及其與V_s之夾角δ來調整。直流側電壓V_d是由轉換器對C_d充電所建立，V_d之振幅必須使轉換器可以操作在PWM之線性區(即$m_a \leq 1.0$，參考第八章)，此點對於i_s漣波之限制是非常重要的。由第八章之(8-19)及(18-28)知V_d必需大於交流電壓之峰值：

$$V_d > \sqrt{2} V_s \tag{18-29}$$

控制電路如圖18-10所示。V_d與其設定值之誤差經放大後，乘以一與v_s成比例之信號以得到i_s之命令i_s^*。藉由誤差邊帶控制或定頻控制等電流模式控制方式(第八章),可使i_{s1}等於i_s並與v_s同相(或反相)。P及Q之大小及方向可藉由調整V_d爲其設定值V_d^*而自然得到控制。一穩態功率因數爲一之操作波形如圖18-11所示。其中i_d波形包含了二倍頻之諧波成分，將造成v_d電壓二倍頻之漣波。對於高功率用途，此電壓漣波可藉由在C_d上並聯－LC濾波器(共振頻率爲二倍頻)來加以消除。

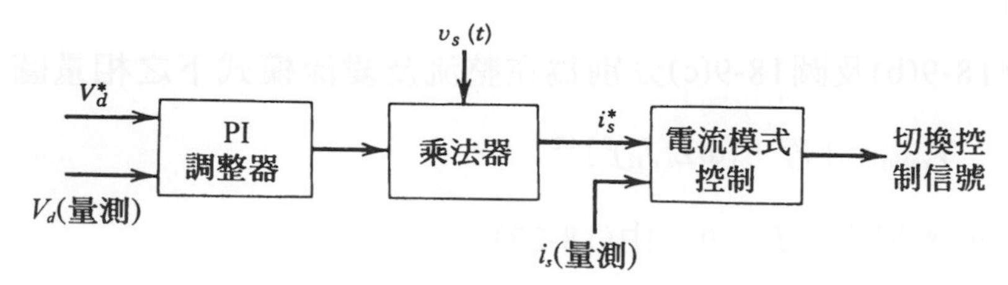

圖 18-10　切換式介面之控制方塊圖

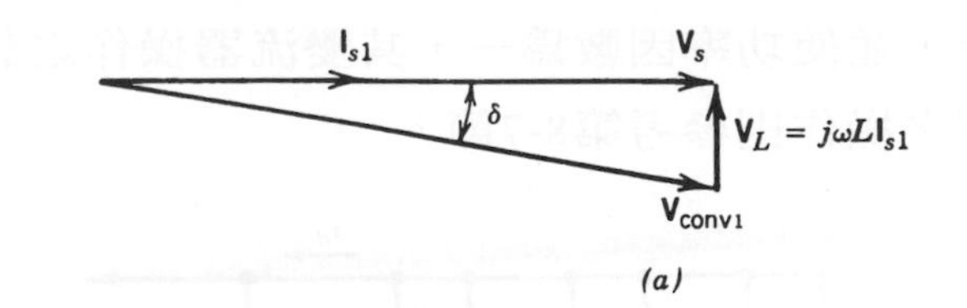

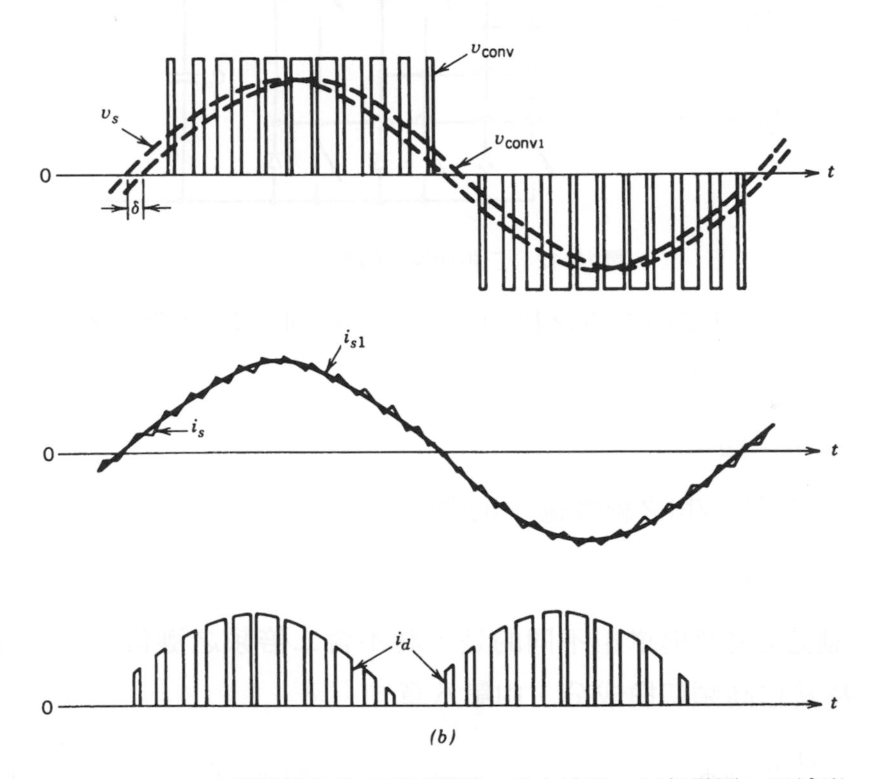

圖 18-11　圖18-8之電路操作於功率因數爲一時之波形：(a)相量圖；(b)波形

18-7　三相公用電力介面之改善

三相二極體整流器使用直流側濾波電容之方式(第五章)將得到高失真之線電流。其中一種改善方法爲在交流側串聯一L_s之電感，其對於功率因數之改善已於第五章中討論。

三相系統可使用三組變壓器隔離之單相主動式電流波形調整電路。由於三組之直流輸出爲並聯，因此至少要有兩組電路與其輸入隔離。

由於變壓器會造成損失且增加成本，因此在某些輸入與輸出不需隔離之應用，可以使用圖18-12所示之三相四象限式之切換式轉換器。此三相轉換器可以提供正弦之輸入電流，並使功率因數為一，其變流器操作之詳細討論請參考第八章，對於整流器之操作則參考第8-7節。

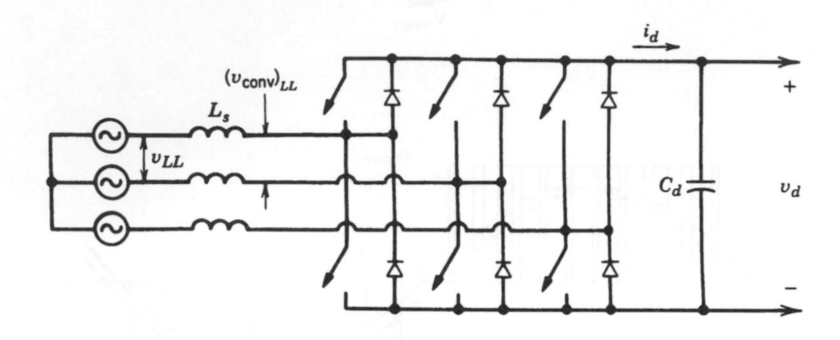

圖 18-12 三相切換式轉換器

此電路之控制與單相電路之控制(圖18-10)相同。若切換頻率夠高，則L_s可以減小，若忽略L_s之降壓，則

$$(V_{\text{conv}})_{LL} \approx V_{LL} \tag{18-30}$$

欲使轉換器操作在PWM之線性區，則由(8-57)知

$$V_d > 1.634 V_{LL} \tag{18-31}$$

其直流側之i_d波形與單相不同的是，其不含二倍頻之漣波成分，僅包含一直流值I_d及其它高頻切換成分。由第八章知

$$I_d = \frac{3V_sI_s}{V_d}\cos\phi_1 \tag{18-32}$$

其中V_s及I_s為輸入相電壓及電流之基本波有效值，ϕ_1為i_s落後v_s之相角。功因為一時，$\phi=0$且

$$I_d = \frac{3V_sI_s}{V_d} \tag{18-33}$$

18-8 電磁干擾(EMI)

由於切換式轉換器電壓及電流快速之變化，使電力電子設備成為一EMI製造源，其不僅影響其它設備亦影響自身之正常操作。EMI傳遞之形式有二，即幅射(radiated)及傳導(conducted)。切換式轉換器藉由傳導進入電力線

之EMI，遠大於其以幅射方式進入自由空間之值。固定於金屬箱架內之電力轉換器可以屏蔽大部分幅射之EMI。

EMI傳導方式如圖18-13所示，有所謂差模式(differential mode)與共模式(common mode)。線對線量測之電壓或電流雜訊屬於差模，而線對地量測之電壓或電流雜訊屬於共模。二者普遍存在於輸入或輸出線中，任何濾波器之設計均需同時考慮二者。

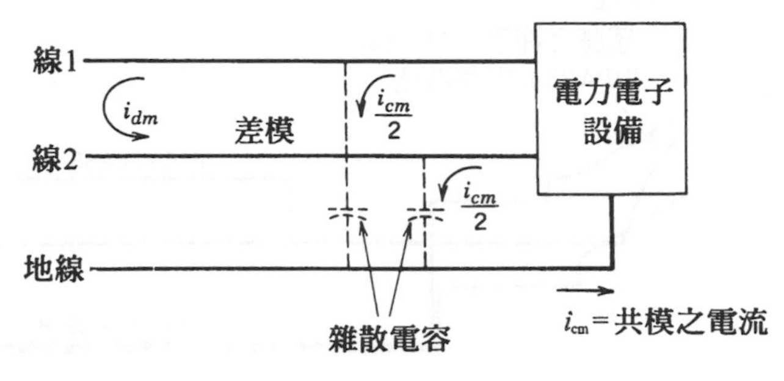

圖 18-13　傳導之干擾

18-8-1　EMI之產生

圖18-14所示爲切換式轉換器常遇到之切換波形。由於波形上昇及下降之時間甚短，其波形有許多能量存在屬於射頻(ratio frequeny,RF)之諧波。

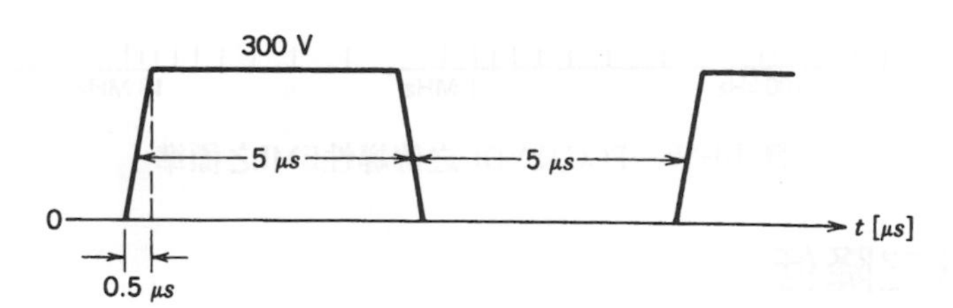

圖 18-14　切換波形

差模之雜訊乃藉由輸入線送入公用電力系統，而由轉換器直流側之電路送入負載。此外，元件之間的雜散電容與電路之間的磁耦合亦爲其路徑之一。

共模之雜訊則完全由寄生或雜散電容、雜散電場及磁場所傳輸。這些寄生電容存在於各元件或元件對地之間。爲安全起見，大部份電力電子設備之金屬外箱均會接地，出現在接地線之雜訊爲EMI之主要來源。

18-8-2 EMI之標準

CISPR、IEC、VDE、FCC及一些軍規均定有傳導性EMI之上限標準。圖18-15為使用於工業、商用及家用設備之FCC及VDE之標準。為與這些限制作比較，必須以一規定之阻抗電路稱為LISN(line impedance stabilization network)，來量測傳導之雜訊。至於幅射形式之EMI，亦有許多標準。

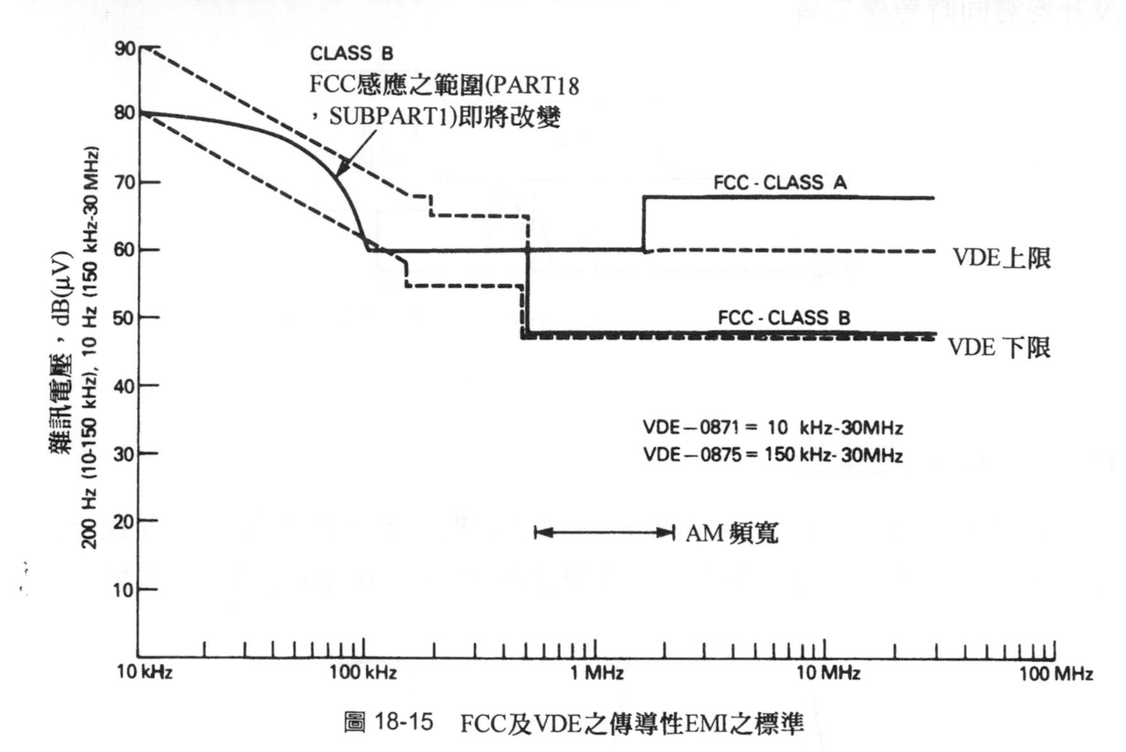

圖 18-15 FCC及VDE之傳導性EMI之標準

18-8-3 EMI之降低

參考文獻[14]指出，處理EMI最有效的方式乃降低EMI之產生，使用濾波器、屏蔽等乃最後之手段。此種作法可使本身對雜訊之靈敏降低，提高自身之可靠度。

從降低EMI產生之觀點而言，緩衝器(snubber)之設計是非常重要的，因其可同時降低電路之dv/dt及di/dt，緩衝器與所接電力元件間之接線應愈短愈好。另外一種降低EMI產生之方式乃使用共振式轉換器。除此，藉耦合產生之EMI大小，可藉由適當之佈局、繞線及屏蔽來降低。

爲降低磁場，最好降低電流迴路所圍之區域。所有攜帶大電流之導線應儘量靠近其回流之導線，而且最好能使用絞線。

爲降低雜散電容，曝露於切換電壓位準之金屬面積應愈小愈好，而且儘可能地遠離接地點。

除了上述降低EMI產生之方法外，如圖18-16所示之EMI濾波器可用以滿足傳導EMI之規格。

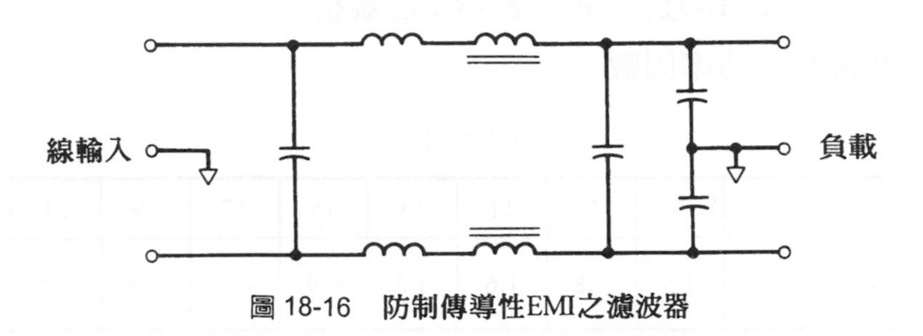

圖 18-16　防制傳導性EMI之濾波器

通常，幅射形式之雜訊可利用將電力轉換器置於金屬外箱中加以屏蔽。如果電力電子設備之操作鄰近一些通訊及醫療設備，則需額外之方式加以防制。

結　論

1. 電力電子設備爲電流諧波與EMI之產生源，必須採取適當方法加以防制才不會減損電力之品質。
2. 目前已有許多諧波限制標準及使用規範被制定。
3. 對於二極體橋式整流器，加入輸入電感可以降低輸入電流之漣波。
4. 對於單相輸入之電路，可利用主動式電流波形調整器使其輸入電流爲正弦。
5. 對於單相或三相電路，若須作雙向電力之流通，可使用切換式轉換器(第八章)當成與公用電力之介面。其不僅可使輸入電流爲正弦，亦可使輸入功率因數爲一。
6. 本章中討論了EMI的產生方式，EMI標準及EMI之降低技巧。

習 題

18-1 一家用240V，5kW之負載比例容量調節式熱泵浦，由一單相25kVA之變壓器供電，變壓器二次側之漏電抗為4%，輸入電流之諧波成份如圖P18-1所示，其DPF = 1.0。

(1)計算在PCC處之系統的短路容量。

(2)所有諧波及THD是否滿足表18-2之規格。

(3)計算負載之功率因數。

表 P18-1

h	3	5	7	9	11	13	15	17	19	21	23
$\left(\frac{I_h}{I_1}\right)\%$	34.0	5.3	1.8	1.8	1.6	1.2	0.9	0.8	0.8	0.4	0.4

18-2 一單相240V，60Hz，2kW之二極體整流器介面，其DPF = 1.0且輸入電流諧波如表18-1所列。忽略所有損失，試計算流入濾波電容C_d之漣波電流的rms值。

18-3 如圖18-8之單相雙向轉換器介面，$V_s = 240\,\text{V(rms)}$，60Hz，$L_s = 2.5$ mH。忽略所有損失且假設轉換器操作在PWM之線性區($m_a \leq 1.0$)，i_s經調控後與v_s同相或反相。若流經轉換器之功率為2kW，試計算在下列情況下V_d之最小值：(1)電力由交流送至直流側；(2)電力由直流送至交流側。

參考文獻

1. C. K. Duffey and R. P. Stratford, "Update of Harmonic Standard IEEE-519 IEEE Recommended Practices and Requirements for Harmonic Control in Electric Power System," *IEEE/IAS Transactions*, Nov./Dec. 1989. pp. 1025-1034.
2. EN 50006, "The Limitation of Disturbances in Electric Supply Networks Caused by Domestic and Similar Appliances Equipped with Electronic Devcies," Europan Standards prepared by Comite Europeen de Normalis-

ation Electrotechnique, CENELEC.

3. IEC Norm 555-3 prepared by the International Electrical Commission.
4. VDE Standards 0838 for Household Appliances and 0712 for Fluorescent Lamp Ballasts, West Germany.
5. *IEEE Guide for Harmonic Control and Reactive Compensation of Static Power Converters*, IEEE Project No. 519/05, July 1979.
6. C. P. Henze and N. Mohan, "A Digitally Controlled AC Power Conditioner that Draws Sinusoidal Input Current," persented 1986 IEEE Power Electronics Specialist Conference, pp. 531-540.
7. M. Herfurth, "TDA 4814－Integrated Circuit for Sinusoidal Line Current Consumption," Siemens Components, 1987.
8. M. Herfurth, "Active Harmonic Filtering for Line Rectifiers of Higher Power Output," Siemens Components,1986.
9. N. Mohan, T. Undeland, and "R. J. Ferraro, "Sinusoidal Line Current Rectification with a 100 kHz B-SIT Step-up Converter," paper presented at 1984 IEEE Power Electronics Specialists Conference,pp.92-98.
10. N. Mohan, "System and Method for Reducing Harmonic Currents by Current Injection," U.S. Patent No. 5,345,375,Sept. 6, 1994.
11. M. Rastogi, N.Mohan and C. Henze, "Three-Phase Sinusoidal Current Rectifier with Zero-Current Switching," IEEE/APEC Records, 1994, Orlando, FL,pp. 718-724.
12. VDE Standards 0875/6.77 for radio interference suppression of electrical appliances and systems.
13. VDE Standards 0871/6.78 for radio interference suppression of radio frequency equipment for industrial, scientific,and medical (ISM) and similar purposes.
14. N. Mohan, "Techniqued for Energy Conservation in AC Motor Drive Systems," Electric Power Research Institute Final Report EM-2037, September 1981.

15. L. M. Schneided, "Take the Guesswork out of Emission Filter Design," *EMC Technology*, April-June 1984,pp. 23-32.

第六部份
轉換器設計實作上之考量

第十九章　緩衝電路 (Snubber Circuits)

如果電力轉換器之功率半導體元件所承受之負荷超出其額定容量時，基本上有兩種方法可以解決：一為使用更大容量之元件；另一為使用緩衝電路降低元件所承受之負荷至安全準位。至於選用何者較適當，必須從可用元件的價格與緩衝電路的價格和複雜性兩者之間做一折衝之選擇。電力電子電路之設計者必須熟悉基本緩衝電路之設計與工作原理，才得以作最佳之選擇，本章中將討論一些常用之緩衝電路。

19-1 緩衝電路之功能與形式

緩衝電路之功能在於降低電力轉換器切換瞬間元件所承受之負荷至其額定內之準位。降低負荷之方式包括：

1. 在元件截止瞬間限制元件之電壓；
2. 在元件導通瞬間限制元件之電流；
3. 在元件導通期間限制電流上昇率(di/dt)；
4. 在元件截止瞬間或當其重新承受順向偏壓期間(例如SCR在順向耐壓狀態(forward blocking state))需限制跨於元件電壓之上昇率(dv/dt)；

5. 在元件導通及截止時改變切換路徑(switching trajectory)。

若從電路形式來區分，緩衝電路大致可分成三類：

1. 無極性串聯之$R-C$緩衝電路：限制最大電壓及反向回復時之瞬間電壓變化(dv/dt)值，用以保護二極體及閘流體。
2. 具極性之$R-C$緩衝電路：用以改變可控式開關截止時之切換路徑，箝制元件之電壓至一安全準位或限制元件截止期間之dv/dt值。
3. 具極性之$R-L$緩衝電路：用以改變可控式開關導通時之切換路徑及/或限制元件導通期間之瞬間電流變化(di/dt)值。

切換負荷衝擊亦可以使用共振或半共振轉換器來加以控制，請參見本書第九章之說明。

緩衝電路並非電力轉換器本身之一部份，而是外加用以降低元件(通常是半導體元件)之負荷。視需求而定，緩衝電路可以單獨或結合其他形式之緩衝電路使用。誠如前述，緩衝電路必須在增加電路之複雜性、成本等與所能減少元件之負荷程度二者之間作一折衝。

19-2 二極體緩衝電路

二極體電路常需使用限制過壓之緩衝電路。如圖19-1(a)所示之降壓式轉換器，其過壓之成因乃由於與二極體串聯之雜散或漏電感(L_σ)在開關T導通時，二極體之反向回復電流會於其上形成高壓之故。以下緩衝電路保護二極體之分析將以此降壓式轉換器電路為基礎，其原理可推廣至其他形式之轉換器。通常以R_s-C_s之緩衝電路跨接於二極體兩端用以防止過壓，為簡化分析起見，二極體反向回復電流之形狀，假設如圖19-1(b)所示為極速回復(snap-off)，負載電流為電感性且在切換瞬間為定值I_o。

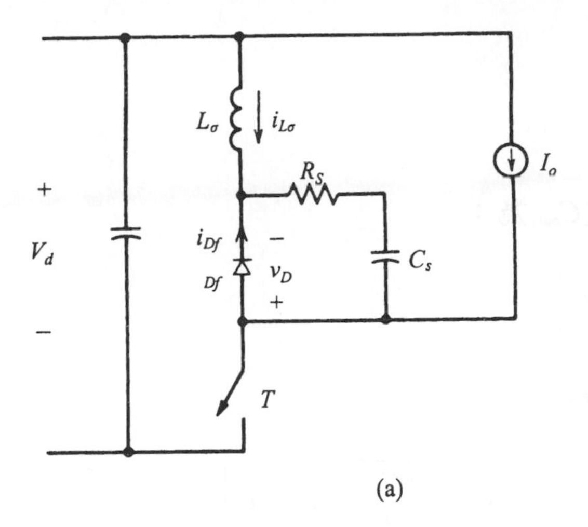

(a)

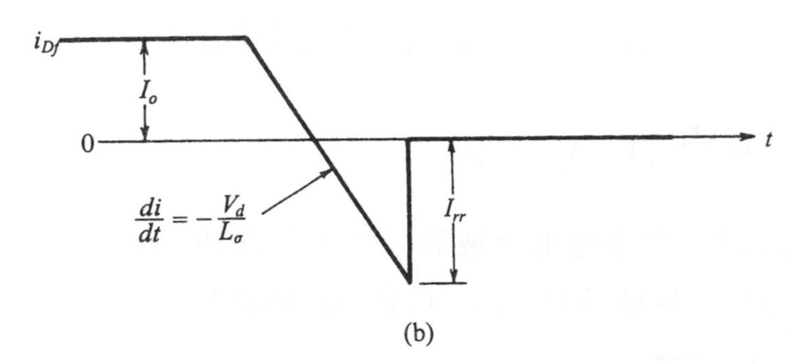

(b)

圖19-1　(a)具雜散電感及二極體緩衝電路之降壓式轉換器；(b)二極體之反向回復電流

19-2-1 純電容性之緩衝電路

雖然純電容性($R_S=0$)之緩衝電路在實際上不可行，但仍可用以提供緩衝電路動作基本原理之簡單解釋。圖19-2(a)之電路假設用以代表理想二極體截止時之開關考慮電路在最差之情況下操作。電路在$t=0$之起始狀態為：電感電流等於二極體之反向回復電流峰值I_{rr}，電容之電壓等於0。$R_S=0$下電容電壓之響應可由圖19-2(b)求得：

$$v_{Cs} = V_d - V_d\cos(\omega_0 t) + I_{rr}\sqrt{\frac{L_\sigma}{C_s}}\sin(\omega_0 t) \tag{19-1}$$

其中

$$\omega_0 = \frac{1}{\sqrt{L_\sigma C_s}} \tag{19-2}$$

定義一電容之基底值C_{base}為：

$$C_{base} = L_\sigma \left[\frac{I_{rr}}{V_d} \right]^2 \tag{19-3}$$

則(19-1)可重新表示為：

$$v_{cs} = V_d \left[1 - \cos(\omega_0 t) + \sqrt{\frac{C_{base}}{C_s}} \sin(\omega_0 t) \right] \tag{19-4}$$

利用微分法或相量分析法，v_{cs}之最大值可求得為：

$$v_{cs,\,\max} = V_d \left[1 + \sqrt{1 + \frac{C_{base}}{C_s}} \right] \tag{19-5}$$

$C_s = C_{base}$之v_{cs}與電感電流波形$i_{L\sigma}$表示如圖19-2(c)所示，在此情況下，二極體反向電壓之峰值等於$v_{cs,\,\max}$，C_s愈小此峰值愈高。

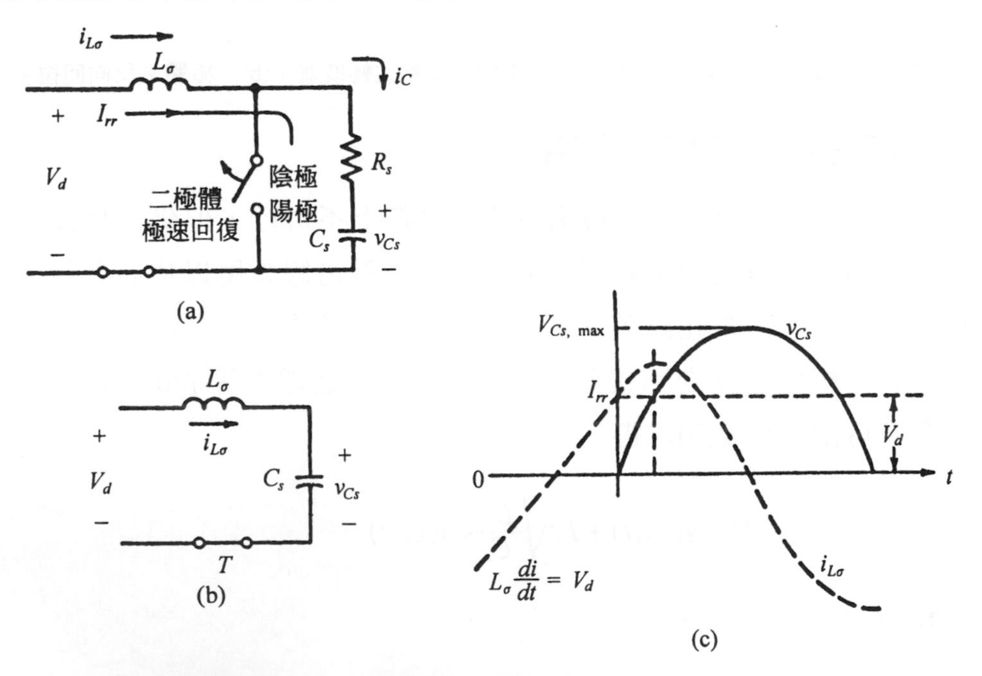

圖 19-2 (a)降壓式轉換器在二極體極速回復瞬間之等效電路；(b)緩衝電路電阻值為0之簡化表示；(c)$R_s = 0$及$C_s = C_{base}$下之電壓及電流波形。

19-2-2 緩衝電路加入電阻之效應

當緩衝電路加入電阻($R_s \neq 0$)下，重新考慮19-2(a)電路之響應。同樣地電路在$t=0$之起始狀態仍為$i_{L\sigma}=I_{rr}$，$v_{cs}=0$。由圖19-2(a)可將二極體兩端之電壓$v_{Df}(=v_{cs}+R_s i_{cs})$表示為：

$$L_\sigma C_s \frac{d^2 v_{Df}}{dt^2} + R_s C_s \frac{dv_{Df}}{dt} + v_{Df} = -V_d \tag{19-6}$$

其中之邊界條件為：$v_{Df}(0^+) = -I_{rr}R_s$且

$$\frac{dv_{Df}(0^+)}{dt} = -\frac{I_{rr}}{C_s} - \frac{R_s V_d}{L_\sigma} - \frac{I_{rr}R_s^2}{L_\sigma}$$

(19-6)之解為：

$$v_{Df}(t) = -V_d - \sqrt{\frac{L_\sigma}{C_s}} \frac{I_{rr}}{\cos(\phi)} e^{\alpha t} \cos(\omega_a t - \phi - r) \tag{19-7}$$

其中

$$\omega_a = \sqrt{1-\frac{\alpha^2}{\omega_0^2}}、\alpha = \frac{R_s}{2\omega_a}、\phi = \tan^{1}\left(\frac{V_d - I_{rr}R_s/2}{\omega_a L_\sigma I_{rr}}\right)、r = \tan^{1}\left(\frac{\omega_a}{\alpha}\right) \tag{19-8}$$

$v_{Df}(t)$發生最大值之時間t_m，可由(19-7)微分且令其為0獲得：

$$t_m = \frac{\phi + r - \pi/2}{\omega_a} \geq 0 \tag{19-9}$$

將t_m代入(19-7)可得二極體電壓之最大值為：

$$\frac{V_{\max}}{V_d} = 1 + \left\{\sqrt{1 + \frac{C_{base}}{C_s} + \frac{R_s}{R_{base}} - 0.75\left(\frac{R_s}{R_{base}}\right)^2}\right\}\exp(-\alpha t_m) \tag{19-10}$$

其中電阻之基底值定義為：

$$R_{base} = \frac{V_d}{I_{rr}} \tag{19-11}$$

$C_s = C_{base}$情況下$t > 0$之波形如圖19-3所示，共振之波形受R_s影響而產生阻尼。最大之二極體電壓由R_s及C_s決定，在C_s固定下，二極體電壓最大值取決於R_s。圖19-4所示為$C_s = C_{base}$下，最大電壓與R_s / R_{base}之關係圖，其顯示V_{max}之最小值發生在$R_s = R_{s,opt} = 1.3R_{base}$處。圖19-5所示為緩衝電路設計之正規化表示圖，其中最佳之電阻值$R_{s,opt}$以及相對應之V_{max}均以C_s為函數來表示。

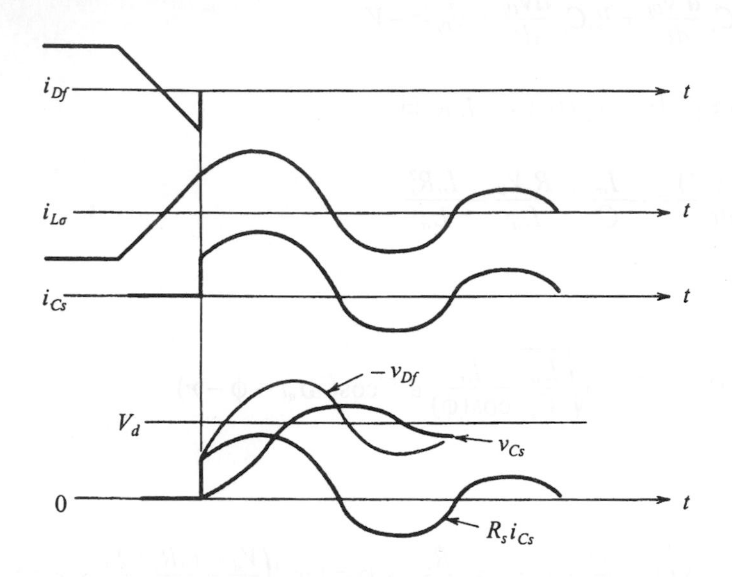

圖19-3　當二極體極速回復($t = 0$)後之電壓及電流波形

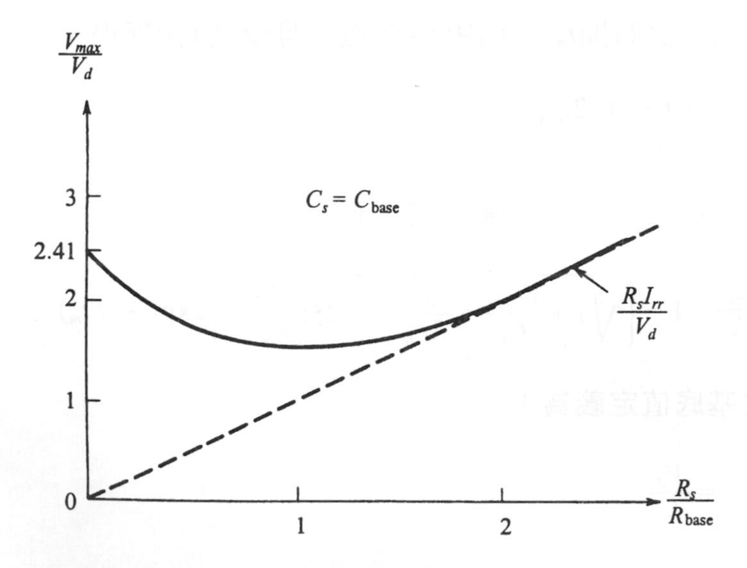

圖19-4　在固定C_s下二極體承受之最大過壓與R_s值之關係圖

電阻R_s之損失為：

$$W_R=\frac{1}{2}L_\sigma I_{rr}^2+\frac{1}{2}C_s V_d^2 \tag{19-12}$$

W_R正規化於漏感之峰值儲能$\left(\frac{1}{2}L_\sigma I_{rr}^2\right)$之表示亦顯示於圖19-5中。在電流共振之終點將有$W_{cs}$之電能儲存於$C_s$上：

$$W_{cs}=\frac{1}{2}C_s V_d^2 \tag{19-13}$$

此儲能將於下次二極體導通時被消耗掉，因此在二極體導通時總共有：

$$W_{tot}=W_R+W_{cs}=\frac{1}{2}L_\sigma I_{rr}^2+C_s V_d^2=\frac{1}{2}L_\sigma I_{rr}^2\left(1+2\frac{C_s}{C_{base}}\right) \tag{19-14}$$

會被消耗在二極體及R_s上。正規化之W_{tot}亦表示於圖19-5中，其顯示最大電壓在C_s小於C_{base}下隨C_s之增加而少許減少，然而功率之耗損W_{tot}卻線性增加，因此C_s之選擇以接近C_{base}為宜。一但選定C_s，$R_s=R_{s,opt}$可由圖19-5求得。

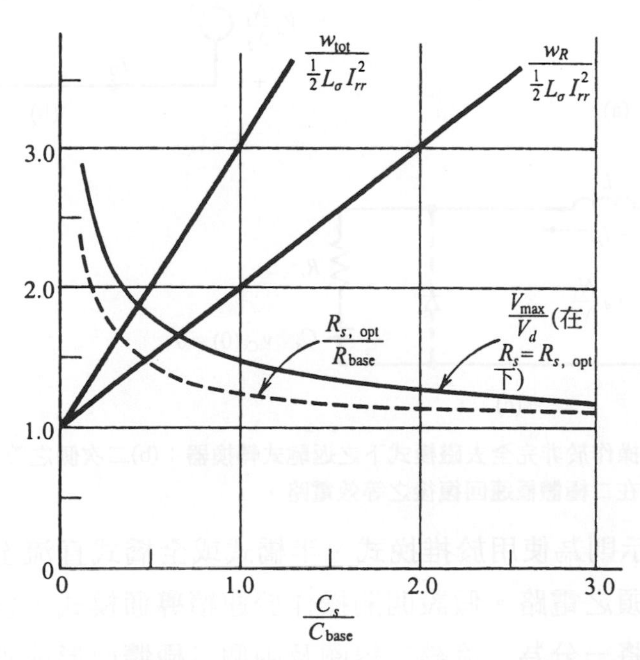

圖19-5　在$R_s=R_{s,opt}$下緩衝電路之能量損失及二極體之最大電壓與值大小之關係圖

以上之分析乃假設二極體之回復電流為極速，實際上之回復電流可視為指數衰減。因此圖19-2之等效電路可以加入一時變之電流源來修正，並利用電腦模擬來分析。其結果亦顯示上述緩衝電路之設計方法仍然有效。

19-2-3 緩衝電路之實現

以下將把圖19-2(a)二極體緩衝電路之分析結果應用至一些常用之轉換器上。圖19-6(a)所示為操作於非完全去磁模式下之返馳式轉換器，當開關截止時二極體導通；當開關導通時，二次測之電路可以表示如圖19-6(b)所示，在漏感及二極體上之電流為下降。因此當二極體電流下降至二極體急速回復瞬間之等效電路如圖19-6(c)所示，相似於圖19-2(a)。

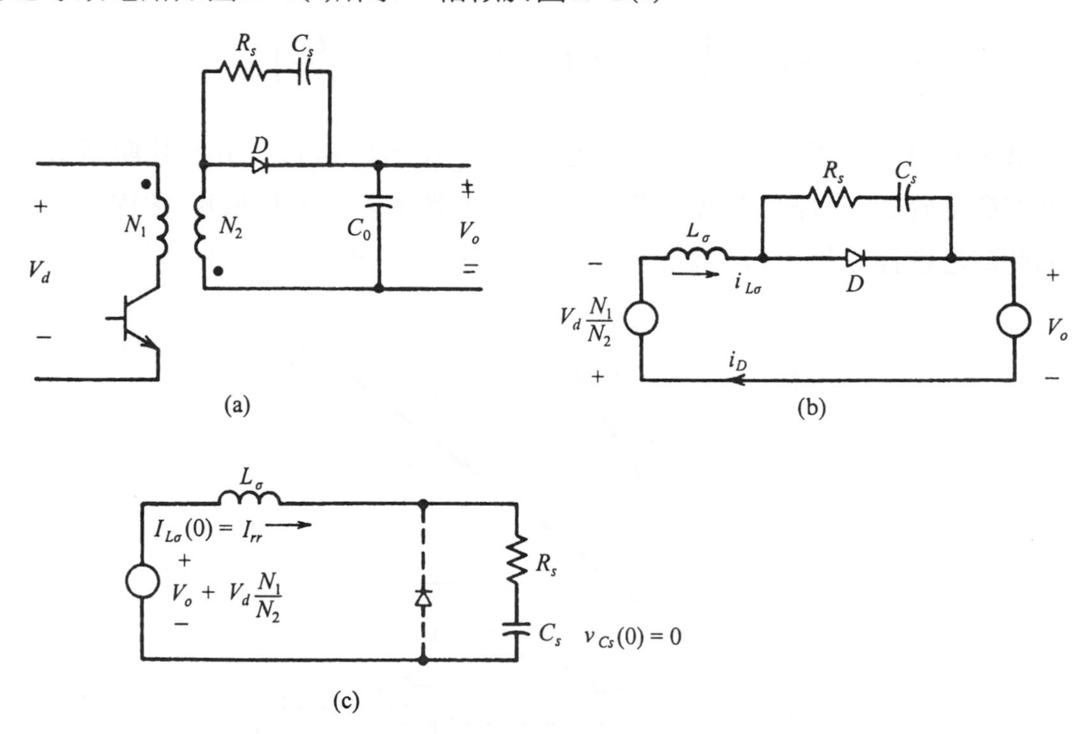

圖 19-6　(a)操作於非完全去磁模式下之返馳式轉換器；(b)二次側之等效電路；(c)在二極體極速回復後之等效電路。

圖19-7(a)所示則為使用於推挽式、半橋式或全橋式直流至直流轉換器等二次側具中心抽頭之電路。假設開關操作於連續導通模式，當一次側開關截止時，輸出電流將一分為二流經二線圈及兩個二極體而形成飛輪。當一次側開關導通時，如果跨在變壓器上之電壓為正，則二次側之等效電路如圖19-7

(b)所示，二極體D_1之電流將增加，D_2之電流將減少。在D_2截止瞬間之等效電路如圖19-7(c)所示，亦相似於圖19-6(c)所示。

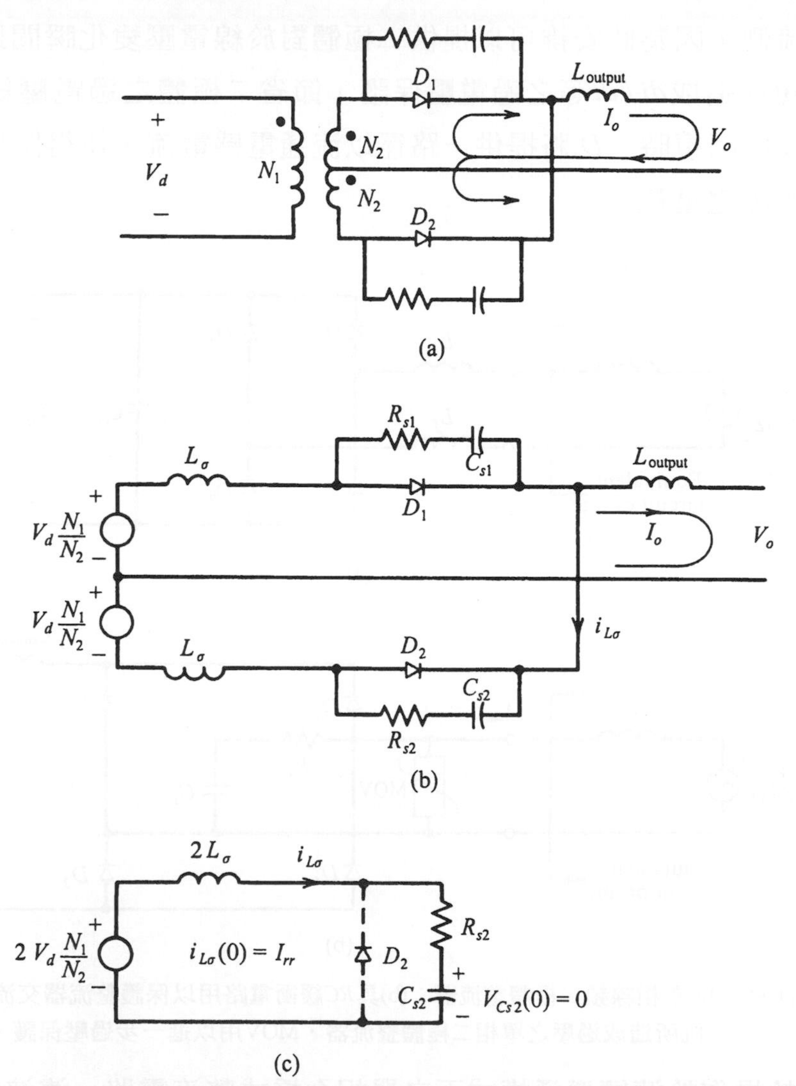

圖19-7　(a)二次側使用中心抽頭變壓器之全波整流電路；(b)二次側之等效電路；(c)在D_2極速回復時之等效電路。

以上之例子轉換器均包含一不可忽略漏感之變壓器，因此二極體加緩衝電路是必要的。然而對於圖19-1(a)之降壓式轉換器或非隔離之半橋式或全橋式轉換器，若使用BJTs及MOSFETs形式之可控式開關且電路佈線(layout)良好使L_σ達到最小化，則可省略此緩衝電路。

對於第5章所討論之單相線頻二極體整流電路，如果整流二極體連接一直流電容且操作於不連續導通模式，所使用之濾波電感最好如圖19-8(a)所示置於交流側，因為此安排可以提供二極體對於線電壓變化瞬間以及由二極體反向回復所造成di/dt等之過電壓保護，節省二極體之過電壓緩衝電路。例如當D_1反向回復時，D_4將提供一路徑以流通電感電流，使得跨於D_1之電壓被箝制為直流電壓V_{dc}。

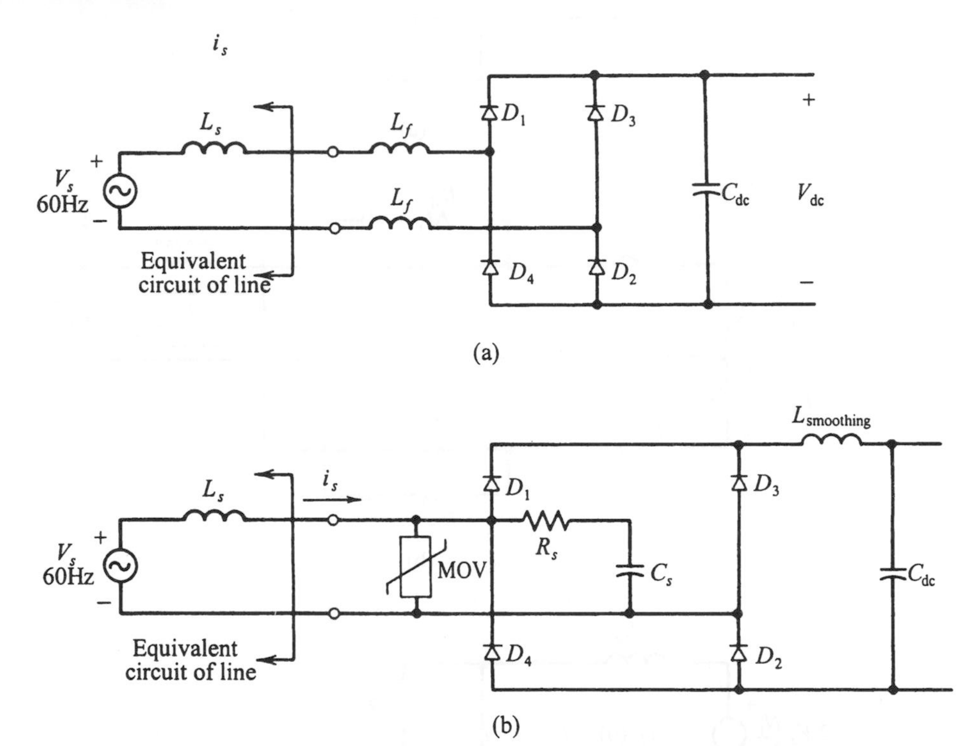

圖19-8　(a)單相線頻二極體整流器；(b)具RC緩衝電路用以保護整流器交流側未知電抗所造成過壓之單相二極體整流器，MOV用以進一步過壓保護。

對於操作於連續導通模式下之單相全橋式整流電路，濾波電感則需置於直流側，如圖19-8(b)所示。事實上在交流測電源存在一有限且通常未知大小之感抗，為作最差情況之分析，假設此交流側感抗大小$X_s(=\omega L_s)$為5%，亦即

$$X_s=\omega L_s=0.05\frac{V_s}{I_{s1}} \tag{19-15}$$

其中V_s為線電壓rms值，I_{s1}為全載下輸入電流之基本波rms值。圖19-8(b)加入一RC緩衝電路來保護所有的二極體，由於二極體反向回復的速度較60 Hz之線頻快許多，因此輸入電壓V_s在回復瞬間可視為定值，故仍可使用圖19-2(a)之等效電路來加以分析。詳細之分析將於後述閘流體整流電路時加以說明，因為二極體整流器可視為閘流體整流器之一特例。單相整流電路之分析亦可以推廣至三相橋式整流電路。

值得注意的是，對於與線電壓連接之轉換器，二極體緩衝電路亦提供線電壓變化時之過壓保護功能，而且此功能之考慮甚至超過對於二極體反向回復緩衝電路設計之考慮。通常會再加入金氧變阻器(MOVs)以防止線電壓變化瞬間之過壓。

19-3 閘流體之緩衝電路

若無使用緩衝電路，當閘流體反向偏壓時，其反向回復電流將因串聯之感抗而造成過壓。在上一節中，我們已介紹降壓式轉換器所使用防止二極體過壓之緩衝電路，其可推廣至任意形式之轉換器，本節中我們將運用至第6章所介紹之三相線頻閘流體轉換器。如圖19-9(a)所示，交流側之電感包括電源之內阻抗以及變壓器之漏感，直流側則以一電流源i_d來表示。

假設閘流體T_1及T_2在導通狀態，T_3在延遲一α角後觸發，則如圖19-9(b)所示，電流i_d將由T_1(連接到a相)換相至T_3(連接到b相)，由電壓v_{ba}負責電流之換相。換相瞬間可以利用圖19-9(c)之電路來分析，其中在ωt_1時T_3導通、T_1截止且電流反向回復使$i_\sigma = I_{rr}$，輸入60Hz之電壓v_{ba}可視為一定電壓源。緩衝電路之電壓及電流則相似於圖19-3所示。

為設計緩衝電路，假設輸入電感之阻抗為5%以考慮最差之操作情況：

$$X_c = \omega L_c = 0.05 \frac{V_{LL}}{\sqrt{3} I_d} \tag{19-16}$$

其中V_{LL}為線對線電壓之rms值，I_d為負載電流，此外圖19-9(c)中之電壓源亦以其最大值來考慮，亦即等於$\sqrt{2}V_{LL}$，其相對應於$\alpha = 90^\circ$。因此換向時跨於T_1之di/dt值為：

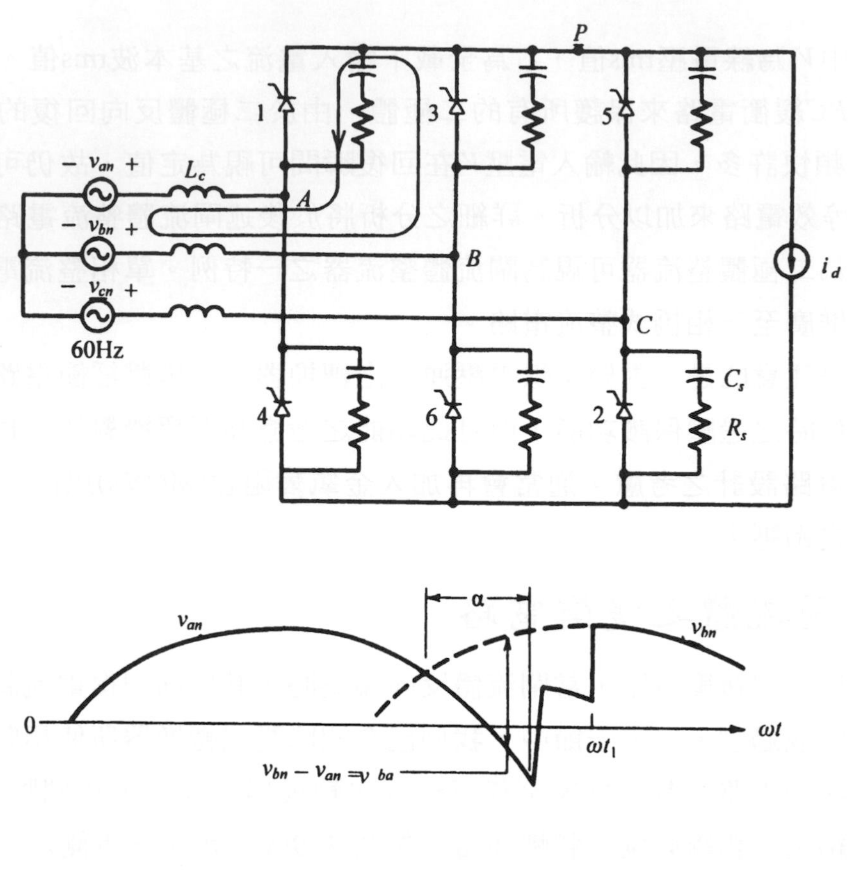

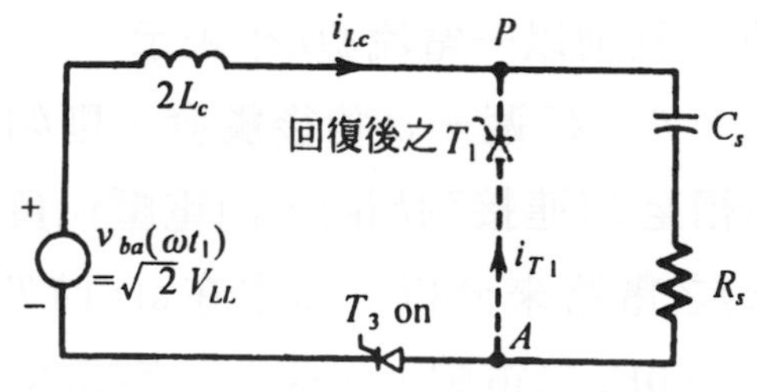

圖 19-9　三相線頻轉換器閘流體之截止緩衝電路：(a)三相線頻轉換器；(b)觸發時間；(c)等效電路

$$\frac{di}{dt} = \frac{\sqrt{2}V_{LL}}{2L_c} \tag{9-17}$$

若假設閘流體之反向回復時間$t_{rr} = 10\,\mu\text{s}$，則：

$$I_{rr} = \left(\frac{di}{dt}\right)t_{rr} = \frac{\sqrt{6}\,\omega\,V_{LL}t_{rr}I_d}{0.1V_{LL}} = 0.09I_d \tag{19-18}$$

誠如前述，$C_s = C_{base}$可近似於最佳之選擇，將圖19-2(a)及公式(19-3)應用至圖19-9(c)可得：

$$C_{base} = L_c\left(\frac{I_{rr}}{V_{LL}}\right)^2 \tag{19-19}$$

將(19-16)在$\omega = 377$下之L_c及(19-18)之I_{rr}代入(19-19)可得：

$$C_s = C_{base}(\mu \mathrm{F}) = \frac{0.6 I_d}{V_{LL}} \tag{19-20}$$

$R_s = R_{opt}$可以利用圖19-5求得，亦即$R_s = R_{opt} = 1.3R_{base}$，$R_{base} = \sqrt{2}V_{LL} / I_{rr}$，因此

$$R_s = R_{s,opt} = 1.3\sqrt{2}\frac{V_{LL}}{I_{rr}} = 20\frac{V_{LL}}{I_d} \tag{19-21}$$

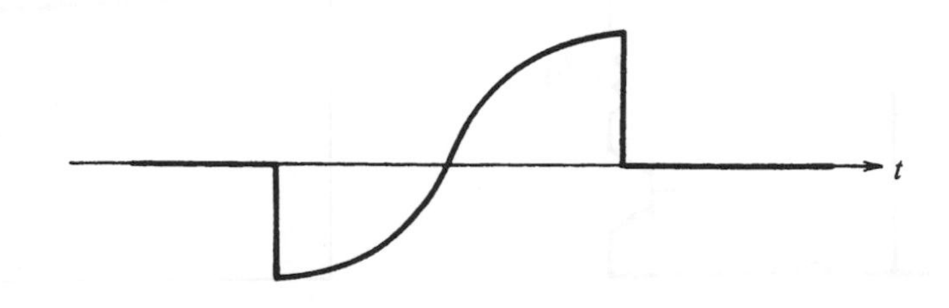

圖19-10　觸發角90°下閘流體之跨壓波形

為估測每一緩衝電路之損失，跨於閘流體之電壓以其最差情況$\alpha = 90°$來考慮，如圖19-10所示。由此可以求得每一緩衝電路之總電能損失為：

$$W_{snubber} = 3C_s V_{LL}^2 \tag{19-22}$$

或由(19-20)可得：

$$W_{snubber} = 1.8\times10^{-6} I_d V_{LL} \tag{19-23}$$

如果三相轉換器之KVA值為S，在60Hz下每一緩衝電路之功率損失為：

$$P_{snubber}(W) = 10^{-4} S \tag{19-24}$$

在不同t_{rr}或L_c下亦可使用相同的步驟加以分析。更保守之設計為使C_s大

於C_{base}，如此R_s值將比上述之值為小而使得緩衝電路之損失增加，因為此損失與C_s之大小成正比。

19-4 電晶體之緩衝電路

緩衝電路藉由改變切換路徑來保護電晶體。有三種形式之緩衝電路：

1. 截止之緩衝電路
2. 導通之緩衝電路
3. 過電壓之緩衝電路

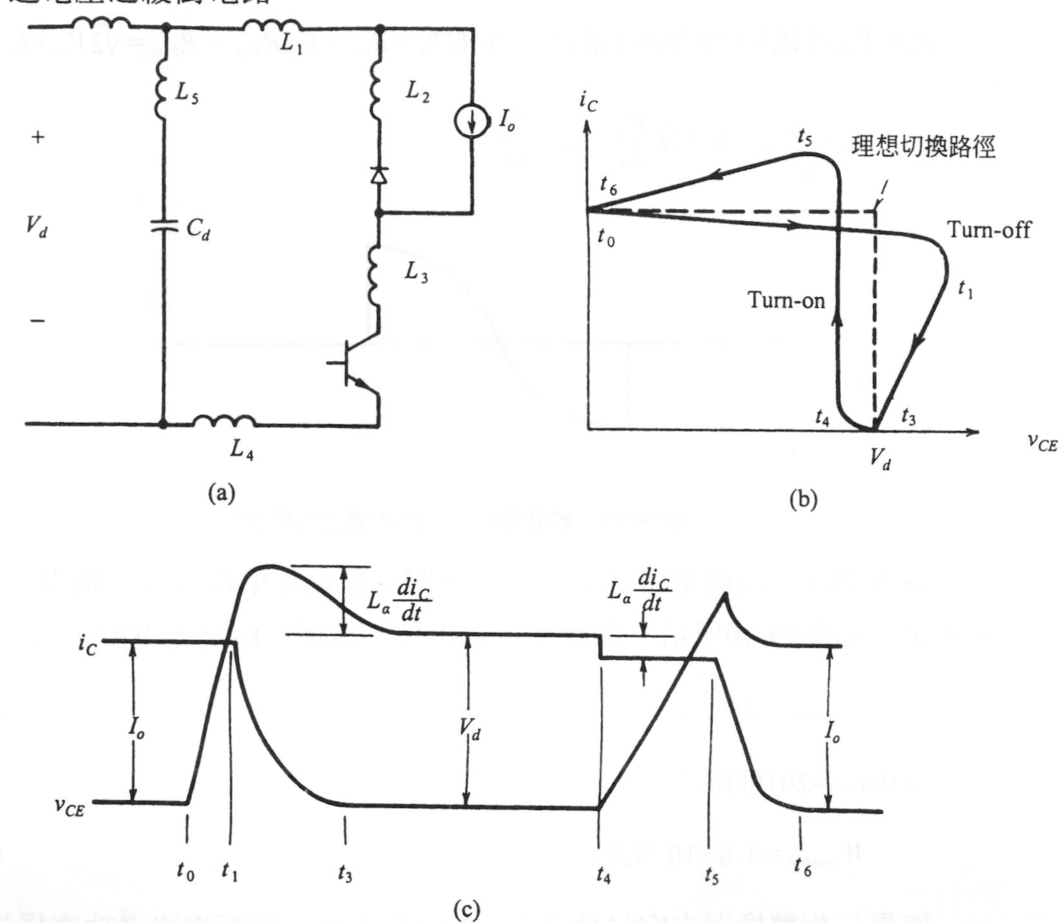

圖19-11 (a)繪出雜散電感之降壓式轉換器；(b)切換路徑；(c)在導通及截止瞬間之電壓及電流波形

為解釋緩衝電路之必要性，首先以圖19-11(a)所示未加緩衝電路之降壓式轉換器來解釋，其中電路各部份均合理地將雜散電感包含進來。雖然此電路以BJT電晶體來表示，其原理亦可推廣至其他使用MOSFETs、IGBTs、

GTOs及MCTs等開關之電路。假設起始狀態為電晶體導通，$i_c = I_o$。在t_0時開關截止程序開始，電晶體電壓上昇，但電路各部份之電流均維持定值直到t_1當飛輪二極體開始導通時，此時電晶體電流開始下降，下降速度由電晶體特性及其基極觸發電路決定。電晶體電壓可以表示為：

$$v_{CE} = V_d - L_\sigma \frac{di_c}{dt} \tag{19-25}$$

其中$L_\sigma = L_1 + L_2 + \cdots$，此雜散電感將造成過電壓，因為$\frac{di_c}{dt}$為負會與輸入電壓疊加。當電流在$t_3$下降至0後，電壓亦回至$V_d$並維持在此值。

在開關導通過程時，電晶體電流於t_4開始上昇，上升速率由電晶體特性及基極驅動電路決定。方程式(19-25)仍適用於此，但由於$\frac{di_c}{dt}$為正因此電晶體電壓v_{CE}將較V_d稍低。由於飛輪二極體反向回復電流之故，i_c將超越I_o，此飛輪二極體在t_5時回復，電晶體電壓則於t_6時下降至0，下降速度由電晶體特性決定。

開關切換之波形亦可以圖19-11(b)所示之切換路徑來表示，其中虛線代表在無雜散電感及無二極體反向回復電流之情況下，開關導通及截止瞬間之理想切換路徑。這些路徑均顯示電晶體在導通及截止瞬間需同時承受高電壓及高電流，因此將造成高功率損失，同時雜散電感會造成超出V_d之過壓，二極體之反向回復電流亦會造成超出I_o之過電流。若此過電壓或過電流無法接受則需使用緩衝電路來降低開關之負荷。

一簡化緩衝電路分析之重要假設為：電晶體電流之變化速率僅受其特性及基極驅動電路影響使di/dt為定值。因此di/dt值在導通及截止時或許不同，但假設其不會受到額外增加之緩衝電路影響。此假設提供一雛型電路簡化設計步驟之基礎，最後之設計則可能有少許修正。

19-5 截止之緩衝電路

截止緩衝電路之目的在使電晶體截止電流降為零期間，跨於電晶體之電壓為零。此可以RCD電路來達成，如圖19-12(a)所示。為簡化說明起見，圖

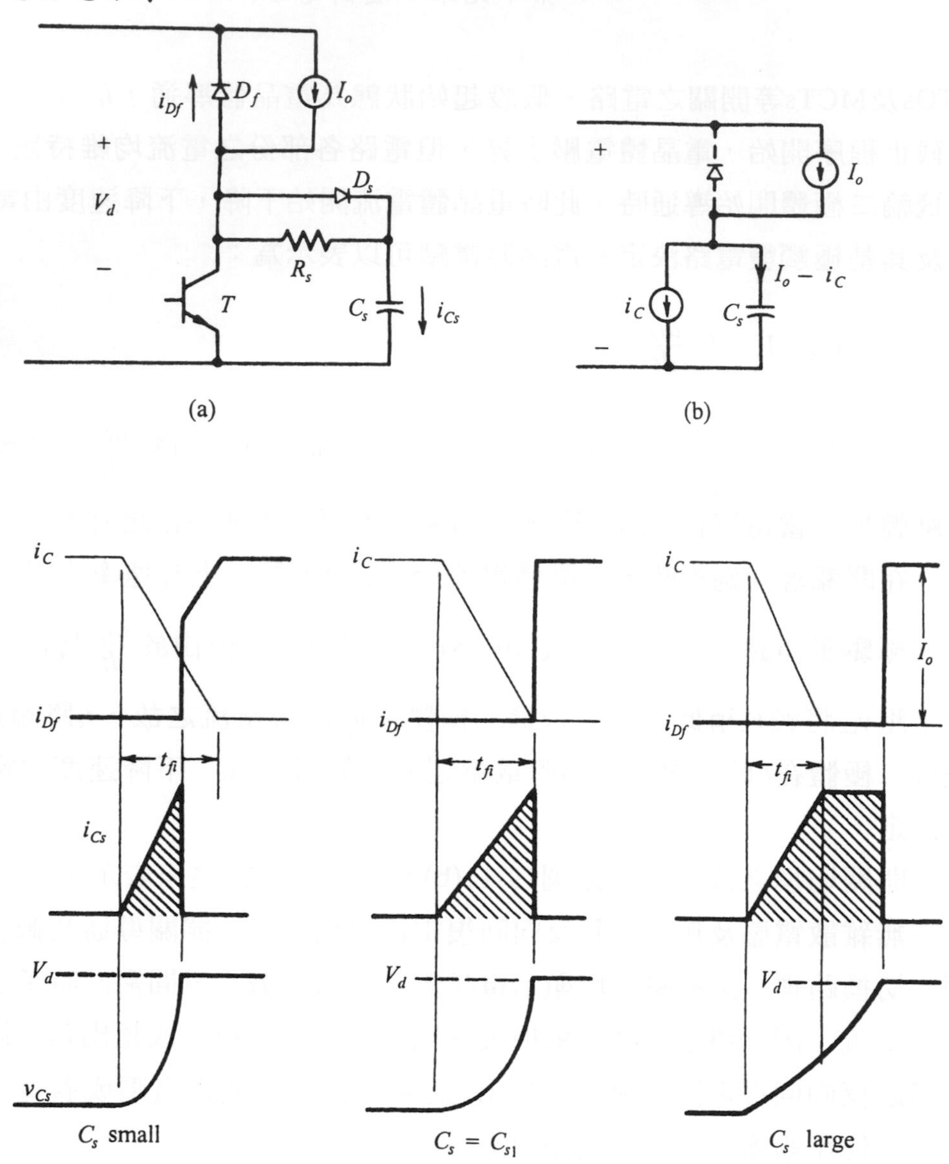

圖 19-12 (a)截止之緩衝電路；(b)在開關截止瞬間之等效電路；(c)在開關截止瞬間之電壓及電流波形，斜線區域表示截止瞬間充入電容之電荷，其在下次開關導通時消耗在開關上

中假設雜散電感可以被忽略。在開關截止前，電晶體之電流為I_o，電壓為零。當開關截止瞬間，電晶體電流i_c以一固定di/dt之速率減少，$(I_o - i_c)$之電流將經過緩衝電路之二極體D_s流進電容，因此電容電流可表示為：

$$i_{cs} = I_o \frac{t}{t_{fi}} \qquad 0<t<t_{fi} \tag{19-26}$$

其中t_{fi}為電流之下降時間，i_{cs}在截止前($t=0$時)為零。電容電壓即相當於D_s導通時跨於電晶體之電壓為：

$$v_{cs}=v_{CE}=\frac{1}{C_s}\int_0^t i_{cs}dt=\frac{I_o t^2}{2C_s t_{fi}} \tag{19-27}$$

此電壓表示式在電流下降期間只要$v_{cs}\le V_d$均為有效，其等效電路如圖19-12(b)所示。三種不同C_s大小之電壓及電流如圖19-12(c)所示，對於小C_s之情況，電晶體電壓在電流未下降至0前即達到V_d，在此時飛輪二極體D_f將導通使電壓箝制在V_d，i_{cs}將因$\frac{dv_{cs}}{dt}=0$之故下降至0。

在$C_s=C_{s1}$下，v_{cs}剛好在電流下降時間t_{fi}時達到V_d。C_{s1}可利用$t=t_{fi}$及$v_{cs}=V_d$代入(19-27)求得為：

$$C_{s1}=\frac{I_o t_{fi}}{2V_d} \tag{19-28}$$

對於$C_s>C_{s1}$之情況，v_{cs}達到V_d之時間超過t_{fi}。在t_{fi}後電容電流等於I_o，電容電壓將線性上昇達到V_d。三種不同C_s大小下之切換路徑如圖19-13所示。

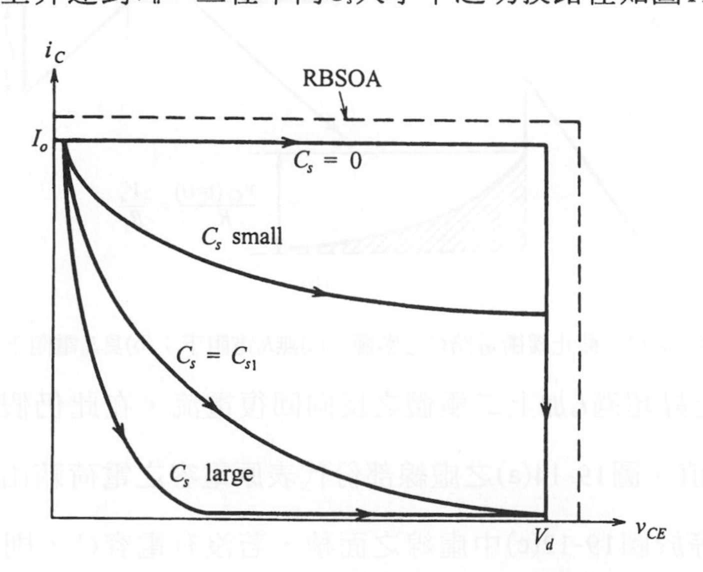

圖19-13　在各種不同C_s下開關截止之切換路徑

為使緩衝電路之設計為最佳，有必要考慮在截止緩衝電路加上後電晶體之導通情況。首先假設$R_s=0$之緩衝電路如圖19-14(a)所示，由於C_s之故，導

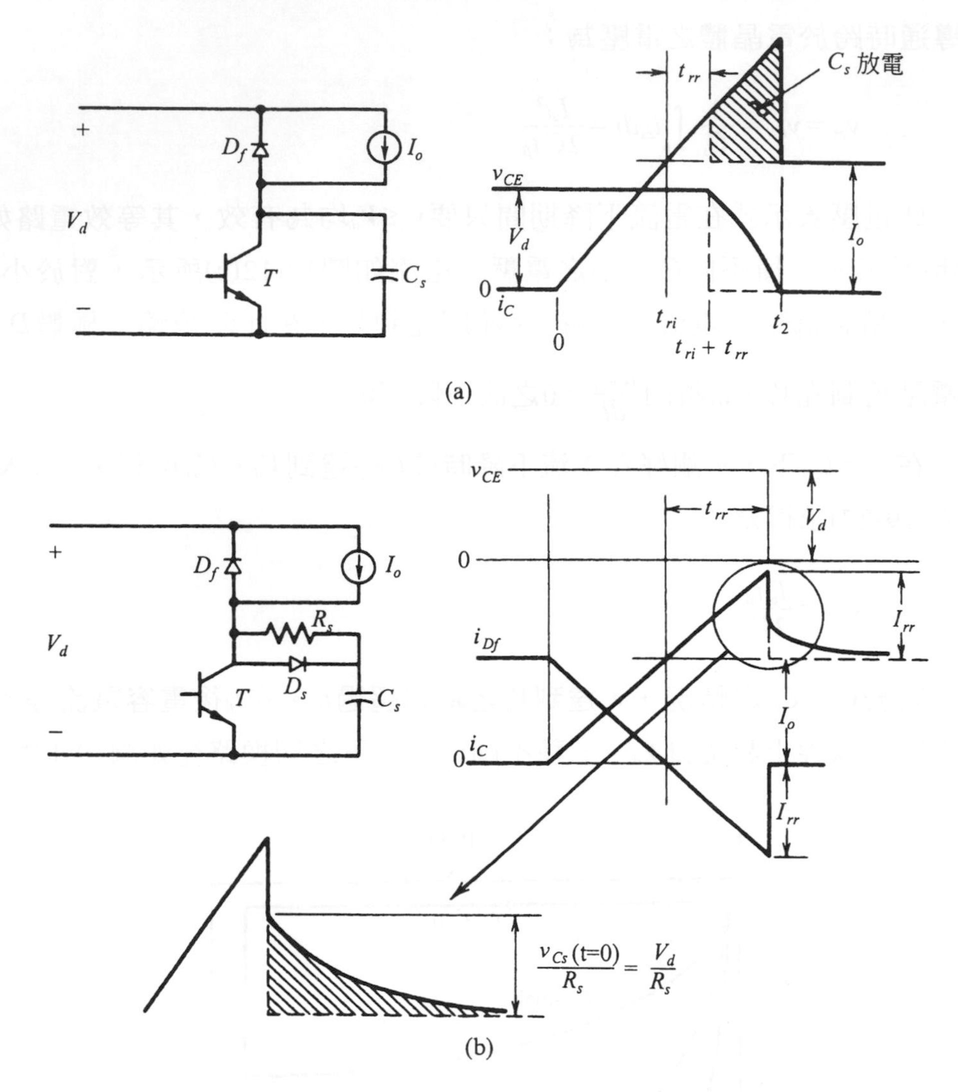

圖 19-14　截止緩衝電路C_s之影響：(a)無R_s電阻下；(b)具R_s電阻下。

通之電流將上昇超過I_o加上二極體之反向回復電流，在此仍假設電流之上昇速率$\frac{di_c}{dt}$為定值。圖19-14(a)之虛線部份代表原電容之電荷藉由電晶體放電，此虛線面積等於圖19-12(c)中虛線之面積。若沒有電容C_s，則電晶體電壓將立即下降如圖19-14(a)中之虛線所示，電晶體導通時之功率損失將相當低。加入C_s會延長電壓之下降時間使電晶體之能量損失增加，此能量損失可表示為：

$$\Delta W_Q = \int_{t_{ri}+t_{rr}}^{t_2} i_c v_{CE}\,dt = \int_{t_{ri}+t_{rr}}^{t_2} i_{cs} v_{CE}\,dt + \int_{t_{ri}+t_{rr}}^{t_2} I_o v_{CE}\,dt \tag{19-29}$$

等號右邊第一項等於儲存於電容之能量，在開關導通時會消耗在電晶體上。等號右邊第二項通常比第一項更大，同樣地也會消耗在電晶體上，其乃由於C_s造成電壓下降時間增加之故。

當R_s加入後電晶體之導通波形如圖19-14(b)所示，與純電容不同的是電壓將瞬間下降，因此電晶體無額外增加之損失。電容之能量完全消耗在電阻上，此能量為：

$$W_R = \frac{C_s V_d^2}{2} \tag{19-30}$$

如圖19-14(b)所示，R_s值之選擇必須使流經它之峰值電流小於飛輪二極體之反向回復電流I_{rr}，即：

$$\frac{V_d}{R_s} < I_{rr} \tag{19-31}$$

典型之設計為使I_{rr}不大於$0.2I_o$，(19-31)可近似為：

$$\frac{V_d}{R_s} = 0.2I_o \tag{19-32}$$

基於上述假設，由圖19-14(a)與圖19-14(b)比較可知加入R_s可於電晶體導通時獲得以下幾點好處：

1. 所有電容能量均消耗於電阻，其散熱較電晶體散熱為易。
2. 截止緩衝電路不會造成電晶體額外之損失。
3. 電晶體之電流峰值不會因截止緩衝器而增加。

為輔助選擇適當之C_s值起見，圖19-15以C_s大小為函數將截止時消耗在電晶體之能量(W_T)，以及導通時消耗在R_s之能量(W_R)繪出。C_s之選擇必須根據：(1)使截止之切換路徑落入安全之反向偏壓區域；(2)基於電晶體散熱考量儘量降低其損失；(3)使圖19-15中二損失之總合(如圖中虛線所示)愈低愈佳。

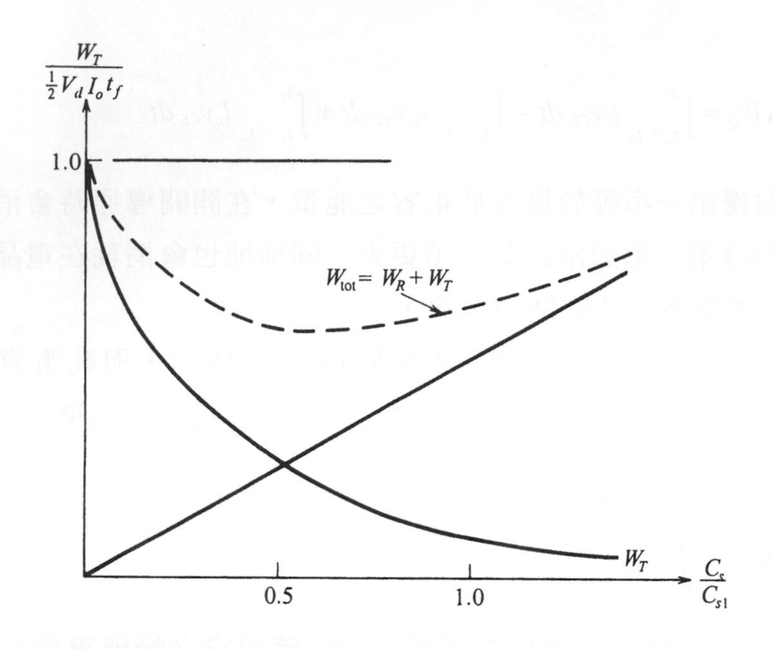

圖 19-15 截止瞬間消耗在BJT及R_s上之能量與電容C_s之關係圖

當首先根據(19-32)選定R_s及上述之原則選定C_s後，設計者必需再確定電容是否有足夠之時間在電晶體導通時放電，使其電壓低於$0.1V_d$，以便於在下次截止瞬間繼續發揮功用。電晶體導通時電容之放電時間常數為$\tau_c = R_s C_s$且

$$v_{cs} = V_d e^{t/\tau_c} \tag{19-33}$$

因此欲使v_{cs}下降至$0.1V_d$之時間為$2.3\tau_c$，故

$$t_{ON,state} > 2.3 R_s C_s \tag{19-34}$$

例如，當$C_s = C_{s1}$且R_s為利用(19-32)選定，則電晶體之最小導通時間為電晶體電流下降時間t_{fi}之6倍。

19-6 過電壓之緩衝電路

以上對於截止緩衝電路之說明均將雜散電感忽略，故無過電壓之問題。過電壓乃因雜散電感所造成，如圖19-11(a)所示，可以利用圖19-16所示之過電壓緩衝電路來防止。圖19-16假設所有之雜散電感可以如(19-25)所示被集總成一電感。過電壓緩衝電路之動作敘述如下：

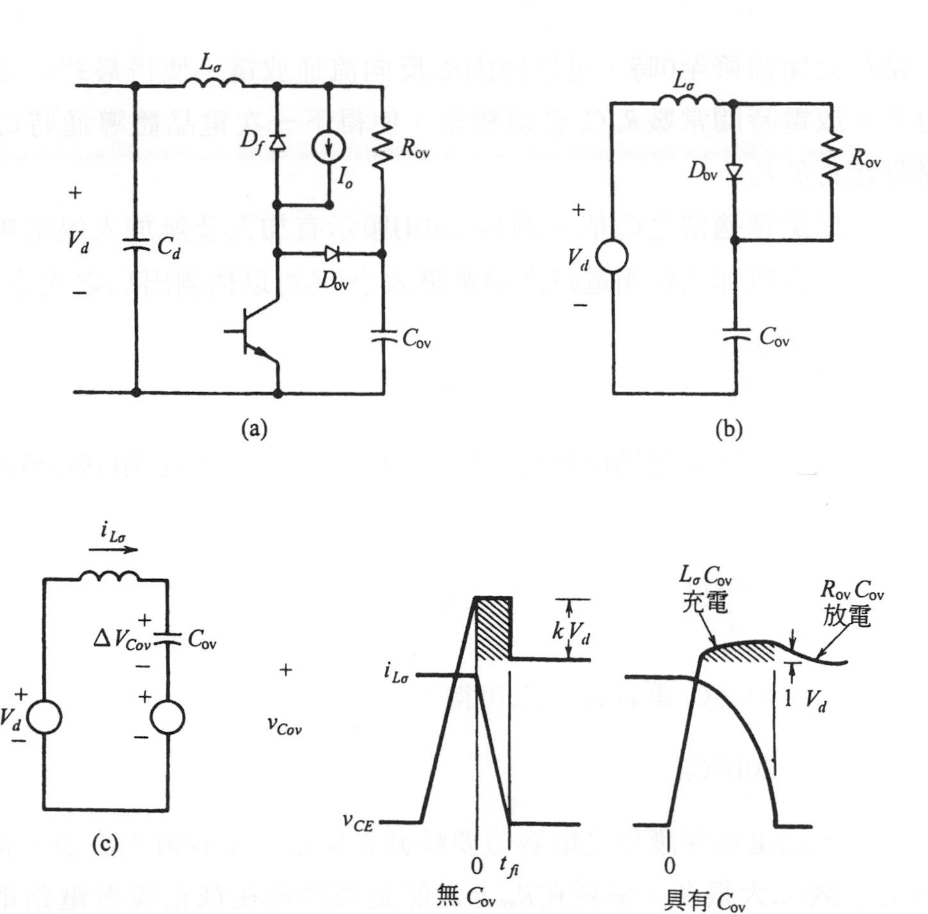

圖19-16　(a)過電壓緩衝電路；(b)(c)在電晶體截止瞬間之等效電路；(d)具有及不具有緩衝電路之v_{CE}波形

若一開始時電晶體導通，跨於過電壓緩衝電路之電容電壓$v_{c,ov}=V_d$。當電晶體截止時，假設其電流下降時間很短使得電流下降至零時，流經L_σ之電流仍為I_o且輸出電流巡迴流經飛輪二極體D_f。在此區間內之等效電路如圖19-16(b)所示，D_f與I_o結合形成短路，而電晶體為開路。儲存在雜散電感之能量將透過D_{ov}轉移至C_{ov}上，C_{ov}之電壓變化亦即電晶體之開關電壓變化($\Delta V_{c,ov}=\Delta V_{CE}$)可以利用圖19-16(c)之等效電路求得：

$$\frac{C_{ov}\Delta V_{CE,\max}^2}{2}=\frac{L_\sigma I_o^2}{2} \tag{19-35}$$

上式指出：C_{ov}愈大過電壓$\Delta V_{CE,\max}$將愈小。

當L_σ之電流降至0時，可以經由R_{ov}反向流通放電，使得最終C_{ov}之電壓可回至V_d。放電時間常數$R_{ov}C_{ov}$必須夠短，使得下一次電晶體導通時C_{ov}已放電至電壓趨近於V_d。

為輔助選擇適當之C_{ov}值，圖19-16(d)顯示有加入及無加入過電壓緩衝電路之波形。由無加入緩衝電路之過電壓大小kV_d可以估測出L_σ之大小：

$$kV_d = \frac{L_\sigma I_o}{t_{fi}} \tag{19-36}$$

若定義一可接受之過電壓值，例如$\Delta V_{CE,\max} = 0.1V_d$，則由(19-35)及(19-36)之$L_\sigma$可得：

$$C_{ov} = \frac{100kI_o t_{fi}}{V_d} \qquad \Delta V_{CE,\max} = 0.1V_d \tag{19-37}$$

利用(19-28)之C_{s1}重新表示C_{ov}可得：

$$C_{ov} = 200kC_{s1} \tag{19-38}$$

其指出過電壓保護用之電容值要較截止保護之電容值大許多。但可以證明的是雖然C_{ov}大很多，消耗在R_{ov}上之能量與消耗在截止緩衝電路電阻上的能量相差不多。截止與過電壓緩衝電路二者可以同時使用。

19-7 導通之緩衝電路

由於大部分之可控式開關包括BJTs、MOSFETs、GTOs及IGBTs等之FBSOA均很大，因此導通之緩衝電路僅用以降低高頻切換導通瞬間之損失以及限制二極體之最大反向回復電流。其降低導通瞬間損失之方式為降低電流上昇過程中電晶體之壓降。導通之緩衝電路可以如圖19-17(a)所示與電晶體串聯或如圖19-17(b)所示與飛輪二極體串聯，二電路電晶體導通與二極體截止之切換波形相同。由於電壓降之故可降低電晶體之電壓。電壓降低幅度為：

$$\Delta V_{CE} = \frac{L_s I_o}{t_{ri}} \tag{19-39}$$

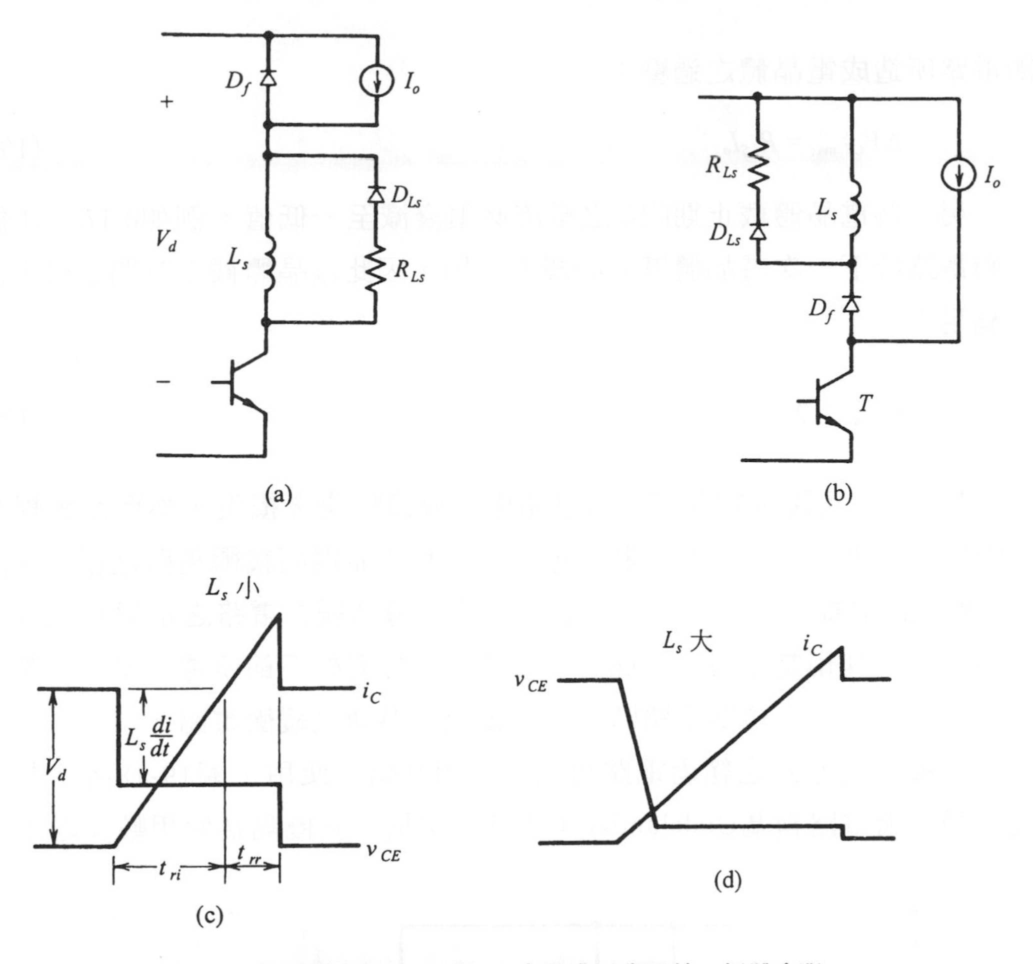

圖19-17　導通緩衝電路：(a)與BJT串聯或(b)與飛輪二極體串聯；(c)L_s較小下之電晶體電壓及電流波形；(d)L_s較大下之波形

其中t_{ri}為電流上昇時間。由於L_s很小，因此di/dt主要由電晶體本身及其基極驅動電路決定。在此仍假設外加之緩衝電路對di/dt以及二極體之反向回復電流峰值沒有影響。

就圖19-17(d)而言，在電流上昇期間其上昇速率$di/dt = V_d / L_s$且跨於電晶體之電壓為0。將此速率代入二極體之特性公式可得二極體之

$$I_{rr} = \sqrt{\frac{2\tau I_f V_d}{L_s}} \tag{19-40}$$

當電晶體導通時，L_s之電流為I_o，當電晶體截止時儲存在L_s之能量$L_s I_o^2/2$將消耗在電阻R_{LS}上。R_{LS}之選擇需考慮二因素，一為當電晶體導通瞬間由緩

衝電路所造成電晶體之過壓：

$$\Delta V_{CE,\max} = R_{LS} I_o \tag{19-41}$$

另一為電晶體截止期間L_s之電流必須衰減至一低值，例如$0.1I_o$，才能使緩衝電路於下一次電晶體導通時繼續作用，因此電晶體截止時間之最小值必須滿足：

$$t_{off,state} > 2.3\frac{L_s}{R_{LS}} \tag{19-42}$$

較大之L_s可降低電晶體之導通電壓及導通瞬間之損失，然而卻會提高截止瞬間之過電壓及增加電晶體之最小截止時間而提高緩衝電路之損失。因此L_s與R_{Ls}之設計如上所述必須作一折衝。由於導通緩衝電路之電感必須流通負載電流而使其相當昂貴，因此鮮少被使用，然而如下節所述，當橋式架構之轉換器使用截止之緩衝電路時，亦必須使用導通之緩衝電路。

三種不同形式之緩衝電路可同時或相互結合使用，圖19-18所示為結合此三種緩衝電路稱為Undeland緩衝電路之架構，其優點為使用較少之元件。

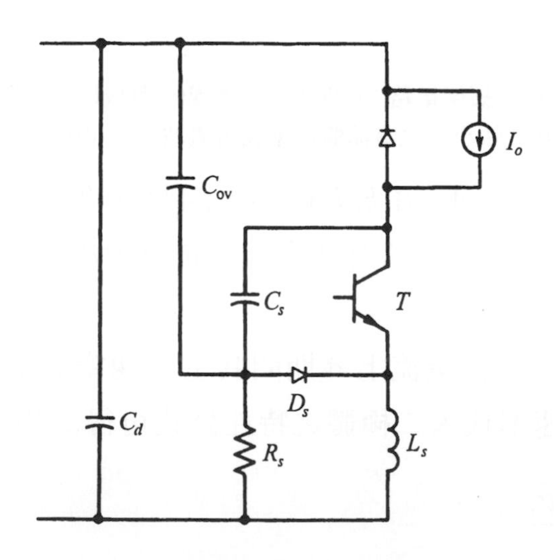

圖19-8　一同時具備過電壓、導通及截止緩衝電路之修正電路：降壓式轉換器之Undeland緩衝電路

19-8 橋式電路之緩衝電路

PWM切換式全橋或半橋式轉換器廣泛地使用於馬達驅動器與不斷電電源供應器(如第8章所述)，負載電流在一切換週期內可視為定值I_o。如圖19-19所示，I_o之方向可如圖中所示為流入轉換器臂，但亦可能為流出。與降壓式轉換器不同的是，截止之緩衝電路在此不能單獨使用，並須配合導通之緩衝電路，說明如下：當I_o流向轉換器臂時，若T_-截止則I_o流經D_{f+}使得C_{s+}之電壓為0，當T_-導通D_{f+}反向回復時，將有如圖19-19(a)所繪之迴路形成使C_{s+}之充電電流流經T_-。其會增加T_-額外之導通瞬間損失，此與圖19-14(a)所述降壓式轉換器僅使用純電容之截止緩衝電路情況相同。同理亦可推至T_+之導通情形，另外C_{s+}對於降低T_-截止時之切換應力亦毫無幫助。

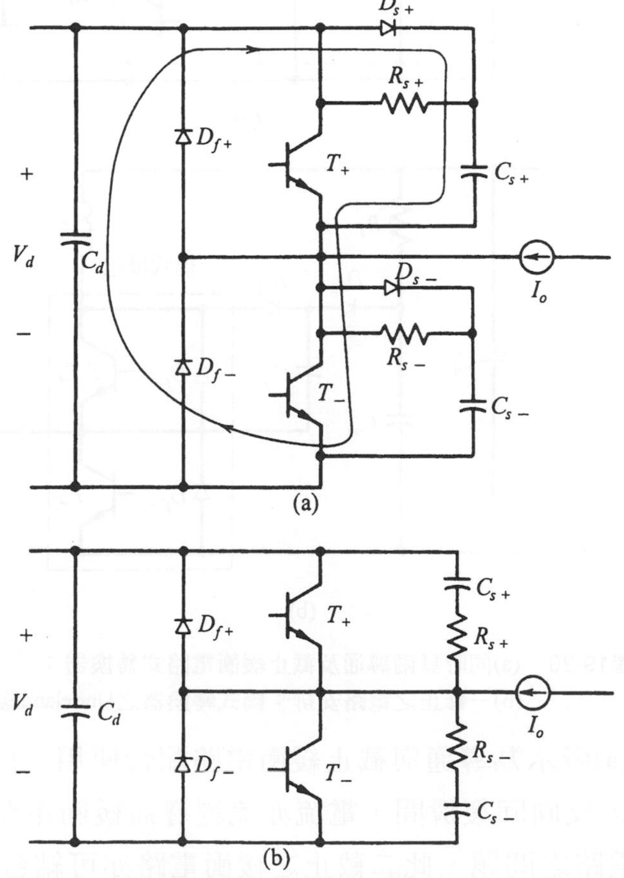

圖19-19　(a)不適當之橋式轉換器BJT之截止緩衝電路；
(b)用以降低截止瞬間dv/dt值以減少EMI之$R-C$截止緩衝電路

如圖19-19(b)所示之RC緩衝電路亦有與圖19-19(a)相同之問題，然而它是目前橋式轉換器最常使用之方法，其使用較小之電容值主要用來降低dv/dt以改善EMI問題。

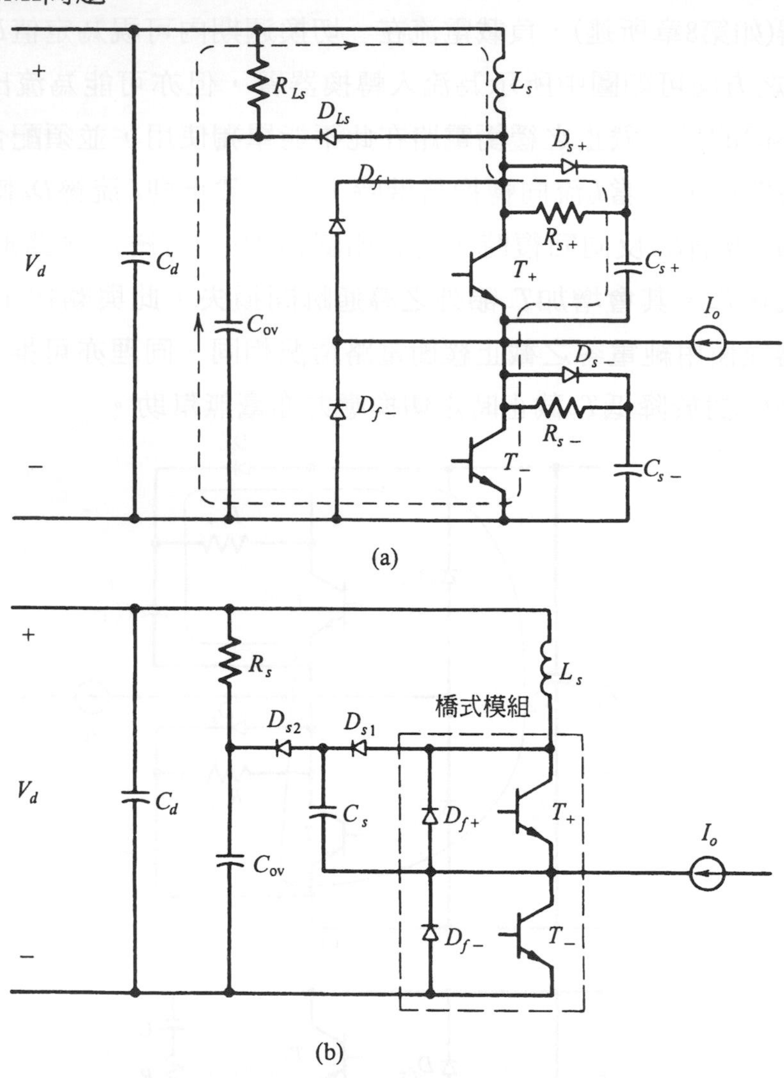

圖19-20 (a)同時具備導通及截止緩衝電路式轉換器；(b)一修正之電路安排：橋式轉換器之Undeland緩衝電路

圖19-20(a)所示為導通與截止緩衝電路配合使用，由圖中所繪之迴路可知在T_-導通D_{f+}反向回復瞬間，電流亦流經導通緩衝電路之電感，減輕前述無導通緩衝電路之問題。此二截止之緩衝電路亦可結合為一如圖19-20(b)所示，同時加入一C_{ov}使之與R_s配合形成一過電壓保護緩衝電路，此過壓保護電

路可同時保護上、下二開關及其飛輪二極體。由於截止緩衝電路僅包含一電容因此可使導通瞬間之損失僅為圖19-20(a)之一半，而且所有緩衝電路之損失僅消耗在一電阻上，因此可利用一直流至直流轉換器來取代它作能量回收。

19-9 GTO所使用緩衝電路之考量

GTOs所使用之緩衝電路與其它可控式開關相同，但由於GTOs需處理較高之電壓及電流，因此緩衝電路需有另外之考量如下。

GTOs可以截止之電流大小約與其rms或平均電流相當，而且可以控制之最大電流與截止緩衝電路之C_s有關，此乃因GTOs截止時陽-陰極之電壓變化率需受限制起見，超出此最大之$\left.\frac{dv_{AK}}{dt}\right|_{max}$值將使GTOs重新觸發導通。由於$\frac{dv_{AK}}{dt}$與$C_s$成反比，因此$C_s$愈大可導通之$I_o$愈大。然而$C_s$愈大開關導通瞬間之電流及損失愈大，因此$C_s$選擇為使其剛好可以截止其所需流過之最大電流即可。

C_s電容最好具備低的內感及高的峰值電流，此可以利用多個電容並聯來達成。

截止緩衝電路之二極體D_s需流過整個負載電流一小段時間，雖然平均電流很低，但由於其順向壓降愈低愈好，因此通常需選擇較大平均電流額定之二極體。

截止緩衝電路電阻R_s之選擇則必須在GTOs導通時其額外增加C_s放電電流之最大值與放電時間之最小值二者之間作一折衝，由於R_s之功率損耗很大通常需固定於散熱片上。

先前已解釋在截止緩衝電路之迴路中的雜散電感愈小愈好，為達此，緩衝電路元件之固定位置最好與GTOs愈近愈好。導通之緩衝電路的設計考量與前述之設計則類似。

對於橋式之GTO轉換器亦必須同時使用導通與截止之緩衝電路，因此圖19-20(b)之電路架構亦適用。由於高功率且C_s較大，因此R_s之功率損失大，可考慮以可以回收能量之轉換器來取代圖19-20(b)之R_s。

結論

本章中討論各類型緩衝電路之設計及工作原理，重點整理如下：

1. 緩衝電路乃用以在導通及截止瞬間保護半導體元件，其乃藉由限制元件電壓及電流之大小、上昇速率及切換路徑等方式來達成。

2. 有三種型式之緩衝電路：無極性之*RC*緩衝電路、有極性之*RC*緩衝電路及有極性之*RL*緩衝電路。

3. 無極性之*RC*緩衝電路用以防止二極體及閘流體因雜散電感及反向回復電流所造成之過壓問題，*R*及*C*具有最佳化值以使過壓為最小化。

4. 有極性之*RC*電路為截止之緩衝電路，在開關截止時藉由降低開關電壓來保護開關，其適用於所有型式之可控式開關(如BJT、MOSFET、GTO、IGBT、MSCT等)。截止時之切換路徑為依循輸出$I-V$平面上較低之路徑使開關之損失相當低，而且開關電壓上昇速率dv/dt為可控。

5. 有極性之*RC*電路(與截止緩衝電路稍有不同)亦可以當成一過電壓緩衝電路，用以限制可控式開關截止時因線路上串聯電感所造成之過壓。

6. 有極性之*RL*電路在開關導通電流上昇瞬間，藉由降低開關之電壓以保護開關。此導通之緩衝電路亦可用以限制開關導通瞬間，因二極體反向回復電流所造成之過流問題。

7. 橋式電路所使用之緩衝電路架構與單一開關所用者不同。

8. GTO由於需處理較高之電壓及電流，因此其緩衝電路之設計必須有額外之考量。

習題

19-1　如圖P19-1之降壓式轉換器若不具導通緩衝電路，$V_d=500\text{V}$，$I_o=500\text{A}$，切換頻率＝1kHz，飛輪二極體之反向回復時間$t_{rr}=10\,\mu\text{s}$，GTO之電流下降時間$t_{fi}=1\,\mu\text{s}$，最大之$dv/dt=50\text{V}/\mu\text{s}$，最大之可控陽極電流$I_{AM}=1000\text{A}$：

(a) 求截止緩衝電路中R_s及C_s之適當值。

(b) 估計R_s所消耗之功率。

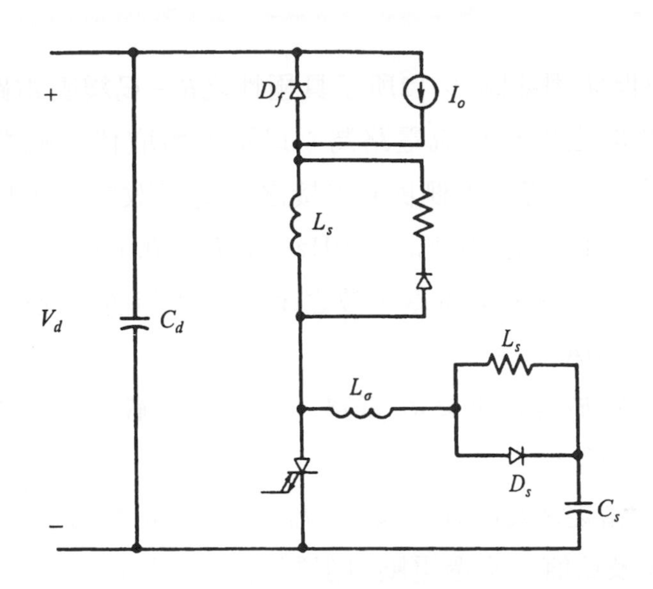

圖P19-1　使用GTO之降壓式轉換器，其具備導通及截止之緩衝電路

19-2　上題之電路將導通緩衝電路加入，GTO陽極電流上昇率之最大值$di_A/dt = 300\text{A}/\mu\text{s}$，求導通緩衝電路所需電感及電阻之適當值。

19-3　推導方程式(19-5)，即跨於一純電容緩衝電路之最大電壓。

19-4　考慮如圖19-6之返馳式轉換器，輸入及輸出電壓均為100V，變壓器匝數比為1：1，漏電感為10 μH，電晶體可視為理想開關，由一50％責任週期之方塊波所驅動。緩衝電路之電阻值為0，二極體之$t_{rr} = 0.3\,\mu\text{s}$：

(a) 繪出一適合緩衝電路設計之等效電路。

(b) 找出一電容值C_s可將最大過壓限制在250V以內。

19-5　重覆問題19-4，但R_s不為0，找出R_s及C_s之最佳值。

19-6　問題19-4中若方塊波之頻率為20kHz，求R_s之功率損失。

19-7　考慮圖19-14之降壓式轉換器使用純電容性之緩衝電路，且$C_s = C_{s1}$，假設$I_o = 25\text{A}$，$V_d = 200\text{V}$，飛輪二極體之$t_{rr} = 0.2\,\mu\text{s}$：

(a) 計算BJT由於緩衝器電容所降低之截止切換損失，假設切換頻率為20kHz，電流下降時間$t_{fi}=0.4\,\mu$ s。

(b) 計算BJT由於C_s在導通時所增加之損失，假設導通之$di_c/dt=50\text{A}/\mu\text{s}$。

19-8 重覆上題但使用如圖19-12所示具極性之R_s-C_s緩衝電路。

19-9 修正圖19-8a之單相整流電路為：以閘流體取代二極體，以一直流電流源I_o取代C_{dc}，將交流側與V_s串接之三電感改為一串聯之漏電感L_σ。假設輸入線電壓為230 V_{rms}，60Hz，$\omega L_\sigma=0.05(V_s/I_{a1})$，$V_s$為輸入電壓之rms值，$I_{a1}$為輸入電流基本波之rms值。閘流體之反向回復時間為10 μ s，$I_{a1}=100$A。

(a) 解釋一跨於線電壓之RC電路，如何當成截止之緩衝電路，同時保護四個閘流體。

(b) 導出適當之R_s及C_s值，以V_s，I_{a1}，t_{rr}等電路參數表示。

(c) 找出R_s及C_s值，使過電壓可限制在線電壓峰值之1.3倍。

19-10 解釋為何閘流體之截止緩衝電路，不像BJT及MOSFET般包含一二極體。

19-11 一具有驅動電路之IGBT模組的性能規格如下：$V_{DSM}=800$V，I_{DM}=150A，$dV_{DS}/dt<800\text{V}/\mu\text{s}$，$t_{ON}=t_{d\,ON}+t_{fv}+t_{ri}=0.3\,\mu$ s，$t_{off}=t_{d\,off}+t_{fi}+t_{rv}=0.75\,\mu$ s，$R_{\theta ja}=0.5$℃/W，$T_{jmax}=150$℃。使用此模組於降壓式轉換器中，若視飛輪二極體為理想，直流輸入電壓$V_d=700$V，負載電流$I_o=100$A，切換頻率50kHz，責任週期50%：

(a) 證明IGBT需加截止緩衝電路。

(b) 設計一截止之緩衝電路，使dv_{DS}/dt可降至二分之一以下(即400V/μ s)。

參考文獻

1. W. McMurray, "Optimum Snubbers for Power Semiconductors," IEEE IAS 1971 Annual Meeting.

2. *SCR Manual*, 6th ed., General Electric Company, Syracuse, NY, 1979.

3. M. H. Rashid, *Power Electronics: Circuits, Devices, and Applications*, Prentice-Hall, Englewood Cliffs, NJ, 1988.
4. B. M. Bird and K. G. King, *An Introduction to Power Electronics*, Wiley, New York, 1983.
5. B. W. Williams, *Power Electronics, Devices, Drivers, and Applications*, Wiley, New York, 1987.
6. T. M. Undeland, A. Petterteic, G. Hauknes, A. K. Adnanes, and S. Garberg, "Diode and Thyristor Turn-off Snubber Simulation by KREAN and an Easy-to-Use Design Algorithm," IEEE IAS Proc., 1988, pp. 647-654.
7. E. S. Oxner, *Power FETs and Their Applications*, Prentice-Hall, Englewood Cliffs, NJ, 1982.
8. Thyristor Applications Notes, "Applying International Rectifier's Gate Turn-Off Thyristors," AN-315A, International Rectifier, El Segundo, CA, 1984.
9. T. M. Undeland, F. Jenset, A. Steinbakk, T. Rogne, and M. Hernes, "A Snubber Configuration for Both Power Transistors and GTO PWM Converters," *Proc. of* 1984 *Power Electronics Specialists Conference*, pp.42 -53.
10. Tore M. Undeland, "Switching Stress Reduction in Power Transistor Converters," 1976 *IEEE Industrial Applications Society Conference Proceedings*, pp.383-392.
11. "Loss Recovery," *IEEE Trans. on Power Electronics*, 1994.
12. H. Veffer, "High Current, Low Inductance GTO and IGBT Snubber Capacitors," Siemens Components, June 1990, pp.81-85.

3. M. H. Rashid, *Power Electronics: Circuits, Devices, and Applications*, Prentice-Hall, Englewood Cliffs, NJ, 1988.
4. B. M. Bird and K. G. King, *An Introduction to Power Electronics*, Wiley, New York, 1983.
5. B. W. Williams, *Power Electronics, Devices, Drivers, and Applications*, Wiley, New York, 198[illegible].
6. [illegible] and S. Ger[illegible] [illegible] an Easy-to-Use Design Algorithm," IEEE IAS Proc., 198[illegible], pp. [illegible]
7. [illegible], *Power [illegible]*, Prentice-Hall, Englewood Cliffs, NJ, 1982.
8. [illegible] Application Notes [illegible] International Rectifier, [illegible] International Rectifier, El Segundo, CA, 198[illegible].
9. [illegible] Snubber Configurations for Both Power Transistors and GTO [illegible] Converters," *Proc. of 1984 Power Electronics Specialists Conference*, [illegible]
10. Tore M. Undeland, "Switching Stress Reduction in Power [illegible] Converters," [illegible] IEEE Industry Applications [illegible]
11. "Loss Recovery," IEEE [illegible]
12. H. Vetter, "High Current, Low Inductance GTO and IGBT Snubber Capacitors," Siemens Components, June 1990, pp.81-85.

第二十章　閘極與基極之驅動電路

20-1　設計之前的考量

驅動電路的主要功能，為將功率半導體元件從截止切換至導通或由導通切換至截止狀態。設計者通常必須尋求一低成本電路，使切換時間為最短以降低元件之功率損失。在導通狀態下，驅動電路必須提供適當之驅動電力（例如BJT為基極電流，MOSFET為閘極電壓），使開關可以維持導通且導通損失愈低愈好。通常驅動電路必須提供開關控制端一反向偏壓以縮短截止切換時間，及確保開關不會受其它元件切換所造成之雜散暫態信號影響而誤觸發。

產生決定開關導通或截止邏輯信號的信號處理及控制電路並不能視為驅動電路的一部份。驅動電路僅包含控制電路與開關之間的介面電路，驅動電路將控制信號放大至足以推動功率開關，而且有必要的話必須提供功率開關與控制電路間之電器隔離。驅動電路通常較控制電路之電力容量為大，例如：BJT開關之β值不大(通常為5-10)，因此其基極需能提供至部份負載電流大小之電流。

驅動電路的電路拓樸由三功能要求決定：第一為驅動輸出信號為單或雙

極性？單極性信號之驅動電路較為簡單，雙極性則為開關導通及截止必須快速者所必須。第二為驅動信號是否可直接耦合至開關亦或需要隔離？大部份隔離之驅動電路需要隔離直流電源。第三為驅動電路與開關並聯或串聯？驅動電路若額外增加功能當然會影響電路之細部，例如，可以增加保護開關過流之設計，如此便需要驅動電路與控制電路之連結。對於橋式電路，驅動電路通常必須提供空白時間。包含這些額外功能需要同時考慮驅動及控制電路之設計，此外驅動電路之輸出亦常需要包含可以改善觸發波形以提高開關性能之電路。

驅動電路中所用之元件值需視所驅動開關之特性而定。例如BJT之驅動電路必須在BJT導通期間提供相當大之基極電流，然而MOSFET之驅動電路僅需在開關導通起始時提供一較大之閘極電流，其餘導通時間僅需提供一大的閘極電壓但電流很小之驅動即可。

即使僅在初期設計階段，適當考慮驅動電路如何在電路板上佈局(lay-out)是必要的。如何放置元件才得以使雜散電感最小化，使電路對雜訊之相容程度最佳，甚至會影響驅電路之選擇。

20-2 直流耦合(dc-coupled)之驅動電路

對於單一開關之轉換器，一非常簡單之驅動電路如圖20-1所示。欲導通BJT電晶體，比較器內部之電晶體需飽和以提供BJT電晶體之基極電流。由圖20-1(a)可得：

$$V_{BB} = V_{CE\,\mathrm{sat}}(T_B) + R_1 I_1 + V_{BE\,\mathrm{ON}} \tag{20-1}$$

且

$$I_{B\,\mathrm{ON}} = I_1 - \frac{V_{BE\,\mathrm{ON}}}{R_2} \tag{20-2}$$

所需之$I_{B\,\mathrm{ON}}$及$V_{BE\,\mathrm{ON}}$大小可利用已知之I_C電流峰值，由電晶體之資料手冊查得。同樣的，$V_{CE\,\mathrm{sat}}$亦可由手冊查得，對於R_1、R_2及V_{BB}之選擇，須注意R_2愈

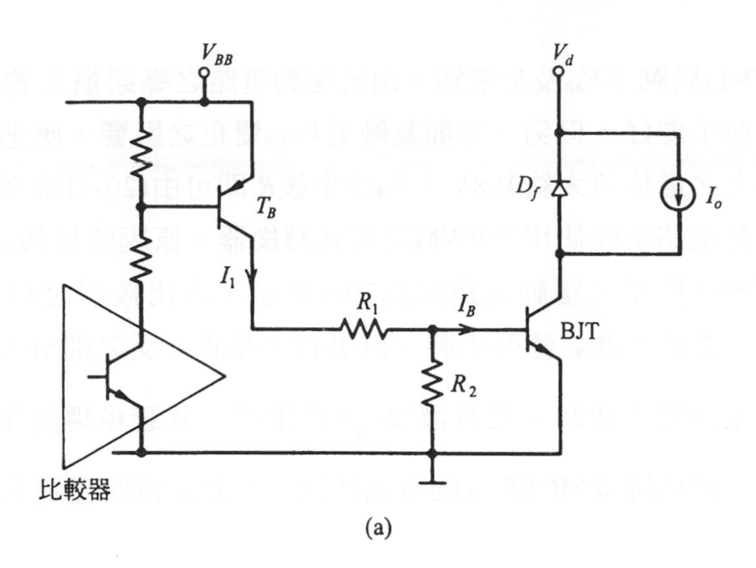

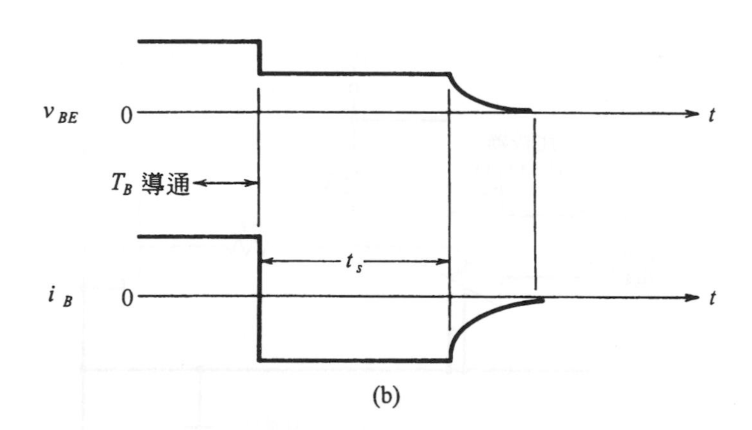

圖20-1　(a)功率BJT之簡單基極驅動電路；(b)在截止瞬間之電壓及電流波形

小，截止之速度愈快，但驅動電路之損失愈大。截止之波形如圖20-1(b)所示，其中V_{BE}在導通時期之大小較儲存時期為高。設計步驟如下：

1. 利用截止之速度要求，估測儲存期間之負向基極電流$I_{B,storage}$。由圖10-1(a)可得：

$$R_2 = \frac{V_{BE,\,storage}}{I_{B,\,storage}} \tag{20-3}$$

2. 決定導通之基極電流$I_{B\,\mathrm{ON}}$及相對應之$V_{BE\,\mathrm{ON}}$，並利用R_2求出I_1：

$$I_1 = I_{BE\,\mathrm{ON}} + \frac{V_{BE\,\mathrm{ON}}}{R_2} \tag{20-4}$$

3. (20-1)只剩下V_{BB}及R_1未知。由於驅動電路之導通損失約等於$V_{BB}I_1$，V_{BB}應愈小愈好，但另一方面為降低V_{BEON}變化之影響，應愈大愈好。在實作上之最佳值大約為8V，V_{BB}決定後R_1即可由(20-1)求得。

此驅動電路不能使用於PWM之橋式轉換器，原因將於後述。

MOSFET簡單之驅動電路如圖20-2所示，由比較器之輸出電晶體控制MOSFET。當輸出電晶體截止時，MOSFET導通；反之則MOSFET截止。當比較器之電晶體導通時，它將汲取$\frac{V_{GG}}{R_1}$之電流，為避免驅動電路損失，R_1需選擇較大，但會降低MOSFET的導通時間，因此此電路僅適於低切換速率之用途。

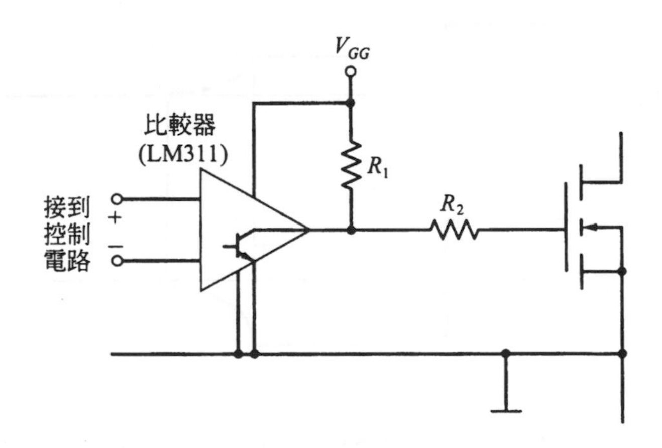

圖20-2 適合低切換頻率用途之簡單MOSFET閘極驅動電路

以上缺點可以藉由圖20-3之驅動電路來改善，比較器之輸出先連至具圖騰-極(totem-pole)架構安排之雙開關再驅動MOSFET。為使MOSFET導通，比較器之電晶體截止使得npn之電晶體導通，以提供一正的閘極驅動電壓。為使MOSFET截止，閘極經由R_G及pnp電晶體接地。與上圖之R_1對照，R_G在穩態時不流通電流，因此可以選擇較低之R_G值，以獲致較快之導通及截止速度。有時亦可如圖10-3(b)所示使用緩衝器(buffer)IC，例如CMOS4049或4050來取代使用分離元件。對於較大之閘極電流需求可使用DS0026或UC1707等，其可以汲取或提供超過1A之電流。

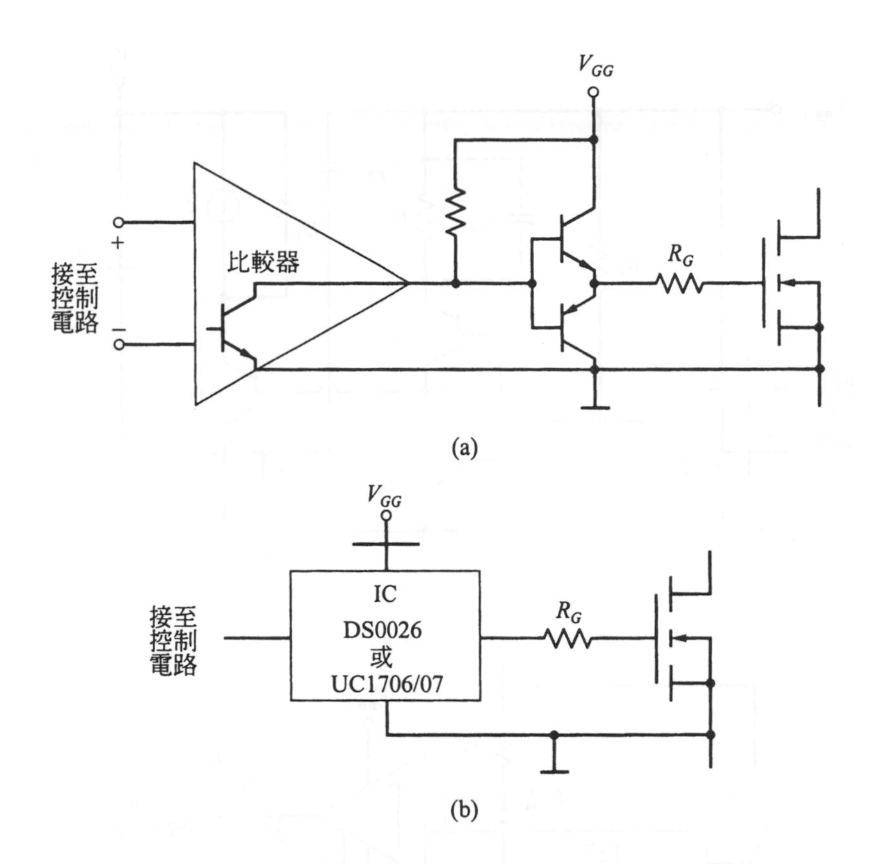

圖 20-3　使用圖騰-極架構以快速截止之MOSFET閘極驅動電路：(a)分離式之圖騰-極驅動電路；(b)IC式之圖騰-極驅動電路

20-2-2 具雙極性輸出之直流耦合驅動電路

為使功率半導體開關作高頻切換，驅動電路之設計必須使其具有快速之截止速度。BJT、MOSFET、IGBT等元件均須使用反向偏壓以加快截止速度。單極性驅動電路無法提供反向偏壓，因此無法提供快速之截止。為提供反向偏壓，驅動電路必須具備雙極性輸出能力，這也使得雙極性輸出之驅動電路必須使用正及負之電源供應。

圖20-4所示為具備正負電源供應之BJT基極驅動電路。在開關導通期間，比較器內部輸出之電晶體截止而使得T_{B+}導通，基極電流為：

$$I_{B\,\mathrm{ON}} = \frac{V_{BB+} - V_{CE\,\mathrm{sat}}(T_{B+}) - V_{BE\,\mathrm{ON}}}{R_B} \tag{20-5}$$

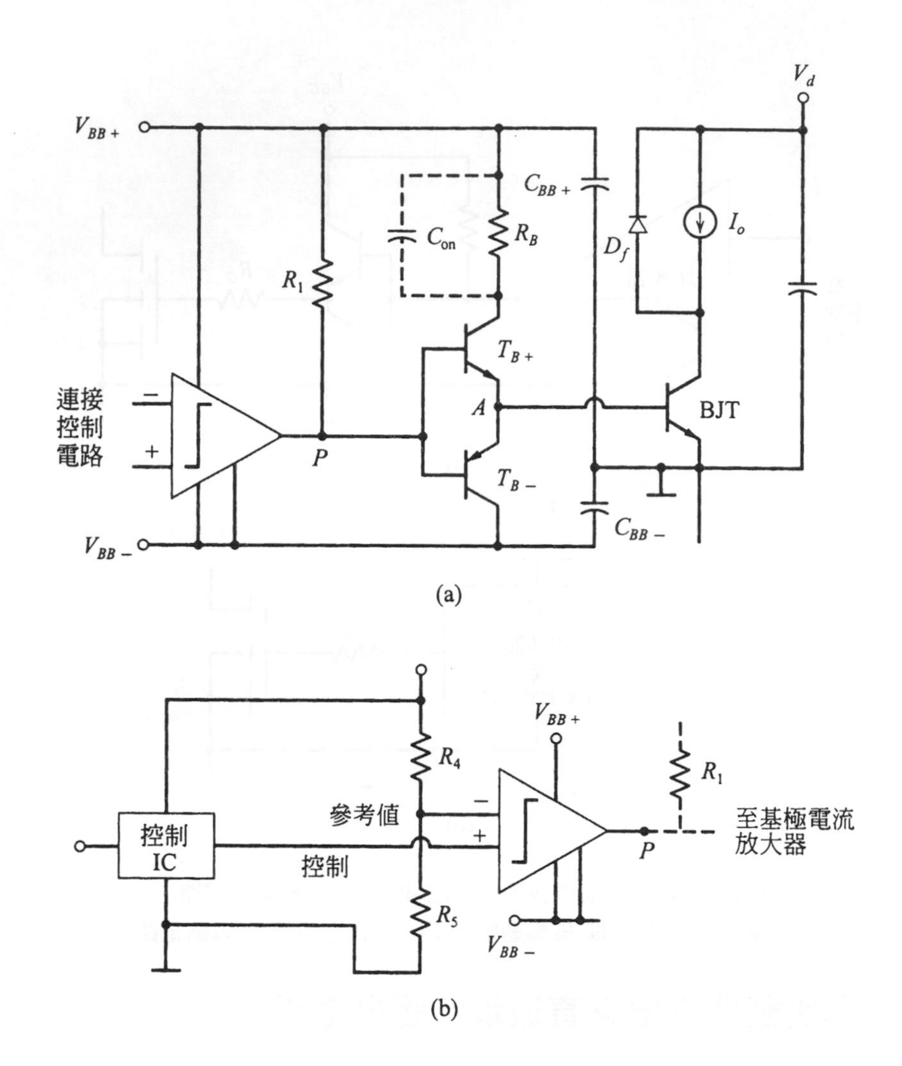

圖20-4 (a)相對於BJT射極具有正、負電壓以快速截止之BJT基極驅動電路；
(b)若控制電路信號準位為V_{BB+}至地則需使用一前置之轉換電路

上節之步驟3亦適用於此，以選擇V_{BB+}及R_B之值。虛線所示之C_{on}是可以選擇的，用以在BJT導通瞬間，提供較大之基極電流以加速電晶體導通。

欲使開關截止，比較器內部輸出之電晶體導通使T_{B-}導通。為加速BJT截止，T_{B-}並未串聯任何電阻。V_{BB-}之電壓不得超出BJT之BE崩潰電壓，此值可由BJT之資料手冊查得，通常為5-7V。如果BJT之BE接面截止速度較CB接面截止速度要快，將使得集極電流出現戈尾(tail)，此可在圖20-4(a)中之A點與T_{B-}之射極加入一電感來防止。

如果控制信號為由邏輯電路產生且加於V_{BB+}與BJT之射極，則需如圖20-4(b)所示，使比較器之參考輸入等於V_{BB+}與BJT射極電位之中間點，亦即使$R_4 = R_5$。

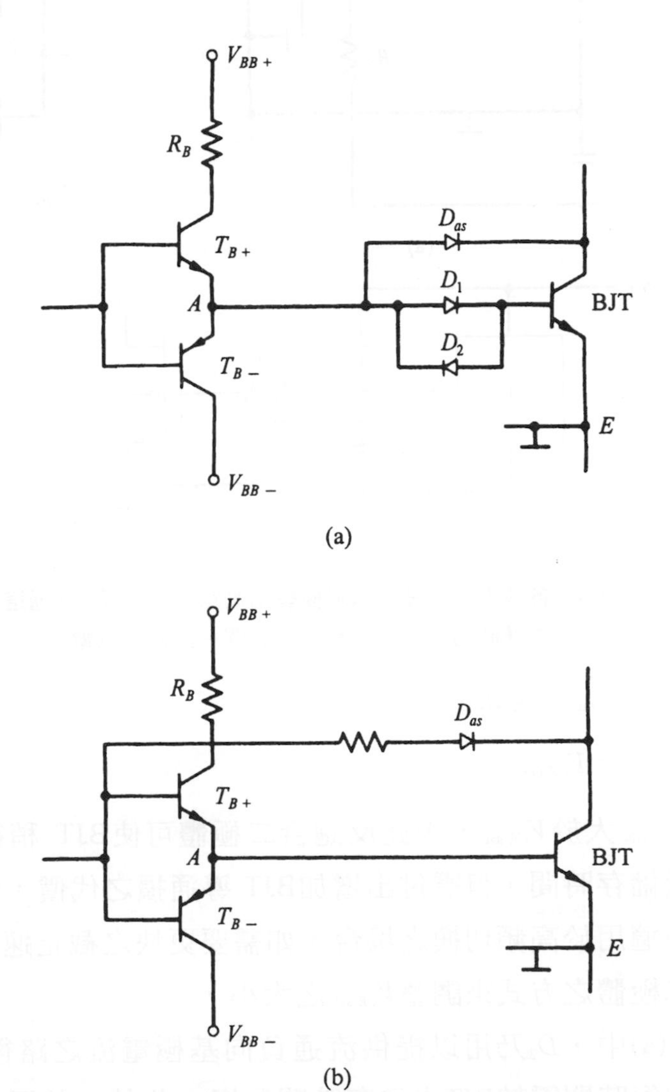

圖 20-5　(a)用以降低BJT儲存時間以至於截止時間之反飽合基極驅動電路；(b)圖(a)之修正電路用以降低反飽合二極體之電流額定

圖20-5(a)則進一步增強BJT截止之性能，加入一反飽合二極體D_{as}使BJT之V_{CE}電壓稍高於飽合值$V_{CE\,\mathrm{sat}}$，由圖20-5(a)可得：

$$V_{AE} = V_{BE\,\mathrm{ON}} + V_{D1} = V_{CE\,\mathrm{ON}} + V_{Das} \tag{20-6}$$

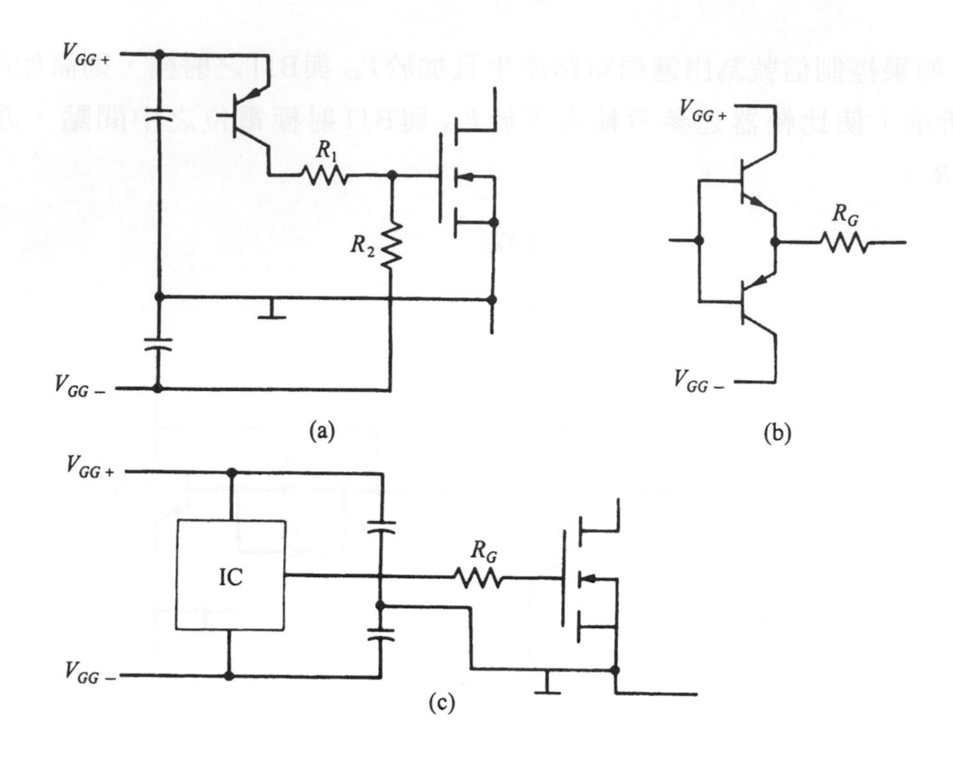

圖20-6　各種不同之雙電源閘極驅動電路，用以提供N通道MOSFET導通時為正、截止時為負之閘－源極動電壓

由於$V_{D1} = V_{Das}$，因此：

$$V_{BE\,\mathrm{ON}} = V_{CE\,\mathrm{ON}} \tag{20-7}$$

通常$V_{BE\,\mathrm{ON}}$大於$V_{CE\,\mathrm{sat}}$，因此反飽合二極體可使BJT 稍微位於飽合區外，如此可降低儲存時間，但需付出增加BJT 導通損之代價。也正因如此，此反飽合方式僅適用於高頻切換之場合。如需要更快之截止速度，可以使D_1串聯一或多個二極體之方式來調整$V_{CE\,\mathrm{sat}}$之大小。

圖20-5(a)中，D_2乃用以提供流通負向基極電流之路徑。D_{as}必須為快速回復型且回復時間需較BJT之儲存時間為短。此外，其反向電壓額定值需與BJT截止電壓之額定相當。

圖20-5(b)為圖20-5(a)之改良型，用以降低基極電路正向驅動部份之損失。反飽合二極體用以調整驅動電晶體T_{B+}之基極電流使其工作於工作區，因此可使V_{BB+}僅需提供正好使BJT 飽合之I_B值。此外D_{as}之電流額定亦降低，D_{as}可串聯一小電阻以降低導通時之震盪。由於T_{B+}操作於工作區，因此需固

定於一小散熱片上。使用雙電源可以提供正向導通電壓與負向截止電壓予MOSFET之驅動電路，如圖20-6(a)及圖20-6(b)所示。如果控制信號乃由連接於V_{GG+}及MOSFET 之源極的邏輯電路產生，則比較器之參考輸入必需被偏移至V_{GG+}與源極之中間電位，此可利用類似圖20-4(b)的方式來達成。

20-3　驅動電路之隔離

20-3-1　隔離之需求與隔離之形式

通常邏輯準位之控制電路與驅動電路之間必需要隔離。此可由圖20-7之BJT半橋式轉換器來加以說明，其輸入為一單相交流電源且電源之一輸入端為接地之中性線，因此當V_s為負半週時整流之直流電壓正端為接近接地電位，反之在V_s正半週時直流電壓負端為接近接地電位。在直流電壓與輸入電壓之連接會改變之情況下，BJT之射極便不能被當成地點與電源之中性線連接，因為邏輯控制電路之地，通常由於安全接地之故，需與電源之中性接地連接。

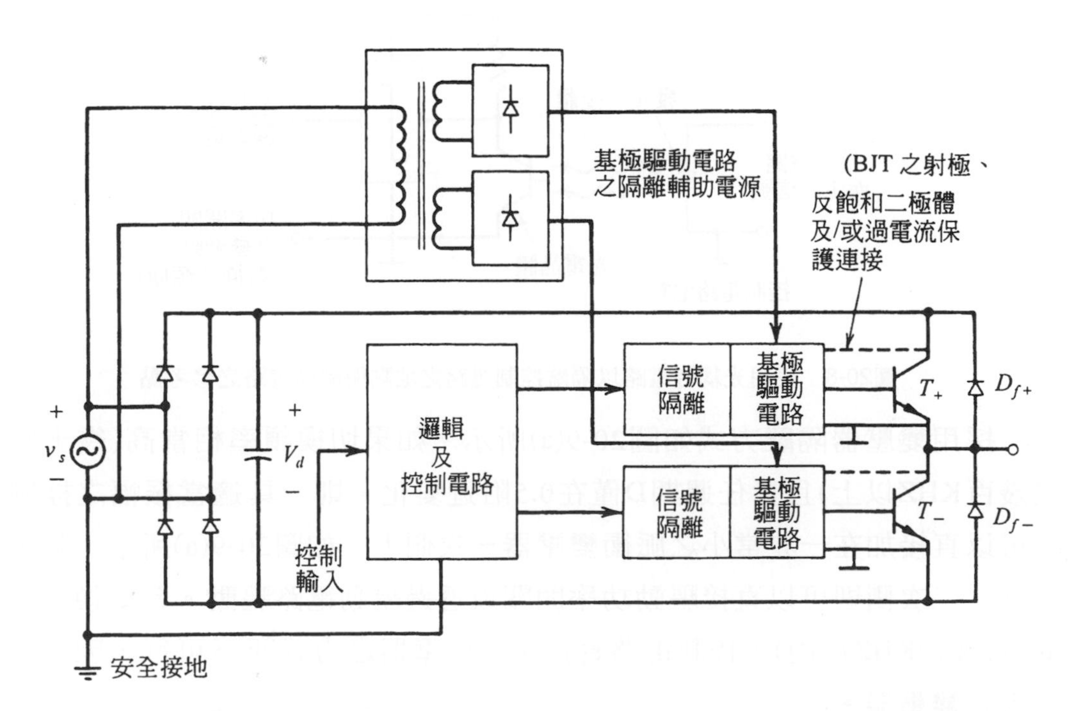

圖20-7　功率BJT之基極驅動系統用以顯示基極驅動電路與邏輯控制電路之隔離

提供隔離之基本方式為使用光耦合、光纖或變壓器。光耦合方式如圖20-8所示，包含一發光二極體(LED)，一光電晶體及一史密特觸發(Schmitt trigger)電路。一正向之邏輯控制信號將使LED發光，且照射於光電晶體之基極上，以產生相當數目之電子-電洞對使電晶體導通，進而使發光電晶體之集極電位降低，以使史密特觸發電路轉態。史密特觸發電路之輸出即為光耦合電路之輸出，用以提供隔離之輸入予驅動電路。LED與光電晶體間之電容值應愈小愈好，以避免在功率電晶體導通及截止瞬間，因功率電晶體射極與控制電路接地點二者相對電位急速變化時造成重新觸發。為降低此問題，光耦合之LED與接收光電晶體間需加屏蔽(electric shields)。採用光纖連接線之方式則可以完全消除上述重新觸發問題，且提供更高電壓之隔離及傳輸距離。使用此方式時，LED可置於控制電路板上，接收光之電晶體置於驅動電路板上，藉由光纖連接二者。

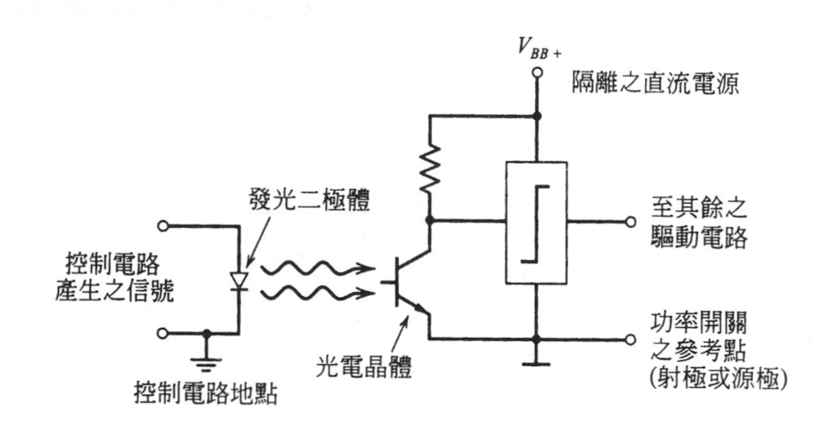

圖20-8 使用光耦合電路以隔離控制電路之地點與驅動電路之參考點

採用變壓器隔離方式如圖20-9(a)所示。如果切換頻率相當高(幾十KHZ或幾百KHZ以上)且責任週期D僅在0.5附近變化，則一具適當振幅之控制電路可以直接加在一非常小之脈衝變壓器一次側上，如圖20-9(a)所示，脈衝變壓器之二次側則可以直接驅動功率開關或透過驅動電路驅動。當切換頻率較低時(幾10KHZ以內)，控制電路直接接到變壓器之方式便不可行，因為需要較大之變壓器。

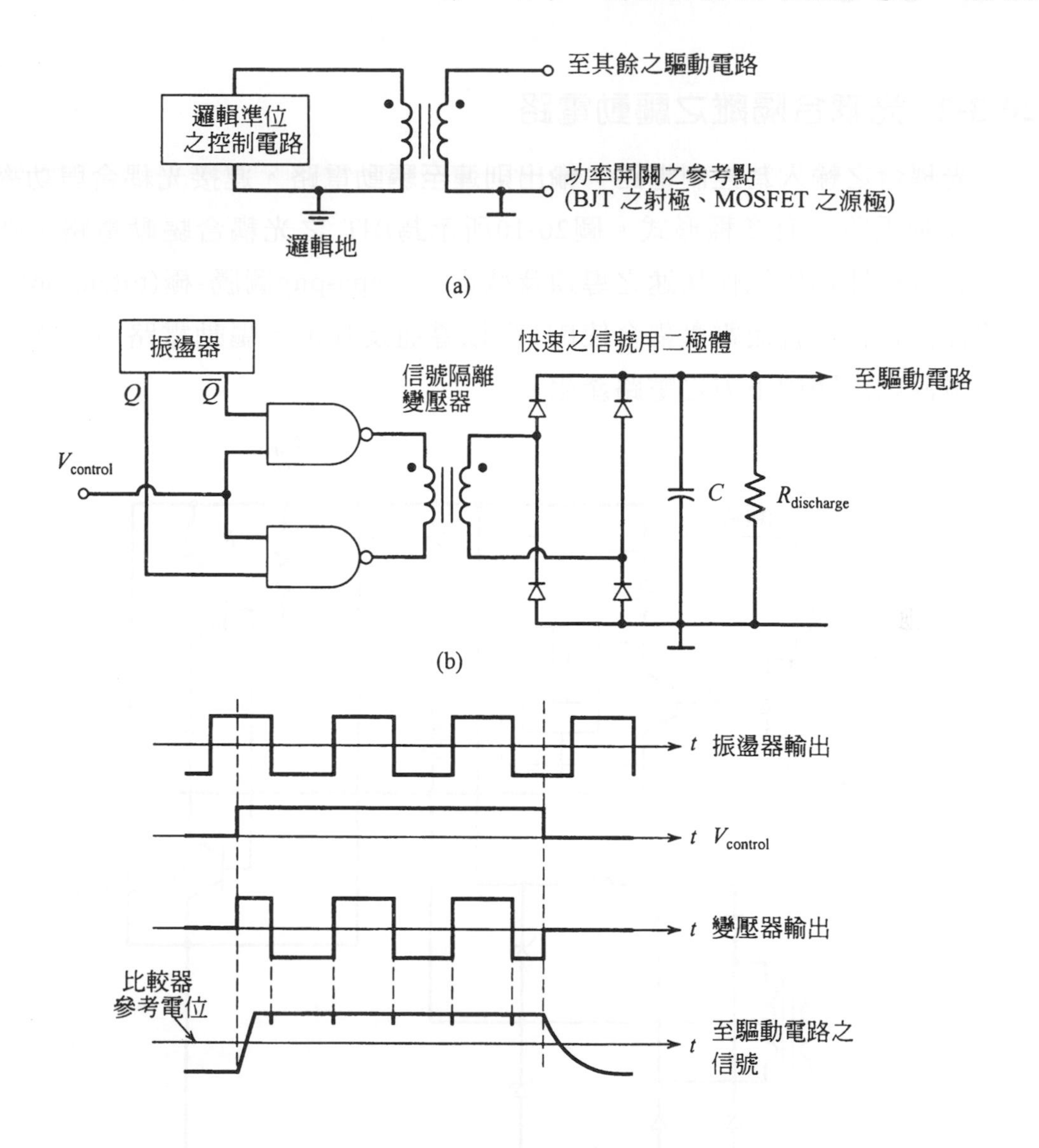

圖20-9　使用變壓器之信號由控制電路至驅動電路之耦合方式：
(a)基頻控制信號直接連接至變壓器一次側；
(b)控制信號先經高頻調制後再連接至變壓器一次側；
(c)相對應(b)之波形

將低頻控制信號作高頻調制，便可藉由高頻之脈衝變壓器來實現隔離，如圖20-9(b)所示，控制信號藉由一高頻之振盪器調制後再接至變壓器。由於高頻變壓器可以作到非常小，因此可以輕易避免其輸入與輸出繞線間之雜散電容，且降低變壓器成本。變壓器之二次側藉由整流及濾波電路將控制信號還原後再接至驅動電路，詳細波形如圖20-9(c)所示。

20-3-2 光耦合隔離之驅動電路

光耦合之輸入為控制電路，輸出則連至驅動電路。連接光耦合與功率開關之驅動電路亦有多種形式。圖20-10所示為BJT 之光耦合驅動電路，驅動電路具雙極性輸出以作快速之導通及截止。一npn-pnp圖騰-極(totem-pole)之電路提供適合之直流電壓耦合使BJT得以導通及截止。驅動電路所需之隔離分相電源則由圖中下方之電路產生。

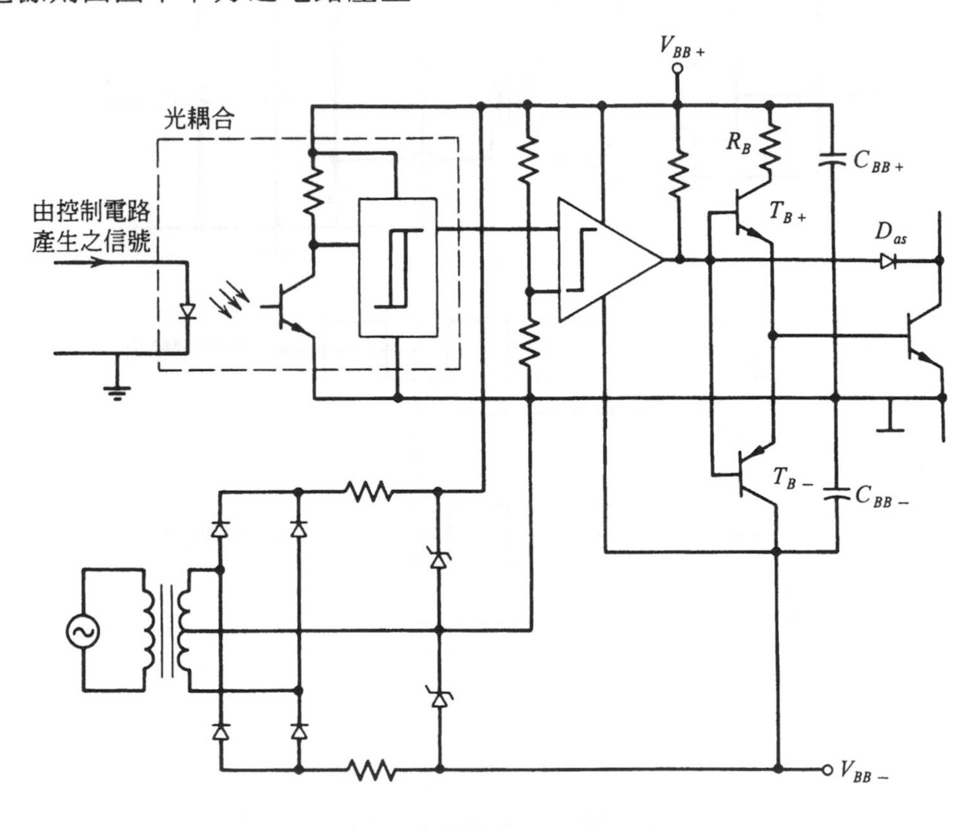

圖20-10 光耦合隔離之基極驅動電路

光耦合隔離驅動電路亦可用於MOSFET及IGBT，圖20-11使用一具高共模雜訊抗拒能力之光耦合IC(HPCL-4503)及一具3A輸出能力之高速驅動IC (IXLD4425)。驅動電路使用單端15V之浮動電源，可提供±15V之雙極性輸出，以獲致高雜訊抑制及快速切換之效果，當導通開關時，驅動IC使開關之閘極連至電源之+15V端且使源極連接至電源的負端。反之當截止開關時，驅動IC則使開關之閘極連接至+15V電源之負端，而使源極連接至+15V端。

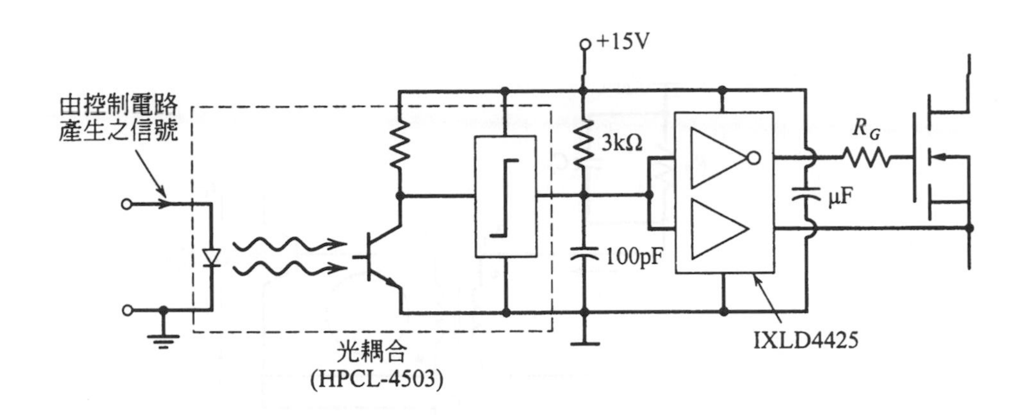

圖20-11　適合驅動MOSFET及IGBTs之光耦合驅動電路，為簡化起見並未顯示15V之隔離電源電路

20-3-3　可同時提供信號處理及電源之變壓器隔離驅動電路

使用變壓器隔離之驅動電路，可以在無隔離電源提供下，用以取代圖20-10及圖20-11之光耦合驅動電路。如圖20-12所示之BJT驅動電路，其具備基極電流正比於集極電流之優點，而且可免除相對於射極浮動之輔助隔離電源。變壓器本身結合了返馳式轉換器之變壓器與電流變壓器等二功能，當驅動電晶體T_1導通時，BJT電晶體截止，反之則導通。當T_1導通BJT截止期間，變壓器被激磁至一經限制飽合之準位$i_P=\frac{V_{BB+}}{R_P}$。由於能量儲存於此稍加氣隙之變壓器鐵心之故，當T_1截止時，如同返馳式轉換器一般將有電流流經BJT之基極使BJT導通，而且此電流大小由線圈2及3決定，即$i_B=\frac{N_3\,i_c}{N_2}$。在T_1截止期間，原先跨於電容C_P之電壓將藉由電阻R_P放電，因此當T_1重新導通以截止BJT瞬間，跨於線圈1之電壓為V_{BB+}以獲至較大之i_p。

在BJT截止時，其基極電流為：

$$i_B=N_3\,i_c\,/\,N_2+N_1\,i_p\,/\,N_2 \tag{20-8}$$

驅動電路必須設計使i_B此值為負且夠大時間夠長。此驅動電路適用於高頻切換且責任週期變化受限制之場合。

對於MOSEET開關必須導通一相當長時間之應用，則可以使用圖20-13之驅動電路。此電路中控制信號先藉由高頻調制後再送至緩衝器(buffer)，

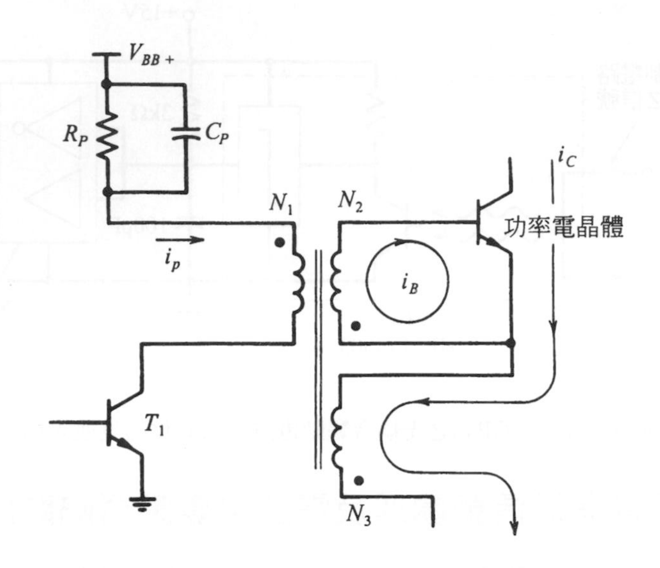

圖20-12 比例式"返馳式"BJT基極驅動電路

當控制信號為高準位時，高頻之交流信號將通過變壓器，經整流後對電容C_1及位於IC 7555輸入側之電容C_2充電，IC 7555具低功率損耗在此當成一緩衝及史密特觸發電路。在7555之輸入為低準位下，其提供適當準位給MOSEET之閘極使其導通，詳細波形如圖20-13所示。欲使MOSEET截止，控制電壓轉為低準位以移去通過變壓器之高頻信號，此時C_2將藉由R_2放電使7555之輸入電壓轉為高準位，7555之輸出因而變為低準位使MOSEET截止。二極體D_B在此用以避免C_1之放電流經電阻R_2。

對於馬達驅動器及UPS使用之PWM變流器，其責任週期D在0與1之間變化需平滑。可以使用圖20-14之驅動電路，其採用相移共振控制IC-UC3875，配合二個變壓器、解調電路及一些緩衝器，可提供MOSFET及IGBT開關良好之驅動，圖20-13及圖20-14之變壓器可以有相當大之漏電感，用以提供在高隔離測試電壓下良好之雜訊抑制能力。

20-4 串接(Cascaded-Connected)之驅動電路

到目前為止所討論之驅動電路均為與功率開關並聯連接，驅動電路僅流通開關導通電流大小之一小部份。然而亦有一些情況驅動電路與開關為串聯，驅動電路必須導通與開關同樣大小之電流。

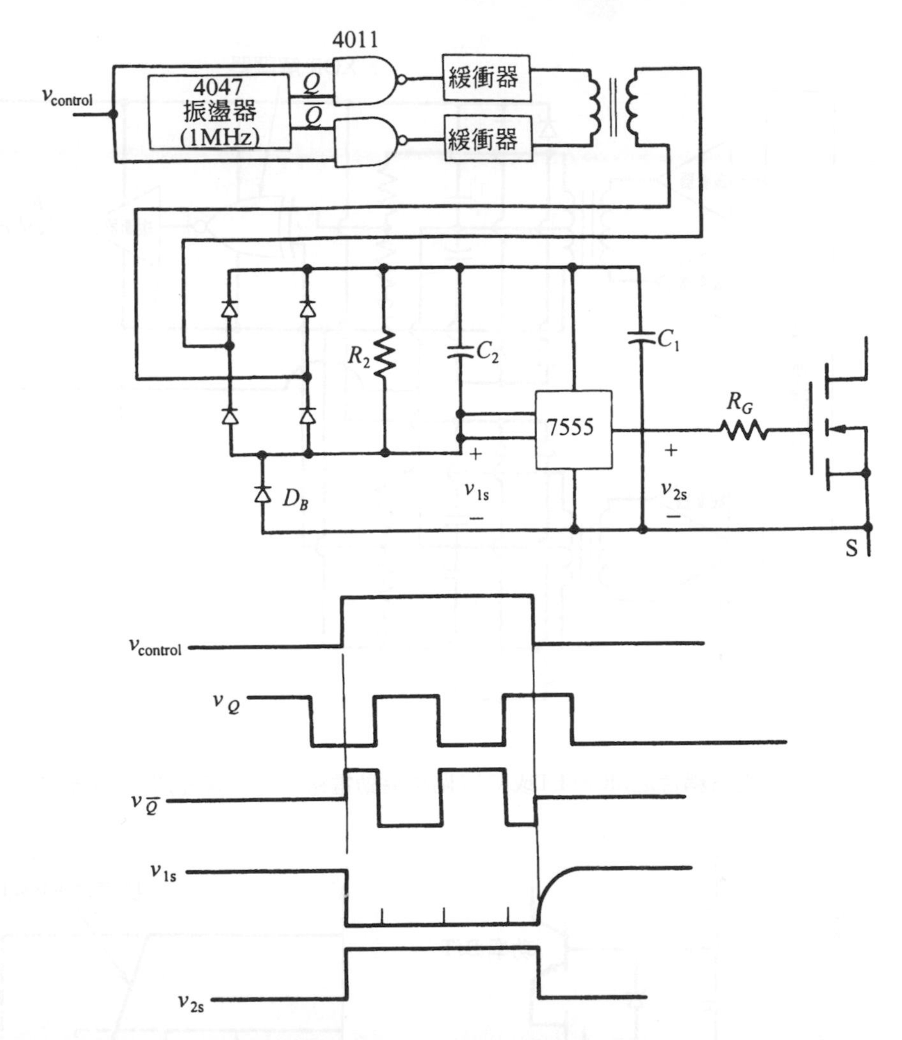

圖20-13　變壓器隔離之MOSFET閘極驅動電路，其使用高頻調制載波MOSFET可以維持導通一段長時間，不需額外之直流電源供應，因控制與驅動電路之電源可以由變壓器獲得

20-4-1　開射極BJT驅動電路

傳統BJT開關所使用之基-射極驅動電路之另一種有用之形式為如圖20-15(a)所示之開射極驅動電路。圖中與BJT串聯之開關為MOSFET，其具備快速切換、易於控制、提供較低之導通壓降等優點。BJT乃藉由MOSFET之導通使BJT之基極流通電流而導通。同理MOSFET截止時將使BJT之集極電流負向流出基極並經過電容，此負向電流將迅速截止BJT，並可避免因BE接面不完全截止造成集極電流弋尾之問題。基極電壓藉由稽納二極體箝制以避免MOSFET電壓崩潰。

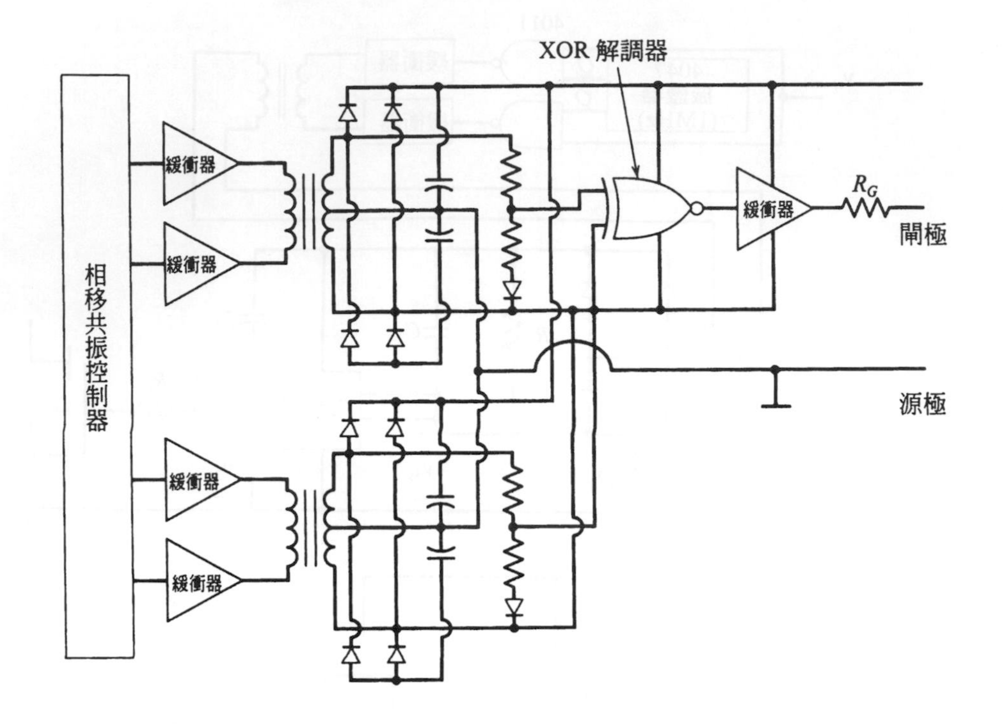

圖 20-14 一變壓器耦合之MOSFET或IGBT閘極驅動電路，可以責任週期在0至1間平滑變化

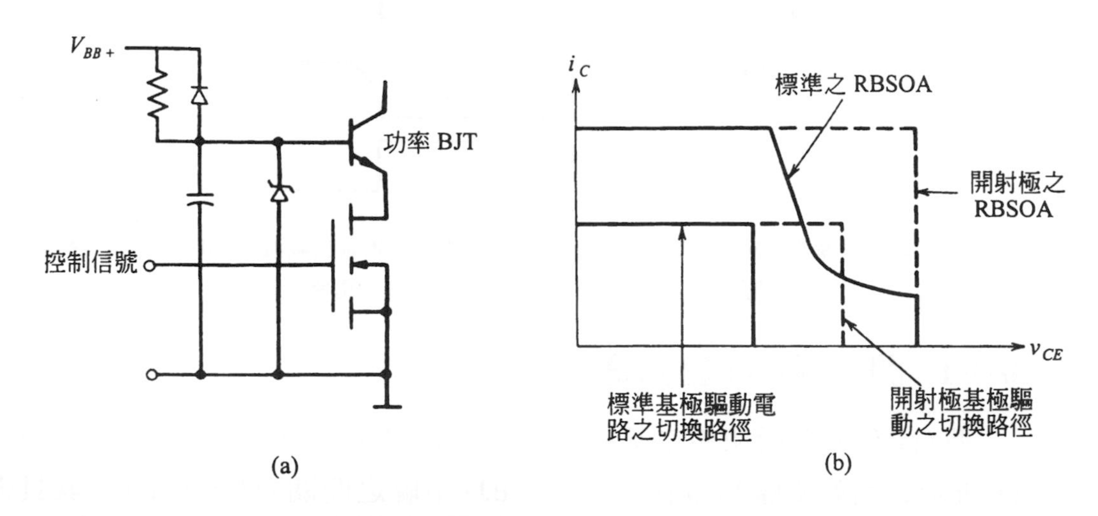

圖 20-15 (a)開射極或稱串接之切換電路；(b)其所具備較大之安全操作區域

在開射極截止下之安全操作區域如圖20-15(b)所示，其較傳統RBSOA要高出許多。此乃因此電路V_{CE}之限制為BV_{CBO}，其可達BV_{CEO}之兩倍，此電壓限制乃因BJT在截止時CB接面形同一簡單之二極體之故。故此處選擇BJT之規格需根據BV_{CBO}額定而非BV_{CEO}，其將使這種二開關結合之電路反而較傳統BJT

開關擁有更低之導通損，因為傳統開關擁有較高之電壓額定(因其選擇乃根據BV_{CEO}規格)，而使得導通壓降$V_{CE\,\mathrm{sat}}$較高。

藉由二繞組變壓器亦可使得開射極切換電路之基極電流正比於集極電流，用以免除基極驅動電路所需之直流電壓供應。圖20-15不能使用於橋式轉換器，原因後述。

20-4-2　常開(normally on)功率元件之串接式驅動電路

串接式驅動電路特別適用於常開之元件，例如以JFET為基礎之功率元件。圖20-16所示為FCT之串接式驅動電路，當MOSFET之Q_S維持截止時，FCT(T_{SW})之陰極電壓將上昇至$V_d R_{G2}/(R_{G1}+R_{G2})$，而閘極則為參考電壓準位。如果陰極電壓夠大將使FCT截止，所需之負的閘-陰極電壓為：

$$\frac{V_d R_{G2}}{R_{G1}+R_{G2}} \geq \frac{V_d}{\mu} \tag{20-9}$$

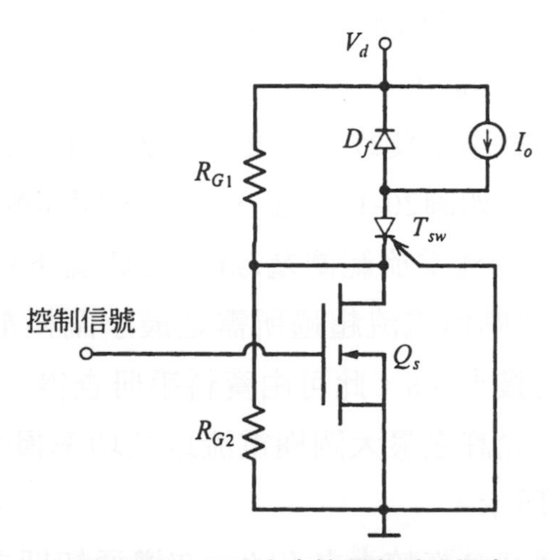

圖 20-16　FCT之串接驅動電路概念

其中μ為FCT之阻隔增益(blocking gain)。當MOSFET導通時，FCT之閘-陰極電壓將下降至一非常低的準位(即MOSFET之導通電壓)使FCT導通。

典型FCT之阻隔增益為10-100。對於2000V以下之V_d值，此阻隔增益範圍所需之負閘-陰極電壓為200V-20V。目前MOSFET擁有此電壓範圍之元件的電流額定為100A或更高，如果一MOSFET無法提供足夠大之電流額定，可以採用多個相同元件並聯之方式來達成。

圖20-16之串接式驅動電路亦可以應用至其它常開之元件，如功率JFET或靜態感應電晶體等。串接式驅動電路亦已被應用至常閉之元件如GTO，有些甚至將串接式之輸出開關(如圖20-16之MOSFET)與功率元件整合置於相同之矽晶體上，射極切換閘流體(emitter-switched thyristor)即為一例。

20-5 閘流體之驅動電路

20-5-1 閘極脈衝電流之要求

閘流體之導通必須可以利用一脈衝閘極電流觸發，而且一旦觸發導通後，即使沒有連續之閘極電流觸發亦能維持導通。欲估測多大之脈衝電流才能保証元件導通，必須使用圖20-17(a)所示之閘極電流-電壓特性圖。圖中所示之最大與最小曲線，類似於一般閘流體資料手冊所標示閘極特性之範圍。虛線所示為最小之觸發電流，所需相對應之閘極電壓以及其隨溫度之變化亦可由圖中獲得。此最小之閘極電流曲線有時亦被稱為最小觸發點之路徑(locus of minimum firing points)。

閘極脈衝放大器所對應之負載曲線必須大於此最小之閘極電流曲線。閘極脈衝放大器之等效電路如圖20-17所示，包含一開路輸出電壓V_{GG}及一輸出電阻R_G。此電路產生之閘極電流範圍為I_{G1}(在最低溫下)至I_{G2}(在最高溫下)，適當選擇V_{GG}及R_G值可使閘極電流超過所需之最小閘極電流。閘極電流脈衝所需之時間長度通常為幾十μs，此可由資料手冊查得。

資料手冊亦會標示允許之最大閘極電流以及功率損失。最大閘極功率損失之曲線如圖20-17(a)所示。

為使閘流體在導通時允許較大之di/dt，在導通初期之脈衝電流需較大使di/dt較大，一旦閘流體導通再將脈衝電流減小，但仍需維持在一較小值一段時間以避免閘流體截止。此脈衝電流之形狀如圖20-A所示。

閘流體通常應用於線頻轉換器並利用線電壓作自然截止。轉換器輸出電壓與功率流通之控制乃藉由閘流體調整觸發角來達成。對於大功率之同步馬達驅動器及感應加熱變流器等所採用之負載電壓換向閘流體轉換器，閘流體之觸發角則同步於負載之交流電壓。

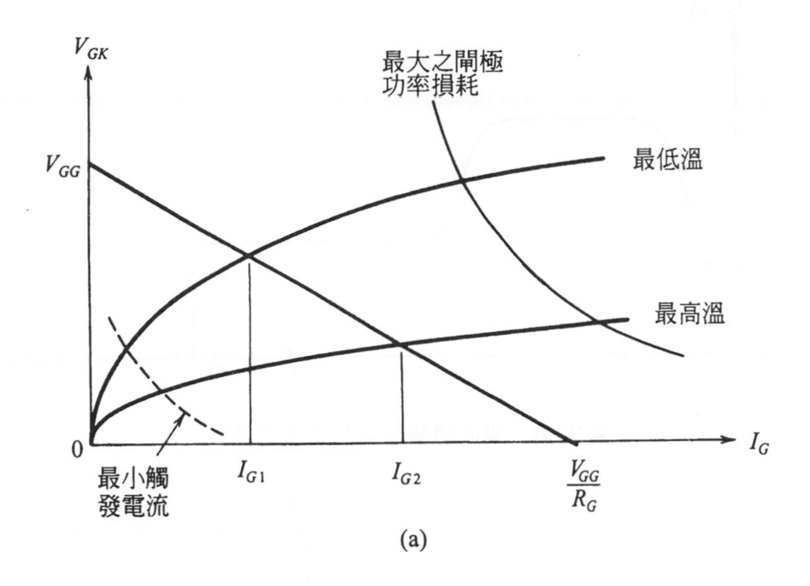

(a)

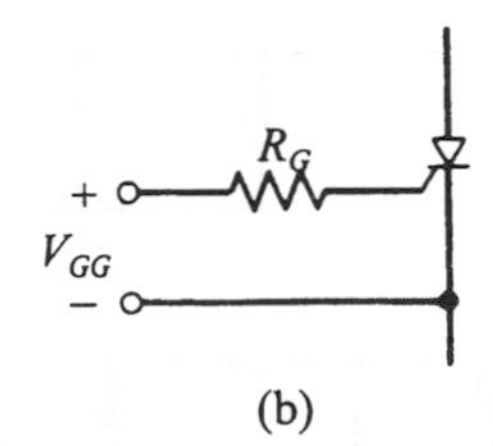

(b)

圖20-17　閘流體閘極驅動電路設計：(a)閘-陰極I–V特性用以設計閘極之觸發電路；(b)閘極脈衝放大器之等效電路

圖20-18所示為單相轉換器之閘極觸發電路方塊圖，由於閘流體與線電源連接，其觸發電路之地則為控制電路之邏輯接地，因此與線電壓同步之零交越點偵測電路以及脈衝放大器，必須透過變壓器與線電源隔離。觸發電路亦需要一隔離之直流電源供應，且其地與邏輯地共接，此直流電壓可藉由零交越點變壓器之輸出整流及濾波獲得。

至於在延遲角產生器方塊中，其利用與線電壓同步之信號，產生一與線電壓零交越點同步之鋸齒波如圖20-19所示，此鋸齒波與控制電壓比較，在每一半週之交會點產生一時間長度可調之脈波信號。藉由此方式觸發之延遲角，可於0°～180°調整且正比於控制電壓，可以利用IC如TCA780系列來實現上述控制功能，這些IC尚具備啟動、停止(shut down)等功能。

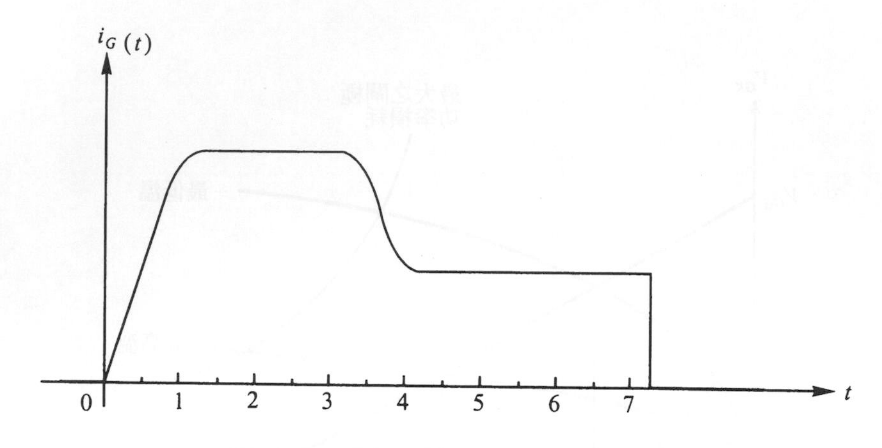

圖 20-A　閘流體閘極驅動電流之波形

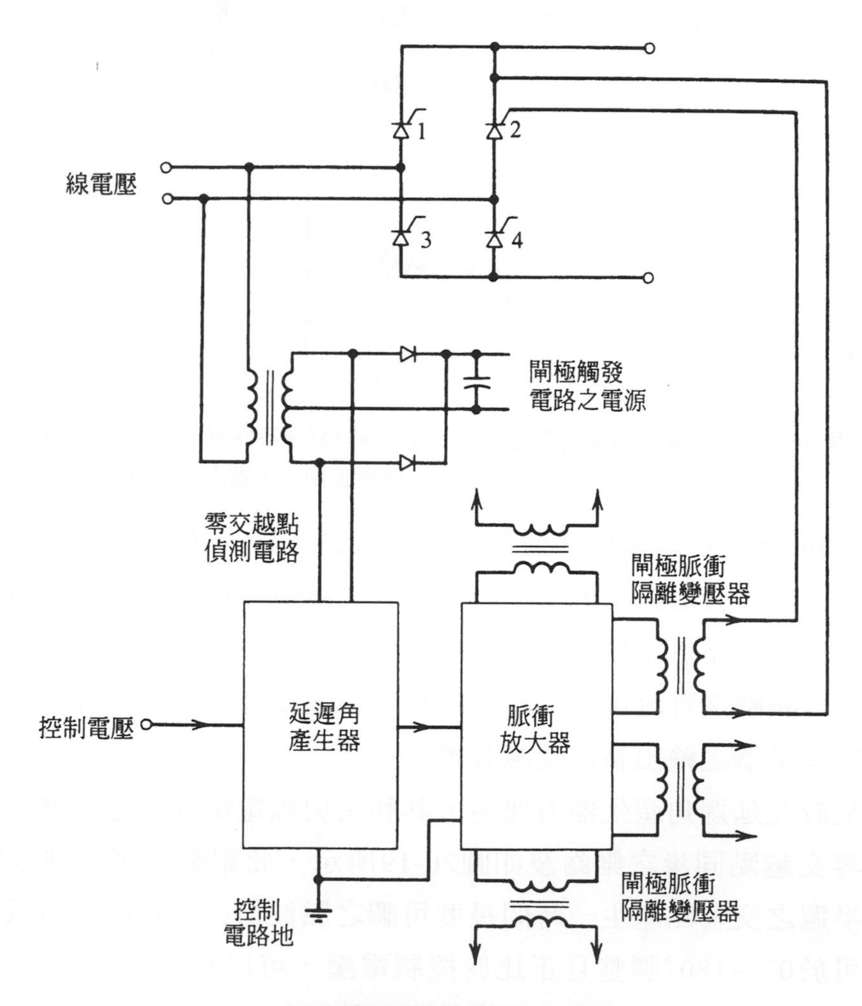

圖 20-18　閘流體閘極觸發電路之方塊圖

20-5-2　閘極脈衝放大器

對於低功率之應用，閘流體所需之觸發電流低，可由IC直接提供而不需外加放大電路。對於大功率之應用，觸發電流必須夠大以提供較佳之雜訊防止能力，此閘流體之脈衝電流形狀如圖20-A所示，初期之值可達3A，之後電流維持之值為0.5A，因此需要脈衝放大器。

脈衝放大器之一例如圖20-20所示，其利用由延遲角方塊所產生之脈衝觸發MOSFET，MOSFET導通後將產生一放大之脈衝電流通過變壓器以觸發閘流體。二次側之D_1用以防止當MOSFET (T_G)截止時變壓器磁化電流所造成之反向閘極電流。二極體D_2用以提供磁化電流流通之路徑，使儲存於鐵心之能量得以消耗在R_G上。欲產生圖20-A之脈衝電流波形可以利用RC電路與R_G並聯。

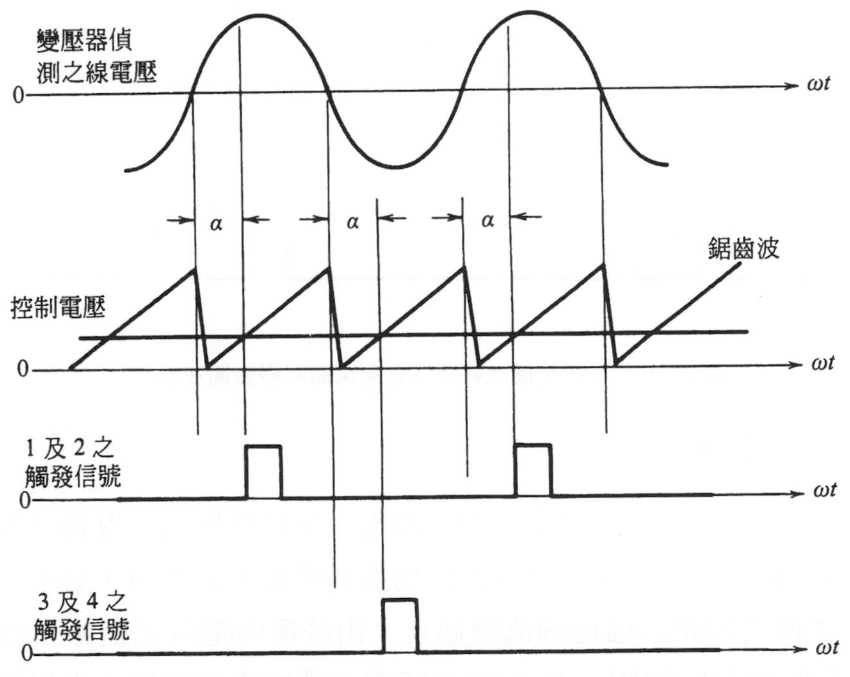

圖20-19　圖20-18電路之波形

三相閘流體全橋式轉換器之六個閘流體均可使用上述之觸發電路方式，但每個閘流體之觸發角相差60°。為在不連續負載電流下亦能觸發成功，觸發方式必須一次同時觸發上下二組閘流體中一個閘流體，且每60°變換觸發順序，因此若由每一閘流體來看，其所接受之觸發脈衝如圖20-21所示。

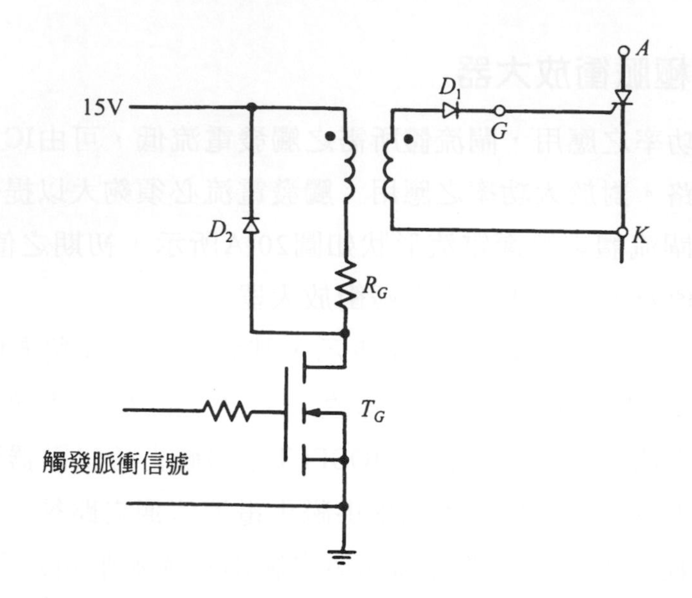

圖20-20　閘流體閘極之觸發脈衝放大器

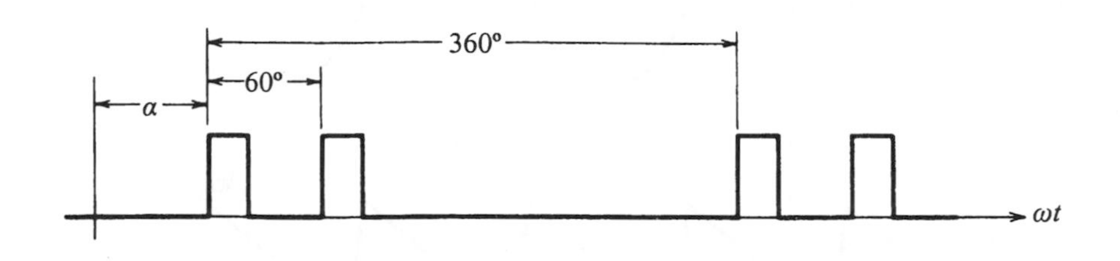

圖20-21　三相全橋式轉換器之閘流體閘極脈衝波形

20-5-3　換向電路

對於線頻及負載換向轉換器，閘流體電流為自然換向，導通之閘流體會在下一個閘流體導通時截止。然而對於切換式轉換器之應用，必須使用如圖20-22所示之換向電路以強迫閘流體截止。由於換向電路之價格、複雜性及損失，更重要的是近來BJT，IGBT及GTO等元件功率處理能力之提昇，採用閘流體之切換式轉換器已鮮少被使用，甚至幾MW之馬達驅動器現亦不採用此方式。

換向電路在閘流體導通時形成一巡迴電流反向流經閘流體，以強迫閘流體之總電流降至0而截止。換向電路通常包含一些LC共振電路。

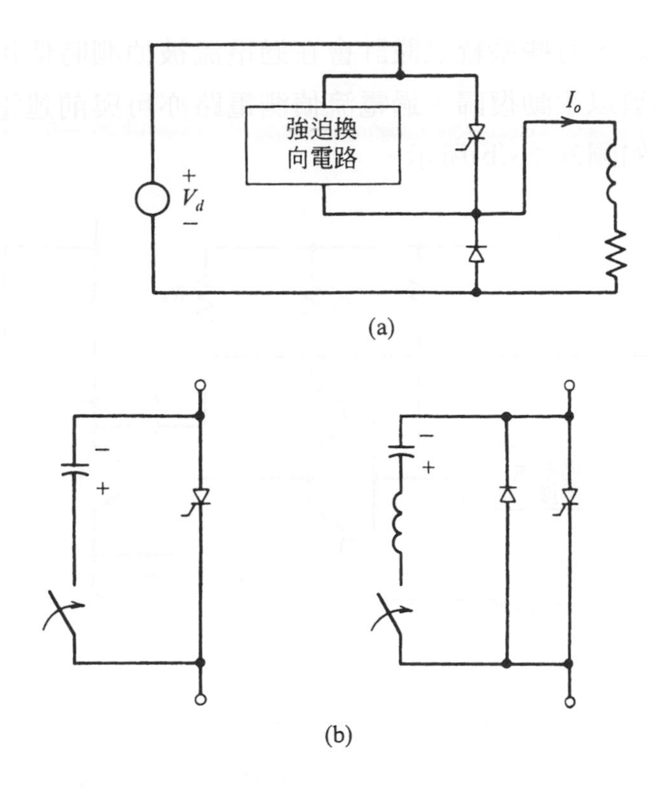

圖20-22 閘流體之強迫換向截止：(a)使用閘流體之切換式轉換器；(b)理想之換向電路，電容電壓正負極性之標示，用以代表截止換向前電容需被充電之情況。

20-6 驅動電路之功率元件保護功能

20-6-1 過電流保護

當流經元件之電流超出其容量時，若未加過電流保護將使元件損毀。功率元件無法使用保險絲作過流保護，因為它的速度不夠快。過電流保護必須藉由偵測元件電流並與一限制值比較，超出限制值時由驅動電路之保護電路將元件截止。

一較便宜且良好之過電流偵測方式為偵測元件之瞬時電壓，例如BJT之$V_{CE\ \mathrm{ON}}$及MOSFET之$V_{DS\ \mathrm{ON}}$。圖20-23(a)所示即為利用此一概念之BJT過電流保護電路，BJT導通時C點之電位為$V_{CE,\mathrm{sat}}$加上一二極體壓降，此電位可與控制信號當成過流保護電路之輸入。當BJT被觸發導通，若C點電位在一些延遲後超出預設之限制時，則保護電路將移去基極之觸發信號使BJT截止。視對系統設計之觀念而定，有些系統之設計會在過電流被偵測時使用整個系統停止，欲重新啟動必須以手動復歸。過電流偵測電路亦可與前述電晶體之反飽合驅動電路結合，如圖20-23(b)所示。

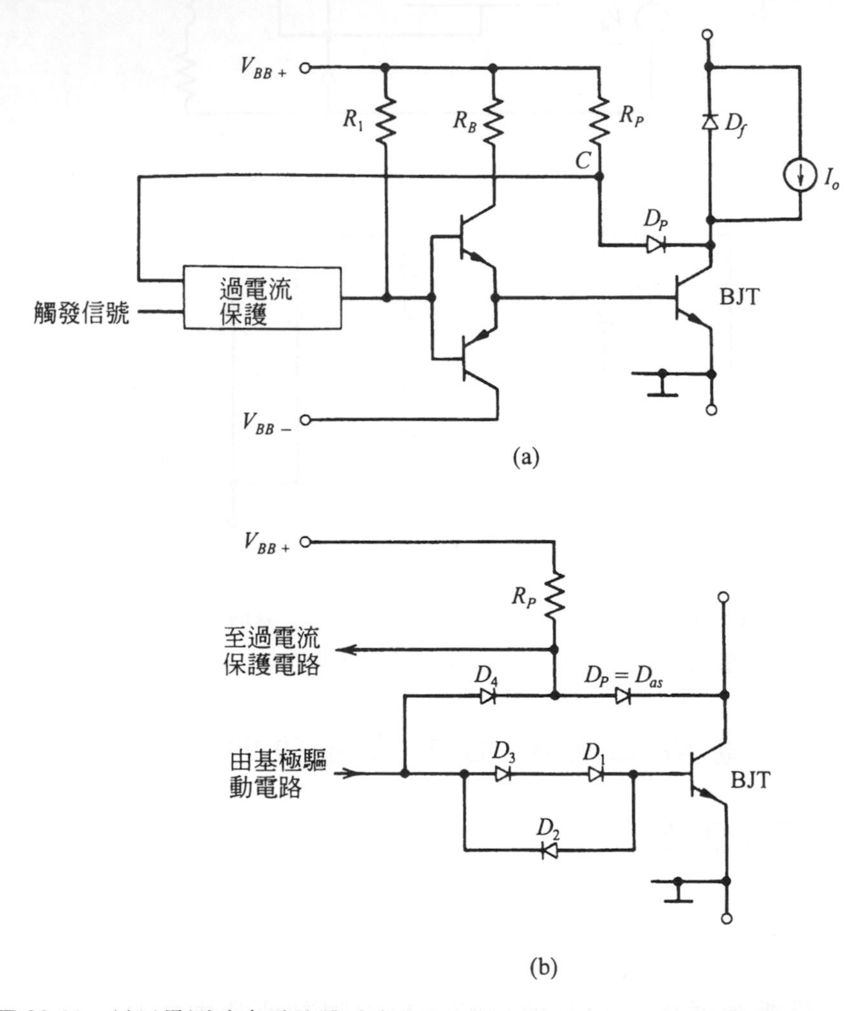

圖 20-23 (a)以量測功率電晶體瞬時導通之集-射極電壓來作過電流保護方式；(b)此過電流保方式可與反飽合電路結合

過電流保護應同時具備限制元件瞬時電流之能力。舉例而言，圖20-24之降壓式轉換器在某瞬間負載短路，此時流經BJT之短路電流可以由圖20-24(b)所示之I-V特性估測出，此時V_{CE}等於V_d。欲限制此短路電流至一安全準位，例如二倍於BJT之連續電流額定，則所需之基極電流$I_{B,\max}$可由圖20-24(b)求得。如果所加之基極電流在短路期間低於此值，便可在此期間限制短路電流至一安全準位。若過電流持續，保護電路必須在幾個ms內將BJT截止。此種設計方法通用於所有可控制式開關，包括BJT、MOSFET、IGBT、FCT及功率JFET等。

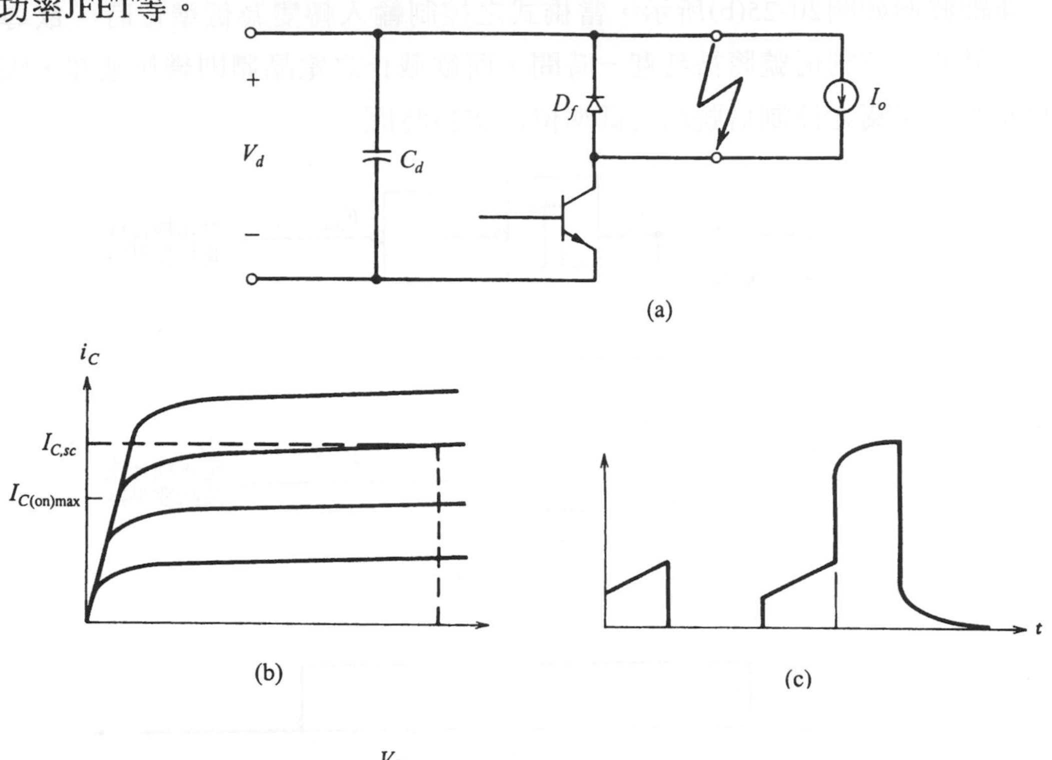

圖20-24　(a)降壓式轉換器輸出突然短路；(b)短路電流可由$I-V$特性估測；(c)在短路期間之電流波形

20-6-2　橋式電路之空白時間

半橋及全橋式電路中同一臂之二電晶體為串聯，二電晶體之控制電壓必須加入一空白時間使一電晶體之導通較另一電晶體之截止延遲一小段時間。空白時間之選擇必須保守的設定大於電晶體之最大儲存時間，因此在正常操作下此保守設定將形成一死時(dead time)，其大小為空白時間減去二電晶體實際截止之延遲時間。此死時將造成轉換器電壓轉移特性之非線性(詳見第八章)。死時大小可以經由良好之驅動電路設計予以最小化，使功率元件導通及截止之延遲時間降至最低。這些驅動電路設計包括BJT之反飽合二極體，驅動電路為雙極性輸出、加速之電容等等。

空白時間之製作方式如圖20-25(a)所示，其使用二具極性之RC及史密特觸發電路使BJT之導通信號具延遲而截止則幾無，二者之時間差即為空白時間。詳細波形如圖20-25(b)所示，當橋式之控制輸入轉變為低準位時，欲導通之電晶體之控制信號將被延遲一時間，而欲截止之電晶體則幾無延遲，因此形成一二開關之控制信號均為低準位之空白時間。

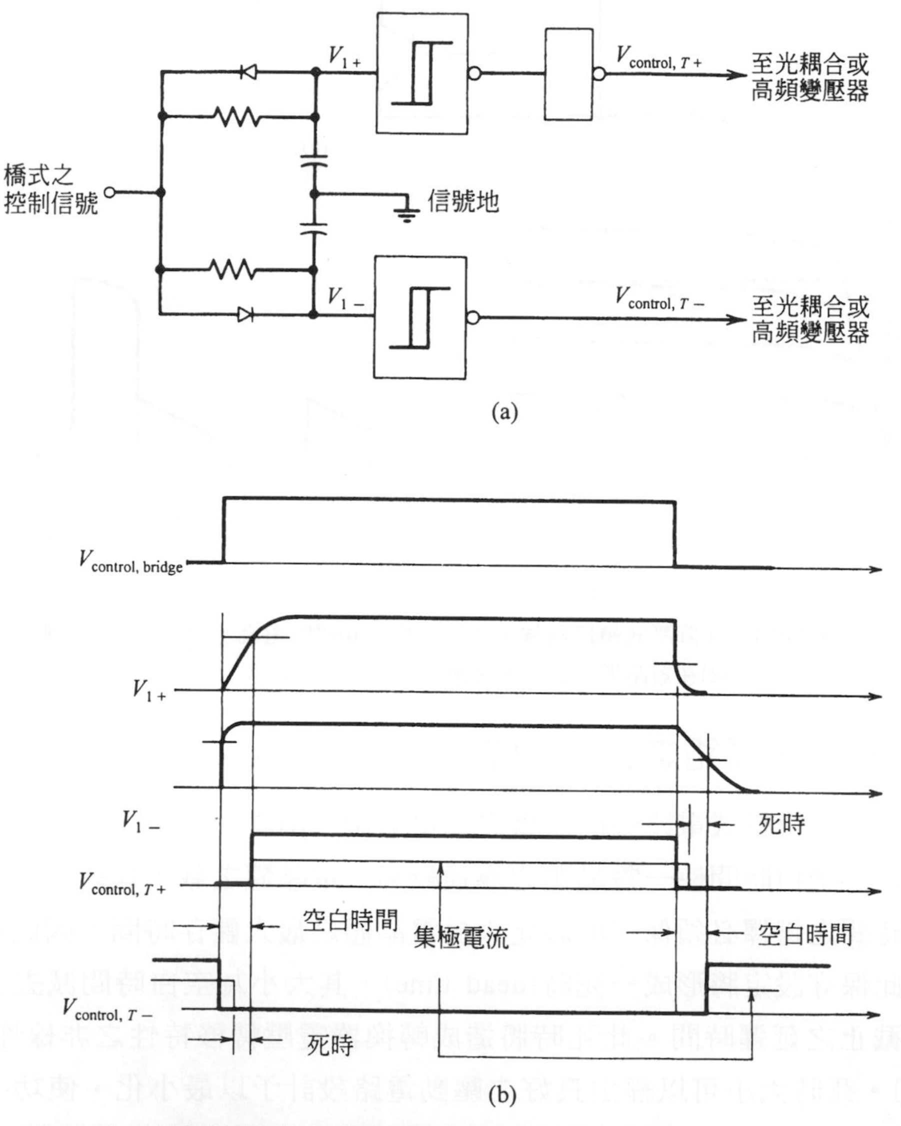

圖 20-25 (a)橋式轉換器BJT驅動電路之空白時間產生電路；(b)死時乃由BJT之儲存時間造成，以由集極電流波形觀察

如前所述，圖20-1簡單之基極驅動電路不能用於電晶體並接反向二極體之PWM橋式電路，其操作波形如圖20-26所示，假設I_o為正，當T_+截止時I_o流經飛輪二極體D_{f-}，接著T_-觸發，此時T_{B2}將導通使i_{B1}流經T_-，然而這將造成T_-反向導通，亦即BJT之集-射極角色互調使BJT操作於反向之工作區。除此，D_{f-}導通之壓降將提供一基極電流i_{B2}，流經R_2及T_-之基-集極形成之二極體。假設D_{f-}之壓降為2V，T_-基-集極之壓降為0.7V，則i_{B2}之大小為$1.3/R_2$。

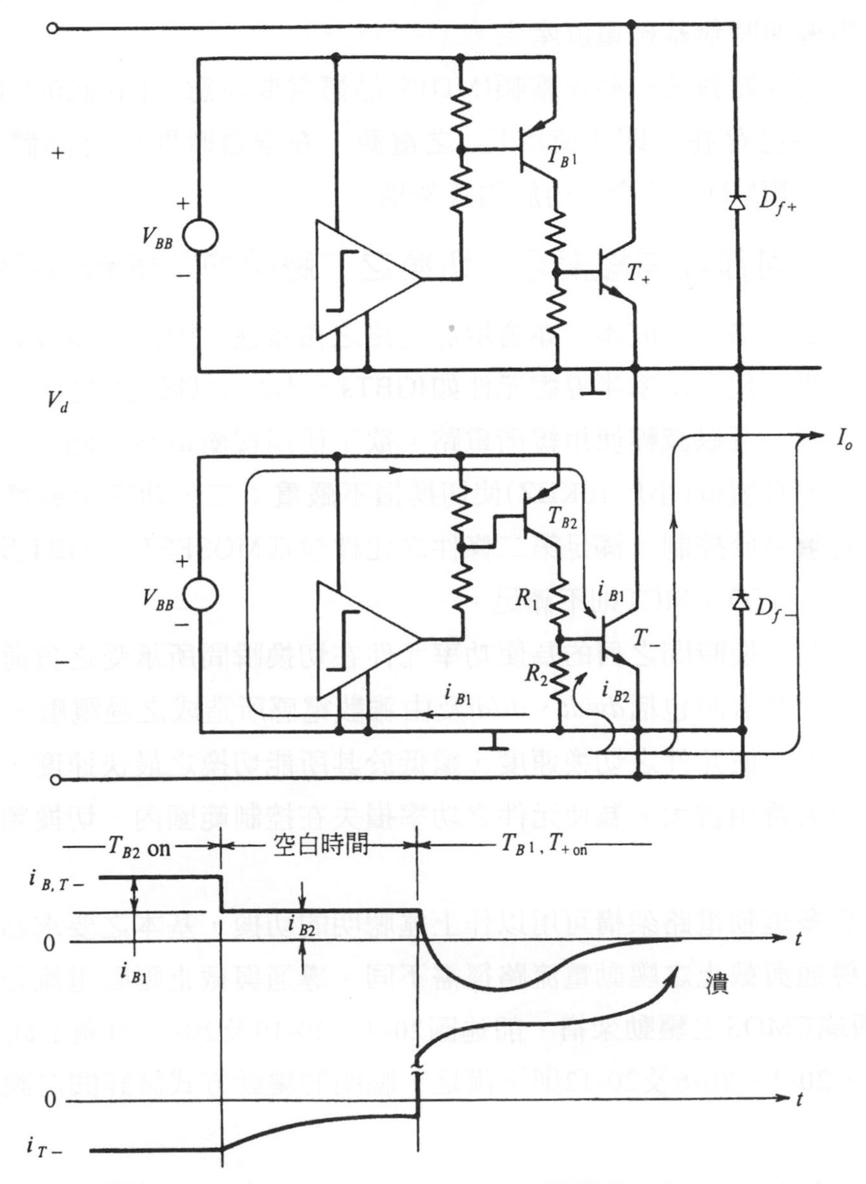

圖20-26　T_+導通時T_-之反向導通，當使用圖20-1之驅動電路時會使二BJT損壞

在空白時間時，T_{B1}及T_{B2}均截止，然而這仍不能避免T_-之反向導通，因為D_{f-}導通下i_{B2}將持續流通，而且所提供之基極電流為流經R_2之正向電流。由於i_{B2}之故，反向流經T_-之電流將緩慢衰減，此時若觸發T_{B1}使T_+導通，將造成D_{f-}之反向回復電流及一很大之順向電流流經T_-而損壞T_-以至於T_+。因此橋式電路之基極驅動電路最好採用類似圖20-4之方式，即負向之基極電流由一另外之負電源提供。另一種方法為使用反飽合二極體，使電晶體之反並接二極體導通時無基極電流產生。

上述問題對於一些達靈頓(MD)電晶體需要注意，因圖20-1中R_2在MD內部製作時已存在，即使使用V_{BB-}之電源，在空白時間內電晶體仍會反向導通。故此類MD不適合使用於橋式架構。

20-6-3　可作無需緩衝電路切換之“聰明的”(Smart)驅動電路

緩衝電路需要成本，亦會增加電路之複雜性，因此許多設計者嘗試避免使用。新一代之功率半導體元件如IGBTs，本身即具備強健且方塊形之安全操作區域，可以減輕使用緩衝電路。欲不使用緩衝電路需滿足二條件：一、切換頻率必須低(小於10KHZ)使切換損不嚴重；二、功率半導體元件之切換時間必須易於控制。滿足第二條件之元件包括MOSFET、IGBT及少數BJT，閘流體、GTO及MCT則不滿足。

控制切換時間之目的為使功率元件在切換瞬間所承受之負荷不會超出限制值，這些限制包括dv/dt、di/dt及由雜散電感所造成之過電壓。因此控制切換時間，將使元件之切換速度，遠低於其所能切換之最快速度，故每一次切換之損失將相當大。為使元件之功率損失在控制範圍內，切換頻率便不能太高。

許多驅動電路架構可用以作上述聰明的切換，基本之要求為具雙極性輸出且導通與截止之驅動電流路徑需不同。導通與截止驅動電流分離可採用圖騰-極或CMOS之驅動架構，前述圖20-4、20-10及20-11即滿足此要求，但圖20-1、20-2、20-6及20-12則不滿足，聰明的驅動方式請詳閱之說明。

20-7　電路佈局之考量

20-7-1　驅動電路雜散電感之最小化

驅動電路之設計及製作有許多實務上需要考量之處，因為其關係到電路是否能成功的操作。圖20-27(a)顯示這些實作上的考量，雖然其以BJT表示，但仍適用於所有之功率半導體元件。首先，連接基極驅動電路與BJT射極之導線應越短越好，以使圖20-27(b)所示之雜散電感降至最低，否則BJT之截止速度將降低且可能會形成振盪。當一正向i_B使BJT導通，i_C將快速增加，圖20-27(b)之雜散電感將感應一電壓使i_B降低，i_B降低將使i_C降低而得到負的di_C/dt，此負的感應電感卻又造成i_B增加，因此最終便形成振盪。

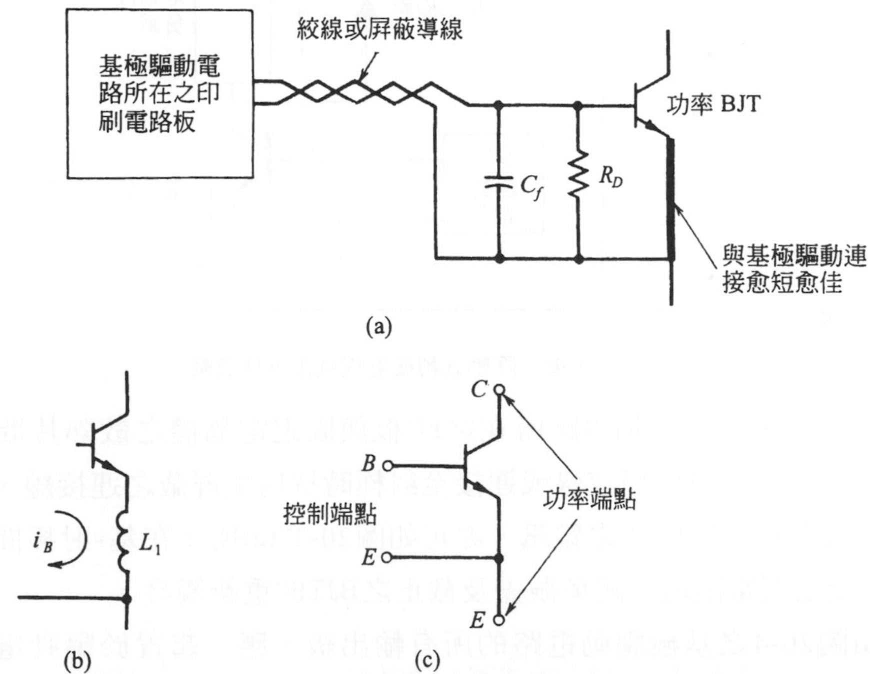

圖20-27　(a)為降低雜散電感之基極驅動電路與BJT連接之電路佈局及連接方式考量；(b)BJT射極連接線太長時；(c)用以幫助減少雜散電感之BJT表示

為使雜散電感最小化，所有功率元件包括BJT、MOSFET、閘流體、GTO、IGBT等應視為一具二控制輸入端及二功率輸出端(如圖20-27(c)所示之BJT)之四端點元件，一些高功率之電晶體模組通常會提供一分離之射極端點以便於與驅動電路連接，達成降低雜散電感之目的。

20-7-2 驅動電路之屏蔽(Shielding)及分割(partitioning)

對於功率元件輸出端所連接之高電流迴路之雜散電感亦需愈小愈好。圖20-B(原圖21-10)所示降壓轉換器中包含電晶體、飛輪二極體及直流交鏈電容C之迴路即為一例。當BJT截止時若雜散電感未被最小化，則由於di_C/dt之故，將產生高壓跨於電晶體上。即使電路佈局良好，亦需額外加緩衝電路或控制截止時間來進一步降低截止時之過壓。注意，即使一公分未加屏蔽之導線將形成5nH之串聯電感，因此所有沒有屏蔽之導線應越短越好。

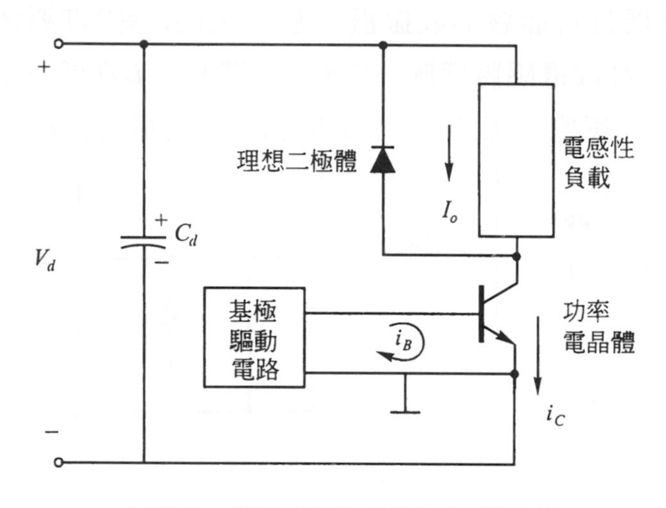

圖20-B 降壓式轉換器提供電感性負載

有許多設計，驅動電路所在之PC板與固定電晶體之散熱片間有一些距離，在此情況下可使用絞線或連接至射極時採用加屏蔽之連接線，以降低雜散電感及基極電路吸收之雜訊。亦可如圖20-27(a)所示在基-射極間並聯濾波電容C_f及阻泥電阻R_D以避免振盪及截止之BJT的重新觸發。

如圖20-4之基極驅動電路的所有輸出級，應一起置於驅動電路板之一角，且離功率電晶體之連接端點愈近愈好。這些輸出級包括R_B、T_{B+}、T_{B-}、C_{BB+}及C_{BB-}，此可以減少基極電路雜訊之產生，且降低基極電流正負迴路之雜散電感，最終使電晶體可以作快速之切換。

如果不只一基極驅動電路被置於PC板上，則各驅動電路所在區域應分離且至少1cm以上，此點對於雙面或多層板特別重要，應盡量避免不同隔離基極驅動電路間連線之交錯。

在轉換器PC板所在之機殼內，邏輯與控制電路應與基極驅動電路置於不同側，為進一步降低雜訊，驅動電路週遭最好再加鋁片予以屏蔽。

20-7-3　降低電力連接線(bus bar)之雜散電感

在大的di/dt下，電力連接線本身之漏感或雜散電感亦是一大問題，所幸已有方法不僅可降低其雜散電感，亦可同時降低其雜散磁通及EMI。

使用如圖20-28所示，中間具一層薄絕緣材質之銅線條導線，可以提供良好降低雜散電感之效果。二銅線端點的距離，如圖所示是可以增加。銅線條導線在實際使用上可能較為繁瑣，但確實有其功效。圖20-29所示即為採用此方式降壓式轉換器之電路佈局，其中電晶體使用TO-3包裝，而二極體採用栓形。銅線條之方式亦可用於與高功率模組之接觸如圖20-30所示。對於三相變流器，電容之並聯連接亦可使用同樣的方式如圖20-30所示。

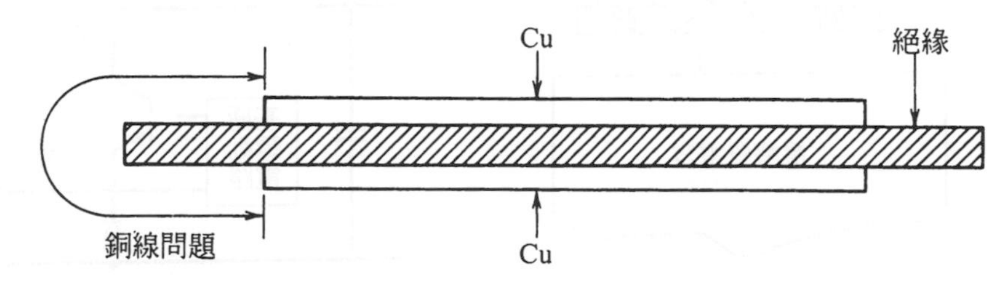

圖20-28　一類似傳輸線之導線用以提供較低之電感

20-7-4　電流量測

在許多應用中，電流之量測電路可以不需與控制電路隔離，使用此方式，電流可以由一串聯電阻及運算放大器(OP-amp)來感測，如圖20-31所示。此電路可避免量測之共模電壓跳動，對於步級電流波形之量測，運算放大器之上昇速率(slew rate)亦可提供良好之雜訊濾波效果。串聯電阻之損耗可藉由運算放大器之電壓放大率予以降低。通常串聯電阻量測之電壓低至50-500mv便可達雜訊可接受之範圍。

圖20-32顯示兩種控制及驅動IC結合之電流量測方式。圖20-32(a)中，R_{shunt}之跨壓很大容易造成雜訊問題，而且介於源極至接地導線之電感的di/dt值將影響MOSFET，使閘極驅動信號出現振盪。圖20-32(b)之方式則可降低此問題。

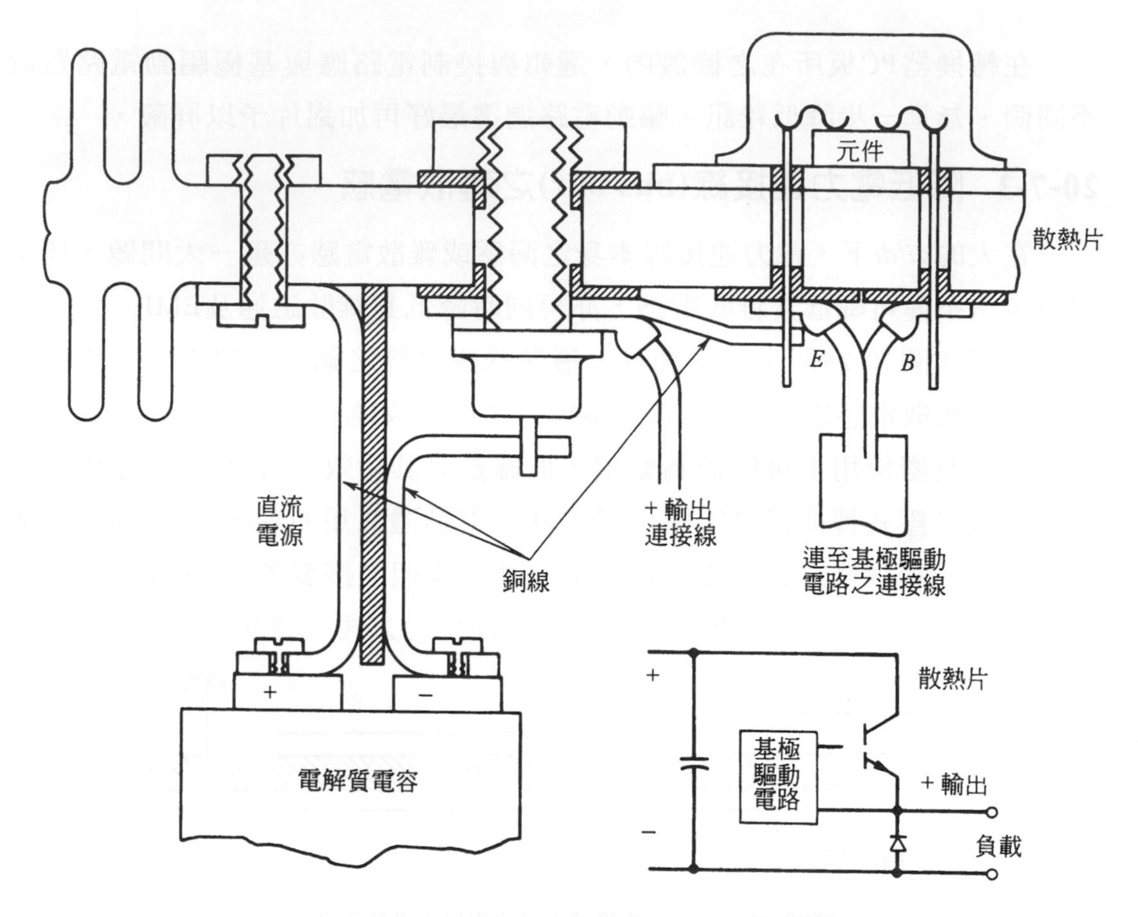

圖20-29 使用低電感之銅線連接電解質電容、功率電晶體及二極體

通常在高功率之用途中，電流量測與控制電路二者間必須要隔離。對於交流電流之量測可使用電源變壓器，但若電流存在直流成分便不能使用變壓器。在此情況下，可使用如圖20-33所示之霍爾元件，其二次側線圈具補償電流使鐵心之磁場維持為0。霍爾元件電流量測之頻寬約從直流至100 KHZ。

20-7-5 電容之選擇

電容必須根據電容值、工作電壓、rms電流及頻率等因素來選擇。對於電力電子應用，基本上有三種形式之電容，即電解質、金屬多層膜及陶瓷等電容。

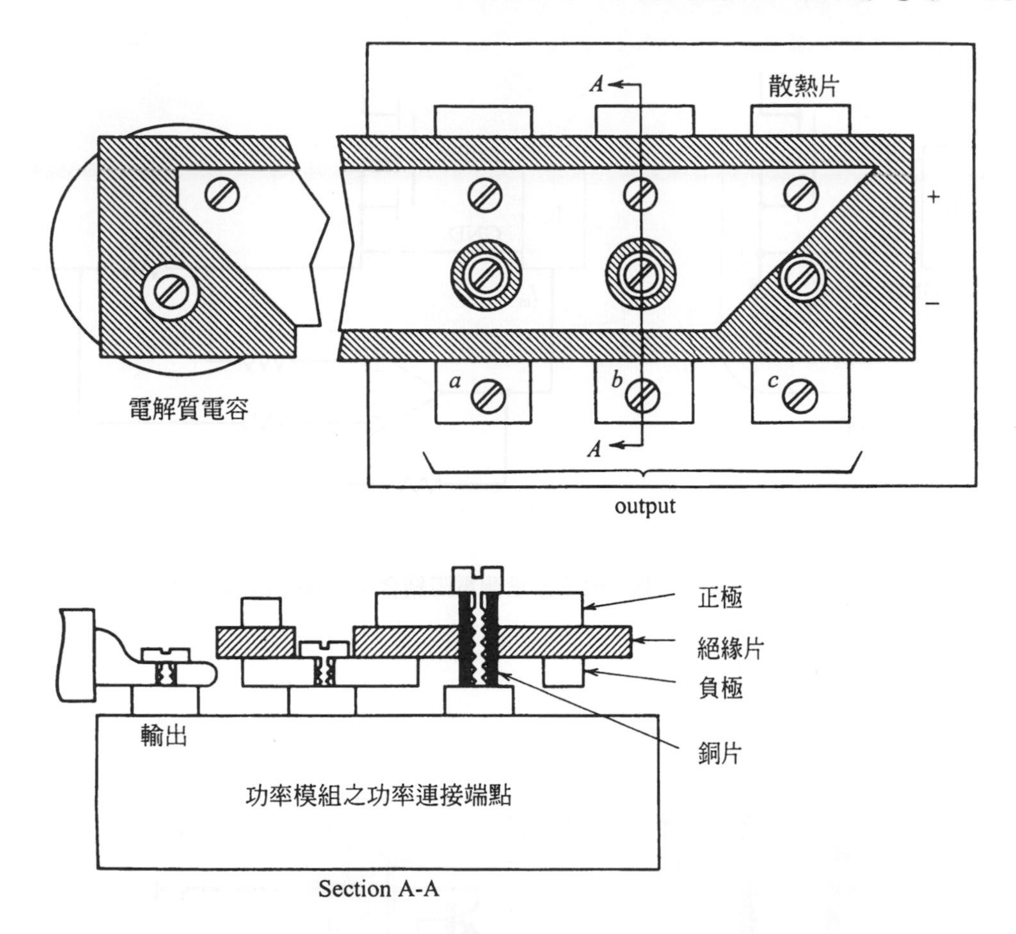

圖 20-30　連接三相變流器功率模組與電解質電容之低電感連接方式，可以多個電容並聯

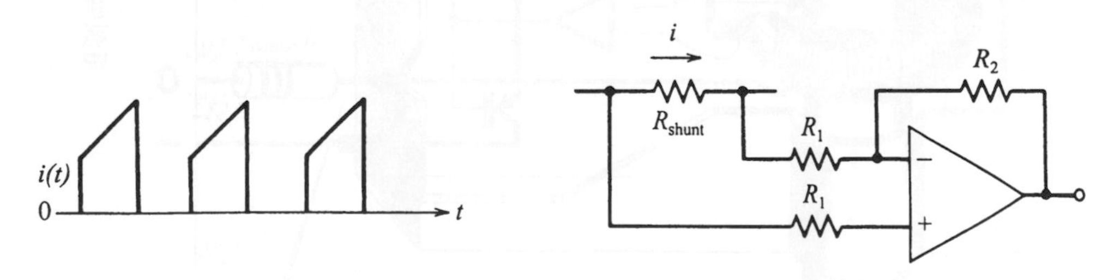

圖 20-31　利用串聯電阻及運算放大器之電流量測

20-7-5-1　鋁值之電解質電容

電解質電容具單位體積較大電容值、極性化等特點。較大電容值之成因乃由於連接到正極之鋁片為經蝕刻，使其表面多孔如同海綿一般，這使其等效之表面積增加，可達一般未蝕刻者之百倍等級。在蝕刻片上並有一層絕緣之氧化鋁覆蓋。電容之負級則連接至另一鋁片與液體之電解液接觸。

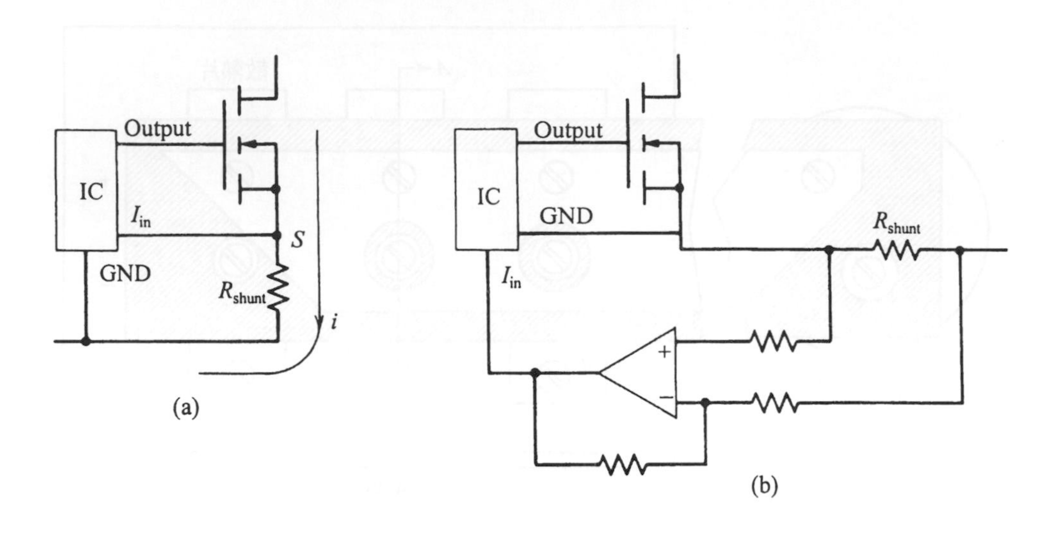

圖 20-32 (a)使用控制IC與電流量測電阻結合；(b)(a)之改良方式

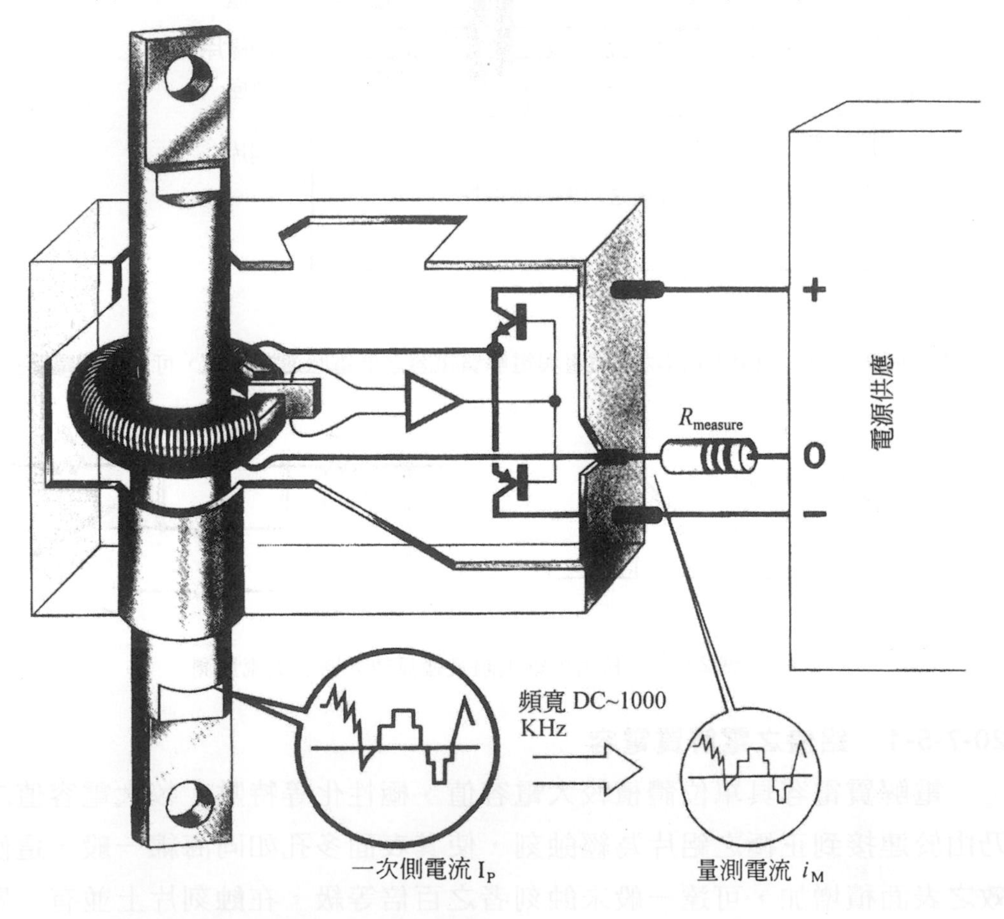

圖 20-33 霍耳元件之電流量測(LEM, Genera, Switzerland提供)

由於電解液之電阻，電解質電容具有較大之等效串聯電阻(ESR)。電解質電容不能使用於其標示之低溫以下，因為電解液易晶體化使電阻值變得很大。誠如前面章節所述，輸出濾波電容之ESR應愈小以降低輸出電壓之漣波。

電解質電容乃密閉於一罐形包裝內，在頂層之接點包覆一絕緣層。在密封下電解液之揮發速度隨溫度上昇而大量增加，因此電容之壽命隨操作溫度之增加而減少。在電力轉換器之各式主動、被動元件中，電解質電容通常是壽命最短的。電容之溫度取決於其功率損失，由於電容歐姆損失之故，此功率損隨rms電流增加而增加。對一固定電流，跨於此介質之漣波電壓隨頻率之增加而減少，因此介電質之功率損隨頻率之增加而減少。對一已知壽命之電容，其電流攜帶能力隨頻率之增加及周圍溫度之減少而增加。

20-7-5-2　金屬多層膜電容及陶瓷電容

對於緩衝電路及閘流體之換向電路，所需電容之值雖小但需處理很大之電流。金屬多層膜電容由於其多層介電材料具有很低之損失係數之故，非常適合此用途。此介電損失與電壓及頻率之平方成正比。由於跨於介電值之電壓與電流成正比與頻率成反比，因此介電值之損失與電流之平方成正比與頻率成反比。對於一特定溫度，其電流處理能力隨頻率之增加而稍為增加。

陶瓷電容具有相當低之串聯電感，主要用作濾波器，例如在PC板上用以降低輸入電壓之漣波。

結論

本章中討論功率半導體元件驅動電路之一般設計考量，詳述了多種驅動電路架構及將保護電路含入之方法。重點如下：

1. 驅動電路架構之選擇由許多因素決定，包括：輸出信號為單極性或雙極性、是否需要隔離、輸出與功率元件串聯或並聯、是否在導通與截止之驅動外額外增加功能等。
2. 單極性輸出之直流耦合驅動電路為最簡單之方式，但僅適用於驅動接地且切換頻率較低之功率元件。

3. 雙極性輸出之直流耦合驅動電路需要雙直流電源，可以提供功率元件快速之切換，其適用於驅動接地且切換頻率較高之功率元件。
4. 驅動電路之隔離方式包括變壓器、光耦合及光纖。
5. 光耦合及光纖之驅動電路的浮接部分需要隔離之直流電源供應。
6. 變壓器隔離之驅動電路包括需要隔離直流供應與不需要之架構。
7. 隔離之直流電源供應可為單端或雙電源，使用變壓器隔離者其輸入可由交流電源取得，若欲降低變壓器體積可使用高頻切換電源供應器之架構。
8. 大部分之驅動電路為與功率元件並接，但與功率元件串接之驅動電路在某些場合仍非常有用，例如驅動常開之元件。
9. 過電流保護、橋式電路之空白時間、功率元件之無緩衝電路切換等功能，可用以與驅動電路結合設計。
10. 驅動電路元件所在之PC板，必須謹慎的佈局以降低雜散電感，改善驅動之性能。

習題

20-1 使用MOSFET之降壓式轉換器，輸入電壓$V_d = 100$V，負載電流$I_o = 100$ A。當使用圖20-6(b)之圖騰-極驅動電路時，試完成驅動電路之設計，包括標示V_{GG+}、V_{GG-}及R_G等之範圍。其中BJT均視為理想開關，MOSFET之$dv_{DS}/dt \leq 500\text{V}/\mu\text{s}$且參數如下：

C_{gs}=100PF　　C_{gd}=400PF　　I_{DM}=200A　　$V_{GS\,\max}=\pm 20$V

BV_{DSS}=200V　　$V_{GS\,\text{th}}$=4V　　I_D=60A(在V_{GS}=7V下)

20-2 如圖20-16之降壓式轉換器採用阻隔增益μ=40之FCT，負載電流I_o=20 A，輸入電壓V_d=1000V。

(a) 假設$R_{G1}+R_{G2}=1\text{M}\Omega$且包含一25%阻隔電壓之餘裕度，求$R_{G1}$與$R_{G2}$為何才能確保FCT之適當操作。

(b) 描述本電路所需MOSFET之特性為何，包含崩潰電壓及最大之平均電流等。

參考文獻

1. M. H. Rashid, *Power Electronics: Circuits, Devices, and Applications*, Prentice-Hall, Englewood Cliffs, NJ, 1988.
2. *Power Transistor in Its Environment*, Thompson-CSF, Semiconductor Division, 1978.
3. B. W. Williams, *Power Electronics, Devices, Drivers, and Applications*, Wiley, New York, 1987.
4. B. Jayant Baliga and Dan Y. Chen (Eds.), *Power Transistors, Device Design and Applications*,IEEE Press, Institute of Electrical and Electronic Engineers, New York, 1984.
5. *SCR Manual*, 6th ed., General Electric Company, Syracuse, NY, 1979.
6. B. M. Bird and K. G. King, *An Introduction to Power Electronics*, Wiley, New York, 1983.
7. P. Aloisi, *Power Switch*, Motorola Inc., 1986.
8. E. S. Oxner, *Power FETs and Their Applications*, Prentice-Hall, Englewood Cliffs, NJ, 1982.
9. T. Rogne, N. A. Ringheim, J. Eskedal, B. Odegard, H. Seljeseth, and T. M. Undeland, "Short Circuit Capability of IGBT (COMFET) Transistors," 1988 IEEE Industrial Applications Society Meeting, Pittsburgh, PA, Oct. 1988.
10. J. G. Kassakian, M. F. G. Schlecht, Vergassian, *Principles of Power Electronics*, Addison-Wesley, Boston, 1991.
11. F. Blaabjerg and J. K. Pedersen, "An Optimum Drive and Clamp Circuit Design with Controlled Switching for a Snubberless PWM-VSI-IGBT Inverterleg," IEEE Power Electronics Specialists Conference, Madrid, Spain, June 29-July 3, 1992.
12. Harald Vetter, "GTO Snubber Capacitors for Low Inductance Current Loops," *Siemens Components*, Vol. 3, 1990, pp.81-85.

13. Eric Motto, "Power Circuit Design for Third Generation IGBT Modules," *PCIM*, Jan. 1994. pp.8-18.

第二十一章 元件溫度之控制與散熱片(Heat Sinks)

本章討論為何需要控制電力電子元件內部之溫度，以及選擇被動元件包括電阻、電容及散熱片所需考慮之熱的因素。電力電子元件內部溫度過高將造成損傷，特別是功率半導體元件。本章中將檢視元件之熱轉移機制，包括傳導(conduction)、輻射(radiation)及對流(convection)。對於熱轉移之基本認識不僅有助於散熱片規格之制定及設計，亦有助於電感及變壓器之設計，因為熱之考量亦為設計這些元件時所必須考量的事項。

21-1 功率半導體元件溫度之控制

半導體元件內部溫度理論之上限為所謂之本質溫度(intrinsic temperature) T_i，即純載子在最輕摻雜(doped)區域之濃度等於此區多數載子摻雜濃度時之溫度。例如，在一矽二極體輕微摻雜漂移區之施體(donor)濃度為10^{14}cm^{-3}，其本質溫度為280℃，若超出此溫度，接面整流之特性將被破壞。此乃由於當純載子之濃度遠大於摻雜濃度時，形成電位障蔽(potential barrier)之空乏區(depletion region)被純載子短路之故。

然而，標示於資料手冊之最高內部溫度卻遠低於此限制。功率半導體之功率損失通常隨內部溫度之昇高而增加，在200℃下之損失便無法接受。元件製造商所保證元件之操作參數如導通壓降、切換時間、切換損等所允許之最高溫度隨元件而異，大約在125℃左右。

元件設計步驟中最差情況之接面溫度為其中一輸入參數。為使系統具高可靠度，最好使接面溫度較125℃低20～40℃為宜，否則至少也要以125℃當成最差情況之輸入。但其中之特例為閘流體接面之最高溫不得超出125℃，否則當元件最大之*dv*/*dt*跨於其上時將造成重新觸發。

一些功率半導體元件及信號準位之電晶體及IC等可以操作之溫度超過200℃，然而在此情況下，其可靠度(預期之生命週期)及操作性能均較125℃以下者會減低許多。若電力電子電路之設計及製造者，欲操作之溫度高於元件資料手冊上之最高溫度，則設計及製造者必須量測一大批元件之最高溫度特性，並且除非所有元件均能通過測試，否則便不能確保實際應用下不會在此高溫下故障。這種大量測試之方法既花費時間，成本亦高。

若一特殊用途必須工作在相當高之周圍溫度，則此時大量測試是唯一之選擇，所有設備必須在工廠內以最高周圍(ambient)溫度及全功率下燒機(burn-in test)一天至一星期。

設計電力電子設備，特別是對於高周圍溫度者，必須在設計初期便考慮熱效應之佈局(thermal layout)。例如散熱片之尺寸及重量、其在機框內之位置以及四周之溫度等。散熱片之鰭片(fins)必須能直立在一充裕之空間，不須風扇亦能利用自然通風散熱。由日照所產生之散熱亦必須被當成最差情況下之一考量。

一不良之熱處理設計將使設備較原設定不可靠，一通用之定則為溫度在50℃以上時，溫度每增加10～15℃半導體元件之故障率將加倍。

選擇正確(即生產時最便宜者)的散熱片為電力電子系統熱處理設計步驟的一部份，在此設計之前，設計者可任意考慮一較大或較小之散熱片，且散熱片之冷卻可藉由自然傳導、風扇(以一小功率變流器控制之交流馬達風扇要較直流馬達風扇可靠)，甚至用液體冷卻。

21-2　藉由傳導之熱轉移

21-2-1　熱阻(thermal resistance)

如圖21-1所示之材質若兩端存在溫度差異，則能量將由高溫端流向低溫端。單位時間內之能量潮流，亦即功率為：

$$P_{cond}=\frac{\lambda A \Delta T}{d} \tag{21-1}$$

其中$\Delta T=T_2-T_1$(℃)，A為材質之截面積(m^2)，d為材質長度(m)，λ為導熱係數(thermal conductivity)($W-m^{-1}℃^{-1}$)。常用於散熱片純度90％之鋁，其導熱係數為220 $W-m^{-1}℃^{-1}$。

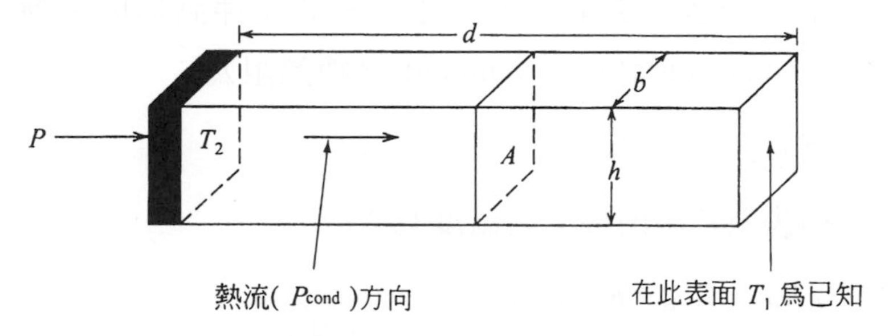

圖21-1　一單位時間內傳導P瓦熱能之隔離方形棒

【例題21-1】

考慮如圖21-1所示之鋁棒，$h=b=1$cm，$d=20$cm，熱能由左端(溫度T_2)進入，速率為3W，右端表面之溫度為$T_1=40$℃，求T_2。

解

$$T_2=\frac{P_{cond}d}{\lambda hb}+T_1=\frac{(3)(0.2)}{(220)(0.01)(0.01)}+40=67.3℃$$

【例題21-2】

一電晶體模組固定於一鋁片上，鋁片之$h=30$cm，b=4cm且d=2cm(參考圖21-1)，若由3×4cm^{2}表面至另一表面之溫度降為3℃，計算模組可產生功率之最大值，忽略周圍空氣之熱損。

解

$$P=\frac{\lambda A(T_2-T_1)}{d}=\frac{(220)(0.03)(0.04)(3)}{(0.002)}=396\,\text{W}$$

熱阻$R_{\theta,cond}$之定義為：

$$R_{\theta,cond}=\frac{\Delta T}{P_{cond}} \tag{21-2}$$

參考圖21-1，利用(21-2)可得：

$$R_{\theta,cond}=\frac{d}{\lambda A} \tag{21-3}$$

熱阻之單位為℃/W。

通常熱必須流經許多不同材質，每一材質有不同之導熱係數、面積及厚度。圖21-2所示為一多層之範例，其建立一矽元件到周圍熱傳導路徑之模式，由元件接面(junction)到周圍(ambient)之總熱阻為：

$$R_{\theta ja}=R_{\theta jc}+R_{\theta cs}+R_{\theta sa} \tag{21-4}$$

假設功率損失為P_d，則接面之溫度為：

$$T_j=P_d(R_{\theta jc}+R_{\theta cs}+R_{\theta sa})+T_a \tag{21-5}$$

此與電路具相似性。若有多個路徑並行導熱，則結合之熱阻有如電路之電阻並聯一般。

功率元件之製造商非常注意元件熱阻是否作到最低，亦即是否使所有熱流路徑長度d降至最低，此要求與崩潰電壓、機械之堅固性等要求吻合；另外截面積A亦必須愈大愈佳，此與許多設計要求如降低寄生電容吻合。有些高功率元件如閘流體，使用如曲棍球之橡皮圓盤般之封裝(package)使矽晶體之二表面均能作熱轉移，此不同於一般功率或標準模組僅使用一面。

封裝所用之材質必須具高導熱係數，大功率元件之封裝可能需固定在散熱片上利用空氣或水來冷卻。藉由這些措施，一般而言可以將接面至外殼之熱阻$R_{\theta jc}$降至1℃/W以下。

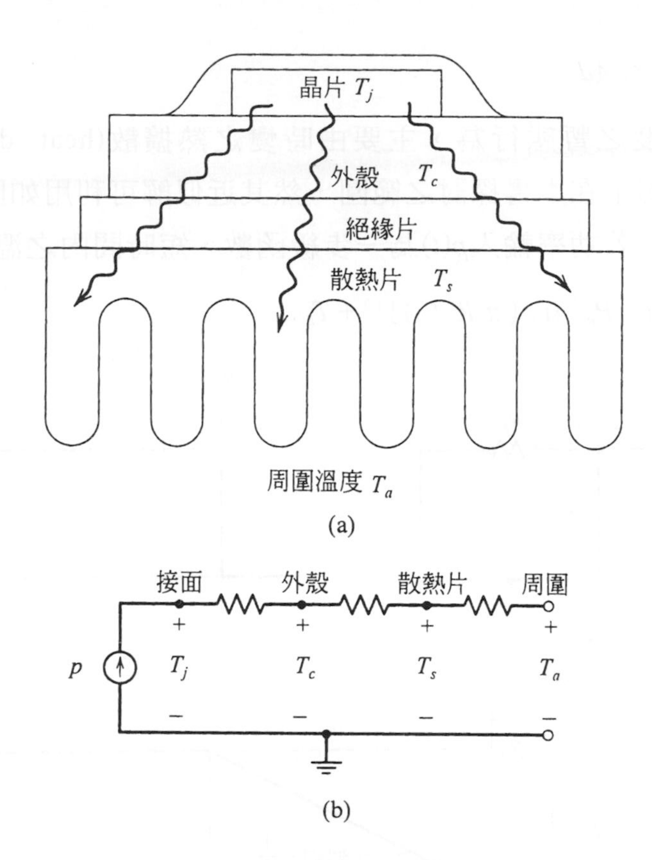

圖 21-2　(a)穩態下一包含散熱片之多層結構的熱流及熱阻；(b)以熱阻表示之等效電路

21-2-2　暫態之熱阻抗(transient thermal impedance)

有些情況功率元件之使用必須注意元件熱之暫態響應，例如在系統暫態過載、啟動或停止時，元件上之瞬時功率可能超出元件之平均功率額定。這些電力突波是否會造成接面溫度超出允許值，則需視突波之大小、時間長度及元件之熱性質而定。若突波很短，溫度之變化應不致太大。

在暫態下，材質之熱容量(heat capacity)C_s須與熱阻同時考量。單位體積熱容量C_v之定義為：熱能量密度Q對於溫度T之變化率，即：

$$dQ/dT = C_v \qquad (21\text{-}6)$$

其中C_v之單位為J/cm³°K。對一截面積A厚度d(沿熱流方向)之方形材質其C_s為：

$$C_s = C_v A d \tag{21-7}$$

接面溫度之暫態行為，主要由時變之熱擴散(heat diffusion)方程式決定，其詳細解不在本書探討之範圍，然其近似解可利用如圖21-3所示電路之相似性獲得。若功率輸入$p(t)$為一步級函數，短時間內之溫昇可表示為：

$$T_j(t) = P_o[4t/(\pi R_\theta C_s)]^{1/2} + T_a \tag{21-8}$$

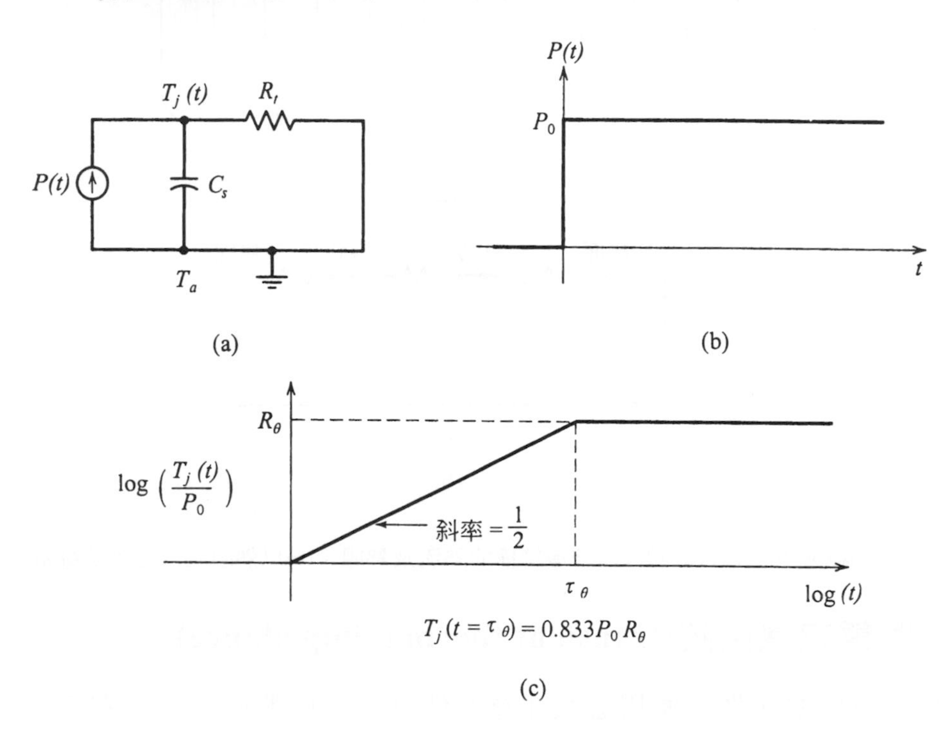

圖21-3 (a)暫態熱阻之等效電路；(b)步級之輸入功率；(c)接面溫度之暫態響應

其中P_o為步級之振幅，且假設t較熱之時間常數τ_θ為小：

$$\tau_\theta = \pi R_\theta C_s / 4 \tag{21-9}$$

對於t與τ_θ相當者，T_j將趨於穩態值$P_o R_\theta + T_a$。T_j之解如圖21-3(c)所示，垂直座標$T_j(t)/P_o$之值即為暫態熱阻抗$Z_\theta(t)$。

雖然熱時間常數可以電阻及電容之電路相似性瞭解其熱之暫態特性，然而實際熱轉移特性的行為不能只簡化為一指數函數。熱擴散方程式之解包含誤差函數及其互補函數，在t較τ_θ小許多之情況下，誤差函數可以一級數方式表示，使(21-8)為$t^{1/2}$而非簡單之指數表示。

對於如圖21-4(a)所示元件之熱流經許多層者，其等效電路如圖21-4(b)所示，若每一層之熱時間常數均不同，則總暫態熱阻抗為各層暫態熱阻抗之和，如圖21-4(c)所繪之$z_0(t)$。這曲線可由元件之資料庫查得。

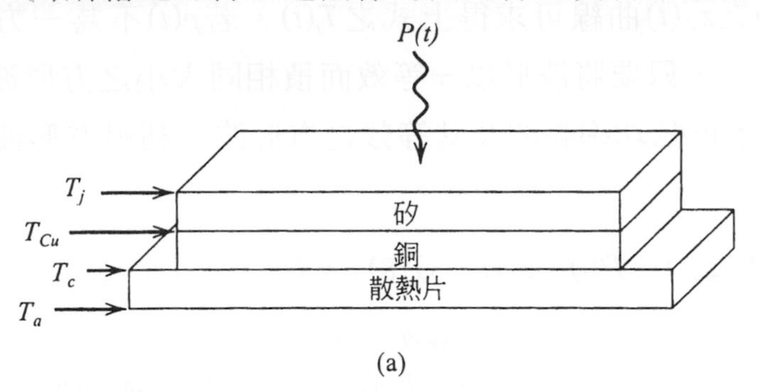

(a)

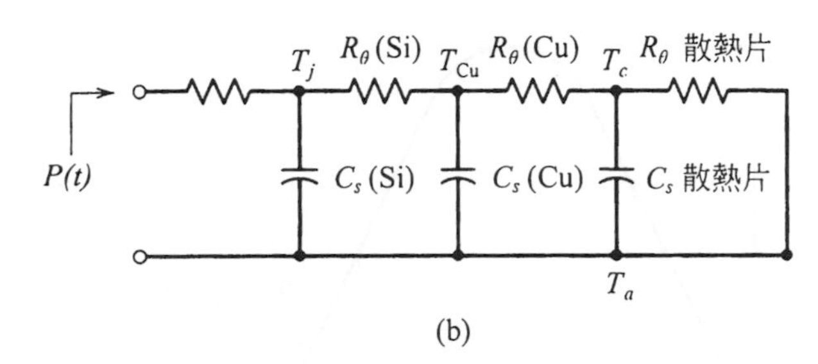

(b)

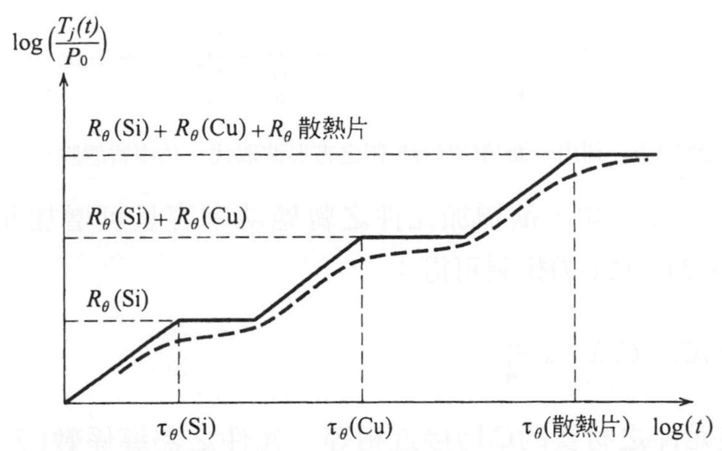

圖 21-4　(a)多層之熱結構；(b)熱之等效電路；(c)暫態熱阻抗

若$P(t)$已知，可利用$z_\theta(t)$圖估測$T_j(t)$，因為：

$$T_j(t) = P(t)z_\theta(t) + T_a \tag{21-10}$$

例如：一起始於t=0，結束於$t=t_2$之方形脈波的功率損失$T_j(t)$可表示為：

$$T_j(t)=P_o[z_\theta(t)-z_\theta(t-t_2)]+T_a \tag{21-11}$$

由圖21-4(c)之$z_\theta(t)$曲線可求得上式之$T_j(t)$。若$p(t)$不為一方形脈波，以上之方法仍可使用，只要將波形以一等效面積相同大小之方形波取代即可。圖21-5所示為一半正弦功率脈波及其等效之方形波，利用方形波可得近似之接面溫度響應：

$$T_j(t)=P_o[z_\theta(t-T/8)-z_\theta(t-3T/8)]+T_a \tag{21-12}$$

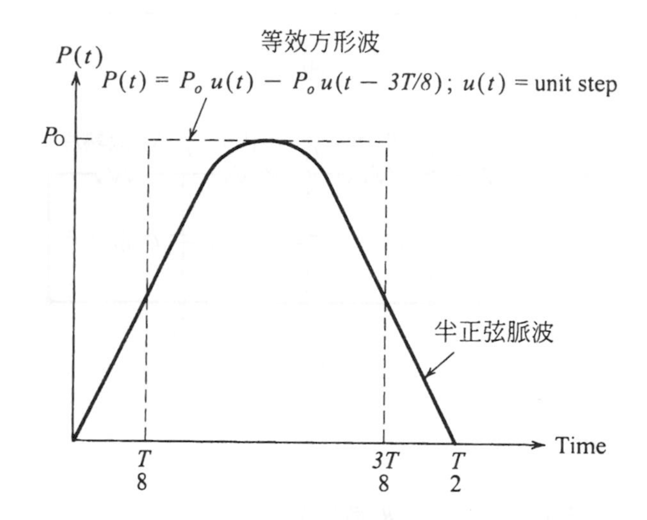

圖 21-5 利用一面積(能量)相同之方形波取代一功率暫態脈波

由以上之討論可知，欲增加元件之暫態功率容量可增加元件時間常數$R_\theta C_s$，但由(21-3)與(21-7)相乘可得：

$$\frac{\pi}{4}R_\theta C_s=C_v\lambda^{-1}d^2\frac{\pi}{4} \tag{21-13}$$

由於封裝元件之材質的C_v均接近相等，元件之熱導係數(λ)必須愈高以降低熱阻，而且熱流之路徑長度d須愈小以降低R_θ，這些均與增加$R_\theta C_s$背道而馳。因此減少R_θ與增加熱時間常數間必須作一折衝，但通常會以減少R_θ為優先，此乃因元件操作於穩態之時間要較發生過載之暫態時間長得多。

雖然無法大幅改善暫態過載之額定，但大部份功率元件所具備之暫態過載容量已較其平均功率額定高出許多，高出一個級數(order)是相當平常的。

事實上元件之暫態過載以此暫態期間消耗之總能量來看要較瞬時功率來看要來的重要，亦即不只要看功率亦必須考慮其時間長度。不同的時間長度有不同之過載額定，設計者必須在使用元件前瞭解這些規格。

21-3　散熱片

保持功率元件之接面溫度在一合理之範圍內，是元件製造商與使用者共同追求之目標，對製造商而言，其努力的是儘量減低元件內部之熱阻$R_{\theta jc}$，而元件使用者則必須設計一熱傳導路徑，即由包圍元件內部之外殼至周圍之路徑，使其間之熱阻$R_{\theta ca}$愈小愈好且合乎成本。

有許多形狀之鋁質散熱片可用以作功率元件之冷卻。如果散熱片利用自然對流冷卻，則如圖21-2(a)所示散熱片之鰭片間距必須至少為10～15mm。塗上一層黑色之氧化物可使其熱阻降低25%，但成本會相對提高25%。自然對流冷卻之散熱片的熱時間常數約在4～15分之範圍。若加上風扇，熱阻R_θ將降低，散熱片可以較小較輕，熱容量C_s亦較小。採用強迫冷卻方式之散熱片，其熱時間常數較自然對流冷卻者要小許多。典型強迫冷卻之散熱片的熱時間常數小於1分鐘。使用強迫冷卻者之散熱片，其鰭片間距可低於幾mm。對於高功率額定者，可用水或油冷卻方式來進一步改善熱傳導。

散熱片之選擇視元件允許之接面溫度而定。對一最差情況之設計，必須使用最高之接面溫度$T_{j,\max}$、最高之周圍溫度$T_{a,\max}$、最高之操作電壓及最大之導通電流等。元件之最大導通損可利用最大之責任週期，最大之導通電流及最大之導通電阻(可查元件資料在$T_{j,\max}$及最大電流條件下之值)等計算獲得。切換損則可利用瞬時功率損失對時間積分，並除以一週期時間求得其平均值。因此總損失P_{LOSS}可將導通損及平均之切換損相加估得。

利用P_{LOSS}可求允許之最高接面至周圍之熱阻$R_{\theta ja}$(方程式(21-4))：

$$R_{\theta ja} = (T_{j,\max} - T_{a,\max}) / P_{LOSS} \tag{21-14}$$

接面至外殼之熱阻$R_{\theta jc}$可由半導體元件之資料獲得，外殼至散熱片之熱阻$R_{\theta cs}$則視熱混合物(thermal compound)及絕緣片(如果有的話)而定。絕緣片之熱阻可由參考文獻[3]查得亦或由其供應商提供。舉例而言，一TO-3包裝電晶體所用之75 μ m厚之雲母絕緣片其乾燥時R_{θ}=1.3℃/W，當使用散熱膏與散熱片接觸時之R_{θ}=0.4℃/W。散熱膏之目的在移除雲母片至散熱片及雲母片至電晶體接面高點之空氣以增加熱傳導之有效面積。若熱混合物使用太多其厚度增加反倒使熱阻增加。當知道$R_{\theta cs}$及$R_{\theta jc}$後，由散熱片至周圍之熱阻$R_{\theta sa}$可由(21-4)及(21-14)計算獲得。適當散熱片之選擇可參考廠商提供之散熱片資料，如圖21-6便為一例。

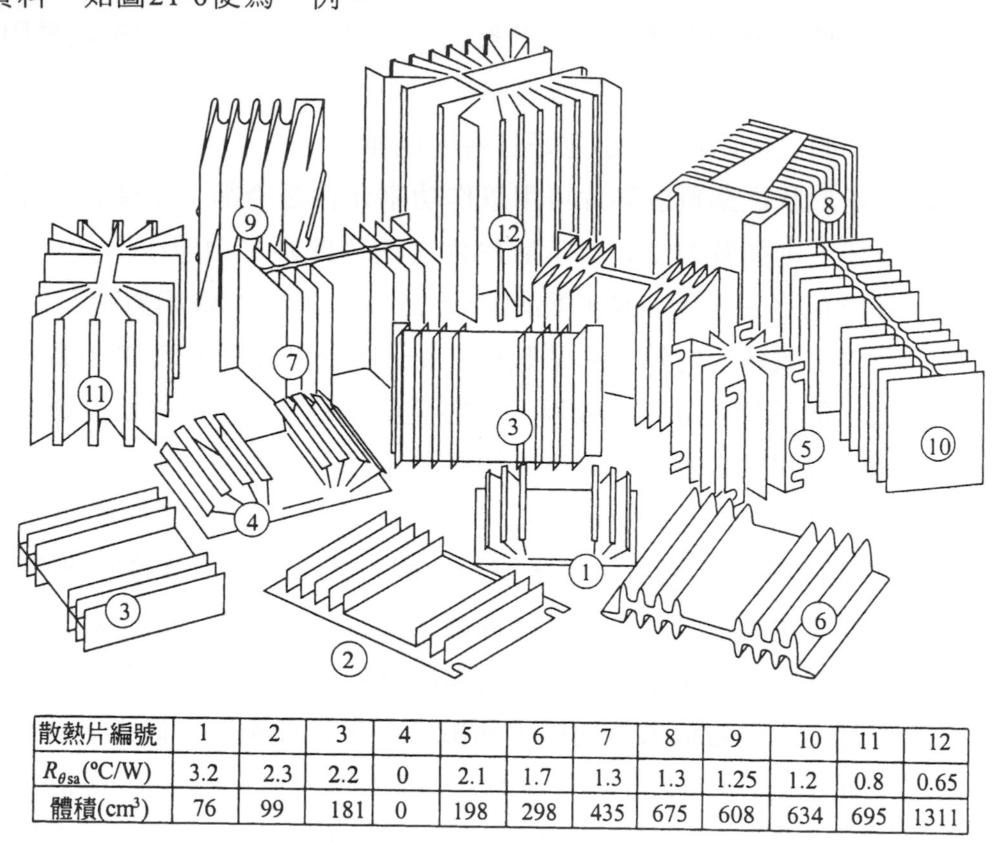

散熱片編號	1	2	3	4	5	6	7	8	9	10	11	12
$R_{\theta sa}$(°C/W)	3.2	2.3	2.2	0	2.1	1.7	1.3	1.3	1.25	1.2	0.8	0.65
體積(cm^3)	76	99	181	0	198	298	435	675	608	634	695	1311

圖21-6　各式不同散熱片

散熱片之使用必須遵照廠商資料之建議，將功率元件不正確的安裝在散熱片上可能使$R_{\theta ca}$過大，即使在正常工作情況下亦可能使元件接面溫度過高。建議使用少許之散熱膏以增加元件與散熱片之接觸面積。適當力道固定螺絲與螺帽亦有助於元件與散熱片之接面。

【例題21-3】

一TO-3電晶體接面溫度125℃，功率損失26W，$R_{\theta jc}$=0.9℃/W，使用一7

5μm之雲母片及散熱膏，其熱阻為0.4℃/W。散熱片所固定之機框內周圍溫度之最差情況為55℃，故散熱片至周圍之熱阻為

$$R_{\theta sa}=\frac{125-55}{26}-(0.9+0.4)=1.39℃/W$$

圖21-6中7號散熱片之熱阻為1.3℃/W，因此可適用於此。事實上若使用此編號之散熱片可將接面溫度降至122.6℃，較設定之125℃為低。同時由於在較低溫下電晶體之損失亦降低，更可使接面溫度再更低，例如可能為120℃。若要作大量生產，應尋找其它更小之散熱片，使其$R_{\theta sa}$更接近1.39℃/W以降低成本。

21-4　輻射及對流之熱轉移方式

如圖21-6由散熱片廠商所提供之散熱片至周圍之熱阻$R_{\theta sa}$資料，僅適用於其所提供之散熱片形式及所標示之溫度。為瞭解散熱片在其它情況下之操作性能，有必要再瞭解熱轉移中之輻射及對流方式。本章將簡要介紹輻射與對流之熱傳導方式，所提供之方程式可用以計算散熱片至周圍之輻射與對流之熱阻。

21-4-1　由輻射所形成之熱阻

藉由輻射之熱轉移可利用史帝芬-波茲曼(Stefan-Bottzmann)定律表示：

$$P_{rad}=5.7\times10^{-8}EA(T_s^4-T_a^4) \qquad (21\text{-}15)$$

其中P_{rad}為輻射功率(W)，E為表面之發射率(emissivity)，T_s為表面溫度(°K)，T_a為周圍溫度(°K)，A為散熱片之外部面積(包括鰭片)(m²)。參考文獻[2]中提供許多表面之E值，一黑色氧化鋁散熱片之$E=0.9$，光亮之鋁片其E可能小至0.05。

對於黑色氧化鋁之散熱片，(21-15)可表示為：

$$P_{rad}=5.1\mathrm{A}\left[\left(\frac{T_a}{100}\right)^4-\left(\frac{T_a}{100}\right)^4\right] \qquad (21\text{-}16)$$

結合(21-2)及(21-16)可得：

$$R_{\theta,rad}=\frac{\Delta T}{5.1\mathrm{A}\left[\left(\frac{T_a}{100}\right)^4-\left(\frac{T_a}{100}\right)^4\right]} \qquad (21\text{-}17)$$

若T_s=120℃=393°K且T_a=20℃=293°K，則

$$R_{\theta,rad}=\frac{0.12}{A} \qquad (21\text{-}18)$$

【例題21-4】

求一邊長10cm之黑色氧化鋁立方體之$R_{\theta,rad}$，假設T_s=120℃且T_a=20℃。

解：

利用(21-18)可得

$$R_{\theta,rad}=\frac{0.12}{6(0.1)^2}=2℃/\mathrm{W}$$

21-4-2 由對流所形成之熱阻

一直立表面若其高度d_{vert}小於1m，則其藉由對流傳至周圍空氣(以海平面為準)之熱損速率為：

$$P_{conv}=1.34\mathrm{A}\frac{(\Delta T)^{0.25}}{(d_{vert})^{0.25}} \qquad (21\text{-}19)$$

其中P_{conv}為藉由對流所損失之功率(W)，ΔT為表面與空氣之溫度差，A為直立表面之面積(亦或整個物體之面積)(m^2)，d_{vert}為物體垂直之高度(m)。結合(21-2)及(21-19)可得：

$$R_{\theta,conv}=\frac{1}{1.34\mathrm{A}}\left(\frac{d_{vert}}{\Delta T}\right)^{1/4} \qquad (21\text{-}20)$$

對一d_{vert}=10cm，ΔT=100℃者

$$R_{\theta,conv}=\frac{0.13}{A}(℃/\mathrm{W}) \qquad (21\text{-}21)$$

【例題21-5】

一平板表面溫度120℃，周圍空氣溫度20℃。平板高10cm寬30cm，求$R_{\theta,conv}$。

解：

$$R_{\theta,conv}=\frac{1}{(1.34)(0.1)(0.3)}\left(\frac{0.1}{100}\right)^{1/4}=2.2℃/W$$

假設例題21-4之$R_{\theta,conv}$與例題21-5之平板相同(即立方體與平板之表面積相同)，則其輻射與對流結合所產生之$R_{\theta sa}$為：

$$R_{\theta sa}=\frac{R_{\theta,rad}R_{\theta,conv}}{R_{\theta,rad}+R_{\theta,conv}}=1℃/W \tag{21-22}$$

(21-22)應較實際為低，此乃因一水平朝上之表面熱移除能力較垂直平面高15～25%，但水平朝下者則減少33%或更多(若面積很大的話)。其結果將使例21-4之六面立方體較例21-5之平板的對流熱阻$R_{\theta,conv}$高出4%，使最終之$R_{\theta sa}$增加2%。

通常散熱片被固定之位置不會有足夠之氣流環繞，因此不需要考慮上述朝上及朝下所造成之差異，僅需利用(21-19)及(21-20)以總面積A來計算即可。

21-4-3　散熱片至周圍之熱的計算例

如圖21-7之散熱片，T_s=120℃且T_a=20℃。利用(21-18)來估測$R_{\theta,rad}$，其有效面積為：

$$A_{rad}=(2)(0.115)(0.075)+2(0.063)(0.075)=0.0267\text{m}^2$$

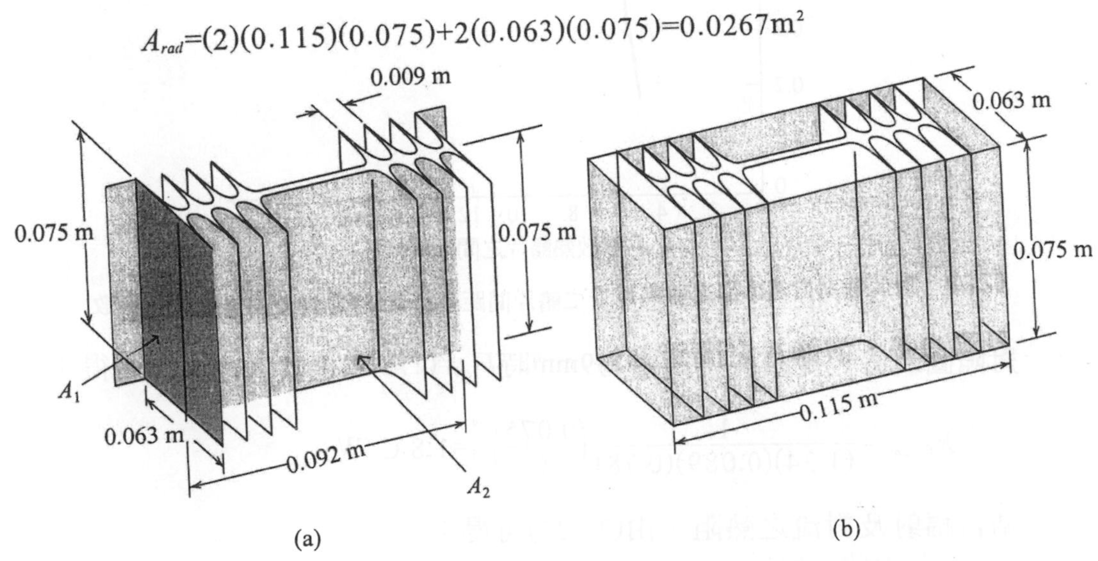

圖21-7　圖21-6中7號散熱片之詳細尺寸：(a)用以計算熱對流之面積表示；(b)用以計算熱輻射之面積表示

因此

$$R_{\theta,rad}=\frac{0.12}{0.0267}=4.5℃/W$$

散熱片二鰭片之間距為9mm，此大小大大減低了自然對流散熱之效果。(21-20)必須加入一對流面積降低因數P_{red}：

$$R_{\theta,conv}=\frac{1}{1.34AF_{red}}\left(\frac{d_{vert}}{\Delta T}\right)^{1/4} \tag{21-23}$$

F_{red}作圖如圖21-8所示。由圖21-7可得自然對流冷卻之面積為：

$$A=2A_2+16A_1=((2)(0.075)(0.092)+(16)(0.075)(0.063))=0.089m^2$$

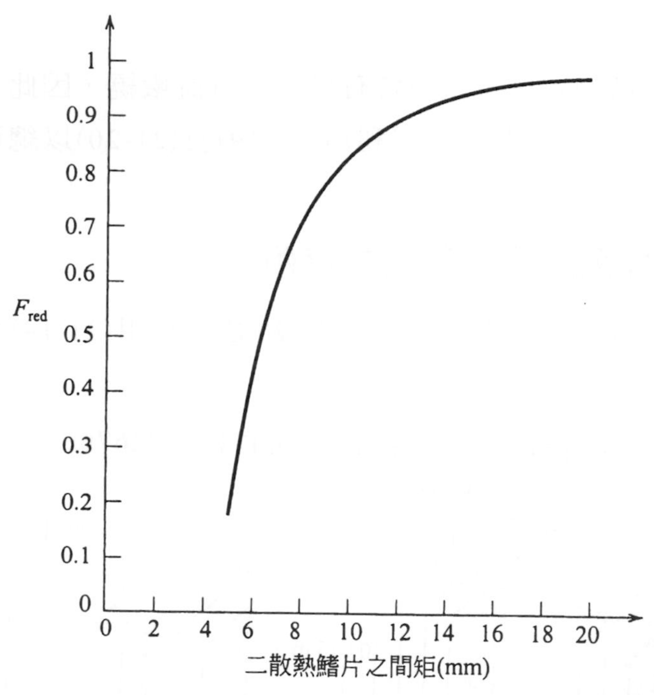

圖21-8 對於採用自然冷卻之散熱片二鰭片間距小於25mm時之對流面積降低因數

對照圖21-8，當鰭片之間距為9mm時F_{red}=0.78，將之代入(21-23)得：

$$R_{\theta,conv}=\frac{1}{(1.34)(0.089)(0.78)}\left(\frac{0.075}{100}\right)^{1/4}=1.8℃/W$$

結合輻射及對流之熱阻，由(21-22)可得：

$$R_{\theta sa}=\frac{(4.5)(1.8)}{4.5+1.8)}=1.3℃/W$$

此值即為圖21-6中7號散熱片之量測值。

結論

本章探討保持電力電子元件，特別是功率半導體元件之溫度在規格範內之各式熱轉移之機制。重點如下：

1. 半導體元件操作時其接面溫度不得大於資料手冊上之最大值，否則元件之可靠度將大量降低。
2. 熱能由固定於散熱片上之元件內部以傳導方式傳遞至周圍，穩態下此程序可等效視為串聯之熱阻。
3. 一短時期(較熱時間常數為短)之功率損失所造成內部之溫昇要較以熱阻預測者要低許多，因元件之熱容量之故，其特性類似電路之電容。
4. 熱阻與熱容量之結合可視為一暫態熱阻抗。
5. 有許多類形之散熱片可用以控制電力電子元件內部之溫度。
6. 熱由散熱片轉移至周圍乃由二轉移機制所控制，即對流及輻射。
7. 經由輻射之熱轉移正比於元件表面溫度之四次方與周圍溫度四次方之差值。

7. 經由對流之熱轉移正比於散熱片垂直高度之四分之一次方與表面-周圍溫度差之四分之一次方之比值。

習題

21-1　計算一正立方體散熱片之熱阻，其體積與圖21-6所示者相同。比較計算所得之$R_{\theta,cube}$與圖中之R_{θ}。解釋9號散熱片為何僅較立方體好一些，而1號散熱片則好許多。

21-2　假設ΔT=100℃，A=10cm^2，求d_{vert}=1，5及2cm下之$R_{\theta,conv}$，並將結果作圖。

21-3 假設d_{vert}=5cm，A=10cm²，求ΔT=60，80及120℃下之$R_{\theta,conv}$，並將結果作圖。

21-4 假設T_s=120℃，A=10cm²，求T_a=10，20及40℃下之$R_{\theta,rad}$，共將結果作圖。

21-5 假設T_a=40℃，A=10cm²，求T_s=80，100及140℃下之$R_{\theta,rad}$，並將結果作圖。

21-6 一MOSFET使用於降壓式轉換器，導通損失為50W，切換損失為$10^{-3}f_s$(W)，f_s為切換頻率(單位Hz)。接面至外殼之熱阻$R_{\theta jc}$=1℃/W，最高接面溫度$T_{j,\max}$=150℃，假設外殼溫度為50℃，估計所允許之最高切換頻率。

21-7 如上題之MOSFET固定於散熱片上，周圍溫度T_a=35℃。如果f_s=25 kHz，求外殼至周圍所允許之熱阻$R_{\theta,ca}$之最大值。假設除了外殼溫度可改變之外，其餘參數均與上題相同。

參考文獻

1. U. Fabricus, "Heat Sinks," ECR-45, Danish Research Center for Applied Electronics, 1974(in Danish).
2. E. C. Snelling, *Soft Ferrites－Properties and Applications*, Butterworths, London, 1988.
3. Keith Billings, *Switchmode Power Spply Handbook*, McGraw-Hill, New York, 1989.
4. John G. Kassakian, Martin F. Schlecht, G. Vergassian, *Principles of Power Electronics*, Addison-Wesley, Boston, 1991.

第二十二章
磁性元件之設計

磁性元件、電感及變壓器等為電力轉換器中不可或缺之一部份。然而它們無法被標準化，而是需要視用途作個別之設計。因此電力電子設備之設計及使用者必須瞭解這些元件之設計與製作才能將之應用於其個別之用途。本章敘述電感及變壓器設計之基本概念，而且重點放在高頻(幾十KHZ到MHZ)之應用。設計步驟指出電感及變壓器之大小及額定主要由元件之損失決定。

22-1　磁性材料與鐵心

第三章中所討論之磁路及元件均假設電感及變壓器之材料為理想，磁路沒有損失。這些假設並不適用於實際材料，其實磁性材料之損失對於電感及變壓器之設計相當重要，任何設計步驟必須將之考慮入列。因此設計者對於磁性材料必須相當瞭解才行。本節將討論磁性材料之特性。

22-1-1　鐵心之材質

電感及變壓器所用之材質主要分成兩類。第一類之鐵合成材質(alloy)為鐵及少量鉻及矽之合成，此合成材料具有較氧化鐵鐵心(ferrite)更高之導電率及飽合磁通密度(接近1.8T)。鐵合成材質包含二損失，即磁滯損及渦流損(hysteresis loss and eddy current loss)，由於其渦流損過大，僅適用於低頻(變壓器用途為2kHz以下)之用途，即使在60HZ下亦需以薄片疊繞 (laminated)以降低渦流損。此類材質之鐵心亦可為鐵粉心(powdered iron)及鐵粉心合成(powdered iron alloys)形式。鐵粉心由許多相互絕緣之小鐵粒組合，因此有較疊繞之鐵心更高之電阻係數，故其渦流損較小可用於較高頻。

其他多種合成材料使用非結晶之鐵、鈷或鎳摻雜硼、矽及其它玻璃(glass-forming)成份，亦適用於電感及變壓器設計。這些合成材料統稱為METGLAS，大致包含70%-80%之鐵、鈷或鎳及20%之硼等玻璃成份。包含鈷之合成材料如METGLAS alloy 2705M特別適合高頻之應用，其25℃之飽合磁通密度為0.75T，150℃以下則為0.65T，超出一般ferrite鐵心兩倍以上。METGLAS合成材料乃藉由快速冷卻技術所形成，因此結構上沒有結晶順序，而且非常薄，典型為10-15 μm。如此薄的結構加上較磁鐵更高之電阻係數，使其成為高頻應用最佳之材質。

第二類鐵心材質為氧化鐵鐵心(ferrite)，其乃由氧化鐵及其它氧化之磁性元素混合形成。它具有非常高之電阻係數但非常低之飽合磁通密度(典型為0.3T)。其僅包括磁滯損，由於高阻性之故渦流損相當低，也正因為如此，其適合高頻(10KHz以上)之用途。

22-1-2　磁滯損

所有鐵心之B-H特性均具某種程度之磁滯。典型之B-H特性如圖3-20(a)所示，詳細造成磁滯之原理在此不予討論。B-H迴路內之面積代表材料在該磁場下所作之功。此功(能量)將損耗在材質上而形成熱使材質之溫度上昇。

磁滯損隨交流磁滯密度B_{ac}及操作(或切換)頻率f之增加而增加。單位體積之損失可表示為：

$$P_{m,sp} = kf^{a}(B_{ac})^{d} \tag{22-1}$$

其中k、a及d為常數且與材料有關。如果平均磁通密度為0如圖22-1(a)所示，則B_{ac}乃指交流波形之峰值。若平均磁通密度不為0如圖22-1(b)所示，則$B_{ac} = \hat{B} - B_{avg}$。鐵心製造商通常會提供鐵心損失之詳細資料且以$P_{m,sp}$對於不同$B_{ac}$及$f$之特性圖來表示。圖22-2所示即為ferrite 3F3鐵心之鐵損特性圖，其(22-1)之公式為：

$$P_{m,sp} = 1.5 \times 10^{-6} f^{1.3} (B_{ac})^{2.5} \qquad (22\text{-}2a)$$

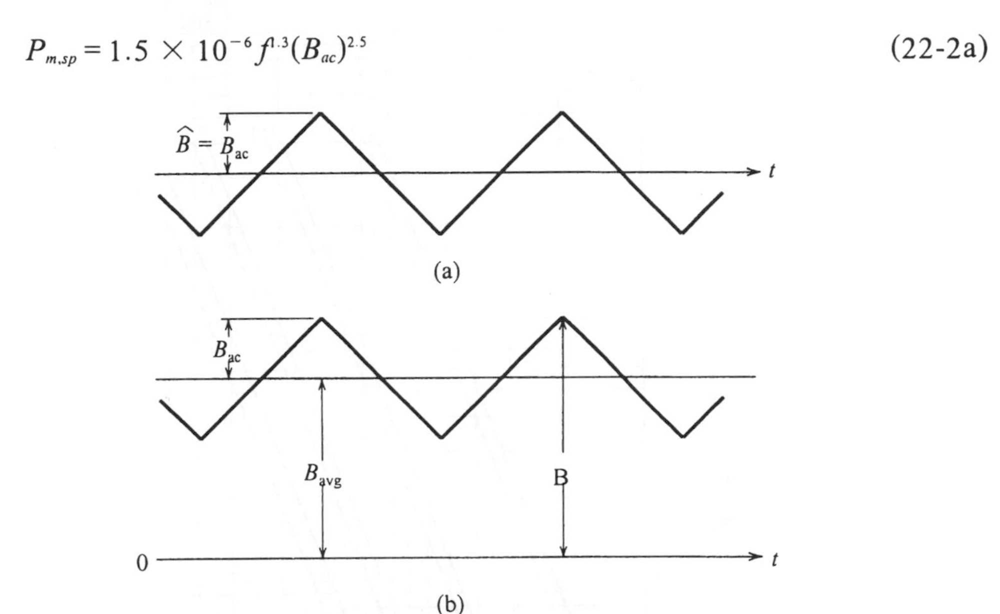

圖 22-1　(a)平均值為0之磁通密度波形；(b)平均值不為0之波形

$P_{m,sp}$之單位為mW/cm³，f為KHZ，B_{ac}為T。雖然非結晶之合成材料具較低之電阻性(與ferrite相較)及渦流損，METGLAS合成材料仍與ferrite一樣有相當之鐵損。METGLAS alloy 2705M之鐵損公式為：

$$P_{m,sp} = 3.2 \times 10^{-6} f^{8} (B_{ac})^{2} \qquad (22\text{-}2b)$$

在f=100KHz，B_{ac}=100mT下，3F3之$P_{m,sp}$=60mW/cm³，而2705M為127mW/cm³。

在後面的說明中可知變壓器伏安值正比於fB_{ac}。對鐵損固定之條件下，可定義一性能因素PF=fB_{ac}，用以衡量變壓器所用之各式材質。由各鐵心製造商所提供之數據所繪各材質之性能因素與頻率之特性如圖22-3所示。由此圖可看出，每一材質僅在某頻率範圍有較佳之性能因素。例如3C85在40

KHz以下為最佳，3F3在40-420KHz為最佳，3F4在420KHz以上為最佳。而且此圖亦可比較選擇非最佳材質時之性能因素與最佳者之差距，例如在100 KHz下之3B8與3F3 (最佳者)。由所有材料在高頻時性能因素均下降可知(22-1)式對於高頻不適用。

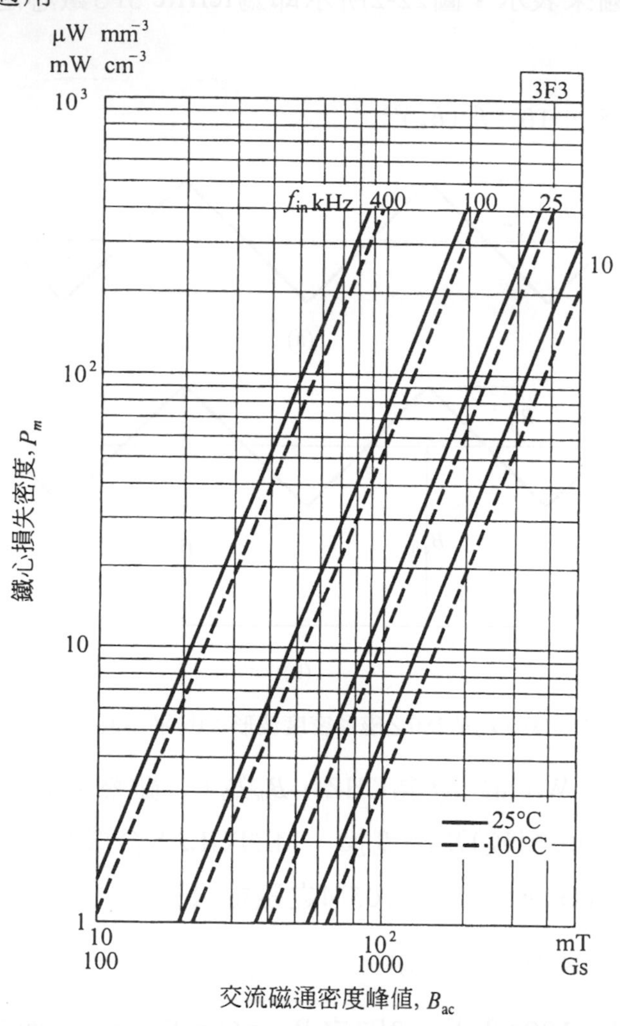

圖22-2　3F3 ferrite鐵心之鐵心損失與磁通密度特性圖，此損失幾乎不受波形影響而決定於磁通密度之峰值

$P_{m,sp}$受其可操作之最高溫度所限制，最常採用之溫度為100℃，在此溫度下$P_{m,sp}$最高約為100mW/cm³左右。精確之$P_{m,sp}$必須視熱損耗被消散之速度，亦即由鐵心與空氣之熱阻決定。至於疊繞之矽鋼片鐵心，由於尚需考慮渦流損之故，最大之$P_{m,sp}$更低。

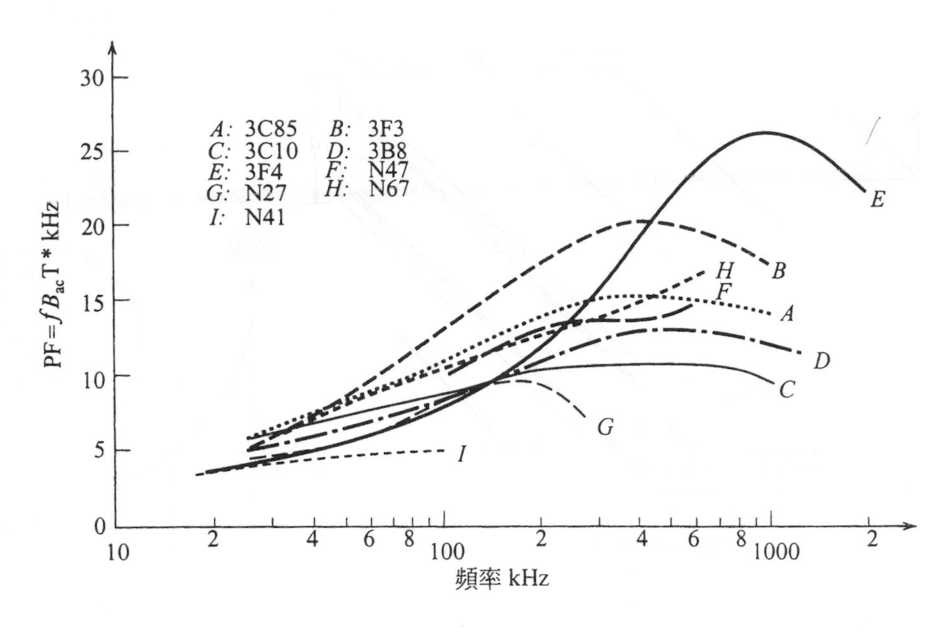

圖22-3　各種不同鐵心材質之操作性因數PF=fB_{ac}與頻率之特性圖，量測在功率密度P_{core}=100mW/cm³下進行

22-1-3　集膚效應(skin effect)之限制

磁性鋼片材質之鐵心在時變之磁場下將產生如圖22-4(a)所示之渦流，利用右手定則可知此渦流將產生一磁場與原來之磁場相反。二磁場合成可得鐵心內部之磁場隨距離之增加而呈指數衰減，如圖22-4(b)所示。此距離稱為集膚深度(skin depth)，大小為

$$\delta = \sqrt{\frac{2}{\omega \mu \sigma}} \tag{22-3}$$

其中$f=\omega/2\pi$為外加磁場頻率，μ為鐵心之導磁係數，σ為鐵心之電導係數。如果鐵心之截面大小較δ大許多，則鐵心內部所流通之磁通幾為0。由於鐵心之μ相當高，故δ即使在60Hz下亦相當小(典型為1mm)，當頻率增高時集膚之效果更明顯。因此電感及變壓器所使用之導磁材料需作薄片之堆疊如圖22-5所示。每一薄片表面均塗上一薄的絕緣材料使各薄片間為絕緣，鐵心之堆疊因素(stacking factor)定義為磁性材料之截面積與所有鐵心截面積之比值。由於有一部份截面積為絕緣層，因此堆疊因素小於1(典型為0～0.95)。

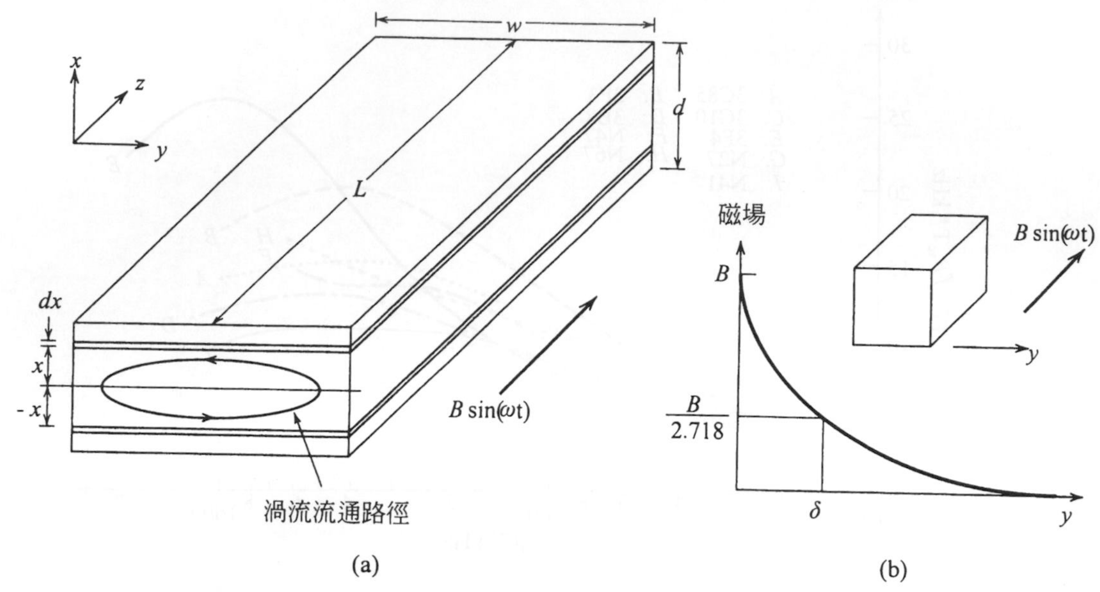

圖 22-4　(a)在時變磁場下一變壓器之薄片上所產生之渦流；
(b)在此磁性薄片內磁場在y方向之衰減分佈

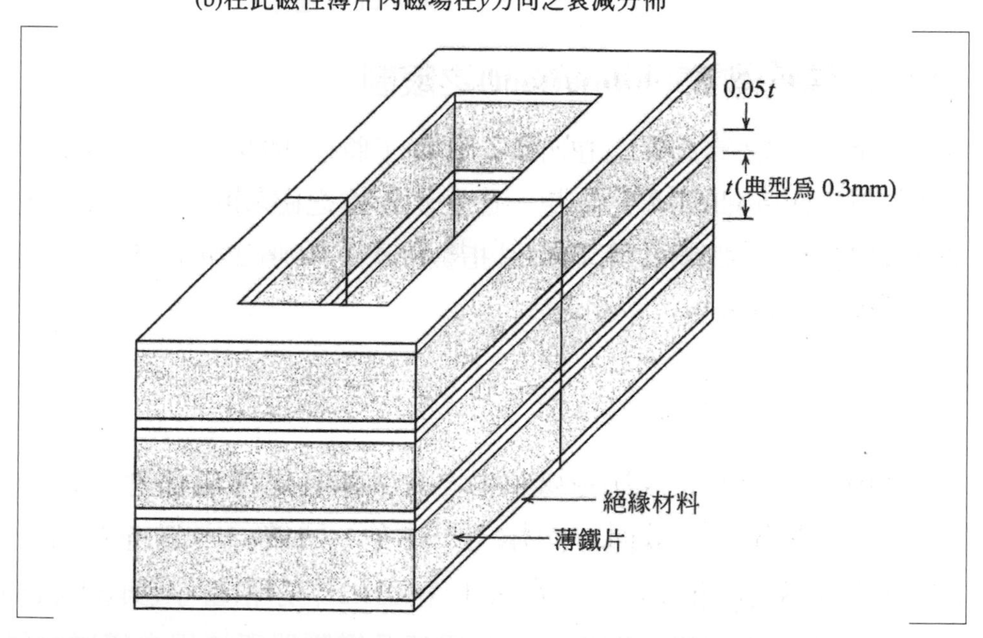

圖 22-5　變壓器及電感之鐵心，採用絕緣材料分隔之堆疊細鋼片

大部份之磁性鋼片會在鐵中加入一小百分比之矽以增加材料之電阻性，因此會增加集膚深度。若再增加矽之比例會使磁性(例如飽和磁通密度)降低之程度超過電阻性增加之程度。因此對於50/60Hz變壓器之應用，97%鐵3%矽且薄片厚度0.3mm為一合理折衷之選擇。

22-1-4 在疊繞鐵心中之渦流損失

渦流在導通之鐵心中會產生渦流損，其隨溫度之上昇而增加，考慮圖22-4(a)之情況，外加之磁場為均勻時變使$B(t)=B\sin(\omega t)$，假設一導體之厚度d較集膚深度δ為低，使感應之渦流不會使導體內部之磁場降低。此導體可視為變壓器鐵心所疊繞之薄鐵片，其導電係數以σ表示，位於xy平面上$-x$與x處各一厚度為dx之迴路所通過之總磁通量為：

$$\phi(t)=2xwB(t) \tag{22-4}$$

利用法拉第定律(公式(3-66))可知此迴路感應之電壓為：

$$v(t)=2xw\frac{\partial B(t)}{\partial t}=2wx\omega B\cos(\omega t) \tag{22-5}$$

此迴路(寬度L、長度2ω、厚度dx)之電阻為：

$$r=\frac{2wP_{core}}{Ldx} \tag{22-6}$$

消耗在此迴路之瞬時功率為：

$$\delta P(t)=\frac{v^2(t)}{r} \tag{22-7}$$

對整個薄鐵片之體積作積分可得薄鐵片之渦流損：

$$P_{ec}=\left\langle\int\delta P(t)dv\right\rangle=\left\langle\int_0^{d/2}\frac{[2wx\omega B\cos(\omega t)]^2}{2wP_{core}}\right\rangle=\frac{wLd^3\omega^2B^2}{24P_{core}} \tag{22-8a}$$

括號〈 〉代表平均值。由上式可得單位體積之渦流損為：

$$P_{ec,sp}=\frac{d^3\omega^2B^2}{24P_{core}} \tag{22-8b}$$

以上$P_{ec,sp}$為最佳(即最小)之渦流損情況，若磁通之角度與薄鐵片之平面角度(yz平面)不同，渦流損將更大。集膚效應與渦流損在ferrite鐵心中可以被避免，因其有非常大之電阻係數。

22-1-5　鐵心形狀與最佳之尺寸

為適應各式應用鐵心有各式之形狀及尺寸。特別是ferrite鐵心，有環形(toroid)，具氣隙之壺形(pot core)、V、E及I形。薄鐵片材質亦有捲繞環型及C鐵心等。圖20-6(a)所示為雙E形鐵心。

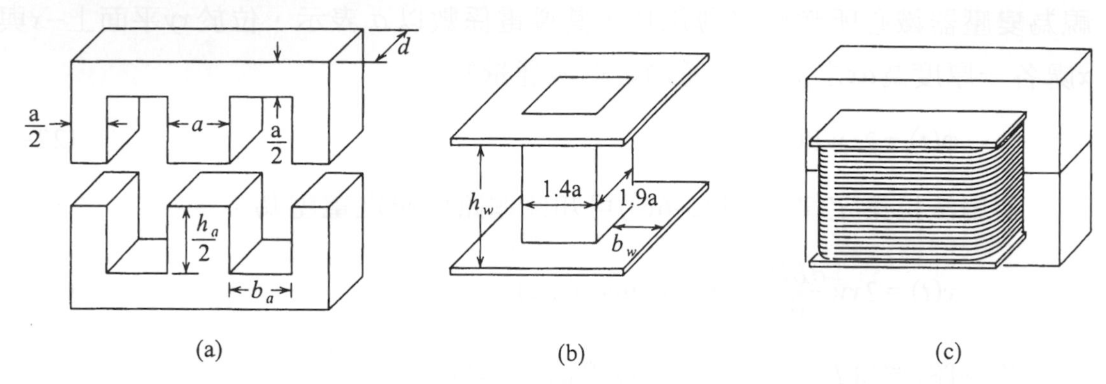

圖22-6　尺寸圖：(a)雙E鐵心；(b)繞線筒；(c)組合完成之繞組

繞線之捲線筒(bobbin)的有效截面積為$A_w = h_w b_w$，如圖20-6(b)之標示。捲線筒亦有各式不同之尺寸及形狀。

若選擇如圖22-6(a)之鐵心，其尺寸d、h_a及b_a之結合必須被最佳化，圖22-6(b)之捲線筒的尺寸亦必須盡量接近h_a及b_a。這此尺寸最佳之結合通常需利用電腦來運算，最佳化之選擇乃指相同功率下之最小體積亦或最低成本。最低成本常需視銅線與鐵心之成本比較而定，因此最佳化之設計結果甚至會隨時間而改變。

電力電子設備之生產廠商通常會向鐵心及捲筒線製造廠商購買已有之元件，此乃基於購買者假設元件製造廠商已將鐵心最佳化。對於大量生產之情況，設備生產者根據本身最佳化準則所設計之鐵心則可能會較便宜。

圖22-6(a)之雙E形鐵心，過去之經驗指出其中之一最佳組合尺寸為$b_a = a$、$d = 1.5a$、$h = 2.5a$、$b_w = 0.7a$及$h_w = 2a$，此組合將在之後的範例中採用。表22-1列出此最佳組合鐵心之相對尺寸及a=1cm之絕對尺寸，可用以簡化電感及變壓器之設計程序。

表22-1　使用於電感／變壓器設計之接近最佳化鐵心的幾何特性

特　　　性	相對尺寸	a=1cm之絕對尺寸
鐵心面積A_{core}	$1.5a^2$	1.5^2
繞組面積A_w	$1.4a^2$	1.4^2
面積乘積$AP=A_wA_c$	$2.1a^4$	2.1^4
鐵心體積V_{core}	$13.5a^3$	13.5^3
繞組體積V_w^a	$12.3a^3$	12.3^3
電感及變壓器組裝後之總表面積[b]	$59.6a^2$	59.6^2

注意：(1)總體積包括繞組窗積體$2A_w(d+0.4a)$、二方形體積$A_w(a+0.4)$、兩側鐵心及四個四分之一圓柱體(半徑b_w及高度h_w)體積，$0.4a$乃用以包含繞線筒可能之厚度。

(2)總面積乃假設包括鐵心外部面積($50.5a^2$)、繞組上下二表面之面積($5.9a^2$)、半徑$0.7a$高度$2a$之四分之一圓柱體面積(四個四分之一圓柱體面積總合為$8.8a^2$)等，但需減去被四個四分之一圓柱體邊緣所包圍之鐵心面積($=4(2a)(0.7a)=5.6a^2$)。

22-2　銅線繞組(copper windings)

電感及變壓器繞組導線之材質通常為銅，因為其具有高的導電性。銅由於非常柔軟可以較易繞線並得到較緊密之排列結果，使所用之銅線及繞組之體積降至最低，高導電性亦有助於降低銅線量。雖然具高導電性，在電感及變壓器所用之電流密度下銅線之損失仍為熱之一重要來源。此熱的產生將提高繞組及體心之溫度，與鐵心之損失相同，繞組所允許之銅損受最高允許溫度所限制。

22-2-1　銅線之填入因數(fill factor)

一組合完成之雙E鐵心如圖22-6(c)所示，其繞線之截面圖如圖22-7所示。銅線之截面積表示為A_{cu}，其可以為單心亦或絞線(例如Litz線)，絞線可用以降低集膚效應。

在繞線窗(winding window)中銅線面積為繞線匝數與A_{cu}之乘績，其較繞線窗之面積A_w為低，原因有二：第一為導線通常為圓形，加上繞線程序限制之故無法完全填充A_w；第二為導線表面必須披覆一絕緣層使相鄰導線不致短路，此絕緣層將佔掉一些繞線窗面積。總銅線面積與繞線窗之比值稱為銅線之填入因數，其大小為：

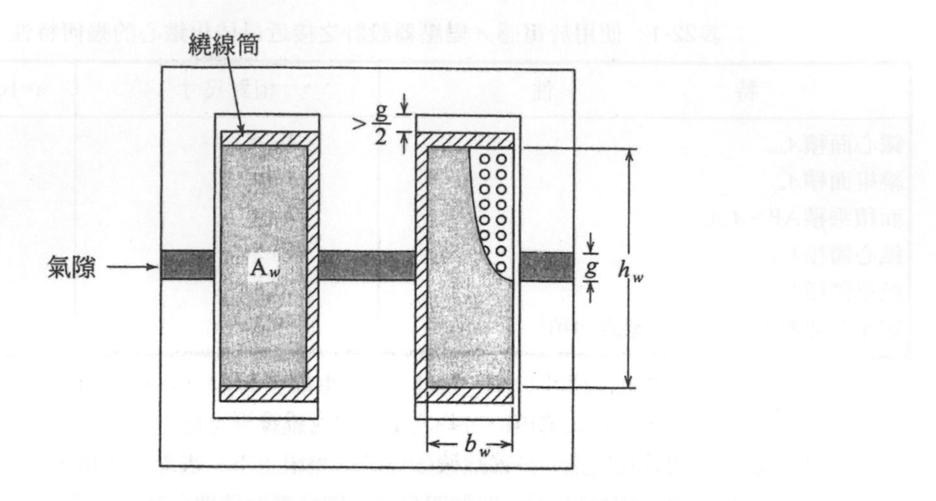

圖22-7 採用雙E鐵心之電感組裝後之截面圖，其氣隙乃以一絕緣材料支撐(陰影部份)

$$k_{cu}=\frac{NA_{cu}}{A_w} \tag{22-9}$$

實用之填入因數對於Litz線為0.3，對於單心線為0.5-0.6。

22-2-2 由繞線直流電阻所造成之繞線損失

由銅線直流電阻所造成單位體積之繞線損失為：

$$P_{cu,sp}=\rho_{cu}(J_{rms})^2 \tag{22-10}$$

其中$J_{rms}=I_{rms}/A_{cu}$為導線之電流密度，I_{rms}為導線電流之rms值。繞線之總體積為$V_{cu}=K_{cu}V_w$，V_w為總銅線體積。因此單位繞線體積之損失可表示為：

$$P_{w,sp}=k_{cu}\,\rho_{cu}(J_{rms})^2 \tag{22-11}$$

如果以100℃下銅之電阻係數$(2.2\times10^{-8}\,\Omega-m)$代入(22-11)，且以$A/mm^2$來表示$J_{rms}$，則

$$P_{w,sp}=22k_{cu}(J_{rms})^2 \qquad (\mathrm{mW/cm^3}) \tag{22-12a}$$

22-2-3 銅線繞組之集膚效應

如圖22-8(a)所示之單一銅線，其流通之電流為$i(t)$，此電流將產生一如圖22-8(a)所示之磁場，進而造成如圖22-8(b)所示之渦流。這些渦流在導線內

部流通之方向與$i(t)$相反，因此對電流及磁場具屏蔽效果。這使得導線表面之電流密度為最大，但進入導線內部後便呈指數衰減，如圖22-8(c)所示。集膚深度亦可以(22-3)來表示。表22-2顯示銅線在100℃時不同頻率下之集膚深度。

表 22-2　在100℃及不同頻率下銅導線之集膚深度

頻　率	50Hz	5kHz	20kHz	500kHz
δ	10.6mm	1.06mm	0.53mm	0.106mm

如果導體之截面積要較集膚深度大許多，則導體所流通之大部份電流將集中在導線表面約一集膚深度處(如圖22-8(c)所示)，此結果將使導線之等效電阻較其直流電阻大許多，因為有效之導通面積較導線之截面積要小非常多。最終將使導線之損失較導通純直流電流時大出許多。

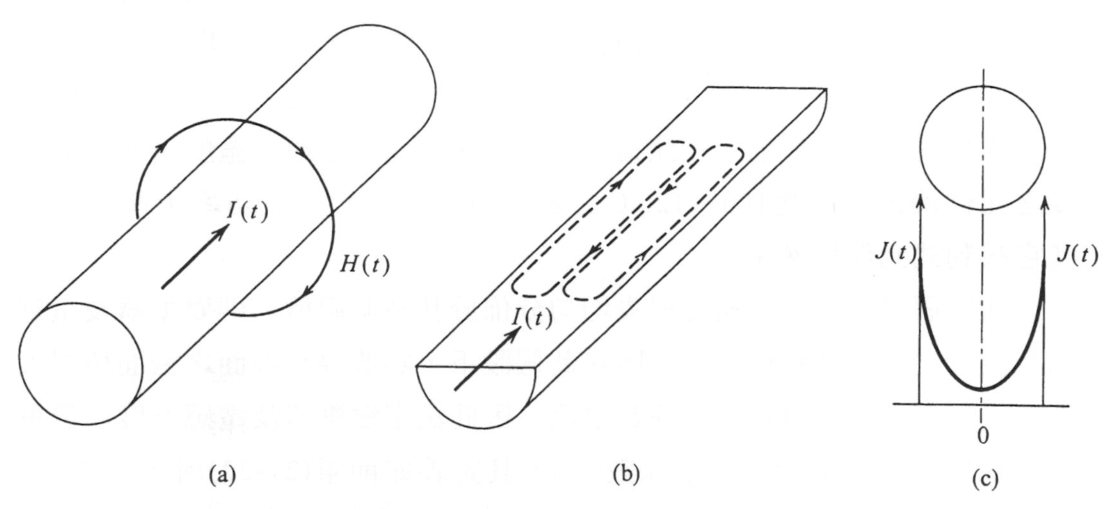

圖 22-8　(a)一表面絕緣之銅線流過一電流$i(t)$；(b)由電流產生之磁場所引起之渦流 (c)集膚效應所造成導線內部之電流分佈

解決此問題之方法為使用截面積與集膚深度相當之導線。集膚之計算指出，若使用直徑d之圓形或厚度d之方形導線，使$d \leq 2\delta$便可忽略集膚效應。對於高頻之應用必須採用此觀念，如前所述之Litz線或薄片繞線均可採用。考慮集膚效應使導線之等效組抗成為R_{ac}，則(22-12a)可修正為：

$$P_{w,sp} = 22k_{cu}\frac{R_{ac}}{R_{dc}}(J_{rms})^2 \tag{22-12b}$$

22-3 熱之考量

溫昇將使鐵心及繞組之特性變差。繞組銅線之電阻隨溫昇而增加，因此在相同之電流密度下銅損將隨溫昇而增加。同樣地，在相同的頻率及磁通密度下，鐵心損失在溫升至大約100℃以上時將隨溫度增加，其飽合磁通亦隨溫昇而降低。

為維持操作性能，鐵心及繞組溫度必須控制在一定範圍內。由於溫昇乃由損失造成，因此相當於控制損失在一定範圍內。有二問題必須加以探討：一為體心及繞組允許之最高溫度為何？二為損失與所用材質溫度之量化關係為何？

通常須將溫度限制在100～125℃以內。就銅線繞組而言，在溫度達100℃以上時其漆包之絕緣特性將迅速降低。許多磁性材料特別是ferrite，鐵損之最小值大約在100℃。其他元件如在電感及變壓器周圍工作之半導體元件其內部損失亦會造成相當之溫昇，由於熱之傳導及對流，所有元件穩態下溫度將達相同之一平衡值。在此情況下，系統所允許之最高溫度由允許最低溫度之元件決定。因此100～125℃之限制對於磁性元件、功率半導體元件及其它被動式元件均適用。

通常假設鐵心及繞組之損失均勻分佈於其整個體積，則變壓器及電感內部及表面之溫度便相同。此乃因在此假設下，熱傳導至表面之截面積很大且距離很短，而且材質之熱導係數很高。因此決定變壓器及電感溫度之最重要熱阻係數便為表面至周圍之係數$R_{\theta sa}$，其定義如前章(21-22)所示。$R_{\theta sa}$之二項關係數$R_{\theta,rad}$及$R_{\theta,conv}$均為溫度差與元件表面積A之函數。

假設在固定之溫度差ΔT下，(22-17)所示之$R_{\theta,rad}$與(21-20)所示之$R_{\theta,conv}$(假設d_{vert}很小下，$(d_{vert})^{0.25}\cong$定值)將與截面積A成反比，因此(21-22)所示之$R_{\theta sa}$亦與a成反比。任意鐵心之截面積，例如圖22-7(a)所示之雙E鐵心，均與其a之平方成正比(請參考表22-1)，因此對一已知ΔT可將$R_{\theta sa}$表示為：

$$R_{\theta sa}=\frac{k_1}{a^2} \tag{22-13}$$

此處k_1為定值。由於ΔT為固定且已知，可利用$\Delta T = R_{\theta sa}(P_{core} + P_w)$求$(P_{core} + P_w)$：

$$P_{core} + P_w = k_2 a^2 \tag{22-14}$$

其中$P_{core} = P_{c,sp} V_c$，$P_w = P_{w,sp} V_w$（V_c、V_w分別為鐵心及繞線體積，請參考表22-1之表示），k_2為定值。一最佳化設計為使$P_{c,sp} = P_{w,sp} = P_{sp}$，並利用鐵心與繞組體積與$a^3$成正比之關係可得：

$$P_{sp} = \frac{k_3}{a} \tag{22-15}$$

其中k_3為定值。由(22-2)及(22-15)可得：

$$B_{ac} = \frac{k_4}{f^{0.52} a^{0.4}} \tag{22-16}$$

其中k_4為定值。由(22-2)及(22-15)亦可得：

$$J_{rms} = \frac{k_5}{\sqrt{k_{cu} a}} \tag{22-17}$$

其中k_5為定值。

方程式(22-15)至(22-17)將一特定溫度差$\Delta T = T_s - T_a$下所允許之鐵心或繞組之P_{sp}，磁通密度B_{ac}及電流密度J，等表為尺寸a之函數，而且需要的話，定值參數k_3、k_4及k_5亦可以利用鐵心之尺寸予以求出。(22-15)至(22-17)與a之關係圖如圖22-9所示。

22-4　特定電感設計之分析

22-1至22-3節已提供電感及變壓器設計步驟之基礎，然而它們也指出設計牽涉到許多參數而且這些參數常常是互相耦合的，由於分析較設計易於瞭解，以下將分析一特定電感之設計用以顯示許多影響變壓器與電感設計之因素，以方便設計步驟之描述。

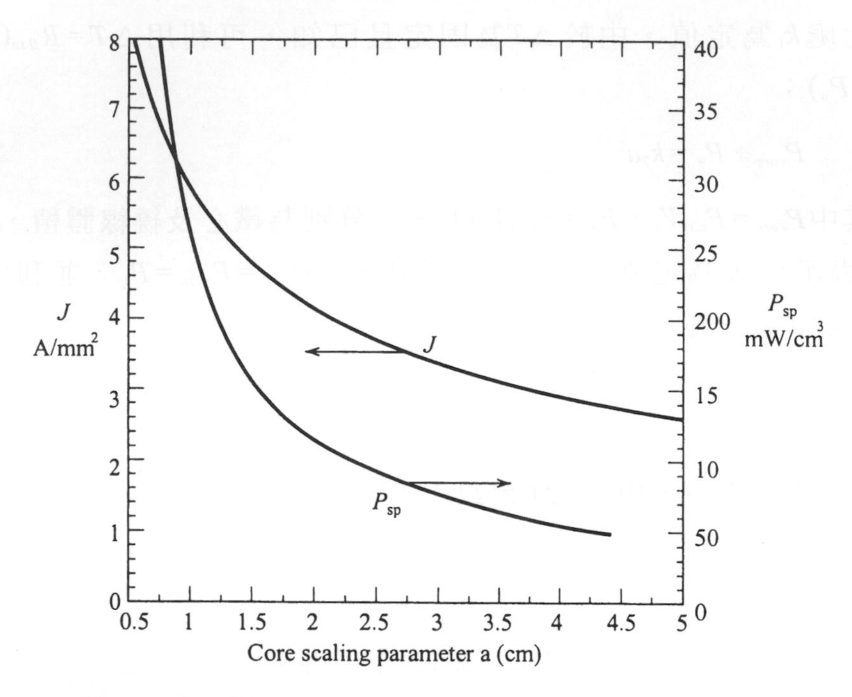

圖22-9 雙E鐵心之最大電流密度J及功率損失密度P_{sp}與尺寸數a之關係圖，其中鐵心之表面最高溫度為100℃，周圍最高溫度為40℃，使用k_{cu}=0.3

22-4-1 電感之參數

以下之設計例中，電感採用之鐵心為圖22-6(a)所示之雙E鐵心，其重要尺寸標示如表22-1所示。電感之用途為100kHz額定電流為$4A_{rms}$之正弦波共振電路。由於操作於高頻且電流大小達$4A_{rms}$，使用A_{cu}=0.64mm²之Litz線，匝數N=66且繞滿整個繞線筒，總氣隙長度(參考圖22-7及22-8) Σg為3mm且磁通或磁場迴路包含四氣隙(每一臂有兩個串聯)。表面為黑色其發射率E=0.9，週圍溫度T_a為40℃以下。電感之L值及其熱點(hot-spot)溫度為需要估測之值。為簡化分析，忽略由週圍效應(proximity effect)所造成之渦流損失。

22-4-2 電感之特性

22-4-2-1 銅線之填入因素k_{cu}

將N=66、A_{cu}=0.64mm²及A_w=140mm²(由表22-1)代入(22-9)可得

$$k_{cu} = \frac{(66)(0.64)}{140} = 0.3$$

22-4-2-2　電流密度J及繞組損失P_w

在最大電流I_{rms}=4A下之電流密度為：

$$J_{rms} = \frac{I_{rms}}{A_{cu}} = \frac{4\text{A}}{0.64\text{mm}^2} = 6.25\text{A/mm}^2$$

利用(22-12a)及V_w=12.3cm^3(表22-1)可得此額定電流下之繞組損失

$$P_w = P_{w,sp}V_w = 22k_{cu}(J_{rms})^2 V_w = (22)(0.3)(6.25)^2(12.3)=3.17\text{W}$$

22-4-2-3　磁通密度及鐵心損失

電感電流之峰值$\hat{I} = \sqrt{2}I_{rms} = 5.66\text{A}$，因此$\hat{I}N$=(5.66)(66)=374AT。假設$H_{core}$=0，由(3-54)可知鐵心內之磁場強度$H_g$為

$$\hat{H}_g = \frac{\hat{I}N}{\Sigma_g} = \frac{374}{0.003} = 1.25 \times 10^5 \text{AT/m}$$

由(3-55)及(3-56)可得磁通密度$\hat{B}_g = 4\pi \times 10^{-7}\hat{H}_g$=157mT。氣隙磁通分佈如圖22-10(a)所示為縫形，磁通量與鐵心內相同，但分佈於較大之截面積內。此將使其磁通密度較鐵心內為低，如圖22-10(c)所示。為簡化分析起見，假設氣隙可表示為如圖22-10(c)所示之四方形，高度為g截面積為A_g：

$$A_g = (a+g)(d+g) \tag{22-18}$$

利用(3-59)可得$\hat{B}_{core}$：

$$B_{core} = \frac{A_g}{A_c}B_g \tag{22-19}$$

利用表22-1之尺寸及$\hat{B}_g$=157mT可得$\hat{B}_{core}$=(1.69)(157)/1.5=177mT。

此值亦等於B_{ac}，因為電感電流無直流成分。

總磁通量之峰值為：

$$\hat{\phi}_{max} = \hat{B}_{core}A_{core} = (0.177)(1.5\times10^{-4}) = 2.6\times10^{-5}wb \tag{22-20}$$

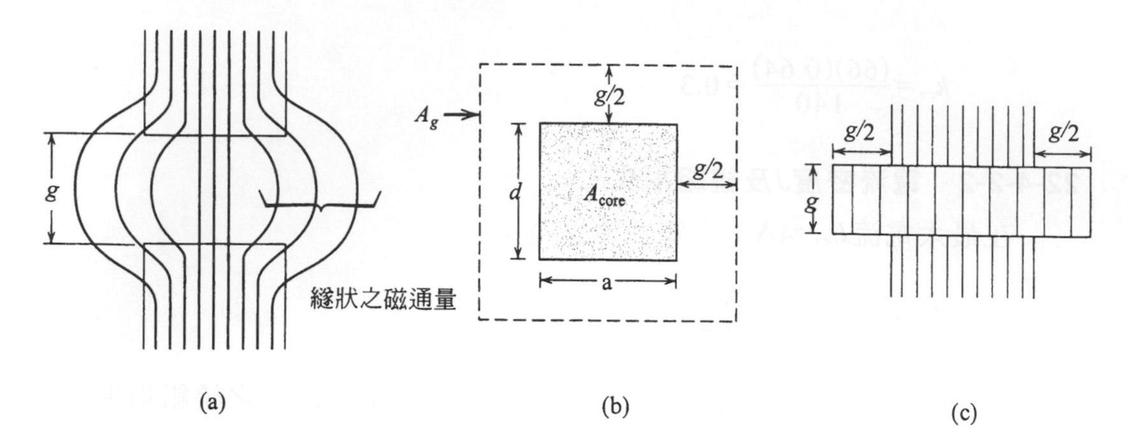

圖22-10　(a)電感氣隙中之縫狀磁通量；(b)氣隙之有效截面積；(c)氣隙之等效表示

利用圖22-2中3F3鐵心材質之損失曲線可知，在100℃及100kHz下之損失為245mW/cm³，因此鐵心之總損失為P_{core}=3.3W(由表22-1知V_{core}=13.5cm³)。

22-4-3　電感值L

假設電流與磁通量之關係為線性，由(3-57)即可得：

$$L=\frac{N\hat{\phi}}{\hat{I}}=\frac{(66)(2.65\times10^{-5})}{5.66}=309\,\mu\text{H} \tag{22-21}$$

以上之分析乃假設上、下鐵心交接處之氣隙漏磁通可忽略，若實際考量將使L之量測值遠大於0.31mH，且磁通密度亦較所計算之177mT為大使鐵心損失較大。因此若欲維持P_{core}=3.3W，必須增加氣隙使L之實際值為0.31 mH。因為在此值下，$\hat{B}_{core}$=177mT。

22-4-4　電感之溫度

電感及變壓器之冷卻乃藉由輻射與對流之熱轉移方式達成。由輻射熱轉移所形成之熱阻$R_{\theta,rad}$如(21-17)所示。將電感之總表面積$A=0.006\text{m}^2$(由表22-1)及$T_s=T_{body}$=100℃，T_a=40℃代入可得：

$$R_{\theta,rad}=\frac{60}{(5.1)(0.006)\left[\left(\frac{373}{100}\right)^4-\left(\frac{313}{100}\right)^4\right]}=20.1\text{℃/W}$$

由對流所形成之熱阻$R_{\theta,conv}$則如(21-20)所示。此電感套用於(21-20)之適當參數為$d_{vert}=3.5a=3.5\text{cm}$，$\Delta T=30$℃，$A=0.006\text{m}^2$，故$R_{\theta,conv}$為：

$$R_{\theta,conv}=\frac{1}{(1.34)(0.006)}\sqrt[4]{\frac{0.035}{60}}=19.3℃/\text{W}$$

此二熱阻為並聯，因此在$T_{body}=100$℃，$T_a=40$℃下電感本體至周圍之總熱阻$R_\theta=9.8$℃/W。利用(21-5)可得電感本體溫度之最大值：

$$T_{body,\max}=(9.8)(3.17+3.3)+40=104℃$$

在電感中間臂中央之所謂熱點溫度可能較T_{body}之104℃高5～10℃。由於ferrite之熱導係數相當高，因此鐵心外側二臂中心點之溫度約較T_{body}高2℃左右。平均之鐵心溫度估測約為106℃。由於預設鐵損之最小值發生在100℃，在106℃下上述鐵損之計算應還算可行。

22-4-5 過電流對於熱點溫度之影響

過電流對於電感性能特別是熱點溫度之影響必須加以檢驗。假設有25%之過電流，亦即$I_{rms}=5\text{A}$發生，$\hat{B}_{core}=0.221\text{wb}$，此過電流並未造成電感值改變因為尚操作於線性區，然而繞組損失將增加至$\left(\frac{5}{4}\right)^2$，亦即56%。由圖22-2之特性圖可得$B_{ac}=0.221\text{wb}$下時之損失為440mW/cm³。若利用(22-2b)令B_{ac}增加至1.25倍時將使$P_{m,sp}$增加至1.77倍，此結果與上述利用圖22-2所得之1.8倍非常相近。

在5A，100kHz下電感之總損失$P=P_w+P_{core}=(3.17)(1.56)+(3.31)(1.8)=10.9$ W，假設$R_\theta=9.8$℃/W亦適用，則原先電感本體與周圍之溫度差在4A下為56℃，在5A下則增加至107℃。此溫度之增加量對於大部份設計來說是無法接受的。若欲使ΔT限制在60℃左右，R_θ必須降至5.5℃/W，此可利用加風扇或鐵心固定在散熱片上來達成。

22-5 電感之設計步驟

前節所述對已知電感設計之分析乃用以顯示電感設計所需考量之各種因素，這些分析乃基於第3章之磁路及第21章所述之熱阻觀念。然而實際轉換器之電感或變壓器設計則與分析程序相反，所有之參數均未知，設計者必須根據－電及熱之規格決定鐵心之材質、尺寸、線圈匝數及導線之形式。為避免不需要之嚐試與錯誤並減少設計過程之疊代次數，本節中將列出一系統化之設計步驟。由於電感之設計往往受限於熱之考量，設計步驟將熱損視為設計程序一最基本的部份，但為簡化設計步驟，一開始之說明忽略渦流之損失，其修正將於後續之節中討論。

22-5-1 電感設計之基礎：儲能之表示

由(3-67)可得：

$$L\hat{I} = N\hat{\phi} \tag{22-22}$$

匝數N乃由(22-9)所得($N = k_{cu}A_w / A_{cu}$)。磁通量乃根據(3-57)，$\phi = A_{core}B$。所需之銅線面積A_{cu}乃由$J_{rms} = I_{rms} / A_{cu}$求得。利用(22-22)可得：

$$L\hat{I}_{rms} = k_{cu}J_{rms}\hat{B}A_wA_{core} \tag{22-23}$$

其中$\hat{B}$之單位為wb，A_{core}為m^2。若J_{rms}以A/mm^2表示，則A_w亦需以mm^2表示。面積乘積AP為：

$$AP = A_wA_{core} \tag{22-24}$$

(22-23)及(22-24)為電感設計步驟之基礎，因其將設計之輸入(L,$\hat{I}$及I_{rms})與材質參數(J_{rms}及B)及幾何參數(k_{cu}，A_w及A_{core})之乘積相關聯在一起。

大部份電感設計會使用標準商用化之鐵心。此將使利用(22-23)及(22-24)之設計更為明確。(22-16)及(22-17)分別建立了體心尺寸與$\hat{B}$及J_{rms}之關係，將(22-16)及(22-17)代入(22-23)可得：

$$L\hat{I}I_{rms} = \frac{k \cdot a^{3.1}}{f^{0.52}}\sqrt{k_{cu}} \tag{22-25}$$

其中k為常數。(22-25)之使用必須基於以下幾點假設：(1)電感表面至空氣之溫度差必須已知；(2)所有鐵心之幾何尺寸均以a來表示；(3)忽略渦流損。

22-5-2　單向(single-pass)電感之設計步驟

首先假設瞬時磁通密度之峰值$\hat{B} < B_{sst}$，但若$\hat{B}$受限於B_{sat}而非鐵損，則以下之設計步驟便需加以修正如後述。此單向無疊代(iterative)之設計步驟必須仰賴鐵心之資料為完全已知，設計步驟整理如圖22-11所示，各步驟之詳細說明如下：

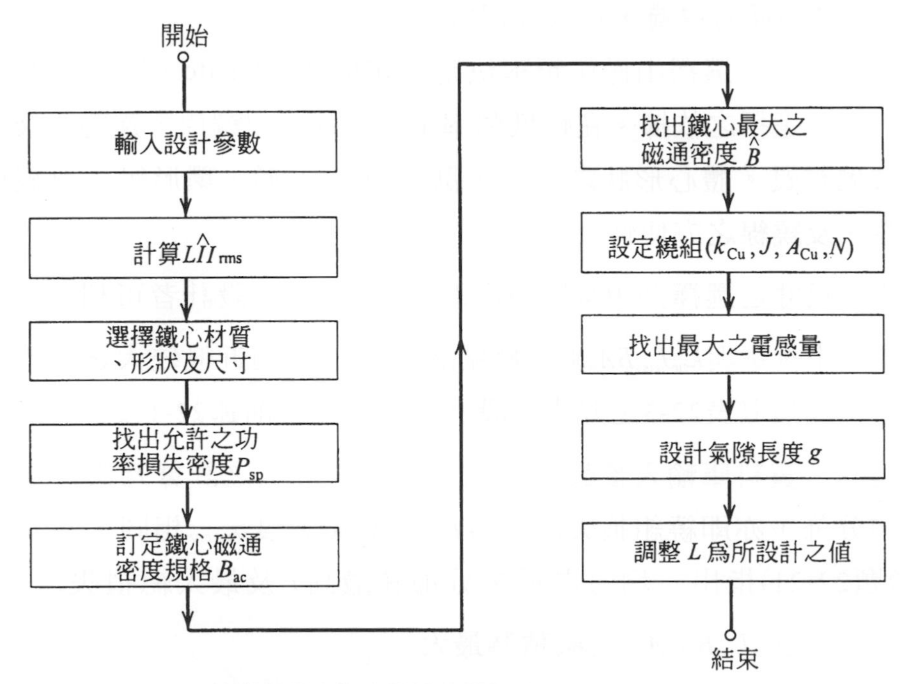

圖22-11　單向之電感設計流程圖，此步驟假設所有可用鐵心之特性資料均為已知，這些特性包括在設定溫度下允許之功率損失密度

步驟1.　輸入設計參數

設計之輸入包含以下參數：

a.電感值L

b.額定之峰值電流$\hat{I}$

c.額定之直流電流I_{dc}

d.額定電流之rms值I_{rms}

e.操作頻率f

f.電感表面之最高溫度T_s及周圍空氣之最高溫度T_a

前五個輸入可由轉換器電路設計求得。最高溫度則由電路中其它元件之溫度限制、電感材質之溫度限制、電感操作時周遭之環境溫度等決定。最常採用之T_s為100℃。

步驟2. 計算儲能之值$L\hat{I}I_{rms}$

利用上述輸入計算$L\hat{I}I_{rms}$。

步驟3. 選擇體心材質，形狀及尺寸

鐵心材質之選擇由操作頻率決定。如果選擇ferrite，圖22-3所列之材質性能可作為選擇之依據。在較低頻率下亦可選擇矽鋼片，鐵粉心及非晶系金屬化玻璃材質。體心形狀之選擇，例如E形、U形、環形等，可視價格、可取得性、及繞線之方便性決定。

鐵心尺寸之選擇乃由步驟2所得之$L\hat{I}I_{rms}$決定。設計者可利用$L\hat{I}I_{rms}$由鐵心資料庫之中挑選與$k_{cu}J_{rms}\hat{B}A_wA_{core}$(參見(22-23))值較相近但較大之鐵心。若可用之資料庫無類似表22-3之方式，設計者亦可利用前述22-1及22-2節中之方法自行建立。資料庫輸入參數J_{rms}，B_{ac}及$k_{cu}J_{rms}\hat{B}A_wA_{core}$之計算乃假設電感之損失為均勻分佈，亦即繞組損失之密度$p_{w,sp}$與鐵損密度$p_{core,sp}$相同。在本章中之習題(習題22-21)指出，均勻之損失分佈在最高T_s及最大總損失$P_T=[T_s-T_a]/R_{\theta sa}$下，將使$k_{cu}J_{rms}\hat{B}A_wA_{core}$之乘積為最大。

表22-3 電感設計所需之鐵心特性資料

鐵心編號	材質	AP= A_wA_{core}	R_θ at $\Delta T=60$℃	P_{sp} at $\Delta T=60$℃	J_{rms} at $\Delta T=60$℃ and P_{sp}	B_{ac} at $\Delta T=60$℃ and 100kHz	$k_{cu}J_{rms}\hat{B}A_wA_{core}$
•	•	•	•	•	•	•	•
8[a]	3F3	2.1cm⁴	9.8℃/W	237mW/cm³	$3.3/\sqrt{k_{Cu}}$	170mT	$0.012\sqrt{k_{Cu}}$
•	•	•	•	•	•	•	•

[a]編號8號鐵心與表22-1中所列a=1cm者相同

注意(22-23)之儲能或相當於資料庫輸入值$k_{cu}J_{rms}\hat{B}A_wA_{core}$之值與銅線之填入因數$k_{cu}$有關。此因數對Litz絞線而言為0.3，對單心線為0.6，對銅薄片之值更高，亦即$k_{cu}J_{rms}\hat{B}A_wA_{core}$對相同鐵心而言變化範圍可達2倍，此表示使用Litz絞線者需較單心線者有較大之鐵心尺寸。因此設計者在選擇鐵心尺寸時亦必須選擇繞線之形式。如果以下設計步驟所得之設計可滿足，那麼單向之設計步驟便可完成。但如果設計結果無法接受，則必須重新選擇更大之鐵心或是採用不同之繞線形式使之有較大之填入因數。

步驟4.　找出R_{θ}及P_{sp}

熱阻$R_{\theta sa}$可以由如表22-3所示之資料庫查得，亦或利用22-3節之方法計算求得。不論使用何種方法，$R_{\theta sa}$必須限制在一特定之T_s及T_a值。允許之鐵心損失密度P_{sp}可由資料庫或下式求得：

$$P_{sp} = P_{core,sp} = P_{w,sp} = \frac{(T_s - T_a)}{R_{\theta sa}(V_{core} + V_w)} \tag{22-26}$$

步驟5.　求鐵心之交流磁通密度B_{ac}

鐵心之交流磁通密度可由表22-3查得，亦或利用上述之P_{sp}及圖22-2或公式(22-2)求得。

步驟6.　計算鐵心之磁通密度峰值$\hat{B}$

電感鐵心之磁通密度與其電流成正比。電流之峰值必須使$\hat{B}_{core} < B_{sat}$。如果電流含有直流成份I_{dc}，則$\hat{B}_{core}$為：

$$\frac{\hat{I} - I_{dc}}{\hat{I}} = \frac{B_{ac}}{\hat{B}_{core}} \quad 或 \quad \hat{B}_{core} = B_{ac}\frac{\hat{I}}{\hat{I} - I_{dc}} \tag{22-27}$$

若$\hat{B}_{core} > B_{sat}$，則B_{ac}必須降低直到$\hat{B}_{core} > B_{sat}$。

步驟7.　求出繞組之參數(J_{rms}，A_{cu}及N)

前述繞組之填入因數乃由導線形式決定，而導線之形式則由操作頻率及渦流損之程度決定。所允許之電流密度可由表22-3或(22-12)求得。導體之面積A_{cu}則可利用$A_{cu} = I_{rms} / J_{rms}$求得。繞線之匝數N則接著利用(22-9)求得。

步驟8.　計算所選擇鐵心之L_{max}

鐵心所能達到之最大電感值為：

$$L_{max} = \frac{NA_{core}\hat{B}_{core}}{\hat{I}} \tag{22-28}$$

L_{max}必須較設計輸入之L值為大，接下來之設計步驟則為降低L_{max}及減少繞組之成本，若L_{max}較原L之規格大許多，則需更換一較小鐵心再重覆之前之設計步驟。

步驟9. 求氣隙長度

電感之設計，氣隙長度Σg為最後必須找出之尺寸。氣隙長度可調整電感使在$\hat{I}$下達到$\hat{B}_{core}$之規格。磁通迴路之磁阻R_m為：

$$R_m = \frac{N\hat{I}}{A_{core}\hat{B}_{core}} = R_{m,\,core} + R_{m,\,gap} = \frac{l_c}{\mu A_c} + \frac{\Sigma g}{\mu_0 Ag} \tag{22-29}$$

其中l_c為鐵心內之磁通路徑長度，雙E鐵心之A_g可由(22-18)獲得。在大部份情況下：

$$R_{m,\,gap} = \frac{\Sigma g}{\mu_0 A_g} \gg R_{m,\,core} = \frac{l_c}{\mu A_c} \tag{22-30}$$

上式無法直接求得Σg，因為A_g為氣隙長度之函數(參見(22-18))。此外，(22-18)之氣隙參數(g)要較g_{rated}要小許多。當磁通路徑上存在許多均勻分佈之氣隙時，如果存在N_g個g長度之氣隙，則

$$\Sigma g = N_g g \tag{22-31}$$

分佈之氣隙可用以降低穿入繞線之磁通量，此穿入之磁通將引起額外之渦流損。單一較長之氣隙將使其散出之磁通更加深入導線引起更大之渦流損。將(22-18)及(22-31)代入(22-30)可得：

$$\Sigma g = \mu_0 \frac{N\hat{I}}{A_{core}\hat{B}_{core}}\left(a + \frac{\Sigma g}{N_g}\right)\left(d + \frac{\Sigma g}{N_g}\right) \tag{22-32}$$

(22-32)展開後將包含Σg之平方項。實際設計上若使分佈氣隙之$g \ll a$或d，亦即$\Sigma g/N_g \ll a$或d，則(22-32)中Σg之平方項便可忽略得到：

$$\Sigma g \cong \frac{A_{core}}{\dfrac{A_{core}\hat{B}_{core}}{\mu_0 N\hat{I}} - \dfrac{(a+d)}{N_g}} \tag{22-33}$$

雖然(22-33)乃針對雙E鐵心求得，其它形狀鐵心之氣隙亦可以相同之原理求得。

步驟10.　L_{max}之調整

如所需電感量$L<L_{max}$，則L_{max}可以再減小以節省材質之大小，重量及價格。L_{max}之減小可藉由增加氣隙長度使之大於(22-33)所得來達成。然而此會使$\hat{B}_{core}$較允許值為低，並獲得較低之鐵心損失及溫昇，這並非較佳設計，因為其並不會使繞線損失降低。最好之設計方式為降低匝數N使L值達到所要求之規格，如此可降低繞線重量、體積及成本，$P_{w,sp}$稍增加但A_{ca}降低。磁通密度可以藉由調整氣隙長度Σg來保持固定值。

22-5-3　電感之疊代(iterative)設計步驟

若設計者無法取得如表22-3所示完整之鐵心資料，則必須採用疊代之設計步驟。首先利用(22-23)及典型之J_{rms}及$\hat{B}$值估計儲能以及鐵心尺寸，合理之J_{rms}為2-4A/mm^2。B_{ac}之初始估計可假設一$P_{core,sp}$利用B_{ac}與鐵損之特性圖(如圖22-2)或由(22-2)求得。$P_{core,sp}$典型之最大值為10-100mW/cm^3，此對於100KHZ操作下之3F3鐵心所得之B_{ac}為47mT(10mW/cm^3)至105mT(100mW/cm^3)。

利用此初始估計之鐵心尺寸可將J_{rms}及$\hat{B}$精確計算出，再用以計算$k_{cu}J_{rms}\hat{B}A_wA_{core}$之值。若此乘積較$L\hat{I}_rI_{rms}$為高，則鐵心選擇為正確，若較低，則必須選擇更大之鐵心並重覆同樣之步驟，直到找到適當之鐵心。設計步驟整理如圖22-12所示。

22-5-4　電感設計例

前述22-4節電感設計分析中之電感將在此以單向之設計步驟予以設計。

步驟1.　設計之輸入

L=300 μH

正弦式電流$\hat{I}$=5.6A

I_{rms}=4A

頻率=100KHZ

最高操作溫度T_s=100℃，T_a=40℃

步驟2.　儲能

$L\hat{I}I_{rms}=0.0068H-A^2$

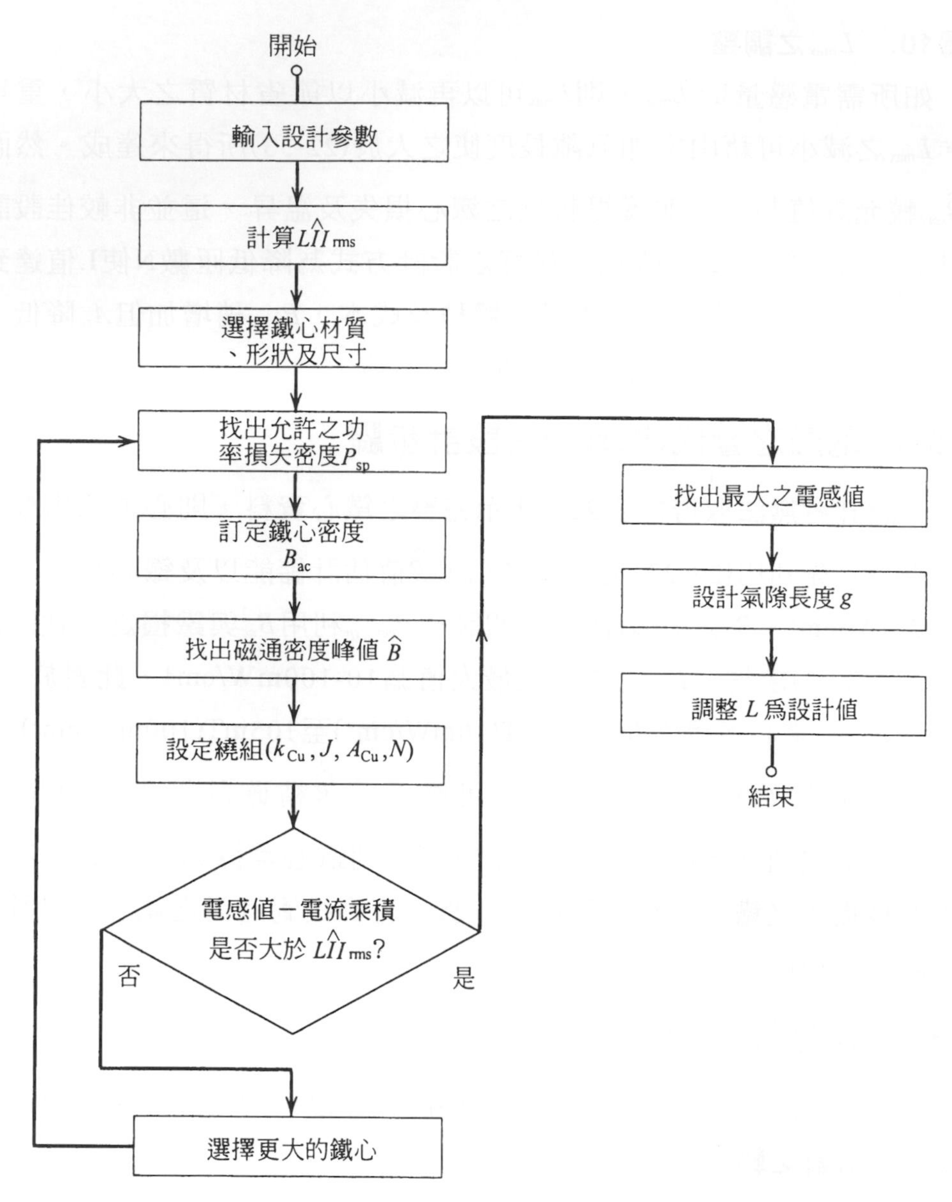

圖22-12　電感疊代設計步驟之流程圖

步驟3.　鐵心材質，形狀及尺寸

由於操作頻率為100KHZ，選擇ferrite之鐵心材質。此處並選擇3F3，因為由圖22-3可知其具有較佳之性能。若採用雙E鐵心，由表22-3可知8號鐵心在a=1cm下之$k_{cu}J_{rms}\hat{B}A_wA_{core}$等於$0.0125\sqrt{k_{cu}}$，此值在$k_{cu}$大於0.3下將大於0.0068。選擇$k_u$=0.3之Litz絞線因其具備最低之渦流損。

步驟4.　R_θ **及** P_{sp}

由鐵心之資料知其R_θ=9.8℃/W，P_{sp}=237mW/cm^3

步驟5.　**交流磁通密度**

由鐵心資料知B_{ac}=170mT

步驟6.　**磁通密度之峰值由於電感電流無直流成份，因此**$B_{ac}=\widehat{B}$

步驟7.　**繞組之參數(**k_{cu}**，**J_{rms}**，**A_{cu}**，**N**)**

Litz線之k_{cu}=0.3

由鐵心資料知$J_{rms}=3.3/\sqrt{0.3}=6\text{A/mm}^2$

所須之導線面積A_{cu}=(4A)/(6A/mm^2)=0.67mm^2

匝數

$$N=\frac{(140\text{mm}^2)(0.3)}{(0.67\text{mm}^2)}=63\text{匝}$$

步驟8.　$L_{\max}$

利用(22-28)

$$L_{\max}=\frac{(63)(170\text{mT}(1.5\times10^{-4}\text{m}^2)}{5.6\text{A}}=287\,\mu\text{H}$$

步驟9.　**氣隙長度**

由(22-33)

$$\Sigma g=\frac{1.5\times10^{-4}\text{m}^2}{\dfrac{(1.5\times10^{-4}\text{m}^2)(0.17\text{T}}{(4\pi\times10^{-7}\text{H/m})(63)(5.6\text{A})}-\dfrac{(0.025\text{m})}{4}}=2.92\text{mm}$$

因此四個分佈氣隙長度$g=(2.92)/4\cong0.73\text{mm}$

步驟10.　**調整**$L_{\max}$

由於L之規格與$L_{\max}$非常接近，故無調整$L_{\max}$之必要。

22-6　變壓器設計之分析

與單一繞組之電感相較，變壓器在同一鐵心上須有二或更多之繞組，這些額外增加之繞組使變壓器之設計較電感複雜許多。為顯示其複雜性，在敘述設計步驟之前亦先以一變壓器設計之分析來說明。

22-6-1 變壓器之參數

圖22-6(a)所示為一繞於雙E鐵心之變壓器，鐵心尺寸與前述之電感例所採用者相同，a=1cm，其它重要之鐵心尺寸請參考表22-1所示。一次側電流I_{pri}=4A正弦，頻率100KHZ，一次側電壓為300 V_{rms}，匝數比$n = N_{pri} / N_{sec}$=4且$N_{pri} = 32$。由於操作於高頻且一、二次電流均高，因此採用Litz絞線。繞線筒及其中一次與二次繞組之分佈如圖22-13所示。變壓器為黑色，其發射率E=0.9，周圍空氣溫度T_a=40℃以下。變壓器之磁通密度，漏電感及熱中心點溫度為需要估測之值。

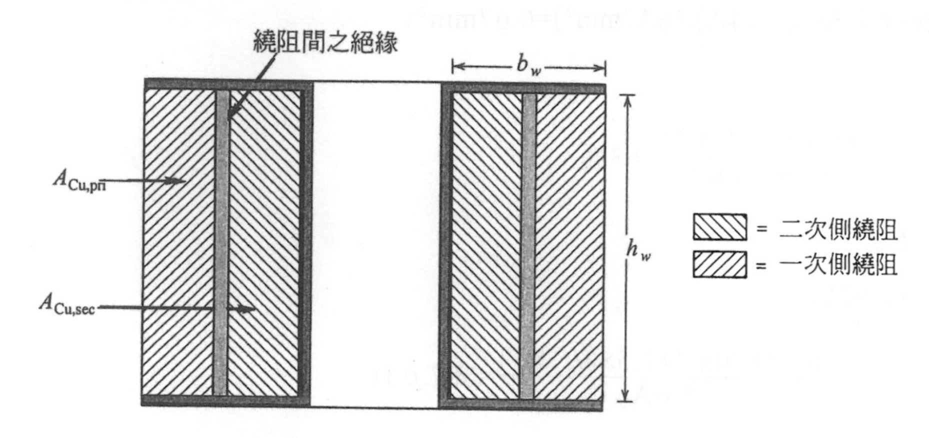

圖22-13　變壓器鐵心之繞線窗用以顯示一次側與二次側繞組之區隔

22-6-2 變壓器電之特性

假設A_w完全被繞線填滿且分為一次側與二次側繞線區域。一次側之繞線面積為：

$$A_{w,pri} = \frac{N_{pri} A_{cu,pri}}{k_{cu,pri}} \tag{22-34}$$

二次側之繞線面積則為：

$$A_{w,sec} = \frac{N_{sec} A_{cu,sec}}{k_{cu,pri}} \tag{22-35}$$

總繞線面積為：

$$A_w = A_{pri} + A_{sec} = \frac{N_{ri}A_{cu,pri}}{k_{cu}} + \frac{N_{sec}A_{cu,sec}}{k_{cu}} \tag{22-36}$$

在此假設一、二次側採用相同形式之導線使$k_{cu,pri} = k_{cu,sec} = k_{cu}$。一、二次側之功率損密度必須相同以獲得同樣之溫昇且均勻分佈於整個繞組。由此可知要求下必須滿足：

$$k_{cu}(J_{pri})^2 = k_{cu}\left(\frac{I_{pri}}{A_{cu,pri}}\right)^2 = k_{cu}(J_{sec})^2 = k_{cu}\left(\frac{I_{sec}}{A_{cu,sec}}\right)^2 \tag{22-37a}$$

或

$$\frac{I_{pri}}{I_{sec}} = \frac{A_{cu,ri}}{A_{cu,sec}} = \frac{N_{sec}}{N_{pri}} \tag{22-37b}$$

(22-36)及(22-37)可以聯立解得：

$$A_{cu,pri} = \frac{k_{cu}A_w}{2N_{pri}} \tag{22-38}$$

$$A_{cu,sec} = \frac{k_{cu}A_w}{2N_{sec}} \tag{22-39}$$

在k_{cu}=0.3，A_w=140mm^2，N_{pri}=32及N_{sec}=8下可知：

$$A_{cu,pri} = \frac{(0.3)(140)}{(2)(32)} = 0.64\text{mm}^2 \quad 及 \quad A_{cu,sec} = \frac{(0.3)(140)}{(2)(8)} = 2.6\text{mm}^2$$

22-6-2-2　繞組損失P_w

一、 二次側之電流密度相同，由(22-37a)得

$$J_{rms} = \frac{4\text{A}}{0.64\text{mm}^2} = \frac{16\text{A}}{2.6\text{mm}^2} = 6.2\text{A/m}^2$$

繞組之總損失可由(22-12)之$P_w = P_{w,sp}V_w$求得，V_w由表22-1可知為12.3 cm^3，因此

$$P_w=(22)(0.3)(6.2)^2(12.3)=3.1\text{W}$$

22-6-2-3 磁通密度及鐵心損失

鐵心之磁通密度峰值$\widehat{B}_{core}$可由一次側電壓估測獲得：

$$\widehat{V}_{pri}=N_{pri}A_c\left|\frac{d\widehat{B}_{core}\sin(\omega t)}{dt}\right|_{\max}=N_{pri}A_{cw}\widehat{B}_{core} \tag{22-40}$$

將$\widehat{V}_{pri}=\sqrt{2}(300)$=425V及各參數值代入可得：

$$\widehat{B}_{core}=\frac{425\text{V}}{(32)(1.5\times10^{-4}\text{m}^2)(2\pi)(10^5\text{Hz})}=0.141\text{T}$$

利用此$\widehat{B}_{core}$在100℃及100kHz下3F3鐵心之損失由(22-2)可得$P_{sp,core}$=140 mW/cm^3。V_{core}=13.5cm^3(由表22-1)，故P_{core}=1.9W。

22-6-2-4 漏感值

由後節之推導可知繞於四方形體心(如圖22-6所示之雙E鐵心)之變壓器的漏感值為：

$$L_{leak}=\frac{\mu_0(N_{pri})^2 l_w b_w}{3h_w} \tag{22-41}$$

其乃假設繞線體積完全被填滿，如圖22-14所示之雙E體心頂視圖。由此圖可知平均繞線長度l_w為：

$$l_w=9a \tag{22-42}$$

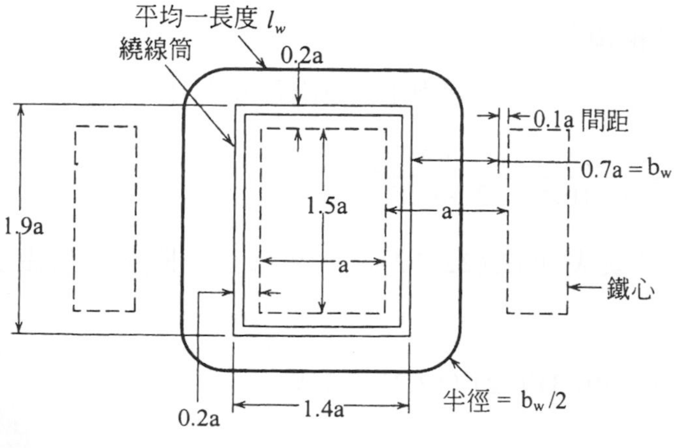

圖 22-14 雙E鐵心之頂示圖用以顯示繞組一匝之平均長度l_w，其假設繞組窗為完全被填滿

繞線窗之尺寸由22-1-5節知為$h_w=2a$且$b_w=0.7a$。將此尺寸及a=1cm及N_{pri}=32代入(22-41)可知：

$$L_{leak}\cong\frac{(4\pi\times10^{-9})(32)^2(9)(0.7)}{(3)(2)}=14\,\mu\text{H}$$

22-6-3　變壓器之溫度

變壓器之冷卻由輻射及對流之熱轉移方式達成，由輻射決定之表面至周圍的熱阻為(22-17)；由對流決定之熱阻則為(22-20)。合成之表面至周圍的熱阻與22-4節所述之電感相同，因為二者之鐵心相同，繞線體積、表面積、最大之表面溫度T_s、周圍溫度T_a等均相同。故$R_{\theta sa}$=9.8℃/W，繞組之損失P_w=3.1W，鐵損P_{core}=1.9W，變壓器表面之最高溫度為：

$$T_{s,\max}=(9.8)(3.1+1.9)+40=89℃$$

22-6-4　過電流對變壓器溫度之影響

變壓器一次側與二次側之過流均會造成變壓器之溫昇，如同22-4節所述過電流對電感之影響一樣。為方便比較，在此仍假設有25%之過電流，即$I_{pri,\max}$=5Arms，其將使繞組之損失增加至$(1.25)^2$=1.56倍，繞組損失成為P_w=(1.56)(3.1)=4.8W。變壓器表面溫度T_s增加至

$$T_{s,\max}=(9.8)(4.8+1.9)+40=106℃$$

此溫度增加量(17℃)仍在允許範圍內。但如有必要，可利用風扇或散熱片進一步降低熱阻。

同樣之過流程度所造成之變壓器溫昇幅度較電感為小之原因為鐵心磁通變化較小之故。變壓器一次側電壓乃由一電壓源驅動，其大小幾乎不受電流改變影響。由於磁通由所加電壓決定(參見(22-40))，電壓不變磁通量便不變。對電感而言增加電流將增加磁通密度而使鐵心損失或繞組損失增加。

22-7　渦流(Eddy Currents)

到目前為止所討論之電感及變壓器均假設繞線之渦流損失與直流電阻之歐姆損失比較可以被忽略。而且渦流損亦盡量以Litz線或銅薄片之繞線予以

降至最低。然而當操作頻率再增加，忽略周圍效應(proximity effect)及其導致之渦流損失便使分析及設計愈來愈不精確。本節中將描述渦流損失之現象及提出如何設計繞組使其直流加上渦流之總損可以降至最低。

22-7-1 周圍效應(proximity effect)

考慮如圖22-15(a)所示一流通電流I並繞於ferrite鐵心之繞組截面圖，為簡化說明起見，假設繞線之直徑很小或操作頻率很低使集膚效應可以忽略。利用(3-53)之安培定律沿迴路A或迴路B可得如圖22-15(a)所示不同大小之磁動勢(*mmf*)分佈。

繞組導線中由磁場所產生之渦流與前述具導電性之鐵心現象相同，在繞線窗中磁通與導線之徑向(即電流流通方向)垂直，因此將產生與所加電流同向或反向之渦流，如圖22-15(b)所示。此渦流之產生稱為周圍效應，因為某一導體上之渦流乃由其它鄰近導體之磁場所產生。

渦流會造成損失P_{ec}，使繞組之總損失除了直流電阻之歐姆損失P_{dc}外尚須加上此P_{ec}。前述所討論具導電性鐵心之渦流時指出，渦流損失與當地之磁場強度平方成正比(參見(22-8))，因此圖22-15中單位長度導體之渦流損失隨位置x之增加而快速增加，而且產生當地磁場之線圈層數亦增加。渦流損與位置之分佈關係如圖22-15(a)所示，通常總渦流損隨線圈之層數增加而快速增加。

繞組之總損失為：

$$P_w = P_{dc} + P_{ec} = (I_{rms})^2 R_{dc} + (I_{rms})^2 R_{ec} = (I_{rms})^2 R_{ac} \tag{22-43}$$

此處R_{ec}為繞組有效之渦流電阻，R_{dc}為低頻或直流電阻。合成之電阻R_{ac}為：

$$R_{ac} = F_R R_{dc} = \left(1 + \frac{R_{ec}}{R_{dc}}\right) R_{dc} \tag{22-44}$$

F_R稱為電阻因數。對於圖22-15(a)所示導線直徑小於或約等於集膚深度之情況，電阻因數稍大於1。

如果導線之直徑較集膚深度要大許多則渦流將只在導體表面流通，導體內部將隔絕磁通，磁電勢分佈則如圖22-15(b)所示，在導體內部非常小。限制電流僅流通於表面之結果將使電流密度較圖22-15(a)高出許多，因此電阻因數及繞組總損失提高許多，通常可提高至直流電阻之一或兩個級數以上。

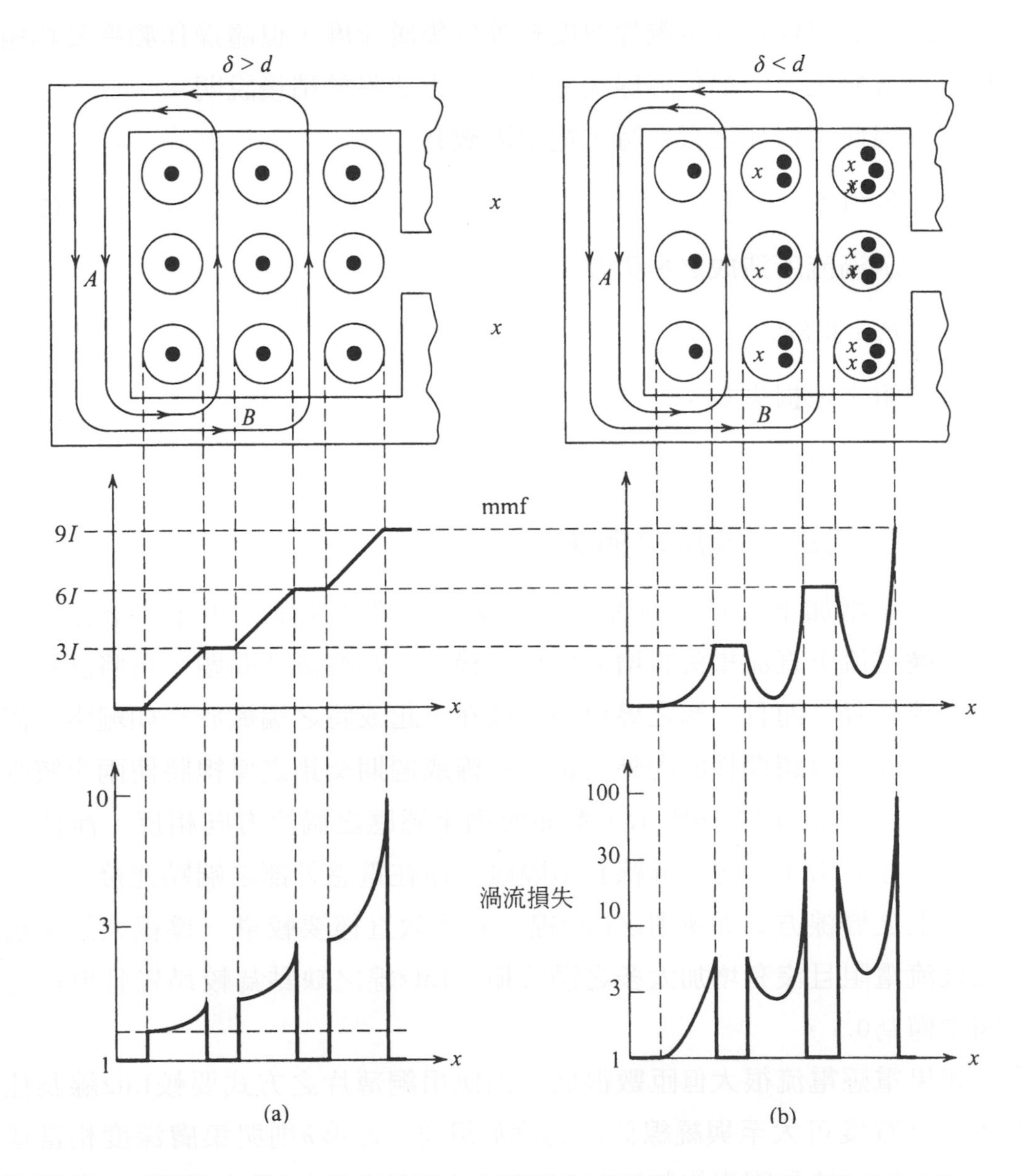

圖 22-15　一採用ferrite鐵心之電感繞線窗的截面圖以及其相關之*mmf*及渦流損失密度分佈：(a)導線直徑大約等於集膚深度者；(b)導線直徑遠大於集膚深度者

22-7-2 最佳之導體尺寸及最小之繞組損失

前述之說明指出欲減少渦流損，導線之直徑或銅片之厚度必須小於或等於集膚深度。困難點在於操作頻率增加時，集膚深度亦隨之減少。使導線總損失為最小之導線直徑或銅片厚度約等於集膚深度，但隨操作頻率及繞組之層數而稍有變化，一最佳導線尺寸之估計方法將於稍後說明。

當導線使用最佳之尺寸時，電阻因數為：

$$F_R=1.5 \tag{22-45}$$

此表示渦流所造成之損失為：

$$P_{ec}=0.5P_{dc} \tag{22-46}$$

而繞組之總損失為：

$$P_w=1.5P_{dc} \tag{22-47}$$

22-7-3 降低電感繞組之損失

在頻率增加下欲降低渦流損必須減少導體之直徑，然此將增加直流電阻，在高電流下直流損失將增大到無法接受。為解決此問題，可將許多小直徑之導線並聯，而且並聯之導線必須絞在一起或將之編織於一如繩索之固定器上使導線可以週期性的內外交錯。絞線或週期交錯之導線將使兩半絞線感應之電壓相反如圖22-16所示，進而使兩半感應之渦流方向相反，淨值之渦流即使有亦非常小。每一導線必須隔離，僅在電感外部之端點連接。

以上之導線方式即所謂之Litz線，其等效直徑要較單一導線大許多倍以降低直流電阻且沒有增加太多之渦流損。Litz線之缺點為較昂貴且導線之填入因素僅為0.3。

如果電感電流很大但匝數很低，則使用銅薄片之方式要較Litz線為佳。銅薄片之寬度可大至與繞線筒之高度h_w相同，厚度h則與集膚深度相當或較小。銅薄片之填入因素約為0.6。

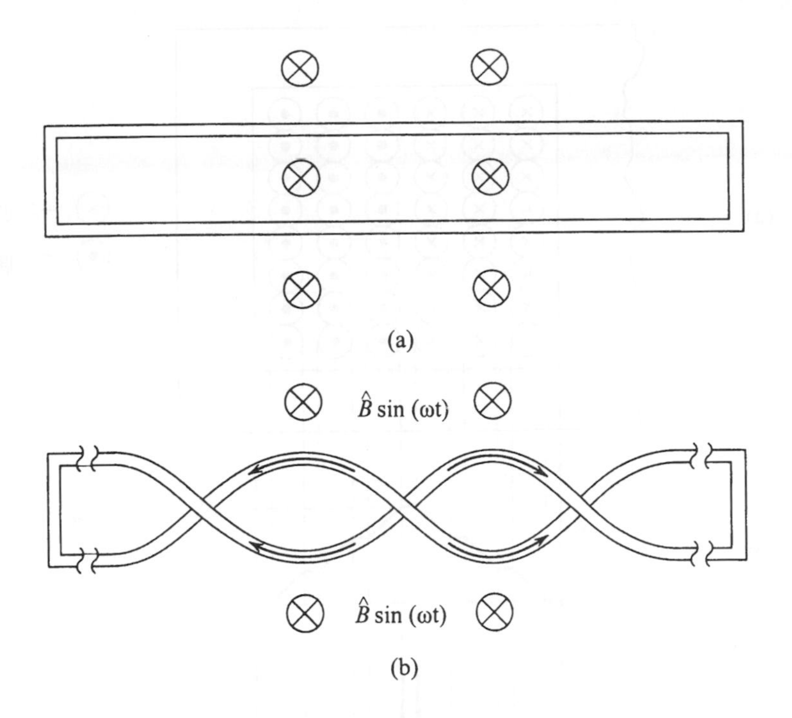

圖 22-16　繞組之渦流：(a)兩端短路之平行導線，其形成之迴路中磁通之故將產生渦流；(b)絞線可相互抵消磁通減少渦流產生

22-7-4　分割變壓器之繞組以降低渦流損失

變壓器二次側之繞組可用以使渦流損最小化。考慮變壓器繞線窗之磁動勢(*mmf*)分佈如圖22-17(b)所示。二次側感應之電流與一次側相反因此在二次側之*mmf*斜率為負且降至0。

若將一次側繞組分割成兩部分且如三明治般將二次側繞組夾在中間如圖22-18(a)所示，則所形成*mmf*之峰值約為原圖22-17繞法的一半，因為安-匝數僅為原來之一半。由於*mmf*減半，繞線窗內之最大磁通亦減半，使與磁通量平方成正比之渦流損降至原來之四分之一。

若進一步將二次側繞組分割，使一次、二次側之繞組分佈如圖22-18(b)所示，則*mmf*之峰值可進一步降至圖22-17之四分之一，而使渦流損失僅為1/16。理論上繞組分割可以持續進行直到每一區之繞組僅為一層或兩層。此三明治繞法之缺點為繞線複雜，繞組間之電容隨分割之區數增加而增加，一次與二次側繞組之安全絕緣準位需增加，因此減少了絕緣之可靠性與導線之填入因素。

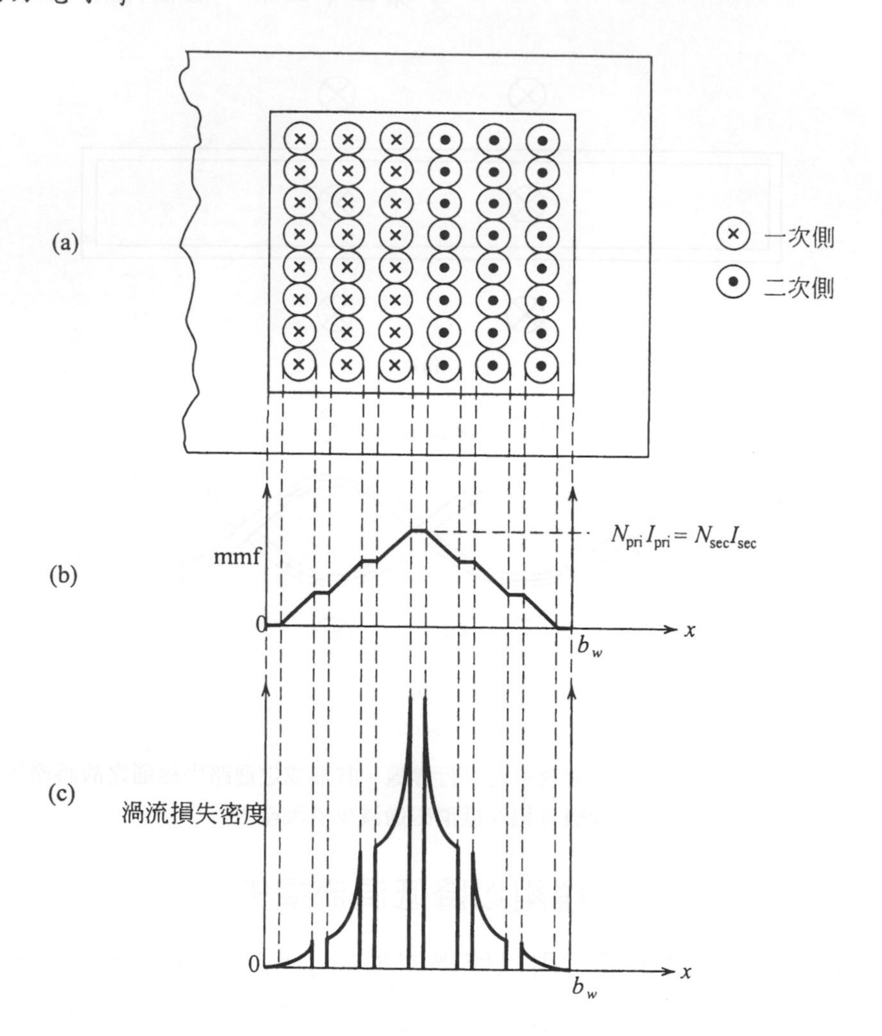

圖22-17　變壓器之繞組窗：(a)一簡單之繞組方式；(b)*mmf*在位置*x*方向之分佈圖；(c)渦流損失密度之分佈

22-7-5　繞組導線之最佳化

前面章節中(22-7-2至22-7-4)已提供許多降低電感及變壓器渦流損失之定性方法，然而欲使繞組之設計最佳化則尚需一量化之設計步驟來實現這些方法及評估其效益。此設計步驟已被提出，其將繞組或分割繞組之損失與繞組之幾何尺寸(包括導體之截面積、匝數及層數等)及導線之集膚深度等關聯在一起。此步驟亦可同時考慮非均勻式之導體截面磁場強度、集膚效應及渦流區域等，其目的在找出導體直徑、厚度或層數大小之最佳組合，以使總繞組損失、直流電流及渦流等為最小化。

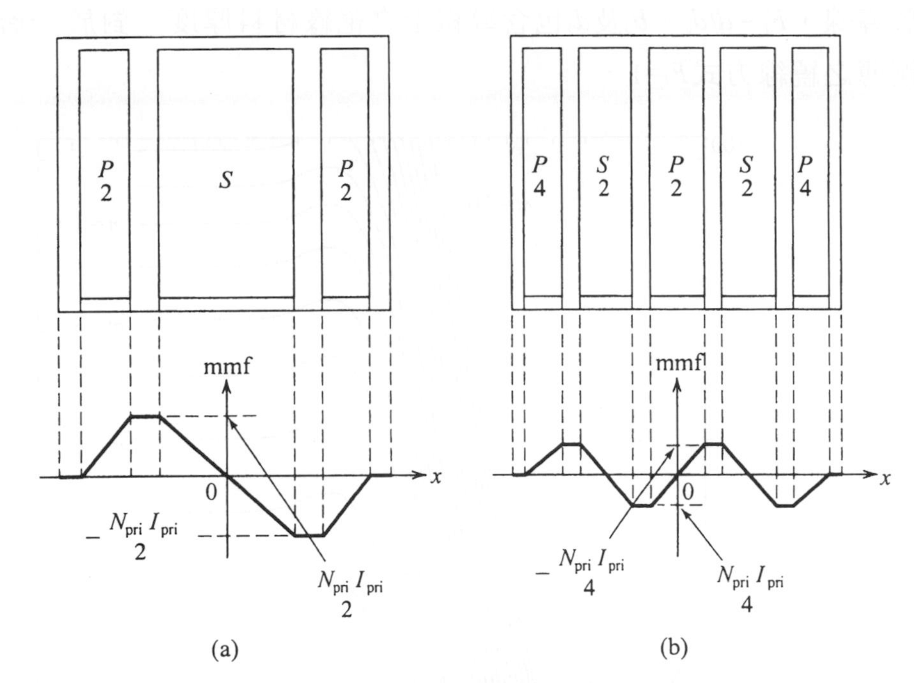

圖 22-18　分割一次側與二次側繞組成多區以降低渦流損，相對應之*mmf*分佈亦顯示於圖中：(a)一次側分成二區，二次側未分割為一區；(b)一次側分成三區而二次側分成兩區

此設計步驟乃基於圖22-19所示在各種不同分割繞組所包含之層數m下，正規化之繞組損失與正規化參數φ之特性圖。正規化繞損失之定義為：

$$\frac{P_w}{R_{dc,\,h=\,\delta}(I_{rms})^2}=\frac{R_{ac}}{R_{dc,\,h=\,\delta}}=\frac{F_R R_{dc}}{R_{dc,h=\,\delta}} \tag{22-48}$$

其中$R_{dc,\,h}=\delta$為導線之直徑或厚度等於集膚深度時繞組之直流電阻。參數ϕ之定義為：

$$\phi=\frac{\sqrt{F_l}h}{\delta} \tag{22-49}$$

其中h為導線之等效高度，δ為集膚深度(如(22-3))，F_l為導線之繞線層因數(layer factor)。對一如圖22-20(a)所示之方形導線，其導線之等效高度為實際高度之h；對一如圖22-20(b)所示圓形之導線，等效之高度則為$\sqrt{\pi/4}d$，其中d為導線之直徑。圖22-19中參數m之定義為一分割繞組區內所包含之層數，而上述繞線層因數為繞線層寬度h_w(或相當於圖中22-6之繞線窗高度)內實際繞線之比例。對於圖22-20(a)之方形導線，$F_l=b/b_0$；對於圖22-20(b)之圓形導線，$F_l = d/d_0$。b_0及d_0包含導線上之絕緣材料厚度。對於一層僅包含一圈銅薄之繞線方式F_l=1。

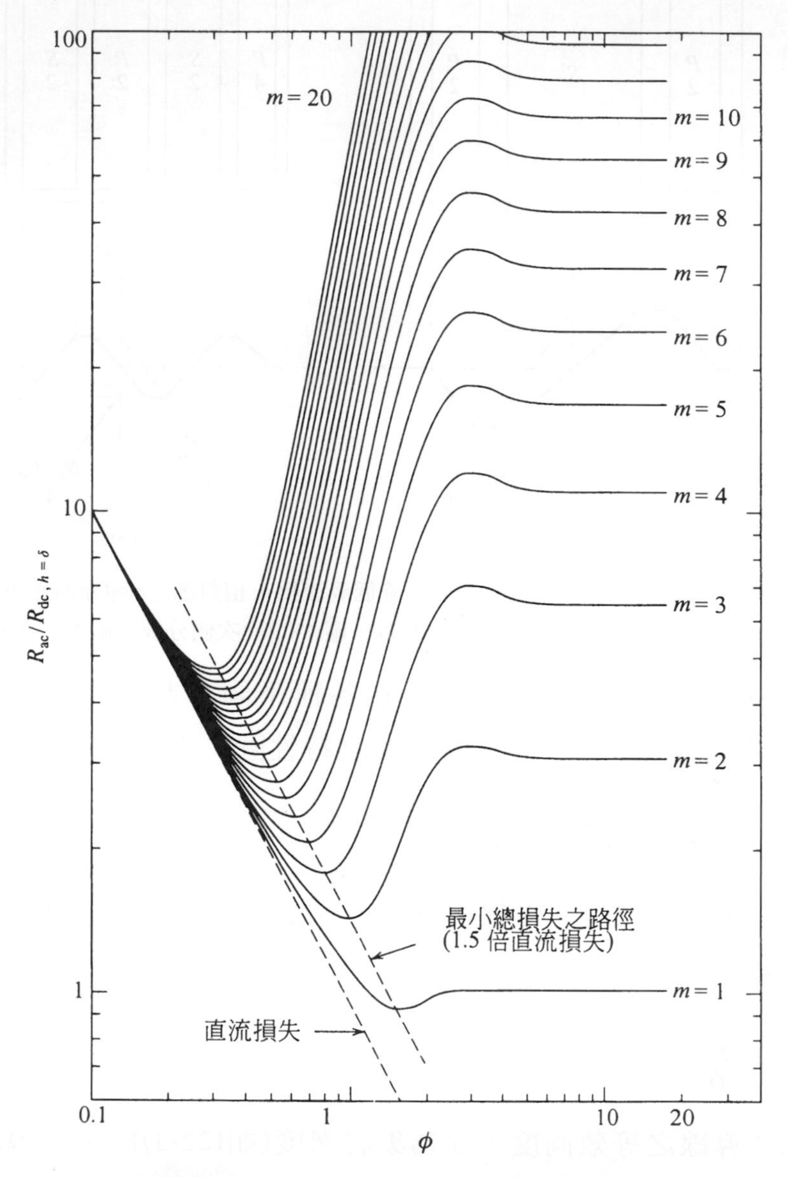

圖 22-19　一繞組或一繞組區功率損失之正規化特性圖，其以$\phi=\sqrt{F_l}h/\delta$及層數m為參數，功率正規化基底值為$R_{dc,h=\delta}(I_{rms})^2$

在一繞組或分割之繞組區內，m層導線之mmf分佈為從一側0線性上昇至另一側達最大值。對於如圖22-18(a)之一次側分割繞組，每一繞組區有$M_{pri}/2$層導線，M_{pri}為一次側總共之層數，二次側則必須被當成有二區，每一區有

$M_{sec}/2$層導線。對於圖22-18(b)之方式，二外部之一次側之繞線區具$M_{pri}/4$層，但中間之一次側繞線區則必需當成有二區，每一區同樣有$M_{pri}/4$層。其它之繞線分割方式對於mmf之分佈計算依此類推。

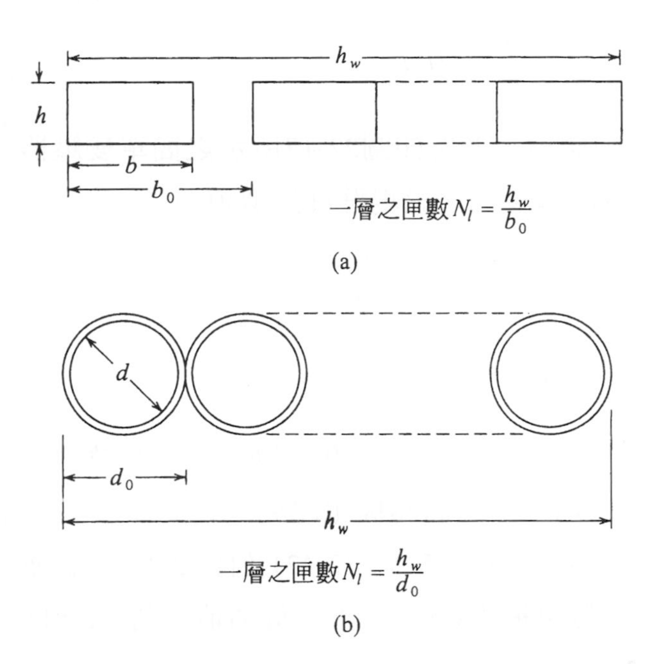

圖 22-20　繞組參數之計數：(a)一方形導線；(b)一圓形導線

圖22-19中某一條m值曲線最低值所對應之ϕ即為導線之最佳直徑或厚度。以此來選擇導線可以使電阻因數F_R為最佳，即1.5。圖22-19可使上述許多繞線設計(如一繞線區之層數、一次或二次側分割之區數、導線之形狀為圓形或方形等)得以迅速被計算，如何應用這些曲線將於後述變壓器設計步驟中詳細說明。

22-8　變壓器之漏感

電力轉換器中所使用變壓器之漏感一般需愈小愈好，漏電感會引起開關截止瞬間之過電壓而必須使緩衝電路來保護。有一些電路架構對於雜散或漏電感相當的敏感。

漏電感乃由於一次與二次側繞組之磁通未完全交鏈，亦或磁通未完全交鏈產生此磁通繞組之所有匝數所造成之漏磁通所引起。圖3-18即為漏磁通之一例，圖22-15電感繞線窗之磁通亦為一例，同樣的，圖22-17變壓器繞線窗之磁通亦為漏磁通。

漏感L_{leak}之定義為：

$$\frac{1}{2}L_{leak}(I_{pri})^2=\frac{1}{2}\int_{V_w}\mu_0 H^2 dV \tag{22-50}$$

V_w為繞線之總體積。考慮如圖22-17所示之簡單變壓器，由圖22-17(b)所示之mmf分佈可得繞線窗內之磁場強度近似值為：

$$\begin{aligned} H_{leak} &= \frac{2N_{pri}I_{pri}x}{h_w b_w} \qquad 0<x<\frac{b_w}{2} \\ &= \frac{2N_{sec}I_{sec}}{h_w}\left(1-\frac{x}{b_w}\right) \qquad \frac{b_w}{2}<x<b_w \end{aligned} \tag{22-51}$$

其中$N_{pri}I_{pri}=N_{sec}I_{sec}$。(22-50)中之$dV=l_w h_w dx$，$l_w$為繞線窗$x$位置處之線圈長度，$l_w$隨$x$之增加而增加，然而為簡化起見，在此令$l_w$等於所有線圈之平均長度。若採用雙E鐵心，$l_w\cong 9a$(參見(22-42)及圖22-15)。此簡化對於$x<b_w/2$時之$l_w$長度為過估，但可補償$x>b_w/2$下之低估值。將(22-51)代入(22-50)得：

$$\frac{1}{2}L_{leak}(I_{pri})^2=\frac{1}{2}2\int_0^{b_w/2}\mu_0\left(\frac{2N_{pri}I_{pri}x}{h_w b_w}\right)l_w h_w dx=\frac{\mu_0(N_{pri})^2 l_w b_w (I_{pri})^2}{6h_w} \tag{22-52}$$

等號兩側除以$\frac{1}{2}(I_{pri})^2$可得L_{leak}之表示式，即等於(22-41)。

若將繞組分割成如圖22-18所示以降低渦流損，則同時可以降低漏感，因為較小之磁場強度峰值降低了淨磁能之儲存。故圖22-18(a)繞線方式之漏感為圖22-17之1/4，而圖22-18(b)更降至1/16。對於分割繞組漏感表示之通式為：

$$L_{leak}\cong\frac{\mu_0(N_{pri})^2 l_w b_w}{3p^2 h_w} \tag{22-53a}$$

其中p為繞組區分隔線之數目。若更精確的將導線絕緣部分亦考慮入列的話成為：

$$L_{leak}\cong\frac{\mu_0(N_{pri})^2 l_w b}{p^2 h_w}\left(\frac{b_{cu}}{3}+b_i\right) \tag{22-53b}$$

其中b_i為二相鄰導線總計之絕緣厚度，b_{cu}為繞線窗中總計實際之導線寬度。在圖22-18(a)中，p=2，圖22-18(b)中，p=4。

22-9　變壓器之設計步驟

以下將提出一小的、自然散熱(利用對流及輻射)之變壓器之設計步驟。首先列出一單向設計步驟，其乃假設所有鐵心之特性資料均為已知。接著列出一疊代設計步驟，其乃假設部分鐵心資料未知必須自行推導。熱損為設計步驟中一重要考量因素，另外亦將渦流損考慮入列，而且假設一、二次側繞組使用相同之導線使$k_{cu,pri}=k_{cu,\sec}=k_{cu}$。

22-9-1　變壓器設計之基礎－伏-安額定值

變壓器伏-安額定值之定義為$S=V_{pri}I_{pri}$，V_{pri}及I_{pri}分別為電壓及電流之rms額定值。(22-40)將V_{pri}以設計參數如頻率、磁通密度、鐵心面積及匝數等來表示。當操作於低頻使集膚效應可忽略亦或使用Litz線時，可利用(22-37)以電流密度及導線之截面積等表示一次側之電流。利用(22-37)及(22-40)可得：

$$S=V_{pri}I_{pri}=\frac{N_{pri}A_{core}\,\omega\,\widehat{B}}{\sqrt{2}}J_{rms}A_{cu,pri} \tag{22-54}$$

(22-38)以繞組面積A_w，一次側匝述N_{pri}及導線之填入因素k_{cu}表示一次側導線之截面積$A_{cu,pri}$，將之代入上式可得

$$S=V_{pri}I_{pri}=2.22k\ \ fA_{core}A_wJ_{rms}\widehat{B} \tag{22-55}$$

若考慮渦流損，則繞組之有效電阻R_{ac}可利用(22-19)表示，因此(22-12)必須修正為：

$$P_{w,sp}=22\frac{R_{ac}}{R_{dc}}k_{cu}(J_{rms})^2 \tag{22-56}$$

方程式(22-55)為變壓器設計步驟之起點，因為其將所應用電路之規格要求(V_{pri}及I_{pri})與變壓器之設計參數如體心面積、導線面積、磁通密度、電流密度等關聯在一起，其功用正如同(22-23)對於電感設計之角色一般。

22-9-2 單向變壓器之設計步驟

變壓器單向之設計步驟流程圖如圖22-21所示。詳細說明如下：

步驟1. 列出設計之輸入參數

設計所需輸入之參數包含：

(a)一次側電壓之rms額定值V_{pri}

(b)一次側電流之rms額定值I_{pri}

(c)變壓器匝數比$n = N_{pri} / N_{sec}$

(d)操作頻率

(e)變壓器之最高本體溫度T_s及周圍溫度之最高值T_a。

前四項各參數乃由變壓器所應用之電路決定，最高溫度之決定則必須同時考慮其他元件溫度之限制、變壓器材質之溫度限制及變壓器可能操作之環境溫度。T_s之一般值為100℃。

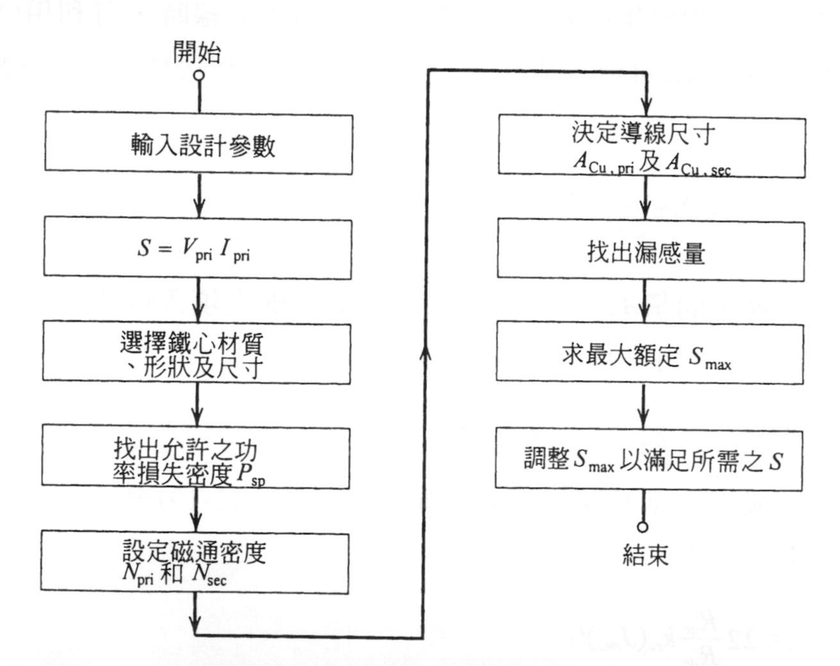

圖22-21 單向變壓器之設計步驟其假設所有可用鐵心特性資料均為已知，這些特性包括在所設定溫度範圍內允許之功率損失密度

步驟2. 計算伏-安值S

利用上述V_{pri}及I_{pri}計算伏-安之額定值S。

步驟3.　選擇鐵心材質、形狀及尺寸

選擇之考量與前述電感之設計考量相同，特別是當使用ferrite鐵心時，圖22-3之材質性能因數圖可用以當成選擇之依據。

鐵心尺寸乃根據S來選擇，設計者可由鐵心之資料庫中找出一$2.22\,k\,fJ_{rms}\hat{B}A_{core}A_w$值與$S$相近但稍大之鐵心。此選擇乃假設資料庫中有如表22-4所示之資料，不過這些資料亦可利用前述章節之方法予以求得。

表22-4　變壓器設計所需之鐵心特性資料

鐵心編號	材質	AP= A_wA_{core}	R_θ $\Delta T=60$℃	P_{sp} at $T_s=100$℃	J_{rms} at $T_s=100$℃ and P_{sp}	$\hat{B}_{rated}$ at $T_s=100$℃ and 100kHz	$2.22k_{Cu}f$ $J_{rms}\hat{B}A_wA_{core}$ (f=100kHz)
．	．	．	．	．	．	．	．
8[a]	3F3	2.1cm^4	9.8℃/W	237mW/cm^3	$3.3\sqrt{\frac{R_{dc}}{k_{Cu}R_{ac}}}$A/mm^2	170mT	$2.6\times10^3\sqrt{\frac{k_{Cu}R_{dc}}{R_{ac}}}$V-A
．	．	．	．	．	．	．	．

[a]鐵心編號8號與表22-3所列者相同

與電感設計相同，在選擇鐵心尺寸前，必須先決定繞組導線之形式(如Litz線、單心線等)以決定導線之填入因數。導線形式之選擇由操作頻率及渦流損之重要性決定。對於單心線而言k_{cu}=0.55，Litz線之k_{cu}=0.3。若接下來之設計步驟能滿足要求，則單向設計步驟便完成，否則必須重新選擇一較大鐵心亦或重新選擇一具較高填入因數之導線，再重新進行設計步驟。

步驟4.　找出$R_{\theta sa}$及P_{sp}

變壓器之熱阻$R_{\theta sa}$可由表22-4或利用22-4-4節所述之方法求得。所得之$R_{\theta sa}$必須以T_s及T_a之規格確認。如同電感設計之考量，假設變壓器之熱損為均勻分佈使繞阻之功率密度與鐵心相同，即$P_{w,sp}=P_{core,sp}=P_{sp}$。$P_{sp}$可由鐵心資料庫查得亦或利用(22-26)求得。

步驟5.　找出磁通密度及一次、二次側之匝數

鐵心之磁通密度$\hat{B}$可由資料庫查得(表22-4)或利用P_{sp}及圖22-2或(22-2)求得。一次側匝數N_{pri}可利用$\hat{B}$及(22-40)求得。一但N_{pri}求得，N_{sec}可由匝數比$n=N_{pri}/N_{sec}$求得。

步驟6a.　決定一次側與二次側之導線尺寸：忽略渦流損

導線之形式如單心線、Litz線等已在步驟3中決定，因此導線之填入因數亦已知。一次側與二次側導線所需之面積$A_{cu,ri}$及$A_{cu,sec}$便可利用(22-38)、(22-39)及N_{pri}、N_{sec}求得。

如果操作於低頻使渦流損可忽略或使用Litz線，則允許之電流密度J_{rms}可由鐵心資料(表22-4)或(22-12)求得，因此導線之面積$S_{cu,pri}$及$A_{cu,sec}$亦可利用(22-37a)求得。

以上二求導線截面積之方法並未衝突，二者所得之答案相同，本章中之問題將顯示此結論。

步驟6b. 決定一次側與二次側導線之尺寸：考慮渦流損

在考慮渦流損的前提下，以下僅考慮具圓形或方形之單心線。圓形線之k_{cu}=0.55，方形線或銅薄片導線之k_{cu}=0.6。

導線之截面積如前所述有二方法可以求得。一為使用N_{pri}，N_{sec}及(22-38)及(22-39)求得；另一為利用鐵心資料中$\sqrt{R_{ac}/R_{dc}}=\sqrt{1.5}$下之$J_{rms}$及(22-37a)求得。

為完成導線所有尺寸之選擇，可利用圖22-19選擇滿足截面積要求及圖22-19限制之導線。此圖指出視變壓器繞組區所包含之層數而定，有許多不同尺寸之導線滿足$\sqrt{R_{ac}/R_{dc}}=\sqrt{1.5}$之條件。為得到導線尺寸與層數可接受之結合，必須利用疊代法。

疊代法之啟始可先假設一層僅有一匝且繞組區分成二區，即一次側繞組區具有N_{pri}層，二次側繞組具有N_{sec}層。一次側導體之厚度h為：

$$A_{cu,pri}=F_l hwh \quad \text{或} \quad h=\frac{A_{cu,pri}}{F_l hw} \tag{22-57}$$

其中F_l為導線之繞線層因數，h_w為繞線筒高度。對於方形或銅薄片導線F_l之典型值為0.9。接下來之步驟為利用(22-49)計算導線厚度之正規化值，再利用圖22-19找出N_{pri}層下最佳之ϕ值。若此值與由(22-49)所得之值相同或稍大(10～20%以內)，則此啟始之設計值可以採用，若否且此值較(22-49)所得為小，則一次側繞組必須加以分割以降低繞線區之層數。

在第二次疊代時，將一次側繞組分成兩區且將二次側繞組夾於其中如圖22-18(a)所示，為套用圖22-19，二次側繞組亦必須被當成有兩區，使一次側每區之層數均為第一次疊代的一半。重覆前述之步驟找出φ並與(22-49)所計算之值比較。此疊代程序將持續，直到找出φ之值與(22-49)所得相等或稍大為止。

若最佳之φ值較由(22-49)估測所得者大許多(2倍以上)，則可增加每層之匝數使之為2或更大。如果一層有2匝導線，則每一繞線區之層數將為原來之1/2。此增加每層匝數之步驟可以持續，直到φ值與(22-49)所得相等或稍大為止。

一旦一次側繞組已被適當的設計，同樣的程序可用於二次側繞組之疊代。視一、二次側之匝數比而定，可能需要調整一次及二次側之匝數使之較步驟5所得稍大或稍小以便於得到適當之繞組區數。此外亦可能需要回到一次側之疊代以使一次側與二次側之繞組能夠配合。

由上述求導線尺寸之疊代程序看起來似乎相當複雜，然而實際上受限於匝數必須為整數且每層匝數亦必須為整數之限制，將使疊代之次數為一很小之數目。詳細之疊代程序將於下節所舉的範例中說明。由於Litz線之價格較貴且填入因數較低，因此雖然考慮渦流損之單心線設計複雜，仍具有相當之價值。

步驟7.　估計漏感

利用(22-53)。

步驟8.　估測所選定鐵心之最大V-I額定S_{max}

所選定鐵心之最大V-I額定S_{max}為：

$$S_{max} = 2.2 k_{cu} f A_{core} A_w J_{rms} \hat{B} \tag{22-58}$$

若依設計步驟適當進行，所選擇變壓器之V-I額定$S = V_{pri} I_{pri}$必須較為S_{max}低且較下一個較小鐵心之S_{max}為大。若S較S_{max}小許多(例如$S<0.8S_{max}$)，則必須進行下一步驟降低S_{max}以節省繞組之成本及重量，此種情況可能發生在當資料庫中只有少數鐵心可用時。若S較下一較小可用鐵心之S_{max}為小時，則必須改用此鐵心。

步驟9.　S_{max}之調整

若電壓太高，S_{max}可以藉由減少一次側與二次側繞組匝數來減少。若電流太大，則可藉減少導線截面積來減少。以上二調整均會減少導線之重量，體積及成本。

若S較S_{max}大許多(如S>1.2S_{max})但仍較下一較大可用體心之S_{max}為小，則S_{max}必須增加。此可利用增加繞組之功率密度$P_{sp,w}$來達成，其會稍微增加變壓器之溫昇使之較限制大一些，但若尚可接受則此方法要較使用更大鐵心為佳。如果S較下一較大可用鐵心之S_{max}仍大，則必須再選用更大鐵心。

22-9-3 變壓器設計範例

前述22-6節變壓器設計之分析中所採之變壓器將在此實際被設計。

步驟1. 設計之輸入

$I_{pri} = 4A_{rms}$正弦波

$V_{pri} = 300V_{rms}$正弦波

頻率f=100KHZ

$N_{pri} / N_{sec} = n = 4$

最高溫度T_s=100℃且T_a=40℃

步驟2. 變壓器之V-I額定S

$S = V_{pri} = (300\text{V})(4\text{A}) = 1200\text{V}-\text{A}$

步驟3. 體心材質，形狀及尺寸之選擇

在高額操作下選擇ferrite鐵心。圖22-3 ferrite鐵心之性能因數圖指出在100KHZ下，3F3材質為佳。鐵心之形狀選擇雙E鐵心。由鐵心資料(表22-4)知，a=1cm之第8號鐵心，其$2.22k_{cu}fJ_{rms}\hat{B}A_{core}A_w = (2.6\times10^3)\sqrt{k_{cu}}\sqrt{R_{dc}/R_{ac}}$V-A之值在$\sqrt{R_{dc}/R_{ac}}$=1時，只要$k_{cu}$>0.21，此值便大於S=1200V-A；在$\sqrt{R_{dc}/R_{ac}} = \frac{1}{\sqrt{1.5}}$時，只要$k_{cu}$>0.32，此值亦大於S=1200V-A。

步驟4. 找出$R_{\theta sa}$及P_{sp}

利用鐵心資料(表22-4)，$R_{\theta sa}$=9.8℃/W，P_{sp}=237MW/cm^3。

步驟5. 找出鐵心之磁通密度及一次、二次側繞組之匝數

利用鐵心資料(表22-4)可知最大之磁通密度為$\hat{B}$=1700mT，將$\hat{V}_{pri} = 320\sqrt{2}$=424V，$\omega = (2\pi)(100\text{kHz})$，$A_{core} = 1.5\text{cm}^2$及$\hat{B}$代入(22-40)可得：

$$N_{pri}=\frac{\widehat{V}_{pri}}{A_{core}\,\omega\,\widehat{B}_{core}}=\frac{424}{(1.5\times10^{-4}\text{cm}^2)(2\pi)(10^5\text{Hz})(0.17\text{T})}=26.5=24\text{匝}$$

將一次側匝數定為24之原因為欲將其設定為4的整數倍。二次側匝數$N_{sec}=N_{pri}/n$=24/4=6。當然亦可定N_{pri}=28使N_{sec}=7，但作此選擇將使二次側繞組僅能為單區7層或7區單層，而大大降低變壓器繞組分割之彈性。

此處一次與二次側之匝數較22-6節中所列者稍少，在22-6節所列者繞線窗被完全填滿，而此處不需將繞線窗完全填滿。所得之最高損失為237mW/cm³而在22-6節者則為140mW/cm³。雖然22-6節之損失較小，其磁通密度較低，因此為得相同之電壓必須使用較高之匝數。

步驟6a.　決定一次側與二次側導線之尺寸：單心線

由於操作頻率很高，因此除非使用Litz線，若僅使用單心線時，則必須考慮渦流損。為減少導線之價格首先先以單心方形之導線來設計。由鐵心資料並假設單心線之填入因數k_{cu}=0.6可得

$$J_{rms}=\frac{3.3}{\sqrt{6}\sqrt{1.5}}=3.5\text{A/mm}^2$$

一次側導線截面積$A_{cu,pri}$=(4A)(3.5A/mm²)=1.15mm²，二次側則為$A_{cu,sec}$=$nA_{cu,pri}$=(4)(1.15mm²)=4.6mm²。

為減少疊代次數，使用圖22-19來估測一繞線區之層數以計算所需之導線面積。一開始使用一層一匝導線並假設方形導線之繞線層因數F_l=0.9，在100KHZ及100℃下銅導線之集膚深度δ=0.24mm。一次側導線所需之厚度h為：

$$A_{cu,pri}=1.15\text{mm}^2=(0.9)(20\text{mm})(h)\text{或}h=0.064\text{mm}$$

此值經正規化可得正規化之一次側導體厚度φ：

$$\sqrt{0.9}\frac{h}{\delta}=(0.95)\frac{0.064}{0.24}=0.25$$

檢視圖22-19指出：一次側採用單區24層，m=24且一層一匝之繞線方式其導線最佳之正規化厚度約為$\sqrt{0.9}h/\delta$=0.3，因此上述0.25與此值相近可滿足。

二次側導線所需之厚度為：

$$A_{cu,\,sec}=4.6\text{mm}^2=(0.9)(20\text{mm})(h)\text{或}h=0.256\text{mm}$$

其正規化值為：

$$\sqrt{0.9}\frac{h}{\delta}=(0.95)\frac{0.256}{0.24}=1.01$$

檢視圖22-19可知如果二次側繞組為每區為兩層(m=2)，則此值可以滿足。此時二次側繞組分成三區，每區有兩層且一層一匝。

但若欲與上述二次側繞組配合，一次側繞組必須改為分成4區如圖22-22所示，假設一層一匝則中間二區有8層而外部二區有4層。對於8層繞組其正規化導體厚度之最佳值為$\sqrt{0.9}h/\delta=0.5$，此值為所需值(0.25)的兩倍，基於過去之經驗，可改採用每層4匝，使外二區為每區一層且每層4匝而中間二區為每區二層且每層4匝。若如此則導線之厚度為$A_{cu,\,pri}=1.15\text{mm}^2=(0.9)(5\text{mm})(h)$或h=0.256mm而正規化厚度為(0.95)0.256/0.24=1.01。由於兩層者φ之最佳值為$\sqrt{0.9}h/\delta=1$，因此一次側二中間區已達最佳化設計。至於外二區只有一層者，其$R_{ac}/R_{dc}\cong 1.7$(可由圖22-19估得)要較最佳之1.5高出20%左右。綜觀一次側繞組應可算接近最佳。

變壓器繞組之最終設計如圖22-22所示，圖中亦顯示*mmf*之分佈。一次側繞組分成四區，中間之二區為二層，外部之二區為一層，每一層均含四匝，導體之厚度為0.26mm，寬度為5mm。二次側繞組則分成三區，每一區有二層，每一層為一匝，導體厚度為h=0.26mm，寬度為20mm。

步驟6b. 決定一次側與二次側導線之尺寸：Litz線

利用鐵心資料及假設Litz線之填入因數為$k_{cu}=0.3$，則可得：

$$J_{rms,\,rated}=\frac{3.3}{\sqrt{3}}=6\text{A/mm}^2$$

一次側導體之截面積$A_{cu,\,pri}=(4\text{A})/(6\text{A/mm}^2)=0.67\text{mm}^2$，二次側導體截面積則為$A_{cu,\,sec}=nA_{cu,\,pri}=(4)(0.67\text{mm}^2)=2.7\text{mm}^2$。

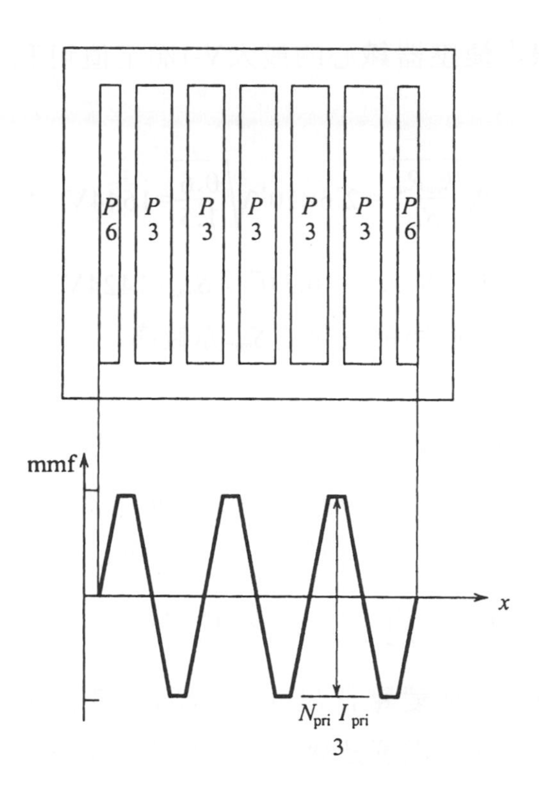

圖22-22　使用單心線繞組之變壓器三明治繞法及其*mmf*分佈，
一次與二次側均為使用方形線或銅薄之單心導線

總截面積0.67mm²之Litz線之直徑約為：

$$d_{Lita} \cong \sqrt{\frac{4A_{cu}}{\pi\ k_{cu}}} = \sqrt{\frac{(4)(0.67\text{mm}^2)}{(\pi)(0.3)}} = 1.69\text{mm}$$

二次側之直徑則為3.37mm，此直徑較常用Litz線之直徑稍大，因此必須特別訂製。

步驟7.　漏電感之估測

對於如圖22-22所示之繞組架構，其漏電感利用(22-53a)可得：

$$L_{leak} = \frac{(4\pi \times 10^{-9})(24)^2(9)(0.7)(1)}{(3)(6^2)(2)} = 0.2\ \mu\text{H}$$

若將Litz線使用於如圖22-17所示之簡單繞組架構(P=1)，由(22-53a)可得L_{lead}=8.1 μH。

步驟8.　估側所選擇鐵心之最大V-I額定值S_{max}

使用方形導線之變壓器鐵心的最大V-I額定值可利用(22-55)或表22-4之最右列可得：

$$S_{max}=2.6\times10^{3}\sqrt{\frac{k_{cu}R_{dc}}{R_{dc}}}=2.6\times10^{3}\sqrt{\frac{0.6}{1.5}}=1644\text{V}-\text{A}$$

若使用Litz線，利用(22-58)及k_{cu}=0.3可得S_{max}=1424V−A。由之亦可知單心線由於填入因數較高，因此所能提供之S_{max}亦較高。

步驟9.　S_{max}之調整

所需變壓器V-I額定為1200V-A，較所選擇鐵心之S_{max}稍小，理論上匝數或導線截面積應可降低以節省導線成本及重量，然而由於S與S_{max}之差距不大(約25%)，因此所能節省有限，特別是可用之鐵心不多時。

22-10 變壓器與電感尺寸之比較

電感尺寸(電感值)與變壓器尺寸(V-I額定)可利用一特定鐵心來加以比較。假設操作頻率相同使電感及變壓器之最大磁通密度相同，則電感之電感-電流乘積(公式(22-23))等於變壓器之S(公式(22-55))除以2.2f，即

$$\frac{S}{2.2f}=L\hat{I}I_{rms}=k_{cu}A_{c}A_{w}J_{rms}B \tag{22-59}$$

或

$$S=2.2fL\hat{I}I_{rms} \tag{22-60}$$

當給定電感值及電感電流，則可利用(22-55)計算與電感相同尺寸之變壓器S值，即利用$\hat{I}=\sqrt{2}I_{rms}$及(22-60)可得：

$$S=\pi fLI_{rms}^{2} \tag{22-61}$$

結論

本章中討論適用於高頻(幾10K至MHz)電力電子電路用途之電感及變壓器設計及製作。重要結論如下：

1. 電感及變壓器之鐵心包含磁滯損與渦流損。高頻操作需使用ferrite鐵心，因其具備高電阻性故只需考慮磁滯損。

2. 鐵心有各式形狀，尺寸及材質以適用於各式用途。
3. 電感及變壓器之繞組所使用之導線為銅線，其有各式尺寸及幾何形狀以使損失最小化。銅損除包括直流電阻之損失外，尚包括一歐姆損，其乃由周圍效應及集膚效應所造成之不均勻電流密度分佈所引起。
4. 電感及變壓器等元件允許操作之最高溫度約為100℃，其乃由鐵心材質及繞組之絕緣所限制。此溫度限制與元件表面至周圍之熱阻值決定元件之平均功率損失密度(W/cm^3)。
5. 平均功率損失限制繞阻之最大電流密度及鐵心之交流磁通密度峰值。
6. 本章提出一電感之單向設計步驟，其乃根據電感之儲能值及可用鐵心完整之資料所設計，這些資料包括：熱阻、電流密度限制、磁通密度限制等。若資料不夠完整，則需改用疊代設計步驟、
7. 可使繞組在高頻下損失最小化之方法包括使用Litz線，分割變壓器一次側、二次側繞組等方法。本章並提出使分割繞組設計達最佳化之步驟。
8. 本章提出一變壓器之單向設計步驟，其乃根據變壓器之V-I額定及可用鐵心完整之資料所設計。若資料不夠完整，則需改用疊代設計步驟。

習題

22-1　如圖22-5所示採用矽鋼片之鐵心，其外緣長度4cm，內緣長度2cm，厚度0.25mm，堆疊因數0.95，ρ_{core}=30 $\mu\Omega$-cm，μ_r=900，若用以設計電感，磁通密度為正弦且$\hat{B}$=0.5T，操作頻率100Hz，求：

(a)鐵心之集膚深度＝？

(b)由渦流所產生之總平均鐵損＝？

22-2　假設問題22-1鐵心表面溫度T_s最高不超過100℃，周圍溫度不超過40℃，將體心視為一實心之方形管，外部尺寸與上述問題相同，且放射率E=0.9，求：

(a)所允許最大之鐵損(W/cm^3)=？

(b)在800Hz下所允許之$\hat{B}$=？

22-3 對於第22-4節所分析之電感鐵心，求儲存於氣隙與儲存於鐵心能量之比率＝？假設ferrite之μ_r=200。

22-4 設計一鐵心資料未完全之變壓器疊代設計步驟，劃出設計之流程圖並標示疊代起始所需合理之參數值。利用電感疊代設計步驟為範本。

22-5 一電力轉換器操作頻率100kHz，所需電感為750nH，電感電流為正弦且最大為$5A_{rms}$。若採用a=1.5cm，材質3F3之雙E鐵心，T_s≦125℃且T_a≦35℃，使用Litz線且鐵心資料如下：

a(cm)	A_w(cm^2)	A_{core}(cm^2)	V_w(cm^3)	V_{core}(cm^3)	$R_{\theta sa}$(℃/W)
1.5	3.15	3.38	34.1	45.6	3.4

(a)求最大之電感量$L_{\max}$

(b)假設為分佈氣隙，求氣隙長度Σg使在電感電流為最大下($5A_{rms}$)可得到最大之磁通密度。

22-6 證明一100℃之銅滿足公式(22-12a)，假設ρ_{cu}(100℃)=2.2×10^{-8}Ω-m。

22-7 證明δ_{cu}(100℃)=75/$\sqrt{f}$(mm)，其中f為頻率。

22-8 電感具有繞組損失及鐵損，因此可以一電感L串聯一電阻R之等效電路來表示，對於第22-4節所示之電感，求其R=？假設電感電流最大為$4A_{rms}$。

22-9 計算上題電感之品質因數Q，假設頻率為100kHz如第22-4節之標示。

22-10 在頻率100kHz下，問題22-8及22-9所示電感所跨之交流電壓＝？

22-11 一電感鐵心上之磁通波形如圖22-1所示，B_{avg}=200mT且$\hat{B}$=300mT，漣波之頻率為400kHz，鐵心材質為3F3，鐵損之特性如圖22-2所示，求電感鐵心之功率損失。

22-12 如問題22-11之電感，若形狀為一邊長2cm之立方體，表面為黑色使E=0.9，T_a=40℃，假設$P_{c,sp}=P_{w,sp}$，求T_s=？(可利用疊代法嘗試一T_s，計算$R_{\theta sa}$再用以計算正確之T_s)

22-13　如問題22-11之電感應用在不同之電路使$B(t)=B\sin(\omega t)$，B=300mT，f=100kHz，電感形狀仍如問題22-12所述之立方形：

(a)求鐵心損失$P_{sp,core}$

(b)若欲使在T_a=30℃下T_a維持在90℃，若需要的話可將電感固定於散熱片上。先決定是否需要散熱片，再決定散熱片之熱阻＝？

22-14　一電感最大電流I_{rms}=8A正弦波，電感與第22-4所述者相同，除了匝數更改為N=33且A_{cu}=1.28mm^2。假設亦使用相同形式之導線，求電感值L=？

22-15　一電感所需之L=150μH，電感電流為I_{rms}=4A正弦，頻率100kHz，電感繞於與第22-4節所述電感相同之鐵心上(a-1cm)，假設氣隙長度Σg=3mm，求所需匝數N=？

22-16　如問題22-15之電感，其表面積與第22-4節所述者相同，最大T_s=100℃且每匝平均之長度亦與第22-4節所述者相同，若問題22-15電感繞組之損失P_w=3.17W，求：

(a)此一新的電感之電流密度＝？

(b)新電感所需銅線重量與第22-4節電感所銅線重量之比值＝？

22-17　如問題22-15所示之電感，若總損失P_{tot}=6.3W，電流為I_{rms}=4A正弦，頻率為100kHz，求：

(a)電感繞組之電流密度＝？

(b)電感所需銅線重量與第22-4節電感銅線重量之比值＝？

22-18　若問題22-15電感之氣隙長度Σg被減少使$\hat{B}_{core}$=177mT，求使L=150μH之匝數N=？

22-19　如問題22-18所述之電感，其表面積及T_s-T_a之差值與第22-4節所述之電感相同，求：

(a)電感繞組之電流密度＝？

(b)電感所需銅線重量與第22-4節電感銅線重量之比值＝？

22-20　一電感使用與圖22-6所示類似之雙E鐵心，d=1.5a，h_a=2.5b_a，假設$NA_{cu}=0.2A_a$，$A_a=2.5b_a^2$，最大之$J_{rms}=6.25\text{A/mm}^2$，磁通密度峰值$B_{ac}=$

$0.2Wb/m^2$，L=0.3mH，電感電流最大為$4A_{rms}$(正弦)，求：

(a)b_a及h_a與匝數N之關係。

(b)a及d與匝數N之關係。

(c)V_w與V_{core}與N之關係。

(d)劃出V_w+V_{core}與N關係之特性圖，N=？時可得最小體積。

(e)假設繞組(使用Litz線)單位體積之價格為鐵心之兩倍，N=？時可使電感之總成本為最低。

22-21 本問題之目的在證明變壓器之V-I額定(如(22-55)所示)，在變壓器功率損失密度均勻下(即$P_{w,sp}=P_{core,sp}$時)可達最大：

(a)證明$J_{rms}=\sqrt{P_T(1-\alpha)/V_wC_wk_{cu}}$，其中$V_w$為繞組體積，$C_w$為常數。

(b)證明$B_{ac}=[P_T\alpha\ /\ V_{core}C_cf^{1.3}]^{a4}$，其中$V_{core}$為體心體積，$C_c$為常數，$\alpha=\dfrac{P_c}{P_T}$，$P_c$為鐵心之損失。

(c)利用(a)及(b)之結果證明當α=0.44時，S有最大值。

(d)繪出$0.1<\alpha<0.9$下之$S(\alpha)/S_{max}$，α在何範圍下，$S(\alpha)>0.9S_{max}$？

(e)對於第22-9-3節中所設計之變壓器，其α及$P_{w,sp}/P_{c,sp}$=？

22-22 在討論變壓器設計步驟時，有二方法可用以求得繞組導線所需之$A_{cu,prpi}$(方程式(22-37a)及(22-38))，利用此二方法可以求得相同值之方式證明二方法為等效(提示：利用變壓器設計需受V-I乘積之限制)。

22-23 變壓器之等效電路為圖3-21b所示，利用第22-9-3節所設計之變壓器(使用單心方形導線)求出等效電路中所有之元件值，可將漏感分成二相等之值並假設ferrite鐵心之μ_r=200。

22-24 重覆問題22-23，但使用Litz線。

22-25 第22-9-3所設計之變壓器操作於300kHz，其餘輸入參數維持相同，假設使用Litz線，求變壓器之溫度T_s。

參考文獻

1. E. C. Snelling, *Soft Ferrites－Properties and Aplications*, Butterworths, London, 1988.

2. John G. Kassakian, Martin F. Schlecht, and G. Vergassian, *Principles of Power Electronics*, Addison-Wesley, Boston, 1991.
3. P. I. Dowell, "Effects of Eddy Current Transformer Windings," *Proc. of IEEE*, Vol. 113, No. 8, August, 1966.
4. Bruce Carsten, "High Frequency Conductors in Switchmode Magnetics," *HFPC Proceedings*, May, 1986, pp.155-176.

2. John G. Kassakian, Martin F. Schlecht, and [illegible], *Principles of Power Electronics*, Addison-Wesley, Boston, 1991.
3. P. L. Dowell, "Effects of Eddy Current Transformer Windings," *Proc. of IEEE*, Vol. 113, No. 8, August, 1966.
4. Bruce Carsten, "High Frequency Conductors in Switchmode Magnetics," *HFPC Proceedings*, May, 1986, pp.155-176.

習題解答

習題一解答

1-1　答：$P_{\text{out}} = 2.77\text{kW}$，$I_{\text{in}} = 12.68\text{A(rms)}$

1-2　答：$P_{\text{in}} = 25I_o$，$\eta = 0.6$

1-3　答：$(V_{oi})_{\text{average}} = DV_d$

1-4　答：$\dfrac{V_o(s)}{V_{oi}(s)} = \dfrac{R}{(RLC)S^2 + LS + R}$

1-5　答：$(\Delta V_C)_{pp} \simeq 80\text{mV}$

1-7　答：(a)接近相當$11\frac{1}{2}$座 1000MW 之電廠　(b)節省10×10^9

習題二解答

2-2　答：$P_s = 9\text{Watts}$

習題三解答

3-2　答：(2)$P = 103.92\text{W}$　(3)$Q = 60\text{VA}$

(4)$PF = 0.866$ (落後)；負載是電感性，負載所汲取之乏是正

3-3 答：(a)$F_0=0 \quad F_h=\dfrac{1}{\sqrt{2}}\dfrac{4}{\pi h}A \quad h=1, 3, 5, \cdots$奇數

(b)$F_0=0 \quad F_h=\dfrac{4A}{\sqrt{2}\pi h}\cos\left(h\dfrac{u}{2}\right) \quad h=1, 3, 5, \cdots$奇數

(c)$F_0=0 \quad F_h=\dfrac{2A(2\pi)}{\sqrt{2}\pi^2\dfrac{u}{2}h^2}\sin\left(h\dfrac{u}{2}\right) \quad h=1, 3, 5, \cdots$奇數

(d)$F_0=0 \quad F_h=\dfrac{2A(2\pi)}{\sqrt{2}u_2\pi^2h^2}[\sinh(u_1+u_2)-\sin\omega hu_1] \quad h=1, 3, 5, \cdots$奇數

(e)$F_0=0 \quad F_h=\dfrac{8}{\sqrt{2}\pi^2}\dfrac{A}{h^2} \quad h=1, 3, 5, \cdots$奇數

(f)$F_0=\dfrac{2A}{\pi}$，$F_h=\dfrac{4A}{\sqrt{2}\pi(h^2-1)} \quad h=2, 4, 6, \cdots$偶數

(g)$F_0=DA$，$F_h=\dfrac{2A}{\sqrt{2}h\pi}\sin(Dh\pi) \quad h=1, 2, 3, \cdots$奇數

3-4 答：(1)$F_{\text{rms}}=7.071$

3-5 答：(1)①$\dfrac{F_1}{F_{\text{rms}}}=0.9$，②$\dfrac{F_{\text{dis}}}{F_{\text{rms}}}=0.436$ (2)$\dfrac{F_0}{F_{\text{rms}}}=0.9$

3-6 答：$DPF=0.866$，$P=935.28\text{W}$，$THD=48.43\%$

3-7 答：$I_{ph}=32.68\text{A}$，$|\bar{Z}|=3.67\Omega$

3-8 答：(1)$V_o=10\text{V}$ (2)$I_{\text{Load}}=25\text{A}$

3-9 答：$P_{\text{avg}}=V_{\text{avg}}\cdot I_{\text{avg}}$

3-11 答：$N_{pri}=13.12$

3-12 答：$N\simeq 21$

3-13 答：(1)調整率% $\simeq 0$ (2)調整率% $=0.116\%$

3-14 答：$L_m=1.24\text{mH}$

習題五解答

5-1 答：$i=Ae^{-\frac{R}{L}t}+\dfrac{\hat{V}_s}{Z}\sin(\omega t-\phi)$

5-2 答：$i(\theta)=-45.01\cos\theta-39.79\theta+64.19 \quad \theta_b<\theta<\theta_f$

5-3 答：(1)$P=V_dI_d+V_1I_1+V_3I_3\cos\phi_3$ (2)$V=\sqrt{V_d^2+(\sqrt{2}V_1)^2+V_3^2}$，$I=\sqrt{Id^2+I_1^2+I_3^2}$

(3)$PF=\dfrac{P}{VI}$

5-4　**答**：(1) $P_d=1080\text{W}$　(2) $P_d=1333.3\text{W}$

5-5　**答**：(1) $V_d=54\text{V}$，$P_d=540\text{W}$

(2) $u=27.26°$，$V_d=51\text{V}$，$P_d=510\text{W}$

(3) $u=5.4°$，$V_d=97\text{V}$，$P_d=970\text{W}$

(4) $V_d=63.67\text{V}$，$P_d=636.7\text{W}$

5-6　**答**：$I_D(\text{avg})=\dfrac{I_d}{2}$，$I_D(\text{rms})=\dfrac{I_d}{\sqrt{2}}$

5-7　**答**：$L_{d,\min}=0.279\dfrac{V_s}{\omega I_d}$

5-8　**答**：$u=17.14\text{ deg}$，$V_d=105.6\text{V}$，$P_d=1056\text{W}$，ΔV_d 下降%$=2.22$ %

5-9　**答**：(1) $u=2.16\text{deg}$，$V_d=197.6\text{V}$，$P_d=1976\text{W}$，ΔV_d 下降%$=1.2$ %

(2) $u=2.16\text{deg}$，$V_d=130.93\text{V}$，$P_d=1309.3\text{W}$，ΔV_d 下降%$=1.8$%

5-11　**答**：$\theta_b=1.084\text{ rad}$，$\theta_f=2.56\text{ rad}$，$I_{d,\text{peak}}=33.6\text{A}$

5-12　**答**：$V_d\simeq 160.87\text{ V}$，$P_d\simeq 1304\text{ W}$

5-14　**答**：% $THD_{i_s}=48.4$ %，$DPF=1.0$，$PF=0.9$，$CF=1$

5-16　**答**：(1) $C_d=1000\mu\text{F}$，$THD_i=72.3$%，$DPF=0.965$(落後)

$PF=0.782$，$\Delta V_{dp\text{-}p}=33.4\text{V}$

(2) $C_d=1500\mu\text{F}$，$THD_i=69.7$%，$DPF=0.952$(落後)

$PF=0.781$，$\Delta V_{dp\text{-}p}=22.2\text{V}$

5-18　**答**：$(THD)_{v_{PCC}}=5.33$%

5-19　**答**：(2) $\Delta V_{dp\text{-}p}/V_d\simeq 31$ %　(3) $\Delta V_{dp\text{-}p}/V_d=35.7$ %

5-20　**答**：伏安容量$=\dfrac{1+\sqrt{2}}{2}$，平均功率$=0.9$，比值$=1.34$

5-23　**答**：$I_D(\text{avg})=\dfrac{I_d}{3}$，$I_D(\text{rms})=\dfrac{I_d}{\sqrt{3}}$

5-24　**答**：(1) $u=\left(\dfrac{2\sqrt{2}\omega L_s I_d}{V_{LL}}\right)^{\frac{1}{2}}$　(2) $u=18.35°$

5-25 答：

C_d	$C_d=220\mu F$	$C_d=550\mu F$	$C_d=1100\mu F$	$C_d=1500\mu F$	$C_d=2200\mu F$
$\Delta V_{d(p\text{-}p)}$	31.2V	9.2V	4.2V	2.9V	2.0V
THD_i	73.8 %	57.9 %	53.85 %	52.9 %	52.2 %
DPF	0.968(落後)	0.972(落後)	0.973(落後)	0.974(落後)	0.974(落後)
PF	0.779	0.841	0.857	0.861	0.863

5-26 答：$L_{d,\min}\simeq\dfrac{0.013}{\omega I_d}V_{LL}$

習題六解答

6-1 答：(1)$u=8.41°$，$V_d=70.37V$　(2)$u=9.9°$，$V_d=-82.37V$

6-2 答：(1)$u=9.63°$，$V_d=99.24V$　(2)$u=11.65°$，$V_d=-99.24V$

6-3 答：(1) $V_{d\alpha}=V_{\text{ampl}}\left(1-\dfrac{2\alpha}{\pi}\right)$　(2)$\alpha=45°$，$V_{d\alpha}=100V$，$\alpha=135°$，$V_{d\alpha}=-100V$

6-4 答：(1) $V_d=V_{\text{ampl}}\left(1-\dfrac{2\alpha}{\pi}\right)-\dfrac{2\omega L_s}{\pi}I_d$，$u=\dfrac{2\omega L_s I_d}{V_{\text{ampl}}}$

(2)$\alpha=45°$，$V_d=92.8V$，$u=6.48°$，$\alpha=135°$，$V_d=-107.2V$，$u=6.48°$

6-5 答：(2)$DPF=0.707$，$PF=0.636$，% $THD_i=48.55$%

(3)$DPF=0.5$，$PF=0.45$，% $THD_i=48.43$%

6-6 答：$\dfrac{I_{\text{thy}}(\text{avg})}{I_d}=\dfrac{1}{2}$，$\dfrac{I_{\text{thy}}(\text{rms})}{I_d}=\dfrac{1}{\sqrt{2}}$

6-7 答：(1)$a_{\text{minimum}}\simeq0.89$　(2)$\alpha=31°$

6-12 答：$u\simeq3°$

6-13 答：$I_{\text{thy}}(\text{avg})=\dfrac{I_d}{3}$，$I_{\text{thy}}(\text{rms})=\dfrac{I_d}{\sqrt{3}}$

6-14 答：$I_{\text{dB}}=0.0632\dfrac{V_{LL}}{\omega L_d}$

6-15 答：(1)$\alpha=90°$

(2)$\phi_1=-15°$(落後)，$DPF=0.966$(落後)，$THD_i=78$ %，$PF=0.76$

6-17　答：(1)$a_{min}=0.818$　(2)$\alpha=31°$

6-18　答：(1)$\alpha \simeq 145°$　(2)$r=23.8°$

6-19　答：$(Ratio)_{typical}=0.98$，$(THD)_{typical}=20.5\ \%$，$(Ratio)_{ideal}=0.96$，$(THD)_{ideal}=28.6\ \%$

6-21　答：$u=971.8\times10^{-5}$rad，$\rho=78.6\ \%$，$A_n=8886$ V-μs

6-22　答：$u=59.75\times10^{-3}$rad，$\rho=13.3\ \%$，$A_n=52487$ V-μs

6-23　答：(1)$\%THD\simeq 4\ \%$　(2)$\%THD=1.61\ \%$

6-24　答：$THD=0.52\ \%$

習題七解答

7-1　答：$L_{min}=43.75\mu$F

7-2　答：$\Delta V_{o(p\text{-}p)}=2.01$mV

7-3　答：rms$=43.66$ mA

7-4　答：$\Delta V_{o(p\text{-}p)}$

$$=\frac{[DT_s(V_d-V_o)-LI_o][DT_sV_d-V_o)V_o-LI_oV_o+(V_d-V_o)(DT_s(V_d-V_o)-LI_o)]}{2LC\,V_o(V_d-V_o)}$$

7-5　答：$\Delta V_{o(p\text{-}p)}=1.66$mV

7-7　答：$L_{min}=0.427$ mH

7-8　答：$\Delta V_{o(p\text{-}p)}=29.92$ mV

7-9　答：$I_{ripple,rms}=0.645$ A

7-10　答：$\Delta V_{o(p\text{-}p)}=\dfrac{1}{2LC}\dfrac{(V_dDT_s-LI_o)^2}{(V_o-V_d)}$

7-11　答：$\Delta V_{o(p\text{-}p)}=18.1$ mV

7-12　答：$L_{min}=1.49$ mH

7-13　答：$\Delta V_{o(p\text{-}p)}=18.86$ mV

7-14　答：I_{ripple}(rms)$=0.448$ A

7-15　答：$\Delta V_{o(p\text{-}p)}=\dfrac{1}{C}\left[\left(1-D\dfrac{V_d}{V_o}\right)T_sI_o+\dfrac{1}{2}L\dfrac{I_o}{R}\right]$

7-16　答：$\Delta V_{o(p\text{-}p)}=18.64$ mV

7-17　答：I_{c1}(rms)$=0.707$A

7-22 答：$(\Delta I_L)_{\text{maximum}} = \dfrac{V_d}{2L_a f_s}$

7-23 答：$(\Delta I_L)_{\text{maximum}} = \dfrac{V_d}{8L_a f_s}$

習題八解答

8-1 答：(1) $V_{01,\max}^{(\text{rms})} = 208.6\text{V}$　(2)利用率＝0.113

8-2 答：$I_{\text{ripple, peak}} = 2.45\text{A}$

8-3 答：$I_{\text{ripple, peak}} = 0.98\text{A}$

8-4 答：$I_{\text{ripple, peak}} = 2.33\ \text{A}$

8-7 答：$i_{L,\text{ripple}}\left(\omega t = \dfrac{\pi}{2}\right) = 0.483\text{A}$

8-8 答：$i_{L,\text{ ripple}} = 0.116\text{A}$

習題九解答

9-2 答：(1)$n = 13.95$，$L_r = 22.12\mu\text{H}$，$C_r = 23.18\text{nF}$　(2)$S = 530.0\mu\text{J}$

9-3 答：(1)$n = 13.95$，$L_r = 100.2\mu\text{H}$，$C_r = 17.4\text{nF}$　(2)$S = 705\mu\text{J}$

9-4 答：(1)$n = 13.95$，$L_r = 45.55\mu\text{H}$，$C_r = 96.9\text{nF}$　(2)$S = 175.3\mu\text{J}$

9-7 答：(1)$n = 13.17$，$C_r = 5.61\ \text{nF}$，$L_r = 10.15\ \mu\text{H}$

(2) $V_{c,\text{ peak}} = 155\ \text{V}$，$I_{L,\text{ peak}} = 3.34\text{A}$，$S = 124.0\ \mu\text{J}$

9-8 答：(1)$n = 31.0$，$C_r = 4.24\ \text{nF}$，$L_r = 42.47\ \mu\text{H}$

(2) $V_{c,\text{ peak}} = 224.75\ \text{V}$，$I_{L,\text{ peak}} = 2.09\ \text{A}$，$S = 199.85\ \mu\text{J}$

9-9 答：(1)$n = 20.15$，$C_r = 8.97\ \text{nF}$，$L_r = 37.96\ \mu\text{H}$

(2)$I_{L,\text{ peak}} = 3.28\ \text{A}$，$V_{c,\text{ peak}} = 189.87\text{V}$，$S = 365.88\ \mu\text{J}$

9-11 答：$I_{L,\text{ peak}} = 2.5\text{A} = 2.5\,I_o$，$V_{c,\text{ peak}} = 30\text{V} = 2.0\ V_d$

9-12 答：$I_{L,\text{ peak}} = 2.5\text{A} = 2.5\,I_o$，$V_{c,\text{ peak}} = 30\text{V} = 2.0\ V_d$

9-14 答：$V_{\text{switch}}^{\max} = 240\text{V}$

習題十解答

10-1　答：$\Delta\eta = 0.38$

10-2　答：$\dfrac{V_o}{V_d} = D\sqrt{\dfrac{R}{2f_s L_m}}$

10-3　答：$L_m = 1.5\,\mu\text{H}$

10-5　答：(1)$D = 0.408$　(2)$L_{\min} = 4.93$

10-6　答：$V_{sw,\,\text{peak}} = 3.33\,V_d$

10-9　答：$D > 0.5$

10-10　答：鐵心損失＝21.3W

10-12　答：$C_2 = 220$ pF，$C_1 = 1.44$ nF，$R_2 = 19.1$ kΩ

10-13　答：$C_2 = 42.19$ nF，$C_1 = 276.37$ nF，$R_2 = 1.99$ kΩ

$R_3 = 0.303$ kΩ，$C_3 = 239.8$ nF

10-15　答：$C_d = 500\,\mu\text{F}$

習題十一解答

11-2　答：最小切換頻率＝420 Hz

11-3　答：$(\text{kVA})_{\text{inverter}}^{\text{reactive}} = 0.222$ kVA

習題十二解答

12-2　答：$T_{em} = 0.0367$ N-m

12-4　答：$t_1 = 2\left[\dfrac{2}{T_{em}}\theta_L\sqrt{J_L J_m}\right]^{\frac{1}{2}}$

習題十三解答

13-1　答：$V_t = 83.2$V

13-4　答：$\Delta i_r = 2.76$ A，$\Delta i_r = 0.81$ A

習題十四解答

14-4 答：$f_{start} = 2.5$ Hz，$(I_r)_{start} = 13.4$A，$(V_{LL})_{start} = 54$V

14-5 答：比值 = 0.67 pu

14-6 答：$\sum_{h=5}^{13}(\Delta P_{cu})_h = 17.95$W

14-7 答：$I_{switch,\ peak} = 17.6$ A

14-8 答：$I_{switch,\ peak} = 16.5$ A

14-9 答：

f(Hz)	60	45	30	15
$R_{eq}(\Omega)$	32.45	24.57	16.7	8.87

14-10 答：

f(Hz)	60	45	30	15
$R_{eq}(\Omega)$	52.7	71.0	109.0	230.6

14-11 答：

f	$(DPF)_{in}$	$(PF)_{in}$
60	0.87	0.83
45	0.65	0.62
30	0.43	0.41
15	0.22	0.21

習題十五解答

15-2 答：$i_a = 1.3$A，$i_b = 0$，$i_c = -1.3$A

15-3 答：直流電壓最小值 ≈ 130V

15-4 答：$\mathbf{V}_a = 232.4\angle 21.13°$，功率因數 = cos(21.13°) = 0.93

15-5 答：$k_E = 0.1146 \dfrac{\text{V}}{\text{rad/s}}$，$k_T = 0.229$ Nm/A

習題十六解答

16-1　答：(1) 21.5 %　(2)$(\Delta\eta)\% \simeq 20.8\%$

習題十七解答

17-3　答：$V_{dl} = 114.83$ kV，$(I_{sec})_1 = 780$ A，$P_{dl} = 114.83$ MW，$S_1 \approx 135.167$ MVA，$Q_1 = 71.3$ MVAR (落後)

17-4　答：$V_{dl} = 11.7325$ kV，$P_{dl} = 117.325$ kV，$(I_{sec})_1 \simeq 780$A，$S_1 = 138.61$ MVA，$Q_1 = 73.81$ MVAR (落後)

17-5　答：(1)$\Delta V_t(\%) \simeq -0.2\%$　(2)$\Delta V_t(\%) = -0.7\%$

17-6　答：$L_{eff} = 1.87$ H，$I_{L1} = 188.36$ A，$\alpha \simeq 115°$

習題十八解答

18-1　答：(1)$SCC = 625$ kVA　(3)$PF \simeq 0.95$

18-2　答：$I_{\text{d,ripple}}^{(\text{rms})} \simeq 9$ A

18-3　答：(1) $V_{conv1} = 240.13$ V

習題十九解答

19-1　答：(a)C_s=10μF，R_s=1.3Ω；(b)1.25KW。

19-2　答：L_s=1.7mH，R_s=0.2Ω。

19-4　答：(b)C_s=7nF。

19-5　答：C_s=9nF，R_s=43Ω。

19-6　答：7.2W。

19-7　答：(a)3.3W；(b)26.5W。

19-8　答：(a)3.3W；(b)0W。

19-9　答：(b)C_s=0.9933I_{a1}，$R_{s,opt}$=4000/I_{a1}Ω；(c)C_s=0.33μF，$R_{s,opt}$=40Ω。

19-11 **答**：(b)C_s=0.25μF，R_s=14Ω。

習題二十解答

20-1 **答**：V_{GG+}=15V，V_{GG-}=－15V，RG>115Ω。

20-2 **答**：(a)R_{G1}=969KΩ，R_{G2}=31.25KΩ；(b)高電流額定、低R_{on}、低BV_{DSS}值(50-100V)。

習題二十一解答

21-1 **答**：$R_{\theta,sa}=\frac{0.04}{(d_{vert})^{1.75}+2(d_{vert})^2}$

Heat sink #	1	2	3	5	6
Volume(m³)	7.6×10^{-5}	10^{-4}	1.8×10^{-4}	2×10^{-4}	3×10^{-4}
d_v=(vol.)$^{1/3}$(m)	0.042	0.046	0.057	0.058	0.067
A=6 $(d_v)^2$(m²)	0.011	0.013	0.019	0.002	0.027
$d_v^{1.75}$	0.004	0.046	0.0066	0.0069	0.0088
d_v^2	0.0018	0.0021	0.0032	0.0034	0.0045
$R_{\theta,sa}$(℃/W)	5.3	4.5	3.1	2.9	2.3
$R_{\theta,sa}$(measured)	3.2	2.3	2.2	2.1	1.7

Heat sink #	7	8	9	10	11	12
Volume(m³)	4.4×10^{-4}	6.8×10^{-4}	6.1×10^{-4}	6.3×10^{-4}	7×10^{-4}	1.4×10^{-3}
d_v=(vol.)$^{1/3}$(m)	0.067	0.088	0.085	0.086	0.088	0.11
A=6 $(d_v)^2$(m²)	0.034	0.046	0.043	0.044	0.047	0.072
$d_v^{1.75}$	0.011	0.014	0.013	0.014	0.014	0.021
d_v^2	0.0058	0.0078	0.0071	0.0073	0.0078	0.012
$R_{\theta,sa}$(℃/W)	1.8	1.4	1.5	1.4	1.3	0.9
$R_{\theta,sa}$(measured)	1.3	1.3	1.25	1.2	0.8	0.65

21-2 **答**：$R_{\theta,conv}\approx240\,(d_{vert})^{-0.25}$。

21-3 **答**：$R_{\theta,conv}\approx353(\Delta T)^{-0.25}$。

21-4 **答**：$R_{\theta,rad}=196\frac{120-T_a(℃)}{\left[239-\left(\frac{T_s(°K)}{100}\right)^4\right]}$

21-5　答：$R_{\theta,rad}=196\dfrac{T_s(℃)-40}{\left[\left(\dfrac{T_s(°K)}{100}\right)^4-96\right]}$

21-6　答：50KHz。

21-7　答：0.53℃/W。

習題二十二解答

22-1　答：(a)0.92mm；(b)10.4mW。

22-2　答：(a)3.5×10^5W/m^3；(b)1.3T。

22-3　答：59。

22-5　答：(a)1.15mH；(b)7.1mm。

22-8　答：0.41Ω。

22-9　答：475。

22-10　答：1100V。

22-11　答：360mW/m^3。

22-12　答：105℃。

22-13　答：(a)360mW/m^3；(b)12.3℃/W。

22-14　答：78μH。

22-15　答：47。

22-16　答：(a)8.7A/mm^2；(b)0.5。

22-17　答：(a)13.8A/mm^2；(b)0.32。

22-18　答：N_2=33。

22-19　答：(a)12.5A/mm^2；(b)0.25。

22-20　答：(a)$b_a=1.13\sqrt{N}$，$h_a=2.5b_a=2.8\sqrt{N}$；(b)a=6.3/$\sqrt{N}$cm，d=1.5a=9.5/$\sqrt{N}$；(c)$V_c=48(N)^{-0.5}+750(N)^{-1.5}$cm^3，$V_W=\sqrt{N}+(0.014)(N)^{1.5}$cm^3；(d)$N\approx40$；(e)$N$=30。

22-21　答：(d)$0.23<\alpha<0.67$；(e)$\alpha=0.523$。

22-23　答：$N_1=24$，$N_2=6$，$L_{11}=L_{12}=L_{leak}/2=0.1\mu$H，$R_1=R_{11}=0.09\Omega$，$L_m=351\mu$H，$R_m=28.2$KΩ。

22-24　答：N_1=24，N_2=6，L_{11}=L_{12}=L_{leak}/2=3.4μH，R_1=R_{11}=0.09Ω，L_m=351μH，R_m=28.2KΩ。

22-25　答：199℃。

國家圖書館出版品預行編目資料

電力電子學 / Mohan, Undeland, Robbins 原著；江炫樟編譯. -- 三版. -- 臺北市：全華, 民 92
面；公分
含參考書目
譯自：Power electronics : converters, applications,and design, 3rd ed.
ISBN 978-957-21-4060-4(平裝)
1.電子工程
448.6 92009828

電力電子學

Power Electronics : Converters, Applications, and Design, 3rd ed.

原著 / Mohan, Undeland, Robbins
編譯 / 江炫樟
執行編輯 / 葉書瑋
出版者 / 全華圖書股份有限公司
發行人 / 陳本源
郵政帳號 / 0100836-1 號
印刷者 / 宏懋打字印刷股份有限公司
圖書編號 / 03126027
三版十六刷 / 2023 年 08 月
定價 / 新台幣 580 元
ISBN / 978-957-21-4060-4
全華圖書 / www.chwa.com.tw
全華網路書店 Open Tech / www.opentech.com.tw
若您對書籍內容、排版印刷有任何問題，歡迎來信指導 book@chwa.com.tw

臺北總公司(北區營業處)
地址：23671 新北市土城區忠義路 21 號
電話：(02) 2262-5666
傳真：(02) 6637-3695、6637-3696

南區營業處
地址：80769 高雄市三民區應安街 12 號
電話：(07) 381-1377
傳真：(07) 862-5562

中區營業處
地址：40256 臺中市南區樹義一巷 26 號
電話：(04) 2261-8485
傳真：(04) 3600-9806

歡迎加入 全華會員

● 會員獨享

會員享購書折扣、紅利積點、生日禮金、不定期優惠活動…等。

● 如何加入會員

填妥讀者回函卡直接傳真（02）2262-0900 或寄回，將由專人協助登入會員資料，待收到 E-MAIL 通知後即可成為會員。

如何購買 全華書籍

1. 網路購書

全華網路書店「http://www.opentech.com.tw」，加入會員購書更便利，並享有紅利積點回饋等各式優惠。

2. 全華門市、全省書局

歡迎至全華門市（新北市土城區忠義路 21 號）或全省各大書局、連鎖書店選購。

3. 來電訂購

(1) 訂購專線：(02) 2262-5666 轉 321-324
(2) 傳真專線：(02) 6637-3696
(3) 郵局劃撥（帳號：0100836-1　戶名：全華圖書股份有限公司）
※ 購書未滿一千元者，酌收運費 70 元。

全華網路書店 www.opentech.com.tw
E-mail: service@chwa.com.tw

※ 本會員制如有變更則以最新修訂制度為準，造成不便請見諒。

廣 告 回 信
板橋郵局登記證
板橋廣字第540號

行銷企劃部　收

23671 新北市土城區忠義路21號
全華圖書股份有限公司

讀者回函卡

填寫日期：　/　/

姓名：＿＿＿＿ 生日：西元＿＿年＿＿月＿＿日 性別：□男 □女

電話：（ ）＿＿＿＿ 傳真：（ ）＿＿＿＿ 手機：＿＿＿＿

e-mail：（必填）

註：數字零，請用 Φ 表示，數字 1 與英文 L 請另註明並書寫端正，謝謝。

通訊處：□□□□□

學歷：□博士 □碩士 □大學 □專科 □高中・職

職業：□工程師 □教師 □學生 □軍・公 □其他

學校／公司：＿＿＿＿ 科系／部門：＿＿＿＿

・需求書類：

□ A. 電子 □ B. 電機 □ C. 計算機工程 □ D. 資訊 □ E. 機械 □ F. 汽車 □ I. 工管 □ J. 土木

□ K. 化工 □ L. 設計 □ M. 商管 □ N. 日文 □ O. 美容 □ P. 休閒 □ Q. 餐飲 □ B. 其他

・本次購買圖書為：＿＿＿＿ 書號：＿＿＿＿

・您對本書的評價：

封面設計：□非常滿意 □滿意 □尚可 □需改善，請說明＿＿＿＿

內容表達：□非常滿意 □滿意 □尚可 □需改善，請說明＿＿＿＿

版面編排：□非常滿意 □滿意 □尚可 □需改善，請說明＿＿＿＿

印刷品質：□非常滿意 □滿意 □尚可 □需改善，請說明＿＿＿＿

書籍定價：□非常滿意 □滿意 □尚可 □需改善，請說明＿＿＿＿

整體評價：請說明＿＿＿＿

・您在何處購買本書？

□書局 □網路書店 □書展 □團購 □其他＿＿＿＿

・您購買本書的原因？（可複選）

□個人需要 □幫公司採購 □親友推薦 □老師指定之課本 □其他＿＿＿＿

・您希望全華以何種方式提供出版訊息及特惠活動？

□電子報 □ DM □廣告（媒體名稱＿＿＿＿）

・您是否上過全華網路書店？（www.opentech.com.tw）

□是 □否 您的建議＿＿＿＿

・您希望全華出版那方面書籍？＿＿＿＿

・您希望全華加強那些服務？＿＿＿＿

～感謝您提供寶貴意見，全華將秉持服務的熱忱，出版更多好書，以饗讀者。

全華網路書店 http://www.opentech.com.tw　　客服信箱 service@chwa.com.tw

2011.03 修訂

親愛的讀者：

感謝您對全華圖書的支持與愛護，雖然我們很慎重的處理每一本書，但恐仍有疏漏之處，若您發現本書有任何錯誤，請填寫於勘誤表內寄回，我們將於再版時修正，您的批評與指教是我們進步的原動力，謝謝！

全華圖書　敬上

勘誤表

書號		書名		作者	
頁數	行數	錯誤或不當之詞句		建議修改之詞句	

我有話要說：（其它之批評與建議，如封面、編排、內容、印刷品質等・・・）